中国高等植物

·修订版·

HIGHER PLANTS OF CHINA

·Revised Edition·

主 编
EDITORS-IN-CHIEF

傅立国　陈潭清　郎楷永　洪　涛　林　祁　李　勇
FU LIKUO, CHEN TANQING, LANG KAIYUNG, HONG TAO, LIN QI AND LI YONG

第三卷

VOLUME
03

编 辑
EDITORS

傅立国　洪　涛　林　祁
FU LIKUO, HONG TAO AND LIN QI

青岛出版社
QINGDAO PUBLISHING HOUSE

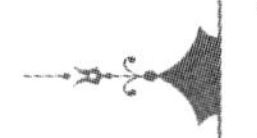

中国高等植物（修订版）

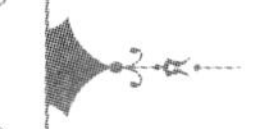

中国高等植物（修订版）第三卷

编　　辑	傅立国　洪　涛　林　祁
编 著 者	傅立国　陈家瑞　向巧萍　于永福　李　楠　李　勇 王文采　王　筝　杨亲二　吴征镒　洪　涛　李锡文 李　捷　李秉滔　李镇魁　刘玉壶　郭秀丽　黄普华 李树刚　韦发南　罗献瑞　夏念和　张宏达　黄淑美 杨春澍　林　祁　覃海宁　刘全儒　张本能　李延辉 傅德志
责任编辑	高继民　张　潇

HIGHER PLANTS OF CHINA **REVISED EDITION**

Principal Responsible Institutions

Institute of Botany, Chinese Academy of Sciences

Shenzhen Fairy Lake Botanical Garden

Editors-in-Chief Fu Likuo, Chen Tanqing, Lang Kaiyung, Hong Tao, Lin Qi and Li Yong

Vice Editors-in-Chief Fu Dezhi, Li Peichun, Qin Haining, Zhang Xianchun, Zhang Mingli, Jia Yu, Yang Qiner and Li Nan

Editorial Board (alphabetically arranged) Bao Bojian, Chang Hungta, Chang Yongtian, Chen Shouling, Chen Shukun, Chen Singchi, Chen Tanqing, Chen Weichiu, Chen Yiling, Chu Gelin, Fu Dezhi, Fu Likuo, Gao Jimin, He Tingnung, Hong Deyuang, Hong Tao, Hu Chiming, Huang Puhwa, Jia Yu, Ku Tsuechih, Lang Kaiyung, Lee Shinchiang, Li Hsiwen, Li Nan, Li Peichun, Li Pingtao, Li Yong, Liang Songjun, Lin Qi, Lin Youxing, Lo Hsienshui, Lu Dequan, Lu Lingti, Pan Kaiyu, Qin Haining, Shih Chu, Shing Kunghsia, Tsi Zhanhuo, Wang Wentsai, Wang Yingzheng, Wu Pancheng, Wu Telin, Wu Zhenlan, Xiang Qiaoping, Yang Hanpi, Yang Qiner, Ying Tsunshen, Zhang Mingli and Zhang Xianchun

Responsible Editors Gao Jimin and Zhang Xiao

HIGHER PLANTS OF CHINA **REVISED EDITION Volume 3**

Editors Fu Likuo, Hong Tao and Lin Qi

Authors Chang Benneng, Chang Hungta, Chen Chiajui, Fu Dezhi, Fu Likuo, Hong Tao, Huang Puhwa, Hwang Shumei, Guo Shiuli, Law Yuwu, Lee Shukang, Li Hsiwei, Li Jie, Li Nan, Li Pingtao, Li Yanghui, Li Yong, Li Zhenkui, Lin Qi, Liu Quanru, Lo Haienshui, Qin Haining, Wang Wentsai, Wang Zheng, Wei Fanan, Wu Chengyih, Xia Nianhe, Xiang Qiaoping, Yang Chunshu, Yang Qiner and Yu Yongfu

Responsible Editors Gao Jimin and Zhang Xiao

第 三 卷
Volume 3

裸子植物门
GYMNOSPERMAE

被子植物门
ANGIOSPERMAE

裸子植物 GYMNOSPERMAE

（傅立国）

多年生木本植物，大多为单轴分枝的高大乔木，少为灌木，稀为藤本；次生木质部几全由管胞组成，稀具导管。叶多为线形、针形或鳞形，稀为羽状全裂、扇形、阔叶形、带状或膜质鞘状。花单性，雌雄异株或同株；小孢子叶球（雄球花）具多数小孢子叶（雄蕊），小孢子叶具多数至2个小孢子囊（花药），小孢子（花粉）具气囊或船形具单沟，或球形外壁上具1乳头状突起或具明显或不明显的萌发孔或无萌发孔，或橄榄形具多纵肋和凹沟，有时还具1远极沟，多为风媒传粉，花粉萌发后花粉管内有两个游动或不游动的精子；大孢子叶（珠鳞、珠托、珠领、套被）不形成封闭的子房，着生1至多枚裸露的胚珠，多数丛生树干顶端或生于轴上形成大孢子叶球（雌球花）；胚珠直立或倒生，由胚囊、珠心和珠被组成，顶端有珠孔。种子裸露于种鳞之上，或多少被变态大孢子叶发育的假种皮所包，其胚由雌配子体的卵细胞受精而成，胚乳由雌配子体的其他部分发育而成，种皮由珠被发育而成；胚具两枚或多枚子叶。裸子植物的染色体基数少，形较大，x=8-20，在各属基本一致。

裸子植物是原始的种子植物，胚珠裸露，胚乳在受精前形成，其发生发展历史悠久，最初的裸子植物出现在古生代，在中生代至新生代遍布各大陆。现代生存的裸子植物有不少种类出现于第三纪，后经第四纪冰川时期而保存下来，繁衍至今。全世界生存的裸子植物约850种，隶属于79属、15科，其种数虽仅约被子植物种数的0.36%，但森林覆盖面积却大致相等。我国是世界上裸子植物最丰富的国家，计有10科34属约250种，另引入栽培2科8属约50种。

各类裸子植物的分布为：苏铁科、罗汉松科和南洋杉科主产南半球，少数种分布于北半球热带及亚热带；银杏原产中国，现广泛栽于北半球亚热带及温带地区；松科除松属的少数种分布于南半球外，其他属均产北半球，其中油杉属、金钱松属、黄杉属、雪松属、银杉属、以及松属和铁杉属的部分种类分布于亚热带低山至中山地带，随着纬度或海拔的升高，逐渐被耐寒、喜温凉冷湿的少数松树、铁杉及落叶松属、云杉属和冷杉属树种所代替；杉科除单型属密叶杉属(Athrotaxis)产澳大利亚外，其他属种均分布于北半球的亚热带地区；柏科分布于南北半球；三尖杉科分布于东亚南部及中南半岛北部；红豆杉科除单型属澳洲红豆杉属(Austrotaxus)产新喀里多尼亚外，其他属种均分布于北半球温带及亚热带高山；麻黄科分布于亚洲、欧洲东南部及非洲北部的干果、荒漠地区；买麻藤科分布于亚洲、非洲、南美洲的热带及亚热带地区；单型科百岁叶科分布于安哥拉及非洲热带东南部。

裸子植物除少数类群（如买麻藤属及松科的一些属）外，均具有双黄酮类化合物，常见的有穗花杉双黄酮、西阿多黄素、银杏黄素、柏黄素、榧黄素等。黄酮类化合物则普遍存在，常见的有槲皮素、山奈酚和杨梅树皮素等。生物碱仅在三尖杉科、红豆杉科、麻黄科和买麻藤科中存在，可供药用。苏铁科、红豆杉科和罗汉松科的部分属种可供观赏。其他种类多为高大乔木，其树干通直，出材率高，材质较优良，供建筑、家具及工业用材，约占世界木材供应量的50%；部分树种可割制松香和提取松节油；少数树种的种子可食；部分树种为速生造林树种或园林绿化树种；生于江河上游的为水源林；生于高山陡坡的可防止雨水冲刷。

1. 苏铁科 CYCADACEAE

（陈家瑞）

常绿木本；根具珊瑚状根瘤，有固氮功能；茎干圆柱状，有时在顶端呈二叉状分枝，稀膨大成块茎状，有时地下生，髓部大，木质部及韧皮部较窄，干皮鳞状，在茎上部常残留叶基。叶螺旋状排列，集生于树干顶部，有营养叶与鳞叶二型：营养叶生鳞叶腋部，一回或二至三回羽裂，末回羽片1次或多次二叉状深裂，幼时直立，具拳卷的羽片，或一回羽轴上部多少拳卷，羽片（小叶）多数，具中脉，边缘全缘，叶柄常具刺；鳞叶短小，常三角状披针形，背面被绒毛，先端坚硬或柔软。雌雄异株；小孢子叶球（雄球花）生树干顶端，中轴上密生螺旋状排列的小孢子叶；小孢子叶常楔形，扁平，顶端增厚成盾状，背面有多数小孢子囊，小孢子萌发时花粉管产生2个具多数纤毛能游动的精子。大孢子叶生茎顶鳞叶腋部，数枚或多数密集成球状或半圆状，上部不育顶片篦齿状分裂或不裂，下部为能育的柄，每侧着生2-5（稀更多）胚珠，珠孔向上。种子核果状，微扁，具3层种皮，外种皮肉质或厚的纤维质，颜色鲜艳，中种皮骨质，灰白色，光滑或具细乳突皱纹，内种皮膜质，淡褐色；胚乳丰富；子叶2，萌发时留土。染色体2n=22。

1属，约60种，分布于亚洲、大洋洲及太平洋岛屿热带与亚热带地区，非洲东部（含马达加斯加）产1种。我国1属约17种。广义的苏铁科有11属约240种。L. A. S. Johnson（1959）、D. W. Stevenson（1990，1992）将现存苏铁类植物分为苏铁科、蕨铁科（Stangeriaceae）与泽米科(Zamiaceae）等3科，目前已得到世界普遍承认。

苏铁属 Cycas Linn.

形态特征与地理分布同科。

苏铁科植物是现存苏铁类最原始的类群，是全世界重点保护的濒危物种，其中一些物种具有很高的观赏价值，尤其苏铁（Cycas revoluta）在我国及全世界广为栽培。

1. 叶二或三回羽裂，末回羽片二叉状深裂。
  2. 叶三回羽裂，末回羽片常较整齐二叉状深裂，裂片长不过22（-28）厘米。
    3. 叶片1或2，长3-7米，羽片倒卵状披针形或倒卵状线形，先端尾状或尾状渐尖；大孢子叶不育顶片每侧具裂片7-14 ………………………………………… 1. **多歧苏铁 C. multipinnata**
    3. 叶片（3-）5-11（-15），长1.5-2.7米，羽片线形，先端渐窄或长渐尖；大孢子叶不育顶片每侧具裂片19-25 ………………………………………… 2. **德保苏铁 C. debaoensis**
  2. 叶二回羽裂，羽片常不整齐二叉状深裂，裂片长10-40厘米 ……………………… 3. **叉叶苏铁 C. micholitzii**
1. 叶一回羽裂。
  4. 叶羽片横断面呈V字形；茎顶端被厚绒毛。
    5. 叶羽片边缘强烈反卷；大孢子叶不育顶片卵形或窄卵形，边缘深裂，密被灰褐色绒毛；种子中种皮光滑，两侧不具槽 ………………………………………… 6. **苏铁 C. revoluta**
    5. 叶羽片边缘平或稍反曲；大孢子叶不育顶片近圆形或菱状圆形，边缘半裂，渐变无毛；种子中种皮两侧常具2-3沟槽 ………………………………………… 7. **台东苏铁 C. taitungensis**
  4. 叶羽片横断面近平，边缘不反卷（锈毛苏铁除外）；茎顶端无绒毛（攀枝花苏铁除外）。
    6. 茎干地下生，基部不膨大；叶中部的羽片宽（1.2-）1.8-2.5厘米，边缘常波状；小孢子叶先端具短尖或钝圆。
      7. 一年生叶柄绿色；大孢子叶5-15（-20），常松散着生，每侧裂片7-12 …… 4. **宽叶苏铁 C. tonkinensis**
      7. 一年生叶柄蓝绿色；大孢子叶达50，紧密着生，每侧裂片16-22 ………… 5. **叉孢苏铁 C. segmentifida**
    6. 茎干地上生，如地下生时，基部膨大；叶中部的羽片宽0.6-1.1（-1.4）厘米，边缘非波状；小孢子叶先端具刺尖头。
      8. 叶长1-3米，宽30-60厘米；羽片宽过1.1厘米；大孢子叶顶生裂片常扁化。
        9. 茎干向下常渐膨大，干皮自上而下由黑灰色变为灰白色，渐变平滑；种子长3.5-4.5厘米 ………………………………………… 9. **海南苏铁 C. hainanensis**
        9. 茎干圆柱状，干皮黑褐色，具宿存的鳞状叶痕；种子长2.5-3厘米。
          10. 叶中脉背面干时变平或微凹；鳞叶先端坚硬；大孢子叶不育顶片菱状卵形、卵形或心状卵形；种子中种皮具细乳突 ………………………………………… 10. **广东苏铁 C. taiwaniana**
          10. 叶中脉两面均显著隆起；鳞叶先端柔软；大孢子叶不育顶片常不为上述形态；种子中种皮平滑或具皱纹。
            11. 大孢子叶不育顶片倒卵形或近圆形，顶生裂片短于侧裂片；中层硬种皮有皱纹 ………………………………………… 11. **四川苏铁 C. szechuanensis**

11. 大孢子叶不育顶片宽卵形、心状卵形或长圆状卵形，顶生裂片明显长过侧裂片；中种皮平滑 ………………………………………………………………………… 11(附). **南盘江苏铁 C. guizhouehsis**

8. 叶长0.5-1.3米，宽15-35厘米；羽片宽不过1.1厘米；大孢子叶顶生裂片钻形，不扁化。

12. 茎干常地下生，基部膨大，或整个树干膨大成球状或纺锤状；小孢子叶球长15-35厘米，径4-10厘米；大孢子叶长8-12厘米。

13. 叶羽片与叶轴间夹角55-60°，中脉上面明显隆起，下面干时变近平；叶柄整个两侧具刺 ………………………………………………………………………… 14. **葫芦苏铁 C. changjiangensis**

13. 叶羽片与叶轴间夹角约90°，中脉不为上述情况；叶柄中上部两侧具0-8枚刺。

14. 叶轴（尤一年生的背面）密被锈色绒毛；羽片长20-28厘米，基部渐窄，几不下延，两面中脉隆起，边缘强烈反卷 ……………………………………………… 12. **锈毛苏铁 C. ferruginea**

14. 叶轴背面疏生红褐色长毛；羽片长13-18厘米，基部常楔形，下延，中脉上面近平，背面隆起，边缘平或稍反曲 ……………………………………………… 13. **石山苏铁 C. miquelii**

12. 茎干地上生，圆柱状；小孢子叶球长25-45厘米，径8-15厘米；大孢子叶长13-20厘米。

15. 茎干上部常二叉分枝，高7（-16）米，干皮灰白色，向下渐光滑，顶端无绒毛；叶羽片中脉干时有1条槽；小孢子叶顶端具长3-4厘米的芒尖；种子长4.5-6厘米 ………… 15. **篦齿苏铁 C. pectinata**

15. 茎干不分枝，高1-2（-3）米，干皮暗褐或灰褐色，有宿存鳞状叶痕，顶端被厚绒毛；叶羽片中脉干时无槽；小孢子叶顶端具短刺；种子长2.5-3.5厘米 ……………… 8. **攀枝花苏铁 C. panzhihuaensis**

1. 多歧苏铁 图1 彩片1、2

Cycas multipinnata C. J. Chen et S. Y. Yang in Acta Phytotax. Sin. 32: 239. 480. pl. 1. 1994.

茎干约一半地下生，地上茎高20-60厘米，径15-25厘米；干皮黑褐色，具宿存叶痕。叶1或2片，三回羽裂，长3-7米，宽70-150厘米；叶柄长1.5-2.5厘米，粗3-6厘米，每侧具刺30-50；一回裂片12-22对，与主轴夹角60-90°，羽片披针形，下部的最长，长45-80厘米，宽25-35厘米；二回裂片5-13，常互生，扇形或倒卵形，长20-40厘米，宽8-20厘米，在轴上斜展，3-7次二叉分枝，具1-5厘米长的叶柄；三回裂片1-3次二叉分枝，不具柄或具短柄；羽片薄革质或纸质，倒卵状披针形或倒卵状线形，长7-15厘米，宽1.2-2.4厘米，先端尾状或尾状渐尖，尾尖长约2厘米，基部下延常成翅，边缘波状，两面中脉隆起。小孢子叶球近圆柱状，长20-35厘米，金黄色，顶端钝圆；小孢子叶楔形，长2-2.5厘米，宽7-12毫米，先端钝圆，具短尖头，两侧具数枚小齿。大孢子叶长8-15厘米，不育顶片三角状宽卵形，长4-7厘米，宽3-6.5厘米，裂片每侧7-14，钻状，长1.5-3.5厘米；胚珠6-10。种子6-10，绿色，后变黄色，近球形，长2.5-3.2厘米，中种皮具细乳突。孢子叶球期4-5月，种子10-11月成熟。染色体2n=22。

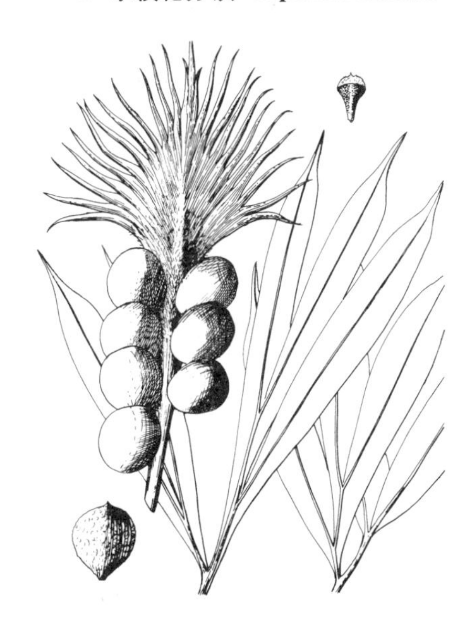

图 1 多歧苏铁 （孙英宝绘）

产云南红河以北个旧、蒙自、屏边、河口交界处的一块很小区域，生中低山热带雨林林下。

2. 德保苏铁 图2 彩片3

Cycas debaoensis Y. C. Zhong et C. J. Chen in Acta Phytotax. Sin. 35: 571. 1997.

本种苏铁叶为三回羽裂、茎干

地下生等与多歧苏铁相似，其不同主要在于：叶(3-)5-11(-15)片，长1.5-2.7米，叶柄长0.6-1.3米；羽片线形(初生的第一片叶为倒卵状披针形，先端常尾状渐尖)，长10-22(-28)厘米，宽0.8-1.5厘米，先端渐窄或长渐尖；小孢子叶窄楔形，长3-3.5厘米；大孢子叶长15-20厘米，不育顶片绿色，近心形或近扇形，每侧具裂片19-25，丝状，长3-6厘米；胚珠4-6枚；种子3-4，倒卵状球形，长3-3.5厘米。孢子叶球期3-4月，种子11月成熟。

产广西西部德保县，生于海拔600-980米向阳山坡灌丛。

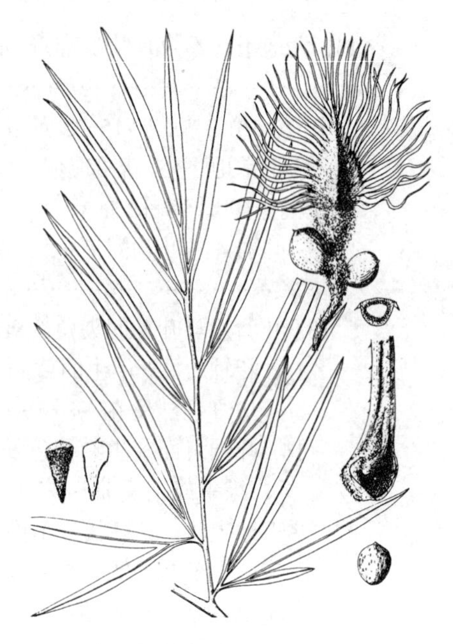

图 2 德保苏铁 （孙英宝绘）

3. 叉叶苏铁 图3 彩片4、5

Cycas micholitzii Dyer in Gard. Chron. ser. 3, 38: 142. 1905.

茎干地下生，有时基部膨大，地上茎高20-60(-80)厘米，径10-20厘米；干皮灰褐色，具宿存叶痕。叶3-8片，二回羽裂，长2-3.5米，宽40-70厘米；叶柄长0.5-1.5米，两侧具短刺；裂片1-2(-3)次二叉分枝，长30-40厘米，柄长0-5厘米；羽片薄革质或坚纸质，线形，不等长，长10-40厘米，宽1.5-3.2厘米，先端渐窄或长渐尖，基部明显下延，边缘平直或稍波状，两面中脉隆起。小孢子叶球窄梭状圆柱形，长20-35厘米；小孢子叶楔形，长1.2-2厘米，宽8-10毫米，先端具短尖头。大孢子叶长8-15厘米，不育顶片倒卵形，长4-6厘米，宽3-4厘米，篦齿状深裂，裂片每侧6-8，钻状，长1-2厘米；胚珠2-4。种子2-4，绿色，熟时黄色，倒卵状，长2.3-2.8厘米，中种皮具细乳突。孢子叶球期4-5月，种子10-11月成熟。染色体2n=22。

主产广西西部，云南东南部及海南（兴隆）零星分布，生于海拔100-700米石灰岩山灌丛中或土山的季雨林中。越南北部及中部、老挝中部有分布。为庭园观赏植物。

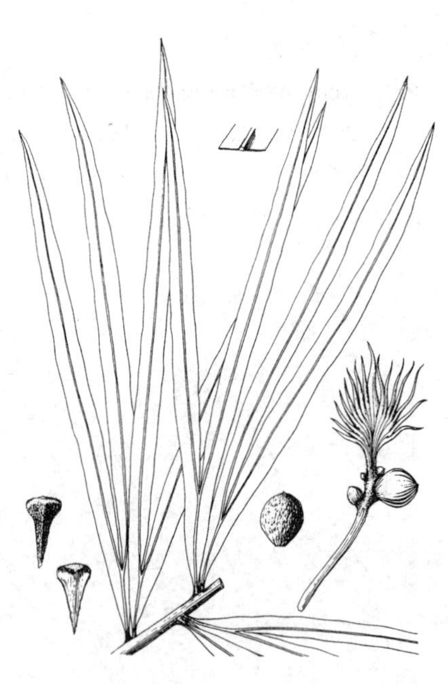

图 3 叉叶苏铁 （孙英宝绘）

4. 宽叶苏铁 云南苏铁 图4 彩片6

Cycas tonkinensis (L. Linden et Rodigas) L. Linden et Rodigas, Ill. Hort. 33: 27. 1886.

Zamia tonkinensis L. Linden et Rodigas, Ill. Hort. 32: 27. t. 547. 1885.

Cycas balansae Warb; Fl. China 4: 3. 1999.

Cycas siamensis auct. non

Miq,：中国植物志7：11. 1978.

茎干约一半地下生，地上茎高10-80（稀更高）厘米，径10-25（-30）厘米；干皮黑褐色，具宿存叶痕。叶5-20（-30）片，一回羽裂，长1.5-3米，宽40-60厘米；叶柄长30-90厘米，初呈绿色，横断面近圆形，具疏刺10-25对，刺距2-6厘米，刺长3-8毫米；羽片间距1.5-4厘米，坚纸质或薄革质，长20-38厘米，宽（12-）15-25毫米，基部近对称，常骤缩成一短柄，几不下延，边缘常波状，中脉干时上面隆起，下面近平或稍凹。小孢子叶球窄纺锤状圆柱形，长15-25厘米；小孢子叶宽楔形，长1.4-1.7厘米，宽0.7-1厘米，先端具短尖或钝圆。大孢子叶5-15（-20），排列常较疏松，长9-13厘米，不育顶片宽卵形、近心形或倒卵形，裂片每侧7-12，钻状，长2-3.5厘米，顶生的稍长；胚珠3-6，无毛。种子2-4，黄色，倒卵状，长1.8-2.7厘米，中种皮具细疣状突起。孢子叶球期3-5月，种子9-11月成熟。

产广西西南部（防城）及云南南部，生于海拔100-1300米季雨林林下。越南北部、老挝、泰国及缅甸有分布。

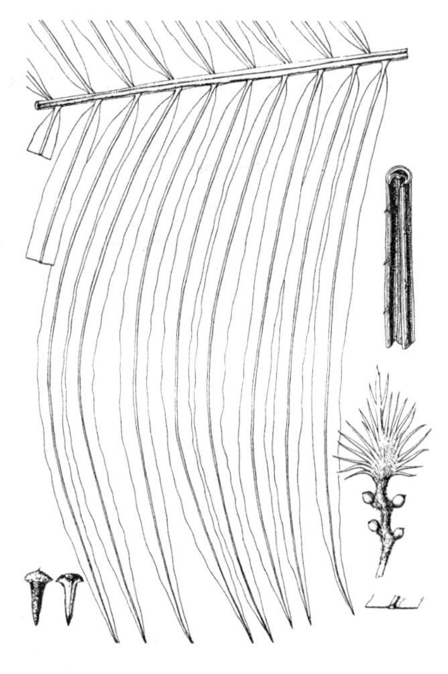

图 4 宽叶苏铁 （孙英宝绘）

5. 叉孢苏铁 图5

Cycas segmentifida D. Y. Wang et C. Y. Deng in Encephalartos 43: 11. 1995.

茎干约一半地下生，地上茎高15-70厘米，径10-40厘米；干皮黑褐色，具宿存叶痕。叶15-25，一回羽裂，长2-3.3米，宽45-60厘米；叶柄长60-150厘米，初呈蓝绿色，后变绿色，具刺25-50对，刺距1-2.5厘米，刺长（1-）2-3.5毫米；羽片间距1-1.8厘米，薄革质，长21-40厘米，宽12-18毫米，基部近对称，稍下延，边缘有时波状，中脉鲜时两面隆起，干时下面变平或稍凹。小孢子球窄椭圆状圆柱形，长30-50厘米；小孢子叶窄楔形，长2-2.5厘米，宽1-1.2厘米，先端具短尖头。大孢子叶25-50，密集，长10-16（-20）厘米，不育顶片宽卵形或心状卵形，长5-9厘米，宽4-8（-11）厘米，裂片钻状或丝状，每侧16-22，其中部分呈二叉状分裂，长2-5厘米，顶生裂片钻状或披针形，边缘常具不整齐的齿；胚珠（2）3-6，无毛。种子倒卵状，长2.8-3.5厘米，基部窄楔形，中种皮具细疣状突起。孢子叶球期3-6月，种子11-12月成熟。

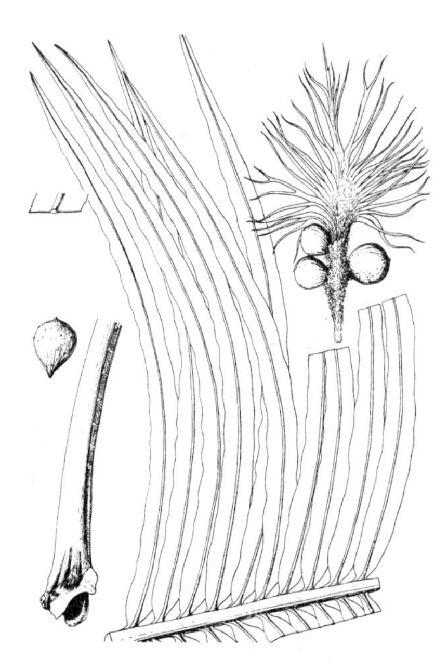

图 5 叉孢苏铁 （孙英宝绘）

产广西西北部、贵州南部（望谟、册亨）及云南东部（富宁），生于海拔350-800米阔叶林林下。

6.　苏铁　　图6：1-5 彩片7

Cycas revoluta Thunb. in Verh. Holl. Maatsch. Weetensch. Haarlem 20(2)：424. 426. 1782.

茎干圆柱状，高达3（-8）米，径达45（-95）厘米，常在基部或下部生不定芽，有时分枝，顶端密被很厚的绒毛；干皮灰黑色，具宿存叶痕。叶40-100片或更多，一回羽裂，长0.7-1.4（-1.8）米，宽20-25（-28）厘米，羽片呈V形伸展；叶柄长10-20厘米，具刺6-18对；羽片直或近镰刀状，革质，长10-20厘米，宽4-7毫米，基部微扭曲，外侧下延，先端渐窄，具刺状尖头，下面疏被柔毛，边缘强烈反卷，中央微凹，中脉两面绿色，上面微隆起或近平坦，下面显著隆起，横切面呈V字形。小孢子叶球卵状圆柱形，长30-60厘米，径8-15厘米；小孢子叶窄楔形，长3.5-6厘米，宽1.7-2.5厘米，先端圆状截形，具短尖头。大孢子叶长15-24厘米，密被灰黄色绒毛，不育顶片卵形或窄卵形，长6-12厘米，宽4-7厘米，边缘深裂，裂片每侧10-17，钻状，长1-3厘米；胚珠4-6，密被淡褐色绒毛。种子2-5，桔红色，倒卵状或长圆状，明显压扁，长4-5厘米，疏被绒毛，中种皮光滑，两侧不具槽。孢子叶球期5-7月，种子9-10月成熟。染色体2n=22。

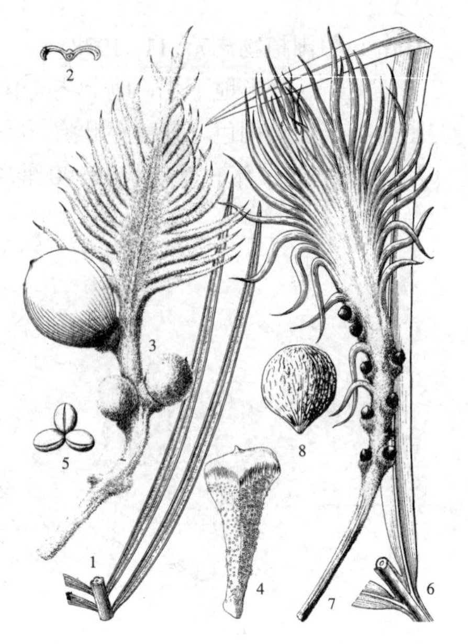

图 6　1-5. 苏铁 6-8. 四川苏铁
（引自《中国植物志》）

产福建东部沿海低山区及其邻近岛屿，生山坡疏林或灌丛中，自70年代以来，因人为破坏，天然苏铁林已几乎绝迹。日本九州鹿儿岛、琉球群岛仍保存较好的天然苏铁林。为重要观赏花卉物种，在我国多数省区及亚洲甚至全世界广为栽培。

7.　台东苏铁　　图7 彩片8

Cycas taitungensis C. F. Shen, K. D. Hill, C. H. Tsou et C. J. Chen in Bot. Bull. Acad. Sin. 35(2)：135. f. 1. 1994.

Cycas taiwaniana auct. non Carr.：中国植物志7：9. 1978，仅指台湾植物

茎干圆柱状，高达5米，径达45厘米，顶端密被厚绒毛；干皮黑褐色，具宿存叶痕。叶约50片，一回羽裂，长1.3-2米，宽20-40厘米；叶柄长15-30厘米，具刺7-14对；羽片直或近镰刀状，革质，长14-20厘米，宽5-8毫米，基部下延，先端渐窄，下面疏被柔毛，边缘平或稍反曲，中脉上面绿色，近平坦，下面淡绿，显著隆起，横断面呈宽V字形。小孢子叶球卵状圆柱形，长45-55厘米；小孢子叶窄倒三角形，长3.5-4.5厘米，宽1.1-1.5厘米，先端具骤尖头。大孢子叶桔红色，长15-25厘米，被淡褐色

图 7　台东苏铁　（孙英宝仿绘）

绒毛，后渐脱落，不育顶片菱状圆形或近圆形，长7-14厘米，宽6-11厘米，边缘半裂，裂片每侧14-19，钻状，长2-4.5厘米；胚珠4-6，密被褐色绒毛。种子2-6，桔红色，干时带紫红色，窄倒卵状或椭圆状，长4-5厘米，常疏被残存的绒毛，中种皮两侧常具不规则的2或3沟。孢子叶球期4-6月，种子9-10月成熟。染色体2n=22。

产台湾(台东)，生海岸边疏林或陡峭石壁上，海拔300-800(-1000)米。在华南及台湾常见栽培用庭园树。

8. 攀枝花苏铁　　图8 彩片9

Cycas panzhihuaensis L. Zhou et S. Y. Yang in L. Zhou et al. in Acta Phytotax. Sin. 19: 335. t. 10-11. 1981.

茎干圆柱状，高1-2(-3)米，径25-30厘米，顶端被厚绒毛；干皮暗褐或灰褐色，有宿存鳞状叶痕。叶30-60片，一回羽裂，长0.7-1.3米，宽20-27厘米，蓝绿色；叶柄长7-20厘米，在中上部有刺5-13对，基部密被褐色绒毛；羽片革质，蓝绿色，干时灰绿色，长12-20厘米，宽6-7毫米，基部下延，边缘平坦或稍反曲，中脉上面近平，下面隆起。小孢子叶球卵状圆柱形，长25-45厘米；小孢子叶窄楔形，长4-6厘米，宽1.8-2厘米，先端具短尖。大孢子叶长15-20厘米，密被具光泽淡褐色绒毛，后在裂片渐脱落，不育顶片菱状卵形，长8-10厘米，宽4-6厘米，裂片每侧约20，钻状，长1-3厘米，顶生裂片更长；胚珠4-6，无毛。种子2-4，桔红色，球状或倒卵状球形，长2.5-3.5厘米，外种皮肉质，干时变近膜质，脆易剥落，中种皮光滑。孢子叶球期4-5月，种子9-10月成熟。染色体2n=22。

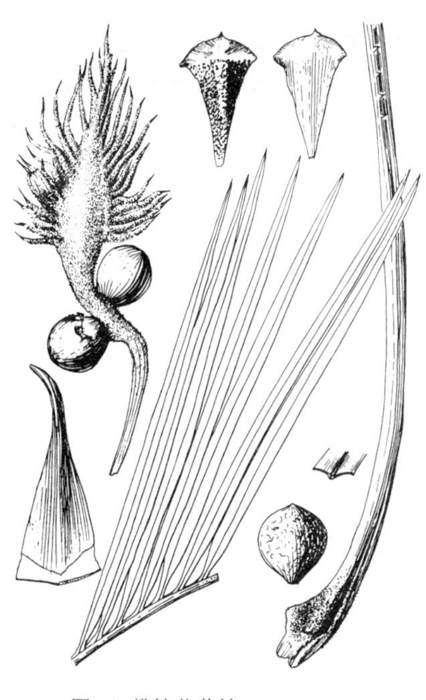

图 8 攀枝花苏铁 （孙英宝绘）

产四川西南部与云南北部的金沙江干旱河谷，生于海拔1100-2000米稀树灌丛。

9. 海南苏铁　　图9 彩片10

Cycas hainanensis C. J. Chen in Cheng et al. in Acta Phytotax. Sin. 13(4): 82. f. 2(5-6). 1975.

茎干高达2.5米，径达45厘米，向下渐增大；干皮自上至下由黑灰变灰白色，有宿存叶痕至渐变平滑。叶40-70片，一回羽裂，长1-2.2米，宽30-50厘米；叶柄长30-70厘米，具刺50-80对，刺间距3-12毫米，基部的刺较密；羽片与叶轴夹角40-50°，革质，长15-30厘米，宽6-9(-11)毫米，基部下延，边缘平或微反曲，中脉鲜时两面隆起，干时下面近平。小孢子叶球卵状圆柱形，长约40厘米；小孢子叶楔形，长3厘米，宽2

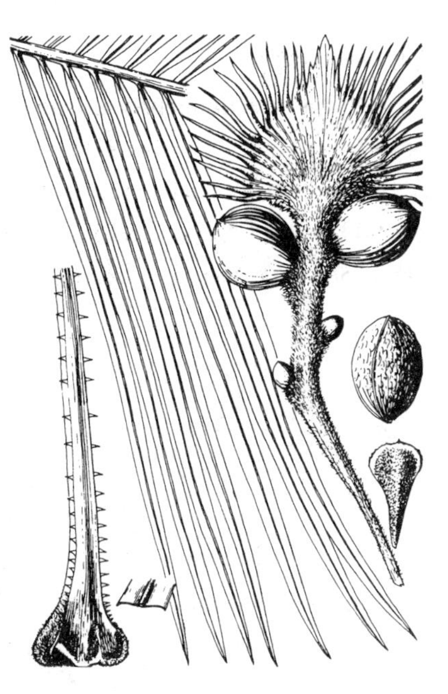

图 9 海南苏铁 （引自《中国植物志》）

厘米，先端具短尖头。大孢子叶长14-20厘米，不育顶片疏被绒毛，绿色，宽卵形，长6.5-9厘米，宽6-9（-12）厘米，篦齿状半裂，裂片每侧6-13，钻状，长1-3厘米，顶生裂片常扁化成长圆形或三角状卵形，长2-4厘米，宽0.7-3厘米，边缘常具少数齿裂；胚珠2-4，无毛。种子2-4，淡黄色，倒卵状或近球状，长3.5-4.5厘米，中种皮具细疣状突起。孢子叶球期3-5月，种子9-10月成熟。

产海南，生于海拔100-800（-1000）米热带雨林下。

10. 广东苏铁 台湾苏铁 图10 彩片11

Cycas taiwaniana Carruth. in Journ. Bot. 31: 2. 1893.

茎干圆柱状，高0.2-3.5米，径15-35厘米；干皮黑褐色，有宿存叶痕。叶50-80片，一回羽裂，长1.5-3米，宽40-60厘米；叶柄长40-120厘米，具刺30-60对，刺距1-2.5厘米，基部常无刺；羽片与叶轴夹角55-75°，常镰刀状，薄革质或坚纸质，长18-35厘米，宽11-14毫米，基部稍下延，边缘有时微波状，中脉鲜时两面隆起，干时下面变平或微凹。鳞叶先端具硬尖头。小孢子叶球卵状或椭圆状圆柱形，长30-45厘米；小孢子叶窄楔形，长2-3厘米，宽5-8毫米，先端具短尖头。大孢子叶长15-22厘米，被淡褐色绒毛，不育顶片菱状卵形、卵形或心状卵形，长7-12厘米，宽6-7厘米，篦齿状深裂或半裂，裂片每侧11-23，钻状，长2-3.5厘米，顶生裂片钻状或稍扁化，长2.5-4厘米；胚珠4-6，无毛。种子2-4，淡黄色，近球状，长2.8-3.3厘米，中种皮具细疣状突起。孢子叶球期4-5月，种子9-10月成熟。

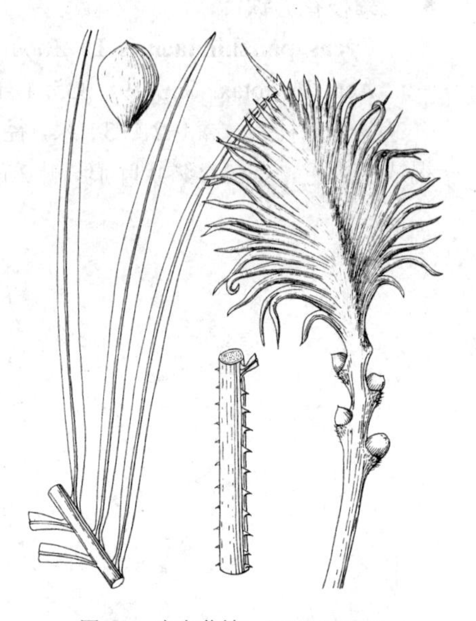

图 10 广东苏铁 （孙英宝抄绘）

产广东、广西东北部、湖南南部及云南东南部，生于海拔400-1100米次生林半阴处或灌丛草坡。越南北部有分布。

11. 四川苏铁 图6：6-8 彩片12

Cycas szechuanensis Cheng et L. K. Fu in Acta Phytotax. Sin. 13 (4): 81. f. 1(7-8). 1975.

茎干圆柱状，高1-3米，径20-40厘米；干皮黑褐色，有宿存叶痕。叶60-90片，一回羽裂，长2-3.5米，宽45-75厘米；叶柄长50-150厘米，具刺40-50对，刺距1.5-4厘米；羽片稍镰刀状，厚革质，长25-39厘米，宽10-15毫米，基部下延，边缘平或微反曲，两面中脉明显隆起；鳞叶先端柔软。小孢子叶球纺锤状，圆柱形，长约25厘米；小孢子叶楔形，长2-3厘米，宽0.8-1.2厘米。大孢子叶长14-23厘米，被黄褐色绒毛，不育顶片宽倒卵形或近圆形，长6-11厘米，宽5-9厘米，顶端近圆形，裂片深裂，钻形，每侧8-13，长2-6厘米，顶生的钻状，稍短于侧裂片；胚珠4-6（-10）。种子2-6，淡黄色，近球状或倒卵状，长2.5-3厘米，外种皮肉质，干时变膜质，易脆裂，中种皮有皱纹。孢子叶球期4-6月，种子10-11月成熟。染色体2n=22。

产福建沙溪流域，生于海拔300-450米山坡林下荫湿处。四川、福建及广西引种栽培作观赏。

［附］**南盘江苏铁** 彩片13 贵州苏铁 **Cycas guizhouensis** K. M. Lan et R. F. Zou in Acta Phytotax. Sin. 21(2): 209. f. 1. 1983. 本种与四川苏铁的区别：叶柄基部常无

刺；大孢子叶不育顶片先端锐尖或渐尖，顶端裂片明显长过侧裂片；种子中种皮平滑。产南盘江流域中游的广西北部、贵州西南部及云南东部，生于海拔450-800（-1000）米干旱河谷灌丛。

12. 锈毛苏铁 图 11

Cycas ferruginea F. N. Wei in Guihaia 14(4) 300. f. 6. 1994.

茎干近一半地下生，地上茎高达60厘米，径15厘米，基部常膨大，中部常有数个稍凹陷的环；干皮灰色，上部有宿存叶基，下部近光滑。叶25-40，一回羽裂，长1-2米，宽40-60厘米；叶柄长45-70厘米，具刺（0-）8-21对，刺毛约3毫米，叶轴（尤一年生的背面）密被锈色绒毛；羽片与叶轴间夹角近90°，叶间距1-2厘米，直或镰刀状，薄革质，长20-28厘米，宽6-10毫米，基部渐窄，具短柄，对称，几不下延，边缘强烈反卷，下面被锈色绒毛，中脉上面明显隆起，干时中央常有1条不明显的槽，下面稍隆起。小孢子叶球卵状纺锤形，长20-35厘米，径6-10厘米；小孢子叶宽楔形，长1.5-3厘米，宽1.2-1.5厘米，顶端边缘有少数浅齿，先端具上弯的短尖头。大孢子叶长9-14厘米，不育顶片菱状卵形，长3.5-5.5厘米，宽3-4.5厘米，裂片每侧8-15，钻形，长1-2.5厘米，顶生裂片3-4厘米；胚珠4-6，无毛。种子2-4，黄至桔红色，倒卵状球形或近球形，长2-2.8厘米，中种皮光滑。孢子叶球期3-4月，种子9-10月成熟。

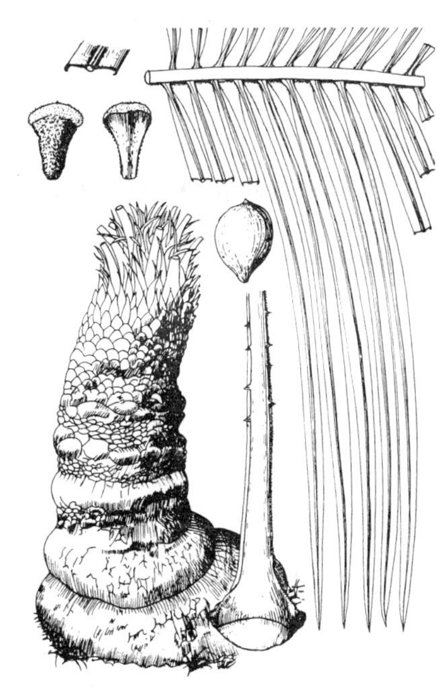

图 11 锈毛苏铁 （孙英宝绘）

产广西西部（龙州），生于海拔200-500米石灰山次生林半阴处。越南北部有分布。

13. 石山苏铁 图 12 彩片 14

Cycas miquelii Warb. in Monsunia 1: 179. 1900.

茎干椭圆状、近球状，地下生，或近圆柱状时近一半地下生，地上茎高达60厘米，径20厘米，基部膨大；干皮淡灰色，下部近光滑。叶15-30片，近水平开展，一回羽裂，长0.5-1米，宽15-22厘米；叶柄长10-20厘米，在上部具0-8对刺，叶轴背面疏生红褐色长毛；羽片密集垂直平展排列于中轴上，厚革质，长13-18厘米，宽6-11毫米，基部常截形，下延，先端硬，锐尖，边缘平或稍反曲，下面近无毛，中脉上面近平，下面隆起。小孢子叶球卵状纺锤形，长20-30厘米，径6-8厘米；小孢子叶宽楔形，长1.5-3厘米，宽1.2-1.5厘米，先端两侧边缘具少数不明显的齿，中央具短尖头。大孢子叶长8-14厘米，不育顶片菱状卵形，长3.5-5.5厘米，宽3-5厘米，裂片每侧8-15，钻

图 12 石山苏铁 （孙英宝绘）

状，长1-2.5厘米，顶生裂片长3-4厘米；胚珠4-6。种子2-4，淡黄色，倒卵状或近球状，长2-2.8厘米，中种皮光滑。孢子叶球期3-4月，种子8-10月成熟。

产广西西部，常生于海拔200-500米石灰岩山北坡陡峭石壁上。越南北部有分布。

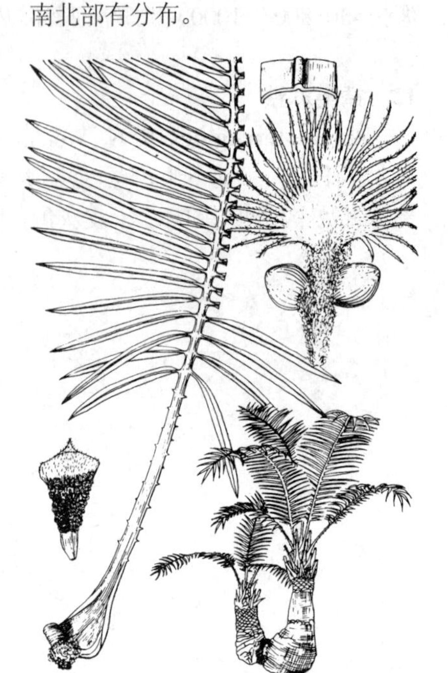

图 13 葫芦苏铁 （孙英宝绘）

14. 葫芦苏铁 图13 彩片15

Cycas changjiangensis N. Liu in Acta Phytotax. Sin. 36(6): 552. 1998.

茎干常地下生，圆柱状或葫芦状，有时呈串珠状，基部常骤然膨大，径约25厘米，地上茎高达50厘米，径15厘米，顶端近无毛；干皮灰色，下部近光滑。叶25-45片，一回羽裂，长50-130厘米；叶柄横断面近圆形，长10-40厘米，具刺9-16对；羽片与叶轴夹角55-60°，革质，长10-17（-23）厘米，宽4-7(-9)毫米，基部下延，边缘平或微反曲，中脉上面明显隆起，下面干时近平。小孢子叶球圆锥状圆柱形，长15-25厘米，径4-6厘米；小孢子叶楔形或宽楔形，长1.5-2厘米，宽0.6-1厘米，先端近全缘，中央具短突尖头。大孢子叶长8-13厘米，密被黄褐色绢质绒毛；不育顶片宽卵形或扇形，长5-6厘米，宽4-8厘米，裂片钻状，每侧8-17，长2-3.8厘米，顶生裂片宽披针形，长1.5-3.5厘米，边缘具1-2枚齿；胚珠2-4，无毛。种子2-4，绿色，熟时变黄褐色，宽倒卵状或近球状，长约2厘米。孢子叶球期4-5月，种子10-11月成熟。

产海南（昌江），生于热带海拔600-800米向阳草坡灌丛或半阴坡疏林下。

15. 篦齿苏铁 图14 彩片16

Cycas pectinata Buch.-Hamilt. in Mem. Wern. Nat. Soc. 5: 322. 1826.

Cycas pectinata Griffith；中国植物志7：14. 1978.

茎干圆柱状，上部常二叉分枝，向下渐膨大、光滑，高7（-16）米，径60(-90)厘米，茎顶端无绒毛；干皮灰白色，中上部有多数稍凹陷的环。叶长0.7-1.2（-1.5）厘米，宽20-30（-40）厘米；叶柄长10-35厘米，在中上部具6-15对刺；羽片革质或薄革质，长9-20厘米，宽5-7毫米，基部下延，边缘平或稍反曲，中脉上面近平，干时成槽，下面隆起，横断面近平或微成V形，下面被毛。小孢子叶球卵状圆柱形，长30-45厘米，径10-15厘米；小孢子叶楔形，长3.5-5厘米，宽1.2-2.5厘米，先端具长3-4厘米

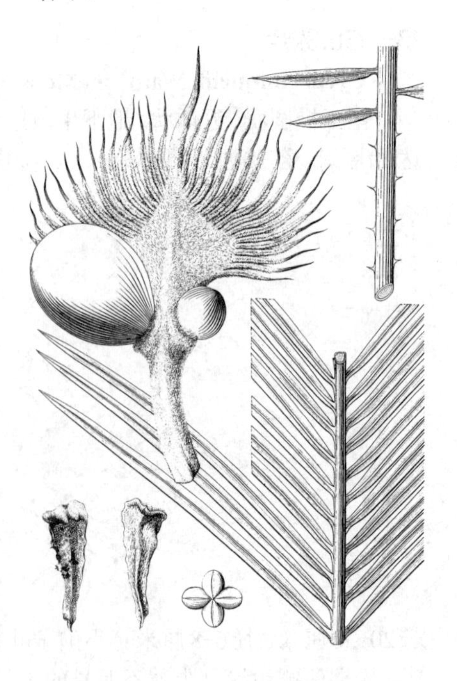

图 14 篦齿苏铁 （引自《中国植物志》）

的芒尖。大孢子叶长13-18厘米，密被绢状带光泽的黄褐色绒毛，不育顶片三角状扇形或宽卵形，长7-9厘米，宽6-10厘米，裂片篦齿状钻状，每侧14-18，长2.5-3.5厘米，顶生裂片钻状，长3-4.5厘米；胚珠2-4（-6），无毛。种子2（-4），桔红色，后变深褐色，倒卵状，长4.5-6厘米。外种皮肉质，具厚纤维层，中种皮光滑。孢子叶球期8月至翌年2月，种子翌年3-4月成熟。染色体2n=22。

产云南南部，生于海拔1000-1800米山坡季雨林中。越南、老挝、泰国、柬埔寨、缅甸、孟加拉、不丹、尼泊尔及印度北部有分布。

2. 银杏科 GINKGOACEAE

（傅立国）

落叶乔木，树干端直。有长枝和短枝。叶在长枝上螺旋状排列，在短枝上簇生状，扇形，叶脉叉状并列。雌雄异株，雌、雄球花生于短枝顶端的叶腋或苞腋；雄球花有梗，葇荑花序状，雄蕊多数，螺旋状着生，每雄蕊有2花药，雄精细胞有纤毛，花丝短；雌球花有长梗，顶端通常有2珠座，每珠座着生1直立胚珠。种子核果状，外种皮肉质，中种皮骨质，内种皮膜质；胚乳丰富，胚有2子叶，发芽时不出土。

特有科。

银杏属 **Ginkgo** Linn.

特有单种属。

形态特征同科。

银杏　白果　鸭脚子　　图15　彩片17

Ginkgo biloba Linn. Mant. Pl. 2: 313. 1771.

乔木，高达40米，胸径4米；树皮灰褐色，纵裂。大枝斜展，一年生长枝淡褐黄色，二年生枝变为灰色；短枝黑灰色。叶扇形，上部宽5-8厘米，上缘有浅或深的波状缺刻，有时中部缺裂较深，基部楔形，有长柄；在短枝上3-8叶簇生。雄球花4-6生于短枝顶端叶腋或苞腋，长圆形，下垂，淡黄色；雌球花数个生于短枝叶丛中，淡绿色。种子椭圆形，倒卵圆形或近球形，长2-3.5厘米，成熟时黄或橙黄色，被白粉，外种皮肉质有臭味，中种皮骨质，白色，有2（-3）纵脊，内种皮膜质，黄褐色；胚乳肉质，胚绿色。花期3月下旬至4月中旬，种子9-10月成熟。

据文献记载浙江西天目山老殿有野生状态的林木。银杏栽培历史悠久，北至沈阳、南达广州，东起沿海各省，西至甘肃南部、四川峨眉、雅安、都江堰，南至贵州及云南西部均有栽培，其中江苏、广西、安徽、浙江、山东的部分地区已成为经济林木的栽培中心；各地名胜古寺常有栽培百年至千年以上的大树。朝鲜、日本、欧美各国庭院亦有栽培。银杏材质优良，生长快。适应性强，耐干旱，为速生造林树种。银杏种子为著名的干果，供食用或药用。叶含多种黄酮类化合物，可供药用。

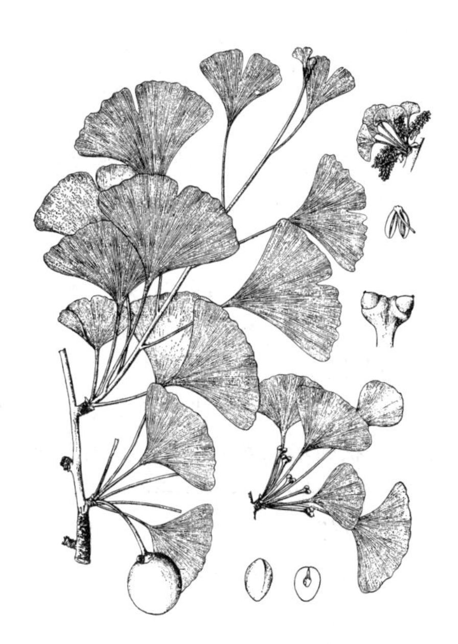

图 15　银杏（引自《中国植物志》）

3. 南洋杉科 ARAUCARIACEAE

（傅立国）

常绿乔木，髓部较大，皮层具树脂。大枝轮生。叶革质，螺旋状排列，稀于侧枝上近对生，下延。雌雄异株或同株；雄球花圆柱形，雄蕊多数，螺旋状排列，花药4-20，排成两行，花粉无气囊；雌球花单生枝顶，椭圆形或近球形，苞鳞多数，螺旋状排列，珠鳞不发育，或与苞鳞合生，仅先端分离，胚珠1，倒生。球果大，2-3年成熟，苞鳞木质或厚革质，扁平，有时腹面中部具舌状种鳞，熟时苞鳞脱落；发育苞鳞具1种子，种子扁平与苞鳞离生或合生。

2属约30余种，产南半球热带及亚热带地区。我国引入栽培2属4种。

1. 种子与苞鳞合生，无翅或两侧有翅；叶鳞形、钻形、针状镰形、披针形或卵状三角形 ………………………………………………………………………… 1. **南洋杉属 Araucaria**
1. 种子与苞鳞离生，一侧具翅；叶长圆状披针形或椭圆形 ………………………… 2. **贝壳杉属 Agathis**

1. 南洋杉属 Araucaria Juss.

乔木。大枝平展或斜上伸展。冬芽小。叶鳞形、钻形、针状镰形、披针形或卵状三角形，通常同一植株上的叶大小悬殊。雌雄异株，稀同株；雄蕊具显著延伸的药隔；雌球花的苞鳞腹面具合生、仅先端分离的珠鳞，胚珠与珠鳞合生。球果大，直立，椭圆形或近球形；苞鳞木质，扁平，先端厚，上缘具锐利的横脊，先端具三角状或尾状尖头；种鳞舌状，位于苞鳞腹面的中部，其下部与苞鳞合生。种子位于种鳞的下部，扁平，合生，无翅或两侧具与苞鳞结合而生的翅。子叶2，稀4，发芽时出土或不出土。

约14种，产南美洲、大洋洲及太平洋岛屿。我国引入3种。

1. 叶形大，扁平，披针形或卵状披针形，具多数平列细脉；雄球花生于叶腋；球果的苞鳞先端具急尖的三角状尖头，尖头向外反曲，两侧边缘厚；舌状种鳞的先端肥大而外露；种子无翅；子叶不出土 ………………………………………………… 1. **大叶南洋杉 A. bidwillii**
1. 叶形小，钻形、鳞形、卵形或三角状，中脉明显或不明显，无平列细脉；雄球花生于枝顶；球果的苞鳞两侧具薄翅；种子具结合而生的翅；子叶出土。
   2. 叶卵形、三角状卵形或三角状钻形，上下扁或背部具纵脊；球果椭圆状卵形；苞鳞先端具向外反曲的长尾状尖头 ………………………………………… 2. **南洋杉 A. cunninghamii**
   2. 叶锥形，通常两侧扁，四菱状；球果近球形；苞鳞先端具上弯的三角状尖头 ……………………………… 3. **异叶南洋杉 A. heterophylla**

图 16 大叶南洋杉 （引自《中国植物志》）

1. 大叶南洋杉 图16 彩片18

Araucaria bidwillii Hook. in Lond. Journ. Bot. 2: 505. t. 18. 19. 1843.

乔木，在原产地高达50米，胸径1米；树皮厚，暗灰褐色，裂成薄条片脱落；大枝平展，树冠塔形。侧生小枝密集，下垂。叶卵状披针形、披针形或三角状披针形，幼树及营养枝之叶较大，小枝中部之叶较两端之叶为大，长2.5-6.5厘米，花枝、老树及小枝两端之叶较小，长0.7-2.8厘米，叶无主脉，具多数平列细脉，下面有多数气孔线。球果宽椭圆形或近球形，长达30厘米，中部苞鳞长圆状椭圆形或长圆状卵形，先端厚，具明显的锐脊，中央有急尖的三角状尖头，尖头向外反曲，两侧较厚，不呈翅状；种鳞先端肥大外露。种子长椭圆形，无翅。花期3月，球果第三年秋后成熟。

原产大洋洲沿海地区。福建、广东、广西等地引种栽培，生长良好，已开花结籽；长江流域及北方盆栽，需在温室越冬。木材供建筑、家具等用。多栽培供庭院观赏。

2. 南洋杉 图 17 彩片 19

Araucaria cunninghamii Sweet, Hort. Brit. ed. 2. 475. 1830.

乔木，在原产地高达70米，胸径1米以上；树皮灰褐色或暗灰色，粗糙，横裂；大枝平展或斜展，幼树树冠尖塔形，老则平顶。侧生小枝密集下垂。幼树及侧枝之叶排列疏松，开展，锥形、针形、镰形或三角形，长7-17毫米，微具四棱；大树及花枝之叶排列紧密，前伸，上下扁，卵形、三角状卵形或三角形，长6-10毫米。球果卵圆形或椭圆形，长6-10厘米；苞鳞楔状倒卵形，两侧具薄翅，先端宽厚，具锐脊，中央有急尖的长尾状尖头，尖头向后反曲；种鳞先端薄。种子椭圆形，两侧具结合而生的薄翅。

原产大洋洲东南沿海地区。福建、广东、海南、广西等地引种栽培，生长快，可开花结籽；长江以北各省有盆栽，需在温室越冬。

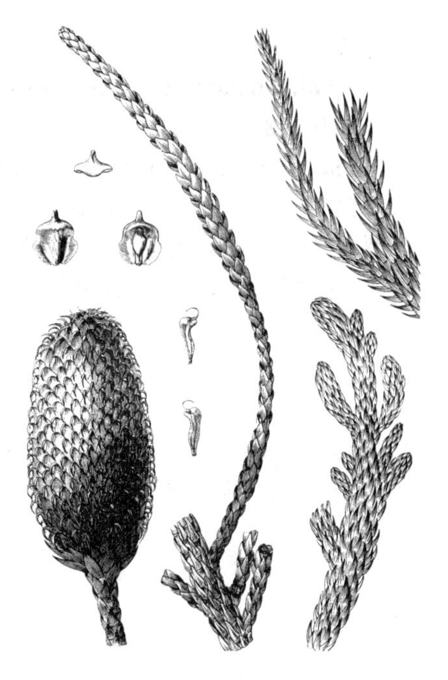
图 17 南洋杉 （引自《中国植物志》）

3. 异叶南洋杉 图 18 彩片 20

Arancaria heterophylla (Salisb.) Franco in An. Inst. Super. Hgron. 19: 11. 1925.

Eutassa heterophylla Salisb. in Trans. Linn. Soc. Lond. 8: 316. 1807.

乔木，在原产地高达50米以上，胸径1.5米；树干通直；树皮暗灰色，裂成薄片。大枝平展，小枝平展或下垂，侧枝常呈羽状排列。幼树及侧生小枝之叶排列疏松，开展，钻形，上弯，长6-12毫米，通常两侧扁，具3-4棱，上面具多数气孔线，有白粉，下面近无气孔线，光绿色；大树及花枝之叶排列较密，微开展，宽卵形或三角状卵形，长5-9毫米，上面亦有多数气孔线，有白粉，下面有少数气孔线。球果近球形或椭圆状球形，长8-12厘米；苞鳞上部肥厚，边缘具锐脊，先端具扁平三角状尖头，尖头上弯。种子椭圆形，稍扁，两侧具结合而生的宽翅。

原产大洋洲诺和克岛。福建、广东、海南、广西等地引种栽培，供庭院观赏；长江流域以北有盆栽，需在温室越冬。

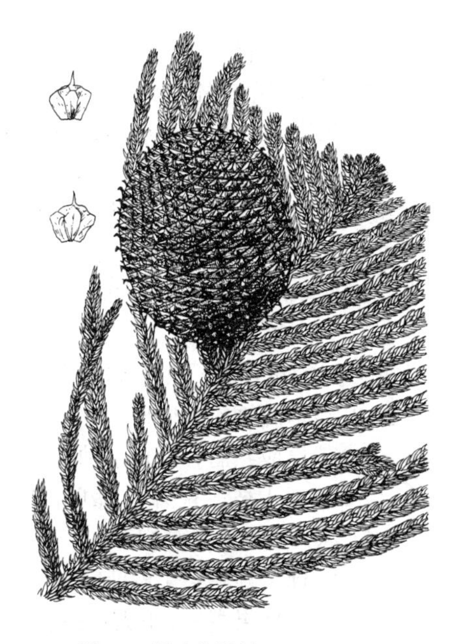
图 18 异叶南洋杉 （孙英宝绘）

2. 贝壳杉属 Agathis Salisb.

乔木，多树脂。大枝平展，近轮生，小枝脱落后有圆形枝痕。冬芽小，球形。叶形多样，通常长圆状披针形或椭圆形，在同一树上大小悬殊，有多数不明显的并列细脉；叶柄短，扁平，脱落后有枕状叶痕。通常雌雄同株，雄球花单生叶腋，硬直，圆柱形；雌球花单生枝顶。球果球形或宽卵圆形；苞鳞排列紧密，扇状、先端厚。种子生于苞鳞腹面下部，离生，一侧具翅，另一侧具一小突起，很少发育成翅；子叶2。

约20余种，产菲律宾、越南南部、马来西亚、大洋洲及新西兰。我国引入1种。

贝壳杉 图 19

Agathis dammara (Lamb.) Rich. Comment. Bot. Conif. et Cycad. 83. t. 19. 1826.

Pinus dammara Lamb. Descr. Gen. Pinus 1: 61. t. 38. 1803.

乔木，在原产地高38米，胸径达45厘米以上；树皮厚，带红色，鳞状开裂；树冠圆锥形，枝微下垂。叶革质，长圆状披针形或椭圆形，长5-12厘米，先端钝圆，稀短尖，深绿色，边缘增厚；叶柄长3-8毫米。球果近球形或宽卵圆形，长达10厘米；苞鳞先端增厚，反曲。种子倒卵圆形，长约1.2厘米，种翅上部宽，达1.2厘米。

原产马来西亚及菲律宾。福建等地引种栽培，供庭院观赏，生长快；长江流域有栽培，需在温室越冬。木材可供建筑等用；树干含有丰富的树脂，为著名的达麦拉树脂，在工业及医药上有广泛用途。

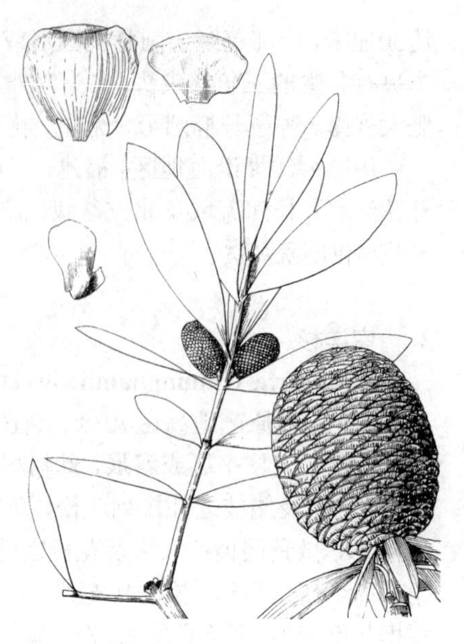

图 19 贝壳杉 （孙英宝绘）

4. 松科 PINACEAE

（傅立国 向巧萍 李 楠）

常绿或落叶乔木，稀为灌木。大枝近轮生，幼树树冠通常为尖塔形，大树树冠尖塔形、圆锥形、广圆形或伞形。叶螺旋状排列，或在短枝上端成簇生状，线形、锥形或针形。雌雄同株；雄球花具多数螺旋状排列的雄蕊，每雄蕊具2花药；雌球花具多数螺旋状排列的珠鳞和苞鳞，每珠鳞具2倒生胚珠，苞鳞与珠鳞分离。球果成熟时种鳞张开，稀不张开，发育的种鳞具2种子。种子上端具一膜质的翅，稀无翅；子叶2-16，发芽时出土，或不出土。

10属约230种，多产于北半球，组成广大的森林。我国有10属93种24变种，分布几遍全国，多数种类在东北、西南等高山地带组成大面积森林。为用材、木纤维、采脂等很重要来源。另引入栽培24种2变种。

1. 叶线形，稀针形，螺旋状排列，或在短枝上端成簇生状，均不成束。
  2. 叶线形扁平或具四棱；仅具长枝，无短枝；球果当年成熟。
    3. 球果成熟后种鳞自中轴脱落，球果腋生，直立；叶扁平，上面中脉凹下，稀隆起而横切面呈四棱形；叶脱落后小枝上有圆形、微凹的叶痕 …… 2. **冷杉属 Abies**
    3. 球果成熟后种鳞宿存。
      4. 球果顶生；小枝节间生长均匀，上端不增粗，叶在枝节间均匀排列。
        5. 球果直立，形大；种子连翅与种鳞近等长；叶扁平，上面中脉隆起；雄球花簇生枝顶 …… 1. **油杉属 Keteleeria**
        5. 球果通常下垂，稀直立；种子连翅较种鳞为短；雄球花单生叶腋。
          6. 小枝有微隆起的叶枕或叶枕不明显；叶扁平，有短柄，上面中脉凹下，稀平或微隆起，下面有气孔线，稀上面有气孔线。
            7. 球果较大，苞鳞伸出，先端3裂；叶内具2边生树脂道；小枝无隆起的叶枕或微有叶枕 …… 3. **黄杉属 Pseudotsuga**
            7. 球果较小，苞鳞不露出，稀微露出，先端不裂或2裂；叶内维管束鞘下有1树脂道；小枝有隆起或微隆起的叶枕 …… 4. **铁杉属 Tsuga**
          6. 小枝有显著隆起的叶枕；叶四棱状或扁棱状线形，四面有气孔线，或线形扁平或微扁平，仅上面有气孔线，无柄，中脉两面隆起；球果的苞鳞极小 …… 6. **云杉属 Picea**

4. 球果腋生，初直立后下垂，苞鳞短，不露出；小枝节间上端生长缓慢、较粗；叶扁平，上面中脉凹下，在枝上散生，在节间上端排列紧密，似簇生状 …………………………………………… 5. **银杉属 Cathaya**

2. 叶线形扁平、柔软，或针形、坚硬；有长枝和短枝；叶在长枝上螺旋状排列，在短枝上端成簇生状；球果当年或翌年成熟。

8. 叶扁平，柔软，线形；落叶性；球果当年成熟。

9. 雄球花单生于短枝顶端；种鳞革质，宿存；种子连翅短于种鳞；芽鳞先端钝；叶较窄，宽2毫米以内 ……………………………………………………………………………………………… 7. **落叶松属 Larix**

9. 雄球花簇生于短枝顶端；种鳞木质，熟时与果轴一同脱落；种子连翅与种鳞等长；芽鳞先端尖；叶较宽，2-4毫米 …………………………………………………………………… 8. **金钱松属 Pseudolarix**

8. 叶针形，坚硬；常绿性；球果翌年成熟，熟时种鳞自宿存果轴上脱落 …………………… 9. **雪松属 Cedrus**

1. 叶针形，2、3、5（稀1或多至8）针一束，生于苞片状鳞叶腋部的退化短枝顶端；常绿性；球果翌年成熟，种鳞宿存，背面上方具鳞盾和鳞脐 ………………………………………………………………… 10. **松属 Pinus**

1. 油杉属 **Keteleeria** Carr.

常绿乔木。小枝基部有宿存芽鳞。叶线形或线状披针形，扁平，螺旋状排列，在侧枝上排成2列，两面中脉隆起，上面无或有气孔线，下面有两条气孔带；叶柄短，常扭转，基部微膨大；叶内有1-2维管束，两侧下方靠近皮下细胞各有1边生树脂道。雄球花4-8簇生侧枝顶端，稀生于叶腋，雄花的药室斜向或横向开裂，花粉有气囊；雌球花单生侧枝顶端，直立，苞鳞大于珠鳞。球果当年成熟，较大，圆柱形，直立；种鳞木质，宿存；苞鳞短于种鳞，不露出，或球果基部的苞鳞微露出，先端3裂，中裂片长尖，两侧裂片较短，圆或钝尖。种子大，三角状卵形，种翅宽长，厚膜质，有光泽，种子连翅与种鳞近等长；子叶2-4，发芽时不出土。染色体2n=24。

6种、3变种。产我国秦岭以南温暖山区及越南、老挝。木材纹理直或斜，结构细致，硬度适中，干后不裂，含树脂，耐久用；可供建筑、桥梁、家具、木纤维原料；树皮可提取栲胶。

1. 叶线状披针形或近线形，两端渐窄，长5-8（-14）厘米，宽3-4（-9）毫米，上面沿中脉两侧各有4-8条气孔线；种鳞斜方状卵形或斜方形，先端钝或微曲，上部两侧边缘微反曲 ………………… 1. **海南油杉 K. hainanensis**

1. 叶线形，近等宽，长1.2-6.5厘米，宽2-4.5毫米。

2. 叶较窄长，长达6.5厘米，宽2-3毫米，先端常有凸起的钝尖头，上面沿中脉两侧常各有2-10条气孔线；种鳞卵状斜方形或斜方状，上部向外反曲，边缘常有细齿 ………………………… 2. **云南油杉 K. evelyniana**

2. 叶较短，长1.2-4（-5）厘米，宽达4.5毫米，先端钝、微凹或尖。

3. 种鳞上部边缘向外反曲或微反曲，或上部两侧边缘反曲。

4. 一年生枝有毛或无毛；种鳞斜方状圆形、斜方形或斜方状卵形，上部圆，无凹缺。

5. 一年生枝无乳头状突起。

6. 一年生枝淡黄灰色、淡黄色或淡灰色；种鳞背面外露部分无毛或近无毛 ……………………………………………………………………………………………… 3. **铁坚油杉 K. davidiana**

6. 一年生枝黄色；种鳞背面外露部分密生短毛 ………… 3(附). **黄枝油杉 K. davidiana** var. **calcarea**

5. 一年生枝有密生乳头状凸起 ………………………… 3(附). **台湾油杉 K. davidiana** var. **formosana**

4. 一至二年生枝密被锈褐色短柔毛；种鳞近五角状卵形，上部宽圆，中央微凹，背面露出部分密生短毛，被白粉 ……………………………………………………………………… 4. **柔毛油杉 K. pubescens**

3. 种鳞上部边缘内曲。

7. 一年生枝无乳头状突起。

8. 种鳞宽圆形，上部截圆形，有时中央微凹，稀斜方状圆形，叶上面无气孔线 …… 5. **油杉 K. fortunei**

8. 种鳞斜方形或斜方状圆形；叶上面有时先端、中上部或中脉两侧有气孔线 ……………………

…………………………………………………………………… 5(附). 江南油杉 **K. fortunei** var. **cyclolepis**

7. 一年生枝毛脱落后有乳头状突起；种鳞长圆形或宽长圆形 ……………………… 6. 矩鳞油杉 **K. oblonga**

1. 海南油杉 图 20 彩片 21

Keteleeria hainanensis Chun et Tsiang in Acta Phytotax. Sin. 8(3): 259. 1963.

乔木，高达30米，胸径1米；树皮淡灰色或褐色，粗糙，不规则纵裂。小枝无毛，一至二年生枝淡红褐色或红褐色，三至四年生枝灰褐色或灰色，有裂纹。叶线状披针形或近线形，两端渐窄，通常微弯，长5-8厘米，宽3-4毫米，上面中脉两侧各有4-8条气孔线；幼树及萌生枝之叶长达14厘米，宽达9毫米，上面无气孔线。球果圆柱形，长14-18厘米，径约7厘米，中部种鳞斜方状卵形或斜方形，先端钝或微凹，两侧边缘微反曲，背部无毛。种子近三角状椭圆形，长1.4-1.6厘米，径6-7毫米，种翅三角状半圆形，中下部较宽，上部渐窄，先端钝。

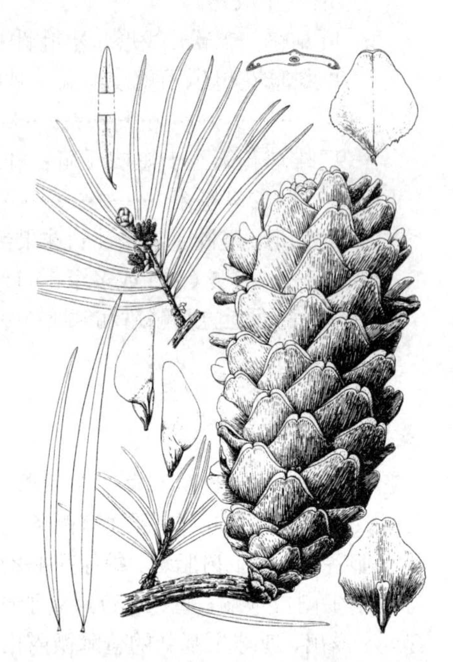

图 20 海南油杉 （吴彰桦绘）

产海南坝王岭，生于海拔约1000米山地。

2. 云南油杉 图 21 彩片 22

Keteleeria evelyniana Mast. in Gard. Chron. ser. 3, 33: 194. f. 82. 1903.

乔木，高达40米，胸径1米；树皮暗灰褐色，不规则深纵裂成块片脱落。枝较粗，开展；一年生小枝常被毛，干后淡粉红色或淡褐红色，二至三年生枝无毛，灰褐、黄褐或褐色，枝皮裂成薄片。叶线形，长2-6.5厘米，宽2-3(-3.5)毫米，先端常有微凸起的钝尖头（幼树或萌生枝之叶先端有微急尖的刺状长尖头），基部楔形，上面中脉两侧常各有2-10条气孔线，下面中脉两侧各有14-19条气孔线。球果圆柱形，长9-20厘米，径4-6.5厘米；中部种鳞卵状斜方形或斜方形，上部边缘向外反曲，边缘有细齿，背部被毛或近无毛。花期4-5月；球果10月成熟。

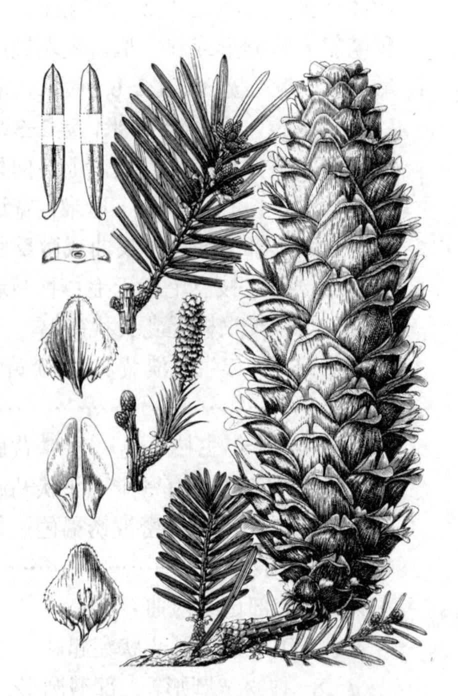

图 21 云南油杉 （引自《中国植物志》）

产云南、广西西部、贵州、四川西南部安宁河流域及大渡河流域，生于海拔700-2800米山地。

3. 铁坚油杉 青岩油杉 图 22

Keteleeria davidiana (Bertr.) Beissn. Handb. Nadelh. 424. f. 117. 1891.

Pseudotsuga davidiana Bertr. in Bull. Soc. Philom. Paris ser. 6, 9: 38. 1872.

Keteleeria davidiana var. *chienpeii* (Flous) Cheng et L. K. Fu；中国植物志7：48. 1978.

乔木，高达50米，胸径达2.5米；树皮暗深灰色，深纵裂；大枝平展或斜展，树冠广圆形。一年生枝有毛或无毛，淡黄灰色、淡黄色或淡灰色，二至三年枝灰色或淡褐灰色，常有裂纹或裂成薄片。冬芽卵圆形，先端微尖。叶线形，长2-5厘米，宽3-4毫米，先端圆钝或微凹，幼树或萌生枝之叶先端有刺状尖头，上面光绿色，无气孔线或中上部有极少气孔线，下面淡绿色，中脉两侧各有气孔线10-16条，微被白粉。球果圆柱形，长8-21厘米，径3.5-6厘米；中部种鳞卵形或近斜方状卵形，上部圆或窄长而反曲，边缘外曲，有细齿，背面露出部分无毛或疏生短毛。花期4月，球果10月成熟。

产甘肃东南部、陕西南部、四川北部、东部及东南部、湖北西部及西南部、湖南西部、广西北部、贵州及云南东北部，生于海拔500-1300米山地半阴坡。

［附］**黄枝油杉** 彩片23 **Keteleeria davidiana** var. **calcarea** (Cheng et L. K. Fu) Silba in Phytologia 68: 34. 1990. —— *Keleleeria calcarea* Cheng et L. K. Fu in Acta Phytotax. Sin. 13(4): 82. 1975；中国植物志7：44. 1978. 本变种与模式变种的区别：一年生枝黄色；冬芽圆球形；种鳞背面露出部分密生短毛。产广西西北部及贵州南部，生于石灰岩山地。

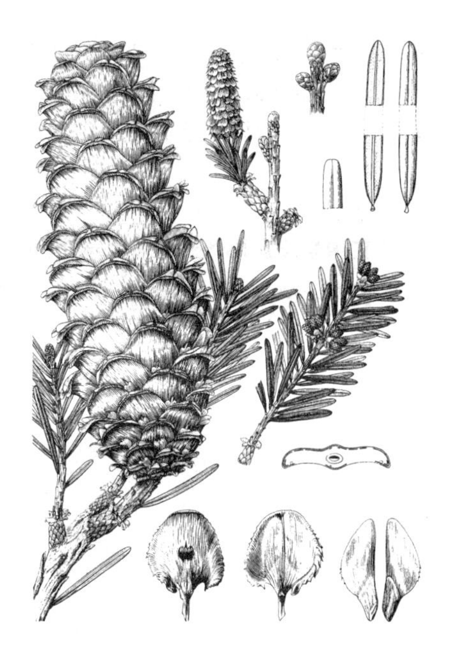

图 22 铁坚油杉 （引自《中国植物志》）

［附］**台湾油杉** 彩片24 **Keteleeria davidiana** var. **formosana** (Hayata) Hayata in Journ. Coll. Sci. Imp. Univ. Tokyo 25(19): 221. 1908. —— *Keteleeria formosana* Hayata in Gard. Chron. ser. 3, 43: 194. 1908. 本种与模式变种的区别：一年生小枝有密生乳头状突起。产台湾，生于海拔300-900米山地。

4. 柔毛油杉 图 23：1-7

Keteleeria pubescens Cheng et L. K. Fu in Acta Phytotax. Sin. 13(4): 82. 1975.

乔木，高30米，胸径1.6米，树皮暗褐色或褐灰色。一至二年生枝绿色，密被短柔毛，干后暗褐色，毛呈锈褐色。叶线形，长1.5-3厘米，宽3-4毫米，先端微尖或渐尖，上面深绿色，无气孔线，下面淡绿色，中脉两侧各有25-35条气孔线。球果短圆柱形或

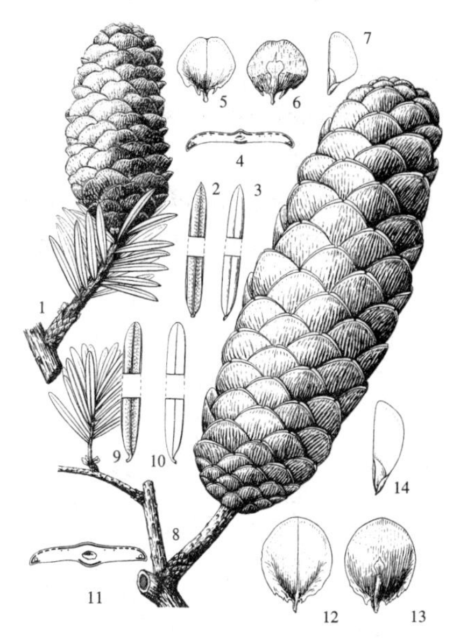

图 23：1-7. 柔毛油杉 8-14. 矩鳞油杉
（吴彰桦绘）

椭圆状圆柱形，长7-11厘米，径3-3.5厘米，被白粉；中部的种鳞五角状圆形，上部宽圆，中央微凹，两侧边缘向外反曲，背面露出部分密生短毛。4月开花；球果10月成熟。

产广西北部及贵州东南部，生于海拔600-1000米土层深厚的山地。

5. 油杉 图24 彩片25

Keteleeria fortunei (Murr.) Carr. in Rev. Hort. 37: 449. 1866.

Picea fortunei Murr. in Proc. Hort. Soc. London. 421. 1862.

乔木，高达30米，胸径1米；树皮暗灰色，纵裂；枝开展。一年生枝有毛或无毛，干后桔红色或淡粉红色，二至三年生枝淡黄灰色或淡黄褐色，枝皮通常不裂。叶线形，长1.2-3厘米，宽2-4毫米，先端圆或钝；幼树或萌生枝密被毛，其上之叶长达3-4厘米，宽3.5-4.5毫米，先端有渐尖的刺尖头；间或果枝之叶亦有刺尖头，叶上面光绿色，无气孔线，下面淡绿色，中脉两侧各有12-17条气孔线。球果圆柱形，长6-18厘米，径5-6.5厘米，微被白粉；中部种鳞宽圆形或上部宽圆下部宽楔形，上部边缘内曲，背面露出部分无毛；种翅中上部较宽。花期3-4月，球果10月成熟。

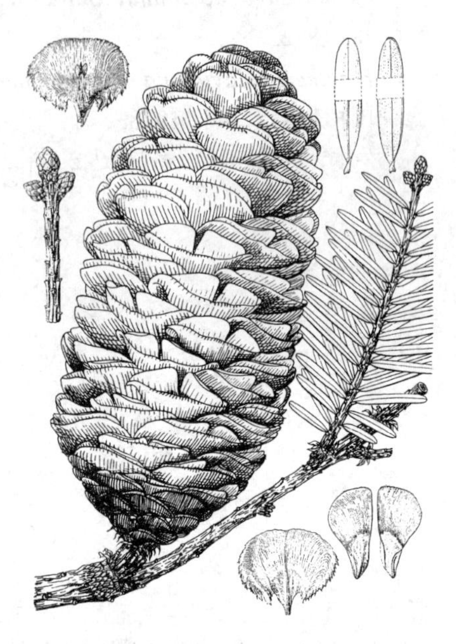

图 24 油杉 （引自《中国植物志》）

产福建、广东及广西，生于海拔1200米以下山地。

［附］**江南油杉 Keteleeria fortunei** var. **cyclolepis** (Flous) Silba in Phytologia 68: 35. 1990. —— *Keteleeria cyclolepis* Flous in Bull. Soc. Hist. Nat. Toulouse 69: 402. 1936; 中国植物志7: 52. 1978. 本变种与模式变种的区别：种鳞斜方形或斜方状圆形；叶上面有时先端、中上部或中脉两侧有气孔线。产浙江南部、江西西南部、湖南南部、广东北部、广西西北部及东部、贵州、云南东南部，生于海拔340-1400米山地。

6. 矩鳞油杉 图23：1-7

Keteleeria oblonga Cheng et L. K. Fu in Acta Phytotax. Sin. 13(4): 82. 1975.

Keteleeria fortunei (Murr.) Carr. var. *oblonga* (Cheng et L. K. Fu) L. K. Fu et Nan Li; Fl. China 4: 43. 1999.

乔木。一至二年生枝干后红褐色、褐色或暗红褐色，新枝密被毛，毛脱落后留有较密的乳头状突起点。叶线形，长2-3厘米，宽2-3毫米，先端钝，或有近渐尖或微急尖的尖头，上面无气孔线，或中上部沿中脉两侧各有1-2条气孔线，近先端有6-8条气孔线，下面浅绿色，中脉两侧各有15-25条气孔线，无白粉。球果圆柱形，长15-20厘米，径4.5-5厘米；中部种鳞长圆形或宽长圆形，上部边缘有细齿，不反曲或先端微内曲，背部无毛。种子长约1.2厘米，种翅宽长，厚膜质。

产广西西部，生于海拔400-700米山地疏林中。

2. 冷杉属 Abies Mill.

常绿乔木。大枝轮生，平展或斜伸；小枝对生，稀轮生，基部有宿存芽鳞，叶脱落后留有圆形或近圆形叶痕，平滑，不粗糙。冬芽3个在枝顶排成一平面，常被树脂。叶辐射伸展或基部扭转排成2列状，线形，上面中脉凹下，稀微隆起，下面中脉隆起，两侧各有1条气孔带；树脂道2，稀4个，中生或边生；叶柄短。球花单生二年生枝叶腋；雄球花初期斜伸或近直立，后下垂，雄蕊的药室横裂，花粉具气囊；雌球花直立，苞鳞大于珠鳞。球果当年成熟，直立，长卵圆形至圆柱形；种鳞木质，排列紧密，熟时或干后自中轴脱落；苞鳞露出或不露出。种子上部具宽长的翅；子叶4-10，发芽时出土。染色体2n=24。

约50种，分布于亚洲、欧洲、北美、中美及非洲北部高海拔或高纬度地带。我国产21种6变种，产东北、华北、西北、西南高山地带，在浙江南部、台湾中部、江西西部、湖北西部、湖南东部及西南部、广西北部及东北部、贵州东北部等局部高山地带尚有生存的冷杉。另引种栽培1种。各种冷杉是高寒山区森林更新的主要树种和造林树种，生长缓慢，木材材质较好。因生于高山，开发利用森林资源时，宜选择能防止水土流失的采伐方式。

1. 叶内的树脂道中生，稀幼树或营养枝之叶的树脂道边生，或因树脂道4，则兼有中生与边生。
  2. 球果的苞鳞长于种鳞或近等长，上端外露或仅先端尖头露出。
    3. 小枝色较深，一年生枝红褐、褐或暗褐色，或微带紫色。
      4. 四年生以上小枝枝皮裂成不规则鳞状薄片脱落；叶先端尖或钝，稀微凹，通常上面中上部或近先端有气孔线；球果熟时黑色，中部种鳞近肾形 ………………………………………… 1. **鳞皮冷杉 A. squamata**
      4. 四年生以上小枝枝皮不裂成薄片脱落；叶先端常有凹缺，稀果枝或主枝之叶先端钝或尖，上面无气孔线；球果熟时紫黑、蓝黑或深褐色。
        5. 一至二年生枝密被锈褐或暗褐色柔毛；中部种鳞扇状四边形，苞鳞外露，常反曲 ………………………………………………………………………………………… 2. **中甸冷杉 A. ferreana**
        5. 一年生枝红褐色或微带紫色，稀叶枕间凹槽被疏毛；中部种鳞肾形或扇状肾形，苞鳞尖头露出或微露出，不反曲 …………………………………………………………………………… 3. **巴山冷杉 A. fargesii**
    3. 小枝色较浅，一年生枝淡黄褐、淡褐、灰褐或淡灰褐色。
      6. 一年生枝被密毛，或主枝无毛，侧枝被密毛；果枝之叶的树脂道2；球果熟时紫黑或紫褐色。
        7. 一年生主枝通常无毛，侧枝密被柔毛；营养枝之叶的树脂道边生；叶较宽短，长1-2.5厘米，宽约2.5毫米；中部种鳞扇状四边形或肾状四边形，背面露出部分无毛；苞鳞上端露出或仅尖头露出 ……………………………………………………………………… 3(附). **岷江冷杉 A. fargesii** var. **faxoniana**
        7. 一年生主枝及侧枝均被毛；营养枝之叶树脂道中生；叶较窄长，长达3厘米，宽约1.5毫米；中部种鳞肾形或扇状肾形，稀扇状四边形，背面露出部分密被短毛；苞鳞不外露或仅尖头露出 ………………………………………………………………………………………… 4. **臭冷杉 A. nephrolepis**
      6. 一年生枝无毛或叶枕间凹槽有毛；果枝之叶树脂道2，中生，或4（2 个中生，2个边生）；球果熟时黄褐或灰褐色；种鳞扇状四边形；苞鳞外露，常较种鳞为长 ……………………… 5. **日本冷杉 A. firma**
  2. 球果的苞鳞短于种鳞，不露出。
    8. 一年生枝无毛，果枝之叶的上面近先端或中上部常有2-5条气孔线；叶先端急尖或渐尖，中部种鳞近扇状四边形或倒三角状扇形；苞鳞长不及种鳞一半 ……………………………………… 6. **杉松 A. holophylla**
    8. 一年生枝密被细毛或短柔毛。
      9. 球果中部的种鳞长大于宽或长宽相等，倒三角状扇形或扇状四边形，中部常窄缩，上部两侧突出；苞鳞长为种鳞1/3-1/2；种翅长为种子的1-2倍；果枝之叶的上面常有2-6条气孔线 ……………………………………………………………………………………… 7. **西伯利亚冷杉 A. sibirica**
      9. 球果中部的种鳞长较宽为短，稀长宽几相等，肾形或扇状肾形，稀扇状四边形；苞鳞长及种鳞1/2以上；种翅常较种子为短或近等长；果枝之叶的上面无气孔线或中部有2-4条气孔线 ……………………………………………………………………………………………… 4. **臭冷杉 A. nephrolepis**

1. 叶内的树脂道边生，稀近边生。

10. 球果的苞鳞长于种鳞或近等长，上端外露或仅先端尖头露出。

11. 小枝色较深，一年生枝红褐或褐色。

12. 叶边缘明显反卷，横切面两端急尖，通常长1.5-2.2厘米；小枝无毛；中部种鳞长1.3-1.5厘米，宽1.4-1.8厘米 ………………………………………………………………………… 8. **苍山冷杉 A. delavayi**

12. 叶边缘不反卷或微反卷，横切面两端钝圆或钝尖；中部种鳞长1.3-2.1厘米，宽1.3-1.8厘米。

13. 小枝密被褐或锈褐色柔毛。

14. 苞鳞长于种鳞，明显外露，露出部分三角状，先端有长尖头 ……………… 9. **长苞冷杉 A. georgei**

14. 苞鳞与种鳞等长或稍长于种鳞，先端圆而微凹，中央有急尖头 ………………………………………………………………………………………………… 9(附). **急尖长苞冷杉 A. georgei** var. **smithii**

13. 一年生小枝无毛，稀叶枕之间凹槽内有疏毛。

15. 球果长7-12厘米，径3.5-6厘米；中部种鳞扇状四边形，长1.3-2厘米，宽1.3-2.3厘米；苞鳞外露，先端尖头长4-7毫米；一年生枝仅叶枕之间凹槽内有疏毛或无毛 … 10. **川滇冷杉 A. forrestii**

15. 球果长5-6厘米，径约4厘米；中部种鳞肾形，长约1.5厘米，宽1.8-2.2厘米；苞鳞短于种鳞，不露出，先端中央尖头长1-2毫米；小枝无毛 ………………… 11. **梵净山冷杉 A. fanjiangshanensis**

11. 小枝色较浅，一年生枝淡黄、淡灰黄、黄灰或淡褐色，无毛或叶枕之间的凹槽内有疏毛。

16. 球果熟时暗黑或淡蓝黑色，苞鳞通常仅尖头露出，尖头长3-7毫米，常反曲；叶边缘微反卷，干后反卷 ………………………………………………………………………………………… 12. **冷杉 A. fabri**

16. 球果熟时淡褐黄、淡褐、绿褐或暗褐色；叶边缘不反卷。

17. 苞鳞中部较上部宽，宽7.5-9毫米，与种鳞等长或稍长，上端与尖头露出；中部种鳞长约2厘米，宽约2.2厘米，外露部分密生灰白色短毛 ……………………… 13. **元宝山冷杉 A. yunpaoshanensis**

17. 苞鳞上部宽，中部窄缩，宽3-4毫米，短于或稍短于种鳞，不外露，或仅上端及尖头露出；中部种鳞长1.8-2.5厘米，宽2.5-3.3厘米，外露部分无毛。

18. 球果熟果淡褐黄或淡褐色，圆柱形；中部种鳞长1.8-2.4厘米，宽2.5-3厘米；种子连同翅长1.3-1.9厘米；冬芽卵圆形 …………………………………………… 14. **百山祖冷杉 A. beshanzuensis**

18. 球果成熟时绿褐或暗褐色，圆柱状椭圆形；中部种鳞长2.3-2.5厘米，宽3-3.3厘米；种子连同种翅长2-2.4厘米；冬芽圆锥形 ……………… 14(附). **资源冷杉 A. beshanzuensis** var. **ziyuanensis**

10. 球果的苞鳞短于种鳞，不露出。

19. 球果成熟前紫或深紫色，熟时暗紫、紫褐、深褐或淡蓝褐色。

20. 叶长2-6厘米，上面无气孔线；球果长8.5-20厘米，径4.5-7.5厘米；中部种鳞长2.3-2.8厘米，宽2.8-3.4厘米；种翅长于种子 ………………………………… 15. **喜马拉雅山冷杉 A. spectabilis**

20. 叶长1-2.8厘米，上面中上部或近先端常有气孔线；球果长4-8厘米，径3-4厘米；中部种鳞长1.2-2厘米，宽1.2-2.5厘米；种翅短于种鳞或近等长。

21. 小枝密被柔毛，稀仅叶枕之间的凹槽内有毛；果枝上面之叶不向后反曲，不被白粉；中部种鳞近扇状四边形或扇状肾形，长1.5-2厘米；种翅与种子近等长 … 16. **台湾冷杉 A. kawakamii**

21. 小枝无毛；果枝上面之叶常向后反曲，上面微被白粉；中部种鳞肾形、扇状竖形，长1.2-1.4厘米；种翅短于种子 ………………………………………………… 17. **紫果冷杉 A. recurvata**

19. 球果成熟前绿、淡黄绿或淡褐绿色，熟时淡褐黄或淡褐色；中部种鳞宽倒三角状扇形或扇状四边形，中部常窄缩。

22. 果枝之叶长1-3（3.5）厘米，质地较薄；球果长5-10厘米，径3-3.5厘米 ………………………………………………………………………………………… 18. **黄果冷杉 A. ernestii**

22. 果枝之叶长4-7厘米，质地稍厚；球果长10-14厘米，径达5厘米 ………………………………………………… 18(附). **大果黄果冷杉 A. ernestii** var. **salouenensis**

1. 鳞皮冷杉 图 25

Abies squamata Mast. in Gard. Chron. ser. 3, 39: 299. f. 121. 1906.

乔木，高达40米；树皮深纵裂，成长方块片固着于树干。四年生以上小枝枝皮裂成不规则鳞状薄片脱落，内皮红色，一年生枝褐色，被密毛或近无毛。叶长1.5-3厘米，宽约2毫米，先端尖或钝，稀微凹，上面中部以上或近先端有时具3-15条不完整的气孔线，微有白粉，下面有两条气孔带；树脂道2，中生，幼树之叶近边生。球果短圆柱形或长卵圆形，长5-8厘米，径2.5-3.5厘米，熟时黑色，近无梗；中部种鳞近肾形，长1.1-1.4毫米，宽1.4-1.8毫米；苞鳞具长尖，上端或仅尖头露出。种子长约5毫米，翅与种子近等长。

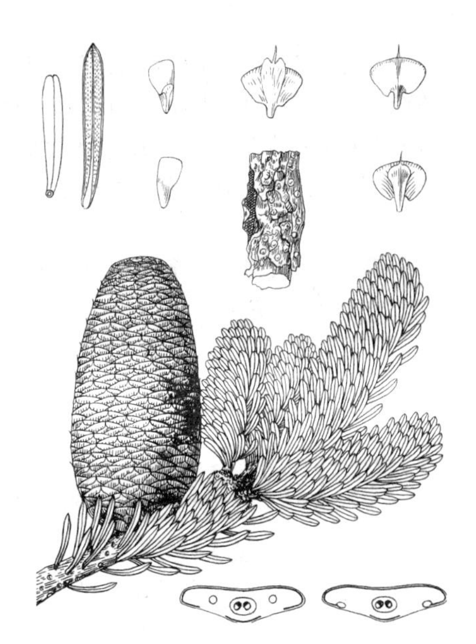

图 25 鳞皮冷杉 （引自《图鉴》）

产四川西部及西北部、西藏东南部、青海南部，生于海拔2800-4700米地带，成纯林或组成针叶树混交林。

2. 中甸冷杉 图 26 彩片 26

Abies ferreana Borderes-Rey et Ganssen in Trav. Lab. Forest. Toulouse 1, 4(15): 4. f. 1-8. 1947.

乔木，高达20米；树皮灰褐或灰黑色，鳞状纵裂。小枝密被锈褐或暗褐色柔毛，一年生枝红褐或暗褐色，二至三年生暗褐色或黑褐色。叶长1-2.3厘米，宽2-2.5毫米，先端钝有凹缺，稀主枝之叶先端钝或有短尖头，上面无气孔线，下面有两条粉白色气孔带，树脂道2，中生。球果短圆柱形或卵状圆柱形，长约7厘米，径3.5-4厘米，熟时紫黑或蓝黑色，无梗；中部种鳞扇状四边形，长1.6-2厘米，宽1.6-2.2厘米；苞鳞露出，常反曲。种子长0.7-1厘米，连翅长1.4-1.8厘米。

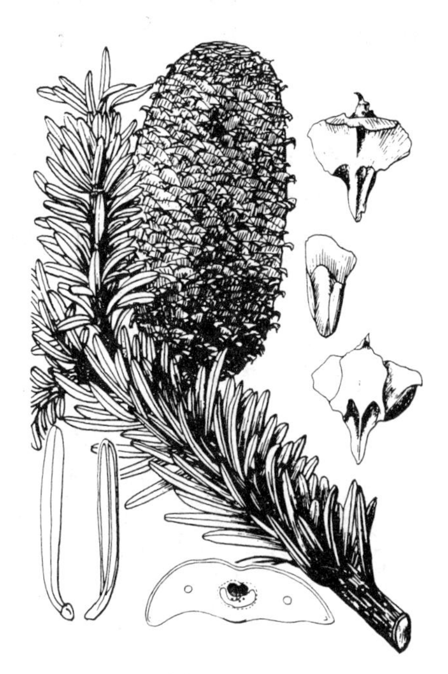

图 26 中甸冷杉 （孙英宝绘）

产云南西北部及四川西南部，生于海拔3300-3800米地带，成纯林或与其他针叶树混生。

3. 巴山冷杉 太白冷杉 图 27

Abies fargesii Franch. in Journ. de Bot. 13: 236. 1899.

Abies sutchuenensis (Franch.) Rehd. et Wils.; 中国高等植物图鉴1: 289. 1972.

乔木，高达40米；树皮暗灰或暗灰褐色，块状开裂。一年生枝红褐色或微带紫色，无毛。叶长(1-)1.7-2.2(-3)厘米，宽1.5-4毫米，上部较下部宽，先端钝，有凹缺，稀尖，上面无气孔线，下面有两条白色气孔带；树脂道2，中生。球果圆柱状长圆形或圆柱形，长5-8厘米，径3-4厘米，熟时紫黑色；中部种鳞肾形或扇状肾形，长0.8-1.2厘米，宽1.5-2厘米，上部宽厚，边缘内曲；苞鳞倒卵状楔形，先端有急尖的短尖头，露出或微露出。

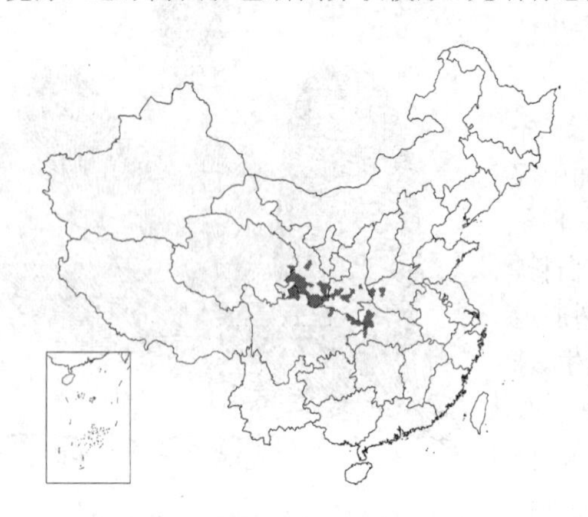

种子倒三角状卵圆形，翅楔形，较种子为短或等长。

产河南西部、湖北西部、陕西南部、甘肃南部及东南部、四川、青海东部，生于海拔1500-3700米地带，成纯林或组成混交林。

［附］**岷江冷杉** 彩片27 **Abies fargesii** var. **faxoniana**（Rehd. et Wils.）T. S. Liu, Monogr. Gen. Abies 151. 1971. p. p. —— *Abies faxoniana* Rehd. et Wils. in Sarg. Pl. Wilson. 2：42. 1914；中国高等植物图鉴1：289.1972；中国植物志7：62. 1978. 本变种与模式变种的区别：一年生枝淡黄褐或淡褐色，通常主枝无毛，侧枝密被柔毛。产甘肃南部、、青海东部、四川北部及西部，生于海拔2700-3900米地带的林中。

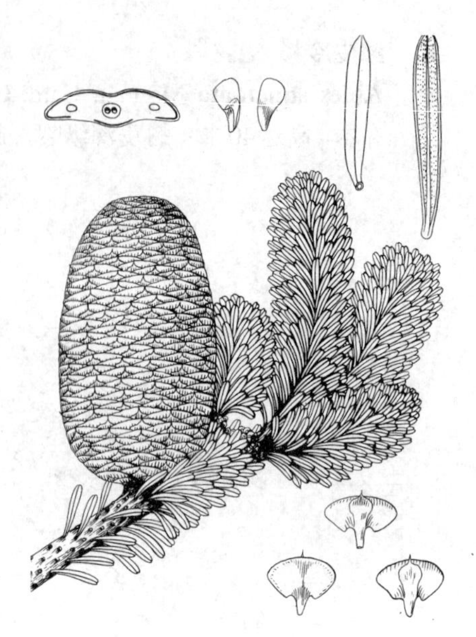

图 27 巴山冷杉 （引自《图鉴》）

4. 臭冷杉 图28 彩片28

Abies nephrolepis（Trautv. ex Maxim.）Maxim. in Bull. Acad. Sci. St. Pétersb. 10：486. 1866.

Abies sibirica Ledeb. var. *nephrolepis* Trautv. ex Maxim. in Bull. Acad. Sci. St. Pétersb. 9：206. 1859.

乔木，高达30米；树皮平滑或有浅裂纹，常具横列的疣状皮孔，灰色。一年生枝淡黄褐或淡灰褐色，密被淡褐色短柔毛。叶长（1-）1.5-2.5（-3）厘米，宽约1.5毫米，营养枝之叶先端有凹缺或2裂，上面无气孔线，果枝之叶先端尖或有凹缺，上面无气孔线，稀中上部有2-4条气孔线；树脂道2，中生。球果卵状圆柱形或圆柱形，长4.5-9.5厘米，径2-3厘米，熟时紫褐或紫黑色，无梗；中部种鳞肾形或扇状肾形，稀扇状四边形，长0.7-1.5厘米，宽1.6-2.4厘米，上部宽圆，较薄，边缘内曲，背面露出部分密被短毛；苞鳞较短，不露出或尖头微露出。种子倒卵状三角形，长4-6毫米，种翅常较种子为短或近等长。花期4-5月，球果9-10月成熟。

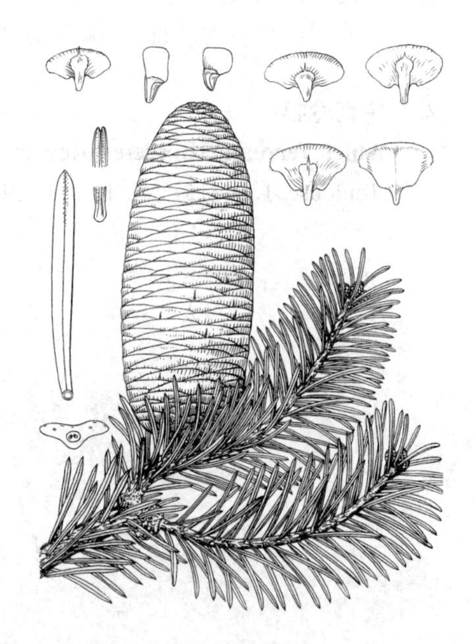

图 28 臭冷杉 （引自《图鉴》）

产黑龙江、吉林、辽宁、河北北部及山西北部，生于海拔1000-2700米地带及林中。俄罗斯远东地区、朝鲜北部有分布。

5. 日本冷杉 图29 彩片29

Abies firma Sieb. et Zucc. Fl. Japan. 2：15. 1842.

乔木，在原产地高达50米，胸径2米；树皮暗灰或暗灰褐色，鳞状开裂。粗糙。一年生枝淡黄灰色，凹槽中有细毛。叶长2-3.5（-5）厘米，宽3-4毫米，树脂道2，中生，或4（2个中生、2年边生），幼树之叶常为2个边生树脂道。球果圆柱形，长10-15厘米，熟前黄绿色，熟时淡褐色；种鳞扇状四边形；苞鳞外露，直伸，先端有急尖头。种子具较长的翅。花期4-5月，球果10月成熟。

原产日本。辽宁、河北、山东、江苏、安徽、浙江、江西及台湾引种栽培，作庭园观赏树。

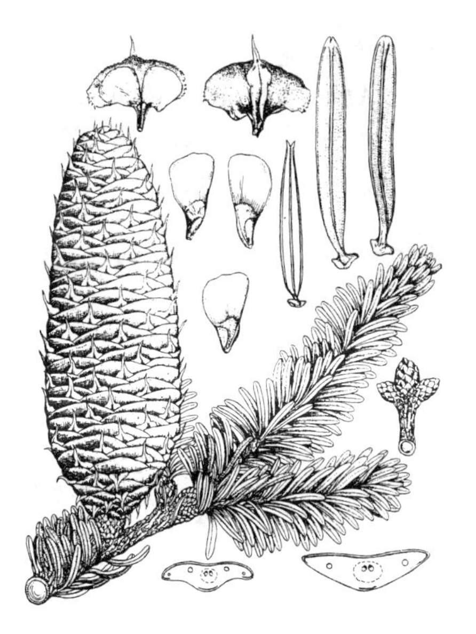

图 29 日本冷杉
（仿《Monogr. Gen. Abies》）

6. 杉松 图 30 彩片 30

Abies holophylla Maxim. in Bull. Acad. Sci. St. Pétersb. 10: 487. 1866.

乔木，高达30米，胸径1米；幼树树皮淡褐色，不裂，老则灰褐或暗褐色，浅纵裂成条片状；大枝平展；一年生枝淡黄灰或淡黄褐色，无毛，有光泽，二至三年生枝灰色、灰黄色或灰褐色。叶长2-4厘米，宽1.5-2.5毫米，先端急尖或渐尖，无凹缺，果枝之叶上面中上部或近先端常有2-5条不整齐的气孔线；树脂道2，中生。球果圆柱形，长6-14厘米，径3.5-4厘米，熟前绿色，熟时淡黄褐或淡褐色，近无梗；中部种鳞近扇形四边形或倒三角状扇形，上部宽圆，微厚，上部边缘内曲；苞鳞短，不露出。种子倒三角形，长8-9毫米，种翅宽大，较种子为长。花期4-5月，球果9月下旬至10月成熟。

产黑龙江东南部、吉林东部及辽宁东部，生于海拔500-1200米的山地林中。

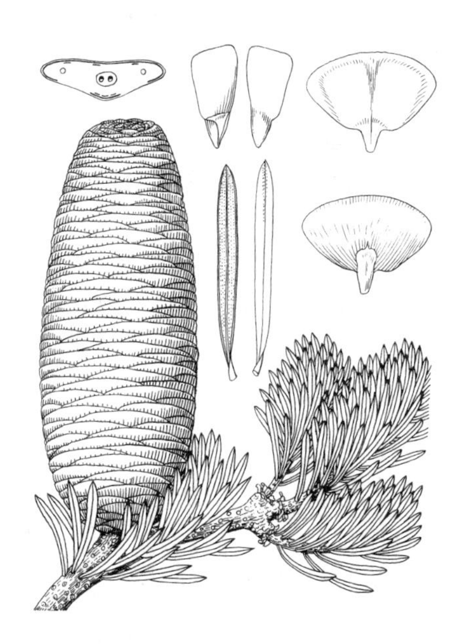

图 30 杉松 （引自《图鉴》）

7. 西伯利亚冷杉 新疆冷杉 图 31 彩片 31

Abies sibirica Ledeb. Fl. Alt. 4: 202. 1833.

乔木，高达35米，胸径50厘米；树皮灰褐色，平滑。一年生枝淡黄灰或淡灰黄色，密被细毛。叶长（1.5-）2-3（4）厘米，宽1.5-2毫米，果枝及主枝之叶先端尖或钝尖，营养枝之叶先端有凹缺，上面无气孔线，果枝之叶上面常有2-6条气孔线；树脂道2，中生。球果圆柱形，长5-9.5厘米，径2.5-3.5厘米，熟前绿黄色，熟时褐色，无梗或近无梗；中部种鳞倒三角状扇形或扇状四边形，长大于宽或长宽相等，中部常窄缩，上部两侧突出，上部宽圆，不肥厚，背面露出部分密被短柔毛；苞鳞短，长为种鳞1/3-1/2，不露出。种子倒三角形，长约7毫米，翅长为种子的1-2倍。花期5月，球果10月成熟。

产新疆北部，生于海拔1900-2400米地带，与其他针叶树组成混交林或成小面积纯林。哈萨克斯坦、吉尔吉斯斯坦、俄罗斯及蒙古有分布。

8.　苍山冷杉　图 32 彩片 32

Abies delavayi Franch. in Journ. de Bot. 13: 255. 1899.

乔木，高达25米，胸径1米；树皮灰褐色，粗糙，纵裂。一年生枝红褐色或褐色，无毛。叶长（0.8-）1.5-2.2（-3.2）厘米，宽1.5-2.5毫米，通常微弯呈镰状，边缘向下反卷，横切面两端急尖，先端有凹缺，下面有两条粉白色气孔带；树脂道2，边生。球果圆柱形或卵状圆柱形，长6-11厘米，径3-4.5厘米，熟时黑色，被白粉，有短梗；中部种鳞扇状四方形，长1.3-1.5厘米，宽1.4-1.8厘米，苞鳞露出，先端有急尖的长尖头，尖头长3-5毫米，外曲。种子窄三角状卵形，种翅较种子为短。花期5月，球果10月成熟。

产云南西北部及西藏东南部，生于海拔3300-4300米地带，多成纯林。

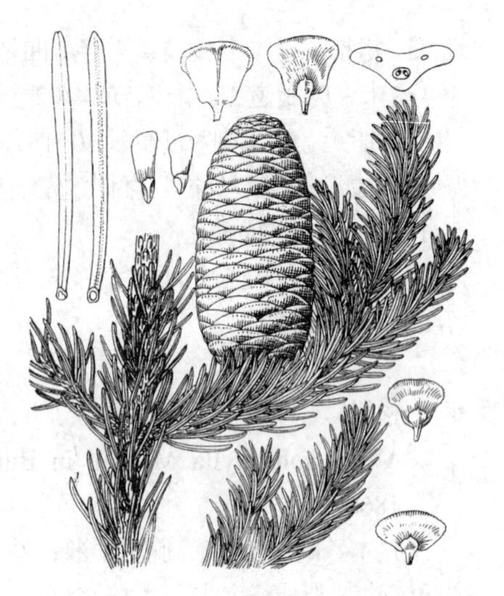

图 31 西伯利亚冷杉 （蔡淑琴绘）

9.　长苞冷杉　图 33 彩片 33

Abies georgei Orr in Notes Roy. Bot. Gard. Edinb. 18: 1. 146. t. 236. 1933.

乔木，高达30米，胸径1.2米；树皮暗灰色，裂成块片脱落。小枝密被褐或锈褐色毛，一年生枝红褐或褐色。叶长1.5-2.5厘米，宽2-2.5毫米，先端有凹缺，稀钝或尖，边缘微向下反卷；横切面两端钝圆，树脂道2，边生。球果卵状圆柱形，长7-11厘米，径4-5.5厘米，基部稍宽，熟时黑色，无梗；中部种鳞扇状四边形，长1.9-2.1厘米，宽1.8-2.3厘米，上部宽圆，较厚，边缘内曲；苞鳞长于种鳞，明显露出，露出的部分三角状，先端尖头长约6毫米，直伸或微外曲。种子长椭圆形，长1-1.2厘米，种翅较短，长约7毫米。花期5月，球果10月成熟。

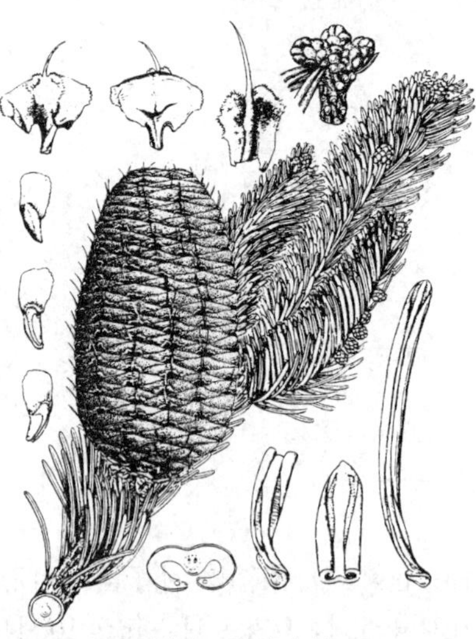

图 32 苍山冷杉
（仿《Monogr. Gen. Abies》）

产四川西南部、西藏东南部及云南西北部，生于3000-4300米地带，成纯林或与其他针叶林组成混交林。

［附］**急尖长苞冷杉** 彩片 34 **Abies georgei** var. **smithii** (Viguie et Ganssen) Cheng et L. K. Fu in Acta Phytotax. Sin. 13(4): 63. 1975. —— *Abies forrestii* Rogers var. *smithii* Viguie et Gaussen in Trav. Lab. Forest. Toulouse 2, 1(1): 177. 1929. 本变种与模式变种的区别：苞鳞与

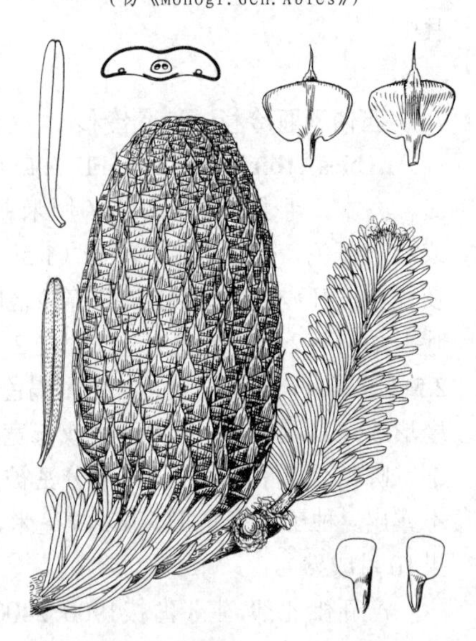

图 33 长苞冷杉 （曾孝濂绘）

种鳞等长或稍长于种鳞，先端圆而微凹，中央有长约4毫米的急尖头，上端及尖头露出。产四川西南部、西藏东南部及云南西北部，生于海拔2500-4000米地带，成纯林或与其他针叶林组成混交林。

10. 川滇冷杉　　图 34　彩片 35

Abies forrestii Rogers in Gard. Chron. ser. 3, 56: 150. 1919.

乔木，高达20米；树皮暗灰色，裂成块片。一年生枝红褐或褐色，仅叶枕之间的凹槽内疏被短毛或无毛。叶长（1.5-）2-3（-4）厘米，宽2-2.5毫米，先端有凹缺，稀钝或尖，边缘微反卷；树脂道2，边生。球果卵状圆柱形或长圆形，长7-12厘米，径3.5-6厘米，基部较宽，熟时褐紫或黑褐色，无梗；中部种鳞扇状四边形，长1.3-2厘米，宽1.3-2.3厘米，上部宽厚，边缘内曲；苞鳞明显外露，先端尖头长4-7毫米，直伸或向外反曲。种子长约1厘米，种翅宽大。花期5月；球果10-11月成熟。

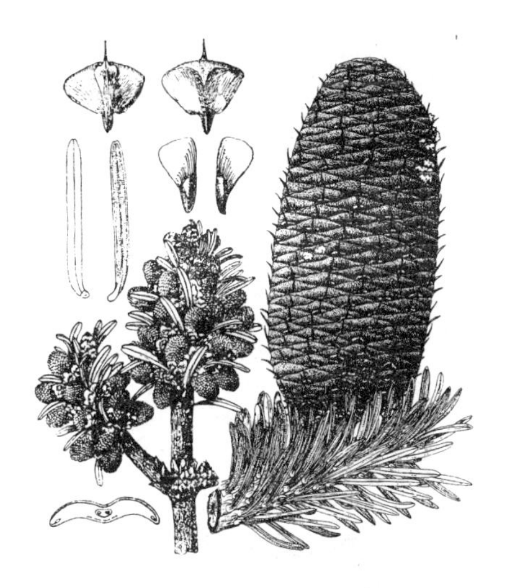

图 34　川滇冷杉（孙英宝仿绘）

产四川西南部、西藏东南部及云南西北部，生于海拔2500-4200米地带，与其他针叶林组成混交林或成纯林。

11. 梵净山冷杉　　图 35　彩片 36

Abies fanjingshanensis W. L. Huang, Y. L. Tu et S. Z. Fang in Acta Phytotax. Sin. 22(2): 154. f. 1. 1984.

乔木，高达22米，胸径65厘米；树皮暗灰色。一年生枝红褐色，无毛。叶长1-4.3厘米，宽2-3毫米，先端凹缺，上面无气孔带，下面气孔带粉白色；树脂道2，在营养枝上为边生，果枝上则位于叶横切面近两端的叶肉薄壁组织中，近边生。球果圆柱形，熟前紫褐色，熟时深褐色，长5-6厘米，径约4厘米，具短柄，中部种鳞肾形，长约1.5厘米，宽1.8-2.2厘米，鳞背露出部分密被短毛；苞鳞长为种鳞的4/5，上部宽圆，先端微凹或平截，凹处有由中肋延伸的短尖，尖头1-2毫米，不露出，稀部分露出，种子长卵圆形，微扁，长约8毫米，种翅褐或灰褐色，连同种子长约1.5米。花期5月，果期9-11月。

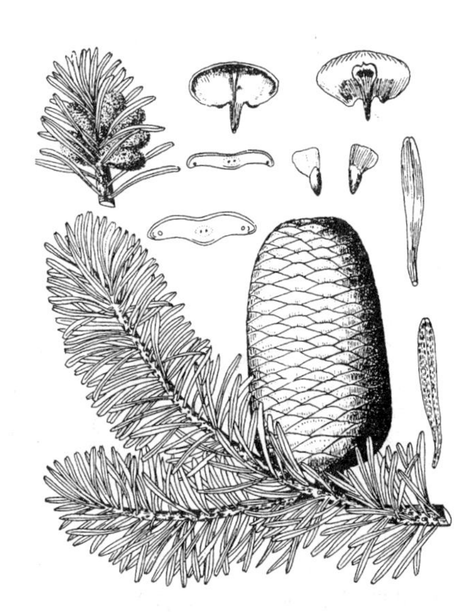

图 35　梵净山冷杉（引自《植物分类学报》）

产贵州东北部梵净山，生于海拔2100-2350米的近山脊北向山坡的林中。

12. 冷杉　　图 36　彩片 37

Abies fabri（Mast.）Craib in Notes Roy. Bot. Gard. Edinb. 11: 278. f. 164. 1919.

Keteleeria fabri Mast. in

Journn. Linn. Soc. Bot. 26: 555. 1902.

乔木，高达40米，胸径1米；树皮灰或深灰色，裂成不规则的薄片固着树干上，内皮淡红色。一年生枝淡褐黄、淡灰黄或淡褐色，叶枕之间的凹槽内疏被短毛，稀无毛。叶长1.5-3厘米，宽2-2.5毫米，边缘微反卷，干后反卷，先端有凹缺或钝；横切面两端钝圆，树脂道2，边生。球果卵状圆柱形或短圆柱形，长6-11厘米，径3-4.5厘米，熟时暗黑或淡蓝黑色，微被白粉；中部种鳞扇状四边形，上部宽厚，边缘内曲；苞鳞通常仅尖头露出，尖头长3-7毫米，常反曲。种子长椭圆形，较种翅长或近等长，连翅长1.3-1.9厘米。花期5月；球果10月成熟。

产四川，生于海拔2000-4000米地带，组成纯林或针阔混交林。

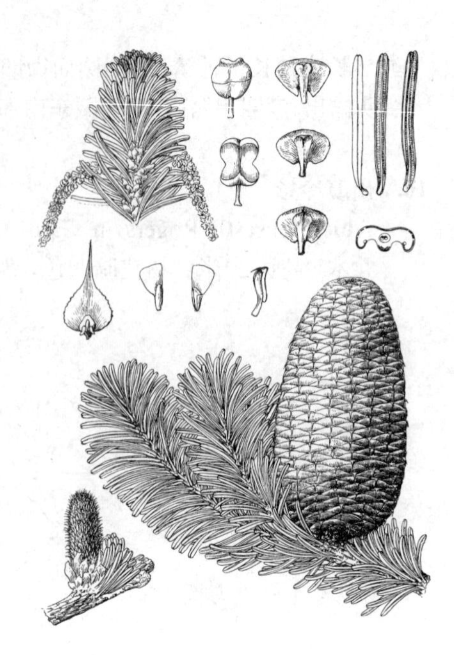

图 36 冷杉 （引自《中国植物志》）

13. 元宝山冷杉 图 37 彩片 38

Abies yuanbaoshanensis Y. J. Lu et L. K. Fu in Acta Phytotax. Sin. 18(2): 206. 1980.

乔木，高达25米，胸径达60厘米以上；树皮暗红色，龟裂。一年生枝黄褐或淡褐色，无毛；冬芽圆锥形。叶常呈半圆形辐射排列，长1-2.7厘米，宽1.8-2.5毫米，先端钝有凹缺，下面有两条粉白色气孔带，树脂道2，边生。球果短圆柱形，长8-9厘米，径4.5-5厘米，成熟时淡褐黄色；中部种鳞扇状四边形，长约2厘米，宽2.2厘米，上部中间较厚，边缘微内曲，外露部分密被灰白色短毛；苞鳞中部较上部宽，与种鳞等长或稍长，明显外露而反曲，上部宽6-7毫米，中部宽7.5-9毫米。种子倒三角状椭圆形，长约1厘米，种翅长约种子1倍，倒三角形，淡黑褐色。花期5月，球果11月成熟。

图 37 元宝山冷杉 （孙英宝绘）

产广西西北部元宝山，生于海拔1700-2050米山脊及其东侧的针阔混交林中。

14. 百山祖冷杉 图 38 彩片 39

Abies beshanzuensis M. H. Wu in Acta Phytotax. Sin. 14(2): 19. f. 1. t. 1. 1976.

乔木，高17米，胸径达80厘米；树皮灰白色，裂成不规则的薄片。一年生枝淡黄或黄灰色，无毛或凹槽内疏生毛；冬芽卵圆形。叶长(1-)1.5-3.5(-4.2)厘米，宽2.5-3.5毫米，先端有凹缺；树脂道2，边生或近边生。球果圆柱形，长7-12厘米，径3.5-4厘米，熟前绿或淡黄绿色，熟时淡褐

黄或淡褐色；中部种鳞扇状四边形，稀肾状四边形，长1.8–2.4厘米，宽2.5–3厘米，外露部分无毛；苞鳞稍短于种鳞，上部宽圆，上端及尖头露出，向外反曲，尖头长1毫米以内。种子倒三角状，翅与种子近等长，连同种翅长1.3–1.9厘米。花期5月，球果11月成熟。

产浙江南部百山祖，生于海拔约1700米山地的针阔混交林中。

［附］**资源冷杉 Abies beshanzuensis** var. **ziyuanensis**（L. K. Fu et S. L. Mo）L. K. Fu et Nan Li in Novon 7: 261. 1997. —— *Abies ziyuanensis* L. K. Fu et S. L. Mo in Acta Phytotax. Sin. 18(2): 208. 1980. 本变种与模式变种的区别：球果熟时绿褐或暗褐色，圆柱状椭圆形；中部种鳞长2.3–2.5厘米，宽3–3.3厘米；种子连同种翅长2–2.4厘米；冬芽圆锥形。产广西东北部、湖南东部及西南部、江西西部，生于海拔1400–1800米的山地林中。

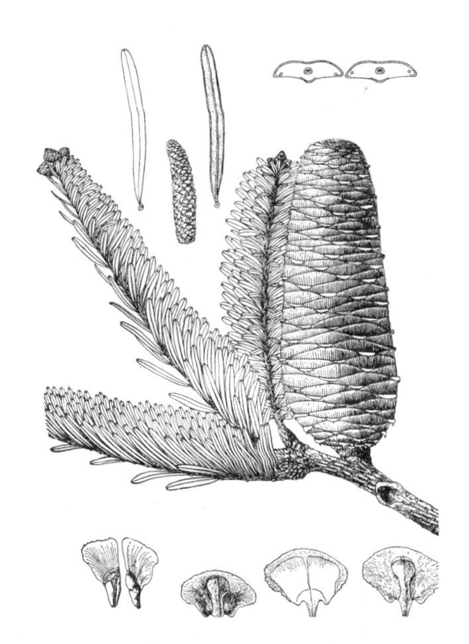

图 38 百山祖冷杉 （引自《中国植物志》）

15. 喜马拉雅冷杉 西藏冷杉 图39 彩片40

Abies spectabilis（D. Don）Spach. Hist. Nat. Veg. Phan. 11: 422. 1842.

Pinus spectabilis D. Don in Lamb. Descr. Gen. Pinus 2: 3. t. 2. 1824.

乔木，高达50米，胸径达1.5米以上；树皮裂成鳞状块片。小枝淡黄灰、褐或淡红褐色，叶枕之间的凹槽内有毛或无毛。叶长2–6厘米，宽2–2.5毫米，先端凹缺或2裂，上面无气孔线，下面有两条白粉带；树脂道2，边生。球果圆柱形，长8.5–20厘米，径4.5–7.5厘米，熟前深紫色，熟时深褐或浅蓝褐色，或微带紫色，被白粉；中部种鳞扁扇状四边形或扇状四边形，长2.3–2.8厘米，宽2.8–3.4厘米，上部宽圆；苞鳞长为种鳞的1/3–1/2，先端有急尖头不露出。种翅较种子为长。

图 39 喜马拉雅冷杉 （孙英宝绘）

产西藏南部，生于海拔2600–3800米地带的林中。阿富汗、克什米尔、印度北部及尼泊尔有分布。

16. 台湾冷杉 图40 彩片41

Abies kawakamii（Hayata）T. Ito, Encycl. Jap. 2: 167. 1916.

Abies mariesii Mast. var. *kawakamii* Hayata in Journ. Coll. Sci. Univ. Tokyo 25(19): 223. f. 14. 1908.

乔木，高达35米，胸径1米；树皮灰褐色，裂成鳞状块片。小枝密被短柔毛，稀叶枕之间的仅凹槽内有毛，一年生枝淡褐、淡黄褐或褐色。叶长1–2.8厘米，宽1.5–2毫米，先端

有凹缺或钝，上面中上部或近先端常有少数气孔线，下面有两条白粉带；树脂道2，边生。球果椭圆状卵形或长圆形，长5-7.5厘米，径3-4厘米，熟时暗紫色，无梗或近无梗；中部种鳞扇状四边形或扇状肾形，长1.5-2厘米，宽2-2.5厘米；苞鳞长及种鳞的1/2-3/5，不露出。种子长7-9毫米，翅与种子近等长。

产台湾中部山区，在海拔2800-3300米地带组成纯林。

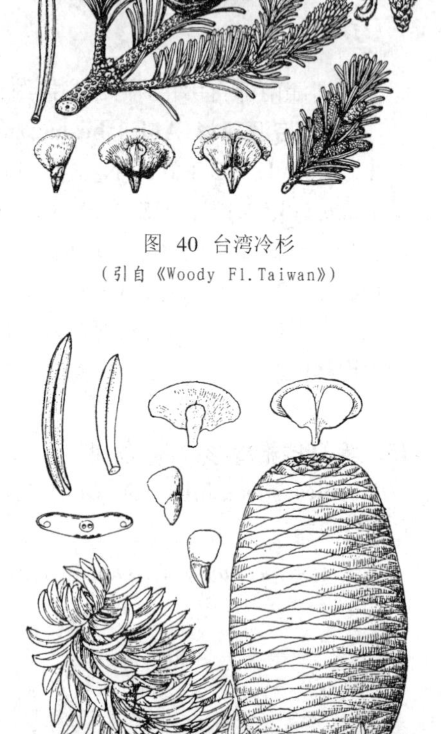

图 40 台湾冷杉
(引自《Woody Fl. Taiwan》)

图 41 紫果冷杉 (引自《中国植物志》)

17. 紫果冷杉 图41 彩片42

Abies recurvata Mast. in Journ. Linn. Soc. Bot. 37: 423. 1906.

乔木，高达40米；树皮暗灰色或淡灰褐色，不规则片状开裂，粗糙。一年生枝黄、淡黄或淡黄灰色，无毛。叶在枝条下面向两侧扭转向上，枝条上面之叶常向后反曲，长（1-）1.2-1.6（-2.5）厘米，宽2.5-3.5毫米，上部稍宽，先端尖或钝，上面常有2-8条不连续的气孔线，微被白粉，下面有两条白粉带，树脂道2，边生。球果椭圆状卵形或圆柱状卵形，长4-8厘米，径3-4厘米，熟前紫色，熟时紫褐色，近无柄；中部种鳞肾形或扇状肾形，长1.2-1.4厘米，宽1.2-2.5厘米；苞鳞长约种鳞的3/5，不露出。种子倒卵状斜方形，长约8毫米，翅较种子为短，连同种子长1.1-1.3厘米。

产甘肃南部、四川北部及西北部，生于海拔2300-3600米地带的针阔混交林中。

18. 黄果冷杉 图42 彩片43

Abies ernestii Rehd. in Journ. Arn. Arb. 20: 85. 1939.

乔木，高达60米，胸径2米；树皮暗灰色，纵裂成薄片。一年生枝淡褐黄、黄或黄灰色，无毛或凹槽中疏被短柔毛。叶长1-3（-3.5）厘米，宽2-2.5毫米，质地较薄，先端有凹缺，间或果枝之叶先端钝或微尖，上面无气孔线，稀近先端有2-4条气孔线，下面有2条淡绿或灰白色气孔带；树脂道2，边生。球果圆柱形或卵状圆柱形，长5-10厘米，径3-3.5厘米，熟前绿、淡黄绿或淡褐绿色，熟时淡褐黄或淡褐色，有短柄或近无柄；中部种鳞宽倒三角状扇形或扇状四方形，上部宽圆，较薄，内曲，中部常窄缩，两侧常突出，稀不缩不突出，背面露出部分密被短柔毛；苞鳞短，不露出。种子斜三角形，长7-9毫米，连翅长1.5-2.7厘米。花期4-5月，球果10月成熟。

产甘肃南部、青海东南部、四川西部及西藏东部，生于海拔2600-

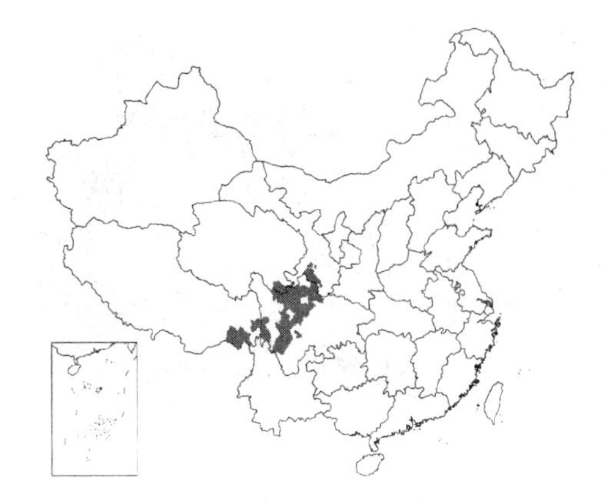

3600米的山地或山谷，常生于针阔混交林中。

[附] **大果黄果冷杉** 彩片44 **Abies ernestii** var. **salouenensis** (Borderes-Rey et Gaussen) Cheng et L. K. Fu, Fl. Reipubl. Popul. Sin. 7: 93. 1978. —— *Abies salouenensis* Berderes-Rey et Gaussen in Trav. Lab. Forest. Toulouse 1, 4(15): 2. f. 1-12. 1947. 本变种与模式变种的区别：叶质地较厚，长4-7厘米；球果较大，长10-14厘米，径约5厘米；种鳞较大，苞鳞较长。产云南西北部、西藏东南部，生于海拔2600-3000米地带的针阔混交林中。

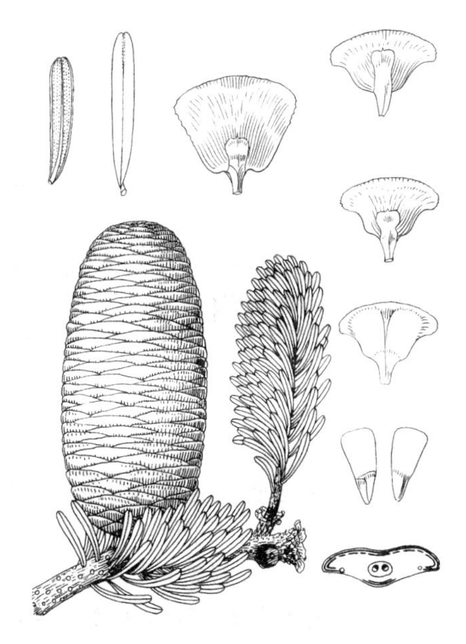

图 42 黄果冷杉 （引自《图鉴》）

3. 黄杉属 Pseudotsuga Carr.

常绿乔木，大枝不规则轮生；树皮粗糙纵裂。小枝具微隆起的叶枕，基部无宿存芽鳞或有少数向外反曲的宿存芽鳞。冬芽卵圆形或纺锤形，无树脂。叶线形，排成2列，上面中脉凹下，无气孔线，下面中脉隆起，两侧各有1条气孔带，树脂道2个，边生，叶内有骨针状石细胞；叶柄短。雄球花单生叶腋，雄蕊的花药药室横裂，花粉无气囊；雌球花单生侧枝顶端，下垂，苞鳞显著，直伸或反曲，先端三裂，珠鳞小，具2侧生胚珠。球果当年成熟，卵圆形、长卵圆形或圆锥状卵形，下垂，有柄；种鳞木质，坚硬，蚌壳状，宿存；苞鳞显著露出，先端3裂，中裂片长尖，两侧裂片较短，钝尖或钝圆。种子连翅较种鳞为短，种翅先端圆或钝尖；子叶6-12枚。发芽时出土。染色体2n=24，稀26。

约6种，分布于加拿大西部、美国西部、墨西哥、日本、中国。我国产3种1变种，另引种栽培2种。木材材质坚韧，纹理细致，耐久用，为优良用林树种。

1. 叶先端有凹缺。
  2. 叶窄长，长2.8-5.5（稀2.5）厘米，宽1.3-1.8（-2）毫米；球果中部种鳞近圆形或斜方状圆形；苞鳞中裂片长0.6-1.2厘米，侧裂片先端尖；种子连翅长约种鳞的一半或稍长 ························ 1. **澜沧黄杉 P. forrestii**
  2. 叶较短，长3厘米以内，宽2-3.2毫米；球果中部的种鳞扇状斜方形、肾形或横椭圆状斜方形；苞鳞的中裂片长2-5毫米，侧裂片先端钝圆或钝尖；种子连翅稍短于种鳞。
    3. 叶通常长2-3厘米。
      4. 叶下面气孔带粉白色，绿色边带明显 ·· 2. **黄杉 P. sinensis**
      4. 叶下面气孔带灰绿色，绿色边带不明显 ························ 2(附). **台湾黄杉 P. sinensis** var. **wilsoniana**
    3. 叶短小，长0.7-1.5厘米，稀达2厘米；球果中部的种鳞横椭圆状斜方形 ········· 3. **短叶黄杉 P. brevifolia**
1. 叶先端钝或微尖，无凹缺，下面气孔带灰绿色；球果长约8厘米；种鳞长大于宽；近斜方形；苞鳞长于种鳞，中裂窄长渐尖，长达1厘米，直伸或反曲 ·· 4. **北美黄杉 P. menziesii**

1. 澜沧黄杉

图43：1-6 彩片45

Pseudotsuga forrestii Craib in Notes Roy. Bot. Gard. Edinb. 11: 189. f. 160. 1919.

乔木，高达40米，胸径80厘米；树皮暗褐灰色，深纵裂；大枝近平展。一年生枝淡黄色或绿黄色（干后

红褐色），主枝通常无毛或近无毛，侧枝多少有短柔毛，二至三年生枝淡褐色或淡褐灰色。叶长2.8-5.5厘米，宽1.3-1.8（-2）毫米，直或微弯，先端钝，有凹缺，上面光绿色，下面淡绿色，气孔带灰白色或灰绿色。球果卵圆形或长卵圆形，长5-8厘米，径4-5.5厘米；中部种鳞近圆形或斜方状圆形，背部无毛；苞鳞露出部分反曲，中裂片窄长渐尖，长6-12毫米，侧裂片三角状，有细齿，长约3毫米，先端尖。种子三角状卵圆形，长约7毫米，种翅长约种子2倍，种子连翅长约为种鳞一半或稍长。球果10月成熟。

产云南西北部、西藏东南部及四川西南部，生于海拔2400-3300米林中。

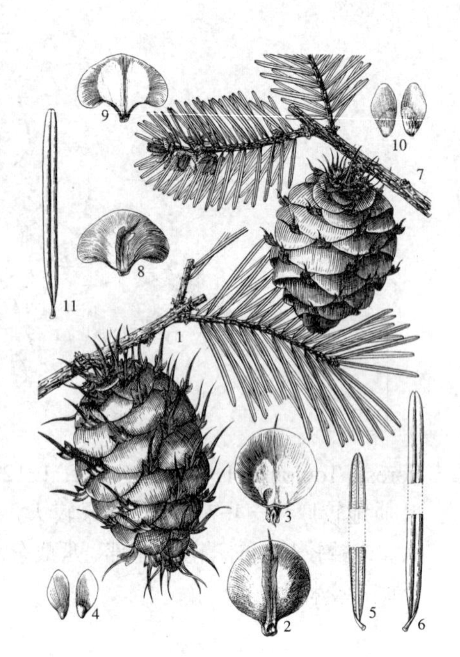

图43：1-6. 澜沧黄杉 7-11. 台湾黄杉
（引自《中国植物志》）

2. 黄杉 华东黄杉 图44 彩片46

Pseudotsuga sinensis Dode in Bull. Soc. Dendr. France 23: 58. 1912. *Pseudotsuga gaussenii* Flous; 中国高等植物图鉴1: 293. 1972; 中国植物志7: 101. 1978.

乔木，高达50米，胸径1米；幼树树皮浅灰色，老则灰色或深灰色，裂成不规则厚块片。一年生枝淡黄色或淡黄灰色（干后褐色），二年生枝灰色，主枝通常无毛，侧枝被灰褐色短毛。叶长（1.3-）2-2.5（-3）厘米，宽约2厘米，先端钝圆，有凹缺，上观绿色或淡绿色，下面有两条白粉气孔带。球果卵圆形或椭圆状卵形，长4.5-8厘米，径3.5-4.5厘米；中部种鳞近扇形或扇状斜方形，上部宽圆，基部宽楔形，两侧有凹缺或无，背面密被褐色短毛或近无毛；苞鳞露出部分向后反曲，中裂片窄三角形，长约3毫米，侧裂片三角状，微圆，较短，有细齿。种子三角状卵圆形，长约9毫米，上部密被褐色短毛，种翅稍长于种子或近等长，种子连翅稍短于种鳞。花期4月，球果10-11月成熟。

产安徽南部、浙江、福建北部、江西东北部、湖北西部、湖南西北部、广西、贵州北部、云南东北部、四川东部及陕西南部，生于海拔600-2800（-3300）山地。

［附］**台湾黄杉** 图43：7-11 彩片47 **Pseudotsuga sinensis** var. **wilsoniana** (Hayata) L. K. Fu et Nan Li in Novon 7: 263. 1997. —— *Pseudotsuga wilsoniana* Hayata, Ic. Pl. Formos. 5. 204. t. 15. 1915.; 中国植物志7: 102. 1978. 本变种与模式变种的区别：叶下面气孔带灰绿色，绿色边带不明显。产台湾中央山脉，生于海拔800-1500米阔叶林中。

图 44 黄杉 （引自《中国植物志》）

3. 短叶黄杉 图45 彩片48

Pseudotsuga brevifolia Cheng et L. K. Fu in Acta Phytotax. Sin. 13 (4): 83. f. 16. 1975.

乔木，树皮褐色，纵裂成鳞片

状。一年生枝红褐色(干后)，被较密的短柔毛，或主枝的毛较少或近无毛，二至三年生枝灰色或淡褐灰色，无毛或近无毛。叶长0.7-1.5(-2)厘米，宽2-3毫米，先端钝圆，有凹缺，下面有两条白色气孔带。球果卵状椭圆形或卵圆形，长3.7-6.5厘米，径3-4厘米；中部种鳞横椭圆状斜方形，长2.2-2.5厘米，宽约3.3厘米，上部宽圆，背面密被短毛，露出部分毛渐稀少；苞鳞的中裂片呈渐尖的窄三角形，长约3毫米，侧裂片三角状，稍短，有细齿。种子斜三角状卵圆形，长约1厘米，种翅与种子近等长。

产广西，生于海拔约1250米阳坡疏林中。

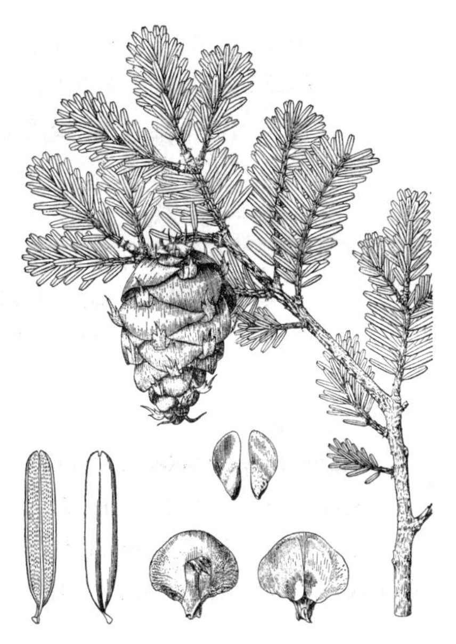

图 45 短叶黄杉 (引自《中国植物志》)

4. 北美黄杉 花旗松 图46

Pseudotsuga menziesii (Mirbel) Franco in Bol. Soc. Brot. ser. 2, 24: 74. 1950.

Abies menziesii Mirbel in Mem. Mus. Hist. Nat. Paris 13: 60. 1825.

乔木，在原产地高达100米，胸径12米；树皮厚，鳞状深裂。一年生枝淡黄色(干时红褐色)，微被毛。叶长1.5-3厘米，宽1-2毫米，先端钝或微尖，无凹缺，上面深绿色，下面淡绿色，有两条灰绿色气孔带。球果椭圆状卵圆形，长约8厘米，径3.5-4厘米，熟时褐色；种鳞长大于宽，斜方形或近菱形；苞鳞直伸或反曲，长于种鳞，显著露出，中裂片窄长渐尖，长0.6-1厘米，侧裂片宽短，有细齿。

原产加拿大西部、美国西部及墨西哥。北京、江西等地引种栽培。

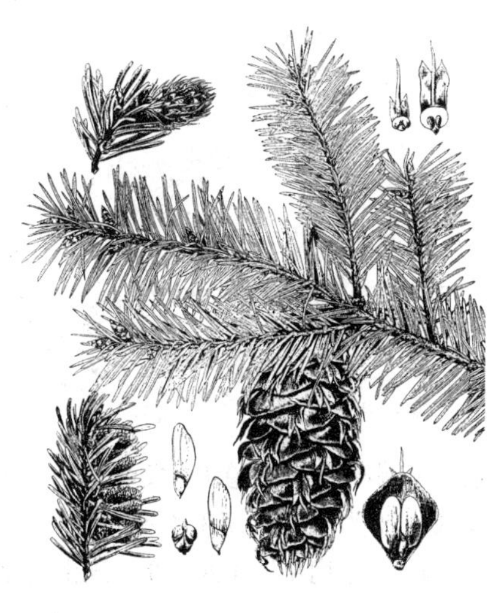

图 46 北美黄杉 (仿《Handb. Nadelh.》)

4. 铁杉属 Tsuga Carr.

常绿乔木；树皮粗糙，纵裂；大枝不规则着生。小枝有隆起的叶枕，基部具宿存的芽鳞；冬芽卵圆形或球形，无树脂。叶线形，上面中脉凹下、平或微隆起，下面有两条粉白、灰白或灰绿色气孔带，树脂道1个，位于维管束鞘的下方；叶柄短。雄球花单生叶腋，有短梗，雄蕊的花药药室横裂，花粉有气囊或气囊退化；雌球花单生侧枝顶端，珠鳞较苞鳞为大或较小。球果下垂，稀直立，当年成熟；种鳞薄木质，宿存；苞鳞小，不露出，或较长而先端露出。种子连翅较种鳞为短，腹面有树脂囊；子叶3-6，发芽时出土。

1. 叶辐射伸展，两面有气孔线，上面平或下部微凹；叶内有石细胞；球果直立，种鳞中上部两侧突出，苞鳞长，先端露出；花粉有气囊 ························ 1. **长苞铁杉 T. longibracteata**
1. 叶排成不规则两列，仅下面有气孔线，上面中脉凹下；球果下垂，较小，种鳞两侧无突起，苞鳞短，不露出；花粉气囊退化。
    2. 叶先端尖或钝，稀微凹，通常中上部边缘有细锯齿，下面有两条白粉带；种鳞质地较薄，上部边缘微外曲 ························ 2. **云南铁杉 T. dumosa**
    2. 叶先端钝，有凹缺，通常全缘，间或中上部有细锯齿；种鳞质地稍厚，上部边缘微内曲。

3. 种鳞五角状圆形、近圆形、长方圆形、方圆形、扁方圆形或扁圆形，外露部分较短。
  4. 种鳞靠近上部边缘不增厚，沿边缘无隆起的弧状脊 ………………………………… 3. **铁杉 T. chinensis**
  4. 种鳞靠近上部边缘微增厚，沿边缘常有微隆起的弧状脊。
    5. 叶长1.5-2.2厘米，下部较宽，上部渐窄，或近等宽；球果长2-4厘米，径1.5-3厘米，中部的种鳞长卵圆形或短长圆形 ……………………………………………… 3(附). **丽江铁杉 T. chinensis** var. **forrestii**
    5. 叶长0.4-1.2厘米，上部较宽，下部渐窄，或近等宽；球果长1.7-2.5厘米，径1.3-1.8厘米，中部的种鳞扁方圆形、扁圆形或近圆形 ………………………… 3(附). **台湾铁杉 T. chinensis** var. **formosana**
3. 种鳞长圆形，外露部分较长 …………………………………………………………… 4. **矩鳞铁杉 T. oblongisquamata**

1. 长苞铁杉

图47 彩片49

Tsuga longibracteata Cheng in Contr. Biol. Lab. Sci. Soc. China, Sect. Bot. 7: 1. f. 1. 1932.

乔木，高达30米，胸径1米以上；树皮暗褐色，纵裂，一年生小枝干后淡褐黄色或红褐色，无毛，侧枝生长缓慢。叶辐射伸展，不成2列状，长1.1-2.4厘米，宽1-2.5毫米，上部微渐窄，先端尖或微钝，上面平或下部微凹，有7-12条气孔线，微被白粉，下面中脉两侧各有10-16条灰白色气孔线，叶内有石细胞。球果直立，圆柱形，长2-5.8厘米，径1.2-2.5厘米；中部种鳞近斜方形，中上部两侧端突出，熟时深红褐色，背面露出部分无毛；苞鳞长匙形，上部宽，先端渐尖或微急尖，尖头露出。种子三角状扁卵圆形，长4-8毫米，种翅较种子为长。花期3月下旬至4月中旬，球果10月成熟。

产福建南部、江西南部、湖南南部、广东北部、广西中部及北部、贵州东部，生于海拔300-2300米的山地林中。

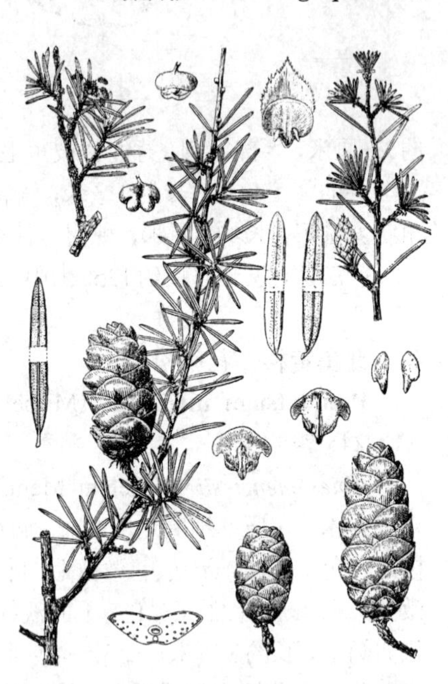

图47 长苞铁杉 （引自《中国植物志》）

2. 云南铁杉

图48：1-7 彩片50

Tsuga dumosa (D. Don) Eichler. in Engl. u. Prantl. Pflanzenfam. 2 (1): 80. 1887.

Pinus dumosa D. Don, Prod. Fl. Nepal 55. 1825.

Tsuga yunnanensis (Franch.) Pritz.; 中国高等植物图鉴1: 295. 1972.

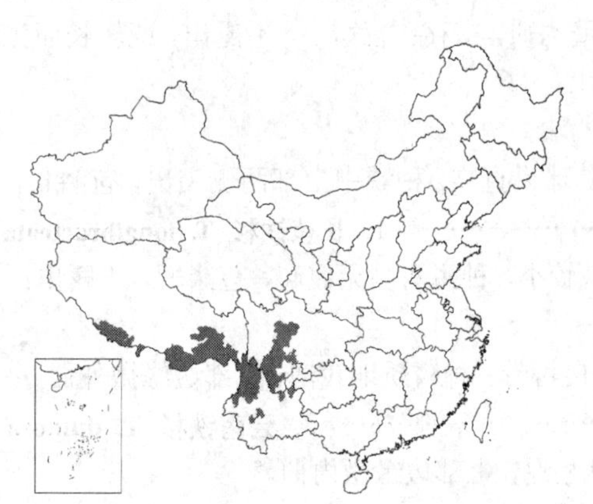

乔木，高达40米，胸径2.7米；树皮厚，褐灰色或暗灰褐色，纵裂成片状脱落。一年生枝黄褐、淡红褐或淡灰褐色，凹槽中有毛或密被短毛。叶线形，间或上部渐窄成披针状线形，排成2列，长1-2.4（-3.5）厘米，宽1.5-3毫米，先端钝尖或钝，稀微凹，边缘有细锯齿或全缘，细齿通常位于中上部叶缘，稀达中下部，上面无气孔线，下面有两条白色气孔带。球果卵圆形或长卵圆形，长1.5-3厘米，径1-2厘米，熟时淡褐色；中部种鳞长圆形、倒卵状长圆形或长卵形，长1-1.4厘米，宽0.7-1.2厘米，上部边缘薄，微外曲；苞鳞斜方形，长近种鳞1/3。种子卵圆形或长卵圆形，连翅长8-12毫米。花期4-5月，球果10-11月成熟。

产西藏南部、云南西部及北部、

四川西部，生于海拔2300-3500米的山地林中。印度、尼泊尔、锡金、不丹及缅甸有分布。

3.　铁杉　南方铁杉　　图 49：1-4

Tsuga chinensis (Franch.) Pritz. in Engl. Bot. Jahrb. 29: 217. 1901.

Abies chinensis Franch. in Journ. de Bot. 13: 259. 1899.

Tsuga chinensis var. *tchekiangensis* (Flous) Cheng et L. K. Fu; 中国植物志7: 119. 1978.

乔木，高达50米，胸径1.6米；树皮暗灰褐色，裂成块片脱落。一年生小枝细，淡黄色、淡褐黄色或淡灰黄色，凹槽内被短毛。叶线形，排成2列，长1.2-2.7厘米，宽2-3毫米，先端钝圆，有凹缺，全缘，或幼树之叶的中上部常有细锯齿，上面光绿色，下面淡绿色，气孔带灰绿色，初被白粉，后则脱落。球果卵圆形或长卵圆形，长1.5-2.5厘米，径1.2-1.6厘米；中部种鳞五边状卵形、近方形或近圆形，长0.9-1.2厘米，宽0.8-1.1厘米，边缘微内曲，背面露出部分无毛，有光泽。种子连翅长7-9毫米。花期4月，球果10月成熟。

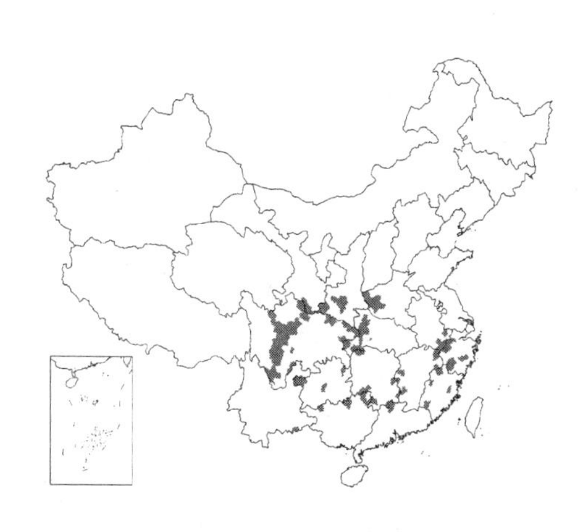

产安徽南部、浙江、福建北部、江西东部及西部、湖北西部、湖南、广东北部、广西西北部、云南东部、贵州、四川、甘肃南部、陕西南部及河南西部，生于海拔1000-3200米的山地。

［附］**丽江铁杉**　图48：8-13　彩片51　**Tsuga chinensis** var. **forrestii** (Downie) Silba in Phytologia 68: 72. 1990. —— *Tsuga forrestii* Downie in Notes Roy. Bot. Gard. Edinb. 14: 18. f. 194(7). 1923; 中国植物志7: 114. 1978. 本变种与模式变种的区别：球果较大，长2-4厘米，径1.5-3厘米；长卵形或短长圆形，种鳞靠近上部边缘微增厚，沿边缘常有微隆起的弧状脊。产云南西北部、四川西南部及贵州东北部，生于海拔2000-3000米的山地。

［附］**台湾铁杉**　图49：5-8　彩片52　**Tsuga chinensis** var. **formosana** (Hayata) Li et H. Keng in Taiwania 5: 64. 1954. —— *Tsuga formosana* Hayata in Gord. Chron. ser. 3, 43: 194. 1908; 中国植物志7: 115. 1978. 本变种近铁杉和丽江铁杉，与前者的区别在于种鳞靠近上部边缘微增厚，沿边缘常有微隆起的弧状脊，叶长0.4-1.2厘米。与后者的不同在于叶较短，通常上部较宽，向下变窄；球果较小，长1.7-2.5厘米，径1.3-1.8厘米，种鳞扁方圆形、扁圆形或近圆形。产台湾中央山脉，生于海拔1300-3000米的山地。

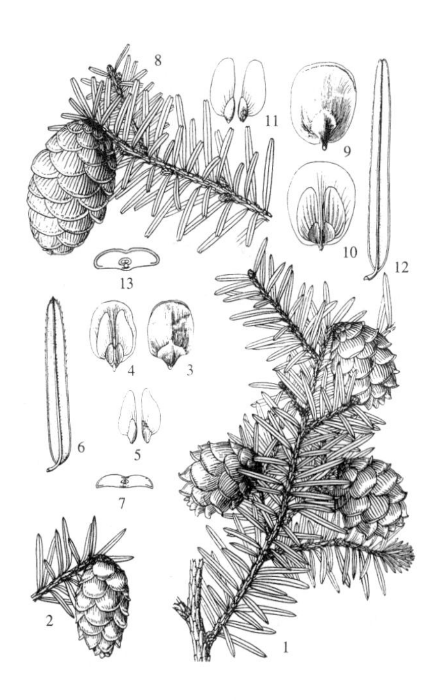

图 48：1-7. 云南铁杉　8-13. 丽江铁杉
（引自《中国植物志》）

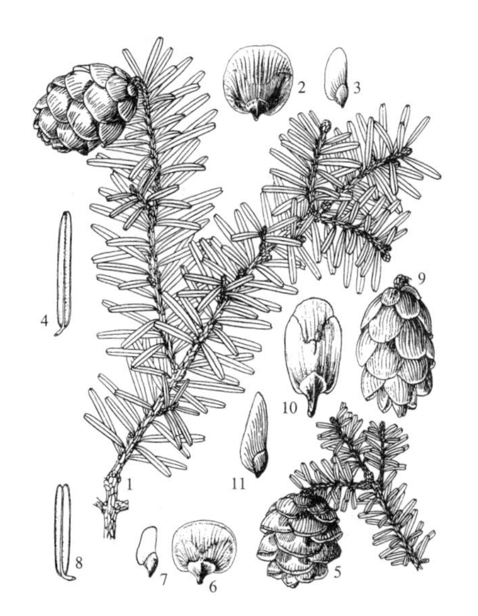

图 49：1-4. 铁杉　5-8. 台湾铁杉
9-11. 矩鳞铁杉（引自《中国植物志》）

4.　矩鳞铁杉　　图 49：9-11

Tsuga oblongisquamata (Cheng et L. K. Fu) L. K. Fu et Nan Li in Novon 7: 263. 1997.

Tsuga chinensis (Franch.) Pritz. var. *oblongisquamata* Cheng et L. K. Fu in Acta Phytotax. Sin. 83. f. 18(16-20). 1975; 中国植物志 7: 119. 1987.

乔木，高达40米，胸径1米；树皮裂成块片脱落。小枝淡褐黄或褐色，一年生枝淡绿黄或淡黄褐色。叶线形，排成2列，长1.4-2.8厘米，宽约3毫米，边缘无细齿，先端圆钝或微凹，下面中脉两侧有气孔带，灰绿色，无白粉。球果窄卵圆形或卵状圆柱形，长2-3厘米，径1.5-2（-2.5）厘米；种鳞排列较疏，长圆形，露出部分较多，无毛，有光泽。

产湖北西部、四川及甘肃南部，生于海拔2600-3000米的山地林中。

5. 银杉属 Cathaya Chun et Kuang

常绿乔木，高达20余米，胸径90厘米；树皮暗灰色，裂成不规则鳞片；枝条不规则着生。小枝上端生长缓慢，稍增粗，侧枝生长缓慢，少数侧生小枝因顶芽早期死亡而成距状，叶枕微隆起。叶在枝节间散生，在枝端排列较密，线形，长4-6厘米，宽2.5-3厘米，上面中脉凹下，下面中脉两侧有粉白色气孔带，叶内具2边生树脂道；叶柄短。雌雄同株；雄球花常单生2（3）年生枝叶腋，雄蕊的花丝短或无，花药纵裂，药隔显著，花粉具气囊；雌球花单生当年生枝下部至基部的叶腋，苞鳞卵状三角形，具尾状长尖，珠鳞基部具2倒生胚珠。球果翌年成熟，长卵圆形或卵圆形，长3-5厘米，熟时栗色或暗褐色；种鳞木质，近圆形，背部横凸成蚌壳状，宿存；苞鳞三角状，具长尖，长约种鳞1/3。种子卵圆形，腹面无树脂囊，有不规则的斑纹，连同种翅较种鳞为短，种翅下端边缘不包裹种子；子叶3-4，发芽时出土。染色体2n=24。

特有单种属。

银杉 图50 彩片53

Cathaya argyrophylla Chun et Kuang in Bat. Zhurn. 43(4): 462. 465. t. 1-5. 7(1-8). 8-10. 1958.

形态特征同属。花期5月，球果翌年10月成熟。

产广西东北部及东部、湖南东南部及西南部、贵州北部、四川东南部，生于海拔900-1900米的山脊或帽状石山顶端，与其他针阔叶树混生。

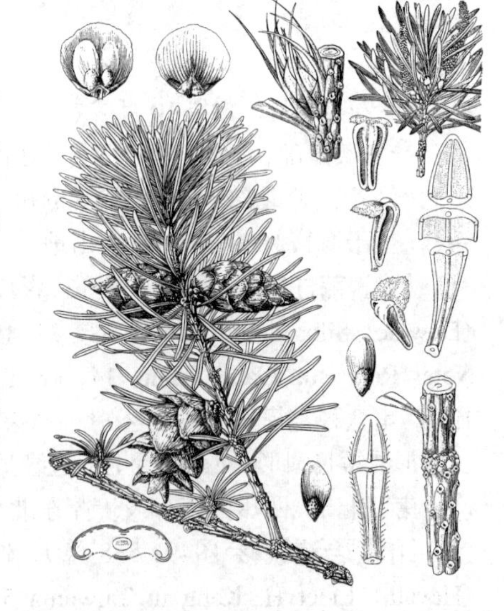

图 50 银杉 （引自《植物学报》）

6. 云杉属 Picea Pietr.

常绿乔木，枝轮生。小枝上有显著的叶枕，叶枕下延，彼此之间有凹槽，顶端凸起成木钉状，叶生于叶枕顶端，脱落后小枝粗糙。叶辐射伸展，在小枝上面之叶直展或向前伸展，下面及两侧之叶上弯或向两侧伸展，无柄，四棱状条形，四面的气孔线近相等或下面较少，或扁平条形而上下两面中脉隆起，仅上（腹）面有气孔线（向枝条的面）；树脂道2，边生，稀无树脂道。雄球花单生叶腋，稀单生枝顶；雌球花单生枝顶。球果当年成熟，下垂；种鳞薄木质或近革质，上部圆则排列紧密，上部三角形则排列疏松，苞鳞短小，不露出。种子倒卵圆形或卵圆形，种翅长，倒卵形，膜质；子叶4-9（-15），发芽时出土。

约35种，分布于欧洲、亚洲及北美洲。我国产14种10变种，引种栽培2种，分布于东北、华北、西北、西南及台湾的高山地带，常成单纯林或与其他针叶树阔叶树混生。木材材质优良，纹理直、结构细、有弹性，易加工，供建筑、乐器、家具等用。

1. 叶横切面四方形、菱形或近扁平，四面有气孔线，间或下两面无气孔线。
  2. 叶四面气孔线相等或下两面较少；横切面方形或菱形，高宽相等或宽大于高，稀高大于宽。
    3. 一年生枝被毛，间或无毛，颜色较深，被白粉或无白粉；冬芽圆锥形或圆锥状卵圆形，稀球形；小枝基部宿存的芽鳞多少向外反曲。
      4. 一年生枝被毛（但非腺毛），间或无毛。
        5. 一至三年生枝褐、淡褐、桔红、金黄、褐黄、粉红或淡褐黄色，小枝不下垂；顶芽圆锥形。
          6. 叶先端尖或锐尖，或有急尖头。
            7. 冬芽的芽鳞反卷或顶端芽鳞微反曲；一年生枝黄褐或淡桔红褐色。
              8. 一年生枝多少被白粉；球果长（5-）8-12（-16）厘米；种鳞露出部分常有纵纹；叶较粗，被白粉，小枝上面的叶直展，下面及两侧之叶上弯。
                9. 叶先端微尖或急尖；球果成熟前种鳞绿或红色；树皮淡灰褐或淡褐灰色，裂成不规则鳞片或稍厚的块片脱落 ························ 1. **云杉 P. asperata**
                9. 叶先端锐尖；球果成熟前种鳞背部绿色，上部边缘红或紫红色；树皮淡灰或淡灰白色，裂成不规则长圆形厚块片脱落 ························ 1(附). **白皮云杉 P. asperata** var. **aurantiaca**
              8. 一年生枝无白粉；球果较小，长5-8厘米；种鳞露出部分平滑无纵纹；叶较细，无明显白粉，小枝上面之叶前伸，两侧及下面之叶伸展 ························ 2. **红皮云杉 P. koraiensis**
            7. 冬芽的芽鳞显著反卷；一年生枝红褐或桔红色，无毛或疏被微毛；叶较粗，被白粉，小枝上面之叶直，两侧及下面之叶弯曲 ························ 3. **欧洲云杉 P. abies**
          6. 叶先端微钝或钝。
            10. 二年生枝黄褐或褐色，无白粉，被毛或无毛；球果成熟前绿色；叶宽约2毫米 ························ 4. **白扦 P. meyeri**
            10. 二年生枝淡粉红色，被白粉，或褐黄色，稀黄色，不被白粉，多少被短毛；球果成熟前种鳞背部绿色，上部边缘红色；叶宽2-3毫米 ························ 5. **青海云杉 P. crassifolia**
        5. 一至三年生枝淡黄、黄或淡黄灰色，小枝下垂；顶芽多为圆锥状卵圆形，稀近球形，小枝基部宿存芽鳞不反卷或仅顶端芽鳞微反曲 ························ 6. **雪岭云杉 P. schrenkiana**
      4. 一年生枝密被短腺毛，黄或淡褐黄色；叶长1.3-2.3厘米，宽约2毫米，先端有短急尖头；种鳞楔状倒卵形，先端宽圆 ························ 7. **西伯利亚云杉 P. obovata**
    3. 一年生枝无毛，颜色较浅，无白粉；冬芽卵圆形、长卵圆形、纺锤形或圆锥状卵圆形，稀圆锥形；小枝基部宿存的芽鳞不反卷或仅顶端的芽鳞微反曲。
      11. 叶长0.8-2.5厘米，横切面四方形或扁方形，或两侧扁而高大于宽；球果长5-10（-14）厘米；种鳞宽倒卵状五边形、斜方状卵形、倒卵形或近圆形；小枝不下垂。
        12. 冬芽小，长5毫米以内，径2-3毫米，栗褐或暗淡褐色，微有树脂，无光泽；小枝较细，叶枕长约0.5毫米，一年生枝径粗2-3毫米。
          13. 一年生枝淡灰、淡黄灰或淡黄色，稀淡褐黄色；叶的横切面高大于宽，四方形或扁菱形。
            14. 叶长0.8-1.8厘米，宽约1毫米，横切面四方形或扁菱形；球果长5-8厘米，径2.5-4厘米；种鳞倒卵形，长1.4-1.7厘米，宽1-1.4厘米 ························ 8. **青扦 P. wilsonii**
            14. 叶长1.5-2.5厘米，宽约2毫米，扁菱形横切面高大于宽或高宽相等，球果长8-14厘米，径5-6.5厘米；种鳞宽倒卵状五边形或斜方状卵形，长约2.7厘米，宽2.7-3厘米 ························ 9. **大果青扦 P. neoveitchii**

13. 一年生枝淡黄褐或褐色；叶长0.8-1.4厘米，宽约1毫米，横切面四方形；球果长5-7厘米，径2.5-3厘米，熟时褐色或微带紫褐色；种鳞倒卵形 ………………………… 10. **台湾云杉 P. morrisonicola**

12. 冬芽大，长0.6-1厘米，径3-6毫米，深褐或淡黑褐色，具树脂，有光泽；小枝粗壮，叶枕长约1毫米，一年生枝径3-5毫米；叶粗硬，长1.5-2厘米，先端锐尖，横切面四方形或高大于宽；球果长8-10厘米，径3-4厘米；种鳞近圆形 ………………………………………………………… 11. **日本云杉 P. polita**

11. 叶长3.5-5.5厘米，横切面高大于宽或近四方形；球果长12-18厘米，径3.5-5.5厘米；种鳞宽倒卵形；小枝下垂；冬芽圆锥形或卵圆形 …………………………………………………… 12. **长叶云杉 P. smithiana**

2. 叶上两面的气孔线比下两面多约1倍，或下两面无气孔线，横切面近方形或菱形。

15. 叶下两面各有1-4条完整或不完整的气孔线，稀无气孔线或各有5条气孔线；小枝疏被或密被短毛。

16. 叶下两面各有1-2条气孔线，稀无气孔线或各有3-4条不完整的气孔线；小枝通常较细，节间长，毛较少或密；球果常较大，长7-12厘米 ……………………………………………… 13. **丽江云杉 P. likiangensis**

16. 叶下两面各有3-4条气孔线，稀各有1-2或5条气孔线；小枝通常较粗，节间短，被密毛；球果通常较短，长5-9.5厘米。

17. 球果成熟前红紫、紫红或黑紫色，稀黄或绿黄色 …… 13(附). **川西云杉 P. likiangensis** var. **rubecens**

17. 球果成熟前种鳞背部绿色，上部边缘红褐或紫褐色 ……… 13(附). **康定云杉 P. likiangensis** var. **montigena**

15. 叶下两面无气孔线，稀各有1-2条不完整的气孔线。

18. 小枝密被柔毛与腺毛；叶长1-1.6厘米，四棱形或扁棱状条形；球果长7-10厘米，径3-5厘米，紫红或红紫色 ………………………………………………… 13(附). **林芝云杉 P. likiangensis** var. **linzhiensis**

18. 小枝密被柔毛；叶长0.5-1.2厘米，扁四棱状条形，背面顶端呈扁斜方形；球果较小，长2.5-6厘米，径1.7-3厘米，紫黑或淡红紫色 ……………………………………………… 14. **紫果云杉 P. purpurea**

1. 叶横切面扁平，下面无气孔线，上面有两条白粉气孔带。

19. 冬芽圆锥形或卵状圆锥形，小枝不下垂，基部宿存芽鳞反曲或开展。

20. 一年生枝褐色、淡黄褐或淡褐色，无毛或疏被短毛；球果长4-6（9）厘米，径2-2.6厘米；种鳞卵状椭圆形或菱状椭圆形 ………………………………………… 15. **鱼鳞云杉 P. jezoensis** var. **microsperma**

20. 一年生枝黄或淡黄色，间或微带淡褐色，无毛；球果长3-4厘米，径2-2.3厘米，中部种鳞菱状卵形 …… ……………………………………………………………… 15(附). **长白鱼鳞云杉 P. jezoensis** var. **komarovii**

19. 冬芽卵圆形或扁卵圆形，稀顶芽圆锥形；小枝下垂；基部宿存芽鳞紧贴小枝，不向外开展。

21. 叶长1-2（-2.5）厘米；种鳞倒卵形或斜方状倒卵形。

22. 球果成熟前绿色；树皮淡褐色，深裂成鳞状厚块片固着树上 ……………… 16. **麦吊云杉 P. brachytyla**

22. 球果成熟前红褐、紫褐或深褐色，树皮淡灰或灰色，裂成薄鳞块片脱落 ……………………………………………………………………………………… 16(附). **油麦吊云杉 P. brachytyla** var. **complanata**

21. 叶长1.5-3.5厘米；种鳞近圆形 ………………………………………………… 17. **喜马拉雅云杉 P. spinulosa**

1. 云杉 图51

Picea asperata Mast. in Journ. Linn. Soc. Bot. 37: 419. 1906.

乔木，高达45米，胸径达1米；树皮淡灰褐色或淡褐灰色，裂成稍厚的不规则鳞状块片脱落。小枝疏生或密被短毛，稀无毛，一年生枝淡褐黄、褐黄、淡黄褐或淡红褐色，叶枕有明显或不明显的白粉，基部宿存芽鳞反曲。冬芽圆锥形，有树脂。叶四棱状条形，在小枝上面直展、微弯，下面及两侧之叶上弯，长1.3-2（-2.5）厘米，宽约1.5毫米，先端微尖或急尖，横切面四菱形，四面有粉白色气孔线，上两面各有4-8条，下两面各有4-6条。球果圆柱状长圆形，长5-16厘米，径2.5-3.5厘米，上端渐窄，熟前绿色，熟时淡褐或褐色。中部种鳞倒卵形，上部圆形或截形，排列紧密，或上部钝三角形，排列较松，全缘，稀基部至中部的种鳞先端2浅裂或微凹。种子倒卵圆形，长约4毫米，连翅长约1.5厘米。花期4-5月，球果9-10月成熟。

产甘肃南部、陕西西南部、四川

北部及西部，生于海拔2400-3600米山地，组成针叶树混交林或成纯林。

［附］**白皮云杉 Picea asperata** var. **aurantiaca** (Mast.) Boom, Man. Cult. Conif. 253. 1965. —— *Picea aurantiace* Mast. in Journ. Linn. Soc. Bot. 37: 420. 1906; 中国植物志 7: 127. 1978. 本变种与模式变种的区别：叶先端锐尖；球果成熟前种鳞背部绿色，上部边缘红或紫红色；树皮淡灰或白色，裂成不规则薄片或较厚块片脱落。产四川西部康定，生于海拔约3000米山地。

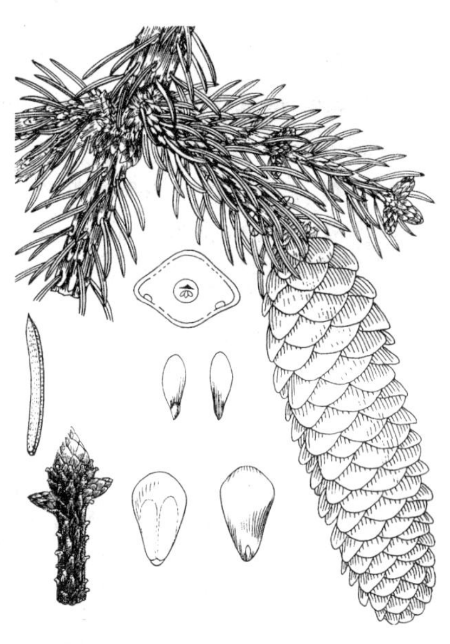

图 51　云杉　（引自《图鉴》）

2.　红皮云杉　　图 52　彩片 54

Picea koraiensis Nakai in Bot. Mag. Tokyo 33: 195. 1919.

乔木，高达30米以上，胸径80厘米；树皮灰褐或淡红褐色，稀灰色，裂成不规则薄条片脱落，裂缝常为红褐色。一年生枝黄、淡黄褐或淡红褐色，无白粉，无毛或被较密的短毛，基部宿存芽鳞反曲。冬芽圆锥形，微有树脂。叶四棱状条形，在小枝上面前伸，下面及两侧之叶伸展，长1.2-2.2厘米，宽1-1.5毫米，先端急尖，横切面四菱形，四面有气孔线，无明显白粉，上两面各有5-8条，下两面各有3-5条。球果卵状圆柱形或长卵状圆柱形，长5-8（-15）厘米，径2.5-3.5厘米，熟前绿色，熟时绿黄褐或褐色；中部种鳞倒卵形，上部圆形或钝三角形，背面微有光泽，平滑，无明显条纹。种子倒卵圆形，长约4毫米，连翅长1.3-1.6厘米。花期5-6月，球果9-10月成熟。

产黑龙江、吉林、辽宁及内蒙古，生于海拔300-1600米地带，形成单纯林或针阔混交林。俄罗斯远东地区及朝鲜北部有分布。

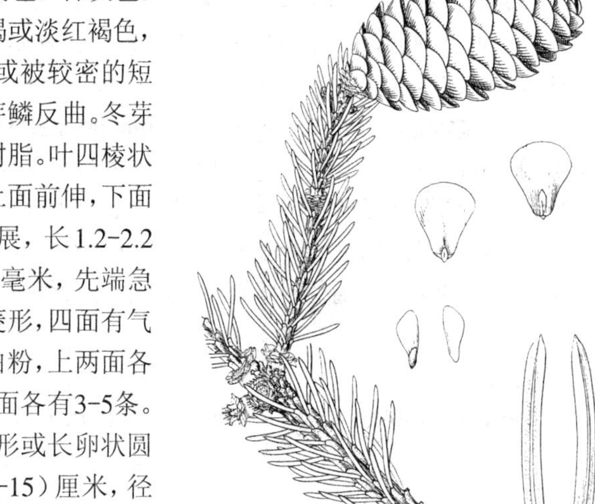

图 52　红皮云杉　（引自《图鉴》）

3.　欧洲云杉　　图 53

Picea abies (Linn.) Karst. Deutsche Fl. 324. 1881.

Pinus abies Linn. Sp. Pl. 1002. 1753.

乔木，在原产地高达60米，胸径4-6米；幼树树皮薄，老树树皮厚，裂成小块薄片。小枝常下垂，幼枝淡红褐或桔红色，无毛或疏被毛，基部宿存芽鳞显著反卷。冬芽圆锥形。叶四棱状条形，直或弯，先端尖，长1.2-2.5厘米，横切面斜方形，四面有粉白色气孔线。球果圆柱形，长10-15厘米，间或达18.5厘米。熟时褐色；种鳞较薄，斜方状倒卵形或斜方状卵形，上部平截或有凹缺，边缘有细齿。种子长约4毫米，翅长约1.6厘米。

原产欧洲北部及中部。辽宁、河北、山东、安徽及江西引种栽培。

4. 白扦 图54 彩片55

Picea meyeri Rehd. et Wils. in Sarg. Pl. Wilson. 2: 28. 1914. excl. specim. e Kansu.

乔木，高达30米，胸径60厘米；树皮灰褐色，裂成不规则薄块片脱落。一年生枝黄褐色，密被或疏被短毛，或无毛，基部宿存芽鳞反曲。冬芽圆锥形，间或侧芽卵状圆锥形，黄褐色或褐色，微有树脂。叶四棱状条形，微弯，长1.3-3厘米，宽约2毫米，先端钝尖或钝，横切面四菱形，四面有粉白色气孔线，上两面各有6-7条，下两面各有4-5条。球果长圆状圆柱形，长6-9厘米，径2.5-3.5厘米，熟前绿色，熟时褐黄色；中部种鳞倒卵形，上部圆形、截形或钝三角状。种子连翅长1.3厘米。花期4月，球果9月下旬至10月上旬成熟。

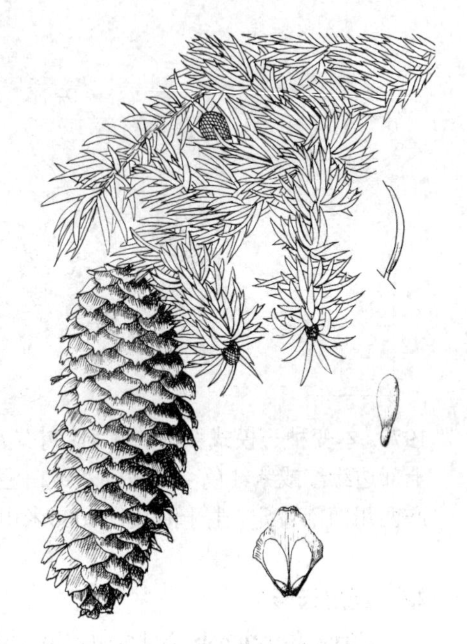

图 53 欧洲云杉 （孙英宝绘）

产山西及河北，生于海拔1600-2700米山地，组成以白扦为主的针阔混交林或成单纯林。

［附］**蒙古云杉 Picea meyeri** var. **mongolica** H. Q. Wu in Bull. Bot. Res. (Harbin) 6(2): 153. 19. 本变种为内蒙古克什克腾旗白音敖包和锡林浩特白单音锡勒牧场的特有种，生于海拔1000-1200米沙土台地，在干旱的生境，生长良好，形成大面积单纯林。与模式变种的主要区别：一年生枝常被密毛；冬芽淡红褐色；球果较大，成熟前紫色。

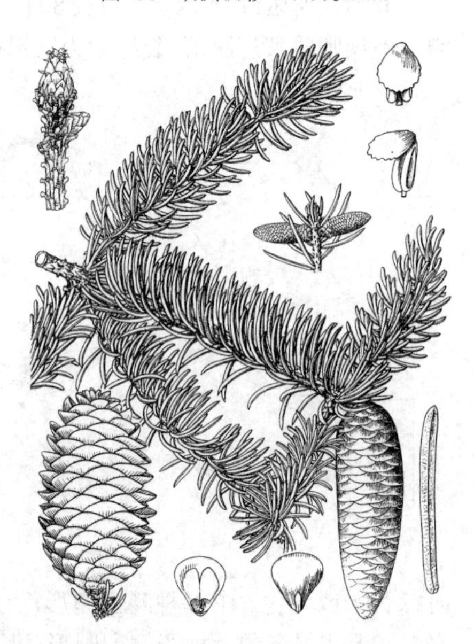

图 54 白扦 （引自《图鉴》）

5. 青海云杉 图55

Picea crassifolia Kom. in Not. Syst. Herb. Bot. Petrop. 4: 177. 1923.

乔木，高达23米，胸径60厘米。一年生枝初期淡绿黄色，后变呈粉红黄或粉红褐色，多少被毛，或近无毛，二年生枝被白粉或无，叶枕顶部白粉显著，基部宿存芽鳞反曲。冬芽宽圆锥形，通常无树脂。叶四棱状条形，微弯或直，长1.2-3.5厘米，宽2-3厘米，先端钝，或具钝尖头，横切面四菱形，四面有粉白色气孔线，上两面各有5-7条，下两面各有4-6条。球果圆锥状圆柱形或长圆状圆柱形，下垂，长7-11厘米，径2-3.5厘米，熟前种鳞背面露出部分绿色，上部边缘紫红色，熟时褐色；中部种鳞倒卵形，上部圆形，全缘或呈波状，微内曲。种子斜倒卵圆形，长约3.5毫米，连翅长约1.3厘米。花期4-5月，球果9-10月成熟。

产甘肃、青海、宁夏及内蒙，生于海拔1600-3400米山地，常在阴坡及山谷形成纯林。

6. 雪岭云杉 天山云杉 图56 彩片56

Picea schrenkiana Fisch. et Mey. in Bull. Acad. Sci. St. Pétersb. 10: 253. 1842.

Picea schrenkiana var. *tianschanica* (Rupr.) Cheng et S. H. Fu, 中国植物志 7: 146. 1978.

乔木，高达40米，胸径1米；树皮暗褐色，裂成块片；大枝较短，近平展，小枝下垂，树冠圆柱形或窄塔形。一至二年生枝淡黄灰或黄色，无毛或被疏毛或密毛，基部宿存芽鳞反曲。冬芽圆锥状卵圆形，微有树脂。叶四棱状条形，直伸或微弯，长2-3.5厘米，宽约1.5毫米，先端锐尖，横切面菱形，四面有气孔线，上两面各有5-8条，下两面各有4-6条。球果椭圆状圆柱形或圆柱形，长8-10厘米，径2.5-3.5厘米，熟前绿、暗红或紫红色，熟时淡褐色。中部种鳞倒三角状卵形，上部圆形。种子斜卵圆形，长3-4毫米，连翅长约1.6厘米。花期5-6月，球果9-10月成熟。

产新疆天山山区及昆仑山西部，生于海拔1200-3000米地带，常形成单纯林或组成混交林。哈萨克斯坦、吉尔吉斯斯坦有分布。

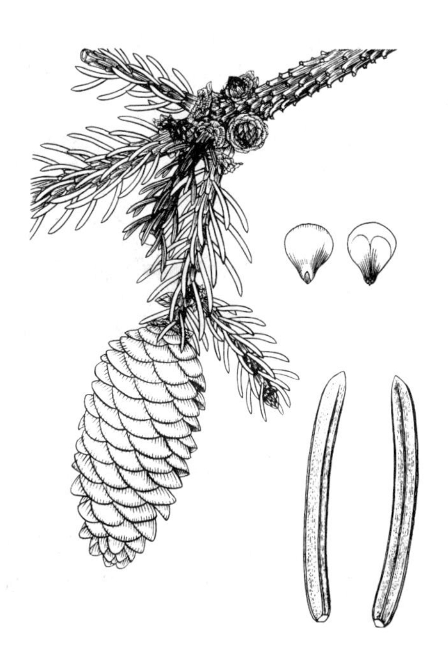

图 55　青海云杉　（张荣厚绘）

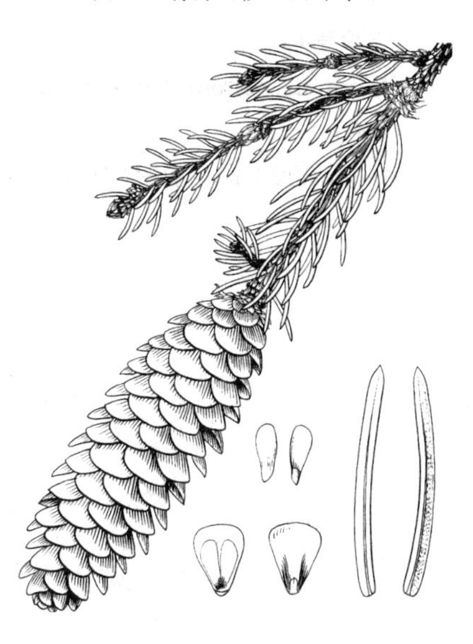

图 56　雪岭云杉　（张荣厚绘）

7.　西伯利亚云杉　新疆云杉　　图 57　彩片 57

Picea obovata Ledeb. Fl. Alt. 4: 201. 1833.

乔木，高达35米，胸径60厘米；树皮深灰色，裂成不规则块片。一至二年生枝黄或淡褐黄色，被较密的腺毛，基部宿存芽鳞反曲。冬芽圆锥形，有树脂。叶四棱状条形，长1.3-2.3厘米，宽约2毫米，先端急尖，横切面四菱形或扁菱形，四面有气孔线，上两面各有5-7条，下两面各有4-5条。球果卵状圆柱形或圆柱状矩圆形，长5-11厘米，径2-3厘米，幼时紫或黑紫色，稀绿色，熟前黄绿色或常带紫色，熟时褐色；中部种鳞楔状倒卵形，上部圆或截圆，微内曲，背部近平滑，间或微具条纹。种子倒三角状卵圆形，长约5毫米，连翅长1.4-1.6厘米。花期5月，球果9-10月成熟。

产新疆北部，生于海拔1200-1800米阴坡下部、河谷谷底、峡谷及河流两岸，形成单纯林或与西伯利亚落叶松混生。俄罗斯及蒙古有分布。

8.　青扦　　图 58　彩片 58

Picea wilsonii Mast. in Gard. Chron. ser. 3, 33: 133. f. 55-56. 1903.

乔木，高达50米，胸径1.3米；树皮淡黄灰或暗灰色，浅裂成不规则鳞状块片脱落；一年生枝淡黄绿色或淡黄灰色，无毛，稀疏被短毛，基部宿存芽鳞不反曲。冬芽卵圆形，稀圆锥状卵圆形，无树脂。叶四棱状条形，直或微弯，长0.8-1.3（-1.8）厘米，

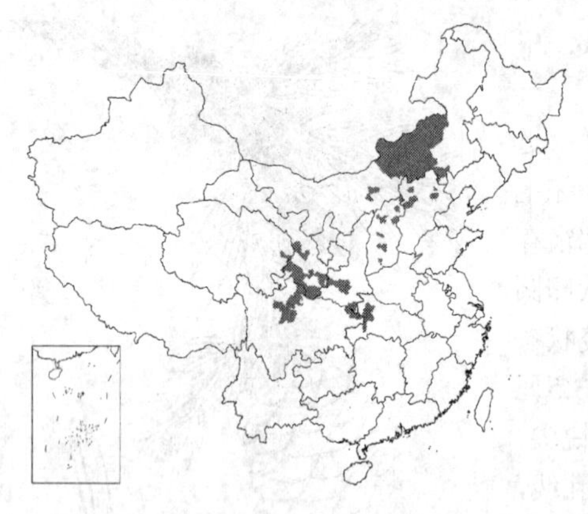

宽1-2毫米，先端尖，横切面四菱形或扁菱形，四面各有气孔线4-6条，无白粉。球果卵状圆柱形或椭圆状长卵形，顶端钝圆，长5-8厘米，径2.5-4厘米，熟前绿色，熟时黄褐色或淡褐色；中部种鳞倒卵形，长1.4-1.7厘米，宽1-1.4厘米，种鳞上部圆形或急尖，或呈钝三角状，背面无明显的条纹。种子倒卵圆形，长3-4毫米，连翅长1.2-1.5厘米。花期4月，球果10月成熟。

产内蒙古、河北北部、山西、陕西南部、甘肃南部、青海东部、四川北部及东北部、湖北西部，生于海拔1400-2800米的山地，形成单纯林或针阔混交林。

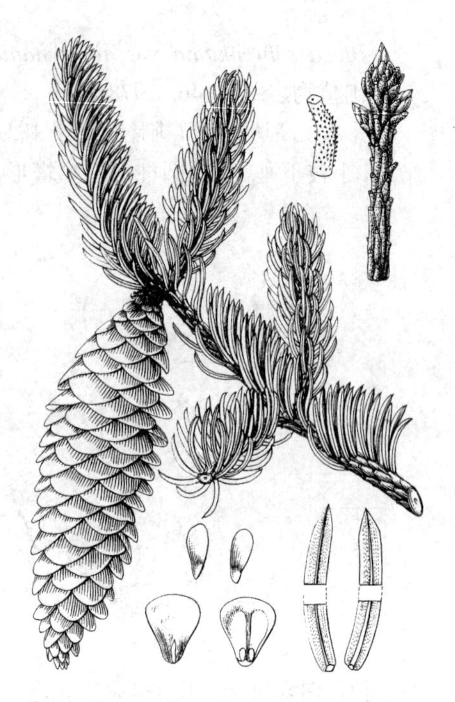

图 57 西伯利亚云杉 （蔡淑琴绘）

9. 大果青扦 图59 彩片59

Picea neoveitchii Mast. in Gard. Chron. ser. 3, 33: 116. f. 50-51. 1903.

乔木，高20米，胸径50厘米；树皮灰色，裂成鳞状块片脱落。一年生枝较粗，淡黄、淡黄褐或微带褐色，无毛，基部宿存芽鳞不反曲。冬芽卵圆形或圆锥状卵圆形。叶四棱状条形，两侧扁，高大于宽或等宽，常弯曲，长1.5-2.5厘米，宽约2毫米，先端锐尖，四面有气孔线，上两面各有5-7条，下两面各有4条。球果长圆状圆柱形或卵状圆柱形，长8-14厘米，径5-6.5厘米，通常两端渐窄，间或近基部微宽，熟前绿色，有树脂，熟时淡褐色或褐色，间或带黄绿色；种鳞宽倒卵状五角形、斜方状卵形或倒三角状宽卵形，长约2.7厘米，宽2.7-3厘米，上部宽圆或微成钝三角状，边缘薄，有细齿或近全缘。种子倒卵圆形，长5-6毫米，连翅长约1.6厘米。

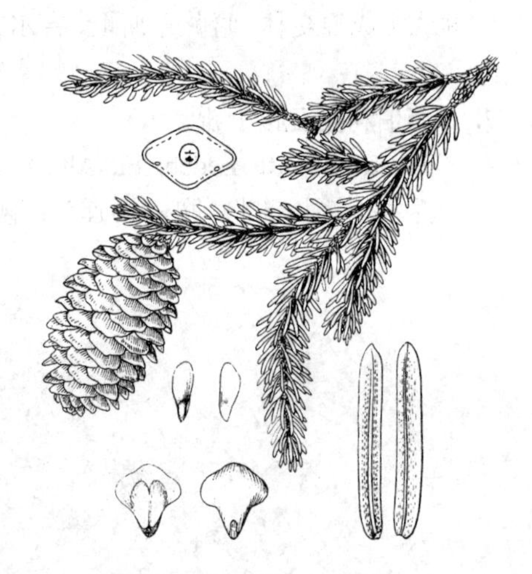

图 58 青扦 （仿《图鉴》）

产甘肃东部及东南部、陕西南部、湖北西部及河南西南部，生于海拔1300-2000米山地，散生林中。

10. 台湾云杉 图60 彩片60

Picea morrisonicola Hayata in Journ. Coll. Sci. Univ. Tokyo 25(19): 220. f. 10. 1908.

乔木，高达50米，胸径1.5米；树皮灰褐色，裂成块片脱落。一年生

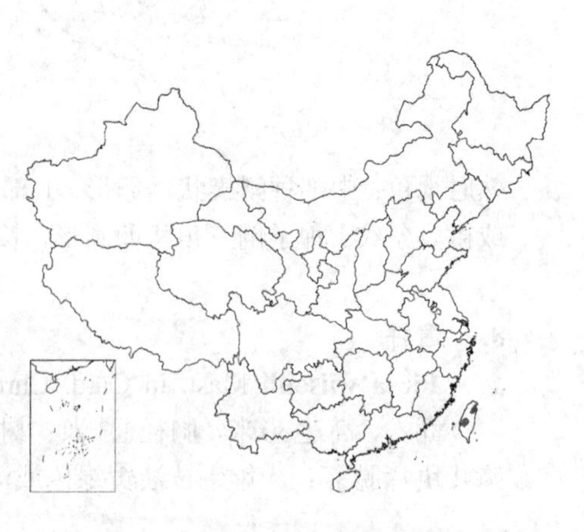

枝褐或淡黄褐色，无毛，基部宿存芽鳞不反曲。冬芽卵圆形，间或圆锥状卵形。叶四棱状条形，直或微弯，长0.8-1.4厘米，宽约1毫米，先端微渐尖，无明显的短尖头，横切面菱形，四面有气孔线，上两面各有5条，下两面各有2-3条。球果长圆状圆柱形或卵状圆柱形，长5-7厘米，径2.5-3厘米，熟时褐色，间或微带紫色；种鳞倒卵形，排列紧密，上部宽圆。种子近倒卵圆形，长3-4毫米，连翅长约1厘米。花期4月，球果10月成熟。

产台湾中央山脉，海拔2300-3000米地带，形成单纯林或与台湾冷杉、台鳞铁杉组成混交林。

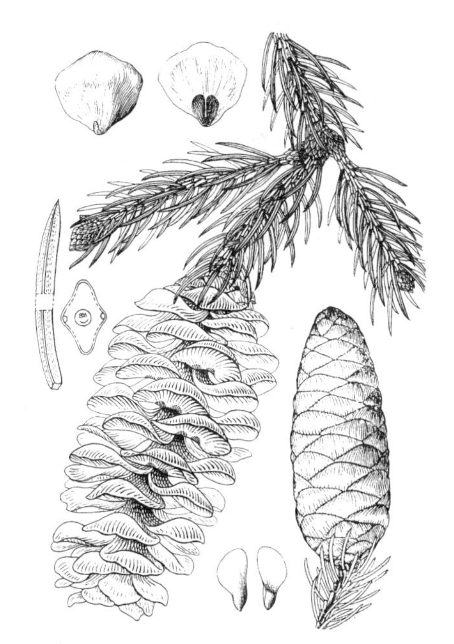

图 59 大果青扦 （仿《图鉴》）

11. 日本云杉 图 61

Picea polita（Sieb. et Zucc.）Carr. Traite Conif. 256. 1855.

Abies polita Sieb. et Zucc. Fl. Jap. 2: 20. t. 111. 1842.

乔木，在原产地高达40米，胸径达3米；树皮粗糙，淡灰色，浅裂成不规则的小块片。大枝平展；小枝较粗，淡黄或淡褐黄色，无毛，基部有排列紧密、不反曲的宿存芽鳞。冬芽长卵圆形或卵状圆锥形，深褐或淡黑褐色，长0.6-1厘米，具树脂，有光泽。叶四棱状条形，坚硬，微扁，直或微弯，长1.5-2厘米，先端锐尖，四面有气孔线。球果长卵圆形、卵圆形或圆柱状椭圆形，长7.5-12.5厘米，径约3.5厘米，熟前淡黄绿色，熟时淡红褐色。种鳞近圆形或倒卵形，微有缺齿。种子长6-8毫米，连翅长2厘米。

原产日本。河北、山东、浙江及江西等地引种栽培作庭园树。

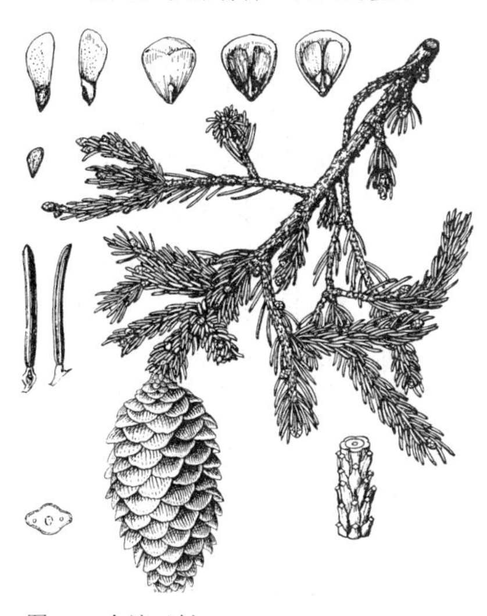

图 60 台湾云杉 （仿《Woody Fl. Taiwan》）

12. 长叶云杉 图 62 彩片 61

Picea smithiana（Wall.）Boiss. Fl. Orient. 5: 700. 1884.

Pinus smithiana Wall. Pl. Asiat. Rar. 3: 24. f. 246. 1832.

乔木，高达60米。树皮淡褐色，浅裂成圆形或近方形的裂片。小枝下垂，幼枝淡褐色或淡灰色，无毛，基部宿存芽鳞反曲。冬芽圆锥形或卵圆形。叶辐射伸展，四棱状条形，细长，达3-5厘米，先端尖，微弯，横切面四棱形，高宽相等或高大于宽，四面各有2-5条气孔线。球果圆柱形，长12-8厘米，径约5厘米，两端渐窄，熟前绿色，熟时褐色，有光泽。种鳞质地厚，宽倒卵形，上部圆，全缘，先端微呈宽三角状钝尖。种子长约5毫米，翅长1.5-2厘米。

产西藏南部吉隆，生于海拔2400-3200米地带的混交林中。阿富汗、印度北部、克什米尔、巴基斯坦及尼泊尔有分布。

图 61 日本云杉 （孙英宝绘）

13. 丽江云杉 图 63：1-5

Picea likiangensis（Franch.）Pritz in Engl. Bot. Jahrb. 29. 217. 1901.

Abies likiangensis Franch. in Journ. de Bot. 13: 257. 1899.

乔木，高达50米，胸径2.6米；树皮深灰或暗褐灰色，深裂成不规则的厚块片。小枝节间较细长，疏被或密被短毛，或近无毛，一年生枝淡黄或淡褐黄色，基部宿存芽鳞反曲。冬芽圆锥形、卵状圆锥形、卵状球形或球形，有树脂。叶四棱状条形，直或微弯，长0.6-1.5厘米，宽1-1.5毫米，先端尖或钝尖，横切面菱形或微扁四棱形，上两面各有气孔线4-7条，下两面各有1-2条，稀无气孔线或各有3-4条不完整的气孔线。球果卵状长圆形或圆柱形，长7-12厘米，径3.5-5厘米，熟前红褐或黑褐色，熟时褐、淡红褐、紫褐或黑紫色。中部种鳞斜方状卵形或菱状卵形，中上部渐窄成三角状或钝三角状，稀微圆，边缘有细齿，间或微波状。种子近卵圆形，连翅长约1.4厘米。花期4-5月，球果9-10月成熟。

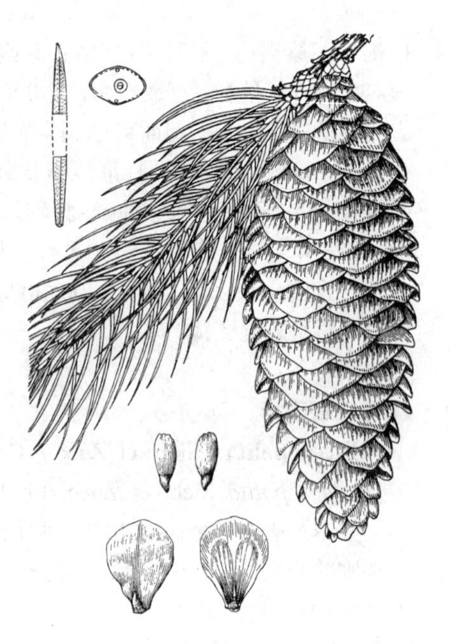

图 62 长叶云杉 （王金凤绘）

产云南西北部、四川西南部及西藏东南部，生于海拔2500-3800米地带，常与其他针叶树组成混交林或成单纯林。

［附］**川西云杉** 图63：6-14 彩片62 **Picea likiangensis** var. **rubescens** Rehd. et Wils. in Sarg. Pl. Wilson. 2: 31. 1914. —— *Picea balfouriana* Rehd. et Wils.; 中国高等植物图鉴1: 301. 1972. —— *Picea likiangensis* var. *balfouriana* (Rehd. et Wils.) Hillier et Slarin; 中国植物志7: 153. 1978. 本变种与模式变种的区别：叶下面两边有3-4条气孔线，稀1-2或5条气孔线；小枝通常较粗，节间短，密被柔毛；球果长5-9.5厘米，熟前红紫、紫红或黑紫色，稀黄或黄绿色。产四川西南部、西藏东部及青海南部，生于海拔3000-4100米地带，常成单纯林或与其他针叶树组成混交林。

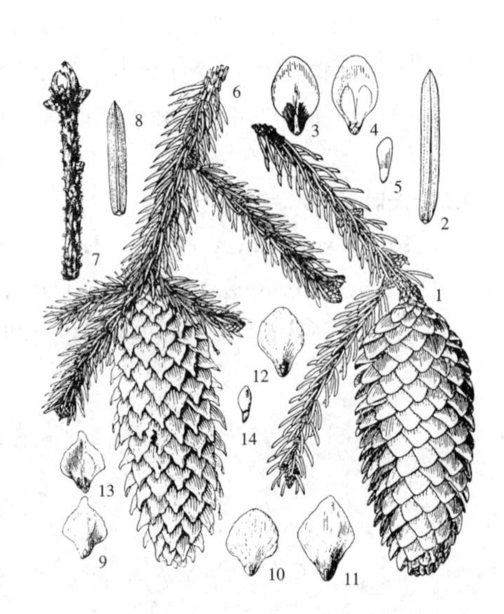

图 63：1-5. 丽江云杉 6-14. 川西云杉
（仿《图鉴》）

［附］**康定云杉** **Picea likiangensis** var. **montigena** (Mast.) T. S. Liu in Phytotax. Geobot. 33: 242. 1982. —— *Picea montigena* Mast. in Gard. Chron. ser. 3, 39: 146. f. 56. 1906. 本变种与模式变种的区别：小枝密被柔毛，叶下面每边有1-4条气孔线，而近川西云杉，其区别在于球果熟前种鳞背面外露部分绿色，上部边缘红或紫红色。产四川康定折多山海拔约3300米以上地带。

［附］**林芝云杉** 彩片63 **Picea likiangensis** var. **linzhiensis** Cheng et L. K. Fu in Acta Phytotax. Sin. 13(4): 83. 1975；中国植物志7: 156. 1978. 本变种与模式变种的区别：叶较扁，下面每边无气孔线，稀个别叶有1-2条不完整的气孔线。产西藏东南部、四川西南部及云南西北部，生于海拔2900-3700米地带，形成单纯林或与其他针叶树组成混交林。

14. 紫果云杉 图64 彩片64

Picea purpurea Mast. in Journ. Linn. Soc. Bot. 37: 418. 1906.

乔木，高达50米，胸径1米；树皮深灰色，裂成不规则较薄的鳞状块片。小枝节间短，密生短毛，一年生枝黄或淡褐黄色，二至三年生枝黄灰或灰色，基部宿存芽鳞反曲。冬芽圆锥形，有树脂。叶多为辐射伸展，或枝条上面之叶前伸，而下面之叶向两侧伸展，扁四棱状条形，直或微弯，长0.5-1.2厘米，宽1.5或近2毫米，先端微尖或微钝，下面的先端呈明显

的斜方形，上两面各有4-6条气孔线，下两面无气孔线，稀有1-2条不完整的气孔线。球果圆柱状长卵形或椭圆形，长2.5-6厘米，径1.7-3厘米，成熟前后均为紫黑或淡红紫色；种鳞排列疏松，中部种鳞斜方状卵形，中上部渐窄成三角形，边缘波状。花期4月，球果10月成熟。

产四川北部、甘肃南部及青海东部，生于海拔2000-3800米地带，形成单纯林或与其他针叶树组成混交林。

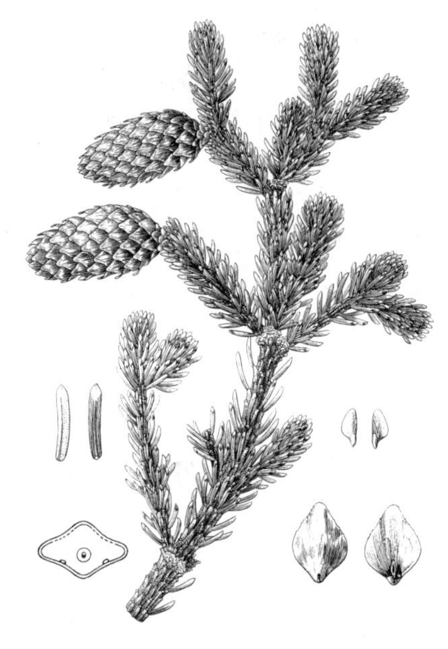

图 64 紫果云杉 （引自《中国森林植物志》）

15. 鱼鳞云杉 鱼鳞松 图65：1-9

Picea jezoensis Carr. var. **microsperma**（Lindl.）Cheng et L. K. Fu, Fl. Reipubl. Popul. Sin. 7: 159. 1978.

Abies microsperma Lindl. in Gard. Chron. 1861: 22. 1861.

Picea microsperma（Lindl.）Carr.；中国高等植物图鉴1：302. 1972.

乔木，高达50米，胸径1.5米；灰色，裂成鳞状块片。一年生枝褐色、淡黄褐或淡褐色，无毛或疏被短毛，微有光泽，基部宿存芽鳞反曲或向外开展。冬芽圆锥形，淡褐色，几无树脂。小枝上面之叶前伸，下面之叶从两侧向上弯伸，条形，微弯，长1-2厘米，宽1.5-2毫米，先端常微钝，上面有两条由5-8条气孔线组成的白粉带，下面光绿色，无气孔线。球果长圆状圆柱形或长卵圆形，长4-6（-9）厘米，径2-2.6厘米，熟前绿色，熟时褐或淡黄褐色；种鳞薄，排列疏松，中部种鳞卵状椭圆形或菱状椭圆形，上部近平或圆，边缘有不规则细缺齿。种子连翅长约9毫米。花期5-6月，球果9-10月成熟。

产黑龙江及内蒙古，生于海拔300-800（-1000）米地带，常与针阔叶树组成混交林，或成小面积单纯林。俄罗斯远东地区及日本有分布。

［附］**长白鱼鳞云杉** 长白鱼鳞松 图65：10-15 彩片65 **Picea jezoensis** var. **komarovii**（V. Vassil.）Cheng et L. K. Fu, Fl. Reipubl. Popul. Sin. 7: 161. 1978. —— *Picea komarovii* V. Vassil. in Bot. Zhurm.（Moscow & Leningrad）35: 504. 1950.；中国高等植物图鉴1：302. 1972. 本变种与鱼鳞云杉的区别：一年生枝黄或淡黄色，稀微带淡褐色，无毛；球果长3-4厘米，径2-3厘米；中部种鳞菱状卵形。产吉林，生于海拔1000-1700米地带，常组成针叶树或针阔叶树混交林。俄罗斯远东地区及朝鲜有分布。

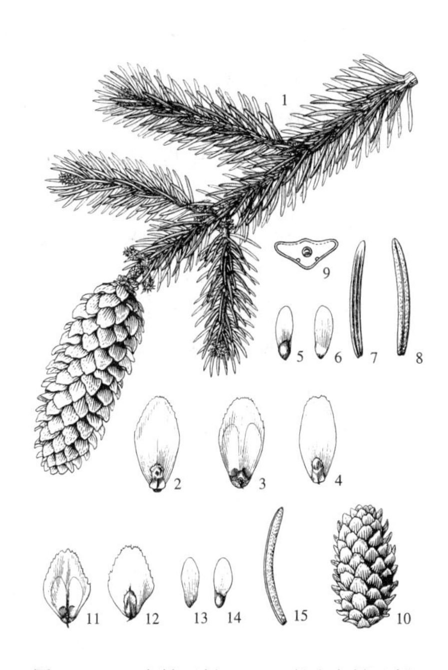

图 65：1-9. 鱼鳞云杉 10-15. 长白鱼鳞云杉 （张荣厚 张泰利绘）

16. 麦吊云杉 麦吊杉 图66 彩片66

Picea brachytyla（Franch.）Pritz in Engl. Bot. Jahrb. 29: 216. 1901. *Abies brachytyla* Franch. in Journ. de Bot. 13: 258. 1899.

乔木，高达30米，胸径1米；树皮淡灰褐色，裂成不规则厚块片固着树干上；大枝平展，侧枝细下垂。一年生枝淡黄或淡褐黄色，有毛或无毛，基部宿存芽鳞紧贴小枝，不向外开展。冬芽常为球形或卵状圆锥形，间或顶芽圆锥形，侧芽卵圆形。叶条形，扁平、直或微弯，长1-2.2厘米，宽1-1.5毫米，先端尖或微尖，上面有两条白粉带，各有5-7条气孔线，下面无气孔线，绿色。球果长圆状圆柱形或圆柱形，长6-12厘米，径2.5-3.8厘米，熟前绿色，熟时褐色或微带紫色；中部种鳞倒卵形或斜方状倒卵形，长1.4-2.2厘米，宽1.1-1.3厘米，上部圆而排列紧密，或上部三角状则排列疏松。种子连翅长约1.2厘米。花期4-5月，球果9-10月成熟。

产河南西部、湖北西部、陕西南部、甘肃南部、青海东南部及四川，生于海拔1500-2900（-3500）米地带，形成单纯林或组成针阔混交林。

［附］**油麦吊云杉** 油麦吊杉 彩片67 **Picea brachytyla** var. **complanata**（Mast.）Cheng ex Rehd. Man. Cult. Trees and Shrub. ed. 2, 30. 1940. —— *Picea complanata* Mast. in Gard. Chron. ser. 3, 39: 146. f. 57. 1906. 本变种与模式变种的区别：球果成熟前红褐、紫褐或深紫色；树皮淡灰或灰色，裂成薄鳞状块片脱落。产四川西部、西藏东南部及云南西北部，生于海拔2000-3800米地带，常与其他针叶树组成混交林，或在局部地段成单纯林。缅甸北部有分布。

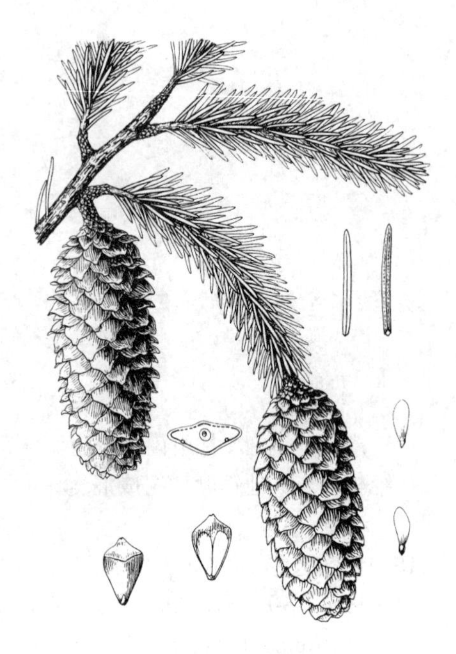

图 66 麦吊云杉 （吴彰桦绘）

17. 喜马拉雅云杉 西藏云杉 图67

Picea spinulosa（Griff.）Henry in Gard. Chron. ser. 3, 39: 219. 1906.

Abies spinulosa Griff. in Journ. Travels 259. 1847.

乔木，高达60米；树皮粗糙，裂成近方形的鳞状块片。小枝细长下垂，基部宿存芽鳞不反曲。冬芽卵圆形或圆锥状卵圆形，褐色。小枝上面之叶前伸，下面及两侧之叶成不规则2列，条形，横切面扁四棱形，微弯或直，长1.5-3.5厘米，宽1.1-1.8毫米，先端微钝或微尖，上面有两条白粉带，各有5-7条气孔线，下面无气孔线。球果长圆柱形或圆柱形，长9-11厘米，径3-4.5厘米，熟前种鳞背面露出部分绿色，上部边缘紫色，熟时褐或深褐色；种鳞排列紧密，质地厚，蚌壳状，近圆形，中上部圆，下部渐窄，长约2厘米，宽1.8厘米。种子长约5毫米，翅长1.1-1.5厘米。

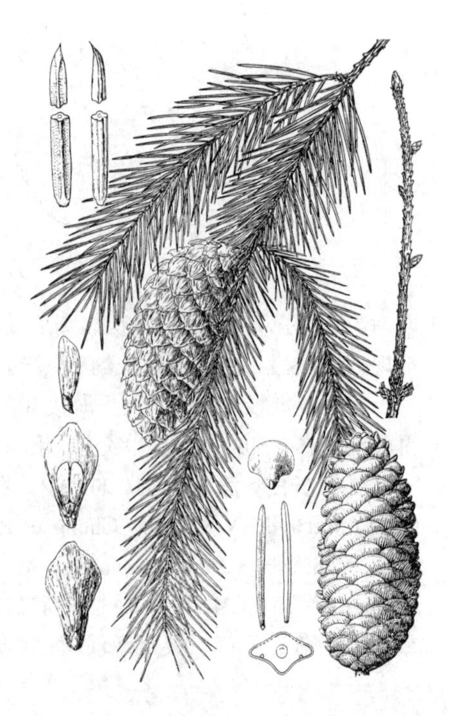

图 67 喜马拉雅云杉
（仿《Sargent, Trees and Shrubs》）

产西藏南部，生于海拔2900-3600米山地。不丹、锡金及尼泊尔有分布。

7. 落叶松属 **Larix** Mill.

落叶乔木。小枝通常较细，有长枝和短枝。冬芽小，近球形，芽鳞排列紧密，先端钝。叶在长枝上螺旋状排列，在短枝上簇生状，倒披针状窄线形，扁平，柔软，淡绿色，上面平或中脉隆起，下面中脉隆起，两侧各有数条气孔线，树脂道2，边生，稀中生。雄球花和雌球花分别单生于短枝顶端，春季与叶同时开放。球果当年成熟，直立。种鳞革质，宿存，苞鳞露出或不露出。种子三角状倒卵形，上部有膜质长翅，子叶6-8，发芽时出土。

约15种，分布于北半球热带及温带高山至寒带地区。我国产10种2变种，引种栽培2种。材质坚韧，结构细致，纹理直，耐水湿，抗腐性强，生长较快，为重要用材树种和造林树种。

1. 球果圆柱形或卵状圆柱形；苞鳞较种鳞为长，显著露出，稀近等长；小枝下垂。
  2. 雌球花与球果的苞鳞向后反折或向后弯曲。
    3. 雌球花与球果的苞鳞显著向后反折或反曲；球果的苞鳞倒卵状披针形或卵状披针形，最宽处宽5-7毫米，先端急尖；一年生长枝淡黄褐或红褐色，被毛或无毛；短枝近平滑，仅有极短的芽鳞残基 …………………… 1. **西藏红杉 L. griffithiana**
    3. 雌球花与球果的苞鳞斜上开展并向后弯曲；球果的苞鳞披针形，最宽处宽3.5-4.5毫米，先端具渐尖或微急尖的长尖头；一年生长枝淡紫褐或红褐色，无毛，有光泽；短枝上有数环反卷的宿存芽鳞 …………………… 2. **怒江红杉 L. speciosa**
  2. 雌球花与球果的苞鳞直伸或上端微向外反曲。
    4. 雌球花与球果的苞鳞中上部近等宽或微窄，先端急尖或微急尖；背面初被较密的短毛，后脱落无毛；一年生长枝黄、淡褐黄、淡黄或淡灰黄色 …………………… 3. **喜马拉雅红杉 L. himalaica**
    4. 雌球花与球果的苞鳞中上部渐窄，先端具渐尖的尖头；种鳞背面多少有细小疣状突起和短毛，稀近平滑；一年生长枝红褐、淡紫褐或淡黄褐色。
      5. 球果长3-5厘米，径1.5-2.5厘米；种鳞35-65，较薄，长0.8-1.3厘米；短枝较细，径3-4毫米，顶端叶枕间密生黄褐色柔毛 …………………… 4. **红杉 L. potaninii**
      5. 球果长5-7.5厘米，径2.5-3.5厘米；种鳞75-90，较厚，长1.4-1.8厘米；短枝粗壮，径4-8毫米，顶端叶枕间通常无毛或近无毛 …………………… 4(附). **大果红杉 L. potaninii** var. **australis**
1. 球果卵圆形或长卵圆形；苞鳞较种鳞为短，不露出或球果基部的苞鳞微露出；小枝不下垂。
  6. 种鳞上部边缘不外曲或微外曲；一年生长枝色浅，不为红褐色，无白粉。
    7. 球果中部的种鳞长大于宽。
      8. 一年生长枝较粗，径1.5-2.5毫米；短枝径3-4毫米；球果熟时上端的种鳞微张开或不张开。
        9. 一年生长枝淡黄灰、淡黄或黄色；短枝顶端的叶枕之间密生白色长柔毛；种鳞三角状卵形或卵形，先端圆，背面常密生淡紫褐色柔毛，稀近无毛 …………………… 5. **西伯利亚落叶松 L. sibirica**
        9. 一年生长枝淡褐或淡褐黄色；短枝顶端的叶枕之间有黄褐或淡褐色柔毛；种鳞近五边状卵形，先端平截或微凹，背面无毛，常有光泽 …………………… 6. **华北落叶松 L. principis-rupprechtii**
      8. 一年生长枝较细，径约1毫米；短枝径2-3毫米；球果熟时上端的种鳞张开，中部的种鳞近五边状卵形，先端平截或微凹，背面无毛，有光泽；短枝顶端的叶枕之间有黄白色长柔毛 …………………… 7. **落叶松 L. gmelini**
    7. 球果中部的种鳞长宽近相等，广卵形、四方状广卵形或方圆形 …………………… 8. **黄花落叶松 L. olgensis**
  6. 种鳞上部边缘显著向外反曲，卵状长方形或卵状方形，背面有褐色细小疣状突起和短粗毛；一年生长枝红褐色，被白粉 …………………… 9. **日本落叶松 L. kaempferi**

1. 西藏红杉 西藏落叶松 图 68 彩片 68

Larix griffithiana (Lindl. et Gord.) Hort. et Carr. Traite Conif. 278. 1855.

Abies griffithiana Hook. f. ex Lindl. et Gord. in Journ. Roy. Hort. Soc. London 5: 214. 1850.

Larix griffithii Hook. f.; Fl. China 4: 33. 1999.

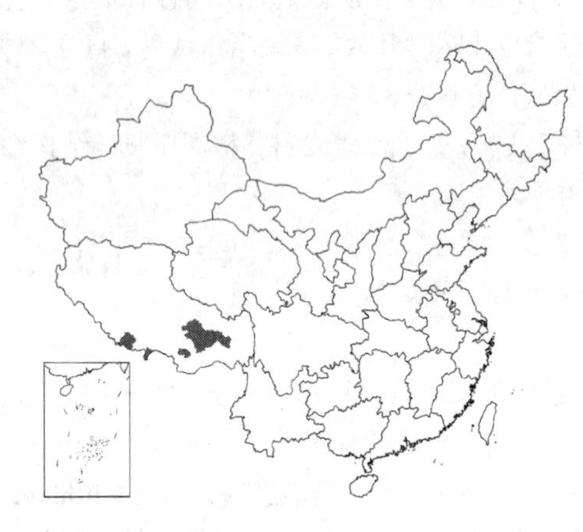

乔木，高达20余米；树皮灰褐或暗褐色，深纵裂；大枝平展。小枝细长下垂，幼枝被长柔毛，后渐脱落，一年生长枝红褐、淡褐或淡黄褐色；短枝粗，径6-8毫米，留有极短的芽鳞残基。叶倒披针状窄线形。长2.5-5.5厘米，宽1-2毫米，上面仅中脉的基部隆起，下面中脉两侧各有2-5条气孔线。球果大，圆柱形或椭圆状圆柱形，长7-11厘米，径2-3厘米，熟时淡褐或褐色；中部种鳞倒卵状四方形，长宽近相等，先端平或微凹，边缘有细缺齿，背面被短毛；苞鳞倒卵状披针形或卵状披针形，宽5-7毫米，显著露出并向后反折或反曲，先端具中肋延伸的急尖头。种子斜倒卵圆形，灰白色，连翅长约1厘米。花期4-5月，球果10月成熟。

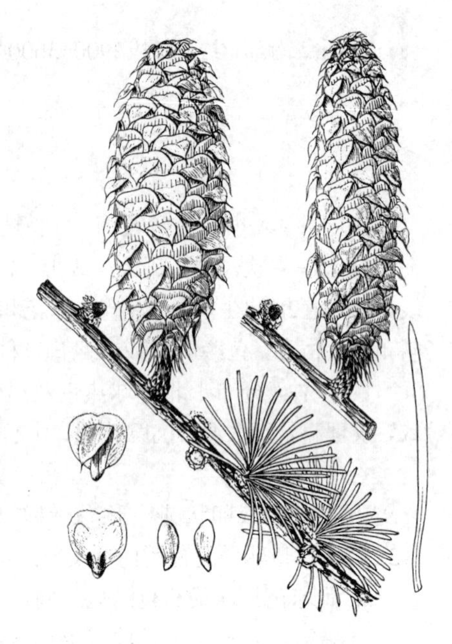

图 68 西藏红杉 （引自《中国植物志》）

产西藏南部及东部，生于海拔3000-4000米山地，组成混交林或成纯林。尼泊尔、不丹及锡金有分布。

2. 怒江红杉 怒江落叶松 图 69：1-6

Larix speciosa Cheng et Law in Acta Phytotax. Sin. 13(4): 84. f. 25 (1-6). 1975.

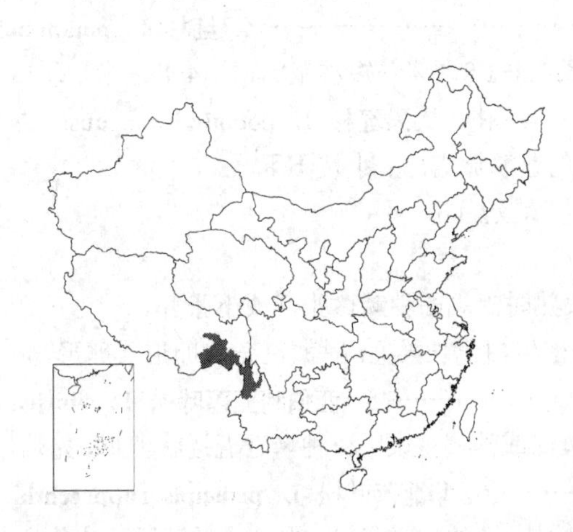

乔木，高达25米；树皮暗红褐色，鳞状开裂。小枝下垂，一至二年生长枝褐或淡紫褐色，无毛，间或微被白粉；短枝粗，色深，径6-8毫米，有1至数环反卷的宿存芽鳞。叶倒披针状窄线形。长2.5-5.5厘米，宽1-1.8毫米，先端钝或尖，上面平或仅中脉的基部隆起，下面中脉两侧各有2-5条白色气孔线。球果圆柱形，长7-9厘米，径2-3厘米，熟时红褐色；中部种鳞倒卵状长方形或近长方形，先端平而微凹，背面密被短毛或细小疣状突起；苞鳞显著外露，斜展并向后弯曲，披针形，长2-2.4厘米，最宽处宽3.5-4.5毫米，先端具渐尖或微急尖的长尖头。种子斜倒卵圆形，长约5毫米，白或灰白色，连翅长1-1.2厘米。花期4-5月，果期9-10月成熟。

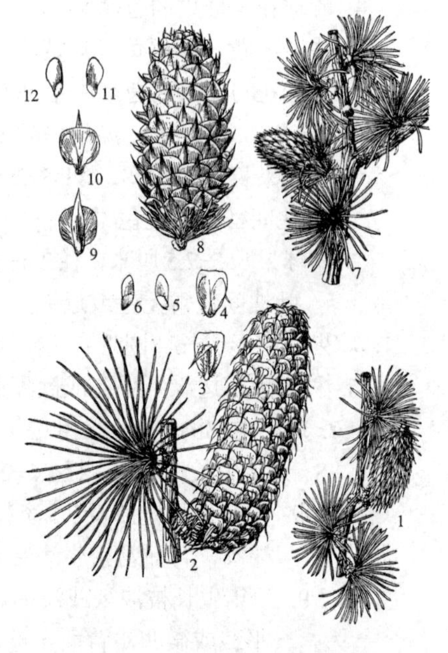

图 69：1-6. 怒江红杉 7-12. 大果红杉 （引自《中国植物志》）

产云南西北部及西藏东南部，生于海拔2600-4100米山地，组成混交林或成纯林。

3. 喜马拉雅红杉 喜马拉雅落叶松 图 70

Larix himalaica Cheng et L. K. Fu in Acta Phytotax. Sin. 13(4): 84. f. 26(1-6). 1975.

乔木，胸径30厘米以上。小枝下垂，一年生长枝黄或淡褐黄色，二年生枝黄褐或淡褐黄色，有光泽。短枝径3-5毫米，褐灰或深灰色，顶端叶枕之间无毛，有宿存的反卷芽鳞。叶倒披针状窄线形，长（1-）1.5-2（-2.5）厘米，宽约1毫米，先端钝或微尖，上面中下部的中脉隆起，下面中脉两侧各有2-5灰白色气孔线。球果短圆柱形，长5-6.5厘米，径2.8-3.2厘米，熟时褐色；中部种鳞方圆形或长圆形，背面中部密被短柔毛，后变无毛；苞鳞披针状长圆形，直伸，外露，不反曲，近基部最宽，先端中肋延伸成急尖或微急尖的尾状尖头。种子斜三角状卵圆形，长约4毫米，连翅长约9毫米。

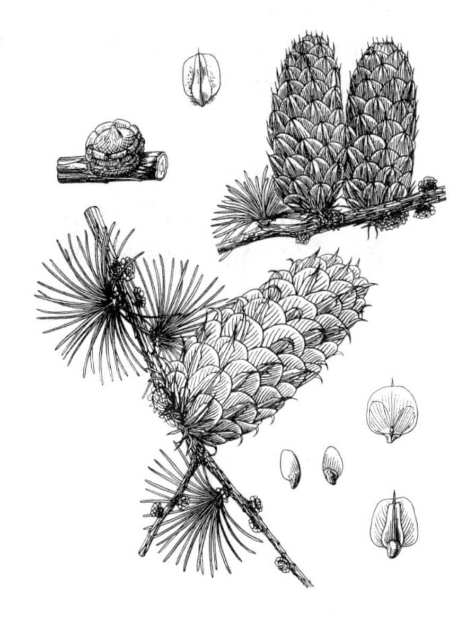

图 70 喜马拉雅红杉 （引自《中国植物志》）

产西藏南部，生于海拔3000-3500米的河谷两岸或滩地。尼泊尔有分布。

4. 红杉 四川落叶松 图 71

Larix potaninii Batalin in Acta Hort. Petrop. 13: 385. 1893.

乔木，高达50米，胸径1米；树皮灰或灰褐色，粗糙纵裂。小枝下垂，一年生长枝初被毛，后渐脱落，红褐或淡紫褐色，稀淡黄褐色，二年生枝红褐或紫褐色，短枝径3-4毫米，顶端叶枕之间密生黄褐色柔毛。叶倒披针状窄线形，长1.2-3.5厘米，宽1-1.5毫米，先端渐尖，上面中脉隆起，两侧各有1-3条气孔线，下面中脉两侧各有3-5条气孔线，有乳头状突起。球果长圆状圆柱形或圆柱形，长3-5厘米，径1.5-2.5厘米，熟时紫褐或淡灰褐色；种鳞35-65，中部种鳞近方形或长圆方形，先端平或微圆，稀微凹，边缘稍内曲，背面有淡褐色细小疣状突起和短毛；苞鳞长圆状披针形，显著露出，直伸或微反曲，基部宽，上部渐窄，先端渐尖或微急尖，稀急尖。种子斜倒卵圆形，长3-4毫米，连翅长7-10毫米。花期4-5月，球果10月成熟。

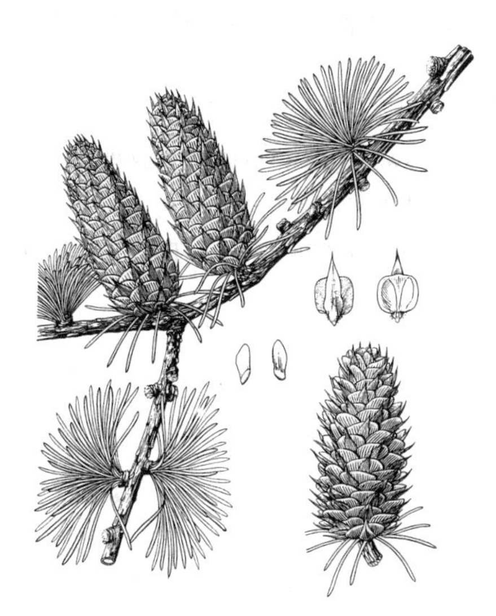

图 71 红杉 （引自《中国植物志》）

产甘肃南部、青海东南部及四川西部，生于海拔2500-4000米山地混交林中。

［附］**大果红杉** 图69：7-12 彩片69 **Larix potaninii** var. **australis** Henry ex Hand.-Mazz. Symb. Sin. 7(1): 14. 1929. —— *Larix potaninii* var. *macrocarpa* Law；中国植物志 7: 182. 1978. 本变种与模式变种的区别：短枝粗壮，径4-8毫米，顶端叶枕间通常无毛或近无毛；球果较长，长5-7.5厘米，径2.5-3.5厘米；种鳞75-90，质较厚，长1.4-1.8厘米。

产四川西南部、西藏东南部及云南西北部，生于海拔（2700）3800-4300（-4600）米山地林中。

5. 西伯利亚落叶松 新疆落叶松 图72 彩片70

Larix sibirica Ledeb. Fl. Alt. 4: 204. 1833.

乔木，高达40米，胸径80厘米；树皮暗灰色、灰褐或深褐色，粗糙纵裂。小枝不下垂，幼枝密被长柔毛，后渐脱落，一年生长枝淡黄或黄色，有光泽，二至三年生枝灰黄色，短枝顶端的叶枕之间密生灰白色长柔毛。叶倒披针状线形，长2-4厘米，宽约1毫米，先端尖或钝尖，上面中脉隆起，无气孔线，下面中脉两侧各有2-3条气孔线。球果卵圆形或长卵圆形，熟时褐或淡褐黄色，或微带紫色，长2-4厘米，径1.5-3厘米；中部种鳞三角状卵形、近卵形、斜方状卵形或斜方形，先端圆，背面密生淡紫褐色柔毛，稀近无毛，苞鳞紫红色，仅先端微露出。种子斜倒卵圆形，长4-5毫米，灰白色，连翅长1-1.5厘米。花期5月，球果9-10月成熟。

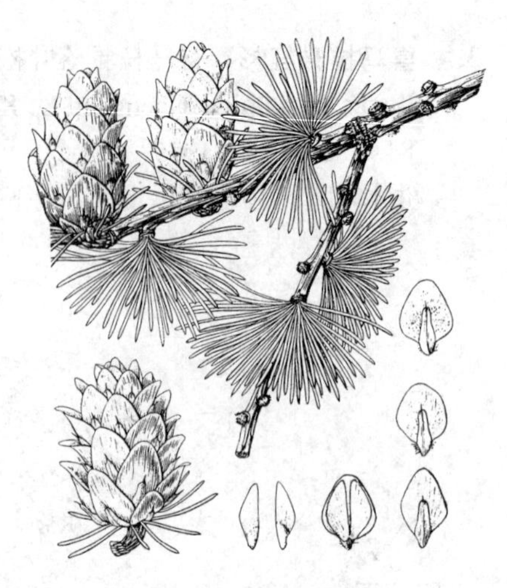

图 72 西伯利亚落叶松
（引自《中国植物志》）

产新疆，生于海拔1000-3500米地带的纯林或混交林中。俄罗斯及蒙古有分布。

6. 华北落叶松 图73 彩片71

Larix prineipis-rupprechii Mayr, Fremdl. Wald und Parkb. 309. f. 94-95. 1906.

Larix gmelinii (Rupr.) Rupr. var. *principis-rupprechtii* (Mayr) Pilg.; Fl. China 4: 36. 1999.

乔木，高达30米，胸径1米；树皮暗灰褐色，不规则纵裂成小块片脱落。小枝不下垂，一年生长枝淡褐或淡褐黄色，幼时被毛，后渐脱落，有白粉，二至三年生枝灰褐或暗灰褐色；短枝径3-4毫米，顶端叶枕之间有黄褐色柔毛。叶倒披针状窄线形，长2-3厘米，宽约1毫米，上部稍宽，先端尖或微钝，上面平，间或两侧有1-2条气孔线，下面中脉两侧各有2-4条气孔线。球果长圆状卵形或卵圆形，长2-4厘米，径约2厘米，熟时淡褐或淡灰褐色，有光泽，具26-45种鳞；中部种鳞近五边状卵形，先端平、圆或微凹，边缘有不规则缺齿，不反曲，背面无毛；苞鳞短，仅球果基部的苞鳞先端露出。种子斜倒卵状椭圆形，长3-4毫米，灰白色，连翅长1-1.2厘米。花期4-5月，球果10月成熟。

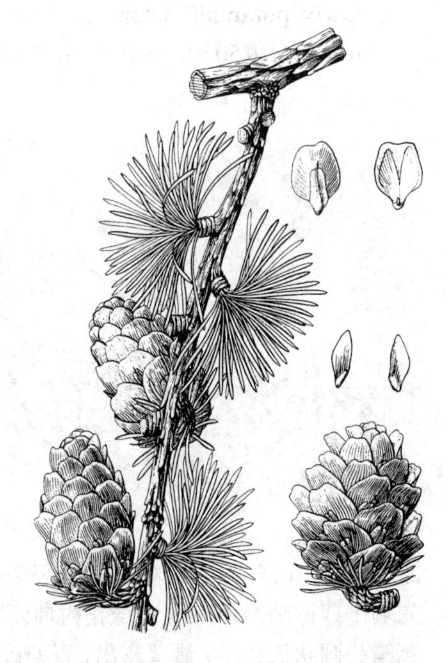

图 73 华北落叶松 （引自《中国植物志》）

产内蒙古、河北、山西及河南，生于海拔1400-2800(-3300)米的山地组成纯林或针阔混交林。

7. 落叶松 图74

Larix gmelini (Rupr.) Rupr. in E. Hofmann, Nordl. Ural. 2: 8. 1856.

Abies gemlini Rupr. Beitr. Pflanzenk. Russ. 2: 56. 1845.

乔木，高达35米，胸径90厘米；树皮暗灰或灰褐色，纵裂成鳞状块片剥落。小枝不下垂，一年生长枝细，径约1毫米，淡黄褐或淡褐黄色，被毛或无毛，基部常被毛，二至三年生枝褐、灰褐或灰色；短枝径2-3毫米，顶端叶枕之间有黄白色长柔毛。叶倒披针状窄线形，长1.5-3厘米，宽1毫米以内，先端尖或钝尖，上面平，有时两侧各有1-2条气孔线，下面中脉两侧各有2-3条气孔线。球果幼时紫红色，熟前卵圆形或椭圆形，熟时上端种鳞张开，黄褐、褐或紫褐色，长1.2-3厘米，径1-2厘米，具14-30种鳞，有光泽；中部种鳞五边状卵形，先端平、微圆或微凹；苞鳞短，不露出。种子斜卵圆形，长3-4毫米，灰白色，连翅长约1厘米。花期5-6月，球果9月成熟。

产黑龙江、吉林及内蒙古，生于海拔300-1200（-1700）米地带，成纯林或组成混交林。俄罗斯远东地区、蒙古及朝鲜有分布。

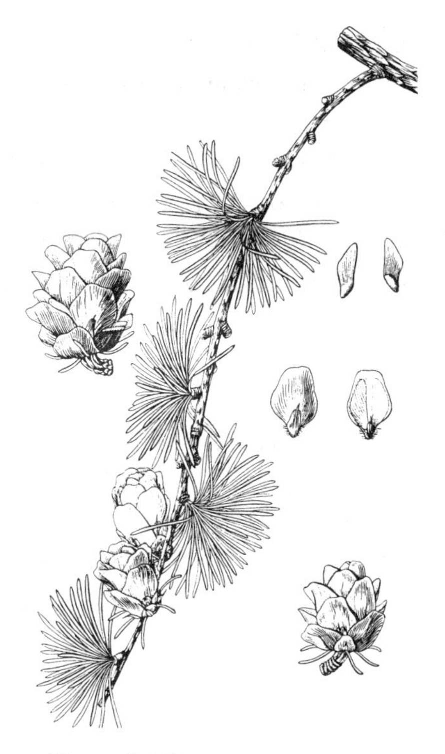

图 74 落叶松 （引自《中国植物志》）

8. 黄花落叶松 黄花松 长白落叶松 图75

Larix olgensis Henry in Gard. Chron. ser. 3, 57. 109. f. 31-32. 1915.

Larix olgensis var. *koreana* Nakai；中国高等植物图鉴1: 303. 1972.

乔木，高达30米，胸径1米；树皮灰褐色，纵裂成长鳞片，剥落后内皮紫红色。小枝不下垂，一年生长枝径约1毫米，淡红褐或淡褐色，被毛或无毛，微有光泽，基部常被长毛，有时疏被短毛，二至三年生枝灰或暗灰色；短枝径2-3毫米，深灰色，顶端叶枕之间密生淡褐色柔毛。叶倒披针状线形，长1.5-2.5厘米，宽约1毫米，先端钝或微尖，上面平，两侧偶有1-2条气孔线，下面中脉两侧各有2-5条气孔线。球果长卵圆形，长1.5-2.6厘米，稀达3.2-4.6厘米，径1-2厘米，熟前淡红紫或紫红色，稀绿色，熟时淡褐色，或稍带紫色，顶端种鳞排列紧密，不张开，具16-40种鳞；中部种鳞广卵形、四方状广卵形或方圆形，长宽近相等，背面及上部边缘有细小疣状突起，被毛或无毛，先端圆或微凹；苞鳞短，不露出。种子倒卵圆形，长3-4毫米，淡黄白或白色，连翅长约9毫米。花期5月；球果10月成熟。

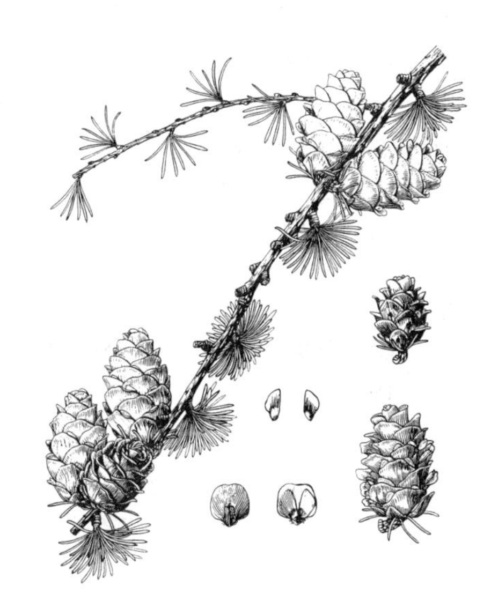

图 75 黄花落叶松 （引自《中国植物志》）

产黑龙江东南部、吉林及辽宁东部，生于海拔500-1800米的山坡、谷地、河岸及沼泽地，成纯林或组成混交林。俄罗斯远东地区及朝鲜有分布。

9. 日本落叶松 图 76 彩片 72

Larix kaempferi (Lamb.) Carr in Fl. Serr. Jard. Eur. (Ghent) 11: 97. 1856.

Pinus kaempferi Lamb. Descr. Gen. Pinus 2: 5. 1824.

乔木，在原产地高达30米，胸径1米；树皮暗褐色，纵裂成鳞状块片脱落。幼枝被褐色柔毛，后渐脱落，一年生长枝淡红褐色，有白粉，二至三年生枝灰褐或黑褐色；短枝径2-5毫米，顶端叶枕之间疏生柔毛。叶倒披针状窄线形，长1.5-3.5厘米，宽1-2毫米，先端微尖或钝，上面稍平，下面中脉两侧各有5-8条气孔线。球果广卵圆形或圆柱状卵形，长2-3.5厘米，径1.8-2.8厘米，熟时黄褐色，具46-65种鳞；中部种鳞卵状长方形或卵状方形，上部边缘波状，显著向外反曲，先端平而微凹，背面具褐色疣状突起或短粗毛；苞鳞不露出。种子倒卵圆形，长3-4毫米，连翅长1.1-1.4毫米。花期4-5月，球果10月成熟。

原产日本。黑龙江、吉林、辽宁、内蒙古、河北、河南、山东、浙江、江西、四川及新疆等地引种栽培，作庭园树或造林树种。

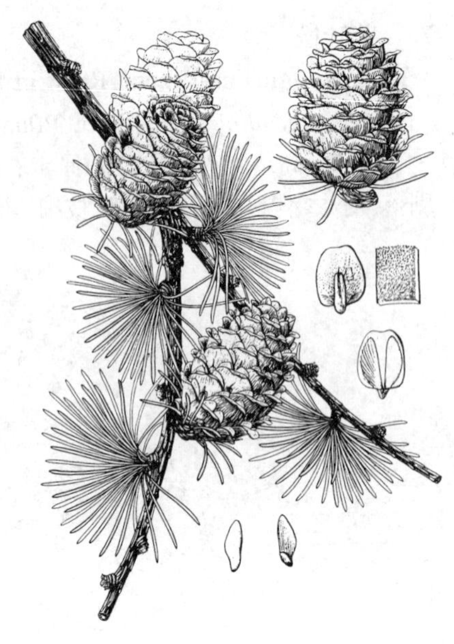

图 76 日本落叶松 （引自《中国植物志》）

8. 金钱松属 Pseudolarix Gord.

落叶乔木，高达60米，胸径1.5米；树皮灰褐或灰色，裂成不规则鳞状块片；大枝不规则轮生；枝有长枝和短枝。冬芽圆锥状卵圆形，芽鳞先端圆。叶在长枝上螺旋状排列，散生，在短枝上簇生状，辐射平展呈圆盘形，线形，柔软，长2-5.5厘米，宽1.5-4毫米，上部稍宽，上面中脉微隆起，下面中脉明显，每边有5-14条气孔线。雄球花簇生于短枝顶端，具细短梗，雄蕊多数，花药2，药室横裂，花粉有气囊；雌球花单生短枝顶端，直立，苞鳞大，珠鳞小，腹面基部具2倒生胚珠，具短梗。球果当年成熟，卵圆形，直立，长6-7.5厘米，有短柄；种鳞卵状披针形，先端有凹缺，木质，熟时与果轴一同脱落；苞鳞小，不露出。种子卵圆形，白色，下面有树脂囊，上部有宽大的种翅，基部有种翅包裹，种翅连同种子与种鳞近等长；子叶4-6，发芽时出土。染色体基数x=22。

特产单种属。

金钱松 图 77 彩片 73

Pseudolarix amabilis (Nelson) Rehd. in Journ. Arn. Arb. 1: 53. 1919.

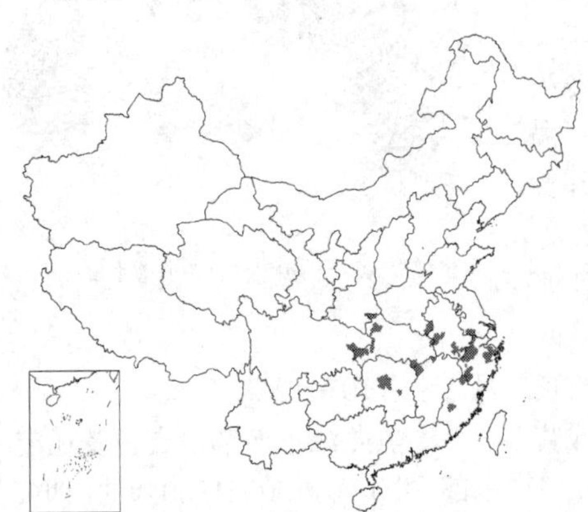

Larix amabilis Nelson, Pinac. 84. 1866.

Pseudolarix kaempferi Gord; 中国高等植物图鉴1: 305. 1972.

形态特征同属。花期4月，球果10月成熟。

产江苏南部、安徽、浙江、福建、江西、湖南、四川东部、湖北西部及河南东南部，生于海拔100-1500米的针阔混交林中。材质优良，树姿美丽，为优良的用材和驰名的庭园观赏树种。

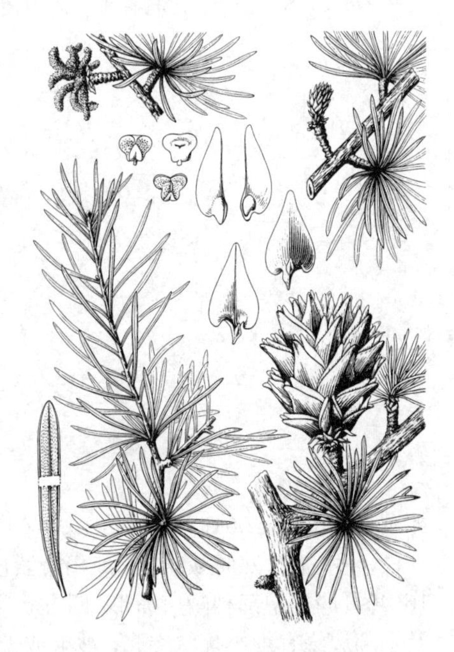

图 77 金钱松 （张荣厚 吴彰桦绘）

9. 雪松属 **Cedrus** Trew

常绿乔木。枝有长枝和短枝，基部有宿存芽鳞，叶脱落后有隆起的叶枕。冬芽小，卵圆形。叶针形，坚硬，有3（4）棱，在长枝上螺旋状排列，辐射伸展，在短枝上簇生状。雌雄同株，雌、雄球花均单生短枝顶端，直立；雄球果具多数雄蕊，花丝极短，花药2，药室纵裂，药隔显著，花粉无气囊；雌球花的珠鳞背面托1短小苞鳞，腹面基部具2胚珠。球果翌年（稀第3年）成熟，直立；种鳞木质，宽大，扇状倒三角形，排列紧密，熟时自宿存中轴脱落；苞鳞小，不露出。种子上部有宽大膜质的种翅；子叶8-10，发芽时出土。染色体2n=24。

4种，产非洲西北部、亚洲西南部及喜马拉雅山西部。我国引栽2种。

雪松 图 78 彩片 74

Cedrus deodara（Roxb.）G. Don in Loud. Hort. Brit. 388. 1830.

Pinus deodara Roxb. Hort. Bengal. 69, 1814.

乔木，在原产地高达75米，胸径4.3米，枝下高很低；树皮深灰色，裂成不规则的鳞状块片；大枝平展，枝梢微下垂，树冠宽塔形。小枝细长，微下垂，一年生长枝淡灰黄色，密被短绒毛，微被白粉，二至三年生长枝灰色、淡褐灰色或深灰色。针叶长2.5-5厘米，宽1-1.5毫米，先端锐尖，常呈三棱状，上面两侧各有2-3条气孔线，下面有4-6条气孔线，幼叶气孔线被白粉。球果卵圆形、宽椭圆形或近球形，长7-12厘米，熟前淡绿色，微被白粉，熟时褐或栗褐色；中部的种鳞长2.5-4厘米，宽4-6厘米，上部宽圆或平，边缘微内曲，背部密生短绒毛。种子近三角形，连翅长2.2-3.7厘米。花期10-11月，球果翌年10月成熟。

原产喜马拉雅山西部及喀喇昆仑山。辽宁、河北、山东、江苏、安徽、浙江、福建、台湾、江西、湖北、湖南、广东、广西、云南、贵州、四川、陕西、河南及山西均栽培引种作庭园观赏树。

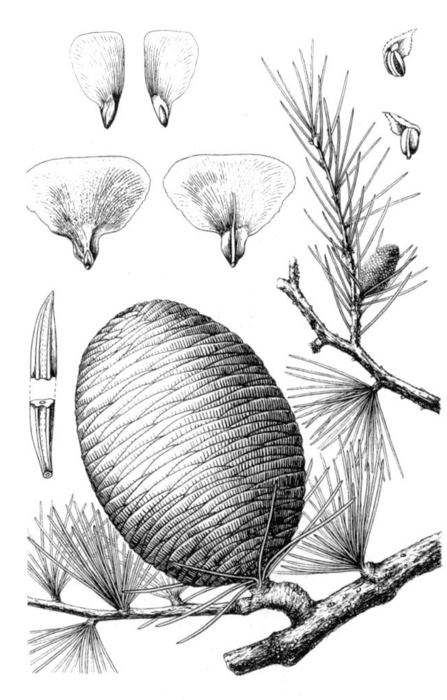

图 78 雪松 （张荣厚 吴彰桦绘）

10. 松属 **Pinus** Linn.

常绿乔木，稀灌木；大枝轮生，每年生1轮或2，稀多轮。冬芽显著，芽鳞多数，覆瓦状排列。叶二型：鳞叶（原生叶）单生，螺旋状排列，在幼苗时期为扁平线形，后则逐渐退化成膜质苞片状；针叶（次生叶）（1）2-5（-7）针一束，生于鳞叶腋部不发育短枝的顶端，每束针叶基部由8-12片芽鳞组成的叶鞘所包，针叶背面通常无气孔线，腹面两侧或腹面有气孔线，横切面三角形、扇形或半圆形，叶内具1-2条维管束和2至多数边生、中生或内生的树脂道。雌雄同株，雄球花生于新枝下部的苞腋，多数集生，无梗，雄蕊的花药药室纵裂，花粉有气囊；雌球花1-4生于新枝近顶端，珠鳞腹（上）面基部有2倒生胚珠。小球果于第二年受精后迅速发育，球果的种鳞木质，宿存，排列紧密，上部露出的部分肥厚为鳞盾，鳞盾的先端或中央有瘤状突起的鳞脐，鳞脐无刺或具刺；球果翌年（稀第二年）秋季成熟，熟时种鳞张开，种子散出，稀不张开。发育的种鳞具2种子，种子上部具长翅短翅或无翅，种翅有关节、易脱落，或种翅与种子结合而生，无关节；子叶3-18，发芽时出土。染色体2n=24。

约110种，分布于欧洲、亚洲、北美洲、非洲北部。我国产22种16变种，引种栽培约14种，分布几遍全国。木材有松脂，纹理直或斜，结构中或粗，材质较硬或较软，可供建筑、矿柱、桥梁、农具等用，也可作木纤维工业原料。树木可用以采脂。药用的松花粉、松节油是从松树采收和提取。多数五针松有较大的种子，可供食用。多种松树为森林更新、造林及庭园树种。

1. 叶鞘早落，鳞叶不下延，叶内具1条维管束。
   2. 种鳞的鳞脐顶生，无刺；针叶常5针一束。

3. 种子无翅或具极短之翅。
4. 球果成熟时种鳞不张开或微张开，种子不脱落；小枝被密毛。
5. 针叶粗，长7-12厘米，径1-1.5毫米，锯齿明显，树脂道3，中生；乔木。
6. 小枝密被黄褐或红褐色绒毛；球果长9-14厘米，种鳞上端渐窄，向外反曲 …… 1. **红松 P. koraiensis**
6. 小枝被黄色毛；球果长5-8厘米，种鳞上端圆，内曲 ……………… 2. **西伯利亚五针松 P. sibirica**
5. 针叶细短，长4-8厘米，径不及1毫米，锯齿不明显，树脂道2，边生；球果小，长3-4.5厘米，种鳞微外曲，灌木状 ……………………………………………………………………… 2(附). **偃松 P. pumila**
4. 球果熟时种鳞张开，种子脱落；小枝无毛。
7. 鳞盾边缘不反卷或微反卷，种子倒卵圆形，种皮厚。
8. 种鳞鳞盾斜方形，熟时黄或褐黄色 ……………………………………………………… 3. **华山松 P. armandi**
8. 种鳞鳞盾三角形，熟时褐或红褐色 …………………… 3.（附）**台湾果松 P. armandi** var. **mastersiana**
7. 鳞盾边缘明显外卷，种子倒卵状椭圆形，稀倒卵圆形，种皮薄。
9. 针叶长10-18厘米；球果长卵圆形或椭圆状卵圆形，长6-9厘米；种子栗褐色，种翅长2-4（-8）毫米 ……………………………………………………………………………… 4. **海南五针松 P. fenzeliana**
9. 针叶长5-14厘米；球果圆柱状椭圆形，长约14厘米；种子淡褐色，具极短的翅 …………………………………………………………………………… 4(附). **大别山五针松 P. fenzeliana** var. **dabeshanensis**
3. 种子具结合而生的长翅。
10. 针叶细长，长7-20厘米；球果圆柱形或窄圆柱形，长8-25厘米。
11. 小枝无毛，微被白粉；针叶长10-20厘米，下垂；球果长15-25厘米 ……… 5. **乔松 P. wallichiana**
11. 幼枝无毛，无白粉；针叶长6-14厘米，不下垂；球果长8-12厘米 … 5(附). **北美乔松 P. strobus**
10. 针叶长不及8厘米；球果较小，卵圆形、卵状椭圆形或椭圆状圆柱形，长10厘米以内。
11. 针叶细，径不及1毫米。
13. 小枝无毛或有疏毛；针叶长4-8厘米；球果具短柄；种子具窄翅，翅长为种子的1倍 ……………………………………………………………………………… 6. **台湾五针松 P. morrisonicola**
13. 小枝被密毛；针叶长3.5-5.5厘米；球果无柄，种子具宽翅，翅与种子近等长 ……………………………………………………………………………… 6(附). **日本五针松 P. parviflora**
12. 针叶较粗，径1-1.5毫米；球果具明显的柄。
14. 小枝无毛，极少有疏毛；叶内树脂道2-3个，背面2个边生，腹面1个中生或缺 ……………………………………………………………………………… 7. **华南五针松 P. kwangtungensis**
14. 小枝有密毛，叶内树脂道3，中生 …………………………………… 7(附). **毛枝五针松 P. wangii**
2. 种鳞的鳞脐背生。
15. 针叶5针一束，长9-17厘米，径不及1毫米；种翅长于种子3-4倍；树皮暗灰褐色，裂成小块片脱落 ……………………………………………………………………………………… 8. **巧家五针松 P. squamata**
15. 针叶3针一束，长5-10厘米，径1.5-2厘米，种翅短于种子；树干内皮粉白色或银灰白色。
16. 针叶粗硬；球果小，卵圆形，长5-7厘米，径4-6厘米；鳞盾微肥厚隆起，有短刺；种子近倒卵圆形，长约1厘米 ……………………………………………………………………… 9. **白皮松 P. bungeana**
16. 针叶细柔；球果大，长圆状卵圆形，长15-20厘米，径约10厘米；鳞盾三角状，显著隆起，先端向下反卷，刺不明显；种子圆柱形，长2-2.5厘米 ……………………… 10. **喜马拉雅白皮松 P. gerardiana**
1. 叶鞘宿存，稀脱落，鳞叶下延，叶内具2条维管束；种鳞的鳞脐背生，种子上部具长翅。
17. 种翅基部无关节，翅与种子结合而生；针叶3针一束，长20-30厘米；球果长10-20厘米，鳞盾显著隆起，横脊明显，鳞脐有刺 ……………………………………………… 11. **喜马拉雅长叶松 P. roxbourghii**
17. 种翅基部有关节，易与种子分离。

18. 枝条每年生长1轮。
19. 针叶2针一束，稀3针一束。
20. 针叶内的树脂道边生。
21. 一年生枝被白粉或微被白粉。
22. 一年生枝色浅，枯黄、红黄或淡褐色；种鳞较薄；树皮桔红色。
23. 一年生小球果直立或近直立，成熟球果暗黄褐或淡褐黄色，鳞盾平，稀横脊微隆起；树干上部树皮红褐色 ………… 12. **赤松 P. densiflora**
23. 一年生小球果下垂，成熟球果淡褐或淡黄褐色，鳞盾肥厚隆起或微隆起；树干上部树皮淡褐黄色 ………… 12(附). **兴凯赤松 P. densiflora** var. **ussuriensis**
22. 一年生枝色深，红褐或黄褐色；种鳞厚，鳞盾肥厚隆起；树皮深灰褐色或褐灰色 ………… 15(附). **巴山松 P. tabulaeformis** var. **henryi**
21. 一年生枝无白粉。
24. 鳞盾显著隆起，有锐脊，斜方形或多角形，上部凸尖；针叶短，长3-9厘米。
25. 鳞盾色浅，淡褐灰色；针叶粗，径1-2毫米。
26. 针叶径1.5-2毫米；树干上部树皮黄或淡黄褐色 ………… 13. **樟子松 P. sylvestris var. mongolica**
26. 针叶径1-1.5毫米；树干上部树皮棕黄或金黄色 ………… 13(附). **长白松 P. sylvestris** var. **sylvestriformis**
25. 鳞盾色深，黄褐色；针叶细，径约1毫米 ………… 13(附). **欧洲赤松 P. sylvestris**
24. 鳞盾肥厚隆起或微隆起，横脊较钝，不成锐脊，或仅微隆起；针叶长（6-）10-30厘米。
27. 针叶粗硬，径1-1.5毫米；鳞盾肥厚隆起，鳞脐有短刺。
28. 球果熟时色深，栗褐或深褐色，有光泽，基部通常斜歪；小枝黄褐色，有光泽 ………… 19. **高山松 P. densata**
28. 球果熟时色浅，淡黄或淡褐黄色，无光泽，基部不斜歪；小枝褐黄色，无光泽 ………… 14. **油松 P. tabulaeformis**
27. 针叶细柔，径1毫米或不足1毫米；鳞盾平或仅微隆起，鳞脐无刺。
29. 球果卵圆形，熟时种鳞张开；树干下部树皮灰褐色，裂成鳞状块片 ………… 15. **马尾松 P. massoniana**
29. 球果长卵圆形，熟时种鳞不张开；树皮红褐色，裂成不规则薄片脱落 ………… 15(附). **雅加松 P. massoniana** var. **hainanensis**
20. 针叶内的树脂道中生。
30. 冬芽褐色、红褐或栗褐色。
31. 针叶长15-27厘米，径1.5毫米；球果卵状圆柱形或长卵形，长5-10厘米，柄长约1厘米 ………… 16. **南亚松 P. latteri**
31. 针叶较短，长16厘米以内；球果卵圆形，无柄或有短柄。
32. 针叶长7-10（-13）厘米；球果长3-5厘米，褐色或暗褐色 ………… 17. **黄山松 P. taiwanensis**
32. 针叶长9-16厘米，刚硬；球果长5-8厘米，黄褐色 ………… 18(附). **欧洲黑松 P. nigra**
30. 冬芽银白色；针叶粗硬；球果长4-6厘米 ………… 18. **黑松 P. thunbergii**
19. 针叶3针一束，稀3、2针并存。
33. 球果较小，长8厘米以内，最长不超过11厘米，鳞盾隆起或微隆起，鳞脐具短刺或近无刺。
34. 球果卵圆形。针叶通常较短，最长不超过15厘米 ………… 19. **高山松 P. densata**
35. 球果圆锥状卵圆形。
36. 球果熟后种鳞张开；针叶长15-30厘米；乔木 ………… 20. **云南松 P. yunnanensis**

35. 球果熟时种鳞不张开；针叶长7-13厘米；主干不明显，基部多分枝，呈灌木状 ……………………………………………………………………………… 20(附). 地盘松 **P. yunnanensis** var. **pygmaea**

33. 球果较大，长8-20厘米，鳞盾强隆起，鳞脐隆起成锥状三角形，先端具尖刺。

36. 芽银白色，粗大，无树脂；针叶长20-45厘米，树脂道3-7，内生；球果长15-25厘米 ……………………………………………………………………………… 21. **长叶松 P. palustris**

36. 芽褐色，有树脂；针叶长12-36厘米，树脂道5，中生；球果长8-15厘米 ……………………………………………………………………………… 22. **西黄松 P. ponderosa**

18. 枝条每年生长2至数轮。

37. 针叶3针一束，或3、2针并存，稀4-5针一束；鳞盾隆起，鳞脐具刺。

38. 针叶较长，长12-30厘米；球果较大，长6-13厘米；主干上无不定芽。

39. 针叶3针一束，稀2针一束，径0.7-1.5毫米。

40. 针叶细柔，径约1毫米，树脂道3-6，边生；球果卵圆形，长4.5-6厘米，具短柄，鳞脐稍凸起，有短刺 ……………………………………………………………… 23. **卡西松 P. kesiya**

40. 针叶较粗硬，径约1.5毫米，树脂道通常2个（有时多至4个），中生，间或其中1个内生；球果卵状长圆形或圆锥状卵形，长5-15厘米，无柄，鳞盾沿横脊强隆起，鳞脐具渐尖的锐尖刺 …………………………………………………………………………… 24. **火炬松 P. taeda**

39. 针叶3、2并存，或3针一束，稀4-5针或2针一刺，径1.5-2毫米；树脂道内生。

41. 针叶3、2针并存，长18-30厘米，径约2毫米，鳞叶深绿色，有光泽；球果圆锥状卵形；种子黑色，种翅易落 ……………………………………………………… 25. **湿地松 P. elliottii**

41. 针叶3（4-5）针一束，稀2针一束并存，鳞叶鲜绿色；球果窄圆锥形或圆柱状圆锥形；种子色淡，种翅包种子周边较紧，不脱落 ………………………………… 25(附). **加勒比松 P. caribaea**

37. 针叶较短，长7-15厘米；球果较小，长3-7厘米；主干上常有不定芽。

42. 小枝红褐色或淡黄褐色，无白粉；针叶刚硬，3针一束，径约2毫米；球果熟时迟张开，鳞盾沿横脊强隆起，鳞脐隆起具锐尖刺 ………………………………………… 26. **刚松 P. rigida**

42. 小枝深红褐色，初被白粉；针叶较细柔，2针或3针一刺，径不足1毫米；球果熟时种鳞张开，鳞盾平或微隆起，鳞脐有极短之刺 ………………………………… 26(附). **萌芽松 P. echinata**

37. 针叶2针一束；鳞盾平或微隆起，鳞脐无刺。

43. 针叶短，长2-4厘米，径约2毫米，树脂道通常2，中生；球果熟时种鳞不张开，常弯曲，不对称，长3-5厘米，径2-3厘米，宿存树上多年 ………………………… 27. **北美短叶松 P. banksiana**

43. 针叶细柔，长10-25厘米，径约1毫米，微扭曲；树脂道4-8，边生；球果熟时张开，对称，长4-7厘米，径2.5-4厘米，脱落 ……………………………………… 15. **马尾松 P. massoniana**

1. 红松 图79 彩片75

Pinus koraiensis Sieb. et Zucc. Fl. Jap. 2: 28. t. 116. f. 5-6. 1842.

乔木，高达50米，胸径1米；幼树树皮灰褐色，近平滑，大树树皮灰褐或灰色，纵裂成不规则长方形的鳞状块片脱落，内皮红褐色。一年生枝密被黄褐或红褐色绒毛。冬芽淡红褐色，长圆状卵圆形，微被树脂。针叶5针一束，长6-12厘米，粗硬，边缘有细锯齿，树脂道3，中生，叶鞘脱落。球果圆锥状卵形、圆锥状长卵形或卵状长圆形，长9-14厘米，径6-8厘米，熟时种鳞不张开或微张开；种鳞菱形，上部渐窄，先端钝，向外反曲，鳞盾黄褐色或微带灰绿色，有皱纹，鳞脐不显著。种子倒卵状三角形，长1.2-1.6厘米，微扁，暗紫褐或褐色，无翅。花期6月；球果翌年9-10月成熟。

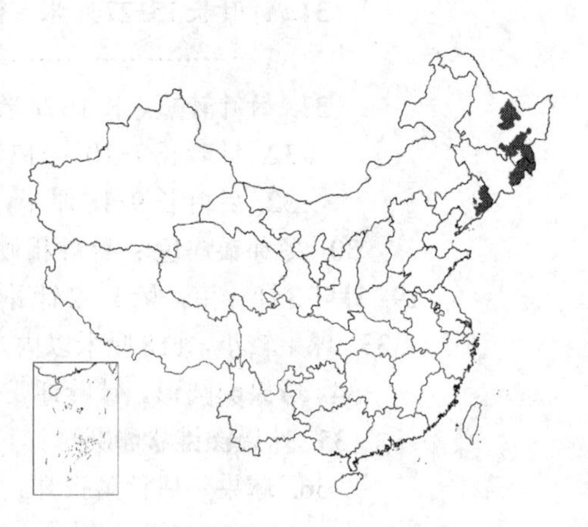

产黑龙江、吉林及辽宁，生于海拔150-1800米地带，组成针阔混交林

或成单纯林。材质优良，为重要用材树种及产区的造林树种。俄罗斯远东地区、朝鲜及日本有分布。

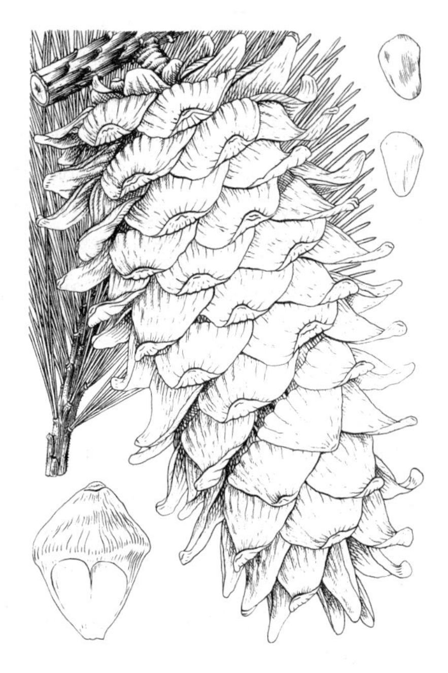

图 79 红松 （引自《图鉴》）

2. 西伯利亚五针松 新疆五针松 图 80：1-7

Pinus sibirica Du Tour in Deterville, Nouv. Dict. Hist. Nat. 18: 18. 1803.

乔木，高达35米，胸径1.8米；树皮淡褐色或灰褐色。小枝粗壮，黄或褐黄色，密被淡黄色长柔毛。冬芽红褐色，圆锥形。针叶5针一束，微弯，长6-11厘米，较粗硬，边缘疏生细锯齿，树脂道3，中生，叶鞘脱落。球果圆锥状卵形，长5-8厘米，径3-5.5厘米，熟后种鳞不张开或微张开，鳞盾宽菱形或宽三角状半圆形，紫褐色，微内曲，密被平伏细长毛，鳞脐明显，黄褐色。种子倒卵圆形，长约1厘米，黄褐色，无翅。花期5月，球果翌年9-10月成熟。

产新疆、内蒙古及黑龙江，生于海拔800-2400米山地的林中。哈萨克斯坦、蒙古及俄罗斯有分布。

［附］**偃松** 图 80：8-14 **Pinus pumila** (Pall.) Regel. in Ind. Sem. Hort. Petrop. 23. 1858. —— *Pinus cembra* Linn. var. *pumila* Pall. Fl. Ross. 1: 5. t. 2. f. f-h. 1784. 本种与西伯利亚红松的区别：针叶细短，长4-8厘米，径不及1毫米，锯齿不明显，树脂道2，边生；球果较小，长3-4.5厘米，种鳞微反曲；灌木状。产黑龙江、吉林及内蒙古，生于海拔1000-2300米高山上部，与其他针叶树组成矮林。内蒙北部、俄罗斯东部、朝鲜及日本有分布。

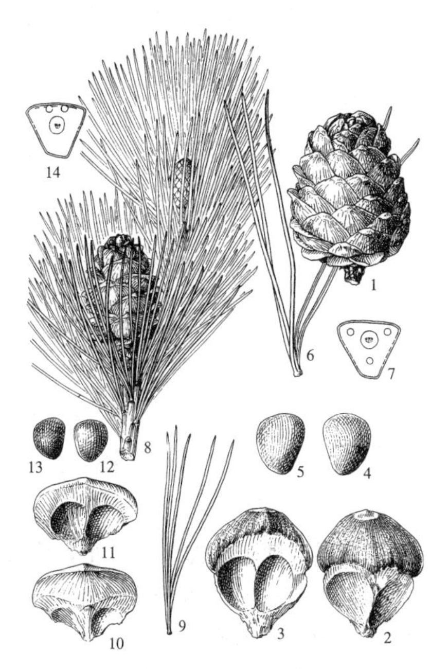

图 80：1-7. 西伯利亚五针松 8-14. 偃松
（冯晋庸绘）

3. 华山松 图 81 彩片 76

Pinus armandi Franch. in Nouv. Arch. Mus. Hist. Nat. Paris ser. 2, 7: 95. t. 12. 1884.

乔木，高达25米，胸径1米；幼树树皮灰绿或淡灰色，平滑，老则灰色，裂成方形或长方形厚块片固着树干上，或脱落。一年生枝绿或灰绿色，干后褐色，无毛，微被白粉。冬芽近圆柱形，褐色，微被树脂。针叶5针一束，长8-15厘米，径1-1.5毫米，边缘有细齿，树脂道3，中生，或背面2个边生、腹面1个中生，稀4-7，兼有中生与边生，叶鞘脱落。球果圆锥状长卵形，长10-20厘米，径5-8厘米，熟时黄或褐黄色，种鳞张开，种子脱落；中部种鳞近斜方状倒卵形，鳞盾斜方形或宽三角状斜方形，先端钝圆或微尖，无毛，无纵脊，不反曲或微反曲，鳞脐不显著。种子倒卵圆形，长1-1.5厘米，黄褐、暗褐

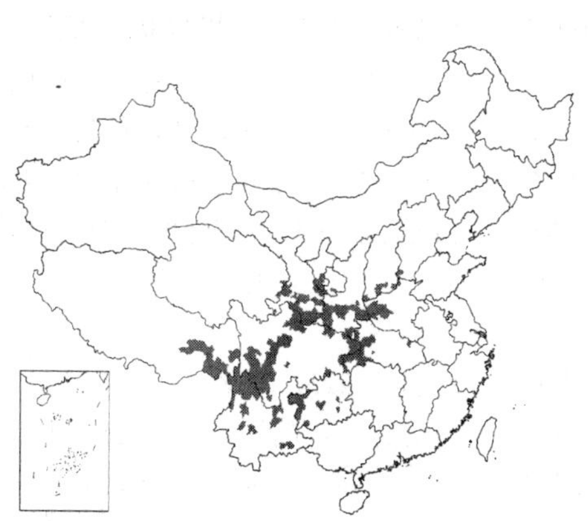

或黑色，无翅或两侧及顶端具棱脊，稀具极短的木质翅。花期4-5月，球果翌年9-10月成熟。

产河北西部、山西南部、河南西南部、陕西南部、甘肃南部、宁夏、青海东部、四川、贵州中部及西北部、云南、西藏东南部，生于海拔1000-3300米地带，常成单纯林或组成混交林。缅甸北部有分布。为产区用材及造林树种，种仁食用。

［附］**台湾果松** 彩片77 **Pinus armandi** var. **mastersiana** (Hayata) Hayata in Journ. Coll. Sci. Univ. Tokyo 25(19): 215. f. 8. 1908. —— *Pinus mastersiana* Hayata in Gard. Chron. ser. 3, 43: 194. 1908. 本变种与模式变种的区别：树皮灰黄色，裂成不规则鳞片脱落；小枝灰褐色；球果熟时褐或淡红褐色，种鳞的鳞盾三角形，上部常微反曲。产台湾，生于海拔1800-2800米高山地带，组成针阔混交林。

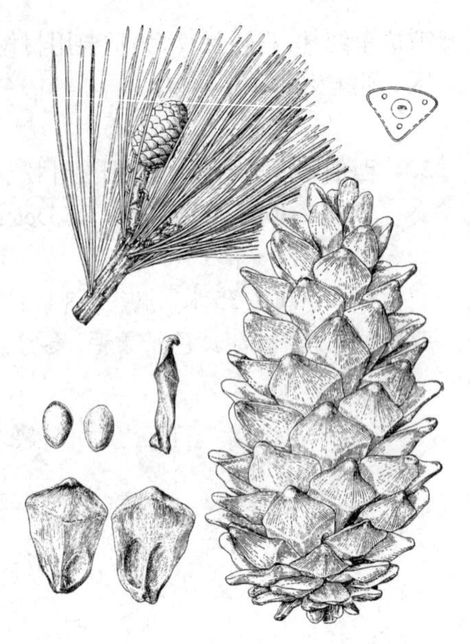

图 81 华山松 （冯晋庸绘）

4. 海南五针松 图82：1-7

Pinus fenzeliana Hand.-Mazz. in Oesterr. Bot. Aeitschr. 80: 337. 1931.

乔木，高达50米，胸径2米；幼树树皮灰或灰白色，平滑，大树树皮暗褐或灰褐色，裂成不规则鳞状块片脱落。一年生枝较细，淡褐色，干后褐黑色，无毛，稀被白粉。冬芽红褐色，柱状圆锥形或卵圆形，微被树脂。针叶5针一束，长10-18厘米，径不足1毫米，细柔，边缘有细齿，树脂道3，背面2个边生，腹面1个中生。球果长卵圆形或椭圆状卵圆形，长6-12厘米，径3-6厘米，熟时暗黄褐色；中部种鳞近楔状倒卵形或长圆状倒卵形，鳞盾近扁菱形，鳞脐微凹，连同鳞盾先端边缘显著向外反卷。种子倒卵状椭圆形，长0.8-1.5厘米，种皮较薄，栗褐色，顶端具长2-4(-8)毫米的短翅，种翅上部膜质，下部近木质。花期4月，球果翌年10-11月成熟。

产海南、广西、贵州中部及北部、四川东南部，生于海拔1000-1600米山地、山脊的针阔混交林中。种仁食用。

［附］**大别山五针松** 图82：8-10 彩片78 **Pinus fenzeniana** var. **dabeshanensis** (Cheng et Law) L. K. Fu et Nan Li in Novon 7. 262. 1997. —— *Pinus dabeshanensis* Cheng et Law in Acta Phytotax. Sin. 13(4): 85. 1995.；中国植物志7：221. 1978. 本变种与模式变种的区别：针叶较短，长5-14厘米；球果柱状椭圆形，长约14厘米；种子淡褐色，具极短的木质翅。产安徽西南部、湖北东部及河南商城的大别山区，生于海拔900-1400米的山坡或岩缝间，常与黄山松混生。种仁食用。

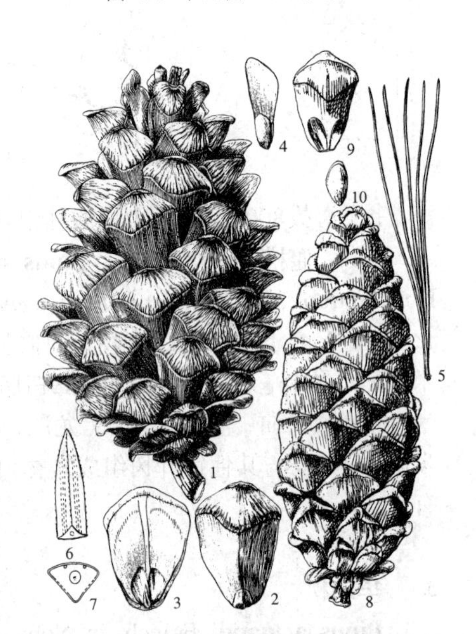

图82：1-7. 海南五针松 8-10. 大别山五针松
（引自《中国植物志》）

5. 乔松 图83

Pinus wallichiana A. B. Jackson in Kew Bull. 1938(2): 85. 1938. *Pinus griffithii* McClelland；中国高等植物图鉴1：308. 1972；中国植物志7：225. 1978.

乔木，高达70米，胸径1米以上；树皮暗灰褐色，裂成小块片脱落。一年生枝绿色，干后红褐色，无毛，有光泽，微被白粉。冬芽红褐色，圆柱状倒卵形或圆柱状圆锥形，微被树脂。针叶5针一束，长10-20（-26）厘米，径约1毫米，细柔下垂，边缘有细齿，树脂道3，边生，间或腹面1个中生。球果圆柱形，长15-25厘米，径3-5厘米，种鳞张开后径5-9厘米，熟时果柄长2.5-4厘米；中部种鳞长3-5厘米，淡褐色，鳞盾菱形，微呈蚌壳状隆起，不反曲，有光泽，无毛，被白粉，鳞脐暗褐色，微隆起，先端钝，显著内曲。种子椭圆状倒卵形，长7-8毫米，上端具结合而生的长翅，翅长2-3厘米。花期4-5月，球果翌秋成熟。

产西藏南部及云南西北部，生于海拔1600-3300米的山地，形成单纯林或混交林。阿富汗、巴基斯坦、印度、尼泊尔、不丹、锡金及缅甸有分布。

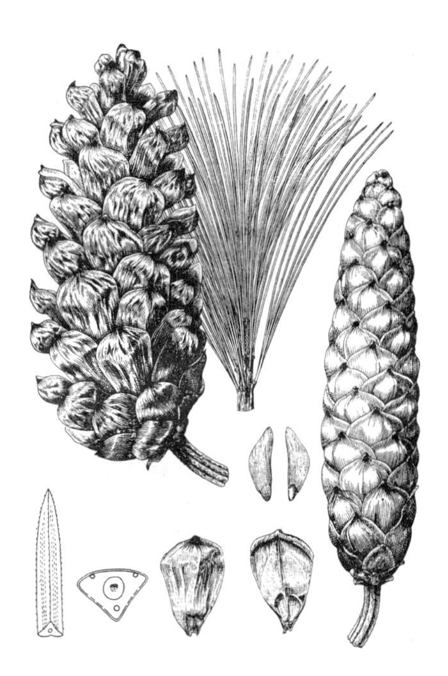

图 83 乔松 （引自《中国植物志》）

［附］**北美乔松 Pinus strobus** Linn. Sp. Pl. 1001. 1753. 本种与乔松的区别：树皮深裂；幼枝被柔毛，无白粉；冬芽卵圆形；针叶长6-14厘米，树脂道2；球果长8-12厘米。原产加拿大东部、美国东部、危地马拉及墨西哥南部。辽宁、河北、江苏及江西等地引种栽培作庭园树。

6. 台湾五针松 图 84 彩片 79

Pinus morrisonicola Hayata in Gard. Chorn. ser. 3, 43: 194. 1908.

乔木，高达30米，胸径1.2米；树皮暗灰色，鳞状开裂。一年生枝红褐色，幼时被淡黄色细毛，后变无毛。冬芽淡褐色，卵圆形，无树脂。针叶5针一束，长4-9厘米，径1毫米以内，微弯，边缘有细齿，仅背面有2边生树脂道。球果圆锥状椭圆形或卵状椭圆形，长7-11厘米，径5-7厘米，被树脂，柄长0.5-1厘米；鳞盾褐色，扁菱形，有光泽。种子椭圆状卵圆形或长卵圆形，长0.8-1厘米，具结合而生的翅，种翅窄，长1.5-2厘米。

产台湾中央山脉，生于海拔300-3200米的山坡、山脊的针阔混交林中。

图 84 台湾五针松
（仿《中国植物志》《Woody Fl. Taiwan》）

［附］**日本五针松 Pinus parviflora** Sieb. et Zucc. Fl. Jap. 2: 27: t. 115. 1842. 本种与台湾五针松的区别：一年生枝幼时绿色，后为黄褐色，密被淡黄色柔毛；针叶长3.5-5.5厘米；球果长4-7.5厘米，径3.5-4.5厘米，无柄；种子具宽翅，翅与种子近等长。原产日本。辽宁、河北、山东及长江流域各大城市栽培作盆景或庭园树。

7. 华南五针松 广东松 图 85 彩片 80

Pinus kwangtungensis Chun ex Tsiang in Sunyatsenia 7: 111. 1948.

乔木，高达30米，胸径1.5米；幼树树皮平滑，老树树皮厚，褐色，裂成不规则的鳞状块片。一年生枝无毛，干后淡褐色。冬芽茶褐色，微被树脂。针叶5针一束，较粗短，长3.5-7厘米，径1-1.5毫米，边缘有细齿，树脂道2-3，背面2个边生，腹面1个中生或缺。球果圆柱状长圆形或圆柱状卵形，长4-9厘米，径3-6厘米，稀长达17厘米，径7厘米，熟时淡红褐色，微被树脂，柄长0.7-2厘米；种鳞鳞盾菱形，上端边缘较薄，微内曲或直伸。种子椭圆形或倒卵圆形，长0.8-1.2厘米，连同种翅近等长。花期4-5月，球果翌年10月成熟。

产湖南南部、广东北部及中部、海南五指山、广西、贵州南部，生于海拔700-1800米的山地针阔混交林中。越南北部有分布。

［附］**毛枝五针松** 彩片 81 **Pinus wangii** Hu et Cheng in Bull. Fan. Mem. Inst. Biol. ser. 2, 1: 191. 1948. 本种与广东五针松的区别：小枝密被柔毛；叶内树脂道3，中生。产云南东南部，生于海拔1100-2100米石灰岩山坡，散生或组成针阔混交林。

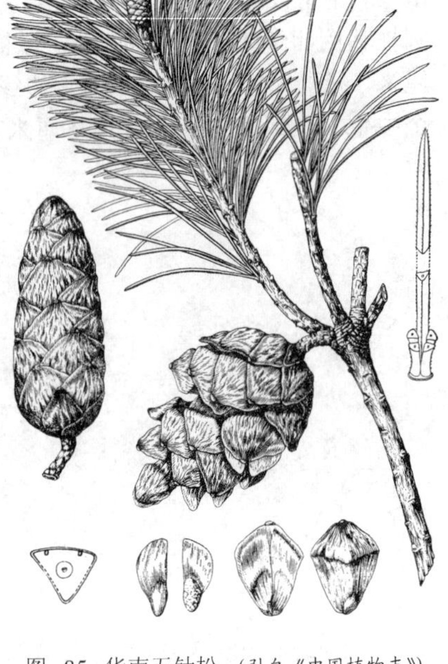

图 85 华南五针松 （引自《中国植物志》）

8. 巧家五针松 五针白皮松 图 86 彩片 82

Pinus squamata X. W. Li in Acta Bot. Yunnan. 14(3): 259. f. 1. 1992.

乔木；幼树灰绿色，幼时平滑，老树树皮暗褐色，成不规则薄片剥落，内皮暗白色。冬芽卵球形，红褐色，具树脂。一年生枝红褐色，密被黄褐及灰褐色柔毛，稀有长柔毛及腺体，二年生枝淡绿褐色，无毛。针叶5(4)针一束，长9-17厘米，径约0.8毫米，两面具气孔线，边缘有细齿，树脂道3-5，边生，叶鞘早落。成熟球果圆锥状卵圆形，长约9厘米。径约6厘米，果柄长1.5-2厘米；种鳞长圆状椭圆形，长约2.7厘米，宽约1.8厘米，熟时张开，鳞盾显著隆起，鳞脐背生，凹陷，无刺，横脊明显。种子长圆形或倒卵圆形，黑色，种翅长约1.6厘米，具黑色纵纹。花期4-5月，果期翌年9-10月。

产云南东北部巧家县，生于海拔约2200米的村旁山坡。

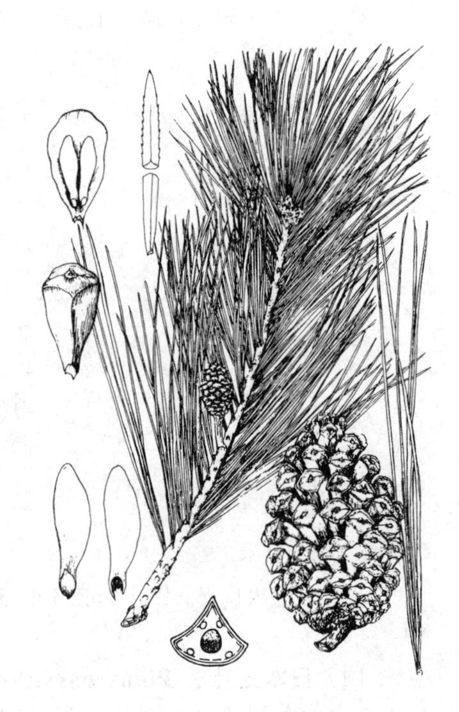

图 86 巧家五针松 （引自《云南植物研究》）

9. 白皮松 图87 彩片83

Pinus bungeana Zucc. ex Endl. Syn. Conif. 166. 1847.

乔木，高达30米，胸径3米；主干明显，或从树干近基部分生数干；幼树树皮灰绿色，平滑，长大后树皮裂成不规则块片脱落，内皮淡黄绿色，老树树皮淡褐灰色或灰白色，块片脱落露出粉白色内皮，白褐相间或斑鳞状。一年生枝灰绿色，无毛。冬芽红褐色，卵圆形，无树脂。针叶3针一束，粗硬，长5-10厘米，径1.5-2毫米，背部及腹面两侧有气孔线，边缘有细齿，树脂道4-7，边生，或边生与中生并存。球果卵圆形或圆锥状卵圆形，长5-7厘米，径4-6厘米，熟时淡黄褐色；种鳞的鳞盾多为菱形，有横脊，鳞脐有三角状短尖刺，尖头向下反曲。种子近倒卵圆形，长约1厘米，灰褐色，种翅短，长约5毫米，有关节，易脱落。花期4-5月，球果翌年10-11月成熟。

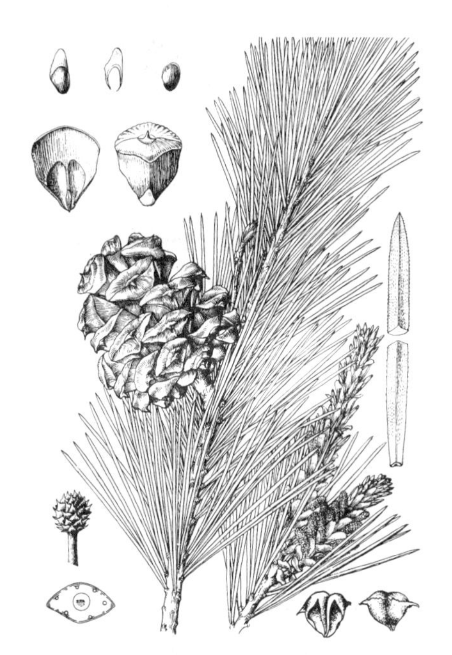

图 87 白皮松 （引自《中国植物志》）

产河北、山西、河南西部、陕西南部、甘肃南部、四川北部及湖北西部，生于海拔500-1800米的山地林中，偶有纯林。辽宁、山东及长江流域各大城市均有栽培，作庭园树。

10. 喜马拉雅白皮松 西藏白皮松 图88

Pinus gerardiana Wall. ex D. Don in Lamb. Descr. Gen. Pinus ed. 3. 2: 151. t. 79. 1837.

乔木，高达25米，胸径1米；树皮银灰白色，裂成不规则较大的薄块片剥落；大枝通常较短，近平展。一年生枝淡绿黄色，有隆起的叶枕，无毛。针叶3针一束，长6-10厘米，较坚硬，有细齿，背面及腹面两侧均有气孔线，树脂道5-7，边生，叶鞘脱落。球果长圆状卵圆形，长15-20厘米，径约10厘米，有短柄，熟时近褐色；鳞盾三角状隆起，先端向下反卷，横脊明显，鳞脐背生，钝而无明显的刺。种子圆柱形，长2-2.5厘米，具有关节的短翅。

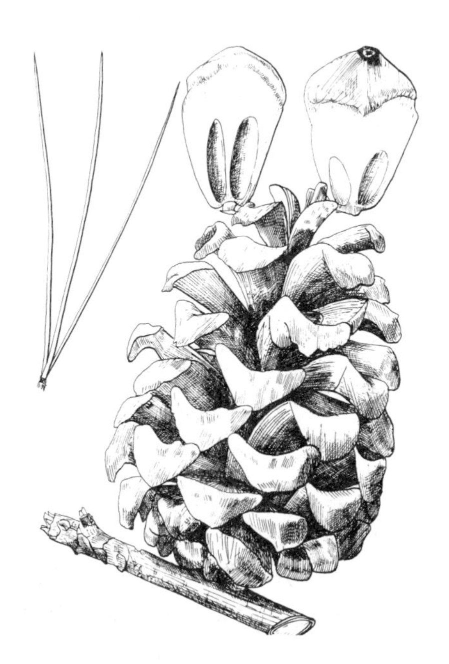

图 88 喜马拉雅白皮松 （孙英宝绘）

产西藏西部扎达，生于海拔约2700米山地。阿富汗东部、克什米尔、印度北部及巴基斯坦北部有分布。

11. 喜马拉雅长叶松 西藏长叶松 图89

Pinus roxbourghii Sarg. Silva N. Am. 11. 9. 1897.

乔木，高达45米，胸径1米以上；树皮厚，暗红褐色，深纵裂成大块片剥落。小枝灰色或淡褐色，鳞叶脱落。冬芽小，褐色，卵圆形，无树脂。针叶3针一束，长20-35厘米，径约1.5毫米，光绿色，背面及腹面两侧有气孔线，边缘有细齿，树脂道2，中生；叶鞘长2-3厘米，宿存。球果长卵圆形，长10-20厘米，径6-9厘米，具短梗；种鳞厚，坚硬，长方形，鳞盾显著隆起，横脊明显，形成向下反曲的锐脊，鳞脐具刺。种子较大，长0.8-1.2厘米，种翅长约2.5厘米，与种子结合而生。球果10-11月成熟。

产西藏南部吉隆，生于海拔2100-2200米的山地林中。阿富汗、克什米尔、印度北部、巴基斯坦、尼泊尔、不丹及锡金有分布，常在海拔500-1500米地带形成单纯林或组成混交林。

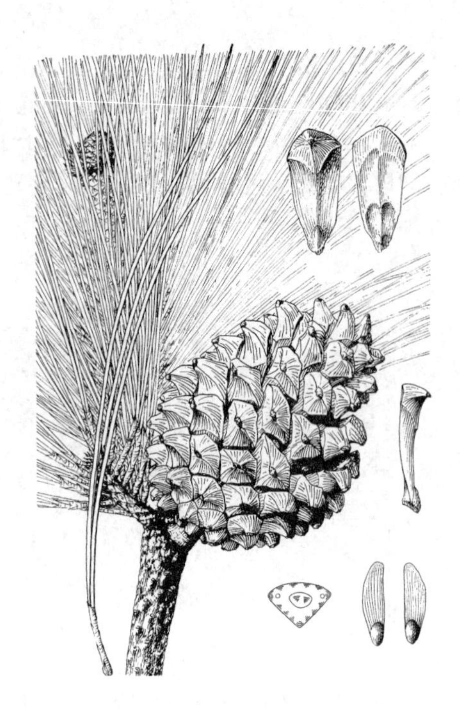

图 89 喜马拉雅长叶松 （冯晋庸绘）

12. 赤松 图90 彩片84

Pinus densiflora Sieb. et Zucc. Fl. Jap. 2: 22. t. 112. 1842.

乔木，高达30米，胸径达1.5米；树皮桔红色，裂成不规则鳞状薄片脱落。一年生枝桔黄或红黄色，微被白粉，无毛。冬芽暗红褐色，长圆状卵圆形或圆柱形。针叶2针一束，长8-12厘米，径约1毫米，两面有气孔线，边缘有细齿，树脂道4-6（-9），边生。球果宽卵圆形或卵状圆锥形，长3-5.5厘米，径2.5-4.5厘米，熟时暗褐黄色，有短梗，稀无刺。种子倒卵状椭圆形或卵圆形，长4-7毫米，连翅长1.5-2厘米，种翅有关节。花期4月，球果翌年9-10月成熟。

产黑龙江东南部、吉林东部、辽宁东部及南部、山东东部及江苏北部，生于海拔920米以下沿海地带的山区。俄罗斯远东地区、朝鲜及日本有分布。

图 90 赤松 （张荣厚绘）

［附］**兴凯赤松** 兴凯湖松 **Pinus densiflora** var. **ussuriensis** Liou et Q. L. Wang in Liou, Ill. Lign. Pl. N. E. China 98. 548. 1958. —— *Pinus takahasii* Nakai；中国植物志7: 242. t. 58. 1978. 本变种与模式变种的区别：一年生小球果下垂，成熟球果淡褐或淡黄褐色，鳞质肥厚隆起或微隆起；树干上部树皮淡褐黄色。产黑龙江南部，生于海拔约900米的湖边砂丘或石砾山坡。俄罗斯东部有分布。

13. 樟子松 图91 彩片85

Pinus sylvestris Linn. var. **mongolica** Litv. in Sched. Herb. Fl. Ross. 5: 160. 1905.

乔木，高达30米，胸径70厘米；树皮厚，树干下部灰褐或黑褐色，深裂成不规则的鳞状块片脱落，上部树皮及枝皮黄或淡褐黄色，裂成薄片脱落；一年生枝淡黄褐色，无毛。冬芽褐或淡黄褐色，长卵圆形，有树脂。针叶2针一束，粗硬，常扭转，长4-9（-12）厘米，径1.5-2毫米，两面均有气孔线，边缘有细齿，树脂道6-11，边生。一年生小球果下垂；球果卵圆形或长卵圆形，长3-6厘米，径2-3厘米，熟时淡褐灰色；中部种鳞的鳞盾多呈斜方形，多角状肥厚隆起，向后反曲，纵脊、横脊显著，鳞脐小，疣状凸起，有易脱落的短刺。种子长卵圆形或倒卵圆形，长4.5-5.5毫米，连翅长1.1-1.5厘米。花期5-6月，球果翌年9-10月成熟。

产黑龙江西北部及内蒙古北部，生于海拔400-900米的山地或沙丘，常成纯林。为产地重要的造林和固沙树种。蒙古有分布。

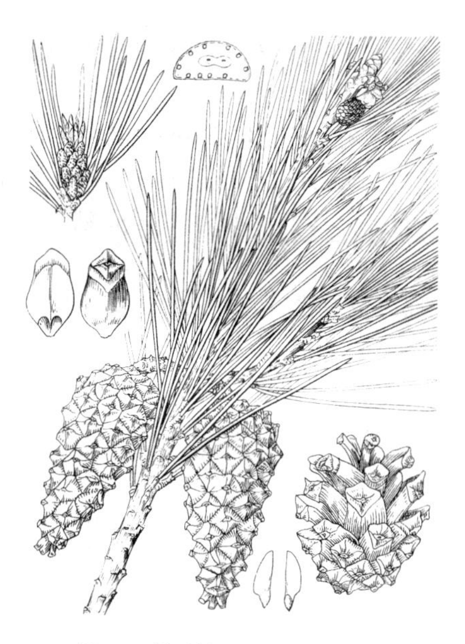

图 91 樟子松 （引自《图鉴》）

［附］**长白松** 美人松 彩片 86 **Pinus sylvestris** var. **sylvestriformis**（Tokenouchi）Cheng et C. D. Chu, Fl. Reipubl. Popul. Sin. 7: 246. 1978. —— *Pinus densiflora* Sieb. et Zucc. f. *sylvestriformis* Takenouchi in Journ. Jap. For. Soc. 24: 120. f. 1. 1942. 本变种与樟子松的区别：针叶较细，径1-1.5毫米；树干上部树皮棕黄或金黄色。产吉林长白山二道河以上林中，生于海拔800-1600米地带，形成小片单纯林或与其他针叶树组成混交林。朝鲜北部有分布。

［附］**欧洲赤松 Pinus sylvestris** Linn. Sp. Pl. 1000. 1753. 本种与樟子松的区别：种鳞的鳞盾色深，呈黄褐色；针叶细，径约1毫米；树皮红褐色。原产欧洲，黑龙江、吉林、辽宁、内蒙、河北及江西等地引种栽培作庭园树。

14. 油松 图 92 彩片 87

Pinus tabulaeformis Carr. Traite Gen. Conif. ed. 2. 510. 1867.

乔木，高达25米，胸径1米以上；树皮深灰褐或褐灰色，裂成不规则较厚的鳞状块片，裂缝及上部树皮红褐色；大枝平展，老树树冠平顶。一年生枝较粗，淡红褐或淡灰黄色，无毛，幼时微被白粉。冬芽圆柱形，红褐色。针叶2针一束，长10-15厘米，径约1.5毫米，粗硬，两面具气孔线，边缘有细齿，树脂道5-8或更多，边生，稀个别中生。球果卵圆形，长4-9厘米，熟时淡橙褐或灰褐色，有短柄，常宿存树上数年不落；鳞盾肥厚隆起，扁菱形或菱状多边形，横脊显著，鳞脐凸起有短刺。种子卵圆形或长卵圆形，长6-8毫米，连翅长1.5-1.8厘米。花期4-5月，球果翌年9-10月成熟。

产吉林、辽宁、内蒙古、河北、山东、河南、山西、陕西、甘肃、宁夏、

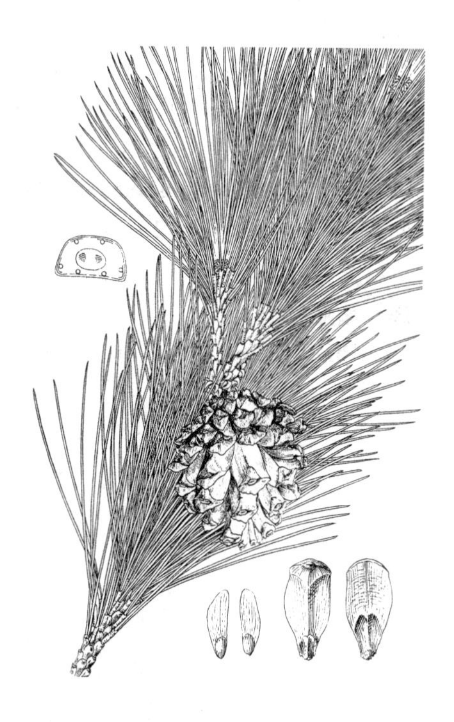

图 92 油松 （冯晋庸绘）

青海、四川及湖北西部，生于海拔100-2600米地带，多成单纯林。华北各大城市多有栽培。

［附］**巴山松 Pinus tabulaeformis** var. **henryi**（Mast.）C. T. Kuan, Fl. Sichuan. 2: 113. 1983. —— *Pinus henryi* Mast. in Journ. Linn. Soc. Bot. 26: 550. 1902.；中国植物志7: 251. t. 60. 1978. 本变种与模式变种的区别：小枝常被白粉；针叶较细，径约1毫米；球果较小，长2.5-5厘米，种鳞的鳞盾微隆起。产湖北西部、湖南西北部、陕西南部及四川东北部，生于海拔1150-2000米的山地林中。

15. 马尾松 图 93 彩片 88

Pinus massoniana Lamb. Descr. Gen. Pinus 1: 17. t. 12. 1803.

乔木，高达40米，胸径1米；树皮红褐色，下部灰褐色，裂成不规则的鳞状块片。枝条每年生长1轮，稀2轮；一年生枝淡黄褐色，无白粉。冬芽褐色，圆柱形。针叶2针一束，极稀3针一束，长12-30厘米，宽约1毫米，细柔，下垂或微下垂，两面有气孔线，边缘有细齿，树脂道4-7，边生。球果卵圆形或圆锥状卵圆形，长4-7厘米，径2.5-4厘米，有短柄，熟时栗褐色，种鳞张开；鳞盾菱形，微隆起或平，横脊微明显，鳞脐微凹，无刺，稀生于干燥环境时有极短的刺。种子卵圆形，长4-6毫米，连翅长2-2.7厘米。花期4-5月，球果翌年10-12月成熟。

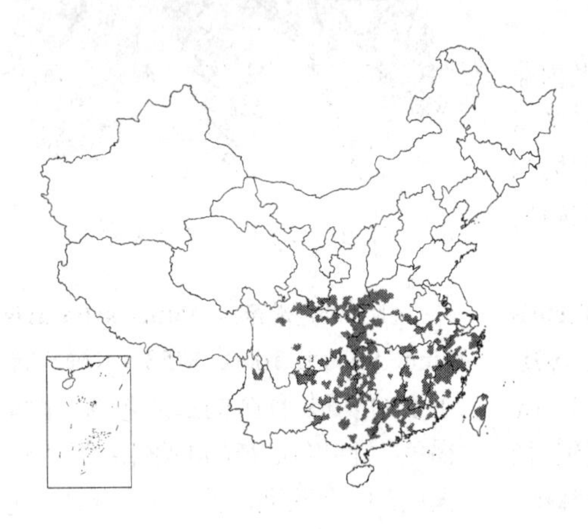

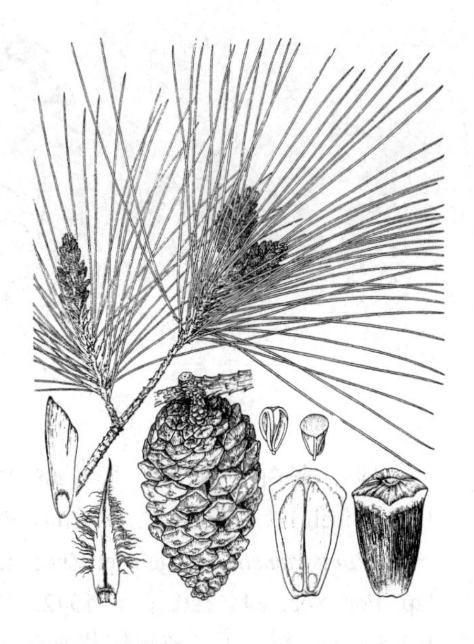

图 93 马尾松 （引自《中国森林植物志》）

产江苏南部、安徽、浙江、福建、台湾、江西、湖北、湖南、广东、广西、贵州、云南、四川、甘肃南部、陕西南部及河南南部，生于海拔700米以下（长江下游各地）、1100-1200米以下（长江中游各地）或1500米以下（西部地区），常成次生单纯林或组成针阔混交林。为耐干旱、瘠薄的阳性树种，为荒山恢复森林的造林树种。

［附］**雅加松 Pinus massoniana** var. **hainanensis** Cheng et L. K. Fu in Acta Phytotax. Sin. 13(4): 85. 1975. 本变种与模式变种的区别：球果长卵圆形，熟时种鳞不张开；树皮红褐色，裂成不规则薄片脱落。产海南雅加大岭。

16. 南亚松 图 94

Pinus latteri Mason in Journ. Asiat. Soc. Bengal. Sci. 18: 74. 1849.

乔木，高达30米，胸径2米；树皮厚，灰褐色，深裂成鳞状块片脱落；一年生枝深褐色，无毛，无白粉。冬芽圆柱形，褐色。针叶2针一束，长15-27厘米，径约1.5毫米，两面有气孔线，边缘有细齿，树脂道2，中生于背面。球果卵状圆柱形或长圆锥形，长5-10厘米，熟时红褐色；鳞

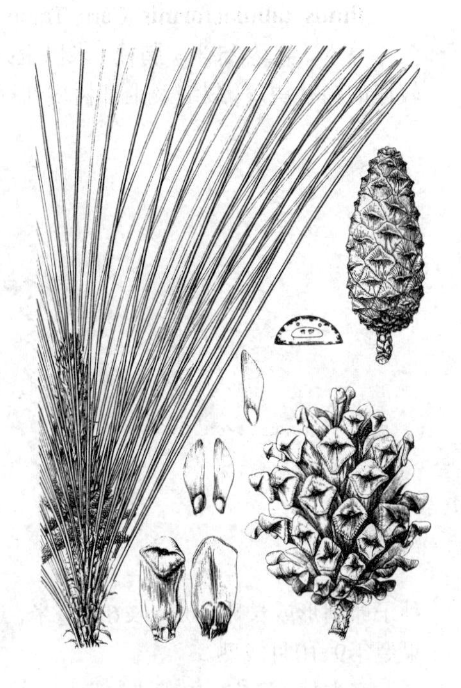

图 94 南亚松 （引自《中国植物志》）

盾近斜方形或五角状斜方形，有光泽，上部稍隆起，下部平，横脊显著，纵脊亦较明显，鳞脐微凹。种子椭圆状卵圆形，长5-8厘米，连翅长约2.5厘米。花期3-4月，球果翌年9-10月成熟（广西、广东）。海南2-3月开花，翌年7-8月球果成熟。

产海南、广东西南部及广西南部，生于海拔50-1200米的丘陵台地及山地。越南、老挝、柬埔寨、泰国及缅甸东南部有分布。

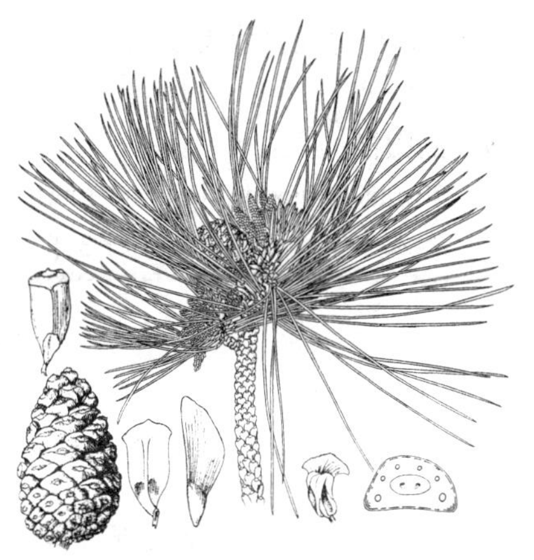
图 95 黄山松 （冯晋庸绘）

17. 黄山松 台湾松 图95 彩片89

Pinus taiwanensis Hayata in Journ. Coll. Sci. Univ. Tokyo 30(1): 301. 1911.

乔木，高达30米，胸径80厘米；树皮深灰褐或褐色，裂成不规则鳞状厚块片或薄片。一年生枝淡黄褐或暗红褐色，无白粉。冬芽深褐色，卵圆形或长卵圆形，微被树脂。针叶2针一束，长（5-）7-10（-13）厘米，径1.1-1.4毫米，微粗硬，两面有气孔线，边缘有细齿，树脂道3-7（-9），中生。球果卵圆形或圆卵形，长3-5厘米，径3-4厘米，熟时褐或暗褐色，近无梗，宿存树上多年不落；鳞盾扁菱形，微肥厚隆起，横脊显著，鳞脐具短刺。种子倒卵状椭圆形，长4-6毫米，连翅长1.4-1.8厘米。花期4-5月，球果翌年10月成熟。

产安徽、浙江、福建、台湾、江西、河南南部、湖北东部、湖南、贵州东北部及云南马关（云南树木志），生于海拔600-1800米的山地，常成单纯林。

图 96 黑松 （史渭清绘）

18. 黑松 图96

Pinus thumbergii Parl. in DC. Prod. 16(2): 388. 1868.

乔木，在原产地高达30米，胸径2米；幼树树皮暗灰色，老则灰褐或灰黑色，裂成鳞状厚片脱落。一年生枝淡褐黄色，无白粉。冬芽银白色，圆柱形。针叶2针一束，刚硬，深绿色，长6-12厘米，径约1.5毫米，背腹面均有气孔线，边缘有细齿，树脂道6-11，中生。球果圆锥状卵形或圆卵形，长4-6厘米，径3-4厘米，熟时褐色，有短柄；鳞盾微肥厚，横脊显著，鳞脐微凹，有短刺。种子倒卵状椭圆形，长5-7毫米，连翅长1.5-1.8厘米。花期4-5月，球果翌年10月成熟。

原产日本及韩国东部沿海地区。辽宁、河北、河南、山东、江苏、浙江、江西及湖北等地引种栽培。

［附］**欧洲黑松 Pinus nigra** Arn. Reise Mariaz. 8. 1785. 本种与黑松的区别：冬芽褐色；针叶长9-16厘米，树脂道3（-6）；球果熟时黄褐色。原产欧洲南部、亚洲西南部、非洲西北部。辽宁、河北、河南、山东、江苏、

图 97 高山松 （史渭清绘）

浙江及江西等地引种栽培。

19. 高山松 图 97 彩片 90

Pinus densata Mast. in Journ. Linn. Soc. Bot. 37: 416. 1906.

乔木，高达30米，胸径1.3米；树干下部树皮暗灰褐色，深裂成厚块片，上部树皮红褐色，裂成薄片脱落。一年生枝粗壮，黄褐色，有光泽。冬芽卵状圆锥形或圆柱形，栗褐色。针叶2针一束，间或3针一束，长6-15厘米，宽约1.5毫米，粗硬，微扭曲，两面有气孔线，边缘有细齿，树脂道3-7(-10)个，边生，间或角部1个中生。球果卵圆形，长5-6厘米，径4-5厘米，熟时栗褐色，有光泽，有短柄；鳞盾肥厚隆起，横脊显著，鳞脐突起，有刺状尖头。种子椭圆状卵圆形，长4-6毫米，种翅长约2厘米。花期5月，球果翌年10月成熟。

产四川西部、西藏东部及云南西北部，生于海拔2600-3500米的阳坡或河流两岸。常成单纯林。

20. 云南松 图 98

Pinus yunnanensis Franch. in Journ. de Bot. 13: 253. 1899.

乔木，高达30米，胸径1米；树皮褐灰色，裂成不规则的鳞状块片脱落。一年生枝粗壮，淡红褐色。冬芽圆锥状卵圆形，红褐色，无树脂。针叶通常3针一束，稀2针一束，长10-30厘米，径略大于1毫米，微下垂，背腹面均有气孔线，边缘有细齿，树脂道4-5，兼有边生与中生。球果圆锥状卵圆形，长5-11厘米，径3.5-7厘米，熟时褐或栗褐色，有短柄；鳞盾肥厚隆起，有横脊，鳞脐微凹或微隆起，有短刺；熟后种鳞张开，球果成熟后第二年脱落。种子卵圆形或倒卵形，长4-5毫米，连翅长1.6-2厘米。花期4-5月，球果翌年10月成熟。

产云南、西藏东南部、四川西部及西南部、贵州、广西，生于海拔600-3100米地带，常成单纯林或与其他针阔叶树组成混交林。

［附］**地盘松 Pinus yunnanensis** var. **pygmea** (Hsueh) Hsueh in Cheng et L. K. Fu, Fl. Reipubl. Popul. Sin. 258. 1978. —— *Pinus densata* Mast. var. *pygmea* Hsueh in Cheng et al. in Acta Phytotax. Sin. 13(4): 85. 1975. 本变种与模式变种的区别：球果熟时种鳞不张开；针叶长7-13厘米；主干不明，自基部多分枝，呈灌木状。产四川西南部、云南西北部及中部，生于海拔2200-3100米地带，常在干燥瘠薄的阳坡形成高山矮林或灌丛。

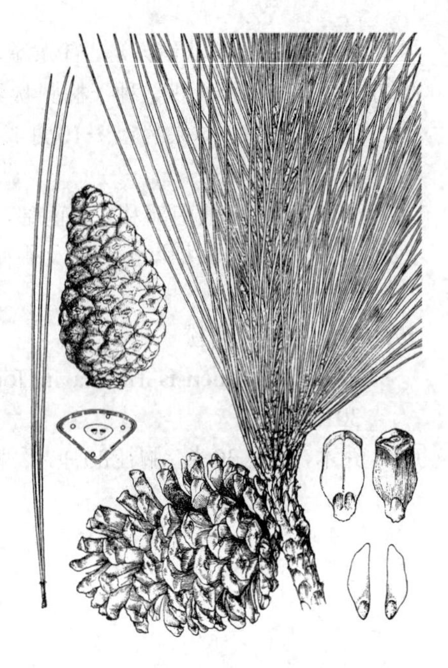

图 98 云南松 （引自《中国植物志》）

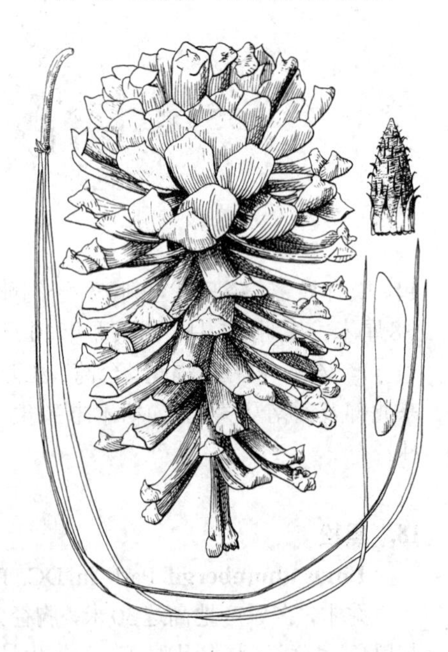

图 99 长叶松 （孙英宝绘）

21. 长叶松 图 99

Pinus palustris Mill. Gard. Dict. ed. 8. Pinus no. 4. 1768.

乔木，在原产地高达45米，胸径1.2米；树皮暗灰褐色，裂成鳞状薄片脱落；一年生枝粗壮，橙褐色。冬芽粗壮，圆柱形，银白色，无树脂。针叶3针一束，长20-45厘米，径约2毫米，边缘有细齿，树脂道3-7，内生，叶鞘长约2.5厘米。球果窄卵状圆柱形，长15-25厘米，径5-7.5厘米，熟时暗褐色；鳞盾肥厚，显著隆起，横脊明显，鳞脐宽短，具坚硬锐利的尖刺。种子大，长约1.2厘米，种翅长约3.7厘米。

原产美国东南部。山东、江苏、安徽、浙江、福建及江西等地引种栽培。

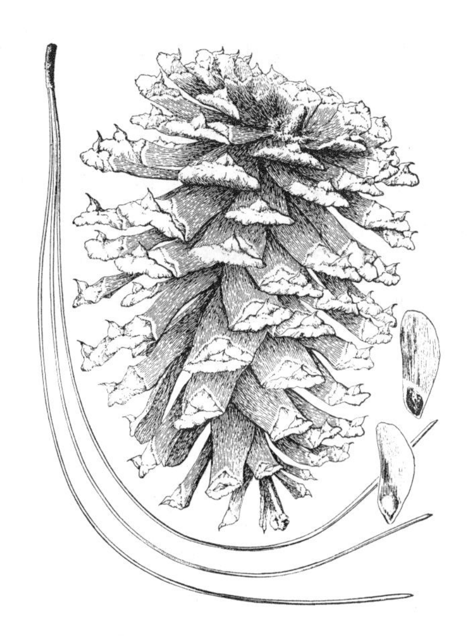

图 100 西黄松 （孙英宝绘）

22. 西黄松 图 100

Pinus ponderosa Dougl. ex Laws. Agr. Man. 364. 1836.

乔木，在原产地高达70米，胸径4米；树皮黄或暗红褐色，裂成不规则鳞状大块片脱落。一年生枝粗壮，暗橙褐色，稀被白粉，老枝灰黑色。冬芽圆柱形或圆锥形，红褐色，被树脂。针叶（2）3（-5）针一束，长12-36厘米，径1.2-2毫米，粗硬，扭曲，深绿色，边缘有细齿，树脂道5-6，中生。叶鞘长1.5-3厘米，球果卵状圆锥形，长7.5-20厘米，径3.5-5厘米，近无柄；鳞盾淡红褐色或黄褐色，有光泽，沿横脊隆起，鳞脐有向后反曲的粗刺。种子长卵圆形，长7-10毫米，翅长2.5-3厘米。

原产北美西部。辽宁、江苏、江西及河南等地引种栽培。

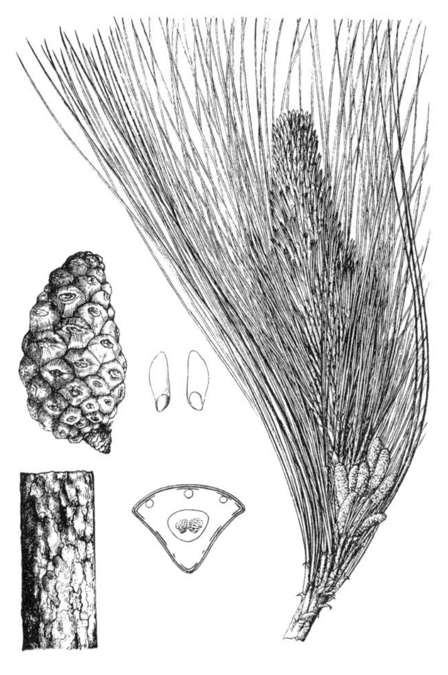

图 101 卡西松 （引自《中国树木学》）

23. 卡西松 思茅松 图 101

Pinus kesiya Royle ex Gard. in Gard. Mag. Reg. Rural. Domest. Improv. 16: 8. 1840.

Pinus kesiya var. *langbianensis*（A. Chev.）Gaussen；中国植物志7： 259. 1978.

乔木，高达30米，胸径1米；树皮褐色，裂成龟甲状薄块片脱落；枝条每年生长2至数轮。一年生枝淡黄褐、淡褐或枯黄色，有光泽。冬芽红褐色，圆锥形，微被树脂。针叶3针一束，长10-22厘米，径约1毫米，细柔，边缘有细齿，树脂道3-6，边生。球果成熟后宿存树上多年不落，卵圆形，长5-6厘米，径约3.5厘米，基部稍偏斜；鳞盾斜方形，稍肥厚隆起，或显著隆起呈锥状，横脊显著，间或有纵脊，鳞脐小，稍凸起，有短刺。种子椭圆形，长5-6毫米，连翅长1.7-2厘米。

产云南南部及西部，生于海拔700-1200米地带，常成单纯林。

24. 火炬松 图 102：1-7

Pinus taeda Linn. Sp. Pl. 1000. 1753.

乔木，在原产地高达54米，胸径2米；树皮黄褐或暗灰褐色，裂成鳞状块片脱落。枝条每年生长数轮，一年生枝黄褐或淡红褐色，幼时微被白粉。冬芽光褐色，长圆状卵形或近圆柱形，无树脂。针叶3轮一束，稀有2针并存，长（10-）12-18（-25）厘米，径约1.5厘米，边缘有细齿，树脂道通常2，中生。球果卵状长圆形或圆锥状卵圆形，长6-12厘米，无柄或近无柄，熟时暗黄褐或红褐色；鳞盾沿横脊显著隆起，鳞脐延伸成尖刺。种子卵圆形，红褐色，长约6毫米，翅长约2.5厘米。

原产美国东南部。河南、山东、江苏、安徽、浙江、福建、台湾、江西、湖北、湖南、广东及广西等地引种栽培。

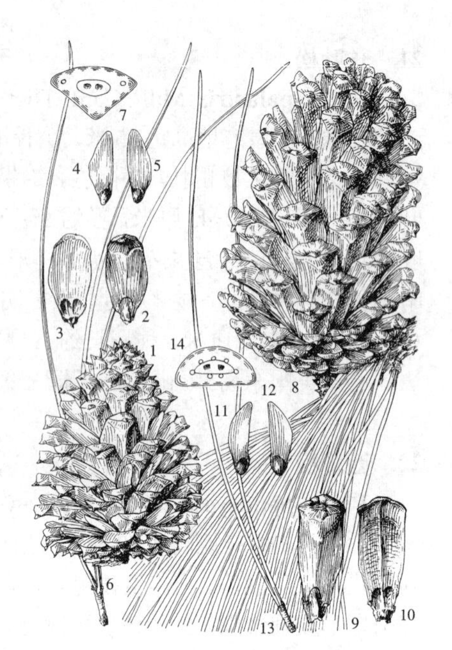

图 102：1-7. 火炬松 8-14. 湿地松
（冯晋庸绘）

25. 湿地松 图 102：8-14

Pinus elliottii Engelm. in Trans. Acad. Sci. St. Louis 4: 186. 1880.

乔木，在原产地高达40米，胸径近1米；树皮灰褐或暗红褐色，纵裂成鳞状大块片剥落。枝条每年生长3-4轮；一年生枝粗壮，橙褐色，后变为褐或灰褐色，鳞叶上部披针形，淡褐色，边缘有睫毛，干枯后宿存枝上数年不落。冬芽红褐色，圆柱形，无树脂。针叶2针、3针一束并存，长15-25（-30）厘米，径约2毫米，粗硬，深绿色，边缘有细齿，树脂道2-9（-11），多内生，叶鞘长1-2厘米。球果卵圆形或卵状圆柱形，长（7-）9-18（-20）厘米，径3-5厘米，有柄，熟后第二年夏季脱落；鳞盾近斜方形，肥厚，有锐横脊，鳞脐瘤状，有短尖刺。种子卵圆形，黑色，有灰色斑点，长约6毫米，翅长0.8-3.3厘米，易脱落。

原产美国东南部。河南、山东、安徽、江苏、浙江、福建、台湾、江西、湖北、湖南、广东、广西及云南等地引种栽培。

［附］**加勒比松 Pinus caribaea** Morelet in Rev. Hort. d'Or 1: 105. 1851. 本种与湿地松的区别：针叶3（4-5）针一束，稀2针一束并存；鳞叶鲜绿色；球果窄圆锥形或圆柱状圆锥形；种子色淡；种翅包种子周边较紧，不脱落；苗木丛草状。原产中美洲及加勒比海地区。江苏、福建、江西、广东及广西等地引种栽培。

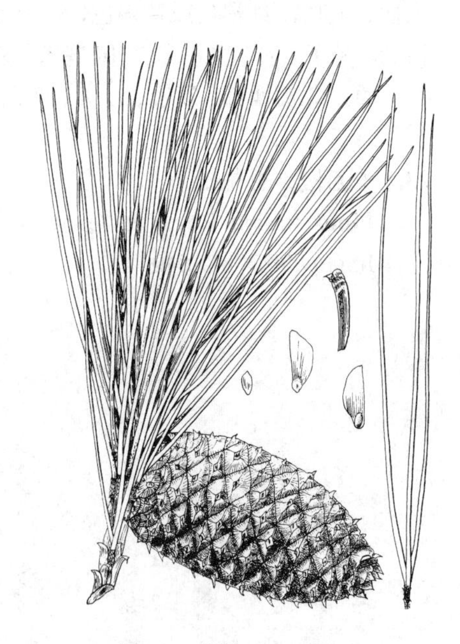
图 103 刚松 （孙英宝绘）

26. 刚松 图 103

Pinus rigida Mill. Gard. Dict. ed. 8. Pinus no 10. 1768.

乔木，在原产地高达25米，径80厘米；幼树树皮红褐色，裂成鳞状块片，老树树皮厚，不规则深纵裂。枝条每年生长数轮，一年生枝红褐色。冬芽圆柱形或圆锥形，红褐色，被树脂。针叶3针一束，长7-16厘米，径约2毫米，坚硬，边缘有细齿，树脂道5-8，中生，或其中1-2个内生。球果圆锥状卵形，长5-8厘米，熟时栗褐色，近无柄，常宿存树上数年不落；种鳞迟张开，鳞盾沿横脊显著隆起，鳞脐有长尖刺。种子长卵圆形，长约6毫米，翅长2厘米。花期4-5月，球果翌年10月成熟。

原产加拿大东南部及美国东部。辽宁、山东、江苏、福建及江西等地引种栽培。

［附］**萌芽松 Pinus echinata** Mill. Gard. Dict. ed. 8. Pinus no. 12. 1768. 本种与刚松的区别：一年生枝初被白粉；针叶较细柔，2针或3针一束，径不足1毫米；球果熟时种鳞张开，鳞盾平或微隆起，鳞脐具极短之刺。原产加拿大东南部及美国东部。辽宁、山东、江苏、浙江及福建等地引种栽培。

27. 北美短叶松 图 104 彩片 91

Pinus banksiana Lamb. Descr. Gen. Pinus 1: 7. 1803.

乔木，在原产地高达25米，胸径80厘米，有时成灌木状；树皮暗褐色，裂成不规则鳞状薄片脱落。枝条每年生长2-3轮；一年生枝紫褐色或棕褐色。冬芽褐色，长圆状卵形，被树脂。针叶2针一束，短粗，常扭曲，长2-4厘米，径约2毫米，全缘。树脂道通常2，中生。球果窄圆锥状椭圆形，长3-5厘米，径2-3厘米，不对称，常弯曲，熟时淡绿黄或淡褐黄色，宿存树上多年不落。种鳞很迟张开，鳞盾斜方形，成多角状，平或微隆起，横脊明显，鳞脐平或微凹，无刺。种子长3-4毫米，翅长约1.2厘米。

原产北美北部。黑龙江、辽宁、河北、河南、山东、江苏及江西等地有栽培。

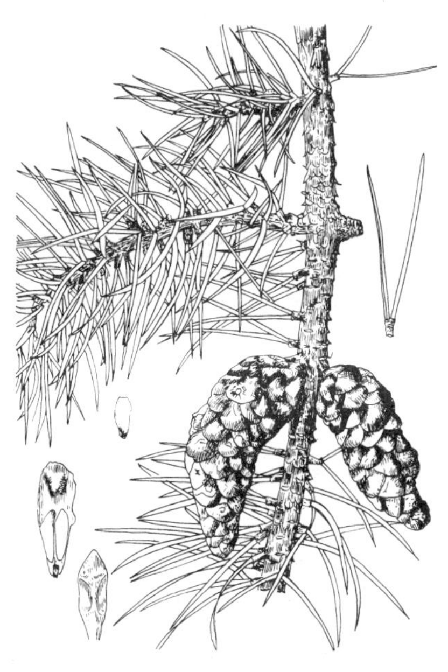

图 104 北美短叶松 （孙英宝绘）

5. 金松科 SCIADOPITYACEAE

（傅立国　于永福）

常绿乔木。叶二型：鳞叶形小，膜质苞片状，螺旋状排列，散生于枝上和在枝端成簇生状；合生叶由二叶合生而成，线形，扁平，革质，两面中央各有一条纵槽，生于鳞叶腋部不发育的短枝顶端，辐射开展，在枝端呈伞形。雌雄同株，雄球花簇生枝顶，雄蕊多数，螺旋状着生，花药2室纵裂；雌球花单生枝顶，珠鳞螺旋状排列，基部有5-9枚胚珠，排成1轮，苞鳞与珠鳞合生，仅先端分离。球果具短柄，翌年成熟；种鳞木质，发育的种鳞有5-9种子。种子扁，有窄翅；子叶2。

仅1属。

金松属 **Sciadopitys** Sieb. et Zucc.

形态特征同科。

单种属。

金松　日本金松　　图 105 彩片 92

Sciadopitys verticillata（Thunb.）Sieb. et Zucc. Fl. Jap. 2: 3. 1842.

Taxus verticillata Thunb. in Marr. Syst. Veg. ed. 14. 895. 1784.

乔木，在原产地高达40米，胸径达3米；树皮淡红褐或灰褐色，裂成条形脱落；大枝近轮生，树冠塔形。鳞叶三角形，长3-6毫米，基部绿色，上部红褐色，膜质，先端钝，第二年变为褐色；叶长5-15厘米，宽2.5-3毫米，先端钝而微凹，边缘较厚，上面亮绿色，中央有1条较深的纵槽，下面淡绿色，中央有1条淡黄色的纵槽，两侧各有1条白色气孔带，横切面两侧各有1个维管束鞘。球果卵状长圆形，长6-10厘米，径3.5-5厘米，有短柄；种鳞宽楔形或扇形，宽1.2-2厘米，先端宽圆，边缘薄，向外反卷，背腹两面的覆盖部分均有细毛；苞鳞先端分离部分三角形，向后反曲。种子扁，长圆形或椭圆形，连翅长8-12毫米，宽约8毫米。

原产日本。我国山东、江苏及江西等地有栽培，作园林树种。

图 105 金松 （仿《Handb. Nadelh.》）

6. 杉科 TAXODIACEAE

（傅立国　于永福）

乔木，树干端直；大枝轮生或近轮生。叶、芽鳞、雄蕊、苞鳞、珠鳞及种鳞均螺旋状排列，稀交叉对生。叶披针形、锥形、鳞形或线形。雌雄同株；雄球花小，单生或簇生枝顶，稀生叶腋，或对生于花序轴上成总状花序或圆锥花序状，雄蕊具（2）3-4（-9）花药，药室纵裂，花粉远极面有一个明显或不明显的乳头状突起；雌球花顶生，珠鳞与苞鳞大部分结合而生或完全合生，或珠鳞甚小，或苞鳞退化，珠鳞腹面基部具2-9直立或倒生胚珠。球果当年或翌年成熟，种鳞（或苞鳞）扁平或盾形，木质或革质。种子扁平或三棱形，周围或两侧有窄翅，或下部具长翅；胚有子叶2-9。

9属，主产北半球，仅密叶杉属产(Athrotaxis) 产南半球塔斯马尼亚。我国产5属5种2变种，引入栽培3属4种。

1. 叶、芽鳞、雄蕊、苞鳞、珠鳞及种鳞均螺旋状排列。
  2. 球果的种鳞（或苞鳞）扁平。
    3. 常绿性；种鳞或苞鳞革质；种子两侧有翅。
      4. 叶线状披针形，边缘有锯齿；球果的苞鳞大，边缘有锯齿，种鳞小，每种鳞有3种子 ………………………………………………………………………… 1. **杉木属 Cunninghamia**
      4. 叶鳞状锥形或锥形，全缘；球果的苞鳞甚小，种鳞近全缘，每种鳞有2种子 …… 2. **台湾杉属 Taiwania**
    3. 半常绿性，生线形叶的侧生小枝冬季脱落，生鳞形叶的小枝不脱落；种鳞木质，背面上部边缘有6-10裂齿，每种鳞有2种子；种子下端有长翅 ………………………………………… 4. **水松属 Glyptostrobus**
  2. 球果的种鳞盾形，木质。
    5. 常绿性；每种鳞有2-40种子；种子扁平，周围有翅或两侧有翅。
      6. 叶锥形，螺旋状排列；球果几无柄，直立；种鳞上部有3-7裂齿，基部有种子2-5；种子边缘具窄翅 … ………………………………………………………………………… 3. **柳杉属 Cryptomeria**
      6. 叶线形，在侧枝上排成二列，球果有柄，下垂；种鳞无裂齿，顶部有横凹槽，基部有种子3-9；种子两侧有宽翅 ………………………………………………………………… 6. **北美红杉属 Sequoia**
    5. 落叶或半常绿，侧生小枝冬季与叶俱落；叶线形或锥形；每种鳞有2种子；种子三棱状，棱脊上有厚翅 … ………………………………………………………………………… 5. **落羽杉属 Taxodium**
1. 叶、芽鳞、苞鳞、珠鳞及种鳞均交叉对生；叶线形，排成二列，侧生小枝冬季与叶俱落；球果的种鳞盾形，木质，每种鳞有5-9种子；种子扁平，周围有翅 ………………………………… 7. **水杉属 Metasequoia**

1. 杉木属 **Cunninghamia** R. Br.

常绿乔木。冬芽圆卵形。叶螺旋状排列，侧枝之叶基部扭转排成2列，基部下延，披针形或线状披针形，边缘有细锯齿，两面中脉两侧均有气孔线，上面气孔线较少，下面组成较宽的气孔带。雄球花多数，簇生枝顶，花药3，下垂，药隔三角状；雌球花1-3生于枝顶，苞鳞与珠鳞合生，螺旋状排列，苞鳞大，边缘有锯齿，珠鳞小，3浅裂，腹面基部有3枚倒生胚珠。球果近球形或卵圆形；苞鳞革质，扁平，边缘有细锯齿，宿存；种鳞小，3浅裂，裂片有细缺齿。种子扁平，两侧边缘有窄翅；子叶2，发芽时出土。

1种1变种，主产秦岭、长江流域以南温暖山区及台湾山区。越南及老挝有分布。木材纹理直，材质轻软，结构较细，干后不裂，有香气，为我国重要用材、造林和营林树种。

1. 叶长2-6厘米，宽3-5毫米；球果长2.5-5厘米 ………………………………… **杉木 C. lanceolata**

1. 叶长1.5-2厘米，宽1.5-2.5毫米；球果长2-2.5厘米 ……………… (附). 台湾杉木 **C. lanceolata** var. **konishii**

杉木 图106：1-13 彩片93

Cunninghamia lanceolata (Lamb.) Hook. in Curtis's Bot. Mag. 54: t. 2743. 1827.

Pinus lanceolata Lamb. Descr. Gen. Pinus 1: 53. t. 34. 1803.

乔木，高达30米，胸径可达2.5-3米；幼树树冠尖塔形，大树树冠圆锥形；树皮灰褐色，裂成长条片，内皮淡红色；大枝平展。小枝对生或轮生，常成2列状，幼枝绿色，光滑无毛。冬芽近球形，具小形叶状芽鳞。叶长2-6厘米，宽3-5毫米。球果长2.5-5厘米，径3-4厘米，苞鳞棕黄色，三角状卵形，先端反卷或不反卷。种子长卵形或长圆形，长7-8毫米，宽5毫米，暗褐色，有光泽。花期4月；球果10月成熟。

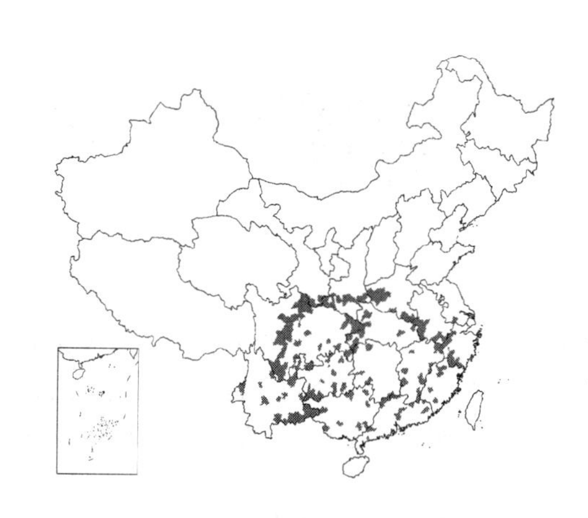

产秦岭南坡、桐柏山、伏牛山、大别山一线至江苏宁镇山区以南，东起沿海，西至四川大渡河流域，南至广东中部、广西中部及云南东南部中部，其垂直分布在东部为海拔700米以下，西部海拔1800米以下，云南海拔2600米以下的酸性土山地。原始林多被砍伐，现多为人工林，栽培历史悠久。越南北部及老挝北部有分布，材质优良，有香气，为重要用材及优良的造纸原料。球果、种子入药。有祛风湿、收敛止血之效。

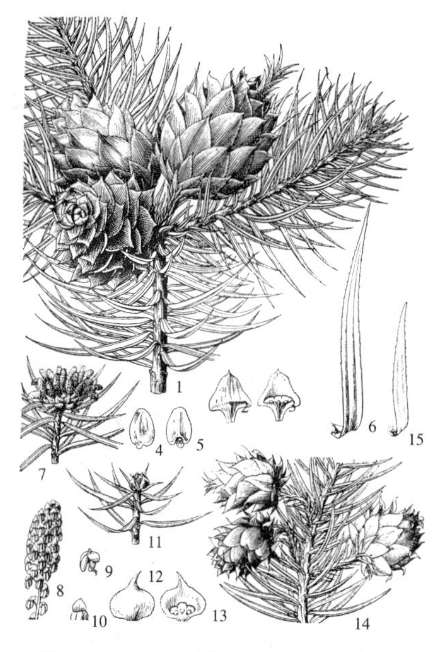

图 106：1-13. 杉木 14-15. 台湾杉木
（引自《中国植物志》）

［附］**台湾杉木** 图103：14-15 彩片94 **Cunninghamia lanceolata** var. **konischii** (Hayata) Fujita in Trans. Nat. Hist. Soc. Formos. 22: 49. 1932.; 中国植物志7: 289. 1978. —— *Cunninghamia konishii* Hayata in Gard. Chron. ser. 3, 43: 194. 1908. 本变种与模式变种的区别：叶较短窄，长1.5-2厘米，宽1.5-2.5毫米；球果小，长2-2.5厘米。产台湾中部以北海拔1300-2000米山地林中。为台湾主要用材树种之一。

2. 台湾杉属 Taiwania Hayata

常绿乔木，高达75米，胸径2米以上；树皮淡褐灰色，裂成不规则的长条片，内皮红褐色；树冠圆锥形。大枝平展，小枝细长下垂。冬芽小。叶螺旋状排列，基部下延，老树之叶鳞状锥形，长2-3(-5)毫米，密生，上弯，先端尖或钝，横切面四棱形，高宽几相等，四面均有气孔线；幼树或萌芽枝之叶锥形，长0.6-1.5厘米，弯镰状，先端锐尖，两侧扁平。雄球花数个簇生枝顶，花药2-4，药隔宽大，卵形；雌球花单生枝顶，直立，珠鳞螺旋状排列，胚珠2，苞鳞退化。球果椭圆形或短圆柱形，长1.5-2.2厘米，径约1厘米，褐色；种鳞15-39，扁平，革质，上部宽圆，基部楔形，发育种鳞具2种子。种子长椭圆形或长椭圆状倒卵形，扁平，两侧具窄翅，两端有缺口；胚具2子叶。

单种属。

台湾杉 秃杉 图107 彩片95

Taiwania cryptomerioides Hayata in Journ. Linn. Soc. Bot. 37. 330. t. 16. 1906.

Taiwania flousiana Gaussen; 中国高等植物图鉴1: 314. 1972; 中国植物志7: 290. 1978.

形态特征同属。球果10-11月成熟。

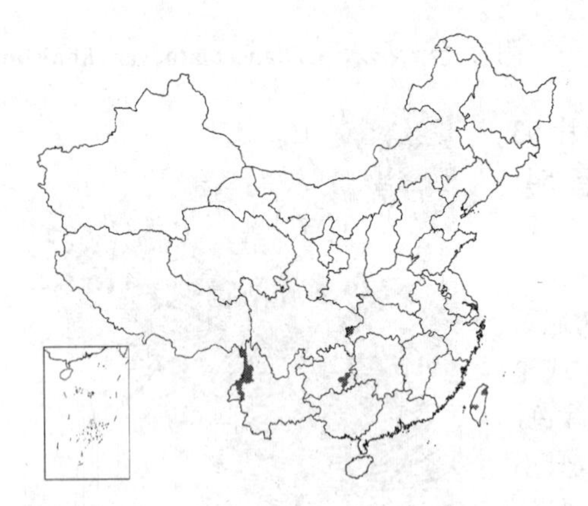

产台湾中央山脉、湖北西部、贵州东南部及云南西部，生于海拔500-2700米林中。材质优良，生长快，为用材、速生造林树种及庭院观赏树种。缅甸北部有分布。

图 107 台湾杉
（引自《Woody Fl.Taiwan》）

3. 柳杉属 Cryptomeria D. Don

常绿乔木。冬芽小。叶螺旋状排列，略成5列，锥形，基部下延。雄球花长圆形，无梗，单生于小枝上部的叶腋，多数密集成穗状，花药3-6，药隔三角形；雌球花近球形，单生枝顶，无梗，稀少数集生，珠鳞螺旋状排列，胚珠2-5，苞鳞与珠鳞合生，仅先端分离。球果近球形，当年成熟；种鳞宿存，木质，盾形，上部肥大，有3-7（多为4-6）裂齿，背部中部具三角状分离的苞鳞，发育的种鳞具2-5种子。种子呈不规则的扁椭圆形或扁三角状椭圆形，边缘具窄翅；子叶2-3，发芽时出土。

1种1变种，产我国和日本。材质轻软，纹理直；供建筑、板料、家具等用。又为优美的庭院观赏树种。

1. 叶微镰状，先端向内弯曲；球果较小，径1.2-2厘米，种鳞较少，约20，苞鳞的尖头和种鳞先端的裂齿长2-4毫米，发育种鳞具2种子 ………………………………………………………………… **柳杉 C. japonica var. sinensis**
1. 叶直，先端通常不内曲；球果较大，径1.5-2.5（-3.5）厘米，种鳞20-30，苞鳞的尖头和种鳞先端的裂齿长6-7毫米，发育种鳞具2-5种子 …………………………………………………………（附）. **日本柳杉 C. japonica**

柳杉 图108：1-5 彩片96

Cryptomeria japonica（Thunb. ex Linn. f.）D. Don var. **sinensis** Miq. in Sieb. et Zucc. Fl. Jap. 2: 52. 1870.

Cryptomeria fortunei Hooibrenk ex Otto et Dietr.；中国高等植物图鉴 1: 315. 1972；中国植物志7: 294. 1978.

乔木，高达40米，胸径2米以上；树皮红棕色，裂成长条片。小枝细长下垂。叶微镰状，长1-1.5厘米，先端向内弯曲，幼树及萌芽枝之叶长达2.4厘米。球果径1.2-2厘米；种鳞约20，上部具4-5(稀至7)短三角形裂齿，裂齿长2-4毫米，苞鳞尖头长3-5毫米，发育种鳞具2种子。种子长4-6.5毫米，宽2-3.5毫米。花期4月，球果10-11月成熟。

产浙江、安徽、福建及江西，生于海拔1100-1400米

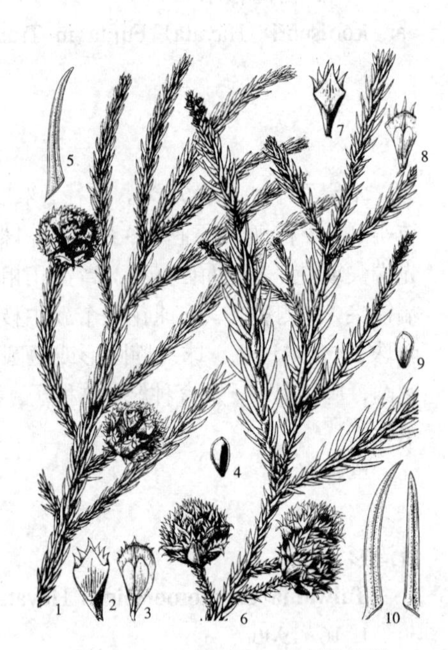

图 108：1-5. 柳杉 6-10. 日本柳杉
（张荣厚绘）

以下山地。长江流域以南各省区有栽培。

［附］**日本柳杉** 图108：6-10 **Cryptomeria japonica**（Linn. f.）D. Don in Trans. Linn. Soc. Lond. 18: 167. t. 13. f. 1. 1841. —— *Cupressus japonica* Linn. f. Suppl. Sp. Pl. 421. 1781. 本种与柳杉的区别：叶直，先端通常不内曲；球果较大，径1.5-2.5（-3.5）厘米，种鳞20-30，苞鳞的尖头和种鳞的裂齿长6-7毫米，发育种鳞具2-5种子。原产日本。山东、江苏、浙江、江西、湖北、湖南等地引种栽培。

4. 水松属 Glyptostrobus Endl.

半常绿性乔木，高10-25米；生于潮湿土壤者树干基部膨大具圆棱，并有高达70厘米的膝状呼吸根。叶螺旋状排列，基部下延，有三种类型：鳞叶较厚，长约2毫米，在一至三年主枝上贴枝生长；线形叶扁平，薄，长1-3厘米，宽1.5-4毫米，生于幼树一年生小枝或大树萌芽枝上，常排成2列；线状锥形叶，长0.4-1.1厘米，高10-25米；生于大树的一年生短枝上，辐射伸展成3列状；后两种叶于秋季与侧生短枝一同脱落。球花单生于具鳞叶的小枝顶端，雄蕊和珠鳞均螺旋状排列，花药2-9（通常5-7），珠鳞20-22，苞鳞稍大于珠鳞。球果直立，倒卵状球形，长2-2.5厘米，径1.3-1.5厘米；种鳞木质，倒卵形，背面上部边缘有6-10三角状尖齿，微外曲，苞鳞与种鳞几全部合生，仅先端分离成三角形外曲的尖头，发育种鳞具2种子。种子椭圆形，微扁，长5-7毫米，具一向下生长的长翅，翅长4-7厘米；子叶4-5，发芽时出土。

特产单种属。

水松 图109 彩片97

Glyptostrobus pensilis（Staunt. ex D. Don）Koch, Dendrol. 2(2): 191. 1873.

Thuja pensilis Staunt. ex D. Don in Lamb. Descrb. Gen. Pinus ed. 2, 2: 115. 1825.

形态特征同属。花期1-2月，球果秋后成熟。

产福建中部以南、江西中部、广东珠江三角洲、广西东南部及云南东南部，多生于河流两岸。长江流域各城市有栽培。水松根系发达、耐水湿、材质优良、树姿优美，可作防风固堤林、用材林、庭院观赏等树种；根部木质松，浮力大，可用于加工瓶塞和救生圈。

图 109 水松 （引自《中国植物志》）

5. 落羽杉属（落羽松属） Taxodium Rich.

落叶或半常绿乔木。小枝有两种类型：主枝及脱落性侧生短枝；冬芽形小，球形。叶螺旋状排列，基部下延，二型：锥形叶在主枝上宿存，前伸；线形叶在侧生短枝上排成羽状，或排列紧密，不成2列，冬季与侧生短枝一同脱落。雄球花排成总状或圆锥状球花序，生于枝顶，花药4-9；雌球花单生于去年生枝顶，珠鳞螺旋状排列，胚珠2，苞鳞与珠鳞几全部合生。球果球形或卵状球形；种鳞木质，盾形，顶部具三角状突起的苞鳞尖头，发育种鳞具2种子。种子呈不规则三角形，具锐脊状厚翅；子叶4-9枚。发芽时出土。

2种1变种，产于北美及墨西哥。我国均引种栽培作庭院观赏树和造林树种。生长快，材质优良。

1. 落叶性。
  2. 叶线形，长1-1.5厘米。在侧生短枝上排成羽状2列 ………………………………………… 1. **落羽杉 T. distichum**
  2. 叶钻形，长0.4-1厘米，在枝上近直展，不排成2列 ……………… 1(附). **池杉 T. distichum** var. **imbricatum**
1. 半常绿或常绿性S; 叶线形，长0.7-1.1厘米，在侧生短枝上排列紧密，不成2列 …… 2. **墨西哥落羽杉 T. mucronutum**

1. 落羽杉 落羽松　　图110：1-3

Taxodium distichum（Linn.）Rich. in Ann. Mus. Hist. Nat. Paris 16: 298. 1810.

Cupressus distichum Linn. Sp. Pl. 1003. 1753.

落叶乔木，在原产地高达50米，胸径2米；树干尖削度大，基部通常膨大，具膝状呼吸根；树皮棕色，裂成长条片。一年生小枝褐色，侧生短枝2列。叶线形，长1-1.5厘米，排成羽状2列。球果径约2.5厘米，具短柄，熟时淡褐黄色，被白粉。种子长1.2-1.8厘米，褐色。花期3月，球果10月成熟。

原产北美东南部，生于亚热带排水不良的沼泽地区。山东、江苏、安徽、浙江、福建、江西、河南、湖北、广东、广西、云南及四川南部引种栽培作庭院树。

［附］**池杉** 图110：4-5 彩片98 **Taxodium distichum** var. **imbricatum**（Nutt.）Croom, Cat, Pl. New Bern ed. 2. 3048. 1837. —— *Cupressus distichum* var. *imbricaria* Nutt. Gen. N. Amer. Pl. 2: 244. 1818. —— *Taxodium ascendens* Brongn.；中国植物志7: 305. 1978. 本变种与模式变种的区别：叶钻形，长0.4-1厘米，在枝上近直展，不排成2列。原产北美东南部，生于沼泽地及低湿地上。山东、江苏、安徽、浙江、福建、江西、湖北及河南南部等地引种栽培作庭院树。

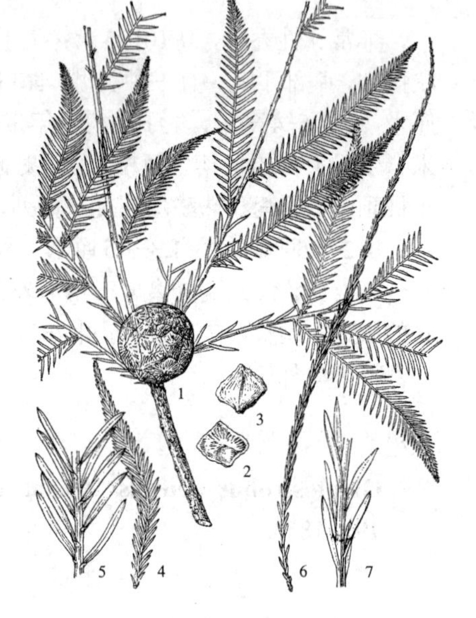

图 110：1-3. 落羽杉 4-5. 池杉 6-7. 墨西哥落羽杉 （冯晋庸绘）

2. 墨西哥落羽杉 墨西哥落羽松　　图110：6-7 彩片99

Taxodium mucronatum Tenore in Ann. Sci. Nat. Bot. ser. 3, 19: 355. 1853.

常绿或半常绿乔木，在原产地高达50米，胸径4米；树干基部膨大；小枝微下垂，侧生短枝螺旋状排列。叶线形，长0.7-1厘米，在侧枝上排列较紧密，斜展，不排成羽状2列，向上逐渐变短。球果卵圆形，径约1.5-2.5厘米，被白粉。

原产危地马拉、墨西哥、美国中南部，生于沼泽地。江苏、浙江、江西、湖北及四川等地引种栽培，可作长江流域低湿地区造林树种。

6. 北美红杉属 Sequoia Endl.

常绿大乔木，在原产地高达110米，胸径8米；树皮红褐色，纵裂，厚达15-25厘米。冬芽尖，芽鳞多数。叶二型：鳞叶螺旋状排列，贴生小枝或微开展，长约6毫米；线形叶排成2列，长0.8-2厘米，无柄，下面有两条白色气孔带。雄球花单生枝顶或叶腋，有短梗；雌球花单生短枝顶端，珠鳞15-20，胚珠3-7。球果下垂，卵状椭圆形或卵状球形，长2-2.5厘米，当年成熟，褐色；种鳞木质，盾形，顶部有凹槽，中间具一小尖头，发育种鳞具3-7种子。种子椭圆状长圆形，两侧有翅，淡褐色；子叶2。

单种属。

图 111 北美红杉 （孙英宝仿绘）

北美红杉　红杉　　图 111

Sequoia sempervirens（Lamb.）Endl. Syn. Conif. 198. 1847.

Taxodium sempervirens Lamb. Descr. Gen. Pinus 2：24. t. 7. f. 1. 1824.

形态特征同属。

原产美国加利福尼亚洲，生于海拔700-1000米海岸山地。江苏、浙江、福建、台湾、江西及广西引种栽培。

7. 水杉属 **Metasequoia** Hu et Cheng

落叶乔木，高达50米。胸径2.5米。大枝不规则轮生，小枝对生或近对生，侧生小枝排成羽状，长4-15厘米，冬季凋落。叶、芽鳞、雄球花、雄蕊、珠鳞与种鳞均交互对生。叶线形，质软，在侧枝上排成羽状，长0.8-1.5厘米，上面中脉凹下，下面沿中脉两侧有4-8条气孔线。雄球花在枝条顶部的花序轴上交互对生及顶生，排成总状或圆锥状花序，通常长15-25厘米，雄蕊约20，花药3，药隔显著；雌球花单生侧生小枝顶端，珠鳞9-14对，各具5-9胚珠。球果下垂，当年成熟，近球形，张开后微具四棱，稀长圆状球形，长1.6-2.5厘米，径1.5-2.2厘米；种鳞木质，盾形，顶部扁菱形，中央有凹槽，下部楔形。种子扁平，周围有窄翅，先端有凹缺；子叶2，发芽时出土。

特有单种属。

水杉　　图 112 彩片 100

Metasequoia glyptostroboides Hu et Cheng in Bull. Fan, Mem. Inst. Biol. ser. 2, 1：154. 1948.

形态特征同属。花期4-5月，球果10-11月成熟。

活化石植物。产四川东部石柱、湖北西部利川、湖南西北部龙山及桑植，生于海拔750-1500米林中。国内外广为引栽，作庭院树种或造林树种。

图 112 水杉 （引自《静生汇报》）

7. 柏科 CUPRESSACEAE

（傅立国　于永福）

常绿乔木或灌木。叶交叉对生或3叶轮生，或4叶成节。鳞形或刺形，鳞叶紧覆小枝，刺叶多少开展。雌雄同株或异株，球花单生；雄球花具2-16交叉对生的雄蕊，花药2-6，花粉无气囊；雌球花具3-18交叉对生或3枚轮生的珠鳞，全部或部分珠鳞的腹面基部或近基部有1至多数直生胚珠，稀胚珠生于珠鳞之间，苞鳞与珠鳞完全合生，仅顶端或背部有苞鳞分离的尖头。球果较小，种鳞薄或厚，扁平或盾形，木质或近革质，熟时张开，或种鳞肉质合生不张开。染色体基数x=12或11。

约22属150种，广布于南北两半球。我国有8属32种6变种，引入栽培1属15种；分布几遍全国，多为优良用材树种及庭园观赏树种。木材具树脂细胞，无树脂道，有香气，坚韧耐用；可供建筑、桥梁、造船、车辆、家具、体育文化用具等用。叶可提取芳香油，树皮可提取栲胶。又为绿化造林、固沙、水土保持等用。

1. 种鳞木质或近革质，熟时张开；种子通常有翅，稀无翅。
  2. 种鳞扁平或鳞背隆起，但不为盾形；球果当年成熟。
    3. 鳞叶长4-7毫米，下面有明显的白粉带；球果近球形，种鳞木质，发育的种鳞具3-5种子；种子两侧具翅 ………… 1. **罗汉柏属 Thujopsis**
    3. 鳞叶长4毫米以内，无明显的白粉带；球果卵圆形或卵状长圆形，发育的种鳞具2种子。
      4. 鳞叶长1-2毫米；球果中间2-4对种鳞有种子。
        5. 生鳞叶的小枝平展或近平展；种鳞4-6对，近革质，背部无尖头；种子两侧有窄翅 ………… 2. **崖柏属 Thuja**
        5. 生鳞叶的小枝直展或斜展；种鳞4对，木质，背部有一弯曲的钩状尖头；种子无翅 ………… 3. **侧柏属 Platycladus**
      4. 鳞叶长2-4毫米；球果仅中间1（2）对种鳞有种子；种鳞木质，扁平顶端或背部上方有一短尖头；种子上部具两个不等长的翅 ………… 4. **翠柏属 Calocedrus**
  2. 种鳞盾形；球果翌年或当年成熟。
    6. 鳞叶长2毫米以内；球果具4-8对种鳞，发育种鳞具（2）3-5或多数种子，种子两侧具窄翅。
      7. 生鳞叶的小枝四棱形或圆柱形，不排成平面，稀扁平而排成平面；球果翌年成熟；发育的种鳞具5至多数种子 ………… 5. **柏木属 Cupressus**
      7. 生鳞叶的小枝扁平，排成平面（某些栽培变种例外）；球果当年成熟；发育的种鳞具2-5（通常3）种子 ………… 6. **扁柏属 Chamaecyparis**
    6. 鳞叶长2-6（-10）毫米；球果翌年成熟，具6-8对种鳞，发育种鳞具2种子；种子上部具两个大小不等的翅 ………… 7. **福建柏属 Fokienia**
1. 种鳞肉质，熟时不张开或微张开，球果球形或卵状球形，具1-2（3-6）无翅的种子。
  8. 全为刺叶或全为鳞叶，或同一树上二者兼有，刺叶基部无关节，下延；冬芽不显著；球花单生枝顶，雌球花具3轮生或4-8交叉对生的珠鳞，胚珠生于珠鳞腹面的基部 ………… 8. **圆柏属 Sabina**
  8. 全为刺叶，基部有关节，不下延；冬芽显著；球花单生叶腋，雌球花具3轮生的珠鳞，胚珠生于珠鳞之间 ………… 9. **刺柏属 Juniperus**

1. 罗汉柏属 Thujopsis Sieb. et Zucc.

乔木，在原产地高达15米；树皮薄，灰色或红褐色；大枝斜上伸展。生鳞叶的小枝扁平，排成一平面，上下两面异形，下面有白粉带。鳞叶交叉对生，二型，长4-7毫米，质地较厚，中央的叶稍短于两侧之叶，外露部分呈倒卵状椭圆形，先端钝圆或近三角状，下面中央之叶具两条、两侧之叶的下面具1条明显的白粉气孔带。球花单生短枝顶端，雄球花具6-8对雄蕊；雌球花具3-4对珠鳞，中间2对珠鳞各有3-5胚珠。球果当年成熟，近球形，长1.2-1.5厘米；种鳞木质，扁平，在顶端的下方有一短尖头，中间两对种鳞各具3-5种子。种子近圆形，两侧具窄翅；子叶2。

单种属。

罗汉柏 图 113

Thujopsis dolabrata (Thunb. ex Linn. f.) Sieb. et Zucc. Fl. Jap. 2: 34. t. 119-120. 1844.

Thuja dolabrata Thunb. ex Linn. f. Suppl. Pl. 420. 1782.

形态特征同属。

原产日本。山东、江苏、安徽、浙江、福建、江西、湖北、贵州、广西、云南等省区引种栽培，作庭园树。

图 113 罗汉柏 (仿《Handb. Nadelh.》)

2. 崖柏属 Thuja Linn.

乔木。生鳞叶的小枝排成平面，扁平。鳞叶二型，交叉对生，排成4列，两侧的叶对折呈船形，瓦覆中央叶的边缘。雌雄同株，球花单生枝顶；雄球花具多数雄蕊，花药4；雌球花具3-5对珠鳞，仅下部2-3对珠鳞具1-2胚珠。球果当年成熟，长圆形或长卵圆形；种鳞薄，近革质，扁平，顶端具钩状突起，发育的种鳞各具1-2种子。种子扁平，两侧有翅。

约6种，产北美和东亚。我国2种，引入栽培3种。

1. 鳞叶先端钝，稀微尖，两侧的叶较中央的叶短，尖头内弯，排列紧密。
   2. 中央鳞叶尖头下方有明显或不明显的腺点，生鳞叶的小枝背面多少有白粉 ………… 1. **朝鲜崖柏 T. koraiensis**
   2. 中央鳞叶无腺点，生鳞的小叶片背面无白粉 ………… 1(附). **崖柏 T. sutchuenensis**
1. 鳞叶先端急尖或尖。
   3. 鳞叶先端尖，两侧的叶较中央的叶稍短或等长，尖头内弯。
      4. 中央鳞叶尖头下方有明显的透明腺点 ………… 2. **北美香柏 T. occidentalis**
      4. 中央鳞叶尖头下方无腺点 ………… 3. **日本香柏 T. standishii**
   3. 鳞叶先端急尖，有长尖头，两侧的叶较中央的叶长，尖头直伸不内弯 ………… 2(附). **北美乔柏 T. plicata**

1. 朝鲜崖柏 图 114 彩片 101

Thuja koraiensis Nakai in Bot. Mag. Tokyo 33: 196. 1919.

乔木，高达10米，胸径75厘米；幼树树皮红褐色，平滑，有光泽，老树树皮灰红褐色，浅纵裂；树冠圆锥形。鳞叶长1-2毫米，中央的叶近斜方形，先端钝，稀微尖，背部有明显或不明显的纵脊状腺点，两侧之叶先端钝尖，内曲；鳞叶小枝下面有白粉。球果椭圆状球形，长0.9-1厘米，熟时深褐色；种鳞4对，下部2-3对各有1-2种子。种子椭圆形，两侧有翅，长约4毫米，翅宽1.5毫米。

产黑龙江老爷岭及吉林长白山山区。朝鲜有分布。

图 114 朝鲜崖柏 (仿《辽宁植物志》)

[附] **崖柏 Thuja sutchuenensis** Franch. in Journ. de Bot. 13: 262.

1899. 本种与朝鲜崖柏的区别：鳞叶枝中央之叶无腺点，背面之叶无白粉。产四川东北部（城口），生于海拔约1400米石灰岩山地。

2. 北美香柏 图 115

Thuja occidentalis Linn. Sp. Pl.. 1002. 1753.

乔木，在原产地高达20米；树皮红褐或桔褐色，有时灰褐色；树冠塔形。鳞叶枝上面的叶深绿色，下面的叶灰绿色或淡黄绿色；鳞叶长1.5-3毫米，两侧的叶与中央的叶近等长或稍短，先端尖，内弯，中间的叶明显隆起，尖头下方有透明的圆形腺点，鳞叶枝下面的鳞叶几无白粉，揉碎时有香气。球果长椭圆形，长0.8-1.3毫米；种鳞5（4）对，下面2-3对发育，各有1-2种子。种子扁，两侧有翅，两端有凹缺。

原产北美。河北、山东、江苏、安徽、浙江、江西、湖北及河南等地引种栽培。

［附］**北美乔柏 Thuja plicata** D. Don in Lamb. Descr. Pinus 2：19. 1824. 本种与北美香柏的区别：鳞叶先端急尖，有长尖头，两侧鳞叶较中间鳞叶长，尖头直伸不弯曲。原产加拿大西部、美国西北部。江苏及江西等地引种栽培。

图 115 北美香柏
（引自《Ⅲ. Fl. Mitteleuropa》）

3. 日本香柏 图 116

Thuja standishii（Gord.）Carr. Traite Conif. ed. 2. 108. 1867.

Thujopsis standishii Gord. Pinetum Suppl. 100. 1862.

乔木，在原产地高达18米；树皮红褐色，裂成鳞状薄片脱落；大枝开展，先端微下垂；树冠宽塔形。生鳞叶的小枝较厚，下面的鳞叶无白粉或微有白粉；鳞叶长1-3毫米，先端钝尖或微钝，中央的叶背部平，无腺点，有时有纵槽，两侧的叶稍短于中央的叶或近等长，尖头内弯，鳞叶枝揉碎时无香气。球果卵圆形，长8-10毫米，暗褐色；种鳞5-6对，仅中部2-3对发育。种子扁，两侧有窄翅。

原产日本。山东、江苏、浙江及江西等地引种栽培，作庭园树及造林树种。

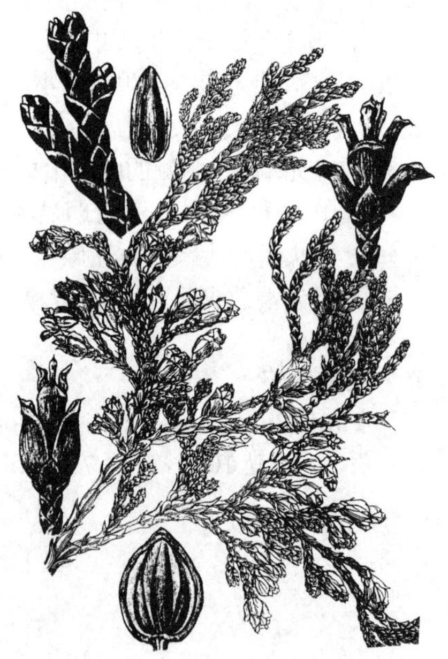

图 116 日本香柏（仿《Gard. Chron.》）

3. 侧柏属 Platycladus Spach

乔木，高达20米；幼树树冠卵状尖塔形，老则广圆形；树皮淡灰褐色。生鳞叶的小枝直展，扁平，排成一平面，两面同形。鳞叶二型，交互对生，背面有腺点。雌雄同株，球花单生枝顶；雄球花具6对雄蕊，花药2-4；雌球花具4对珠鳞，仅中部2对珠鳞各具1-2胚珠。球果当年成熟，卵状椭圆形，长1.5-2厘米，成熟时褐色；种鳞木质，扁平，厚，背部顶端下方有一弯曲的钩状尖头，最下部1对很小，不发育，中部2对发育，各具1-2种子。种子椭圆形或卵圆形，长4-6毫米，灰褐或紫褐色，无翅，或顶端有短膜，种脐大而明显；子叶2，发芽时出土。

单种属。

侧柏 图 117 彩片 102

Platycladus orientalis（Linn.）Franco in Portugaliae Acta Biol. ser. B. Suppl. 33. 1949.

Thuja orientalis Linn. Sp. Pl. 1002. 1753.

Biota orientalis（Linn.）Endl.；

中国高等植物图鉴1: 317. 1972.

形态特征同属。花期3-4月，球果10月成熟。

吉林、辽宁、内蒙古、河北、山东、河南、山西、陕西、甘肃、湖北、四川、云南及西藏野生和栽培，生于海拔300-3300米的石灰岩山地或栽于丘陵及平原，江苏、安徽、浙江、江西及湖南引种栽培。俄罗斯远东地区、朝鲜、越南有分布。木材纹理斜而匀，结构很细，易加工，耐腐力强，油漆和胶粘性良好；供建筑、造船、桥梁、家具、农具、雕刻、细木工、文具等用；种子、根、枝叶、树皮均可供药用，种子（柏子仁）有滋补强壮、养心安神、润肠通便、止汗等效；枝叶能收敛止血、利尿、健胃、解毒散瘀；种子含油量约22%，供医药和香料工业用。树形优美，耐修剪，为园林绿化和绿篱树种。

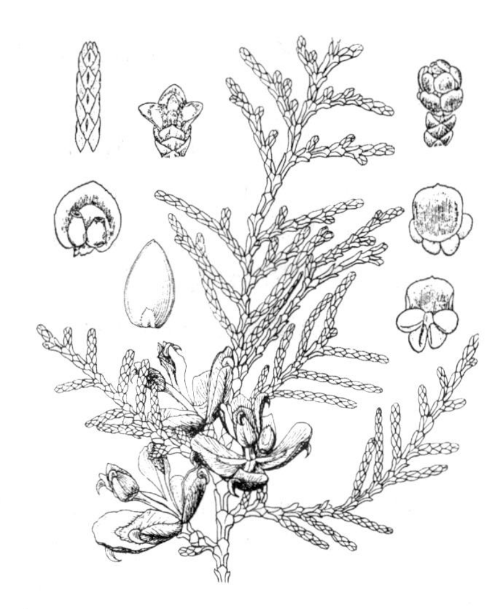

图 117 侧柏（仿《图鉴》）

［注］庭园常见的栽培变种有：千头柏cv.‘Sieboldii’；金黄球柏cv.‘Semperaurescens’。

4. 翠柏属 Calocedrus Kurz

乔木，有树脂及香气；树皮裂成薄片脱落。生鳞叶的小枝直展，扁平，排成平面，两面异形，下面的鳞叶微凹，有气孔点。鳞叶二型，交叉对生，明显成节，中央的叶扁平，两侧的叶对折，瓦覆于中央叶的侧边，背部有脊。雌雄同株，球花单生枝顶；雄球花具6-8对雄蕊，花药2-5；雌球花具3（4）对珠鳞，中间1（2）对具2胚珠。球果当年成熟，长圆形或长卵状圆柱形；种鳞3（4）对，木质，扁平，顶端或背部上方有短尖头，下面1对形小，上面1对结合而生，均无种子，仅中间1（2）对各具2种子。种子上部具一长一短的翅；子叶2，发芽时出土。

2种，产北美及我国。我国1种1变种。

1. 着生球果的小枝圆柱形或四棱状柱形 ………………………………………… **翠柏 C. macrolepis**
1. 着生球果的小枝扁平 ……………………………………… （附）. **台湾翠柏 C. macrolepis** var. **formosana**

翠柏 图118 彩片103

Calocedrus macrolepis Kurz in Journ. Bot. 11: 196. t. 133. f. 3. 1873.

乔木，高达35米，胸径1.2米；树皮红褐色、灰褐或褐灰色。鳞叶枝上的鳞叶节上下几等宽，中央之叶较两侧之叶宽，先端急尖，两侧之叶的先端微急尖或渐尖，鳞叶长（1.5-）3-4（-8）毫米。球果长1-2厘米，熟时红褐色，着生球果的小枝四棱状柱形或圆柱形，长0.3-1.7厘

图 118 翠柏（引自《中国植物志》）

米。种子卵圆形或椭圆形，长约6毫米，微扁，暗褐色，长翅连同种子几与种鳞等长。

产海南、广西西部、贵州南部及云南，生于海拔1000-2000米的山地林中。印度北部、缅甸东北部、老挝、泰国东北部及越南有分布。木材纹理直，结构细，有香气，有光泽，耐久用，但质稍脆，易开裂；供建筑、桥梁、板料、家具等用。树姿优美，供庭园观赏。

［附］**台湾翠柏** 彩片 104 **Calocedrus macrolepis** var. **formosana** (Florin) Cheng et L. K. Fu, Fl. Reipubl. Popul. Sin. 7: 327. 1978. —— *Libocedrus formosana* Florin in Svensk. Bot. Tidskr. 24: 126. t. 2. f. 2. 1930. 本变种与模式变种的区别：着生球果的小枝扁平。产台湾，生于海拔300-1900米林中。

5. 柏木属 Cupressus Linn.

乔木，稀为灌木状，有香气。生鳞叶的小枝四棱形或圆柱形，不排成一平面，稀扁平而排成一平面。鳞叶交叉对生，仅幼苗或萌芽枝上具刺状叶。雌雄同株，球花单生枝顶；雄球花具多数雄蕊，花药2-6；雌球花具4-8对珠鳞，中部珠鳞具5至多数排成一至数行胚珠。球果翌年成熟，球形或近球形，种鳞4-8对，木质，盾形，熟时张开，中部种鳞各具5至多数种子。种子长圆形或长圆状倒卵形，稍扁，有棱角，两侧具窄翅；子叶2-5。

约17种，产北美、东亚、欧洲南部、非洲北部温暖地带。我国产5种1变种，引入栽培4种。木材纹理细密，结构均匀，有香气，耐腐性较强；可供建筑、桥梁、造船、家具等用材。枝叶可提供芳香油或作线香；亦可栽培作庭园观赏树。

1. 生鳞叶的小枝圆或四棱形，不排成平面；球果通常较大，径1-3厘米；发育种鳞具多数种子。
  2. 鳞叶背部有纵脊，生鳞叶的小枝四棱形。
    3. 鳞叶背部无明显的腺点。
      4. 球果有白粉，种鳞3-5对；生鳞叶的小枝较细，末端枝径约1毫米；鳞叶背部有明显的纵脊。
        5. 生鳞叶的小枝直立，鳞叶先端微钝或稍尖；球果大，径1.6-3厘米 ……… 1. **干香柏 C. duclouxiana**
        5. 生鳞叶的小枝下垂，鳞叶先端尖；球果较小，径1-1.5厘米 ……… 1(附). **墨西哥柏木 C. lusitanica**
      4. 球果无白粉，种鳞6对；生鳞叶的小枝较粗，末端枝径1.5-2毫米；鳞叶背部具钝脊 ……………………………… 4. **巨柏 C. gigantea**
    3. 鳞叶背部有明显的腺点，先端锐尖或尖，蓝绿色；球果长圆状椭圆形 …………… 2. **绿干柏 C. arizonica**
  2. 鳞叶背部无明显的纵脊，生鳞叶的小枝圆柱形。
    6. 生鳞叶的小枝粗短，排列密，末端枝径1.2-2毫米，不下垂；鳞叶背部拱圆；球果径1.2-2厘米，熟时红褐或褐色。
      7. 球果具4-5对种鳞，种鳞顶部中央的尖头较短；生鳞叶的小枝无蜡粉，腺点位于鳞叶背面的中部 ……………………………… 3. **岷江柏木 C. chengiana**
      7. 球果具6对种鳞，种鳞顶部中央的尖头大而明显；生鳞叶的小枝常被蜡粉，腺点位于鳞叶背面的下部，常不明显 ……………………………… 4. **巨柏 C. gigantea**
    6. 生鳞叶的小枝细长，排列较疏，末端枝径略大于1毫米，微下垂或下垂；鳞叶背部宽圆或平；球果径1.2-1.6厘米，熟时深灰褐色 ……………… 4(附). **喜马拉雅柏木 C. torulosa**
1. 生鳞叶的小枝扁平，排成平面，下垂；球果小，径0.8-1.2厘米，发育种鳞具5-6种子 ……………………………… 5. **柏木 C. funebris**

1. 干香柏

图 119 彩片 105

Cupressus duclouxiana Hickel in A. Camus, ［Lea Cypres］Encycl. Econ. Sylvicult. 2: 91. f. 419-424. 1914.

乔木，高达25米；树干端直，树皮灰褐色；枝密集。小枝不排成平面，不下垂；生鳞叶的枝四棱形，末端枝径约1毫米，绿色。鳞叶长约1.5毫米，先端微钝或稍尖，背面有纵脊及腺槽，蓝绿色，微被蜡质白粉，无明显的腺点。球果球形，径1.6-3厘米；种鳞4-5对，熟时暗褐或紫褐色，被白粉，顶部五角形或近方形，宽0.8-1.5厘米，具不规则向四周放射的皱纹，中央平或稍凹，有短尖头，发育种鳞有多数种子。种子长3-4.5毫米，褐色或紫褐色，两侧有窄翅。染色体2n=22。

产四川西南部、云南西北部及中部，生于海拔1400-3300米的山地林中。木材淡褐黄色或淡褐色，纹理直，结构细，材质坚硬，易加工，耐久用；可供建筑、桥梁、车厢、造船、家具等用。

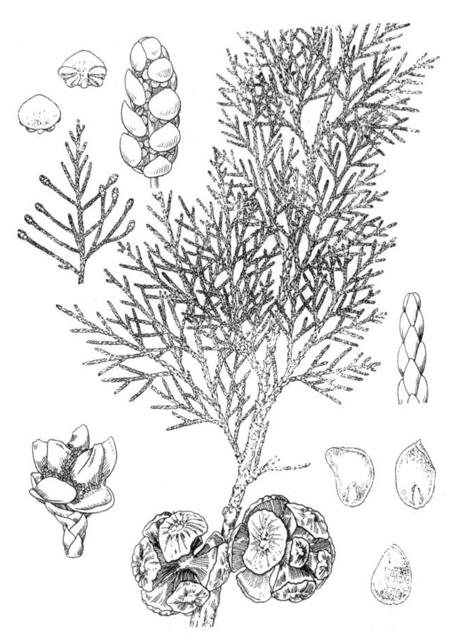

图 119 干香柏（引自《中国森林植物志》）

［附］**墨西哥柏木 Cupressus lusitanica** Mill. Gard. Dict. ed. 8, Cupressus no. 3. 1768. 本种与干香柏的区别：生鳞叶的小枝下垂，鳞叶先端尖；球果较小，径1-1.5厘米，熟时褐色。原产墨西哥、危地马拉、洪都拉斯。江苏、江西、四川等地引种栽培。

2. 绿干柏　　图 120

Cupressus arizonica Greene in Bull. Torr. Bot. Club. 9: 64. 1882.

乔木，在原产地高达25米；树皮红褐色，纵裂。生鳞叶的小枝四棱形或近四棱形，末端鳞叶枝径约1毫米。鳞叶长1.5-2毫米，先端锐尖或尖，蓝绿色，微有白粉，背面具纵脊，中部具明显的圆形腺点。球果宽椭圆状球形，长1.5-3厘米，熟时暗紫褐色；种鳞3-4对，顶部具显著的锐尖头。种子倒卵圆形，稍扁，长5-6毫米，微具棱，上部有极窄的翅。

原产墨西哥北部、美国西南部。江苏、江西及广西等地引种栽培。

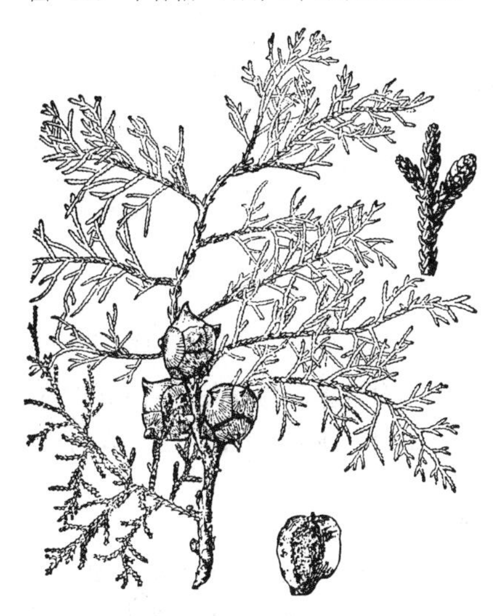

图 120 绿干柏（引自《江苏植物志》）

3. 岷山柏木　　图 121 彩片 106

Cupressus chengiana S. Y. Hu in Taiwania 10: 57. 1964.

乔木，高达30米，胸径1米；枝叶浓密。生鳞叶的小枝斜展，不下垂，不排成平面，圆柱形，末端鳞叶枝粗，径1-1.5毫米，稀近2毫米，较老的小枝淡紫褐、灰紫褐或红褐色，老枝枝皮鳞状剥落。鳞叶长约1毫米，排成整齐的四列，背部拱圆，无明显的纵脊和条槽，或仅少数鳞叶背部微有条槽，腺点位于中部，明显或不明显，无白粉。球果近球形或稍长，

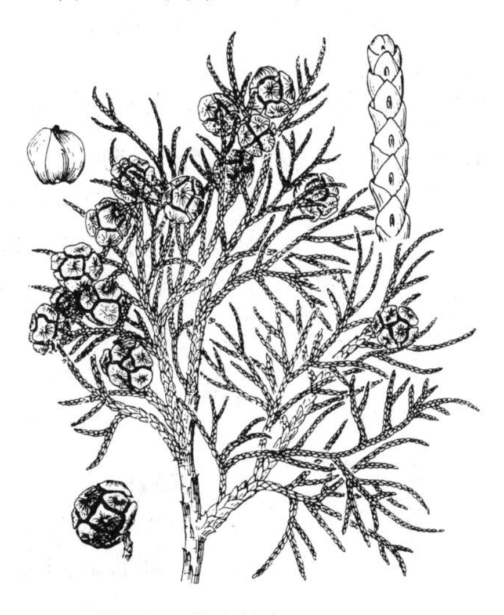

图 121 岷山柏木（吕发强绘）

熟时红褐或褐色，径1.2-2厘米；种鳞4-5对，顶部平，不规则的扁四边形或五边形。种子扁圆形或倒卵状圆形，两侧翅较宽。染色体2n=22。

产四川西部及北部岷江上游、甘肃南部，生于海拔1200-2900米的阳坡林中。

4. 巨柏 图122 彩片107

Cupressus gigantea Cheng et L. K. Fu in Acta Phytotax. Sin. 13(4): 85. t. 16. f. 1. 1975.

乔木，高25-45米，胸径1-3米，稀达6米；树皮纵裂成条状。生鳞叶的小枝排列紧密，粗壮，不排成平面，常呈四棱形，稀圆柱形，常被蜡粉，末端的鳞叶枝径1-2毫米，不下垂，较老的小枝淡紫褐色或灰紫褐色，老枝黑灰色，枝皮裂成鳞状薄片。鳞叶斜方形，紧密排成整齐的4列，背部有钝脊或拱圆，具条槽。球果卵圆状球形，长1.6-2厘米，熟时褐色；种鳞6对，背部中央有明显凸起的尖头，具多数种子。种子两侧具窄翅。

产西藏东南部雅鲁藏布江流域，生于海拔3000-3400米的河漫滩及灰石露头的阶地阳坡中下部。材质优良，宜育苗造林。

［附］**喜马拉雅柏木** 西藏柏木 彩片108 **Cupressus torulosa** D. Don in Lamb. Descr. Pinus 2: 18. 1824. 本种与巨柏的区别：生鳞叶的小枝细长，排列较疏，末端枝径略大于1毫米，微下垂或下垂；鳞叶背面宽圆或平；球果径1.2-1.6厘米，熟时灰褐色，种鳞5-6对。产西藏东部及南部，生于海拔1800-2800米的石灰岩山地。印度北部、不丹、尼泊尔及克什米尔有分布。

图 122 巨柏 （孙英宝绘）

5. 柏木 图123 彩片109

Cupressus funebris Endl. Syn. Conif. 58. 1847.

乔木，高达35米，胸径2米；树皮淡褐灰色。小枝细长下垂，生鳞叶的小枝扁平，排成一平面，两面同形，绿色，宽约1毫米，较老的小枝圆柱形，暗褐紫色，略有光泽。鳞叶长1-1.5毫米，先端锐尖，中央之叶的背部有线状腺点，两侧的叶对折瓦覆中央叶的边缘，背部有棱脊。球果球形，径0.8-1.2厘米，熟时暗褐色；种鳞4对，顶端为不规则的五边形或方形，中央有尖头或无，发育种鳞具5-6种子。种子近圆形，长约2.5毫米，淡褐色，有光泽，边缘有窄翅。花期3-5月，球果翌年5-6月成熟。

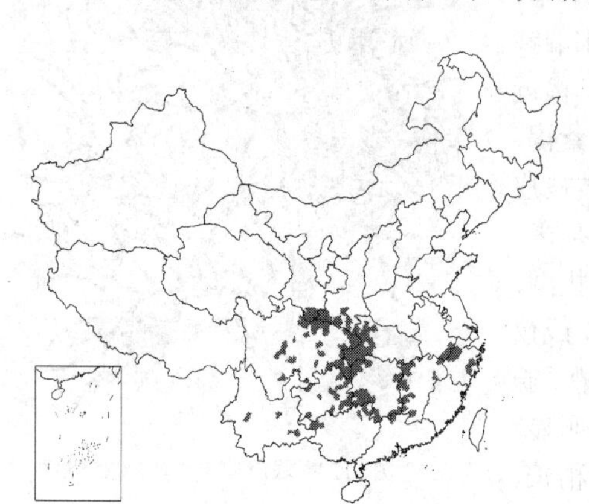

安徽、浙江、江西、湖北、湖南、广东北部、广西、贵州、云南、四川、甘肃及陕西野生和栽培，生于海拔2000米以下山地，福建及河

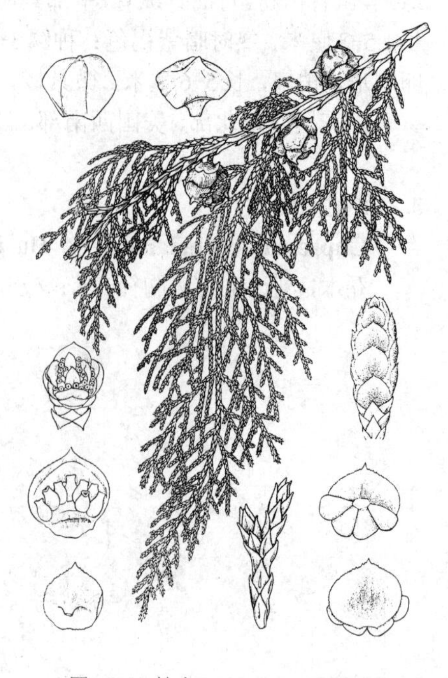

图 123 柏木 （仿《森林植物志》）

南引种栽培。木材有香气，纹理直，结构细，坚韧耐腐，比重0.44-0.59；供建筑、车船、家具、木模、文具、细木工等用。种子可榨油，球果、根、枝叶皆可入药，球果可治风寒感冒、胃痛及虚弱吐血，根治跌打损伤，叶治烫伤；枝叶、根部皆可提炼柏干油。树冠浓密，枝叶下垂，树姿优美，常栽为庭园观赏树。

6. 扁柏属 Chamaecyparis Spach

乔木，树皮深纵裂。生鳞叶的小枝通常扁平，排成一平面，近平展或平展。鳞叶通常二型，稀同形，交叉对生，小枝中央之叶紧贴枝上，两侧之叶对折瓦覆中央之叶的边部。雌雄同株，球花单生枝顶；雄球花具3-4对雄蕊，花药3-5；雌球花具3-6对珠鳞，胚珠1-5。球果当年成熟，球形，稀长圆形；种鳞3-6对，木质，盾形，发育种鳞具1-5（通常3）种子。种子卵圆形，微扁，有棱角，两侧具窄翅；子叶2。

5种1变种，产于北美、东亚。我国有1种1变种，引入4种及数栽培变种。材质优良，树姿优美，为用材和绿色观赏树种。

1. 生鳞叶的小枝下面有显著的白粉。
  2. 鳞叶先端锐尖；种鳞5-6对。
    3. 球果长圆形或长圆状卵形，长1-1.2厘米，径6-9毫米，种鳞5-6对 ·············· 1. **红桧 Ch. formosensis**
    3. 球果球形，径约6毫米 ·············· 2. **日本花柏 Ch. pisifera**
  2. 鳞叶先端钝或钝尖。
    4. 鳞叶先端通常钝尖，较薄；球果径1-1.1厘米，种鳞4-5对 ········ 3. **台湾扁柏 Ch. obtusa** var. **formosana**
    4 鳞叶先端钝，肥厚；球果径0.8-13厘米，种鳞4对 ·············· 3(附). **日本扁柏 Ch. obtusa**
1. 生鳞叶的小枝下面无白粉或微被白粉。
  5. 鳞叶先端锐尖；生鳞叶的小枝下面无白粉；雄球花暗褐色；球果径约6毫米，发育种鳞具1-2种子 ·············· 4. **美国尖叶扁柏 Ch. thyoides**
  5. 鳞叶先端钝尖或微钝；生鳞叶的小枝下面微被白粉；雄球花深红色；球果径约8毫米，发育种鳞具2-4种子 ·············· 4(附). **美国扁柏 Ch. lawsoniana**

1. 红桧 图124

Chamaecyparis formosensis Matsum. in Bot. Mag. Tokyo 15: 137. 1901.

大乔木，高达57米，胸径6.5米；树皮淡红褐色。生鳞叶的小枝下面有白粉。鳞叶长1-2毫米，先端锐尖，背面有腺点和纵脊。球果长圆形或长圆状卵圆形，长1-1.2厘米；种鳞5-6对，顶部具少数条纹，中央微凹，有小尖头。种子扁，倒卵圆形，长约2毫米，红褐色。

产台湾中央山脉、阿里山、北插天山等地，生于海拔1050-2000米的山地成单钝林或与台湾扁柏混生。为亚洲最大的树木，台湾阿里山有两株大树，其中一株树高57米，胸径6.5米，材积504立方米，树龄约2700年。材质优良，为重要用材和造林树种。边材淡红黄色，心材淡

图 124 红桧 （仿《Woody Fl. Taiwan》）

黄褐色，较轻软，易加工，刨后有光泽，芳香；供建筑、桥梁、造船、家具等用。

2. 日本花柏 图 125：1-4 彩片 110

Chamaecyparis pisifera（Sieb. et Zucc.）Endl. Syn. Conif. 64. 1847.

Retinispora pisifera Sieb. et Zucc. Fl. Jap. 2: 39. t. 122. 1844.

乔木，在原产地高达50米，胸径1米；树皮红褐色，裂成薄片。生鳞叶的小枝下面有明显的白粉。鳞叶先端锐尖，两侧的叶较中央叶稍长。球果球形，径约6毫米，熟时暗褐色；种鳞5-6对，顶部的中央微凹，内有凸起的小尖头，发育种鳞具1-2种子。种子三角状卵圆形，径2-3毫米，有棱脊，侧翅较宽。

原产日本。辽宁、山东、河南、江苏、安徽、浙江、福建、江西、广西、贵州、云南、四川等地引种栽培。长江中下游流域各城市常见的栽培变种有：线柏 cv.'Filifera' 灌木或小乔木，树冠卵状球形或近球形；枝叶浓密，绿色或淡绿色；小枝细长下垂至地，线形；鳞叶先端长锐尖。绒柏 cv.'Squarrosa' 灌木或小乔木，大枝斜展，枝叶浓密；叶3-4轮生，条状刺形，长6-8毫米，先端尖，柔软，下面中脉两侧有白粉带。羽叶花柏 cv.'Plumosa' 花柏灌木或小乔木，树冠圆锥形，枝叶浓密；鳞叶钻形，长3-4毫米，柔软，开展，呈羽毛状。

图 125：1-4. 日本花柏 5-8. 日本扁柏
（孙英宝仿绘）

3. 台湾扁柏 图 126 彩片 111

Chamaecyparis obtusa（Sieb. et Zucc.）Endl. var. **formosana**（Hayata）Hayata in Fedde, Repert. Sp. Nov. Regni Veg. 8: 365. 1910.

Chamaecyparis obtusa f. *formosana* Hayata in Journ. Coll. Sci. Tokyo 25(19): 208. 1908.

乔木，高达40 米，胸径3米；树皮淡红褐色；裂成薄片脱落。生鳞叶的小枝下面被白粉。鳞形叶较薄，长1-2毫米，中央的叶露出部分菱形，先端钝尖，两侧的叶斜三角状卵形，先端微内弯。球果球形，径1-1.1厘米，熟时红褐色；种鳞4-5对，顶部不规则五角形，有不规则沟纹，中央微凹，有小尖头凸起。种子扁，倒卵圆形，两侧有窄翅，稀具三棱，棱上有窄翅。

产台湾中央山脉北部及中部，生于1300-2800米山地。材质优良，为重要造林树种。边材淡红黄色，心材淡黄褐色，坚韧耐用，比重0.54，刨后有光泽，芳香；供建筑、桥梁、造船、车辆、家具及木纤维工业原料等用。

［附］**日本扁柏** 图125：5-8 **Chamaecyparis obtusa**（Sieb. et Zucc.）Endl. Syn. Conif. 63. 1847. —— *Retinispora obtusa* Sieb. et Zucc. Fl. Jap. 2: 38. t. 121. 1844. 本种与台湾扁柏的区别：鳞叶先端钝，肥厚；球果径0.8-1厘米，种鳞4-5对。原产日本。河南、山东、江苏、安徽、浙江、福建、台湾、江西、广东、广西及云南等地引种栽培。

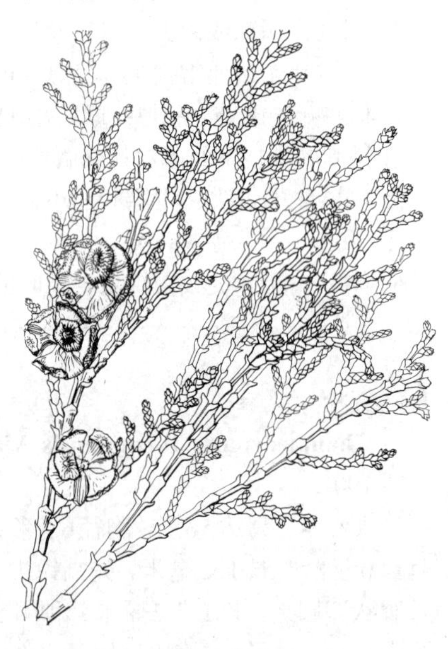
图 126 台湾扁柏 （引自《图鉴》）

4. 美国尖叶扁柏 图 127

Chamaecyparis thyoides（Linn.）Britton, Sterns et Poggenburg, Prelim. Cat. Anth. Pter. New York 71. 1888.

Cupressus thyoides Linn. Sp. Pl. 1003. 1753.

乔木，原产地高达25米，胸径1米；树皮厚，红褐色，窄长纵裂，常扭曲。小枝红褐色，生鳞叶的小枝下面无白粉。鳞叶排列紧密，先端钝尖，背面隆起有纵脊，具明显的腺点。雄球花暗褐色。球果球形，径约6毫米，被白粉，熟时红褐色；种鳞3对，顶部有尖头，发育种鳞具1-2种子。

原产美国东部。江苏、浙江、江西及四川等地引种栽培。作庭园树。

［附］**美国扁柏 Chamaecyparis lawsoniana**（A. Murr.）Parl. in Ann. Mus. Imp. Fis. Firenze 1: 181. 1864. —— *Cupressus lawsoniana* A. Murr. in Edinb. New Philos. Journ. n. ser. 1: 299. t. 9. 1855. 本种与美国尖叶扁柏的区别：鳞叶先端钝尖或微钝；生鳞叶的小枝下面微被白粉；雄球花深红色；球果径约8毫米，发育种鳞具2-4种子。原产美国西部。江苏、浙江及江西等地引种栽培。

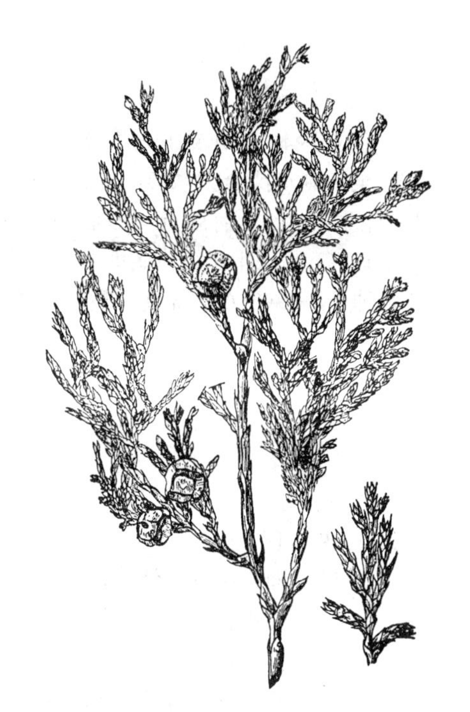

图 127 美国尖叶扁柏 （引自《江苏植物志》）

7. 福建柏属 Fokienia Henry et Thomas

乔木，高达30米，胸径1米；树皮紫褐色，浅纵裂。生鳞叶的小枝扁平，排成一平面，三出羽状分枝。鳞叶二型，交叉对生，明显成节，幼树或萌发枝的中央叶较两侧叶短窄，两侧之叶的先端呈三角状，或上部渐窄，先端渐尖，内侧直，背部稍拱或直；成龄树上小枝之叶的先端钝尖或微急尖，中央之叶较两侧之叶稍宽或等宽，两侧之叶较中央之叶稍长或近等长，先端稍内曲；小枝下面中央及两侧之叶的下面有粉白色气孔带。雌雄同株，球花单生枝顶；雌球花具6-8对珠鳞，胚珠2。球果翌年成熟，近球形，径2-2.5厘米，熟时褐色；种鳞6-8对，木质，盾形，顶部中间微凹，有一凸起的小尖头，熟时种鳞张开，发育种鳞具2种子。种子卵圆形，长约4毫米，种脐明显，上部有两个大小不等的薄翅，大翅长约5毫米，小翅长约1.5毫米；子叶2，发芽时出土。

单种属。

福建柏 图 128 彩片 112

Fokienia hodginsii（Dunn）Henry et Thomas in Gard. Chron. ser. 3, 49: 66. t. 32-33. 1911.

Cupressus hodginsii Dunn in Journ. Linn. Soc. Bot. 38: 367. 1908.

形态特征同属。花期3-4月，球果翌年10-11月成熟。

产浙江南部、福建、江西西部、湖南南部、广东北部、广西、贵州、云南东南部及四川东南部。生于海拔100-1800米的山地。越南及老挝北部有分布。材质优良，生长快，为速生造林树种。边材淡红褐色，心材深褐色，较轻软，纹理直，结构细，加工易，切面光滑，油漆性欠佳，胶粘性良好，易于干燥，干后材质稳定，耐久用；可供建筑、家具、农具、细木工、雕刻等用。

图 128 福建柏 （引自《中国珍稀濒危植物》）

8. 圆柏属 Sabina Mill.

直立乔木、灌木或匍匐灌木；冬芽不显著；有叶小枝不排成一平面。叶刺形或鳞形，幼树之叶均为刺形，大树之叶全为刺形或全为鳞形，或二者兼有；刺叶常3枚轮生，基部无关节，下延，上面有气孔带；鳞叶交叉对生，稀3叶轮生，背部常有腺点。雌雄异株或同株，球花单生枝顶；雄球花具4-8对雄蕊；雌球花具3轮生或4-8交叉对生的珠鳞，胚珠生于珠鳞腹面基部。珠果通常翌年成熟，稀当年或第三年成熟；种鳞合生，肉质，背部有苞鳞小尖头。种子1-2（3-6），无翅，坚硬骨质，常有树脂槽或棱脊；子叶2-6。

约50种，分布于北半球，主产高山、亚高山地带。我国有18种12变种，引入栽培2种。木材坚韧耐用，芳香；供建筑、家具、室内装修、体育文化用具、器具等用材。不少种类为分布区的主要森林树种和造林树种，有的常栽培为庭园观赏树。生于高山干旱严寒地带及沙漠地区的匍匐灌木，可作水土保持及固沙造林树种。

1. 叶全为刺形。
  2. 球果具1种子。
    3. 叶下面拱圆或具钝背，沿脊有细纵槽。
      4. 有叶小枝下垂；叶背拱圆，仅中下部有细纵槽，叶长3-6毫米（幼树之叶达1.2毫米），近直伸。
        5. 叶上面无绿色中脉；球果长0.9-1.2厘米，径0.8-1厘米；种子卵圆形，长8-9毫米 ………………………………………………………………… 1. **垂枝柏 S. recurva**
        5. 叶上面绿色中脉明显；球果长6-8毫米，径约5毫米；种子锥状卵圆形，常具3纵脊，长5-6毫米 ………………………………………………………… 1(附). **小果垂枝柏 S. recurva** var. **coxii**
      4. 有叶小枝不下垂；叶背具钝脊。
        6. 叶微斜展，排列紧密，常较宽短，长5-7毫米，宽1.2-1.5毫米 ……………… 2. **高山柏 S. squamata**
        6. 叶开展或斜伸，排列较疏，常较窄长，长0.6-1（-1.3）厘米，宽0.8-1毫米 ………………………………………………………… 2(附). **长叶高山柏 S. squamata** var. **fargesii**
    3. 叶下面具明显的纵脊，沿脊无纵槽。
      7. 有叶小枝下垂，通常较细，柱状六棱形；乔木 ……………………………… 3. **垂枝香柏 S. pingii**
      7. 有叶小枝不下垂，通常较粗；匍匐灌木或灌木，稀小乔木。
        8. 有叶小枝呈柱状六棱形，常弧状弯曲；叶斜伸，明显弓曲，长2-3.5毫米 ………………………………………………………… 3(附). **香柏 S. pingii** var. **wilsonii**
        8. 有叶小枝不呈六棱形，伸展；叶直或微曲，长4-7毫米 ………………………………………………………… 3(附). **直叶香柏 S. pingii** var. **carinata**
  2. 球果具2-3种子，匍匐灌木 ……………………………………………… 4. **铺地柏 S. procumbens**
1. 叶全为鳞形，或兼有鳞叶与刺叶，或仅幼龄植株全为刺叶。
  9. 球果具2-3种子，稀部分球果仅有1或多至5种子。
    10. 球果倒三角形或叉状球形，顶端平、宽圆或叉状，部分球果近球形；鳞叶背面的腺点位于中部；刺叶交叉对生。
      11. 壮龄及老龄植株的叶多于鳞叶，刺叶较窄，排列疏松，斜伸或开展；匍匐灌木 ………………………………………………………… 5. **兴安圆柏 S. davurica**
      11. 壮龄植株几乎全为鳞叶，刺叶仅出现在上部，刺叶较宽，近直伸或微斜展。
        12. 着生雌球花与球果的小枝向下弯曲；匍匐灌木；鳞叶枝较细，径约0.8毫米，球果具2-3种子 ………………………………………………………… 6. **叉子圆柏 S. vulgaris**
        12. 着生雌球花与球果的小枝直而不曲；乔木；鳞叶枝排列疏松，较粗壮，径1-1.5毫米；球果具（2）3-4（5）种子 ……………………………… 6(附). **昆仑多子柏 S. semiglobosa**

10. 球果卵圆形或近球形，稀倒卵圆形，鳞叶背面的腺体位于中部、中下部或近基部；刺叶3叶交叉轮生或交叉对生。
13. 鳞叶枝柱状四棱形；鳞叶先端急尖或锐尖，腺点位于叶背的中下部或近中部，幼树上的刺叶不等长，交叉对生；球果当年成熟，径5-6毫米，蓝绿色，具1-2种子 ……………… 7. **北美圆柏 S. virginiana**
13. 鳞叶枝圆柱形；鳞叶先端钝，腺点位于叶背的中部，刺叶等长；球果翌年成熟，具1-4种子。
14. 刺形叶在小枝上3叶交互轮生，长0.8-1.2厘米，排列疏松，斜伸或近开展；球果成熟时暗褐色；乔木 …………………………………………… 8. **圆柏 S. chinensis**
14. 刺形叶在小枝上交叉对生，长3-6毫米，排列较紧密，微斜展；球果熟时带蓝色；匍匐灌木，小枝上升成密丛状 ……………………………… 8(附). **偃柏 S. chinensis** var. **sargentii**
9. 球果仅具1种子。
15. 生鳞叶的小枝四棱形。
16. 鳞叶先端锐尖 ……………………………………… 7. **北美圆柏 S. virginiana**
16. 鳞叶先端钝或钝尖。
17. 雌雄同株，鳞叶背面的腺点位于中下部或近基部，乔木 ……………………… 9. **方枝柏 S. saltuaria**
17. 雌雄异株，稀同株。
18. 球果长6-9毫米，种子长4-7毫米。
19. 生鳞叶的小枝明显四棱形，分枝密，近等长，常弧曲；鳞叶背面的腺点位于中部以下；多为匍匐灌木 ……………………………………… 10. **滇藏方枝柏 S. indica**
19. 生鳞叶的小枝微呈四棱形或四棱形，上部分枝短，下部分枝长，通常较直；鳞叶背面的腺点位于中部。
20. 球果熟时淡褐黑或蓝黑色；匍匐灌木 ……………………… 11. **新疆方枝柏 S. pseudosabina**
20. 球果熟时黄或黄褐色，乔木 ……………………… 11(附). **昆仑方枝柏 S. centrasiatica**
18. 球果长1.1-1.6厘米，种子长0.9-1.1厘米 ……………………… 12. **大果圆柏 S. tibetica**
15. 生鳞叶的小枝圆柱形或微呈四棱形。
21. 鳞叶背部的腺点位于中部，干后腺槽明显，常从近基部至中上部或几达先端；球果无白粉 ……………………………………………… 13. **密枝圆柏 S. convallium**
21. 鳞叶背部的腺点位于基部或近基部，干后微凸起或凸起而不成腺槽。
22. 生鳞叶的二回或三回分枝均从下部到上部逐渐变短，整个分枝呈塔形轮廓；球果较小，长6-9毫米，稀达1.2厘米；种子卵圆形，两侧或上部两侧具钝脊 ……………………………………………… 14. **塔枝圆柏 S. komarovii**
22. 生鳞叶的二回或三回分枝近等长，不成塔形；球果长0.8-1.3厘米；种子两端钝，两侧具明显的棱脊 ……………………………………………… 15. **祁连山圆柏 S. przewalskii**

1. 垂枝柏 图 129

Sabina recurva (Buch.-Hamilt.) Ant. Cupressus Gatt. 67. t. 88. f. e-m. t. 91. 1857.

Juniperus recurva Buch.-Hamilt. ex D. Don, Prodr. Fl. Nepal. 55. 1825; Fl. China 4: 72. 1999.

小乔木，高达10余米；树冠圆锥形或宽塔形；树皮浅灰褐、褐灰或褐色。下部有大枝平展，上部的斜展，枝梢与小枝弯曲下垂。叶刺形短，3叶交叉对生，排列紧密，覆瓦状，近直伸，微内曲，上部渐窄，先端锐尖，长3-6毫米，幼树之叶长达1.2厘米，宽约1毫米，上面凹、色浅，微具白粉，无绿色中脉。球果卵圆形，长0.9-1.2厘米，径0.8-1厘米，熟时紫黑色，无白粉，具1种子。种子卵圆形，长8-9毫米，径5-6毫米，有不规则的树脂槽，基部圆或凸尖，上部有时具脊。

产西藏南部及东南部、云南西北部，生于海拔2700-3900米的地带林中。阿富汗、克什米尔、巴基斯坦、印度北部、尼泊尔、不丹及锡金有分布。

［附］ **小果垂枝柏 Sabina**

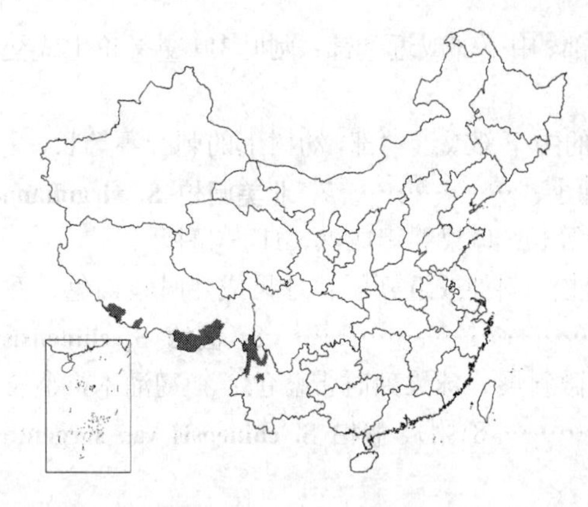

recurva var. **coxii** (A. B. Jackson) Chang et L. K. Fu, Fl. Reipubl. Popul. Sin. 352 t. 80. f. 3-5. 1978. —— *Jiniperus coxii* A. B. Jackson in New Fl. Silva 5: 33. f. 13-14. 1932. —— *Juniperus recurva var. coxii* (A. B. Jackson) Melville; Fl. China 4. 72. 1999. 本变种与模式变种的区别：叶上面绿色中脉明显，球果较小，长6-8毫米，径约5毫米；种子锥状卵圆形，常具3纵脊，长5-6毫米。产西藏东南部及云南西北部，生于海拔1800-3800米的山地林中。尼泊尔、不丹、锡金及缅甸北部有分布。

图 129 垂枝柏 （李爱莉仿）

2. 高山柏 图 130

Sabina squamata (Buch.-Hamilt.) Ant. Cupressus Gatt. 66. t. 89. 1857.

Juniperus squamata Buch.-Hamilt. ex Lamb. Descr. Gen. Pinus 2: 17. 1824; Fl. China 4: 73. 1999.

灌木，高1-3米，或成匍匐状，或为乔木，高5-10余米，稀高达16米或更高。枝条斜伸或平展；枝皮暗褐色或微带紫或黄色，裂成不规则薄片脱落。小枝直或弧状弯曲。叶全为刺形，3叶交叉轮生，微斜伸，排列紧密，长5-7毫米，宽1.2-1.5毫米，微曲，先端急尖，上面稍凹，具白粉带，绿色中脉不明显，下面拱凸具钝纵脊，沿脊有细槽或下部有细槽。球果卵圆形或近球形，成熟前绿或黄绿色，熟后黑或蓝黑色，稍有光泽，无白粉，内有种子1。种子卵圆形或锥状球形，长4-8毫米，有树脂槽，上部常有明显或微明显的2-3钝纵脊。

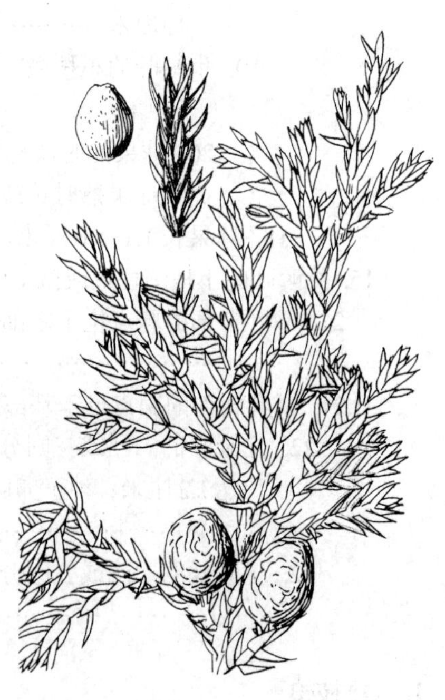

图 130 高山柏 （孙英宝绘）

产陕西、青海、西藏、云南、贵州、四川、湖北及台湾，生于海拔1600-4600米的山地林中。阿富汗、克什米尔、巴基斯坦、印度北部、尼泊尔、锡金、不丹及缅甸北部有分布。

［附］**长叶高山柏** 彩片 113 **Sabina squamata** var. **fargesii** (Rehd. et Wils.) L. K. Fu et Y. F. Yu, comb. nov. —— *Juniperus squamata* var. *fargesii* Rehd. et Wils. in Sarg. Pl. Wilson. 2: 59. 1914; Fl. China 4: 73. 1999. 本变种与模式变种的区别：叶开展或斜伸，排列较疏，较窄长，长0.6-1（-1.3）厘米，宽0.8-1毫米。产安徽南部、浙江南部、福建北部、贵州、云南、四川、甘肃及陕西，生于海拔1600-4500米山地林中。

［注］庭园内常见的栽培变种：粉柏 cv. 'Meyeri' 直立灌木，小枝密。叶密集，条状披针形，长6-10毫米，两面被白粉。球果卵圆形，长约6毫米。

3. 垂枝香柏 图 131

Sabina pingii (Cheng ex Ferre) Cheng et L. K. Fu, Fl. Reipubl. Popul. Sin. 7: 355. t. 82. f. 1-3. 1978.

Juniperus pingii Cheng ex Ferre in Trav. Lab. Forest. Toulouse V, 1(2): 93. 1939; Fl. China 4: 71. 1999.

乔木，高达30米，胸径1米以上；树皮褐灰色。枝条灰紫褐色，裂成不规则薄片；生叶的小枝柱状六棱形，下垂，较细，直或弧状弯曲。叶全为刺形，3叶交叉对生，排列密，呈6列，三角状长卵形或三角状披针形，微曲或幼树之叶较直，长3-4毫米，上面凹，有白粉，无绿色中脉，下面有明显的纵脊，沿脊无细纵槽。球果卵圆形或近球形，长7-9毫米，熟时黑色，有光泽，具种子1。种子卵形或近球形，长5-7（-9）毫米，先端钝尖，基部圆，有明显的树脂槽。

产四川西南部及云南西北部，生于海拔2600-3800米山地林中。

［附］**香柏 Sabina pingii** var. **wilsonii** (Rehd.) Cheng et L. K. Fu, Fl. Reipub. Popul. Sin. 7: 356. t. 82. f. 4. 1978. —— *Juniparus squamata* Buch.-Hamilt. f. *wilsonii* Rehd. in Journ. Arn. Arb. 1: 190. 1920. —— *Juniperus pingii* var. *wilsonii* (Rehd.) Silba; Fl. China 4: 72. 1999. 本变种与模式变种的区别：匍匐灌木、灌木或小乔木；有叶小枝不下垂，较粗，柱状六棱形，常弧状弯曲；叶排成呈6列，斜伸，弯曲，长2-3.5毫米，背面纵脊明显。生于海拔2600-4900米的山地，组成茂密的高山单纯灌丛，或与高山栎与高山杜鹃混生。产湖北西北部、陕西南部、甘肃南部、四川、云南及西藏，生于海拔2600-4900米山地林中。

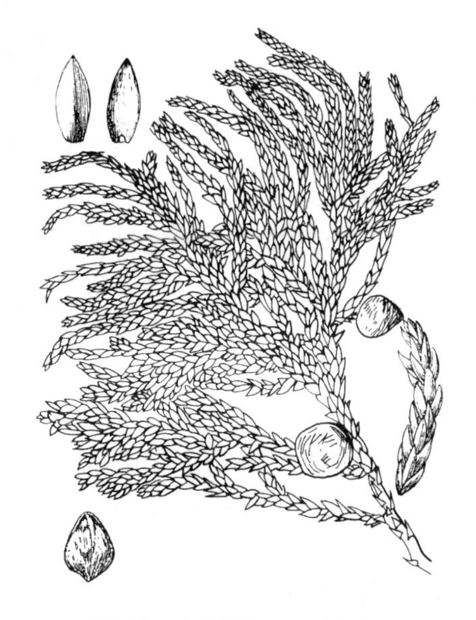

图 131 垂枝香柏 （孙英宝绘）

［附］**直叶香柏 Sabina pingii** var. **carinata** (Y. F. Yu et L. K. Fu) Y. F. Yu et L. K. Fu, comb. nov. —— *Juniperus pingii* var. *carinata* Y. F. Yu et L. K. Fu in Novon 7: 443. 1998; Fl. Chna 4: 72. 1999. 本变种与模式变种和香柏的区别：灌木直立或匍匐，稀小乔木；有叶小枝不下垂，较粗，不呈六棱形；叶直或微曲，长4-7毫米，背面拱圆，无纵脊。产陕西南部、甘肃南部、四川、西藏及云南，生于海拔2700-4500米的山地林中或灌丛中。

4. 铺地柏

Sabina procumbens (Sieb. ex Endl.) Iwata et Kusaka, Conif. Jap. Illustr. 199. t. 79. 1954.

Juniperus chinensis Linn. var. *procumbens* Sieb. ex Endl. Syn. Conif. 21. 1847.

Juniperus procumbens (Sieb. ex Endl.) Miq.; Fl. China 4: 71. 1999.

匍匐灌木，高75厘米。枝条沿地面扩展，褐色，枝梢向上伸展。叶全为刺形，线状披针形，长6-8毫米，先端渐尖，上面凹，两条白色气孔带常于上部汇合，绿色中脉仅下部明显，下面蓝绿色，沿中脉有细纵槽。球果近球形，径8-9毫米，熟时黑色，被白粉，具2-3种子，种子长约4毫米，有棱脊。

原产日本。辽宁、河南、山西、河北、山东、江苏、安徽、浙江、江西及云南等地引种栽培。

5. 兴安圆柏 图 132

Sabina davurica (Pall.) Ant. Cupressus Gatt. 56. t. 77. 1857.

Juniperus davurica Pall. Fl. Ross. 1(2): 13. 1789; Fl. China 4: 74. 1999.

匍匐灌木；枝皮紫褐色，裂成薄片；小枝密集。刺叶与鳞叶并存，交叉对生；刺叶长（3）4-6（-9）毫

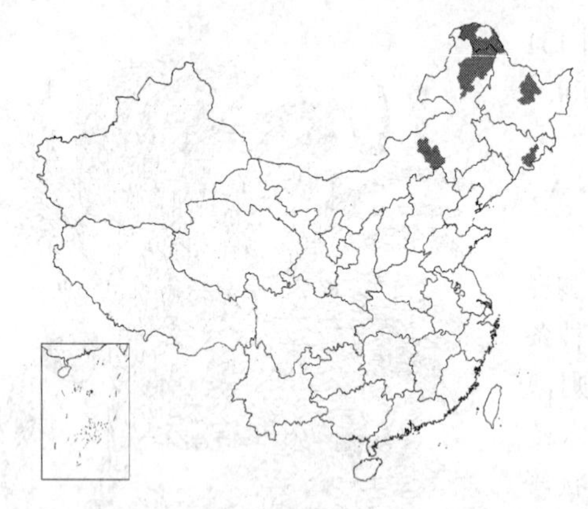

米，上面凹，有宽白粉带，下面拱圆，有钝脊，近基部有腺体；鳞叶背面中部有椭圆形或长圆形腺体。着生雌球花和球果的小枝弯曲，球果通常呈不规则的球形，长4-6毫米，径6-8毫米，熟时暗褐或蓝绿色，被白粉，具种子1-4。种子卵圆形，扁，先端急尖，有不明显的棱脊。

产黑龙江、内蒙古及吉林长白山区，生于海拔400-1400米的林中、多石山地或沙丘。俄罗斯远东地区及朝鲜有分布。

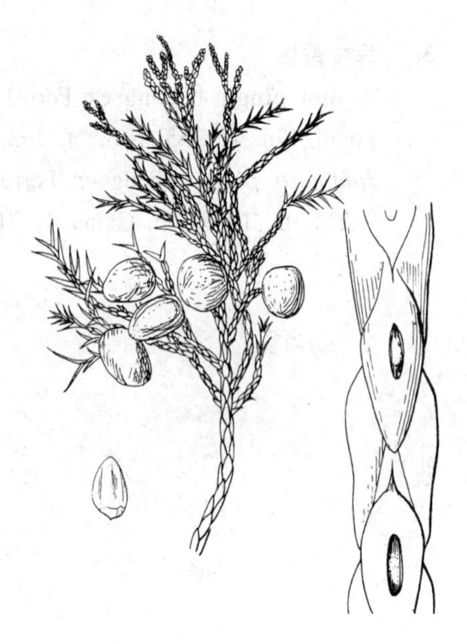

图 132 兴安圆柏 （孙英宝绘）

6. 叉子圆柏 图 133 彩片 114

Sabina vulgaris Ant. Cupressus Gatt. 58. t. 80. 1857.

Juniperus sabina Linn.; Fl. China 4: 74. 1999.

匍匐灌木，或为直立灌木或小乔木。枝密集，枝皮裂成薄片；生鳞叶的一年生枝的分枝圆柱形，径约1毫米。幼树上常为刺叶，交叉对生，稀3叶交叉对生，长3-7毫米，上面凹，下面拱圆，中部有长椭圆形或条状腺体；壮龄树上多为鳞叶，背面中部有椭圆形或卵状腺体。球果生于下弯的小枝顶端，倒三角状球形或叉状球形，长5-8毫米，径5-9毫米，熟时褐、紫蓝或黑色，多少有白粉，具（1）2-3（4-5）种子。种子微扁，长4-5毫米，顶端钝或微尖，有纵脊和树脂槽。

产内蒙古、山西西部、陕西北部、甘肃、宁夏、青海东南部及新疆，生于海拔1100-3300米的多石山坡、沙丘或林中。欧洲、土耳其、俄罗斯、塔吉克斯坦及蒙古有分布。

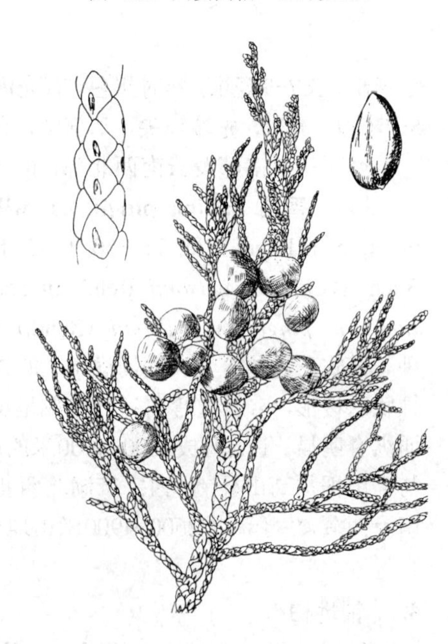

图 133 叉子圆柏 （孙英宝绘）

［附］**昆仑多子柏 Sabina semiglobosa** (Regel) L. K. Fu et Y. F. Yu, comb. nov. —— *Juniperus semiglobosa* Regel in Trudy Imp. S.-Peterburgsk. Bot. Sada 6: 487. 1879; Fl. China 4: 75. 1999. —— *Sabina vurgaris* var. *jarkendensis* (Kom.) C. Y. Yang; 中国植物志7: 360. 1978. 本种与叉子圆柏的区别：乔木；着生雌球花及球果的小枝直而不曲；生鳞叶的小枝排列疏松，较粗壮，径1-1.5毫米；球果具（2）3-4（5）种子。产新疆西南部，吉尔吉斯斯坦、塔吉克斯坦、乌兹别克斯坦、阿富汗、克什米尔及印度北部有分布。

7. 北美圆柏 图 134

Sabina virginiana (Linn.) Ant. Cupressus Gatt. 61. t. 83. 84. 1857.

Juniperus virginiana Linn. Sp. Pl. 2: 1039. 1753; Fl. China 4: 73. 1999.

乔木，在原产地高达30米；树皮红褐色，裂成长条片。鳞叶和刺叶并存，均交叉对生；生鳞叶的小枝细，四棱形，径约0.8毫米。鳞叶长约1.5毫米，先端急尖或渐尖，背面中下部有卵形或椭圆形下凹的腺体；刺叶交叉对生，长5-6毫米，上面凹，被白粉。球果当年成熟，近球形或卵圆形，长5-6毫米，熟时蓝绿色，被白粉。种子1-2，卵圆形，长约3毫米，有树脂槽。3月中下旬开花，10月球果成熟。

原产加拿大东部、美国东部。河南、山东、江苏、安徽、浙江、福建及江西等地引种栽培作庭园树；生长快，可作造林树种。

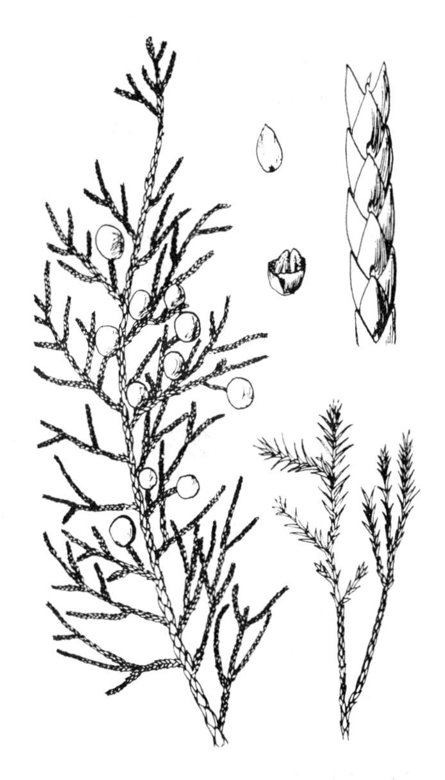

图 134 北美圆柏 （孙英宝绘）

8. 圆柏 图 135 彩片 115

Sabina chinensis (Linn.) Ant. Cupressus Gatt. 54. t. 75-76. 78. f. a. 1857.

Juniperus chinensis Linn. Mant. Pl. 1: 127. 1767; Fl. China 4: 74. 1999.

乔木，高达20米，胸径达3.5米；树皮灰褐色，裂成长条片；幼树枝条斜伸，树圆锥形，老树树冠广圆形。叶二型，幼树全为刺叶，老龄树全为鳞叶，壮龄树兼有刺叶和鳞叶。生鳞叶的小枝圆柱形或微具4棱，径约1毫米。鳞叶先端钝尖，背面近中部有椭圆形微凹的腺体；刺叶3叶交叉轮生，长0.6-1.2厘米，上面微凹，有两条白粉带。球果翌年成熟，近圆形，径6-8毫米，熟时暗褐色，被白粉。种子(1)2-4，卵圆形，先端钝，有棱脊及少数树脂槽。

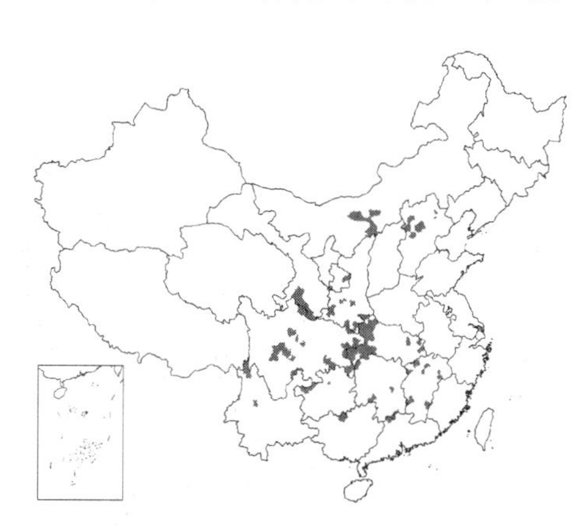

产内蒙古、河北、陕西、甘肃、四川、湖北、湖南、广东、广西、贵州及云南野生和栽培，生于海拔2300米以下的中性土、钙质土及微酸性土上，辽宁、山东、山西、湖南、安徽、江苏、浙江、福建、江西及新疆有栽培。朝鲜、日本及缅甸有分布。

［附］**偃柏 Sabina chinensis** var. **sargentii** (Henry) Cheng et L. K. Fu, Fl. Reipubl. Popul. Sin. 7: 363. 1978. —— *Juniperus chinensis* var. *sargentii* Henry in Elwes & Henry, Trees Gr. Brit. Irelend 6: 1432. 1912; Fl. China 4: 74. 1999. 本变种与模式变种的区别：匍匐灌木，小枝上升成密丛状；刺叶交叉对生，排列较紧密，微斜展，长3-6毫米；球果熟时带蓝色。产黑龙江张广才岭，生于海拔约1400米的山地。俄罗斯远东地区、日本有分布。

［注］圆柏久经栽培，长江流域及华北各大城市庭园内常有以下栽培变种：龙柏cv. 'Kaizuca' 树冠窄圆柱状塔形，分枝低，大枝常有扭转向上之势，小枝密；多为鳞叶，密集、树冠下部有时具少数刺叶。塔柏 cv. 'Pyramidalis' 枝近直展，密集、树冠圆柱状塔形，叶多为刺叶，间有鳞叶。鹿角桧 cv. 'Pfitzeriana' 丛生灌木，主干不发育，大枝自地面向上斜展。

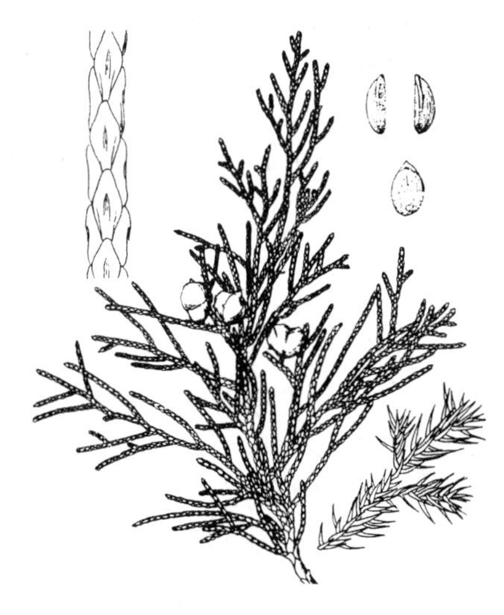

图 135 圆柏 （李爱莉绘）

9. 方枝柏 图 136

Sabina saltuaria (Rehd. et Wils.) Cheng et L. K. Fu, Fl. Reipubl. Popul. Sin. 7: 366. t. 87. f. 1-4. 1978.

Juniperus saltuaria Rehd. et Wils. in Sarg. Pl. Wilson. 2: 61. 1914; Fl. China 4: 76. 1999.

乔木，高达15米，胸径达1米；树皮灰褐色，裂成薄片。生鳞叶的小枝四棱形，径1-1.2毫米，微成弧状弯曲。鳞叶排成4列，先端钝尖，背面拱圆或有钝脊，微内曲，背面中下部或近基部有不甚明显的卵形或圆形腺体；幼树的刺叶3叶交叉轮生，长4-6毫米，上面凹下，微被白粉，下面有纵脊。球果卵圆形或近球形，长5-8毫米，熟时黑或蓝黑色，无白粉，有光泽。种子1，卵圆形，长4-6毫米，上部稍扁，两端钝尖或基部钝圆。

产四川西部、甘肃南部、青海东南部、西藏东部及云南西北部，生于海拔2400-4300米的山地。

图 136 方枝柏 （引自《图鉴》）

10. 滇藏方枝柏 图 137

Sabina indica (Bert.) L. K. Fu et Y. F. Yu, comb. nov.

Juniperus indica Bert. in Misc. Bot. 23: 16. 1862; Fl. China 4: 76. 1999.

Sabina wallichiana (Hook. f. et Thoms.) Kow.; 中国高等植物图鉴 1: 322. 1972; 中国植物志7: 367. 1978.

匍匐灌木，高1-2米，稀为乔木；枝灰褐色，裂成不规则薄片。生鳞叶的小枝分枝密，近等长，常弧曲，末端分枝较粗，径约2毫米，四棱形。鳞叶先端尖或钝，背面中下部有长圆形或宽椭圆形的腺体；幼树的刺叶3叶交叉轮生，长4-7毫米，上面淡灰绿色，中下部有隆起的中脉，下面有钝脊。球果近球形或卵圆形，长6-9毫米，熟时黑褐色。种子1（2），卵圆形或卵状椭圆形或略成锥形，长5-6毫米，先端钝尖，基部圆，纵脊不明显，有浅槽纹。

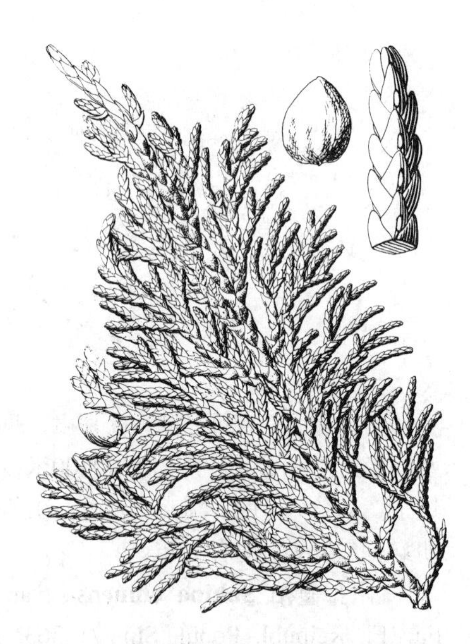

图 137 滇藏方枝柏 （引自《图鉴》）

产云南西北部、四川西南部及西藏南部，生于海拔2500-5200米的高山地带。印度北部、尼泊尔、不丹及锡金有分布。

11. 新疆方枝柏 阿尔泰方枝柏 图 138 彩片 116

Sabina pseudosabina (Fisch. et Mey) Cheng et W. T. Wang in Acta Phytotax. Sin. 13(4): 75. 1975.

Juniperus pseudosabina Fisch. et Mey. in Ind. Sem. Hort. Petrop. 8: 15. 1842; Fl. China 4: 77. 1999.

匍匐灌木，高3-4米；干皮灰褐色，裂成薄片。生鳞叶的小枝钝四棱形或四棱形，上部分枝短，下部分枝长，常较直。鳞叶排成4列，先端钝或微尖，背面拱圆或有钝脊，中部有长圆形或宽椭圆形腺体；幼树的刺叶交叉对生或3叶交叉对生，长0.8-1.2厘米。球果卵圆形或宽椭圆状卵圆形，长0.7-1厘米，熟时淡褐黑或蓝黑色，微被白粉。种子1，卵圆形或椭圆形，长4-7毫米，先端钝，基部圆或尖，有棱脊及少数树脂浅槽。

产新疆，生于1500-3300米的山地。哈萨克斯坦、俄罗斯及蒙古有分布。

［附］**昆仑方枝柏 Sabina centrasiatica** Kom. in Not. Syst. Horb. Hort. Bot. Reip. Ross. 5: 27. 1924. —— *Juniperus centrasiatica* Kom.; Fl. China 4: 76. 1999. 本种与新疆方枝柏的区别：乔木，球果熟时黄或黄褐色。产新疆，生于海拔2800-4000米山地。哈萨克斯坦及乌兹别克斯坦有分布。

图 138 新疆方枝柏 （引自《图鉴》）

12. 大果圆柏 图 139 彩片 117

Sabina tibetica Kom. in Not. Syst. Herb. Hort. Bot. Reip. Ross. 5: 27. 1924.

Juniperus tibetica Kom.; Fl. China 4: 76. 1999.

Sabina potarinii Kom.; 中国高等植物图鉴:323. 1972.

乔木，高达30米；树皮灰褐色或淡褐灰色，裂成不规则薄片。生鳞叶的小枝末端分枝圆柱形，径2毫米。鳞叶先端钝或钝尖，背面拱圆或上部有钝脊，中部有线状椭圆形或线形腺体；幼树的刺叶3叶交叉轮生，长4-8毫米，上面凹，有白粉，中脉明显或中下部明显，下面拱圆，沿脊有细纵槽。球果卵圆形或近球形，长0.9-1.6厘米，熟时红褐、褐、黑或紫黑色。种子1，长0.7-1.1厘米，先端钝或钝尖，基部圆，有凸起的短钝尖头，两侧或中上部有2-3钝纵脊，表面具4-8较深的树脂槽。

图 139 大果圆柏 （引自《图鉴》）

产四川西北部、甘肃南部、青海南部、西藏东部及南部，生于海拔2800-4600米的山地林中。

13. 密枝圆柏 细枝圆柏 图 140

Sabina convallium (Rehd. et Wils.) Cheng et W. T. Wang, Fl. Reipubl. Popul. Sin. 7: 372. t. 86. f. 1-7. 1978.

Juniperus convallium Rehd. et Wils. in Sarg. Pl. Wilson. 2: 62. 1914; Fl. China 4: 75. 1999.

乔木，高达20米，分枝多，密集；树皮灰褐色，裂成不规则薄片。生鳞叶的小枝近圆柱形，径1-1.2毫米。鳞叶先端微钝或微尖，背面拱圆

或上部有不明显的钝脊，中部有长圆形或近线形的腺体，干后成腺槽，从近基部伸至中上部或几达先端；幼树的刺叶3叶交叉轮生或交叉对生，长3-8毫米，上面凹，下面有不明显的纵脊。球果锥状卵圆形或近球形，长6-8(-10）毫米，熟时红褐或暗褐色，无白粉，稍有光泽。种子1，锥状球形，先端钝尖，基部圆，上部有两条棱脊，有树脂槽。

产四川西北部、甘肃南部、青海南部及西藏东部，生于海拔2500-4100米的山地林中。

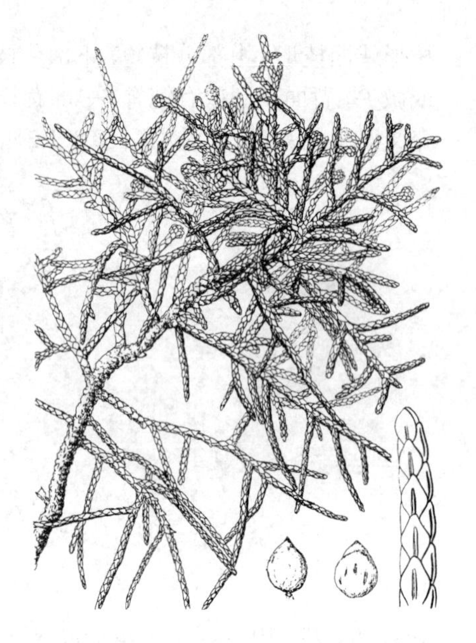

图 140 密枝圆柏 （引自《图鉴》）

14. 塔枝圆柏 图 141

Sabina komarovii（Florin）Cheng et W. T. Wang，Fl. Reipubl. Popul. Sin. 7：374. t. 83. f. 2-6. 1978.

Juniperus komarovii Florin in Acta Hort. Gothob. 3：3. 1927；Fl. China 4：75. 1999.

小乔木，高达10米；树皮褐灰色或灰色，纵裂成条状薄片；枝下垂，生鳞叶的小枝圆柱形或近四棱形，径1-1.5毫米，分枝自下向上逐渐变短，呈塔状。鳞叶先端钝尖或微尖，背面拱圆或上部有钝脊，基部或近基部有椭圆形或卵圆形腺体。球果卵圆形或近球形，长0.6-1.2厘米，熟时黄褐至蓝紫色，有光泽。种子1，卵圆形或倒卵圆形，长6-8毫米，有深或浅的树脂槽，两侧或上部具钝脊。

产四川西北部及青海南部，生于海拔3000-4000米的山地林中。

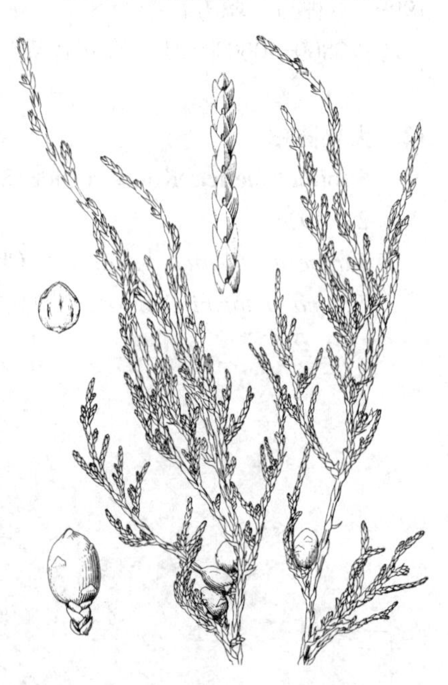

图 141 塔枝圆柏 （引自《图鉴》）

15. 祁连山圆柏 图 142 彩片 118

Sabina przewalskii Kom. in Not. Syst. Herb. Hort. Bot. Reip. Ross. 5：28. 1924.

Juniperus przewalskii Kom.；Fl. China 4：76. 1999.

乔木，高达12米；树皮灰色或灰褐色，裂成条片。幼树的叶全为刺叶，老树的叶全为刺叶，壮龄树兼有刺叶与鳞叶。生鳞叶的小枝一回分枝圆，径约2毫米，二回分枝较密，近等长，径1-2毫米，微方或具四棱。鳞叶排列较疏或较密，多少被蜡粉，先端尖或微尖，背面的基部或近基部有圆形、卵圆形或椭圆形腺体；刺叶3叶交叉轮生，长4-7毫米，上面凹，有白粉带，

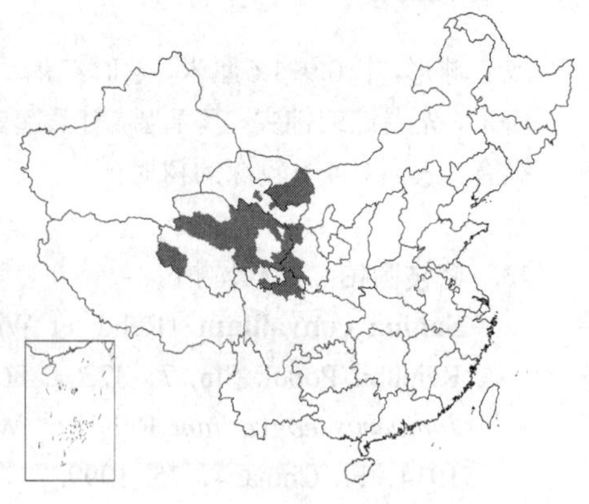

中脉隆起，下面拱圆或具钝脊。球果卵圆形或近球形，长0.8-1.3厘米，熟时蓝褐、蓝黑或黑色，微有光泽。种子1，长0.7-1厘米，两端钝，具深或浅的树脂槽，两侧有明显凸起的棱脊。

产内蒙古西部、甘肃、青海及四川北部，生于海拔2600-4300米的山地林中。材质优良，耐干冷，可作水土保持及用材造林树种。

图 142 祁连山圆柏 （冀朝祯绘）

9. 刺柏属 **Juniperus** Linn.

乔木或灌木；冬芽显著。叶刺形，3叶轮生，基部有关节，不下延，披针形或近线形。雌雄异株或同株，球花单生叶腋；雄球花约具5对雄蕊；雌球花具珠鳞3，胚珠3， 生于珠鳞之间。球果近球形，2-3年成熟；种鳞3，合生，肉质，苞鳞与种鳞合生，仅顶端尖头分离，熟时不张开或仅球果顶端微张开。种子通常3，有棱脊及树脂槽。

10余种，产亚洲、欧洲及北美。我国有3种，引入栽培1种。

1. 叶上面中脉绿色，两侧各有一条白色、稀紫色或淡绿色气孔带；球果熟时淡红色或淡红褐色 ………… 1. **刺柏 J. formosana**
1. 叶上面无绿色中脉，有一条白色气孔带。
  2. 叶质厚，硬直，线状刺形，上面凹入成深槽，白粉带较绿色边带为窄；球果淡褐黑色，有白粉 ………… 2. **杜松 J. rigida**
  2. 叶质较薄，上面微凹，不成深槽，白粉色较绿色边带为宽。
    3. 叶披针形或椭圆状披针形，长0.7-1厘米，稍成弯镰状；匍匐灌木 ………… 3. **西伯利亚刺柏 J. sibirica**
    3. 叶线状披针形，长0.8-1.6厘米，直而不弯；乔木或直立灌木 ………… 3(附). **欧洲刺柏 J. communis**

1. 刺柏 图143 彩片119

Juniperus formosana Hayata in Journ. Coll. Sci. Univ. Tokyo 25 (19): 209. t. 38. 1908.

乔木，高达12米；树皮褐色；枝斜展或近直展，树冠窄塔形或窄圆锥形。小枝下垂。叶线形或线状披针形，长1.2-2厘米，稀达3.2厘米，宽1-2毫米，先端渐尖、具锐尖头，上面微凹，中脉隆起，绿色，两侧各有一条白色、稀为紫或淡绿色气孔带，气孔带较绿色边带稍宽，在叶端汇合，下面绿色，有光泽，具纵钝脊。球果近球形或宽卵圆形，长6-10毫米，径6-9毫米，熟时淡红或淡红褐色，被白粉或白粉脱落。种子半月形，具3-4棱脊，近基部有3-4树脂槽。

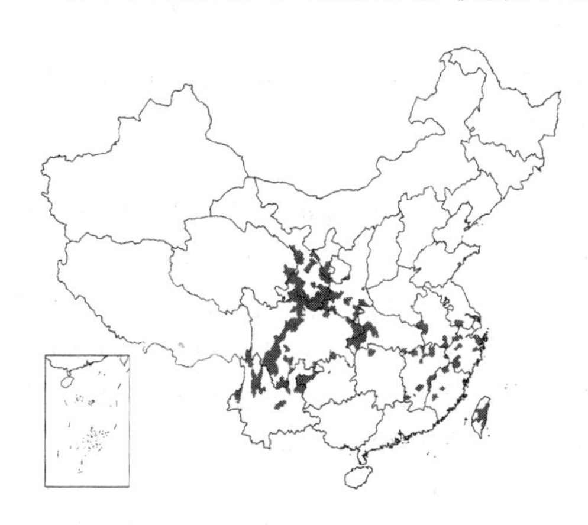

产江苏南部、安徽南部、浙江、福建西部、台湾、江西、湖北西部、湖南南部、贵州、云南、西藏南部、四川、青海西北部、宁夏、甘肃东部及陕西南部，生于海拔300-3400米林中。

图 143 刺柏 （仿《四川植物志》）

2. 杜松 图 144 彩片 120

Juniperus rigida Sieb. et Zucc. in Abh. Math.-Phys. Cl. Akad. Wiss. Munch. 4(3): 233. 1846.

小乔木，高达10米；枝近直展，树冠塔形或锥状圆柱形。小枝下垂。叶条状刺形，质厚，坚硬而直，长1.2-1.7厘米，宽约1毫米，先端锐尖，上面凹下成深槽，槽内有1条窄的白粉带，下面有明显的纵脊。球果球形，径6-8毫米，熟时淡褐黑或蓝黑色，被白粉。种子近卵圆形，长约6毫米，先端尖，有4条钝棱。

产黑龙江、吉林、辽宁、内蒙古、河北北部、山西、陕西、甘肃及宁夏，生于海拔2000米以下较干旱的山地。俄罗斯远东地区、朝鲜及日本有分布。

图 144 杜松 （仿《河北习见树木图说》）

3. 西伯利亚刺柏 图 145：1

Juniperus sibirica Burgsd. Anleit. Sich. Erzieh. Holzart. 2: 124. 1787.

匍匐灌木，高0.4-1米。叶披针形或椭圆状披针形，微成镰状弯曲，长7-10毫米，宽约1.5毫米，先端急尖或上部渐窄或锐尖头，具一条较绿色边带为宽的白粉气孔带，下面具纵脊。球果球形，径5-7毫米，熟时褐黑色，被白粉。种子卵圆形，长约5毫米，先端尖，有棱角。

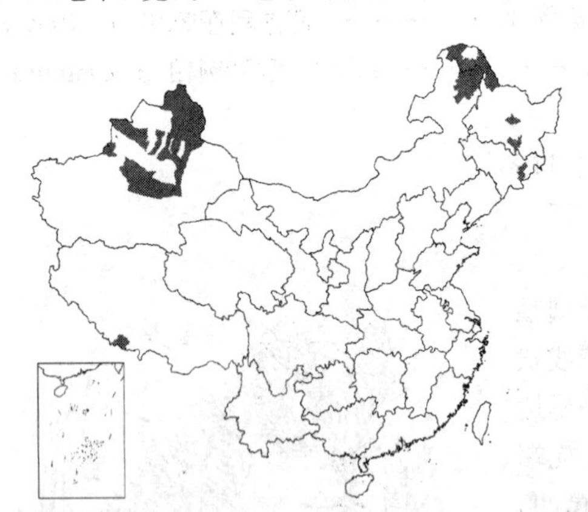

产黑龙江、吉林、内蒙古、新疆及西藏，生于海拔600-4200米的砾石山地或疏林下。欧洲、塔吉克斯坦、阿富汗、俄罗斯(中亚细亚至堪察加)、朝鲜及日本有分布。

图 145：1. 西伯利亚刺柏 2-5. 欧洲刺柏 （孙英宝仿绘）

[附] **欧洲刺柏** 瓔珞柏 图145：2-5 **Juniperus communis** Linn. Sp. Pl. ed. 2. 1470. 1763. 本种与西伯利亚刺柏的区别：乔木或直立灌木；叶线状刺针形，长0.8-1.6厘米，直而不弯。原产欧洲、俄罗斯、北非、北美。河北、山东、江苏、安徽及浙江等地引种栽培作观赏树。

矮小灌木，高5-22厘米；木质茎极短；不明显。小枝直立向上或稍外展，深绿色，节间长1.5-3厘米，径1.2-1.5毫米。叶2裂，长2-2.5毫米，1/2以下合生，裂片三角形。雌雄同株，稀异株；雄球花常生于枝条较上部分，单生或对生于节上，苞片3-4对，约1/4合生，无梗；雌球花多生于枝条下部，单生或对生于节上，苞片通常3对，最下1对细小，中间1对稍大，最上1对较中间1对大1倍以上，雌花2，胚珠的珠被管长0.5-1毫米，直立，成熟时苞片肉质红色，有短梗或几无梗。种子1-2，包于苞片内，长圆形，上部微窄，长6-10毫米，黑紫色，微被白粉，背面微具细纵纹。染色体2n=14。

产四川北部及西北部、青海南部，生于海拔2000-4000米山地。

8. 罗汉松科 PODOCARPACEAE

（李　勇）

常绿乔木或灌木。叶螺旋状排列、近对生或交互对生，线形、鳞型或披针形，全缘，两面或下面有气孔带或气孔线。球花单性，雌雄异株，稀同株；雄球花穗状，单生或簇生叶腋，或生枝顶；雄蕊多数，螺旋状排列，远轴面基部两侧着生两个花粉囊，花粉常具2气囊，稀无气囊。雌球花单生叶腋或苞腋，或生枝顶，稀穗状，具1-多数螺旋状排列的苞片，部分或全部或仅顶端的苞腋内着生1枚直立、近直立或倒生的胚珠，由辐射对称或近于辐射对称的囊状或杯状的肉质鳞被所包围，稀无鳞被。种子核果状或坚果状，全部或部分为肉质或较薄而干的假种皮所包，有肉质种托或无，有柄或无柄，有胚乳，子叶2枚。

18属约130余种，分布于热带、亚热带及南温带地区，尤以南半球分布最多。我国有4属12种。

1. 倒生胚珠裸露，受精后逐渐转为近直立；种子顶生或近顶生，基部由一层薄的肉质鳞被所包围，无肉质种托，无柄或有柄 ………………………………………………………… 1. **陆均松属 Dacrydium**
1. 倒生胚珠由肉质鳞被所包围；成熟时种子具肉质种托或无，有柄或无柄。
    2. 叶二型；小枝末端的叶较长，两侧扁，生于老枝上的叶鳞片状；种子生于枝顶或近枝顶，无柄 ………………………………………………………… 2. **鸡毛松属 Dacrycarpus**
    2. 叶一型，有背腹之分；种子有柄。
        3. 叶对生，具多数并列的细脉，无中脉 ……………………………… 3. **竹柏属 Nageia**
        3. 叶螺旋状排列，有明显的中脉 ……………………………… 4. **罗汉松属 Podocarpus**

1. 陆均松属 **Dacrydium** Sol. ex Lamb.

乔木或灌木。叶钻形、鳞片状，线形或披针形，螺旋状着生。雌雄异株，稀同株；雄球花穗状，顶生或侧生，花粉具2气囊；雌球花小，单个稀多个生于枝顶或近枝顶，通常每个雌球花上仅1枚苞片可育，其上着生1倒生胚珠，肉质鳞被与珠被离生，受精后逐渐转为近直立。种子坚果状，有柄或无柄，通常横生，基部为杯状肉质或较薄而干的假种皮所包，苞片不发育成肉质种托。

约20种，从亚热带的东南亚到新喀里多尼亚、斐济及新西兰均有分布。我国仅1种。本属植物的材质优良，可供建筑、造船、家具及庭院绿化等用。

陆均松　　图146　彩片121

Dacrydium pectinatum de Laubenf. in Journ. Arn. Arb. 50: 289. 1969.

Dacrydium pierrei auct. non Hickel: 中国高等植物图鉴1: 329. 1972; 中国植物志7: 420. 1978.

常绿乔木，高达30米，胸径可达1.5米；树皮具浅裂。枝条轮生，小枝下垂。叶二型，螺旋状排列，紧密，幼叶长1.5-2.0厘米，镰状针形，稍弯曲，先端渐尖，老叶较短，长3-5毫米，鳞片状，有明显的背脊，先端钝尖向内弯曲。雄球花穗状，长0.8-1.1厘米；雌球花单生枝顶，无梗。

图146　陆均松（引自《中国植物志》）

种子卵圆形，长约4-5毫米，先端钝尖，横生于较薄而干的杯状假种皮中，成熟时红或褐红色，无柄。花期3月，种子10-11月成熟。

产海南，生于海拔500-1600米的地带。越南、柬埔寨及泰国有分布。

2. 鸡毛松属 Dacrycarpus（Endl.）de Laubenf.

乔木或灌木。叶二型，两面有气孔线，树脂道1个；小型叶鳞片状，螺旋覆瓦状排列，三角形，贴生于枝上；大型叶线形，对生，羽状排列，基部渐宽，两侧扁平，先端突尖。雌雄异株，稀同株；雄球花顶生或侧生，花粉具2气囊；雌球花单生或对生小枝顶端或近顶端，通常仅1个发育。种子无柄，种托肉质，具瘤。

约9种，广布于缅甸至新西兰的许多地区。我国仅1种。本属植物材质优良，可供建筑、桥梁、造船、家具等用材。

鸡毛松 图147 彩片122

Dacrycarpus imbricatus（Bl.）de Laubenf. in Journ. Arn. Arb. 50: 315. 1969.

Podocarpus imbricatus Bl. Enum. Pl. Jav. 89. 1827；中国高等植物图鉴1：329. 1972；中国植物志7：401. 1978.

乔木，高达30米，胸径达2米。枝条开展或下垂；小枝密生，纤细，下垂或向上伸展。叶二型，螺旋状排列，下延生长；老枝或果枝之叶鳞片状，长2-3毫米，先端内曲；生于幼树、萌生枝或小枝枝顶之叶线形，质软，排成两列，近扁平，长6-12毫米，宽约1.2毫米，两面有气孔线，先端微弯。雄球花穗状，生于小枝顶端，长约1厘米；雌球花单生或成对生小枝顶端，通常仅1个发育。种子卵圆形，生于肉质种托上，成熟时肉质假种皮红色。花期4月，种子10月成熟。

图 147 鸡毛松 （引自《图鉴》）

产海南、广西西北部、云南东南部及南部，生于海拔400-1100米山谷或溪旁。越南、菲律宾及印度尼西亚有分布。

3. 竹柏属 Nageia Gaertner

乔木。叶对生或近对生，长椭圆披针形至宽椭圆形，具多数并列细脉，无主脉，树脂道多数。雌雄异株，稀同株；雄球花穗状，腋生，单生或分枝状，或数个簇生于总梗上，花粉具2气囊；雌球花单个稀成对生于叶腋，胚珠倒生。种子核果状，种托稍厚于种柄，或有时呈肉质。

约5种，广布于东南亚、印度东北部、新圭亚那、新喀里多尼亚和新不列颠等西太平洋岛上。我国产3种。

1. 种子着生于肥厚肉质种托上 ………………………………………… 1. **肉托竹柏 N. wallichiana**
1. 种子不着生于肥厚肉质种托上。
    2. 叶通常长8-18厘米，宽2.2-5厘米；种子径1.5-1.8厘米；雄球花簇生 ……………… 2. **长叶竹柏 N. fleuryi**
    2. 叶通常长2-9厘米，宽0.7-2.5厘米；种子径1.2-1.5厘米；雄球花常呈分枝状簇生 ………… 3. **竹柏 N. nagi**

1. 肉托竹柏 图 148

Nageia wallichiana (Presl) Kuntze in Revis. Gen. Pl. 2: 800. 1891.

Podocarpus wallichiana Presl, Bot. Bemerk. 110. 1844; 中国植物志 7: 404. 1978.

乔木；树皮浅裂成条片状。叶厚革质，披针卵形或卵形，无主脉，有多数并列细脉，长9-14厘米，宽2.5-4.5厘米，上部渐窄，先端尾状渐尖，基部楔形，渐窄成短柄状。雄球花穗状，长0.5-1厘米，常3-5个簇生于总梗的上部或顶，总梗长1.2-1.7厘米；雌球花单生叶腋，梗长约1厘米，其上有数枚苞片，梗端通常着生2胚珠，仅1个发育。种子近球形，成熟时假种皮蓝紫或紫红色，径约1.7厘米，着生于肥厚肉质种托之上，长约8毫米，径4-5毫米，有短柄。

产云南南部。越南、缅甸及印度有分布。

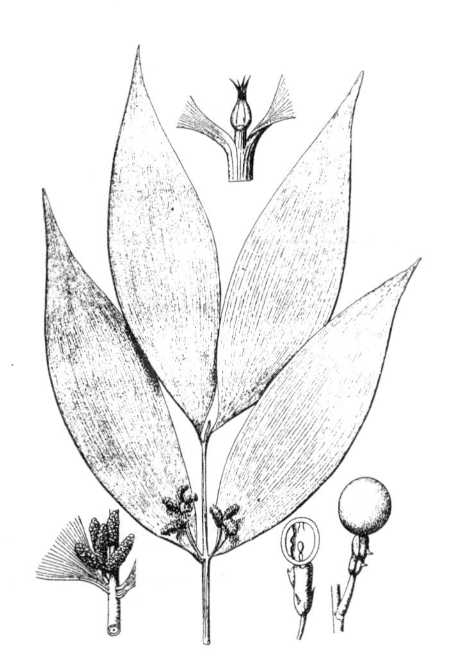

图 148 肉托竹柏
(仿《Pflanzenreich.》)

2. 长叶竹柏 图 149 彩片 123

Nageia fleuryi (Hickel) de Laubenf. in Blumea 32: 210. 1987.

Podocarpus fleuryi Hickel in Bull. Soc. Dendr. France 57. 1930.; 中国植物志7: 407. 1978.

乔木。叶厚革质，宽披针形，无中脉，有多数并列的细脉，长8-18厘米，宽2.2-5厘米，上部渐窄，先端渐尖，基部楔形，窄成扁平的短柄。雄球花穗状，长1.5-6.5厘米，常3-6个簇生于总梗上，总梗长2-5毫米；雌球花单生叶腋，有梗，梗上具数枚苞片，苞腋着生1-2（3）胚珠，仅1枚发育，苞片不发育成肉质种托。种子圆球形，成熟时假种皮蓝紫色，径1.5-1.8厘米，柄长约2厘米。

产云南东南部、广西南部、广东中部、海南及台湾北部，常散生于常绿阔叶林中，越南及柬埔寨有分布。

图 149 长叶竹柏 （引自《中国植物志》）

3. 竹柏 图 150 彩片 124

Nageia nagi (Thunb.) Kuntze in Revis. Gen. Pl. 2: 798. 1891.

Myrica nagi Thunb. Fl. Jap. 76. 1784.

Podocarpus nagi (Thunb.) Zoll. et Mor. ex Zoll.; 中国高等植物图鉴1: 328. 1972; 中国植物志7: 404. 1978.

乔木，高达20米；树皮近平滑，红褐或暗紫红色，成小块薄片脱落。枝条开展或伸展。叶革质，长卵形、卵披针形或披针状椭圆形，有多数

并列的细脉，无中脉，长2-9厘米，宽0.7-2.5厘米，上部渐窄，基部楔形或宽楔形，向下窄成柄状。雄球花穗状圆柱形，长1.8-2.5厘米，单生叶腋，成分枝状；雌球花单生叶腋，稀成对腋生，基部有数枚苞片，苞片不膨大成肉质种托。种子圆球形，径1.2-1.5厘米，成熟时假种皮暗紫色，有白粉，柄长7-13毫米。花期3-4月，种子10月成熟。

产浙江、福建、台湾、江西、湖南、广东、海南、广西、贵州西南部及四川，生于海拔1600米以下丘陵或山地林中。日本有分布。

图 150 竹柏（引自《图鉴》）

4. 罗汉松属 Podocarpus L' Her. ex Persoon

乔木，稀灌木。叶螺旋状排列或近对生，线形，披针形或窄椭圆形，具明显中脉，下面有气孔线，树脂道多数。雌雄异株；雄球花单生或簇生，花粉具2气囊；雌球花腋生，常单个稀多个生于梗端或顶部，基部有数枚苞片，苞腋有1-2胚珠，稀多个，包在肉质鳞被中。种子坚果状或核果状，成熟时通常绿色，为肉质假种皮所包，生于红色肉质种托上。

约100种，主要分布在南半球，东南亚及北美也有分布。我国产7种。本属植物材质细致均匀，硬度中等，易加工，可作家具、文具、乐器及雕刻等用材，也可作庭院绿化树用。

1. 叶长5-15（-22）厘米。
  2. 叶先端渐尖或钝尖。
    3. 叶上部渐窄，先端具渐尖的长尖头。
      4. 叶长7-15（-22）厘米，宽0.9-1.5（-2.2）厘米 ………………………………………… 1. **百日青 P. nerrifolius**
      4. 叶长5-9厘米，宽3-6毫米 ………………………… 2(附). **狭叶罗汉松 P. macrophyllus** var. **angustifolius**
    3. 叶上部微渐窄，先端具短尖或钝尖头。
      5. 顶芽卵圆形，芽鳞先端长渐尖；雄球花2-5簇生；种子卵圆形或近球形，先端圆钝；种托柱状椭圆形，长于种子；种柄长于种托。
        6. 叶长7-12厘米，宽0.7-1厘米，先端尖；乔木 ………………………………… 2. **罗汉松 P. macrophyllus**
        6. 叶长2.5-7厘米，宽3-7毫米，先端钝或圆；小乔木或灌木状 …… 2(附). **短叶罗汉松 P. macrophyllus** var. **maki**
      5. 顶芽圆球形，芽鳞先端具短尖或钝圆；雄球花单生，稀2-3簇生；种柄短于种托。
        7. 种子卵状圆锥形，两侧偏斜，先端窄尖；种托倒卵圆形，与种子近等长或稍短；叶下面灰绿色 ……………………………………………………………………………………………… 3. **台湾罗汉松 P. nakaii**
        7. 种子近球形或卵圆形，两侧对称，先端圆；种托柱状椭圆形，长于种子或与种子近等长；叶下面淡绿色 ………………………………………………………………… 4. **海南罗汉松 P. annamiensis**
  2. 叶先端圆或钝，线状倒披针形或线状椭圆形，集生于小枝上端；雄球花单生叶腋；种柄明显短于种托 ……………………………………………………………………………………………… 5. **兰屿罗汉松 P. costalis**

1. 叶长1.5-4（-5.5）厘米，窄椭圆形、窄长圆形或披针状椭圆形，上部微渐窄，先端微尖或钝，常集生于小枝上部；种托较种柄长 ………………………………………………………………………… 6. **小叶罗汉松 P. wangii**

1. 百日青 图 151 彩片 125

Podocarpus nerrifolius D. Don in Lamb. Descr. Gen. Pinus 2: 21. 1824.

乔木，高达25米；树皮灰褐色，成片状纵裂。枝条开展或斜展。叶厚革质，螺旋状散生，披针形，常微弯，长7-15（-22）厘米，宽0.9-1.5（-2.2）厘米，上部渐窄，先端尖，基部楔形，有短柄，上面中脉隆起，下面微隆起或近平。雄球花穗状，单生或2-6簇生，长2.5-5厘米，总梗较短，基部有多数螺旋状排列的苞片。种子卵圆形，长0.8-1.6厘米，顶端圆或钝，熟时肉质假种皮紫红色，种托肉质橙红色，柄长9-22毫米。花期5月，种子10-11月成熟。

产浙江、福建、台湾、湖南、广东、海南、广西、贵州、云南、四川及西藏。尼泊尔、锡金、不丹、缅甸、越南、老挝、印度尼西亚及马来西亚有分布。

图 151 百日青 （引自《图鉴》）

2. 罗汉松 图 152 彩片 126

Podocarpus macrophyllus（Thunb.）Sweet. in Hort. Suburb. Land. 211. 1818.

Taxus macrophylla Thunb. Fl. Jap. 276. 1784.

乔木，高达20米，树皮浅裂，成薄片状脱落。枝条开展或斜展，小枝密被黑色软毛或无。顶芽卵圆形，芽鳞先端长渐尖。叶螺旋状着生，革质，线状披针形，微弯，长7-12厘米，宽0.7-1厘米，上部微渐窄或渐窄，先端尖，基部楔形，上面深绿色，中脉显著隆起，下面灰绿色，被白粉；雄球花穗状，常2-5簇生，长3-5 厘米。雌球花单生稀成对，有梗。种子卵圆形或近球形，径约1厘米，成熟时假种皮紫黑色，被白粉，肉质种托柱状椭圆形，红或紫红色，长于种子，种柄长于种托，长1-1.5厘米。

浙江、福建、台湾、江西、湖北、湖南、广西、云南及贵州野生和栽培，山东、河南、安徽、江苏、广东及四川栽培。日本有分布。

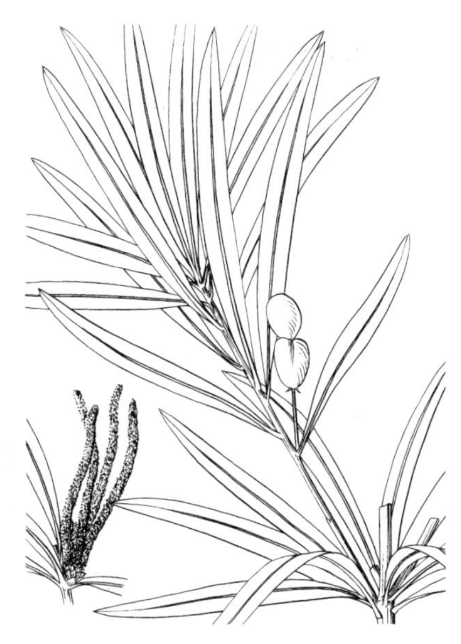

图 152 罗汉松 （引自《图鉴》）

［附］**短叶罗汉松 Podocarpus macrophyllus** var. **maki** Endl. Syn. Conif. 216. 1847. 本变种与模式变种的区别：小乔木或灌木状，枝向上斜伸；叶短而密集，长2.5-7厘米，宽

3-7毫米，先端钝或圆。原产日本。江苏、福建、江西、湖北、湖南、广东、广西、贵州、云南及四川均有栽培。

［附］狭叶罗汉松 **Podocarpus macrophyllus** var. **angustifolius** Bl. Rumphia 3: 215. 1847. 本变种与模式变种的区别：叶较窄，通常长5-9厘米，宽3-6厘米，上部渐窄，先端窄成长尖头。产四川、贵州及江西。日本有分布。

图 153 台湾罗汉松 （引自《Fl. Taiwan》））

3. 台湾罗汉松

图 153 彩片 127

Podocarpus nakaii Hayata in Ic. Pl. Formos 6: 66. 1916.

乔木，胸径达60厘米；树皮淡灰色。顶芽圆球形，芽鳞先端具短尖或钝圆。叶革质，线形或线状披针形，长5-10厘米，宽0.8-1.2厘米，上部微渐窄，先端钝尖或锐尖，基部渐窄，上面绿色，下面灰绿色，叶柄长5毫米。雄球花单生或2-3个簇生，圆柱状，长2-4厘米。种子单生叶腋，卵状圆锥形，两侧偏斜，先端窄尖，长约1.2厘米，径约8毫米，肉质种托，倒卵圆形，与种子近等长或稍短，柄长5毫米。

产台湾中部及北部，散生于阔叶树林中。

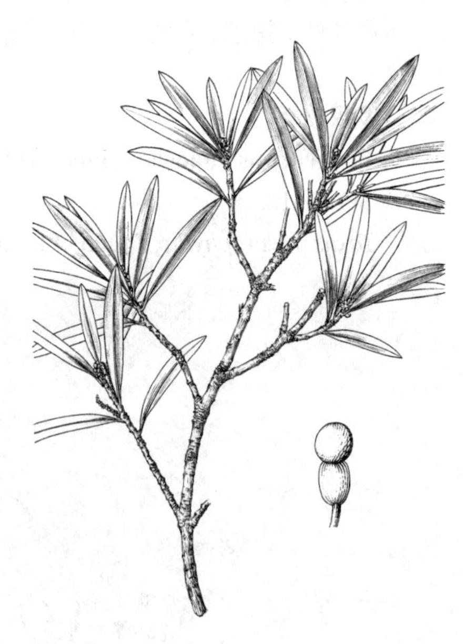

图 154 海南罗汉松 （余　峰 绘）

4. 海南罗汉松

图 154 彩片 128

Podocarpus annamiensis N. E. Gray in Journ. Arn. Arb. 39: 451. 1958.

乔木，高达16米；树皮灰褐或灰白色，鳞状开裂。顶芽近圆球形，芽鳞先端具短尖或钝圆。叶常集生于小枝上端，革质，线披针形或线形，长4-10.5厘米，宽0.5-1厘米，上部渐窄，先端钝圆或钝尖，基部楔形，下面淡绿色，有两条气孔带，不被白粉；有短柄。雄球花穗状，单生，稀2-3个簇生，长3-5厘米，几无梗。种子近球形或卵圆形，长0.8-1厘米，径约6毫米，顶端圆，肉质种托柱状椭圆形，长于种子或与种子近等长，成熟时红或紫红色，种柄短于种托。

产海南，生于海拔600-1600米山坡或山脊。越南及缅甸有分布。

5. 兰屿罗汉松

图 155 彩片 129

Podocarpus costalis Presl in Epimel Bot. 236. 1849.

小乔木或灌木状，枝条平展。叶集生于小枝上端，革质，线状披针形或线状椭圆形，长5-7厘米，宽0.7-1.2厘米，上部微窄，先端圆或钝，基部渐窄成短柄，下面中脉隆起，边

缘梢外卷。雄球花单生腋生，长2.3-3厘米，径0.1-3厘米，梗长约5毫米，雄蕊药隔显著；雌球花长约5毫米。种子椭圆形，长9-10毫米，成熟时假种皮深蓝色，先端圆，有小尖头，种托肉质，圆柱状长圆形，长约1-1.3 厘米，种柄明显短于种托，长约2毫米。

产台湾（兰屿岛）。菲律宾有分布。

图 155 兰屿罗汉松 （引自《Fl. Taiwan》）

6.　小叶罗汉松　　图 156

Podocarpus wangii Chang in Sunyatsenia 6(1): 26. 1941.

Podocarpus brevifolius auct.non (Stapf) Foxw.: 中国植物志 7: 417. 1978.

乔木，高达15米；树皮不规则纵裂。枝条密生，小枝向上伸展，淡褐色，无毛。叶常密集于小枝上部，间距极短，革质或薄革质，斜展，窄椭圆形、窄长圆形或披针状椭圆形，长1.5-4（-5.5）厘米，宽3-8（-11）毫米，上面绿色，中脉隆起，下面色淡，中脉微隆起，边缘微向下卷曲，先端微尖或钝，基部渐窄；叶柄长1.5-4毫米。雄球花穗状，单生或2-3簇生叶腋，长1-1.5厘米。雌球花单生叶腋，具短梗。种子卵圆形或椭圆形，种托肉质，长7-8毫米，柄短于种托。

产海南、广西西北部及云南东南部，生于海拔700-2000米山地林中。菲律宾及印度尼西亚有分布。

图 156 小叶罗汉松 （引自《Sunyatsenia》）

9. 三尖杉科（粗榧科）CEPHALOTAXACEAE

（傅立国）

常绿乔木，髓心中部具树脂道。小枝常对生，基部有宿存芽鳞。叶对生或近对生，线形或披针状线形，稀披针形，在侧枝上排成2列，上面中脉凸起，下面有两条宽气孔带，具明显的角质层突起，稀不明显；叶内维管束下方有1树脂道，叶肉中具石细胞或无。雌雄异株，稀同株；雄球花6-11聚生成头状球花序，生叶腋，基部有多数苞片，有梗或几无梗，每雄球花有雄蕊4-16，雄蕊具（2）3（4）花药，药室纵裂，花粉无气囊；雌球花具长梗，生于小枝基部或近枝顶的苞腋，花轴具数对交叉对生的苞片，每苞片腋部着生2枚直立胚珠，胚珠生于珠托上。种子翌年成熟，核果状，全部包于由珠托发育而成的肉质假种皮中，常数个（稀1个）生于柄端微膨大的轴上，椭圆形、卵状长圆形、近圆球形或椭圆状倒卵圆形，顶端具突尖，基部有宿存的苞片，外种皮骨质、坚硬，内种皮薄膜质，有胚乳；子叶2，发芽时出土。

仅1属，分布于东亚南部及中南半岛南部。

三尖杉属（粗榧属） **Cephalotaxus** Sieb. et Zucc. ex Endl.

形态特征同科。染色体基数x=12。

7种2变种。我国产6种2变种。木材结构细密，材质优良，供细木工等用。枝、叶、根、种子可提供多种植物碱，对治疗白血病及淋巴肉瘤等有一定疗效。树皮可提栲胶。种子可榨油供工业用。亦为园林观赏树。

1. 叶排列紧密，叶缘彼此接触，基部两侧瓦覆，上面拱凸，中脉不明显或稍隆起，或中下部较明显，基部心状截形，叶下表面无明显的角质突起，叶肉中有大量丝状石细胞及少量星状石细胞，上表皮下有一层稀疏的皮下层细胞 ………………………………………… 1. **篦子三尖杉 C. oliveri**

1. 叶排列较疏，上面平，中脉明显，基部楔形、宽楔形、圆或圆截形，叶下表面有明显的角质突起，叶肉中有星状石细胞、纤维状石细胞或短石细胞，稀无石细胞，无皮下层细胞。
  2. 叶长1.5-5厘米，先端急尖、微急尖或渐尖，基部圆或圆截形。
    3. 叶上部渐窄，先端渐尖或微急尖，或幼树之叶先端急尖。
      4. 叶长3-4.5厘米，质地较薄；头状雄球花序梗长4-7毫米；种子长3-4厘米 ………………………………………… 2. **海南粗榧 C. mannii**
      4. 叶长2-3（-4）厘米，质地较厚；头状雄球花序梗长约3毫米；种子长1.8-2.5厘米 ………………………………………… 3. **粗榧 C. sinensis**
    3. 叶上下等宽或近等宽。
      5. 叶直或微呈镰状，宽3-3.5毫米，先端渐尖或微急尖，基部楔形或稍圆，叶肉中有星状石细胞；干后枝叶不变呈黄褐色或淡褐色 ………………………… 3(附). **台湾粗榧 C. sinensis** var. **wilsoniana**
      5. 叶直，宽5-6毫米，先端急尖，基部圆，叶肉中无石细胞；1-2至年生枝粗壮，干后叶、枝呈黄褐色或淡红褐色 ………………………………………… 4. **宽叶粗榧 C. latifolia**
  2. 叶长4-13厘米，先端渐尖成长尖头。
    6. 叶披针状线形或线形，宽3-4.5毫米，基部楔形或宽楔形；种子长约2.5厘米。
      7. 头状雄球花序径0.8-1.2厘米，花序梗长0.5-1厘米，宽3.5-5毫米，叶肉中有星状石细胞；种子椭圆状卵圆形 ………………………………………… 5. **三尖杉 C. fortunei**
      7. 头状雄球花序径3-5毫米，花序梗长不及2毫米或花后伸长至4-6毫米；叶长4-7（-11）厘米，宽3-3.5（-4）毫米，叶肉中无石细胞；种子近球形 ………………… 5(附). **高山三尖杉 C. fortunei** var. **alpina**
    6. 叶披针形，宽4-7毫米，基部圆形，仅叶基部的叶肉中有极少的短石细胞；种子长3.5-4.5厘米，倒卵状椭圆形 ………………………………………… 6. **贡山三尖杉 C. lanceolata**

1. 篦子三尖杉

图157 彩片130

Cephalotaxus oliveri Mast. in Bull. Herb. Boiss. 6: 270. 1898.

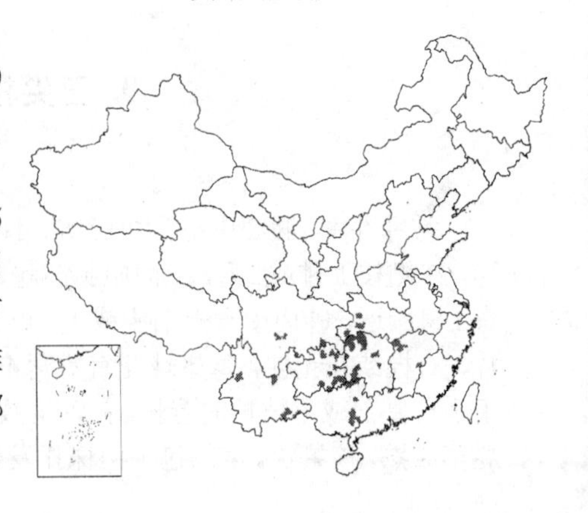

乔木，高达4米；树皮灰褐色。叶线形，质硬，平展成两列，排列紧密，通常中部以上向上方微弯，稀直伸，长（1.5）1.7-2.5（3.2）厘米，宽3-4.5毫米，基部心状截形，几无柄，先端凸尖或微凸尖，上面微拱圆，中脉不明显或稍隆起，或中下部较明显，下面气孔带白色，较绿色边带宽1-2倍，下表皮无明显的角质突起，叶肉中有大量的丝状石细胞和少数星状石细胞。雄球花6-7聚生成头状花序，径约9毫米，总梗长约4毫米，基部及总梗上部有10余枚苞片，每一雄球花基部有1宽卵形的苞片，雄蕊6-10，花药3-4，花丝短；雌球花的胚珠通常1-2发育成种子。种子倒卵圆形、卵圆形或近球形，长约2.7厘米，径约1.8厘米，顶端中央有小凸尖。

产江西、湖北、湖南、贵州、四川及云南，生于海拔300-1800米林中。越南北部有分布。

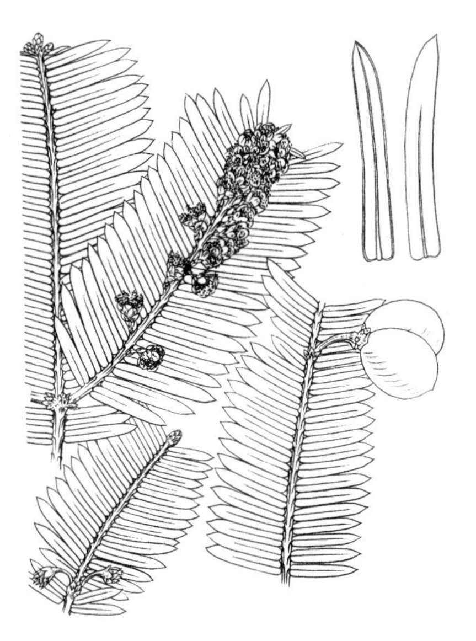

图 157 篦子三尖杉 （引自《图鉴》）

2. 海南粗榧 西双版纳粗榧 图158 彩片 131

Cephalotaxus mannii Hook. f. in Hook. Icon. Pl. t. 1532. 1886.

乔木，高达30米，胸径40厘米。叶线形或披针状线形，质地较薄，直或微呈镰状，长2.8-4.3厘米，宽3-4（-4.5）厘米，先端渐尖或微急尖，基部圆或圆截形，下面中脉两侧气孔带上被白粉，叶肉中具星状石细胞。头状雄球花序径6-9毫米，花序梗长4-7毫米。种子椭圆形或倒卵状椭圆形，长3.5-4.5厘米，径约1.8厘米，顶端中央有一小凸尖。

产海南、广东、广西、云南及西藏东南部。印度、缅甸、泰国、老挝及越南有分布。

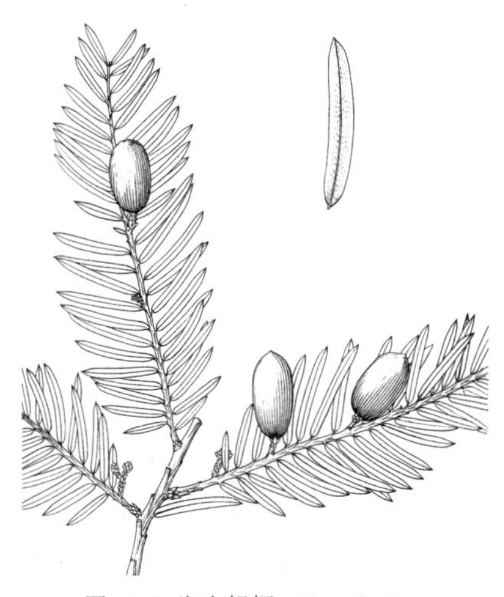

图 158 海南粗榧 （余 峰 绘）

3. 粗榧 中国粗榧 图 159

Cephalotaxus sinensis（Rehd. et Wils.）Li in Lloydia 16(3)：162. 1953.

Cephalotaxus drupacea Sieb. et Zucc. var. sinensis Rehd. et Wils. in Sarg. Pl. Wilson. 2：3. 1914.

小乔木，稀大乔木；树皮灰色或灰褐色，裂成薄片状脱落。叶线形，排列成两列，质地较厚，通常直，稀微弯，长2-5厘米，宽约3毫米，基部近圆形，几无柄，上部通常与中下部等宽或微窄，先端通常渐尖或微急尖，上面中脉明显，下面有两条白色气孔带，较绿色边带宽2-4倍，叶肉中有星状石细胞。雄球花6-7聚生成头状，径约6毫米，梗长约3毫米，基部及花序梗上有多数苞片；雄球花卵圆形，基部有1苞片，雄蕊4-11，花丝短，花药2-4（多为3）。种子通常2-5，卵圆形、椭圆状卵圆形或近球形，稀倒卵状椭圆形，长1.8-2.5厘米，顶端中央

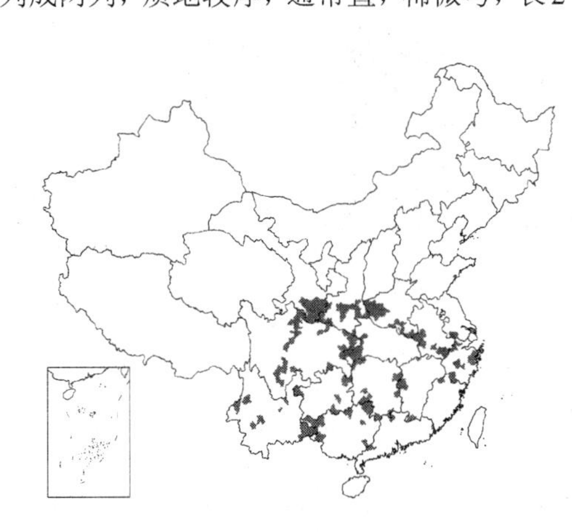

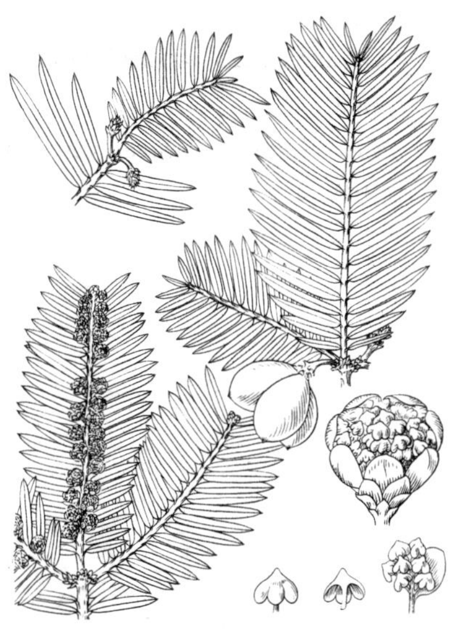

图 159 粗榧 （引自《图鉴》）

有一小尖头。

产江苏、安徽、浙江、福建、江西、湖北、湖南、广东、广西、贵州、四川、甘肃、陕西及河南，生于海拔100-2000米林中。

［附］**台湾粗榧** 台湾三尖杉 彩片 132 **Cephalotaxus sinensis** var. **wilsoniana**（Hayata）L. K. Fu et Nan Li in Novon 7: 263. 1997. —— *Cephalotaxus wilsoniana* Hayata, Ic. Pl. Formos. 4: 22. 1914. 本变种与模式变种的区别：叶上下近等宽，先端有时急尖，基部有时楔形。产台湾，常散生于海拔1400-2000米林中。

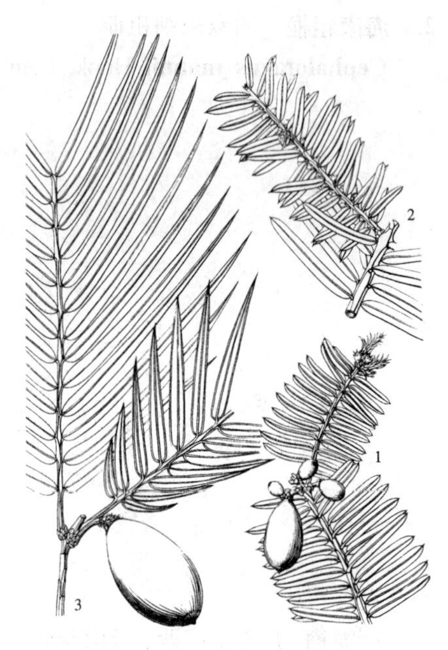

图 160：1-2. 宽叶粗榧 3. 贡山三尖杉
（引自《植物分类学报》）

4. 宽叶粗榧 图 160：1-2

Cephalotaxus latifolia（Cheng et L. K. Fu）L. K. Fu in Acta Phytotax. Sin. 22(4): 280. 1984.

Cephalotaxus sinensis（Rehd. et Wils.）Li var. latifolia Cheng et L. K. Fu in Acta Phytotax. Sin. 13(4): 86. f. 50: 2-3. 1975；中国植物志7: 432. 1978.

小乔木；小枝粗壮。叶线形，直而宽短，质地较厚，长1.5-2.5（-3）厘米，宽5-6毫米，上下近等宽，先端急尖，基部圆，下面中脉两侧气孔带被白粉，叶肉中无石细胞，表皮下无皮下层细胞，干后叶和小枝色泽变深，呈淡黄褐色至淡红褐色，叶缘反曲。头状雄球花序径约6毫米，花序梗长2-3毫米。种子卵圆形，长约1.8-2厘米，径约1厘米，顶端中央有凸尖。

产四川东部、湖北西部、贵州东南部、广西东北部、广东北部、江西武功山及福建武夷山，生于海拔900-1900米林中。

5. 三尖杉 绿背三尖杉 图 161 彩片 133

Cephalotaxus fortunei Hook. f. in Curtis's Bot. Mag. 76: t. 4499. 1850.

Cephalotaxus fortunei var. *concolor* Franch.；中国植物志 7: 428. 1978.

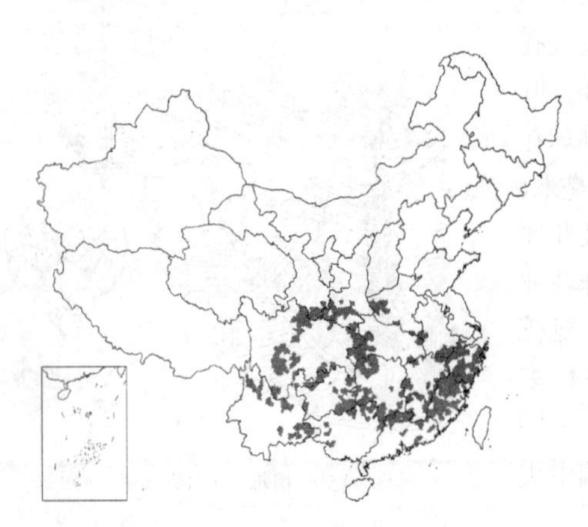

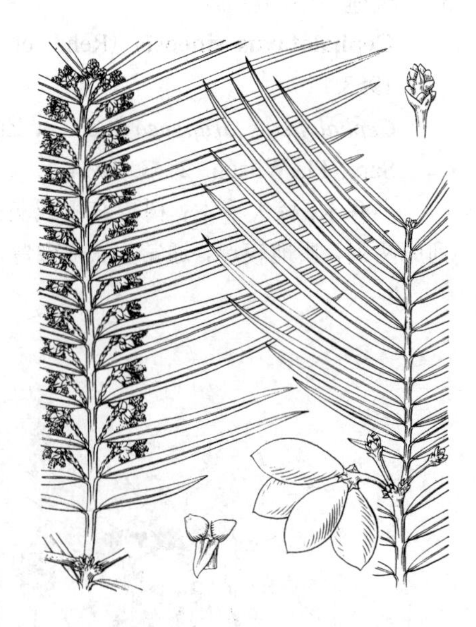
图 161 三尖杉 （引自《图鉴》）

乔木，高达20米，胸径达40厘米，树皮褐色或红褐色，裂成片状脱落；枝条较细长，稍下垂；树冠广圆形。叶排成两列，披针状线形，通常微弯，长4-13（多为5-10）厘米，宽3.5-4.5毫米，上部渐窄，先端有渐尖的长尖头，基部楔形或宽楔形，上面深绿色，中脉隆起，下面气孔带白色，较绿色边带宽3-5倍，绿色中脉带明显或微明显，叶肉中有星状石细胞。雄球花8-10聚生成头状，径约1厘米，总花梗粗，通常长6-8毫米，基部及总花梗上部有18-24苞片，每一雄球花有6-16雄蕊，花药3，花丝短；雌球花的胚珠3-8发育成种子，总梗长1.5-2厘米。种子椭圆状卵形或近圆形，长约2.5厘米，假种皮成熟时紫或红紫色，顶端有小尖头；子叶2，线形，长2.2-3.8厘米，宽约2毫米，先端钝圆或微凹，下面中脉隆起，无气孔线，上面有凹槽，内有一窄的白粉带；初生叶镰状线形，最初5-8片，形小，长4-8毫米，下面有白色气孔带。

产安徽、浙江、福建、江西、湖北、湖南、广东、广西、云南、贵州、四川、甘肃、陕西及河南，生于海拔60-2000（-2500）米林中。

［附］高山三尖杉 **Cephalotaxus fortunei** var. **alpina** Li in Lloydia 16 (3): 164. 1953. 本变种与模式变种的区别：叶较短窄，质地较薄，通常长4-7（-11）厘米，宽3-3.5（-4）毫米；头状雄球花序几无梗或具长不及2毫米的短梗，有时果期梗增长，达4-6毫米。

6. 贡山三尖杉 图160：3

Cephalotaxus lanceolate K. M. Feng ex Cheng et al. in Acta Phytotax. Sin. 13(4): 86. t. 50: 1. 1975.

乔木，高达20米，胸径40厘米；树皮紫色，平滑；枝条下垂。叶薄革质，排成两列，披针形微弯或直，长4.5-10厘米，宽4-7毫米，上部渐窄，先端成渐尖的长尖头，基部圆形，上面深绿色，中脉隆起，下面气孔带白色，绿色中脉明显，具短柄，仅叶基部的叶肉中有极少的短石细胞。种子倒卵状椭圆形，长3.5-4.5厘米，假种皮熟近绿褐色，种柄长1.5-2厘米。种子9-10月成熟。

产云南西北部贡山县独龙江上游沿岸，散生于海拔1900米阔叶林中。缅甸北部有分布。

10. 红豆杉科（紫杉科）TAXACEAE

（傅立国　向巧萍）

常绿乔木。叶线形或披针形，螺旋状排列或交叉对生，上面中脉明显或不明显，下面沿中脉两侧各有一条气孔带，叶内有树脂道或无。雌雄异株，稀同株；雄球花单生叶腋或苞腋，或组成穗状花序集生于枝顶，雄蕊多数，花药3-9，花粉无气囊；雌球花单生或成对生于叶腋或苞片腋部，基部具多数覆瓦状排列或交叉对生的苞片，胚珠1枚，生于花轴顶端或侧生于短轴顶端的苞腋，基部具盘状或漏斗状珠托；种子核果状，有梗或无梗，全部为肉质假种皮所包，或包于囊状肉质假种皮中，顶端尖头露出，具长梗；或种子坚果状，包于肉质假种皮中，有短柄或近于无柄。

5属约21种，除单种属植物澳洲红豆杉（Austrotaxus spicata），产新喀里多尼亚外，其它属种均分布于北半球。我国有4属10种5变种。

1. 叶上面有明显的中脉，下面气孔带较宽；雄蕊的花药辐射状排列；种子当年成熟，生于杯状假种皮中。
  2. 叶螺旋状着生，线形。叶内无树脂道；雄球花单生叶腋，雌球花单生叶腋，有短梗或几无梗；种子生于杯状假种皮中，上部露出。
    3. 小枝不规则互生，叶下面有两条淡黄色或淡灰绿色的气孔带，种子成熟时肉质假种皮红色 …………………………………… 1. 红豆杉属 **Taxus**
    3. 小枝近对生或近轮生，叶下面有两条白粉色气孔带，种子成熟时肉质假种皮白色 …………………………………… 2. 白豆杉属 **Pseudotaxus**
  2. 叶交叉对生，披针形，叶内有树脂道；雄球花多数，排成穗状花序，2-6序集生于枝顶，雌球花生于新枝上的苞腋或叶腋，有长梗；种子包于囊状肉质假种皮中，仅顶端尖头露出 …………… 3. **穗花杉属 Amentotaxus**

1. 上面中脉不明显或微明显，下面各阶层孔带极窄，线形，叶内有树脂道；雄球花单生叶腋，雄蕊向外一边排列，雌球花两个成对生于叶腋，无梗；种子两年成熟，全部包于肉质假种皮中 ………………… 4. **榧树属 Torreya**

1. 红豆杉属（紫杉属）Taxus Linn.

乔木，小枝不规则互生。叶线形，螺旋状着生，基部多少扭转排成2列或成彼此重叠的不规则两列，直或镰状，上面中脉隆起，下面有两条灰绿色或淡黄色的气孔带，叶内无树脂道。雌雄异株，球花单生叶腋，有短梗；雄球花轴上部的侧生短轴顶端的苞腋生。胚珠，基部托以圆盘状的珠托，受精后珠托发育成肉质、杯状的假种皮。种子坚果状，当年成熟，生于杯状肉质的假种皮中，卵圆形、半卵圆形或柱状矩圆形，顶端凸尖，成熟时肉质假种皮红色。

约9种，分布于北半球。我国3种2变种。

本属植物的材质优良，可供建筑、桥梁、家具、细木加工、船浆、拱形制品、雕刻、乐器等用。树皮、枝叶、种子含紫杉醇，为新型抗癌药物。叶常绿，深绿色，假种皮肉质红色，颇为美观，可用观赏树。

1. 叶较密，排成彼此重叠的不规则两列，斜展，上下几等宽，先端急尖。
    2. 叶较宽，微呈镰状，宽2.5–3毫米，下面中脉带明显；种子卵圆形或三角状卵圆形，通常上部具3–4条钝脊，种脐常呈三角状 ……………………………………………………… 1. **东北红豆杉 T. cuspidata**
    2. 叶窄直，线形，宽约2毫米，下面中脉带不明显；种子长圆形，上下等宽或上部较宽，两侧微具钝脊，种脐椭圆形 ……………………………………………………… 2. **喜马拉雅密叶红豆杉 T. fuana**
1. 叶较疏，排成羽状2列，平展。
    3. 叶披针状线形，常成弯镰状，通常长2.5–4.5厘米，中上部渐尖，先端渐尖。
        4. 叶质地较薄，边缘多少反卷，下面中脉带与气孔带同色，密生微小乳头状突起 ……………………………………………………… 3. **喜马拉雅红豆杉 T. wallichiana**
        4. 叶质地较厚，边缘不卷曲或微卷曲，下面中脉带明显，其上无乳头点，色泽与气孔带相异常 ……………………………………………………… 3(附). **南方红豆杉 T. wallichiana** var. **mairei**
    3. 叶线形，通常长1.5–2.2厘米，上部微窄，先端急尖或微急尖，下面中脉带上密生细小乳头状突起，其色泽也与气孔带同色 ……………………………………………………… 3(附). **红豆杉 T. wallichiana** var. **chinensis**

1. 东北红豆杉 紫杉　　图162 彩片134

Taxus cuspidata Sieb. et Zucc. in Abh. Math.-Phys. CL. Konigl. Bayer. Ackad. Wiss. 4:232. 1846.

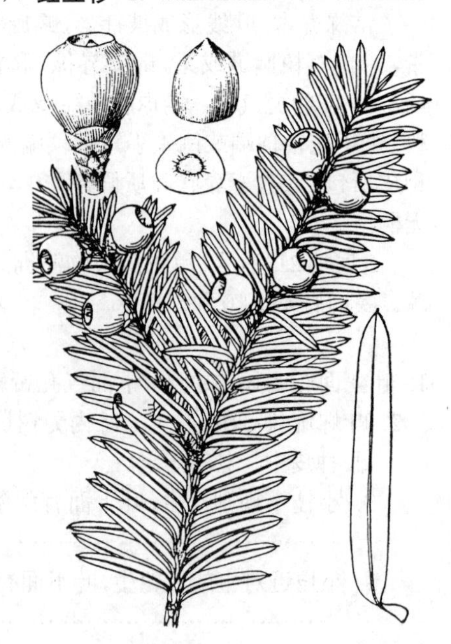

图 162 东北红豆杉 （仿《中国植物志》）

乔木，小枝基部常有宿存芽鳞。叶较密，排成彼此重叠的不规则2列，斜展，线形，直或微弯，长1–2.5厘米，宽2.5–3毫米，基部两侧微斜伸或近对称，先端通常凸尖，下面有两条灰绿色气孔带，中脉带明显，其上无角质乳头状突起点。种子生于红色肉质杯状的假种皮中，卵圆形，长约6毫米，上部具3–4钝脊，顶端有小钝尖头，种脐通常三角形或四方形，稀长圆形。

产黑龙江东南部、吉林东部及辽宁，散生于海拔500–1000米林中。朝鲜、俄罗斯远东地区及日本有分布。

2. 喜马拉雅密叶红豆杉 西藏红豆杉 图 163：1-3 彩片 135

Taxus fuana Nan Li et R. Mill in Novon 11: 16. 1997.

Taxus wallichiana auct. non Zucc.: 中国植物志 7: 439. 1978.

乔木，小枝基部常有宿存芽鳞。叶较密，排成彼此重叠的不规则2列，斜展，线形，窄直，宽约2毫米，上下几等宽，或上端微窄，先端急尖，基部两侧对称，下面沿中脉两侧各有1条气孔带，中脉带与气孔带同色，密生细小的乳头状突起。种子生于红色肉质杯状的假种皮中，长圆形，中下等宽或上部稍宽，微扁，长约6.5毫米，上部两侧微有钝脊，面端有凸起的钝尖，种脐椭圆形。

产西藏南部（吉隆），生于海拔2500-3000米地带。缅甸、不丹、尼泊尔、印度、巴基斯坦及阿富汗有分布。

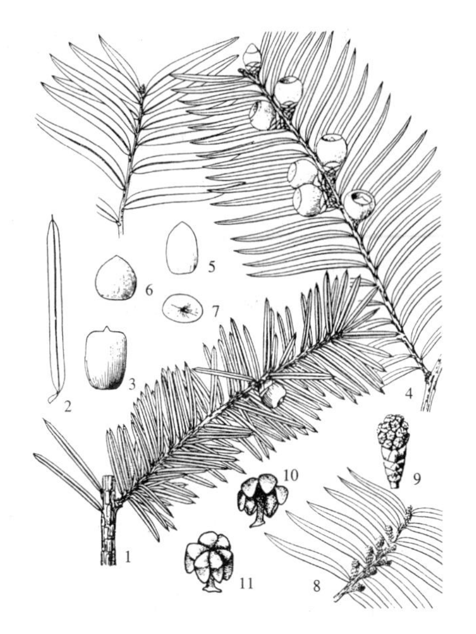

图 163：1-3. 喜马拉雅密叶红豆杉
4-11. 南方红豆杉 （仿《中国植物志》）

3. 喜马拉雅红豆杉 云南红豆杉 图 164：1-4

Taxus wallichiana Zucc. in Abh. Math.-Phys. Cl. Konlgl. Bayer. Ackad. Wiss. 3: 803. 1843.

Taxus yunnanensis Cheng et L. K. Fu; 中国植物志7: 441. 1978.

乔木，小枝基部的芽鳞脱落或部分宿存。叶排列较疏羽状2列，平展，长（2-）2.5-3（-4.7）厘米，宽2-3毫米，质地较薄，披针状线形，常呈弯镰状，边缘多少反卷，上部渐窄，先端渐尖或微急尖，基部微斜，中脉带与气孔带同色，密生微小的乳头状。种子生于肉质杯状的假种皮中，卵圆形，微扁，长约5毫米，两侧微有钝脊，顶端有小钝尖，种脐宽椭圆形，成熟时假种皮红色。

产西藏东南部、云南西北部及西部、四川西南部，生于海拔200-3500米地带的林中。阿富汗、巴基斯坦、印度、尼泊尔、不丹、缅甸、马来西亚、印度尼西亚及菲律宾有分布。

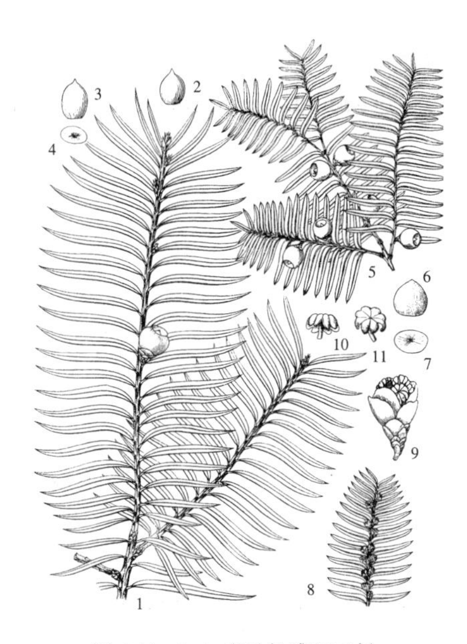

图 164：1-4. 喜马拉雅红豆杉
5-11. 红豆杉 （仿《中国植物志》）

［附］**红豆杉** 图164：5-11 **Taxus wallichiana** var. **chinensis** (Pilger.) Florin in Acta Hort. Berg. 14(8): 355. 1948. —— *Taxus baccata* Linn. subsp. cuspidata Sieb. et Zucc. var. chinensis Pilger in Engl. Pflanzenr. 18 Heft, 4(5) : 112. 1903. —— *Taxus chinensis* (Pilger) Rehd.; 中国高等植物图鉴1: 332. 1972; 中国植物志7: 442. 1978. 本变种与模式变种的区别：叶线形，较短直，长1-3（多为1.5-2.2）厘米，上部微宽，先端微急尖或急尖。产陕西南部、甘肃南部、四川、云南、贵州西部及东北部、广西北部、湖南东北部、湖北西部及安

徽南部，生于海拔1000-1200米以上的高山上部。

［附］**南方红豆杉** 彩片 136 图163：4-11 **Taxus wallichiana** var. **mairei**（Lemee et Lé vl.）L. K. Fu et N. Li in Novon. 10：15. 1996. —— *Tsuga mairei* Lemee et Lévl. in Monde Pl. ser. 2, 16：20. 1914. —— *Taxus mairei*（Lemee et Lévl.）S. Y. Hu；中国高等植物图鉴1：332. 1972. —— *Taxus chinensis*（Pilger）Rehd. var. mairei（Lemee et Lévl.）Cheng et L. K. Fu, Fl. Reipubl. Popul. Sin. 7：443. 1978. 本变种与模式变种的区别：叶质地较厚，边缘不反卷，中脉带不明显；种子卵圆形。产湖北、安徽南部、江西、浙江、福建及台湾，在长江中下游及其以南省区常生于海拔1000-1200米以下山地。印度、缅甸、马来西亚、印度尼西亚及菲律宾有分布。

2. 白豆杉属 **Pseudotaxus** Cheng

小乔木；枝条通常轮生。叶线形，螺旋状着生，基部扭转排成两列，直或微弯，先端凸尖，基部近圆形，上面中脉隆起，下面有两条白色气孔带，叶内无树脂道。雌雄异株，球花单生叶腋，基部有交叉对生的苞片，几无梗；雄球花圆球形，雄蕊6-12枚，花药4-6，辐射排列；雌球花轴顶端的苞腋有的胚珠着生于圆盘状珠托上，受精后珠托发育成肉质、杯状的假种皮。种子坚果状，当年成熟，生于杯肉质假种皮中，卵圆形，顶端具尖头，成熟后假种皮白色。

特有单种属。

白豆杉 图 165 彩片 137

Pseudotaxus chienii（Cheng）Cheng in Res. Notes Foster. Inst. Natl. Centr. Univ. Nanking. Dendrol. ser. 1：1. 1947.

Taxus chienii Cheng in Contr. Biol. Lab. Sci. Soc. China, Bot. 9：240. 1934.

形态特征同属。花期4-5月，种子10月成熟。

产浙江南部、江西、湖南南部及西北部、广东北部及广西，生于海拔900-1400米阴坡或沟谷山坡林中。叶常绿，种子具白色肉质的假种皮，颇为美观，可作庭院树种。

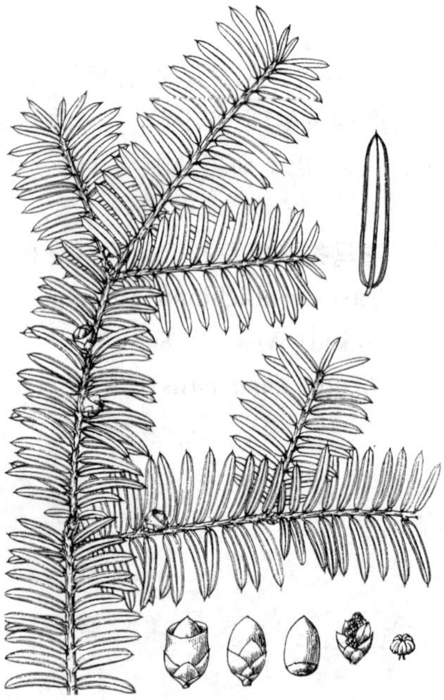

图 165 白豆杉 （引自《中国植物志》）

3. 穗花杉属 **Amentotaxus** Pilger

小乔木或灌木；枝斜展或向上伸展。小枝对生，基部无宿存芽鳞。冬芽四棱状卵圆形，先端尖，有光泽，芽鳞3-5轮，每轮4，交叉对生，背部有纵脊。叶交叉对生，排成2列，厚革质，线状披针形、披针形或椭圆状线形，直或微弯，边缘微向下反卷，无柄或近无柄，上面中脉明显，隆起，下面有两条淡黄白色或淡褐色的气孔带，横切面维管束鞘之下方有1树脂道。雌雄异株，雄球花多数，组成穗状球花序，2-4穗（稀单穗或多至6穗）集生于近枝顶之苞腋，雄球花对生于穗上，无梗或近无梗，椭圆形或近球形，雄蕊多数，盾形或近盾形，花药2-8，背腹面排列成辐射排列，药室纵裂；雌球花单生于新枝上的苞腋或叶腋，花梗长，胚珠为一漏斗状珠托所托，基部有6-10对交叉对生的苞片。种子当年成熟，核果状，椭圆形或倒卵状椭圆形，除顶端尖头裸露外，几全为鲜红色肉质假种皮所包，基部有宿存的苞片，有长柄。

3种，产中南、华南、西南及甘肃、江西、浙江南部、福建及台湾，多生于林内荫湿地方，沿溪两旁，沟谷中或岩缝间。木材细密，易加工，耐久用。供家具、工艺品及细木工用；叶深绿色，种子大，假种皮鲜红色，垂于绿叶之间，很为美观，可供庭院观赏。

1. 叶下观气孔带较绿色边带为宽。
  2. 叶线形、椭圆状线形或披针状线形，宽1.5厘米，通常直，先端钝或渐尖，下面气孔带淡褐色或淡黄白色；雄球花通常4穗以上集生，长10-15厘米；种子椭圆形 ························ 1. **云南穗花杉 A. yunnanensis**
  2. 叶披针形或线状披针形，宽1厘米，通常微成弯镰状，上部渐窄，先端长尖，下面气孔带白色；雄球花通常2-4穗集生，长5厘米以内；种子通常倒卵状椭圆形 ························ 2. **台湾穗花杉 A. formosana**
1. 叶下面白色气孔带通常与绿色边带等宽或较窄；雄球花通常2穗集生，长5-6.5厘米；种子椭圆形 ························ 3. **穗花杉 A. argotaenia**

1. 云南穗花杉 图166 彩片138

Amentotaxus yunnanensis Li in Journ. Arn. Arb. 33: 197. 1952.

乔木，高15米，胸径25厘米；大枝开展，树冠宽卵形。一年生小枝绿色，二至三年生枝淡黄、黄或淡黄褐色。叶线形、椭圆状线形或披针状线形，长3.5-10厘米，稀长达15厘米，宽8-15毫米，先端钝或渐尖，基部宽楔形或近圆形，下面气孔带干后淡褐或淡黄白色，较绿色边带宽1倍或稍宽。雄球花穗4-6集生，长10-15厘米。种子椭圆形，长2.2-2.8厘米，径约1.4厘米，假种皮成熟后红紫色，微被白粉，种柄长约1.5厘米。花期4月，种子10月成熟。

图 166 云南穗花杉 （蒋杏墙 张泰利绘）

产云南东南部及贵州西南部，生于海拔1000-1600米石灰岩山地，常组成小片纯林。越南北部有分布。

2. 台湾穗花杉 图167：1-3 彩片139

Amentotaxus formosana Li in Journ. Arn. Arb. 33: 196. 1952.

小乔木，高10米，胸径30厘米。叶披针形或线状披针形，长5-8.5厘米，宽5-10毫米，先端长尖，基部宽楔形或近圆形，通常微弯镰状，下面具白色气孔带，气孔带较绿色带宽约1倍。雄球花穗（1）2-4（5）集生，长约3厘米。种子倒卵状椭圆形或椭圆形，长2-2.5厘米，径9-11毫米，假种皮熟时深红色，种

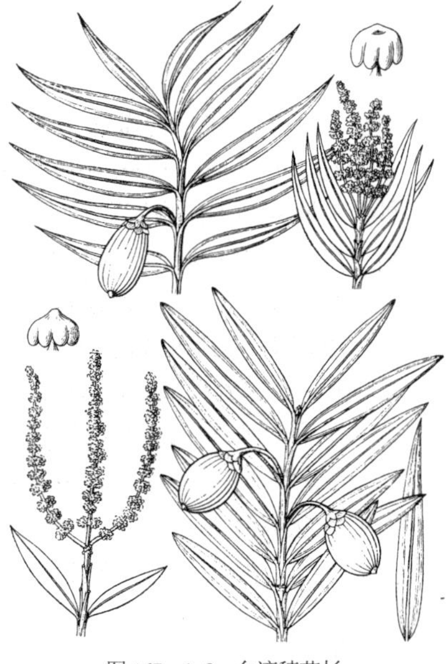

图167：1-3. 台湾穗花杉 4-7. 穗花杉 （蒋杏墙 张泰利绘）

柄1.5-2厘米。

产台湾南部，生于海拔500-1300米山地阔叶林中荫湿地方或沟谷中。

3. 穗花杉 图167：4-7 彩片140

Amentotaxus argotaenia (Hance) Pilger in Eng. Bot. Jahrb. Syst. 54: 41. 1916.

Podocarpus argotaenia Hance in Journ. Bot. 21: 357. 1883.

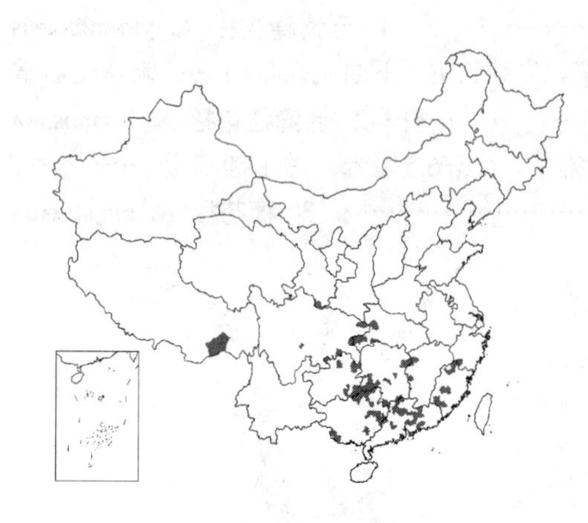

小乔木，高达7米；树皮灰褐或淡红褐色，裂成薄片脱落。一年生小枝绿色，二至三年生枝绿黄、黄或淡黄红色。叶条状披针形，长3-11厘米，宽6-11毫米，先端尖或钝，基部渐窄，楔形或宽楔形，直或微弯，下面白色气孔线与绿色边带等宽或较窄。雄球花1-3（通常2）穗集生，长5-6.5厘米。种子椭圆形，长2-2.5厘米，径约1.3厘米，假种皮熟时鲜红色，柄长1.3厘米。花期4月，种子10月成熟。

产浙江南部、福建西部及西南部、江西北部、湖北西部及西南部、湖南西部及南部、广东、香港、广西、贵州北部及东北部、四川东南部及中部、西藏东南部、甘肃南部，生于海拔700-1500米山地林中或荫湿沟谷。

4. 榧树属 Torreya Arn.

乔木，树皮纵裂，枝轮生，小枝近对生或近轮生，基部无宿存芽鳞。冬芽具数对交叉对生的芽鳞。叶交叉对生，基部扭转排成2列，线形或线状披针形，坚硬，上面微圆，中脉不明显或微明显，有光泽，下面有两条浅褐或白色气孔带，横切面维管束下方有1树脂道。雌雄异株，稀同株；雄球花单生叶腋，椭圆形或短圆柱形，有短梗，雄蕊4-8轮，每轮4枚，花药4（稀3）、外向一边排列；雌球花无梗，成对生于叶腋，胚珠生于漏斗状珠托上。种子翌年秋季成熟，核果状，全部包于肉质假种皮中，胚乳微皱至深皱。发芽时子叶不出土。

6种，产亚洲东部、北美洲东南部和西部。我国3种2变种。

木材结构细致，坚实耐用，耐水湿，抗腐性强；是建筑、家具、农具及工艺品的上等用材。香榧的种子为著名干果，供食用。

1. 种子的胚乳周围向内微皱；叶先端凸起成刺状短尖头，基部圆或微圆，长1.1-2.5厘米，干后上面有2条稍明显的纵槽 ………… 1. **榧树 T. grandis**
1. 种子的胚乳周围向内深皱。
    2. 叶线形或披针状线形，长3.6厘米以内。
        3. 叶长1.5-3厘米，通常直而不弯，先端有微凸起的刺状短尖头，上面两条纵槽通常不达中上部；骨质种皮的内壁不具纵脊，胚乳亦无纵槽 ………… 2. **巴山榧树 T. fargesii**
        3. 叶长2-3.6厘米，上部常向上方微弯，先端有渐尖的刺状长尖头，上面两条纵凹槽常达中部以上；骨质种皮的内壁有两条对称的纵脊，胚乳沿纵脊处有两条纵槽，二者相嵌 ………… 2(附). **云南榧树 T. fargesii** var. **yunnanensis**
    2. 叶线状披针形，长3.6-9厘米，上部渐窄，常向上方微弯，呈镰状，先端有渐尖的刺状尖头，基部楔形；种子倒卵圆形，假种皮被白粉 ………… 3. **长叶榧树 T. jackii**

1. 榧树 图168 彩片141

Torreya grandis Fort. ex Lindl. in Gard. Chron. 1857: 788. 1857.

乔木，高达25米，胸径55厘米；树皮淡黄灰色、深灰色或灰褐色，不规则纵裂。一年生小枝绿色，二至三年生小枝黄绿、淡褐黄或暗绿黄色，稀淡褐色。叶线形，通常直，长1.1-2.5厘米，宽2.5-3.5毫米，先端凸尖成刺状短尖头，基部圆或微圆，上面光绿色，中脉不明显，有二条稍明显的纵槽，下面淡绿色，气孔带与中脉带近等宽，绿色边带与气孔带等宽或稍宽。种子椭圆形、卵圆形、倒卵形或长椭圆形，长2-4.5厘米，径1.5-2.5厘米，熟时假种皮淡紫褐色，有白粉，顶端有小凸尖头，胚乳微皱。花期4月，种子翌年10月成熟。

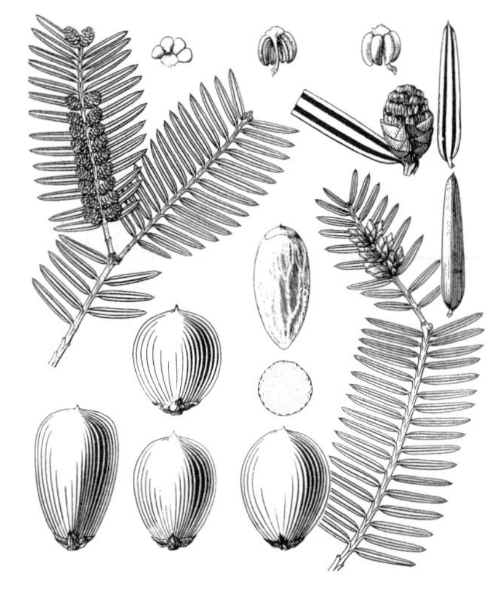

图 168 榧树 （仿《中国植物志》）

产浙江、福建北部、安徽南部及西部、河南东南部、江西北部、湖南西南部、贵州东北部，生于海拔1400米以下山地林中。在浙江诸暨枫桥及东阳等地栽培历史悠久，选育出了一些优良品种，其中香榧cv. 'Merrillii' 种子大，炒熟后味美香酥，为著名的干果。

2. 巴山榧树 图 169：1-5

Torreya fargesii Franch. in Journ. de Bot. 13: 264. 1899.

乔木，高达12米；树皮深灰色，不规则纵裂。一年生小枝绿色，二至三年生枝黄绿或黄色，稀淡褐黄色。叶线形，稀线状披针形，长1.3-3厘米，宽2-3毫米，先端微凸尖或微渐尖，具刺状短尖头，基部微偏斜，宽楔形，上面无明显中脉，有2条较明显的凹槽，延伸不达中部以上，下面气孔带较中脉带为窄，干后呈淡褐色，绿色边带较宽，约为气孔带的1倍。种子卵圆形、球形或宽椭圆形，径约1.5厘米，假种皮微被白粉，种皮内壁平滑，胚乳向内深皱。花期4-5月，种子翌年9-10月成熟。

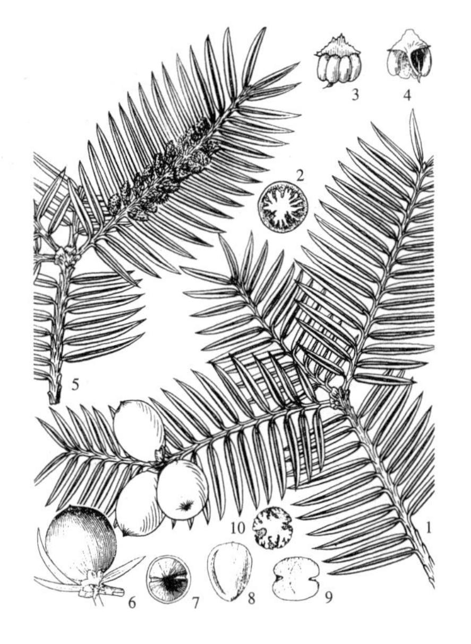

图 169：1-5. 巴山榧树 6-10. 云南榧树 （仿《中国植物志》）

产陕西南部、甘肃南部、四川东部、东北部及峨眉山、湖北西部、湖南西北部，生于海拔1000-1800米山地林中。

［附］**云南榧树** 图169：6-10 **Torreya fargesii** var. **yunnanensis** (Cheng et L. K. Fu) N. Kang in Bull. Bot. Res. (Harbin) 15: 353. 1995. —— *Torreya yunnanensis* Cheng et L. K. Fu in Acta. Phytotax. Sin. 13(4): 87. 1975. 本变种与模式变种的区别：叶长达3.6厘米，上部常向上方微弯，先端有渐尖的刺状长尖，上面两条纵槽常达中部以上；骨质种皮的内壁有两条对称的纵脊，胚乳沿纵脊处有两条纵槽，二者相嵌。产云南西北部，生于海拔2000-3400米林中。

3. 长叶榧树 图 170 彩片 143

Torreya jackii Chun in Journ. Arn. Arb. 6: 144. 1925.

乔木，高12米，胸径20厘米；树皮灰或深灰色，裂成不规则薄片

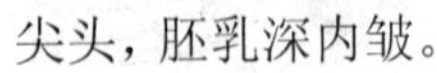

脱落，内皮淡褐色。小枝平展或下垂，一年生小枝绿色，后变为绿褐色，二至三年生枝红褐色，有光泽。叶线状披针形，长3.5-9厘米，宽3-4毫米，上部渐窄，先端有渐尖的刺状尖头，基部楔形，上面有两条浅纵槽，中脉不明显，下面淡黄绿色，气孔带灰白色。种子倒卵圆形，长2-3厘米，假种皮被白粉，顶端有小凸尖头，胚乳深内皱。

产浙江南部、福建北部及江西东北部，生于海拔400-1000米山地林中。

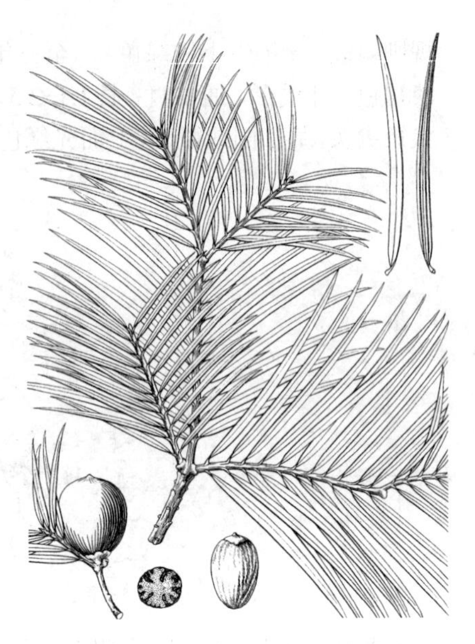

图 170 长叶榧树 （引自《中国植物志》）

11. 麻黄科 EPHEDRACEAE

（傅立国　于永福）

灌木，亚灌木或草本状，茎直立或匍匐，分枝多。小枝对生或轮生，绿色，圆筒形，具节，节间有多数细纵槽纹，髓心棕红色。叶退化成膜质，在节上交叉对生或轮生，2-3片合生成鞘状，先端具三角状裂齿，黄褐或淡黄白色，裂片中央色深，有两条平行脉。雌雄异株，稀同株；球花卵圆形或椭圆形，生于枝顶或叶脉；雄球花单生或数个丛生，或3-5个组成复穗花序，具2-8对生或2-8轮（每轮3片）苞片，苞片厚膜质或膜质，每片生1雄花，雄花具膜质假花被，假花被圆形或倒卵形，合生，仅顶端分离，雄蕊2-8，花丝连合成1-2束，花药1-3室；雌球花具2-8对生或2-8轮（每轮3片）苞片，仅顶端1-3苞片生有雌花，雌花具顶端开口的囊状革质假花被，包于胚珠外，胚珠具一层膜质珠被，珠被上部延伸成直或弯曲的珠被管，自假花被管口伸出，苞片随胚珠生长发育而增厚成肉质、红或橘红色，稀不增厚，为干燥、无色膜质，假花被发育成革质假种皮。种子1-3，胚乳肉质或粉质；子叶2，发芽时出土。

1属约40种，广布于亚洲、美洲、欧洲东南部、非洲北部等干旱、荒漠地区。我国有14种。除长江下游及珠江流域各省区外，其他各地均有分布。多数种类含生物碱，为重要的药用植物；生于荒漠及土壤瘠薄处，有固沙保土的作用。

麻黄属 **Ephedra** Tourn ex Linn.

形态特征等与科相同。

1. 球花的苞片膜质，淡黄棕色，仅中央有绿色纵肋；雌球花熟时苞片增大干燥成无色半透明的膜质，叶（2）3裂 ……………………………………………… 1. **膜果麻黄 E. przewalskii**
1. 球花的苞片厚膜质，绿色，有无色膜质窄边；雌球花熟时苞片肥厚肉质、红色而呈浆果状；叶2（3）裂。
  2. 植株高30-100厘米以上，稀20厘米；灌木或草本状灌木。
    3. 叶（2）3裂；球花的苞片3片轮生或2片对生，膜质边缘较明显；雌花的胚珠具长而弯曲的珠被管 ……………………………………………… 2. **中麻黄 E. intermedia**
    3. 叶2（3）裂；球花苞片2片对生，雌花胚珠的珠被管一般较短而直，稀长而稍弯。

4. 植株无直立木质茎呈草本状，小枝节间长3-4厘米；球花顶生或侧生，有梗，雌球花长圆状卵圆形或近球形，长5-7毫米；种子2 ………………………………………………………………………… 3. **草麻黄 E. sinica**

4. 植株通常有直立木质茎呈灌木状。

5. 小枝纵槽细浅不甚显著，节间细短，长1-2.5厘米，径约1毫米；雄球花苞片3-4对；雌球花长卵圆形或卵圆形，珠被管较长而稍弯；种子通常1，长5-7毫米 ……………………… 4. **木贼麻黄 E. equisetina**

5. 小枝纵槽粗深而显著，节间多较粗长，径1.5-2毫米；雄球花苞片4-7对；雌球花苞片4-7对；雌球花熟时多宽大，长6-12毫米，珠被管短而直；种子2或1，长6-12毫米。

6. 雌球花有梗，最上一对苞片大部合生；雄球花苞片4-5（6）对 ………… 5. **丽江麻黄 E. likiangensis**

6. 雌球花无梗或有短梗，最上一对苞片约二分之一合生；雄球花苞片较多，5-6（7） ……………………………………………………………………………………… 5(附). **藏麻黄 E. saxatilis**

2. 植株高5-15厘米，稀达20厘米；铺散地面或近垫状。

7. 种子背部中央及两侧边缘有整齐明显的突起纵肋，肋间及腹面均有横列碎片状细密突起；球花苞片通常仅2-3对；植株近垫状，具短硬多瘤节的木质枝，绿色枝细短硬直 ………… 6. **斑子麻黄 E. rhytidosperma**

7. 种子平滑无碎片状突起，无明显纵肋。

8. 雌雄异株。

9. 小枝径1.5-2毫米，纵槽纹明显；雄球花苞片2-3对；种子长4-6毫米 ………………………………………………………………………………………… 7. **山岭麻黄 E. gerardiana**

9. 小枝径1毫米左右，纵槽纹不甚明显。

10. 小枝通常开展；雄枝花生于小枝上下各部，苞片3-4对；种子1，三角状或长圆状卵圆形，较苞片为长，外露，长约5毫米，色浅，无光泽 ……………………… 8. **单子麻黄 E. monosperma**

10. 小枝通常向上直伸；雄球花生于小枝上部，苞片4-5（8）对；种子多为2，窄卵圆形，远较苞片为小，不外露，长2-4毫米，深褐色，有光泽 ……………………… 9. **细子麻黄 E. regeliana**

8. 雌雄同株，稀异株；小枝径1.2-1.5毫米。

11. 雄球花常生于小枝上部，雌球花生于小枝下部，成熟时长达10毫米，最上1对苞片远较下面的为长；种子长达10毫米，紫黑色，常被白粉 ……………………………… 10. **矮麻黄 E. minuta**

11. 雄球花通常生于小枝各部与雌球花混合排列，雌球花多生于小枝中上部；成熟时长5-6毫米，最上1对苞片较中间1对稍小或近等长，稀稍长；种子长4-5毫米，深褐色，无白粉 ………………………………………………………………………………… 10(附). **雌雄麻黄 E. fedtschenkoae**

1. 膜果麻黄 喀什膜果麻黄　　图171

Ephedra przewalskii Stapf in Osterr. Akad. Wiss. Wien, Math.-Nat. Kl. Dendschr. 56(2): 40. 1889.

Ephedra przewalskii var. *kaschgaricn* (Fedtsch. et Bobr.) C. Y. Cheng；中国植物志7: 473. 1978.

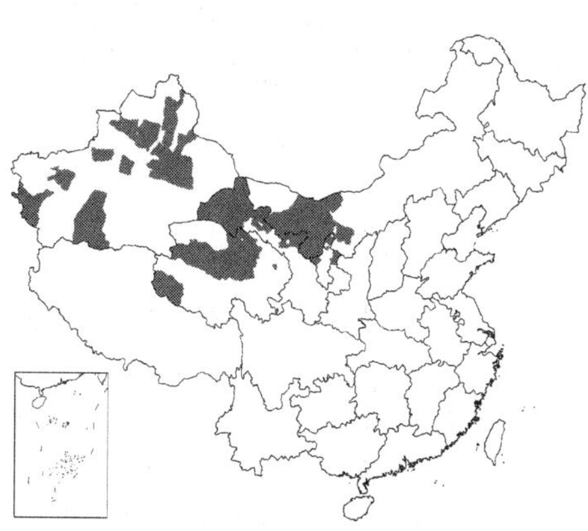

灌木，高0.5-2.4米；木质茎高为植株的一半以上，基径约1厘米，茎皮灰黄色或灰白色，细纤维状，纵裂成窄椭圆形网眼，分枝多。小枝节间粗长，长2.5-5厘米，径2-3毫米。叶3（2）裂，2/3以下合生，裂片三角形或长三角形。球花通常无梗，多数密集成团状的复穗花序，对生或轮生于节上；苞片膜质，淡黄棕色，中央有绿色纵肋，雌球花成熟时苞片增大成无色半透明的膜质，胚珠顶端常窄缩成颈状，珠被最长1.5-2毫米，伸出苞片外，直、弯曲或卷曲。种子通常3，稀2，包于膜质苞片内，暗褐红色，长卵圆形，长约4毫米，顶端细窄成尖突状，表面常有细密纵裂纹。染色体2n=14。

产内蒙古、宁夏、甘肃北部、青海北部及新疆天山地区，生于干燥沙漠、戈壁或山麓或金砾石的盐碱土上。蒙古、哈萨克斯坦、吉尔吉斯斯坦、塔吉克斯坦、乌兹别克斯坦及巴基斯坦有分布。不含生物碱，为固沙植物。

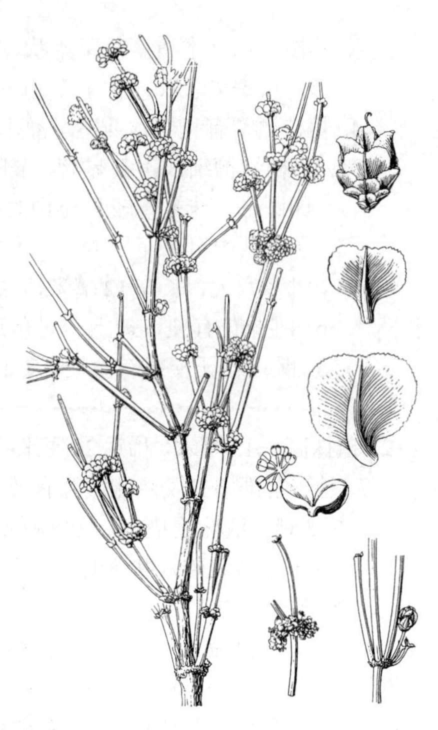

图 171 膜果麻黄 （引自《中国植物志》）

2. 中麻黄 西藏中麻黄 图 172 彩片 134

Ephedra intermedia Schrenk ex Mey in Adad. Sci. St. Péterb. ser. 6, 5: 278. (Vers. Monogr. Gatt. Ephedera 88). 1846.

Ephedra intermedia var. *tibetica* Stapf; 中国植物志 7: 475. 1978.

灌木，高0.2-1米，稀1米以上；茎直立或匍匐斜上，粗壮，基中分枝多。绿色小枝常被白粉而呈灰绿色，节间长3-6厘米，径1-2毫米，纵槽纹较细浅。叶3（2）裂，2/3以下合生，裂片钝三角形或窄三角状披针形。雄球花通常无梗，数个密集于节上成团状，稀2-3个对生或轮生于节上；雌球花2-3成簇，对生或轮生于节上，苞片3-5，通常仅基部合生，边缘常有膜质窄边，最上部有2-3雌花，胚珠的珠被管长达3毫米，成螺旋状弯曲，成熟时苞片增大成肉质红色。种子包于肉质红色苞片内，不外露，3粒或2粒，卵圆形或长卵圆形，长5-6毫米。花期5-6月，种子7-8月成熟。染色体2n=14，28。

产内蒙古、吉林、河北、山东、山西、陕西、甘肃、宁夏、青海、新疆及西藏，生于海拔数百米至2000米的干旱荒漠、沙漠、戈壁、干旱山坡或草地。蒙古、俄罗斯、哈萨克斯坦、吉尔吉斯斯坦、塔吉克斯坦、乌兹别克斯坦、巴基斯坦、阿富汗及伊朗有分布。生物碱含量较少，供药用。

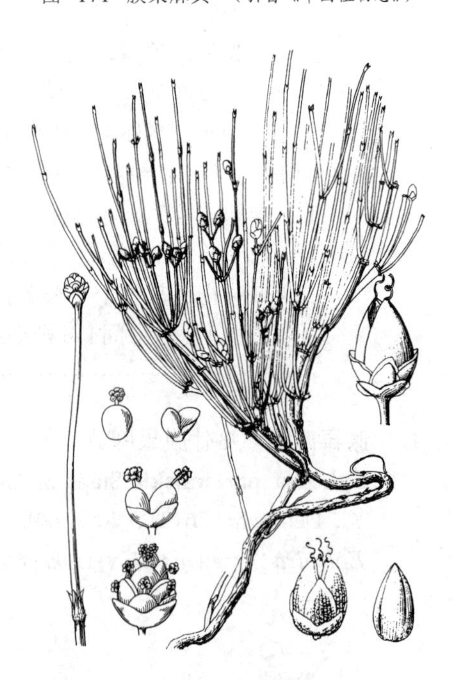

图 172 中麻黄 （仿《新疆植物志》）

3. 草麻黄 图 173

Ephedra sinica Stapf in Kew Bull. 1927: 133. 1927.

草本状灌木，高20-40厘米，木质茎短或成匍匐状。小枝直伸或微曲，细纵槽常不明显，节间长2.5-5.5厘米，多为3-4厘米，径约2毫米。叶2裂，裂片锐三角形，先端急尖。雄球花多成复穗状，常具总梗，苞片通常4对；雌球花单生，有梗，苞片4对，下部3对1/4-1/3合生，最上1对合生部分在1/2以上；雌花2，胚珠的珠被管长约1毫米，直立或先端微弯。种子通常2，包于肉质、红色苞片内，不露出，黑红色或灰褐色，三角状卵圆形或宽卵圆形，长5-6毫米，表面有细皱纹。花期5-6月，种子8-9月成熟。染色体2n=28。

产黑龙江、吉林、辽宁、内蒙古、河北、山东、山西、陕西、甘肃、宁夏及青海，生于山坡、平原、干燥荒地、河床及草原。蒙古有分布。生物碱含量丰富，仅次于木贼麻黄，木质茎极少，易加工，为提制麻黄素的主要资源。

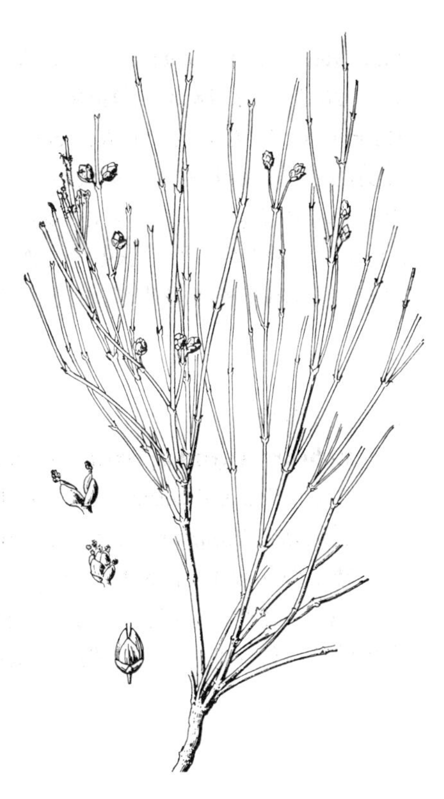

图 173 草麻黄 （冯金环绘）

4. 木贼麻黄 图 174

Ephedra equisetine Bunge in Mém. Acad. Sci. St. Pétersb. ser. 6, 7: 501. 1851.

直立小灌木，高达1米，木质茎粗长，基径1-1.5厘米。小枝细，径约1毫米，节间短，长1-3.5厘米，多为1.5-2.5厘米，纵槽纹细浅不明显，常被白粉而呈蓝绿色或灰绿色。叶2裂，褐色，大部合生，裂片短三角形，先端钝。雄球花单生或3-4集生节上，无梗或有短梗，苞片3-4对，基部约1/3合生；雌球花常2个对生于节上，苞片3对，最上1对约2/3合生，雌花1-2，胚珠的珠被管长达2毫米，稍弯曲，有短梗。种子通常1，包于肉质、红色苞片内，窄长卵形，长约7毫米。花期6-7月；种子8-9月成熟。染色体2n=14。

产内蒙古、河北、山西、陕西、甘肃、宁夏、青海及新疆，生于干旱山脊、山顶或多石处。蒙古、俄罗斯、哈萨克斯坦、吉尔吉斯斯坦、塔吉克斯坦、乌兹别克斯坦及阿富汗有分布。生物碱含量较其他麻黄为高，为提制麻黄碱的重要原料。

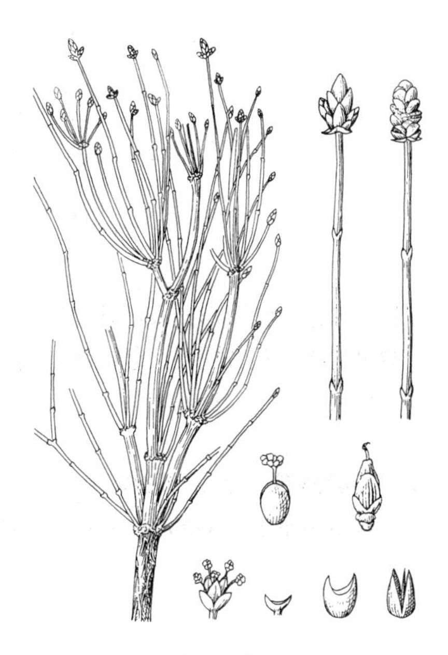

图 174 木贼麻黄 （郭木森绘）

5. 丽江麻黄 图 175

Ephedra likiangensis Florin in Svenska Vet.-Akad. Handl. ser. 3, 12 (1): 33. t. 3. f. 3. 1933.

灌木，高50-150厘米，茎粗壮，直立。绿色小枝较粗，节间长2-4厘米，径1.5-2.5毫米，纵槽纹粗深明显。叶2（3）裂，1/2以下合生，裂片钝三角形或窄尖，稀较短钝。雄球花密生于节上成团状，无梗或有细短梗，苞片4-5（-6）对，基部合生；雌球花单生节上，有短梗，苞片通常3对，下面2对合生部分不及1/2，最上1对则大部合生，雌花1-2，胚珠的珠被管短直，长不及1毫米。种子1-2，椭圆状卵形或披针状卵形，长6-8毫米，产贵州西部、云南西北部、四川西部、西藏东部，生于海拔2400-4000米的石灰岩山地。

［附］**藏麻黄** 匍枝丽江麻黄 **Ephedra saxatilis** (Stapf) Royle ex Florin in Svenska Vet.-Akad. Handl. ser. 3, 12(1): 25. t. 4. f. 2. 1933. —— *Ephedra gerardiana* Wall. ex

Mey. var. saxatilis Stapf in Akad. Wiss. Wien Math.-Nat. Kl. Denkschr. 56 (2): 76. T. 3. t. 18. f. 3. 1889. —— *Ephedra likiangensis* Florin f. mairei (Florin) C. Y. Cheng, Fl. Reipubl. Popul. Sin. 7: 480. 1978. 本种与丽江麻黄的区别：小灌木或草本状，高15-60厘米；茎直立，或匍匐地面或埋于土中；雄球花苞片5-6（7）对；雌球花无梗或有短梗，最上1对苞片约1/2合生。花期7月，种子8-9月成熟。染色体2n=28。产云南西北部、四川西南部、西藏东南部及南部，生于海拔2400-4600米亚高山及高山地带。不丹、尼泊尔及锡金有分布。

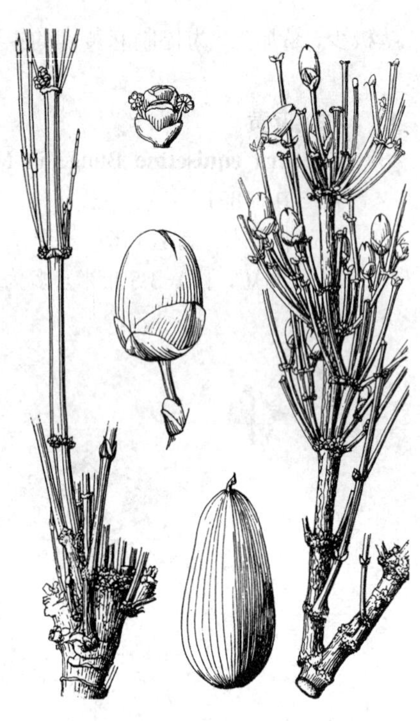

图 175 丽江麻黄 （引自《中国植物志》）

6. 斑子麻黄 图 176

Ephedra rhytidosperma Pachomova in Not. Syst. Herb. Int. Bat. Acad. Sci. Uzbekistan. 18: 51. 1967.

Ephedra lepidosperma C. Y. Cheng；中国植物志7: 481. 1978.

矮小垫状灌木，高5-15厘米，具短硬多瘤节的木质茎。绿色小枝细短硬直，在节上密集，假轮生呈辐射状排列，节间长1-1.5厘米，径约1毫米，纵槽纹浅或较明显。叶膜质鞘状，极细小，长约1毫米，1/2合生，上部2裂，裂片宽三角形，先端微钝。雄球花在节上对生，无梗，苞片通常仅2-3对；雌球花单生，苞片2（3）对，下部1对形小，上部1对最长，约1/2合生，雌花通常2，胚珠外围的假花被粗糙，有横列碎片状细密突起，珠被管长约1毫米，先端斜直或微曲。种子通常2，肉质红色，较苞片为长，约1/3外露，椭圆状卵圆形、卵圆形或长圆状卵圆形，长4-6毫米，径约3毫米，背部中央及两侧边缘有整齐明显突起的纵肋，肋间及腹面均有横列碎片状细密突起。

产内蒙古、宁夏及甘肃，生于石地或山地。蒙古有分布。

图 176 斑子麻黄 （引自《中国植物志》）

7. 山岭麻黄 垫状山岭麻黄 图 177 彩片 145

Ephedra gerardiana Wall. ex Mey. in Mém. Acad. Sci. St. Pétersb. ser. 6, 5: 292 (Vers. Monogr. Gatt. Ephedra 102). 1846.

Ephedra gerardiana var. *congesta* C. Y. Cheng；中国植物志7: 483. 1978.

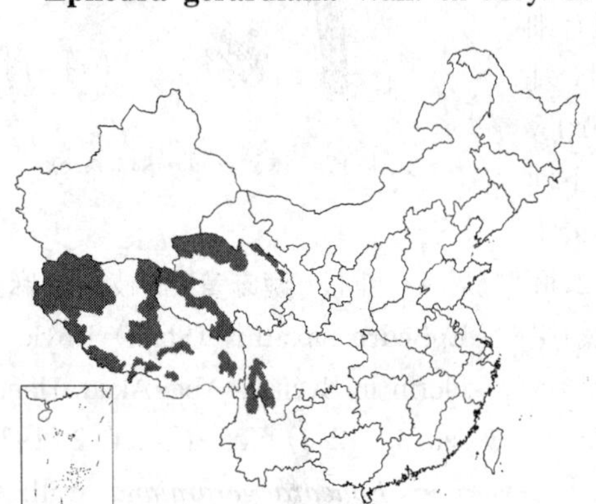

矮小灌木，高5-15厘米，木质茎常横卧或倾斜形如根状茎，埋于土中，每隔5-10厘米生一植株。绿色小枝直伸向上或弧曲成团状，通常仅具1-3个节间，纵横纹明显，节间长1-1.5厘米，径1.5-2毫米。叶2裂，长2-3毫米，2/3合生，裂片三角形或扁圆形，幼叶中央深绿色，后渐变成膜质，浅褐色，开花时节上之叶常已干落。雄球花单生于小枝中部的节上，苞片2（-3）对；雌球花单生，无梗或有梗，具2-3对苞片，约1/4-

1/3合生，基部1对小，上部1对大；雌花1-2，胚珠的珠被管长不及1毫米，熟时雌球花肉质红色，近圆球形。种子1-2，先端外露，长圆形或倒卵状长圆形，长4-6毫米，径约3毫米。花期7月，种子8-9月成熟。染色体2n=14，28，56。

产新疆、青海、西藏、四川及云南，生于3700-5300米的干旱山坡。阿富汗、巴基斯坦、印度北部、尼泊尔、锡金及塔吉克斯坦有分布。

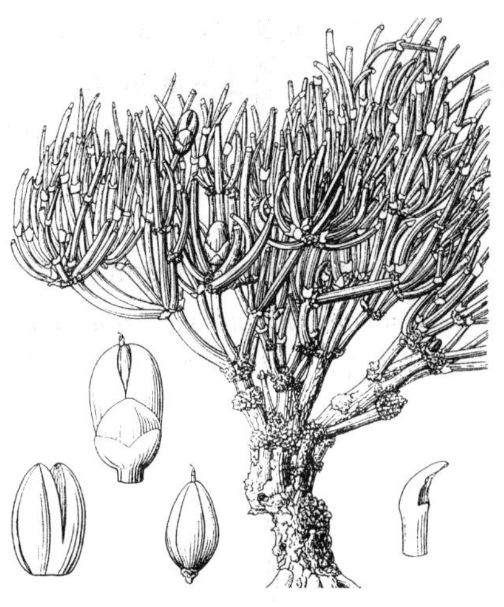

图 177 山岭麻黄 （引自《中国植物志》）

8. 单子麻黄 图 178 彩片 146

Ephedra monosperma Gmel. ex Mey in Mém. Acad. Sci. St. Pétersb. ser. 6, 5: 279.(Vers. Monogr. Gatt. Ephedra 89). 1846.

草本状矮小灌木，高5-15厘米，木质茎短小，长1-5厘米，多分枝。绿色小枝常微弯，通常开展，节间细短，长1-2厘米，径约1毫米，纵槽纹不甚明显。叶2裂，1/2以下合生，裂片短三角形，先端钝或尖。雄球花生于小枝上下各部，单生枝顶或对生节上，多成复穗状，苞片3-4对；雌球花单生或对生节上，无梗，苞片3对，基部合生，雌花1(2)，胚珠的珠被管通常较长而弯曲，成熟时苞片肉质红色，被白粉，最上1对苞片约1/2分裂。种子多为1，外露，三角状卵圆形或长圆状卵圆形，长约5毫米，无光泽。花期6月；种子8月成熟。

产河北、山西、甘肃、新疆、青海、西藏及四川，生于海拔1400-4800米山坡石缝或稀树干燥山地。蒙古、俄罗斯、哈萨克斯坦及巴基斯坦有分布。

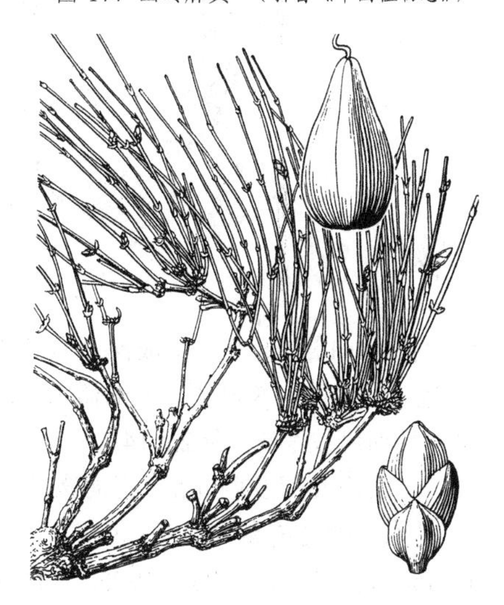

图 178 单子麻黄 （引自《中国植物志》）

9. 细子麻黄 图 179

Ephedra regeliana Florin in Svenska Vet.-Akad. Handl. ser. 3, 12 (1): 17. t. 3. f. 2. 1933.

草本状矮小灌木，高5-15厘米，木质茎不明显。小枝假轮生，通常向上直伸，较细短，节间通常长1-2厘米，径约1毫米。叶2裂，1/2合生，裂片宽三角形。雄球花生于小枝上部，常单生侧枝顶端，苞片4-5(-8)对，约1/2合生；雌球花在节上对生或数个在枝顶丛生，苞片通常3对，下面2对约1/2以下合生，最上1对大部合生，仅先端微裂，雌花2，胚珠的珠被管通常直，长不及1毫米，成熟时苞片肉质红色。雌球花在节上

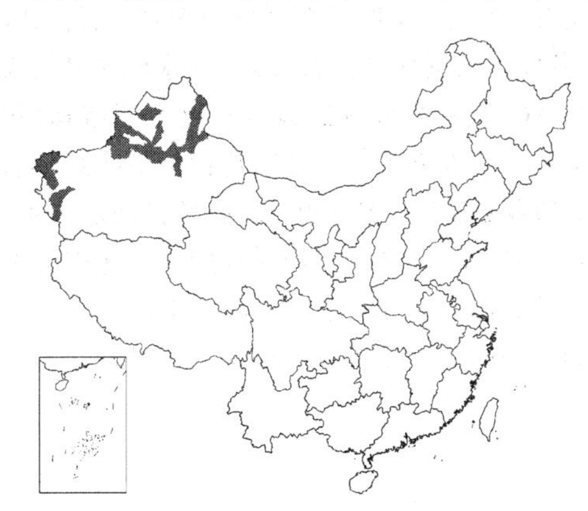

图 179 细子麻黄 （引自《中国植物志》）

对生或数个在枝顶丛生，种子（1）2，藏于苞片内，窄卵圆形，长2-4毫米，深褐色，有光泽。染色体2n=14。

产新疆，生于海拔700-2500米多沙砾石地区。哈萨克斯坦、吉尔吉斯斯坦、塔吉克斯坦、乌兹别克斯坦、阿富汗及印度北部有分布。

10. 矮麻黄 异株矮麻黄 图 180：1-5

Ephedra minuta Florin in Acta Hort. Gothob. 3: 8. 1927.

Ephedra minuta var. *dioeca* C. Y. Cheng；中国植物志7：487. 1978.

矮小灌木，高5-22厘米；木质茎极短；不明显。小枝直立向上或稍外展，深绿色，节间长1.5-3厘米，径1.2-1.5毫米。叶2裂，长2-2.5毫米，1/2以下合生，裂片三角形。雌雄同株，稀异株；雄球花常生于枝条较上部分，单生或对生于节上，苞片3-4对，约1/4合生，无梗；雌球花多生于枝条下部，单生或对生于节上，苞片通常3对，最下1对细小，中间1对稍大，最上1对较中间1对大1倍以上，雌花2，胚珠的珠被管长0.5-1毫米，直立，成熟时苞片肉质红色，有短梗或几无梗。种子1-2，包于苞片内，长圆形，上部微窄，长6-10毫米，黑紫色，微被白粉，背面微具细纵纹。染色体2n=14。

产四川北部及西北部、青海南部，生于海拔2000-4000米山地。

［附］**雌雄麻黄** 图180：6-9 彩片 147 **Ephedra fedtschenkoae** Pauls. in Bot. Tidsskr. 26: 254. 1905. 本种与矮麻黄的区别：雄球花通常生于小枝各部，雌球花多生于小枝中上部与雄球花混合排列，成熟时长5-6毫米，最上1对苞片较中间1对稍小或近等长，稀稍长；种子长4-5毫米，深褐色，无白粉。产新疆天山，生于海拔2400-2800米多石山地。哈萨克斯坦及塔吉克斯坦有分布。

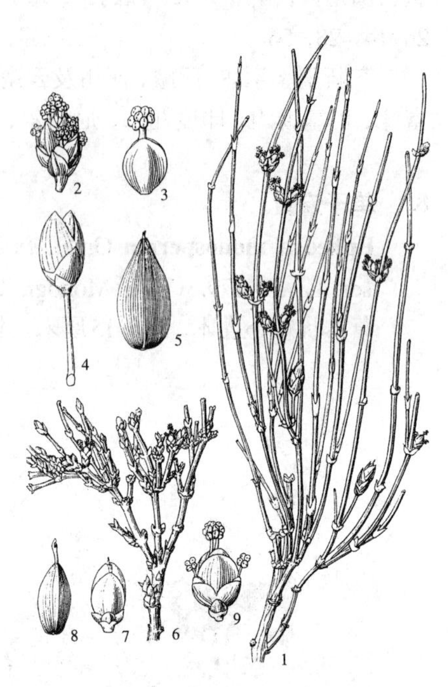

图 180：1-5. 矮麻黄 6-9. 雌雄麻黄
（引自《中国植物志》）

12. 买麻藤科（倪藤科）GNETACEAE

（傅立国 于永福）

常绿木质藤本，稀为直立灌木或乔木；枝节膨大呈关节状。单叶对生，有叶柄，叶片革质或近革质，羽状脉，全缘。雌雄异株，稀同株，球花伸长成穗状，具多轮合生环状总苞（由多数轮生苞片愈合而成）；雄球花穗单生或数穗组成顶生及腋生聚伞花序，各轮环状总苞排列紧密，每轮具雄花20-80，紧密排列成2-4轮，花穗上端常有1轮不育雌花，雄花具杯状肉质假花被，雄蕊2（1），伸出假花被之外，花丝合生，花药1室；雌球花穗单生或数穗组成聚伞状圆锥花序，通常侧生于老枝上，每轮总苞具雌花4-12，雌花的假花被囊状，紧包胚珠，胚珠具两层珠被，内珠被的顶端延伸成珠被管，自假花被顶端开口伸出，外珠被分化为肉质外层和骨质内层，肉质外层与假花被合生并发育为假种皮。种子核果状，包于红或桔红色肉质假种皮中，胚乳丰富，肉质；子叶2，发芽时出土。

1属约30多种，产于亚洲、非洲、南美洲热带及亚热带地区，以亚洲大陆南部，经马来半岛至菲律宾群岛为分布中心。我国有1属9种，主产华南及西南暖热地带。

买麻藤属（倪藤属）**Gnetum** Linn.

形态特征等与科同。

1. 种子有柄；球花穗的环状总苞在开花时多向外开展。
  2. 种子柄短，长2-6毫米。
    3. 种子长圆状卵圆形或长圆形，长（1-）1.2-1.5（2）厘米，宽0.6-0.9（1.2）厘米；雄球花穗每轮苞片内有雄花(20-)25-45 ……………… 1. **买麻藤 G. montanum**
    3. 种子近圆球形或宽椭圆形，长1.8-2.2厘米，宽1.4-2厘米；雄球花穗每轮苞片内有雄花55-70 ……………… 1(附). **球子买麻藤 G. catasphaericum**
  2. 种子柄长1.5-3厘米，稀较短。
    4. 种子倒卵状长椭圆形或长椭圆形，长3-4厘米，先端钝圆；种子柄长（0.5-）1.5-3厘米，稀近无柄，径达3毫米，基部弯曲，种子下垂 ……………… 2. **垂子买麻藤 G. pendulum**
    4. 种子宽椭圆形或长圆状椭圆形，长2-3厘米，先端尖；种子柄细，长1.5-2.5厘米，径约2毫米 ……………… 3. **细柄买麻藤 G. gracilipes**
1. 种子无柄或几无柄；球花穗的环状总苞在开花时直立紧闭，或多少外展。
  5. 雄球花穗短小，有5-10轮环状总苞；种子长椭圆形或窄长圆状倒卵形，长（1.3-）1.6-2.2厘米，径0.4-0.9（-1.2）厘米；叶长4-10厘米，宽约2.5厘米 ……………… 4. **小叶买麻藤 G. parvifolium**
  5. 雄球花穗较长，有9-20轮环状总苞；种子长圆形，长（1.5-）1.9-2.1（-2.5）厘米，宽1.1-1.6厘米；叶长10-18厘米，宽3-8厘米 ……………… 5. **海南买麻藤 G. hainanense**

1. 买麻藤 倪藤　　图181 彩片148

Gnetum montanum Markgr. in Bull. Buitenz. ser. 3, 10(4): 406. t. 9. f. 5-8. 1930.

大藤本，长10米以上。小枝光滑，稀具细纵皱纹。叶长圆形，稀长圆状披针形或椭圆形，长10-25厘米，宽4-11厘米，先端具短钝尖头，基部圆或宽楔形，侧脉8-13对；叶柄长8-15毫米。雄球花穗有13-17轮环状总苞，每总苞内具雄花(20-)25-45；雌球花穗每轮总苞具雌花5-8。种子长圆状卵圆形或长圆形，长（1-）1.2-1.5（-2）厘米，径0.6-0.9（-1.2）厘米，熟时黄褐色或红褐色，光滑，有时被银白色鳞斑；种子柄长2-5毫米。花期6-7月，种子8-10月成熟。

图 181 买麻藤 （引自《图鉴》）

产广东、香港、海南、广西、云南及福建，生于海拔200-2700米林中。印度、锡金、不丹、缅甸、泰国、老挝及越南有分布。

［附］**球子买麻藤 Gnetum catasphaericum** H. Shao in Guihaia 14: 297. 1994. 本种与买麻藤的区别：种子近圆球形或宽椭圆形，长1.8-2.2厘米，宽1.4-2厘米；雄球花穗每轮苞片内具雄花55-70。花期4-5月，种子11-12成熟。产广西南部及云南。

2. 垂子买麻藤 短柄垂子买麻藤 无柄垂子买麻藤 图 182

Gnetum pendulum C. Y. Cheng in Acta Phytotax. Sin. 13(4): 88. f. 63. 1975.

Gnetum pendulum f. intermedium C. Y. Cheng; 中国植物志7: 496. 1978.

Gnetum pendulum f. subsessile C. Y. Cheng; 中国植物志 7: 496. 1978.

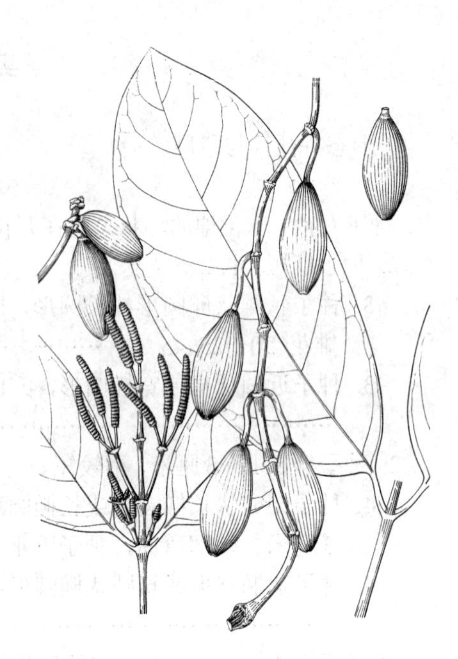

图 182 垂子买麻藤 (王金凤绘)

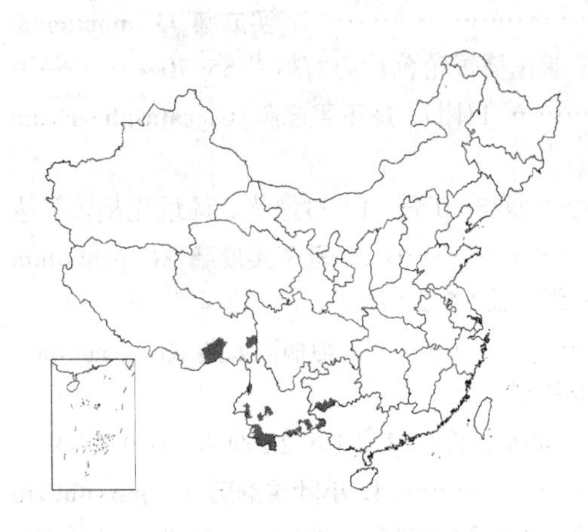

大藤本，皮灰褐色，密生突起的皮孔。叶窄长圆形或长圆状卵形，长10-18厘米，宽4-7厘米，先端尖或短渐尖，基部圆或宽楔形，侧脉8-10对；叶柄长达1.5厘米。雄球花序顶生，三至四回分枝；雄球花穗有（10-）16-20轮环状总苞，每轮总苞内具雄花45-70，上端总苞内具不育雌花14-16；雌球花序一次分枝，花穗具12-21轮，每轮总苞内具雌花10-12。种子倒卵状长椭圆形或长椭圆形，长3-4厘米，径达1.8厘米，先端钝圆或尖；种子柄长（0.5-）1.5-3厘米，稀近无柄，径2-3毫米，基部稍弯曲，种子下垂。

产广西西部、贵州东南部、云南南部及西藏东南部，生于海拔1200-2100米山地及峡谷林中。

3. 细柄买麻藤 图 183

Gnetum gracilipes C. Y. Cheng in Acta Phytotax. Sin. 13(4): 88. f. 64(1-3). 1975.

藤本，老枝多呈灰色。叶窄长圆形或窄椭圆形，稀椭圆形，长6-15厘米，宽2-5.5厘米，先端短渐尖或尖，基部楔形，稀圆形；叶柄较细，长约1厘米。上端总苞内具不育雌花10-14，雌球花序不分枝。种子包于光滑较薄的假种皮中，宽椭圆形或长圆状椭圆形，两端窄尖，长达3厘米，径约1.5厘米，先端尖或稍有尖头；种子柄长1.5-2.5厘米，径约2毫米。

产广西南部及云南东南部。

图 183 细柄买麻藤 (冀朝祯绘)

4. 小叶买麻藤 图 184

Gnetum parvifolium (Warb.) C. Y. Cheng ex Chun in Acta Phytotax.

Sin. 9: 386. 1964.

Gnetum scandens Roxb. var. parvifolium Warb. Monsunia 1: 196. 1900.

藤本，长4-12米，常较细弱，茎皮土棕色或灰褐色，皮孔较明显。叶椭圆形、窄长椭圆形或长倒卵形，长4-10厘米，宽约2.5厘米，先端尖或渐尖而钝，稀钝圆，基部宽楔形或微圆，侧脉细，在上面不甚明显，在下面则隆起，长短不等，不达叶缘即上弯，下面细脉亦明显；叶柄长5-8（10）毫米。雄球花穗长1.2-2厘米，有5-10轮环状总苞，每总苞内具雄花40-70，总苞内具不育雌花10-12；雌球花序一次三出分枝，花序梗长1.5-2厘米，雌球花穗每轮总苞具雌花5-8。种子长椭圆形或窄长圆状倒卵形，长（1.3-）1.6-2.2厘米，径（0.4）0.5-0.9（-1.2）厘米，假种皮红色，干后表面常有细纵皱纹，无种子柄或近无柄。

图 184 小叶买麻藤 （引自《图鉴》）

产福建、江西、湖南、广东、海南及广西，生于海拔100-1000米林中。

5. 海南买麻藤 罗浮买麻藤 图 185

Gnetum hainanensis C. Y. Cheng ex Y. F. Yu et al. in Novon 9: 1999.

Gnetum lofnense C. Y. Cheng; 中国植物志7: 501. 图版119. 1978; Fl. China 4: 105 1999.

藤本，较细弱。叶革质，有光泽，长圆状椭圆形或长圆状卵形，长10-18厘米，宽3-8厘米，网脉两面明显；叶柄长0.8-1.2厘米。雄球花序成三出聚伞花序或两对分枝，雄球花穗有9-20轮环状总苞，每总苞内具雄花60-80，上端总苞内有不育雌花9-20（-30）；雌球花序每一花穗有10-20轮环状总苞；每总苞内具雌花8-13。种子长圆状宽椭圆形，假种皮桔红色，长（1.5-）1.9-2.1（-2.8）厘米，径1.1-1.8厘米，先端急尖，无柄或几无柄。花期2-7月，种子7-12月成熟。

图 185 海南买麻藤 （张泰利会）

产福建南部、江西、广东、香港、海南、广西及贵州，生于海拔100-900米林中。

被子植物 ANGIOSPERMAE

（洪　涛）

被子植物是植物界分化程度最高、结构最复杂、适应性最强、经济价值最大的高等植物类群，全世界约有250000种，隶属于380余科，约30000属。我国被子植物资源极其丰富，有260余科，3100多属，约25000种，广布于热带、亚热带、温带及寒温带。

被子植物有乔木、灌木、亚灌木、藤本、一年生草本至多年生草本；大乔木中的桉树高可达150米；小草本中的无根萍长不及1毫米；大藤本攀援树干直达顶层林冠；某些耐荫的兰科、天南星科植物附生于树干；槲寄生、菟丝子的营养器官高度退化，不能进行光合作用，仅靠吸根附着于绿色植物获取养料成为寄生植物；大花草的根茎叶退化成丝状物，在寄主体上开出巨型花朵，径达45厘米，重达7公斤；茅膏菜、猪笼草、捕蝇草具有捕虫器官成为食虫植物；仙人掌科植物有高达20米的乔木型仙人柱，有径达1米的仙人球，有匍匐地面的仙人鞭。被子植物营养体的高度适应性和高水平的生理功能以及生殖器官的特化而使被子植物遍布全球各种生境，形成多种生态群落。

花是被子植物独具的有性生殖器官，典型的完全花由花萼、花冠、雄蕊群及雌蕊群等部分组成；花萼由萼片组成，有离萼或合萼；花冠由花瓣组成，有离瓣花或合瓣花；花萼及花冠合称花被，两被花具花萼及花冠；单被花仅具花萼，无花冠；无被花，花萼花冠均无，又称裸花；一朵花内所有的雄蕊总称为雄蕊群，单雌蕊具1个心皮，复雌蕊具多个心皮，雌蕊通常分子房、花柱和柱头三部分，柱头接受花粉，花粉管穿过花柱，进入胚囊，进行双受精作用，形成胚和胚乳。双受精作用是被子植物的重要特性。

被子植物分双子叶植物纲（**Dicotyledoneae**）和单子叶植物纲（**Monocotyledoneae**）。双子叶植物的种子具2枚子叶，通常主根发达；茎内维管束常排成圆筒状，具有形成层和次生组织；叶脉常为羽状或掌状网状脉；花部多为5或4基数，花粉多为3沟。单子叶植物的种子具1枚子叶，主根不发达，由不定根形成须根系或具肉质根；叶脉常为平行脉；花部常为3基数或其倍数，花粉多为单沟。

按照物种的亲缘关系对被子植物进行分门别类，建立一个被子植物自然分类系统，是近200多年以来，世界各国植物学家所努力追求的最高目标，至今已发表30多个分类系统，做出了巨大贡献，其中我国植物学创始人胡先骕教授创建了多元起源的有花植物分类系统，并认为各家分类系统虽有所不同，大体可分为两大派。

以恩格勒（H. G. A. Engler）为代表的一派确认被子植物的花系由裸子植物的球花演化而来，球花与葇荑花序在形态上类似，球花的每1鳞片演变为1朵单性无被花，单性花进而演变为两性花和双被花。以柏施（C. E. Bessey）为代表的另一派确认远祖的球花为两性，球花的下部鳞片渐变为萼片和花瓣，上部的鳞片渐变为雄蕊和心皮，球花中轴缩短形成花托。柏施认为有被花的花被退化演变为进化的无被花；恩格勒则认为无被花为原始型，演变为有被花。恩格勒认为单子叶植物较双子叶植物为原始；柏施则主张双子叶植物较为原始。

20世纪60年代以来，经过修订或提出的有花植物分类系统主要有7个，世界各国较广泛采用的是恩格勒（H. G. A. Engler）系统，但影响较大的是塔赫他间（A. Takhtajan）和克朗奎斯特（A. Cronquist）系统。

本书的被子植物各科排列顺序采用克朗奎斯特（1981）的分类系统（仅对个别科作了调整）。该系统的基本观点是：1. 被子植物起源于一类已经绝灭的种子蕨；2. 现代所有生活的被子植物各亚纲都不可能从现存的其他亚纲的植物进化而来；3. 木兰亚纲是被子植物基础的复合群，即毛茛复合群；4. 金缕梅亚纲仍为葇荑花序类植物，但不包括杨柳科等一些无关的科；5. 石竹亚纲由石竹目和与该目有直接亲缘关系的类群组成，本亚纲具有特立中央胎座或基底胎座，许多类群都含甜茶碱，只有几个科具合瓣花；6. 蔷薇亚纲具多数向心发育雄蕊，较进化的类群其子房具单胚珠和蜜腺花盘，绝大多数为离瓣花，少数为合瓣花或无瓣花；7. 五桠果亚纲具多数离心发育雄蕊，子房每室胚珠多于1枚；8. 菊亚纲包括进化较高级的合瓣科，雄蕊数稀多于花冠裂片数，单珠被胚珠具薄珠心；9. 单子叶植物起源于类似现代睡莲目的水生双子叶植物，具花被，心皮离生，单孔花粉，片状胎座；10. 单子叶植物的5个亚纲开拓了不同的生态龛或一组生态龛，泽泻亚纲多为水生，其他亚纲多为陆生；典型的槟榔亚纲植物常为乔木状，叶大而具柄，肉穗花序，除天南星外，其他类群均具发达的导管系统，棕榈类是该亚纲的顶峰；鸭跖草亚纲开拓了花退化和风媒传粉的途径，并演化至禾本科和莎草科；姜亚纲多数类群产于热带，陆生或附生，花整齐或不整齐，具蜜腺，子房下位；百合亚纲开拓了高度发展以虫媒传粉的途径，具花瓣状萼片和花瓣，心皮合生，多为陆生或附生草本，常具鳞茎、块茎或球茎，兰科是其演化的顶峰。

1. 木兰科 MAGNOLIACEAE

（刘玉壶　郭丽秀）

落叶或常绿，乔木或灌木。芽为盔帽状托叶包被。单叶互生，有时集生枝顶，全缘，稀分裂，羽状脉；托叶贴生叶柄或与叶柄离生，早落，托叶痕环状，如贴生于叶柄则叶柄具托叶痕。花大，单生枝顶或叶腋，稀2-3朵组成聚伞花序。常两性，稀杂性（雄花两性花异株）或单性异株；花被下具1或数枚佛焰苞状苞片；花被片6-9(-45)，2至多轮，每轮3(6)片，常稍肉质，有时外轮近革质，或萼片状；雄蕊及雌蕊均多数，分离，螺旋状排列于伸长花托上；花药线形，2室，内向或侧向纵裂，稀外向纵裂，花丝粗短，有时长，药隔具长或短尖头；雌蕊群无柄或具柄；心皮离生，稀基部或全部合生；每室2-14胚珠，两列着生于腹缝。聚合蓇葖果，果皮木质、骨质或革质，背缝、腹缝开裂或背腹缝同时开裂；稀连合呈厚木质或肉质不规则开裂，脱离中轴。种子1-12，成熟时由珠柄内抽出有弹性丝状木质部螺纹导管悬垂于蓇葖之外，外种皮红色肉质，内种皮硬骨质；稀果呈翅果状。种子胚细小，倒生，胚乳丰富，含油质。染色体基数x=19。

15属，约335种，主要分布于亚洲东南部，北美洲东南部，中美洲及大、小安的列斯群岛，墨西哥，南美洲哥伦比亚、委内瑞拉、巴西东部热带、亚热带及温带，以北回归线南北10度附近最盛。我国11属，165种，主产东南至西南部，东北及西北渐少。

1. 叶全缘，稀先端2裂；花药内向或侧向开裂；蓇葖果沿背缝或腹缝开裂或周裂，稀连成厚木质或肉质不规则开裂；种皮与果皮分离。
  2. 花顶生，雌蕊群无柄，稀具柄。
    3. 雌蕊群伸出雄蕊群，无柄，稀具短柄。
      4. 花两性，心皮离生，少数合生；蓇葖周裂。
        5. 每心皮3-12胚珠，每蓇葖3-12种子；叶革质，常绿乔木。
          6. 幼叶在芽内对折，托叶与叶柄连生，叶柄具托叶痕；雌蕊群无柄；蓇葖薄木质，背缝开裂，或背腹缝同时开裂 …………………………………… 1. **木莲属 Manglietia**
          6. 幼叶在芽内平展，托叶与叶柄离生，无托叶痕；雌蕊群具短柄；蓇葖厚木质；腹缝全裂及顶端2浅裂 …………………………………… 2. **华盖木属 Manglietiastrum**
        5. 每心皮2胚珠，每蓇葖1-2种子；叶纸质或厚革质，常绿或落叶。
          7. 心皮分离；蓇葖革质或近木质，背缝开裂，宿存于果轴 ……………… 3. **木兰属 Magnolia**
          7. 心皮合生，或基部合生；蓇葖木质或骨质，周裂，上部蓇葖单独或数个不规则脱落，下部蓇葖与悬挂种子宿存 …………………………………… 4. **盖裂木属 Talauma**
      4. 花两性、杂性（雄花、两性花）或单性异株，心皮合生；蓇葖背、腹缝开裂。
        8. 花两性或杂性（雄花、两性花异株），雌雄花内、外轮花被片近同形；心皮12-20，雌蕊群具柄；蓇葖木质，背缝及顶端开裂 …………………………………… 5. **拟单性木兰属 Parakmeria**
        8. 花单性异株，雄花花被片同形，雌花内、外轮花被片异形，心皮6-9，雌蕊群无柄；蓇葖革质，背缝开裂 …………………………………… 6. **焕镛木属 Woonyoungia**
    3. 雌蕊群不伸出雄蕊群，雌蕊群具柄 …………………………………… 7. **长蕊木兰属 Alcimandra**
  2. 花腋生，雌蕊群具柄。
    9. 心皮上部分离，常部分不发育；聚合果长穗状、蓇葖疏散，背缝开裂或背腹缝2瓣裂 …………………………………… 8. **含笑属 Michelia**
    9. 心皮合生或部分合生，全部心皮发育；蓇葖完全合生，形成稍肉质或厚木质聚合果，不规则开裂。
      10. 花被片18-21，心皮多数；蓇葖合生组成稍肉质聚合果，肉质外果皮不规则开裂，与内果皮一同脱落，果托及果皮中肋宿存 …………………………………… 9. **合果木属 Paramichelia**
      10. 花被片9，心皮9-13；蓇葖合生成厚木质、弯拱聚合果；每蓇葖裂为2个厚木质果瓣，干后单独或数个自中轴脱落；种子悬垂于丝状体上 …………………………………………………… 10. 观光木属 **Tsoongiodendron**

1. 叶4-10裂，先端近平截或缺裂；花药外向开裂；果翅果状，不裂，全部脱落，果轴宿存；种皮与果皮愈合……………………………………………………………………………………… 11. 鹅掌楸属 **Liriodendron**

1. 木莲属 Manglietia Bl.

常绿，稀落叶乔木。叶革质，全缘，幼叶在芽内对折；托叶包幼芽，下部贴生叶柄，叶柄具托叶痕。花单生枝顶。花两性，花被片9-13（-16），3片一轮，大小近相等，外轮3片，近革质，带绿或红色；花药线形，内向开裂，花丝短，药隔具短尖；雌蕊群无柄，心皮多数，离生，腹面几全部与花托愈合，背面具1条或近基部具数条纵沟纹，每心皮具4胚珠或更多。聚合果紧密，蓇葖薄木质，稀厚木质，宿存，背缝开裂，或背腹缝同时开裂，顶端具喙。

约30余种，分布于亚洲热带及亚热带，亚热带种类最多。我国22种，产长江流域以南，为常绿阔叶林主要树种。

1. 叶常绿。
 2. 果柄粗短，径1-1.3厘米；叶长20-50厘米。
  3. 叶倒卵形，长20-50厘米，下面被毛；聚合果长6.5-11厘米 …………………… 1. 大叶木莲 **M. megaphylla**
  3. 叶椭圆状长圆形或倒卵状长圆形，长20-36厘米，下面无毛，被乳突；聚合果长10-17厘米……………………………………………………………………………………… 2. 大果木莲 **M. grandis**
 2. 果柄细长，径0.4-1厘米；叶长12-25厘米。
  4. 幼枝、芽鳞、幼叶、托叶、叶柄、花梗、果柄均密被锈褐色绒毛 …………………… 3. 毛桃木莲 **M. moto**
  4. 幼枝、芽鳞、叶下面及花梗均疏被红褐色平伏短毛 ………………………………… 4. 桂南木莲 **M. chingii**
   5. 聚合果近球形，蓇葖基部着生于果托，先腹缝开裂，后背缝开裂；花白色 ……………………………………………………………………………………… 5. 香木莲 **M. aromatica**
   5. 聚合果非球形，蓇葖腹面全部或大部着生于果托，先背缝开裂，后腹缝开裂；花白、红或紫红色。
    6. 雌蕊群被长毛；聚合果疏被毛 ………………………………………………… 6. 川滇木莲 **M. duclouxii**
    6. 雌蕊群无毛；聚合果无毛。
     7. 花蕾长圆状椭圆形；雌蕊群圆柱形 ……………………………………………… 7. 红花木莲 **M. insignis**
     7. 花蕾球形或椭圆形；雌蕊群卵圆形或长圆状卵圆形。
      8. 叶两面无毛。
       9. 叶革质，倒披针形、窄倒卵状长圆形或窄长圆形，长8-14厘米，侧脉8-12对 ……………………………………………………………………… 8. 乳源木莲 **M. yuyuanensis**
       9. 叶薄革质，倒卵状椭圆形，长14-18(-20)厘米，侧脉13-15对 ……………………………………………………………………… 9. 巴东木莲 **M. patungensis**
      8. 叶两面稍被毛。
       10. 叶革质，边缘稍内卷；外轮花被片长圆状椭圆形；花柱长约1毫米，每心皮8-10胚珠 ……………………………………………………………………… 10. 木莲 **M. fordiana**
       10. 叶薄革质，边缘波状；外轮花被片倒卵形；花柱不明显，每心皮5-8胚珠 ……………………………………………………………………… 11. 海南木莲 **M. hainanensis**

1. 叶脱落 ……………………………………………………………………………… 12. 落叶木莲 **M. decidua**

1. 大叶木莲 图186 彩片149

Manglietia megaphylla Hu et Cheng in Acta Phytotax. Sin. 1(2): 158. 1951.

乔木，高达40米。小枝、叶下面、叶柄、托叶、果柄、佛焰苞状苞片均密被锈褐色长绒毛。叶革质，常5-6片集生枝端，倒卵形，长25-50厘米，先端短尖，2/3以下渐窄，下面被毛，侧脉20-22对；托叶痕为叶柄的1/3-2/3。花梗粗；花被片肉质，9-10，3轮，外轮3片倒卵状长圆形，长4.5-5厘米，内2轮较窄小；雄蕊群被长柔毛，雄蕊长1.2-1.5厘米，花药长0.8-1厘米；雌蕊群卵圆形，长2-2.5厘米，心皮60-75，心皮长约1.5厘米，子房具纵沟直达花柱顶端。聚合果卵球形或长圆状卵圆形，长6.5-11厘米，蓇葖长2.5-3厘米，背缝及腹缝开裂；果柄粗壮，径1-1.3厘米。花期6月，果期9-10月。

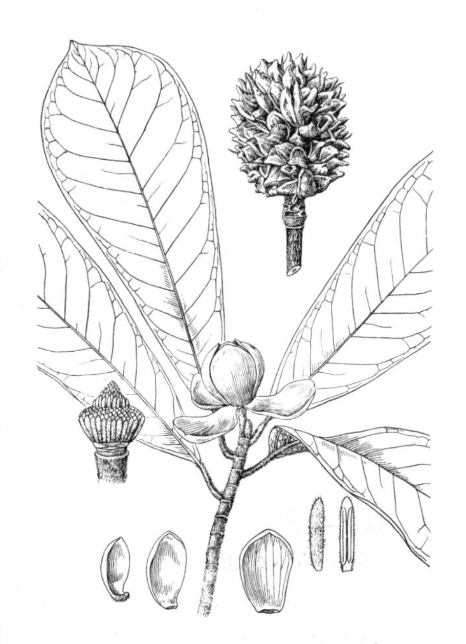

图 186 大叶木莲 （邓盈丰绘）

产广西西部及西南部、云南东南部、贵州西南部，生于海拔450-1500米山地林中、沟边。木材纹理细致，材质轻软，易加工，耐久，是建筑、家具、胶合板等用材。

2. 大果木莲 图 187：1-10 彩片 150

Manglietia grandis Hu et Cheng in Acta Phytotax. Sin. 1(2)：158. 1951.

乔木，高达12米。叶革质，椭圆状长圆形或倒卵状长圆形，长20-36厘米，先端钝尖或骤短尖，基部宽楔形，两面无毛，下面被乳点，常灰白色，干时网脉明显；托叶痕为叶柄的1/4-1/3。花红色，花被片12，外轮3片较薄，倒卵状长圆形，长9-11厘米，内3轮肉质，倒卵状匙形，长8-12厘米；雄蕊长1.4-1.6厘米，花药长约1.3厘米；雌蕊群卵圆形，长约4厘米，每心皮背面中肋凹至花柱顶端。聚合果长圆状卵圆形，长10-17厘米，果柄粗壮，径1.3厘米；蓇葖长3-4厘米，背缝及腹缝开裂，顶端尖，微内曲。花期5月，果期9-10月。

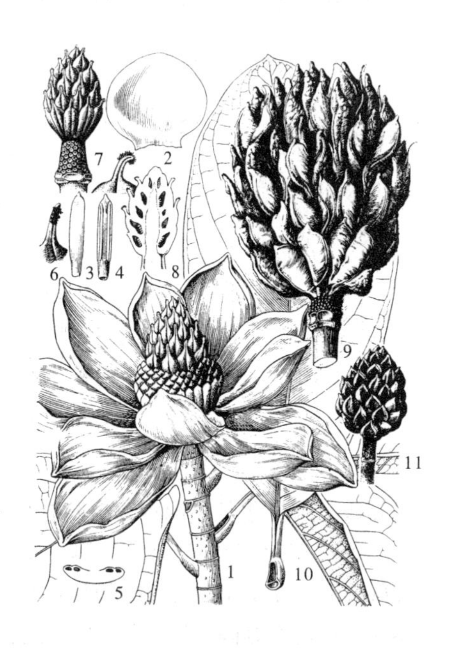

图 187：1-10. 大果木莲 11. 毛桃木莲 （邓盈丰绘）

产广西西南部及云南东南部，生于海拔1200米山谷密林中。木材细致、耐久，供建筑及家具用材。

3. 毛桃木莲 图 187：11

Manglietia moto Dandy in Notes Roy. Bot. Gard. Edinb. 16: 128. 1928.

乔木，高达14米。幼枝、芽、幼叶、托叶、叶柄、果柄均密被锈褐色绒毛。叶革质，倒卵状椭圆形、窄倒卵状椭圆形或倒披针形，长12-25厘米，先端短钝尖或渐尖，基部楔形或宽楔形，下面被锈褐色绒毛，沿中脉较密；托叶痕长约叶柄的1/3。花梗长

6-12厘米；花芳香；花被片9，乳白色，长6-7.5厘米，外轮3片近革质，长圆形，中轮3片肉质，倒卵形，内轮3片肉质，倒卵状匙形；雄蕊群红色，雄蕊长1.1-1.3厘米，花药长约1厘米；雌蕊群卵圆形，长约2厘米，基部心皮背面具4-6纵棱，上部心皮具1浅纵沟，每心皮6-8胚珠。聚合果卵球形，长5-7厘米，蓇葖被疣状凸起，顶端喙长2-3毫米。花期5-6月，果期8-12月。

产湖南南部、广东及广西，生于海拔400-1200米山地黄壤林中。

4. 桂南木莲 图188 彩片151

Manglietia chingii Dandy in Journ. Bot. 69: 232. 1931.

乔木，高达20米。芽、幼枝疏被红褐色平伏短毛。叶革质，倒披针形或窄倒卵状椭圆形，长12-20厘米，先端短渐尖或钝，基部窄楔形或楔形，下面灰绿色，幼叶被微硬毛或白粉；叶柄长2-3厘米，托叶痕长3-5毫米。花梗细，弯垂，长4-7厘米，花被下具环状苞片痕；花被片9-11，外轮3片绿色，质较薄，椭圆形，先端圆，长4-5厘米，中轮肉质，倒卵状椭圆形，长5-5.5厘米，内轮肉质，倒卵状匙形，长4-4.5厘米；雄蕊长约1.5厘米，花药长8-9毫米；雌蕊群长1.5-2厘米，下部心皮长约1厘米，背面具3-4纵沟。聚合果卵圆形，长4-5厘米，蓇葖被疣点，顶端具短喙。内种皮具突起点。花期5-6月，果期9-10月。

产广东北部及西南部、广西、云南东南部、贵州、湖南，生于海拔700-1300米砂页岩山地或山谷潮湿地。越南北部有分布。木材供建筑、家具、细木工用；也作庭园观赏树种。广西用其皮代厚朴，称野厚朴。

图188 桂南木莲（引自《广东植物志》）

5. 香木莲 图189 彩片152

Manglietia aromatica Dandy in Journ. Bot. 69: 231. 1931.

乔木，高达35米；除芽被白色平伏毛外，全株无毛，各部揉碎有芳香。幼枝淡绿色。顶芽椭圆形，长约3厘米。叶薄革质，倒披针状长圆形或倒披针形，长15-22厘米，先端短渐尖或渐尖，1/3以下渐窄至基部稍下延，网脉稀疏，干时两面凸起；托叶痕长为叶柄的1/4-1/3。花梗粗短，果时长1-1.5厘米，径0.6-1厘米，苞片痕在花下5-7毫米；花被片11-12，白色，4轮，外轮3片近革质，倒卵状长圆形，长7-11厘米，内轮厚肉质，倒卵状匙形，基部具爪，较大；雄蕊约100枚，长1.5-1.8厘米；雌蕊群卵球形，长1.8-

图189 香木莲（邓盈丰绘）

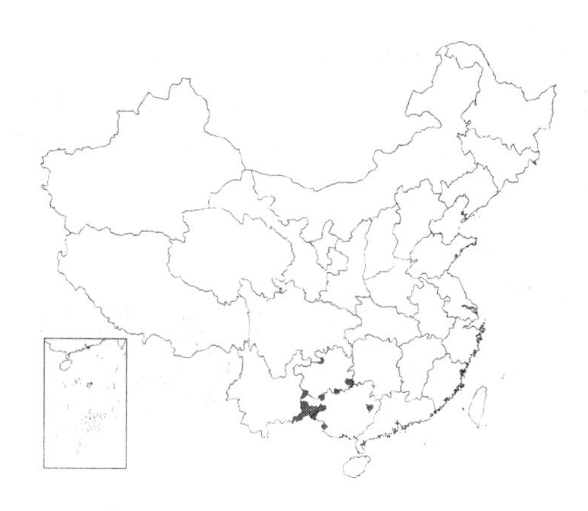

2.4厘米。聚合果鲜红色，近球形或卵状球形，径7-8厘米；蓇葖基部着生于果托，先腹缝开裂，后背缝开裂。花期5-6月，果期9-10月。

产广西西南部、云南东南部及贵州，生于海拔900-1600米山地、丘陵常绿阔叶林中。

图 190 川滇木莲 （仿《中国植物志》）

6. 川滇木莲 古蔺厚朴 图 190

Manglietia duclouxii Finet et Gagnep. In Bull. Soc. Bot. France 52: Mém. 4: 33. 1905.

乔木，高6米。叶薄革质，倒披针形或倒卵状窄椭圆形，长8-13厘米，先端渐尖，基部楔形，两面无毛，上面深绿色，中脉凹下，下面灰绿色；叶柄长1-2.3厘米，上面具窄沟，托叶痕长约叶柄的1/3。花梗无毛，具佛焰苞状苞片；花被片9，肉质，外轮3片红色，被疣状凸起，内2轮倒卵形，长2.8-4.5厘米，紫红色，具爪，基部厚，具横纹；雄蕊长1-1.2厘米，花药长6-7毫米，药室稍分离；雌蕊群窄椭圆形，长7-8毫米，被长毛，花柱长2-3毫米，每心皮5胚珠，2列。聚合果卵状椭圆形，疏被毛，长5-6厘米。花期5-6月，果期9-10月。

产云南及四川东南部，生于海拔1350-2000米常绿阔叶林中。越南北部有分布。四川用树皮代厚朴，称古蔺厚朴。

7. 红花木莲 图 191 彩片 153

Manglietia insignis (Wall.) Bl. Fl. Jav. Magnol. 22: in obs, 1828.
Magnolia insignis Wall. Tent. Fl. Nepal. Illustr. 3: t. 1. 1824.

乔木，高达30米。小枝无毛或幼时节上被锈色或黄褐色柔毛。叶革质，长圆形、长椭圆形或倒披针形，长10-26厘米，先端渐尖或尾尖，自2/3以下渐窄至基部，下面中脉被红褐色柔毛或疏被平伏微毛；叶柄长1.8-3.5厘米，托叶痕长0.5-1.2厘米。花蕾长圆状椭圆形，花芳香，花梗粗，径0.8-1厘米，花被片下约1厘米处具环状苞片痕，花被片9-12，外轮3片褐色，内面带红或紫红色，倒卵状长圆形，长约7厘米，外曲，中内轮直立，乳白带粉红色，倒卵状匙形，长5-7厘米，1/4以下渐

图 191 红花木莲 （肖 溶 绘）

窄成爪；雄蕊长1-1.8厘米，2药室稍分离；雌蕊群圆柱形，无毛，长5-6厘米，心皮背面具浅沟。聚合果鲜时紫红色，卵状长圆柱形，无毛，长7-12厘米；蓇葖背缝全裂，被乳头状突起。花期5-6月，果期8-9月。

产湖南西南部、广西、云南、贵州、四川西南部及西藏东南部，生于海拔900-1200米林中。尼泊尔、印度东北部、缅甸北部有分布。木材优良，供制家具等用；花美丽，作庭园观赏树种。

8. 乳源木莲 图 192

Manglietia yuyuanensis Law in Bull. Bot. Res. (Harbin) 5(3): 125. 1985.

乔木，高达8米；除芽鳞被金黄色平伏柔毛外余无毛。叶革质，倒披针形、窄倒卵状长圆形或窄长圆形，长8-14厘米，先端尾尖稍弯或渐尖，基部宽楔形或楔形，边缘稍背卷，两面无毛，侧脉8-12对；叶柄长1-3厘米，上面具沟，托叶痕长3-4毫米。花梗长1.5-2厘米，径约4毫米，具环状苞片痕；花被片9，外轮3片带绿色，薄革质，倒卵状长圆形，长约4厘米，中轮及内轮肉质，白色，较短小，中轮倒卵形，内轮窄倒卵形；雄蕊长4-7毫米，花药长3-5毫米；雌蕊群椭圆状卵圆形，长1.3-1.8厘米，下部心皮窄椭圆形，长7-8毫米，具3-5纵棱。聚合果卵圆形，长2.5-3.5厘米。花期5月，果期9-10月。

图 192 乳源木莲 （余 峰 绘）

产安徽南部、浙江、福建、江西、湖南南部及广东北部，生于海拔700-1200米林中。

9. 巴东木莲 图 193 彩片 154

Manglietia patungensis Hu in Acta Phytotax. Sin. 1(3-4): 335. 1951.

乔木，高达25米，树皮淡灰褐带红色。叶薄革质，倒卵状椭圆形，长14-18(-20)厘米，先端尾尖，基部楔形，两面无毛，侧脉13-15对，上面中脉凹下；托叶痕长为叶柄的1/5-1/7。花白色，芳香，径8.5-11厘米。花梗长约1.5厘米，花被片下0.5-1厘米处具苞片痕；花被片9，外轮3片近革质，窄长圆形，先端圆，长4.5-6厘米，中轮及内轮肉质，倒卵形，较宽；雄蕊长6-8毫米，花药紫红色，长5-6毫米，药室基部靠合，有时上端稍分开；雌蕊群圆锥形，长约2厘米，雌蕊背面无纵沟纹，每心皮4-8胚珠。聚合果圆柱状椭圆形，长5-9厘米，径2.5-3厘米，淡紫红色；蓇葖被点状凸起。花期5-6月，果期7-10月。

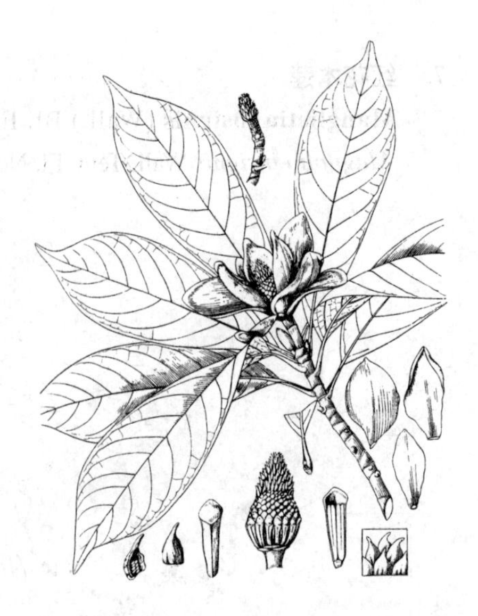

图 193 巴东木莲 （邓晶发绘）

产湖北西部、湖南西北部及四川东南部，生于海拔600-1000米密林中。树皮可代厚朴。

10. 木莲 图 194

Manglietia fordiana Oliv. in Hook. Icon. Pl. 20(3): t. 1953. 1891.

乔木，高达20米。幼枝及芽被红褐色短毛，后脱落无毛。叶革质、窄倒卵形、窄椭圆状倒卵形或倒披针形，长8-17厘米，先端稍骤短钝尖，基部楔形，沿叶柄稍下延，边缘稍内卷，下面疏被红褐色短毛；叶柄长1-3厘米，基部稍膨大，托叶痕半椭圆形，长3-4毫米。花梗长 0.6-1.1厘米，径0.6-1厘米，被红褐色短柔毛；花被片白色，外轮3片，近革质，凹入，长圆状椭圆形，长6-7厘米，内2轮稍小，肉质，倒卵形；雄蕊长约1厘米，花药长约8毫米；雌蕊群长约1.5厘米，心皮23-30，基部心皮长5-6毫米，径3-4毫米，花柱长约1毫米；每心皮8-10胚珠，2列。聚合果褐色，卵球形，长2-5厘米；蓇葖被粗点状凸起。种子红色。花期5月，果期10月。

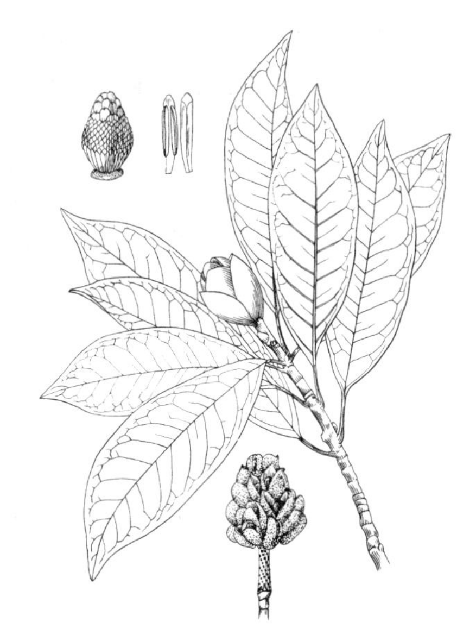

图 194 木莲 （引自《图鉴》）

产浙江、福建、江西、安徽、湖南、广东、广西、贵州及云南，生于海拔1200米花岗岩、砂岩山地丘陵林中。木材供板料、细木工用材；果及树皮入药，治便秘及干咳。

11. 海南木莲 图 195 彩片 155

Manglietia hainanensis Dandy in Journ. Bot. 68: 204. 1930.

乔木，高达20米。芽、小枝常稍被红褐色平伏短柔毛。叶薄革质，倒卵形、窄倒卵形或窄椭圆状倒卵形，稀窄椭圆形，长10-16(-20)厘米，边缘波状，先端尖或渐尖，基部楔形，沿叶柄稍下延，下面疏被红褐色平伏微毛；叶柄细，基部稍膨大，托叶痕半圆形。花梗长0.8-4厘米，苞片痕紧靠花被片基部或近基部；花被片9，外轮3片薄革质，倒卵形，绿色，长5-6厘米，先端浅缺，内2轮白色，带肉质，倒卵形，较小；雄蕊群红色，雄蕊长约1厘米；雌蕊群长1.5-2厘米，心皮18-32，每心皮5-8胚珠，花柱不明显。聚合果褐色，卵圆形或椭圆状卵圆形，长5-6厘米。种子红色，稍扁，长7-8毫米。花期4-5月，果期9-10月。

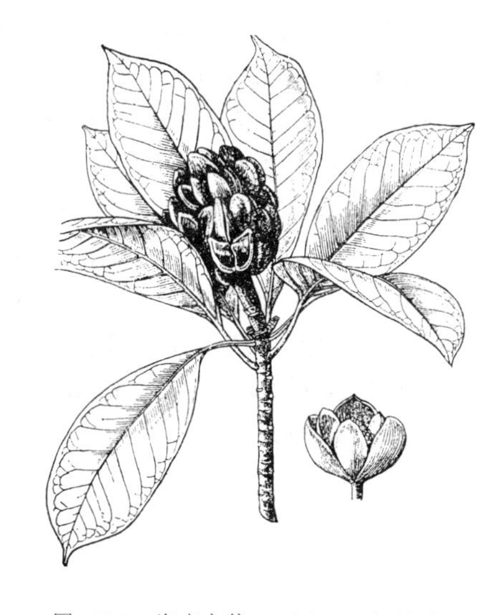

图 195 海南木莲 （引自《广东植物志》）

海南特产，生于海拔300-1 200米溪边或林中。材质坚硬，为海南优质木材。

12. 落叶木莲 华木莲 图 196

Manglietia decidua Q. Y. Zheng in Journ. Nanjing For. Univ. 19(1): 1955.

Sinomanglietia glauca Z. X. Yu et Q. Y. Zheng in Acta Angr. Univ. Jiangxien. 16(2): 302. 1994.

落叶乔木，高约15米。芽及小枝无毛。叶革质，长圆状倒卵形、长圆状椭圆形或椭圆形，长14-20厘米，先端钝或短尖，基部楔形，上面深绿色，无毛，下面粉绿色，初被白色丝状柔毛，后渐脱落，边缘微反卷；叶柄长2.5-4.6（-6）厘米。花蕾具1佛焰苞状苞片；花梗长约1厘米，初被柔毛。花黄色，花被片15（16）片，外轮花被片长圆状椭圆形，长7-7.4厘米，向内渐窄，内轮花被片披针形或线形，长5.5-6厘米；雄蕊长6-7毫米，花药长4-5毫米；雌蕊群长约1厘米，心皮15-22，每心皮6-8胚珠。聚合果卵圆形或近球形，长4.7-7厘米，成熟时沿果轴从顶部至基部开裂，后反卷；蓇葖沿腹缝及几沿背缝全裂。种子红色。

图 196 落叶木莲 （孙英宝绘）

产江西宜春，生于海拔约580米林中。为本属唯一落叶树种，树干挺直，花果美丽，应保护和引栽。

2. 华盖木属 Manglietiastrum Law

常绿大乔木，高达40米，胸径1.2米，树皮灰白色，细纵裂，树干基部稍具板根；全株无毛。叶革质，窄倒卵形或窄倒卵状椭圆形，长15-26（-30）厘米，先端钝圆，基部窄楔形，两面中脉凸起，全缘，侧脉13-16对；叶柄长1.5-2厘米，幼叶不对折，托叶与叶柄离生，无托叶痕。花两性，单生枝顶。花被片9，3轮，外轮最大；雄蕊约65，花丝短，花药线形，药室内向开裂，药隔长尖；雌蕊群柄粗短，果时长约1厘米；心皮13-16，相互连着，受精后全部合生，每心皮3-5胚珠。聚合果倒卵圆形或椭圆形，蓇葖厚木质，腹缝全裂及顶端2浅裂。每蓇葖种子1-3，垂悬于珠柄内抽出丝状木质部螺纹导管上，种子横椭圆形。

特有单种属。

图 197 华盖木 （邓盈丰绘）

华盖木 图 197 彩片 156

Manglietiastrum sinicum Law in Acta Phytotax. Sin. 17(1): 73. 1979.

形态特征同属。

产云南东南部，生于海拔1300-1500米山沟常绿阔叶林中。

3. 木兰属 Magnolia Linn.

落叶，稀常绿，乔木或灌木。小枝具环状托叶痕。叶膜质、纸质或革质，互生，有时密集成近轮生，全缘，稀先端2浅裂；托叶膜质，贴生叶柄，叶柄具托叶痕，稀无托叶痕（荷花玉兰），幼叶在芽内对折。花常芳香，大而美丽，单生枝顶，稀2-3朵顶生，两性，先叶开花或与叶同放。花梗具几个环状苞片痕；花被片9-21(-45)片，每轮3-5片，近相等，有时外轮花被片萼片状；雄蕊早落，花丝扁平，药隔短尖或长尖，稀不延伸，药室内向、内侧向或侧向开裂；雌蕊群无柄；心皮分离，多数或少数，花柱外弯，沿柱头面具乳头状突起，每心皮2胚珠，稀下部心皮3-4胚珠。聚合果常因部分心皮不育偏斜弯曲；蓇葖革质或近木质，分离，稀连合，背缝开裂，宿存于果轴。种子1-2，外种皮橙红或鲜红色，肉质，含油分，内种皮坚硬，种脐具丝状木质部螺纹导管与胎座相连，悬挂于果外。

约90种，产亚洲东南部温带及热带、印度东北部、马来群岛、日本、北美洲东南部、美洲中部及大、小安的列斯群岛。我国约31种。

1. 花药内向开裂；落叶或常绿，先叶开花；内外轮花被片相似，外轮花被片非萼片状。
 2. 托叶与叶柄连生，叶柄具托叶痕；种子长圆形或心形，侧扁。
  3. 常绿；托叶痕几达叶柄全长；花梗具2-4苞片痕。
   4. 叶柄长4-11厘米。
    5. 花梗长约8厘米，弯垂；叶倒卵状长圆形，长20-65厘米 ………………………… 1. **大叶玉兰 M. henryi**
    5. 花梗长3-4厘米，直立；叶卵形、长卵形或椭圆形，长10-20(-32)厘米 …… 2. **山玉兰 M. delavayi**
   4. 叶柄长0.5-2.5厘米。
    6. 全株无毛 ……………………………………………………………………………… 3. **夜香木兰 M. coco**
    6. 芽、幼枝、幼叶下面、叶柄及花梗均被淡褐色毛 ………………………… 4. **长叶木兰** M. **paenetalauma**
  3. 落叶；托叶痕为叶柄长1/3-2/3或几达叶柄全长；花梗具1个苞片痕。
   7. 叶近轮生，集生枝端，互生于新枝；花直立。
    8. 芽、幼叶下面被红褐色弯曲长柔毛；蓇葖具长6-8毫米弯喙 ………………… 5. **长喙厚朴 M. rostrata**
    8. 芽无毛，幼叶下面被白色长毛；蓇葖具长3-4毫米喙。
     9. 叶先端骤短尖或钝圆 ……………………………………………………………… 6. **厚朴 M. officinalis**
     9. 叶先端凹缺，具2钝圆浅裂片 ……………………… 6(附). **凹叶厚朴 M. officinalis** subsp. **biloba**
   7. 叶互生于枝上；花盛开时下垂或平展。
    10. 小枝紫红或红褐色；叶中部以下最宽，托叶痕几达叶柄全长。
     11. 叶椭圆状卵形或长圆状卵形，长6.5-12（-20）厘米，下面密被银灰色平伏长柔；毛花盛开时下垂 …………………………………………………………………………… 7. **西康玉兰 M. wilsonii**
     11. 叶椭圆状卵形、宽卵形或椭圆形，长10-24厘米，下面被红褐色卷曲长柔毛；花盛开时稍下垂或平展 ………………………………………………………………………… 8. **毛叶玉兰 M. globosa**
    10. 小枝淡灰黄或灰褐色；叶中部以上最宽，托叶痕达叶柄长1/2-2/3。
     12. 叶倒卵形、宽倒卵形或倒卵状椭圆形，稀近圆形，侧脉9-13对，下面被淡灰黄色长柔毛；花盛开时下垂 ……………………………………………………………………… 9. **圆叶玉兰 M. sinensis**
     12. 叶倒卵形或宽倒卵形，侧脉6-8对，叶下面被褐色及白色多细胞毛并散生金黄色腺点；花盛开时稍弯垂 ……………………………………………………………………… 10. **天女木兰 M. sieboldii**
 2. 叶柄无托叶痕；花径15-20厘米；聚合果径4-5厘米；种子近卵圆形，两侧不扁；叶常绿…………………………………………………………………………………………… 11. **荷花玉兰 M. grandiflora**
1. 花药内侧向开裂或侧向开裂；落叶，先叶开花或花叶同放；内外轮花被片近似或外轮花被片萼片状。
 13. 花被片大小近相等，非萼片状；先叶开花。
  14. 花被片12-14，玫瑰红色，具深紫色纵纹 …………………………………… 12. **武当木兰 M. sprengeri**
  14. 花被片9-12。
   15. 花被片长圆状倒卵形。
    16. 花被片白色，有时基部带粉红色，外轮与内轮近等长；花凋谢后发叶 … 13. **玉兰 M. denudata**

16. 花被片淡红或深红色，外轮稍短或为内轮长2/3；花期延至出叶 ………… 14. **二乔木兰 M. soulangeana**

15. 花被片近匙形或倒披针形。

17. 叶倒卵状长圆形或长圆形，先端宽圆，具短突尖，侧脉8-10对；花被片白色，中下部淡紫红色，长7-8厘米 ………………………………………………………………………… 15. **宝华玉兰 M. zenii**

17. 叶宽倒披针形或倒披针状椭圆形，先端渐尖或尾尖，尖头长0.5-2厘米，侧脉10-13对；花被片红或淡红色，长5-6.5厘米 ………………………………………………………… 16. **天目木兰 M. amoena**

13. 花被片外轮与内轮不等，外轮萼片状，常早落；先叶开花、与叶同放或稍后叶开放。

18. 先叶开花；叶基部不下延，托叶痕长不及叶柄1/2。

19. 聚合果蓇葖分离，常部分心皮不育而扭曲 ……………………………………… 17. **望春玉兰 M. biondii**

19. 聚合果蓇葖紧密结合不弯曲 ……………………………………………………… 18. **黄山木兰 M. cylindrica**

18. 花叶同放或稍后叶开放；叶基部下延，托叶痕达叶柄长1/2；瓣状花被片紫或紫红色 ……………………………………………………………………………………………… 19. **紫玉兰 M. liliflora**

1. 大叶玉兰 图198 彩片157

Magnolia henryi Dunn in Journ. Linn. Soc. Bot. 35: 484. 1903.

常绿乔木，高达20米。叶革质，倒卵状长圆形，长20-65厘米，先端钝圆或尖，基部宽楔形，下面疏被平伏柔毛，侧脉14-20对，网脉稀疏；叶柄长4-11厘米，幼时被平伏毛，托叶痕几达叶柄顶端。花蕾卵圆形；花梗弯垂，长约8厘米，具2苞片痕；花被片9，外轮3片绿色，卵状椭圆形，先端钝圆，长约6厘米，中内轮乳白色，肉质，倒卵状匙形，较窄小；雄蕊长约1.5厘米，花药长1-1.2厘米，内向开裂，药隔尖或钝尖；雌蕊群窄椭圆形，长3.5-4厘米，心皮85-95，心皮窄长椭圆形，长1.5-2厘米，背面4-5棱。聚合果卵状长椭圆形，长10-15厘米，径3-5厘米。花期5月，果期8-9月。

图 198 大叶玉兰（肖 溶 绘）

产云南南部，生于海拔540-1500米密林中。缅甸及泰国有分布。

2. 山玉兰 图199 彩片158

Magnolia delavayi Franch. Pl. Delav. 33. t. 9-10. 1889.

常绿乔木，高达12米。叶厚革质，卵形、长卵形或椭圆形，长10-20(-32)厘米，先端钝圆，稀微缺，基部宽圆，有时微心形，边缘波状，上面初被卷曲长柔毛，后脱落无毛，下面密被交织长绒毛及白粉，后仅脉上疏被毛，侧脉明显，网脉密；叶柄长5-7(-10)厘米，初密被柔毛，托叶痕几达叶柄顶端。花梗直立，长3-4厘米；花芳香，杯状，径15-20厘米；花被片9-10，外轮3片淡绿色，长圆形，外卷，内2轮乳白色，倒卵状匙形，较大，内轮较窄；雄蕊约210，长1.8-2.5厘米，花药内向开裂，药隔三角锐尖；雌蕊群卵圆形，长3-4厘米，心皮约100，被淡黄色柔毛。聚合果卵状长圆形，长9-15(-20)厘米；蓇葖窄椭圆形，背缝2瓣全裂。花期4-6月，果期8-10月。

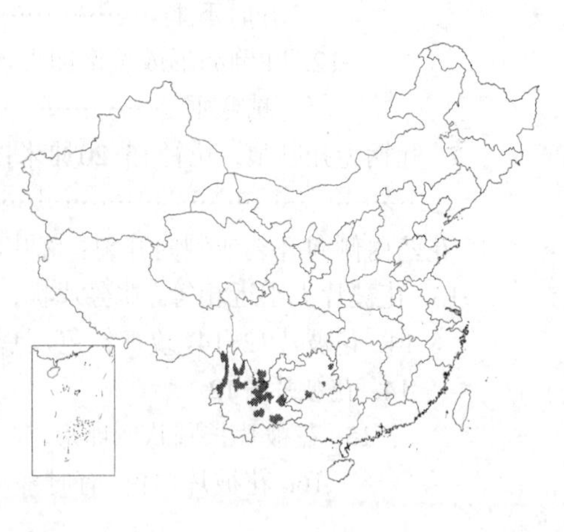

产云南、贵州及四川西南部，生于海拔1500-2800米石灰岩山地阔叶林中或沟边坡地。为珍贵庭园观赏树种，也是分布区内重要造林树种。

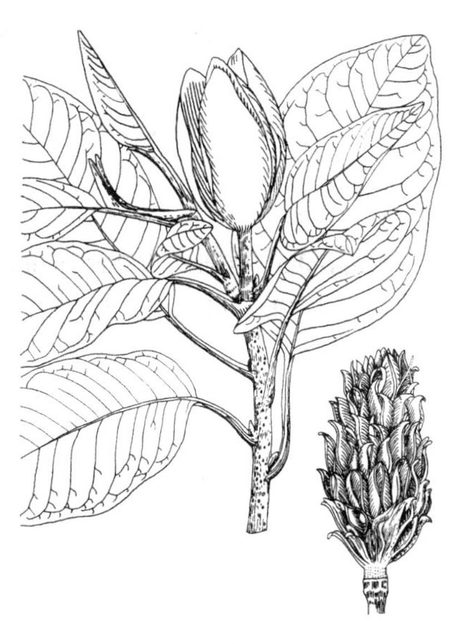

图 199 山玉兰（引自《图鉴》）

3. 夜香木兰 夜合花 图 200

Magnolia coco（Lour.）DC. Syst. 1: 459. 1818.

Liriodendron coco Lour. Fl. Cochinch. 347. 1790.

常绿小乔木，高达4米，或成灌木状。全株无毛。叶革质，椭圆形、窄椭圆形或倒卵状椭圆形，长7-14(-28)厘米，先端长渐尖，基部楔形，上面深绿色，有光泽，稍波皱，边缘稍反卷，网脉稀疏，干时两面凸起；叶柄长0.5-1厘米，托叶痕达叶柄顶端。花梗弯垂，具3-4苞片痕；花球形，径3-4厘米，夜间极香；花被片9，肉质，倒卵形，腹面凹，外轮3片带绿色，长约2厘米，内2轮白色，长3-4厘米；雄蕊多数，白色，长4-6毫米，花药长约3毫米，内向开裂，药隔短尖；雌蕊群绿色，卵圆形，长1.5-2厘米，心皮约10，窄卵圆形，长5-6毫米。聚合果长3-5厘米，蓇葖近木质。种子卵圆形，长约1厘米。花期夏季，果期秋季。

产福建及广东，生于海拔600-900米湿润肥沃土壤林下；浙江、广东、广西及云南栽培。越南有分布，现广泛栽植于亚洲东南部。枝叶婆娑，花朵白色，入夜香气浓郁，为华南著名庭园观赏树种。花可提取香精，亦可用于熏茶。根皮入药，可散瘀除湿，治风湿跌打，花治淋浊带下。

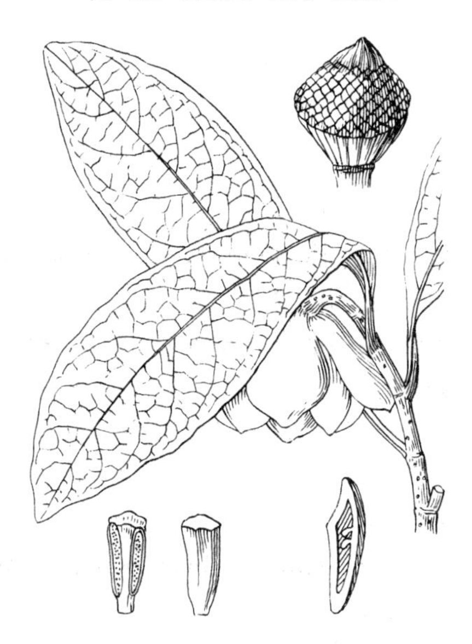

图 200 夜香木兰（引自《图鉴》）

4. 长叶木兰 图 201 彩片 159

Magnolia paenetalauma Dandy in Journ. Bot. 68: 206. 1930.

常绿小乔木，高达11米。幼枝、幼叶下面、叶柄、花梗均被淡褐色毛，老时脱落。叶薄革质，干时质脆，窄椭圆形、窄倒卵形或倒卵状披针形，长9-15(-30)厘米，先端长渐尖，基部楔形，边缘波状，侧脉12-15对；叶柄长1.5-2厘米，托叶痕几达叶柄顶端，边缘隆起。花梗花时下弯，果时近直立，长1.5-3厘米；花芳香，花被片9，外轮3片近革质，淡蓝绿色，长圆状椭圆形，长2.5-3.5厘米，内2轮白色，肉质，倒卵形或倒卵状匙形，长2-3厘米；雄蕊长0.6-1厘米，药室长5毫米，内向开裂；心皮被黄色毛。聚合果褐色，椭圆形，长

图 201 长叶木兰（余 峰 绘）

约5厘米；蓇葖具短喙，顶端平截，背缝开裂反卷。花期4-6月，果期9-10月。

产广东、海南、广西及贵州南部，生于海拔1000米沙土、花岗岩山地及丘陵山坡、溪边。越南北部有分布。为优美观赏树种。

5. 长喙厚朴 图 202

Magnolia rostrata W. W. Smith in Notes Roy. Bot. Gard. Edinb. 12: 213. 1920. excl. descr. fl.

落叶乔木，高达25米。顶芽、幼枝被红褐色皱曲长柔毛，腋芽圆柱形，无毛。叶坚纸质，7-9集生枝端，倒卵形或宽倒卵形，长34-50厘米，先端宽圆，具骤短尖，或2浅裂，基部宽楔形、圆或心形，下面苍白色，被红褐色弯曲长柔毛；托叶痕凸起，约为叶柄长1/3-2/3。花后放叶，芳香，径8-9厘米；花被片9-12，外轮3片绿带粉红色，内面粉红色，长圆状椭圆形，长8-13厘米，反卷，内2轮常4片，白色，直立，倒卵状匙形，长12-14厘米，具爪；雄蕊群紫红色，花药长约1厘米，内向开裂。聚合果圆柱形，直立，长11-20厘米，径约4厘米，近基部宽圆向上渐窄；蓇葖具长6-8毫米弯喙。种子扁，长约7毫米。花期5-7月，果期9-10月。

产云南西北部、西藏东南部，生于海拔2100-3000米山地阔叶林中。缅甸东北部有分布。为著名中药厚朴正品。也是产区造林及庭园观赏绿化树种。

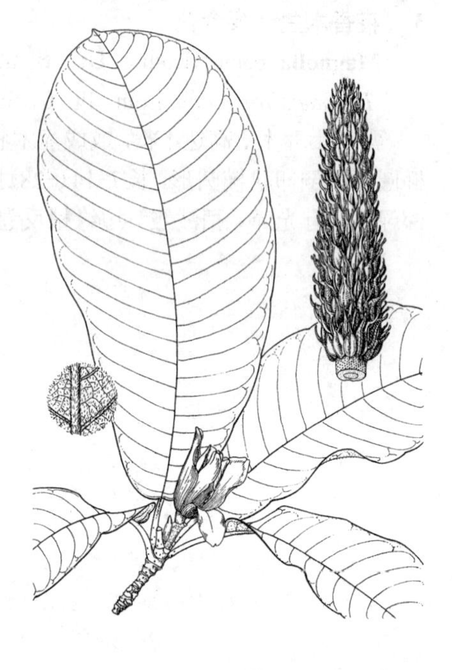

图 202 长喙厚朴 （李锡畴绘）

6. 厚朴 图 203 彩片 160

Magnolia officinalis Rehd. et Wils. in Sarg. Pl. Wilson. 1: 391. 1913.

落叶乔木，高达20米，树皮厚。顶芽窄卵状圆锥形，无毛。幼叶下面被白色长毛，叶近革质，7-9聚生枝端，长圆状倒卵形，长22-45厘米，先端骤短尖或钝圆，基部楔形，全缘微波状，下面被灰色柔毛及白粉；叶柄粗，长2.5-4厘米，托叶痕长约叶柄2/3。花芳香，径10-15厘米。花梗粗短，被长柔毛，离花被片下1厘米处具苞片痕；花被片9-12(-17)，肉质，外轮3片淡绿色，长圆状倒卵形，长8-10厘米，盛开时常外卷，内2轮渐小，白色，倒卵状匙形，具爪，花盛开时直立；雄蕊约72，长2-3厘米，花药长1.2-1.5厘米，内向开裂，花丝红色；雌蕊群椭圆状卵圆形，长2.5-3厘米。聚合果长圆状卵圆形，长9-15厘米；蓇葖具长3-4毫米喙。种子三角状倒卵形，长约1厘米。花期5-6月，果期8-10月。

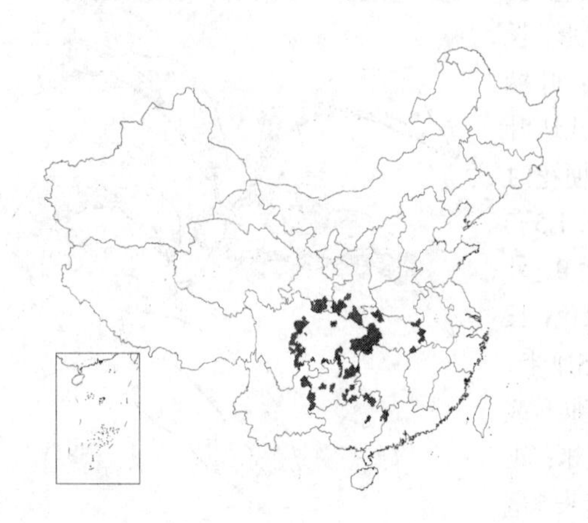

产陕西南部、甘肃东南部、河南东南部、湖北、湖南西北部、广西、贵州及四川，生于海拔300-1500米山地林中。广西北部及长江中下游地区有栽培。树皮、根皮、花、种子及芽均入药，树皮为著名中药，可化湿导滞、行气平喘、化食消痰、驱风镇痛；种子可明目益气，芽作妇科药。

种子可榨油、制皂。木材供建筑、板料、家具、雕刻、乐器、细木工等用。叶大荫浓，花大美丽，可作绿化观赏树种。

［附］**凹叶厚朴** 彩片 161 **Magnolia officinalis** subsp. **biloba** (Rehd. et Wils.) Law, Fl. Reipubl. Popul. Sin. 30(1): 270. 1996. —— *Magnolia officinalis* var. *biloba* Rehd. et Wils. in Sarg. Pl. Wilson. 1: 392. 1913. 本亚种与原亚种的区别:叶先端凹缺，具2钝圆浅裂片，幼苗叶先端钝圆；聚合果基部较窄。花期4-5月，果期10月。产安徽、浙江西部、江西、福建、湖南南部、广东北部、广西北部及东北部，生于海拔300-1400米林中。多栽培于山麓及村舍附近。木材供板料、家具、雕刻、细木工、乐器及铅笔杆等用。树皮入药，功用同厚朴稍差，花芽、种子亦供药用。

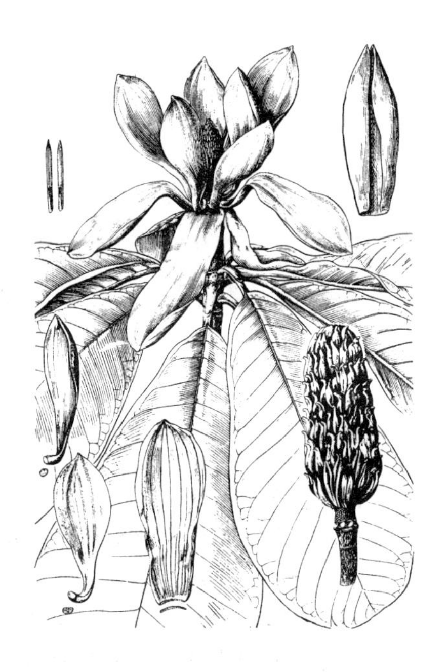

图 203 厚朴 （邓盈丰绘）

7. 西康玉兰

图 204 彩片 162

Magnolia wilsonii (Finet et Gagnep.) Rehd. in Sarg. Pl. Wilson. 1: 395. 1913.

Magnolia parviflora Sieb. et Zucc. var. *wilsonii* Finet et Gagnep. in Bull. Soc. Bot. France 52: Mem. 4: 39. 1905.

落叶小乔木或灌木状。小枝紫红色，初被褐色长柔毛。叶纸质，椭圆状卵形或长圆状卵形，长6.5-12(-20)厘米，先端尖或渐尖，基部圆或稍心形，上面沿中脉及侧脉初被灰黄色柔毛，下面密被银灰色平伏长柔毛；叶柄密被褐色长柔毛，托叶痕为叶柄长4/5-5/6。花叶同放，白色，芳香，初杯状，盛开时碟状，径10-12厘米。花梗弯垂，被褐色长毛；花被片9(12)，膜质，外轮3片与内2轮近等大，宽匙形或倒卵形，长4-7.5厘米；雄蕊长0.8-1.2厘米，紫红色，花药内向开裂，药隔顶端圆或微凹，花丝短，红色；雌蕊群卵状圆柱形，长1.5-2厘米。聚合果下垂，圆柱形，长6-10厘米，红色后紫褐色，蓇葖具喙。种子倒卵圆形，长约6毫米。花期5-6月，果期9-10月。

产云南北部、四川中部及西部、贵州，生于海拔1900-3300米山地林中。树皮药用，称“川姜朴”，为厚朴代用品。花美丽，可供庭园观赏。

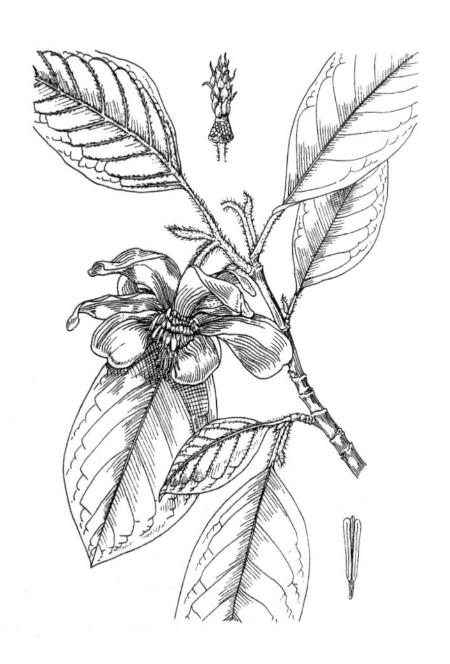

图 204 西康玉兰 （卢正炎绘）

8. 毛叶玉兰

图 205

Magnolia globosa Hook. f. et Thoms. Fl. Ind. 1: 77. 1855.

落叶小乔木，高达10米。小枝红褐或深紫红色。幼枝、幼叶上面中脉及侧脉、叶下面、叶柄及花梗均被红褐色卷曲长柔毛。叶椭圆状卵形、宽卵形或椭圆形，长10-24厘米，先端尖或圆，基部圆或近心形；叶柄长3-5.5厘米，托叶痕几达叶柄顶端。花叶同放，乳黄白色，芳香，杯状，径6-7.6厘米。花梗弯曲或平展，长5-6.5(7.5)厘米，具1苞片痕；花被片9(10)，大小形状相似，倒卵形或椭圆形，长4-7.5厘米，先端圆；雄蕊深红色，长1.2-1.7厘米，两药邻贴，顶端微凹，内向开裂；雌蕊群绿色，长约3.5厘米。聚合果红色，后红褐色，长圆形，

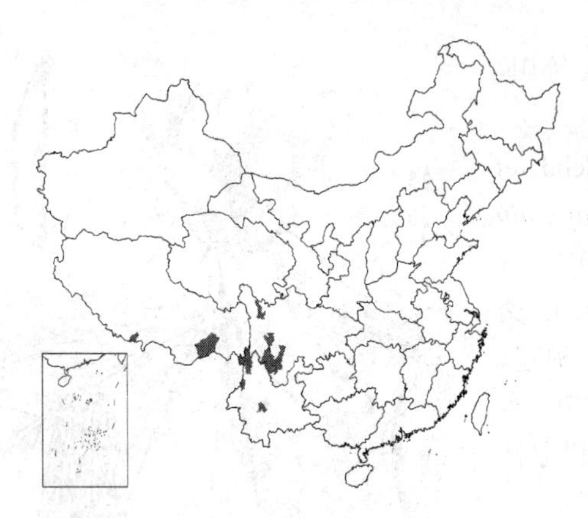

长6-8厘米，顶端圆，果柄粗壮，密被长柔毛；蓇葖具弯喙。种子黑色，心形，长7-8毫米。花期5-7月，果期8-9月。

产云南、四川西部、西藏南部及东南部，生于海拔1900-3300米山地林中。锡金东部、缅甸北部有分布。

图 205 毛叶玉兰 （引自《Curtis's Bot. Mag.》）

9. 圆叶玉兰 图 206 彩片 163

Magnolia sinensis (Rehd. et Wils.) Stapf in Curtis's Bot. Mag. 149. pl. 9004. 1924.

Magnolia globosa Hook. f. et Thoms. var. *sinensis* Rehd. et Wils. in Sarg. Pl. Wilson. 1: 393. 1913.

落叶灌木。小枝淡灰黄色，初被灰黄色平伏长毛。叶纸质，倒卵形、宽倒卵形或倒卵状椭圆形，稀近圆形，长8-13（-26）厘米，先端宽圆或具骤短尖，基部圆、平截或宽楔形，稀微心形，下面被淡灰黄色长柔毛，中脉、侧脉及叶柄被淡黄色平伏长柔毛，侧脉9-13对；托叶痕为叶柄长2/3。花叶同放，白色，芳香，杯状，径8-12（-15）厘米。花梗初密被淡黄色平伏长柔毛，弯垂；花被片9(10)，外轮3片卵形或椭圆形，较短小，内2轮较大，宽倒卵形；雄蕊长0.9-1.3厘米，花药内向开裂，顶端圆，稀稍凸，花丝紫红色；雌蕊群窄倒卵状椭圆形，长约1.5厘米。聚合果红色，长圆状圆形，长3-5.5(-7.5)厘米；蓇葖窄椭圆形，背缝开裂，喙外弯。花期5-6月，果期9-10月。

产四川，生于海拔2600米山地林中。树皮药用，为厚朴代用品。

图 206 圆叶玉兰 （吕发强绘）

10. 天女木兰 天女花 图 207 彩片 164

Magnolia sieboldii K. Koch, Hort. Dendr. 4. 1853.

落叶小乔木，高达10米。小枝初被银灰色平伏长柔毛。叶倒卵形或宽倒卵形，长(6-)9-15(-25)厘米，先端骤窄尖或短渐尖，基部宽楔形、钝圆、平截或近心形，上面中脉及侧脉被弯曲柔毛，下面苍白色，常被褐色及白色多细胞毛，散生金黄色腺点，中脉及侧脉被白色长绢毛，侧脉6-8对；叶柄被褐色及白色平伏长毛，托叶痕约为叶柄长1/2。花叶同放，白色、芳香、杯状，盛开时碟状、稍弯垂，径7-10厘米。花梗密被褐及灰白色平伏长柔毛；花被片9，近等大，外轮3片长圆状倒卵形或倒卵形；雄蕊紫红色，长9-1.1厘米，花药内向纵裂；雌蕊群椭圆形，长约1.5厘米。聚合果红色，倒卵圆形或长圆形，长2-7厘米；

蓇葖窄椭圆形，背缝2瓣全裂，顶端具喙。

产吉林、辽宁、河北、安徽、福建北部、江西、湖北、湖南、广西及贵州，生于海拔1600-2000米山地。朝鲜、日本有分布。木材可制农具。花可提取芳香油，入药可制浸膏。亦为著名庭园观赏树种。

图 207 天女木兰 （陈荣道绘）

11. 荷花玉兰 广玉兰 洋玉兰 图208 彩片165

Magnolia grandiflora Linn. Syst. Nat. ed. 10, 2:1802. 1759.

常绿乔木，在原产地高达30米。小枝、芽、叶下面均密被锈色短绒毛（幼树叶下面无毛）。叶厚革质，椭圆形、长圆状椭圆形或倒卵状椭圆形，长10-20厘米，先端钝或短钝尖，基部宽楔形，上面深绿色，有光泽；叶柄无托叶痕，具深沟。花径15-20厘米，白色，芳香。花被片9-12，肉质，倒卵形，长6-10厘米；雄蕊长约2厘米，花丝扁平，紫色，花药内向开裂，药隔短尖；雌蕊群椭圆形，密被长绒毛；心皮圆卵形，花柱卷曲。聚合果圆柱形或长卵圆形，长7-10厘米，径4-5厘米，密被褐色或淡灰黄色绒毛；蓇葖背裂，背面圆，具外弯长喙。种子近卵圆形，长约1.4厘米，径约6毫米。花期5-6月，果期9-10月。

原产北美东南部。现广泛栽培，约有150余个栽培品系。我国长江流域以南各城市及兰州、北京有栽培。花大，白色，状如荷花，芳香，为美丽庭园绿化观赏树种。材质坚重，可供装饰材用。叶、幼枝及花可提取芳香油；花制浸膏用。叶入药，治高血压。种子可榨油，含油42.5%。

图 208 荷花玉兰 （引自《图鉴》）

12. 武当木兰 图209

Magnolia sprengeri Pampan. in Nuov. Giorn. Bot. Ital. 22:295. 1915.

落叶乔木，高达21米；老干树皮纵裂成小块片状脱落。叶倒卵形，长10-18厘米，先端骤尖或骤短渐尖，基部楔形，上面沿中脉及侧脉疏被平伏柔毛，下面初被平伏细柔毛；叶柄长1-3厘米，托叶痕细小。花蕾被淡灰黄色绢毛，先叶开花，直立，杯状，芳香。花被片12(14)，近似，玫瑰红色，具深紫色纵纹，倒卵状匙形或匙形，长5-13厘米；雄蕊长1-1.5厘米，花药长约5毫米，稍分离，药隔成尖头，花丝紫红色，宽扁；雌蕊群圆柱形，长2-3厘米，淡绿色，花柱玫瑰红色。聚合果圆柱形，长6-18厘米；蓇葖扁圆，褐色。花期3-4月，果期8-9月。

产陕西南部及西南部、甘肃南部、河南南部、湖北西部、湖南西北部、贵州、四川，生于海拔1300-2400米山区林中或灌丛中。花蕾代辛夷，树皮代厚朴，为四川产川姜朴品种之一。花大美丽，为优良庭园树种，早已引种至欧美。

13. 玉兰 白玉兰 木兰 图 210 彩片 166

Magnolia denudata Desr. in Lam. Encycl. Bot. 3: 675. 1791. excl. syn.

落叶乔木，高达25米。冬芽及花梗密被淡灰色长绢毛。叶倒卵形、宽倒卵形或倒卵状长圆形，长10-15(-18)厘米，先端宽圆、平截或稍凹，具短突尖，中部以下渐窄成楔形或宽楔形；托叶痕为叶柄长1/4-1/3。花凋谢后发叶，直立，芳香，径10-16厘米。花梗膨大，密被淡黄色长绢毛；花被片9，白色，基部常粉红色，近似，长圆状倒卵形，内、外轮近等长；雄蕊长0.7-1.2厘米，花药长6-7毫米，侧向开裂，药隔顶端成短尖头；雌蕊群圆柱形，长2-2.5厘米，心皮窄卵圆形，花柱锥尖，长4毫米。聚合果圆柱形，长12-15厘米，径3.5-5厘米；蓇葖厚木质，褐色，皮孔白色。种子心形，两侧扁，宽约1厘米。花期2-3月或7-9月再开花，果期8-9月。

图 209 武当木兰 （邓盈丰绘）

产河南、陕西、安徽、浙江、江西、湖北、湖南、广东、贵州及四川，生于海拔500-1000米林中。为驰名中外庭园观赏树种；材质优良，供家具、细木工用等。花蕾入药与“辛夷”同效。花可提取香精或制浸膏。种子榨油供工业用。

14. 二乔木兰 图 211 彩片 167

Magnolia soulangeana Soul.-Bod. in Mém. Soc. Linn. Paris 269. 1826.

小乔木，高达10米。叶倒卵形，长6-15厘米，先端短尖，2/3以下渐窄成楔形，上面基部中脉疏被毛，下面稍被柔毛，侧脉7-9对；叶柄长1-1.5厘米，被柔毛，托叶痕约为叶柄长1/3。花先叶开放并延至出叶。花被片6-9，淡红或深红色，长圆状倒卵形，外轮3片常较短，约为内轮长2/3；雄蕊长1-1.2厘米，花药长约6毫米，侧向开裂，药隔短尖；雌蕊群圆柱形，长约1.5厘米。聚合果长约8厘米，径约3厘米；蓇葖卵圆形或倒卵圆形，长1-1.5厘米，黑色，皮孔白色。种子深褐色，宽倒卵圆形或倒卵圆形，两侧扁。花期2-3月，果期9-10月。

本种是玉兰与辛夷的杂交种，杭州、广州及昆明等地有栽培。为庭园观赏树种，约有20个栽培品种。

图 210 玉兰 （引自《图鉴》）

15. 宝华玉兰 图 212 彩片 168

Magnolia zenii Cheng in Contr. Biol. Lab. Sci. Soc. China, Sect. Bot. 8: 291. f. 20. 1933.

落叶乔木，高达11米。芽窄卵圆形，被长绢毛。叶倒卵状长圆形或长圆形，长7-16厘米，先端宽圆具短突尖，基部宽楔形或圆，下面中脉及侧脉被长弯毛，侧脉8-10对；叶柄长0.6-1.8厘米，初被长柔毛，托叶痕长为叶柄1/5-1/2。先叶开花，芳香，径约12厘米。花梗长2-4毫米，密被白长毛；花被片9，近匙形，先端圆或

稍尖，长7-8厘米，白色，中下部淡紫红色，长7-8厘米，内轮较窄小；雄蕊长约1.1厘米，花药长约7毫米，药室分开，内侧向开裂，药隔短尖，花丝紫色，长约4毫米；雌蕊群圆柱形，长约2厘米，心皮长约4毫米。聚合果圆柱形，长5-7厘米；蓇葖近球形，被疣点状凸起，顶端钝圆。花期3-4月，果期8-9月。

产江苏句容宝华山，生于海拔约220米丘陵山地。为优美庭园观赏树种。

图 211　二乔木兰（余　峰 绘）

16. 天目木兰　　图 213 彩片 169

Magnolia amoena Cheng in Contr. Biol. Lab. Sci. Soc. China, Bot. 9: 280. 1934.

落叶乔木，高达12米。小枝径3-4毫米，无毛；芽被灰白色平伏毛。叶宽倒披针形或倒披针状椭圆形，长10-15厘米，先端渐尖或尾尖，基部宽楔形或圆，幼叶下面叶脉及脉腋被白色弯曲长毛，侧脉10-13对；叶柄长0.8-1.3厘米，初被白色长毛，托叶痕为叶柄长1/5-1/2。先叶开花，红或淡红色，芳香，径约6厘米。花梗密被白色平伏长柔毛，花被片9，倒披针形或匙形，长5-5.6厘米；雄蕊长0.9-1厘米，药隔具短尖头，花药长4.5-5毫米，侧向开裂，花丝紫红色；雌蕊群圆柱形，长2厘米，径2毫米。聚合果圆柱形，长4-10厘米，部分心皮不育而弯曲；蓇葖扁球形，顶端钝圆，背面裂为2果爿。种子心形。花期4-5月，果期9-10月。

图 212　宝华玉兰（邓盈丰 绘）

产江苏、安徽、浙江、江西及湖北，生于海拔700-1000米山地林中。

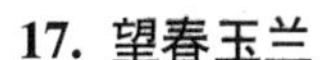

17. 望春玉兰　　图 214

Magnolia biondii Pampan. in Nuov. Giorn. Bot. Ital. n. ser. 17: 275. 1910.

落叶乔木，高达12米。小枝细长，径3-4毫米，无毛；顶芽密被淡黄色开展长柔毛。叶椭圆状披针形、卵状披针形、窄倒卵形或卵形，长10-18厘米，先端骤尖或短渐尖，基部宽楔形或圆，边缘干膜质，下面初被平伏绵毛，后无毛，侧脉10-15对；托叶痕为叶柄长1/5-1/3。先叶开花，径6-8厘米，芳香。花梗顶端膨大，具3苞片痕；花被片9，外轮3片紫红色，近窄倒卵状条形，长约1厘米，中内两轮近匙形，白色，基部常紫红色，中轮

长4-5厘米，内轮较窄小；雄蕊长0.8-1厘米，花丝紫色；雌蕊群长1.5-2厘米。聚合果圆柱形，长8-14厘米，部分心皮不育而扭曲；蓇葖分离，淡褐色，近球形，两侧扁，被瘤点。种子心形。花期3月，果期9月。

产陕西、甘肃、河南、湖北、湖南及四川，生于海拔600-2100米山地林中。为优良庭园绿化树种。花可提取香精。经考证本种是中药辛夷正品。

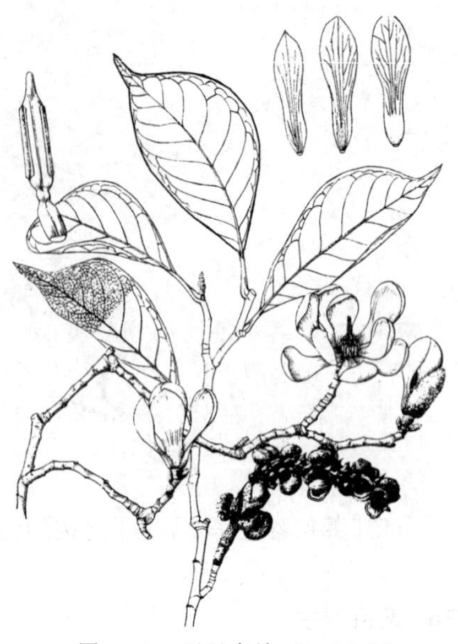

图 213 天目木兰 （邓盈丰绘）

18. 黄山木兰 图 215 彩片 170

Magnolia cylindrica Wils. in Journ. Arn. Arb. 8: 109. 1927.

落叶乔木，高达10米。幼枝、叶柄、叶下面被淡黄色平伏毛，老枝皮揉碎有辛辣香气。叶倒卵形、窄倒卵形或倒卵状长圆形，长6-14厘米，先端尖或圆，稀短尾状钝尖；托叶痕为叶柄长1/6-1/3。先叶开花，直立。花梗粗，密被淡黄色长绢毛；花被片9，外轮3片膜质，萼片状，长1.2-2厘米，中内2轮花瓣状，白色，基部常红色，倒卵形，长6.5-10厘米，具爪，内轮3片直立；雄蕊长约1厘米，花丝淡红色；雌蕊群圆柱状卵圆形，长约1.2厘米。聚合果圆柱形，长5-7.5厘米，径1.8-2.5厘米，下垂；蓇葖紧密结合不弯曲。种子心形，两侧扁，基部突尖。花期5-6月，果期8-9月。

图 214 望春玉兰 （仿《中国植物志》）

产河南、安徽、浙江、福建、江西及湖北，生于海拔700-1600米山地林中。

19. 紫玉兰 辛夷 图 216 彩片 171

Magnolia liliflora Desr. in Lam. Encycl. Bot. 3: 675. 1791. cxcl. syn.

落叶丛生灌木，高达3米。叶椭圆状倒卵形或倒卵形，长8-18厘米，先端骤尖或渐尖，基部渐窄沿叶柄下延至托叶痕，侧脉8-10对；叶柄长0.8-2厘米，托叶痕约为叶柄长1/2。花蕾卵圆形，被淡黄色绢毛，花叶同放或稍后叶开放，瓶形，直立，稍有香气。花梗粗，被毛；花被片9-12，外轮3片萼片状，紫绿色，披针形，长2-3.5厘米，常早落，内2轮肉质，紫或紫红色，内面带白色，花瓣状，椭圆状倒卵形，长8-10厘米；雄蕊紫红色，长0.8-1厘米，花药长约7毫米，

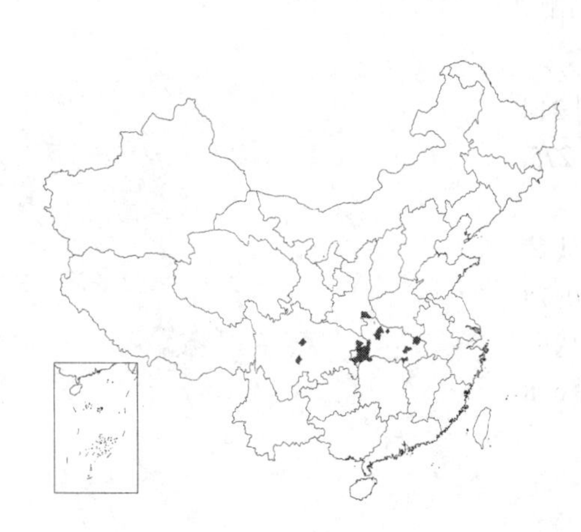

图 215 黄山木兰 （何冬泉绘）

侧向开裂，药隔短尖；雌蕊群长约1.5厘米，淡紫色。聚合果深紫褐色，后褐色，圆柱形，长7-10厘米；蓇葖近球形，具短喙。花期3-4月，果期8-9月。

产陕西、湖北及四川，生于海拔300-1600米山坡、林缘。与玉兰同为我国有两千多年栽培历史的花卉，各大城市均有栽培，并已引种至欧美各国都市，花色艳丽，享誉中外。树皮、叶、花蕾均可入药；花蕾晒干后称辛夷，主治鼻炎、头痛，作镇痛消炎剂。

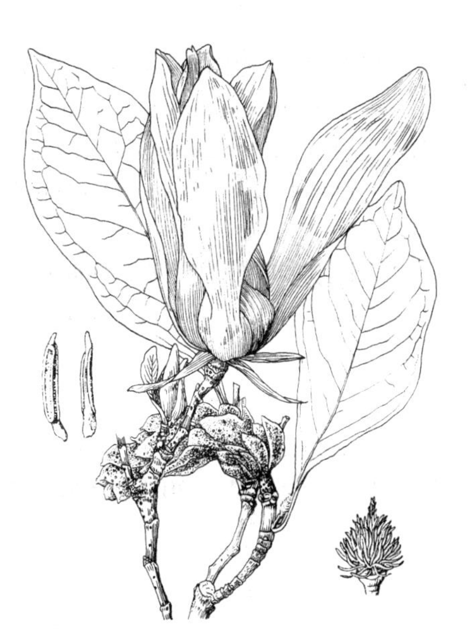

图 216　紫玉兰　（引自《图鉴》）

4. 盖裂木属 Talauma Juss.

乔木或灌木。幼叶在芽内对折，托叶连生于叶柄，叶柄具托叶痕。花两性，单生枝顶。花被片9-15，大小近相等，3-4轮；雄蕊药室内向纵裂，药隔短尖；雌蕊群无柄，心皮多数或少数，至少在基部合生。蓇葖木质或骨质，周裂，上部单个或数个不规则脱落，基部宿存于花托，每蓇葖悬垂1-2种子。

约60种，分布于亚洲东南部热带及亚热带、美洲热带。我国1种。

盖裂木　　图 217

Talauma hodgsoni Hook. f. et Thoms. Fl. Ind. 1: 74. 1855.

乔木，高达15米。小枝带苍白色，无毛。叶革质，倒卵状长圆形，长20-50厘米，先端钝或渐尖，基部楔形，侧脉10-20对；叶柄长5-6厘米，托叶痕几达叶柄顶端。花梗粗，长1.5-2厘米，径约1.5厘米，具1-2苞片痕，佛焰苞状苞片紫色；花被片9，肉质，外轮3片卵形，长约9厘米，草绿色，中轮及内轮乳白色，内轮较小。聚合果卵圆形，长13-15厘米；蓇葖40-80，窄椭圆形或卵圆形，长2.5-4厘米，顶端长尖。花期4-5月，果期8月。

产西藏南部，生于海拔850-1500米山地林中。印度东北部、不丹、尼泊尔、泰国北部及缅甸北部有分布。

图 217　盖裂木　（邓盈丰绘）

5. 拟单性木兰属 **Parakmeria** Hu et Cheng

常绿乔木。小枝节间密呈竹节状；顶芽芽鳞裂为2瓣。幼叶在芽内不对折，包被幼芽，叶全缘，骨质半透明边缘下延至叶柄；叶柄无托叶痕。花单生枝顶，花被片下具1佛焰苞状苞片，两性或杂性（雄花、两性花异株）。花被片9-12，外轮3片近革质，具纵脉纹，内2-3轮肉质，近同形，向内渐小；雄花具雄蕊10-75，着生圆锥状花托，花丝短，花药线形，两药室分离，内向开裂，药隔短尖，花谢后花梗与花托脱落；两性花的雄蕊与雄花同而较少；心皮12-20，雌蕊群具柄，心皮发育时互相愈合，每心皮2胚珠。聚合果椭圆形或倒卵圆形，有时部分心皮不育；蓇葖木质，背缝及顶端开裂。种子1-2，外种皮红或黄色，内种皮硬骨质，具顶孔。

约5种，产我国西南至东南。

1. 叶薄革质，常中部以下最宽，卵状长圆形或卵状椭圆形，基部宽楔形或近圆；外轮花被片红色，雄花花托顶端圆 …………………………………………………………………………… 1. **云南拟单性木兰 P. yunnanensis**
1. 叶革质，常中部或中部以上最宽，基部楔形或窄楔形；外轮花被片淡黄色。
   2. 叶椭圆形、窄椭圆形或倒卵状椭圆形，上面深绿色，下面淡灰绿色，被腺点；雄花花托顶端短钝尖 ………………………………………………………………………………………… 2. **峨眉拟单性木兰 P. omeiensis**
   2. 叶倒卵状椭圆形、窄倒卵状椭圆形或窄椭圆形，上面绿色，下面淡绿色，无腺点；雄花花托顶端长锐尖 ……………………………………………………………………………………… 3. **乐东拟单性木兰 P. lotungensis**

1. 云南拟单性木兰 图218 彩片172

Parakmeria yunnanensis Hu in Acta Phytotax. Sin. 1(1): 2. 1951.

常绿乔木，高达30米。叶薄革质，卵状长圆形或卵状椭圆形，长6.5-15(-20)厘米，先端短渐尖或渐尖，基部宽楔形或近圆，上面绿色，下面淡绿色，幼叶紫红色；叶柄长1-2.5厘米。雄花两性花异株，芳香；雄花花被片12，4轮，外轮红色，倒卵形，长约4厘米，内3轮白色，肉质，窄倒卵状匙形，长3-3.5厘米，基部渐窄成爪；雄蕊约30，长约2.5厘米，花药长约1.5厘米，药隔短尖，花丝红色，花托顶端圆；两性花花被片与雄花同，雄蕊极少，雌蕊群卵圆形，绿色，聚合果长圆状卵圆形，长约6厘米；蓇葖菱形，背缝开裂。种子扁，长6-7毫米，宽约1厘米，外种皮红色。花期5月，果期9-10月。

图 218 云南拟单性木兰 （邓盈丰绘）

产广西、云南东南部、贵州东南部，生于海拔1200-1500米山谷密林中。

2. 峨眉拟单性木兰 图219 彩片173

Parakmeria omeiensis Cheng in Acta Phytotax. Sin. 1(1): 1. 1951.

常绿乔木，高达25米。叶革质，椭圆形、窄椭圆形或倒卵状椭圆形，长8-12厘米，先端短渐钝尖，基部楔形或窄楔形，上面深绿色，有光泽，下面淡灰绿色，被腺点，侧脉8-10对；叶柄长1.5-2厘米。雄花两性花异株；雄花花被片12，外轮3片较薄，淡黄色，长圆形，先端圆或钝，长3-3.8厘米，内3轮较窄小，乳白色，肉质，倒卵状匙形；雄蕊约30枚，长约2厘米，花药长1厘米，药隔顶端钝尖，药隔及花丝深红色，花托顶端短钝尖；两性花花被片与雄花同，雄蕊16-18；雌蕊群椭圆形，长约1厘米，心皮8-12。聚合果倒卵

图 219 峨眉拟单性木兰 （邓盈丰绘）

圆形，长3-4厘米。种子倒卵圆形，径6-8毫米，外种皮红褐色。花期5月，果期9月。

产四川峨眉山，生于海拔1200-1300米林中。

3. 乐东拟单性木兰 图220 彩片174

Parakmeria lotungensis（Chun et C. Tsoong）Law, Fl. Reipubl. Popul. Sin. 30(1): 271. 1996.

Magnolia lotungensis Chun et C. Tsoong in Acta Phytotax. Sin. 8 (4): 285. 1963; 中国高等植物图鉴1: 792. 1972.

常绿乔木，高达30米。叶革质，倒卵状椭圆形、窄倒卵状椭圆形或窄椭圆形，长6-11厘米，先端钝尖，基部楔形或窄楔形，上面深绿色，有光泽；叶柄长1-2厘米。雄花两性花异株；雄花花被片9-14，外轮3-4片淡黄色，倒卵状长圆形，长2.5-3.5厘米，内2-3轮白色，较窄小；雄蕊30-70，雄蕊长0.9-1.1厘米，花药长0.8-1厘米，花丝及药隔紫红色，花托顶端长锐尖，有时具1-5心皮；两性花花被片与雄花同形，较小，雄蕊10-35，雌蕊群卵圆形，绿色，心皮10-20。聚合果卵状长圆形或椭圆状卵圆形，稀倒卵圆形，长3-6厘米。种子椭圆形或椭圆状卵圆形，长0.7-1.2厘米，外种皮红色。花期4-5月，果期8-9月。

图 220 乐东拟单性木兰 （邓盈丰绘）

产浙江、福建、江西、湖南、广东、海南、广西及贵州东南部，生于海拔700-1400米山地阔叶林中。

6. 焕镛木属 Woonyoungia Law.

乔木，高达18米。小枝绿色，初被平伏柔毛。幼叶在芽内对折，叶革质，椭圆状长圆形或倒卵状长圆形，长8-15厘米，先端钝圆微缺，基部宽楔形，无毛，全缘，侧脉12-17对；叶柄长2-3.5厘米，初被灰色柔毛，后脱落，托叶贴生叶柄，叶柄具托叶痕。雌雄异株，花单生枝顶。雄花花被片5，白带淡绿色，内凹，外轮3片倒卵形，内轮2片较小；雄蕊群淡黄色，倒卵圆形，雄蕊多数，花药线形，内侧向开裂，药隔舌状短尖；雌花花被片外轮3片内凹，倒卵形，内轮8-11片线状倒披针形；雌蕊群无柄，倒卵圆形，心皮6-9，合生，每心皮2胚珠。聚合果近球形；蓇葖革质，背缝开裂。种子1-2，悬垂于丝状木质部螺纹导管。

特有单种属。

焕镛木 单性木兰 图221 彩片175

Woonyoungia septentrionalis(Dandy) Law in Bull. Bot. Res. Harbin 17(4):353. 1997.

Kmeria septentrionalis Dandy in Journ. Bot. 69:233. 1931; 中国植物志30(1):147. 1996.

形态特征同属。花期5-6月，果期10-11月。

产广西北部、贵州东南部，生于海拔300-500米石灰岩山地林中。

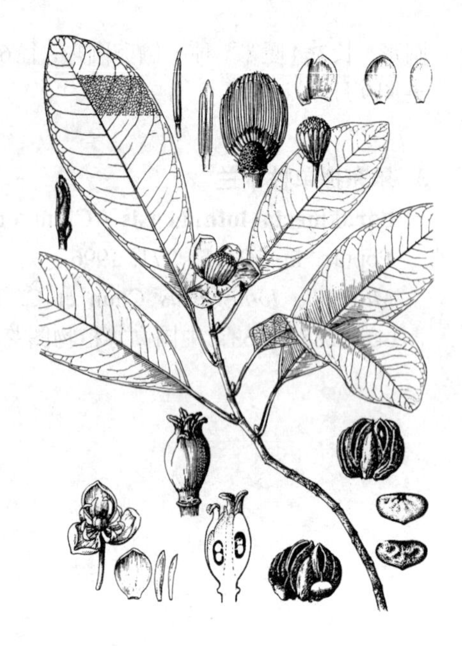
图 221 焕镛木 （邓盈丰绘）

7. 长蕊木兰属 Alcimandra Dandy

乔木，高达50米。幼枝被柔毛。顶芽长锥形，被白色长毛。幼叶在芽内对折，叶革质，卵形或椭圆状卵形，长8-14厘米，先端渐尖或尾尖，基部楔形或稍圆，侧脉12-15对，全缘；叶柄长1.5-2厘米，叶柄无托叶痕。花两性，单生枝顶。花梗长约1.5厘米；花被片9，3轮，近相等，白色；雄蕊多数，花药长约2.8厘米，内向纵裂，药隔舌状；雌蕊群窄长圆柱形，具柄，不伸出雄蕊群，心皮约30，离生，每心皮2-5胚珠。蓇葖革质，扁球形，皮孔白色，背缝开裂。种子1-4。

单种属。

长蕊木兰 图 222 彩片 176

Alcimandra cathcartii (Hook. f. et Thoms.) Dandy in Kew Bull. 1927: 260. 1927.

Michelia cathcartii Hook. f. et Thoms. Fl. Ind. 1: 79. 1855.

形态特征同属。花期5月，果期8-9月。

产云南、西藏东南部，生于海拔1800-2700米山地林中。印度东北部、锡金、不丹、缅甸北部、越南北部有分布。

图 222 长蕊木兰 （邓盈丰绘）

8. 含笑属 Michelia Linn.

常绿乔木或灌木。小枝具环状托叶痕。叶全缘；托叶膜质，盔帽状，两瓣裂，与叶柄贴生或离生，如贴生则叶柄具托叶痕；幼叶在芽内对折。花单生叶腋，稀2-3朵成聚伞花序，佛焰苞状苞片2-4枚；花两性，常芳香。花被片6-21，3或6片一轮，近似，稀外轮较小；雄蕊多数，药室长，侧向或近侧向开裂，药隔长尖或短尖，稀不伸出；雌蕊群具柄，心皮多数或少数，腹面基部着生花托，上部分离，常部分不发育，心皮背部无纵纹沟，花柱近顶端着生，柱头面在花柱上部或近末端，每心皮胚珠2至数颗。聚合果常因部分心皮不发育成疏散穗状；蓇葖革质或木质，宿存于果轴，无柄或具短柄，背缝开裂或腹背缝2瓣裂。种子2至数颗，红或褐色。

约50余种，分布于亚洲热带、亚热带及温带中国、印度、斯里兰卡、中南半岛、马来群岛及日本南部。我国约41种。多为常绿阔叶林重要组成树种。木材纹理直，结构细，质轻软，有香气，耐腐朽，供板料、家具、细木工等用；有些种类花芳香，树形优美，为提取芳香油及庭园观赏重要树种。

1. 托叶与叶柄连生，叶柄具托叶痕；花被近同形。
  2. 叶柄长1-4厘米；花被片9-20，3-4轮，外轮较大。
    3. 幼嫩部分密被灰色长绒毛，叶上面中脉、小枝、果柄、聚合果柄及蓇葖均疏被长绒毛 …………………………………………………………………………………………… 1. 绒叶含笑 **M. velutina**

3. 幼嫩部分被柔毛，后疏被柔毛或平伏短毛，或无毛。
4. 叶薄革质，网脉稀疏。
5. 花橙黄色；托叶痕达叶柄中上部 …………………………………………………… 2. **黄兰 M. champaca**
5. 花白色；托叶痕达叶柄近中部 ………………………………………………………… 3. **白兰 M. alba**
4. 叶革质，网脉细密，干时两面凸起。
6. 叶窄卵状椭圆形、披针形或窄倒卵状椭圆形，宽2-4厘米；花白色 …… 4. **多花含笑 M. floribunda**
6. 叶倒卵形、窄倒卵形或倒披针形，宽3.5-7厘米；花黄色 …………………… 5. **峨眉含笑 M. wilsonii**
2. 叶柄长2-4毫米；花被片常6，2轮，稀12-17片，3-4轮，外轮较小。
7. 雌蕊群被毛，聚合果疏被毛；花被片薄。
8. 小乔木或灌木状；花梗粗短，花紫红或深紫色，外轮花被基部无毛 …………… 6. **紫花含笑 M. crassipes**
8. 乔木；花梗细长，花淡黄色，外轮花被片基部被褐色毛 ………………………… 7. **野含笑 M. skinneriana**
7. 雌蕊群及聚合果均无毛，花被片肉质，淡黄色，边缘有时红或紫色 ……………………… 8. **含笑花 M. figo**
1. 托叶与叶柄离生，叶柄无托叶痕；花被同形或不同形。
9. 花被片大小近相等，6片，2轮
10. 小枝被毛；叶厚革质；蓇葖长2-6厘米。
11. 幼枝、叶柄及叶下面均密被褐色绒毛 ………………………………………… 9. **苦梓含笑 M. balansae**
11. 幼枝、叶柄及叶下面均被平伏细毛 …………… 9(附). **细毛含笑 M. balansae** var. **appressipubescens**
10. 小枝无毛；叶革质或薄革质；蓇葖长不及2厘米。
12. 叶革质，倒披针形或窄倒卵状椭圆形；花梗密被黄褐色绒毛，外轮花被片长4-4.5厘米，雌蕊群柄长约3厘米，每心皮8-12胚珠 ………………………………………………………… 10. **黄心夜合 M. martinii**
12. 叶薄革质，倒卵形、窄倒卵形或长圆状倒卵形；花梗被灰色平伏微柔毛，外轮花被片长约3厘米，雌蕊群柄长约7毫米，每心皮约6胚珠 ……………………………………………… 11. **乐昌含笑 M. chapensis**
9. 花被片大小不相等，9（12），3（4）轮。
13. 花被片常9（12），3（4）轮。
14. 花冠窄长，花被片扁平。
15. 叶最宽处在中部以上，倒卵形、椭圆状倒卵形或窄倒卵形，稀菱形。
16. 叶窄倒卵形，下面疏被红褐色直立毛 ………………………………… 12. **川含笑 M. szechuanica**
16. 叶倒卵形、椭圆状倒卵形或菱形，两面无毛或下面被灰色平伏短柔毛。
17. 叶薄革质，两面无毛；外轮花被片线形 …………………… 13. **香子含笑 M. hedyosperma**
17. 叶革质，下面被灰色杂有褐色平伏短绒毛；外轮花被片匙状倒卵形或倒披针形 ……………………………………………………………………………… 14. **醉香含笑 M. macclurei**
15. 叶最宽处在中部或以下，椭圆状长圆形、宽椭圆形、菱状椭圆形。
18. 叶长椭圆形、宽椭圆形。
19. 叶薄革质，椭圆状长圆形；幼枝及芽疏被红褐色绢毛 ……… 15. **阔瓣含笑 M. platypetala**
19. 叶革质，宽椭圆形，稀卵状椭圆形；幼枝及芽被白粉 ………… 16. **深山含笑 M. maudiae**
18. 叶菱状椭圆形 ………………………………………………………………… 17. **白花含笑 M. mediocris**
14. 花冠杯状，花被片内凹。
20. 叶厚革质，下面被红铜色短绒毛；外轮花被片宽倒卵形，长6-7厘米 ……………………………………………………………………………… 18. **金叶含笑 M. foveolata**
20. 叶革质，下面被银灰及红褐色平伏短绒毛；外轮花被片椭圆形或倒卵状椭圆形，长约3厘米 ……………………………………………………………………………… 19. **亮叶含笑 M. fulgens**
13. 花被片约12，4轮。
21. 叶下面被银灰或红褐色平伏柔毛，叶窄长圆形或窄倒披针状长圆形，宽3.5-6.5厘米 ……

……………………………………………………………………………………………………… 20. 平伐含笑 **M. cavaleriei**

21. 叶两面中脉被褐色平伏短毛，叶窄倒卵状椭圆形或窄椭圆形，宽2-3厘米 … 21. 台湾含笑 **M. compressa**

1. 绒叶含笑 图 223

Michelia velutina DC. Prodr. 1: 79. 1824.

常绿乔木。芽、幼嫩部分、叶下面及叶柄密被灰色长绒毛，叶上面中脉、小枝、果柄、聚合果柄及蓇葖均疏被长绒毛。叶薄革质，窄椭圆形或椭圆形，长11.5-18.5厘米，先端尖或稍钝，具短凸尖头，基部宽楔形或圆；叶柄长，托叶痕达叶柄1/2。花腋生近枝端，径8-10厘米，花被片淡黄色，10-12，窄倒披针形，长4-6.5厘米，外轮被绢毛，内轮较窄小；雄蕊药隔短尖；雌蕊群及心皮均密被长绒毛。聚合果长10-13厘米，长约5毫米，蓇葖疏离或集生上部，倒卵圆形，具短尖。种子橙黄色。花期5-6月，果期8-9月。

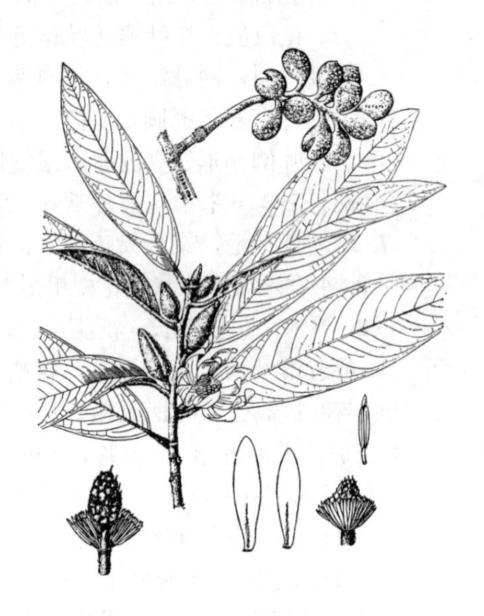

图 223 绒叶含笑 （邓盈丰绘）

产云南及西藏南部，生于海拔1500-2400米山坡、河边杂木林中。印度东北部、尼泊尔及不丹有分布。

2. 黄兰 图 224：1-7 彩片 177

Michelia champaca Linn. Sp. Pl. 536. 1753.

常绿乔木，高达17余米，枝斜上伸展，树冠窄伞形。芽、幼枝、幼叶及叶柄均被淡黄色平伏柔毛。叶薄革质，披针状卵形或披针状长椭圆形，长10-20(-25)厘米，先端长渐尖或近尾状，基部宽楔形或楔形，全缘，网脉稀疏；叶柄长2-4厘米，托叶痕达叶柄中上部。花单生叶腋，橙黄色，极香，花被片15-20，倒披针形，长3-4厘米；雄蕊药隔长尖；雌蕊群被毛，柄长约3毫米。聚合果长7-15厘米，蓇葖倒卵状长圆形，长1-1.5厘米，被疣状凸起。种子2-4，被皱纹。花期6-7月，果期9-10月。

产云南南部及西部、西藏东南部。福建、台湾、广东、海南、广西有栽培，长江流域各地盆栽，在温室越冬。印度、尼泊尔、缅甸及越南有分布。花芳香，树形优美，为著名观赏树种，花及叶可提取芳香油；木材优良，为造船、家具珍贵用材。

图 224:1-7. 黄兰 8-15. 白兰
（引自《中国树木志》）

3. 白兰 白兰花 图 224：8-15 彩片 178

Michelia alba DC. Syst. 1: 449. 1818.

乔木，高达17米，枝广展，树冠宽伞形。幼枝及芽密被淡黄白色微柔毛，老时渐脱落。叶薄革质，长椭圆形或披针状椭圆形，长10-27厘米，先端长渐尖或尾尖，基部楔形，上面无毛，下面疏被微柔毛，网脉稀疏，干时明显；叶柄长1.5-2厘米，疏被微柔毛，托叶痕达叶柄近中部。花白色，极香，花被片10，披针形，长3-4厘米；雄蕊药隔长尖；雌蕊群被微柔毛，柄长约4毫米；心皮多数，常部分不发育。聚合果蓇葖疏散，蓇葖革质，鲜红色。花期4-9月，夏季盛开，常不结实。

原产印度尼西亚爪哇，现广植于东南亚。福建、广东、广西、云南等地栽培，长江流域各地多盆栽，在温室越冬。花洁白清香，花期长，为著名庭园观赏树种。花、叶可提制香精；花、根皮药用。

4. 多花含笑　　图225 彩片179

Michelia floribunda Finet et Gagnep. in Bull. Soc. Bot. France 52: Mém. 4: 46. pl. 7B. 1906.

乔木，高达20米。幼枝被灰白色平伏毛。叶革质，窄卵状椭圆形、披针形或窄倒卵状椭圆形，长7-14厘米，宽2-4厘米，先端渐尖或尾尖，基部宽楔形或圆，上面深绿色，有光泽，下面苍白色，被白色平伏长毛，中脉凹下，疏被白色毛；叶柄长1-1.5(-2.5)厘米，被平伏白色毛，托叶痕长为叶柄之半或过半。花蕾窄椭圆形，稍弯，被金黄色平伏柔毛。花梗长3-7毫米，具1-2苞片痕，密被银灰色平伏细毛；花被片白色，11-13，匙形或倒披针形，长2.5-3.5厘米，先端骤尖；雄蕊长1-1.4厘米，药隔长尖；雌蕊群长约1厘米，柄长约5毫米，心皮密被银灰色微毛。聚合果长2-6厘米，扭曲，蓇葖扁球形或长球形，长0.6-1.5厘米，皮孔白色。花期2-4月，果期8-9月。

图 225　多花含笑　（余　峰　绘）

产湖北、湖南、广西、云南、贵州及四川，生于海拔1300-2700米山地林中。缅甸有分布。

5. 峨眉含笑　　图226 彩片180

Michelia wilsonii Finet et Gagnep. in Bull. Soc. Bot. France 52: Mém. 4: 45. pl. 7A. 1906.

乔木，高达20米。幼枝疏被淡褐色平伏短毛。顶芽圆柱形。叶革质，倒卵形、窄倒卵形或倒披针形，长10-15厘米，宽3.5-7厘米，先端短尖或短渐尖，基部楔形或宽楔形，上面有光泽，下面灰白色，疏被白色有光泽平伏短毛，网脉细密，干时两面凸起；叶柄长1.5-4厘米，托叶痕长2-4毫米。花黄色，芳香，径5-6厘米。花梗具2-4苞片痕；花被片稍肉质，9-12，倒卵形或倒披针

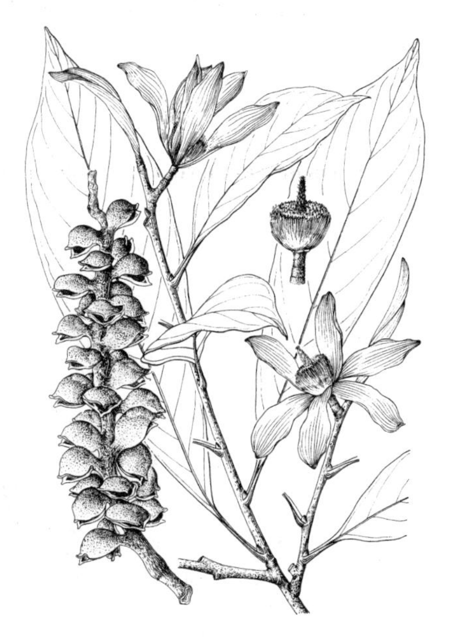

图 226　峨眉含笑　（吕发强绘）

形，长4-5厘米，内轮较窄小；雄蕊长1.5-2厘米，花药长约1.2厘米，内向开裂；雌蕊群圆柱形，长3.5-4厘米；子房卵状椭圆形，密被银灰色平伏细毛，胚珠约14。聚合果长12-20厘米，果托扭曲；蓇葖紫褐色，长圆形或倒卵圆形，长1-2.5厘米，具弯曲短喙，2瓣裂。花期3-5月，果期8-9月。

产湖北西南部、云南东南部、贵州及四川，生于海拔600-2000米山区林中。

6. 紫花含笑 图227 彩片181

Michelia crassipes Law in Bull. Bot. Res. (Harbin) 5(3): 121. 1985.

小乔木，高达5米，或灌木状。芽、幼枝、叶柄、花梗均密被红褐或黄褐色长绒毛。叶革质，窄长圆形、倒卵形或窄倒卵形、稀窄椭圆形，长7-13厘米，先端尾尖或骤尖，基部楔形或宽楔形，上面深绿色，有光泽，无毛，下面淡绿色，脉上被长柔毛；叶柄长2-4毫米，托叶痕达叶柄顶端。花极芳香，紫红或深紫色。花梗粗，长3-4毫米；花被片6，2轮，长椭圆形，长1.8-2厘米，无毛，雄蕊长约1厘米，花药长约6毫米，药隔骤短尖；雌蕊群长约8毫米，密被柔毛。聚合果长2.5-5厘米，蓇葖10枚以上；果柄粗，长1-2厘米，径3-5毫米；蓇葖扁卵圆形或扁球形。花期4-5月，果期8-9月。

图 227 紫花含笑 （引自《广东植物志》）

产广东北部、湖南南部、广西东北部及贵州，生于海拔300-1000米山谷林中。

7. 野含笑 图228：7-11

Michelia skinneriana Dunn in Journ. Linn. Soc. Bot. 38: 354. 1908.

乔木，高达15米。芽、幼枝、叶柄、叶下面中脉及花梗均密被褐色长柔毛。叶革质，窄倒卵状椭圆形、倒披针形或窄椭圆形，长5-11（-14）厘米，先端尾尖，基部楔形，上面深绿色，有光泽，下面疏被褐色长毛；叶柄长2-4毫米，托叶痕达叶柄顶端。花淡黄色，芳香。花梗细长；花被片6，倒卵形，长1.6-2厘米，外轮3片基部被褐色毛；雄蕊长0.6-1厘米，花药长4-5毫米，侧向开裂；雌蕊群长约6毫米，柄长4-7毫米，柄及心皮均密被褐色毛。聚合果长4-7厘米，常部分心皮不育弯曲或较短；蓇葖黑色，球形或长圆形，长1-1.5厘米，顶端具喙。花期5-6月，果期8-9月。

产安徽、浙江、江西、福建、湖南、广东、广西及贵州，生于海拔1200米以下山谷、山坡、溪边林中。

8. 含笑花 含笑 图228：1-6 彩片182

Michelia figo (Lour.) Spreng. Syst. Veg. 2: 643. 1825.

Liriodendron figo Lour. Fl. Cochinch. 1: 347. 1790.

常绿灌木，高达3米。芽、幼枝、叶柄、花梗均密被黄褐色绒毛。叶革质，窄椭圆形或倒卵状椭圆形，长4-10厘米，先端钝，具短尖，基部楔形或宽楔形，上面有光泽，下面中脉被褐色平伏毛；叶柄长2-4毫米，托叶痕达叶柄顶端。花淡黄色，边缘有时红或紫色，芳香。花被片6，肉质，较肥厚，长椭圆形，长1.2-2厘米；雄蕊长7-8毫米，药隔骤尖；雌蕊群无毛，长约7毫米，伸出雄蕊群，雌蕊群柄长约6毫米，被淡黄色绒毛。聚合果长2-3.5厘米，蓇葖卵圆形或球形，顶端具喙。花期3-5月，果期7-8月。

产广东及广西，生于阴坡杂木林中或溪谷沿岸。现广植于全国各地，供观赏。花可制花茶及提取芳香油，并可药用。

图 228：1-6. 含笑花 7-11. 野含笑
（引自《中国植物志》）

9. 苦梓含笑 图 229

Michelia balansae (A. DC.) Dandy in Kew Bull. 1927: 263. 1927. *Magnolia balansae* A. DC. in Bull. Herb. Boiss. ser. 2, 4: 294. 1904.

乔木，高达10米。芽、幼枝、叶柄、叶下面、花蕾及花梗均密被褐色绒毛。叶厚革质，长圆状椭圆形或倒卵状椭圆形，长10-20（-28）厘米，先端骤尖，基部宽楔形，上面近无毛，下面叶脉凸起，被褐色绒毛；叶柄长1.5-4厘米，无托叶痕，基部膨大。花芳香。花被片白色带淡绿色，6片，2轮，倒卵状椭圆形，长3.5-3.7厘米，内轮较窄小，倒披针形；雄蕊长1-1.5厘米，花药长0.8-1厘米；雌蕊群卵圆形，柄长4-6毫米，被黄褐色绒毛。聚合果长7-12厘米，果柄长4.5-7厘米，蓇葖椭圆状卵圆形、倒卵圆形或圆柱形，长2-6厘米，径1.2-1.5厘米，顶端具外弯喙。种子近椭圆形，外种皮红色，内种皮褐色。花期4-7月，果期8-10月。

产福建、广东东南部及西南部、海南、广西、云南南部，生于海拔350-1000米山坡、溪边或山谷林中。越南有分布。木材优良，为珍贵家具、建筑用材。

［附］细毛含笑 **Michelia balansae** var. **appressipubescens** Law in Bull. Bot. Res. (Harbin) 5(3): 124. 1985. 与模式变种的区别：幼枝、叶柄及叶下面均被平伏细毛。花期4-5月，果期7-9月。产广东（广州）、海南、贵州西南部、云南（大围山），生于密林中。

图 229 苦梓含笑 （引自《广东植物志》）

10. 黄心夜合 图 230 彩片 183

Michelia martinii (Lévl.) Lévl. Fl. Kouy-Tchéou 270. 1915. *Magnolia martinii* Lévl. in

Bull. Soc. Agr. Sarthe 39: 321. 1904.

Michelia bodinieri Finet et Gagnep.; 中国高等植物图鉴1: 794. 1972.

乔木，高达20米。小枝无毛。芽密被灰黄或红褐色直立长毛。叶革质，倒披针形或窄倒卵状椭圆形，长12-18厘米，先端骤尖或短尾尖，基部楔形或宽楔形，上面深绿色，有光泽，中脉凹下；叶柄长1.5-2厘米，无托叶痕。花芳香，淡黄色。花梗粗，长约7毫米，密被黄褐色绒毛；花被片6-8，外轮倒卵状或圆形，长4-4.5厘米，内轮倒披针形，长约4厘米；雄蕊长1.3-1.8厘米，药室长1-1.2厘米，稍分离，侧向开裂，花丝紫色；雌蕊群长约3厘米，心皮椭圆状卵圆形，长约1厘米，花柱约与子房等长，胚珠8-12。聚合果长9-15厘米，扭曲，蓇葖长1-2厘米，腹缝背缝开裂，皮孔白色，顶端具短喙。花期2-3月，果期8-9月。

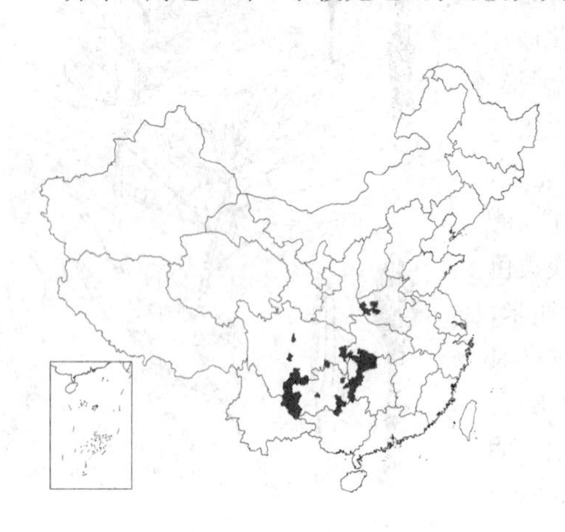

图 230 黄心夜合 （仿《中国植物志》）

产河南、湖北西部、湖南西部、广西、云南东北部、贵州、四川中部及南部，生于海拔1000-2000米山区林中。花可提取芳香油。

11. 乐昌含笑 图 231

Michelia chapensis Dandy in Journ. Bot. 67: 222. 1929.

乔木，高达30米。小枝无毛或幼时节上被灰色微柔毛。叶薄革质，倒卵形、窄倒卵形或长圆状倒卵形，长6.5-16厘米，先端短尾尖或短渐钝尖，基部楔形或宽楔形，上面深绿色，有光泽；叶柄长1.5-2.5厘米，无托叶痕，上面具沟。花芳香，淡黄色。花梗长0.4-1厘米，被灰色平伏微柔毛，具2-5苞片痕；花被片6，2轮，外轮倒卵状椭圆形，长约3厘米，内轮较窄；雄蕊长1.7-2厘米，花药长1.1-1.5厘米，药隔短尖；雌蕊群窄圆柱形，长约1.5厘米，柄长约7毫米，密被银灰色平伏微柔毛；心皮卵圆形，胚珠约6枚。聚合果长约10厘米，果柄长约2厘米，蓇葖长1-1.5厘米，顶端具短细弯尖头。种子红色，长约1厘米。花期3-4月，果期8-9月。

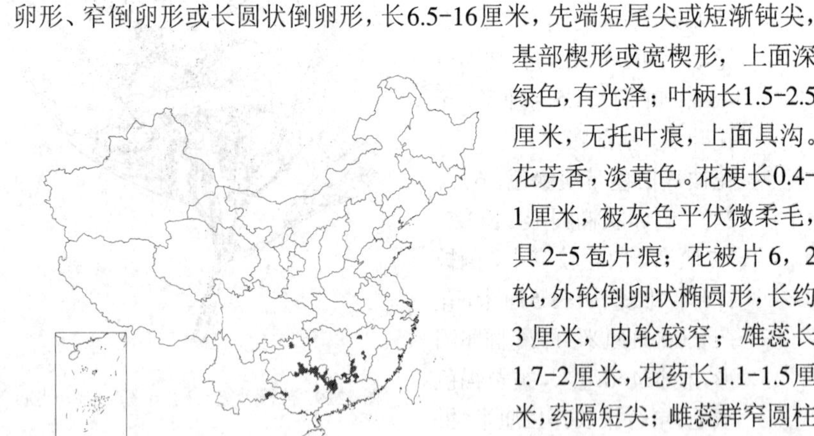

图 231 乐昌含笑 （引自《广东植物志》）

产江西、湖南西部及南部、广东西部及北部、广西东北部及东南部、云南东南部、贵州，生于海拔500-1500米山区林中。越南有分布。

12. 川含笑 图 232

Michelia szechuanica Dandy in Notes Roy Bot. Gard. Edinb. 16: 131. 1928.

乔木，高达25米。幼枝被红褐色平伏柔毛。叶革质，窄倒卵形，长9-15厘米，先端短尾状，部楔形或宽楔形，上面中脉基部疏被红褐色平伏毛，下面灰绿色，疏被红褐色直立毛；叶柄长1.5-3厘米，初被红褐色毛，后无毛，无托叶痕。花蕾卵圆形，被红褐色绒毛。花梗长约7毫米，密被红褐色柔毛，具1-2苞片痕；花被片9，窄倒卵形，长2-2.5厘米，带黄色；雄蕊长1-1.4厘米，花药长约8毫米，稍分离，侧向开裂，药隔短尖；雌蕊群柄长约6毫米，被黄褐色平伏微柔毛，心皮卵圆形，长3-4毫米，密被黄色平伏微柔毛，花柱与子房近等长。聚合果长6-8厘米，蓇葖扁球形，径0.7-1.4厘米，2瓣裂。花期4月，果期9月。

产湖北西部、四川南部及东南部、贵州北部、云南东北部，生于海拔1300-1600米山区林中。

图 232 川含笑（余 峰绘）

13. 香子含笑 图233：1-5 彩片184

Michelia hedyosperma Law in Bull. Bot. Res. (Harbin) 5(3): 123. 1985.

乔木，高达21米。芽、幼叶柄、花梗、花蕾及心皮密被平伏短绢毛，余无毛。叶揉碎有八角气味，薄革质，倒卵形或椭圆状倒卵形，长6-13厘米，先端钝尖，基部宽楔形，两面鲜绿色，有光泽；叶柄长1-2厘米，无托叶痕。花蕾长圆形，花芳香。花被片9，3轮，外轮膜质，线形，长约1.5厘米，内两轮肉质，窄椭圆形，长1.5-2厘米；雄蕊约25，长8-9毫米，药隔锐尖；雌蕊群卵圆形，柄长4-5毫米；心皮约10，窄椭圆形，长6-7毫米，背面具5纵棱，胚珠6-8。聚合果蓇葖灰黑色，椭圆形，长2-4.5厘米，果瓣厚，外卷，内皮白色；种子1-4。花期3-4月，果期9-10月。

产海南、广西西南部、云南南部，生于海拔300-800米山坡或沟谷林中。

图 233：1-5. 香子含笑 6-8. 醉香含笑（邓盈丰绘）

14. 醉香含笑 火力楠 图233：6-8 彩片185

Michelia macclurei Dandy in Journ. Bot. 66: 360. 1928.

乔木，高达30米，胸径约1米。芽、幼枝、叶柄、托叶及花梗均被红褐色平伏短绒毛。叶革质，倒卵形、椭圆状倒卵形、菱形或长圆状椭圆形，长7-14厘米，先端骤短尖或渐尖，基部楔形或宽楔形，上面初被短柔毛，后无毛，下面被灰色毛杂有褐色平伏短绒毛；叶柄上面具纵沟，无托叶痕。花单生或具2-3花成聚伞花序。花梗长1-1.3厘米，具2-3苞片痕；花被片白色，常9，外轮匙状倒卵形或倒披针形，长3-5厘米，内轮较窄小；雄蕊长1-2厘米，花药长0.8-1.4厘米，花

丝红色；雌蕊群长1.4-2厘米，柄密被褐色短绒毛，心皮卵圆形或窄卵圆形，长4-5毫米。聚合果长3-7厘米，蓇葖长圆形、倒卵状长圆形或倒卵圆形，长1-3厘米，腹背缝2瓣开裂；种子1-3。花期3-4月，果期9-11月。

产福建、广东及贵州东南部，生于海拔500-1000米密林中。越南北部有分布。为建筑、家具优质用材。花可提取香精油。也是美丽庭园及行道树种。

15. 阔瓣含笑 阔瓣白兰花 图234 彩片186

Michelia platypetala Hand.-Mazz. in Sitzungsb. Akad. Wiss. Wien, Math.-Nat. 58: 89. 1921.

乔木，高达20米。幼枝、芽、嫩叶均被红褐色绢毛。叶薄革质，椭圆状长圆形，长11-18（-20）厘米，先端渐尖或骤渐尖，基部宽楔形或圆，下面被灰白色或杂有红褐色平伏微柔毛；叶柄被红褐色平伏毛，无托叶痕。花梗长0.5-2厘米，具2苞片痕，被平伏毛；花被片9，白色，外轮倒卵状椭圆形或椭圆形，长5-5.6(-7)厘米，中轮稍窄，内轮窄卵状披针形；雄蕊长约1厘米，花药内向开裂，药隔成窄长三角形尖头；雌蕊群长6-8毫米，被灰色及金黄色微柔毛，柄长约5毫米；心皮卵圆形，胚珠8。聚合果长5-15厘米，蓇葖无柄，长圆形，稀球形或卵圆形，长1.5-2.5厘米，背腹开裂。种子淡红色，扁宽卵圆形或长圆形，长5-8毫米。花期3-4月，果期8-9月。

图 234 阔瓣含笑 （引自《图鉴》）

产福建、湖北西部、湖南西南部、广东东部、广西及贵州，生于海拔1200-1500米林中。

16. 深山含笑 图235 彩片187

Michelia maudiae Dunn in Journ. Linn. Soc. Bot. 38: 353. 1908.

乔木，高达20米；全株无毛。芽、幼枝、叶下面、苞片均被白粉。叶革质，宽椭圆形，稀卵状椭圆形，长7-18厘米，先端骤窄短渐尖或尖头钝，基部楔形、宽楔形或近圆，上面深绿色，有光泽，下面灰绿色，被白粉；叶柄长1-3厘米，无托叶痕。花单生枝梢叶腋，芳香，径10-12厘米。花梗具3苞片痕；花被片9，

图 235 深山含笑 （引自《图鉴》）

白色，基部稍淡红色，外轮倒卵形，内两轮渐窄小，近匙形；雄蕊多数，药室内向开裂，药隔短尖，花丝淡紫色；雌蕊群长1.5-1.8厘米，柄长5-8毫米，心皮多数，窄卵圆形。聚合果长7-15厘米；蓇葖长圆形、倒卵圆形或卵圆形，顶端钝圆或具短骤尖，背缝开裂。种子红色，斜卵圆形，稍扁。花期2-3月，果期9-10月。

产安徽、浙江南部、福建、江西、湖南、广东、广西及贵州，生于海拔600-1500米林中。木材结构细，易加工，供家具、绘图板、细木工等用材；亦为庭园观赏树种。花可提取芳香油，又供药用。

17. 白花含笑 图 236

Michelia mediocris Dandy in Journ. Bot. 66: 47. 1928.

乔木，高达25米。芽被红褐色微柔毛，幼枝、幼叶、叶下面被灰白色平伏微柔毛。叶薄革质，菱状椭圆形，长6-13厘米，先端短渐尖，基部楔形或宽楔形；叶柄长1.5-3厘米，无托叶痕。花蕾椭圆形，密被褐黄或灰色平伏微柔毛，佛焰苞状苞片3。花白色，花被片9，匙形，长1.8-2.2厘米；雄蕊长1-1.5厘米，药隔具长3-4毫米长尖头；雌蕊群圆柱形，长约1厘米，柄长3-5毫米，密被银灰色平伏微柔毛；心皮7-14，每心皮4-5胚珠。聚合果黑褐色，长2-3.5厘米，蓇葖倒卵圆形、长圆形或球形，稍扁，长1-2厘米，皮孔白色，具钝喙。种子鲜红色，长5-8毫米。花期12月至翌年1月，果期6-7月。

图 236 白花含笑 （引自《广东植物志》）

产广东、海南、广西、云南及湖南，生于海拔400-1000米山坡杂木林中。越南及柬埔寨有分布。

18. 金叶含笑 图 237 彩片 188

Michelia foveolata Merr. ex Dandy in Journ. Bot. 66: 360. 1928.

乔木，高达30米。芽、幼枝、叶柄、叶下面、花梗密被红褐色短绒毛。叶厚革质，长圆状椭圆形、椭圆状卵形或宽披针形，长17-23厘米，先端渐尖或短渐尖，基部宽楔形，圆或近心形，常两侧不对称，上面深绿色，有光泽，下面被红铜色短绒毛；叶柄长1.5-3厘米，无托叶痕。花梗具3-4苞片痕；花被片9-12，内凹，淡黄绿色，基部带紫色，外轮3片宽倒卵形，长6-7厘米，中、内轮倒卵形；雄蕊约50，长2.5-3厘米，花药长1.5-2厘米，花丝深紫色；雌蕊群长2-3厘米，柄长1.7-2厘米，被银灰色短绒毛，心皮窄卵圆形，长约3毫米，胚珠约8枚。聚合果长7-20厘米，蓇葖长圆状椭圆形，长1-2.5厘

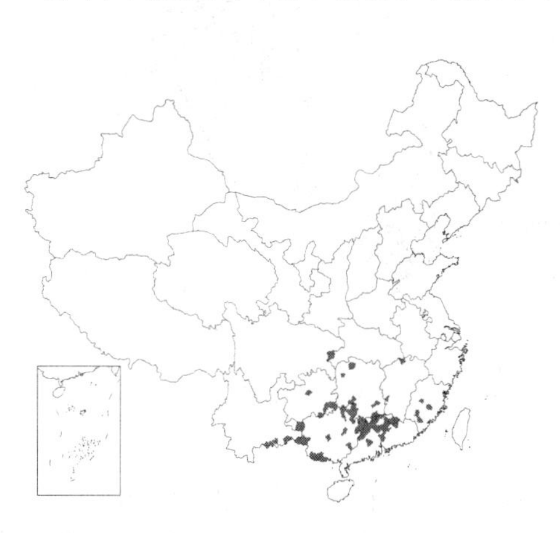

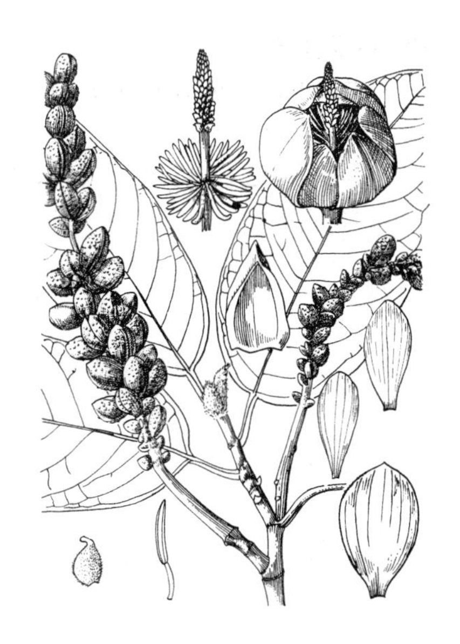

图 237 金叶含笑 （引自《广东植物志》）

米。花期3-5月，果期9-10月。

产福建、江西、湖北西部、湖南、广东、广西、云南东南部及贵州，生于海拔500-1800米阴湿林中。越南北部有分布。

19. 亮叶含笑 图 238

Michelia fulgens Dandy in Journ. Bot. 68: 210. 1930.

乔木，高达25米。芽、幼枝、叶柄及花梗均密被平伏银灰色或带红褐色短绒毛。叶革质，窄卵形、披针形或窄椭圆状卵形，长10-20厘米，中上部渐窄，先端渐尖，基部楔形，有时稍偏斜，幼时上面被红褐色绒毛，后脱落，下面被银灰及红褐色平伏短绒毛；叶柄长2-4厘米，无托叶痕。花蕾椭圆形，密被红褐或银灰色短绢毛。花被片9-12，内凹，3轮，外轮椭圆形或倒卵状椭圆形，长约3厘米，内2轮较小；雄蕊长1.2-1.4厘米，花药长1.1-1.2厘米，药隔顶端不伸出；雌蕊群圆柱形，柄长1.3-1.5厘米，密被银灰色短毛，心皮多数，卵圆形，长约2毫米，每心皮10胚珠或更多。聚合果长7-10厘米，蓇葖长圆形或倒卵圆形，长1-2厘米。种子红色，扁球形或扁卵圆形。花期3-4月，果期9-10月。

产广东南部、海南、广西、云南及贵州，生于海拔1300-1700米山坡或山谷林中。越南中部有分布。木材纹理直、结构细，供家具、建筑及胶合板等用。

图 238 亮叶含笑 （引自《广东植物志》）

20. 平伐含笑 图 239

Michelia cavaleriei Finet et Gagnep. in Bull. Soc. Bot. France 53: 573. 1906.

乔木，高达10米。芽、幼枝、叶柄、幼叶下面、花梗、果梗均被银灰或红褐色平伏柔毛。叶薄革质，窄长圆形或窄倒披针状长圆形，长10-20（-24）厘米，宽3.5-6.5厘米，先端渐尖或骤短尖，基部楔形或宽楔形，上面中脉凹下，疏被毛，下面苍白色，被银灰或红褐色平伏柔毛；叶柄无托叶痕。花蕾窄卵圆形，苞片密被红褐色平伏长柔毛。花被片纸质，约12，外轮3片倒卵状椭圆形，长2.5-4厘米，向内渐窄小；雄蕊长1.2-1.4厘米，基部被灰黄色柔毛，花药长约8毫米，内向开裂；雌蕊群窄卵圆形，长约1厘米，柄长约4毫米；心皮卵圆形，密被平伏微柔毛，花柱被灰黄色柔毛。聚合果长5-10厘米，蓇葖倒卵圆形或长圆形，长1.5-2厘米，腹背2瓣裂，顶端圆或稍短尖。花期3月，果期9-10月。

图 239 平伐含笑 （引自《中国植物志》）

产广西西北部、云南、贵州东北部及南部，生于海拔800-1500米林中。

21. 台湾含笑 图 240 彩片 189

Michelia compressa（Maxim.）Sarg. Gard. et For. 5: 75. 1893.

Magnolia compressa Maxim. in Bull. Acad. Sci. St. Pétersb. 17: 417. 1872.

Michelia taiwaniana auct. non Masam.: 中国高等植物图鉴1:796. 1972.

乔木，高达17米。腋芽、幼枝、叶柄及叶两面中脉被褐色平伏短毛。叶薄革质，窄倒卵状椭圆形或窄椭圆形，长5-7厘米，宽2-3厘米，先端骤短尖；叶柄长0.8-1.2厘米，无托叶痕。花蕾被金黄色平伏绢毛。花被片12，淡黄白色，或近基部带淡红色，窄倒卵形，长1.2-1.5厘米；雄蕊约45，长5-6毫米，花药长3.5-4毫米，侧向开裂，药隔具长1-1.8毫米尖头；雌蕊群长约4毫米，被金黄色细毛，柄长约3毫米。聚合果长3-5厘米，蓇葖长圆形或卵圆形，长1.5-2厘米，背裂，顶端短尖，每蓇葖2-4种子，粉红色。花期1月，果期10-11月。

图 240 台湾含笑 （引自《Fl.Taiwan》）

产台湾，生于海拔200-2600米阔叶林中。日本有分布。为台湾主要用材树种之一。

9. 合果木属 Paramichelia Hu

常绿乔木。叶全缘，幼叶在芽内平展；托叶与叶柄贴生，叶柄具托叶痕。花两性，单生叶腋。花被片18-21，3-6轮，近相等；花药侧向或近侧向开裂，药隔成短或长凸尖；雌蕊群具柄，心皮多数，互相粘合，每心皮2-6胚珠。蓇葖合生，组成稍肉质聚合果，肉质外果皮不规则开裂，与内果皮一同脱落，果托及木质化钩状果皮中脉均宿存。

约3种，分布于亚洲东南部热带及亚热带。我国1种。

合果木 图 241 彩片 190

Paramichelia baillonii（Pierre）Hu in Sunyatsenia 4: 142. 1940.

Magnolia baillonii Pierre, Fl. For. Cochinch. t. 2. 1879.

乔木，高达35米，胸径1米。幼枝、叶柄、叶下面均被褐色平伏长毛。叶椭圆形、卵状椭圆形或披针形，长6-22(-25)厘米，先端渐尖，基部楔形或宽楔形，上面初被褐色平伏长毛，中脉凹下，疏被长毛；托叶痕为叶柄长1/3或1/2以上。花芳香，黄色。花被片18-21，6片1轮，外2轮倒披针形，长2.5-2.7厘米，向内渐窄小，内轮披针形；雄蕊长6-7毫米，花药长约5毫米，药隔短锐

图 241 合果木 （邓盈丰绘）

尖；雌蕊群窄卵圆形，长约5毫米，密被淡黄色柔毛，花柱红色，雌蕊群柄长约3毫米，密被淡黄色柔毛。聚合果肉质，倒卵圆形或椭圆状圆柱形，长6-10厘米；蓇葖中脉木质化，扁平，弯钩状，宿存于粗壮果轴，蓇葖合生，干后不规则小块状脱落。花期3-5月，果期8-10月。

产云南南部，生于海拔500-1500米山地林中。材质坚硬、美观、抗虫耐腐力强，为制造高级家具、重要建筑物优良木材。

10. 观光木属 **Tsoongiodendron** Chun

常绿乔木，高达25米。小枝、芽、叶柄、叶上面中脉、叶下面及花梗均被黄褐色糙伏毛。叶倒卵状椭圆形，长8-17厘米，先端骤尖，基部楔形，侧脉10-12对，上面中脉、侧脉及网脉均凹下，全缘；叶柄长1.2-2.5厘米，托叶痕达叶柄中部。花两性，单生叶腋，芳香。花梗长约6毫米，具1苞片痕；花被片9，3轮，象牙黄色，具红色小斑点，窄倒卵状椭圆形；雄蕊30-45，药室线形，侧向开裂，药隔短尖，花丝短，细圆柱状；雌蕊群不伸出雄蕊群，具柄，心皮9-13，覆瓦状螺旋排列，每心皮12-16胚珠，2列，叠生，部分心皮相互连合，基部与中轴愈合。蓇葖合生，形成近肉质、弯拱聚合果；聚合果大，木质，各蓇葖中部纵裂成两个厚木质果瓣，果瓣近基部横裂，单独或几个聚合成厚块，自中轴脱落。种子悬垂于丝状体上，外种皮红色，肉质，内种皮脆壳质。

特有单种属。

观光木

图 242

Tsoongiodendron odorum Chun in Acta Phytotax. Sin. 8(4): 283. 1963.

形态特征同属。花期3月，果期10-12月。

产福建、江西南部、湖南南部、广东、海南、广西、云南东南部、贵州，生于海拔500-1000米山地常绿阔叶林中。供庭园观赏或行道树种。花可提取芳香油；种子可榨油。

图 242 观光木 （邓盈丰绘）

11. 鹅掌楸属 **Liriodendron** Linn.

落叶乔木。小枝具分隔髓心。冬芽卵圆形，为2片粘合托叶包被；幼叶在芽内对折，向下弯垂。叶具长柄，托叶与叶柄离生，叶先端平截或微凹，4-10裂。花两性，单生枝顶，与叶同放或后叶开花。花被片9-17，3片1轮，近相等；雄蕊多数，药室外向开裂；雌蕊群无柄，心皮多数，离生，螺旋状排列，分离，最下部不育，每心皮2胚珠，自子房顶端下垂。聚合果纺锤状；翅状小坚果果皮木质，种皮与内果皮愈合，顶端延伸成翅状，成熟时自花托脱落，花托宿存。种子1-2，种皮薄而干燥，胚藏于胚乳中。

2种。我国和北美各1种。

1. 叶两侧中下部各具1较大裂片，呈马褂形，老叶下面被乳头状白粉点；花被片长3-4厘米，花丝长5-6毫米，雌蕊群伸出花被之上；翅状小坚果顶端钝或钝尖 ………………………… 1. **鹅掌楸 L. chinense**
1. 叶两侧中下部各具2-3个短而渐尖裂片，叶下面无白粉点；花被片长4-6厘米，花丝长1-1.5厘米；雌蕊群不伸出花被之上，翅状小坚果顶端尖 ………………………… 2. **北美鹅掌楸 L. tulipifera**

1. 鹅掌楸 马褂木 图243 彩片191

Liriodendron chinense（Hemsl.）Sarg. Trees et Shrubs 1: 103. t. 52. 1903.

Liriodendron tulipifera Linn. var. *chinensis* Hemsl. in Journ. Linn. Soc. Bot. 23: 25. 1886.

乔木，高达40米。小枝灰或灰褐色。叶马褂形，长4-12(-18)厘米，两侧中下部各具1较大裂片，先端具2浅裂，下面苍白色，被乳头状白粉点；叶柄长4-8(-16)厘米。花杯状，径5-6厘米；花被片9，外轮绿色，萼片状，向外弯垂，内2轮直立，花瓣状，倒卵形，长3-4厘米，绿色，具黄色纵条纹；雄蕊多数，花药长1-1.6厘米，花丝长5-6毫米；花期雌蕊群伸出花被，心皮多数，黄绿色。聚合果纺锤形，长7-9厘米，具翅小坚果长约6毫米，顶端钝或钝尖，种子1-2。花期5月，果期9-10月。

图 243 鹅掌楸 （邓盈丰绘）

产陕西、安徽、浙江、福建、江西、湖北、湖南、广西、云南、贵州及四川，生于海拔900-1000米山地林中。越南北部有分布。木材纹理直、结构细、质轻软、少变形，干后少开裂、无虫蛀，为建筑、造船、家具、细木工优良用材。叶及树皮入药。树干通直，叶形奇特，为优美珍贵庭园树种。

2. 北美鹅掌楸 图244 彩片182

Liriodendron tulipifera Linn. Sp. Pl. 535. 1753.

大乔木，在原产地高达60米。小枝褐或紫褐色，常带白粉。叶长7-12厘米，两侧中下部各具2-3个短而渐尖裂片，先端2浅裂，下面初被白色细毛，后脱落无毛；叶柄长5-10厘米。花杯状，花被片9，外轮绿色，萼片状，向外弯垂，内两轮灰绿色，直立，花瓣状，卵形，长4-6厘米，近基部具不规则橙黄色带；花药长1.5-2.5厘米，花丝长1-1.5厘米；雌蕊群黄绿色，花期不伸出花被片。聚合果长约7厘米，具翅小坚果淡褐色，长约5毫米，顶端尖，下部小坚果常宿存。花期5月，果期9-10月。

原产北美东南部。我国长江中下游城市有栽培。材质优良，纹理致密美观，易加工，供船舱、火车内部装修及高级家具用材，是美国重要用材树种之一。亦为优美庭园树种。

图 244 北美鹅掌楸 （引自《图鉴》）

2. 番荔枝科 ANNONACEAE

（李秉滔　李镇魁）

乔木、灌木或攀援灌木。木质部常芳香。单叶，互生，全缘，羽状脉；具柄，无托叶。花两性，稀单性，辐射对称，单生或簇生，或组成团伞、圆锥花序或聚伞花序；常具苞片或小苞片。萼片(2) 3，离生或基部合生，裂片覆瓦状或镊合状排列，宿存或脱落；花瓣6，2轮，稀3或4片，1轮；雄蕊多数，螺旋排列，花药2室，纵裂，外向，药隔长，顶端平截，稀圆或尖，花丝短；心皮1至多个，离生，稀合生，每心皮1至多枚胚珠，1-2排，基生或生于侧膜胎座，花柱短，分离，稀连合，柱头头状或长圆形，顶端全缘或2裂；花托圆柱状或圆锥状，稀平或凹下。聚合浆果，果不裂，稀蓇葖状开裂。种子具假种皮，稀无；胚乳丰富，深皱，胚小。染色体基数x=7，8，9，10，14。

129属，2200余种，广布于热带及亚热带，东半球为多。我国22属，114种。本科有些植物树干通直，木材坚硬，供建筑及家具等用；茎皮纤维坚韧，民间用于编织；花芳香，可提取香精或芳香油。番荔枝是热带著名水果。

1. 花瓣6，2轮，内外两轮或内轮覆瓦状排列。
    2. 叶被星状毛；花瓣开展，花托凹下 ………… 1. **紫玉盘属 Uvaria**
    2. 叶被柔毛；花瓣内弯，花托平 ………… 2. **杯冠木属 Cyathostemma**
1. 花瓣6，2轮，稀3片1轮，镊合状排列。
    3. 外轮花瓣较内轮小，与萼片相似。
        4. 内轮花瓣无爪 ………… 3. **蚁花属 Mezzettiopsis**
        4. 内轮花瓣具爪。
            5. 内轮花瓣基部不呈囊状，先端靠合成帽状体 ………… 4. **澄广花属 Orophea**
            5. 内轮花瓣基部囊状，先端开展，不成帽状体 ………… 5. **野独活属 Miliusa**
    3. 外轮花瓣与内轮花瓣近等大或较大，稀外轮较小则为单性花，与萼片有区别，有时内轮花瓣退化或无。
        6. 果离生。
            7. 果细长，念珠状 ………… 6. **假鹰爪属 Desmos**
            7. 果粗厚，不呈念珠状。
                8. 乔木或灌木。
                    9. 果蓇葖状，开裂 ………… 7. **蒙蒿子属 Anaxagorea**
                    9. 果浆果状，不裂。
                        10. 内轮花瓣基部具爪，上部内弯靠合成帽状体或球状。
                            11. 花药线状长圆形，内轮花瓣具短爪 ………… 8. **哥纳香属 Goniothalamus**
                            11. 花药楔形，内轮花瓣具长爪。
                                12. 花大，外轮花瓣大于内轮花瓣 ………… 9. **银钩花属 Mitrephora**
                                12. 花小，外轮花瓣小于内轮花瓣 ………… 10. **金钩花属 Pseuduvaria**
                        10. 内轮花瓣无爪，上部开展或边缘靠合成三棱形。
                            13. 药隔顶端平截或宽三角形。
                                14. 胚珠多枚，侧生。
                                    15. 花萼裂片合生成杯状，花瓣内凹，药室具横隔纹 ………… 11. **木瓣树属 Xylopia**
                                    15. 花萼裂片基部合生，不成杯状，花瓣扁平或瓢状，药室无横隔纹。
                                        16. 花瓣扁平，药隔顶端圆，柱头基部不缢缩；果无柄 ………… 12. **鹿茸木属 Meiogyne**
                                        16. 花瓣瓢状，药隔顶端平截或近平截，柱头基部缢缩；果具柄 ………… 13. **蕉木属 Chieniodendron**

14. 胚珠1-2，基生或近基生。
17. 内轮花瓣开展 …… 14. **暗罗属 Polyalthia**
17. 内轮花瓣先端内弯，覆盖雌雄蕊群 …… 15. **嘉陵花属 Popowia**
13. 药隔顶端尖。
18. 花药卵圆形或长圆状楔形，花瓣卵状三角形或卵状长圆形，基部常囊状内弯 …… 16. **藤春属 Alphonsea**
18. 花药及花瓣线形或线状披针形 …… 17. **依兰属 Cananga**
8. 攀援灌木。
19. 花序梗钩状 …… 18. **鹰爪花属 Artabotrys**
19. 花序梗直伸。
20. 外轮花瓣大于内轮花瓣，药隔顶端平截 …… 19. **尖花藤属 Richella**
20. 外轮花瓣稍大于内轮花瓣，药隔顶端尖或钝 …… 20. **瓜馥木属 Fissistigma**
6. 聚合肉质浆果 …… 21. **番荔枝属 Annona**

1. 紫玉盘属 **Uvaria** Linn.

木质藤本或攀援灌木，稀小乔木；各部常被星状毛。叶互生，羽状脉；叶柄粗。花两性，单生或多朵组成密伞或短总状花序，花序与叶对生、腋生、顶生或腋外生，稀生于老枝。萼片3，基部常合生，镊合状排列；花瓣6，2轮，覆瓦状排列，开展，有时基部合生；花托凹下，被毛；雄蕊多数，花药长圆形或线形，药隔多角形或卵状长圆形，顶端圆或平截；心皮多数，稀少数，线状长圆形，每心皮具多枚胚珠，稀2-3，2排，稀1排；花柱短，柱头常2裂内卷。果浆果状，长圆形、卵圆形或近球形，常具柄。种子多粒，稀单粒，有或无假种皮。

约150种，分布于热带及亚热带。我国8种。

1. 叶两面及叶柄无毛，或幼叶下面疏被星状柔毛，后无毛。
2. 叶两面无毛；每心皮6-8胚珠 …… 1. **光叶紫玉盘 U. boniana**
2. 幼叶下面疏被星状柔毛，后无毛；每心皮2胚珠。
3. 果球形，径约1厘米，无瘤状体，果柄长2.5-5厘米 …… 2. **东京紫玉盘 U. tonkinensis**
3. 果卵圆形，径约3.5厘米，被瘤状体，果柄长约1厘米 …… 2(附). **贵州紫玉盘 U. kweichowensis**
1. 叶两面或下面及叶柄被星状绒毛或星状柔毛。
4. 果密被软刺 …… 3. **刺果紫玉盘 U. calamistrata**
4. 果无刺。
5. 花黄或淡黄色 …… 4. **黄花紫玉盘 U. kurzii**
5. 花紫红或红褐色。
6. 花径1.5-3.8厘米；果球形、卵圆形或卵状椭圆形，长1-3厘米，径1-1.5厘米。
7. 叶长9-30厘米，上面侧脉凹下；花径2-3.8厘米 …… 5. **紫玉盘 U. macrophylla**
7. 叶长5-15厘米，上面侧脉平；花径约1.5厘米 …… 5(附). **小花紫玉盘 U. rufa**
6. 花径达9厘米；果圆柱形，长4-6厘米，径1.5-2.5厘米 …… 6. **大花紫玉盘 U. grandiflora**

1. 光叶紫玉盘　图245

Uvaria boniana Finet et Gagnep. in Bull. Soc. Bot. France 53: Mém. 4: 71. pl. 11a. 1906.

攀援灌木，长达5米。除花外，余无毛。叶纸质，长圆形或卵状长圆形，长4-15厘米，先端渐尖或尖，基部楔形或圆，侧脉8-10对，两面稍凸起，网脉不明显；叶柄长2-8毫米。花紫红色，1-2与叶对生或腋外生。花梗长2.5-5.5厘米，中下部常具小苞片；萼片长2.5-3毫米，被缘毛；花瓣革质，两面被微毛，外轮花瓣长宽约1厘米，内轮稍小，内凹；药隔顶端平截，具

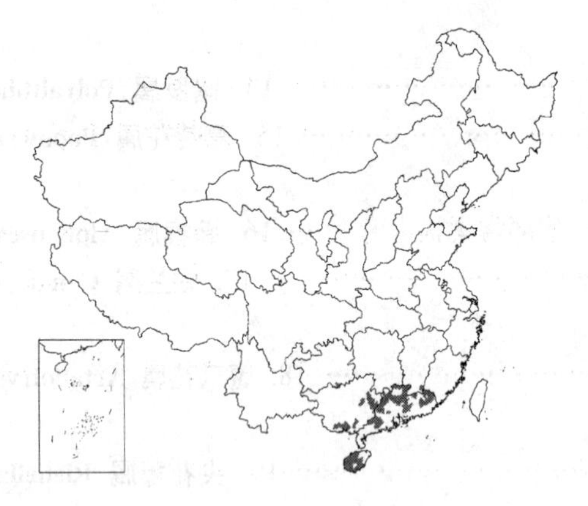

小乳头；心皮长圆形，内弯，密被黄色毛，每心皮6-8胚珠，柱头马蹄形，顶端2裂。果球形或卵圆形，径约1.3厘米，紫红色，无毛；果柄细，长4-5.5厘米。花期5-10月，果期6月至翌年4月。

产江西、广东、海南、广西及贵州，生于海拔100-800米山地林中较湿润地方。越南有分布。

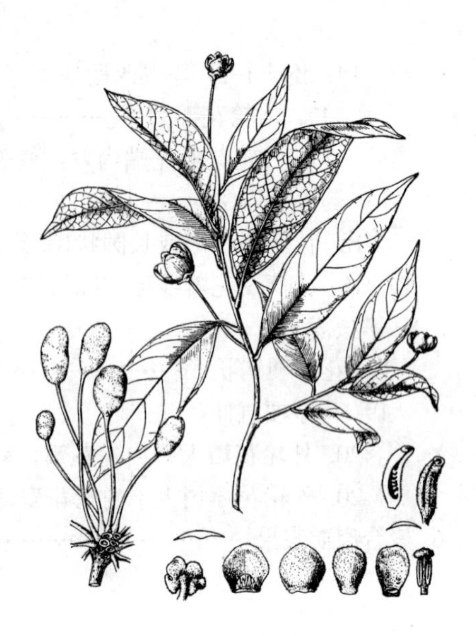

图 245 光叶紫玉盘 （陈国泽绘）

2. 东京紫玉盘 扣匹 图 246：1-8

Uvaria tonkinensis Finet et Gagnep. in Bull. Soc. Bot. France 53: Mém. 4: 74. pl. 14a. 1906.

攀援灌木，长达6米。小枝被星状柔毛，后渐无毛。叶纸质，倒卵状披针形或椭圆形，长12-21厘米，先端长渐尖或渐尖，基部圆或微心形，上面无毛，下面幼时疏被星状柔毛，后无毛，侧脉8-12对，在上面稍凸起；叶柄长0.5-1厘米。花单朵与叶对生或顶生。花梗长1.5-4.5厘米，疏被星状短柔毛；萼片长3-4毫米，密被星状柔毛，内凹；花瓣紫红色，密被星状短柔毛，外轮花瓣长1.5-1.9厘米，内轮花瓣稍小；药隔盘状或近五角形；心皮圆柱状，被星状短柔毛，每心皮2胚珠，柱头长圆形，顶端全缘或2浅裂。果球形，径约1厘米，紫红色；果柄细，长2.5-5厘米。种子1-2。花期2-9月，果期8-12月。

产云南、广西、广东及海南，生于海拔200-600米山地林内或灌丛中。越南有分布。根及茎药用，治黄白尿症。

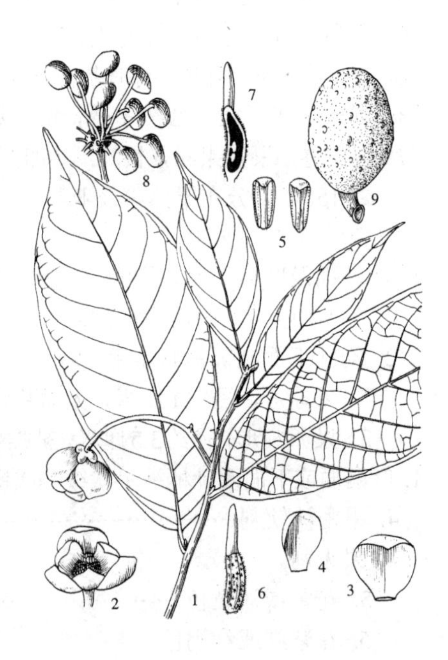

图 246：1-8. 东京紫玉盘 9. 贵州紫玉盘 （仿《中国植物志》）

［附］**贵州紫玉盘** 图246：9 **Uvaria kweichowensis** P. T. Li in Acta Phytotax. Sin. 14(1): 107. 1976. 本种与东京紫玉盘的区别：小枝被锈色星状毛，叶先端尖，侧脉12-14对；果卵圆形，径约3.5厘米，被瘤状体，密被星状绒毛，果柄粗，长约1厘米。产贵州，生于海拔约1000米山地林中。

3. 刺果紫玉盘 图 247

Uvaria calamistrata Hance in Journ. Bot. 20: 77. 1882.

攀援灌木，长达8米。小枝被锈色星状柔毛，老渐无毛。叶厚纸质或近革质，长圆形、椭圆形或倒卵状长圆形，长5-17厘米，先端长渐尖或尾尖，基部楔形或圆，上面幼时疏被星状绒毛，老渐无毛，下面密被锈色星状绒毛，侧脉8-10对，在上面稍凹下或平；叶柄长0.5-1厘米，被星状绒毛。花淡黄色，径约1.8厘米，单生或2-4花组成密伞花序，腋生或与叶对生。萼片卵形，两面被锈色绒毛；内外轮花瓣近等大或外轮稍大，长约8毫米，两

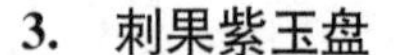

面被短柔毛；药隔顶端圆或钝，被微毛；心皮7-15，被毛，每心皮6-9胚珠，柱头2裂，内卷。果椭圆形，长2-3.5厘米，红色，密被黄色软刺。种子约6粒，扁三角形，长约1厘米，黄褐色。花期5-7月，果期7-12月。

产广西、广东及海南，生于海拔200-800米山地林内或山谷沟边灌丛中。越南有分布。茎皮含单宁，纤维坚韧，民间用于编织。

图 247 刺果紫玉盘（陈国泽绘）

4. 黄花紫玉盘 图 248

Uvaria kurzii（King）P. T. Li in Acta Phytotax. Sin. 14(1): 106. 1976.

Uvaria hamiltonii Hook. f. et Thoms. var. *kurzii* King, Mat. Fl. Mal. Pen. 1(4): 263. 1892.

攀援灌木，长达13米；全株密被锈色星状绒毛或星状长柔毛。叶膜质，长椭圆形、长圆状倒卵形或倒卵形，长9.5-21厘米，先端渐尖或钝，稀圆，基部近平截或浅心形，侧脉13-18对。花1-2与叶对生，黄或淡黄色，径3.5-4厘米。花梗长2-4厘米，中部具1个长约7毫米小苞片；萼片宽卵形，长约5毫米；内外轮花瓣近等大，长1.1-1.8厘米，宽1-1.2厘米；花药长圆形，长3毫米，药隔顶端平截，被微毛；心皮长约4毫米，每心皮10胚珠，柱头马蹄形，2裂。果近球形或卵圆形，长2-2.5厘米。花期5-6月，果期7-9月。

产云南及广西，生于海拔400-1300米山地密林中。印度有分布。

图 248 黄花紫玉盘（陈国泽绘）

5. 紫玉盘 图 249 彩片 193

Uvaria macrophylla Roxb. Fl. Ind. 97. 1855.

Uvaria macrocarpa Champ. ex Benth.; 中国植物志30(2): 22. 1979.

Uvaria macrophylla var. *microcarpa*（Champ. ex Benth.）Finet et Gagnep.; 中国高等植物图鉴1: 805. 1972.

直立或攀援灌木，长达18米；全株被星状毛，老渐无毛。叶革质，长倒卵形或长椭圆形，长9-30厘米，宽3-15厘米，基部近圆或浅心形，侧脉9-14(-22)对，在上面凹下。花1-2与叶对生，暗紫红或淡红褐色，径2-3.8厘米。花梗长0.5-4厘米；萼片宽卵形，长4-5毫米；内外轮花瓣等大，宽卵形，长1.2-2厘米；雄蕊线形，长约9毫米，药隔卵圆形，最外面雄蕊常退化；心皮长圆形或线形，长约5毫米，柱头马蹄形，2裂内卷。果球

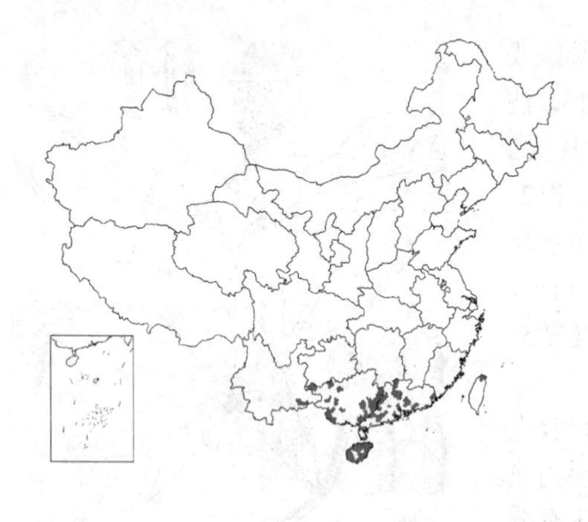

形或卵圆形，长1-3厘米，径1-1.5厘米，暗紫褐色，顶端具短尖头。种子球形，径6.5-7.5毫米。花期3-8月，果期7月至翌年3月。

产云南、广西、广东、香港、海南及台湾，生于海拔400-1350米山地灌丛中或疏林中。越南、斯里兰卡、菲律宾及老挝有分布。茎皮纤维坚韧，可编制绳索及麻袋；根药用，可治风湿、跌打，叶可止痛、消肿；花大，色艳，供观赏。

［附］**小花紫玉盘 Uvaria rufa** Bl. Fl. Jav. Anon. 19. 4 et 13c. 1828. 本种与紫玉盘的区别：叶长5-15厘米，宽2.5-6厘米，先端渐尖，上面侧脉平；花径约1.5厘米。花期3-6月，果期6-10月。产云南及海南，生于海拔400-1650米山地疏林中。印度及东南亚有分布。

图 249 紫玉盘 （陈国泽绘）

6. 大花紫玉盘 山椒子 图 250

Uvaria grandiflora Roxb. ex Horn. Hort. Bot. Hafn. Suppl. 141. 1819.

攀援灌木，长达5米；全株密被黄褐色星状柔毛或绒毛。叶纸质或近革质，长圆状倒卵形，长7-30厘米，先端尖或短渐尖，稀短尾尖，基部浅心形，侧脉10-17（-24）对，在上面平；叶柄粗，长5-8毫米。花单朵与叶对生，紫红或深红色，径达9厘米。花梗长约5毫米；苞片2，长约3厘米；萼片膜质，宽卵圆形，长2-2.5厘米；花瓣卵形或长卵形，长为萼片2-3倍，内轮较外轮稍大，两面被微毛；花药长圆形或线形，长约7毫米，药隔顶端平截，无毛；心皮长圆形或线形，长约8毫米，每心皮具胚珠30以上，柱头2裂，内卷。果圆柱状，长4-6厘米，径1.5-2.5厘米，顶端具尖头；果柄长1.5-3厘米。种子卵形，扁平，种脐圆。花期3-11月，果期5-12月。

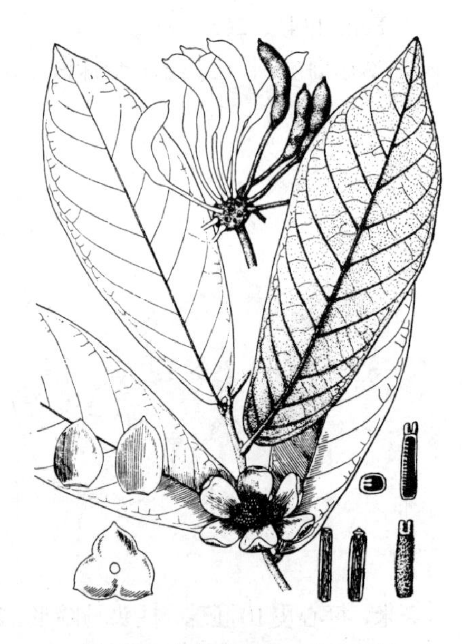

图 250 大花紫玉盘 （陈国泽绘）

产广西、广东、香港及海南，生于海拔400-1000米疏林或灌丛中。印度及东南亚有分布。

2. 杯冠木属 Cyathostemma Griff.

攀援灌木。单叶，互生，羽状脉，被柔毛；具柄。花两性或单性，近球形，组成下垂多歧聚伞花序，常生于茎或老枝上。萼片3，基部合生，常被硬毛；花瓣6，2轮，内外轮花瓣近等大或内轮较小，顶部覆瓦状排列，内弯；

花托平；雄蕊多数，螺旋排列，花药2室，纵裂，外向，药隔凸起，内弯；心皮多数，花柱圆柱状，柱头2裂。果长圆形或卵圆形，具柄，种子多粒，2排。

约8种，分布于泰国、越南、马来西亚、印度尼西亚及我国。我国1种。

杯冠木 图251

Cyathostemma yunnanense Hu in Bull. Fan Mem. Inst. Biol. Bot. 10 (3): 121. 1940.

攀援灌木，长达10米。幼枝、叶脉、叶柄、花梗、花萼、花瓣及心皮均被黄褐或红褐色短柔毛。幼枝具细纵纹。叶纸质，倒卵形，长14–20厘米，先端骤尖或钝，基部圆，侧脉12–13对，上面中脉及侧脉稍凸起；叶柄长5–8毫米。花小，黄绿色，几朵组成腋生聚伞花序。花梗长1–1.5厘米；小苞片长4–7毫米；花萼杯状，具5枚肾形裂片；花瓣宽卵形，外轮长约7毫米，内轮长6毫米，宽5毫米；花托平，雄蕊多数，长3.5毫米，药隔圆柱形或宽圆锥形，被微毛；心皮多数，圆柱形，被微柔毛，每心皮14胚珠，柱头圆锥状，无毛。果长圆形，下垂，橙黄色，长3.5–8厘米，种子7–12粒。花期6–7月，果期10月下旬至11月。

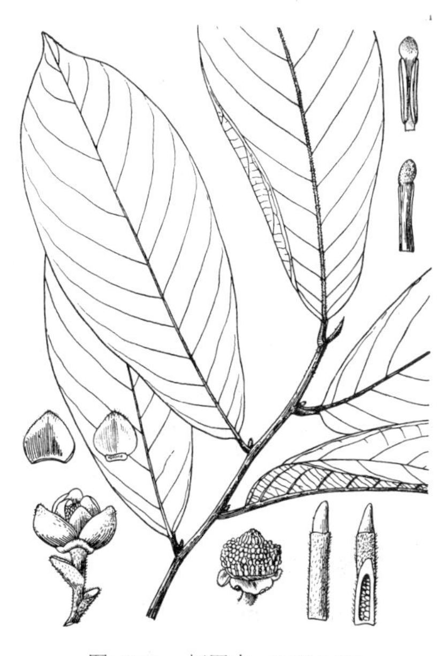

图 251　杯冠木（吴翠云绘）

产云南，生于海拔980–1098米山地灌丛中。越南有分布。

3. 蚁花属 **Mezzettiopsis** Ridl.

乔木，高达12米。枝条灰黑色。叶近革质，椭圆形或长圆形，长9–15厘米，先端短渐尖或钝，基部宽楔形或楔形，两面无毛或下面中脉疏被粗毛，侧脉7–10对；叶柄长3–7毫米。密伞花序腋生，花径3–5毫米。花梗、苞片、萼片及外轮花瓣均被粗毛；萼片3，卵形，长约1.5毫米，基部合生；花瓣6，2轮，具透明腺点，外轮花瓣宽卵形，长3–4毫米，与萼片相似，内轮花瓣长9毫米，镰状，中部以下渐窄，先端外卷，基部无毛，内弯覆盖雌雄蕊；雄蕊多数，宽椭圆形，药室外向，药隔顶端具尖头；心皮多数，离生，长卵圆形，每心皮2–4胚珠，基生或生于侧膜胎座，柱头球形。果球形，径1–2厘米，无毛。

单种属。

蚁花 图252

Mezzettiopsis creaghii Ridl. in Kew Bull. 1912: 389. 1912.

形态特征同属。花期3–6月，果期6–12月。

产云南及海南，生于海拔400–1200米沟谷密林或混交林中。印度尼西亚有分布。

4. 澄广花属 **Orophea** Bl.

乔木或灌木。单叶，互生，羽状脉，具柄。花单生、几朵簇生或聚伞花序，腋生或腋上生。萼片3，镊合状排列；花瓣6，2轮，镊合状排列，外轮花瓣宽卵形，常较小，与萼片相似，内轮花瓣具爪，上部卵状三角形，边缘靠合成帽状体，基部不成囊状；雄蕊6-12，花药卵圆形，药室外向，药隔顶端尖；心皮3-15，离生，每心皮1-8胚珠，侧膜胎座，近无花柱。果球形，具柄。

约37种，分布于亚洲南部及东南部。我国5种。

1. 小枝、花序、叶缘被锈色粗毛，叶下面被锈色长柔毛；内轮花瓣先端钝 ………………………………………………… 1. **毛澄广花 O. hirsuta**
1. 小枝、花序、叶下面及叶缘无毛或近无毛；内轮花瓣先端尖。
  2. 叶基部圆，两侧不对称；花淡红色；心皮12 ………………………………………………… 2. **广西澄广花 O. polycarpa**
  2. 叶基部宽楔形，两侧对称；花绿白色。
    3. 叶纸质，侧脉4-7对；雄蕊6，心皮6，每心皮2胚珠 ………………………………………………… 3. **澄广花 O. hainanensis**
    3. 叶革质，侧脉10-15对；雄蕊12，心皮3，每心皮3胚珠 ………………………………………………… 3(附). **云南澄广花 O. yunnanensis**

图 252 蚁花 （陈国泽绘）

1. 毛澄广花 图 253

Orophea hirsuta King in Journ. Asiat. Soc. Beng. 61(2): 84. 1892.

灌木，高达4米。小枝被锈色粗毛。叶纸质，椭圆形或长圆形，长3.5-12厘米，先端渐尖或尖，基部浅心形，稍不对称，上面无毛，下面被锈色长柔毛，边缘疏被粗毛，侧脉7-11对；叶柄长约1毫米，被粗毛。花序腋上生，长1-1.5厘米，被锈色粗毛，具1-3花。花梗长约4.5毫米，基部具1-2被长柔毛小苞片；萼片宽卵形，被毛；花瓣淡红色，外轮花瓣宽卵形，长3-4毫米，先端钝，被毛，内轮花瓣长约8毫米，上部菱形，长约4毫米，先端钝，无毛，内面疏被柔毛，爪长4毫米；雄蕊6，药隔顶端尖；心皮3-6，无毛，每心皮2-3胚珠，柱头头状，近无花柱。果球形，径0.8-1厘米，疏被长柔毛；果柄长1-2毫米，总果柄长约2.5厘米，被锈色长柔毛。花期4-7月，果期7-12月。

图 253 毛澄广花 （陈国泽绘）

产云南及海南，生于海拔300-600米山地林中。印度、老挝、柬埔寨、越南及马来西亚有分布。

2. 广西澄广花 图 254：9

Orophea polycarpa A. DC. Mem. Anon. 39. 1832.

Orophea anceps Pierre; 中国植物志30(2): 37. 1979.

乔木，高达10米。幼枝被柔毛，后无毛。叶椭圆形或长椭圆形，长4-10厘米，先端短渐尖或钝，基部圆，两侧不对称，上面无毛，下面无毛或近无毛，侧脉8-10对；叶柄长1.5-3毫米。花小，淡红色，单生叶腋。花梗长0.5-1厘米，近基部常具1-6被毛小苞片；萼片三角形，被微毛，内面无毛；外轮花瓣椭圆形或近圆形，被微毛，

内面无毛，内轮花瓣窄菱形，先端尖，两面无毛，上部具缘毛，外卷，具内弯窄爪；雄蕊6，药隔圆锥状；心皮12，卵圆形，无毛，无花柱，每心皮2胚珠。果球形，径5-8毫米，小果柄长5-7毫米，总果柄长约1.5厘米。花期7-9月，果期8-11月。

产云南、广西及海南，生于低海拔丘陵山地疏林中。东南亚有分布。

3. 澄广花 图254：1-8

Orophea hainanensis Merr. in Journ. Arn. Arb. 6: 132. 1925.

乔木，高达8米。小枝疏被柔毛，后渐无毛。叶纸质，椭圆形或卵形，长4-9.5厘米，先端短渐尖或尖，基部宽楔形，两侧对称，两面无毛，侧脉4-7对，上面不明显；叶柄长约2毫米。花序腋生或腋上生，具1-3花，疏被柔毛，花序梗长0.4-2厘米；小苞片具缘毛。花梗细，长0.4-1厘米；花绿白色，径3-5毫米；萼片卵状三角形，长1.5-2毫米，被黄色柔毛；外轮花瓣宽卵形或近圆形，长约4毫米，具缘毛，内轮花瓣长7-8毫米，爪内弯，中部以上菱形，先端尖；雄蕊6，药隔内弯，具尖头；心皮6，无毛，每心皮2胚珠，柱头近头状，被微毛。果球形，径约7毫米，果柄长2-5毫米。花期4-7月，果期6-12月。

图 254：1-8. 澄广花 9. 广西澄广花（志 满 绘）

产广西及海南，生于山地密林中。

［附］**云南澄广花 Orophea yunnanensis** P. T. Li in Acta Phytotax. Sin. 14(1): 106. 1976. 本种与澄广花的区别：小枝无毛；叶革质，长椭圆形或长卵形，侧脉10-15对；雄蕊12，心皮3，每心皮3胚珠。花期4月。产云南，生于山地林中。

5. 野独活属 **Miliusa** Lesch. ex DC.

乔木或灌木。叶互生，羽状脉，具柄。花两性或单性，绿或红色，腋生或腋上生，单生、簇生或组成聚伞花序。花梗常细长；萼片3，小，镊合状排列，基部合生；花瓣6，2轮，镊合状排列，外轮花瓣较小，萼片状，内轮花瓣大，卵状长圆形，先端常反曲，初边缘靠合，后分离，不成帽状体，基部囊状，具短爪，先端开展；花托圆柱状，常被长柔毛；雄蕊多数，花药卵圆形，药室外向，药隔顶端尖或具小尖头；心皮多数，长圆形，每心皮1至多枚胚珠，1或2排，着生侧膜胎座或基生，柱头头状或卵圆形。果球形或圆柱形，具柄。种子1至多粒。

约38种，分布于亚洲热带及亚热带。我国7种。

1. 内轮花瓣边缘靠合，每心皮1-3胚珠；种子1排。
  2. 叶下面、花梗、果柄被短柔毛。
    3. 侧脉9-11对；花梗长3.5-7.5厘米，每心皮2胚珠；总果柄长5-9.5厘米 …… 1. **中华野独活 M. sinensis**
    3. 侧脉7-9对；花梗长1.4厘米，每心皮1胚珠；总果柄长1.7-3.5厘米 ……………………………………

………………………………………………………………………………………… 1(附). 云南野独活 **M. tenuistipitata**

2. 叶下面、花梗及果柄无毛或两面中脉及叶下面侧脉疏被微毛，后无毛 ………………… 2. 野独活 **M. balansae**

1. 内轮花瓣边缘分离，每心皮8胚珠；种子2排 …………………………………………… 3. 囊瓣木 **M. prolificum**

1. 中华野独活 中华密榴木 图255：1-8

Miliusa sinensis Finet et Gagnep. in Bull. Soc. Bot. France 53: Mém. 4: 151. pl. 18. 1906.

乔木，高达6米。小枝、叶下面、叶柄、苞片、花梗、花萼、花瓣两面及心皮均被黄色柔毛。枝条具不规则纵纹。叶薄纸质，椭圆形或长椭圆形，长5-13厘米，先端渐尖、尖或钝，基部楔形或圆，稍偏斜，上面被疣体，侧脉9-11对。花单生叶腋，径1-1.5厘米。花梗长3.5-7.5厘米，近基部具2-4小苞片；萼片长约3毫米；外轮花瓣与萼片等大，内轮花瓣紫红色，边缘靠合，卵形，长1-1.5厘米，先端外反；药隔具小尖头；每心皮2胚珠，柱头全缘，无毛。果球形或倒卵圆形，长0.7-1厘米，中部稍缢缩，顶端具尖头，紫黑色，无毛；果柄长1.3-2.1厘米，被微柔毛，总果柄长5-9.5厘米，顶部增粗，被微柔毛。种子1-2，椭圆状球形，种皮膜质。花期4-9月，果期7-12月。

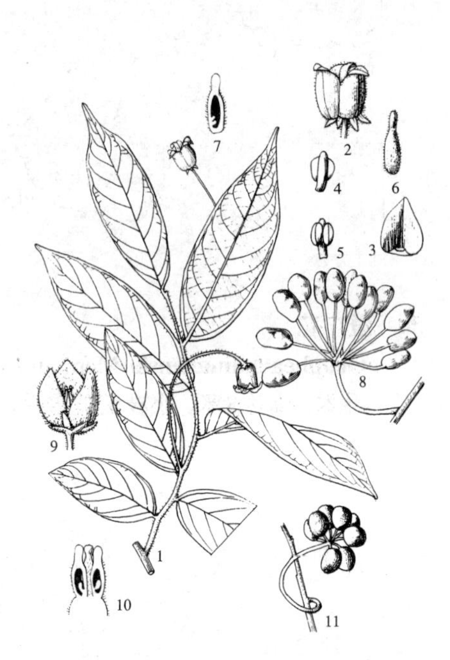

图255：1-8. 中华野独活 9-11. 云南野独活 （仿《中国植物志》）

产云南、贵州、广西及广东，生于海拔500-1500米山地密林或山谷灌木林中。

［附］ **云南野独活** 图255：9-11 **Miliusa tenuistipitata** W. T. Wang in Acta Phytotax. Sin. 6: 200. 1957. 本种与中华野独活的区别：叶倒卵状椭圆形或倒卵状长圆形，侧脉7-9对；花梗长约1.4厘米，每心皮1胚珠；总果柄长1.7-3.5厘米。产云南，生于海拔700-1500米山地林中或灌丛中。

2. 野独活 图256

Miliusa balansae Finet et Gagnep. in Bull. Soc. Bot. France 53: Mém. 4: 149. pl. 11. 1906.

Miliusa chunii W. T. Wang; 中国高等植物图鉴1: 812. 1992；中国植物志30(2): 42. 1979.

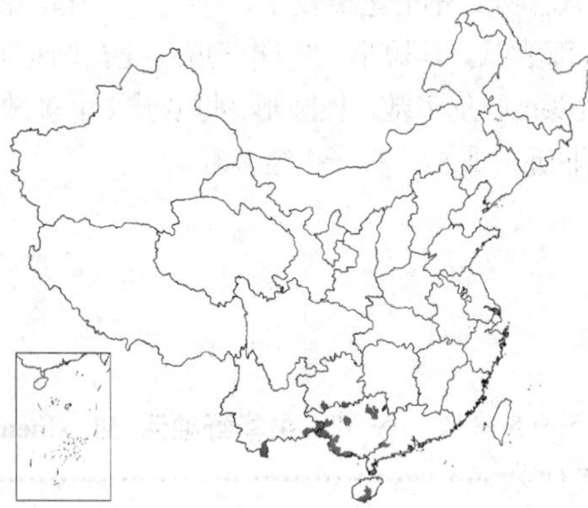

灌木，高达5米。小枝稍被平伏柔毛。叶椭圆形或长椭圆形，长7-15厘米，先端渐尖或短渐尖，基部宽楔形或圆，偏斜，无毛或两面中脉及下面侧脉疏被微柔毛，后无毛，侧脉10-12对，先端弯拱近叶缘连结；叶柄长2-3毫米。花红色，单生叶腋，径1.3-1.6厘米。花梗丝状，长4-6.5厘米，无毛；萼片长约2毫米，边缘及外面

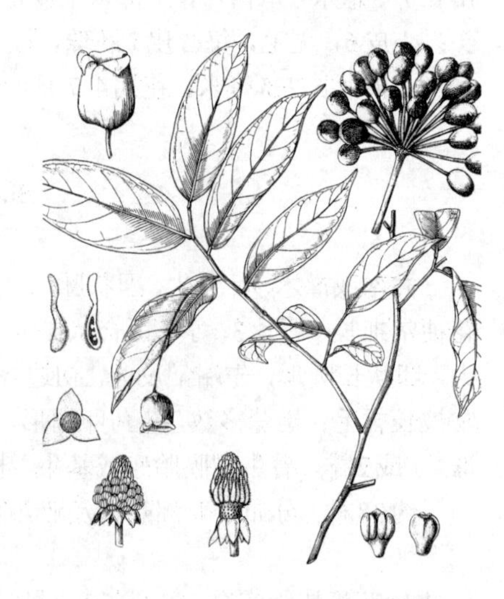
图 256 野独活 （引自《海南植物志》）

稍被短柔毛；外轮花瓣较萼片稍长，内轮花瓣边缘靠合，卵形，长达1.8厘米；花药倒卵圆形，花丝短，无毛；心皮新月形，稍被平伏柔毛，每心皮2-3胚珠，柱头圆柱形，稍外弯，被微毛。果球形，径7-8毫米，种子1-3，种子间有时缢缩；果柄细，长1-2厘米，总果柄长4-7.5厘米，基部细，向顶端渐粗，无毛，被小瘤体。花期4-7月，果期7-12月。

产云南、贵州、广西、广东及海南，生于海拔500-1800米山地密林或灌丛中。越南有分布。

3. 囊瓣木 图 257

Miliusa prolifica（Chun et How）P. T. Li in Guihaia 13(4)：315. 1993.

Alphonsea prolificum Chun et How in Acta Phytotax. Sin. 7：1. 1958. *Saccopetalum prolificum*（Chun et How）Tsiang；中国高等植物图鉴 1：811. 1972；中国植物志30(2)：43. 1979.

常绿乔木，高达25米，树干通直，树皮淡黄褐色。叶纸质，椭圆形或长圆形，长4-13厘米，先端尖或渐尖，基部圆，稍偏斜，上面疏被柔毛，中脉较密，下面密被长柔毛，侧脉10-14对；叶柄长约2毫米，密被黄褐色柔毛。花暗红色，长2厘米，单生叶腋，下弯，密被长柔毛。花梗长约1.5厘米，密被长柔毛；萼片及花瓣两面密被柔毛；萼片长3毫米；外轮花瓣披针形，长7毫米，宽1毫米，内轮花瓣边缘分离，卵状披针形，长2厘米，宽约1厘米，具中肋，基部囊状，具短爪；雄蕊长约1毫米，内弯；心皮密被长绢毛，每心皮8胚珠，2排，柱头卵圆形，无毛。果15-30，卵圆形或近球形，长1-2厘米，被微柔毛，暗红色，果柄长1-1.5厘米，被柔毛。种子2-8，肾形，长1.1厘米。花期3-6月，果期7-8月。

图 257 囊瓣木 （引自《海南植物志》）

产广东及海南，生于海拔500米以下山谷密林中。树干通直，材质优良，供车辆、家具、机械及建筑等用。

6. 假鹰爪属 Desmos Lour.

攀援或直立灌木，稀小乔木。叶互生，羽状脉；具柄。花单朵腋生或与叶对生，或2-4簇生。花萼裂片3，镊合状排列；花瓣6或3，2轮或1轮，镊合状排列；雄蕊多数，药室外向，药隔顶端近圆、平截、盘状、锥尖或稍凸起；心皮多数，每心皮1-8胚珠，1-2排，柱头卵圆形、倒卵状楔形或圆柱形。果多数，常在种子间缢缩成念珠状，具1-8节，每节1种子。

约46种，分布于亚洲热带、亚热带及大洋洲。我国9种。

1. 花瓣3，1轮。
   2. 叶下面苍白色；花暗红色，径1-1.5厘米，药隔顶端平截 ………… 1. **喙果假鹰爪 D. rostratus**
   2. 叶下面灰绿或灰白色；花黄色，径2.5-3厘米，药隔宽三角形 ………… 2. **黄花假鹰爪 D. sootepensis**
1. 花瓣6，2轮。
   3. 外轮花瓣较内轮花瓣大。
      4. 小枝、叶下面、叶柄、花梗及果柄被柔毛或短柔毛 ………… 3. **毛叶假鹰爪 D. dumosus**
      4. 小枝、叶下面、叶柄、花梗及果柄无毛 ………… 4. **假鹰爪 D. chinensis**

3. 外轮花瓣较内轮花瓣小 ………………………………………………………… 4(附). 云南假鹰爪 **D. yunnanensis**

1. 喙果假鹰爪 喙果皂帽花 图 258

Desmos rostratus (Merr. et Chun) P. T. Li in Guihaia 13(4): 314. 1993.

Dasymaschalon rostratum Merr. et Chun in Sunyatsenia 2: 8. pl. 4. 1934; 中国高等植物图鉴1:813. 1972; 中国植物志30(2): 167. 1979.

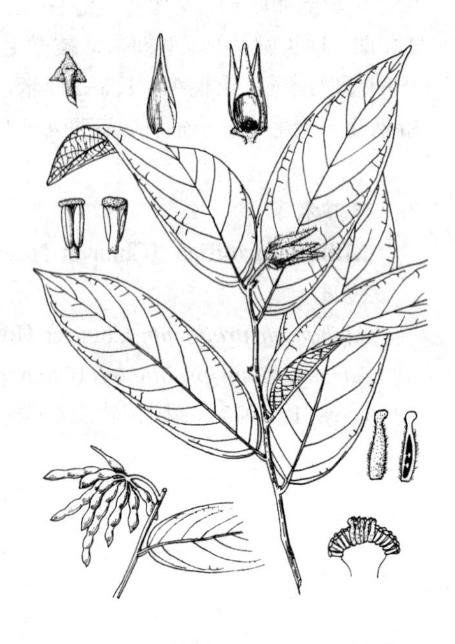

图 258 喙果假鹰爪 (仿《中国植物志》)

乔木，高达8米。幼枝被微毛，老枝无毛。叶纸质，长圆形，长12-19厘米，先端渐尖，基部圆，上面无毛，下面苍白色，疏被平伏柔毛或无毛，侧脉8-12对，在上面平；叶柄长5-7毫米，被短柔毛，老渐无毛。花暗红色，单生叶腋，尖帽状，长4.5厘米或更长，径1-1.5厘米。花梗长1-2厘米；花梗、萼片、花瓣及心皮均被柔毛；萼片宽卵形，长2.5-3毫米；花瓣3，1轮，披针形，长3-4.5厘米，内面无毛；药隔顶端平截；柱头近头状。果念珠状，长5-6厘米，疏被柔毛，具2-5节，每节长椭圆形，长1.2-1.8厘米，顶端具喙。花期7-9月，果期7月至翌年2月。

产西藏、云南、广西、广东及海南，生于海拔500-1300米山地密林或山谷溪边疏林中。越南有分布。

2. 黄花假鹰爪 黄花皂帽花 图 259

Desmos sootepensis (Craib) J. F. Maxwall in Nat. Hist. Bull. Siam. Soc. 37(2): 177. 1989.

Dasymaschalon sootepense Craib in Kew Bull. Misc. Inf. 1912: 144. 1912.

图 259 黄花假鹰爪 (陈国泽绘)

乔木，高达7米。幼枝疏被柔毛，老枝近无毛。叶薄纸质，长圆形，长10-18厘米，先端短渐尖，基部圆，上面无毛，下面疏被平伏小刚毛，灰绿或粉白色，侧脉9-10对；叶柄长5-8毫米，疏被柔毛。花黄色，单生叶腋，长约4厘米，径2.5-3厘米。花梗长约1.7厘米，疏被柔毛，基部具小苞片；萼片宽卵形，长约3毫米，两面被微毛，果时脱落；花瓣3，1轮，长椭圆形或长卵圆形，长4厘米，两面疏被平伏柔毛；雄蕊长2.5毫米，药隔宽三角形，顶端钝；心皮长3毫米，密被长柔毛，柱头外弯，2裂，被柔毛。果念珠状，长约6厘米，每节径约5毫米，疏被平伏柔毛，果柄长约1厘米，总果柄长1.8厘米。花期4-7月，果期6-9月。

产云南南部，生于海拔600米山地沟边疏林中。泰国、柬埔寨及越南有分布。

3. 毛叶假鹰爪 云南山指甲 图 260：8 彩片 194

Desmos dumosus (Roxb.) Saff. in Bull. Torr. Bot. Club 39: 506. 1912.

Unona dumosa Roxb. Fl. Ind. 2: 670. 1824.

直立灌木。茎及枝条具凸起皮孔。枝条、叶下面、叶柄、叶脉、花梗、苞片、萼片、花瓣、果及果柄均被柔毛或短柔毛。叶纸质，倒卵状椭圆形或长圆形，稀琴形，长5-20厘米，先端短渐尖或尖，稀钝，基部浅心形或平截，侧脉9-13对，在上面平；叶柄长0.4-1厘米。花黄绿色，长5-6厘米，下垂。花梗长1-2厘米，苞片生于花梗基部或近中部；萼片长约8毫米；花瓣6，2轮，外轮花瓣长5-6厘米，内轮花瓣长3-4厘米；花药倒卵圆形，药隔顶端近圆；心皮被长柔毛，柱头2裂，无毛。果念珠状，总果柄长2厘米。花期4-8月，果期7月至翌年4月。

产云南、贵州及广西，生于海拔500-1700米山地疏林或山坡灌木林中。印度、泰国、老挝、越南、马来西亚及新加坡有分布。茎可制绳。

4. 假鹰爪 假饼叶 酒饼藤 山指甲 图 260：1-7 彩片 195

Desmos chinensis Lour. Fl. Cochinch. 352. 1790.

直立或攀援灌木。枝条具纵纹及灰白色皮孔。除花外，余无毛。叶互生，薄纸质，长圆形或椭圆形，稀宽卵形，长4-14厘米，先端钝尖或短尾尖，基部圆或稍偏斜，下面粉绿色，侧脉7-12对；叶柄长2-4厘米。花黄白色，单朵与叶对生或互生。花梗长2-5.5厘米，无毛；萼片卵形，长3-5毫米，被微柔毛；花瓣6，2轮，外轮花瓣长圆形或长圆状披针形，长达9厘米，内轮花瓣长圆状披针形，长达7厘米，均被微毛；花托凸起，顶端平或微凹；花药长圆形，药隔顶端平截；心皮长1-1.5毫米，被长柔毛，柱头近头状，外弯，2裂。果念珠状，长2-5厘米。种子1-7，球形，径约5毫米。花期4-10月，果期6-12月。

产福建、广西、广东、海南、贵州及云南，生于海拔150-1500米山地、山谷林缘灌丛中或旷地。印度及东南亚有分布。根叶药用，主治风湿骨痛、产后腹痛、跌打、皮癣等; 茎皮纤维可作人造棉及造纸原料；海南民间用叶制酒饼；也可供观赏。

［附］**云南假鹰爪** 彩片 196 **Desmos yunnanensis** (Hu) P. T. Li, Fl. Reipubl. Popul. Sin. 30(2): 51. pl. 20.1979.—— *Phaeanthus yunnanensis* Hu in Bull. Fan Mem. Inst. Biol. Bot. 10: 125. 1940. 本种与假鹰爪的区别：幼枝、叶下面、叶柄及花梗均被微毛；果柄被柔毛；外轮花瓣较内轮小。花期10月，果期翌年8月。产云南西南部，生于海拔1000-1400米山地密林中。

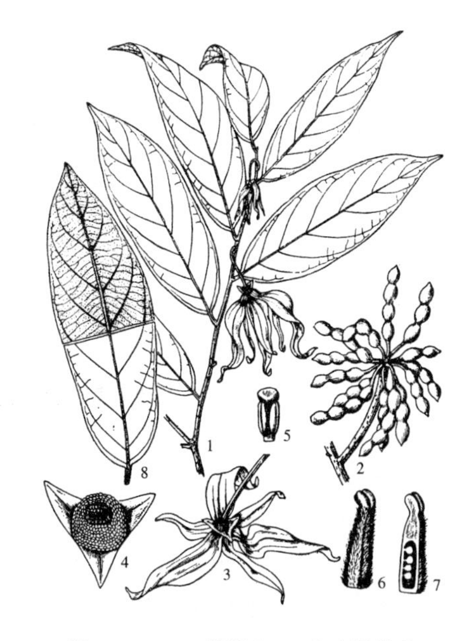

图 260：1-7. 假鹰爪 8. 毛叶假鹰爪
（陈国泽绘）

7. 蒙蒿子属 **Anaxagorea** St. Hil.

乔木或灌木。叶互生，羽状脉；具柄。花单生或几朵簇生。花梗短；萼片3，镊合状排列，基部合生；花瓣6，2轮，镊合状排列，内外轮近等大或外轮稍大，薄膜质；雄蕊多数，线形，药隔顶端短尖，突出；心皮少数至多数，每心皮2胚珠，胚珠基生，直立，柱头近球形或长圆形。果蓇葖状，开裂，具棒状柄。种子1-2，无假种皮，有光泽。

约27种，分布于亚洲热带及美洲。我国1种。

蒙蒿子 图261

Anaxagorea luzonensis A. Gray, Bot. Wilkes U. S. Explor. Esped. 27.1854.

直立灌木，高达2米。叶长圆形或宽椭圆形，长9-16厘米，先端尖或钝，基部宽楔形或近圆，干时灰黄色，无毛，侧脉7-8对，纤细，在上面平，下面凸起，网脉疏；叶柄长0.6-2厘米。花淡绿色，长约1.2厘米，1-2与叶对生。花梗长约6毫米；萼片圆形，被毛；外轮花瓣稍长，膜质，卵形，宽为内轮2倍；心皮2-4，卵状长圆形，被微柔毛，每心皮2胚珠。果蓇葖状，长2-2.5厘米，径5-7毫米，顶端凸尖，腹缝开裂。种子1-2，扁倒卵圆形，长约8毫米，初红色，熟时黑褐色。花期6-10月，果期10月至翌年1月。

图 261 蒙蒿子（陈国泽绘）

产广西及海南，生于中海拔密林中。印度及东南亚有分布。

8. 哥纳香属 **Goniothalamus**（Bl.）Hook. f. et Thoms.

乔木或灌木。叶互生，叶上面常有光泽，侧脉疏离，近叶缘内弯连结。花单生或几朵簇生叶腋或腋外生；花序梗基部具小苞片。萼片3，镊合状排列；花瓣6，2轮，镊合状排列，外轮较厚，扁平，内轮较小，具短爪，上部内弯靠合成帽状体，覆盖雌雄蕊；雄蕊多数，花药线状长圆形，药室外向，药隔长圆形、三角形、圆形或平截；心皮多数，每心皮1-10胚珠，侧生、基生或近基生，1-2排，花柱长，柱头全缘或2裂。果浆果状，球形、卵圆形或长椭圆形，种子1-10。

约50种，分布于亚洲热带及亚热带。我国10种。

1. 叶下面中脉及叶缘被褐色长硬毛。
    2. 叶长20-41厘米，侧脉17-22对；果长2-3厘米 ··············· 1. **田方骨 G. donnaiensis**
    2. 叶长56-76厘米，侧脉26-30对；果长6-9厘米 ··············· 1(附). **景洪哥纳香 G. cheliensis**
1. 叶无毛。
    3. 叶窄长圆状披针形、长圆状披针形或长椭圆形。
        4. 幼枝及叶柄被短柔毛；柱头2深裂 ··············· 2. **哥纳香 G. chinensis**
        4. 幼枝及叶柄无毛；柱头全缘。

5. 子房被短柔毛，每心皮2胚珠 ………………………………………………………… 3. **长叶哥纳香 G. gardneri**
5. 子房无毛，每心皮1胚珠 ……………………………………………………… 3(附). **保亭哥纳香 G. gabriacianus**
3. 叶长圆形或椭圆形。
6. 花径达5.5厘米，每心皮2胚珠；果长约1.5厘米，径约8毫米 ………………… 4. **大花哥纳香 G. griffithii**
6. 花径约2.5厘米，每心皮6胚珠；果长3-6厘米，径2-2.5厘米 ………………… 4(附). **海南哥纳香 G. howii**

1. 田方骨 图262

Goniothalamus donnaiensis Finet et Gagnep. in Bull. Soc. Bot. France 53: Mém. 4: 121. 1906.

小乔木或灌木状，高达5米。枝条灰黑色，具不规则纵裂纹。幼枝、叶下面、叶柄、花萼、花瓣及果均密被红褐色硬毛。叶纸质，倒卵状披针形或长圆状披针形，长20-41厘米，先端尾尖长1-3厘米，基部楔形，上面无毛或中脉被褐色硬毛，中脉粗，在上面凹下，侧脉17-22对，弯拱上升，未达叶缘连结，边缘被褐色长硬毛；叶柄粗，长1-1.5厘米。花淡红色，单生叶腋。花梗极短；萼片宽卵形，长8毫米；外轮花瓣卵状披针形或长圆状披针形，长2.3厘米，先端外弯，内面上部被硬毛，内轮花瓣卵状三角形，长1.5厘米，具爪；花药长圆形，药隔圆或近平截；雌蕊伸出雄蕊，长4.5毫米，心皮长卵圆形，被长硬毛，每心皮2胚珠，近基生，花柱及子房无毛。果4-12簇生，卵状长圆形，长2-3厘米，径6-8毫米。种子1-2，淡黄色，卵圆形，长1.5厘米，两侧具棱脊。花期5-9月，果期8-12月。

产云南、贵州及广西，生于海拔300-800米山地密林中。越南有分布。茎药用，治跌打损伤、骨折。

［附］**景洪哥纳香** 图264：4-5 **Goniothalamus cheliensis** Hu in Bull. Fan Mem. Inst. Biol. Bot. 10: 122. 1940. 本种与田方骨的区别：叶倒披针形，长56-76厘米，先端尾尖长约5厘米，侧脉26-30对；果长6-9厘米，径1.5-2厘米，被锈色硬毛。果期9月。产云南，生于海拔约1500米山地林中。

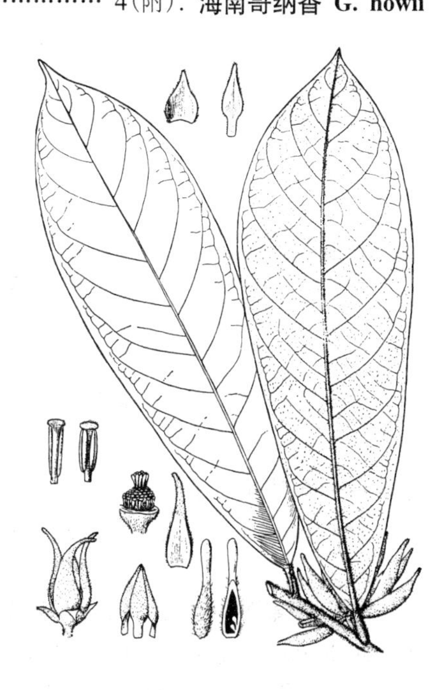

图 262 田方骨 （陈国泽绘）

2. 哥纳香 图263：6-15

Goniothalamus chinensis Merr. et Chun in Sunyatsenia 2: 6. pl. 1. 1934.

灌木，高达4米。幼枝被短柔毛，老枝无毛。叶纸质，长椭圆形或长圆状披针形，长13-30厘米，先端短渐钝尖，基部宽楔形，无毛，侧脉12-14对；叶柄粗，长0.5-1.2厘米，被短柔毛或渐无毛。花黄绿色，1-2腋生。花梗长约1厘米；萼片宽卵形，长5-6毫米，被微柔毛；外轮花瓣窄披针形，长2.2-3厘米，被微柔毛，内轮花瓣卵形，长约1.2厘米；雄蕊长约2毫米，药隔顶端平截；心皮长圆形，被平伏褐色粗毛，每心皮2胚珠，花柱与子房等长，柱头2深裂。果多个簇生，长椭圆形，长1-1.8厘米，初疏被粗毛，后渐无毛，具短柄。花期7-9月，果期8-10月。

产广西及海南，生于低海拔山地林中。

3. 长叶哥纳香 图 264：1-3

Goniothalamus gardneri Hook. f. et Thoms. Fl. Ind. 1: 107. 1855.

小乔木或灌木状，高达5米。幼枝褐色，无毛。叶革质，窄长圆状披针形，长10-38.5厘米，先端渐尖或尖，两面无毛，上面中脉凹下，侧脉不明显；叶柄长0.4-2厘米，无毛。花单生。花梗长约1厘米，基部小苞片披针形；萼片革质，宽卵形，长约1.5厘米；花瓣革质，黄绿色，外轮花瓣长圆状披针形，长5-6厘米，内轮花瓣椭圆形，长约1.5厘米；花药倒圆锥状，药隔盘状，被微毛；子房被短柔毛，每心皮2胚珠，花柱细长，柱头全缘。果卵圆形，簇生，长1-1.7厘米，种子1-2。花期5-11月，果期11月至翌年2月。

产海南，生于中海拔至高海拔山地密林中。斯里兰卡、印度及越南有分布。

［附］**保亭哥纳香** 图 263：1-5 **Goniothalamus gabriacianus** (Baill.) Ast in Humb. Suppl. Fl. Gen. Indo-Chine 1: 95. 1938.—— *Oxymitra gabriaciana* Baill. in Adansonia 10: 106. 1871. 本种与长叶哥纳香的区别：花淡绿色，子房无毛，每心皮1胚珠；果长椭圆形或椭圆形。花期5-7月，果期10-11月。产海南，生于海拔350-800米密林中。泰国、越南、老挝及柬埔寨有分布。

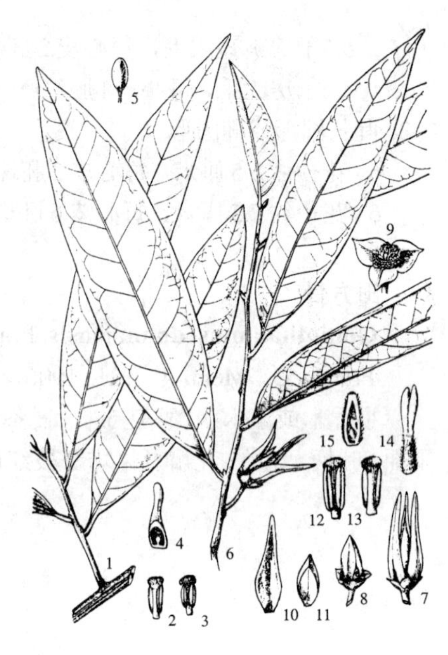

图 263：1-5. 保亭哥纳香 6-15. 哥纳香（陈国泽绘）

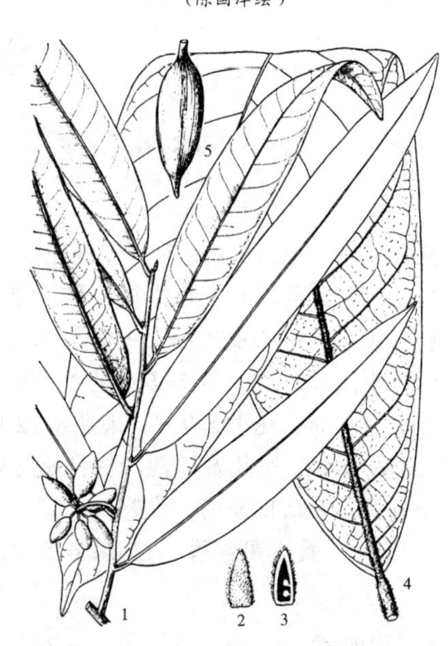

图 264：1-3. 长叶哥纳香 4-5. 景洪哥纳香（陈国泽绘）

4. 大花哥纳香 图 265

Goniothalamus griffithii Hook. f. et Thoms. Fl. Ind. 1: 110. 1855.

乔木，高达8米。幼枝被短柔毛，老渐无毛。叶纸质，长圆形，长20-32厘米，先端钝或短渐尖，基部圆或宽楔形，两面无毛，中脉粗，在上面凹下，侧脉12-20对，两面稍凸起；叶柄粗，长0.7-1.5厘米。花单朵腋生或腋外生，径达5.5厘米。花梗长1-2.5厘米，无毛，基部具小苞片；萼片宽卵圆形，长2-2.5厘米，无毛；外轮花瓣长圆状披针形，长达6.5厘米，被微毛，内轮花瓣长卵形，长达2厘米，被微毛；花药长圆形，药隔三角形；心皮被柔毛，每心皮2胚珠，柱头2裂。果卵圆形，长约1.5厘米，径约8毫米，簇生，近无柄，被微毛，种子1。花期4-8月，果期8-11月。

产云南，生于海拔800-1500米山地林中。印度、泰国及缅甸有分布。

［附］**海南哥纳香 Goniothalamus howii** Merr. et Chun in Sunyatsenia 5: 60. f. 4. 1940. 本种与大花哥纳香的区别：花长约2.5厘米，径约2.5厘米，每心皮6胚珠；果长3-6厘米，径2-2.5厘米。花期3-9月，果期5月至翌年1月。产云南及海南，生于海拔300-800米山地林中或沟谷中。

9. 银钩花属 **Mitrephora** (Bl.) Hook. f. et Thoms.

乔木。叶互生，羽状脉。花两性，稀单性，单生或几朵组成总状花序，腋生或与叶对生。萼片3，圆形或宽卵形；花瓣6，2轮，镊合状排列，外轮花瓣较大，卵形或倒卵形，薄膜质，具脉纹，内轮花瓣较小，具长爪，稀宽短，上部卵形或披针形，边缘内弯靠合成球形；雄蕊多数，花药长圆楔形，药室外向，离生，药隔顶端平截；心皮常多数，每心皮4至多枚胚珠，2排，花柱长圆形或棒状，稀花柱不明显，腹部具槽。果卵圆形、球形或长椭圆形，具柄或近无柄。

约40种，分布于亚洲热带及亚热带至大洋洲。我国4种。

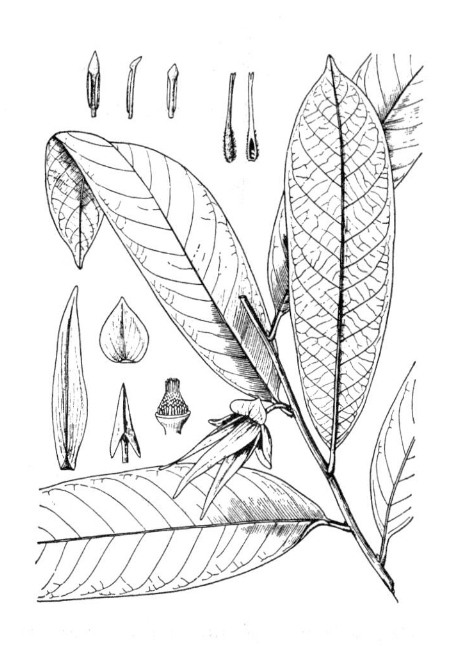

图 265 大花哥纳香 （陈国泽绘）

1. 叶柄及叶下面疏被柔毛或绒毛，沿脉毛密，上面侧脉凹下；果长1.6-2厘米，果柄长3.2-6厘米 ································· 1. **银钩花 M. thorelii**
1. 叶柄及叶下面幼时疏被柔毛，老渐无毛，上面侧脉稍凸起；果长2-4.5厘米；果柄长1-2厘米。
    2. 叶革质，椭圆形或长圆形；花两性 ··············· 2. **山蕉 M. maingayi**
    2. 叶纸质，长圆状披针形或披针形；花单性 ·································· ·· 2(附). **云南银钩花 M. wangii**

1. 银钩花　　图266

Mitrephora thorelii Pierre, Fl. For. Cochinch. 1: t. 37. 1881.

乔木，高达25米；树皮灰黑色。小枝、叶下面、叶柄、花序梗、花梗、萼片、花瓣、果及果柄均密被锈色或褐色柔毛或绒毛。叶近革质，卵形或长椭圆形，长7-15厘米，先端短渐尖，基部圆，上面中脉被毛，侧脉凹下，下面沿中脉毛密，侧脉8-14对；叶柄粗，长约7毫米。花淡黄色，径1-1.5厘米，单生或数朵组成总状花序，腋生或与叶对生，花序梗短。萼片长约3毫米，内面无毛；外轮花瓣卵形，长约萼片3倍，内轮花瓣菱形，具窄爪，边缘靠合成帽状体；花药楔形，药隔盘状；心皮被毛，每心皮8-10胚珠。果卵圆形或近球形，具环纹，长1.6-2厘米，果柄长3.2-6厘米。花期3-4月，果期5-8月。

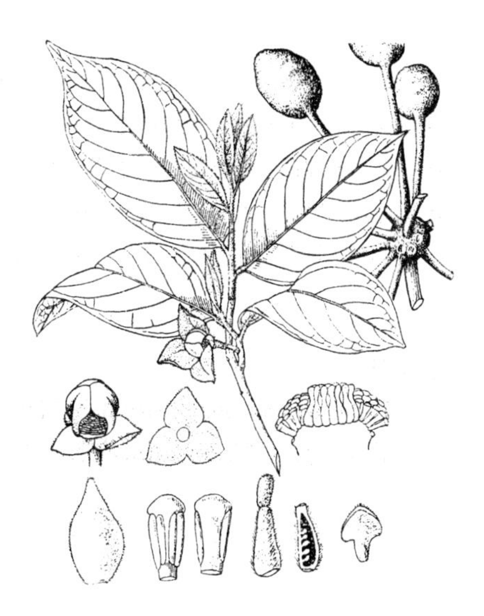

图 266 银钩花 （引自《海南植物志》）

产云南、贵州、广西及海南，生于海拔300-800米密林中。柬埔寨、老挝、泰国及越南有分布。木材坚硬，干后少开裂，不变形，供车辆及建筑用材。

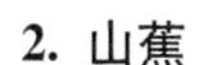

2. 山蕉　　图267

Mitrephora maingayi Hook. f. et Thoms. Fl. Brit. Ind. 1: 77. 1872.

乔木，高达12米；树皮灰黑色。小枝、叶中脉及叶柄初疏被锈色柔毛，老渐无毛。叶革质，椭圆形或长圆形，长7-16厘米，先端钝或短渐尖，基部圆或宽楔形，上面中脉被毛，侧脉稍凸起，下面近无毛，两面侧脉稍凸起；叶柄长0.5-1厘米。花两性，径2.5厘米以上，初白色，后黄色，具红斑，单生或数朵簇生；花序梗、花萼、花瓣、心皮及果均被绒毛或柔毛。萼片宽卵形，长约3毫米；外轮花瓣倒卵形，长约2.5厘米，爪宽短，内轮花瓣较小，心形，边缘靠合，具线形长爪；每心皮6-8胚珠，柱头棒状。果卵圆形或圆柱形，长2-4.5厘米；果柄粗，长1.5-2厘米，径3-5毫米。花期2-8月，果期6-12月。

产云南、贵州、广西及海南，生于海拔600-1500米山地密林中。印度及东南亚有分布。木材坚硬，供家具、农具及建筑等用。

［附］**云南银钩花 Mitrephora wangii** Hu in Bull. Fan Mem. Inst. Biol. Bot. 10: 123. 1940. 本种与山蕉的区别：叶纸质，长圆状披针形或披针形，长达25厘米；花单性。花期3-7月，果期6-10月。产云南，生于海拔500-1600米山地密林中。

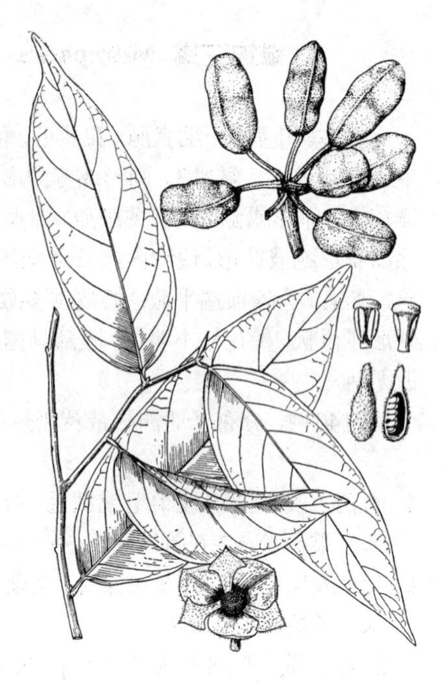

图 267 山蕉 （陈国泽绘）

10. 金钩花属 Pseuduvaria Miq.

乔木或灌木。叶互生，纸质或革质，羽状脉；具短柄。花小，单性，单生或多朵簇生叶腋。花萼3裂，膜质，裂片镊合状排列；花瓣6，2轮，膜质，镊合状排列，外轮花瓣与萼片相似，内轮花瓣较大，具窄长爪，卵状三角形，花蕾时内弯，边缘靠合成帽状体；雄花雄蕊多数，花药楔形，内向，药隔顶端平截或微凹；雌花有时具少数退化雄蕊，心皮3至多数，每心皮2-5胚珠，柱头近头状。果球形，无柄或具柄。种子1至多粒。

约17种，分布于东南亚。我国1种。

金钩花 图 268

Pseuduvaria indochinensis Merr. in Journ. Arn. Arb. 19: 28. 1938.

乔木，高达20米。幼枝被短柔毛。叶纸质，长圆形，长10-27厘米，先端渐尖，基部宽楔形或近圆，上面中脉被短柔毛，下面中脉及侧脉初被短柔毛，老渐无毛，上面中脉凹下，侧脉10-12对，两面稍凸起；叶柄长 0.3-1厘米，被短柔毛。雌雄同株，花黄色，单生或多朵簇生叶腋；花梗、苞片、花萼、花瓣、果及果柄均被短柔毛。花梗长1-2.5厘米，中部具1小苞片；雄花萼片圆形，长1.5-2毫米，外轮花瓣肾状卵形或近圆形，长2毫米，内轮花瓣花蕾时内弯，靠合成帽状体，爪长4毫米，上部卵状三角形，长4毫米；雄蕊多数，长1毫米，药隔顶端平截；雌花萼片及花瓣与雄花相似，心皮15-17，长2毫

图 268 金钩花 （陈国泽绘）

米，每心皮4胚珠，柱头2裂；花托边缘有时具2退化雄蕊。果球形，径1.5-2厘米，密被小瘤；果柄长约1.5厘米，总果柄长约2厘米。花期3-7月，果期7-10月。

产云南南部，生于海拔500-1200米山地密林中或山谷、沟边荫湿地。越南有分布。

11. 木瓣树属 Xylopia Linn.

乔木或灌木。叶互生，2列，羽状脉；具柄。花单生或几朵簇生叶腋。花梗常较短，具小苞片；花蕾长尖帽状或钻状，具3棱；花萼厚，3裂，裂片镊合状排列，合生成杯状；花瓣6，2轮，镊合状排列，木质，外轮花瓣较大，窄长，内凹，靠合或稍张开，内轮花瓣线状披针形，内面凹，靠合成三棱形；雄蕊多数，花药长圆形，药室外向，具横隔纹，药隔三角形或平截；心皮少至多数，离生，每心皮2-6胚珠，侧生，花柱丝状，柱头棒状、头状或长圆状，外弯。果长圆形，种子间缢缩，具柄。

约160种，分布于非洲、美洲及亚洲东南部。我国1种。

木瓣树 图 269

Xylopia vielana Pierre, Fl. For. Cochinch. 1: 34. 1881.

乔木，高达20米。枝条黑褐色，密被皮孔。幼枝、叶、花梗、萼片、花瓣、药隔及心皮均被短绒毛或柔毛。叶纸质，椭圆形或卵圆形，长3-7厘米，先端钝或短渐尖，基部楔形或圆，干后上面灰褐色，下面褐色，上面中脉微凹，侧脉6-7对，上面平；叶柄长4-8毫米，幼时被短柔毛。花单生叶腋，下弯，长约2厘米，径5-8毫米；花蕾尖帽状，具三棱。花梗长2-3毫米，基部或近基部具小苞片；萼片宽卵圆形或近半圆形，长约4毫米，下部合生；外轮花瓣长圆状披针形，长1.5厘米，木质，内弯，内轮花瓣线状披针形，长1.4厘米，内面中部中肋凸起呈四棱形；雄蕊长2.5毫米，药隔长三角形；心皮长4毫米，每心皮5胚珠，柱头棒状。果长圆形或长圆状披针形，长2.5-3.5厘米，种子3-5，种子间缢缩；果柄长约1.5厘米，总果柄长约1厘米，具皮孔。花期3-6月，果期6-10月。

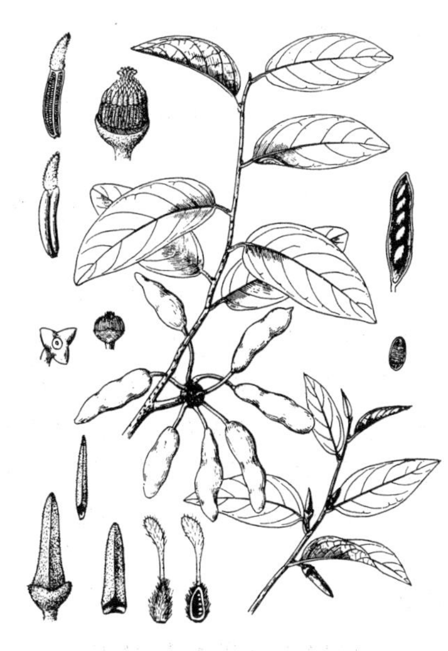

图 269 木瓣树 （陈国泽绘）

产广西，生于山地林中。越南及柬埔寨有分布。

12. 鹿茸木属 Meiogyne Miq.

乔木或灌木。叶互生，羽状脉；具柄。花萼3裂，基部合生；花瓣6，2轮，镊合状排列，扁平，外轮花瓣较内轮稍长或近等长，内轮花瓣无爪；雄蕊多数，花药楔形，药室无横隔纹，药隔顶端圆；心皮2-7，稀8-12，无柄，常被毛，每心皮胚珠多枚，2排，柱头近头状，基部不缢缩。果单生或2-5簇生，长圆形、卵圆形或椭圆形，外果皮具缢缩横纹，常无柄。种子多粒，2排。

约9种，分布于亚洲南部及东南部。我国1种。

鹿茸木 图 270

Meiogyne kwangtungensis P. T. Li in Acta Phytotax. Sin. 14(1): 101. pl. 1. 1976.

灌木，高达3米。枝条灰黑色，

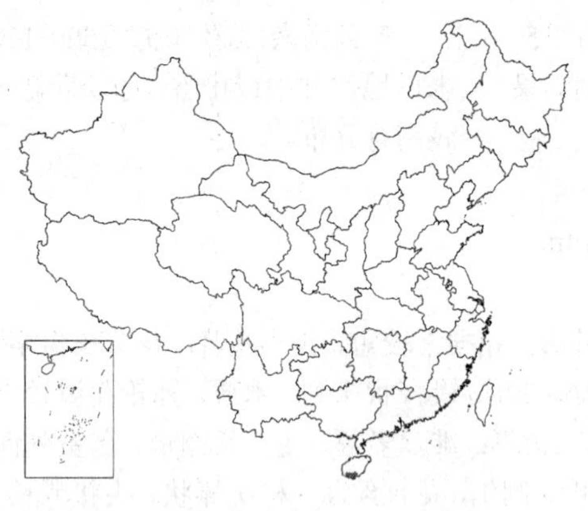

有纵纹，幼时密被黄色长柔毛，老渐无毛。叶长圆形或长椭圆形，长6-18厘米，先端渐尖，基部圆，稀浅心形，上面中脉被短柔毛，下面粉白色，被黄色长柔毛，上面中脉凹下，侧脉约10对，两面凸起，弯拱上升，近叶缘网结；叶柄长2-3毫米，被长柔毛。花淡红色，腋生。果单生或2-3簇生，卵圆形，长1.8-3厘米，顶端具短尖头，基部圆，密被黄色绒毛，无柄，总果柄长3.5-5厘米，疏被柔毛。种子10粒。花期7月，果期7-8月。

产海南，生于海拔600米山地林中。

图 270 鹿茸木 （陈国泽绘）

13. 蕉木属 Chieniodendron Tsiang et P. T. Li

乔木。叶互生，羽状脉；具柄。花两性，1-2朵腋生或腋外生。花梗短，基部具小苞片；萼片3，基部合生；花瓣6，2轮，镊合状排列，内外轮近等长，内轮较窄，内凹成瓢状，肉质，干后革质；雄蕊多数，长圆形或近倒卵形，花药2室，纵裂，药隔顶端平截或近平截；心皮2-12，长圆形，被长柔毛，每心皮约10胚珠，2排，腹部着生，柱头卵圆形，较子房宽，直立，基部缢缩，顶端全缘。果椭圆形、圆柱形或倒卵形，被锈色微绒毛，种子间有时缢缩，具柄。种子多数，2排；胚乳丰富，折叠。

约4种，分布于我国、马来西亚及印度尼西亚。我国1种。

蕉木 图271 彩片197

Chieniodendron hainanense (Merr.) Tsiang et P. T. Li in Acta Phytotax. Sin. 9: 375. 1964.

Fissistigma hainanense Merr. in Journ. Arn. Arb. 6: 131. 1925.

Oncodostigma hainanense (Merr.) Tsiang et P. T. Li; 中国植物志30(2): 81. 1979.

常绿乔木，高达16米。小枝、叶柄、小苞片、花梗、萼片、花瓣及果均被锈色柔毛。叶长圆形或长圆状披针形，长6-10厘米，先端短渐尖，基部圆，叶脉被柔毛，上面中脉凹下，侧脉6-10对；叶柄长4-5毫米。花黄绿色，径约1.5厘米，1-2朵腋生或腋外生。花梗长6-7毫米，基部具长2-4毫米小苞片；萼片卵状三角形，长4-5毫米；外轮花瓣长宽卵形，长1.4-1.7厘米，内轮花瓣稍短；雄蕊长2毫米；心皮密被长柔毛，柱头棒状，基部缢缩，顶端全缘，疏被短柔毛。果圆柱形或倒卵圆形，长2-5厘米，具纵脊，种子间缢缩。种子斜四方形，长约1.6厘米。花期4-12月，果期8月至翌年3月。

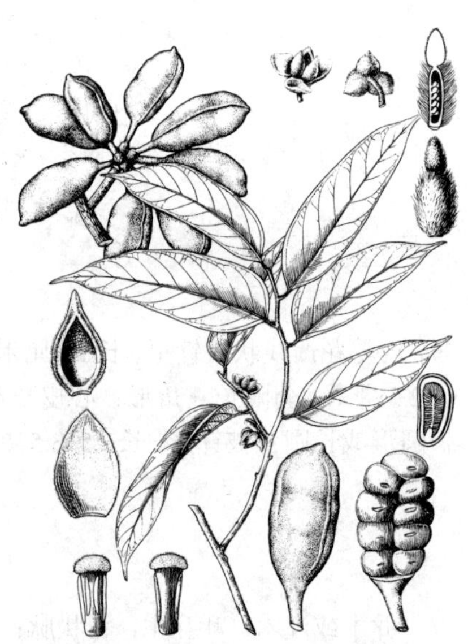

图 271 蕉木 （引自《海南植物志》）

产广西及海南，生于海拔300-

600米山谷、水边、密林中。木材坚硬，供车辆、建筑及家具等用。

14. 暗罗属 Polyalthia Bl.

乔木或灌木。叶互生，羽状脉；具柄。花两性，稀单性，单生或数朵簇生叶腋或与叶对生，有时生于老干。萼片3，镊合状或近覆瓦状排列；花瓣6，2轮，镊合状排列，稀近覆瓦状排列，内外轮花瓣近等大，开展，花瓣扁平或内轮内面凹下；雄蕊多数，花药楔形，药室外向，药隔顶端平截或近圆；心皮多数，稀少数，每心皮1-2胚珠，基生或近基生。果浆果状，具柄，1(2)种子。

约100种，分布于东半球热带及亚热带。我国18种。

1. 幼枝、叶下面及叶柄密被柔毛 …………………… 1. **细基丸 P. cerasoides**
1. 幼枝、叶下面及叶柄无毛或微被毛。
  2. 叶上面侧脉平。
    3. 花梗长2-7毫米；内外轮花瓣等长或外轮稍长；叶干后蓝绿色。
      4. 叶革质，两面无毛 …………………… 2. **陵水暗罗 P. nemoralis**
      4. 叶纸质或薄纸质，叶下面微被短柔毛 …………………… 2(附). **小花暗罗 P. florulenta**
    3. 花梗长1.2-2厘米；外轮花瓣短于内轮；叶干后灰黄或灰褐色。
      5. 叶两面侧脉不明显；每心皮1胚珠；果径4-5毫米 …………………… 3. **暗罗 P. suberosa**
      5. 叶下面侧脉凸起；每心皮2胚珠；果径1-1.5厘米 …………………… 3(附). **沙煲暗罗 P. obliqua**
  2. 叶上面侧脉凸起。
    6. 叶具透明腺点。
      7. 灌木或小乔木，高达5米；叶宽2-4.5厘米；花梗长1-1.5厘米；果长1.2-1.5厘米 …………………… 4. **云桂暗罗 P. petelotii**
      7. 乔木，高达25米；叶宽5-12.5厘米；花梗长2.5-3厘米；果长约2.5厘米 …………………… 5(附). **腺叶暗罗 P. simiarum**
    6. 叶无透明腺点。
      8. 叶侧脉7-11对。
        9. 果径1-1.5厘米。果柄长2-7厘米，总果柄长4.5-10厘米 …………………… 5. **斜脉暗罗 P. plagioneura**
        9. 果径约5毫米，果柄长0.5-1厘米，总果柄长约2厘米 …………………… 6. **香花暗罗 P. rumphii**
      8. 侧脉14-18对；果长2.5-4厘米，径1.5-2厘米，果柄粗，长2.5-5厘米 …………………… 6(附). **海南暗罗 P. laui**

1. 细基丸　　图272 彩片198

Polyalthia cerasoides (Roxb.) Benth. et Hook. f. ex Bedd. Fl. Sylv. t. 1. 1869.

Uvaria cerasoides Roxb. Pl. Corom. 1: 30. t. 33. 1795.

乔木，高达20米；树皮暗灰黑色，粗糙。小枝密被褐色长柔毛，老渐无毛，具皮孔。叶纸质，长圆形、披针形或椭圆形，长6-19厘米，先端钝或短渐尖，基部宽楔形或圆，上面中脉被微毛，下面被柔毛，侧脉7-8对，在上面微凸起，网脉明显；叶柄长2-3毫米，疏被粗毛。花单生叶腋，绿色，径1-2厘米。花梗长1-2厘米，被柔毛，中下部具1-2叶状小苞片；萼片长8-9毫米，疏被柔毛；花瓣长卵形，内外轮近等长或内轮稍短，长8-9毫米，厚革质，被微毛；药隔顶端平截；心皮被柔毛，每心皮1胚珠。果球形或卵

圆形，径约6毫米，红色，干后黑色，无毛；果柄细，长1.5-2厘米。花期3-5月，果期4-11月。

产云南、广西、广东及海南，生于海拔120-1100米山谷、河边或疏林中。越南、老挝、柬埔寨、缅甸、泰国及印度有分布。茎皮含单宁，纤维坚韧，可制麻绳及麻袋等；木材坚硬，适作农具及建筑用材。

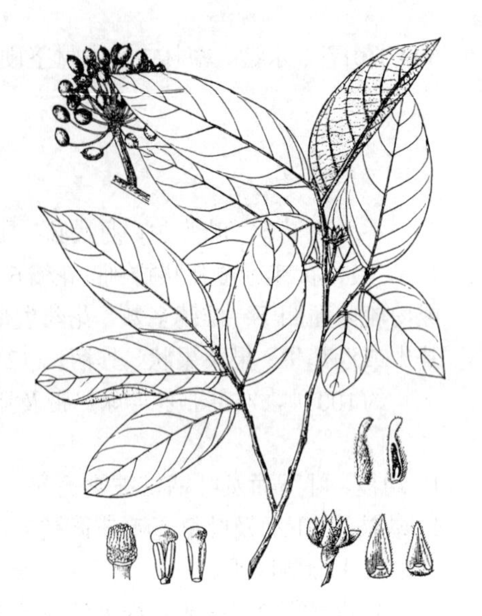

图 272 细基丸（吴翠云绘）

2. 陵水暗罗 图 273 彩片 199

Polyalthia nemoralis A. DC. in Bull. Herb. Boiss. 2(4): 1906. 1904.

小乔木或灌木状，高达5米。小枝疏被短柔毛。叶革质，长圆形或长圆状披针形，长9-18厘米，先端渐尖，基部楔形或宽楔形，两面无毛，干后蓝绿色，侧脉8-10对，在上面平，先端弯拱连结；叶柄长约3毫米，被微柔毛。花白色，单朵与叶对生，径1-2厘米。花梗长约3毫米；萼片长约2毫米，被柔毛；花瓣长椭圆形，长6-8毫米，内外轮花瓣等长或内轮稍短，被平伏柔毛；药隔顶端平截，被微毛；心皮7-11，被柔毛，每心皮1胚珠，柱头2浅裂，被微毛。果卵状椭圆形，长1-1.5厘米，红色；果柄长2-3毫米，疏被粗毛。花期4-7月，果期7-12月。

产广东及海南，生于低海拔至中海拔山地林中荫湿地。泰国及越南有分布。

［附］**小花暗罗 Polyalthia florulenta** C. Y. Wu ex P. T. Li in Acta Phytotax. Sin. 14(1): 107. 1976. 本种与陵水暗罗的区别：叶纸质或薄纸质，下面疏被短柔毛；小枝、花梗、小苞片、萼片外面、花瓣及果柄密被黄色柔毛。花期12月至翌年2月，果期6-8月。产云南，生于海拔1100-1350米山地林中潮湿地。

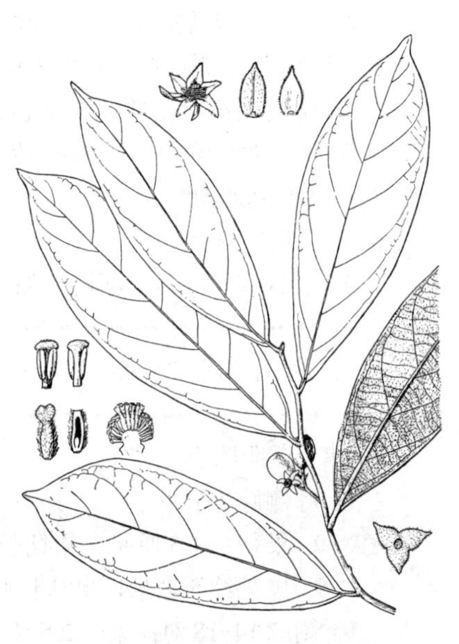

图 273 陵水暗罗（陈国泽绘）

3. 暗罗 图 274

Polyalthia suberosa (Roxb.) Thw. Enum. Pl. Zeyl. 398. 1864.

Uvaria suberosa Roxb. Pl. Corom. 1: 31. t. 34. 1795.

小乔木或灌木状，高达5米；树皮老时栓皮质，灰色，深纵裂。枝条具白色皮孔。小枝、叶柄、花梗、萼片、花瓣、果及果柄均被微柔毛或柔毛。叶纸质，长椭圆形或倒卵状长圆形，长5-11厘米，先端稍钝或短渐尖，基部楔形，稍偏斜，下面疏被柔毛，侧脉8-10对，不明显，干后灰黄或灰褐色；叶柄长2-4毫米。花淡黄色，1-2与叶对生。花梗长1.2-2厘米，中部以下具小苞片；萼片卵状三角形，长约2毫米；外轮花瓣与萼片同形，较长，内轮花瓣较外轮花瓣长1-2倍；花药卵状楔形，药隔顶端平截；每心皮1胚珠，柱头卵圆形。果近球形，径4-5毫米，红色；果柄长5毫米。花期几全年，果期6-12月。

产广西、广东及海南，生于低海拔山地林中。印度及东南亚有分布。

［附］**沙煲暗罗 Polyalthia obliqua** Hook. f. et Thoms. Fl. Ind. 1: 138. 1855. —— *Polyalthia consanguinea* Merr.; 中国植物志 30(2): 93. 1979. 本种与暗罗的区别：树皮老时无栓皮质；小枝密被锈色长柔毛；叶长圆状披针形或倒披针形，侧脉10-12对，在下面凸起；每心皮2胚珠；果径1-1.5厘米。花期1-4月，果期6-12月。产海南，生于中海拔山地密林中。马来西亚有分布。

图 274 暗罗 （陈国泽绘）

4. 云桂暗罗 图 275

Polyalthia petelotii Merr. in Univ. Calif. Publ. Bot. 13: 131. 1926.

小乔木或灌木状，高达7米。幼枝、叶下面、叶柄、果及果柄初被平伏微毛或柔毛，老渐无毛。叶纸质，长圆形、长圆状倒披针形或倒披针形，长8-20厘米，先端渐尖，基部楔形，侧脉7-13对，弯拱上升，未达叶缘连结，两面稍凸起，具透明腺点；叶柄长5-7毫米。花黄色，下部紫红色，径约3厘米，单生枝顶或与叶对生。花梗长1-1.5厘米，花梗、萼片及花瓣均被锈色短柔毛；萼片卵状三角形或近心形，长1-1.2厘米；内外轮花瓣近相等，椭圆形或卵状椭圆形，长约2厘米；花药长圆形，药隔顶端平截；心皮约20，密被长柔毛，每心皮1(2)胚珠，果卵状椭圆形或长圆形，长1.2-1.5厘米，暗紫色，种子1(2)；果柄长1-1.5厘米，总果柄长2-5厘米。花期5-11月，果期7-12月。

产云南、贵州及广西，生于海拔130-2000米山地密林下或疏林潮湿地。越南有分布。

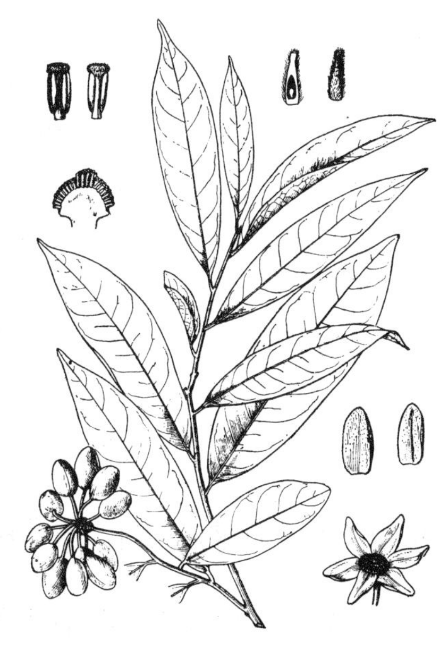

图 275 云桂暗罗 （陈国泽绘）

5. 斜脉暗罗 图 276

Polyalthia plagioneura Diels, Notizbl. Bot. Gart. Berlin -Dahlem 10: 886. 1930.

乔木，高达15米。小枝及叶柄初被平伏丝毛，后渐无毛。叶纸质，长圆状倒披针形、长圆形或窄椭圆形，长8-22厘米，先端尖，基部宽楔形，两面无毛或下面疏被褐色微柔毛，侧脉8-12对，离叶缘连结，干时与网脉均凸起；叶柄长0.5-1厘米。花黄绿色，径5-10厘米，单生枝顶与叶对生。花梗长3-5厘米，被锈色丝毛；萼片卵形，长1.5-2厘米，疏被柔毛，内面密被小茸毛；内外轮花瓣近等大，长达4厘米，宽达3厘米，两面被毡毛；花药楔形，药隔顶端平截，被短柔毛；心皮被丝毛，每心皮1胚珠。果卵状椭圆形，长1-1.5厘米，暗红色，无毛，种子1；果柄长2-7厘米，顶端膨大，被短柔毛，后渐无毛，总果柄长4.5-10厘米。花期3-8月，果期9-12月。

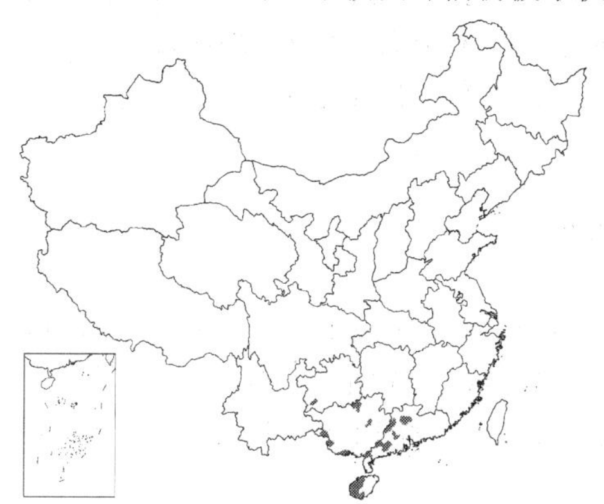

产贵州、广西、广东及海南，生于海拔500-1600米山地林中。越南有分布。茎皮纤维坚韧，可制绳索。

［附］**腺叶暗罗 Polyalthia simiarum**（Ham. ex Hook. f. et Thoms.）Benth. ex Hook. f. et Thoms. in Hook. f. Fl. Brit. Ind. 1: 63. 1872.——*Guatteria simiarum* Ham. ex Hook. f. et Thoms. Fl. Ind. 1: 142. 1855. 本种与斜脉暗罗的区别：叶卵状长圆形或长圆形，稀披针形，具透明腺点；果长2.5-3厘米，果柄长3-3.5厘米，总果柄长1.5-2厘米。花期4-9月，果期7-12月。产云南，生于海拔500-1200米山地密林中。柬埔寨、老挝、印度、缅甸、泰国及越南有分布。

图 276 斜脉暗罗 （陈国泽绘）

6. 香花暗罗 图 277

Polyalthia rumphii（Bl. ex Hensch.）Merr. Enum. Philipp. Fl. Pl. 2: 162. t. 5. 1923.

Guatteria rumphii Bl. ex Hensch. Vita Rumph. 153. 1833.

乔木，高达15米。叶纸质，长圆状披针形，长10-17厘米，先端渐尖，基部宽楔形或圆，有时偏斜，两面无毛，侧脉7-10对，两面稍凸起，先端离叶缘网结，网脉稍疏离，两面明显；叶柄长0.5-1.2厘米，无毛。花径4-7厘米，初淡绿色，后淡黄色，单生叶腋。花梗长1-2厘米，被平伏柔毛；萼片近卵形，长约2毫米，被微柔毛；花瓣薄，椭圆形，外轮花瓣长约4.7厘米，内轮花瓣稍短，先端钝，被微柔毛；心皮被柔毛，每心皮1胚珠，花柱被柔毛。果椭圆形，长约1厘米，顶端尖；果柄长0.5-1厘米，径1毫米，无毛；总果柄长约2厘米。花期5-10月，果期7月至翌年4月。

产海南，生于低海拔至中海拔山地林中。马来半岛、菲律宾及印度尼西亚有分布。

图 277 香花暗罗 （陈国泽绘）

［附］**海南暗罗 Polyalthia laui** Merr. in Lingnan Sci. Journ. 14: 5. 1935. 本种与香花暗罗的区别：叶革质或近革质，长圆形或长圆状椭圆形，侧脉14-18对，直达叶缘；果长2.5-4厘米，径1.5-2厘米，果柄长2.5-5厘米，总果柄粗，长3.5-4厘米。花期4-7月，果期10-12月。产海南，生于低海拔至中海拔山地常绿阔叶林中。越南有分布。木材纹理通直，材质稍软，供家具及建筑等用。

15. 嘉陵花属 Popowia Endl.

乔木或灌木。叶互生，羽状脉；具短柄。花小，单生或几朵簇生。花梗与叶对生或腋外生，稀互生；萼片3，较小，卵形，镊合状排列；花瓣6，2轮，镊合状排列，外轮花瓣较大，萼片状，内轮花瓣质厚，凹入，靠合，先端内弯，覆盖雌雄蕊群；雄蕊多数，较短，楔形，药室外向，分离，药隔突出，顶端平截；心皮多数至少数，胚珠1-2，基生或近基生，或数个成2排，柱头棒状，直立或外弯，有时2浅裂。果球形或卵圆形，具柄。种子常1。

约50种，分布于大洋洲、非洲及亚洲热带。我国1种。

嘉陵花 图 278

Popowia pisocarpa（Bl.）Endl. in Walp. Rep. 1：252. 1842.

Guatteria pisocarpa Bl. Bijdr. 21. 1825.

小乔木或灌木状，高达7米。小枝被锈色柔毛。叶纸质，卵形或椭圆形，长5.5-14厘米，先端短渐尖或尖，基部楔形或圆，两面中脉及侧脉被短柔毛；侧脉6-10对，在上面不明显；叶柄长1-5毫米，被短柔毛。花白或淡黄色，1-3与叶对生或腋外生，径5-6毫米，花序梗长2-6毫米，与花梗、花萼、花瓣及果均被柔毛。萼片长约1毫米；外轮花瓣卵状三角形，长约2.5毫米，内轮花瓣卵状三角形，长约2毫米；药隔顶端平截，被微毛；心皮5-6，长1.5毫米，被微毛，每心皮1胚珠。果球形，径6-8毫米；果柄短。花期1-7月，果期9-11月。

图 278 嘉陵花（陈国泽绘）

产广东及海南，生于低海拔山地林中。东南亚有分布。花芳香，可提取芳香油。

16. 藤春属 **Alphonsea** Hook. f. et Thoms.

乔木。叶互生，羽状脉；具柄。花单生或几朵簇生，与叶对生或腋上生。萼片3，小，镊合状排列；花瓣6，2轮，镊合状排列，等大或内轮稍小，均较萼片大，卵状三角形或卵状长圆形，基部常囊状内弯；花托圆柱形或半球形；雄蕊多数，花药卵圆形或长圆状楔形，药室外向，药隔顶端短尖伸出；心皮1至数个，常3-8，每心皮4-24胚珠，2排，花柱长圆形或短，柱头近球形。果近球形，具柄或无柄。

约30种，分布于亚洲热带及亚热带。我国6种。

1. 叶下面被柔毛 ······························ 1. **毛叶藤春 A. mollizs**
1. 叶下面无毛或中脉被微毛。
   2. 花梗具11-12小苞片；果柄具宿存小苞片7-8 ··················· 1(附). **多苞藤春 A. squamosa**
   2. 花梗具1-2小苞片。
      3. 心皮1 ······························ 2. **藤春 A. monogyna**
      3. 心皮3-5。
         4. 叶长4-9厘米，侧脉7-10对；花序具2-3花；每心皮10-12胚珠 ········· 3. **海南藤春 A. hainanensis**
         4. 叶长达16厘米，侧脉15-19对；花单生；每心皮5胚珠 ········· 3(附). **多脉藤春 A. tsangyuanensis**

1. 毛叶藤春 石密 图 279：12

Alphonsea mollis Dunn in Journ. Linn. Soc. Bot. 35：485. 1903.

常绿乔木，高达20米，树干通直；树皮暗灰褐色。幼枝密被绒毛，老渐无毛。叶纸质，椭圆形或卵状长圆形，长6-12厘米，先端短渐钝尖，基部楔形或圆，上面中脉被微毛，下面被长柔毛，侧脉约10对，两面明显，网脉疏离，稍明显；叶柄长2-3毫米，被柔毛。花黄白色，单生或双生。花

梗长1-2厘米，被柔毛，具小苞片；萼片三角形；外轮花瓣先端外弯，被绒毛，内面近无毛，内轮花瓣较短；心皮3，被绒毛，花柱短。果1-2，卵圆形或椭圆形，长2-4厘米，黄色，被黄褐色绒毛。种子数粒，近扁圆形，径1-1.5厘米，淡灰褐色。花期3-5月，果期6-8月。

产云南、广西、广东及海南，生于海拔600-1000米山地常绿林中。木材坚硬，结构致密，供建筑、车辆及家具等用。

［附］**多苞藤春 Alphonsea squamosa** Finet et Gagnep. in Bull. Soc. Bot. France 53: Mém. 4: 161. 1906. 本种与毛叶藤春的区别：叶仅中脉被毛；花梗具11-12小苞片；果柄具宿存小苞片7-8。产云南及广西，生于海拔1500-2280米山地沟谷、林中。越南有分布。

2. 藤春 阿芳 图 279：1-11

Alphonsea monogyna Merr. et Chun in Sunyatsenia 2: 26. 1934.

乔木，高达12米。小枝疏被柔毛。叶近革质或纸质，椭圆形或长圆形，长7-14厘米，先端尖或渐尖，基部宽楔形或楔形，两面无毛，侧脉9-11对，离叶缘网结，两面稍凸起，网脉稍疏离，明显；叶柄长5-7毫米。花黄色，1-2，稀数朵生于被平伏短柔毛花序梗。花梗长5-8毫米，被锈色短柔毛，基部具卵形小苞片1-2枚；萼片长约2毫米，被平伏短柔毛；外轮花瓣卵形或卵状长圆形，长约1厘米，内轮花瓣稍小，被短柔毛；雄蕊长约1毫米，药隔顶端尖；心皮1，圆柱形，稍被毛，胚珠约22枚。果近球形或椭圆形，长2-3.5厘米，密被短粗毛及不明显小瘤。花期1-9月，果期9-12月。

产云南、广西及海南，生于海拔400-1200米山地林中。越南有分布。木材坚硬，供建筑用。

图 279：1-11. 藤春 12. 毛叶藤春
（陈国泽绘）

3. 海南藤春 海南阿芳 图 280

Alphonsea hainanensis Merr. et Chun in Sunyatsenia 5: 62. 1940.

常绿乔木，高达20米；树干通直，树皮灰黑褐色，平滑，纤维坚韧。小枝被平伏锈色微毛，老枝无毛。叶厚纸质，宽卵形或椭圆形，长4-9厘米，先端尖或短渐尖，基部宽楔形或近圆，两面无毛，干时榄绿色，侧脉7-10对，两面稍明显，网脉疏离；叶柄长3-5毫米，幼时疏被短柔毛。花序短，具2-3花，近无花序梗，与叶对生或近对生。花梗长0.5-1.3厘米，被短柔毛，基部具1枚宽卵形小苞片；萼片长约1毫米，被短柔毛；外轮花瓣卵形或长卵形，长约9毫米，两面被短柔毛，内轮花瓣稍小，内面近无毛；雄蕊长约1毫米，药隔顶端尖；心皮3-5，密被短柔毛，每心皮10-12胚珠。果近球形

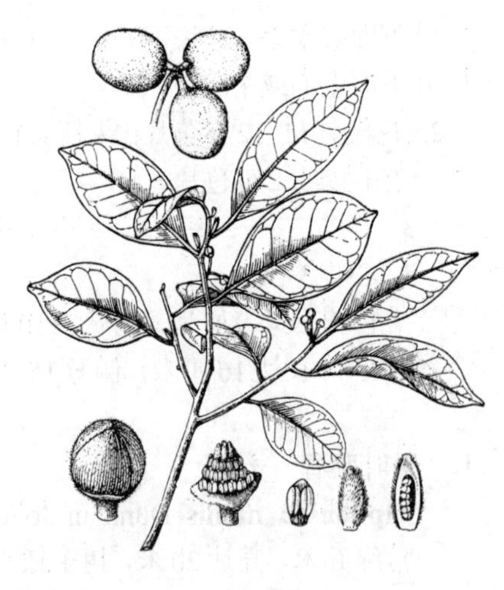

图 280 海南藤春 （邓盈丰绘）

或倒卵圆形，长达4厘米，黄绿色，密被锈色短毡毛。种子扁平，半月形。花期10月至翌年3月，果期3-8月。

产云南、广西及海南，生于海拔400-700米山地常绿阔叶林中。木材坚硬致密，供建筑及车船等用。

［附］多脉藤春 **Alphonsea tsangyuanensis** P. T. Li in Acta Phytotax. Sin. 14(1): 112. 1976. 本种与海南藤春的区别：叶长圆形，长达16厘米，侧脉15-19对；花单生；每心皮5胚珠。花期4-6月，果期8-10月。产云南，生于海拔700-1500米山地密林中。

17. 依兰属 **Cananga** (DC.) Hook. f. et Thoms.

乔木或灌木。叶互生，羽状脉；具柄。花单生或几朵簇生叶腋或腋外，花序具梗。萼片3，镊合状排列；花瓣薄，6，2轮，镊合状排列，内外轮花瓣近等大或内轮较小，线形或线状披针形，绿或黄色，开展；雄蕊多数，花药线形或线状披针形，药室外向，药隔尖头披针形；心皮多数，每心皮胚珠多枚，2排，柱头近头状。果浆果状，具柄或无柄。种子多粒，灰黑色，具斑点。

2种，分布于亚洲热带至大洋洲。我国栽培1种及1变种。

依兰

图281　彩片200

Cananga odorata (Lamk.) Hook f. et Thoms. Fl. Ind. 1: 130. 1855.

Uvaria odorata Lamk. Encyc. 1: 595. 1783.

常绿乔木或灌木状；树皮灰色。幼枝被短柔毛，老时无毛，具皮孔。叶薄纸质，卵状长圆形或长椭圆形，长9-23厘米，先端渐尖或尖，基部圆，下面脉疏被短柔毛，侧脉7-15对，上面平；叶柄长1-2厘米。花序具2-5花；花长约8厘米，黄绿色，芳香，倒垂；花序梗长2-5毫米，被短柔毛。花梗长1-4厘米，被短柔毛，苞片鳞片状；萼片卵圆形，外反，绿色，两面被短柔毛；内外轮花瓣近等大，线形或线状披针形，长5-8厘米，两面初被短柔毛；花药线状倒披针形，长0.7-1毫米，药隔顶端尖，被短柔毛；心皮10-12，初疏被微毛，柱头近头状，羽裂。果近球形或卵圆形，长1.5-2.3厘米，黑色；果柄长约2厘米，总果柄长7-9厘米。花期4-8月，果期11月至翌年3月。

原产缅甸、印度尼西亚、菲律宾及马来西亚。世界热带地区均有栽培。云南、四川、福建、台湾、广西、广东及海南有栽培。花香浓郁，可提取高级香精油，称“依兰依兰”油及“加拿楷”油，为重要日用化工原料；也可供观赏。

图 281　依兰　（陈国泽绘）

18. 鹰爪花属 **Artabotrys** R. Br. ex Ker

攀援灌木，具钩状花序梗。叶纸质或革质，羽状脉；具柄。花两性，常单生于木质钩状花序梗端，芳香。萼片3，镊合状排列，基部合生；花瓣6，2轮，镊合状排列，平展或稍内弯，基部内凹，在雄蕊之上缢缩，内外轮花瓣近等大或外轮较大；花托平或凹下；雄蕊多数，紧贴，长圆形或楔形，药隔顶端凸出或平截，有时具退化雄蕊；心皮4至多数，每心皮2胚珠，基生，柱头卵圆形、长圆形或棍棒状。果浆果状，球形或倒卵状椭圆形，离生，肉质，簇生于坚硬果托，无柄或具短柄。

约100种，产世界热带及亚热带。我国8种。

1. 小枝、叶下面及叶柄密被褐色绒毛 ………………………………………………………… 1. 毛叶鹰爪花 **A. pilosus**
1. 小枝、叶下面及叶柄无毛或小枝被黄色粗毛、叶下面疏被柔毛。
  2. 花瓣长3-4.5厘米；柱头线状长椭圆形 ………………………………………………………… 2. 鹰爪花 **A. hexapetalus**
  2. 花瓣长1-1.8厘米；柱头短棒状。
    3. 叶上面有光泽；花瓣卵状披针形；药隔顶端被短柔毛 ……………………… 3. 香港鹰爪花 **A. hongkongensis**
    3. 叶上面无光泽；花瓣窄披针形；药隔顶端无毛 ……………………………… 3(附). 海南鹰爪花 **A. hainanensis**

1. 毛叶鹰爪花 图282

Artabotrys pilosus Merr. et Chun in Sunyatsenia 2: 224. f. 23. 1935.

攀援灌木，长达5米。小枝密被褐色绒毛。叶纸质，长圆形或长椭圆形，长5-17厘米，先端渐尖或钝，基部圆，上面稍苍白色，无毛，下面密被褐色绒毛，侧脉约8对，近边缘弯拱连结，上面平或稍凸起，网脉疏散，明显；叶柄长约2毫米，密被褐色绒毛。花序梗与叶对生，钩状下弯，初密被长柔毛。花梗长0.6-1.2厘米，密被褐色柔毛；花淡绿或淡黄色；萼片宽卵形，长约4毫米，先端渐尖，被柔毛；内外轮花瓣窄长圆形，长1.5-1.7厘米，两面被柔毛；花药楔形，药隔近平截；心皮约8，无毛。果长圆状椭圆形，长1.5-2.2厘米，黑褐色，无毛。花期4-7月，果期5-12月。

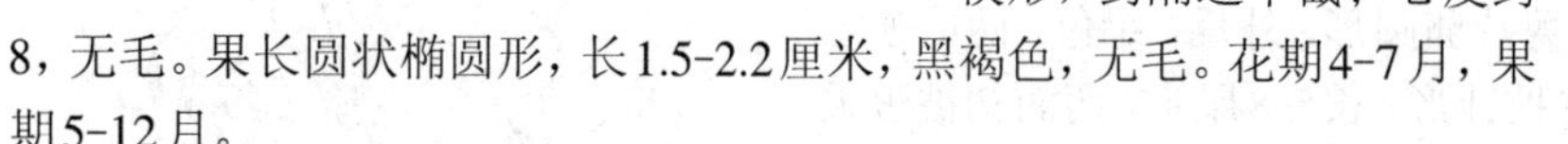

图 282 毛叶鹰爪花 （陈国泽绘）

产广东及海南，生于低海拔至中海拔山地林中。

2. 鹰爪花 图283 彩片201

Artabotrys hexapetalus (Linn. f.) Bhandari in Baileya 12: 149. 1964.

Annona hexapetala Linn. f. Suppl. Sp. Pl. 270. 1781.

攀援灌木，长达10米。小枝近无毛。叶长圆形或宽披针形，长6-16(-25)厘米，先端渐尖或尖，基部楔形，上面无毛，下面中脉疏被柔毛或无毛；叶柄长4-8毫米。花1-2生于钩状花序梗，淡绿或淡

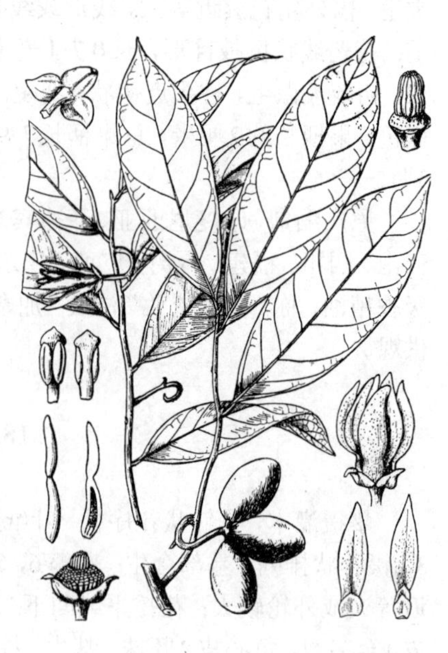

图 283 鹰爪花 （陈国泽绘）

黄色，芳香。萼片绿色，卵形，长约8毫米，两面疏被柔毛，下部合生；花瓣长圆形或披针形，长3-4.5厘米，外面基部密被柔毛，近基部缢缩；雄蕊多数，花药长圆形，药隔三角形，无毛；柱头线状长椭圆形。果卵圆形，长2.5-4厘米，顶端尖，数个簇生。花期5-8月，果期8-12月。

产浙江、江西、福建、台湾、广东、海南、广西、贵州及云南。亚洲热带广布。花芳香，可提制鹰爪花浸膏，用制高级香水、皂用香精及熏茶等；根药用，治疟疾；也可供观赏。

3. 香港鹰爪花 图284：1-9 彩片202

Artabotrys hongkongensis Hance in Journ. Bot. 8: 71. 1870.

攀援灌木，长达8米。小枝被黄色粗毛。叶革质，椭圆形或长圆形，长6-12厘米，基部近圆，稍偏斜，两面无毛或下面中脉疏被柔毛，上面有光泽，侧脉8-10对，两面凸起，离叶缘连结，网脉疏散，明显；叶柄长2-5毫米，疏被柔毛。花单生；花梗较钩状花序梗稍长，疏被柔毛。萼片三角形，长约3毫米，近无毛；花瓣卵状披针形，基部内凹，外轮花瓣密被丝质柔毛，质厚，长1-1.8厘米，内轮花瓣长1-1.2厘米；花药楔形，药隔三角形，顶端隆起，被短柔毛；心皮无毛，每心皮2胚珠，柱头短棒状。果椭圆形，长2-3.5厘米，干时黑色。花期3-5月，果期5-8月。

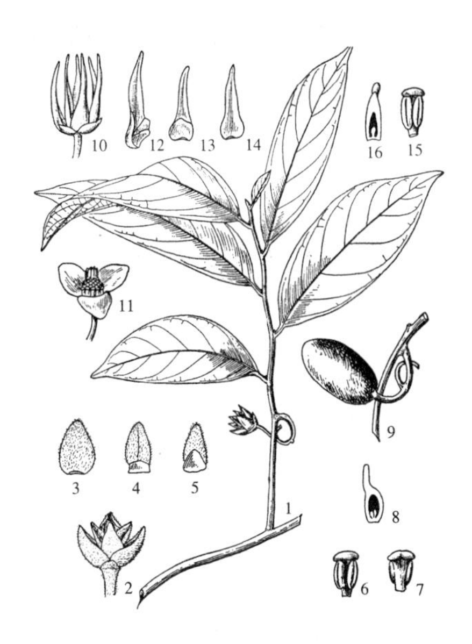

图284：1-9. 香港鹰爪花 10-16. 海南鹰爪花
（陈国泽绘）

产湖南、广东、香港、海南、广西、贵州及云南，生于海拔300-1500米山地密林下或山谷疏林荫湿地。越南有分布。

［附］**海南鹰爪花** 狭瓣鹰爪花 图284：10-16 **Artabotrys hainanensis** R. E. Fries in Arkiv Bot. Stockh. Andra ser. 3: 41. 1955. 本种与香港鹰爪花的区别：小枝无毛；叶纸质，上面无光泽；花瓣窄披针形，药隔顶端无毛。花期5-7月，果期7-10月。产海南，生于低海拔至中海拔密林中。

19. 尖花藤属 Richella A. Gray

直立或攀援灌木。叶互生，羽状脉；具柄。花单朵与叶对生或腋外生，具苞片。萼片3，离生或基部合生，镊合状排列；花瓣6，2轮，镊合状排列，外轮宽长，或窄三棱形，稍开展或靠合，基部宽，内凹，内轮较小，披针形或长圆形，基部较窄；雄蕊多数，花药线状长圆形或楔形，外向，药隔宽，顶端平截；心皮多数，长圆形，被糙伏毛，每心皮1-2胚珠，近基生，花柱长圆形或棒状，下弯。果球形或椭圆状长圆柱形，具果柄或柄极短。种子1粒。

约58种，分布于热带。我国1种，产海南。

尖花藤 图285

Richella hainanensis (Tsiang et P. T. Li) Tsiang et P. T. Li, Fl. Reipubl. Popul. Sin. 30(2): 128. 1979.

Friesodielsia hainanensis Tsiang et P. T. Li in Acta Phytotax. Sin. 9: 377. 1964.

攀援灌木，长达5米；全株无毛或叶下面中脉稍被微毛。叶纸质，长圆形或长椭圆形，长10-21.5厘米，先端尖或短渐尖，基部浅心形，下面苍白色，上面中脉及侧脉平，侧脉13-15对；叶柄长5-8毫米。果近球形，径1厘米，顶端具短尖头，无毛；果柄长1厘米，总果柄细长，腋生或腋外生，长5.3-7.5厘米。种子1粒，近球形，径8毫米，种皮薄，褐色。果期10月。

产海南，生于海拔300-500米沟谷、或密林中。

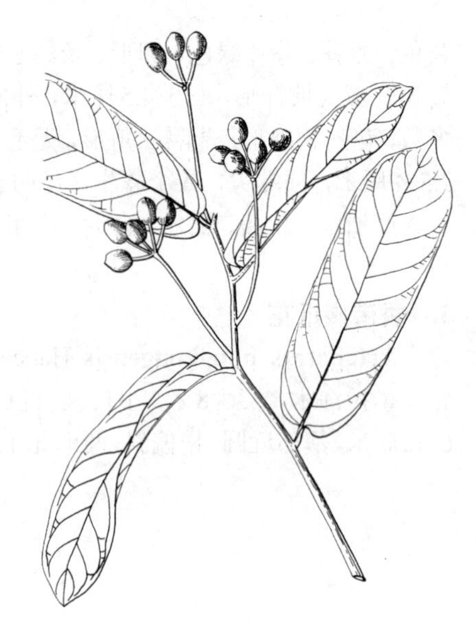

图 285 尖花藤（引自《海南植物志》）

20. 瓜馥木属 Fissistigma Griff.

攀援灌木。单叶互生，侧脉斜升至叶缘。花蕾卵圆形或长圆锥形；花两性，单生或多朵组成密伞、团伞或圆锥花序。花梗常具小苞片；萼片3，基部合生，被毛；花瓣6，2轮，镊合状排列，外轮花瓣稍大，扁平三角形或内面凸起，内轮花瓣上部三角形，下部较宽内凹；雄蕊多数，排列紧密，药隔卵形或三角形，顶端尖或钝；心皮多数，分离，常被毛，每心皮1-14胚珠，柱头2裂或全缘。果卵圆形、球形或长圆形，被短柔毛或绒毛，具柄。

约75种，广布于热带非洲、大洋洲、亚洲热带及亚热带。我国23种。

1. 叶下面无毛，或疏被短柔毛，老渐无毛。
  2. 叶上面侧脉平 ………………………………………… 1. **贵州瓜馥木 F. wallichii**
  2. 叶上面侧脉凸起或稍凸起。
    3. 叶长达30厘米，宽达12厘米，基部平截或稍浅心形 ………………… 2. **阔叶瓜馥木 F. chloroneurum**
    3. 叶长达20厘米，宽达5.5厘米，基部楔形或圆。
      4. 叶下面绿白色，干后苍白色；柱头2裂；果无毛 ………………… 3. **白叶瓜馥木 F. glaucescens**
      4. 叶下面淡黄色，干后红黄色；柱头全缘；果被短柔毛 ………………… 4. **香港瓜馥木 F. uonicum**
1. 叶下面密被绒毛、柔毛或粗毛。
  5. 叶上面侧脉凹下。
    6. 叶先端渐尖或尖。
      7. 叶基部圆或浅心形；内轮花瓣卵状三角形或卵状长圆形，先端尖。
        8. 花梗苞片较萼片长或近等长；柱头2裂 ………………… 5. **多苞瓜馥木 F. bracteolatum**
        8. 花梗苞片较萼片短；柱头全缘。
          9. 叶基部圆；团伞花序；每心皮10胚珠 ………………… 6. **广西瓜馥木 F. kwangsiense**
          9. 叶基部浅心形；花单生或2-5簇生；每心皮7胚珠 ………………… 7. **独山瓜馥木 F. cavaleriei**
      7. 叶基部楔形或宽楔形；内轮花瓣近圆形，先端渐尖 ………………… 8. **尖叶瓜馥木 F. acuminatissimum**
    6. 叶先端圆或凹缺。
      10. 叶柄长3-5毫米；花蕾长圆锥形；花梗长约1.5厘米；果径约1.6厘米，果柄长约3厘米 ………………………………………… 9. **天堂瓜馥木 F. tientangense**
      10. 叶柄长0.8-1.5厘米；花蕾卵圆形；花近无梗；果径约3厘米，果柄长1.5厘米 ………………………………………… 10. **凹叶瓜馥木 F. retusum**
  5. 叶上面侧脉平。
    11. 枝条、叶下面、叶柄及花均密被绒毛。
      12. 萼片长5-9毫米。
        13. 叶下面网脉明显；果柄长2-2.5厘米。
          14. 侧脉13-17对，叶柄长5-8毫米；花单生叶腋 ………………… 11. **毛瓜馥木 F. maclurei**

14. 侧脉25-35对，叶柄长达2厘米；团伞花序与叶对生或顶生 ……… 11(附). **多脉瓜馥木 F. balansae**

13. 叶下面网脉不明显，侧脉14-18对；花径约2.5厘米；果柄长约3毫米 …………………………………………………………………………………………………… 12. **木瓣瓜馥木 F. xylopetalum**

12. 萼片长约3毫米 ……………………………………………………………… 13. **小萼瓜馥木 F. polyanthoides**

11. 枝条、叶下面、叶柄及花被短柔毛。

15. 花长约1厘米；柱头全缘，每心皮4-6胚珠 ……………………………… 14. **多花瓜馥木 F. polyanthum**

15. 花长约1.5厘米；柱头2裂，每心皮10胚珠 ………………………………………… 15. **瓜馥木 F. oldhamii**

1. 贵州瓜馥木 光叶瓜馥木 图286

Fissistigma wallichii (Hook. f. et Thoms.) Merr. in Philipp. Journ. Sci. Bot. 15: 137. 1919.

Melodorum wallichii Hook. f. et Thoms. Fl. Ind. 1: 118. 1855.

攀援灌木，长达10米。小枝及叶柄被短柔毛，老渐无毛。叶近革质，长圆状披针形、椭圆形或倒卵状长圆形，长7-24厘米，先端钝圆或短渐尖，基部圆、楔形或宽楔形，两面无毛，或幼时下面被锈色短柔毛，侧脉10-14对，在上面平，网脉不明显；叶柄长1-2.5厘米。花绿白或黄色，单生或2至多朵簇生小枝与叶对生、互生或顶生，与苞片、萼片及花瓣均被锈色短柔毛。花梗长0.3-2厘米，中部具1-2小苞片；萼片长约3毫米，内面无毛；花瓣革质，外轮长1.5-1.7厘米，内轮长1.3厘米，内面上部及外轮内面均稍被微毛；药隔卵形；心皮2-6，密被柔毛，每心皮4胚珠，花柱内弯，柱头微2裂。果近球形，径约2.8厘米，近无毛，果柄长约2.3厘米，近无毛。种子1-4。花期3-11月，果期7-12月。

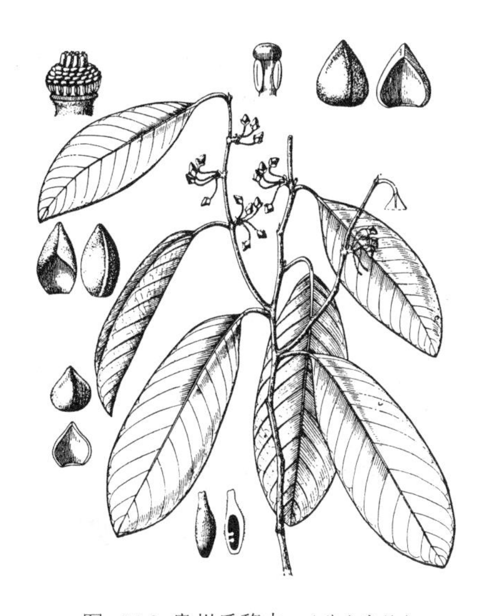

图 286 贵州瓜馥木 （黄少容绘）

产云南、贵州及广西，生于海拔450-1600米山地密林或山谷疏林中。印度有分布。

2. 阔叶瓜馥木 图287

Fissistigma chloroneurum (Hand.-Mazz.) Tsiang in Journ. Bot. Sin. 2(3): 693. 1935.

Melodorum chloroneurum Hand.-Mazz. in Sitzungsb. Akad. Wiss. Wien, Math.-Nat. 61: 83. 1924.

攀援灌木，长达12米。小枝被微毛，老渐无毛。叶纸质，长圆形，长14-30厘米，宽5.5-12厘米，先端短渐尖或钝，基部平截或稍浅心形，上面无毛，下面粉绿色，幼时被

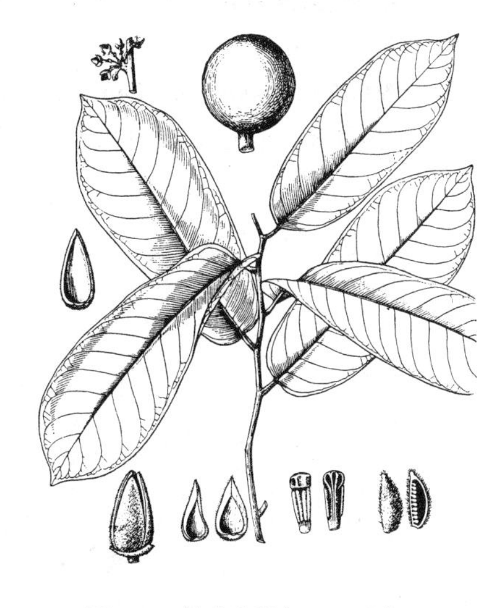

图 287 阔叶瓜馥木 （邓盈丰绘）

微毛，侧脉18-20对，上面平，网脉明显；叶柄长0.8-2厘米，无毛。花黄白色，2-8簇生，与叶对生或近对生。花梗长0.5-2.3厘米，被黄褐色短柔毛，中部具卵形被短柔毛小苞片；花蕾宽卵圆形；萼片小，被短柔毛；外轮花瓣卵状长圆形，长1.2厘米，两面被黄褐色短柔毛，内轮花瓣卵状三角形，长8毫米，被短柔毛，内面无毛；雄蕊长1.2毫米，花药长圆形，药隔顶端圆；心皮卵状长圆形，长2毫米，密被柔毛，每心皮10胚珠，柱头全缘。果近球形，径2-4厘米，无毛，种子10，2排。花期3-11月，果期7-12月。

产云南、贵州、湖南及广西，生于海拔100-900米山地林中。越南有分布。

3. 白叶瓜馥木 图 288

Fissistigma glaucescens (Hance) Merr. in Philipp. Journ. Sci. Bot. 15: 132. 1919.

Melodorum glaucescens Hance in Journ. Bot. 19: 112. 1881.

攀援灌木，长达6米。枝条无毛。叶近革质，长圆形或长椭圆形，稀倒卵状长圆形，长3-20厘米，先端常圆，稀微凹，基部圆或楔形，两面无毛，下面绿白色，干后苍白色，侧脉10-15对，在上面稍凸起或平；叶柄长约1厘米。花数朵组成顶生长达6厘米聚伞总状花序，被黄色绒毛。萼片宽三角形，长约2毫米；外轮花瓣宽卵圆形，长约6毫米，被黄色柔毛，内轮花瓣卵状长圆形，长约5毫米，被白色柔毛；药隔三角形；心皮约15，被褐色柔毛，每心皮2胚珠，柱头2裂。果球形，径约8毫米，无毛。花期1-9月，果期3-12月。

产福建、台湾、广东、海南及广西，生于海拔100-1000米林下或灌丛中。越南有分布。根药用，可活血、治风湿及痨伤；茎皮纤维可制绳索。

图 288 白叶瓜馥木 （邓盈丰绘）

4. 香港瓜馥木 图 289

Fissistigma uonicum (Dunn) Merr. in Philipp. Journ. Sci. Bot. 15: 137. 1919.

Melodorum uonicum Dunn in Journ. Bot. 48. 323. 1910.

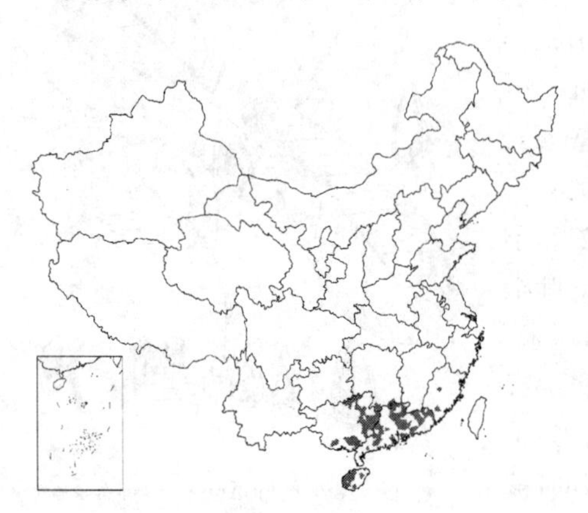

攀援灌木，长达5米。叶纸质，长圆形，长4-20厘米，先端尖，基部圆或宽楔形，上面无毛，下面疏被柔毛，淡黄色，干后红黄色，侧脉8-12对，在上面平或稍凸起。花黄色，有香气，1-2生于叶腋或近叶腋。花梗长约2厘米，被短柔毛；萼片卵形，被短柔毛；外轮花瓣较长，卵状三角形，长2.4厘米，先端钝，被黄褐色短柔毛，内面无毛，内轮花瓣长1.4

图 289 香港瓜馥木 （邓盈丰绘）

厘米；药隔三角形；心皮被柔毛，每心皮9-16胚珠，柱头全缘。果球形或短圆柱形，黑色，被短柔毛。种子9-16，2排。花期3-6月，果期6-12月。

产福建、湖南、广东、香港、海南、广西及贵州，生于海拔100-800米丘陵山地林下或灌丛中。印度尼西亚有分布。

5. 多苞瓜馥木 排骨灵 图290

Fissistigma bracteolatum Chatterjee in Kew Bull. 1948: 58. 1948.

攀援灌木，长达10米。小枝初被褐色绒毛，具皮孔。叶革质，卵状长圆形或倒卵状长圆形，长9-18厘米，先端骤尖，基部圆，上面中脉被粗毛，下面被褐色粗毛，侧脉14-20对，斜升至叶缘，在上面凹下；叶柄长1-1.5厘米，被粗毛。花黄色，多朵簇生成团伞花序；花序梗长3-7毫米。花梗长1-1.5厘米，被黄褐色短绒毛，基部或中部具小苞片，小苞片长圆状卵形，长5-6毫米，被褐色短绒毛，内面无毛；萼片卵形，长5毫米，被短绒毛，内面无毛；外轮花瓣卵状三角形，长1.3-1.5厘米，密被黄色短绒毛，内轮花瓣卵状披针形，长1-1.1厘米，被短柔毛，内面无毛；药隔卵状三角形；心皮卵状长圆形，长约3毫米，密被粗毛，每心皮8胚珠，2排，柱头2裂。果球形，径约1.5厘米，被短绒毛；果柄长约3厘米。花期3-6月，果期8-11月。

图 290 多苞瓜馥木 （黄少容绘）

产云南，生于海拔800-1800米山地林中或山谷沟边。缅甸有分布。根药用，可舒筋活血、消炎止血，主治外伤出血、骨折、跌打损伤。

6. 广西瓜馥木 图291

Fissistigma kwangsiense Tsiang et P. T. Li in Acta Phytotax. Sin. 10: 323. 1965.

攀援灌木，长达6米。幼枝密被锈色柔毛，老枝无毛，具皮孔。叶纸质，长圆状披针形或窄长圆形，长7-8厘米，先端稍骤尖，稀微凹，基部圆，上面疏被柔毛，中脉较密，下面被锈黄色绒毛，侧脉12-19对，斜曲上升，在上面凹下；叶柄长约5毫米，被锈黄色绒毛。花黄白色，数朵组成团伞花序，花序常与叶对生或近顶生；花序梗、花梗、小苞片、苞片、萼片及花瓣均密被锈色绒毛；花序梗短或近无。花梗具2苞片，苞片较萼片短；花蕾卵圆形，长约1厘米；萼片卵状长圆形，长约6毫米；外轮花瓣卵状长圆形，长8毫米，内轮花瓣较小，边缘靠合；药隔长尖；心皮被丝状柔毛，每心皮10胚珠，2排，柱头全缘。花期2-9月。

图 291 广西瓜馥木 （邓盈丰绘）

产云南及广西，生于海拔200-1350米山地密林中或山谷溪边。

7. 独山瓜馥木 图 292

Fissistigma cavaleriei (Lévl.) Rehd. in Journ. Arn. Arb. 10: 192. 1929.

Uvaria cavaleriei Lévl. Fl. Kouy-Tcheou 29. 1914.

攀援灌木，长达8米。除老叶外，余均被淡红色短柔毛。叶近革质或厚纸质，长圆状披针形或长圆状椭圆形，长6.5-16厘米，先端尖，基部浅心形，上面疏被短柔毛，老渐无毛，上面中脉及侧脉凹下，侧脉14-21对；叶柄长6-8毫米。花淡黄色，单朵或2-5簇生小枝与叶对生或互生。花梗长1.5-2厘米，基部具2苞片；萼片卵状长圆形，较苞片长，长约6毫米，两面被淡红色绒毛；外轮花瓣卵状长圆形，长1.8厘米，密被淡红色毡毛，内面无毛，内轮花瓣卵状披针形，长1.3厘米，两面无毛，内面基部内凹；药隔宽三角形；子房及花柱被柔毛，每心皮7胚珠，2排，柱头全缘。果球形，径2-3厘米，被瘤体，密被柔毛；果柄长约2.7厘米，总果柄长约1.2厘米，均被淡红色短柔毛。花期3-11月，果期6-12月。

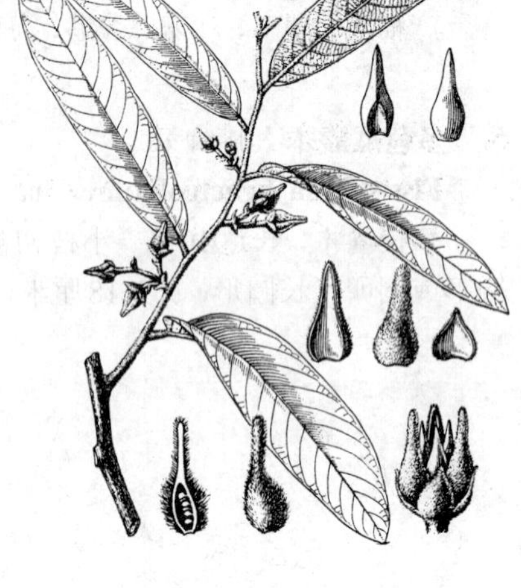

图 292 独山瓜馥木 （邓盈丰绘）

产云南、贵州及广西，生于海拔500-1500米山地密林中。

8. 尖叶瓜馥木 图 293

Fissistigma acuminatissimum Merr. in Journ. Arn. Arb. 19: 29. 1938.

攀援灌木，长达10米。幼枝、叶上面中脉及侧脉、下面、叶柄、花序梗、花梗、萼片、花瓣、子房及花柱均被柔毛。叶纸质或近革质，披针形或长圆状披针形，长7-17厘米，先端渐尖，基部楔形或宽楔形，侧脉14-21对，在上面凹下；叶柄长0.5-1.2厘米。花绿白色，单生或2-4簇生；花序梗长3-4毫米。花梗长1-1.5厘米，中部或基部具小苞片；萼片卵状三角形，长6-8毫米，内面无毛；外轮花瓣长圆状披针形，长达2厘米，内面被微毛，内轮花瓣近圆形，长达1.6厘米，内面无毛，先端圆；雄蕊长2毫米，药隔三角形，顶端钝；每心皮6胚珠，2排，柱头全缘。果球形，径1.2厘米，密被黄色绒毛；果柄长约1厘米。花期3-11月，果期6-12月。

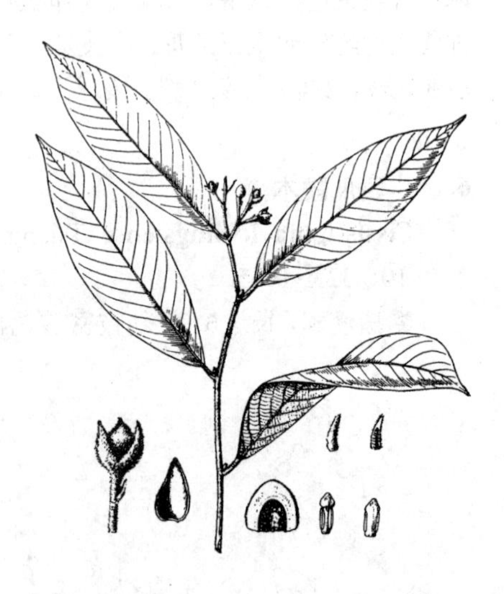

图 293 尖叶瓜馥木 （邓盈丰绘）

产云南及贵州，生于海拔900-1900米山地林中。越南有分布。茎皮纤维坚韧，用于编织绳索或作点火绳。

9. 天堂瓜馥木 图 294

Fissistigma tientangense Tsiang et P. T. Li in Acta Phytotax. Sin. 10: 326. 1965.

攀援灌木，长达9米。幼枝、叶下面、花序及果均被黄灰色柔毛。叶革质，长圆形或长椭圆形，长8.5-17.5厘米，先端圆或微凹，基部圆，上面中脉疏被柔毛，侧脉16-18对，弯拱上升近叶缘网结，在上面凹下；叶柄长3-5毫米。花蕾长圆锥状，长2.5厘米；花黄白色，单生或2-4组成花序与叶对生，花序梗长约1厘米。花梗长约1.5厘米，上部具小苞片；萼片三角形，长约4毫米，被柔毛；外轮花瓣长圆状披针形，长2.5厘米，内面疏被柔毛，内轮花瓣窄披针形，长2.3厘米，两面无毛；药隔平截；心皮密被绢质柔毛，每心皮6-8胚珠，2排，柱头全缘。果球形，径约1.6厘米；果柄粗，长约3厘米。花期3-11月，果期7-12月。

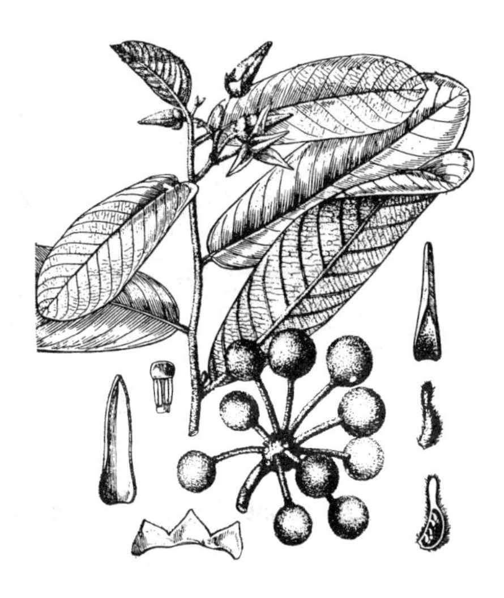

图 294 天堂瓜馥木 （邓盈丰绘）

产广西、广东及海南，生于海拔300-600米山谷林中。

10. 凹叶瓜馥木 图 295

Fissistigma retusum（Lévl.）Rehd. in Journ. Arn. Arb. 10：191. 1929.

Melodorum retusum Lévl. in Fedde, Repert. Sp. Nov. 9：459.1911.

攀援灌木，长达10米。小枝及叶下面被褐色绒毛。叶革质或近革质，宽卵形、倒卵形或倒卵状长圆形，长9-26厘米，先端圆或微凹，基部圆或平截，稀浅心形，上面中脉及侧脉被短绒毛，侧脉15-20对，在上面凹下，网脉明显，与侧脉近垂直网结；叶柄长0.8-1.5厘米，被短绒毛。花蕾卵圆形；花多朵组成团伞花序与叶对生，花序梗长0.5-1厘米。花梗近无；萼片卵状披针形，长约1厘米，外轮花瓣卵状长圆形，长约1.5厘米，被短柔毛，内面无毛，内轮花瓣卵状披针形，较短，基部稍内弯，两面无毛；药隔宽三角形；心皮密被绢质柔毛，每心皮4胚珠，2排，花柱内弯，被柔毛，柱头全缘。果球形，径约3厘米；果柄长1.5厘米，果及果柄被黄色短绒毛。花期5-11月，果期6-12月。

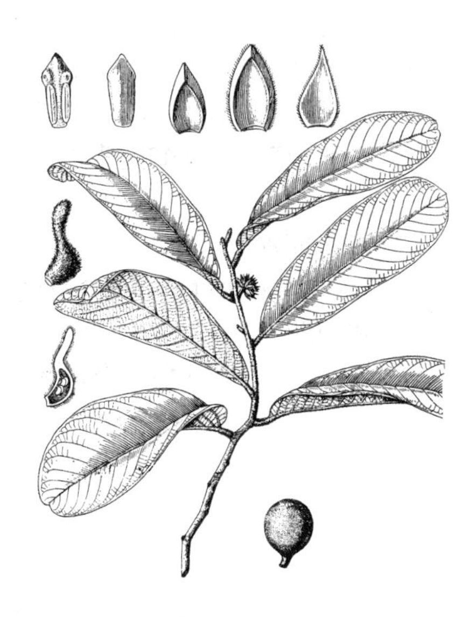

图 295 凹叶瓜馥木 （邓盈丰绘）

产西藏、云南、贵州、广西、广东及海南，生于海拔700-2000米山地密林中。

11. 毛瓜馥木 图 296

Fissistigma maclurei Merr. in Philipp. Journ. Sci. Bot. 21：342. 1922.

攀援灌木，长达6米。幼枝、叶下面、叶柄、花梗、花、果及果柄被黄褐或黑褐色绒毛。叶近革质，披针形或椭圆状披针形，长7-12厘米，先端尖或渐尖，基部宽楔形或稍圆，上面无毛，侧脉13-17对，在上面平，网脉明显；叶柄长5-8毫米。花单生叶腋，径约1.3厘米。花梗粗，长约5毫米；萼片卵状长圆形，长5毫米；花瓣厚，外轮长圆形，长1.4厘米，内轮较短；雄蕊与心皮近等长，药隔三角形，顶

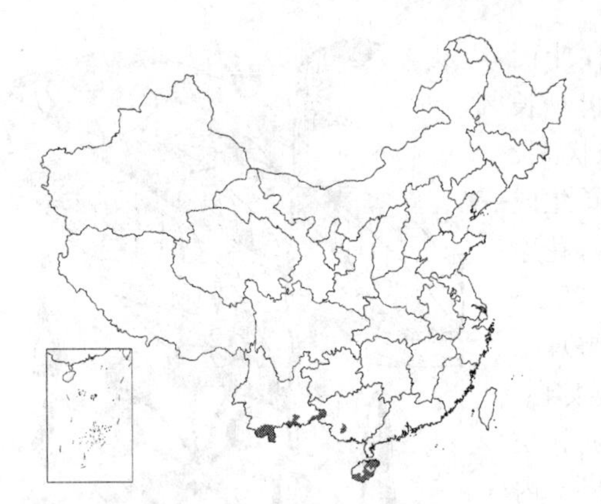

端骤尖；每心皮10胚珠，柱头2裂。果近球形，长约1.8厘米；果柄长2-2.5厘米。种子7-9，2排，肾形，长约1厘米，深黄色。花期2-8月，果期4-10月。

产云南、广西及海南，生于海拔260-1100米山地密林下或灌丛中。越南有分布。

［附］**多脉瓜馥木 Fissistigma balansae**（A. DC.）Merr. in Philipp. Journ. Sci. Bot. 15: 130. 1919. —— *Melodorum balansae* A. DC. in Bull. Herb. Boiss. ser. 2, 4: 1070. 1904. 本种与毛瓜馥木的区别：小枝被褐色短柔毛；叶长圆形或长圆状椭圆形，长14-23厘米，基部圆，上面中脉及侧脉被短柔毛，下面被褐色短柔毛，侧脉25-35对，叶柄长0.8-2厘米，密被褐色短柔毛；团伞花序与叶对生或顶生，萼片三角形，外轮花瓣卵状披针形或三角形；果径约4厘米。种子长圆形，长约2.4厘米，褐色。花期3-5月，果期5-9月。产云南及广西，生于海拔200-1200米山地林中。越南有分布。

图 296 毛瓜馥木 （邓盈丰绘）

12. 木瓣瓜馥木 图 297

Fissistigma xylopetalum Tsiang et P. T. Li in Acta Phytotax. Sin. 10: 318. 1965.

攀援灌木，长达8米。全株密被红褐或褐色绒毛。叶厚纸质，卵圆状长圆形或卵状椭圆形，长5.5-17厘米，基部圆或宽楔形，上面中脉被毛，侧脉14-18对，在上面平；叶柄长约1厘米。花3-7朵簇生，径约2.5厘米，花序梗长3毫米，基部具1-2小苞片，小苞片披针形，长1.5-2厘米，内面被短柔毛。花梗长2-2.5厘米；萼片三角形，长9毫米，无毛；花瓣黄或灰紫色，干时木质，外轮花瓣卵状披针形，长2.5厘米，内轮花瓣卵状长圆形，长1.9厘米，疏被柔毛，中肋明显；雄蕊长2毫米，药隔顶端近圆或平截；心皮长4毫米，密被绢质柔毛，每心皮6胚珠，柱头无毛，2裂。果球形，径1.5-2厘米；果柄长3毫米，总果柄长约2.5厘米。种子6，2排，卵圆形，长约1厘米，径6-8毫米，红褐色。花期10-12月，果期翌年5-7月。

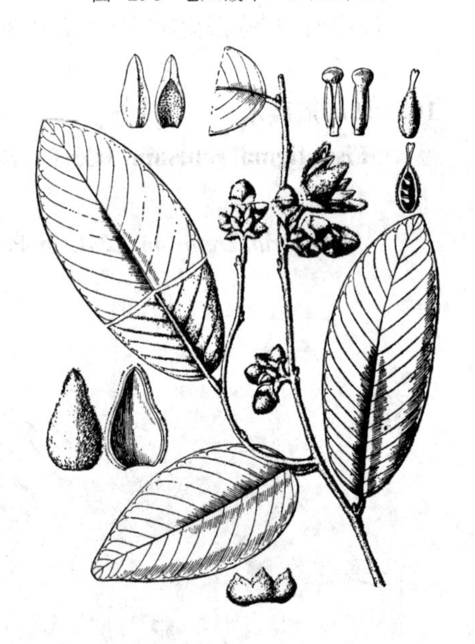

图 297 木瓣瓜馥木 （黄少容绘）

产云南、广西及海南，生于海拔300-500米丘陵山地溪边或林中湿地。越南有分布。

13. 小萼瓜馥木 图 298

Fissistigma polyanthoides（A. DC.）Merr. in Philipp. Journ. Sci. Bot. 15: 135. 1919.

Melodorum polyanthoides A. DC. in Bull. Herb. Boiss. ser. 2, 4: 1070. 1904.

Fissistigma minuticalyx（McGr. et W. W. Smith）Chatterjee；中国

植物志30(2)：155. 1979.

攀援灌木，长达10米。幼枝、叶下面及叶柄被黄褐色柔毛；花序、小苞片、外轮花瓣及果均被红褐色短绒毛。老枝无毛，具皮孔。叶革质，长圆形、长圆状披针形或倒卵状长圆形，长10-23厘米，先端骤尖或短渐尖，基部圆，上面幼时被短柔毛，侧脉14-20对，斜升至叶缘，在上面平；叶柄长1-1.3厘米。花4-多朵簇生或近伞状与叶近对生，稀顶生；花序近无梗。花梗长1-1.5厘米，中上部具1-2枚长1.5毫米小苞片；花蕾圆锥状；花萼基部杯状，萼片卵状三角形，长3毫米，被短绒毛，内面上部被短柔毛；外轮花瓣卵状三角形，长1.2厘米，内面上部被微毛，内轮花瓣卵状披针形，长1厘米，被短柔毛，内面无毛；雄蕊长1.5毫米，药隔宽三角形；心皮约10，被绢质柔毛，柱头2裂。果球形，径2厘米；果柄长达4厘米，总果柄长约2厘米。种子红褐色，长圆形，长1.5厘米。花期5-11月，果期8月至翌年3月。

图 298 小萼瓜馥木 （邓盈丰绘）

产云南及贵州，生于海拔500-1600米山地密林中。缅甸、老挝及越南有分布。

14. 多花瓜馥木 黑风藤 图 299

Fissistigma polyanthum (Hook. f. et Thoms.) Merr. in Philipp. Journ. Sci. Bot. 15: 135. 1919.

Melodorum polyanthum Hook. f. et Thoms. Fl. Ind. 1: 121. 1855.

攀援灌木，长达8米。枝条灰黑或褐色。幼枝、叶下面、叶柄、花序、萼片、花瓣及果均被绒毛，老枝无毛。叶近革质，长圆形、卵状长圆形或椭圆形，长6-17.5厘米，先端骤尖或圆，稀微凹，上面无毛，侧脉13-18对，在上面平；叶柄长0.8-1.5厘米。花长约1厘米；花蕾圆锥状，常3-7朵组成密伞花序，花序腋生、与叶对生或腋外生。花梗长达1.5厘米，中下部及基部具小苞片；萼片宽三角形；外轮花瓣卵状长圆形，长1.2厘米，内面无毛，内轮花瓣长圆形，长9毫米，先端渐尖；药隔三角形，顶端锐；每心皮4-6胚珠，2排，柱头全缘。果球形，径1.5厘米；果柄细，长达2.5厘米。种子椭圆形，扁平，红褐色。花期1-10月，果期3-12月。

图 299 多花瓜馥木 （邓盈丰绘）

产西藏、云南、贵州、广西、广东及海南，生于海拔120-1200米山谷或林下。印度、缅甸及越南有分布。茎皮含单宁，纤维可制绳索；根及茎药用，可通经络、健脾胃、强筋骨，叶治哮喘及疥疮等症。

15. 瓜馥木 图 300 彩片 203

Fissistigma oldhamii (Hemsl.) Merr. in Philipp. Journ. Sci. Bot. 15: 134. 1919.

Melodorum oldhamii Hemsl. in

Journ. Linn. Soc. Bot. 23: 27. 1886.

攀援灌木，长约8米。小枝被黄褐色绒毛。叶革质，倒卵状椭圆形或长圆形，长6-13厘米，先端圆或微凹，骤尖，基部宽楔形或圆，上面无毛，下面被短绒毛，近无毛，侧脉16-20对，在上面扁平；叶柄长约1厘米，被短绒毛。花长约1.5厘米，径1-1.7厘米，3-7朵组成密伞花序；花序梗长2.5厘米；萼片宽三角形，长约3毫米，顶端骤尖；外轮花瓣卵状长圆形，长约2.1厘米，内轮花瓣长约2厘米；雄蕊长圆形，药隔稍偏斜三角形；心皮被绢质长毛，每心皮10胚珠，2排，花柱稍弯，无毛，柱头2裂。果球形，径约1.8厘米，密被黄褐色绒毛；果柄长约2厘米。种子球形，径约8毫米。花期7月至翌年2月。

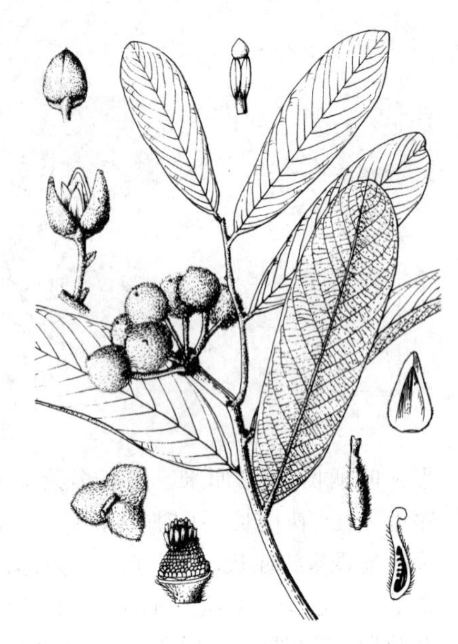

图 300 瓜馥木 （仿《中国植物志》）

产浙江、福建、台湾、江西、湖南、广东、海南、广西及云南，生于海拔500-1500米疏林或灌丛中。越南有分布。茎皮纤维可编绳、织麻袋及造纸；花可提取瓜馥木花油或浸膏，供化妆品及皂用香精原料；种子油供工业用及调治化妆品；根药用，治跌打损伤及关节炎。

21. 番荔枝属 **Annona** Linn.

乔木或灌木。叶互生，羽状脉；具柄。花顶生或与叶对生，单朵或数朵簇生。萼片3，镊合状排列；花瓣6，2轮，分离或基部连合，或内轮退化成鳞片状，或无，外轮花瓣长三角形，内凹，质厚，镊合状排列，内轮花瓣常覆瓦状排列，稀镊合状排列；雄蕊多数，密生，花丝肉质，药隔肿大，顶端平截，稀突出；心皮多数，每心皮1胚珠，基生，直立。果合成大型肉质聚合浆果。

约100种，产热带美洲，少数产热带非洲。亚洲热带有引种，我国栽培7种。

1. 叶上面侧脉凸起；花蕾卵圆形或近球形，具内轮花瓣。
   2. 果牛心形，无刺，长5-12厘米 ………… 1. **圆滑番荔枝 A. glabra**
   2. 果近球形或卵圆形，长10-35厘米，幼果具下弯刺，后渐脱落 ……… ……………………………………… 2. **刺果番荔枝 A. muricata**
1. 叶上面侧脉平；花蕾披针形，内轮花瓣退化成鳞片状。
   3. 叶下面苍白绿色；花序具1-4花，与叶对生或顶生；果靠合，易分离 ……………………………………………… 3. **番荔枝 A. squamosa**
   3. 叶下面绿色；花序具2-10花，与叶对生或互生；果连成球状心形聚合浆果 ……………………………… 4. **牛心番荔枝 A. reticulata**

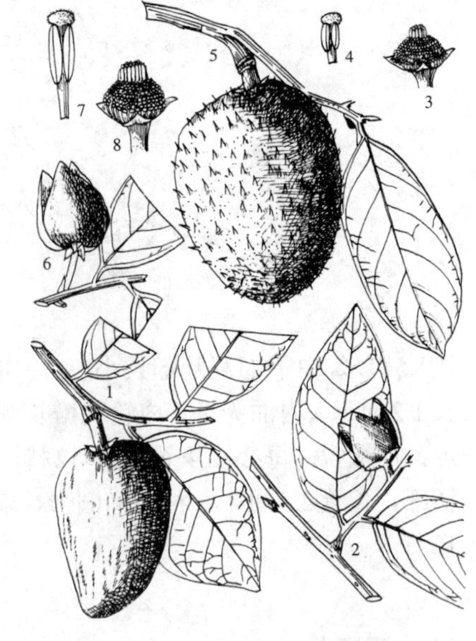

图 301：1-4. 圆滑番荔枝 5-8. 刺果番荔枝 （仿《中国植物志》）

1. 圆滑番荔枝

图 301：1-4

Annona glabra Linn. Sp. Pl. 537. 1753.

常绿乔木，高达12米。枝条具皮孔。叶纸质，椭圆形、卵圆形或长圆形，长6-20厘米，先端骤尖或钝，基部圆，无毛，侧脉7-12对，两面凸起，网脉明显。花蕾卵圆形或近球形；花芳香，外轮花瓣白黄或绿黄色，长2-3.5厘米，先端钝，无毛，内面近基部具红斑，内轮花瓣较短窄，外面黄白或淡绿色，先端尖，内面基部红色。果牛心形，长5-12厘米，平滑无刺，淡黄色。花期5-6月，果期7-8月。

原产热带美洲。亚洲热带有栽培。浙江、福建、台湾、广东、海南、广西及云南栽培。木材黄褐色，较轻，可制瓶塞或鱼网浮子；果可食。

2. 刺果番荔枝 图 301：5-8 彩片 204

Annona muricata Linn. Sp. Pl. 536. 1753.

常绿乔木，高达10米。叶纸质，倒卵状长圆形或椭圆形，长5-18厘米，先端钝或骤尖，基部圆或宽楔形，下面淡绿色，两面无毛，侧脉6-13对，两面稍凸起，近叶缘网结。花蕾卵圆形，花淡黄色，长3.8厘米；萼片卵状椭圆形，长约5毫米，宿存；外轮花瓣厚，宽三角形，长2.5-5厘米，内面基部具红色小凸点，无爪，内轮花瓣稍薄，卵状椭圆形，长2-3.5厘米，内面下部密被小凸点，具短爪，覆瓦状排列；雄蕊长3-6毫米，花丝肉质，药隔肿大；心皮长4-7毫米，被白色绢质柔毛。果近球形或卵圆形，长10-35厘米，深绿色，果肉白色多汁，微酸，幼果具下弯刺，后渐脱落残存小凸体。种子多粒，肾形，长约1.7厘米，褐黄色。花期4-7月，果期7-12月。

原产热带美洲亚洲热带有栽培。福建、台湾、广东、海南、广西及云南有栽培。果大，稍酸甜，可食；木材供造船；亦可作紫胶虫寄主树。

图 302 番荔枝 （陈国泽绘）

3. 番荔枝 图 302 彩片 205

Annona squamosa Linn. Sp. Pl. 537. 1753.

落叶小乔木，高达8米；树皮薄，灰白色，多分枝。叶薄纸质，2列，椭圆状披针形或长圆形，长5-18厘米，先端微骤尖或钝，基部宽楔形或圆，下面苍白绿色，初被微毛，侧脉8-15对，在上面平；叶柄长0.4-1.5厘米。花单生或2-4朵簇生枝顶或与叶对生，长约2厘米，绿黄色，下垂。花蕾披针形；萼片三角形，被微毛；外轮花瓣肉质，长圆形，被微毛，镊合状排列，内轮花瓣鳞片状，被微毛；花药长圆形，药隔宽，顶端近平截；每心皮1胚珠，柱头卵状披针形。果长圆形，靠合成球形或心状圆锥形聚合浆果，径5-10厘米，无毛，黄绿色，被白霜，易分离。花期5-7月，果期6-11月。

原产热带美洲。现全球热带有栽培。浙江、福建、台湾、广东、海南、广西及云南有栽培。为热带著名水果；树皮纤维可造纸；根药用，治赤痢、精神抑郁、脊髓病；果可治恶疮肿痛；亦可作紫胶虫寄主树。

4. 牛心番荔枝 图 303

Annona reticulata Linn. Sp. Pl. 537. 1753.

乔木，高约6米。枝条被瘤体。叶纸质，长圆状披针形，长9-30厘米，先端渐尖，基部楔形，两面无毛，下面绿色，侧脉15对以上，在上面平；叶柄长1-1.5厘米。花序与叶对生或互生，具2-10花。花蕾披针形；萼片卵形，被短柔毛，内面无毛；外轮花瓣长圆形，长2.5-3厘米，肉质，黄色，基部紫色，疏被短柔毛，具缘毛，内轮花瓣鳞片状；花药长圆形，药隔顶端近平截；心皮被长柔毛，柱头凸尖。果连合成近球状心形聚合浆果，径5-12.5厘米，无毛，具网纹，暗黄色，果肉牛油状，粘附种子。种子长卵圆形。花期11月至翌年2月，果期3-6月。

原产热带美洲。亚洲热带有栽培。云南、福建、台湾、广西、广东及海南有栽培。热带著名水果；亦为紫胶虫寄主树。

图 303 牛心番荔枝 （陈国泽绘）

3. 肉豆蔻科 MYRISTICACEAE

（李延辉）

常绿乔木或灌木，常有香气，树皮及髓心周围具黄褐或肉红色浆汁。叶互生，螺旋状排列或微2列，全缘，羽状脉，常具透明腺点；无托叶。花序腋生，圆锥状或总状，稀头状或聚伞状，小花成簇或聚生成伞形；苞片早落，小苞片生于花梗或花被基部；花单性异株，稀同株。无花瓣，花被片（2）3（-5），镊合状；雄蕊2-40（国产种常16-18），花丝合生成柱状，柱顶有时成盘状；花药2室，外向，纵裂，常合生，背面贴生花柱或分离成星芒状；子房上位，1室，倒生胚珠1，基生；花柱短或缺，柱头2浅裂、具齿状或撕裂状圆盘。果肉质，常2瓣开裂。种子具肉质或具撕裂状假种皮，种皮外层脆壳状肉质，中层常木质，内层膜质，常透入胚乳内使胚乳成嚼烂状或皱折状。

16属，380余种，主产热带亚洲至大洋洲。我国3属，约15种。本科植物种子多含固体油，为重要工业油料。

1. 花梗具小苞片，脱落后有疤痕；花序密集成总状或近伞形。
  2. 花序不分枝或分叉；花丝合生成盾状盘，花药短，花柱粗短，柱头盘状，2浅裂或边缘牙齿状或撕裂；叶细脉平行，两面凸起；假种皮顶端微撕裂，稀不裂 ………………………………………………… **1. 红光树属 Knema**
  2. 花序2歧或3歧式分枝；花丝合生成柱状，花药细长，花柱几缺，柱头2浅裂；叶细脉不平行，在上面常凹下；假种皮撕裂至基部或成条裂状 ……………………………………………………………… **2. 肉豆蔻属 Myristica**
1. 花梗无小苞片；花序疏散，成复合圆锥状 ……………………………………………………… **3. 风吹楠属 Horsfieldia**

1. 红光树属 Knema Lour.

乔木。叶坚纸质或近革质，下面常被白粉或被绣色绒毛；侧脉近平行，细脉平行，两面凸起。花单性，异株；花序腋生，不分枝或分叉，密集成总状或近伞形，花序梗粗，由多数疤痕集结而成瘤状体；苞片早落，小苞片着生于花梗上部或中部，脱落后有疤痕。花较大，近球形、椭圆形、碟形或壶形，具花梗；花被片3（4），花丝合生成盾状盘，花药短，8-20枚，分离，基部贴生盘的边缘，成齿状分离或星芒状分叉；花柱粗短，柱头盘状，2浅裂或边缘牙齿状或撕裂。果皮厚，常被绒毛。假种皮顶端撕裂，稀不裂，胚乳皱折状。

约70余种，分布于印度东部至中南半岛、菲律宾及巴布亚新几内亚。我国5种、1变种。

1. 叶长(15-)30-55(-70)厘米，宽(7)8-15厘米，先端渐尖或长渐尖，基部圆或心形。
  2. 叶宽披针形或长圆状披针形，稀倒披针形，基部心形，稀圆，侧脉24-35对；果密被锈色树枝状短绒毛 …………………………………………………………………………………………… **1. 红光树 K. furfuracea**
  2. 叶倒卵状披针形，基部圆，侧脉20-25对；果密被锈色绒毛 …………………… 1(附). **大叶红光树 K. linifolia**
1. 叶长10-25(-32)厘米，宽2-6(7-8)厘米，先端尖或短渐尖，稀长渐尖，基部宽楔形或近圆，稀近平截。
  3. 叶长圆形、披针形、倒披针形或线状披针形，下面无毛；果幼时被丝状绒毛，后渐无毛 …………………………………………………………………………………………………… **2. 小叶红光树 K. globularia**
  3. 叶长圆状披针形或卵状披针形，稀长圆形或窄椭圆形，下面常密被锈色或灰褐色具柄星状微柔毛，老时渐脱落无毛；果密被锈色树枝状绒毛或粉状微柔毛 ……………………………………… **3. 假广子 K. erratica1**

1. 红光树 图 304

Knema furfuracea (Hook. f. et Thoms.) Warb. Monog. Myrist. 581. t. 24(1-2). 1897.

Myristica furfuracea Hook. f. et Thoms. Fl. Ind. 1: 159. 1855.

乔木，高达25米。分枝下垂，幼枝密被锈色鳞状微柔毛，老时渐无毛，有纵纹。叶宽披针形、长圆状披针形或倒披针形，长（15-）30-55（-70）厘米，宽（7）8-15厘米，先端渐尖或长渐尖，基部心形或圆，幼叶下面被毛，老叶两面无毛，侧脉24-35对，两面凸起，细脉近平行，边缘处网结；叶柄粗，长1.5-2.5厘米，密被锈色微柔毛。雄花扁倒卵圆形或梨形，长6-7毫米，花梗长0.7-1厘米，瘤状花序梗粗，长1-1.5厘米；小苞片着生近花被基部；雌花无梗或梗极短，密被微柔毛。果序具1-2果，果柄长3-5毫米；果椭圆形或卵球形，长3.5-4.5厘米，密被锈色树枝状短绒毛，果皮厚4-5毫米。假种皮深红色，顶端微撕裂；种子椭圆形或卵状椭圆形，长2-3厘米，种皮脆壳质，不易开裂，密被不规则细沟纹。花期11月至翌年2月，果期7-9月。

产云南，生于海拔500-1000米山坡或沟谷荫湿密林中。中南半岛、马来半岛及印度尼西亚有分布。种子含固体油约24%。

图 304 红光树（刘 泗 绘）

［附］**大叶红光树 Knema linifolia**（Roxb.）Warb. Monog. Myrist. 558. t. 24: 1-3. 1897. —— *Myristica linifolia* Roxb. Fl. Ind. 3: 847. 1832. 本种与红光树的区别：叶倒卵状披针形，长（15-）24-40厘米，基部圆，侧脉20-25对；果密被锈色绒毛。产云南西南部，生于海拔800-900米沟谷、荫湿密林中。印度东北部、孟加拉至中南半岛有分布。

2. 小叶红光树 图 305

Knema globularia（Lam.）Warb. Monog. Myrist. 601. 1897.

Myristica globularia Lam. Mém. Ac. Paris 162. 1778.

小乔木，高达15米，树皮鳞片状开裂。分枝集生树干顶部，平展，稍下垂。叶长圆形、披针形、倒披针形或线状披针形，长10-20（-28）厘米，宽2-4（-7）厘米，先端尖或渐尖，基部宽楔形或近圆，下面苍白色，无毛，有时沿中脉及侧脉被星状或鳞状微柔毛，侧脉（12-）15-18对，细脉几平行，网结。花序腋生，近伞形。雄花（2-）6-9簇生于长3-6毫米瘤状花序梗，花梗细，长0.6-1.2厘米；雌花花序梗长0.5-1厘米，花长卵球形，长约4毫米，与花梗近等长；小苞片着生花梗中部以上。果常单生，下垂，卵球形或近球形，长1.8-3.2厘米，幼时被丝状绒毛，后渐无毛，顶端有时偏斜凸起，花被筒基部宿存；果皮厚1-2毫米。假种皮深红色，全包被种子或顶端微撕裂；种子卵球形，长1.6-2厘米，种皮脆壳质，平滑，紫褐色。花期12月至翌年3月，果期7-9月（低海拔）；高海拔花果期7-9月。

图 305 小叶红光树（刘 泗 绘）

产云南及广西，生于海拔200-1000米荫湿山坡、平坝及低丘杂木林中。马来半岛至中南半岛有分布。种子含固体油约26.9%。

3. 假广子　　图 306

Knema erratica (Hook. f. et Thoms.) J. Sincl. in Gard. Bull. Singap. 18: 205. 1961.

Myristica erratica Hook. f. et Thoms. Fl. Ind. 1: 156. 1855.

乔木，高达20米；分枝集生树干顶端，平展，稍下垂。叶长圆状披针形、卵状披针形或线状披针形，稀长圆形或窄椭圆形，长12-25(-32)厘米，宽3-6(-8)厘米，先端尖或短渐尖，基部宽楔形或近圆，稀近平截，下面密被锈色或灰褐色具柄星状微柔毛，老时渐疏或无毛；上面中脉凹下，侧脉15-32(-36)对，两面凸起，细脉近平行，构成网状；叶柄长0.6-1.7厘米，被微柔毛。雄花4-8，簇生于长3-4毫米瘤状花序梗上；花梗长5-7毫米；雌花稍大，3-8(-10)簇生于短瘤状花序梗上，密被锈色星状绒毛。果序具1-2果；果卵球形或椭圆形，长2.5-3.2厘米，顶端尖，环状花被筒基部宿存，密被树枝状锈色绒毛或粉状微柔毛，果柄长0.8-1厘米，果皮厚约1毫米。假种皮橙红色，全包种子或顶端偶有微撕裂；种子卵状椭圆形，长2-2.8厘米，种皮脆壳质，易裂，被微凸起细网纹。花期8-9月，果期翌年4-5月。

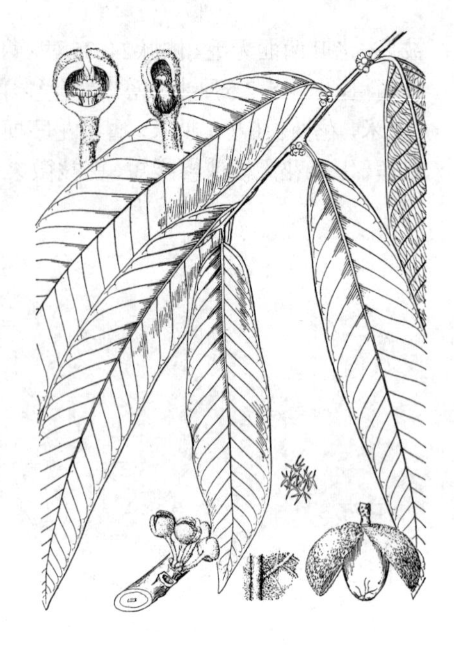

图 306 假广子 （刘 泗 绘）

产云南，生于海拔500-1700米山坡、沟谷疏林或密林中。印度、孟加拉、泰国及缅甸有分布。种子含固体油约20.8%。

2. 肉豆蔻属 **Myristica** Gronov.

乔木。叶坚纸质，下面常带白色或被锈色毛；上面中脉凹下，侧脉近平行，至边缘弯曲连合，细脉网结，在上面常凹下。花序腋生，花序梗常2歧或3歧式；花序近伞形或总状；无苞片，小苞片生于花被基部，稀脱落。花被壶形或钟形，稀筒状，具花梗，花被2-3裂；花丝合生成柱状，花药细长，7-30枚，分离或连合，背面紧贴雄蕊柱，长于雄蕊柱的基生柄；花柱几缺，柱头2裂。果皮肥厚，肉质状脆壳质，常被毛。假种皮撕裂至基部或成条裂状，胚乳嚼烂状。

约120余种，分布于南亚，自玻利尼西亚西部经大洋洲、印度东部至菲律宾。我国4种。

1. 叶侧脉16对以上；雄花序2歧式或3歧式伞形；果卵状椭圆形。
   2. 叶长15-25厘米，下面无毛，侧脉16-28对 ………………………… 1. **台湾肉豆蔻 M. cagayanensis**
   2. 叶长30-38厘米，下面密被锈色树枝状绒毛，侧脉20(-32)对 ………… 2. **云南肉豆蔻 M. yunnanensis**
1. 叶侧脉6-10对，叶长4-8厘米；雄花序总状；果梨形 ………………………… 3. **肉豆蔻 M. fragrans**

1. 台湾肉豆蔻　　图 307 彩片 206

Myristica cagayanensis Merr. in Philip. Journ. Sci. Bot. 17: 25. 1921.

乔木，高达20米，胸径1米。叶长圆形，长15-25厘米，先端钝尖或短渐钝尖，基部宽楔形或圆，干时上面褐色，下面暗褐色，两面无毛，侧脉16-18对，上面凹下，细脉上面可见，下面不明显；叶柄长1.6-2.5厘米，无毛。雄花序腋生，2歧式或3歧式伞形；花被钟状，花被片3，镊合状排列，三角状卵形；小苞片生于花被基部，宿存。果序粗壮；果1-2，卵状椭圆形，长约5厘米，径约3厘米，密被锈色星状短绒毛。假种皮红色，条裂状，果期12月至翌年1月。

产台湾兰屿。菲律宾有分布。果可作芳香健胃剂。

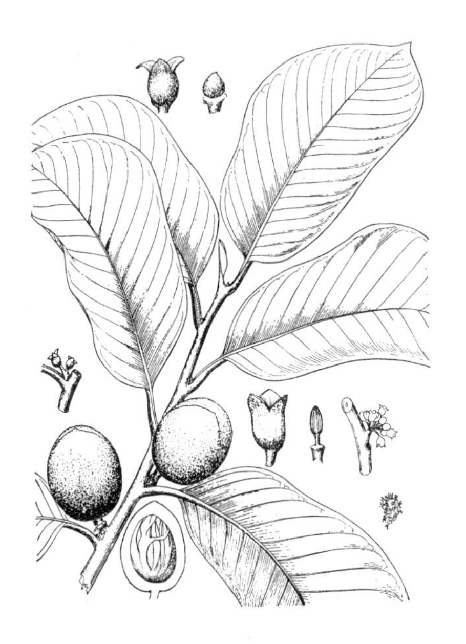

图 307 台湾肉豆蔻（刘　泗　绘）

2. 云南肉豆蔻 图 308 彩片 207

Myristica yunnanensis Y. H. Li in Acta Phytotax. Sin. 14(1): 94. 1976.

乔木，高达30米，树干基部具少量气根。分枝下垂。叶长圆状披针形或长圆状倒披针形，长（24-）30-38（-45）厘米，先端短渐尖，基部楔形、宽楔形或近圆，下面密被锈色树枝状绒毛，侧脉20(-32)，细脉不明显；叶柄长2.2-3.5（-4）厘米，无毛。雄花序2歧式或3歧式伞形，长2.5-4厘米，小花序具3-5花；花序梗粗，长1.6-1.8厘米，密被锈色绒毛；雄花壶形，长5-6毫米，花被片3，三角状卵形，密被锈色短绒毛，暗紫色；小苞片卵状椭圆形，生于花被基部。果序轴粗，密被锈色绒毛，具1-2果；果椭圆形，长4-4.5厘米，先端偏斜，具小突尖，果皮厚4-5毫米，密被具节锈色绵羊毛状毛。假种皮深红色，撕裂至基部或成条裂状；种子卵状椭圆形，长3.5-4.5厘米，具纵沟，种皮薄壳质，易裂。花期9-12月，果期翌年3-6月。

产云南南部，生于海拔540-650米山坡或沟谷密林中。种子固体油含肉豆蔻酸达66.79%。

3. 肉豆蔻 图 309

Myristica fragrans Houtt. Handleid Hist. Nat. Linn. 2: 333. 1774.

小乔木。幼枝细长。叶椭圆形或椭状披针形，长4-8厘米，先端短渐尖，基部宽楔形或近圆，侧脉6-10对；叶柄长0.6-1.2厘米。雄花序总状，长2.5-5厘米，具4-8花或多花，花长4-5毫米，下垂；花被片3（4），密被灰褐色绒毛。雌花序较雄花序长，花序梗粗壮，具1-2花；花长约6毫米，花被片3，密被微绒毛，花梗长约8毫米；小苞片着生花被基部。果序具1-2果，长3.5-5厘米；果梨形，黄或橙黄色，具柄，有时具残存花被片。假种皮红色，不规则撕裂；种子卵圆形，长2-3厘米，径约2厘米。

原产马鲁古群岛，热带地区广泛栽培。台湾、海南及云南引入试种。为热带地区著名香料及药用植物。假种皮可作芳香调味品；种子固体油所含肉豆蔻酸40-73%，为工业油料。

图 308 云南肉豆蔻（刘　泗　绘）

3. 风吹楠属 Horsfieldia Willd.

乔木。叶常无毛，下面无白粉，侧脉近边缘网结，细脉网状，几不明显。花单性异株或同株；花序腋生，雄花序常疏散，成复合圆锥状，稀聚生成团；无苞片。花小，球形，具花梗，花被（2）3（4）裂，镊合状，早落或有时宿存；花丝连合成球形，棒形或有时成顶端凹入的雄蕊柱；雌蕊微合生，无花柱，子房无毛。果皮较厚，平滑。假种皮稀顶端微撕裂状；种皮薄木质，易脆裂，胚乳嚼烂状，子叶基部合生，稍成贝壳状。

约90余种，分布于南亚，自印度至巴布亚新几内亚。我国5种。

木材轻软，不耐腐，供包装箱、民用建筑、器具等用。

图 309 肉豆蔻（刘 泗 绘）

1. 叶长20-45厘米，宽5-22厘米，侧脉12对以上。
  2. 叶倒卵状长圆形或近提琴形；花被片早落；果长3-4.5厘米，果皮薄，约1.8毫米；种子顶端突尖 ………… 1. **琴叶风吹楠 H. pandurifolia**
  2. 叶长圆形、倒卵状长圆形、长圆状披针形或长圆状宽倒披针形；花被宿存，果时成不规则盘状；果长4.5-5厘米，果皮厚3-4厘米；种子顶端钝圆。
    3. 小枝皮孔显著；叶长圆形、长圆状宽披针形、长圆状卵形或倒卵状长圆形，侧脉12-22对。
      4. 叶无毛，侧脉（12）14-22对；果序轴长6-12厘米 ……………………………………………………………… 2. **滇南风吹楠 H. tetratepala**
      4. 幼叶下面密被锈色粉质星状柔毛，老时无毛或仅中脉及侧脉被毛，侧脉12-16（-18）对；果序轴长2-4厘米 ………………………………………………………………………………… 3. **海南风吹楠 H. hainanensis**
    3. 小枝皮孔不明显；叶倒卵形或长圆状倒披针形，侧脉14-18对 …………………… 4. **大叶风吹楠 H. kingii**
1. 叶长12-18厘米，宽3.5-5.5厘米，侧脉不超过12对 ………………………………… 5. **风吹楠 H. amygdalina**

1. 琴叶风吹楠 图310 彩片208

Horsfieldia pandurifolia H. H. Hu in Acta Phytotax. Sin. 8(3): 197. 1963.

乔木，高达24米，分枝常集生树干顶部，平展，稍下垂。叶倒卵状长圆形或近提琴形，长（10-）16-34厘米，宽6-9.5厘米，先端短渐尖骤细尖，基部楔形或宽楔形，稀圆，两面无毛，侧脉（9-）12-22对，弯曲，边缘处几不网结，细脉几不明显；叶柄长2.2-3厘米。花单性同株；花序圆锥状，分枝稀疏，长12-15（30）厘米，无毛，花序轴紫红色。雄花卵球形，长1.5-2毫米，花梗长3-4毫米，花被片常4，早落，雄蕊10，合生成球形。果序长10-18厘米，具1-3果；果卵状椭圆形，长3-4.5厘米，黄褐色，先端尖，基部渐窄成柄，长2-3毫米，果皮壳状木质，厚约1.8毫米。假种皮鲜红色，顶端微撕裂，种子卵球形或卵状椭圆形，长2.5-3.2厘米，顶端突尖，种皮硬壳质，灰白色，被脉纹及淡褐色斑点，基部卵形疤痕偏生。花期5-7月，果期翌年4-6月。

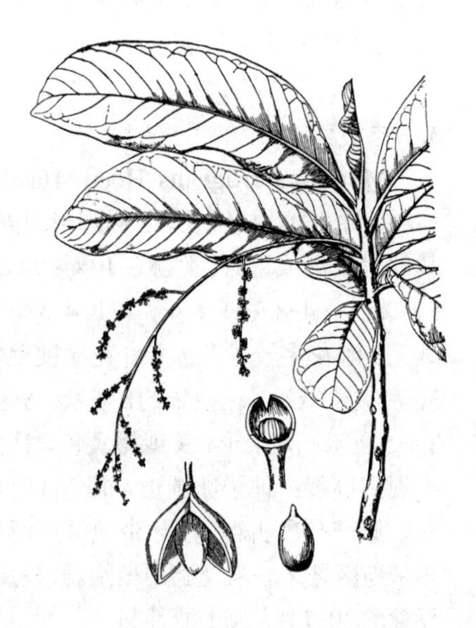

图 310 琴叶风吹楠（刘 泗 绘）

产云南南部及西部，生于海拔500-800米沟谷或山坡荫湿密林中。木材轻软致密，刨面光滑，可做箱板材；种子含固体油57%以上。

2. 滇南风吹楠 图 311 彩片 209

Horsfieldia tetratepala C. Y. Wu et W. T. Wang in Acta Phytotax. Sin. 6(2): 218. 1957.

乔木，高达25米，分枝常集生树干顶部，平展稍下垂。小枝皮孔显著，髓中空。叶长圆形或倒卵状长圆形，长20-35厘米，宽7-13厘米，先端短渐尖，基部宽楔形，两面无毛，侧脉(12-)14-22对，网脉稀疏，两面不明显；叶柄微扁，长2-2.5厘米。花单性异株；雄花序圆锥状，长8-15(-22)厘米，分枝稀疏；花序轴、花梗及花被被锈色树枝状毛，老时渐脱落；雄花3-5簇生分枝顶端，球形，花被片3或4，雄蕊20。果序腋生于老枝，序轴粗，密被皮孔，长6-12厘米，具1-2(-3)果；果椭圆形，长4.5-5厘米，橙黄色，基部偏斜，下延成0.8-1.2厘米的粗柄，基部宿存不规则盘状花被片，果皮近木质，厚约4毫米，平滑。假种皮近橙红色，包被种子或顶端不明显撕裂；种子长3.5-4厘米，种皮脆壳质，疏被网纹。花期4-6月，果期11月至翌年4月。

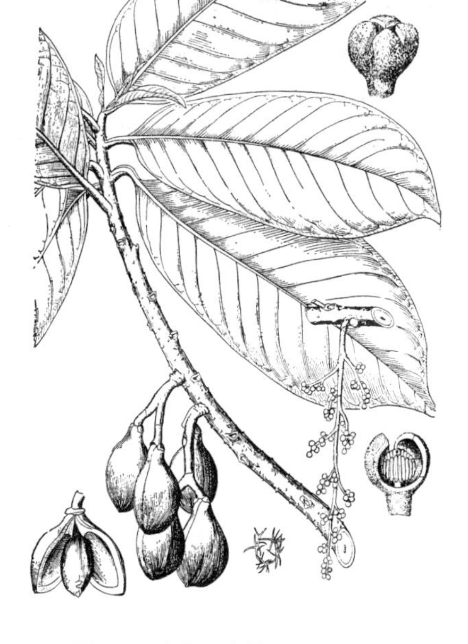

图 311 滇南风吹楠（刘 泗 绘）

产云南，生于海拔300-650米沟谷及坡地密林中。种子含固体油约33%。树干通直，木材结构中等，供板材或小建筑等用材。

3. 海南风吹楠 图 312

Horsfieldia hainanensis Merr. in Lingnan Sci. Journ. 11:43.1932.

乔木。老枝深褐色，无毛，皮孔稀疏，髓中空；小枝密被锈色星状毛。叶长圆状卵形或长圆状宽披针形，长(12-)15-30厘米，宽5-9(-12)厘米，先端短渐尖，基部楔形或宽楔形，幼叶下面密被锈色粉质星壮绒毛，老渐无毛，干时褐色，常有泡状颗粒，侧脉12-16(-18)对，细脉近平行，几不明显。花单性异株；雄花序总状或圆锥状，长1.5-7厘米，幼时密被锈色星状绒毛，苞片卵状披针形，密被锈色星状绒毛，脱落，花密集成球形，径1-1.5毫米，几无梗；雄蕊聚合成球形，花药20；雌花序长3-5厘米，密被锈色星状绒毛，花近球形，径2.5-3毫米，果柄长约1.5厘米，具宿存不规则花被片，果皮肉质，厚约4厘米。假种皮红色。花期5-8月，果期7-11月。

图 312 海南风吹楠（刘 泗 绘）

产海南及广西，生于400-650米山谷及丘陵荫湿密林中。

4. 大叶风吹楠 图313 彩片210

Horsfieldia kingii(Hook. f.) Warb. Monog. Myrist. 308. 1897.

Myristica kingii Hook. f. Fl. Brit. Ind. 5: 106. 1886.

乔木。小枝髓中空，疏生小皮孔。叶倒卵形或长圆状倒披针形，长(12-)28-55厘米，宽（5-）15-22厘米，先端尖，有时钝，基部宽楔形，两面无毛，稀中脉被微绒毛，上面中脉凹下，侧脉14-18对，近边缘分叉网结，几不明显；叶柄长(1.5-)2.5-4厘米，具沟槽。花单性异株；雌花序长3-7厘米，多分枝，花近球形，花被片2-3，宿存。果长圆形，长4-4.5厘米，基部宿存肥厚盘状花被片，果皮厚，平滑。假种皮薄，包被种子，种子长圆状卵圆形，顶端微尖。果期10-12月。

产云南西南部，生于海拔800-1200米低山沟谷密林中。锡金，印度东北部、孟加拉有分布。

图 313 大叶风吹楠（刘 泗 绘）

5. 风吹楠 图314 彩片211

Horsfieldia amygdalina(Wall. ex Hook. f. et Thoms.) Warb. Monog. Myrist. 310. 1897.

Myristica amygdalina Wall. ex Hook. f. et Thoms. Fl. Ind. 1: 160. 1855.

Horsfieldia glabra auct. non (Bl.) Warb.: 中国植物志 30(2): 204. 1979.

乔木，高达25米。分枝平展，稀下垂，小枝褐色，皮孔卵形。叶椭圆状披针形或长圆状椭圆形，长12-18厘米，宽3.5-5.5（-7.5）厘米，先端尖或渐尖，基部楔形，两面无毛，侧脉8-12对，细脉不明显；叶柄长1.2-1.8厘米。花单性异株；雄花序圆锥状，长8-15厘米，几无毛，分叉稀疏，苞片披针形，被微绒毛，雄花几成簇，长1-1.5毫米，花被片3(2-4)，雄蕊聚合成平顶球形，花药10-(12-15)；雌花序常生于老枝，长3-6厘米，花梗粗，长1.5-2毫米，雌花球形，花被片2，脱落。果序长约10厘米；果卵球形或椭圆形，长3-3.5（-4）厘米，橙黄色，具短喙，基部有时下延成柄，果皮肉质，厚2-3毫米。假种皮橙红色，包被种子，稀顶端具覆瓦状短条裂；种子卵圆形，种皮脆壳质，被纤细脉纹。花期8-10月，果期翌年3-5月。

图 314 风吹楠（刘 泗 绘）

产云南西南及南部、广西、广东，生于海拔140-1200米平坝疏林、山坡及沟谷密林中。越南、缅甸至印度东北部及安达曼群岛有分布。种子含固体油29%-33%。

4. 蜡梅科 CALYCANTHACEAE

（李秉滔　李镇魁）

落叶或常绿，灌木或小乔木，具油细胞。小枝四棱或近圆。鳞芽或裸芽，为叶柄基部包被。单叶，对生，羽状脉，全缘或近全缘；具叶柄，无托叶。花两性，单生，常芳香，黄、黄白、粉红或褐红色，先叶开花。花梗短；花被片多数，未明显分化成花萼及花瓣，最外轮似苞片，内轮花瓣状，螺旋排列；雄蕊两轮，外轮能育，内轮不育，能育雄蕊4-30，螺旋着生于杯状花托，花丝短，离生，药室外向，2室，纵裂，药隔长或短尖，退化雄蕊5-25，线形或线状披针形，被短柔毛；心皮少数至多数，离生，生于杯状花托内，每心皮具2枚倒生胚珠，1枚发育。聚合瘦果着生于坛状果托中，瘦果具1种子。种子无胚乳或微具内胚乳，胚大，子叶叶状，席卷。染色体基数x=11，12。

4属，11种、4变种、分布于亚洲东部及美洲北部。我国2属，7种、2变种。

1. 裸芽为叶柄基部包被；花顶生，雄蕊10-30 ………… 1. **夏蜡梅属 Sinocalycanthus**
1. 鳞芽，外露；花腋生，雄蕊4-8 ………… 2. **蜡梅属 Chimonanthus**

1. 夏蜡梅属 **Sinocalycanthus** Cheng et S. Y. Chang

落叶灌木，高达3米。大枝二歧式，小枝对生。裸芽为叶柄基部包被。单叶，对生，膜质，宽卵状椭圆形、卵圆形或倒卵形，长11-29厘米，先端短尖，基部圆或宽楔形，两侧稍不对称，全缘或疏生细齿；叶柄长1.2-1.8厘米。花顶生，无香气，径4.5-7厘米。花梗长2-4.5厘米，苞片5-7，早落；外花被片10-14，白色，边缘淡紫色，内花被片9-12，上部淡黄色，下部黄白色，腹面基部具淡紫红色斑纹，稍肉质半透明；雄蕊18-19，长约8毫米，退化雄蕊11-12，被微毛；心皮11-12，着生于杯状或坛状花托内。果托钟状，近顶端稍缢缩，高3-4.5厘米，径1.5-3厘米，顶端有14-16个披针状钻形附属物；瘦果长圆形，长1-1.6厘米，径5-8毫米，被绢毛，花柱宿存。染色体基数x=11。

特有单种属。

夏蜡梅　图315 彩片212

Sinocalycanthus chinensis（Cheng et S. Y. Chang）Cheng et S. Y. Chang in Acta Phytotax. Sin. 9(2)：135. f. 9. 1964.

Calycanthus chinensis Cheng et S. Y. Chang in Sci. Silv. Sin. 8(1)：2. 1963.；中国植物志30(2)：3. 1979.

形态特征同属。花期5月，果期10月。

产浙江西北部及东部，生于海拔600-1000米山坡及沟边林下。花大美丽，可供观赏。

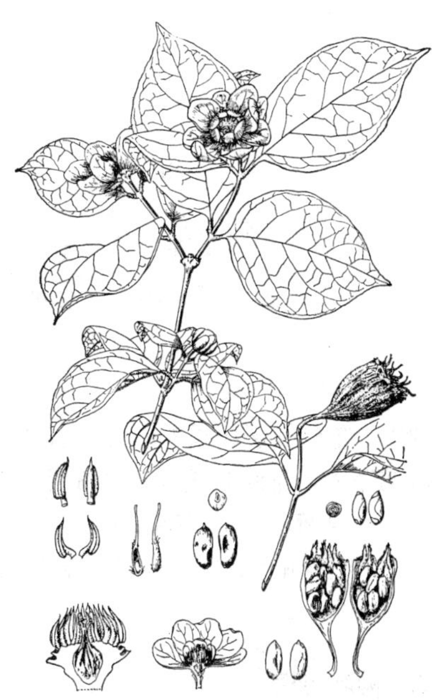

图 315　夏蜡梅（引自《植物分类学报》）

2. 蜡梅属 Chimonanthus Lindl.

灌木或小乔木。幼枝四棱，老枝近圆。鳞芽。单叶，对生，纸质或近革质，羽状脉，叶上面粗糙。花单生叶腋，稀2朵并生，芳香，径0.7-4厘米。花被片15-27，黄或黄白色，膜质；雄蕊4-8，着生于杯状花托中，花丝丝状，基部宽而连生，常被微毛，花药2室，外向，退化雄蕊少数至多数，长圆形，被微毛，着生于能育雄蕊内面花托上；心皮5-15，离生，每心皮2胚珠，1枚发育。果托坛状，被短柔毛；瘦果长圆形。种子1。

6种2变种，我国特产。

1. 果脐平，周围不隆起，宿存退化雄蕊反卷；落叶、半常绿或常绿。
  2. 落叶，叶纸质，叶缘具细齿状硬毛；花被片有光泽 ………………………………………… 1. **蜡梅 C. praecox**
  2. 半常绿或常绿，叶薄革质，全缘；花被片无光泽。
    3. 半常绿，叶先端渐尖或钝 尖，上面粗糙，下面粉绿色，被白粉及柔毛 ………2. **柳叶蜡梅 C. salicifolius**
    3. 常绿，叶先端渐长尖，上面平滑，下面无白粉，无毛 ………………… 2(附). **西南蜡梅 C. campanulatus**
1. 果脐周围领状隆起，宿存退化雄蕊斜展；叶常绿，有光泽。
  4. 花被片16-24；果托网纹微隆起；叶长5-11厘米，宽2.5-4厘米。
    5. 叶下面被白粉；花被片20-24 ……………………………………………………… 3. **山蜡梅 C. nitens**
    5. 叶下面淡绿色，无白粉；花被片10-22 ………………………………… 3(附). **浙江蜡梅 C. zhejiangensis**
  4. 花被片25-27；果托具突起粗网纹；叶长11-17厘米，宽5-8厘米 …………… 3(附). **突托蜡梅 C. gramatus**

1. 蜡梅 图316

Chimonanthus praecox (Linn.) Link, Enum. Pl. Hort. Berol. 2: 66. 1822.

Calycanthus praecox Linn. Sp. Pl. ed. 2. 718. 1762.

图 316 蜡梅 （陈国泽绘）

落叶小乔木或灌木状，高达13米。鳞芽被短柔毛。叶纸质，卵圆形、椭圆形、宽椭圆形或卵状椭圆形，长5-29厘米，先端尖或渐尖，稀尾尖，下面脉疏被微毛。花径2-4厘米，花被片15-21，黄色，无毛，内花被片较短，基部具爪；雄蕊5-7，花丝较花药长或近等长，花药内弯，无毛，药隔顶端短尖，退化雄蕊长3毫米；心皮7-14，基部疏被硬毛，花柱较子房长3倍。果托坛状，近木质，高2-5厘米，径1-2.5厘米，口部缢缩。花期11月至翌年3月，果期4-11月。

产陕西、河北、河南、山东、江苏、安徽、浙江、福建、江西、广东、湖北、湖南、贵州及四川，黄河及长江流域及其以南各地广为栽培。生于海拔1100米以下山谷、岩缝或灌丛中。花香宜人，为世界著名花木。根、茎及叶药用，可治跌打损伤、腰痛、风湿、感冒及刀伤出血；花蕾油治烫伤。

2. 柳叶蜡梅 图317：12

Chimonanthus salicifolius Hu in Journ. Arn. Arb. 35: 197. 1954

半常绿灌木。老枝被微毛。叶近革质，线状披针形、长卵状披针形或

长椭圆形，长6-13厘米，宽2-2.8厘米，先端渐尖或钝尖，基部楔形，全缘，上面粗糙，无毛，下面被白粉及柔毛，叶缘及脉被短硬毛；叶柄长3-6毫米，被微毛。花淡黄色，具短梗；花被片15-17，雄蕊4-5；心皮6-8。果托梨形，长卵状椭圆形，高2.3-3.6厘米，顶端缢缩。瘦果长1-1.4厘米，深褐色，果脐平。花期8-10月，果期10-12月。

产安徽、浙江及江西，生于山地林中。叶药用，可治感冒。

［附］**西南蜡梅 Chimonanthus campanulatus** R. H. Chang et C. S. Ding in Acta Phytotax. Sin. 18(3): 328. 1980. 本种与柳叶蜡梅的区别：常绿灌木；叶先端渐长尖，上面平滑，下面无白粉、无毛。产云南，生于海拔2000-2900米山坡灌丛中及石灰岩山地。

3. 山蜡梅 亮叶蜡梅　　图 317：1-11

Chimonanthus nitens Oliv. in Hook. Icon. Pl. 16: Pl. 1600. 1887.

常绿灌木，高达3.5-6米。幼枝被毛，老枝无毛。叶纸质至革质，椭圆状披针形或卵状披针形，长2-13厘米，宽1.5-5.5厘米，先端渐尖或尾尖，基部楔形，上面有光泽，叶下面被白粉，网脉不明显。花径0.7-1厘米，淡黄色；花被片20-24；雄蕊长2毫米；心皮长2毫米。果托坛状或钟形，高2-5厘米，径1-2.5厘米，顶端缢缩，被短绒毛。瘦果长椭圆形，长1-1.3厘米，果脐领状隆起，果托网纹微隆起。花期10月至翌年1月，果期4-8月。

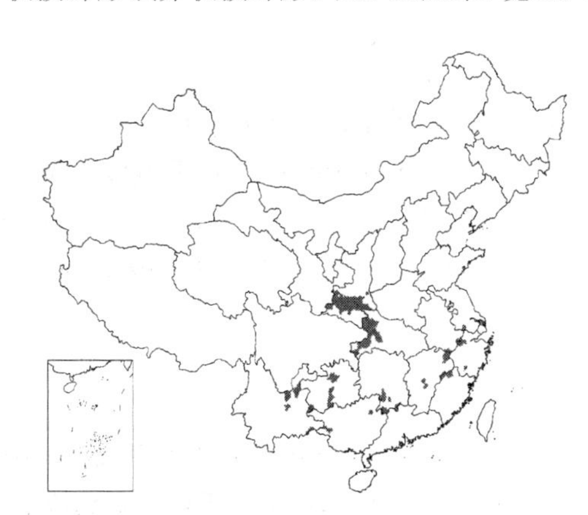

产江苏、安徽、浙江、福建、江西、湖北、湖南、广西、云南、贵州及陕西，生于石灰岩山地疏林中及溪边。花淡黄，美丽，为优美花树；根药用，治跌打损伤、风湿、感冒及疔疮等症；种子含油脂。

［附］**浙江蜡梅 Chimonanthus zhejiangensis** M. C. Liu in Journ. Nanjing For. Call. 2: 78. 1984. 本种与山蜡梅的区别：叶下面淡绿色，无白粉；花被片10-22。产浙江及福建，生于海拔900米以下丘陵山地灌丛中。

［附］**突托蜡梅 Chimonanthus gramatus** M. C. Liu in Journ. Nanjing For. Coll. 2: 79. 1984. 本种与山蜡梅的区别：花被片25-27；果托具突起粗网纹；叶椭圆状宽卵形或椭圆形，长11-17厘米。产江西南部，生于低山丘陵阔叶林中。

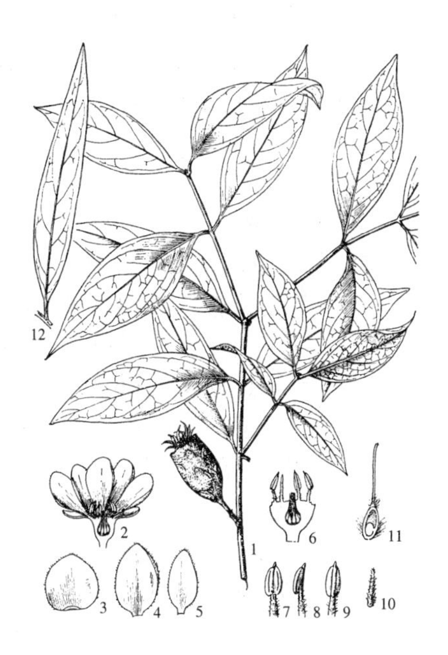

图 317：1-11. 山蜡梅 12. 柳叶腊梅
（陈国泽绘）

5. 樟科 LAURACEAE

（李锡文 李 捷 黄普华 向巧萍 傅立国 李树刚 韦发南）

常绿或落叶，乔木或灌木，仅无根藤属（**Cassytha**）为缠绕寄生草本；植物体具油细胞，常芳香。单叶，常革质，互生、稀对生、近对生或轮生，全缘、稀分裂，羽状脉、三出脉或离基三出脉；无托叶。花序为圆锥状、穗状、总状或小头状，末端分枝为聚伞花序或伞状聚伞花序，苞片宿存。花小，两性或单性，雌雄异株或同株，辐射对称，3基数，稀2基数。花被筒倒锥形或坛形，裂片6或4，2轮，等大或外轮较小，互生，花后宿存或脱落；雄蕊着生花被筒喉部，常4轮，每轮3或2枚，最内轮为退化雄蕊，花丝离生，第3轮常具2腺体，花药底着，2或4室，第1、2轮药室内向，第3轮外向，药室瓣裂；子房上位，1室，胚珠1，倒生、下垂，侧膜胎座；花柱1，柱头头状或盘状，2-3裂。核果或浆果，着生于果托上，或为增大宿存花被筒所包被。种子无胚乳，胚大而直生。

约45属，2000-2500种，分布于全球热带及亚热带，中心在东南亚及中美洲。我国24属，约430余种。多为我国南方珍贵经济树种，在林业、轻工业、医药上都有重要价值，如樟树、楠木等是优良用材树种，樟树和黄樟的樟脑、樟油是轻工业及医药重要原料。木姜子属、山胡椒属等的果肉及种仁富含油脂及芳香油，乌药等是著名药材，鳄梨是营养价值很高的水果。

1. 乔木或灌木。
  2. 花单性，稀两性；花序伞形或总状，稀单花；苞片大，形成总苞。
    3. 花部2基数，花被片4。
      4. 雄花具能育雄蕊12，3轮，第2、3轮花丝中部具1对腺体，花药2室；雌花具退化雄蕊4 ………………………………………………………………………………………… 1. **月桂属 Laurus**
      4. 雄花具能育雄蕊6，3轮，第2轮花丝无腺体，第3轮花丝基部具2腺体，花药4室；雌花具退化雄蕊6 ………………………………………………………………………………………… 2. **新木姜子属 Neolitsea**
    3. 花部3基数，花被片6。
      5. 总苞具交互对生苞片，苞片迟落。
        6. 花药4室。
          7. 花序具多花 ………………………………………………………… 3. **木姜子属 Litsea**
          7. 花序具1花 ………………………………………………… 4. **单花木姜子属 Dodecadenia**
        6. 花药2室。
          8. 花单性；花序具多花；苞片4 …………………………………… 5. **山胡椒属 Lindera**
          8. 花单性或杂性；花序具1花；苞片2 …………………… 6. **单花山胡椒属 Iteadaphne**
      5. 总苞具覆瓦状排列苞片，苞片早落或迟落。
        9. 落叶性；叶互生，常3浅裂；花序总状 ………………………… 7. **檫木属 Sassafras**
        9. 常绿性；叶簇生或近轮生，稀对生或互生，全缘；花序伞形 ………… 8. **黄肉楠属 Actinodaphne**
  2. 花两性，稀单性；圆锥花序或团伞花序，稀伞形花序，苞片小，不形成总苞。
    10. 花药4室。
      11. 果时花被筒形成果托。
        12. 伞形花序；果托浅盘状 ……………………………………… 9. **拟檫木属 Parasassafras**
        12. 圆锥或团伞花序；果托杯状、钟状或圆锥状。
          13. 圆锥花序；花药4室，上下2室；果时花被片脱落或宿存不增厚；叶互生，具羽状脉，对生或近对生，具三出脉或离基三出脉 ……………………………………… 10. **樟属 Cinnamomum**
          13. 团伞花序腋生或多个组成圆锥花序；花药4室成1列，或上下2室；果时花被片宿存增厚；叶互生，具三出脉或近三出脉 ……………………………………… 11. **新樟属 Neocinnamomum**
      11. 果时花被筒不形成果托。

14. 果时花被片宿存。
15. 宿存花被片较硬，较短，直立或开展，紧贴果基部。
16. 花被片等大或外轮3枚稍小；花丝长 ……………………………………………… 12. 楠属 **Phoebe**
16. 花被片不等大，外轮3枚较小；花丝短 …………………………………… 13. 赛楠属 **Nothaphoebe**
15. 宿存花被片较软，较长，反曲或开展，不紧贴果基部 …………………………… 14. 润楠属 **Machilus**
14. 果时花被片脱落。
17. 果柄增粗，肉质，常具艳色；花药2室 …………………………………………… 15. 莲桂属 **Dehaasia**
17. 果柄几不增粗，若增粗则花药4室。
18. 叶对生或近对生，具三出脉或离基三出脉；花被片不等大，外轮3枚较小 ……………………………………………………………………………………………… 16. 檬果樟属 **Caryodaphnopsis**
18. 叶互生或聚生枝顶，具羽状脉；花被片等大或近等大。
19. 花被片大；果肉质，大型 ……………………………………………………… 17. 鳄梨属 **Persea**
19. 花被片较小；果稍肉质，小或中型 ……………………………………… 18. 油丹属 **Alseodaphne**
10. 花药2室，稀1室。
20. 果不为花被筒包被。
21. 花部3基数，花被片6。
22. 花单性；伞形花序 ………………………………………………………… 19. 黄脉檫木属 **Sinosassafras**
22. 花两性；圆锥或聚伞花序。
23. 能育雄蕊3 ……………………………………………………………………… 20. 土楠属 **Endiandra**
23. 能育雄蕊（6）9 ……………………………………………………………… 21. 琼楠属 **Beilschmiedia**
21. 花部2基数；花被片4（5-6），能育雄蕊4（5-6） ………………………… 22. 油果樟属 **Syndiclis**
20. 果为增大花被筒包被 ………………………………………………………… 23. 厚壳桂属 **Cryptocarya**
1. 寄生缠绕草本 ……………………………………………………………………… 24. 无根藤属 **Cassytha**

1. 月桂属 **Laurus** Linn.

（李锡文　李　捷）

常绿小乔木。叶互生，羽状脉。花单性，雌雄异株或两性，伞形花序具梗，由4枚交互对生总苞片所包被，球形，腋生，常成对，偶1或3个集生或组成短总状。花被筒短，裂片4，近等大；雄花具能育雄蕊12（8-14），3轮，第1轮无腺体，第2、3轮花丝中部具1对无柄肾形腺体，花药2室，内向，雌蕊退化；雌花具退化雌蕊4，与花被片互生，花丝顶端具2无柄腺体，药隔成披针形舌状体，子房1室，花柱短，柱头钝三棱形。果卵球形，花被筒果时不或稍增大。

2种，产大西洋加那利群岛、马德拉群岛及地中海沿岸地区。我国引入栽培1种。

图 318 月桂（肖　溶 绘）

月桂　　图318

Laurus nobilis Linn. Sp. Pl. 369. 1753.

小乔木，高达12米。小枝圆，具纵纹，幼枝稍被微柔毛或近无毛。叶革质，长圆形或长圆状披针形，长5.5-12厘米，先端尖或渐尖，基部楔形，两面无毛，边缘微波状，侧脉10-12对；叶柄长0.7-1厘米，带紫红色，稍被微柔毛或近无毛。花序总苞片近圆形，无毛，内面被白绢毛；花序梗长达7毫米，稍被微柔毛或近无毛。雄花花被两面被平伏柔毛，筒短，裂片宽倒卵形或近圆形；能育雄蕊12。果卵球形，暗紫色。花期3-5月，果期6-9月。

原产地中海地区。江苏、浙江、福建、台湾、四川及云南引种栽培。叶及果含芳香油，用于食品及皂用香料；叶可作调味香料或罐头矫味剂；种仁含油脂约30%，油供制皂及医药用。

2. 新木姜子属 Neolitsea Merr.

（黄普华）

常绿乔木或灌木。叶互生或簇生，稀近对生，离基三出脉，稀羽状脉或近离基三出脉。花单性，雌雄异株；伞形花序单生或簇生，无梗或具短梗；苞片大，交互对生，迟落。花被片4，2轮；雄花具能育雄蕊6，3轮，花药4室，内向瓣裂，第1、2轮花丝无腺体，第3轮花丝基部具2腺体，退化雌蕊有或无；雌花具退化雄蕊6，棍棒状，第1、2轮无腺体，第3轮花丝基部具2腺体，花柱明显，柱头盾状。浆果状核果着生于盘状或内凹果托上；果柄稍粗。

约85种8变种，分布于印度、马来西亚至日本。我国45种8变种。本属有些种类为用材树种，有些种类枝叶可提取芳香油，种子可榨油。

1. 叶具羽状脉，稀近离基三出脉。
  2. 幼枝无毛。
    3. 叶厚革质，长圆形或椭圆形，侧脉7-9对，下面横脉明显 ………………… 1. **羽脉新木姜子 N. pinninervis**
    3. 叶薄革质，卵状披针形或披针形，侧脉约5对，下面横脉不明显 …… 2. **尖叶新木姜子 N. acuminatissima**
  2. 幼枝被绒毛或平伏短柔毛。
    4. 果球形；花被片宿存。
      5. 幼枝、叶柄及幼叶两面密被锈色绒毛，叶下面毛脱落后带苍白色 …… 3. **锈色新木姜子 N. cambodiana**
      5. 幼枝及叶柄被平伏黄褐色短柔毛；叶两面无毛，下面被白粉 ………………………………………………………………… 3(附). **香港新木姜子 N. cambodiana var. glabra**
    4. 果椭圆形或卵圆形；花被片脱落。
      6. 侧脉4-6对；花丝基部被髯毛；果托浅盘状，径约2毫米 ……………… 4. **簇叶新木姜子 N. confertifolia**
      6. 侧脉13-15对；花丝无毛；果托杯状，高约3毫米，径约5毫米 ………………………………………………………………… 4(附). **波叶新木姜子 N. undulatifolia**
1. 离基三出脉或基部三出脉。
  7. 叶下面被毛，或幼叶下面被毛。
    8. 叶下面被黄、褐黄、褐红或黄褐色绢状毛。
      9. 叶柄粗，长2-3厘米；叶先端短渐钝尖，最下1对侧脉离叶基0.6-1厘米；果球形，径约1.3厘米 …………………………………………………………… 5. **舟山新木姜子 N. sericea**
      9. 叶柄较细，长0.5-1.2厘米；叶先端镰状渐尖或渐尖，最下1对侧脉离叶基2-3毫米；果椭圆形。
        10. 叶宽2.5-4厘米，下面密被黄或褐红色绢状毛 ……………………………… 6. **新木姜子 N. aurata**
        10. 叶宽0.9-2.4厘米，下面薄被褐黄色绢状毛，后脱落近无毛，被白粉 ………………………………………………………… 6(附). **浙江新木姜子 N. aurata var. chekiangensis**
    8. 叶下面被柔毛或绒毛。
      11. 幼枝被毛。
        12. 叶长15-31厘米，下面幼时被黄褐色长柔毛，老时毛稀疏，被白粉 … 7. **大叶新木姜子 N. levinei**
        12. 叶长不及13厘米，老叶下面无白粉。
          13. 幼枝、叶下面及叶柄密被锈黄色绒毛，叶柄粗，长5毫米，叶长圆形或倒卵状长圆形 ……………………………………………………………… 8. **湘桂新木姜子 N. hsiangkweiensis**

13. 幼枝、叶下面及叶柄被柔毛，叶柄长1-2厘米，稀长0.5-1厘米。
14. 果球形或近球形。
15. 果柄长1.5-2厘米，径1.5-2毫米；叶卵形或长圆形，先端渐尖或短尾尖，基部圆或近圆；叶柄扁平 ………………………………………………………………… 8(附). **长梗新木姜子 N. longipedicellata**
15. 果柄长不及1.2厘米，径不及1.5毫米。
16. 叶先端尾尖，上面侧脉不甚明显，叶柄长5-8毫米；花丝无毛 ………………………………………………………………………………… 9. **短梗新木姜子 N. brevipes**
16. 叶先端渐尖，上面侧脉明显，叶柄长1-2厘米；花丝茎部被毛 ………………………………………………………………………………… 9(附). **显脉新木姜子 N. phanerophlebia**
14. 果倒卵状椭圆形；叶披针形或倒卵状披针形 ……………………………… 10. **台湾新木姜子 N. aciculata**
11. 枝无毛；叶披针形或长圆形，幼时下面被平伏柔毛，老时脱落无毛 ……………… 14. **五掌楠　N. konishii**
7. 叶下面无毛。
17. 叶两面具蜂窝状小穴，叶卵形，叶柄扁平 ………………………………………… 11. **卵叶新木姜子 N. ovatifolia**
17. 叶两面无蜂窝状小穴。
18. 叶柄长2-4厘米，叶基部楔形，横脉明显；伞形花序集生 ……………………… 12. **鸭公树 N. chuii**
18. 叶柄长0.8-1.2厘米，叶基部稍圆或宽楔形，横脉不明显；伞形花序单生或2序并生 ……………………………………………………………………………………… 13. **四川新木姜子 N. sutchuanensis**

1.　羽脉新木姜子　　图319：1-5

Neolitsea pinninervis Yang et P. H. Huang in Acta. Phytotax. Sin. 16 (4)：38. f. 1. 1978.

小乔木或灌木状，高达12米。小枝较粗，无毛。叶互生或集生枝顶，厚革质，长圆形或椭圆形，长6.5-13厘米，先端尾尖或镰状，基部宽楔形或楔形，两面无毛，羽状脉，侧脉7-9对，下面横脉相连，明显；叶柄长1-2厘米，无毛。伞形花序2-3个集生叶腋，花序梗长1-2毫米。雄花序具5花，花梗被长柔毛；花被片椭圆形；花丝基部被柔毛，第3轮花丝基部腺体盾状，具柄。果近球形，径约6毫米，黑色；果柄长1-1.2厘米。花期3-4月，果期8-9月。

产贵州东南部、湖南南部、广东北部、广西北部及中部，生于海拔750-1700米山地、山顶密林或疏林中。

图 319：1-5. 羽脉新木姜子 6-7. 簇叶新木姜子 8-10. 锈叶新木姜子
（引自《中国植物志》）

2.　尖叶新木姜子　　图320：1　彩片213

Neolitsea acuminatissima (Hayata) Kanehira et Sasaki in Trans. Nat. Hist. Soc. Formos. 20：381. 1930.

Tetradenia acuminatissima Hayata, Ic. Pl. Formos. 3：166. 1913.

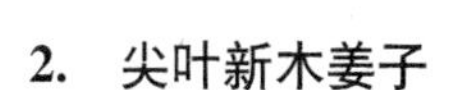

小乔木。小枝细，近轮生，无毛。叶互生或集生枝顶，薄革质，卵状披

针形或披针形，长6-9厘米，先端渐尖或尾尖，基部楔形，两面无毛，羽状脉或近离基三出脉，侧脉约5对，下面横脉不明显；叶柄细，长1-1.5厘米，无毛。伞形花序无梗或近无梗；苞片近圆形，被柔毛。雄花序具4花；花梗长4-5毫米；花被片近圆形，被柔毛；花丝基部被柔毛，第3轮花丝基部腺体肾形。果卵圆形，长7毫米；果柄长约1厘米，初被柔毛，后脱落无毛。

产台湾，生于常绿阔叶林中，为台湾樟科植物分布海拔最高的1种。

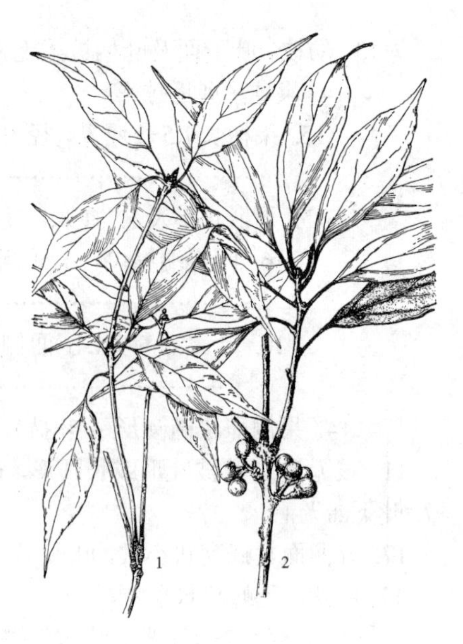

图 320：1. 尖叶新木姜子 2. 台湾新木姜子
（引自《中国植物志》）

3. 锈叶新木姜子 图 319：8-10

Neolitsea cambodiana Lecomte in Not. Syst. 2: 335. 1913.

乔木，高达12米。枝近轮生，幼枝密被锈色绒毛。叶3-5近轮生，长圆状披针形或长圆状椭圆形，长10-17厘米，先端近尾尖，基部楔形，幼时两面密被锈色绒毛，后渐脱落，仅上面中脉基部和下面沿脉被毛，羽状脉或近离基三出脉，侧脉4-5对；叶柄长1-1.5厘米，密被锈色绒毛。伞形花序多个簇生，无梗或近无梗。雄花序具4-5花；花梗密被锈色长柔毛，花被片卵形，花丝基部被长柔毛。果球形，径0.8-1厘米；果托盘状，花被片宿存；果柄长约7毫米。花期10-12月，果期翌年7-8月。

产福建、江西、湖南、广东、海南及广西，生于海拔1000米以下山地混交林中。柬埔寨及老挝有分布。树皮、枝及叶含粘质，粉碎后制作线香，还可作钻探工程加压剂。树叶药用，外敷治疥疮。

［附］**香港新木姜子 Neolitsea cambodiana** var. **glabra** Allen in Ann. Miss. Bot. Gard. 25: 418. 1938. 本变种与模式变种的区别：幼枝被平伏黄褐色短柔毛；叶长圆状披针形、倒卵形或椭圆形，先端渐尖或骤尖，基部楔形，两面无毛，下面被白粉；叶柄被平伏黄褐色短柔毛。产福建、广东、香港及广西，生于海拔1000米以下灌丛或疏林中。

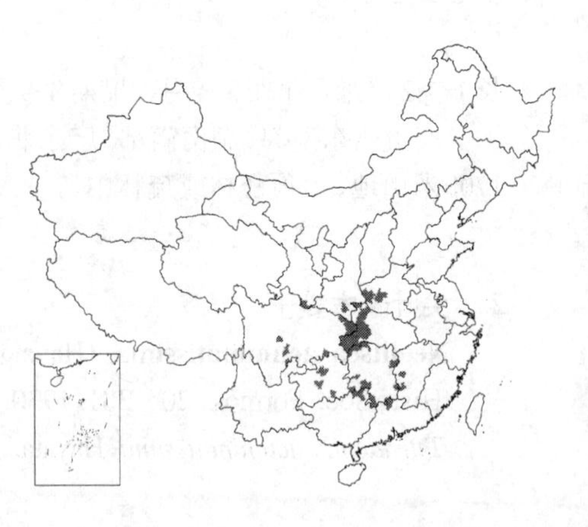

4. 簇叶新木姜子 图 319：6-7

Neolitsea confertifolia (Hemsl.) Merr. in Lingnan Sci. Journ. 15: 419. 1936.

Litsea confertifolia Hemsl. in Journ. Linn. Soc. Bot. 26: 379. pl. 7. 1891.

小乔木。小枝常轮生，幼时被灰褐色短柔毛。叶集生，长圆形、披针形或窄披针形，长5-12厘米，先端渐尖或短渐尖，基部楔形，下面幼时被短柔毛，羽状脉，侧脉4-6对，中脉侧脉两面凸起；叶柄长5-7毫米，幼时被灰褐短柔毛。伞形花序3-5簇生，几无花序梗。雄花序具4花；花梗被丝状长柔毛；花被片宽卵形；花丝基部被髯毛。果卵圆形或椭圆形，径5-6毫米，灰蓝黑色；果托浅盘状，径约2毫米；果柄长4-8毫米。花期4-5月，果期9-10月。

产江西、湖北、湖南、广东、广西、贵州、四川、陕西及河南，生于海拔460-2000米山地、水边、灌丛及山谷密林中。木材供家具用；种子可榨油，供制皂及机器润滑等用。

［附］**波叶新木姜子 Neolitsea undulatifolia**（Lévl.）Allen in Journ. Arn. Arb. 17: 328. 1936. —— *Litsea undulatifolia* Lévl. Fl. Kouy-Teheou 220. 1914. 本种与簇叶新木姜子的区别：侧脉13-15对，叶缘波状皱褶；花丝无毛；果托杯状。花期11月，果期翌年1-2月。产云南、贵州及广西，生于海拔1400-2000米石质山上或灌丛中。

图 321 舟山新木姜子（引自《Fl.Taiwan》）

5. 舟山新木姜子 图321 彩片214

Neolitsea sericea（Bl.）Koidz. in Bot. Mag. Tokyo 40: 343. 1926. *Laurus sericea* Bl. Bijdr. Fl. Ind. 11 Stuk 554. 1826.

乔木，高达10米。幼枝密被黄色绢状柔毛，老时脱落无毛。叶互生，椭圆形或披针状椭圆形，长6.6-20厘米，先端短渐钝尖，基部楔形，幼叶两面密被黄色绢毛，老叶下面被平伏黄褐或橙褐色绢毛，离基三出脉，侧脉4-5对，最下1对侧脉离叶基部0.6-1厘米；叶柄粗，长2-3厘米。伞形花序簇生，无梗。雄花序具5花；花梗长3-6毫米，密被长柔毛；花被片椭圆形；花丝基部被长柔毛。果球形，径约1.3厘米；果托浅盘状；果柄被柔毛。花期9-10月，果期翌年1-2月。

产江苏、浙江及台湾，生于山坡林中。朝鲜及日本有分布。

6. 新木姜子 图322 彩片215

Neolitsea aurata（Hayata）Koidz. in Bot. Mag. Tokyo 23: 256. 1918.

Litsea aurata Hayata in Journ. Coll. Sci. Tokyo 30: 246. 1911.

乔木，高达14米。幼枝被锈色短柔毛。叶互生或集生枝顶，长圆形、椭圆形、长圆状披针形或长圆状倒卵形，长8-14厘米，宽2.5-4厘米，先端镰状渐尖或渐尖，基部楔形或近圆，下面密被黄色绢毛，稀被褐红色绢毛，离基三出脉，侧脉3-4对，最下1对离叶基2-3毫米；叶柄长0.8-1.2厘米，被锈色短柔毛。伞形花序3-5簇生，梗长1毫米；雄花序具5花；花梗长2毫米，被锈色柔毛；花被片椭圆形。果椭圆形，长8毫米；果托浅盘状；果柄疏被柔毛。花期2-3月，果

图 322 新木姜子（吴彰桦绘）

期9-10月。

产江苏、安徽、浙江、福建、台湾、江西、湖北、湖南、广东、广西、云南、贵州及四川，生于海拔500-1700米山坡林缘或杂木林中。日本有分布。根入药，治水肿、胃痛。

［附］**浙江新木姜子 Neolitsea aurata** var. **chekiangensis**（Nakai）Yang et P. H. Huang in Acta Phytotax. Sin. 16(4)：39. 1978. —— *Neolitsea chekiangensis* Nakai in Journ. Bot. Jap. 16：128. 1940. 本变种与模式变种的区别：叶披针形或倒披针形，宽0.9-2.4厘米，下面薄被褐黄色绢状毛，后脱落近无毛，被白粉。产江苏、安徽、浙江、福建及江西，生于海拔500-1300米山地林中。果核可榨油，供制皂及润滑油用；枝叶可提取芳香油，作化妆品原料；树皮治胃痛。

7. 大叶新木姜子　　图 323：1-4 彩片 216

Neolitsea levinei Merr. in Philipp. Journ. Sci. Bot. 13：138. 1918.

乔木，高达22米。幼枝密被黄褐色柔毛。叶4-5轮生，长圆状披针形、长圆状倒披针形或椭圆形，长15-31厘米，先端短尖或骤尖，基部楔形，下面幼时密被黄褐色长柔毛，老时毛稀疏，被白粉，离基三出脉，侧脉3-4对，下面横脉明显；叶柄长1.5-2厘米，密被黄褐色柔毛。伞形花序簇生，梗长约2毫米。雄花序具5花；花梗长3毫米；花被片卵形；花丝无毛。果椭圆形或球形，径0.8-1.5厘米，黑色；果柄长0.7-1厘米。花期3-4月，果期8-10月。

产福建、江西、湖北、湖南、广东、广西、云南、贵州及四川，生于海拔300-1300米山地路边、水边及山谷密林中。根入药，治妇女白带。

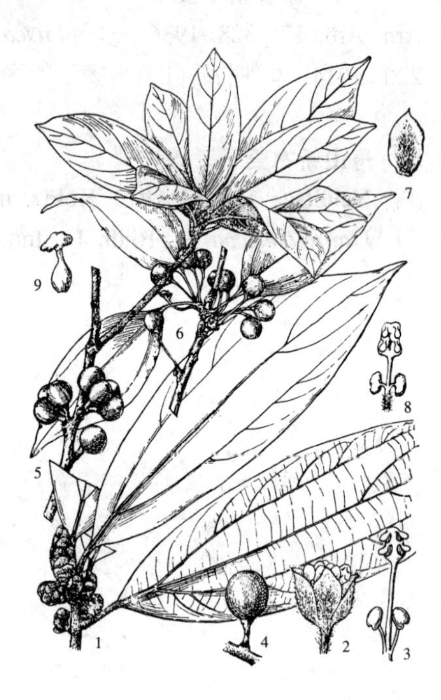

图 323：1-4. 大叶新木姜子 5. 湘桂新木姜子 6-9. 长梗新木姜子
（引自《中国植物志》）

8. 湘桂新木姜子　　图 323：5

Neolitsea hsiangkweiensis Yang et P. H. Huang in Acta Phytotax. Sin. 16(4)：41. f. 2. 1978.

乔木，高达22米。幼枝密被黄色绒毛，老时近无毛。叶6-8集生枝顶，长圆形或倒卵状长圆形，长10-11厘米，先端短渐尖或骤尖，基部宽楔形，下面密被黄色绒毛，老时脱落近无毛，离基三出脉，侧脉4-6对；叶柄粗，长5毫米，被黄色绒毛。伞形花序7-8簇生，无梗。雄花序具5花；花梗密被锈色柔毛；花被片卵形；花丝无毛。果球形，径约1厘米；果托盘状；果柄长5毫米。花期2-3月，果期10-11月。

产湖南及广西，生于海拔800-1000米山地密林或石灰岩山地。

［附］**长梗新木姜子**　图 323：6-9 **Neolitsea longipedicellata** Yang et P. H. Huang in Acta Phytotax. Sin. 16(4)：42. f. 3. 1978. 本种与湘桂新木姜子的区别：幼枝、叶下面及叶柄被平伏柔毛；叶卵形或长圆形，长5-8.5厘米，侧脉2-3对，叶柄扁平；花丝基部被毛；果柄长1.5-2厘米。花期3-4月，果期11月。产广西，生于海拔1500米山地路边或山谷密林中。

9. 短梗新木姜子 图 324

Neolitsea brevipes H. W. Li in Acta Phytotax. Sin. 16(4): 43. 1978.

小乔木，高达10米。幼枝密被褐色短柔毛，老时渐脱落无毛。叶互生或3-5集生枝顶，椭圆形或长圆状披针形，长6-12厘米，先端尾尖，基部楔形、宽楔形或近圆，下面初密被灰黄色柔毛，离基三出脉，侧脉3-4对，在上面不甚明显；叶柄长5-8毫米，密被褐色短柔毛。伞形花序单生或数个簇生，无梗。雄花序具5花；花梗长1-1.5毫米；花被片卵形或卵圆形；花丝无毛。果球形，径约6毫米；果托碟状；果柄细，长3-5毫米，幼时被黄褐色短柔毛。花期12月至翌年1月，果期9-11月。

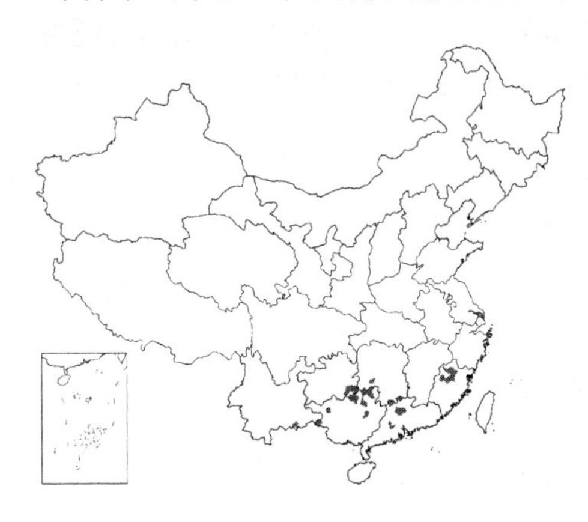

产湖南、贵州、福建、广东、广西及云南，生于海拔1380-1680米山地溪边、灌丛、疏林或常绿阔叶林中。印度及尼泊尔有分布。

［附］**显脉新木姜子 Neolitsea phanerophlebia** Merr. in Lingnan Sci. Journ. 7: 305. 1929. 本种与短梗新木姜子的区别：叶先端渐尖，下面密被平伏柔毛及长柔毛，上面侧脉明显；叶柄长1-2厘米；花丝基部被毛。花期10-11月，果期翌年7-8月。产江西、湖南、广东、香港及广西，生于海拔1000米以下山谷疏林中。

图 324 短梗新木姜子（仿《广西植物志》）

10. 台湾新木姜子 图 320：2

Neolitsea aciculata (Bl.) Koidz. in Bot. Mag. Tokyo 32: 258. 1918.

Litsea aciculata Bl. Mus. Bot. Lugd.-Bat. 1: 347. 1851.

Neolitsea acutotrinervia (Hayata) Kanehira et Sasaki；中国植物志31：364. 1984.

乔木。小枝被灰色短柔毛。叶互生或集生枝顶，披针形或倒卵状披针形，长6-9厘米，先端尾尖或渐尖，基部楔形，下面被平伏灰色短柔毛，离基三出脉，侧脉3-4对；叶柄长0.5-1厘米，被灰色柔毛。伞形花序无梗或具短梗。雄花序具4花；花梗长2-3毫米，被柔毛；花被片卵形或椭圆形；花丝基部被柔毛。果倒卵状椭圆形，径5-6毫米；果托盘状；果柄长7-9毫米。果期6-7月。

产台湾，生于海拔1300-2000米常绿阔叶林中。

11. 卵叶新木姜子 图 325

Neolitsea ovatifolia Yang et P. H. Huang in Acta Phytotax. Sin. 16 (4): 44. f. 5. 1978.

小灌木。小枝无毛。叶互生或集生枝顶，卵形，长4-6（-8.5）厘米，先

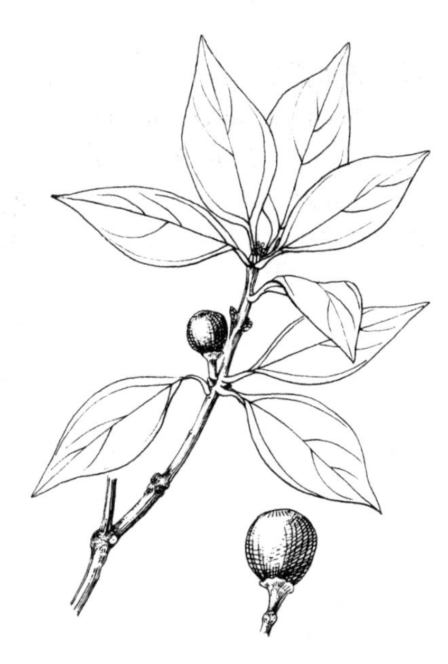

图 325 卵叶新木姜子（引自《中国植物志》）

端渐尖，基部圆或宽楔形，下面粉绿色，两面无毛，具蜂窝状小穴，离基三出脉，侧脉4-5对，中、侧脉在两面凸起；叶柄扁平，长0.8-1(-1.5)厘米，无毛。伞形花序单生或3-4簇生，无梗或具短梗；苞片被平伏黄色丝状毛。花梗被黄褐色丝状毛；花被片椭圆形；花丝无毛。果球形或近球形，径约1厘米，无毛；果柄长5-7毫米，粗壮，无毛。果期8月。

产广西、广东、海南及贵州，生于山谷疏林中。

12. 鸭公树 图 326

Neolitsea chuii Merr. in Lingnan Sci. Journ. 7: 306. 1929.

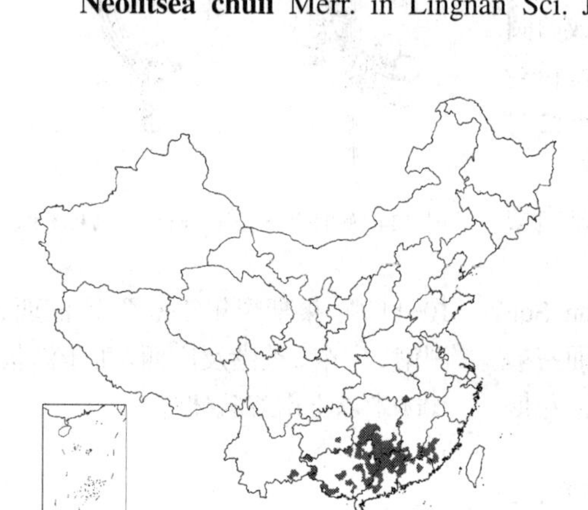

乔木，高达18米。除花序外，植物体各部无毛。叶互生或集生枝顶，椭圆形、长圆状椭圆形或卵状椭圆形，长8-16厘米，先端渐尖，基部楔形，下面粉绿，离基三出脉，侧脉3-5对，横脉明显；叶柄长2-4厘米。伞形花序多个集生，花序梗短或无。雄花序具5-6花；花梗长4-5毫米；花被片卵形或长圆形；花丝基部被柔毛。果椭圆形或近球形，长约1厘米；果柄长约7毫米。花期9-10月，果期12月。

产福建、江西、湖北、湖南南部、广东、广西、云南东南部及贵州，生于海拔500-1400米山谷或丘陵地疏林中。果核含油量约60%，供制皂及润滑等用。

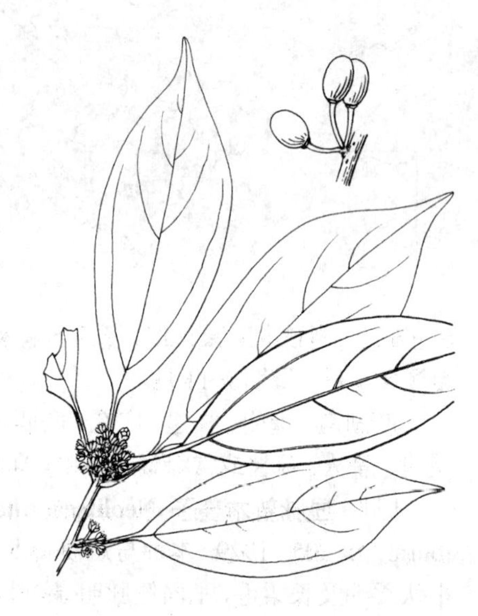

图 326 鸭公树 （吴彰桦绘）

13. 四川新木姜子 图 327

Neolitsea sutchuanensis Yang in Journ. West China Bord. Res. Soc. 15(B): 82. 1945.

小乔木，高达10米。小枝无毛或幼时疏被微柔毛。叶互生或2-4集生，椭圆形或卵状椭圆形，长7.5-13厘米，先端尖，稀渐尖，基部宽楔形或稍圆，两面无毛或幼时上面沿脉疏被微柔毛，下面粉绿，离基三出脉，侧脉3-5对，横脉不明显；叶柄长0.8-1.2厘米，无毛或幼时上面被微柔毛。果序伞形，单生或2序并生；花序梗粗，长约2毫米，无毛。果序具5-6果；果椭圆形，径4-5毫米；果柄长0.5-1.5厘米；果托碟状，边缘不整齐。果期11-12月。

图 327 四川新木姜子 （马建生绘）

产云南、四川、贵州、广西及西藏，生于海拔1200-1800米山坡密林中。

14. 五掌楠 图 328

Neolitsea konishii (Hayata) Kanehira et Sasaki in Trans. Nat. Hist. Soc. Formos. 20: 381. 1930.

Litsea konishii Hayata in Journ. Coll. Sci. Univ. Tokyo 39(1): 248. 1911.

大乔木，胸径达80厘米。小枝无毛。叶互生或集生枝顶，披针形或长圆形，长10-15厘米，先端尾尖，基部楔形，下面粉绿，幼时被平伏柔毛，老时无毛，离基三出脉，侧脉3对；叶柄长约1厘米。伞形花序多个簇生，无花序梗或具短梗。雄花序具5-6花；花梗长4毫米，被柔毛；花被片卵状披针形；能育雄蕊伸出，花丝基部被柔毛。果卵圆形，径约1.2厘米，黑色。花期4-5月，果期9-10月。

图 328 五掌楠 （引自《Fl. Taiwan》）

产台湾，生于海拔1500米常绿阔叶林中。日本有分布。木材供建筑及家具等用。

3. 木姜子属 **Litsea** Lam.

（黄普华）

落叶或常绿，乔木或灌木。叶互生，稀对生或轮生，羽状脉，老叶下面有时粉绿色。花单性，雌雄异株；伞形花序、伞形聚伞花序或圆锥花序；苞片4-6，交互对生，迟落；先叶开花或花叶同放。花被片6，2轮，黄色，早落，稀缺或8；雄花具能育雄蕊9或12（15），每轮3，外2轮无腺体，第3、4轮基部具2腺体，花药4室，内向瓣裂，退化雌蕊有或无；雌花具退化雄蕊9或12。浆果状核果着生于浅盘状或杯状果托，或无果托。

约200（-400）种，分布于亚洲热带、亚热带及美洲。我国约74种。

1. 落叶，叶纸质或膜质。
  2. 叶柄长2-8厘米。
    3. 叶基部耳形；果卵圆形，径1.1-1.3厘米，果托杯状 ………………………… 1. **天目木姜子 L. auriculata**
    3. 叶基部圆或楔形；果球形，径5-6毫米，果托浅盘状 ………………………… 2. **杨叶木姜子 L. populifolia**
  2. 叶柄长不及2厘米。
    4. 小枝无毛。
      5. 叶下面无毛。
        6. 叶披针形或长圆形；雄伞形花序具4-6花，花丝中下部被毛，花梗无毛 ……… 3. **山鸡椒 L. cubeba**
        6. 叶椭圆形或披针状椭圆形；雄伞形花序具10-12花，花丝无毛，花梗密被柔毛 ………………………………………………………………………… 4. **红叶木姜子 L. rubescens**
      5. 叶下面疏被毛或脉腋被毛。
        7. 幼叶下面脉腋具簇生毛，叶长2-5厘米；花被片倒卵形或近圆形，具退化雌蕊 ………………………………………………………………………… 5. **宜昌木姜子 L. ichangensis**

7. 幼叶两面被白色绒毛；叶长7-11厘米，花被片宽椭圆形，无退化雌蕊 …………………………………………………………………………………………………… 6. **秦岭木姜子 L. tsinlingensis**

4. 小枝被毛。

8. 雄伞形花序具4-6花。

9. 叶披针形；果柄长2-4毫米 …………………………………… 3(附). **毛山鸡椒 L. cubeba** var. **formosana**

9. 叶长圆形或卵状椭圆形；果柄长4-6毫米。

10. 叶先端渐尖，基部稍圆，叶下面疏被毛，侧脉8-12对，叶柄初被短柔毛，后无毛 …………………………………………………………………………………………………… 7. **清香木姜子 L. euosma**

10. 叶先端稍骤尖，基部楔形，叶下面密被白色柔毛，侧脉6-9对，叶柄被白色柔毛 …………………………………………………………………………………………………… 8. **毛叶木姜子 L. mollifolia**

8. 雄伞形花序具8-13花。

11. 叶披针形或倒卵状披针形，先端短尖，幼叶下面被灰色绢状柔毛；花被片倒卵形 …………………………………………………………………………………………………… 9. **木姜子 L. pungens**

11. 叶倒卵形或倒卵状长圆形，先端钝，幼叶两面被黄白或锈黄色长绢毛；花被片椭圆形或近圆形 …………………………………………………………………………………………………… 10. **钝叶木姜子 L. veitchiana**

1. 常绿，叶革质或薄革质。

12. 花被片不完全或缺，能育雄蕊15或更多；叶倒卵状长圆形或椭圆状披针形 … 11. **潺槁木姜子 L. glutinosa**

12. 花被片6-8，能育雄蕊9或12。

13. 叶4-6轮生，披针形或倒披针状长圆形，下面被黄褐色柔毛 ………………… 12. **轮叶木姜子 L. verticillata**

13. 叶互生，稀轮生。

14. 花无梗，伞形花序几无花序梗；果球形，灰蓝黑色 ……… 13. **豺皮樟 L. rotundifolia** var. **oblongifolia**

14. 花具梗，伞形花序具花序梗或无。

15. 花被片宿存；果球形或近球形。

16. 花序无花序梗；果柄粗，宿存花被片6，整齐，常直伸。

17. 幼枝、叶柄及幼叶下面无毛，叶长圆形或披针形 ………… 14. **豹皮樟 L. coreana** var. **sinensis**

17. 幼枝及叶柄被柔毛，幼叶下面被灰黄色长柔毛，叶倒卵状披针形、椭圆形或卵状椭圆形 …………………………………………………………………… 14(附). **毛豹皮樟 L. coreana** var. **lanuginosa**

16. 花序具花序梗，果柄较细，宿存花被片2-4不整齐，反曲；小枝及叶下面被锈色绒毛 ………… …………………………………………………………………………………………………… 15. **伞花木姜子 L. umbellata**

15. 花被片脱落；果椭圆形、长圆形、长卵形、稀扁球形。

18. 果托盘状或碟状。

19. 小枝、叶下面及叶柄密被锈色短柔毛；叶宽卵形、倒卵形或卵状长圆形 …………………………………………………………………………………………………… 17. **假柿木姜子 L. monopetala**

19. 小枝、叶下面及叶柄无毛；叶披针形、长圆状披针形或椭圆形。

20. 叶披针形，长10-20（-50）厘米，柄长1.5-3.5厘米；果长1.5-2.5厘米，果柄长5-8毫米 … …………………………………………………………………………………………………… 19. **大果木姜子 L. lancilimba**

20. 叶长圆状披针形或椭圆形，长3.5-7厘米，柄长0.5-1厘米；果长6-7毫米，果柄长约2毫米 ……………………………………………………………………………… 25. **红皮木姜子 L. pedunculata**

18. 果托杯状。

21. 幼枝无毛；花丝基部被毛。

22. 小枝黑褐色；顶芽裸露；叶先端渐尖或尖；果托与果柄连成倒圆锥形 …………………………………………………………………………………………………… 16. **黑木姜子 L. atrata**

22. 小枝红褐色；顶芽具芽鳞；叶先端渐尖或微镰状弯曲；果托杯状 ………………………………

…………………………………………………………………… 20. **桂北木姜子 L. subcoriacea**

21. 幼枝及花丝被毛。
  23. 伞形花序组成总状；果扁球形 ………………………………………… 18. **香花木姜子 L. panamonja**
  23. 伞形花序单生或簇生。
    24. 顶芽裸露；果长2.5厘米以上。
      25. 果顶端凸起，果托无疣状突起 …………………………………… 21. **云南木姜子 L. yunnanensis**
      25. 果顶端平，具小尖头，果托被疣状突起 ……………………………… 22. **大萼木姜子 L. baviensis**
    24. 顶芽具芽鳞；果长不及2厘米。
      26. 小枝具木栓质薄皮层，皮孔显著；花序无梗或几无梗，无退化雌蕊 ……………………………………………………………… 19(附). **栓皮木姜子 L. suberosa**
      26. 小枝无木栓质皮层，皮孔不明显；花序总梗长2-5毫米；具退化雌蕊。
        27. 幼枝及叶柄初密被黄褐色柔毛；果柄长约1厘米 ……………… 23. **尖脉木姜子 L. acutivena**
        27. 幼枝及叶柄密被褐色绒毛；果柄长2-3毫米。
          28. 叶互生，叶柄长1-2.5厘米；果托较厚。
            29. 叶先端钝或短渐尖；花序梗粗，长2-5毫米 ……………… 24. **黄丹木姜子 L. elongata**
            29. 叶先端尾尖或长尾尖；花序梗较细，长0.5-1厘米 ……………………………………………… 24(附). **石木姜子 L. elongata** var. **faberi**
          28. 叶近轮生，叶柄长2-5毫米；果托薄 ……………………………………………… 24(附). **近轮叶木姜子 L. elongata** var. **subverticillata**

1. 天目木姜子 图 329

Litsea auriculata Chien et Cheng in Contr. Biol. Lab. Sci. Soc. China, Sect. Bot. 6(7): 59. f. 1. 1931.

落叶乔木，高达20米，胸径60厘米。小枝无毛。叶互生，椭圆形、圆状椭圆形、近心形或倒卵形，长9.5-23厘米，先端钝或圆，基部耳形，上面初沿中脉被短柔毛，老时脱落无毛，下面被短柔毛，侧脉7-8对；叶柄长3-8厘米，无毛。伞形花序无梗或具短梗。雄花序具6-8花；花被片长圆形或长圆状倒卵形；花丝无毛；退化雌蕊卵形，无毛。果卵圆形，径1.1-1.3厘米，黑色；果托杯状，高3-4毫米；果S柄长1.2-1.6厘米。花期3-4月，果期7-8月。

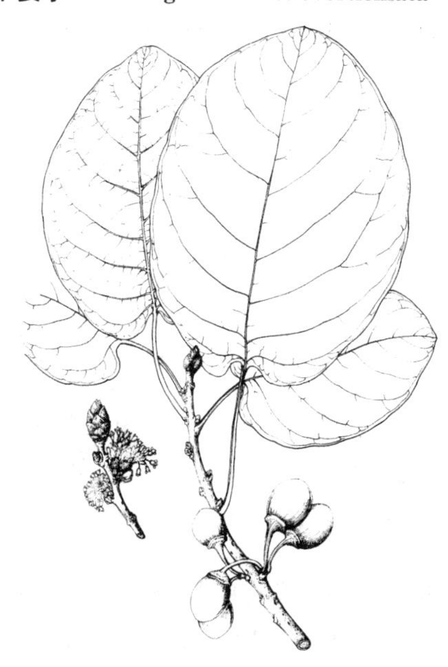

图 329 天目木姜子 （何冬泉绘）

产河南、湖北、安徽、浙江及江西，生于海拔500-1100米林中。木材重而致密，供家具等用；果及根皮治寸白虫；叶外敷治伤筋。

2. 杨叶木姜子 图 330

Litsea populifolia (Hemsl.) Gamble in Sarg. Pl. Wilson. 2: 77. 1914.

Lindera populifolia Hemsl. in Journ. Linn. Soc. Bot. 26: 390. 1891.

落叶小乔木。植株仅花序被毛，余无毛。叶互生，常集生枝顶，圆形或宽倒卵形，长6-8厘米，先端圆，基部圆或楔形，侧脉5-6对，中脉及

侧脉在叶两面凸起；叶柄长2-3厘米。伞形花序顶生，梗长3-4毫米。雄花序具9-11花；花梗长1-1.5厘米；花被片卵形或宽卵形；花丝无毛；退化雌蕊无毛。果球形，径5-6毫米；果托浅盘状；果柄长1-1.5厘米。花期4-5月，果期8-9月。

产西藏东部、云南及四川，生于海拔750-2000米山地阳坡或河谷两岸、阴坡灌丛中，或干瘠土层次生林中，有时组成纯林。叶及果可提取芳香油，用于化妆品及皂用香精；种子含油率36%。

图 330 杨叶木姜子 （吴彰桦绘）

3. 山鸡椒 山苍子 图331 彩片217

Litsea cubeba (Lour.) Pers. Syn. 2: 4. 1807.

Laurus cubeba Lour. Fl. Cochinch. 252. 1790.

落叶小乔木或灌木状，高达10米。枝、叶芳香，小枝无毛。叶互生，披针形或长圆形，长4-11厘米，先端渐尖，基部楔形，两面无毛，侧脉6-10对；叶柄长0.6-2厘米，无毛。伞形花序单生或簇生，花序梗长0.6-1厘米。雄花序具4-6花；花梗无毛；花被片宽卵形；花丝中下部被毛。果近球形，径约5毫米，无毛，黑色；果柄长2-4毫米。花期2-3月，果期7-8月。

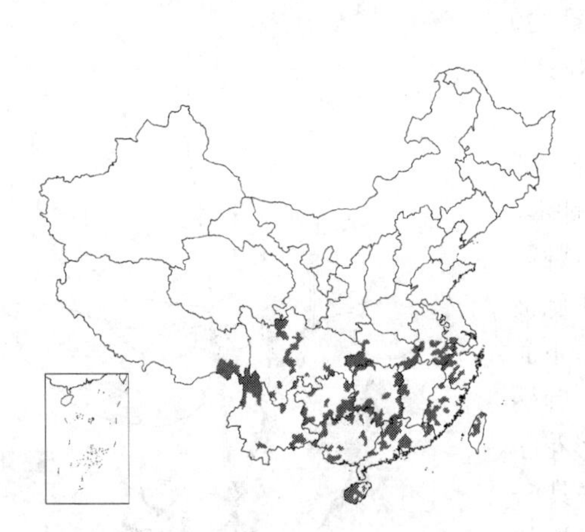

产江苏、安徽、浙江、福建、台湾、江西、湖北、湖南、广东、海南、广西、云南、贵州、四川及西藏，生于海拔500-3200米向阳山地、水边、灌丛或林中。东南亚有分布。花、叶及果肉可提取柠檬醛，供医药制品及香精用。种仁含油率61.8%；根、茎及叶入药，可祛风散寒、消肿止痛，果可治胃病、中暑及吸血虫病。

图 331 山鸡椒 （吴彰桦绘）

［附］**毛山鸡椒 Litsea cubeba** var. **formosana** (Nakai) Yang et P. H. Huang in Acta Phytotax. Sin. 16(4): 46. 1978. —— *Aperula formosana* Nakai in Journ. Jap. Bot. 14: 195. 1938. 本变种与模式变种的区别：小枝、芽、叶下面及花序被丝状短柔毛。产浙江、江西、福建、台湾及广东。

4. 红叶木姜子 图332

Litsea rubescens Lecomte in Nouv. Arch. Mus. Hist. Nat. Paris ser. 5, 5: 86. 1913.

落叶小乔木或灌木状，高达10米。小枝无毛，叶互生，椭圆形或披针

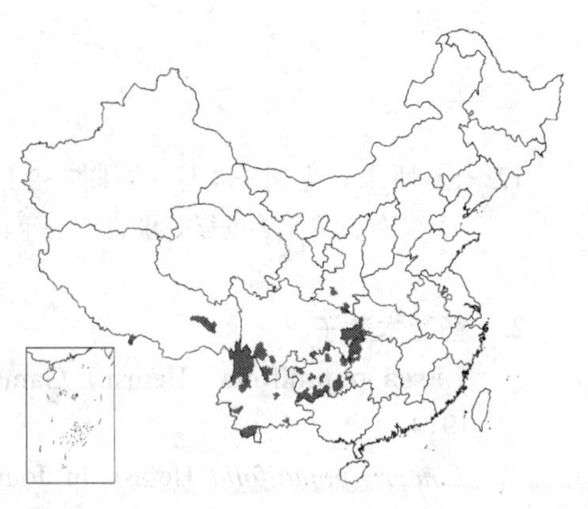

状椭圆形，长4-6厘米，先端渐尖或钝，基部楔形，两面无毛，侧脉5-7对；叶柄长1.2-1.6厘米，无毛，幼时与叶脉带红色。伞形花序腋生，花序梗长0.5-1厘米，无毛。雄花序常具10-12花；花梗长3-4毫米，密被灰黄色柔毛；花被片宽椭圆形；花丝无毛，第3轮基部腺体小，黄色；退化雌蕊小，柱头2裂。果球形，径约8毫米；果柄长8毫米，疏被柔毛。花期3-4月，果期9-10月。

产陕西、四川、西藏、云南、贵州、湖南及湖北，生于海拔700-3800米山谷常绿阔叶林中空地或林缘。

图 332　红叶木姜子（仿《中国植物志》）

5.　宜昌木姜子

图 333

Litsea ichangensis Gamble in Sarg. Pl. Wilson. 2: 77. 1914.

落叶小乔木或灌木状，高达8米。小枝无毛。叶互生，倒卵形或近圆形，长2-5厘米，先端尖或圆钝，基部楔形，上面无毛，下面幼时脉腋具簇生毛，老时脱落无毛，有时脉腋具腺窝穴，侧脉4-6对；叶柄细长0.5-1.5厘米，无毛。伞形花序单生或2个并生，梗长5毫米。花被片倒卵形或近圆形；花丝无毛，第3轮基部腺体小，黄色，近无毛；退化雌蕊小，无毛。果近球形，径约5毫米，黑色；果柄长1-1.5厘米，无毛。花期4-5月，果期7-8月。

产贵州、四川、湖北及湖南，生于海拔300-2200米山坡灌丛或密林中。

图 333　宜昌木姜子（仿《中国植物志》）

6.　秦岭木姜子

图 334

Litsea tsinlingensis Yang et P. H. Huang in Acta Phytotax. Sin. 16 (4): 47. f. 7. 1978.

落叶小乔木或灌木状。小枝无毛。叶互生，倒卵形或倒卵状椭圆形，长7-11厘米，先端短渐尖或钝圆，基部楔形，幼时两面被白色绒毛，老时上面沿中脉被毛，下面疏被毛或沿脉被毛，侧脉6-8对；叶柄长约1厘米，幼时被白色绒毛，老时近无毛。伞形花序单生枝顶，梗长3-4毫米，被灰色柔毛。雄花序具10-11花；花梗长0.8-1.2厘米；花被片宽椭圆形，具3脉，被腺点；花丝无毛，第3轮基部腺体圆形；无退化雌蕊。果球形，径5-6毫米，黑色；果柄

图 334　秦岭木姜子（引自《中国植物志》）

长1.5-2厘米。花期4-5月，果期7-8月。

产陕西及甘肃，生于海拔1000-2400米山坡或山沟灌丛中。叶及果可提取芳香油，供食用香精及化妆品原料；种子含油54.31%，供制皂及提取月桂酸。

7. 清香木姜子 图 335

Litsea euosma W. W. Smith in Notes Roy. Bot. Gard. Edinb. 13: 166. 1921.

落叶小乔木，高达10米。小枝幼时被短柔毛。叶互生，卵状椭圆形或长圆形，长6.5-14厘米，先端渐尖，基部楔形稍圆，上面无毛，下面疏被柔毛，沿中脉稍密，侧脉8-12对；叶柄长1.5厘米，初被短柔毛，后脱落无毛。伞形花序常4个簇生。雄花序具4-6花；花被片椭圆形；花丝被灰黄色柔毛，第3轮基部腺体盾状心形，无柄；无退化雌蕊。果球形，径5-7毫米，顶端具小尖头，黑色；果柄长4毫米，疏被柔毛。花期2-3月，果期9月。

图 335 清香木姜子 （吴彰桦绘）

产西藏东南部、云南、四川、贵州、湖南、广西、广东及江西，生于海拔约2450米山地阔叶林中。果、枝及叶可提取芳香油，供食用香精及化妆品原料；种子含油供工业用；果入药，可祛寒止痛、顺气止呕。

8. 毛叶木姜子 图 336

Litsea mollifolia Chun in Sunyatsenia 1: 236. 1934.

Litsea mollis Hemsl.; 中国植物志31: 282. 1984.

落叶小乔木或灌木状。小枝被柔毛。叶互生或集生枝顶，长圆形或椭圆形，长4-12厘米，先端稍骤尖，基部楔形，上面无毛，下面密被白色柔毛，侧脉6-9对；叶柄长1-1.5厘米，被白色柔毛。伞形花序常2-3个簇生，梗长6毫米。雄花序具4-6花；花被片宽倒卵形；花丝被柔毛，第3轮花丝基部腺体盾状心形；无退化雌蕊。果球形，径约5毫米，蓝黑色；果柄长5-6毫米，疏被短柔毛。花期3-4月，果期9-10月。

图 336 毛叶木姜子 （吴彰桦绘）

产西藏东南部、云南、四川、贵州、湖南、湖北、江西、广西及广东，生于海拔600-2800米山坡灌丛中或阔叶林中。果可提取芳香油；种子含油25%，为制皂优良原料；根及果药用，可祛风散寒、消肿止痛。

9. 木姜子 图 337

Litsea pungens Hemsl. in Journ. Linn. Soc. Bot. 26: 384. 1891.

落叶小乔木，高达10米。幼枝被柔毛，老枝无毛。叶互生，常集生枝顶，披针形或倒卵状披针形，长4-15

厘米，先端短尖，基部楔形，幼叶下面被绢状柔毛，后渐脱落无毛或沿中脉疏被毛，侧脉5-7对；叶柄细，长1-2厘米，初被柔毛，后脱落无毛。伞形花序腋生，梗长5-8毫米，无毛。雄花序具8-12花；花梗长5-6毫米，被绢状柔毛；花被片倒卵形；花丝基部被柔毛，第3轮花丝基部腺体圆形；退化雌蕊少，无毛。果球形，径0.7-1厘米，蓝黑色；果柄长1-2.5厘米。花期3-5月，果期7-9月。

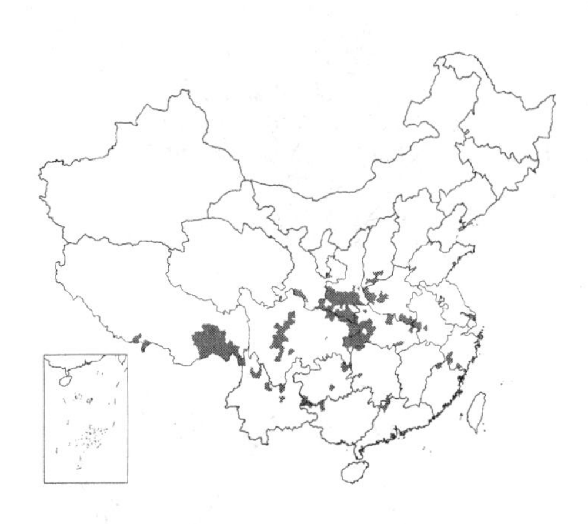

图 337 木姜子 （吴彰桦绘）

产山西、河南、陕西、甘肃、四川、西藏、云南、贵州、湖北、湖南、广西、广东、浙江及福建，生于海拔800-2300米山地阳坡杂木林中或林缘、溪边。果含芳香油，为高级香料、紫罗兰酮及维生素甲的原料；种子含不干性脂肪油48.2%，供工业用。

10. 钝叶木姜子 木香木姜子 图 338

Litsea veitchiana Gamble in Sarg. Pl. Wilson. 2: 76. 1914.

Litsea chenii Liou；中国高等植物图鉴1: 842. 1972.

落叶小乔木或灌木状。幼枝被黄白色长绢毛，后渐脱落无毛。叶互生，倒卵形或倒卵状长圆形，长4-12厘米，先端钝，基部楔形，幼时两面密被黄白或锈黄色长绢毛，老时毛渐脱落，上面无毛或中脉被毛，下面疏被长绢毛，侧脉6-9对；叶柄长1-1.2厘米，幼时密被长绢毛，后脱落无毛。伞形花序顶生，梗长6-7毫米。雄花序具10-13花；花梗长5-7毫米，密被柔毛；花被片椭圆形或近圆形，具3脉，被腺点；花丝基部被柔毛，第3轮花丝基部腺体大；退化子房卵圆形。果球形，径约5毫米，黑色；果柄长1.5-2厘米。花期4-5月，果期8-9月。

图 338 钝叶木姜子 （吴彰桦绘）

产陕西、四川、云南、贵州、湖北及湖南，生于海拔400-3800米山坡路边或灌丛中。

11. 潺槁木姜子 潺槁树 图 339

Litsea glutinosa (Lour.) C. B. Rob. in Philipp. Journ. Sci. Bot. 6: 321. 1911.

Sebifera glutinosa Lour. Fl. Cochinch. 638. 1790.

常绿乔木，高达15米。幼枝被灰黄色绒毛。叶互生，倒卵状长圆形或椭圆状披针形，长6.5-10(-26)厘米，先端钝圆，基部楔形，或稍圆，幼叶两面被毛，老时上面中脉稍被毛，下面被毛或近无毛，侧脉8-12对；叶柄长1-2.6厘米，被灰黄色绒毛。伞形花序单生或几个簇生于长2-4厘米短枝上。雄花序梗长1-1.5厘米，具数朵花。花梗被灰黄色绒毛；花被片不完全或缺；能育雄蕊常15或更多，花丝长，被灰色柔毛，腺体具长柄，

柄被毛；退化雌蕊椭圆形，无毛。果球形，径约7毫米；果柄长5-6毫米。花期5-6月，果期9-10月。

产福建、广东、海南、广西及云南，生于海拔500-1900米山地林缘、溪边、疏林或灌丛中。木材稍坚硬，耐腐，供家具用材；树皮及木材含胶质，作粘合剂；种仁含油率50.3%，供制皂等用；根皮及叶药用，可治疮。

图 339 潺槁木姜子 （引自《广州植物志》）

12. 轮叶木姜子 图 340

Litsea verticillata Hance in Journ. Bot. 21: 356. 1883.

常绿小乔木或灌木状，高达5米。小枝密被黄色长硬毛，老枝无毛。叶4-6轮生，披针形或倒披针状长椭圆形，长7-25厘米，先端渐尖，基部稍圆，初上面中脉被短柔毛，下面被黄褐色柔毛，侧脉12-14对；叶柄长2-6毫米，密被黄色长柔毛。伞形花序2-10集生枝顶。雄花序具5-8花；花近无梗；花被片披针形；花丝伸出，被长柔毛。果卵形或椭圆形，径5-6毫米；果托碟状，具残留花被片；果柄短。花期4-11月，果期11月至翌年1月。

产云南、广西、广东及海南，生于海拔1300米以下山谷、溪边、灌丛或林中。柬埔寨及越南有分布。根、叶药用，治跌打损伤、胸痛、风湿痛及妇女经痛；叶外敷治骨折及蛇伤。

图 340 轮叶木姜子 （吴彰桦绘）

13. 豺皮樟 豺皮黄肉楠 图 341

Litsea rotundifolia Hemsl. var. **oblongifolia** (Nees) Allen in Ann. Miss. Bot. Gard. 25: 386. 1938.

Iozoste rotundifolia Nees var. *oblongifolia* Nees in Hook. f. et Arnott, Bot. Beechey Voy. 209. 1836.

Actinodaphne chinensis (Bl.) Nees; 中国高等植物图鉴1: 847. 1972.

常绿小乔木或灌木状，高达5米。小枝近无毛。叶互生，卵状长圆形，长2.5-5.5厘米，先端钝或短渐尖，基部楔形或稍圆，两面无毛，侧脉3-4对；叶柄长3-5毫米，初被柔毛，后脱落无毛。伞形花序3个簇生，几无花序梗。雄花序具3-4花；花被片倒卵圆形，不等大；花丝疏被柔毛，第3轮花丝基部腺体圆形。果球形，径约6毫米，灰蓝黑色；几无柄。

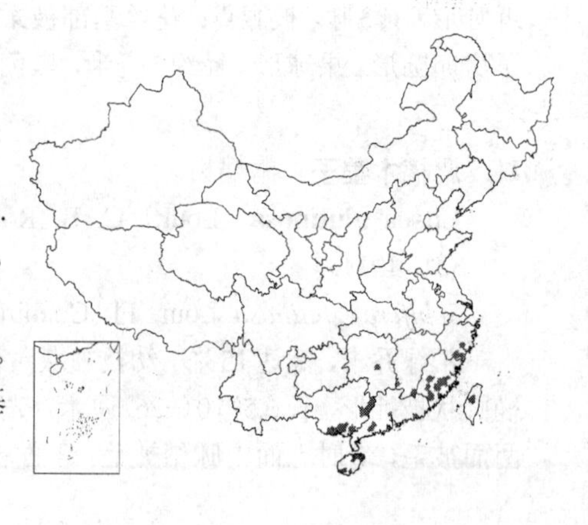

产浙江、福建、台湾、江西、湖南、广西、广东及海南，生于海拔800米以下山地灌丛或疏林中。越南有分布。果可提取芳香油；种子含脂肪油63.80%。

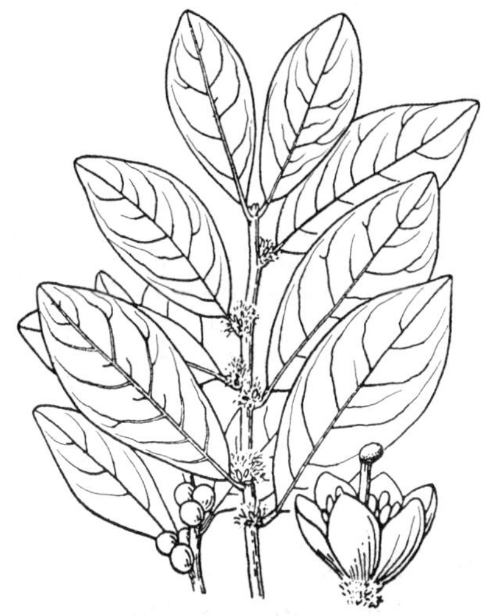

图 341 豺皮樟 （引自《图鉴》）

14. 豹皮樟 扬子黄肉楠 图342

Litsea coreana Lévl. var. **sinensis**（Allen）Yang et P. H. Huang in Acta Phytotax. Sin. 16(4): 49. 1978.

Actinodaphne lancifolia（Sieb. et Zucc.）Meissn. var. *sinensis* Allen in Ann. Miss. Bot. Gard. 25: 406. 1938；中国高等植物图鉴1: 848. 1972.

常绿小乔木。小枝无毛。叶互生，长圆形或披针形，先端稍骤尖，基部楔形，长6-8厘米，两面无毛，或幼时上面基部沿中脉被柔毛，侧脉7-10对；叶柄长0.6-1.6厘米，无毛。伞形花序腋生，无花序梗或具短梗。雄花序具3-4花；花梗粗短，密被长柔毛；花被片卵形或椭圆形；花丝被长柔毛，第3轮花丝基部腺体箭形，具柄；无退化雌蕊。果近球形，径7-8毫米；果托扁平，宿存花被片6，整齐，常直伸；果柄长约5毫米。

产河南、江苏、安徽、浙江、福建、江西、湖北、湖南、贵州及四川，生于海拔900米以下山地林中。根药用，治胃痛。

图 342 豹皮樟 （引自《图鉴》）

［附］**毛豹皮樟** 彩片218 **Litsea coreana** var. **lanuginosa**（Migo）Yang et P. H. Huang in Acta Phytotax. Sin. 16(4): 50. 1978. —— *Iozoste hirtipes* Migo var. *lanuginosa* Migo in Bull. Shanghai Sci. Inst. 14: 300. 1944. 本变种与模式变种的区别：幼枝密被灰黄色长柔毛；幼叶两面被灰黄色长柔毛，老叶下面疏被毛；叶柄长1-2.2厘米，被灰黄色长柔毛。产江苏、安徽、浙江、福建、江西、湖北、湖南、广东、广西、云南、贵州及四川，生于海拔300-2300米山谷林中。

15. 伞花木姜子 图343

Litsea umbellata（Lour.）Merr. in Philipp. Journ. Sci. Bot. 14: 242. 1919.

Hexanthus umbellatus Lour. Fl. Cochinch. 196. 1790.

常绿小乔木或灌木状。小枝被锈色绒毛。叶互生，椭圆形或长圆卵形，长6-12厘米，先端渐尖，基部楔形，上面无毛，下面被锈色绒毛，侧脉8-15对；叶柄长6-8毫米，被锈色绒毛。伞形花序梗长2-3毫米，被锈色绒毛。雄花序具4花；花梗长1-1.5毫米，被锈色长柔毛；花被片披针形或卵形，不等大；花丝被长毛，第3轮花丝基部腺体肾形，无柄；无退化雌蕊。果球形或卵圆形，径约6毫米，具小尖头；果托浅碟状，宿存花被

图 343 伞花木姜子 （引自《云南树木图志》）

片2-4，不整齐，反曲；果柄长3毫米。花期4-5月，果期8-9月。

产云南及广西，生于海拔300-1000米山谷、丘陵灌丛或疏林中。印度尼西亚、老挝、柬埔寨、越南及马来西亚有分布。

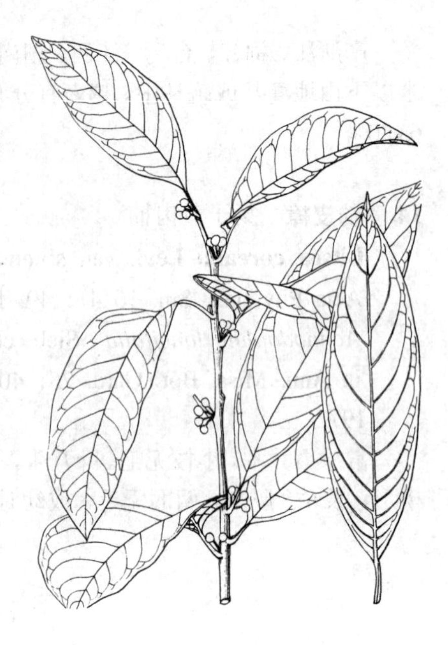

图 344 黑木姜子 （引自《云南树木图志》）

16. 黑木姜子 图 344

Litsea atrata S. Lee in Acta Phytotax. Sin. 8(3): 195. 1963.

常绿乔木，高达10米。小枝黑褐色，无毛；顶芽裸露。叶互生，长椭圆形，长9-19厘米，先端渐尖或尖，基部楔形，上面无毛，下面初被黄褐色微柔毛，侧脉10-15对；叶柄长1-1.5厘米，无毛。伞形花序2-6簇生叶腋，花序梗长3-7毫米。雄花序具4-6花；花梗长1毫米；花被片卵形或披针形；花丝基部被长柔毛，第3轮花丝基部腺体球形，具柄；无退化雌蕊。果长圆形，长1-1.1厘米，径5-6毫米；果托与果柄相连成倒圆锥状，长4-7毫米，无毛。花期4-5月，果期6-8月。

产云南南部、贵州、广西、广东及海南，生于海拔300-1200米山谷疏林中。

17. 假柿木姜子 图 345

Litsea monopetala (Roxb.) Pers. Syn. 2: 4. 1807.

Tetranthera monopetala Roxb. Pl. Corom. 2: 26. pl. 148. 1798.

常绿乔木，高达18米。小枝及叶柄密被锈色短柔毛。叶互生，宽卵形、倒卵形或卵状长圆形，长8-20厘米，先端钝或圆，基部圆或宽楔形，幼叶上面沿中脉及下面密被锈色短柔毛，侧脉8-12对；叶柄长1-3厘米。伞形花序簇生，花序梗短。雄花序具4-6花或更多；花被片5-6，披针形；花丝被柔毛。果长卵圆形，径5毫米；果托浅盘状；果柄长1厘米。花期11月至翌年5-6月，果期6-7月。

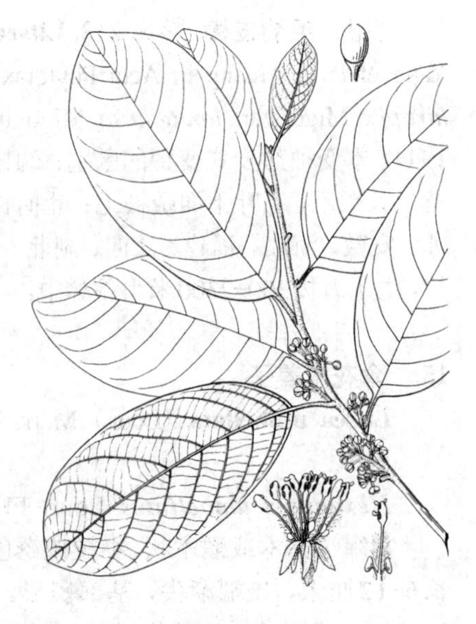

图 345 假柿木姜子 （吴彰桦绘）

产云南、贵州、广西、广东及海南，生于海拔1500米以下阳坡灌丛或疏林中。东南亚、印度及巴基斯坦有分布。种仁含油30.33%；木材供家具等用；叶入药，外敷治关节脱臼；又为紫胶虫寄主植物。

18. 香花木姜子 图 346

Litsea panamonja（Nees）Hook. f. Fl. Brit. Ind. 5：175. 1886.

Tetranthera panamonja Nees in Wall. Pl. Asiat. Rar. 2：67. 1831.

常绿乔木，高达20米；树皮灰褐色。幼枝被柔毛，后渐脱落无毛。叶互生，长圆形或披针形，长10-18厘米，先端渐尖或短尖，基部楔形，两面无毛，侧脉7-11对；叶柄长约2厘米，无毛。伞形花序组成总状。雄花序长3-5厘米，被柔毛，每一伞形花序具5花；花梗长1.5毫米；花被片长圆形或卵形，稍有香味；花丝无毛。果扁球形，径约1厘米；果托杯状，高2毫米；果柄长约8毫米，顶端增粗。花期8-9月，果期翌年3月。

图 346 香花木姜子
（引自《云南树木图志》）

产云南及广西，生于海拔500-2000米常绿阔叶混交林中。印度及越南北部有分布。

19. 大果木姜子 图 347

Litsea lancilimba Merr. in Philipp. Journ. Sci. Bot. 23：244. 1923.

常绿乔木，高达20米。小枝粗，具纵棱，无毛。叶互生，披针形，长10-20(-50)厘米，先端尖或渐尖，基部楔形，两面无毛，侧脉12-14对；叶柄粗，长1.5-3.5厘米，无毛。伞形花序单生或2-4簇生，花序梗长约5毫米。雄花序具5花；花梗长约4毫米，被白色柔毛；花被片披针形；花丝被柔毛。果长圆形，长1.5-2.5厘米；果托盘状，径约1厘米，边缘不规则浅裂或不裂；果柄粗，长5-8毫米。花期6月，果期11-12月。

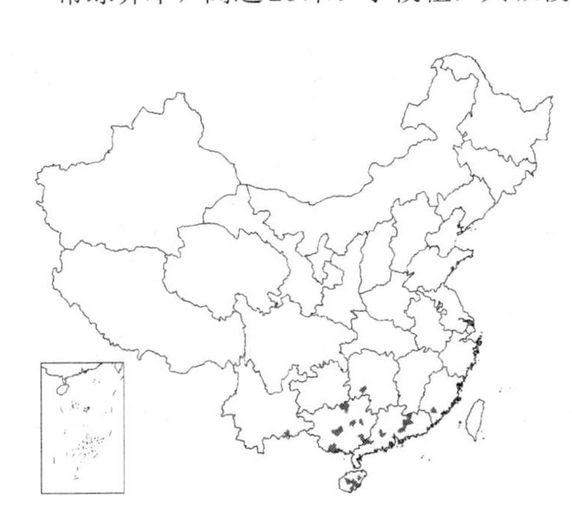

图 347 大果木姜子 （吴彰桦绘）

产云南、广西、广东、海南、福建及湖南，生于海拔900-2500米密林中。老挝及越南有分布。木材供家具及细木工等用，种子可榨油，供工业用。

［附］**栓皮木姜子 Litsea suberosa** Yang et P. H. Huang in Acta Phytotax. Sin. 16(4)：54. 1978. 本种特征：老枝具木栓质薄皮层；叶倒披针形或长椭圆形，下面沿脉疏被长柔毛或无毛，叶柄长0.5-1.5厘米；果椭圆形，长1-1.2厘米，果托杯状。花期7-9月，果期10-11月。产四川、湖北、湖南及广东，生于海拔800-1500米山坡林中或灌丛中。

20. 桂北木姜子 图 348

Litsea subcoriacea Yang et P. H. Huang in Acta Phytotax. Sin. 16 (4)：55. f. 13. 1978.

常绿乔木。小枝红褐色，无毛，具纵棱；顶芽具芽鳞。叶互生，披针

形或椭圆状披针形，长5.5-20厘米，先端渐尖或微镰状弯曲，基部楔形，两面无毛或幼时下面沿脉疏被柔毛，侧脉9-13对；叶柄长1.2-3厘米，无毛。伞形花序多个簇生短枝，花序梗长约2毫米。雄花序具5花；花梗被柔毛；花被片卵形；花丝基部被柔毛。果椭圆形，径约8毫米；果托杯状，高约4毫米；果柄粗，长4-6毫米，被柔毛。花期8-9月，果期翌年1-2月。

产云南、贵州、湖北、湖南、广东、广西及福建，生于海拔400-1950米山谷林中。

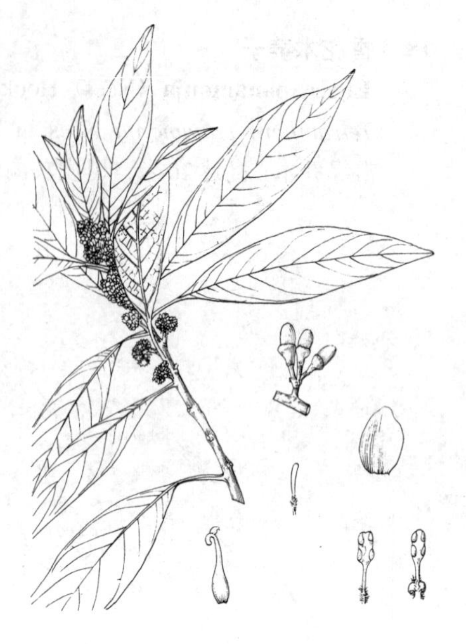

图 348 桂北木姜子 （仿《中国植物志》）

21. 云南木姜子 图349 彩片219

Litsea yunnanensis Yang et P. H. Huang in Acta Phytotax. Sin. 16 (4): 56. f. 14. 1978.

常绿乔木，高达30米。幼枝被短柔毛，老枝渐无毛；顶芽裸露。叶互生，长圆形、椭圆形或卵状椭圆形，长12-26厘米，先端渐尖或骤尖，基部楔形或楔圆，上面无毛或沿中脉基部被微柔毛，下面被微柔毛，老时无毛，侧脉5-10对；叶柄粗，长1-2厘米。伞形花序2-5集生短枝，花序梗长0.6-1厘米，密被短柔毛。雄花序具5-6花；花梗密被短柔毛；花被片卵形或宽卵形；花丝密被黄色柔毛。果椭圆形，长约2.5厘米，径1.5厘米，顶端凸起；果柄长1-1.5厘米，上端增粗，与杯状果托相连成漏斗状。花期5月，果期10-11月。

产云南南部及广西西部，生于海拔800-1900米山坡、路边、沟边疏林或混交林中。越南有分布。

图 349 云南木姜子 （仿《中国植物志》）

22. 大萼木姜子 图350

Litsea baviensis Lecomte in Nouv. Arch. Mus. Hist. Nat. Paris ser. 5, 5: 87. 1913.

常绿乔木，高达20米。幼枝被柔毛，顶芽裸露。叶互生，椭圆形或长圆形，长11-24厘米，先端短渐钝尖，基部楔形，下面被微柔毛，侧脉7-8对；叶柄长1-1.6厘米。伞形花序几个集生。花梗短，被柔毛；花被片宽卵形。果椭圆形，长2.5-3厘米，径1.7-2厘米，顶端平，具小尖头，紫黑色；

果托杯状，厚木革质，高1-1.5(-2)厘米，径2.5-3厘米，被疣状突起；果柄粗，长约3毫米。花期5-6月，果期翌年2-3月。

产云南、广西及海南，生于海拔400-2000米密林中或林中溪边。越南有分布。木材适作家具、细木工、木琴等用；种子可榨油，供制皂。

图 350 大萼木姜子（引自《云南树木图志》）

23. 尖脉木姜子 图 351

Litsea acutivena Hayata, Ic. Pl. Formos. 5: 163. 1915.

常绿小乔木，高达7米。幼枝密被黄褐色长柔毛，老枝近无毛。叶互生或集生枝顶，披针形、倒披针形或长圆状披针形，长4-11厘米，先端尖或短渐尖，基部楔形，上面幼时沿中脉被毛，下面被黄褐色短柔毛，侧脉9-10对；叶柄长0.6-1.2厘米，初密被黄褐色柔毛。伞形花序簇生，花序梗长约3毫米。雄花序具5-6花；花梗密被柔毛；花被片长椭圆形；花丝被毛。果椭圆形，长1.2-2厘米，径1-1.2厘米，黑色；果托杯状，高3-4毫米；果柄长约1厘米。花期7-8月，果期12月至翌年2月。

产福建、台湾、广东、海南、广西及贵州，生于海拔500-2500米山地密林中。中南半岛有分布。

图 351 尖脉木姜子 （引自《Fl.Taiwan》）

24. 黄丹木姜子 图 352

Litsea elongata (Wall. ex Nees) Benth. et Hook. f. Gen. Pl. 3: 63. 1880.

Daphnidium elongatum Wall. ex Nees in Wall. Pl. Asiat. Rar. 2: 63.1831.

常绿乔木，高达12米。小枝密被褐色绒毛。叶互生，长圆形、长圆状披针形或倒披针形，长6-22厘米，先端钝或短渐尖，基部楔形或近圆，下面被短柔毛，沿脉被长柔毛，侧脉10-20对；叶柄长1-2.5厘米，密被褐色绒毛。伞形花序单生，稀簇生，花序梗长2-5毫米。雄花序具4-5花；花梗被绢状长柔毛；花被片卵形；能育雄蕊9-12，花丝被长柔毛。果长圆形，长1-1.3厘米，径7-8毫米，黑紫色；果托杯状，高约2毫米；果柄长2-3毫米。花期5-11月，果期翌年2-6月。

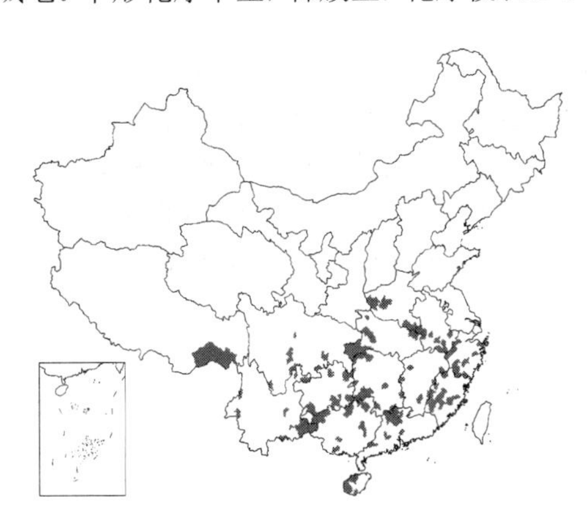

产河南、安徽、浙江、福建、江西、湖北、湖南、广东、海南、广西、云南、贵州、四

图 352 黄丹木姜子 （吴彰桦绘）

川及西藏东南部，生于海拔500-2000米山坡、溪边、林中。印度及尼泊尔有分布。木材供建筑及家具等用；种子榨油供工业用。

［附］**石木姜子 Litsea elongata** var. **faberi**（Hemsl.）Yang et P. H. Huang in Acta Phytotax. Sin. 16(4)：59. 1978.—— *Litsea faberi* Hemsl. in Journ. Linn. Soc. Bot. 26. 381. 1891. 本变种与模式变种的区别：叶长圆状披针形或窄披针形，长5-16厘米，先端尾尖或长尾尖，上面中脉及侧脉凹下；花序梗较细，长0.5-1厘米。产云南、四川、贵州及湖南，生于海拔1500-2300米山坡阴湿地或疏林中。叶及果可提取芳香油；种仁含油脂。

［附］**近轮叶木姜子** 彩片 220 **Litsea elongata** var. **subverticillata**（Yang）Yang et P. H. Huang in Acta Phytotax. Sin. 16(4)：59. 1978.—— *Litsea subverticillata* Yang in Journ. West China Bord. Res. Soc. 15(B)：79. 1945. 本变种与模式变种的区别：叶近轮生，薄革质或膜质，干时墨绿色；叶柄长2-5毫米；伞形花序无花序梗或近无梗；果托薄。产湖南、湖北、四川、云南、贵州及广西，生于海拔1200-1900米山坡或灌丛中。

25. 红皮木姜子 图 353

Litsea pedunculata（Diels）Yang et P. H. Huang in Acta Phytotax. Sin. 16(4)：52. 1978.

Lindera pedunculata Diels in Engl. Bot. Jahrb. 29：350. 1910.

常绿小乔木或灌木状。幼枝红褐色，无毛或近无毛。叶互生，长圆状披针形或椭圆形，长3.5-7厘米，先端尖或渐尖，基部楔形，或钝圆，两面无毛，侧脉8-12对；叶柄长0.5-1厘米，无毛。伞形花序单生叶腋，花序梗细，长5-7毫米。雄花序具3-5花；花梗短；花被片宽卵形或近圆形；花丝被短柔毛。果长圆形，长6-7毫米，具小尖头；果托盘状；果柄长约2毫米。花期5月，果期7-8月。

产江西、湖北、湖南、广西、云南、贵州及四川，生于海拔1320-2300米潮湿山坡或山顶混交林中。

图 353 红皮木姜子（杨再新绘）

4. 单花木姜子属 Dodecadenia Nees

（黄普华）

常绿乔木，高达15米。小枝密被褐色柔毛。叶互生，长圆状披针形或长圆状倒披针形，长5-10厘米，先端尖或渐尖，基部楔形，上面沿中脉被柔毛，下面无毛，羽状脉，侧脉8-12对；叶柄长0.8-1厘米，被柔毛。花单性，雌雄异株；伞形花序1-3集生叶腋；苞片4-6，交互对生；花序具1花。花被片6，2轮，外轮较宽，内轮稍窄；雄花具能育雄蕊12，每轮3，花药4室，内向瓣裂，花丝被柔毛，第1、2轮无腺体，第3轮基部具2枚大腺体，第4轮腺体较小，退化雌蕊柱头稍大；雌花子房被柔毛，花柱长，柱头增大，退化雄蕊12，4轮。果椭圆形，长1-1.2厘米，径7-9毫米；果托盘状；果柄粗，长约5毫米。

单种属。

单花木姜子 图 354

Dodecadenia grandiflora Nees in Wall. Pl. Asiat. Rar. 2: 63. 1831.

Litsea monantha Yang et P. H. Huang；中国植物志 31: 332. 1984.

形态特征同属。果期7-9月。

产西藏南部、云南及四川，生于海拔2000-2600米河谷杂木林、针阔叶混交林或铁杉林中。不丹、印度、缅甸及尼泊尔有分布。材质中等，供包装、机械模型、胶合板、农具等用；枝叶可提取芳香油，供轻工业用；种子富含油脂，供制皂及机械润滑等用。

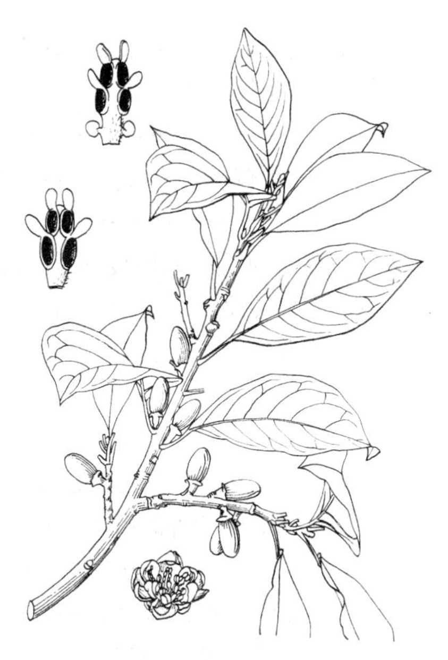

图 354 单花木姜子 （仿《云南树木图志》）

5. 山胡椒属 Lindera Thunb.

（向巧萍 傅立国）

常绿或落叶，乔木或灌木，具香气。叶互生，全缘或3裂， 羽状脉、三出脉或离基三出脉。花单性，雌雄异株，黄或绿黄色；伞形花序单生叶腋或2至多数簇生短枝上；花序梗有或无；苞片4，交互对生。每1花序具花数朵。花被片6（7-9），近等大或外轮稍大，常脱落；雄花具能育雄蕊9（12），常3轮，花药2室全内向，第3轮花丝基部具2个有柄腺体，退化雌蕊小；雌花子房球形或椭圆形，花柱显著，柱头盘状、盾状或头状，退化雄蕊9（12、15），常线形或条片状，第3轮具2个肾形无柄腺体。浆果或核果，种子1，果托盘状或杯状。

约100余种，分布于亚洲及北美。我国约50余种。多数种类含芳香油，种子富含油脂；乔木树种材质优良。

1. 叶具羽状脉。
  2. 伞形花序生于顶芽或腋芽之下（即短枝）两侧各一，稀为混合芽，花后短枝发育成正常枝条。
    3. 花序具总梗；果托杯状或浅杯状；能育雄蕊腺体漏斗形，具长柄。
      4. 叶集生枝顶；果椭圆形，果托杯状或浅杯状；常绿。
        5. 叶倒披针形或倒卵状长圆形，宽5-7.5厘米，下面无毛；果托杯状，径达1.5厘米 …………………………………………………… 1. **黑壳楠 L. megaphylla**
        5. 叶线形，宽1.4-1.5（-2.8）厘米，下面被黄色柔毛；果托浅杯状，径约6毫米 …………………………………………………… 1（附）. **四川山胡椒 L. setchuenensis**
      4. 叶疏生于枝上，倒卵形，稀倒卵状披针形；落叶；果近球形，径约1厘米，果托径约7厘米 …………………………………………………… 2. **江浙山胡椒 L. chienii**
    3. 花序无总梗或总梗短；果托不为杯状或浅杯状；能育雄蕊腺体具柄宽肾形。
      6. 花序总梗较花梗短。
        7. 叶倒披针形，稀倒卵形；幼枝灰白或灰黄色，皮孔显著 ……………… 3. **红果山胡椒 L. erythrocarpa**
        7. 叶椭圆形或宽椭圆形；幼枝平滑，黄绿或灰绿色。
          8. 幼枝皮孔不明显，黄绿色；叶宽5-8（-12.5）厘米，侧脉6-8（-10）对；果径约7毫米，果柄长约1.5厘米，皮孔不明显 ………………………………………… 4. **山橿 L. reflexa**
          8. 幼枝皮孔明显，灰绿色；叶宽 2.5-4厘米，侧脉4对；果径达1.5厘米，果柄长0.7-1厘米，皮孔明显 ………………………………………… 4（附）. **大果山胡椒 L. praecox**

6. 花序无总梗或总梗长不及3毫米。

9. 小枝灰或灰白色；叶宽椭圆形、椭圆形、倒卵形或窄倒卵形；冬芽长角锥形，芽鳞无脊，具混合芽 ………………………………………… 5. **山胡椒 L. glauca**

9. 小枝幼时黄绿色；叶椭圆状披针形；冬芽卵圆形，芽鳞具脊；具花芽 ………………………………………… 6. **狭叶山胡椒 L. angustifolia**

2. 花序簇生叶腋，即短枝顶芽下着生多数伞形花序，发育或不发育成正常枝条；常绿。

10. 伞形花序具总梗，总梗长于花梗，或近等长；着生花序短枝多发育成正常枝条。

11. 花序梗细，较花梗长4倍以上；果卵圆形；叶长圆形，长12-20厘米，干时上面绿褐色，下面灰褐色 ………………………………………… 7. **纤梗山胡椒 L. gracilipes**

11. 花序梗长不及花梗4倍；果球形。

12. 叶下面或脉上无毛或疏被柔毛。

13. 叶长椭圆形或长圆形，坚纸质或革质，长13厘米以上，干时带红色 ………………………………………… 8(附). **山柿子果 L. longipedunculata**

13. 叶椭圆状披针形、椭圆形或长椭圆形，纸质，长不及13厘米，干时不带红色。

14. 叶两面侧脉不明显，椭圆状披针形，先端渐尖，侧脉(4)5-6对 ………………………………………… 8. **广东山胡椒 L. kwangtungensis**

14. 叶两面侧脉明显，椭圆形或长椭圆形，先端渐尖或尾尖，常镰状，侧脉6-10对 ………………………………………… 9. **滇粤山胡椒 L. metcalfiana**

12. 叶下面密被灰白或灰黄色长硬毛，叶倒卵形或长圆形；果径约6 毫米 ……… 10. **团香果 L. latifolia**

10. 伞形花序无总梗或总梗长不及3毫米，着生花序的短枝不发育，花序簇生叶腋。

15. 叶下面及叶柄密被黄褐色毛，叶长6-11(-15)厘米，宽3.5-7.5厘米 ……… 11. **绒毛山胡椒 L. nacusua**

15. 叶下面及叶柄疏被柔毛，或近无毛；叶长3-9(-12.5)厘米，宽1.5-3.5厘米。

16. 花被筒不明显，雌花花被片卵形；叶长4-9(-12.5) 厘米，侧脉5-7对，网脉成小凹点 ………………………………………… 12. **香叶树 L. communis**

16. 花被筒倒锥形，雌花花被片三角形；叶长3-5厘米，侧脉4-5对，网脉成小格状 ………………………………………… 12(附). **台湾香叶树 L. akoensis**

1. 叶具三出脉或离基三出脉。

17. 果球形；叶腋着生花序的短枝常发育成正常枝条；落叶。

18. 叶全缘，三出脉或离基三出脉；叶枝基部两侧各生一花序。

19. 花序无梗或梗长不及3毫米；叶具离基三出脉，离基约3毫米 …………… 13. **红脉钓樟 L. rubronervia**

19. 花序梗长约4毫米；叶卵形或宽卵形，三出脉或离基三出脉 ……………… 14. **绿叶甘橿 L. fruticosa**

18. 叶3(5)裂或全缘；具混合芽；花序无总梗。

20. 叶近圆形或扁圆形，先端尖，常3裂或全缘，稀5裂 ……………… 15. **三桠乌药 L. obtusiloba**

20. 叶椭圆形，稀扁圆形，先端圆或尖，不裂或不规则稍浅裂 ………………………………………… 15(附). **滇藏钓樟 L. obtusiloba var. heterophylla**

17. 果椭圆形；花序单生叶腋及下部苞片腋内，或1至多个着生短枝上；常绿。

21. 花序总梗长0.3-1.2厘米。

22. 叶椭圆形或长椭圆形，先端尾尖，幼时两面密被白或黄色平伏绢毛；侧脉直达先端 ………………………………………… 16. **鼎湖钓樟 L. chunii**

22. 叶卵形或卵状长圆形，先端渐尖，幼时两面沿脉密被锈色微柔毛，第1对侧脉不达先端 ………………………………………… 17. **假桂钓樟 L. tonkinensis**

21. 花序无总梗或总梗长不及3毫米。

23. 叶长10-25厘米，叶椭圆形或长圆形，幼时两面密被褐黄色柔毛；一年生枝径约3毫米 …………………………………………………………………………………………… 18. **峨眉钓樟 L. prattii**

23. 叶长6-11厘米；一年生枝径不及3毫米。

24. 幼枝及叶下面被柔毛，旋脱落无毛或近无毛。

25. 果长不及1厘米；幼枝及芽非平伏白色绢毛，老叶下面无残存黑毛。

26. 叶脉在叶上面较下面更凸出，至少两面相等；花丝、子房及花柱被毛或无毛。

27. 叶椭圆形、卵形或宽披针形，先端尾尖，叶柄长约1厘米；花丝被柔毛；果托盘状 ……………………………………………………………………………………… 19. **菱叶钓樟 L. supracostata**

27. 叶披针形或窄长卵形，叶柄长5-8毫米；花丝无毛；果托杯状 …………… 20. **香叶子 L. fragrans**

26. 叶脉在叶下面较上面更凸出；花丝、子房及花柱稍被毛。

28. 子房及花柱密被柔毛；幼果被毛；叶宽椭圆形或宽卵形，稀卵形或椭圆形，先端尖、渐尖或短尾尖 …………………………………………………………………………… 21. **卵叶钓樟 L. limprichtii**

28. 子房无毛，花柱被毛；幼果无毛。

29. 叶椭圆形、长圆形或倒卵形；芽卵状长圆形，芽鳞被柔毛 ……………………………………………………………………… 22. **川钓樟 L. pulcherrima** var. **hemsleyana**

29. 叶披针形或窄卵形；芽椭圆形，芽鳞被平伏柔毛 ……………………………………………………………… 22(附). **香粉叶 L. pulcherrima** var. **attenuata**

25. 果长达1.4厘米；幼叶密被平伏白或黄色绢状长柔毛；花丝疏被柔毛；子房及花柱被微柔毛 …………………………………………………………………………………… 23. **三股筋香 L. thomsonii**

24. 幼枝及叶下面密被厚毛，二年生枝及老叶被毛较厚，至少在分枝处及叶下面脉上被毛。

30. 叶长4.5-15厘米、倒卵形或长圆形，先端渐尖或长渐尖，幼枝及叶下面密被灰褐色绒毛或淡黄褐色长柔毛。

31. 芽、幼枝及叶下面被灰褐色柔毛；二年生枝灰褐色；被残存柔毛，叶卵形或椭圆形，老叶下面脉上被绒毛 ……………………………………………………………………… 24. **绒毛钓樟 L. floribunda**

31. 芽鳞密被褐色柔毛，幼枝、叶下面及叶柄密被黄褐色长柔毛；二年生枝黄褐色近无毛，粗糙；老叶下面毛脱落或中脉被毛，叶长圆形或倒卵形 ………………………… 24(附). **毛柄钓樟 L. villipes**

30. 叶长2.5-5(-7)厘米，卵形、椭圆形或近圆形，先端尾尖。

32. 幼枝及叶下面密被黄或褐色柔毛；叶卵形、椭圆形或近圆形，宽1.5-4厘米 … 25. **乌药 L. aggregata**

32. 幼枝及叶下面无毛或疏被灰白色柔毛；叶窄卵形或窄椭圆形，宽1.3-2厘米 …………………………………………………………………… 25(附). **小叶乌药 L. aggregata** var. **playfairii**

1. 黑壳楠

图355 彩片221

Lindera megaphylla Hemsl. in Journ. Linn. Soc. Bot. 26: 389. 1891.

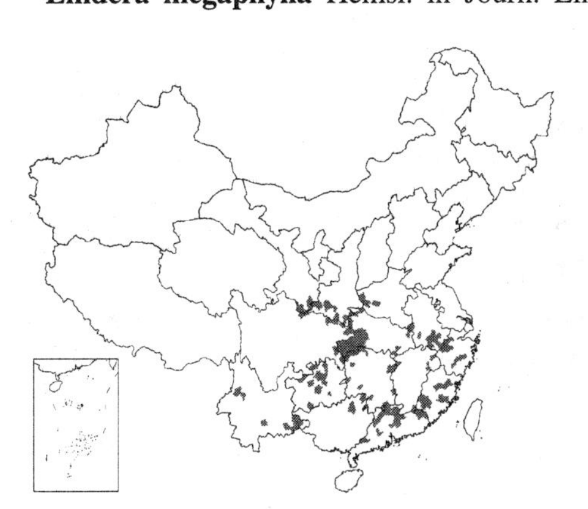

常绿乔木，高达15(-25)米。小枝粗圆，紫黑色，无毛，疏被皮孔。顶芽卵圆形，长约1.5厘米，芽鳞被白色微柔毛。叶集生枝顶，倒披针形或倒卵状长圆形，稀长卵形，长10-23厘米，宽5-7.5厘米，先端尖或渐尖，基部窄楔形，无毛，侧脉15-21对；叶柄长1.5-3厘米，无毛。伞形花序多花，花序梗密被黄褐色或近锈色微柔毛。雄花花被片6，椭圆形，稍被黄褐色柔毛，花丝疏被柔毛，第3轮花丝基部具2个有柄三角漏斗形腺体，退化雌蕊长，无毛；雌花花梗密被黄褐色柔毛，花被片6，线状匙形，下部或脊部被黄褐色柔毛，内面无毛，子房无毛，花柱纤细，柱头盾形，被乳突，退化雄蕊9，第3轮花丝中部具2个有柄三角漏斗形腺体。果椭圆形或卵圆形，长约1.8厘米，紫黑色，无毛；果柄长1.5厘米，向上渐粗，被皮孔；果托杯状，高约8毫米，径达1.5厘米。花期2-4月，果期9-12月。

产河南、安徽、浙江、江西、湖北、湖南、福建、广东、广西、云南、贵州、四川、陕西及甘肃，生于海拔1600-2000米山坡、谷地常绿阔叶林或灌丛中。种仁含油脂近50%，为优质不干性油，可供制皂；果肉及叶含芳香油；木材黄褐色，纹理直，结构细，供装饰、家具及建筑等用。

［附］**四川山胡椒** 石桢楠 **Lindera setchuenensis** Gamble in Sarg. Pl. Wilson. 2: 82. 1914. 本种与黑壳楠的区别：常绿灌木；芽锥形，无毛；叶线形、宽1.4-1.5(-2.8)厘米，下面被黄色柔毛；果托浅杯状，径约6毫米。产四川及贵州，生于海拔1500米以下山坡及疏林中。

图 355 黑壳楠 （引自《云南树木图志》）

2. 江浙山胡椒 江浙钓樟 图 356

Lindera chienii Cheng in Contr. Biol. Sci. Soc. China, Bot. 9: 193. f. 18. 1934.

落叶小乔木或灌木状，高达5米；树皮灰色。枝条灰色或带褐色，具纵纹，密被白色柔毛，后渐脱落。顶芽长卵圆形，叶互生，纸质，倒披针形或倒卵形，长6-10(-15)厘米，先端短渐尖，基部楔形，上面中脉初疏被柔毛，下面脉上被白柔毛，侧脉5-7对，网脉明显；叶柄长0.2-1厘米，被白柔毛。伞形花序总梗长5-7毫米，被白色微柔毛，具花6-12。雄花花梗密被白色柔毛，花被片椭圆形，长3.5-4毫米，被柔毛，内面无毛，第3轮花丝基部着生2个具长柄三角漏斗状腺体，退化雄蕊宽卵形；雌花花被片椭圆形或卵形，长1.5-1.8毫米，被柔毛，内面无毛，子房卵球形，无毛，花柱长1.5毫米，柱头头状，退化雄蕊线形，无毛，第3轮花丝中部具2个有柄三角形腺体。果近球形，径约1厘米，红色，果托径约7毫米；果柄长0.6-1.2厘米。花期3-4月，果期 9-10月。

产江苏、浙江、安徽、河南及湖北，生于山坡或林中。

图 356 江浙山胡椒 （引自《图鉴》）

3. 红果山胡椒 红果钓樟 图 357：1-6

Lindera erythrocarpa Makino in Bot. Mag. Tokyo 11: 219. 1897.

落叶小乔木或灌木状，高达5米。幼枝灰白或灰黄色，皮孔显著。冬芽角锥形，长约1厘米。叶纸质，倒披针形，稀倒卵形，长(5-)9-12(-15)厘米，先端渐尖，基部窄楔形，常下延，上面疏被平伏柔毛或无毛，下面被平伏柔毛，脉上较密，侧脉4-5对；叶柄长0.5-1厘米。伞形花序梗长约5毫米，具15-17花。雄花花梗疏被柔毛，长约3.5毫米，花被片6，近相等，椭圆形，疏被柔毛，内面无毛，雄蕊9，近等长，第3轮花丝近基部具2个短柄宽肾形腺体；雌花较小，花梗长约1毫米，花被片6，椭圆形，被柔毛，

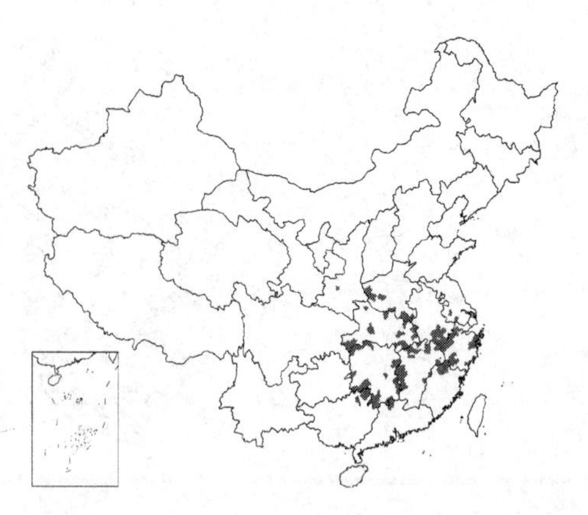

内面被平伏柔毛，雌蕊长约1 毫米，花柱粗，柱头盘状，退化雄蕊9，线形，第3轮花丝中下部具2个椭圆形无柄腺体。果球形，径7-8毫米，红色；果柄长1.5-1.8厘米，果托径3-4毫米。花期4月，果期9-10月。

产山东、江苏、安徽、浙江、福建、台湾 、江西、湖北、湖南、广东、广西、陕西及河南，生于海拔1000米以下山坡、山谷、溪边及林下。朝鲜及日本有分布。

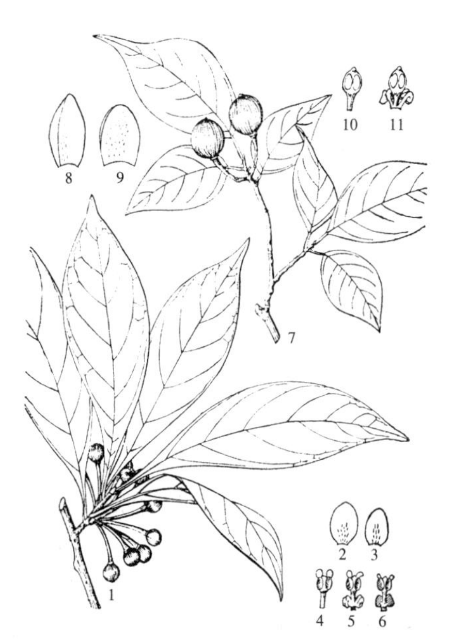

图 357: 1-6. 红果山胡椒 7-11. 大果山胡椒
（引自《中国树木志》）

4. 山橿 图 358：1-6

Lindera reflexa Hemsl. in Journ. Linn. Soc. Bot. 26：391. 1891.

落叶小乔木或灌木状。幼枝黄绿色，皮孔不明显，初被绢状柔毛。冬芽长角锥状。叶卵形或倒卵状椭圆形，稀倒卵形或窄椭圆形，长（5-）9-12（-16.5）厘米，宽5-8（-12.5）厘米，先端渐尖，基部圆或宽楔形，稀近心形，上面幼时中脉被微柔毛，下面被白色柔毛，侧脉6-8（-10）对；叶柄长0.6-1.7(-3)厘米，幼时被柔毛。伞形花序梗长约3毫米，密被红褐色微柔毛，后脱落，具5花。雄花花梗密被白柔毛，花被片6，黄色，椭圆形，近等长，第3轮花丝基部具2个宽肾形长柄腺体，退化雌蕊窄角锥形；雌花花梗密被白柔毛，花被片宽长圆形，被白柔毛，内面疏被柔毛，花柱与子房等长，柱头盘状，退化雄蕊线形，第3轮花丝基部具2腺体。果球形，径约7毫米，红色；果柄长约1.5厘米，疏被柔毛。花期4月，果期8月。

产河南、江苏、安徽、浙江、福建、江西、湖北、湖南、广西、贵州及云南，生于海拔约1000米以下山谷、山坡林下或灌丛中。根药用，可止血、消肿、止痛，治胃气痛、疥癣、风疹、刀伤出血。

图 358: 1-6. 山橿 7-11. 滇粤山胡椒
（仿《中国植物志》）

［附］**大果山胡椒** 图 357：7-11 **Lindera praecox**（Sieb. et Zucc.）Bl. Bot. Lugd. Bat. 1(21)：324. 1851.—— *Benzoin praecox* Sieb et Zucc. in Abh. Math.-Phys. Cl. Konigl. Bayer. Akad. Wiss. 4(3)：205. 1846. 本种与山橿的区别：幼枝灰绿色，皮孔明显；叶长5-9厘米，宽2.5-4厘米，侧脉4对；果径达1.5 厘米，果柄长0.7-1厘米，皮孔明显。产浙江、安徽及湖北，生于低山灌丛中。

5. 山胡椒 牛筋树 图 359 彩片 222

Lindera glauca（Sieb. et Zucc.）BI. Mus. Bot. Lugd. Bat. 1：325. 1851.

Benzoin glaucum Sieb. et Zucc. in Abh. Math.-Phys. Cl. Konigl. Bayer. Akad. Wiss. 4(3)：205. 1846.

落叶小乔木或灌木状，高达8米。小枝灰或灰白色，幼时淡黄色，初被褐色毛。冬芽长角锥形，芽鳞无脊。叶宽椭圆形、椭圆形、倒卵形或窄倒卵形，长4-9厘米，下面被白色柔毛，侧脉(4) 5-6对；翌年发新叶时落叶。伞形花序从混合芽生出，梗长不及3毫米，具3-8花。雄花花梗长约1.2厘米，密被白柔毛，花被片椭圆

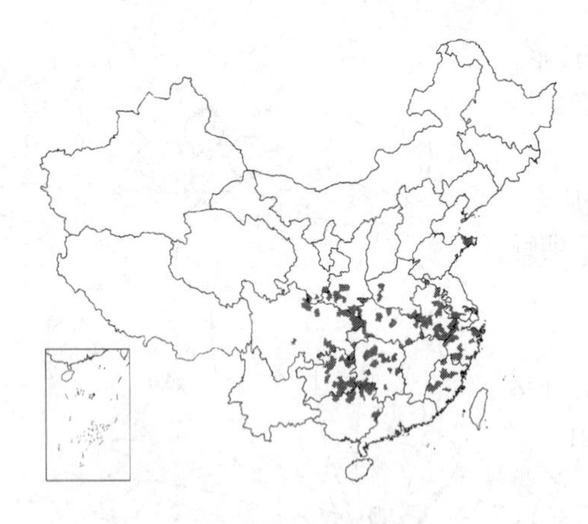

图 359 山胡椒（吴彰桦绘）

形，脊部被柔毛，雄蕊9，第3轮花丝基部具2个宽肾形腺体；雌花花梗长3-6毫米，花被片椭圆形或倒卵形，柱头盘状，退化雄蕊线形，第3轮花丝基部具2个有柄不规则肾形腺体。果球形，黑褐色，径约6毫米；果柄长1-1.5厘米。花期3-4月，果期7-9月。

产山东、江苏、安徽、浙江、福建、广西、贵州、湖北、湖南、四川、甘肃、陕西及河南，生于海拔900米以下山坡及林缘。印度支那、朝鲜及日本有分布。木材可作家具；叶及果可提取芳香油；种仁油含月桂酸，供制肥皂及润滑油；根、枝、叶及果药用，果治胃痛。

6. 狭叶山胡椒 鸡婆子 图 360

Lindera angustifolia Cheng in Contr. Biol. Lab. Sci. China, Sect. Bot. 18(3): 294. f. 21. 1933.

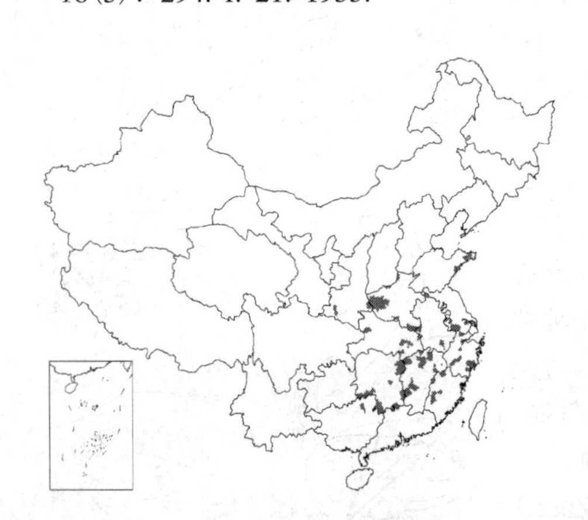

图 360 狭叶山胡椒（张泰利绘）

落叶小乔木或灌木状，高达8米。幼枝黄绿色，无毛。冬芽卵圆形，紫褐色，芽鳞具脊。叶椭圆状披针形，长6-14厘米，先端渐尖，基部楔形，下面沿脉疏被柔毛，侧脉8-10对。伞形花序2-3腋生。雄花序具3-4花，花梗长3-5毫米，花被片6，能育雄蕊9；雌花序具2-7花，花梗长3-6毫米，花被片6，柱头头状，退化雄蕊9。果球形，径约8毫米，黑色，果托径约2毫米；果柄长0.5-1.5厘米，被微柔毛或无毛。花期3-4月，果期9-10月。

产陕西、河南、山东、安徽、江苏、浙江、福建、江西、湖北、湖南、广东及广西，生于山坡灌丛或疏林中。朝鲜有分布。种子油可制肥皂及润滑油。叶可提取芳香油，供配制化妆品及皂用香精。

7. 纤梗山胡椒 图 361

Lindera gracilipes H. W. Li in Acta Phytotax. Sin. 16(4): 64. pl. 4. f. 1. 1978.

常绿小乔木或灌木状。小枝细圆，幼时稍具棱，被黄褐色微柔毛。顶芽长约2毫米，密被黄褐色微柔毛。叶长圆形，长12-20厘米，先端短渐尖，基部宽楔形或近圆，上面初疏被黄褐色微柔毛，下面脉上密被黄褐色微柔毛，侧脉约8对，细脉网状，下面明显；叶柄密被黄褐色微柔毛。伞形花序1-5(6)生于密被黄褐色微柔毛的腋生短枝上，雄花序约具10花，雌花序约具8花，花序梗纤细，长(2)2.5-3厘米，密被黄褐色短柔毛；总苞片被黄褐色微柔毛。雄花花梗密被黄褐色短柔毛，花被片4-6，不等大，宽卵形或长圆形，雄蕊9，第3轮花丝中部具2个宽肾形腺体，退化雌蕊近球

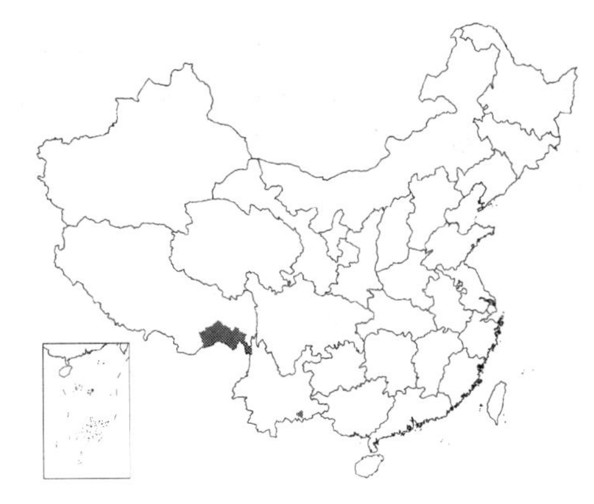

形，密被柔毛；雌花花梗密被黄褐色短柔毛，花被片4-6，不等大，长圆形或线形，无毛，子房及花柱被柔毛，柱头盘状，具裂片，退化雄蕊9，花丝被柔毛。果卵圆形，长达1.3厘米，红色。花期4月，果期10-11月。

产云南及西藏东南部，生于海拔700-1820米山谷潮湿林中或灌丛中。越南北部有分布。

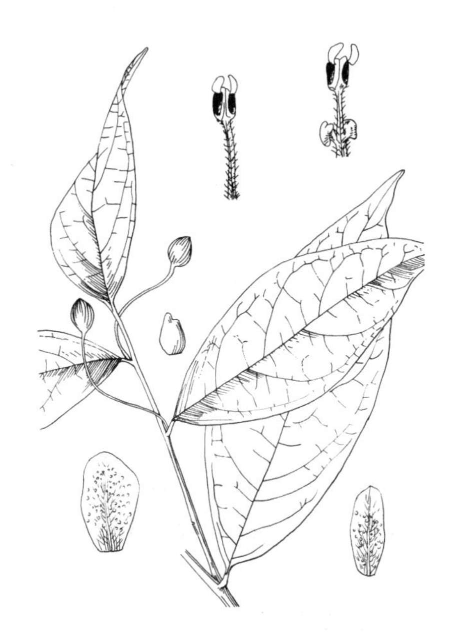

图 361 纤梗山胡椒 （冯晋庸绘）

8. 广东山胡椒 柳槁 图 362

Lindera kwangtungensis (H. Liou) Allen in Journ. Arn. Arb. 22: 2. 1941.

Lindera meissneri King f. *kwangtungensis* H. Liou, Laur. Chine et Indoch. 126. 1932.

常绿乔木，高达30米。小枝绿色，皮孔黑褐色。叶椭圆状披针形，长6-12厘米，先端渐尖，基部楔形，无毛，侧脉(4)5-6对，不明显；叶柄细，长0.7-1厘米。伞形花序2-3腋生，梗长1-2厘米，被褐色微柔毛，总苞片被褐色微柔毛，具4-9花，花梗长5-6毫米，被褐色柔毛，花被片长圆形或卵状长圆形，近等长，两面被褐黄色毛；雄花雄蕊近等长，花丝被毛，第3轮花丝基部具2个长柄肾形腺体，退化雌蕊小；雌花花柱及子房无毛，柱头2裂，具乳突，退化雄蕊线形，疏被柔毛，不等长，第3轮花丝具2个长椭圆形腺体。果球形，径5-6毫米；果柄长4-6毫米。花期3-4月，果期8-9月。

产福建、江西、广东、海南、广西、贵州及四川，生于海拔1300米以下山坡林中。

［附］**山柿子果 Lindera longipedunculata** Allen in Journ. Arn. Arb. 22: 61. 1941. 本种与广东山胡椒的区别：叶长椭圆形或长圆形，长13厘米以上，先端尖或骤尖，干时带红色。花期10-11月，果期翌年6-8月。产云南西北部及西藏东南部，生于海拔2100-2900米山坡松林或常绿阔叶林中。

图 362 广东山胡椒 （吴彰桦绘）

9. 滇粤山胡椒 图 358：7-11

Lindera metcalfiana Allen in Journ. Arn. Arb. 22: 3. 1941.

常绿小乔木或灌木状，高达12米。幼时稍被黄褐色绢质微柔毛，后脱落。顶芽长角锥形，密被黄褐色绢状微柔毛。叶椭圆形或长椭圆形，长5-13厘米，先端渐尖或尾尖，常镰状，基部宽楔形，两面沿脉稍被黄褐色微柔毛，后无毛，侧脉6-10对，明显，干时紫褐色，细脉网状，下面明显；叶柄被黄褐色柔毛。雄伞形花序1-2(3)

腋生，梗长1-1.6厘米，具6-8花，花梗长2-3毫米，密被黄褐色柔毛，花被片6，近等大，宽卵形，被黄褐色柔毛及腺点，能育雄蕊9，花丝稍被柔毛，第3轮花丝近基部具2有柄圆肾形腺体；雌伞形花序具4-8花，总梗长6-8毫米，稍被黄褐色微柔毛，雌花花被片6，卵形，花柱粗，柱头盾形，具乳突，退化雄蕊第3轮花丝近基部具2个有柄圆肾形腺体。果球形，径6毫米，紫黑色；果柄粗，长约6毫米，稍被黄褐色微柔毛。花期3-5月，果期6-10月。

产云南、广西、广东、海南及福建，生于海拔1200-2000米山坡、林缘或常绿阔叶林中。

图 363 团香果 （吴彰桦绘）

10. 团香果 图 363

Lindera latifolia Hook. f. Fl. Brit. Ind. 5: 183. 1886.

常绿乔木，高达15(-20)米。小枝具棱，密被灰色或淡黄褐色绒毛，后渐脱落。顶芽长卵圆形，密被黄褐色绒毛。叶倒卵形或长圆形，长(5-)7.5-15厘米，先端骤尖或渐尖，基部宽楔形或近圆，下面密被灰白或灰黄色长硬毛，侧脉6-8对，与中脉在上面凹下，边缘卷曲；叶柄长1-1.5厘米，密被灰黄或黄褐色绒毛。伞形花序具10-12(13)花，1-3个腋生短枝上，雄花序梗长约1.6厘米，雌花序梗长5-9毫米，均密被黄褐色微柔毛，总苞片密被黄褐色微柔毛。雄花花被片6(7)，长圆形，两面密被黄褐色微柔毛，雄蕊8-10，花丝疏被柔毛，退化雌蕊卵圆形；雌花花被片线状披针形，退化雄蕊线形。果球形，径约6毫米，紫红色，果柄长6-9毫米，稍被黄褐色微柔毛。花期 2-4月，果期5-11月。

产云南及西藏东南部，生于海拔1500-2300(2900)米山坡或沟边常绿阔叶林及灌丛中或林缘。印度、孟加拉及越南北部有分布。

图 364 绒毛山胡椒 （冀朝祯绘）

11. 绒毛山胡椒 绒钓樟 图 364 彩片 223

Lindera nacusua (D. Don) Merr. in Lingnan Sci. Journ. 15: 419. 1936.

Laurus nacusua D. Don, Prodr. Nepal. 64. 1825.

常绿乔木或灌木状，高达15米。幼枝密被黄褐色长柔毛，后渐脱落。顶芽宽卵圆形，密被黄褐色柔毛。叶宽卵形、椭圆形或长圆形，长6-11(-15)厘米，宽3.5-7.5厘米，先端常骤渐尖，基部楔形或近圆，两侧常不等，上面中脉有时稍被黄褐色柔毛，下面密被黄褐色长柔毛，侧脉6-8对；叶柄粗，密被黄褐色柔毛。伞形花序单生或2-4簇生叶腋，具短梗。雄花序具

8花，花梗密被黄褐色柔毛，花被片6，卵形，雄蕊9，第3轮花丝近中部具2个宽肾形腺体，退化雌蕊子房卵圆形，雌花具(2)3-6花，花被片6，宽卵形，花柱粗，柱头头状，退化雄蕊9，第3轮花丝中部具2个圆肾形腺体。果近球形，红色；果柄向上渐粗，稍被黄褐色微柔毛。花期5-6月，果期7-10月。

产浙江、福建、江西、湖南、广东、海南、广西、贵州、云南、四川及西藏东南部，生于海拔700-2500米谷地或山坡常绿阔叶林中。尼泊尔、印度、缅甸及越南有分布。

12. 香叶树　　图365 彩片224

Lindera communis Hemsl. in Journ. Linn. Soc. Bot. 26: 387. 1891.

常绿乔木或灌木状，高达25米。幼枝绿色，被黄白色短柔毛，后无毛。顶芽卵圆形。叶披针形、卵形或椭圆形，长(3)4-9(-12.5)厘米，宽1.5-3.5厘米，先端骤尖或近尾尖，基部宽楔形或近圆，被黄褐色柔毛，后渐脱落，侧脉5-7对；叶柄长5-8毫米，被黄褐色微柔毛或近无毛。伞形花序具5-8花，单生或2个并生叶腋，梗极短。雄花稍被黄色微柔毛，花被片6，卵形，近等大，雄蕊9，第3轮花丝基部具2宽肾形腺体，退化雌蕊子房卵圆形。雌花花被片6，卵形，被微柔毛，花柱长2毫米，柱头盾形，具乳突，退化雄蕊9，线形，第3轮具2腺体。果卵圆形，长约1厘米，稀近球形，无毛，红色；果柄被黄褐色微柔毛。花期3-4月，果期9-10月。

产河南、湖北、浙江、福建、台湾、江西、湖南、广东、广西、云南、贵州、四川、陕西及甘肃，常散生于干燥砂质土壤，或混生于常绿阔叶林中。中南半岛有分布。种仁含油供制皂、润滑油、油墨及医用栓剂原料，也可食用。果可提取芳香油；枝叶可治跌打损伤及牛马癣疥。

图 365 香叶树 （冀朝祯绘）

［附］ **台湾香叶树** 彩片225 **Lindera akoensis** Hayata in Journ. Coll. Sci. Tokyo 30: 252. 1911. 本种与香叶树的区别：叶长3-5厘米，侧脉4-5对，网脉成小凹点；花被筒倒锥形，雌花花被片三角形。产台湾南部。

13. 红脉钓樟　　图366

Lindera rubronervia Gamble in Sarg. Pl. Wilson. 2: 84. 1914.

落叶小乔木或灌木状，高达5米。冬芽长角锥形，无毛。叶卵形或窄卵形，稀披针形，长（4-）6-8（-13）厘米，先端渐尖，基部楔形，上面沿中脉疏被短柔毛，下面被柔毛，离基三出脉，中脉中部以上具3-4对侧脉，脉及叶柄秋后为红色；叶柄被短柔毛。伞形花序常2个，腋生，无梗或梗长不及3毫米，具5-8花；总苞片宿存。花被筒被柔毛，花被片6，外轮较长，

图 366 红脉钓樟 （吴彰桦绘）

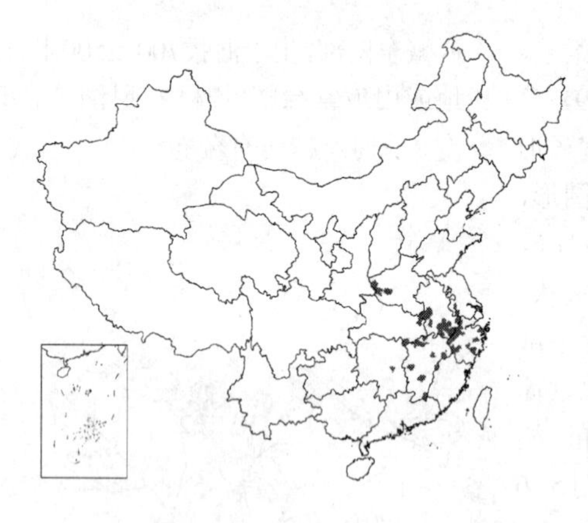

椭圆形，内面被白色柔毛；雄花花梗密被白色柔毛，能育雄蕊9，等长，第3轮花丝基部具2个有长柄及宽肾形腺体；雌花花梗被毛，花柱长0.8毫米，柱状盘状，退化雄蕊线形，第3轮中、下部具2长圆形腺体。果近球形，径1厘米；果柄长1-1.5厘米，弯曲，果托径约3毫米。花期3-4月，果期8-9月。

产河南、安徽、江苏、浙江、江西、湖北及湖南，生于山坡林下、溪边或山谷中。

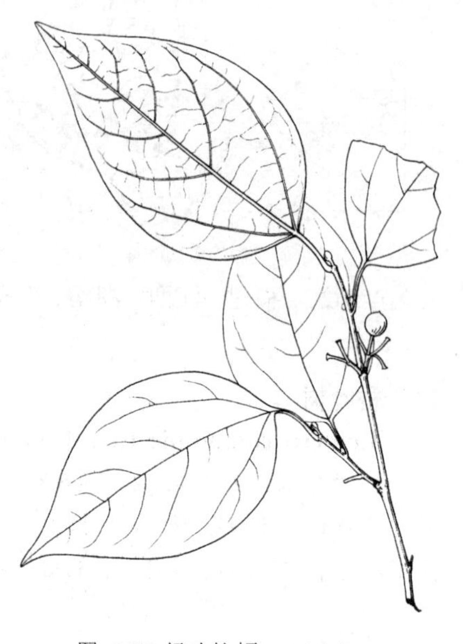

图 367 绿叶甘橿 （吴彰桦绘）

14. 绿叶甘橿

图 367

Lindera fruticosa Hemsl. in Journ. Linn. Soc. Bot. 26: 388. 1891.

落叶小乔木或灌木状，高达6米。冬芽卵圆形，具短柄。叶卵形或宽卵形，长5-14厘米，先端渐尖，基部圆或宽楔形，上面无毛，下面初密被柔毛，三出脉或离基三出脉；叶柄长1-1.2厘米。伞形花序梗长约4毫米，无毛，具7-9花，总苞片具缘毛。雄花花被片宽椭圆形或近圆形，第3轮花丝基部具2个有柄宽三角状肾形腺体，有时第1、2轮花丝具1腺体；雌花花被片宽倒卵形，外轮较长，退化雄蕊线形，第3轮基部具2个不规则长柄腺体，腺体三角形或长圆形，花梗被微柔毛。果近球形，径6-8毫米；果柄长4-7毫米。花期4月，果期 9月。

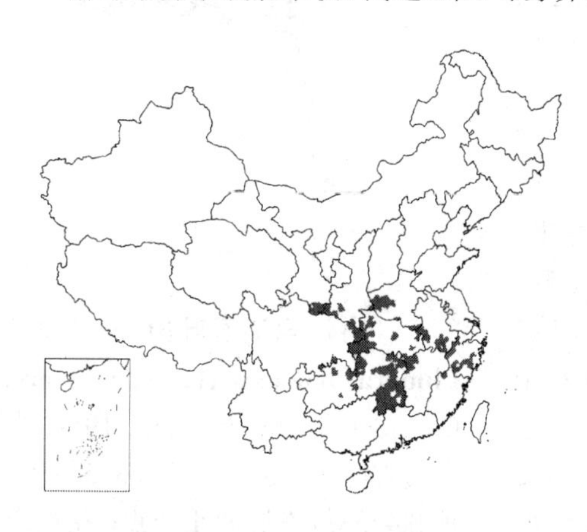

产安徽、浙江、福建、江西、湖北、湖南、贵州、四川、云南、甘肃、陕西及河南，生于海拔2300米以下山坡、林下及林缘。

15. 三桠乌药

图 368：1-9

Lindera obtusiloba Bl. Mus. Bot. Lugd. Bat. 1: 325. 1851.

落叶乔木或灌木状，高达10米。小枝黄绿色。芽卵圆形，无毛，内芽鳞被淡褐黄色绢毛；有时为混合芽。叶近圆形或扁圆形，长5.5-10厘米，先端尖，3（5）裂，稀全缘，基部近圆或心形，稀宽楔形，下面被褐黄色柔毛或近无毛，三出脉，稀五出脉，网脉明显；叶柄长1.5-2.8厘米，被黄白色柔毛。混合芽椭圆形，具无总梗花序5-6，每花序具5花。雄花花被片被长柔毛，内面无毛，能育雄蕊9，第3轮花丝基部具2个有长柄宽肾形腺体，退化雌蕊长椭圆形；雌花花被片内轮较短，子房长2.2毫米，花柱

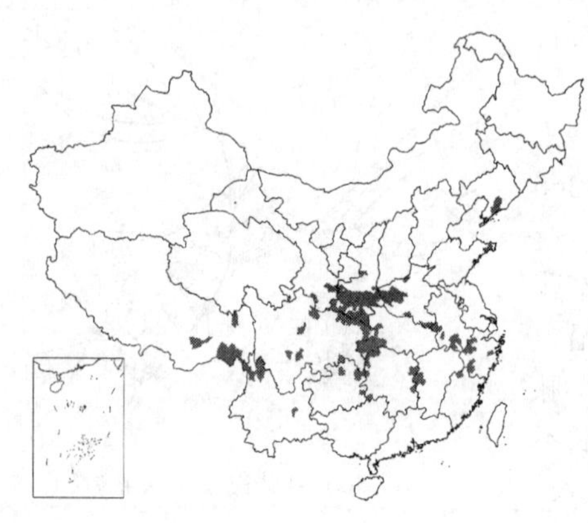

图 368：1-9. 三桠乌药 10. 滇藏钓樟 （吴彰桦绘）

短，退化雄蕊条片形，第3轮花丝基部有具2个长柄腺体。果宽椭圆形，长8毫米，红至紫黑色。花期 3-4月，果期8-9月。

产辽宁、山东、江苏、安徽、浙江、福建、江西、湖南、湖北、四川、贵州、云南、西藏、甘肃、陕西及河南，生于海拔3000米以下山谷、密林或灌丛中。朝鲜及日本有分布。种子含油脂达60%，用于医药及轻工业原料；木材致密，供细木工用材；树皮治跌打损伤、瘀血肿痛。

［附］**滇藏钓樟** 图368:10 **Lindera obtusiloba** var. **heterophylla** (Meissn.) H. P. Tsui, Fl. Reipubl. Popul. Sin. 31: 416. 1984. ——*Lindera heterophylla* Meissn. in DC. Prodr. 15(1): 246. 1864.本变种与模式变种的区别：叶常椭圆形，不裂或不规则稍浅裂，幼叶密被金黄色绢毛；幼枝灰白或灰黄色，纵裂，具褐色斑点或斑块。产云南西北部及西藏。生于山坡林中。

图 369 鼎湖钓樟 （引自《图鉴》）

16. 鼎湖钓樟 白胶木 图369

Lindera chunii Merr. in Lingnan Sci. Journ. 7: 307. 1931.

常绿小乔木或灌木状，高达6米。幼枝被毛，后渐脱落。叶椭圆形或长椭圆形，长5-10厘米，先端尾尖，基部楔形；幼时两面被白或黄色平伏绢毛，后脱落，三出脉，侧脉直达先端；叶柄初被平伏白或黄色绢毛。伞形花序数个腋生，每花序具4-6花。雄花序梗被微柔毛，花梗密被褐色柔毛，花被片长圆形，被柔毛，内面无毛，花药宽椭圆形，花丝被褐黄色柔毛，第2轮花丝基部具2个有柄倒卵形腺体；雌花序梗被微柔毛，花梗与花序梗近等长，花被筒漏斗形，花被片线形，内轮较外轮稍长，被褐色柔毛，子房及花柱被柔毛，柱头盘状，退化雄蕊线形，被褐色柔毛，第3轮花丝中下部具2椭圆形腺体。果椭圆形。长0.8-1厘米。花期2-3月，果期8-9月。

产广东、广西及海南，生于向阳山坡灌丛中。块根入药，广东鼎湖称“台乌球”，可代乌药浸制“台乌酒”；种子含油率64%。

17. 假桂钓樟 图370

Lindera tonkinensis Lecomte in Nouv. Arch. Mus. Hist. Nat. Paris sér. 5, 5: 112. t. 8. 1913.

常绿乔木，高达12米。小枝圆，幼密被褐色微柔毛。叶薄纸质，卵形或卵状长圆形，长8-14厘米，先端渐尖，基部楔形或近圆，常两侧不对称，幼时两面沿脉密被锈色微柔毛，具三出脉，第1对侧脉在叶端与第2对侧脉相联处内曲，中脉、侧脉在上面稍凹下；叶柄长1-1.5(-2)厘

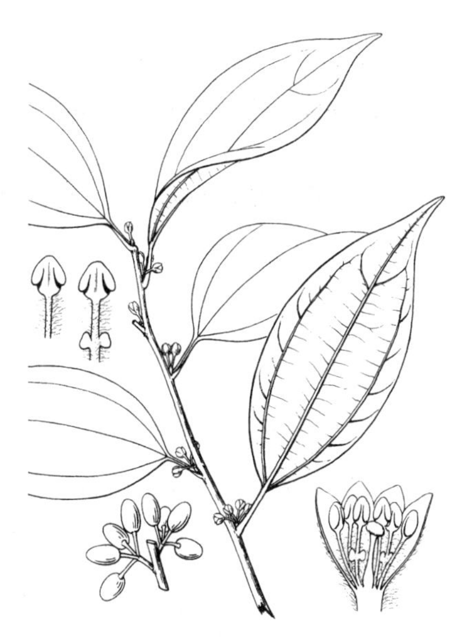

图 370 假桂钓樟 （吴彰桦绘）

米。伞形花序(1)2-5腋生短枝上，每花序具6花；总苞片疏被微柔毛或近无毛。雄花花被片长圆卵形，下部疏被柔毛，内面密被腺点，能育雄蕊花丝密被长柔毛，第3轮花丝近基部具2个短柄卵形腺体，退化子房近棒形，柱头盾形，具乳突；雌花花被片长圆形，下部疏被微柔毛，柱头盾形，具乳突，退化雄蕊被长柔毛，第3轮花丝近基部具2个短柄卵形腺体。果椭圆形，长9毫米，顶端具细尖；果柄长约6毫米，密被锈色柔毛；果托高1-1.5毫米。花期10月至翌年3月，果期5-8月。

产云南南部、广西南部及海南，生于海拔130-800米山坡疏林中及林缘。越南北部及老挝有分布。种子含油，供制皂及润滑油用。

18. 峨眉钓樟 图 371

Lindera prattii Gamble in Sarg. Pl. Wilson. 2: 83. 1914.

常绿乔木，高达20 米。小枝径约3毫米，皮孔显著，初被锈色毡毛，后渐脱落。芽卵圆形，密被锈色或褐色长柔毛。叶椭圆形或长圆形，长10-25厘米，先端尖或短渐尖，基部圆，幼时两面被褐黄色柔毛，下面脉上密被褐黄色长柔毛，后渐脱落；叶柄长1.5-3厘米，幼时被黄褐色毡毛。伞形花序数个腋生短枝上，具短梗或近无梗；花梗长约1厘米，与花序梗均密被褐黄色柔毛。雄花花被片椭圆形，内外轮稍不等长，雄蕊近等长，第3轮花丝中下部具2肾形有柄腺体，退化雌蕊子房卵圆形，柱头头状；雌花花被片窄卵形，内、外轮近等长，退化雄蕊线形，第3轮花丝近基部具2椭圆形有柄腺体，花被片及退化雄蕊疏被柔毛，内面无毛。果椭圆形，长1厘米；果柄长2-4毫米，密被褐黄色柔毛。花期3-4月，果期8-9月。

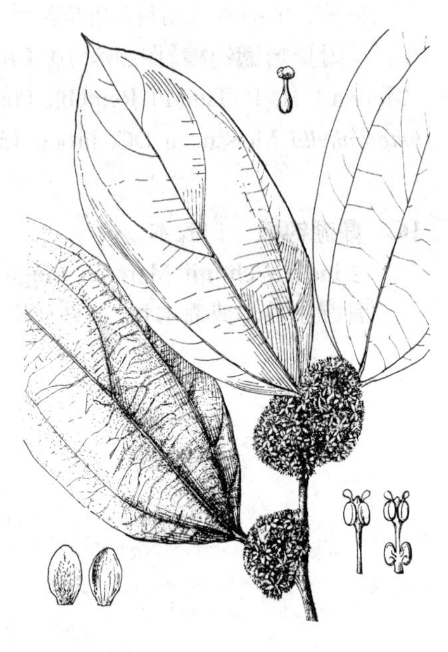

图 371 峨眉钓樟 （引自《中国植物志》）

产四川、贵州、云南、广西及湖南，生于海拔2200米以下杂木林中。

19. 菱叶钓樟 川滇三股筋香 图 372

Lindera supracostata Lecomte in Nouv. Arch. Mus. Hist Nat. Paris sér. 5, 5: 47. 112. 1914.

常绿乔木或灌木状，高达15（-25）米。顶芽宽卵圆形，被灰白色绢质微柔毛。叶椭圆形、卵形或披针形；长5-10厘米，先端尾尖，基部宽楔形，叶缘稍波状，无毛，三出脉或近离基三出脉；叶柄长约1厘米，无毛。伞形花序无梗，1-2腋生。雄花序具5花，花被片长圆形，被柔毛，雄蕊花丝被柔毛，第3轮花丝近基部具2球形短柄腺体，退化子房卵圆形，花柱被柔毛；雌花序具

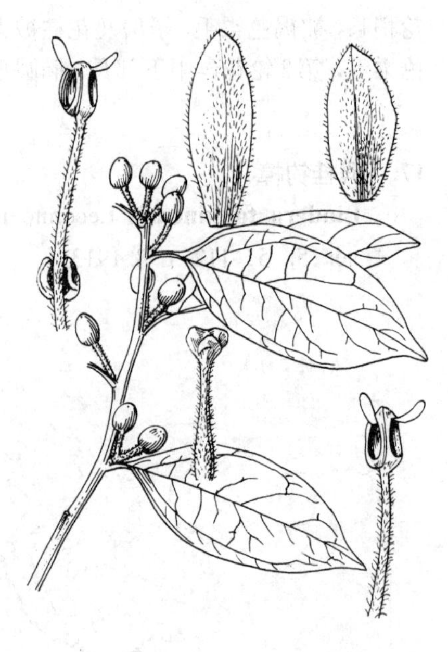

图 372 菱叶钓樟 （冯晋庸绘）

3-8花，花被片长圆形，花柱及子房上部密被柔毛，柱头盘状，退化雄蕊第3轮的花丝中部具2长圆形短柄腺体；果卵圆形，长8-9毫米，黑紫色；果柄长0.7-1.1厘米，果托盘状。花期3-5月，果期 7-9月。

产云南中部至西北部、四川西部、贵州、湖南及湖北，生于海拔2400-2800米谷地、山坡密林中。

20. 香叶子 图 373

Lindera fragrans Oliv. in Hook. Icon. Pl. 18: t. 1788.

常绿小乔木，高达5米。幼枝绿或黄绿色，具纵纹。叶披针形或窄长卵形，先端渐尖，基部楔形或宽楔形，下面无毛，三出脉，基部第一对侧脉沿叶缘上伸；叶柄长5-8 毫米。伞形花序腋生，具2-4花。雄花花被片近等长，密被黄褐色短柔毛，雄蕊9，花丝无毛，第3轮花丝基部具2宽肾形近无柄腺体，退化子房卵圆形，花柱成短凸尖；雌花花被片卵形，子房长椭圆形，柱头盾状，具乳突，退化雄蕊线形，第3轮花丝具2腺体。果长卵圆形，长1厘米，紫黑色，果柄长5-7毫米，疏被柔毛，果托杯状。花期4月，果期7月。

产甘肃、陕西、河南、湖北、四川及贵州，生于海拔700-2030米沟边、山坡灌丛中。

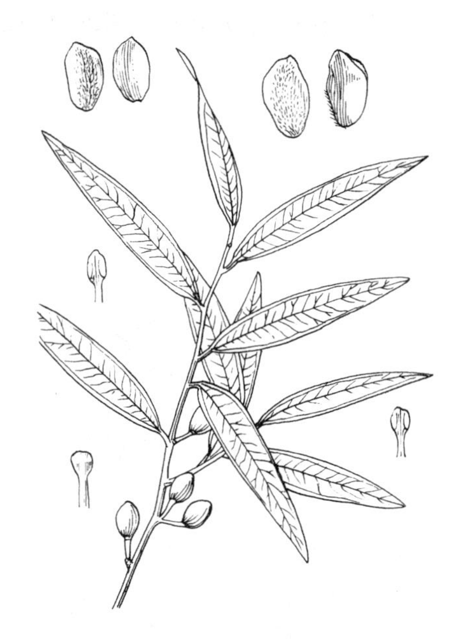

图 373 香叶子 （冯晋庸绘）

21. 卵叶钓樟 图 374

Lindera limprichtii H. Winkl. in Fedde, Repert. Sp. Nov. 12: 382. 1922.

常绿乔木，高达10米。幼枝被白色柔毛，旋脱落，皮孔稀疏。叶宽椭圆形或宽卵形，稀椭圆形或卵形，长6-11厘米，先端尖、渐尖或短尾尖，基部常圆，两面初密被平伏柔毛；叶柄长0.5-1.5厘米，初密被柔毛。伞形花序6-8腋生短枝上，每花序约具6花。雄花花梗被白色柔毛，花被片不等大，雄蕊与外轮花被片近等长，花丝被白色柔毛，第3轮花丝近基部具2椭圆形有柄腺体，退化雌蕊的子房及花柱密被白色柔毛；雌花花梗被白色柔毛，花被片长椭圆形，外轮稍长于内轮，子房与花柱密被柔毛，退化雄蕊线形，疏被柔毛，第3轮花丝近基部具2椭圆形有柄腺体。果椭圆形，长9毫米，果柄长1-1.5厘米，果托径约3 毫米。花期4-5月，果期8-9月。

图 374 卵叶钓樟 （杨再新绘）

产四川、陕西及甘肃，生于海拔1000-2200米林中或山谷。

22. 川钓樟 长叶乌药 图 375 彩片 226

Lindera pulcherrima (Wall.) Benth. var. **hemsleyana** (Diels) H. P. Tsui in Acta Phytotax. Sin. 16(4): 67. 1978.

Lindera strychnifolia (Sieb. et Zucc.) F.-Vill. var. *hemsleyana* Diels in Engl. Bot. Jahrb. 29: 352. 1901.

常绿乔木,高达10米。小枝绿色,初被白色柔毛,后脱落。芽卵状长圆形,芽鳞被白色柔毛。叶椭圆形、倒卵形、窄椭圆形或长圆形,稀椭圆状披针形,长8-13厘米,先端渐尖、稀长尾尖,基部圆或宽楔形,幼叶两面被白色柔毛,三出脉,中脉、侧脉在叶上面稍凸起;叶柄长0.8-1.2厘米,被白色柔毛。伞形花序无总梗或总梗短,3-5花序腋生短枝上。雄花花梗被白色柔毛;花被片近等长,椭圆形,脊部被白色柔毛,内面无毛,能育雄蕊花丝被白色柔毛,第3轮花丝近基部具2有柄肾形腺体,退化雌蕊的子房及花柱密被白色柔毛。幼果被白色柔毛,顶部密被白色柔毛;果椭圆形,长约8毫米。果期8-9月。

产陕西、四川、湖北、湖南、广西、贵州、云南及西藏,生于海拔约200米山坡、灌丛中或林缘。

[附] **香粉叶 Lindera pulcherrima** var. **attenuata** Allen in Journ. Arn. Arb. 22: 21. 1941. 本变种与川钓樟的区别:芽椭圆形,芽鳞密被白色平伏柔毛;叶披针形或窄卵形。产湖北、湖南、广西、广东、云南、贵州及四川,生于海拔1600米以下山坡、溪边。枝、叶及树皮含芳香油及胶质。广西民间将叶粉调入猪饲料,可增膘;树皮药用可清凉消食;广东罗浮山将叶作米粉糊香料。

图 375 川钓樟 (吴彰桦绘)

23. 三股筋香 图 376

Lindera thomsonii Allen in Journ. Arn. Arb. 22: 22. 1941.

常绿乔木,高达10米。枝条皮孔明显,幼枝密被绢毛。顶芽卵圆形,密被绢状微柔毛。叶卵形或长卵形,长7-11厘米,先端长尾尖,长达3.5厘米,基部楔形或近圆,幼时两面密被平伏白或黄色绢状柔毛,老时脱落近无毛,三出脉或离基三出脉,第1对侧脉斜伸至叶中部以上,两面凸起;叶柄长0.7-1.5厘米。雄伞形花序具3-10花,雄花花梗被灰色微柔毛,花被片卵状披针形,花丝疏被柔毛,第3轮花丝近基部具2圆肾形短柄腺体,退化雌蕊长约4毫米,花柱被灰色微柔毛;雌伞形花序具4-12花,雌花被灰色微柔毛,子房椭圆形,与花柱近等长,均被灰色微柔毛,退化雄蕊9,第3轮有时花瓣状,基部具2圆肾形近无柄腺体。果椭圆形,长1-1.4厘米,红至黑色;果托径约2毫米;果柄长1-1.5厘米,被微柔毛。花期2-3月,果期 6-9月。

图 376 三股筋香 (吴彰桦绘)

产云南西部及东南部、广西、贵州，生于海拔1100-2500(-3000)米山地疏林中。印度、缅甸及越南北部有分布。种子油供制皂，枝、叶及果肉可提取芳香油。

24. 绒毛钓樟　　图 377

Lindera floribunda (Allen) H. P. Tsui in Acta Phytotax. Sin. 16(4): 68. 1978.

Lindera gambleana Allen var. *floribunda* Allen in Journ. Arn. Arb. 22: 28. 1941.

常绿乔木，高达10米。幼枝密被灰褐色茸毛，二年生枝灰褐色，被残存柔毛。芽卵圆形，密被灰白色毛。叶倒卵形或椭圆形，长7-11厘米，先端渐尖，下面灰蓝白色，三出脉，第1对侧脉曲上达先端，第2对侧脉自叶中上部伸出，网脉明显，密被黄褐色绒毛；叶柄长约1厘米。伞形花序3-7腋生于短枝，总苞片被银白色柔毛，具5花。雄花花被片椭圆形，近等长，密被柔毛，内面无毛，花丝被，第3轮花丝近基部具2肾形腺体，退化子房及花柱密被柔毛，柱头盘状；雌花花被片近等长，子房椭圆形，连同花柱密被银白色绢毛，柱头盘状2裂，退化雄蕊条片形，疏被柔毛，第3轮花丝中部具2圆肾形腺体。果椭圆形，长8毫米，幼时被绒毛；果柄长8毫米；果托盘状。花期3-4月，果期4-8月。

产甘肃、陕西、四川、云南、湖北、湖南、贵州及广东，生于海拔370-1300米山坡、溪边林中。

［附］**毛柄钓樟 Lindera villipes** H. P. Tsui. in Acta Phytotax. Sin. 16(4): 68. pl. 5. f. 2. 1978. 本种与绒毛钓樟的区别：芽鳞密被褐色柔毛，幼枝、叶下面及叶柄密被黄褐色长柔毛；二年生枝黄褐色，近无毛，皮孔较密，粗糙；叶长圆形或窄卵形，老叶下面无毛或中脉被毛。产云南西部及西藏东南部，生于海拔2400-3200米山坡常绿阔叶林中。

图 377　绒毛钓樟　（蔡淑琴绘）

25. 乌药　　图 378

Lindera aggregata (Sims) Kosterm. in Reinwardtia 9(1): 98 1974.

Laurus aggregata Sims in Curtis's Bot. Mag. 51: t. 2497. 1824.

Lindera strychnifolia (Sieb. et Zucc.) F.-Vill; 中国高等植物图鉴1: 862. 1972.

常绿小乔木或灌木状，高达5米。根纺锤状，长达8厘米，径2.5厘米，褐黄或褐黑色。幼枝密被黄色绢毛，老时无毛。顶芽长椭圆形。叶卵形、椭圆形或近圆形，长2.7-5(-7)厘米，宽1.5-4厘米，先端长渐尖或尾尖，基部圆，下面幼时密被褐色柔毛，后脱落，两面有小凹窝，三出脉，中脉及第1对侧脉在上面常凹下；叶柄长0.5-1厘米。伞形花序腋生，无总梗，常6-8序集生短枝，每花序具7花。花梗被柔毛；花被片近等长，被白色柔毛，内面无毛；雄花花被片长约4毫米，花丝疏被柔毛，第3轮花丝基部具2宽肾形有柄腺体，退化雌蕊坛状；雌花花被片长约2.5毫米，子房椭圆形，被褐色短柔毛，柱头头状，退化雄蕊长条片状，疏被柔毛，第3轮花丝基部具2有柄腺体。果卵圆形或近球形，长0.6-1厘米。花期 3-4月，果期5-11月。

图 378　乌药　（引自《中国经济植物志》）

产安徽、江西、浙江、福建、台湾、湖南、湖北、贵州、广东及广西，生于海拔200-1000米向阳坡地、山谷、疏林或灌丛中。越南及菲律宾有分布。根药用，11月至翌年3月采挖，为健胃药。果、根及叶可提取芳香油；根及种子磨粉可杀虫。

［附］**小叶乌药** 小叶钓樟 **Lindera aggregata** var. **playfairii**（Hemsl.）H. P. Tsui. in Acta Phytotax. Sin. 16（4）：69. 1978.—— *Litsea playfairii* Hemsl. in Journ. Linn. Soc. Bot. 26：384. 1891. 本变种与模式变种的区别：幼枝、叶及花疏被灰白色毛或近无毛；叶窄卵形或披针形，宽1.3-2厘米，先端尾尖。产广东及广西。根药用，可消肿止痛，治跌打损伤。

6. 单花山胡椒属 Iteadaphne Bl.

（李锡文 李 捷）

常绿小乔木。叶互生，羽状脉。花单性或杂性，雌雄异株；伞形花序2至多个腋生于短枝上，呈总状排列，花序轴具小苞片；每花序仅具1花，具梗；雄花序具短梗，雌花及两性花序梗较长；苞片2，组成小总苞。花被筒极短，花被片6，近等大；能育雄蕊6（7-9），花药2室，内向瓣裂，第1或第1、2轮花丝无腺体，第2或第3轮具2腺体，腺体圆肾形，近无柄；子房上位，花柱柱状，柱头稍增大，盾状或2裂。浆果状核果；果托盘状。

约2种，产马来西亚、印度、缅甸、泰国、老挝、越南及我国。我国1种。

单花山胡椒 香面叶 图379

Iteadaphne caudata（Nees）Y. W. Li in Acta Bot. Yunn. 7(2)：132. 1985.

Daphnium caudatum Nees in Wall. Pl. Asiat. Rar. 2:3. 1831.

Lindera caudata（Nees）Hook. f.；中国高等植物图鉴1：859；中国植物志31：436. 1984.

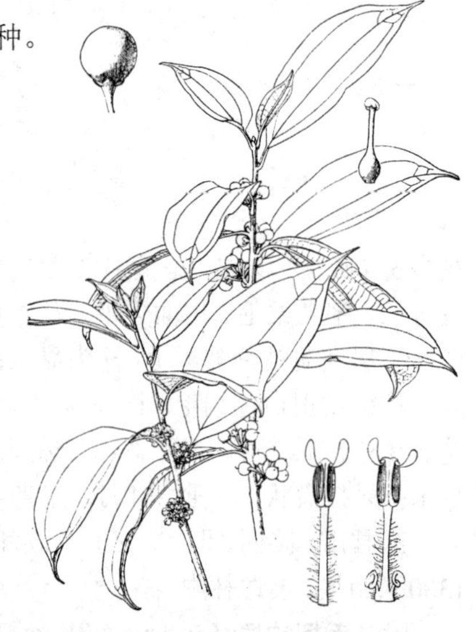

图 379 单花山胡椒

（引自《云南树木志》）

常绿小乔木，高达12(-20)米。小枝幼时密被黄褐色短柔毛，后渐脱落，黑褐色，皮孔长圆形。顶芽卵球形。长2-4毫米，芽鳞被黄褐色短柔毛。叶薄革质，长卵形或椭圆状针形，长4.5-13厘米，先端尾尖，基部宽楔形或圆，幼时两面被黄褐色短柔毛，下面毛较密，老时上面沿中脉疏被毛，下面被毛，离基三出脉，基部侧脉离叶基1-3毫米，中脉、侧脉在上面凹下；叶柄长0.5-1.3厘米，被黄褐色短柔毛。伞形花序具1小苞片，由2苞片包被，花序梗极短；苞片宽卵形或近圆形，密被黄褐色短柔毛，内面无毛；小苞片卵形，被毛。花被片卵状长圆形，两面基部被短毛，具中肋，被腺点；雄蕊花丝下部被长柔毛，腺体圆状肾形，近无柄，花柱长约2毫米，柱头盾状。果近球形，径5-7毫米，紫黑色；花托盘状，花被片宿存。花期10月至翌年4月，果期翌年3-10月。

产云南及广西，生于海拔700-2300米山坡灌丛、疏林中或林缘。种子含油脂约45.46%，可用于制皂及润滑油等；果皮及枝叶可提取芳香油，叶含芳香油0.7%，果含芳香油3.13%。

7. 檫木属 Sassafras Trew

（李锡文 李 捷）

落叶乔木。叶互生，集生枝顶，羽状脉或离基三出脉，不裂或2-3浅裂。花单性，雌雄异株，或两性但为功能单性；总状花序顶生，先叶开放，基部具迟落互生总苞片；苞片线形或丝状。花被筒短，裂片6，2轮，近等大，早落；雄花具能育雄蕊9，3轮，近等大，花丝丝状，被柔毛，第1、2轮无腺体，第3轮花丝基部具2短柄腺体，花药4室，上下2室相叠，或第1轮花药有时为3室而上方1室不育，或为2室均能育，第2、3轮花药均为2室，药室内向或第3轮下2室侧向，退化雄蕊3，位于最内轮或无，退化雌蕊有或无；雌花子房近无柄，花柱细，柱头盘状，退化雄蕊6，2轮，或为12，4轮。核果，果托浅杯状；果柄长，上端渐增粗。

3种，间断分布于亚洲东部及北美。我国2种。

1. 叶卵形或倒卵形，全缘或2-3浅裂；各轮雄蕊花药均4室，上下2室相叠，上2室较小…… 1. **檫木 S. tzumu**
1. 叶菱状卵形，不育枝之叶全缘或2-3浅裂，能育枝之叶全缘；第1轮雄蕊花药3室上方1室不育，或2室均能育，第2、3轮雄蕊花药均为2室 ………………………………………………………… 2. **台湾檫木 S. randaiense**

1. 檫木 图380

Sassafras tzumu (Hemsl.) Hemsl. in Kew Bull. 1907: 55. 1907.

Lindera tzumu Hemsl. in Journ. Linn. Soc. Bot. 26: 392. 1891.

乔木，高达35米；树皮幼时黄绿色，平滑，老时灰褐色，不规则纵裂。叶卵形或倒卵形，长9-18厘米，先端渐尖，基部楔形，全缘或2-3浅裂，两面无毛或下面沿脉疏被毛，羽状脉或离基三出脉；叶柄长2-7厘米，无毛或稍被毛。花序长4-5厘米，花序梗与序轴密被褐色柔毛。雄花花被片披针形，长约3.5毫米，疏被柔毛，能育雄蕊长约3毫米，花药均4室，退化雄蕊长1.5毫米，退化雌蕊明显；雌花具退化雄蕊12，4轮。果近球形，径达8毫米，蓝黑色被白蜡粉；果托浅杯状；果柄长1.5-2厘米，上端增粗，与果托均红色。花期3-4月，果期8-9月。

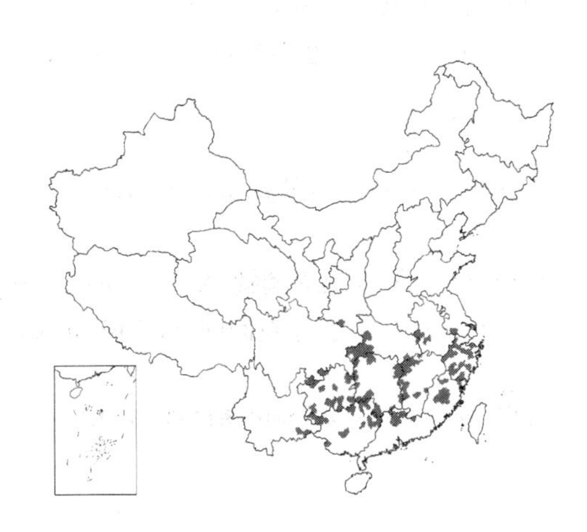

图 380 檫木（曾孝濂绘）

产江苏、安徽、浙江、福建、江西、湖北、湖南、广东、广西、云南、贵州、四川及陕西，生于海拔150-1900米林中。材质优良，适于造船、水车及上等家具；根及树皮入药，能活血散瘀、祛风湿，治扭挫伤及腰肌劳损；果、叶及根含芳香油。

2. 台湾檫木 图381

Sassafras randaiense (Hayata) Rehd. in Journ. Arn. Arb. 1: 244. 1920.

Lindera randaiensis Hayata in Journ. Coll. Sci. Univ. Tokyo 30(1): 257. 1911.

乔木，胸径达70厘米；树皮黑褐色，纵裂。小枝无毛。叶菱状卵形，长10-16厘米，先端尖，基部宽楔形，不育枝之叶全缘或2-3浅裂，能

图 381 台湾檫木（引自《Fl. Taiwan》）

育枝之叶全缘，下面苍白色；叶柄长约4厘米。花序长约3厘米，5-6个呈伞状生于枝梢，具梗，总苞片3-4，圆形，被柔毛，迟落；苞片丝状线形，长约1厘米，被髯毛。雄花花被筒短，裂片披针状线形，能育雄蕊花丝被柔毛，第1轮雄蕊花药3室，上方1室不育，或2室均能育，第2、3轮雄蕊花药均为2室，药室内向，或第3轮侧向；退化雄蕊三角状心形。果球形，径约6毫米；果托浅杯状；果柄长2.5-3厘米，上端增粗。花期3-4月。

产台湾中部，生于海拔900-2400米常绿阔叶林中。

8. 黄肉楠属 Actinodaphne Nees

（黄普华）

常绿乔木或灌木。叶簇生或近轮生，稀互生或对生，羽状脉，稀离基三出脉，全缘。花单性，雌雄异株；伞形花序单生或簇生，或由伞形花序组成圆锥状或总状；苞片覆瓦状排列，早落。花被片6，黄或淡黄色，2轮，近等大，稀宿存。雄花具能育雄蕊9，3轮，花药4室，向内瓣裂；第1、2轮花丝无腺体，第3轮基部具2腺体，退化雌蕊小或无；雌花子房上位，花柱丝状，柱头盾状，退化雄蕊9，3轮，棍棒状，第1、2轮无腺体，第3轮花丝基部具2腺体。浆果状核果，果托杯状或盘状；果柄稍增粗。

约100种，分布于亚洲热带、亚热带。我国17种。多为用材树种，材质优良，供建筑、家具、工业等用。

1. 叶具离基三出脉；幼枝密被锈色短柔毛；叶3-5簇生枝顶，倒卵形、倒卵状长圆形或椭圆状长圆形，长15-50厘米，幼时两面被锈色短柔毛 ………………………… 1. **倒卵叶黄肉楠 A. obovata**
1. 叶具羽状脉。
  2. 小枝基部具宿存芽鳞。
    3. 宿存芽鳞长3-8毫米，排列紧密；果密被平伏黄褐色短绒毛…………2. **毛果黄肉楠 A. trichocarpa**
    3. 宿存芽鳞长1-2.2厘米，排列疏散。
      4. 小枝、叶下面及叶柄密被灰黄色绒毛；叶柄长1.5-4厘米…………3. **黔桂黄肉楠 A. kweichowensis**
      4. 小枝、幼叶下面及叶柄被灰褐色柔毛；叶柄长5-7毫米………… 3(附). **广东黄肉楠 A. koshepangii**
  2. 小枝基部无宿存芽鳞。
    5. 叶侧脉30-40对，纤细，不甚明显；叶披针形或线状披针形；果倒卵圆形 …… 4. **柳叶黄肉楠 A. lecomtei**
    5. 叶侧脉不超过15对，明显；叶非上述形状。
      6. 伞形花序。
        7. 叶柄长3-8毫米，被灰或灰褐色短柔毛。
          8. 叶长圆状披针形或长圆形，宽1.5-2.7厘米，基部楔形或窄楔形，侧脉8-13对 ………………………… 5. **红果黄肉楠 A. cupularis**
          8. 叶长圆状卵形或长圆形，宽3-5厘米，基部圆或宽楔形，侧脉7-9对 ………………………… 3(附). **广东黄肉楠 A. koshepangii**
        7. 叶柄长1.5-4厘米，密被灰黄色绒毛 ………………………… 3. **黔桂黄肉楠 A. kweichowensis**
      6. 伞形花序组成圆锥状；小枝、叶下面及花序被锈色绒毛 ………………………… 6. **毛黄肉楠 A. pilosa**

1. 倒卵叶黄肉楠　图382：1-7　彩片227

Actinodaphne obovata (Nees) Bl. Mus. Bot. Lugd. Bat. 1: 342. 1851.

Litsea obovata Nees, Syst. Laurin. 636. 1836.

乔木，高达18米。幼枝密被锈色短柔毛。叶3-5簇生枝顶，倒卵形、倒卵状长圆形或椭圆状长圆形，长15-50厘米，先端渐尖或钝尖，基部楔形或稍圆，幼时两面被锈色短柔毛，老时下面近无毛，离基三出脉，侧脉6-7对；叶柄长3-7厘米，被黄褐色短柔毛。伞形花序多个组成总状，花序梗长1.2-2.5厘米，伞形花序具5雄花。花梗长约3毫米；花被片宽卵形；花丝基部被长柔毛，第3轮花丝基部腺体扁圆形，无柄；退化雌蕊被柔毛。果

长圆形或椭圆形，长2.5-4.5厘米，径1-2厘米，紫红或黑色；果托盘状。花期4-5月，果期翌年3月。

产西藏东南部、云南南部，生于海拔1000-2700米山谷、溪边、混交林中。印度有分布。树皮入药，外敷治骨折；种子含油脂。

图 382：1-7. 倒卵叶黄肉楠 8. 红果黄肉楠（引自《云南树木志》）

2. 毛果黄肉楠 图 383

Actinodaphne trichocarpa Allen in Ann. Miss. Bot. Gard. 25: 402. 1938.

小乔木或灌木状。小枝被微柔毛，基部具宿存褐色芽鳞，鳞芽长3-8毫米，排列紧密。叶3-5集成轮生状，倒披针形或长椭圆形，长5-14厘米，先端渐尖或短尖，基部楔形或近圆，下面被平伏灰色绒毛，羽状脉，侧脉6-10对或更多；叶柄长0.5-1厘米，被平伏短绒毛。伞形花序单生或多个簇生，无花序梗，花梗被长柔毛。雄花序具4花，花被片宽卵形；花丝无毛，第3轮花丝中下部两侧腺体肾形，具柄；退化雌蕊被黄褐色短绒毛。果球形，径1.2-1.6厘米，深褐色，密被平伏黄褐色短绒毛；果托浅碟状，花被片常宿存。花期3-4月，果期7-8月。

产云南、四川及贵州，生于海拔1000-2600米山坡及灌丛中。枝、叶可提取芳香油；种子榨油，供制皂及机器润滑等用。

图 383 毛果黄肉楠（仿《云南树木志》）

3. 黔桂黄肉楠 图 384

Actinodaphne kweichowensis Yang et P. H. Huang in Acta Phytotax. Sin. 16(4): 61. f. 21. 1978.

乔木，高达10米。小枝、叶下面及叶柄密被灰黄色绒毛。小枝基部宿存芽鳞长1-2.2厘米，排列疏散，或无宿存芽鳞。叶簇生枝顶，椭圆形或倒卵状椭圆形，长11-27厘米，先端短渐尖，基部宽楔形或近圆，羽状脉，侧脉6-13对；叶柄长1.5-4厘米，密被灰黄色绒毛。伞形花序单生或2-3簇生，无花序梗。雄花序具5-6花；花梗长2毫米；花被片卵形或椭圆形；花丝基部被柔毛，第3轮花丝近基部具2圆形长柄腺体；退化雌蕊棒状，密被柔毛。果近球形，径1.5-1.7厘米；果托盘状，高2-3毫米，全缘；果柄长4-5毫米。花期5-6月，果期10月。

产贵州及广西，生于海拔1000-1300米山坡混交林中。

［附］**广东黄肉楠 Actinodaphne koshepangii** Chun et H. T. Chang Acta Univ. Sunyatseni（Sci. Nat.）1960(1)：24. 1960. 本种与黔桂黄肉楠的区别：小枝被灰褐色柔毛；叶长圆状卵形或长圆形，长9-13厘米，宽3-5厘米，下面幼时被灰褐色柔毛，老时脱落无毛，侧脉7-9对；叶柄长5-7毫米，被灰褐色柔毛；花被片6-8；花丝无毛；退化雌蕊无毛。花期11月。产湖南及广东，生于山地密林或石山林中。

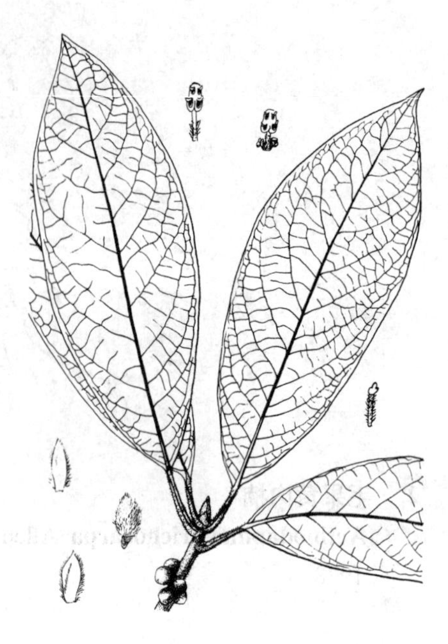

图 384 黔桂黄肉楠（引自《植物分类学报》）

4. 柳叶黄肉楠 图 385

Actinodaphne lecomtei Allen in Ann. Miss. Bot. Gard. 25：413. 1938.

乔木，高达10米。小枝被灰黄色短柔毛，老时渐脱落无毛。叶近轮生或互生，披针形或线状披针形，长10-20厘米，先端尖或渐尖，基部楔形，下面稍被平伏短柔毛，羽状脉，侧脉30-40对，纤细；叶柄长0.7-2厘米，被平伏短柔毛，老时近无毛。伞形花序2-5簇生，无花序梗，雄花序具4-5花。花梗被长柔毛；花被片长圆形；花丝无毛，第3轮花丝基部腺体盾状，具柄；退化雌蕊无毛。果倒卵圆形，径约8毫米，无毛；果托杯状，高约3毫米，全缘或浅波状；果柄长7-8毫米。花期8-9月，果期10-11月。

产四川、贵州及广东，生于海拔650-1800米山地、溪边及林中。枝、叶可提取芳香油；种子可榨油；木材可作家具。

图 385 柳叶黄肉楠（杨再新绘）

5. 红果黄肉楠 图 382：8

Actinodaphne cupularis（Hemsl.）Gamble in Sarg. Pl. Wilson. 2：75. 1914.

Litsea cupularis Hemsl. in Journ. Linn. Soc. Bot. 26：380. 1891.

小乔木或灌木状，高达10米。幼枝被灰色或灰褐色微柔毛。叶5-6簇生枝顶，长圆形或长圆状披针形，长5.5-13.5厘米，宽1.5-2.7厘米，先端渐尖或尖，基部楔形或窄楔形，下面被短柔毛，羽状脉，侧脉8-13对；叶柄长3-8毫米，被灰色或灰褐色短柔毛。伞形花序单生或数个簇生，无花序梗。雄花序具6-7花；花梗被长柔毛；花被片卵形；花丝无毛；第3轮花丝基部腺体具柄；退化雌蕊小，无毛。果卵圆形，径约1厘米，红色；果托杯状，高4-5毫米，全缘或波状。花期10-11月，果期翌年8-9月。

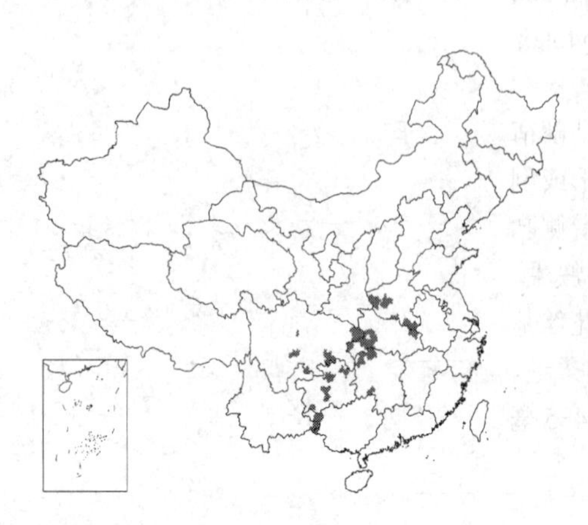

产云南、四川、湖北、湖南、贵

州、广西及河南，生于海拔360-1300米山坡密林内、溪边及灌丛中。根叶入药，外用治脚癣、烫伤及痔疮；种子可榨油。

6. 毛黄肉楠 图 386 彩片 228

Actinodaphne pilosa (Lour.) Merr. in Trans. Amer. Philos. Soc. N. Ser. 24(2): 156. 1935.

Laurus pilosa Lour. Fl. Cochinch. 253. 1790.

乔木或灌木状，高达12米。幼枝、幼叶两面、老叶下面、叶柄及花序密被锈色绒毛。叶互生或3-5簇生，倒卵形或椭圆形，长12-24厘米，先端尖，基部楔形，羽状脉，侧脉5-7(-10)对；叶柄粗，长1.5-3厘米。伞形花序组成圆锥状，雄花序梗长达7厘米，雌花序梗稍短。雄伞形花序梗长1-2厘米，具5花；花梗长4毫米；花被片椭圆形；花丝及退化雌蕊被长柔毛。果球形，径4-6毫米；果托近盘状；果柄长3-4毫米。花期8-12月，果期翌年2-3月。

图 386 毛黄肉楠 （引自《海南植物志》）

产广西、广东及海南，生于海拔500米以下林中。老挝及越南有分布。树皮及叶药用，可祛风、消肿、散瘀、解毒、止咳，治疮疖；木材可提取胶质，供粘布、粘鱼网及作造纸胶和发胶等用。

9. 拟檫木属 Parasassafras Long

（李锡文 李 捷）

常绿乔木。高达15米，树皮灰褐色。小枝粗，鲜时墨绿色，干时灰褐色，具黑色斑点，初稍被微柔毛，后脱落无毛。顶芽窄卵球形，长达1.5厘米，芽鳞密被锈色绢状短柔毛。叶互生，薄革质，圆状卵形或圆状长圆形，长6.5-14.5厘米，先端尖或骤短渐尖，基部宽楔形或稍圆，无毛，离基三出脉，侧脉3-5对，中脉及侧脉在两面凸起，网脉明显；叶柄长2-3.5厘米。花单性，雌雄异株；伞形花序2-5，着生于腋生短枝，花序梗长0.5-1毫米；短枝具顶生叶芽，花后长成叶枝；苞片小，被锈色绢状短柔毛，互生，早落。花被筒短，花被片6，2轮，宽卵形，近无毛，外轮较小；雄花具能育雄蕊9，3轮，花丝无毛，第1、2轮花丝无腺体，花药卵球形，4室，内向瓣裂，第3轮花丝具2球形近无柄腺体，花药长圆形，近侧向瓣裂；雌花子房球形，花柱粗，柱头盾形，浅裂，具多数退化雄蕊。浆果状核果，近球形，径约6毫米；果托浅盘状，全缘。

单种属。

拟檫木 密花黄肉楠 图 387

Parasassafras confertiflora (Meissn.) Long in Notes Roy. Bot. Gard. Edinb. 4(3): 513. f. 243.

Actinodaphne confertiflora Meissn. in DC. Prodr. 15(1): 219. 1864; 中国植物志31: 244. 1984.

形态特征同属。花期7-12月。

图 387 拟檫木 （仿《云南树木志》）

产云南，生于海拔2300–2700米开旷丛林或杂木林中。不丹及缅甸北部有分布。木材纹理直、结构细，易加工，供家具、建筑、桥梁、枕木等用材。

10. 樟属 Cinnamomum Schaeffer

（李锡文 李 捷）

常绿乔木或灌木；树皮、小枝及叶芳香。叶互生、近对生或对生，有时聚生枝顶，羽状脉、离基三出脉或三出脉。花两性，稀杂性；聚伞花序组成圆锥花序。花被筒短，常倒锥形或钟形，裂片6，近等大，花后脱落，或上部脱落、下部宿存；能育雄蕊9，3轮，第1、2轮花丝无腺体，花药4室内向，第3轮花丝近基部具腺体，花药4室，上下2室相叠，稀2室，外向，退化雄蕊3，位于最内轮，心形或箭头形；花柱与子房近等长，柱头头状或盘状，有时3圆裂。浆果肉质，果托杯状、钟状或圆锥状，边缘平截或波状，或具不规则小齿。

约250种，产亚洲东部热带及亚热带、澳大利亚及太平洋岛屿。我国50种。

1. 果时花被片脱落；具芽鳞；叶互生，羽状脉，近离基三出脉、稀离基三出脉，侧脉脉腋常具腺窝。
  2. 老叶两面或下面被毛，毛被各式。
    3. 叶先端长尾尖 ………………………………………… 1. **尾叶樟 C. caudiferum**
    3. 叶先端不为长尾尖。
      4. 圆锥花序密被灰色绒毛 ………………………………… 1(附). **细毛樟 C. tenuipilis**
      4. 圆锥花序无毛，或渐脱落无毛。
        5. 叶下面密被绢状微柔毛；花序梗及序轴无毛，花梗被绢状柔毛，花被外面近无毛，内面被白色绢毛 ………………………………… 2. **猴樟 C. bodinieri**
        5. 幼叶下面密被灰白色柔毛；花序梗、序轴及花梗初疏被毛，后脱落无毛；花被两面密被灰白微柔毛 ………………………………… 2(附). **毛叶樟 C. mollifolium**
  2. 老叶两面无毛或近无毛。
    6. 圆锥花序被淡褐色微柔毛。
      7. 果托浅杯状，高约5毫米，稍被褐色微柔毛；果卵圆形，径约9毫米 ………… 3. **岩樟 C. saxatile**
      7. 果托高脚杯状，高约1.2厘米，被灰白微柔毛；果球形，径1.2–1.3厘米 …………3(附). **米槁 C. migao**
    6. 圆锥花序无毛或近无毛。
      8. 干叶上面黄绿色，下面黄褐色；圆锥花序具少花 ………………… 4. **沉水樟 C. micranthum**
      8. 干叶上面不为黄绿色，下面不为黄褐色；圆锥花序具多花。
        9. 叶具离基三出脉，侧脉及支脉脉腋具腺窝 ………………………… 5. **樟 C. camphora**
        9. 叶具羽状脉，侧脉脉腋具腺窝或无腺窝。
          10. 圆锥花序多花密集，长达20厘米；叶卵形或椭圆形，先端骤短渐尖或长渐尖，常镰形 ………………………………… 6. **油樟 C. longipaniculatum**
          10. 圆锥花序花较少，长达10厘米；叶常椭圆状卵形或长椭圆状卵形。
            11. 叶下面侧脉脉腋腺窝不明显 ………………………… 7. **黄樟 C. parthenoxylon**
            11. 叶下面侧脉脉腋腺窝明显 ………………………… 8. **云南樟 C. glanduliferum**

1\. 果时花被片宿存，或花被片上部脱落，下部宿存；芽裸露或芽鳞不明显；叶对生或近对生，三出脉或离基三出脉，侧脉脉腋无腺窝。

12\. 幼叶下面无毛或稍被毛(假桂皮树老叶下面疏被微柔毛)。

13\. 花序具(1-)3-5花，近伞形或伞房形。

14\. 叶倒卵形，长4-6厘米，先端钝或圆，网脉在两面凸起 ………………………… 9. **网脉桂 C. reticulatum**

14\. 叶卵形、卵状披针形、披针形或长圆状披针形，先端短渐尖或尾尖，上面网脉不凸起。

15\. 花序梗、序轴与花被外面无毛或近无毛，花被内面被丝毛，边缘具乳突纤毛 …………………………………………………………………………………………………… 10. **野黄桂 C. jensenianum**

15\. 花被两面密被灰白色丝毛，边缘无乳突纤毛 ………………………………… 11. **少花桂 C. pauciflorum**

13\. 花序近总状或圆锥状，多花，具分枝，分枝末端为聚伞花序。

16\. 果托边缘平截，波状或具齿。

17\. 花序无毛 ……………………………………………………………………………… 12. **天竺桂 C. japonicum**

17\. 花序被毛。

18\. 叶椭圆状披针形，先端渐尖；花序疏被灰白微柔毛；果托具不规则钝齿 …… 13. **软皮桂 C. liangii**

18\. 叶卵状长圆形、卵状披针形或长圆形，先端短渐尖或钝；花序被灰白丝状短柔毛；果托顶端平截 ………………………………………………………………………… 13(附). **假桂皮树 C. tonkinense**

16\. 果托具6齿，齿端平截、圆或尖。

19\. 圆锥花序分枝末端为1-3花聚伞花序；叶基生侧脉直达叶端或不达叶端。

20\. 圆锥花序长(2-)3-6厘米，密被灰白微柔毛；叶卵形、长圆形或披针形；果卵圆形，长约8毫米 ……………………………………………………………………………………… 14. **阴香 C. burmannii**

20\. 圆锥花序与叶等长或近等长，被灰色柔毛或绢状微柔毛；叶卵形、卵状披针形或椭圆状长圆形；果椭圆形或卵球形，长1厘米以上。

21\. 叶椭圆状长圆形，长12-30厘米，基生侧脉直达叶端，叶柄长1-1.5厘米；花序梗长7-11厘米 ……………………………………………………………………………… 15. **钝叶桂 C. bejolghota**

21\. 叶卵形或卵状披针形，长11-16厘米，基生侧脉不达叶端，叶柄长约2厘米；花序梗长达6厘米 ……………………………………………………………………………… 16. **锡兰肉桂 C. verum**

19\. 圆锥花序分枝末端为3-5花聚伞花序；叶卵形、长圆形或披针形，基生侧脉不达叶端 ……………………………………………………………………………………………… 17. **柴桂 C. tamala**

12\. 幼叶下面被毛，老时毛不脱落或渐稀至无毛；花序长，若短小则不为近伞形或伞房形。

22\. 雄蕊花药下方2室侧向；子房被硬毛；果卵球形，长达2.5厘米；花序近无梗或具短梗 ……………………………………………………………………………… 18. **刀把木 C. pittosporoides**

22\. 雄蕊花药下方2室非侧向；子房无毛，若被毛则不为硬毛；果长不及1厘米；花序梗长。

23\. 植株各部毛被白、灰白、银白或淡褐色。

24\. 花梗丝状，长0.6-2厘米 ……………………………………………………… 19. **川桂 C. wilsonii**

24\. 花梗长不及6毫米。

25\. 果时花被片宿存，稍增大开张；叶长12-35厘米 ……………………………… 20. **大叶桂 C. iners**

25\. 果时花被片多少脱落；叶较小。

26\. 叶椭圆形，长14-16厘米，叶下面及花序被平伏灰褐色微柔毛；花序长9-13厘米 ……………………………………………………………………………… 21. **华南桂 C. austrosinense**

26\. 叶长不及11厘米，叶下面及花序被淡褐或银白色绢毛或绢状绒毛；花序长不及9 厘米。

27\. 叶先端镰状渐尖，幼时两面被银白色绢毛，老时下面密被淡褐色绢毛或无毛；花序聚伞状，长约3厘米 ………………………………………………………… 22. **辣汁树 C. tsangii**

27\. 叶先端渐尖。幼叶下面密被银色绢状绒毛，老时渐脱落；花序圆锥状，长4-9厘米 …

………………………………………………………………………………………… 23. **银叶桂 C. mairei**

23. 植株各部毛被褐黄、黄褐或锈色。

28. 叶长椭圆形或近披针形，长8-16(-34)厘米；花序与叶等长 ………………………… 24. **肉桂 C. cassia**

28. 叶椭圆形、卵状椭圆形或披针形，较小；花序短于叶。

29. 植株各部被褐黄色开展柔毛；侧脉脉腋无囊状隆起；果托漏斗状，具齿 … 25. **毛桂 C. appelianum**

29. 植株各部被黄色平伏绢状短柔毛；侧脉脉腋常具浅囊状隆起；果托杯状，全缘 ……………………… 26. **香桂 C. subavenium**

1. 尾叶樟 图 388

Cinnamomum caudiferum Kosterm. in Reinwardtia 8(1): 35. 1970.

小乔木，高达5米。幼枝密被柔毛，后渐脱落无毛。叶卵形或卵状长圆形，长9-15厘米，先端长尾尖，尖头长达2.5厘米，叶基部宽楔形或圆，幼时下面密被柔毛，老时下面被柔毛，上面中脉及侧脉凹下，侧脉6-8对；叶柄长1-1.3厘米，密被柔毛。花序腋生，长达8厘米，花序梗长3-5厘米，稍被柔毛。花梗长1-3毫米，无毛；花被两面近无毛，筒极短，外轮花被片卵形，内轮宽卵形；能育雄蕊长1.2-1.4毫米，退化雄蕊三角形，长0.7毫米，具短柄，柄被柔毛；花柱长0.8毫米。果卵圆形，径1厘米，无毛；果托高达2厘米，具沟，被栓质斑点，顶端径达6毫米，边缘波状。花期4月，果期8月。

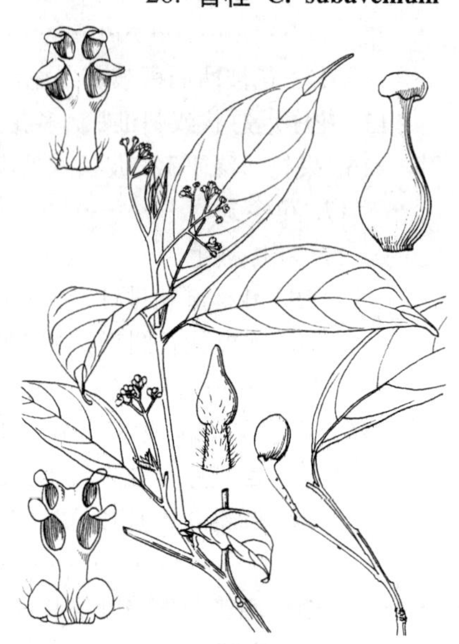

图 388 尾叶樟 （曾孝濂绘）

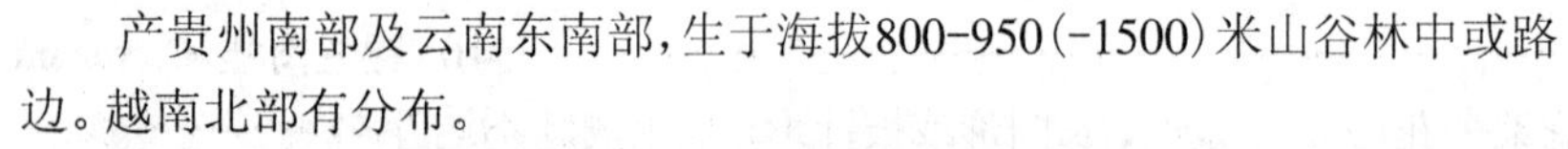

产贵州南部及云南东南部，生于海拔800-950(-1500)米山谷林中或路边。越南北部有分布。

［附］**细毛樟** 图390：1-6 **Cinnamomum tenuipilis** Kosterm. in Reinwardtia 8(1): 74. 1970. 本种与尾叶樟的区别：叶倒卵形或近椭圆形；圆锥花序密被灰色绒毛。花期2-4月，果期6-10月。产云南南部及西部，生于海拔580-2100米山谷、谷地灌丛或林中。枝叶可提取精油。

2. 猴樟 图 389：1-3

Cinnamomum bodinieri Lévl. in Fedde, Repert. Sp. Nov. 10: 369. 1912.

乔木，高达16米；树皮灰褐色。小枝无毛。叶卵形或椭圆状卵形，长8-17厘米，先端短渐尖，基部楔形、宽楔形或圆，上面初被微柔毛，后脱落无毛，下面密被绢状微柔毛，侧脉4-6对；叶柄长2-3厘米，稍被柔毛。花序长达15厘米，无毛，多分枝，花

图 389：1-3. 猴樟 4-9. 云南樟 （吴锡麟绘）

序梗长4-6厘米，无毛。花梗被绢状柔毛；花被片卵形，外面近无毛，内面被白色绢毛；能育雄蕊长1-1.2毫米，退化雄蕊心形，近无柄，长约0.5毫米。果球形，径7-8毫米，无毛；果托浅杯状，径6毫米。花期5-6月，果期7-8月。

产云南东北部、贵州、四川东部、湖北及湖南西部，生于海拔700-1480米沟边、疏林或灌丛中。枝、叶可提取樟油及樟脑；种子油脂供工业用。

［附］**毛叶樟 Cinnamomum mollifolium** H. W. Li in Acta Phytotax. Sin. 13(4): 45. f. 1. 1975. 本种与猴樟的区别：幼叶下面密被灰白色柔毛，圆锥花序序轴及花梗初疏被毛，花被两面密被灰白色柔毛。花期3-4月，果期9月。产云南南部，生于海拔1100-1300米疏林或樟茶混交林中。枝、叶可提取樟油及樟脑；种子油脂供工业用。

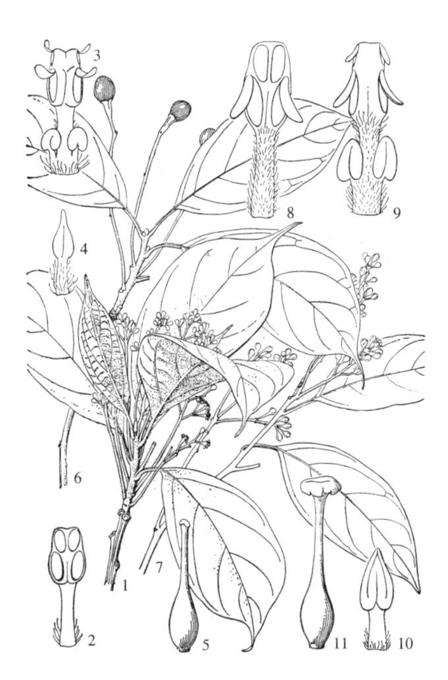

图 390: 1-6. 细毛樟 7-11. 岩樟
（曾孝濂绘）

3. 岩樟 图 390：7-11

Cinnamomum saxatile H. W. Li in Acta Phytotax. Sin. 13(4): 44. 1975.

乔木，高达15米。枝具纵纹，疏生淡褐色皮孔，幼枝被淡褐色微柔毛，老时无毛。叶长圆形或卵状长圆形，长5-13厘米，先端短渐钝尖，或骤尖，基部楔形或近圆，两侧不对称，上面无毛，下面初疏被微柔毛，后无毛，侧脉5-7对；叶柄长0.5-1.5厘米，初被黄褐色柔毛，后脱落无毛。花序近顶生，长3-6厘米，具6-15花，花序梗长1-3厘米，与序轴被淡褐色微柔毛。花梗长3-5毫米，密被淡褐色微柔毛；花被片卵形，稍被毛，内面密被淡褐色微柔毛；能育雄蕊长4-4.5毫米，退化雄蕊长2毫米，卵状箭头形，柄被柔毛。果卵圆形，径9毫米；果托浅杯状，高5毫米，径6.5毫米，全缘，稍被褐色微柔毛。花期4-5月，果期10月。

产云南东南部、贵州及广西，生于海拔600-1500米石灰岩山地灌丛中、林下或水边。种子油脂供工业用。

［附］**米槁 Cinnamomum migao** H. W. Li in Acta Phytotax. Sin. 16(2): 90. pl. 7. f. 1. 1978. 本种与岩樟的区别：幼枝密被灰白色微柔毛，侧脉4-5对；果托高杯状，高约1.2厘米，被灰白色微柔毛；果球形，径1.2-1.3厘米。果期11月。产云南东南部、贵州及广西西部，生于海拔500米林中。种子油脂供工业用。

4. 沉水樟 牛樟 图391 彩片229

Cinnamomum micranthum (Hayata) Hayata, Ic. Pl. Formos. 3: 160. 246. 1913.

Machilus micranthum Hayata, Ic. Pl. Formos. 2: 130. 1912.

乔木，高达30米；树皮黑褐或红褐灰色，不规则纵裂。枝无毛，具纵纹。叶长圆形、椭圆形或卵状椭圆形，长7.5-9.5(-10)厘米，先端短渐尖，基部宽楔形或近圆，两侧稍不对称，两面无毛，干时上面黄绿色，下面黄褐

图 391 沉水樟 （刘林翰绘）

色，边缘内卷，侧脉4-5对；叶柄长2-3厘米，无毛。花序长达5厘米，少花。花梗长约2毫米，无毛；花被筒钟形，花被片卵形，无毛，内面密被柔毛；能育雄蕊长约1毫米，退化雄蕊连柄长0.8毫米，三角状钻形。果椭圆形，径1.5-2厘米，无毛；果托壶形，高9毫米，径达1厘米，全缘或具波状齿。花期7-8月，果期10月。

产浙江、福建、台湾、江西、湖南、广东、广西及贵州，生于海拔300-650米（台湾达1800米）山坡、山谷密林中、路边或水边。越南北部有分布。枝、叶可提取精油。

5. 樟　樟树　樟木　　图 392　彩片 230

Cinnamomum camphora（Linn.）Presl, Rostl. 2：36. 47. t. 8. 1825.

Laurus camphora Linn. Sp. Pl. 369. 1753.

乔木，高达30米；树皮黄褐色，不规则纵裂。小枝无毛。叶卵状椭圆形，长6-12厘米，先端骤尖，基部宽楔形或近圆，两面无毛或下面初稍被微柔毛，边缘有时微波状，离基三出脉，侧脉及支脉脉腋具腺窝；叶柄长2-3厘米，无毛。圆锥花序长达7厘米，具多花，花序梗长2.5-4.5厘米，与序轴均无毛或被灰白或黄褐色微柔毛，节上毛较密。花梗长1-2毫米，无毛；花被无毛或被微柔毛，内面密被柔毛，花被片椭圆形；能育雄蕊长约2毫米，花丝被短柔毛，退化雄蕊箭头形，长约1毫米，被柔毛。果卵圆形或近球形，径6-8毫米，紫黑色；果托杯状，高约5毫米，顶端平截，径达4毫米。花期4-5月，果期8-11月。

图 392　樟（仿《Woody Fl. Taiwan》）

产南方及西南。多为栽培。越南、朝鲜、日本有分布。木材、根及枝叶可提取樟油及樟脑，油和脑用于医药、轻化工业；种子油脂供工业用；木材供造船、橱箱及建筑等用。

6. 油樟　　图 393

Cinnamomum longepaniculatum（Gamble）N. Chao ex H. W. Li in Acta Phytotax. Sin. 13(4)：48. f. 2. 1975.

Cinnamomum inunctum（Nees）Meissn. var. *longepaniculatum* Gamble in Sarg. Pl. Wilson. 2：69. 1916.

乔木，高达20米；树皮灰色，平滑。小枝无毛。叶卵形或椭圆形，长6-12厘米，先端骤短渐尖或长渐尖，常镰形，基部楔形或近圆，两面无毛，边缘内卷，侧脉4-5对；叶柄长2-3.5厘米，无毛。花序长达20厘米，多花密集，花序梗长9-20厘米，与序轴均无毛。花梗长2-3毫米，无毛；花被筒倒锥形，花被片卵形，无毛，内面密被白色丝状柔毛及腺点；能育雄蕊长1.5-1.8毫米，退化雄蕊长约1毫米，被白柔毛。果球形，径约8毫米，无

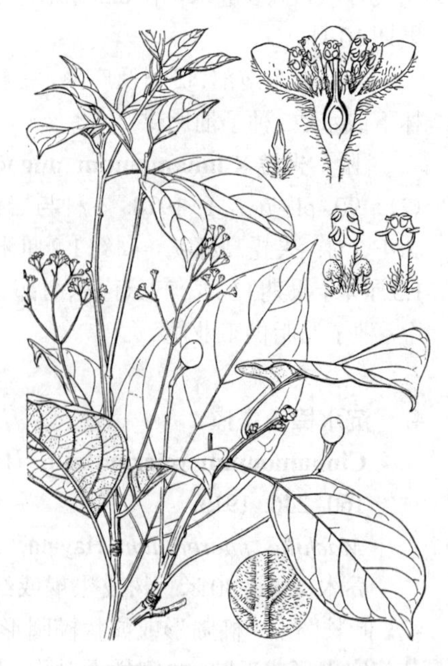

图 393　油樟（曾孝濂绘）

毛；果托高5毫米，顶端盘状，径达4毫米。花期5-6月，果期7-9月。

产四川、陕西及湖北西南部，生于海拔600-2000米常绿阔叶林中。树干及枝叶可提取樟油及樟脑，用于医药及轻化工业；种子油脂供工业用。

图 394 黄樟 （李锡畴绘）

7. 黄樟 图 394 彩片 231

Cinnamomum parthenoxylon（Jack）Meissn. in DC. Prodr. 15(1): 26. 1864.

Laurus parthenoxylon Jack, Malay Misc. 1: 28. 1820.

Cinnamomum porrectum（Roxb.）Kosterm.; 中国高等植物图鉴 1: 818. 1972; 中国植物志 31: 186. 1984.

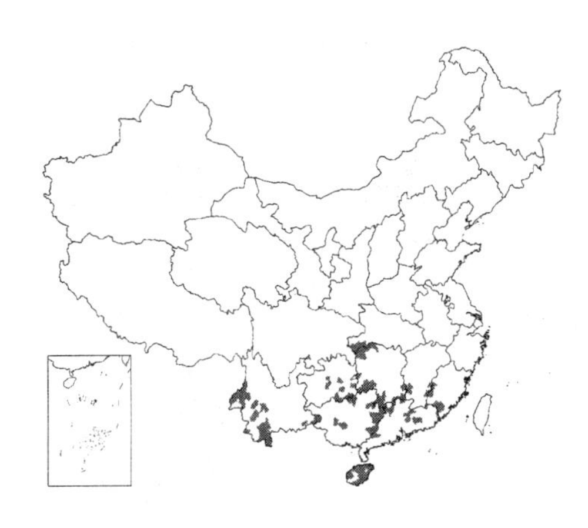

乔木，高达20米；树皮深纵裂。小枝无毛。叶椭圆状卵形或长椭圆状卵形，长6-12厘米，先端尖或短渐尖，基部楔形或宽楔形，下面淡绿或带粉绿色，两面无毛，侧脉4-5对，脉腋腺窝不明显；叶柄长1.5-3厘米，无毛。花序长4.5-8厘米，花序梗长3-5.5厘米，与序轴均无毛。花梗长达4毫米，无毛；花被片宽椭圆形，无毛，内面被柔毛；能育雄蕊长1.5-1.7毫米，退花雄蕊三角状心形，连柄长不及1毫米，柄被柔毛。果球形，径6-8毫米，黑色；果托红色，窄长倒锥形，高约1厘米。花期3-5月，果期4-10月。

产福建、江西、湖北、湖南、广东、海南、广西、云南、贵州及四川，生于海拔1500米以下常绿阔叶林或灌丛中。巴基斯坦、印度、马来西亚及印度尼西亚有分布。根、茎、枝及叶可提取樟油和樟脑，用于医药及轻化工业；种仁油脂供工业用；叶可饲养天蚕；木材供造船、桥梁、建筑、高级家具等用。

8. 云南樟 臭樟 图 389：4-9

Cinnamomum glanduliferum（Wall.）Meissn. in DC. Prodr. 15(1): 25. 1864.

Laurus glandulifera Wall. in Trans. Soc. Med. Phys. Calcutta 1: 45. 51. t. 1. 1825.

乔木，高达20米；树皮灰褐色，深纵裂。叶椭圆形、卵状椭圆形或披针形，长6-15厘米，先端骤尖或短渐尖，基部楔形、宽楔形或近圆，两面无毛或下在稍被微柔毛，侧脉4-5对，脉腋具腺窝；叶柄长1.5-3(-3.5)厘米，近无毛。花序长4-10厘米，花序梗与序轴均无毛。花梗长1-2毫米，无毛；花被片宽卵形，疏被白色微柔毛，内面被柔毛；能育雄蕊长1.4-1.6毫米，退化雄蕊长三角形，连柄长不及1毫米，柄被短柔毛。果球形，径达1厘米，黑色；果托红色，窄长倒锥形，高约1厘米，径达6毫米，边缘波状。花期3-5月，果期7-9月。

产西藏东南部、云南中部及北

部、四川南部及西南部、贵州、湖北，生于海拔1500-2500（-3000）米。印度、尼泊尔、缅甸、马来西亚有分布。枝、叶可提取樟油和樟脑；种子油脂供工业用；材质优良，供家具、器具等用；树皮及根入药，可祛风、散寒。

9. 网脉桂 土樟 图395 彩片232

Cinnamomum reticulatum Hayata in Journ. Coll. Sci. Univ. Tokyo 30(1): 239. 1911.

小乔木。小枝带红色，无毛。叶近对生，倒卵形，长4-6厘米，先端钝或圆，基部楔形，下面苍白色，三出脉或离基三出脉，网脉在两面凸起；叶柄长1-1.5厘米。花序伞房状，腋生，长(1.5)2-5厘米，具(1)3-5花。花被片卵形，近等大，长3.5毫米，具5脉，疏被白点，内面被平伏柔毛；能育雄蕊近等长，长约3毫米，退化雄蕊箭头形，长约2.5毫米，具柄；子房粗壮，花柱长3毫米，柱头增大成盘状，顶端微凹。果卵圆形，长约1厘米，径7毫米；果托顶端平截。果期11月。

产台湾，生于低海拔地带。

图 395 网脉桂 （引自《Fl.Taiwan》）

10. 野黄桂 图396

Cinnamomum jensenianum Hand.-Mazz. in Stizungsb. Anz. Akad. Wiss. Wien, Math.-Nat. 58: 63. 1921.

小乔木，高达6米；树皮灰褐色。小枝无毛。叶披针形或长圆状披针形，长5-10(-20)厘米，先端尾尖，基部宽楔形或近圆，上面无毛，下面初被粉质微柔毛，后无毛，被蜡粉，离基三出脉，两面中脉及侧脉凸起；叶柄长达1.5厘米，无毛。花序伞房状，长3-4厘米，具(1-)2-5花，花序梗长1.5-2.5厘米，与序轴均近无毛。花梗长0.5-1（-2）厘米，无毛；花被片倒卵形，外面无毛，内面被丝毛，边缘具乳突纤毛；退化雄蕊三角形，长约1.75毫米，具柄，柄被柔毛。果卵球形，长达1.2厘米，具短尖头，无毛；果托倒锥形，高达6毫米，顶端具齿。花期4-6月，果期7-8月。

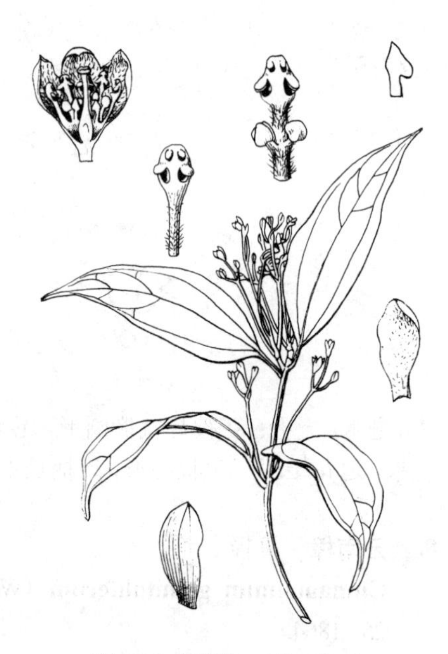

图 396 野黄桂 （肖 溶 绘）

产四川、湖南西部、湖北、江西、福建、广东及广西，生于海拔500-1600米山坡常绿阔叶或竹林中。树皮作桂皮入药，或将其泡酒作香料。

11. 少花桂 岩桂 图397

Cinnamomum pauciflorum Nees in Wall. Pl. Asiat. Rar. 2:75.1831.

乔木，高达14米；树皮黄褐色，皮孔白色，有香气。小枝无毛或稍被微柔毛。叶卵形或卵状披针形，长(3.5-)6.5-10.5厘米，先端短渐尖，基部宽楔形或近圆，下面初被灰白丝毛，后渐脱落无毛，边缘内卷，三出脉或离基三出脉，两面中脉及侧脉凸起；叶柄长达1.2厘米，近无毛。花序长2.5-5(-6.5)厘米，具3-5(-7)花，花序梗与序轴均疏被灰白丝毛。花被片两面密被灰白色丝毛，边缘无乳突纤毛；能育雄蕊长2.5-2.8毫米，花丝稍被柔毛，退化雄蕊长1.7毫米，顶端心形，具长柄。果椭圆形，长1.1厘米，紫黑色，被栓质斑点；果托浅杯状，高约3毫米，径达4毫米，具圆齿。花期3-8月，果期9-10月。

产福建、江西、湖北、湖南、广东、广西、云南、贵州及四川东部，生于海拔400-1800(-2200)米石灰岩或砂岩山地山谷林中。尼泊尔及印度有分布。树皮及根入药，能开胃、健胃，治胃病及腹痛；枝、叶含芳香油。

图 397 少花桂 (曾孝濂绘)

12. 天竺桂 图398 彩片233

Cinnamomum japonicum Sieb. in Verhandel. Batav. Genotsch. Kunst. & Wetensch. 12: 23. 1830.

乔木，高达15米。小枝带红或红褐色，无毛。叶卵状长圆形或长圆状披针形，长7-10厘米，先端尖或渐尖，基部宽楔形或近圆，两面无毛，离基三出脉；叶柄长达1.5厘米，带红褐色，无毛。花序长3-4.5(-10)厘米，花序梗与序轴均无毛。花梗长5-7毫米，无毛；花被片卵形，外面无毛，内面被柔毛；能育雄蕊长约3毫米，花丝被柔毛。果长圆形，长7毫米；果托浅波状，径达5毫米，全缘或具圆齿。花期4-5月，果期7-9月。

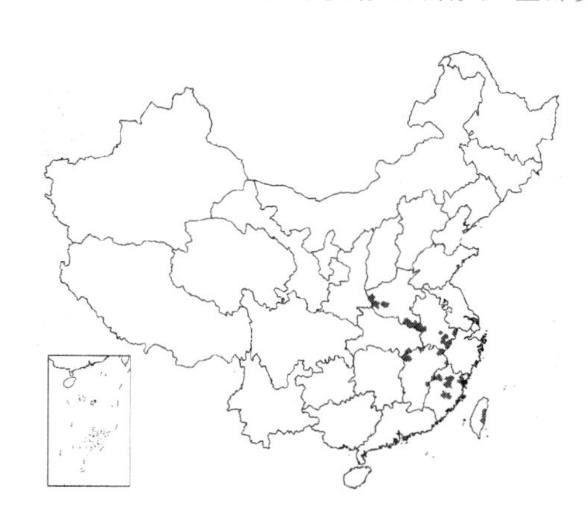

产河南、安徽、浙江、福建、台湾、江西及湖北，生于海拔1000米以下常绿阔叶林中。枝叶及树皮可提取芳香油，供制香精及香料；种子油脂供制皂及润滑油；木材坚硬、耐久、耐水湿，供建筑、造船、桥梁、车辆及家具等用。

图 398 天竺桂 (何冬泉绘)

13. 软皮桂 图399

Cinnamomum liangii Allen in Journ. Arn. Arb. 20: 58. 1939.

乔木，高达20米。小枝无毛。叶椭圆状披针形，长5.5-11厘米，先端渐尖，基部楔形或近圆，两面无毛，离基三出脉；叶柄长5-7毫米，无毛。总状圆锥花序长3-5.5厘米，花序梗与序轴均疏被灰白微柔毛。花梗长3-5(-7)毫米，疏被微柔毛；花被片长圆形，两面疏被灰白柔毛；能育雄蕊长3.5-3.8毫米，退化雄蕊三角状心形，被柔毛。果椭圆形，长达1.3厘米，具细尖头，无毛；果托高约3毫米，具不规则钝齿。花期2–3月，果期5月。

产广西、广东及海南，生于山谷灌丛或常绿阔叶林中。越南北部有分布。

［附］**假桂皮树 Cinnamomum tonkinense**（Lecomte）A. Chev. in Bull. Econ. Indoch. N. Ser. 20: 855. 1918.—— *Cinnamomum albiflorum* Nees var. *tonkinensis* Lecomte, Fl. Gen. Indoch. 5: 115. 1914. 本种与软皮桂的区别：叶卵状长圆形、卵状披针形或长圆形，先端短渐尖或钝；花序被灰白丝状柔毛；果托顶端平截。花期4–5月，果期10月。产云南东南部，生于海拔1000–1800米常绿阔叶林中。越南北部有分布。木材纹理直，结构细匀，耐腐，供家具、房建、胶合板等用。

图 399 软皮桂 （孙英宝绘）

14. 阴香 图400 彩片234

Cinnamomum burmannii（C. G. et Th. Nees）Bl. Bijdr. 569. 1826.

Laurus burmannii C. G. et Th. Nees, Disput. Cinn. 57. t. 4. 1823.

乔木，高达14米；树皮平滑，灰褐至黑褐色。小枝绿或绿褐色，无毛。叶卵形、长圆形或披针形，长5.5–10.5厘米，先端短渐尖，基部宽楔形，两面无毛，离基三出脉；叶柄长0.5–1.2厘米，无毛。花序长（2–）3–6厘米，末端为3花聚伞花序，花序梗与序轴均密被灰白微柔毛。花被片长圆状卵形，两面密被灰白柔毛；能育雄蕊长2.5–2.7毫米，花丝及花药背面被柔毛，退化雄蕊长约1毫米，柄长约0.7毫米，被柔毛。果卵圆形，长约8毫米；果托高4毫米，具6齿。花期10月至翌年2月，果期12月至翌年4月。

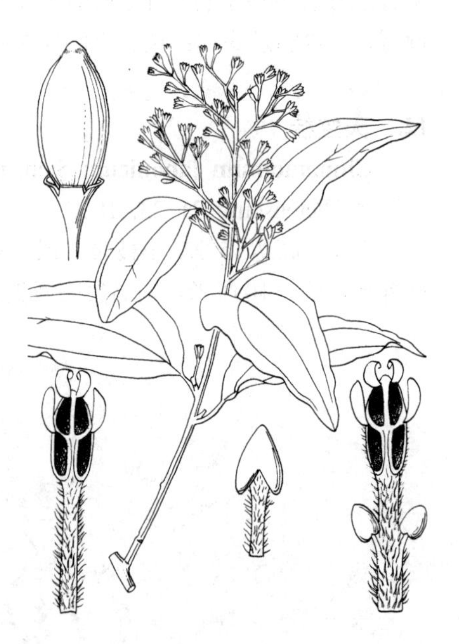

图 400 阴香 （曾孝濂绘）

产云南、贵州、广西、广东、海南、江西及福建，生于海拔1000–1400米（云南达2100米）疏林、密林或灌丛中。印度、缅甸、越南、印度尼西亚及菲律宾有分布。树皮作肉桂皮代用品，能健胃、止心气痛；枝叶及树皮可提制芳香油；叶可作罐头香料；种子油脂供工业用；木材纹理直，结构细致，耐腐，供建筑、车辆等用。

15. 钝叶桂 图401

Cinnamomum bejolghota（Buch.-Ham.）Sweet, Hort. Brit. 344. 1827.

Laurus bejolghota Buch.-Ham. in Trans. Linn. Soc. 23: 559. 1822.

乔木，高达25米；树皮青绿色，有香气。枝条常对生，小枝初被微柔毛，后脱落无毛。叶椭圆状长圆形，长12-30厘米，先端钝、骤尖或渐尖，基部近圆或楔形，两面无毛，三出脉或离基三出脉，基生侧脉直达叶端；叶柄长1-1.5厘米，无毛。花序长13-16厘米，多花，花序梗长7-11厘米，与序轴均稍被灰色柔毛。花梗长4-6毫米，被灰色短柔毛；花被片卵状长圆形，两面被灰白柔毛，顶端近无毛，能育雄蕊长3.5-3.7毫米，退化雄蕊箭头形，长3毫米，具长柄。果椭圆形，长1.3厘米，果托倒锥形，黄紫红色，径达7毫米，具齿。花期3-4月，果期5-7月。

产云南南部、广西及海南，生于海拔600-1780米山坡或沟谷林中。锡金、印度、孟加拉、缅甸、老挝及越南有分布。材质稍软，含油少不耐腐，供建筑、农具、家具等用；枝叶、根及树皮可提取芳香油；树皮捣碎可作香粉，入药能消肿、止血、接骨。

图 401 钝叶桂 （曾孝濂绘）

16. 锡兰肉桂 图 402

Cinnamomum verum Presl, Rostl. 2: 36. 37. f. 7. 1825.

Cinnamomum zeylanicum Bl.；中国高等植物图鉴1: 820. 1972；中国植物志31: 207. 1984.

乔木，高达10米；树皮黑褐色，内皮有香气。幼枝稍四棱，灰色，具白斑。叶卵形或卵状披针形，长11-16厘米，先端渐尖，基部宽楔形或近圆，下面淡绿白色，两面无毛，离基三出脉，中脉直达叶端，基生侧脉不达叶端；叶柄长约2厘米，无毛。花序长10-12厘米，花序梗长达6厘米，与序轴均被绢状微柔毛。花梗长达5毫米，被灰色白微柔毛；花被片长圆形，被灰白微柔毛，果卵圆形，长1-1.5厘米，黑色；果托杯状，具齿。花期3-4月，果期5-7月。

原产斯里兰卡。海南及台湾栽培。树皮及枝叶可提取芳香油；树皮入药，能健胃，亦可作香料。

图 402 锡兰肉桂 （吴彰桦绘）

17. 柴桂 图 403

Cinnamomum tamala (Buch.-Ham.) Th. G. Fr. Nees. in Th. Nees et Eberm. Handb. Med. -Pharm. Bot. 2: 426. 1831.

Laurus tamala Buch.-Ham. in Trans. Linn. Soc. 23: 555. 1822.

乔木，高达20米；树皮灰褐色，有香气。小枝初稍被灰白色微柔毛，后无毛。叶卵形、长圆形或披针形，长7.5-15厘米，先端长渐尖，基部楔形或宽楔形，下面绿白色，两面无毛，离基三出脉，基生侧脉不达叶端；叶柄长0.5-1.3厘米，无毛。花序长5-10厘米，多花，分枝末端为3-5花聚伞花序，花序梗长达4厘米，与序轴疏被灰白微柔毛。花梗长4-6毫米，被灰白微柔毛，花被片倒卵状长圆形，疏被灰白柔毛，内密被灰白柔毛，能

育雄蕊长3.8-4毫米，退化雄蕊三角状箭头形，被柔毛，具长柄。花期4-5月。

产西藏及云南西部，生于海拔1180-1930米山坡、谷地常绿阔叶林中或水边。尼泊尔、不丹、印度有分布。树皮药效同肉桂。

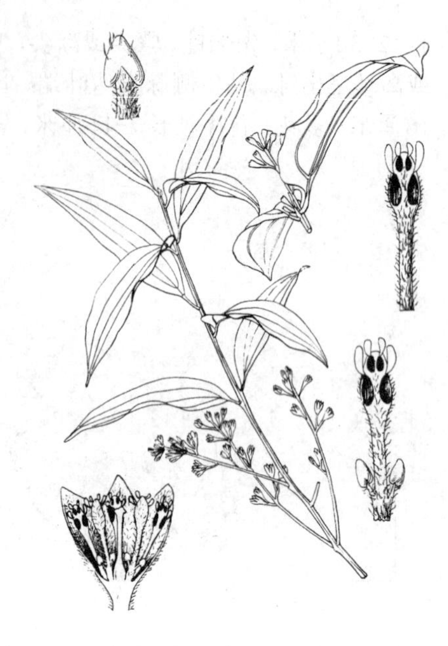

图 403 柴桂 （李锡畴绘）

18. 刀把木 图 404

Cinnamomum pittosporoides Hand.-Mazz. in Sitzungsb. Akad. Wiss. Wien, Math.-Nat. 61: 19. 1925.

乔木，高达25米。幼枝具棱，被褐黄色短绒毛，后脱落。叶椭圆形或披针状椭圆形，长9-13(-16)厘米，先端长渐尖，基部楔形，被褐黄色绒毛状柔毛，羽状脉，侧脉3-4对；叶柄长0.8-1.2(-1.6)厘米。花序长(2-)3-4厘米，具1-7花，花序近无梗或梗长1-1.5厘米，与序轴均密被褐黄色绒毛。花黄色；花梗长3-6毫米，密被褐黄色绒毛；花被筒钟形，花被片卵状长圆形，密被褐黄色绒毛，内面被丝毛；能育雄蕊花药下方2室侧向，退化雄蕊箭头形，具短柄；子房被硬毛。果卵圆形，长达2.5厘米，具小突尖，粗糙，顶端稍被柔毛；果托木质，具纵沟，被褐黄色柔毛，浅盆状，高约5毫米，径1.2-1.4厘米，具圆齿。花期2-5月，果期6-10月。

产云南及四川南部，生于海拔1800-2500米常绿阔叶林中。木材结构细，纹理直，耐腐，供家具、室内装修及建筑等用；枝叶可提取芳香油。

图 404 刀把木 （曾孝濂绘）

19. 川桂 图 405 彩片 235

Cinnamomum wilsonii Gamble in Sarg. Pl. Wilson. 2: 66. 1914.

乔木，高达25米。叶卵形或卵状长圆形，长8.5-18厘米，先端渐钝尖，基部楔形或近圆，下面灰绿色，初被白色丝毛，后脱落无毛，边缘内卷，离基三出脉；叶柄长1-1.5厘米，无毛。花序长3-9厘米，少花，花序梗长1.5-6厘米，与序轴均无毛或疏被柔毛。花梗丝状，长0.6-2厘米，被微柔毛；花被片卵形，两面被丝状柔毛；能育雄蕊长3-3.5毫米，花丝被柔毛，退化雄蕊卵状心形，长2.8毫米，先端尖，具柄。果卵圆形；果托平截，裂片短。花期4-5月，果期8-10月。

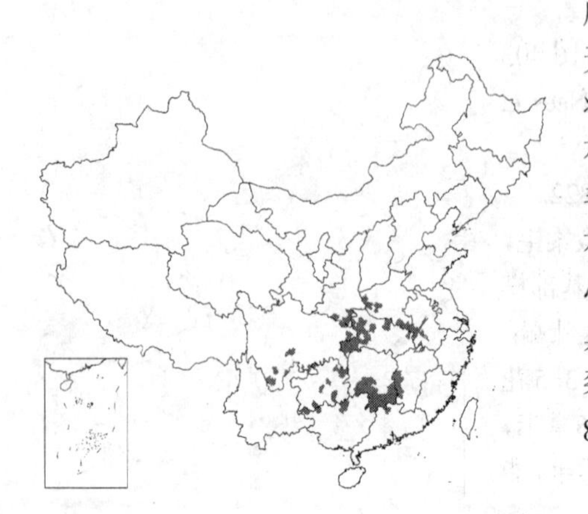

产江西、湖北、湖南、广东、广西、贵州、四川、陕西、河南及安徽西南部，生于海拔2400米以下山谷、阳坡、沟边及林中。树皮入药，治风湿骨痛、跌打及腹痛吐泻等症；枝叶及果可提取芳香油，供食用及皂用香精原料。

20. 大叶桂　　图 406

Cinnamomum iners Reinw. ex Bl. Bijdr. 570. 1826.

乔木，高达20米。枝条粗，对生；小枝干时黑褐色，初密被微柔毛，后脱落无毛。叶卵形或椭圆形，长12-35厘米，先端钝或微凹，基部宽楔形或近圆，下面初密被柔毛，后渐稀少，三出脉或离基三出脉；叶柄长1-3厘米，红褐色，被柔毛。花序长6-26厘米，多分枝，花序梗长3-10(-15)厘米，与序梗均密被柔毛。花梗长2.5-5毫米，密被灰色柔毛；花被片两面密被灰色柔毛，外轮卵状长圆形，内轮长圆形；能育雄蕊长3-3.6毫米，花丝被柔毛，退化雄蕊长2.3毫米，三角状箭头形，具长柄。果卵圆形，长达1.2厘米，具小突尖；果托倒锥形或碗形，径达8毫米，宿存花被片稍增大开张。花期3-4月，果期5-6月。

产西藏东南部、云南南部及广西西南部，生于海拔140-1000米山谷、路边及林中。印度及东南亚有分布。木材黄褐色，有光泽，干缩性小，强度适中，供家具、车船及胶合板等用。

图 405 川桂 （李锡畴绘）

21. 华南桂　　图 407：6-10 彩片 236

Cinnamomum austrosinense H. T. Chang in Journ. Univ. Sunyatseni (Soi. Nat.) 1959(1): 20. 1959.

乔木，高达16米；树皮灰褐色。小枝稍扁，被平伏灰褐色微柔毛。叶椭圆形，长14-16厘米，先端骤长尖，基部近圆，幼叶两面密被平伏灰褐色微柔毛，后上面脱落无毛，下面密被毛，边缘内卷，三出脉或离基三出脉；叶柄长1-1.5毫米，密被平伏灰褐色微柔毛。花序长9-13厘米，花序梗长达7.5厘米，与序轴均密被平伏灰褐色微柔毛。花梗长约2毫米，密被灰褐色微柔毛；花被片卵形，两面密被灰褐色微柔毛；能育雄蕊花丝及花药背面被柔毛，退化雄蕊长约1毫米。果托浅杯状，高2.5毫米，具浅齿。花期6-8月，果期8-10月。

产浙江、福建、台湾、江西、湖南、广东、广西及贵州，生于海拔630-700米山坡、溪边常绿阔叶林或灌丛中。树皮入药，功效同肉桂皮；果入药治胁痛；枝叶、果及花梗可提取桂油，作轻化工及食品工业原料；叶研粉，作熏香原料。

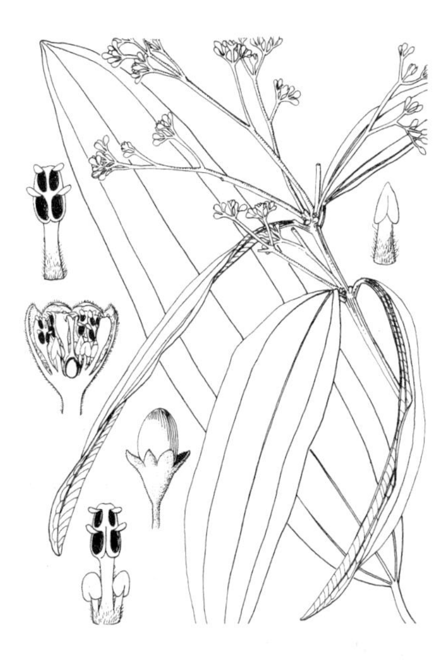

图 406 大叶桂 （曾孝濂绘）

22. 辣汁树　　图 408：1-5

Cinnamomum tsangii Merr. in Lingnan Sci. Journ. 13: 6. 1934.

小乔木。小枝扁或具棱，初密被银白色绢毛，后渐脱落。叶披针形或

长圆状披针形，长5-10厘米，先端镰状渐尖，基部宽楔形，两面幼时被银白色绢毛，老时上面无毛，下面密被淡褐色绢毛或两面无毛，离基三出脉；叶柄长0.5-1.2厘米，幼时密被银白色绢毛，后脱落无毛。花序聚伞状，长约3厘米，3-5花，稍被银白色绢毛，花序梗长。花梗长达5毫米，密被银白色绢毛；花被片卵形，两面密被绢毛；能育雄蕊长约1毫米，花丝被柔毛，退化雄蕊三角状箭头形，长0.6毫米，具短柄。花期10月。

产福建、江西、湖南、广东及海南，生于山区疏林或混交密林中。

图 407：1-5. 肉桂 6-10. 华南桂
（李锡畴绘）

23. 银叶桂 银叶樟 图 408：6-10

Cinnamomum mairei Lévl. in Fedde, Repert. Sp. Nov. 13: 174. 1914.

乔木，高达16米。枝条圆，紫褐色，小枝稍具棱。叶披针形，长6-11厘米，先端渐钝尖，基部楔形或近圆，下面初密被平伏银色绢毛，后渐脱落，三出脉或离基三出脉；叶柄长1-1.3厘米，无毛。花序圆锥状，长4-7(-9)厘米，具5-12花，花序梗长2-4厘米，与序轴均被柔毛。花梗长4-8毫米，被柔毛；花被片倒卵形，两面被绢状柔毛；能育雄蕊长2.5-2.6毫米，花丝基部稍被毛或近无毛，退化雄蕊心形，长1.5毫米，具短柄。果卵圆形，长1.3厘米，无毛；果托半球形，全缘，径4-5毫米。花期4-5月，果期8-10月。

产云南及四川，生于海拔1300-1800米林中。

图 408：1-5. 辣汁树 6-10. 银叶桂
（肖 溶 绘）

24. 肉桂 玉桂 桂 图 407：1-5

Cinnamomum cassia Presl, Rostl. 2: 36. 44. f. 6. 1825.

乔木；树皮灰褐色，老树皮厚达1.3厘米。幼枝稍四棱，黄褐色，具纵纹，密被灰黄色绒毛。叶长椭圆形或近披针形，长8-16(-34)厘米，先端稍骤尖，基部楔形，下面疏被黄色绒毛，边缘内卷，离基三出脉；叶柄长1.2-2厘米，被黄色绒毛。花序长8-16厘米，花序梗与序轴均被黄色绒毛。花梗长3-6毫米，被黄褐色绒毛；花被片卵状长圆形，两面密被黄褐色绒毛；能育雄蕊长2.3-2.7毫米，花丝被柔毛，退化雄蕊连柄长约2毫米，三角状箭

头形，柄扁平，长约1.3毫米，被柔毛。果椭圆形，长约1厘米，黑紫色，无毛；果托浅杯状，高4毫米，径达7毫米，边缘平截或稍具齿。花期6-8月，果期10-12月。

产福建、台湾、广东、海南、广西、云南及贵州，多为栽培。原产我国。东南亚有栽培。树皮、叶、果及花梗可提制桂油，为珍贵香料，用途广泛，入药可补肾、止痛，治腰膝痛、胃痛、消化不良、腹痛吐泻、闭经等症。

图 409：1-5. 毛桂 6. 香桂
（李锡畴绘）

25. 毛桂 图 409：1-5

Cinnamomum appelianum Schewe in Sitzungsb. Akad. Wiss. Wien, Math.-Nat. 61：20. 1925.

小乔木，高达6米；树皮灰褐或榄绿色。小枝密被褐黄色开展柔毛，后渐脱落无毛。叶椭圆形、椭圆状披针形、卵形或卵状椭圆形，长4.5-11厘米，先端骤短渐尖，基部楔形或近圆，幼叶上面沿脉及下面密被褐黄色开展柔毛，后上面脱落无毛，下面密被毛，离基三出脉，脉腋无囊状隆起；叶柄长4-5(-9)毫米，密被褐黄色开展柔毛。花序长4-6.5厘米，具(3-)5-7(-11)花，花序梗与序轴均被褐黄色开展柔毛；苞片两面被毛，早落。花梗长2-3毫米，密被褐黄色柔毛或微柔毛；花被片宽卵形或长圆状卵形，两面密被褐黄色绢状微柔毛；能育雄蕊长2.5-3.5毫米，花丝被柔毛，退化雄蕊长1.3-1.7毫米，三角状箭头形，具短柄，柄被柔毛。果椭圆形，长6毫米；果托漏斗状，高1厘米，径7毫米，具齿。花期4-6月，果期6-8月。

产江西、湖北、湖南、广东、广西、云南、贵州及四川，生于海拔1400米以下山坡、谷地灌丛或疏林中。树皮代肉桂皮入药；木材作一般用材及造纸糊料。

26. 香桂 图 409：6 彩片 237

Cinnamomum subavenium Miq. Fl. Ind. Bat. 1(1)：902. 1858.

乔木，高达20米；树皮灰色，平滑。小枝密被黄色平伏绢状柔毛。叶椭圆形、卵状椭圆形或披针形，长4-13.5厘米，先端渐尖或短尖，基部楔形或圆，上面初被黄色平伏绢状柔毛，后脱落无毛，下面初密被黄色绢状柔毛，后毛渐稀，三出脉或近离基三出脉，上面稍泡状隆起，下面脉腋常具浅囊状隆起；叶柄长0.5-1.5厘米，密被黄色平伏绢状柔毛。花梗长2-3毫米，密被黄色平伏绢状柔毛；花被片两面密被柔毛，外轮长圆状披针形或披针形，内轮卵状长圆形；能育雄蕊长2.4-2.7毫米，花丝及花药背面被柔毛。果椭圆形，长约7毫米，蓝黑色；果托杯状，全缘，径达5毫米。花期6-7月，果期8-10月。

产安徽、浙江、福建、台湾、江西、湖北、湖南、广东、海南、广西、云南，贵州、四川及西藏，生于海拔2500米以下山坡或山谷常绿阔叶林中。东南亚有分布。香桂叶油可作香料及医药杀菌剂，香桂皮油可作化妆品及牙膏用香精；香桂叶是罐头食品重要配料。

11. 新樟属 Neocinnamomum H. Liou

（李锡文 李 捷）

乔木或灌木状。叶互生，三出脉或近三出脉。团伞花序腋生，或多数组成圆锥花序。花被筒短，裂片6，近等大，果时稍肉质；能育雄蕊9，第1、2轮花丝无腺体，第3轮花丝基部具2腺体，花药4室，上2室内向（第1、2轮雄蕊）或外向（第3轮雄蕊）或均侧向，下2室较大，侧向，有时全部药室横排成1列，退化雄蕊具柄；子房梨形，无柄，花柱短，柱头盘状。浆果状核果，果托肉质，高脚杯状，花被宿存。

约7种，分布于尼泊尔、锡金、印度、缅甸、我国南部及西南部、越南、印度尼西亚（苏门答腊）。我国5种。

1. 叶脉网横向伸长；多数团伞花序组成圆锥花序 ······ 1. **滇新樟 N. caudatum**
1. 叶脉网不横向伸长，呈细网状；团伞花序单个腋生。
  2. 小枝无毛 ······ 2. **川鄂新樟 N. fargesii**
  2. 幼枝密被毛。
    3. 幼枝及叶下面密被锈色柔毛 ······ 3. **海南新樟 N. lecomtei**
    3. 幼枝及叶下面密被锈色或白色绢毛 ······ 4. **新樟 N. delavayi**

1. 滇新樟 图410

Neocinnamomum caudatum (Nees) Merr. in Contr. Arn. Arb. 8: 64. 1934.

Cinnamomum caudatum Nees in Wall. Pl. Asiat. Rar. 2: 76. 1831.

乔木，高达20米；树皮灰黑色。小枝被微柔毛。叶卵形或卵状长圆形，长(4)5-12厘米，先端渐钝尖，基部楔形、宽楔形或近圆，两面无毛，近三出脉，脉网横向伸长；叶柄长0.8-1.2厘米，近无毛。团伞花序具5-6花，多数组成圆锥花序，序轴被锈色微柔毛；苞片钻形，密被锈色微柔毛。花梗长2-6毫米，被锈色微柔毛；花被片两面被锈色微柔毛，三角状卵形；能育雄蕊长约1毫米，花丝被柔毛，与花药近等长，退化雄蕊近无柄。果长椭圆形，长1.5-2厘米，红色；果托高脚杯状，径6-8毫米，花被片宿存。花期(6-)8-10月，果期10月至翌年2月。

图 410 滇新樟（蔡淑琴绘）

产云南中部及南部、贵州西南部、广西西部，生于海拔500-1800米山谷、溪边及林中。印度、尼泊尔、锡金、缅甸、越南有分布。

2. 川鄂新樟 图411

Neocinnamomum fargesii (Lecomte) Kosterm. in Reinwardtia 9(1): 91. 1974.

Cinnamomum fargesii Lecomte in Nouv. Arch. Mus. Hist. Nat. Paris ser. 5, 5: 78. t. 3. 1913.

小乔木或灌木状，高达7米。小枝具纵纹及褐色斑点，无毛。叶宽卵形、卵状披针形或菱状卵形，长4-6.5厘米，先端尾尖，基部楔形或宽楔形，两面无毛，边缘内卷，中部以上波状，三出脉或近三出脉；叶柄长6-8毫米，无毛。团伞花序腋生，1-4花，近无梗；苞片稍被微柔毛。花梗长1-4毫米，稍被微柔毛或近无毛；花被片宽卵形，两面被微柔毛；能育雄蕊

长约1毫米，被柔毛，花丝与花药等长，退化雄蕊三角形，具短柄，被柔毛。果近球形，径1.2-1.5厘米，具小突尖，红色；果托高脚杯状，径0.5-1.2厘米，花被片宿存。花期6-8月，果期9-11月。

产四川东部及湖北西部，生于海拔600-1300米灌丛中。

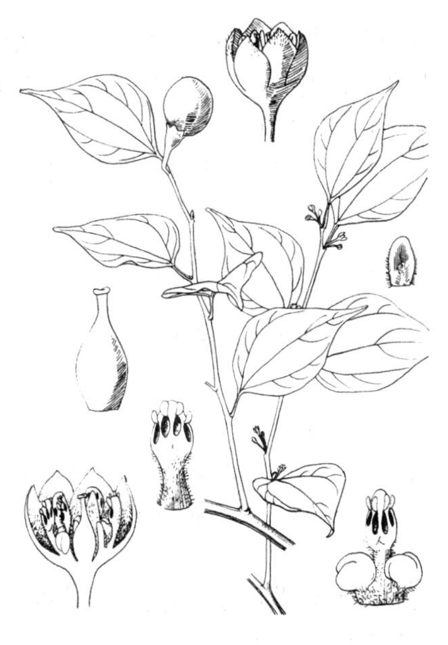

图 411 川鄂新樟（曾孝濂绘）

3. 海南新樟 图 412：6-7

Neocinnamomum lecomtei H. Liou, Laur. Chine et Indoch. 93.1932.

小乔木或灌木状，高达4米。枝棕褐色，幼枝密被锈色柔毛，后渐脱落。叶卵形或宽卵形，长(5.5-)8-12厘米，先端渐钝尖，基部宽楔形、稍圆或近平截，初两面密被锈色柔毛，后上面除脉外余近无毛，下面密被锈色柔毛，三出脉，侧脉约4对；叶柄长(0.5-) 1-1.5厘米，密被锈色柔毛。果序单生叶腋，序柄长2-5毫米。果椭圆状卵球形，长1.5-2厘米；果托高脚杯状，顶部宽1-1.2厘米，宿存花被片肉质，两面密被锈色柔毛，果柄长1-1.3厘米。花期8月，果期10月至翌年5月。

产海南、广西南部、贵州西南部及云南东南部，生于海拔400-500米密林中或山谷水边。越南北部有分布。

4. 新樟 少花新樟 图 412：1-5

Neocinnamomum delavayi (Lecomte) H. Liou, Laur. Chine et Indoch. 86. 90. 1932.

Cinnamomum delavayi Lecomte in Nouv. Arch. Mus. Hist. Nat. Paris ser. 5, 5: 77. 1913.

小乔木或灌木状，高达10米；树皮黑褐色。幼枝被锈或白色绢毛，后渐脱落。叶椭圆状披针形、卵形或宽卵形，长（4-）5-11厘米，先端渐尖，基部楔形或宽楔形，两侧常不等，初两面密被锈或白色绢毛，后上面无毛，下面被毛，三出脉；叶柄长0.5-1厘米，初密被绢毛，后毛渐稀。团伞花序具（1-）4-6（-10）花；苞片三角状钻形，密被锈色绢毛。花梗长5-8毫米，密被锈色绢毛；花被片两面密被锈色绢毛，三角状卵形；能育雄蕊长1.25毫米，退

图 412：1-5. 新樟 6-7. 海南新樟（陈荷香绘）

化雄蕊近匙形或卵形，连柄长0.6-0.8毫米，柄被柔毛。果卵球形，长1-1.5厘米，红色；果托高脚杯状，径5-8毫米，花被片宿存。花期4-9月，果期9月至翌年1月。

产云南及四川南部，生于海拔1100-2300米灌丛、林缘、林中、沿河谷两岸、沟边及石灰岩山地。枝叶可提取芳香油，用于香料及医药工业；种子油脂供工业用；枝叶入药，可祛风湿、舒筋络。

12. 楠属 Phoebe Nees

（李树刚　韦发南）

常绿乔木，稀灌木。叶革质，互生，羽状脉。花两性，多花组成聚伞状圆锥花序或总状花序；花被片6，相等或外轮稍小于内轮，花后近革质或木质，直立；能育雄蕊9，3轮，花药4室，第1、2轮内向，第3轮外向，花丝长，基部或基部稍上具2枚有柄或无柄腺体；退化雄蕊三角形或箭形；子房卵圆形或球形，柱头钻状或头状。果卵圆形、椭圆形或球形，稀长圆形，基部为宿存花被片所包被；果柄不增粗或增粗。

约94种，分布亚洲及热带美洲。我国38种以上。

1. 花被外面及花序无毛或被平伏微柔毛。
  2. 叶上面中脉凸起。
    3. 果卵圆形。
      4. 叶窄披针形，宽1-2.5厘米；果柄无白粉；果顶端无短喙 ………… 1. **沼楠 P. angustifolia**
      4. 叶披针形或椭圆状披针形，宽3-6厘米；果柄被白粉；果顶端具短喙 ……… 2. **披针叶楠 P. lanceolata**
    3. 果长圆形或椭圆形。
      5. 叶长圆状披针形或长圆状倒宽披针形，宽4-8厘米，侧脉9-15对，叶柄长2-4厘米；果序长10-17厘米，果长1.6-1.8厘米 ………… 3. **茶槁楠 P. hainanensis**
      5. 叶椭圆形，宽2-4厘米，侧脉6-7对，叶柄长1-2厘米；果序长3-7厘米，果长1.1-1.3厘米 ………… 3(附). **崖楠 P. yaiensis**
  2. 叶上面中脉凹下或中、下部凹下。
    6. 花序纤细，长13-18厘米，分枝基部具宿存小苞片；叶上面、侧脉及横脉凹下 ………… 4. **桂楠 P. kwangsiensis**
    6. 花序粗，分枝基部无宿存小苞片；叶上面侧脉及横脉不凹下或稍凹下。
      7. 果球形或近球形。
        8. 花长5-6毫米；叶柄粗，长3-4厘米，叶下面绿色 ………… 5. **山楠 P. chinensis**
        8. 花长2.5-3.5毫米；叶柄较细，长1-2.5厘米，叶下面苍白或苍绿色 ………… 6. **竹叶楠 P. faberi**
      7. 果卵圆形。
        9. 幼叶下面密被平伏白色绢状毛；花被片具缘毛；叶宽倒披针形，稀倒卵状披针形 ………… 7. **湘楠 P. hunanensis**
        9. 幼叶下面近无毛或疏被平伏柔毛；花被片无缘毛；叶披针形或倒披针形 ………… 8. **光枝楠 P. neuranthoides**
1. 花被外面及花序密被柔毛或绒毛。
  10. 叶上面中脉凸起，叶披针形或椭圆状披针形，长9-22厘米，基部渐窄下延 ………… 9. **乌心楠 P. tavoyana**
  10. 叶上面中脉凹下或下部凹下。
    11. 侧脉纤细，在下面明显或不明显，横脉及细脉在下面不明显或近无，叶下面被平伏灰白色柔毛 ………… 10. **细叶楠 P. hui**
    11. 侧脉较粗，横脉及细脉在下面明显，叶下面毛不平伏。
      12. 果长1.1-1.5厘米，椭圆状卵圆形、椭圆形或近长圆形，宿存花被片紧贴。
        13. 叶倒卵状椭圆形或倒卵状披针形，宽3-7厘米；种子多胚性，子叶不等大 …………

……………………………………………………………………………………… 11. **浙江楠 P. chekiangensis**

13. 叶椭圆形、披针形或倒披针形，宽2-4厘米；种子单胚性，子叶等大。

14. 叶披针形或倒披针形，下面横脉及细脉结成网络状；圆锥花序紧缩不开展；小枝被短毛或近无毛 ……………………………………………………………………………………… 12. **闽楠 P. bournei**

14. 叶常椭圆形，下面横脉及细脉稍明显，不结成网格状；圆锥花序开展；小枝密被黄褐或灰褐色柔毛 ……………………………………………………………………………………… 13. **楠木 P. zhennan**

12. 果长约1厘米，宿存花被片松散。

15. 老叶下面及果柄近无毛或疏被短柔毛；叶披针形或倒披针形，宽1.5-4厘米 …… 14. **白楠 P. neurantha**

15. 老叶下面及果柄密被黄褐色长柔毛；叶倒卵形或椭圆状卵形，宽3.5-9厘米 ……… 15. **紫楠 P. sheareri**

1. 沼楠

图413：1-2

Phoebe angustifolia Meissn. in DC. Prodr. 15(1): 34. 1864.

灌木。幼枝无毛或被灰褐色微柔毛。叶窄披针形，长15-25(-37)厘米，宽1-2.5厘米，先端渐尖，基部渐窄下延，上面无毛或沿中脉疏被柔毛，下面被微柔毛或无毛，两面中脉凸起，侧脉10-16(-20)对，下面较上面明显；叶柄长1-1.5厘米，无毛或被微柔毛。圆锥花序近顶生，多个，长8-20厘米，中部以上分枝，花序轴、花梗及花被片无毛。花被片卵形，内面被细柔毛；第3轮花丝基部腺体具短柄。果卵圆形，长0.9-1.3厘米，无喙；果柄长6-8毫米，纤细；宿存花被片紧贴。花期4月，果期5-6月。

产云南，生于海拔约300米沼泽地或沟边。印度、缅甸及越南有分布。

图 413：1-2. 沼楠 3. 披针叶楠 4-6. 乌心楠
（何顺清绘）

2. 披针叶楠

图413：3 彩片238

Phoebe lanceolata (Wall. ex Nees) Nees, Syst. Laur. 109. 1836.

Laurus lanceolata Wall. ex Nees in Wall. Pl. Asiat. Rar. 2: 71.1831.

乔木，高达20米；树皮灰白色。冬芽密被黄灰色绒毛。幼枝无毛或被黄褐色柔毛，后脱落。叶披针形或椭圆状披针形，长13-25厘米，宽3-6厘米，先端渐尖或尾尖，常镰状，基部渐窄下延，幼叶两面带紫色，下面被短柔毛，老叶无毛，中脉粗，上面凸起，侧脉9-15对，两面细脉不明显，在边缘网结；叶柄长1-2.5厘米，无毛。圆锥花序多个，长短不一，长(4-5)12-15(-20)厘米，近顶部分枝，花序轴及花梗无毛。花被片近等长，内被灰白色柔毛；第3轮花丝基部腺体无柄。果卵圆形，长0.9-1.2厘米，具短喙；果柄稍粗，被白粉；宿存花被片紧贴。花期4-5月，果期7-9月。

产云南东南部及南部、广西，生于海拔1500米以下常绿阔叶林中，为主要树种。尼泊尔、印度、泰国、马来西亚及印度尼西亚有分布。

3. 茶槁楠 图 414

Phoebe hainanensis Merr. in Philipp. Journ. Sci. Bot. 21: 343. 1922.

乔木。小枝无毛。叶长圆状宽披针形或长圆状倒宽披针形，长10-28厘米，宽4-8厘米，先端渐尖或尾尖，基部楔形，两面无毛，干时茶褐色，侧脉9-15对，两面中脉及侧脉凸起，横脉及细脉结成网状，在两面明显；叶柄长2-4厘米，无毛。果序长10-15（-17）厘米，少果；果长圆形，长1.6-1.8厘米，宿存花被片紧贴，无毛。果期11月。

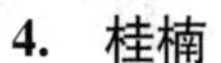

产海南，生于阔叶林中。木材纹理细密，材质坚实，不裂，供建筑、家具等用。

［附］ **崖楠 Phoebe yaiensis** S. Lee in Acta Phytotax. Sin. 8(3): 190. 1963. 本种与茶槁楠主要区别：叶椭圆形，长7-15厘米，宽2-4厘米，侧脉6-7对；叶柄长1-2厘米。果序长3-7厘米，果椭圆形，长1.1-1.3厘米，径5-7毫米。产海南及广西，生于低海拔阔叶林中。

图 414 茶槁楠 （引自《海南植物志》）

4. 桂楠 图 415

Phoebe kwangsiensis H. Liou, Laur. Chine et Indoch. 70. f. 3. 1934.

小乔木或灌木状，高达3（8）米。小枝被短柔毛。叶倒披针形或椭圆状倒披针形，长达21厘米，先端渐尖，基部楔形，上面无毛或沿中脉被毛，下面被灰褐色柔毛，干时黑色，上面中脉、侧脉及横脉凹下，侧脉10-13对；叶柄长约1厘米，被毛。聚伞状圆锥花序纤细，长13-18厘米，花序梗长10-12厘米，被短柔毛，在顶端3-4分枝，分枝基部具宿存叶状小苞片。花小，花被片不等大，卵状三角形，无毛或被微柔毛。果卵圆形，长1-1.5厘米，宿存花被片紧贴。花期6月。

图 415 桂楠 （仿《Laur. Chine et Indoch.》）

产广西及贵州，生于石山谷地灌丛中，喜潮湿环境。

5. 山楠 图 416

Phoebe chinensis Chun, Chinese Econ. Trees 158. 1921.

乔木，高达20米。冬芽近球形，径5-8毫米，无毛，芽鳞具缘毛。叶倒宽披针形、宽披针形或长圆状披针形，长达20厘米，先端短尖，基部楔形，两面无毛或下面被微柔毛，绿色，中脉粗，上面凹下，两面横脉及细脉不明显；叶柄粗，长3-4厘米。花序数枝，长8-17厘米，无毛。花黄绿色，长5-6毫米，花被片无毛或被微

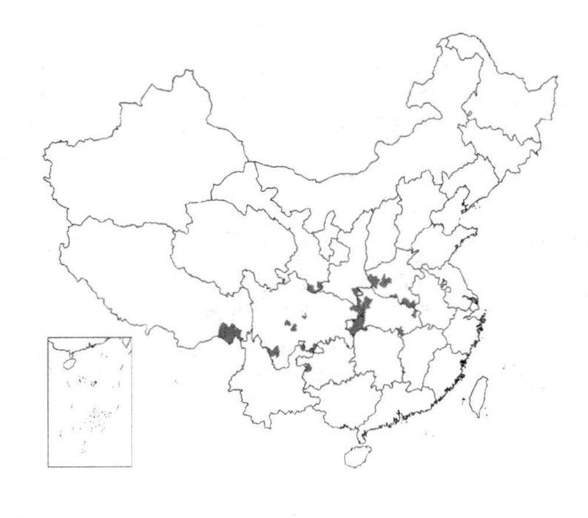

柔毛。果球形或近球形，径约1厘米；宿存花被片上部常不硬，下部稍硬。花期4-5月，果期6-7月。

产河南、湖北、陕西、甘肃、四川、贵州、云南及西藏，多生于海拔1400-1600米山坡或山谷常绿阔叶林中。树形美丽，可作行道树或庭院观赏树；木材结构细密，有香气，为建筑、家具用材。

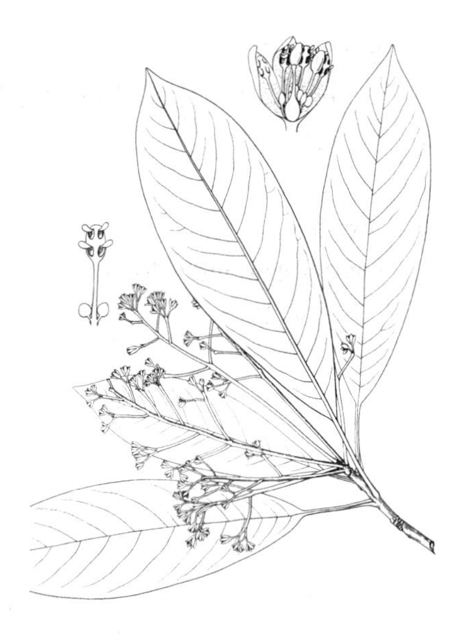

图 416 山楠（吴彰桦绘）

6. 竹叶楠 图 417

Phoebe faberi（Hemsl.）Chun in Contr. Biol. Lab. Sci. Soc. China, Bot. 1(5)：31. 1925.

Machilus faberi Hemsl. in Jorun. Linn. Soc. Bot. 26：375. 1891.

乔木，高达15米。小枝粗，干后黑色，无毛。叶长圆状披针形或椭圆形，长达15厘米，先端钝或短尖，稀短渐尖，基部楔形，下面苍白或苍绿色，横脉及细脉不明显，边缘外卷；叶柄较细，长1-2.5厘米。花序多个，生于新枝下部叶腋，长5-12厘米，中部以上分枝，无毛。花黄绿色，长2.5-3.5毫米，花被片外面无毛，内面被毛；花丝无毛或仅基部被毛。果球形，径7-9毫米；宿存花被片紧贴或松散。花期4-5月，果期6-7月。

产云南南部及东北部、四川、贵州、湖南、湖北，生于海拔800-1500米阔叶林中。

图 417 竹叶楠（引自《图鉴》）

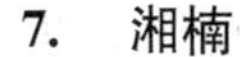

7. 湘楠 图 418

Phoebe hunanensis Hand.-Mazz. in Sitzungsb. Akad. Wiss. Wien, Math.-Nat. 58：146. 1921.

小乔木或灌木状。小枝干时红褐色或红黑色，无毛。叶倒宽披针形，稀倒卵状披针形，长8-23厘米，先端短渐尖，有时尖头呈镰状，基部楔形或窄楔形，幼叶下面被平伏银白色绢状毛，老叶两面无毛或下面稍被平伏柔毛，苍白色或被白粉，中脉粗，上面凹下，侧脉6-14对；叶柄长0.7-1.5(2.4)厘米，被毛。花序长8-14厘米，近总状或上部分枝，无毛。花被片外面无毛或上部疏被柔毛，内面被毛，具缘毛；子房扁球形，无毛。果卵圆形，长1-1.2厘米；果柄稍粗；宿存花被片松散，纵脉明显，常有缘毛。花期5-6

月，果期8-9月。

产河南、安徽、江西、湖南、湖北、贵州、四川东北部、陕西及甘肃，生于沟谷阔叶林中。

图 418 湘楠 （邹桂贤绘）

8. 光枝楠 图 419

Phoebe neuranthoides S. Lee et F. N. Wei in Acta Phytotax. Sin. 17 (2)：58. 1979.

小乔木或灌木状，高达10余米。小枝干时黑褐色或褐色，具棱，无毛。叶倒披针形或披针形，长10-17厘米，先端渐尖或长渐尖，基部下延，上面无毛，下面近无毛或被平伏柔毛，常苍白色，中脉在上面或下部凹下，侧脉10-17对，在边缘网结；叶柄长1-1.7厘米，无毛。花序纤细，生于新枝中部，近总状或在上部分枝，长6-13厘米，无毛。花被片外轮稍小，无毛或内轮先端被微柔毛；第3轮花丝基部腺体近无柄；子房卵圆形，无毛，柱头明显扩大。果卵圆形，长约1厘米；宿存花被片松散。花期4-5月，果期9-10月。

产陕西、四川、湖北、贵州东北部及南部、湖南西部，生于海拔650-2000米山地阔叶林中。

图 419 光枝楠 （何顺清绘）

9. 乌心楠 图 413：4-6

Phoebe tavoyana (Meissn.) Hook.f. Fl. Brit. Ind. 5：143. 1886.

Machilus tavoyana Meissn. in DC. Prodr. 15(1)：41. 1864.

乔木，高达10米。小枝密被黄灰色长柔毛，二年生枝被短柔毛或近无毛。叶披针形或椭圆状披针形，长9-22厘米，先端尾尖，基部渐窄下延，上面无毛，下面幼时被灰白或灰褐色长柔毛，干时淡褐色，中脉在上面凸起，侧脉10-15对；叶柄长1-2厘米，被毛。圆锥花序多个，生于新枝上部叶腋，长9-15(-25)厘米，密被黄灰色柔毛。能育雄蕊花丝被毛。果椭圆状卵形或椭圆形，长约1.2厘米；果柄粗；宿存花被片紧贴，疏被毛或近无毛。花期2-3月，果期5-8月。

产云南、广西、广东及海南，生于常绿阔叶林中，在海南尤为普遍，在云南西部可达海拔1200米。印度、缅甸、老挝、泰国、越南、柬埔寨、马来西亚及印度尼西亚有分布。

10. 细叶楠 细叶桢楠 图 420

Phoebe hui Cheng ex Yang in Journ. West China Bord. Res. Soc. 15 (B)：74. 1945.

乔木，高达25米；树皮暗灰色，

平滑。小枝细，幼时密被灰白或灰褐色柔毛，后渐脱落疏被柔毛。叶椭圆形、椭圆状倒披针形或椭圆状披针形，长5-10厘米，先端多尾尖，基部窄楔形，上面无毛或沿中脉被柔毛，下面密被平伏灰白色柔毛，中脉细，侧脉10-12对，纤细，横脉及细脉在下面不明显；叶柄长0.6-1.6厘米，被毛。圆锥花序长4-8厘米。花长2.5-3毫米，花被片两面密被灰白色长柔毛；能育雄蕊花丝被毛。果椭圆形，长1.1-1.4厘米；果柄不增粗；宿存花被片紧贴。花期4-5月，果期8-9月。

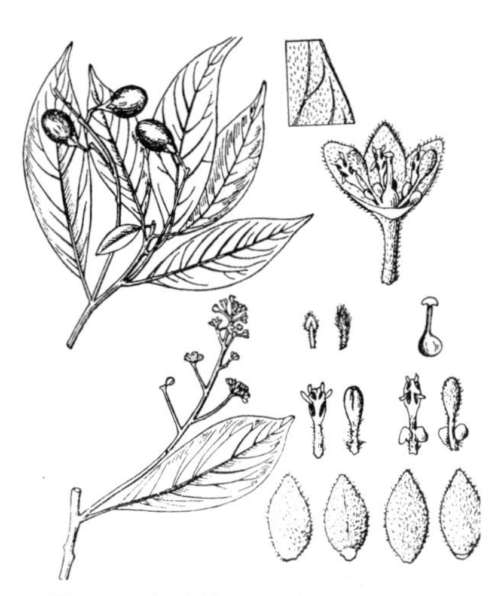

图 420 细叶楠（引自《中国树木志》）

产陕西、四川、云南东北部、贵州及湖南，生于海拔1500米以下密林中，常与楠木混生。木材纹理细密，有香气，作建筑及上等家具用材。

11. 浙江楠 图421 彩片239

Phoebe chekiangensis C. B. Shang in Acta Phytotax. Sin. 12(3): 295. pl 60. 1974.

乔木，高达20米；树皮淡黄褐色，薄片脱落。小枝具棱，密被黄褐或灰黑色柔毛或绒毛。叶倒卵状椭圆形或倒卵状披针形，稀披针形，长(7)8-13(-17)厘米，宽3.5-5(-7)厘米，先端渐尖，基部楔形或近圆，上面幼时被毛，后无毛，下面被灰褐色柔毛，脉上被长柔毛，上面中脉及侧脉凹下，侧脉8-10对，横脉及细脉密集，下面明显；叶柄长1-1.5厘米，被毛。圆锥花序长5-10厘米，被毛。花被片两面被毛；花丝被毛。果椭圆状卵圆形，长1.2-1.5厘米，被白粉；宿存花被片革质，紧贴；种子多胚性；子叶不等大。花期4-5月，果期9-10月。

图 421 浙江楠（张世经绘）

产安徽、浙江、江西及福建，生于海拔1000米以下丘陵沟谷或山坡林中。木材供建筑及家具用；树干通直，雄伟壮观，四季常青，为优美绿化树种。

12. 闽楠 图422 彩片240

Phoebe bournei (Hemsl.) Yang in Journ. West China Bord. Res. Soc. 15(B): 73. 1945.

图 422 闽楠（蔡淑琴绘）

Machilus bournei Hemsl. in Journ. Linn. Soc. Bot. 26: 373. 1891.

乔木，高达20米；老树皮灰白色，幼树带黄褐色。小枝被毛或近无毛。叶披针形或倒披针形，长7-15厘米，宽2-3(4)厘米，先端渐尖，基部窄楔形，下面被短柔毛，脉上被长柔毛，有时具缘毛，侧脉10-14对，横脉及细脉在下面结成网格状。圆锥花序长3-7(-10)厘米，常3个，最下部分枝长2-2.5厘米。花被片卵形，两面被毛；雄蕊花丝被毛，第3轮花丝基部腺体无柄。果椭圆形或长圆形，长1.1-1.5厘米，宿存花被片紧贴，被毛。花期4月，果期10-11月。

产浙江、福建、江西、湖北、湖南、广东、广西、贵州及河南，生于海拔1500米以下常绿阔叶林中。木材纹理直，结构细密，不易虫蛀，供建筑、高级家具等用。

13. 楠木 桢楠 图 423

Phoebe zhennan S. Lee et F. N. Wei in Acta Phytotax Sin. 17(2): 61. pl.12. f. 6. 1979.

乔木，高达30米。小枝被黄褐或灰褐色柔毛。叶椭圆形，稀披针形或倒披针形，长7-13厘米，先端渐尖或尾尖，基部楔形，上面无毛或沿中脉下部被柔毛，下面密被短柔毛，脉上被长柔毛，横脉及细脉在下面稍明显，不结成网格状，侧脉8-13对；叶柄长1-2.2厘米，被毛。聚伞状圆锥花序长6-12厘米，开展，被毛，最下部分枝长2.5-4厘米。花长3-4毫米，花被片两面被黄色毛；花丝被毛。果椭圆形，长1.1-1.4厘米；果柄稍粗；宿存花被片紧贴，两面被毛。花期4-5月，果期9-10月。

产四川、贵州、湖北、湖南及河南，生于海拔1100米以下湿润沟谷及溪边。木材纹理细密，为建筑、高级家具用材；叶常绿，树冠美丽，为优美风景绿化树种。

图 423 楠木 （吕发强绘）

14. 白楠 图 424

Phoebe neurantha (Hemsl.) Gamble in Sarg. Pl. Wilson. 2:72.1914.

Machilus neurantha Hemsl. in Journ. Linn. Soc. Bot. 26:376.1891.

乔木或大灌木状。幼枝被毛，后脱落近无毛。叶披针形或倒披针形，长8-16厘米，宽1.5-4厘米，先端尾尖，基部渐窄下延，上面无毛或幼时被毛，下面幼时被灰白色柔毛，后渐脱落近无毛，侧脉8-12对；叶柄长不及1.5厘米，被毛或近无毛。圆锥花序长4-12厘米，近顶端分枝，被柔毛。花长4-

图 424 白楠 （何顺清绘）

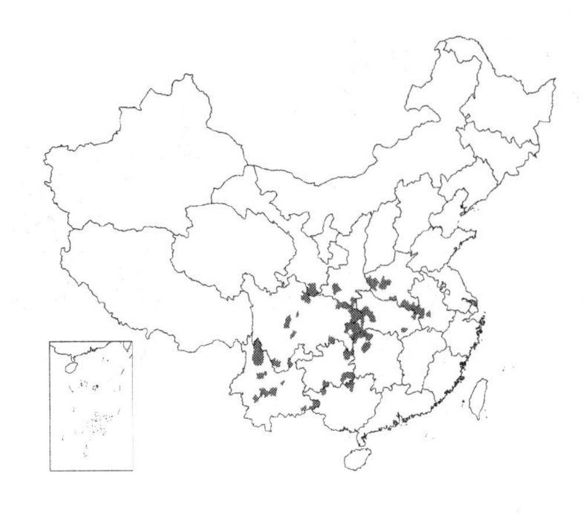

5毫米，花被片两面被毛；花丝被毛，腺体无柄。果卵圆形，长约1厘米；果柄稍粗；宿存花被片松散。花期5月，果期8-10月。

产广西、湖南、湖北、贵州、云南、四川、陕西、甘肃、河南及安徽西南部，生于海拔700-2400米常绿阔叶林中。木材供建筑、家具等用。

图 425 紫楠 （吴彰桦绘）

15. 紫楠 图 425

Phoebe sheareri（Hemsl.）Gamble in Sarg. Pl. Wilson. 2:72. 1914.

Machilus sheareri Hemsl. in Journ. Linn. Soc. Bot. 26:377. 1891.

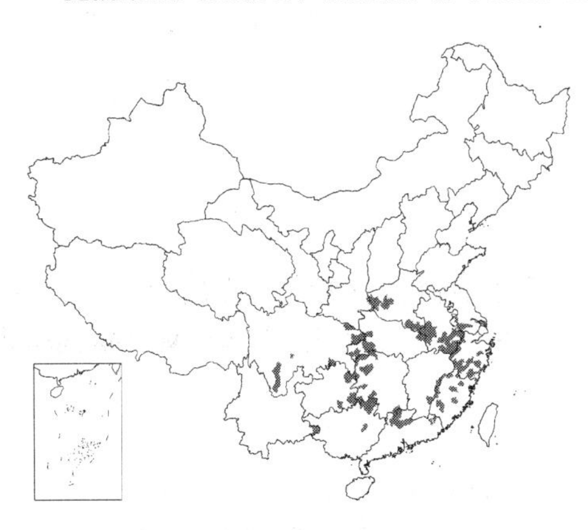

乔木，高达15米；树皮灰褐色。小枝、叶柄、花序及花被片密被黄褐或灰黑色柔毛或绒毛。叶倒卵形或椭圆状倒卵形，长8-27厘米，宽3.5-9厘米，先端骤渐尖，基部渐窄，上面无毛或沿脉被毛，下面密被黄褐色长柔毛，稀被短柔毛，侧脉8-13对，在边缘网结，横脉及细脉密结成网格状；叶柄长1-2.5厘米。圆锥花序长7-18厘米，顶端分枝。花长4-5毫米，花被片近等大；花丝被毛，腺体无柄。果卵圆形，长约1厘米；果柄稍粗，被毛；宿存花被片松散；种子单胚性，两侧对称。花期4-5月，果期9-10月。

产河南、江苏南部、安徽、浙江、福建、江西、湖北、湖南、广东、广西、云南、贵州及四川，生于海拔1000米以下常绿阔叶林中。木材纹理直，结构细，心材淡黄色，耐腐，供建筑、造船、家具等用。

13. 赛楠属 Nothaphoebe Bl.

（李锡文 李 捷）

乔木或灌木。叶互生，羽状脉。聚伞状圆锥花序具梗；小苞片小。花两性，具梗；花被筒短，裂片6，不等大，外轮3枚小；能育雄蕊9，花丝短，被柔毛，花药4室；第1、2轮花丝无腺体，药室内向，第3轮花丝近基部有1对具短柄球状肾形腺体，药室外向或侧外向，退化雄蕊3，位于最内轮，三角状心形，具短柄；子房卵球形，花柱细，柱头头状。核果；宿存花被片较硬，直立或开展，紧贴果基部。

约30种，分布于东南亚及我国南部。我国3种。

赛楠 西南赛楠 图426 彩片241

Nothaphoebe cavaleriei（Lévl.）Yang in Journ. West China Bord. Res. Soc. 15(B): 75. 1945.

Lindera cavaleriei Lévl. in Fedde, Repert. Sp. Nov. 10: 371. 1912.

乔木，高达12米。老枝密被长圆形皮孔，无毛；幼枝稍具棱，近无毛。叶倒披针形或倒卵状披针形，长10-18厘米，先端渐短尖，基部楔形，上面无毛，下面被柔毛，侧脉8-12对；叶柄长1.5-2厘米，无毛。花序长9-16

厘米，疏散，花序梗长达8厘米，与序轴均近无毛；小苞片线形，长约1毫米。花梗长3-5毫米；花被筒短，花被片宽卵形，疏被柔毛，内面中部密被柔毛，内轮长3毫米，外轮长约1.5毫米。果球形，径1.2-1.4厘米，无毛，花被片宿存。花期5-7月，果期8-9月。

产云南东北部、贵州及四川，生于海拔900-1700米常绿阔叶林中。

图 426 赛楠 (曾孝濂绘)

14. 润楠属 Machilus Nees

（李树刚 韦发南）

常绿乔木或灌木状。叶革质，互生，全缘，具羽状脉。圆锥花序顶生或生于新枝下部，稀为无总梗伞形花序。花两性；花被片6，2轮，近等大或外轮稍小，常宿存稀脱落；能育雄蕊9，3轮，花药4室，第1、2轮内向，第3轮外向，花丝基部具2枚有柄腺体，稀腺体无柄，第4轮为退化雄蕊，箭头形；子房无柄，柱头盘状或头状。浆果状核果，外果皮肉质，球形、稀椭圆形或近长圆形，宿存花被片开展或反曲，不紧贴果基部；果柄不增粗或稍增粗。

约100种，分布于亚洲东南部及东部热带、亚热带地区。我国80种以上。

1. 花被片外面无毛。
  2. 果椭圆形，长约1.4厘米；叶倒卵形或倒卵状椭圆形，稀椭圆形，下面粉绿色，干后带淡褐色 ………………………………………… 1. 滇润楠 M. yunnanensis
  2. 果球形或近球形。
    3. 果较小，径小于1.5厘米。
      4. 叶上面中脉凸起，叶宽卵形或椭圆形，下面常粉绿色，基部常不对称；叶柄粗 ………………………………………… 2. 基脉润楠 M. decursinervis
      4. 叶上面中脉凹下。
        5. 圆锥花序顶生或近顶生。
          6. 叶基部楔形或近圆，叶椭圆形或长圆形，下面被白粉，叶柄粗，长1.3-3.6厘米 ………………………………………… 3. 凤凰润楠 M. pheonicis
          6. 叶基部窄楔形。
            7. 叶先端骤钝尖或短渐钝尖，叶柄长1-3.5厘米；花序苞片密被褐红色平伏绒毛 ………………………………………… 4. 红楠 M. thunbergii
            7. 叶先端尾状渐尖，叶柄长0.8-2厘米；花序苞片毛被与上不同 ………………………………………… 5. 小果润楠 M. microcarpa
        5. 圆锥花序生于当年生枝下部，稀近顶生。
          8. 叶披针形、倒披针形或倒卵状披针形。
            9. 叶先端长渐尖，侧脉成45°角直伸；外轮花被片内面无毛 ………… 6. 狭叶润楠 M. rehderii
            9. 叶先端钝，侧脉弧形上升；花被片内面被柔毛 ………………… 7. 木姜润楠 M. litseifolia
          8. 叶长椭圆形，先端钝或渐尖，幼叶下面被平伏柔毛 ………… 8. 川黔润楠 M. chuanchienensis
    3. 果较大，径大于1.5厘米。
      10. 侧脉20对以上；果径2.5-3厘米。
        11. 叶窄椭圆形或倒披针形，宽2-3.2厘米，侧脉20-23对 ………… 9. 多脉润楠 M. multinervia
        11. 叶长圆状倒披针形、长圆形或椭圆形，宽5-8厘米，侧脉24-30对 …………………

…………………………………………………………………………………… 9(附). **信宜润楠 M. wangiana**

10. 侧脉8-12对；果序长3-5厘米，果球形，径约2.2厘米；叶长椭圆形或倒卵状长椭圆形，长6-15厘米 ……
…………………………………………………………………………………… 10. **黔桂润楠 M. chienkweiensis**

1. 花被片外面被绒毛、柔毛或绢毛。
12. 花被片外面被绒毛。
13. 叶下面被绒毛。
14. 叶柄长1-2.5厘米，侧脉8-11对；果球形，径约1.2厘米。
15. 叶基部楔形；叶下面及花序密被锈色绒毛；圆锥花序单生或2-3序集生枝顶 ………………………
…………………………………………………………………………………… 11. **绒毛润楠 M. velutina**
15. 叶基部常圆形或宽楔形；叶下面及花序被黄褐色绒毛；圆锥花序多个簇生枝顶 ……………………
…………………………………………………………………………………… 11(附). **黄绒润楠 M. grijsii**
14. 叶柄长2.5-4厘米，侧脉16-20对；果扁球形，径约4厘米 ……………… 12. **扁果润楠 M. platycarpa**
13. 叶下面被柔毛；叶倒卵状椭圆形，长8.5-18厘米，侧脉6-10对；果球形，径约3厘米 ………………
…………………………………………………………………………………… 13. **纳槁润楠 M. nakao**
12. 花被片外面被柔毛或绢毛。
15. 果较小，径1.2厘米以下。
16. 圆锥花序常生于小枝下部。
17. 叶下面被毛。
18. 叶下面毛在放大镜下可见。
19. 小枝或幼枝被毛。
20. 幼枝被褐色绒毛；叶椭圆形或倒披针形，侧脉10-12对，叶柄长0.8-1厘米；花序轴、花梗及花被片两面均被灰黄色柔毛；果球形，稍扁 …………… 14. **广东润楠 M. kwangtungensis**
20. 幼枝密被平伏黄灰色绢状毛；叶长圆形、倒卵形或披针形，侧脉7-8对，叶柄长1-2厘米；花序轴、花梗及花被片两面均被灰白或灰黄色平伏柔毛；果球形 ………………………………
…………………………………………………………………………………… 14(附). **芳槁润楠 M. suaveolens**
19. 小枝无毛或基部被毛。
21. 果扁球形，径7-8毫米；叶椭圆形或椭圆状倒披针形，长8-13厘米 …… 15. **楠木 M. nanmu**
21. 果球形。
22. 叶干后变黑色；顶芽芽鳞被褐色柔毛；叶椭圆形或窄椭圆形，稀倒披针形 ………………
…………………………………………………………………………………… 16. **刨花润楠 M. pauhoi**
22. 叶干后不变黑；顶芽芽鳞毛被颜色与上不同。
23. 顶芽大，径达2厘米，芽鳞密被绢毛；叶长14-32厘米，侧脉14-24对 ……………………
…………………………………………………………………………………… 17. **薄叶润楠 M. leptophylla**
23. 顶芽小，芽鳞被易脱落灰白色柔毛；叶长10-29厘米，侧脉12-17对 ……………………
…………………………………………………………………………………… 18. **宜昌润楠 M. ichangensis**
18. 叶下面毛肉眼可见。
24. 叶下面及小枝密被淡褐色柔毛，叶椭圆形或窄倒卵形；花序长4-10厘米 ……………………
…………………………………………………………………………………… 19. **利川润楠 M. lichuanensis**
24. 叶下面幼时疏被柔毛，后无毛，粉绿色；小枝下部被柔毛；叶倒卵形或倒卵状椭圆形；花序长8-15厘米 …………………………………………………… 20. **闽桂润楠 M. mienkweiensis**
17. 叶下面无毛或疏被柔毛，叶椭圆形、长圆形或倒卵状长圆形，长6.5-20厘米，侧脉12-17对；圆锥花序长5-12厘米 …………………………………………………… 21. **长梗润楠 M.longipedicellata**
16. 圆锥花序顶生或近顶生。

25. 花序长约1厘米；叶倒卵状椭圆形或倒披针形，长4-10厘米，下面苍白或带灰蓝色 …………………………………………………………………………………… 22. **琼桂润楠 M. fooncheweii**
25. 花序长2-4.8厘米。
26. 小枝密被黄褐色绒毛；幼叶上面中脉及下面密被褐色毛，老叶仅下面被毛，叶长披针形，长8-18厘米；花序密被黄褐色毛 …………………………………………… 23. **建润楠 M. oreophila**
26. 小枝无毛；叶两面及花序无毛或疏被柔毛。
27. 叶披针形或倒披针形，长5-16厘米，两端渐窄；花被片内、外轮近等大 …………………………………………………………………………………… 24. **柳叶润楠 M. salicina**
27. 叶倒卵形或长圆状披针形，长4-8厘米。
28. 叶柄长0.6-1.4厘米，叶倒卵状长圆形或长圆状倒披针形，宽2-4厘米；花序长4-8厘米，每花序具6-10花；花被片常脱落 …………………………………………… 25. **华润楠 M. chinensis**
28. 叶柄长3-5毫米，叶倒卵形或倒卵状披针形，宽1.5-2厘米；花序长2-3厘米，稀较长，每花序具3-4花；花被片宿存 …………………………………… 25(附). **短序润楠 M. breviflora**
15. 果较大，径1.5厘米以上。
29. 叶下面被柔毛或绢毛，叶倒卵形或长圆形，长15-24厘米；圆锥花序近顶生，长5-13厘米，被柔毛；幼果近球形，熟时近长圆形，长约2.8厘米，蓝黑色 ………………………… 26. **枇杷叶润楠 M. bonii**
29. 叶下面无毛。
30. 叶椭圆状卵形或近长圆形，宽5-8.5厘米，侧脉5-9对，叶柄粗，长2.5-5厘米 …………………………………………………………………………………… 27. **粗壮润楠 M. robusta**
30. 叶椭圆状披针形、椭圆状倒披针形或窄长圆形，宽1.5-4厘米，叶柄长0.5-1.5厘米。
31. 叶椭圆状披针形或椭圆状倒披针形，侧脉10-12对，下面细脉明显，结成小网格状；花长5.5毫米以下 …………………………………………………………………… 28. **龙眼润楠 M. oculodracontis**
31. 叶窄长圆形，侧脉15-22对，下面细脉不明显；花长达7毫米 …………………………………………………………………………………… 28(附). **红梗润楠 M. rufipes**

1. 滇润楠 滇桢楠 图427

Machilus yunnanensis Lecomte in Nouv. Arch. Mus. Hist. Paris ser. 5, 5: 100. 1913.

Machilus yunnanensis Lecomte var. *duclouxii* Lecomte；中国高等植物图鉴1: 827. 1972.

图 427 滇润楠（何顺清绘）

乔木，高达30米。枝条幼时绿色，老时褐色，无毛。叶倒卵形或倒卵状椭圆形，稀椭圆形，长7-12厘米，先端短渐钝尖，基部楔形，下面粉绿色，干后带淡褐色，两面无毛，中脉在上面下半部凹下，侧脉7-9对，横脉及细脉在两面明显，结成网格状；叶柄长1-1.7厘米，无毛。花序长2-9厘米，多个生于短枝下部，无毛；苞片宽卵形或近圆形，长5-8毫米，密被锈色柔毛。花黄绿或黄白色；花被片外面无毛，内面被毛。果椭圆形，黑蓝色，被白粉，长约1.4厘米，具短喙。花期4-5月，果期6-10月。

产云南中部、西部及西北部、四

川，生于海拔1500-2000米山地常绿阔叶林中。木材供建筑、家具等用；树皮研粉作薰香及蚊香调合剂。

2.　基脉润楠　香皮树　　图 428：1-2

Machilus decursinervis Chun in Acta Phytotax. Sin. 2(3)：170. t. 34. 1953.

乔木，高达13(-20)米，或灌木状。枝条粗，无毛，常具长1.5-2厘米榄形虫瘿。顶芽大，近圆形或宽卵圆形，芽鳞被柔毛。叶宽卵形或椭圆形，长12-15厘米，先端钝圆或具短尖头，基部楔形，常不对称，两面无毛，下面常粉绿色，中脉粗，在上面凸起，侧脉8-12对，细脉不明显；叶柄粗，长3-4厘米，无毛，上面有沟槽。圆锥花序近顶生，3-8个，长6-11厘米，花序轴扁，无毛。花长约8毫米；花被片外面无毛，内面被柔毛。果球形，径约1.2厘米；果柄长1-1.5厘米。

图 428：1-2. 基脉润楠 3. 凤凰润楠
（黄门生绘）

产湖南、贵州、云南及广西，生于海拔500-1000米常绿阔叶林中，在云南上达1950米。越南有分布。

3.　凤凰润楠　　图 428：3

Machilus phoenicis Dunn in Kew Bull. 1910：279. 1910.

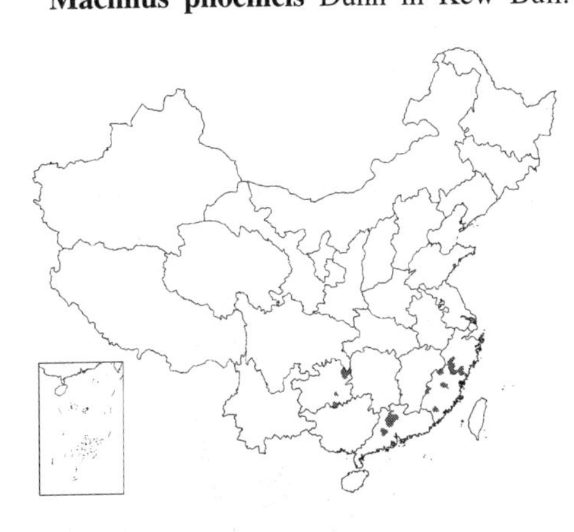

小乔木或灌木状；树皮灰褐色。小枝条粗，紫褐色，基部具芽鳞痕8-9环。外层芽鳞无毛，内层两面被毛。叶椭圆形或长圆形，长9.5-21厘米，先端渐尖，基部楔形或近圆，上面中脉稍凹下，下面被白粉，侧脉8-12（-15）对；叶柄粗，长1.3-3.6厘米，无毛。花序顶生，多数，长5-8厘米，在上部分枝。花长0.6-1厘米，花被片无毛，内面上部被毛；第3轮雄蕊腺体无柄；子房无毛。果球形，径约9毫米；果柄粗。

产浙江、福建、江西、贵州、湖南及广东，生于海拔约1000米混交林中。

4.　红楠　　图 429 彩片 242

Machilus thunbergii Sieb. et Zucc. in Abh. Math.-Phys. Cl. Konigl. Bayr. Akad. Wiss. 4(3)：302. 1846.

乔木；树皮黄褐色。小枝基部具环形芽鳞痕。顶芽卵圆形或长圆状卵圆形，芽鳞褐色，基部无毛，具缘毛。叶倒卵形或倒卵状披针形，长5-13厘米，先端骤钝尖或短渐钝尖，基部楔形，下面带白粉，上面中脉稍凹下，侧脉不明显；叶柄长1-3.5厘米。花序顶生或在新枝上腋生，长5-12厘米，无毛，在上端分枝；苞片卵形，被褐红色平伏绒毛。花被片无毛；雄蕊花

丝无毛，第3轮基部腺体具柄。果扁球形，黑紫色，径约1厘米；果柄鲜红色。花期2月，果期7月。

产山东、江苏、安徽、浙江、福建、台湾、江西、湖北、湖南、广东、香港及广西，多生于海拔800米以下阔叶混交林中。日本及韩国有分布。边材淡黄色，心材灰褐色，硬度适中，供建筑、家具、造船、胶合板等用。

图 429 红楠 （吴彰桦绘）

5. 小果润楠 润楠 图 430

Machilus microcarpa Hemsl. in Journ. Linn. Soc. Bot. 26: 376. 1891.

乔木，高达8米。小枝黄褐色。顶芽密被绢毛。叶椭圆形、倒卵形或倒披针形长5-11厘米，先端尾状渐尖，基部楔形，下面粉绿色，上面中脉凹下，下面凸起，侧脉8-10对，纤细，在两面可见；叶柄长0.8-2厘米，无毛。花序簇生小枝顶端，长4-9厘米，无毛，苞片被毛。花长约5毫米，花被片近等长，卵状长圆形，外面无毛，内面被毛；花丝无毛，第3轮花丝基部腺体具柄，基部被毛；花柱稍弯曲，柱头盘状。果球形，径5-7（-9）毫米；果柄长约7毫米。

产四川、湖北、湖南及贵州，生于海拔1500米以下阔叶混交林中。

图 430 小果润楠 （吴彰桦绘）

6. 狭叶润楠 图 431

Machilus rehderi Allen in Journ. Arn. Arb. 17: 326. 1936.

乔木，高达15米。小枝无毛，干后紫黑色。叶披针形或倒披针形，长7-15厘米，先端长渐钝尖，基部渐窄，两面无毛，上面中脉凹下，侧脉7-9对，与中脉成45角直伸，细脉不明显；叶柄长1.5-2厘米，无毛。花序圆锥状或总状，生于新枝基部，长达11厘米。花梗长达1.3厘米；花长8-9毫米，外轮花被片两面无毛，内轮花被片内面被毛；第1、2轮花丝无毛，第3轮基部被毛，腺体具柄。果球形，径7-8毫米，宿存花被片反曲。花期4月，果期7月。

产贵州、湖南及广西，生于海拔1200米以下山地杂木林中。

图 431 狭叶润楠 （仿《中国植物志》）

7. 木姜润楠

图 432：1

Machilus litseifolia S. Lee in Acta. Phytotax. Sin. 17(2): 46. pl. 4. f. 2. 1979.

乔木，高达15米；树皮灰褐色。小枝无毛。顶芽近球形，芽鳞近无毛。叶倒披针形或倒卵状披针形，长6.5-12厘米，先端钝，基部楔形或不对称，幼叶下面被平伏柔毛，老时两面无毛，上面中脉凹下，侧脉6-8对，弧状上升，细脉在两面结成密网状；叶柄长1-2厘米。聚伞状圆锥花序长4.5-8厘米，顶生或生于当年生枝基部，无毛，花序梗长约花序2/3。花梗长5-7毫米；花长约5毫米，花被片近等大，无毛，稀被微柔毛，内面被毛；花丝无毛。果球形，径约7毫米，宿存花被片下部稍厚。花期3-5月，果期6-7月。

图 432：1. 木姜润楠 2. 川黔润楠
（邹贤桂 黄门生绘）

产广西、广东、贵州、湖南及浙江南部，生于海拔800-1600米山地阔叶林中。

8. 川黔润楠

图 432：2

Machilus chuanchienensis S. Lee in Acta Phytotax. Sin. 17(2): 47. pl. 4. f. 3. 1979.

乔木。枝条紫褐色，无毛。顶芽锥形，被微柔毛。叶常集生枝梢，长椭圆形，长8.5-12厘米，先端钝或渐尖，基部楔形，上面无毛，下面幼时被平伏微柔毛，上面中脉凹下，侧脉8-9对，细脉在两面结成小网格状；叶柄细，长1.8-2.2厘米。聚伞状圆锥花序5-6个生于新枝基部或近顶生，长6-10.5厘米，无毛，花序梗为花序长的2/3-3/4。花长约6毫米，花被片长圆形，近等大，外面无毛，内面被绢毛；花梗纤细，长约7毫米。花期6月。

产四川及贵州，生于海拔1800-2100米山地林中。

9. 多脉润楠

图 433：1

Machilus multinervia H. Liou, Laur. Chine et Indoch. 56. f. 2. 1934.

乔木。小枝无毛，基部具环状芽鳞痕。叶窄椭圆形或倒披针形，长12-19厘米，宽2-3.2厘米，先端渐尖，基部渐窄下延，上面无毛，下面稍带白粉，疏被平贴伏柔毛，中脉粗，在上面凹下，侧脉纤细，20-23对，细脉结成密网状；叶柄粗，长1-2厘米。圆锥花序近顶生，8-10个，长达11厘米，无毛。花梗长6-8毫米；花被片不等大，无毛，内面基部被毛；花丝基部被毛，第3轮基部腺体具柄。果序长达13厘米；果近球形，径2.5-3厘米；果

图 433：1. 多脉润楠 2. 黔桂润楠
（何顺清绘）

柄稍粗，长达1厘米。果期9-10月。

产贵州及广西，生于海拔700-1000米石灰岩山地林中。

［附］ **信宜润楠 Machilus wangchiana** Chun in Acta Phytotax. Sin. 2: 166. 1953. 本种与多脉润楠的区别：叶较宽，长圆状倒披针形、长圆形或椭圆形，长18-25厘米，宽5-8厘米，侧脉24-30对。产广西（容县）、广东（信宜）及香港（大帽山），生于山谷、溪边及山坡密林中。

10. 黔桂润楠 图 433：2

Machilus chienkweiensis S.Lee in Acta Phytotax. Sin. 17(2): 48. pl. 4. f. 6. 1979.

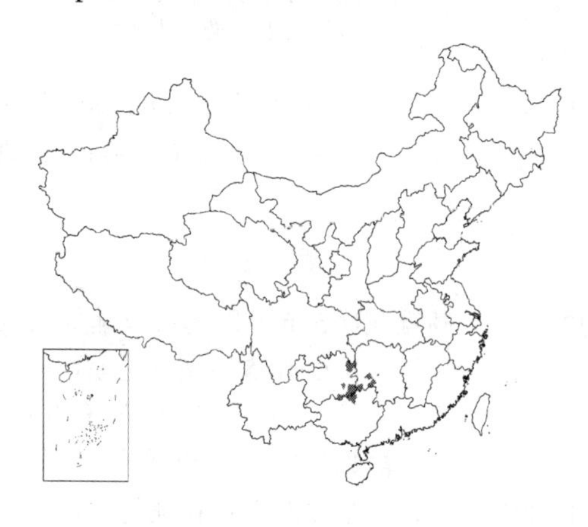

乔木，高达11米。小枝黄绿色至紫褐色，节上有紧密的多轮芽鳞痕。顶芽扁球形，外层芽鳞无毛，具缘毛，内层芽鳞被毛。叶长椭圆形或倒卵状长椭圆形，长6-15厘米，先端渐尖，基部窄楔形，两面无毛，上面中脉凹下，侧脉8-12对，细脉在两面结成小网格状；叶柄细，长1.2-2.5厘米，无毛。果序生于新枝下部，长3-5厘米，无毛。果球形，径约2.2厘米，幼时薄被白粉；宿存花被片无毛；果柄长约7毫米，带红色。果期6-7月。

产湖南、贵州及广西，生于海拔800-1100米沟谷杂木林中。

11. 绒毛润楠 图 434：1

Machilus velutina Champ. ex Benth. in Journ. Bot. Kew Misc. 5: 198. 1853.

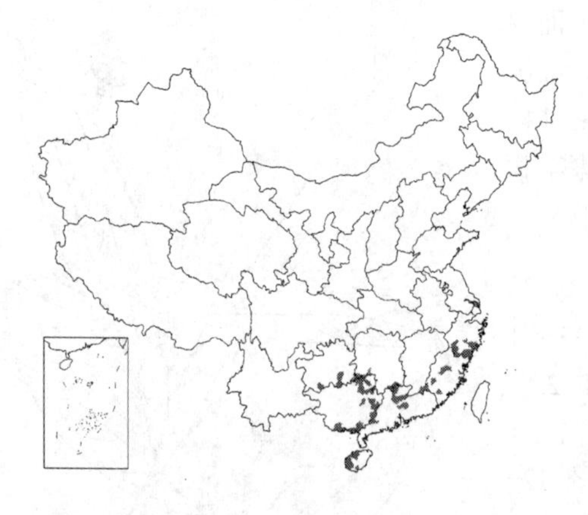

乔木，高达18米。植物体除叶上面及果外，余密被锈色绒毛。叶窄倒卵形、椭圆形或窄卵形，长5-16厘米，先端短渐尖，基部楔形，上面中脉凹下，侧脉8-11对，在下面显著，细脉不明显；叶柄长1.2-2.5厘米。花序单生或2-3序集枝顶，长约2.5厘米，近无花序梗。花长5-6毫米，外轮花被片稍小于内轮；第3轮雄蕊花丝基部被绒毛，腺体具柄。果球形，紫红色，径约5毫米。花期10-12月，果期翌年2-3月。

产浙江、福建、江西、湖南、广东、海南、香港、广西及贵州，生于低海拔山坡或谷地疏林中。中南半岛有分布。木材坚硬、耐水浸，适作建筑、船板等用材。

图 434：1. 绒毛润楠 2. 黄绒润楠
（仿《中国植物志》）

［附］ **黄绒润楠** 图434：2 **Machilus grijsii** Hance in Ann. Sci. Nat. ser. 4, 18: 226. 1863. 本种与绒毛润楠的区别：叶基部圆，叶

下面及花序被黄褐色绒毛；圆锥花序多数簇生枝顶；果径约1厘米。花期3月，果期4月。产江西、浙江、福建、广东、海南及香港，生于低海拔灌丛中。

12.　扁果润楠　　图 435

Machilus platycarpa Chun in Acta Phytotax. Sin. 2: 164. t. 29. 1953.

乔木，高达24米；树皮灰黄色，具纵裂纹。顶芽被毛。小枝粗，被绒毛。叶长圆状倒卵形或长圆状倒披针形，长15-23(-34)厘米，先端骤渐尖，基部宽楔形，边缘稍反卷，上面中脉下部被毛，下面被锈色绒毛，脉上尤密，上面中脉凹下，侧脉16-20对，疏离，细脉稀疏，在下面明显；叶柄粗，长2.5-4厘米，被绒毛。花序顶生，长约8厘米，被锈色绒毛。花梗粗，长约8毫米；花被片厚革质，长8-9毫米，稍不等长；花丝被毛；子房球形，被毛。果扁球形，径约4厘米，高2.2厘米，深红色。产广西南部及广东西部，生于低海拔山坡密林中。

图 435　扁果润楠　（引自《植物分类学报》）

13.　纳槁润楠　　图 436：1

Machilus nakao S. Lee in Acta Phytotax. Sin. 8(3): 188. 1963.

乔木，高达20米；树皮灰褐或灰黑色。小枝幼时被褐色绒毛，后无毛。叶倒卵状椭圆形，长8.5-18厘米，先端钝或圆，基部楔形，上面无毛，下面干时褐红色，疏被柔毛，脉上密，上面中脉凹下，侧脉6-10对，下面明显，细脉密集，在上面呈小网格状；叶柄长0.9-2厘米，幼时被毛。多歧聚伞圆锥花序顶生或生于小枝上部，长4-17厘米，密被短柔毛。花长约5毫米；花被片两面被毛；雄蕊花丝基部被毛，第3轮花丝基部腺体具柄。果球形，径约3厘米。花期7-10月，果期11月至翌年4月。

产广西及海南，生于低海拔山坡或溪边疏林中。

图 436：1. 纳槁润楠　2. 广东润楠
（何顺清绘）

14.　广东润楠　　图 436：2

Machilus kwangtungensis Yang in Journ. West China Bord. Res. Soc. 15(B): 77. 1945.

乔木，高达10米。幼枝密被褐色绒毛。叶椭圆形或倒披针形，长6-12厘米，先端渐尖，基部渐窄，上面无毛或沿中脉被微柔毛，下面被细柔毛，上面中脉凹下，侧脉细，10-12

对，细脉在两面不明显；叶柄长0.8-1厘米，被灰黄色柔毛。花序生于新枝基部，长6-11厘米，被灰黄色柔毛。花梗细，长5-7毫米，与花被片均被灰黄色柔毛。果球形，黑色，稍扁，径8-9毫米；果柄长5-8毫米，被毛。花期3-4月，果期5-7月。

产湖南、广东、广西、贵州及福建，生于海拔约1000米沟谷及溪边疏林中。

［附］**芳槁润楠 Machilus suaveolens** S. Lee in Acta Phytotax. Sin. 8(3)：187. 1963. 本种与广东润楠的区别：幼枝密被平伏黄灰色绢状毛；叶长圆形、倒卵形或披针形，侧脉7-8对，叶柄长1-2厘米；花序轴、花梗及花被片均被灰白或黄色平伏柔毛；果球形，黑色，径约7毫米。产广西、广东及海南，生于低海拔疏林中。

图 437 楠木 （杨建昆绘）

15. 楠木 润楠 滇楠 图 437

Machilus nanmu (Oliv.) Hemsl. in Journ. Linn. Soc. Bot. 26：376. 1891.

Persea nanmu Oliv. in Hook. Icon. Pl. 14：10. t. 1316. 1880, p. p.

Machilus pingii Cheng ex Yang；中国植物志31：41. 1982.

Phoebe nanmu (Oliv.) Gamble；中国植物志31：116. 1982，不包括图版29：4-5和描述。

乔木，高达40米。小枝无毛或基部稍被灰黄色柔毛。芽鳞近圆形，密被灰黄色绢状毛。叶椭圆形或椭圆状倒披针形，长8-13厘米，先端渐尖，基部楔形，上面无毛，下面被平伏柔毛，幼时被灰黄色柔毛，上面中脉凹下，侧脉8-13对，不明显，细脉密集，在上面结成小网格状；叶柄长达1.5厘米，老时无毛。花序生于新枝基部，4-7个，长5-10厘米，被灰黄色柔毛。花长约4毫米，花被片长圆形，两面被绢毛；花丝基部被长柔毛，第3轮基部腺体具柄。果扁球形，黑色，径7-8毫米。花期3-5月，果期8-10月。

产四川及云南，生于海拔500-1600米林中。木材纹理致密，供建筑、造船、家具等用。

16. 刨花润楠 图 438

Machilus pauhoi Kanehira in Trop. Woods 23：8. 1930.

乔木，高达20米；树皮灰褐色，浅裂。小枝无毛或基部被淡褐色细柔毛。芽鳞被褐色柔毛。叶干时变黑色，椭圆形或窄椭圆形，稀倒披针形，长7-17厘米，先端渐尖，基部楔形，上面无毛，下面被平伏柔毛，上面中脉凹

图 438 刨花润楠 （何顺清绘）

下，侧脉12-17对，细脉稍可见；叶柄长1.2-1.6(-2.5)厘米。花序生于新枝下部，长8-15厘米，被柔毛。花长约6毫米，花被片两面被毛；花丝无毛，第3轮基部腺体具柄。果球形，黑色，径约1厘米。

产浙江、福建、江西、湖南、广西及广东，生于山坡中下部常绿阔叶林中。木材供建筑、家具等用，又可刨成薄片，称“刨花”，浸水产生粘液，供粉刷墙壁及造纸用。

17. 薄叶润楠 图 439

Machilus leptophylla Hand.-Mazz. Symb. Sin. 7: 252. 1931.

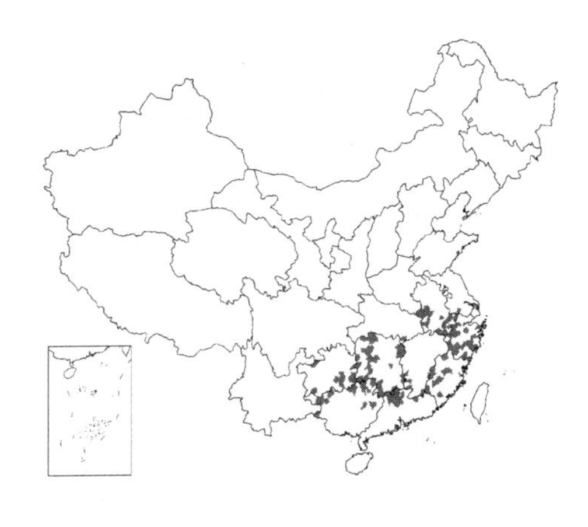

乔木，高达28米；树皮灰褐色。顶芽近球形，径达2厘米，芽鳞密被绢毛。叶倒卵状长圆形或倒披针形，长14-32厘米，宽3.5-8厘米，先端短渐尖，基部楔形，上面无毛，下面带灰白色，疏被绢状毛，幼时密被平伏灰白色绢状毛，上面中脉凹下，侧脉14-24对，细脉疏离，结成网状，稍明显；叶柄长1-3厘米，无毛。花序6-10个生于新枝基部，长8-15厘米，被灰色柔毛。花长约7毫米，花被片长圆状椭圆形，被粉质柔毛，内面疏被柔毛或无毛；花丝基部被毛，第3轮基部腺体大，具柄。

图 439 薄叶润楠 （引自《中国经济植物志》）

果球形，径约1厘米；果柄长0.5-1厘米。

产贵州、湖北、湖南、安徽、江苏、浙江、江西、福建、广西、广东及香港，生于海拔1200米以下密林中。树皮可提取树脂；种子可榨油。

18. 宜昌润楠 图 440

Machilus ichangensis Rehd. et Wils. in Sarg. Pl. Wilson. 2: 621. 1916.

乔木，高达15米。小枝较细，无毛。顶芽近球形，芽鳞被灰白色柔毛，后脱落，边缘密被绢状缘毛。叶长圆状披针形或长圆状倒披针形，长10-24厘米，宽3-6厘米，先端短渐尖，有时稍镰状，基部楔形，上面无毛，下面带白粉，被平伏柔毛或脱落无毛，上面中脉凹下，侧脉12-17对，细脉在两面稍呈网状；叶柄长1-2厘米。花序生于新枝基部，长5-9厘米，被灰黄色平伏绢毛或脱落无毛。花长5-6毫米，花被片外面被毛，内面上

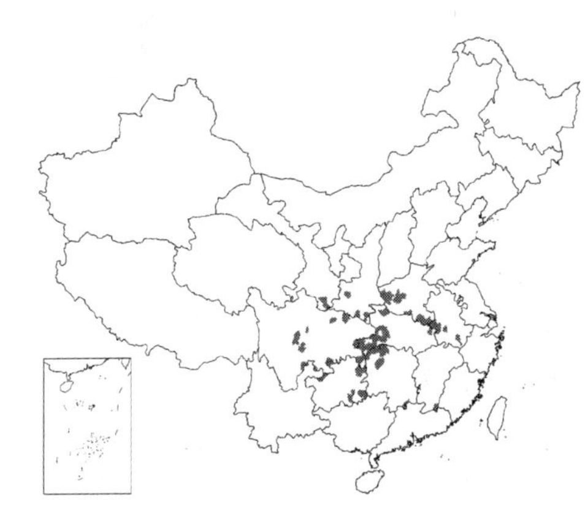

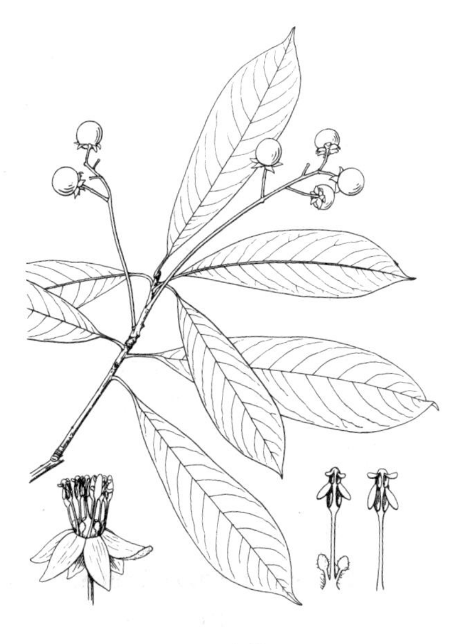

图 440 宜昌润楠 （吴彰桦绘）

部被柔毛。果近球形，黑色，径约1厘米。花期4月，果期8月。

产安徽、江西、湖南、湖北、贵州、四川、陕西、河南及甘肃，生于海拔400-1400米山坡或山谷林中。

19. 利川润楠 图441

Machilus lichuanensis Cheng ex S. Lee in Acta Phytotax. Sin. 17(2): 51. pl. 5. f. 1. 1979.

乔木，高达32米。小枝被淡褐色柔毛，基部具芽鳞痕。芽鳞被锈色绒毛。叶椭圆形或窄倒卵形，长8-15厘米，先端短渐尖或骤尖，基部楔形，幼时上面中脉被淡褐色柔毛，下面密被淡褐色柔毛，后渐稀疏，中脉及侧脉两侧密被柔毛，侧脉8-12对，与细脉在下面稍明显；叶柄长1-1.5厘米，后无毛。花序生于新枝基部，长4-10厘米，自中部以上分枝，花序轴及花梗被灰黄色柔毛。花长约4.5毫米，花被片两面被毛。果扁球形，径约7毫米。花期5月，果期9月。

产四川、贵州、湖南及湖北，生于海拔约800米山坡杂木林中。

图 441 利川润楠 （仿《中国植物志》）

20. 闽桂润楠 图442

Machilus mienkweiensis S. Lee in Acta Phytotax. Sin. 17(2): 52. pl.5. f. 2. 1979.

乔木，高达14米。小枝下部被柔毛。芽鳞片密被褐黄色柔毛。叶倒卵形或倒卵状椭圆形，长8-14厘米，先端骤渐尖，基部楔形，上面无毛，下面粉绿色，幼时疏被柔毛，后脱落无毛，上面中脉凹下，侧脉8-10对，细脉在两面结成小网格状；叶柄长1-2厘米，无毛。花序生于新枝基部，长8-15厘米，花序轴及花梗被细柔毛；花长5-6毫米，花被片两面被毛。果球形，径约7毫米；果柄长6-8毫米。果期5月。

产福建、广西及海南，生于山地疏林中、山谷溪边或密林中。越南有分布。

图 442 闽桂润楠 （黄门生绘）

21. 长梗润楠 图443 彩片243

Machilus longipedicellata Lecomte in Nouv. Arch. Mus. Hist. Paris ser. 5, 5: 101. 1913.

乔木。小枝圆，无毛。叶椭圆形、长圆形或倒卵状长圆形，长6.5-20厘米，先端渐尖，基部楔形，上面无毛，下面无毛或疏被柔毛，上面中脉凹下，侧脉12-17对，细脉在两面稍

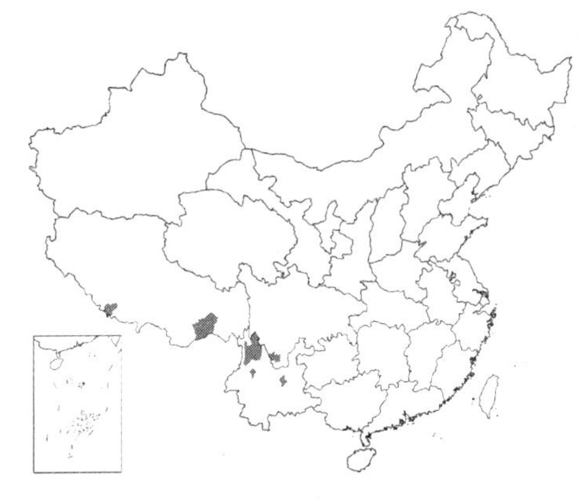

呈网格状；叶柄长1-2厘米。花序生于短枝下部，长5-12厘米，花序轴、苞片及花梗均被绢状柔毛。花丝基部被毛，第3轮基部腺体具柄。果球形，径0.9-1.2厘米，无毛；果柄红色，顶端径约1毫米。花期5-6月，果期8-10月。

产云南中部及西北部、四川西南部及西藏，生于海拔2000-2800米山地沟谷杂木林中。

图 443 长梗润楠 （邹贤桂绘）

22. 琼桂润楠 图 444

Machilus foonchewii S. Lee in Acta Phytotax. Sin. 8(3): 183. 1963.

乔木，高达12米；树皮褐色。小枝基部具芽鳞痕。芽鳞被柔毛，具缘毛。叶倒卵状椭圆形或倒披针形，长4-10厘米，先端钝或短渐尖，基部楔形，稍下延，两面无毛，下面苍白色或带灰蓝色，上面中脉凹下，侧脉8-12对，细脉结成小网格状；叶柄长0.5-1厘米，无毛。花序长约1厘米，稀几成花束状；花长约3毫米，花被片两面被柔毛；第3轮花丝基部腺体具短柄。果球形，褐红色，径约1厘米；果柄鲜时红色，干后带黑色，疏被绢毛。果期10-12月。

产广西及海南，生于低海拔山谷疏林中。

图 444 琼桂润楠 （黄门生绘）

23. 建润楠 图 445

Machilus oreophila Hance in Ann. Sci. Nat. Ser. 4, 18: 227. 1863.

乔木或灌木状。小枝及顶芽密被黄褐色绒毛。叶长披针形，长8-18厘米，先端渐尖，基部楔形或窄楔形，幼叶上面中脉及下面密被褐色柔毛，老叶下面被毛，上面中脉凹下，侧脉8-10对，上面不明显，细脉在两面结成小网格状；叶柄长1-1.5厘米，幼时被绒毛。花序长3.5-6.5厘米，在上部分枝，花序轴及花梗被黄褐色柔毛。花被片长圆形，两面被毛；第3轮花丝基部腺体具短柄。果球形，紫黑色，径0.7-1厘米；果柄长7-8毫米，被柔毛。花期3-4月，果期5-8月。

产浙江、福建、湖南、广东、香港、广西及贵州，常生于低海拔山谷水边。可作护岸防堤树种。

24. 柳叶润楠

图 446

Machilus salicina Hance in Journ. Bot. 23: 327. 1885.

小乔木或灌木状，高达5米。小枝无毛。叶窄披针形或倒披针形，长5-16厘米，先端渐尖，基部楔形或窄楔形，上面无毛，下面暗粉绿色，无毛或幼时被平伏微柔毛，上面中脉平，下面明显，侧脉纤细，6-8(-11)对，两面稍明显，细脉在两面结成小网格状；叶柄长0.7-1.5厘米，无毛。花序生于新枝下部，少分枝，长3-5厘米，无毛或稍被绢状微柔毛。花淡黄色，花被片近等长，两面被绢状柔毛，内面毛较密；花丝被毛，第3轮花丝基部腺体具长柄，长为花丝1/2。果序长3.5-6(7.5)厘米；果球形，紫黑色，径0.7-1厘米；果柄红色。花期2-3月，果期4-6月。

产云南、贵州、广西、广东及海南，生于低海拔河边灌丛中。可作护岸树种。

图 445 建润楠 （引自《图鉴》）

图 446 柳叶润楠 （仿《中国植物志》）

25. 华润楠

图 447

Machilus chinensis (Champ. ex Benth.) Hemsl. in Journ. Linn. Soc. Bot. 26: 374. 1891.

Alseodaphne chinensis Champ. ex Benth. in Journ. Bot. Kew Misc. 5:198. 1853.

乔木，高达11米。芽无毛或被柔毛。叶倒卵状长圆形或长圆状倒披针形，长5-8(-10)厘米，宽2-4厘米，先端钝或短渐尖，基部楔形，两面无毛，上面中脉凹下，侧脉7-8对，不明显，细脉在两面呈密网状；叶柄长0.6-1.4厘米。圆锥花序2-4个，长4-8厘米，花序梗长，每花序具6-10花。花白色，长约4毫米，花被片外面被柔毛，内面被柔毛或仅基部被毛，果时常脱落；第3轮花丝基部腺体近无柄。果球形，径0.8-1厘米。花期11月，果期翌年2月。

产湖北、广西、海南及香港，生于低至中海拔山坡杂木林中。越南有分布。

［附］**短序润楠 Machilus breviflora** (Benth.) Hemsl. in Journ. Linn. Soc. Bot. 26: 374. 1891. —— *Alseodaphne breviflora* Benth. Fl. Hongk. 292. 1891. 本种与华润楠的区别：叶柄长3-5毫米，叶倒卵形或倒卵状披

图 447 华润楠 （引自《海南植物志》）

针形，宽1.5-2厘米；圆锥花序长2-3(-4)厘米，总梗极短，每花序具3-4花；花被片宿存。花期7-8月，果期10-12月。产广西、海南及香港，常生于山谷溪边杂木林中。

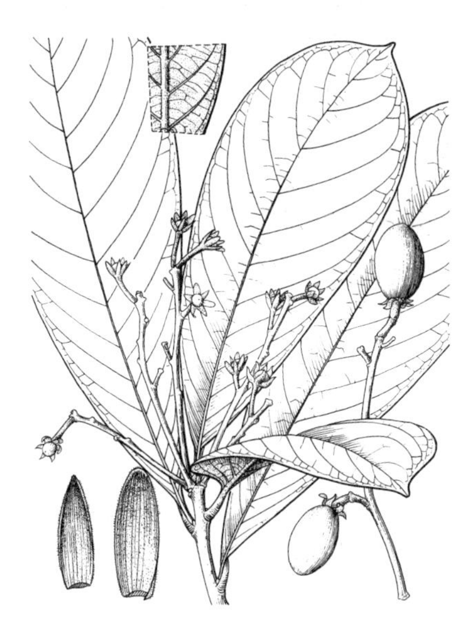

图 448 枇杷叶润楠 （邹贤桂绘）

26. 枇杷叶润楠 图 448

Machilus bonii Lecomte in Nouv. Arch. Mus. Hist. Nat. Paris ser. 5, 5: 58. 102. 1913.

乔木，高达20米。小枝粗，具棱，灰白色，无毛。叶倒卵形或长圆形，稀倒披针形，长15-24厘米，先端短渐尖，基部楔形，上面无毛，下面被柔毛或绢毛，上面中脉凹下，侧脉达16对，在上面近平，细脉在两面结成小网格状；叶柄长1-1.5厘米。花序近顶生，长5-13厘米，粗壮，与花梗均为紫色，被柔毛。花被片两面被毛；第3轮花丝基部腺体具短柄。幼果近球形，熟时近长圆形，蓝黑色，长2.6-2.8厘米，径1-1.2厘米。初果期5月。

产贵州、云南及广西，生于海拔约1150米石山或土山山坡或沟谷杂木林中。越南北部有分布。

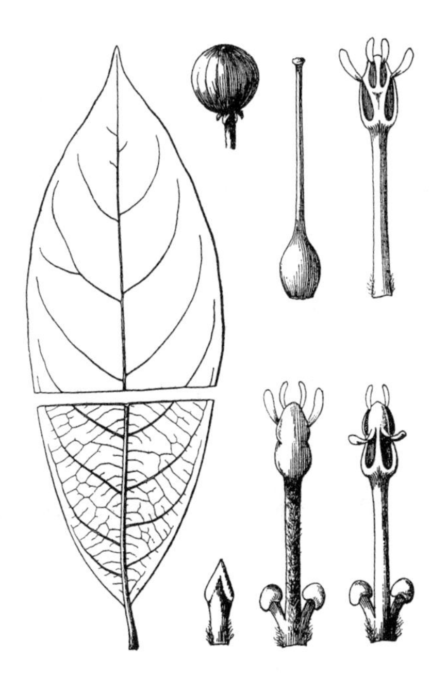

图 449 粗壮润楠 （引自《植物分类学报》）

27. 粗壮润楠 图 449

Machilus robusta W.W. Smith in Notes Roy. Bot. Gard. Edinb. 13: 169. 1921.

乔木，高达20米；树皮粗糙，黑灰色。枝条粗，幼时稍被微柔毛。芽卵圆形，密被微柔毛。叶椭圆状卵形或近长圆形，长10-26厘米，宽5-8.5厘米，先端尖或短尖，基部近圆或宽楔形，两面无毛，下面带粉绿色，中脉粗，在上面凹下，带红色，侧脉5-9对，疏离，上面近平坦，细脉在两面结成小网格状；叶柄粗，长2.5-5厘米，无毛。花序顶生或近顶生，长达16厘米，多花，花序轴粗，侧扁，幼时被蛛丝状柔毛。花长0.7-1厘米，花被片近等长，卵圆状披针形，长6-9毫米，两面稍被毛或近无毛，各轮花丝基部疏被柔毛，第3轮花丝腺体具短柄。果球形，蓝黑色，径2.5-3厘米；果柄长1-1.5厘米，径达3毫米，深红色。花期1-4月，果期4-6月。

产云南、贵州、广西、广东、香港及海南，生于海拔1000-2100米沟谷或山坡林中。缅甸北部有分布。

28. 龙眼润楠 图 450

Machilus oculodracontis Chun in Acta Phytotax. Sin. 2: 168. t. 33. 1953.

乔木，高达18米。幼枝稍被微柔毛，旋脱落。叶椭圆状倒披针形或椭圆状披针形，长11-16厘米，宽2-4厘米，先端钝或骤短尖，中部以下渐窄，基部楔形下延，上面无毛，下面幼时被微柔毛，带白粉，上面中脉凹下，侧脉10-12对，疏离，细脉密结成小网格状；叶柄长1-1.5厘米，无毛。花序顶生，长4-10.5厘米，被粉质微柔毛。花长5-5.5毫米，花被片不等长，两面被粉质微柔毛；第3轮花丝基部腺体具柄。果球形，蓝黑色，径1.8-2厘米；果柄稍粗，长约5毫米。

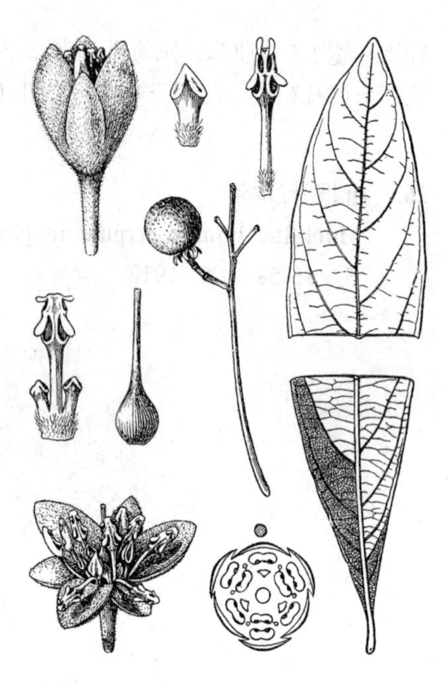

图 450 龙眼润楠 （引自《植物分类学报》）

产江西南部及广东，生于杂木林中。

［附］**红梗润楠** 彩片 244 **Machilus rufipes** H. W. Li in Acta Phytotax. Sin. 17(2): 55. pl. 8. f. 4. 1979. 本种与龙眼润楠的区别：叶窄长圆形，侧脉15-22对，细脉在下面不明显；花长达7毫米；果紫黑色。花期3-4月，果期5-9月。产西藏东南部、云南东南部及南部。

15. 莲桂属 Dehaasia Bl.

（李锡文 李 捷）

乔木或灌木；树皮常白色，平滑，易脱落。枝条带灰白色，叶痕显著。叶互生，聚生枝顶，羽状脉，网脉细致呈蜂窝状。圆锥花序腋生，苞片及小苞片脱落。花小，具梗，花被筒具6裂片，外轮较小；能育雄蕊3或9，若3时则为第3轮，花药2室，第1、2轮花丝无腺体，药室外向或侧外向，退化雄蕊三角形，无柄，有时无退化雄蕊；子房卵球形；花柱短，柱头盾形。果亮黑色，中果皮肉质；果柄肉质，倒锥形，深红、黄或绿色，被瘤，顶端近扁平，花被片脱落，稀宿存。

约35种，分布于缅甸、泰国、中南半岛、马来西亚、印度尼西亚、巴布亚、新几内亚，马来西亚种数最多。我国3种。

莲桂 图 451

Dehaasia hainanensis Kosterm. in Bot. Jahrb. Syst. 93(3): 439. f. 8. 1973.

小乔木，高达5米。幼枝被细长平伏毛，小枝细，无毛，皮孔瘤状。叶近倒披针形或倒披针状椭圆形，长3.5-9厘米，先端短渐尖或钝，基部窄楔形，两面无毛，幼时下面苍白色，老时两面近同色，侧脉(7-)8-10对，网脉呈小蜂窝状；叶柄长(0.5-)1-2.3厘

图 451 莲桂 （陈莳香绘）

米。花序长达2.5厘米，无毛，少花，花序梗细，苞片及小苞片钻形。花梗长达5毫米，无毛；花被筒宽倒锥形，长0.5-0.75毫米；花被片宽卵形；能育雄蕊9，长0.7-0.8毫米，密被黄色柔毛，退化雄蕊连柄长约0.6毫米，柄密被黄色柔毛。果卵球形，长约1.2厘米；果柄稍粗，与果近等长。花期4-6月，果期10月。

产海南，生于灌木丛或密林中。

16. 檬果樟属 Caryodaphnopsis Airy Shaw

（李锡文 李 捷）

乔木或灌木。叶对生或近对生，具三出脉或离基三出脉。圆锥花序腋生；苞片及小苞片小。花两性，具梗；花被筒短，裂片6，脱落，外轮较小，三角形，内轮大，宽三角状卵形；能育雄蕊9，或为棒状长圆形，花丝不明显，或花药呈正方形，花丝扁，花药4室，或各轮均2室或第1、2轮2室，第1、2轮花丝无腺体，药室内向，第3轮花丝基部具2近无柄腺体，药室外向或侧外向，退化雄蕊3，箭头形，具短柄；花柱短，柱头2-3裂。果大，梨果状，外果皮膜质，中果皮肉质，内果皮软骨质，果柄稍粗，顶端膨大。

约14种，7种分布于我国云南南部、老挝、越南北部、马来西亚（沙巴）、印度尼西亚及菲律宾，另7种产哥斯达黎加、哥伦比亚、厄瓜多尔、秘鲁及巴西亚马孙河上游流域。我国3种。

1. 叶两面无毛；花序无毛或疏被褐色柔毛 ………………………………………… **檬果樟 C. tonkinensis**
1. 叶下面密被柔毛； 花序密被锈色柔毛 …………………………………………（附）. **老挝檬果樟 C. laotica**

檬果樟 图 452

Caryodaphnopsis tonkinensis（Lecomte）Airy Shaw in Kew Bull. 1940: 75. 1940.

Nothaphoebe tonkinensis Lecomte in Nouv. Arch. Mus. Hist. Nat. Paris ser. 5, 5: 106. 1913.

乔木，高达15米。小枝无毛。叶卵状长圆形，长(10-)15-20(-30)厘米，先端短渐钝尖，或骤渐尖，基部楔形、宽楔形或近圆，两面无毛，离基三出脉，侧脉(3-)4-5对；叶柄长0.8-2厘米，无毛或疏被褐色柔毛。花序无毛或疏被褐色柔毛；苞片及小苞片钻形，被褐色绒毛。花白或绿白色，花梗长2-5毫米，被锈色柔毛；外轮花被片三角形，被微柔毛，内轮宽卵状三角形，密被平伏锈色柔毛或短柔毛，内面密被黄褐色短绒毛；能育雄蕊长1.2-1.8毫米，退化雄蕊被毛。果长椭圆状球形，长约7厘米，径5厘米，无毛；果柄长2-8毫米，径约2.5毫米。花期3-6月，果期6-8月。

产云南南部及广西，生于海拔120-1200米山谷疏林中或林缘溪边。越南北部、马来西亚（沙巴）、印度尼西亚及菲律宾有分布。

图 452 檬果樟 （肖 溶 绘）

［附］**老挝檬果樟 Caryodaphnopsis laotica** Airy Shaw in Kew Bull. 14: 250. 1960. 本种与檬果樟的区别：叶下面密被柔毛；花序密被锈色柔毛。花期4-5月。产云南东南部，生于海拔300-1200米杂木林及灌丛中。老挝有分布。

17. 鳄梨属 Persea Mill.

（李锡文 李 捷）

常绿乔木或灌木。叶互生，羽状脉。聚伞圆锥花序腋生或近顶生，具苞片及小苞片。花两性，具梗，花被筒短，裂片6，近等大或外轮稍小，花后增厚，早落或宿存；能育雄蕊9，3轮，花丝扁平，被柔毛，花药4室；第1、2轮雄蕊花丝无腺体，药室内向，第3轮花丝基部具2腺体，药室外向或上2室侧向下2室外向，退化雄蕊3，箭头状心形，具柄，柄被柔毛；花柱纤细，被毛，柱头盘状。肉质核果，球形或梨形；果柄稍增粗，肉质或圆柱形。

约50种，主产南北美洲，少数种产东南亚。我国引入栽培1种。

鳄梨 图453

Persea americana Mill. Gard. Dict. ed. 8. 1768.

乔木，高达10米；树皮灰绿色，纵裂。叶长椭圆形、椭圆形、卵形或倒卵形，长8-20厘米，先端骤尖，基部楔形或稍圆，幼时上面疏被下面密被黄褐色柔毛，老时上面无毛下面疏被柔毛，侧脉5-7对；叶柄长2-5厘米，稍被柔毛。花序长8-14厘米，花序梗长达6毫米，与序轴均密被黄褐色柔毛。花被两面密被黄褐色柔毛；花被筒倒锥形，花被片长圆形，花后增厚早落；子房长约1.5毫米，被柔毛，花柱长2.5毫米，被柔毛。果梨形，稀卵球形或球形，长8-18厘米，黄绿或红褐色，外果皮木栓质，中果皮肉质。花期2-3月，果期8-9月。

原产热带美洲。台湾、福建、广东、海南、云南及四川有少量栽培。菲律宾、南欧、中欧、中亚亦有栽培。为营养价值很高的水果；种仁含非干性油脂，供食用、医药及化妆品工业用。

图 453 鳄梨 （仿《中国植物志》）

18. 油丹属 Alseodaphne Nees

（李锡文 李 捷）

常绿乔木。叶互生，常聚生枝顶，羽状脉。圆锥或总状花序腋生；苞片及小苞片脱落。花两性，花被筒短，裂片6，近等大或外轮3枚较小，花后稍增厚，果时脱落；能育雄蕊9，3轮，花药4室，药室成对叠生，第1、2轮花丝无腺体，药室内向，第3轮花丝基部具2腺体，药室外向，或上2室侧向，下2室外向，退化雄蕊3，箭头形；花柱与子房等长，柱头近盘状。果卵球形、长圆形或近球形，黑或紫黑色，稍肉质，果柄红、绿或黄色，常被疣点。

约50种，分布于南亚及东南亚。我国9种。

1. 叶侧脉12-17对，叶柄长1-1.5厘米；花序无毛 ………… 1. **油丹 A. hainanensis**
1. 叶侧脉9-11对，叶柄长1.5-5厘米；花序被毛。
   2. 幼叶下面被锈色柔毛，侧脉9-11对，叶柄长（2-）4-5厘米；果长圆形，径约2.8厘米，果柄长约1厘米 ………… 2. **毛叶油丹 A. andersonii**
   2. 幼叶下面无毛，侧脉约11对，叶柄长1.5-2.5（-5）厘米；果长圆状卵球形，径约1.3厘米，果柄长约5毫米 ………… 3. **长柄油丹 A. petiolaris**

1. 油丹 图454 彩片245

Alseodaphne hainanensis Merr. in Lingnan Sci. Journ. 13: 57. 1934.

乔木，高达25米，除幼嫩部分外，余无毛。枝条带灰白色。叶长椭圆形，长6-10(-16)厘米，先端圆，基部窄楔形，上面具蜂窠状小窝穴，下面绿白色，边缘反卷，侧脉12-17对；叶柄长1-1.5厘米。圆锥花序长3.5-8(-12)厘米，无毛，花序梗长，近肉质。花梗长3-8毫米，果时增粗；花被无毛，内面被白色绢毛，花被片长圆形，长约4毫米；能育雄蕊长约2.5毫米，

被柔毛，退化雄蕊箭头形，具柄。果球形或卵球形，径1.5-2.5厘米，干时黑色；果柄肉质，长1.2-2厘米。花期7月，果期10月至翌年2月。

产海南，生于海拔700-1700米山谷及密林中。越南北部有分布。木材耐腐、坚韧，供造船、桥梁及家具等用。

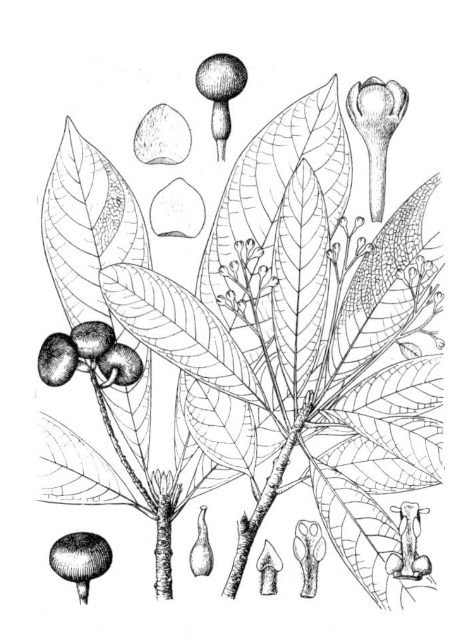

图 454 油丹 （邓晶发绘）

2. 毛叶油丹 图455

Alseodaphne andersonii（King ex Hook. f.）Kosterm. in Reinwardtia 6(2): 159. 1962.

Cryptocarya andersonii King ex Hook. f. Fl. Brit. Ind. 5: 120. 1886.

乔木，高达25米。幼枝被锈色柔毛，老时渐脱落无毛。叶椭圆形，长12-24厘米，先端骤短尖，基部窄楔形或宽楔形，上面无毛，下面绿白色，幼时被锈色微柔毛，老时渐脱落，侧脉9-11对；叶柄长(2-)4-5厘米，稍被锈色微柔毛。圆锥花序长20-35厘米，花序梗长10-15厘米，与序轴均密被锈色微柔毛。花梗长约2毫米，密被锈色微柔毛，果时增粗；花被片卵形，长(1.5-)2-2.5毫米，密被锈色微柔毛，外轮具3脉，内轮较大，具5脉；退化雄蕊肾形。果长圆形，长达5厘米，径约2.8厘米，紫黑色；果柄肉质，紫红色，长约1厘米，上端膨大，径约4毫米。花期7月，果期10月至翌年3月。

产广西西南部、云南南部及西藏东南部，生于海拔(1000-)1200-1500(-1900)米常绿阔叶林中。印度东北部、缅甸、泰国、老挝及越南有分布。

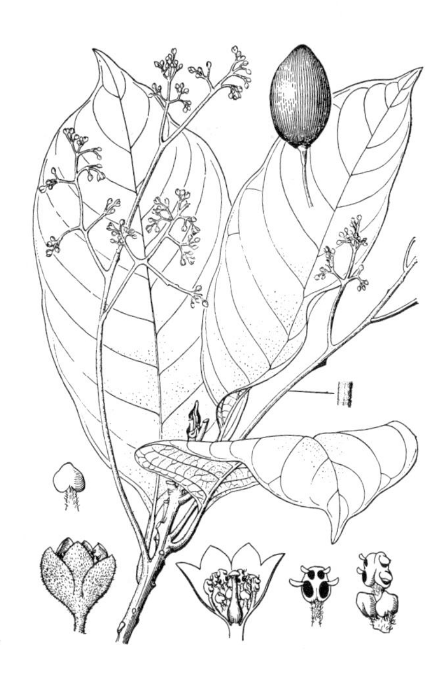

图 455 毛叶油丹 （肖 溶 绘）

3. 长柄油丹 图456 彩片246

Alseodaphne petiolaris（Meissn.）Hook. f. Fl. Brit. Ind. 5: 145. 1886.

Nothaphoebe petiolaris Meissn. in DC. Prodr. 15(1): 59. 1864.

乔木，高达20米。枝条淡褐色，具圆形栓质皮孔。叶倒卵状长圆形或长圆形，长14-26厘米，先端钝圆、骤短尖或微缺，基部楔形或近圆，两侧常不等，两面无毛，侧脉约11对；叶柄长1.5-2.5(-5)厘米，无毛。圆锥花序长(10-)15-30厘米，与序轴均被锈色柔毛。花梗长约2毫米，被锈色柔毛；花被片圆卵形，两面密被锈色微柔毛，花被筒宽倒锥形；能育雄蕊长1.2-2.2毫米，花丝被柔毛。果长圆状卵球形，长2.8厘米，径约1.3厘米，肉质；果柄粗，长约5毫米，顶端膨大，径达4毫米。花期10-11月，果期12月至翌年4(-5)月。

产广西、云南及西藏东南部，生于海拔620-900米疏林或常绿阔叶林中。印度及缅甸有分布。

19. 黄脉檫木属 Sinosassafras H. W. Li

（李锡文 李 捷）

常绿乔木，高达25米。幼枝具棱，无毛。顶芽椭圆形，长0.9-1.5厘米，芽鳞密被金黄色绢状微柔毛。叶互生，薄革质，宽椭圆形或近圆形，长6-12厘米，先端尖或短渐尖，基部楔形，边缘背卷，两面无毛，离基三出脉，侧脉约6对；叶柄长(1-) 1.5-2.5 (-3.5) 厘米，无毛。花单性，雌雄异株。伞形花序具(3-) 5-6花，着生于腋生短枝上，花序梗长约0.5毫米，被淡黄色细微柔毛；苞片互生，早落。花绿或绿黄色，花被筒短，花被片6，2轮，外轮较小，宽卵形，内轮卵状椭圆形，均被淡黄色微柔毛。雄花花梗长(3) 4-5毫米，能育雄蕊9，3轮，花药2室，第1、2轮花丝无腺体，药室内向，第3轮花丝各具2腺体，药室侧向，退化雄蕊细小；退化雌蕊小。雌花花梗长2毫米，退化雄蕊9，外层3-4花丝无腺体，花药菱状宽卵圆形，内层5-6花丝近基部具2腺体，花药极退化，细小呈棍棒状；子房球形，花柱粗，柱头盘状，具乳突。果近球形，黑色，径约8毫米，无毛；果托浅杯状，高2-3毫米，全缘；果柄粗，长达8毫米。

特有单种属。

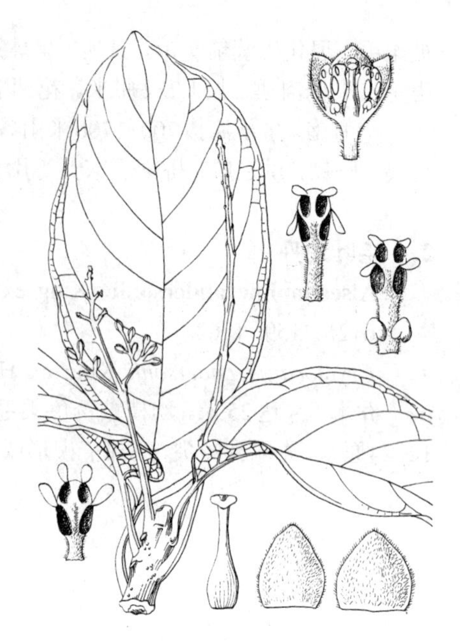

图 456 长柄油丹 （李锡麟绘）

黄脉檫木 黄脉钩樟 图 457

Sinosassafras flavinervia (Allen) H. W. Li in Acta Bot. Yunn. 7 (2): 134. f. 5. 1985.

Lindera flavinervia Allen in Journ. Arn. Arb. 22: 30. 1941；中国植物志 31: 411. 1984.

形态特征同属。花期6-8月，果期9-11月。

产云南，生于海拔1900-2600米山坡或沟谷次生常绿阔叶林、灌丛中或林缘。木材纹理直，材质软，易干燥，供桥梁、船舶、胶合板等用材。

图 457 黄脉檫木 （引自《云南树木志》）

20. 土楠属 Endiandra R. Br.

（李锡文 李 捷）

常绿乔木。叶互生，羽状脉，网脉呈小蜂窝状。圆锥或聚伞花序腋生新枝基部，具花序梗。花两性；花被筒短或钟形，裂片6，近等大或外轮3枚稍大；能育雄蕊3，位于第3轮，花药稍厚，无柄，在中部或近顶端具2外向药室，第1、2轮6个雄蕊缺如或退化成腺体，有时腺体连成肉质环，退化雄蕊位于最内轮，缺如，稀为3；子房无柄，花柱短，柱头小。果长椭圆形、圆柱形或卵球形；果柄几不增粗，花被脱落，或近宿存。

约30种，产印度、我国南部、马来西亚、澳大利亚及太平洋岛屿。我国3种。

土楠 图 458

Endiandra hainanensis Merr. et Metcalf ex Allen in Journ. Arn. Arb. 23: 461. 1942.

乔木，高达8米；树皮灰色。枝

条无毛，被疣点；幼枝被柔毛。叶披针形或长圆状椭圆形，长9-15厘米，先端渐钝尖或骤渐尖，基部楔形，两侧稍不对称，两面无毛，侧脉6-8对；叶柄长1-1.5厘米，无毛。圆锥花序长2-6厘米，少花，初稍被微柔毛，后渐脱落无毛。花被片卵形，肉质，无毛；能育雄蕊三角形，靠合。果长椭圆形，长达3.8厘米，径约1.4厘米，紫褐色，无毛；果柄径2毫米，灰或黑红色，无毛。花期6月，果期9月。

产海南，生于海拔约330米山谷混交林或灌丛中。

图 458 土楠（曾孝濂绘）

21. 琼楠属 Beilschmiedia Nees

（李树刚 韦发南）

常绿乔木或灌木状。芽常明显，扁或圆，被毛或无毛。叶革质或厚革质，稀坚纸质，对生或互生，全缘，羽状脉，横脉及细脉常结成小网格状。花小，两性。花序短，多为聚伞状圆锥花序，稀为腋生花束或近总状花序。花被筒短，花被片6，等大或近等大；能育雄蕊（6）9，花药2室，花丝基部常具2腺体，腺体有或无柄。浆果状核果，球形、椭圆形或倒卵形；果柄增粗或不增粗，花被片脱落。

约200余种，主产非洲、亚洲、大洋洲及美洲。我国约38种。

1. 顶芽被毛。
  2. 叶上面中脉凹下。
    3. 顶芽密被锈色短绒毛或锈色鳞片；叶干后褐色，细脉在两面结成疏网状，叶柄长1.5-3厘米 ………………………………………… 1. **红枝琼楠 B. laevis**
    3. 顶芽密被黄褐色绒毛或短柔毛；叶干后不为褐色，细脉在两面结成密网状，叶柄长0.5-1.4厘米 ………………………………………… 2. **网脉琼楠 B. tsangii**
  2. 叶上面中脉凸起或平。
    4. 叶下面密被腺点；顶芽及花序密被锈色短柔毛 ………………………… 3. **海南琼楠 B. wangii**
    4. 叶下面无腺点。
      5. 叶宽椭圆形，稀椭圆状披针形，宽4-7.5厘米，网脉密；果径1.5-2.7厘米 ………………………………………… 4. **滇琼楠 B. yunnanensis**
      5. 叶椭圆形，宽2-4厘米，网脉疏散；果径1-2厘米，密被瘤点 ………… 5. **美脉琼楠 B. delicata**
1. 顶芽无毛。
  6. 叶下面密被腺点。
    7. 叶坚纸质，窄椭圆形或长椭圆形，先端渐尖或长渐尖，镰状；顶芽小；果长圆状椭圆形，径2-2.5厘米 ………………………………………… 6. **纸叶琼楠 B. pergamentacea**
    7. 叶革质，披针形或长圆形，先端钝或短尖；顶芽大，卵圆形；果倒卵圆形或近陀螺形，径约3厘米 ………………………………………… 6(附). **粗壮琼楠 B. robusta**
  6. 叶下面无腺点。
    8. 叶上面中脉凸起，叶对生或近对生，长圆形、卵状长圆形或卵状披针形，长7-15厘米，干后紫黑色；果椭圆形或倒卵圆形，径1.5-2厘米 ………………………………………………… 7. **台琼楠 B. erythrophloia**

8. 叶上面中脉凹下或下部凹下。
 9. 果长不及2厘米，常被瘤点。
  10. 叶长8-12厘米，宽3-4.5厘米；花序腋生 ………………………………………… 8. **广东琼楠 B. fordii**
  10. 叶长4-8厘米，宽1-2.8厘米；花序顶生 ……………………… 8(附). **短序琼楠 B. brevipaniculata**
 9. 果长2.5厘米以上，平滑或被瘤点。
  11. 果球形、近倒卵状椭圆形或卵圆形。
   12. 叶两侧对称，先端尖或稍钝，下面被糠秕状鳞片或微柔毛；果近倒卵状椭圆形，密被褐色糠秕状鳞片；果柄径约4毫米 ……………………………………………………… 9. **糠秕琼楠 B. furfuracea**
   12. 叶偏斜，先端尾尖稍弯，下面无糠秕状鳞片；果球形或卵圆形，平滑；果柄径1.5-2毫米 ……………………………………………………………………………… 9(附). **贵州琼楠 B. kweichowensis**
  11. 果椭圆形。
   13. 叶厚革质或革质，椭圆形或长圆形，长8-19厘米，宽3-8厘米，基部稍下延；花梗长0.5-1厘米；果柄长5-8毫米 ……………………………………………………………… 10. **厚叶琼楠 B. percoriacea**
   13. 叶革质，椭圆形，长6.5-8.5厘米，宽2.5-4.5厘米，基部下延；花梗长约2毫米；果柄长约1厘米 ……………………………………………………………………………… 11. **琼楠 B. intermedia**

1. 红枝琼楠　　图459

Beilschmiedia laevis Allen in Journ. Arn. Arb. 23: 446. 1942.

乔木，高达20米；树皮灰褐至灰黑色。小枝粗，无毛。顶芽卵圆形，密被灰褐色绒毛或锈色鳞片。叶对生或近对生，椭圆形或宽椭圆形，长7-15厘米，先端钝或短渐尖，基部宽楔形，稍沿叶柄下延，干时两面褐色，无毛，侧脉6-10对，细脉粗，在两面凸起结成疏网状；叶柄长1.5-3厘米。果序近顶生；果椭圆形或宽椭圆形，长1.5-2.6厘米，成熟后深褐色，光滑；果柄粗，长1-3.5厘米，径3-6毫米。果期11-12月。

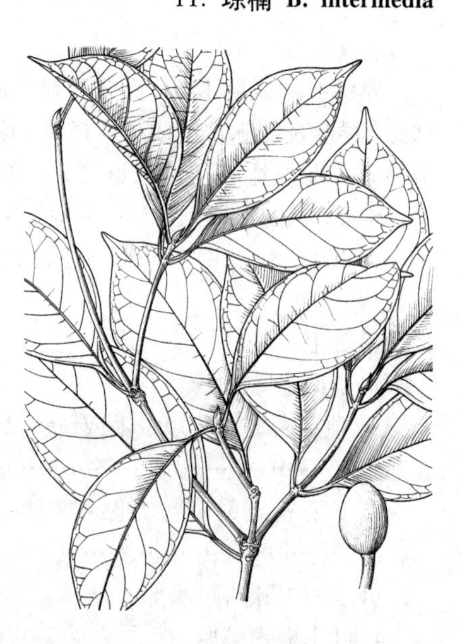

图 459 红枝琼楠 （邹贤桂绘）

产海南及广西，生于海拔500-900米山坡或谷地林中。越南有分布。

2. 网脉琼楠　　图460：1 彩片247

Beilschmiedia tsangii Merr. in Lingnan Sci. Journ. 13: 27. 1934.

乔木，高达25米。顶芽小而尖，与幼枝均密被黄褐色绒毛或短柔毛。叶互生或近对生，椭圆形或长椭圆形，长6-9（14）厘米，先端短钝尖，基部近圆或楔形，上面无毛，下面幼时被柔毛，中脉在上面下凹，侧脉7-9对，细脉结成密网状；叶柄长0.5-1.4厘米，密被褐色柔毛。花序腋生，长3-5厘米，被短柔毛。花梗长1-2毫米；花被片宽卵形，被柔毛；花丝被毛，腺体无柄。果椭圆形，长1.5-2厘米，被瘤点；果柄径1.5-3.5毫米。花期夏季，

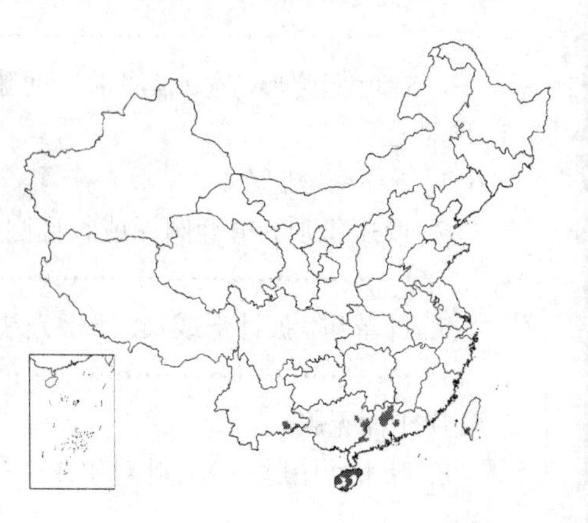

果期7-12月。

产台湾、广东、海南、广西及云南，生于海拔200-1300米常绿阔叶林中。越南有分布。木材供建筑、家具等用。

图 460：1. 网脉琼楠　2. 美脉琼楠
（何顺清绘）

3. 海南琼楠　　图 461

Beilschmiedia wangii Allen in Journ. Arn. Arb. 23: 452. 1942.

乔木，高达16米；树皮灰色。幼枝稍扁。芽被锈色短柔毛。叶对生，近革质或纸质，椭圆形或椭圆状披针形，长9-14厘米，先端钝或短渐尖，基部近圆或楔形，偏斜，上面无毛，下面被腺点或微柔毛，上面中脉微凸起或平，侧脉8-9对，细脉在两面稍明显；叶柄长1.2-2.5厘米，常被瘤点。花序近顶生或腋生，长4-8厘米，被锈色短柔毛。花长4-5毫米；花被片被黄褐色短柔毛。果长圆形，长约5.5厘米；果柄长达2.5厘米，径约5毫米。花期11月至翌年3月。

产云南、广西及海南，常生于海拔600-1400米湿润混交林中。越南有分布。

4. 滇琼楠　　图 462

Beilschmiedia yunnanensis Hu in Bull. Fan Mem. Inst. Biol. Bot. 5: 306. 1934.

乔木，胸径达1米；树皮灰黑色。小枝粗，具纵纹及皮孔。顶芽小，密被锈色绒毛。叶互生，稀对生或近对生，宽椭圆形，稀椭圆状披针形，长8-18厘米，宽4-7.5厘米，先端渐尖，微弯，基部宽楔形，两面无毛，上面中脉平或凸起，侧脉8-12对，两面凸起，细脉纤细，网脉密；叶柄粗，长1-2.5厘米，无毛。花序顶生或腋生，长2-6厘米，密被锈褐色绒毛。花被片及花丝被毛。果宽椭圆形，长2-4厘米，径1.5-2.7厘米，黑色。花期1-2月，果期秋季。

图 461　海南琼楠　（邹贤桂绘）

产云南东南部、广西、广东及海南，生于海拔800-1900米山地杂木林中。木材不易开裂，易加工，供建筑、家具等用。

5. 美脉琼楠　　图 460：2

Beilschmiedia delicata S. Lee et Y. T. Wei in Acta Phytotax. Sin. 17 (2): 65. 1979.

乔木，高达20米；树皮灰白或灰黄褐色。小枝无毛或被微柔毛，常具皮孔。顶芽小，被毛。叶互生或近

对生，革质，椭圆形，长7-12厘米，宽2-4厘米，稍偏斜，先端渐尖，镰状，稀短尖，基部楔形或宽楔形，两面无毛或下面被微柔毛，两面中脉凸起，侧脉8-12对，网脉疏散，两面凸起；叶柄长不及1.5厘米，无毛或被微柔毛。花序腋生或顶生，长3-6厘米，被柔毛。花黄绿色，花被片被毛；能育雄蕊花丝被毛。果椭圆形或倒卵状椭圆形，长2-3厘米，径1-2厘米，密被瘤点；果柄长0.5-1厘米。

产云南东北部及东南部、广西、贵州，生于低至中海拔沟谷溪边疏林中。

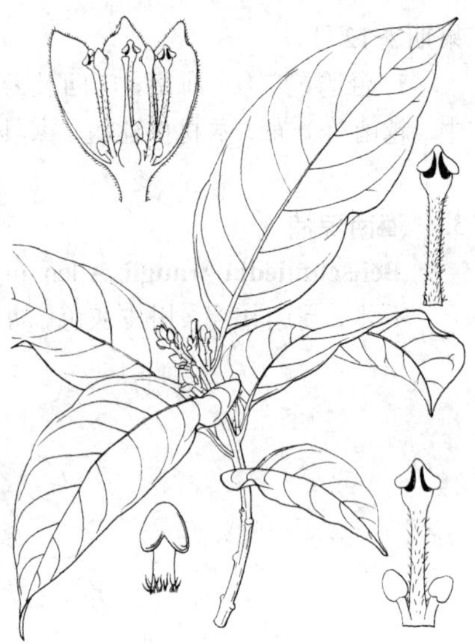

图 462 滇琼楠 （仿《云南植物志》）

6. 纸叶琼楠 图 463

Beilschmiedia pergamentacea Allen in Journ. Arn. Arb. 23: 449. 1942.

乔木，高达20米；树皮灰白色。顶芽小，无毛。叶对生或近对生，坚纸质，窄椭圆形或长椭圆形，长10-16厘米，先端渐尖或长渐尖，镰状，基部楔形或宽楔形，两面无毛，干后下面紫黑色，密被腺点，上面中脉微凸起，侧脉7-12对，细脉稍网状；叶柄长1-2厘米。花序腋生，长3-4厘米，近无毛。花被片被灰白柔毛；花丝被毛。果序粗；果长圆状椭圆形，径2-2.5厘米，黑或紫黑色，果柄长1-2.5厘米，径4-6毫米。花期8月，果期10-11月。

产云南、广西及海南，常生于海拔1000-1400米沟谷林中。

［附］**粗壮琼楠** 彩片 248 **Beilschmiedia robusta** Allen in Journ. Arn. Arb. 23: 447. 1942. 本种与纸叶琼楠的区别：叶革质，披针形或长圆形，先端钝或短尖，顶芽大，卵圆形；果倒卵圆形或近陀螺形，径约3厘米。花期4-5月，果期6-11月。产西藏、云南、贵州及广西，生于海拔1000-2400米沟谷密林中。

图 463 纸叶琼楠 （仿《中国植物志》）

7. 台琼楠 图 464 彩片 249

Beilschmiedia erythrophloia Hayata, Ic. Pl. Formos. 4: 20. 1914.

乔木，高达25米，树干通直。顶芽卵圆形，无毛。叶对生或近对生，长圆形、卵状长圆形或卵状披针形，稀卵形，长7-15厘米，先端尾尖或渐尖，基部楔形，多少偏斜，两面无毛，干后紫黑色，侧脉7-8对，网脉明显，中

图 464 台琼楠 （引自《Woody Fl. Taiwan》）

脉及侧脉在两面凸起；叶柄长1-2厘米。花序腋生或近顶生，无毛。花梗长2-5毫米；花被片椭圆形或长圆形，长约2毫米，无毛；花丝疏被柔毛；子房无毛。果椭圆形或倒卵圆形，深红褐色，长1.5-2厘米。花期夏季。

产台湾，生于海拔250-2000米杂木林中。日本及越南有分布。

图 465 广东琼楠 （刘宗汉绘）

8. 广东琼楠 图 465

Beilschmiedia fordii Dunn in Journ. Bot. 45: 404. 1907.

乔木，高达30米，胸径1米。顶芽卵状披针形，无毛。叶多对生，披针形或长圆形，长8-13厘米，宽3-4.5厘米，基部楔形，两面无毛，上面中脉凹下，侧脉纤细，6-10对，网脉稍明显；叶柄长1-2厘米，无毛。花序常腋生，长1-3厘米，花密集；花被片卵形或长圆形，无毛。果椭圆形，长1.4-1.8厘米，常被瘤点。花期6月，果期11月。

产福建、江西、湖南、广东及广西，生于湿润山谷密林中。越南有分布。

［附］短序琼楠 **Beilschmiedia brevipaniculata** Allen in Journ. Arn. Arb. 23: 446. 1942. 本种与广东琼楠的区别：叶长4-8厘米，宽1-2.8厘米；花序顶生，长约1.5厘米。花期6月，果期11月至翌年2月。产广东及广西，生于山坡林中。

9. 糠秕琼楠 图 466

Beilschmiedia furfuracea Chun ex H. T. Chang in Acta Univ. Synyatseni (Sci. Nat.) 1960(1): 23. 1960.

乔木，高达15米；树皮灰白色。顶芽卵圆形，与小枝均无毛。叶对生或近对生，坚纸质至薄革质，长圆形或长圆状椭圆形，两侧对称，长7-14厘米，宽3-6厘米，先端尖或稍钝，基部楔形或近圆，上面无毛，下面被糠秕状鳞片或微柔毛，上面中脉凹下，侧脉7-9对，与细脉均在两面凸起；叶柄长不及1.5厘米。花序数个聚生枝顶，长约2厘米，无毛。果近倒卵状椭圆形，长约3.2厘米，密被褐色糠秕状鳞片；果柄径约4毫米。花期3月，果期7-8月。

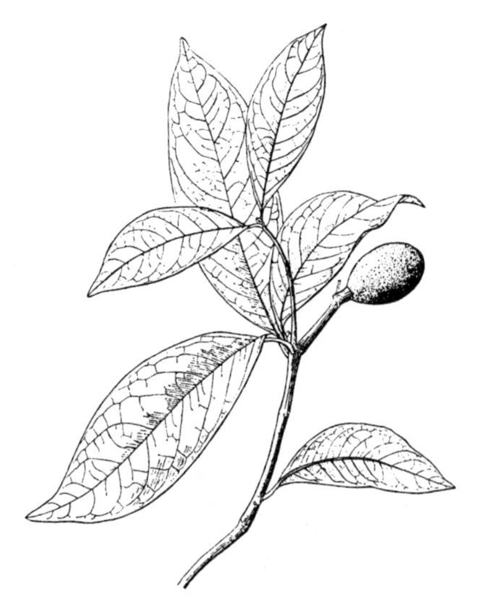

图 466 糠秕琼楠 （仿《中国植物志》）

产广西及广东，生于沟谷杂木林中。

［附］贵州琼楠 **Beilschmiedia kweichowensis** Cheng in Not. For. Res. Inst. Centr. Univ. Nanking. Dendrol. ser. 1: 1. 1947. 本种与糠秕琼楠的区别：叶常偏斜，先端尾尖，稍弯，下面无糠秕状鳞片；果球形或卵圆形，平滑，果柄径1.5-2毫米。果期10月。产四川、贵州及广西，生于海拔500-1700米山坡下部及沟谷疏林中。

10. 厚叶琼楠 图 467

Beilschmiedia percoriacea Allen in Journ. Arn. Arb. 23: 450. 1942.

乔木，胸径达1.5米；树皮灰褐或黑褐色。小枝粗，稍扁，无毛。顶芽卵圆形，无毛。叶对生或近对生，厚革质或革质，椭圆形或长圆形，长8-19厘米，宽3-8厘米，稍偏斜，先端短渐钝尖，基部楔形，稍下延，上面中脉凹下，侧脉6-9对，与网脉两面凸起，边缘波状，稍背卷；叶柄粗，长1.2-2厘米，无毛。花序数个聚生枝顶，长1.5-5厘米，粗壮。花梗长0.5-1厘米；花被片卵形，无毛。果长圆形，长4-4.5厘米，平滑，果柄长5-8毫米。

图 467 厚叶琼楠 (冯晋庸绘)

产广西东部及西南部、海南，生于海拔1400-1600米杂木林中。

11. 琼楠 图 468

Beilschmiedia intermedia Allen in Journ. Arn. Arb. 23: 448. 1942.

乔木，高达20米；树皮灰色或灰褐色。顶芽常卵圆形，无毛。叶对生或近对生，革质，椭圆形，稀披针状椭圆形，长6.5-8.5(-11)厘米，宽2.5-4.5厘米，先端钝或短渐尖，基部楔形或微圆，下延，两面无毛，上面中脉或中部以下凹下，侧脉6-8对，网脉在两面明显；叶柄长1-2厘米，无毛。花序腋生或顶生，长1.5-2厘米。花梗长约2毫米；花被片椭圆形，密被线状斑点。果长圆形，长3-4.5(-6)厘米；果柄长约1厘米。

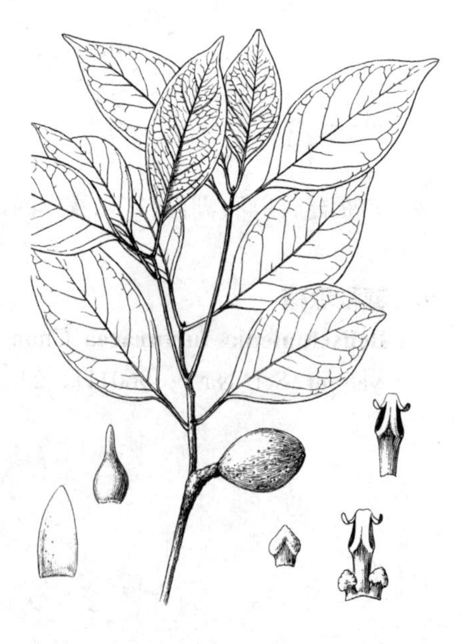

图 468 琼楠 (引自《海南植物志》)

产广西西南部、广东西部及海南，生于海拔400-1500米杂木林中、沟谷及溪边。越南有分布。木材细致均匀，供建筑、家具等用。

22. 油果樟属 Syndiclis Hook. f.

(李锡文 李 捷)

常绿乔木。叶具羽状脉。圆锥花序腋生，具梗；苞片及小苞片钻形，早落。花两性，具梗；花被筒倒锥形，裂片4(5-6)，宽卵状三角形或横长圆形，花被脱落；能育雄蕊4(5-6)，与花被片对生，常伸出花被，被毛或腺点，花丝短，花药宽卵形，肥厚，2室或汇合为1室，内向，退化雄蕊4，线形或披针形，密被毛，芽时呈穹形包被子房；子房卵球状圆锥形，无毛，向上渐窄成花柱，柱头小。果大，陀螺形、扁球形或球形；果柄与花序梗花后均增粗。

约10种，不丹产1种，我国9种。

1. 幼枝、幼叶及叶柄均稍被锈色柔毛。
  2. 果陀螺形，长3.5-4厘米，基部缢缩成短柄，柄径约1厘米 ………………………… 1. **油果樟 S. chinensis**
  2. 果近扁形，长约3厘米，基部不缢缩成短柄 ……………………………… 1(附). **富宁油果樟 S. fooningensis**
1. 幼枝、幼叶及叶柄无毛。
  3. 叶椭圆形或卵状椭圆形，长10-13厘米，边缘波状，侧脉约6对；花序常2-3并生；花被内面无毛 ……………………………………………………………………………………………… 2. **广西油果樟 S. kwangsiensis**
  3. 叶卵状椭圆形，长6.5-11.5厘米，边缘不呈波状，侧脉3-5对；花序单一；花被内面被黄褐色微柔毛 ……………………………………………………………………………………… 2(附). **屏边油果樟 S. pingbienensis**

1. 油果樟 白面柴 油樟 图469

Syndiclis chinensis Allen in Journ. Arn. Arb. 23: 462. 1942.

乔木，高达20米。幼枝被锈色绒毛，后渐脱落无毛。叶卵形或椭圆形，长6-13.5厘米，先端渐尖、骤尖或钝，基部宽楔形，常不对称，上面无毛，下面苍白色，幼时被微柔毛，后渐脱落近无毛，侧脉3-5对，脉网两面呈小蜂窝状；叶柄长不及2厘米，淡褐色。花序长达4厘米，被锈色绒毛，花序梗短。花梗长约1.5毫米，被锈色绒毛；花被片4，卵形，被锈色绒毛；能育雄蕊4，稍伸出花被，近无柄，花药2室内向，外轮雄蕊基部具腺体。果陀螺形，干时黑红色，无毛，长3.5-4厘米，基部缢缩成短柄，柄径约1厘米。花期4-5月，果期9-10月。

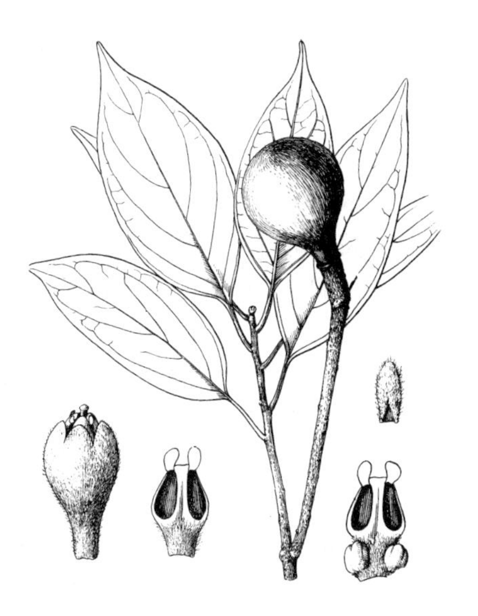

图 469 油果樟 （引自《海南植物志》）

产海南，生于海拔约480米山谷或常绿阔叶林中。

［附］**富宁油果樟 Syndiclis fooningensis** H. W. Li in Acta Phytotax. Sin. 17(2): 72. pl. 10. f. 6. 1979. 本种与油果樟的区别：果近扁球形，长约3厘米，基部不缢缩成短柄。花期4-5月，果期9-10月。产云南东南部，生于海拔800-1000米石灰岩山地或沟谷密林中。

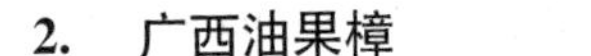

2. 广西油果樟 图470

Syndiclis kwangsiensis (Kosterm.) H. W. Li in Acta Phytotax. Sin. 17(2): 73. 1979.

Beilschmiedia kwangsiensis Kosterm. in Reinwardtia 7: 453. f. 8. 1969.

乔木，高达23米；树皮灰色。小枝无毛，密被疣状皮孔。叶椭圆形或卵状椭圆形，长10-13厘米，先端骤短渐钝尖，尖头长达2厘米，基部宽楔形或近圆，边缘背卷波状，两面无毛，侧脉约6对；叶柄长1-1.5厘米，无毛。花序常2-3并生，少花，无毛，花序梗长(1.5-)2-3.5厘米，稍扁，花梗长达3毫米，无毛；花被片4，宽三角状卵形，两面无毛；能育雄蕊4，稍

伸出花被，花丝稍长于花药，被毛，外轮花丝基部各具1对腺体，花药三角形，长约0.5毫米，2室，退化雄蕊线形，长0.6毫米，密被长柔毛。果球形，径达5厘米，无毛，具不明显小短尖。花期4月，果期10月。

产广西南部，生于海拔300-650米山谷密林中。

［附］**屏边油果樟 Syndiclis pingbienesis** H. W. Li in Acta Phytotax. Sin. 17(2): 73. pl. 11. f. 2. 1979. 本种与广西油果樟的区别：叶卵状椭圆形，长6.5-11.5厘米，边缘不呈波状，侧脉3-5对；花序单一；花被内面被黄褐色微柔毛。花果期9-10月。产云南东南部，生于海拔1500-1700米密林中。

图 470 广西油果樟 （曾孝濂绘）

23. 厚壳桂属 Cryptocarya R. Br.

（李锡文 李 捷）

常绿乔木或灌木。叶互生，稀近对生，羽状脉，稀离基三出脉。圆锥花序腋生、顶生或近顶生。花两性，花被筒陀螺形或卵球形，宿存，花后顶端缢缩，裂片6，近等大，早落；能育雄蕊9，6或3，着生花被筒喉部，第1、2轮花丝无腺体，花药2室，内向，第3轮花丝基部具2腺体，花药2室，外向，最内轮为退化雄蕊，具短柄，无腺体；子房无柄，为花被筒所包被，花柱近线形，柱头小，稀盾状。果核果状，球形、椭圆形或长圆形，包被于肉质或稍硬化花被筒内，顶端具小口，平滑或具多数纵棱。

约200-250种，产热带亚热带地区，未见于中非，中心在马来西亚、澳大利亚及智利。我国19种。

1. 叶具离基三出脉。
  2. 果扁球形，长1.2-1.8厘米，纵棱不明显；幼枝、幼叶下面及叶柄被锈色绒毛 ………………………………………… 1. **丛花厚壳桂 C. densiflora**
  2. 果球形或扁球形，长7.5-9毫米，纵棱12-15；幼枝、幼叶下面及叶柄被灰褐色微毛 ………………………………………… 2. **厚壳桂 C. chinensis**
1. 叶具羽状脉。
  3. 果球形、近球形或扁球形。
    4. 叶柄长0.5-1厘米，密被黄褐色柔毛，侧脉7-8对；果具不明显纵棱12 ……… 3. **岩生厚壳桂 C. calcicola**
    4. 叶柄长1.2-1.5厘米，密被锈色柔毛，侧脉5-7对；果具不明显纵棱15 ……… 4. **白背厚壳桂 C. maclurei**
  3. 果长椭圆形、椭圆形或卵球形。
    5. 果卵球形，长2.5-3厘米 ………………………………………… 5. **海南厚壳桂 C. hainanensis**
    5. 果长不及2.5厘米。
      6. 叶下面横脉凸起，网状细脉明显，被锈色柔毛；叶长10-19厘米 ………………………………………… 5(附). **钝叶厚壳桂 C. impressinervia**
      6. 叶下面横脉不明显凸起，细脉不明显；叶片小。
        7. 果长椭圆形，长1.5-2厘米；叶椭圆状长圆形或长圆形，长(3-)5-10厘米 ………………………………………… 6. **黄果厚壳桂 C. concinna**

7. 果椭圆形，长约1.7厘米；叶长圆形、椭圆状圆形，稀倒卵形，长6-13厘米 …………………………………………………………………………………………………… 7. 硬壳桂 **C. chingii**

1. 丛花厚壳桂 大果铜锣桂 图471：1-8

Cryptocarya densiflora Bl. Bijdr. 556. 1826.

乔木，高达20米。小枝被锈色绒毛。叶长椭圆形或椭圆状卵形，长10-15厘米，先端骤短渐尖，基部楔形、宽楔形或圆，两面幼时被锈色绒毛，后渐脱落，下面常稍被毛，离基三出脉；叶柄长1-2厘米，被锈色绒毛或渐脱落无毛。花序长达8厘米，多花，被褐色柔毛。花梗长不及1毫米，密被褐色柔毛；花被片卵形，两面密被褐色柔毛，花被筒陀螺形；能育雄蕊9，花丝被柔毛，较花药长2倍，退化雄蕊箭头形，具长柄。果扁球形，长1.2-1.8厘米，径1.5-2.5厘米，具小突尖，纵棱不明显，初褐黄色，熟时黑色，被白粉。花期4-6月，果期7-11月。

产福建、广东、海南、广西、湖南、贵州及云南，生于海拔650-1500米山谷或常绿阔叶林中。老挝、越南、马来西亚、印度尼西亚、菲律宾有分布。木材供房建、车辆、家具等用。

图 471：1-8. 丛花厚壳桂 9-10. 厚壳桂
（肖 溶 绘）

2. 厚壳桂 图471：9-10 彩片250

Cryptocarya chinensis（Hance）Hemsl. in Journ. Linn. Soc. Bot. 26: 370. 1891.

Beilschmiedia chinensis Hance in Journ. Bot. 20: 79. 1882.

乔木，高达20米；树皮暗灰色，粗糙。幼枝被灰色绒毛，后渐脱落无毛。叶长椭圆形，长7-11厘米，先端长或短渐尖，基部宽楔形，幼时两面被灰褐色绒毛，后渐无毛，离基三出脉；叶柄长约1厘米，后无毛。花序长1.5-4厘米，被黄色绒毛。花梗长约0.5毫米，被黄色绒毛；花被片近倒卵形，两面被黄色绒毛，花被筒陀螺形；能育雄蕊9，花丝被柔毛，稍长于花药，退化雄蕊钻状箭头形，被柔毛。果球形或扁球形，长7.5-9毫米，紫黑色，纵棱12-15。花期4-5月，果期8-12月。

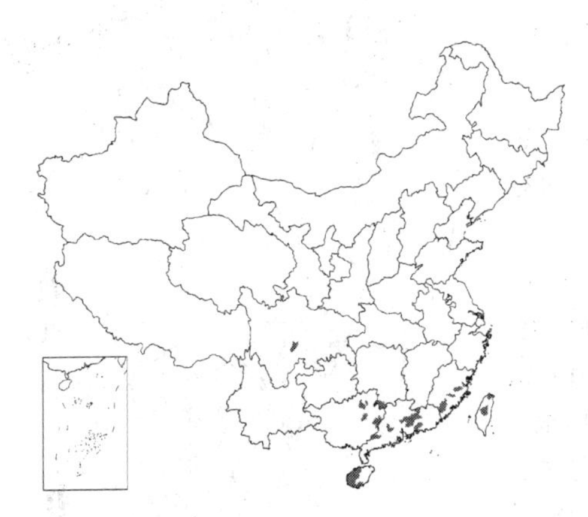

产福建、台湾、广东、海南、广西、湖南及四川，生于海拔300-1100米山谷常绿阔叶林中。木材供房建、车辆、家具等用。

3. 岩生厚壳桂 图472 彩片251

Cryptocarya calcicola H. W. Li in Acta Phytotax. Sin. 17(2): 69. pl. 6. f. 5. 1979.

乔木，高达15米。幼枝密被黄褐色柔毛。叶长圆形、椭圆状长圆形或卵形，长(6.5-) 10.5-19厘米，先端钝、骤尖或短渐尖，有时具缺刻，基部宽楔形或近圆，两侧稍不等，上面无毛，沿中脉被黄褐色柔毛，下面疏被黄褐色柔毛，沿中脉及侧脉稍密，侧脉7-8对；叶柄长0.5-1厘米，密被黄

褐色柔毛。花序长5.5-14厘米，花序梗长1.5-4.5厘米，与序轴均密被黄被色柔毛；苞片及小苞片密被黄褐色柔毛。花淡绿色，花梗长1-2毫米，密被黄褐色柔毛；花被片长圆状卵形，外面密被内面疏被黄褐色柔毛；能育雄蕊9，花丝被柔毛，退化雄蕊箭头状三角形。果近球形，长约1.3厘米，径1-1.1厘米，紫黑色，无毛或两端疏被微柔毛，纵棱12不明显。花期4-5月，果期5-10月。

产云南南部、贵州南部及广西西部，生于海拔(500-)700-1000米常绿阔叶林中、石缝或溪边。

图 472 岩生厚壳桂（曾孝濂绘）

4. 白背厚壳桂　　图 475：7

Cryptocarya maclurei Merr. in Philipp. Journ. Sci. Bot. 21: 343. 1922.

乔木，高达22米；树皮灰黑色。幼枝密被锈色柔毛，老时渐脱落无毛。叶长圆形或长圆状卵形，长5-12厘米，先端短渐尖，基部宽楔形或近圆，两面无毛，仅沿上面中脉及下面侧脉被锈色柔毛，中脉及侧脉在上面凹陷，侧脉5-7对；叶柄长1.2-1.5厘米，密被锈色柔毛。花序长5-10厘米，花序梗长1.5-2厘米，与序轴均密被锈色柔毛。果球形或扁球形，径约1.5厘米，黑色，无毛，幼时具纵棱15，老时不明显。果期8月至翌年2月。

产海南及广西，生于海拔600-1000米山地常绿阔叶林中。

5. 海南厚壳桂　　图 473：1-6

Cryptocarya hainanensis Merr. in Philipp. Journ. Sci. Bot. 21: 343. 1922.

乔木，高达20米。幼枝被柔毛，老时无毛。叶披针形或长圆状披针形，长9-13厘米，先端渐尖，基部宽楔形，幼时上面沿中脉被微柔毛，余无毛，老时两面无毛，侧脉5-6对；叶柄长5-8毫米，初被微柔毛，后无毛。花序长3-8厘米，少花，花序梗长0.5-2厘米，与序轴均密被黄褐色绒毛；苞片及小苞片密被黄

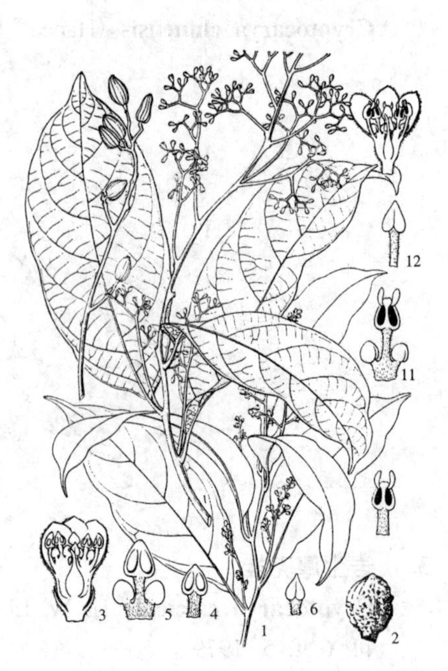

图 473：1-6. 海南厚壳桂 7-12. 钝叶厚壳桂（肖　溶　绘）

褐色绒毛。花梗长不及1毫米，被黄褐色绒毛；花被宽卵形，两面被绒毛，花被筒倒锥形；能育雄蕊9，长不及1毫米，花丝被柔毛，退化雄蕊箭头状三角形，具柄。果卵球形，长2.5-3厘米，亮黑色，具皱及疣点，纵棱不明显。花期4月，果期8月至翌年1月。

产云南南部、广西西部及海南，生于海拔540-700米常绿阔叶林中。越南有分布。

［附］**钝叶厚壳桂** 图 473：7-12 **Cryptocarya impressinervia** H. W. Li in Acta Phytotax. Sin. 17(2)：70. 1979. 本种的主要特征：幼枝、叶下面、花序轴、苞片、花梗、花被均密被锈色柔毛；叶长椭圆形，长10-19厘米，下面横脉凸起，网状细脉明显；果椭圆形，长1-1.2厘米。花期6-7月，果期8月至翌年1月。产海南，生于海拔250-1100米山谷常绿阔叶林中、溪边或河岸。木材供房建等用。

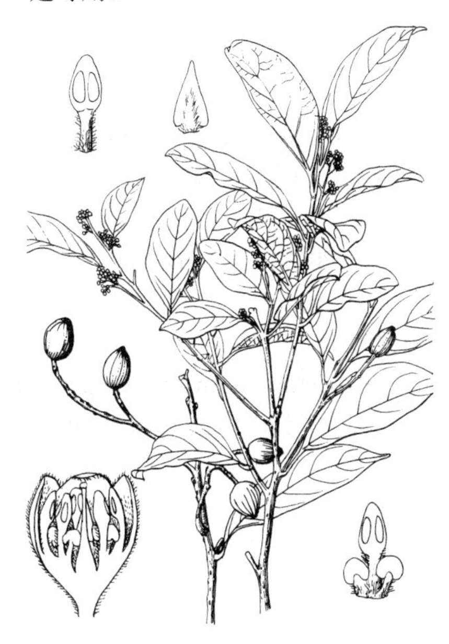

图 474 黄果厚壳桂 （曾孝濂绘）

6. 黄果厚壳桂 图 474

Cryptocarya concinna Hance in Journ. Bot. 20：79. 1882.

乔木，高达18米；树皮淡褐色。幼枝被黄褐色绒毛，老时无毛。叶椭圆状长圆形，长(3-)5-10厘米，先端钝、骤尖或短渐尖，基部楔形，两侧常不等，上面无毛，下面稍被柔毛，后脱落无毛，侧脉4-7对；叶柄长0.4-1厘米，被黄褐色柔毛。花序长达8厘米，被柔毛。花梗长1.2毫米，被柔毛；花被片长圆形，两面被柔毛，花被筒近钟形；能育雄蕊9，花丝基部被柔毛，长1.4-1.5毫米，花药长圆形，长约1毫米，药隔伸出，退化雄蕊三角状披针形，长1-1.5毫米。果长椭圆形，长1.5-2厘米，黑或蓝黑色，纵棱12，不明显。花期3-5月，果期6-12月。

产台湾、江西、广东、海南、广西、湖南及贵州，生于海拔600米以下谷地或常绿阔叶林中。越南北部有分布。木材供房建、家具等用。

7. 硬壳桂 仁昌厚壳桂 图 475：1-6

Cryptocarya chingii Cheng in Contr. Biol. Lab. Sci. Soc. China, Bot. 10：111. f. 17. 1936.

乔木，高达12米。幼枝密被灰黄色柔毛，老时无毛。叶长圆形、椭圆状长圆形，稀倒卵形，长6-13厘米，先端骤渐钝尖，基部楔形，两面被平伏灰黄色丝状柔毛，侧脉5-6；叶柄长0.5-1厘米，初密被灰黄色柔毛，后渐脱落无毛。花序长(3-)3.5-6厘米，花序梗长2-3厘米，与序轴均密被灰黄色丝状柔毛。花被

图 475：1-6. 硬壳桂 7. 白背厚壳桂 （曾孝濂绘）

片卵形，外面密被内面疏被灰黄色丝状柔毛，花被筒陀螺形；能育雄蕊9，长不及1.5毫米，花丝被柔毛，花药与花丝近等长，退化雄蕊箭头状长三角形，具柄。果椭圆形，长1.7厘米，暗红色，无毛，纵棱12。花期6-10月，果期9月至翌年3月。

产浙江、福建、江西、广东、海南及广西，生于海拔300-750米（在海南海拔1800-2400米）常绿阔叶林中。越南北部有分布。木材供房建、家具、器具等用；木材刨片浸出液可作发胶；枝叶可提取芳香油。

24. 无根藤属 Cassytha Linn.

（李锡文　李　捷）

寄生缠绕草本，多粘质，具盘状吸根攀附寄主植物。茎线形，分枝，绿或绿褐色。叶退化为鳞片。花序穗状、总状或头状。花两性，稀雌雄异株，花生于鳞状苞片之间，每花具2枚小苞片；花被筒陀螺状或卵球状，花后顶端缢缩，裂片6，2轮，外轮3枚小；能育雄蕊9，花药2室；第1、2轮花丝无腺体，药室内向，稀第2轮雄蕊退化，第3轮雄蕊花丝基部具1对近无柄腺体，药室外向，退化雄蕊3，位于最内轮，近无柄或具柄；子房卵球形，花柱不明显，柱头头状。果包于花被筒内，花被筒顶端开口，花被片宿存。

15-20种，产热带地区，1种产泛热带，多数种产澳大利亚热带。我国1种。

无根藤　图476

Cassytha filiformis Linn. Sp. Pl. 35. 1753.

寄生缠绕草本，具盘状吸根。茎线形，绿或绿褐色，幼时被锈色柔毛，后渐脱落无毛。叶退化为鳞片。穗状花序长2-5厘米，密被锈色柔毛。花白色，长不及2毫米，无梗；花被被柔毛，内面无毛，裂片6，外轮3枚小，圆形，具缘毛，内轮3枚较大，卵形。果卵球形，包于肉质花被筒内，花被片宿存。花、果期5-12月。

产浙江、福建、台湾、江西、湖北、湖南、广东、海南、广西、云南及贵州，生于海拔980-1600米山坡灌丛或疏林中。热带亚洲、非洲及澳大利亚有分布。为害寄主植物，全草供药用，可消肿、利尿，治肾炎、尿路结石、尿路感染、跌打、疖肿及湿疹；又可作造纸糊料。

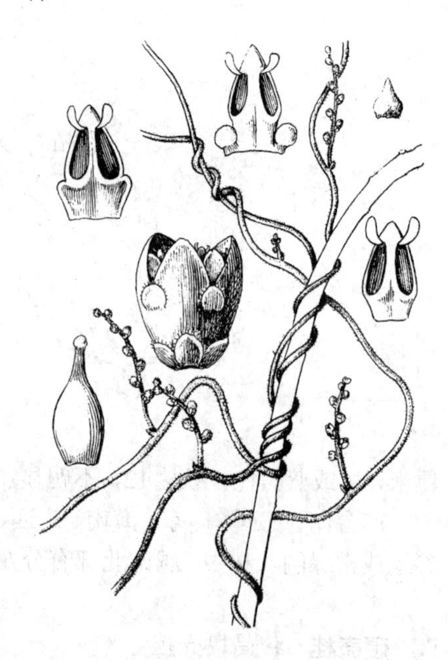

图 476　无根藤　（引自《海南植物志》）

6. 莲叶桐科　HERNANDIACEAE

（林　祁）

常绿乔木、灌木或木质藤本。叶互生，单叶或复叶；无托叶。花两性、单性或杂性，辐射对称。伞房状聚伞花序或聚伞圆锥花序；具苞片或无。花萼基部管状，裂片 3-5；花瓣与萼片同数且相似；发育雄蕊3-5，花药2室，瓣裂，具退化雄蕊；子房下位，1室，1胚珠。核果，包被于增大总苞内，或为具 2-4 宽翅坚果。种子1粒，无胚乳，子叶大。

4属，约60种，主要分布于亚洲东南部、大洋洲东北部、中南美洲及非洲西部热带地区。我国2属，15种，主产西南及华南。

1. 乔木；单叶 ………………………………………………………………………… 1. 莲叶桐属 **Hernandia**
1. 木质藤本；3小叶，稀5小叶复叶 ………………………………………………… 2. 青藤属 **Illigera**

1. 莲叶桐属 **Hernandia** Linn.

常绿乔木。单叶互生，卵形或宽卵形，盾状着生，侧脉3-7对；叶柄长。聚伞圆锥花序腋生，花单性，雌雄同序，每小花序具3花，中央为雌花，基部具杯状小总苞，两侧为雄花，具4-5小苞片。雄花花被片6-8，2轮；雌花花被片8-10，2轮；柱头具不规则牙齿或裂片，花柱短，子房下位；退化雄蕊4-5。核果，卵圆形或近球形，包藏于增大总苞内。种子1，球形或卵球形，种皮厚硬，具棱；胚厚。

约24种，主要分布于热带地区海岛或海滩。我国1种。

图 477 莲叶桐（肖 溶 绘）

莲叶桐 图 477

Hernandia nymphiifolia (Presl) Kubitzki in Engl. Bot. Jahrb. 90: 272. 1970.

Biasolettia nymphaeifolia Presl, Rel. Haenk. 2: 142. 1835.

Hernandia sonora auct. non Linn.: 中国植物志 31: 465. 1982.

Hernandia ovigera Linn.; 中国高等植物图鉴1: 864. 1972.

乔木，高达20米；树皮光滑，具板根。叶纸质，宽卵形，长10-40厘米，先端骤尖，基部圆或心形，全缘，侧脉3-7对；叶柄与叶片近等长。聚伞圆锥花序腋生，花序梗被毛。雄花花被片6，雄蕊3，花丝基部具2腺体，花药2室；雌花花被片8，黄白色，基部具杯状总苞，柱头具不规则齿裂，花柱短，退化雄蕊4。核果卵圆形，具肋状凸起，径 2.5-4 厘米，为增大总苞所包被。花期8-12月，果期11月至翌年2月。

产台湾及海南，常生于海滩或附近。亚洲热带地区有分布。

2. 青藤属 **Illigera** Bl.

常绿木质藤本。复叶互生，小叶3，稀5，具叶柄，有时叶柄卷曲攀援；小叶全缘，羽状脉，具柄。聚伞圆锥花序腋生。花5数，两性；萼筒短，萼片5，长圆形或长椭圆形，稀卵状椭圆形，具 3-5脉；花瓣5，与萼片同形，具 1-3 脉，镊合状排列；能育雄蕊5，花丝基部具1对膜质瓣状附属物；子房下位，1室，胚珠1；花盘具5腺体。坚果纺锤状，具2-4宽翅。

约30种。主要分布于亚洲及非洲热带地区。我国14种。

1. 小叶先端骤尖、短渐尖或圆钝，基部心形或近圆。
  2. 小叶纸质，稍被毛或无毛。
    3. 花黄色 ………………………………………………………………………… 1. 心叶青藤 **I. cordata**
    3. 花红色。
      4. 花瓣长1-1.2厘米，萼片长 1.2-1.4 厘米，花柱长0.8-1.3厘米；小叶上面疏被刚毛，下面无毛或中脉基部稍被毛 ………………………………………………………………… 2. 大花青藤 **I. grandiflora**

4. 花瓣长约6毫米，萼片长约8毫米，花柱长约5毫米，小叶上面被短柔毛，幼时下面密被黄色绒毛，后渐脱落，稀脉上被毛 ········· 3. **红花青藤 I. rhodantha**

2. 小叶近革质或厚纸质，无毛。

5. 花序无毛；雄蕊花丝较花瓣长2倍以上，花柱长约2.5毫米；果径3-4.5厘米 ······ 4. **宽药青藤 I. celebica**

5. 花序密被黄色绒毛；雄蕊与花瓣近等长，花柱长约7毫米；果径8-14厘米······ 4(附). **蒙自青藤 I. henryi**

1. 小叶先端长渐尖或尾状，基部圆或宽楔形。

6. 小叶纸质，无毛；雄蕊长6-7毫米，花柱长3-4毫米 ········· 5. **小花青藤 I. parviflora**

6. 小叶革质，下面基部脉腋具髯毛；雄蕊长约2毫米，花柱长约1毫米 ··········· 6. **短蕊青藤 I. brevistaminata**

1. 心叶青藤 图478

Illigera cordata Dunn in Journ. Linn. Soc. Bot. 38: 296. 1908.

木质藤本，长达5米。茎具纵纹，初被短毛，后渐无毛。3小叶复叶，叶柄长4-12厘米；小叶纸质，卵形、椭圆形或长圆状椭圆形，长6-12厘米，先端短渐尖，基部心形，两侧不对称，上面沿脉被柔毛，下面疏被毛或无毛，侧脉3-5对；小叶柄长1-3厘米，被毛。伞房状聚伞花序腋生，花较紧密，花序轴长约6厘米，被柔毛；小苞片长圆形。萼筒密被柔毛，萼片长圆形，长5-6毫米；花瓣近等长，黄色；雄蕊长3-5毫米，附属物棒状，长约1毫米；柱头鸡冠状，花柱长4-4.5毫米，被硬毛。坚果径3-7厘米，具4翅，2大2小，大翅长2-3厘米。花期5-6月，果期8-9月。

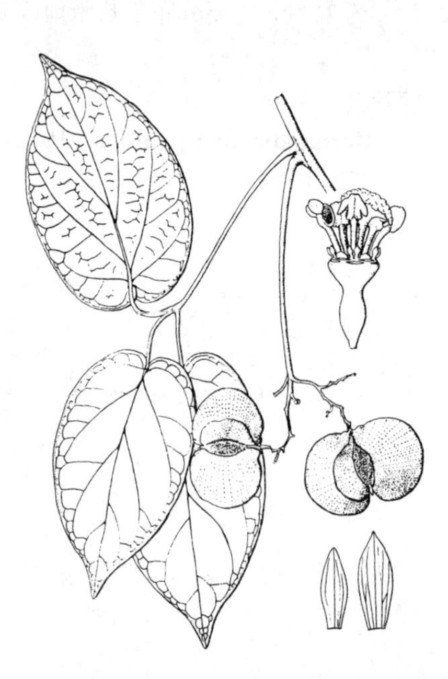

图 478 心叶青藤 （引自《Bot. Jahrb》）

产广西、云南、贵州及四川，生于海拔600-1900米山坡密林或灌丛中。根、茎入药，可驱风祛湿、散瘀止痛。

2. 大花青藤 小果青藤 条毛青藤 图479

Illigera grandiflora W. W. Smith et J. F. Jeff. in Notes Roy. Bot. Gard. Edinb. 8: 189. 1914.

Illigera grandiflora var. *microcarpa* C. Y. Wu ex Y. R. Li; 中国植物志31: 472. 1984.

Illigera grandiflora var. *pubescens* Y. R. Li; 中国植物志31: 472. 1984.

木质藤本，长达6米。茎具槽棱，被黄褐色柔毛。3小叶复叶，叶柄长4-12厘米，被黄褐色柔毛；小叶纸质或近革质，卵形、倒卵形或披针状椭圆形，长4-14厘米，先端短渐尖或骤尖，稀近圆钝，基

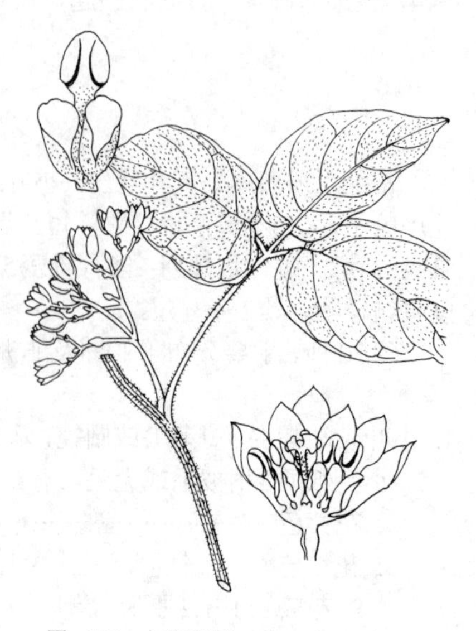

图 479 大花青藤 （仿《中国植物志》）

部圆或近心形，两侧偏斜，上面疏被刚毛，中脉上较密，下面无毛或中脉基部稍被毛，侧脉4-5对，小叶柄长0.5-2厘米，密被刚毛。聚伞花序较紧密，较叶短，或组成圆锥花序与叶近等长，花序轴密被黄褐色短柔毛。花梗短，密被毛；萼片长圆形，长1.2-1.4厘米；花瓣长1-1.2厘米，红色，或有紫红色斑点或条纹；雄蕊长约8毫米，附属物长卵形，长3-4毫米；花柱长0.8-1.3厘米，被长毛，子房稍四棱形，密被毛；花盘腺体小，2裂。坚果径4-6（-9）厘米，具4翅，稀2-3翅，不等大，大翅长3-4厘米。花期6-8月，果期8-10月。

产云南、四川及贵州，生于海拔1300-3000米山地林中。缅甸及印度有分布。根、茎入药，可消肿解热、散瘀，捣烂外敷，治跌打损伤。

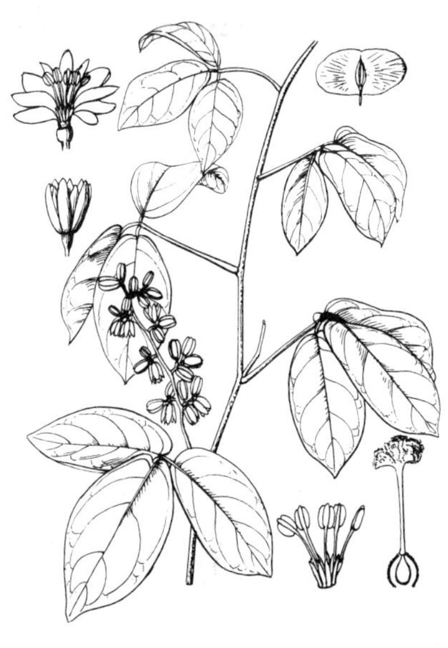

图 480 红花青藤 （引自《图鉴》）

3. 红花青藤 狭叶青藤 圆翅青藤 锈毛青藤 图480 彩片252

Illigera rhodantha Hance in Journ. Bot. 21: 321. 1883.

Illigera rhodantha var. *angustifoliolata* Y. R. Li；中国植物志 31: 473. 1984.

Illigera rhodantha var. *orbiculata* Y. R. Li；中国植物志31: 473. 1984.

Illigera rhodantha var. *dunniana* (Lévl.) Kubitzki；中国植物志 31: 473. 1984.

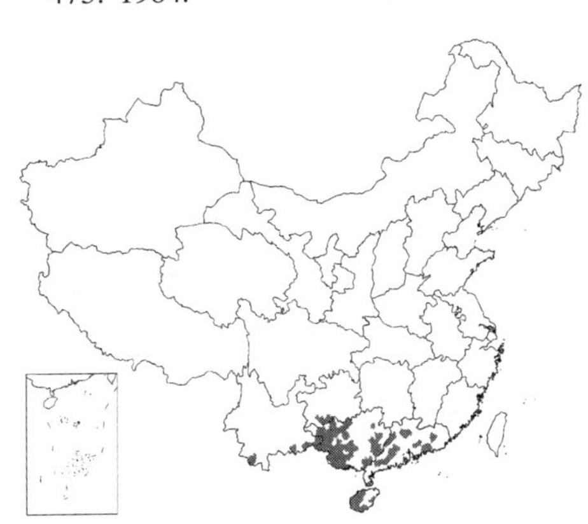

木质藤本，长达8米。茎具沟棱，幼枝被黄褐色绒毛。3小叶复叶，叶柄长4-10厘米，密被黄褐色绒毛；小叶纸质，卵形、倒卵状椭圆形或卵状椭圆形，长6-16厘米，先端钝或短渐尖，基部圆或近心形，幼时两面密被黄色绒毛，后渐脱落，稀仅脉上被毛，侧脉约4对，小叶柄长3-15厘米，密被黄褐色绒毛。花序长5-14厘米，密被黄褐色绒毛。萼片紫红色，长圆形，长约8毫米；花瓣长约6毫米，玫瑰红色；雄蕊长6-9毫米，附属物花瓣状，先端齿状；花柱长约5毫米，被毛，子房下位。坚果径4-6厘米，具4翅，大翅舌形或近圆形，长2.5-3.5厘米。花期8-11月，果期12月至翌年4-5月。

产海南、广东、广西、贵州及云南，生于海拔200-2100米山谷、山坡林中或灌丛中。越南、老挝、柬埔寨及泰国有分布。

4. 宽药青藤 图481

Illigera celebica Miq. in Ann. Mus. Bot. Lugd. Bot. 2: 215. 1866.

木质藤本，长达10米。茎具沟棱，无毛。3小叶复叶，叶柄长5-14厘米，具条纹，无毛；小叶纸质或近革质，卵形或卵状椭圆形，长6-15厘米，两面无毛，先端骤尖，基部圆或近心形，侧脉4-5对，小叶柄长1-2厘米，无毛。花序长15-20厘米，无毛。萼片绿色，椭圆状长圆形，长5-6毫米；花瓣白色；雄蕊花丝较花瓣长2倍以上，下部宽达1.5-2.5毫米，形扁，被毛，附属物卵球状；花柱长约2.5

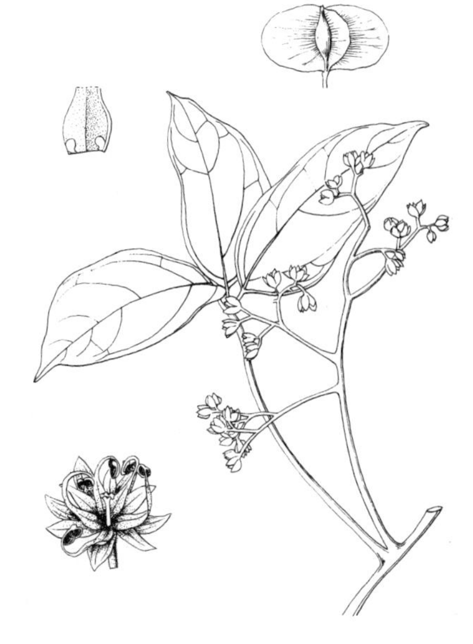

图 481 宽药青藤 （肖 溶 绘）

毫米，子房四棱形；花盘腺体球状。坚果径3-4.5厘米，具4翅，2大2小，大翅长1.5-2.3厘米。花期4-10月，果期6-11月。

产福建、广东、香港、海南、广西及云南，生于海拔160-1300米丘陵及山谷疏林或灌丛中。越南、泰国、柬埔寨、菲律宾、印度尼西亚及马来西亚有分布。

［附］**蒙自青藤 Illigera henryi** W. W. Smith in Notes Roy. Bot. Gard. Edinb. 10: 42. 1917. 本种与宽药青藤的区别：花序密被黄色绒毛，雄蕊与花瓣近等长，花柱长约7毫米；坚果径8-14厘米。产广西及云南，生于海拔750-1600米山地密林中。

图 482 小花青藤 （引自《图鉴》）

5. 小花青藤

图 482

Illigera parviflora Dunn in Journ. Linn. Soc. Bot. 38: 296. 1908.

木质藤本，长达8米。茎具沟棱，幼枝被微柔毛。3小叶复叶，叶柄长4-8厘米，无毛；小叶纸质，椭圆状披针形或椭圆形，长7-14厘米，宽3-7厘米，先端渐尖或长渐尖，基部宽楔形，偏斜，两面无毛，侧脉5-6对，小叶柄长1.5-2.5厘米，无毛。花序长10-20厘米，密被灰褐色微柔毛；萼片绿色，椭圆状长圆形，长约5毫米；花瓣白色，长约4毫米；雄蕊长6-7毫米，附属物倒卵状长圆形；花柱长3-4毫米；花盘腺体3裂。坚果径7-9厘米，具4-2翅，大翅长3-4厘米。花期5-10月，果期11-12月。

产福建、广东、海南、广西、贵州及云南，生于海拔350-1400米山谷、坡地及溪边密林、疏林或灌丛中。越南、马来西亚有分布。根入药，可治风湿骨痛。

6. 短蕊青藤

图 483

Illigera brevistaminata Y. R. Li in Acta Phytotax. Sin. 17(2): 77. f. 1: 2-4. 1979.

木质藤本，长达8米。茎灰褐色，具沟棱，无毛。3小叶复叶，叶柄长4-6厘米，无毛；小叶革质，长椭圆形、卵圆形或宽披针形，长5-12厘米，先端尾状或长渐尖，基部圆或近圆，偏斜，上面深绿色，光亮，中脉基部稍被毛或无毛，下面基部脉腋具髯毛，侧脉3-5对，小叶柄长1-1.5厘米，稍被毛。聚伞花序长4-6厘米，疏被淡黄色毛。萼片长圆形，长4-5毫米；花瓣与萼片近等长，白色；雄蕊长约2毫米；花柱长约1毫米，子房密被毛，四棱形。坚果径5-7厘米，具2翅，翅长1.5-2.5厘米。花期5-9月，果期8月至翌年1月。

产湖南南部、广东北部、广西及贵州南部，生于海拔100-900米丘陵、山谷疏林或灌丛中。

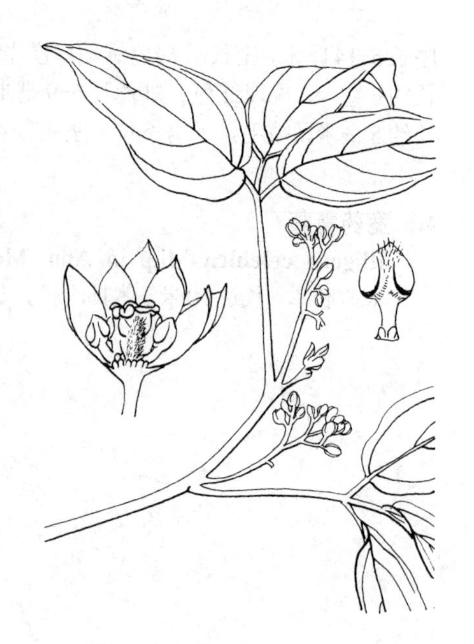

图 483 短蕊青藤 （肖 溶 绘）

7. 金粟兰科 CHLORANTHACEAE

（林 祁）

草本、灌木或小乔木。单叶对生，羽状脉，具锯齿；叶柄基部常合生，托叶小。花小，两性或单性，穗状花序、头状花序或圆锥花序。无花被或雌花具浅杯状3齿裂花被；两性花具雄蕊1或3，着生子房一侧，花丝不明显，药隔发达，雄蕊3枚时，药隔下部结合或基部结合或分离，花药2-1室，纵裂；雌蕊具1心皮，子房下位，1室，1胚珠，花柱无或短。单性花其雄花多数，雄蕊1；雌花少数，花被与子房贴生。核果卵圆形或球形，外果皮稍肉质，内果皮硬。种子胚乳丰富，胚微小。

5属，约70种，分布于热带及亚热带。我国3属，16种。

1. 花两性，无花被。
  2. 雄蕊1；亚灌木 ······ 1. **草珊瑚属 Sarcandra**
  2. 雄蕊3；多年生草本或亚灌木 ······ 2. **金粟兰属 Chloranthus**
1. 花单性，雌花具3齿裂萼状花被 ······ 3. **雪香兰属 Hedyosmum**

1. 草珊瑚属 Sarcandra Gardn.

常绿亚灌木，全株无毛，木质部无导管。叶对生，椭圆形、卵状椭圆形或椭圆状披针形，具锯齿，齿尖具腺体；叶柄短，基部合生，托叶小。穗状花序顶生，常分枝，稍成圆锥花序状。花两性，无花被；无花梗；苞片1枚，三角形或卵圆形，宿存；雄蕊1，花药2室；雌蕊1，柱头近头状，无花柱，子房球形或卵圆形，直生胚珠1，下垂，无花柱，柱头近头状。核果球形或卵形。

3种，分布于亚洲东部及印度。我国2种。

1. 叶革质，具粗锯齿；果球形，红色 ······ 1. **草珊瑚 S. glabra**
1. 叶纸质，具钝锯齿；果卵圆形，橙红色 ······ 2. **海南草珊瑚 S. hainanensis**

1. 草珊瑚 图484 彩片253

Sarcandra glabra (Thunb.) Nakai, Fl. Sylv. Koreana 18: 17. t. 2. 1930.

Bladhia glabra Thunb. in Trans. Linn. Soc. 2: 331. 1794.

亚灌木，高达1.2 米。茎枝节膨大。叶革质，椭圆形、卵形或卵状披针形，长6-17厘米，先端渐尖，基部楔形，具粗腺齿，两面无毛；叶柄长5-15 厘米，基部合生成鞘状；托叶钻形。花序连梗长1.5-4厘米；苞片三角形。花黄绿色。核果球形，径3-4厘米，红色。花期6-7月，果期8-10月。

产安徽、浙江、台湾、福建、江西、湖北、湖南、广东、香港、广西、贵州、云南及四川，生于海拔400-1500米山坡、沟谷林下荫湿处。朝鲜、日本及东南亚有分布。全株入药，可清热解毒、活血、消肿止痛、抗菌消炎。

图 484 草珊瑚 （余汉平绘）

2. 海南草珊瑚 图 485

Sarcandra hainanensis（Péi）Swamy et Bailey in Journ. Arn. Arb. 31：128. 1950.

Chloranthus hainanensis Péi in Sinensia 6：674. f. 4. 1935.

亚灌木，高达1.5米。叶纸质，椭圆形、宽椭圆形或长圆形，长8-20厘米，先端尖或短渐尖，基部宽楔形，具钝腺齿，侧脉5-7对，两面稍凸起；叶柄长5-20厘米，基部合生成鞘；托叶钻形。穗状花序分枝少，对生，稍成圆锥花序状；苞片三角形或卵圆形。核果卵圆形，长约4厘米，橙红色。花期10月至翌年5月，果期翌年3-8月。

产湖南、广东、海南、广西、云南及四川，生于海拔400-1550米山坡、沟谷林下荫湿处。全株入药，可消肿止痛、祛风活血。

图 485 海南草珊瑚 （余汉平绘）

2. 金粟兰属 Chloranthus Swartz

多年生草本或亚灌木。叶对生或轮生状，具锯齿；叶柄基部常合生；托叶微小。花序穗状或圆锥状，顶生或腋生。花小，两性，无花被；雄蕊3，稀2或1，药隔下部或基部结合，或分离而基部相接，花药 1-2 室；柱头平截或分裂，常无花柱，子房1室，具1枚下垂、直生胚珠。核果球状、倒卵状或梨形。

16种，分布于亚洲温带或热带。我国12种。

1. 亚灌木；茎分枝；叶常多对，不集生茎顶。
  2. 叶长5-11厘米，先端尖或钝；花黄绿色 ………………………… 1. **金粟兰 C. spicatus**
  2. 叶长11-20厘米，先端长尖；花白色 ………………………… 2. **鱼子兰 C. elatior**
1. 多年生草本；茎常不分枝；叶常4片，集生茎顶或上部。
  3. 叶具柄。
    4. 花药具线形药隔，药隔长1-6厘米，较药室长5倍以上。
      5. 叶8-10，交互对生，窄披针形或窄椭圆形，先端渐尖 ………………… 3. **狭叶金粟兰 C. angustifolius**
      5. 叶常4片聚生茎顶，成假轮生，宽椭圆形或倒卵形，先端急尖或渐尖。
        6. 中央雄蕊无花药，药隔长约5厘米；叶缘具牙齿状锐腺齿 ………………… 4. **银线草 C. japonicus**
        6. 中央雄蕊花药2室；叶缘具圆齿或粗腺齿。
          7. 药隔长1-2厘米；苞片2-3齿裂 ………………………… 5. **丝穗金粟兰 C. fortunei**
          7. 药隔长5-8毫米；苞片全缘 ………………………… 5(附). **全缘金粟兰 C. holostegius**
    4. 花药药隔长不及3毫米。
      8. 叶无毛。
        9. 叶常4(-6)，对生，宽3-6厘米，具锐密锯齿；花序单一或2-3分枝 ………… 6. **及已 C. serratus**
        9. 叶常10，对生及近轮生，宽7-9厘米，锯齿较大；花序单生，不分枝 ……………………………………………………………… 7. **单穗金粟兰 C. monostachys**
      8. 叶下面脉上被毛 ………………………… 8. **宽叶金粟兰 C. henryi**

3. 叶无柄 ·· 9. **华南金粟兰 C. sessilifolius**

1. 金粟兰 图 486 彩片 254

Chloranthus spicatus (Thunb.) Makino in Bot. Mag. Tokyo 16: 180. 1902.

Nigrina spicata Thunb. Nov. Gen. 58. 1783.

亚灌木,直立或稍平卧,高达60 厘米。茎圆柱状,分枝。叶对生,椭圆形或倒卵状椭圆形,长5-11厘米,先端尖或钝,基部楔形,具圆齿状腺齿,上面亮深绿色,下面淡黄绿色,侧脉6-8对;叶柄长0.8-1.8 厘米,基部稍合生;托叶微小。穗状花序排成圆锥花序状,顶生,稀腋生;苞片三角形。花黄绿色;雄蕊3,药隔合生成卵状体,上部不整齐3裂。果倒卵圆形。花期4-7月,果期8-9月。

产福建、广东、海南、广西及贵州,生于海拔150-1000米山坡、沟谷密林下。河南、山西、四川、湖北等地有栽培,供观赏。花及根茎可提取芳香油。全株入药,治风湿疼痛、跌打损伤,根茎捣烂可治疗疮。有毒,慎用。

图 486 金粟兰 (仿《中国植物志》)

2. 鱼子兰 图 487 彩片 255

Chloranthus elatior Link, Enum. Pl. 1: 140. 1821.

亚灌木,高达2米。茎圆柱状,分枝。叶对生,宽椭圆形、倒卵形、长倒卵形或倒披针形,长10-20厘米,先端长尖,基部楔形,具腺齿,侧脉5-9对;叶柄长0.5-1.3 厘米。穗状花序顶生,两歧或总状分枝,成圆锥花序状,花序梗长;苞片三角形或宽卵形。花小,白色;雄蕊3,药隔合成卵状体,上部3浅裂。果倒卵圆形,长约5厘米,白色。花期4-6月,果期7-9月。

产广西、贵州、云南、四川及西藏,生于海拔650-2000米山谷林下或溪边湿地。马来西亚、印度尼西亚、菲律宾及印度有分布。

图 487 鱼子兰 (仿《中国植物志》)

3. 狭叶金粟兰 图 488

Chloranthus angustifolius Oliv. in Hook. Icon. Pl. 16: pl. 1580. 1887.

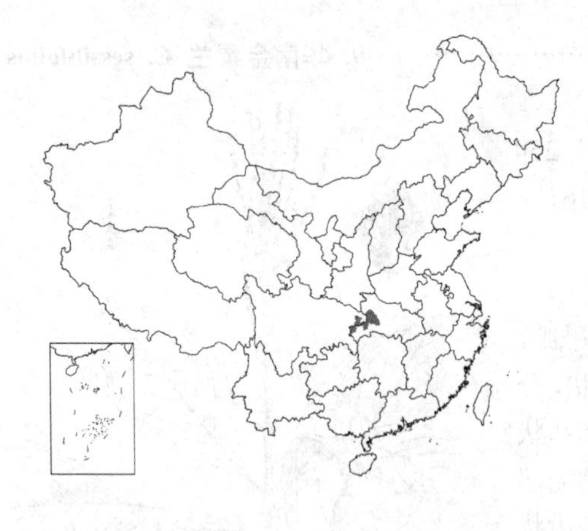

多年生草本，高达45 厘米。根茎深黄色。茎单生或数个丛生，下部节上对生2鳞叶。叶对生，8-10，纸质，窄披针形或窄椭圆形，长5-11厘米，先端渐尖，基部楔形，具锐腺齿，近基部全缘，两面无毛，侧脉4-6对；叶柄长0.7-1厘米；鳞叶三角形，膜质；托叶线形或钻形。穗状花序单一，顶生，长5-8厘米，花序梗长约1厘米；苞片宽卵形或近半圆形，全缘，稀2浅裂。花白色；雄蕊3，药隔线形，长4-6厘米。核果倒卵圆形或近球形，长约2.5厘米；近无柄。花期4月，果期5月。

产湖北西部及四川东部，生于海拔650-1200米山坡林下或岩石下荫湿地。

图 488 狭叶金粟兰 （仿《中国植物志》）

4. **银线草** 图 489

Chloranthus japonicus Sieb. in Nov. Act. Nat. Cur. 14(2): 681. 1829.

多年生草本，高达50 厘米。根茎多节，有香气。茎单生或丛生，不分枝，下部节上对生2鳞叶。叶对生，常4片聚生茎顶，成轮生状，宽椭圆形或倒卵形，长8-14厘米，宽5-8厘米，先端骤尖，基部宽楔形，具锐腺齿，近基部全缘，两面无毛，侧脉6-8对；叶柄长0.8-1.8厘米；鳞叶三角形或宽卵形，膜质。穗状花序单生枝顶，长3-5厘米；苞片三角形或近半圆形；花白色；雄蕊3，中央雄蕊无花药，药隔线形，长约5厘米。核果倒卵圆形或近球形，长2.5-3厘米；果柄长1-1.5厘米。花期4-5月，果期 5-7月。

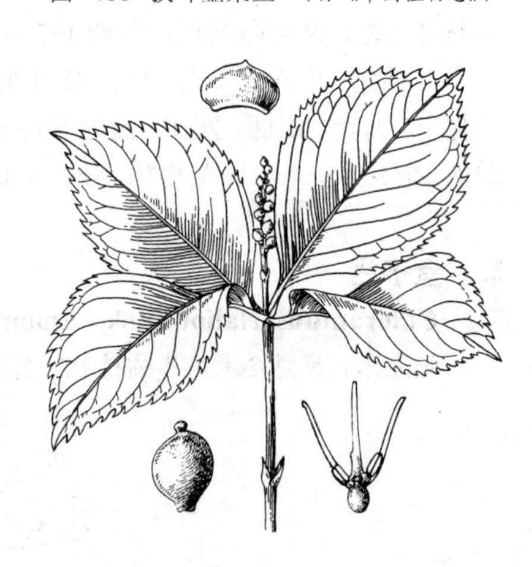

图 489 银线草 （仿《中国植物志》）

产黑龙江、吉林、辽宁、内蒙古、河北、山东、河南、湖北、山西、陕西及甘肃，生于海拔500-2300米山坡或山谷杂木林下荫湿处或沟边草丛中。日本及朝鲜有分布。全株入药，治风寒咳嗽、风湿痛、闭经，外用治跌打损伤、瘀血肿痛、蛇伤；5%的水浸液可灭孑孓。

5. **丝穗金粟兰** 图 490

Chloranthus fortunei (A. Gray) Solms-Laub. in DC. Prodr. 16: 476. 1868.

Tricercandra fortunei A. Gray in Mem. Amer. Acad. n. ser. 6:405. 1858-1859.

多年生草本，高达50厘米。根茎粗短。茎单生或丛生，下部节上对生2鳞叶。叶常4聚生茎顶，近轮生状，宽椭圆形、长椭圆形或倒卵形，长5-11厘米，先端短尖，基部宽楔形，具圆锯齿或粗腺齿，近基部全缘，幼叶下面密被腺点，老叶不明显，侧脉

4-6 对；叶柄长1-1.5厘米；鳞叶三角形，托叶线形或钻形。穗状花序单生枝顶，长4-6厘米；苞片倒卵形，常2-3齿裂。花白色，芳香；雄蕊3，中央雄花花药2室，药隔线状，长1-2厘米。核果球形，具纵纹，长约3毫米，近无柄。花期2-4月，果期5-6月。

产山东、江苏、安徽、浙江、台湾、福建、江西、湖北、湖南、广东、广西、贵州及四川，生于海拔170-350米山坡或低山林下荫湿处或沟边草丛中。全株入药，治跌打损伤、胃痛或内伤疼痛，有毒，内服宜慎。

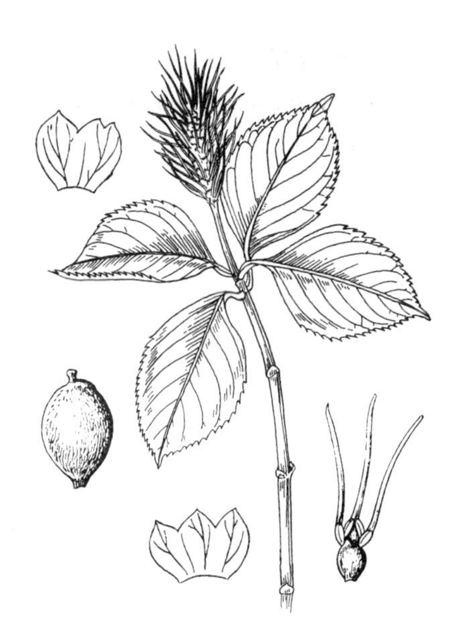

图 490 丝穗金粟兰 （仿《中国植物志》）

［附］ **全缘金粟兰** 彩片 256 **Chloranthus holostegius** (Hand.-Mazz.) Péi et Shan in Contr. Biol. Lab. Sci. Soc. China, Sect. Bot. 10: 210. f. 22. 1938. —— *Chloranthus fortunei* (A. Gray) Solms-Laub. var. *holostegius* Hand.-Mazz. Sym. Sin. 7: 156. 1929. 本种与丝穗金粟兰的区别：苞片全缘；雄蕊药隔长5-8毫米。花期5-6月，果期7-8月。产广西、贵州、云南及四川，生于海拔 700-1600米山坡、沟谷密林下荫湿处或灌丛中。全株入药，治风湿性关节炎、菌痢。有毒，内服宜慎。

6. 及已 图 491 彩片 257

Chloranthus serratus (Thunb.) Roem. et Schult. Syst. Veg. 3: 461. 1818.

Nigrina serrata Thunb. in Nov. Act. Acad. Upsal. 7: 142. t. 5: 1. 1815.

Chloranthus anhuiensis K. F. Wu；中国植物志20(1)：90. 1982.

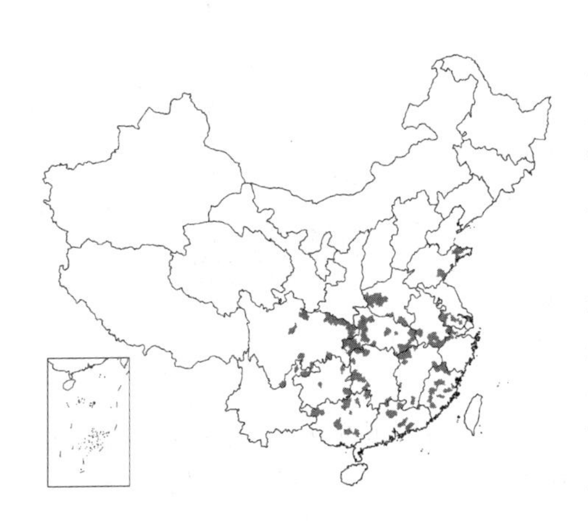

多年生草本，高达50 厘米。根茎粗短。茎单生或数个丛生，具节，下部节上对生2鳞叶。叶对生，4-6生于茎顶，椭圆形、倒卵形或卵状披针形，长7-15厘米，先端渐长尖，基部楔形，具密锐齿，齿尖具腺体，两面无毛，侧脉6-8对；叶柄长0.8-2.5厘米；鳞叶三角形，膜质，托叶小。穗状花序顶生，稀腋生，单一或2-3分枝；花序梗长1-3.5厘米；苞片三角形或近半圆形，先端齿裂。花白色；雄蕊3，药隔长2-3毫米。核果近球形或梨形。 花期4-5月，果期6-8月。

图 491 及已 （引自《图鉴》）

产河南、山东、江苏、安徽、浙江、福建、江西、湖北、湖南、广东、广西、贵州、云南及四川，生于海拔280-1800米山地林下荫湿处或山谷溪边草丛中。日本有分布。全株入药，治风湿痛、跌打损伤、骨折肿痛、疔疮肿毒、蛇伤等症。有毒，内服宜慎。

7. 单穗金粟兰 图 492

Chloranthus monostachys R. Br. in Curtis's Bot. Mag. 48: 2190. t. 2190. 1821.

多年生草本，高达80厘米，全株无毛。茎具节，下部具对生鳞叶。叶常10片，在枝顶对生，其下之叶4片近轮生状，卵状长圆形或椭圆形，长12-16厘米，先端短尖，基部楔形，具腺齿，侧脉7-9对；叶柄长2-3厘米；托叶线形，基部合生；分枝之叶较小，1对，其下具1对鳞叶。穗状花序单生枝顶，不分枝，花序梗长1.5-2.5厘米；苞片倒卵形。花白色；雄蕊3或1枚，药隔稍长于药室。核果近球形，径约2厘米。花期4-8月，果期7-9月。

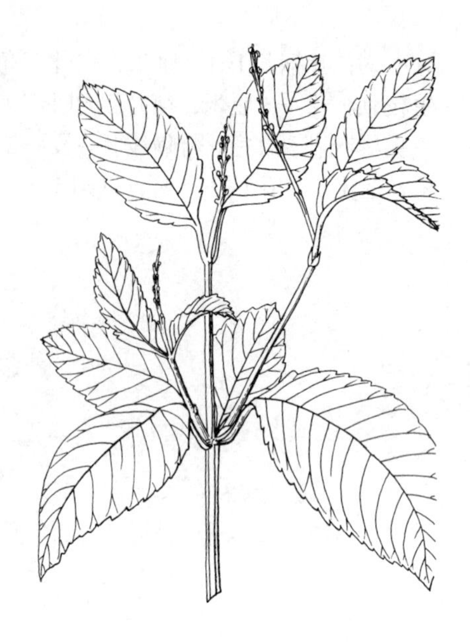

图 492 单穗金粟兰（引自《Curtis Bot. Mag》）

产安徽、福建、湖北、四川、湖南、广东及广西，生于海拔200-800米山谷或山坡林中。

8. 宽叶金粟兰 多穗金粟兰 图 493

Chloranthus henryi Hemsl. in Journ. Linn. Soc. Bot. 26: 367. 1891.

Chloranthus multistachys Péi; 中国植物志20(1): 91. 1982.

多年生草本，高达65厘米。根茎粗壮，黑褐色。茎单生或数个丛生，下部节上对生2鳞叶。叶常4片生于茎顶，宽椭圆形、卵状椭圆形或倒卵形，长9-20厘米，先端渐尖，基部楔形或宽楔形，具腺齿，下面中脉及侧脉被鳞毛，侧脉6-8对；叶柄长0.5-1.2厘米；鳞叶卵状三角形，膜质，托叶小，钻形。穗状花序顶生，常两歧或总状分枝，长10-16厘米，花序梗长5-8厘米；苞片宽卵状三角形或近半圆形。花白色；雄蕊3，药隔长不及3毫米；无花柱。核果球形，径约3厘米；具短柄。花期4-6 月，果期7-8月。

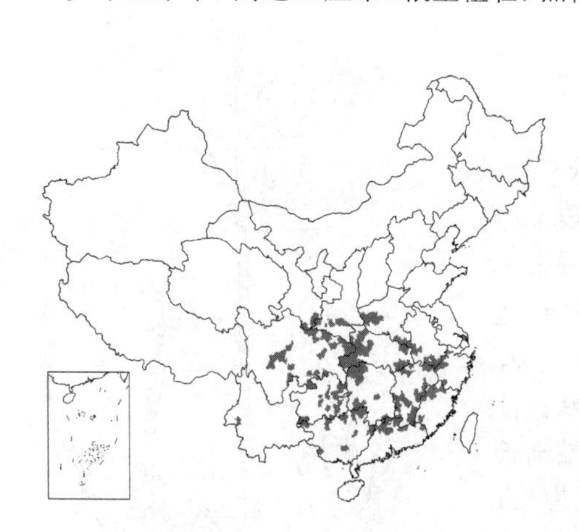

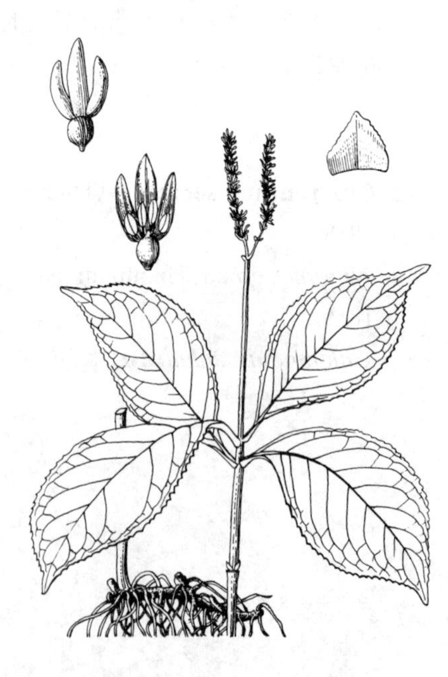

图 493 宽叶金粟兰 （余汉平绘）

产安徽、浙江、福建、江西、湖北、湖南、广东、广西、贵州、云南、四川、河南、陕西及甘肃，生于海拔230-1900米沟谷、溪边、山坡林下荫湿处或灌丛中。全株入药，治跌打损伤、痛经，外用治癞痢头、疔疮、蛇伤等症。有毒。

9. 华南金粟兰 四川金粟兰 图 494

Chloranthus sessilifolius K. F. Wu in Acta Phytotax. Sin. 18(2): 220. 1980.

多年生草本，高达70 厘米。根茎粗壮，黄褐色；茎单生或数个丛

生，下部节上对生2鳞叶。叶4片聚生茎顶，椭圆形或倒卵形，长12-20厘米，先端尾尖长约2厘米，基部楔形，具腺齿，中脉及侧脉密被鳞毛，侧脉6-8对；无叶柄；鳞叶三角形，膜质，长0.7-1.3厘米；托叶小，线形。穗状花序顶生，2-4分枝下垂；花序梗长6-15厘米；苞片宽倒卵形，长约1.5毫米，边缘具细齿。花白色；雄蕊3，药隔长2-3毫米。核果近球形，径约2.5毫米；果柄短。花期3-4月，果期6-7月。

产福建、江西、湖南、广东、广西、贵州及四川，生于海拔500-1200米山坡林下荫湿处或林缘草丛中。根入药，治跌打损伤。

图 494 华南金粟兰 （余汉平绘）

3. 雪香兰属 **Hedyosmum** Swartz

乔木、亚灌木或草本。枝有结节。叶对生，具锯齿，叶柄基部合生成鞘。花芳香，单性，同株或异株；花序腋生或近顶生。雄花成穗状花序；无花被；雄蕊1，几无花丝，花药2室，线形或长圆形，纵裂，药隔顶部有短附属物；雌花成头状花序或圆锥花序；萼状花被筒3齿裂，与子房贴生；花柱极短或无。核果小，球形或卵圆形，稀三棱形，外果皮薄，肉质，内果皮坚硬。

约40种，主产热带美洲。我国1种。

雪香兰　　图 495

Hedyosmum orientale Merr. et Chun in Sunyatsenia 5: 36. t. 5. 1940.

草本或亚灌木状，高达2米。茎直立，无毛。叶对生，窄披针形，长10-23厘米，先端尾尖，基部楔形，腺齿细密，侧脉15-22对；叶柄长0.5-2厘米，基部合生成膜质鞘，鞘杯状或筒状，长0.8-1厘米。花单性，雌雄异株；雄花序成密穗状，3-5序聚生枝顶；苞片长0.8-1.2厘米。雌花序顶生或腋生，少分枝，长1.5-5厘米；苞片长0.8-1.2厘米。核果近椭圆状三棱形，长约4毫米。花期12月至翌年3月，果期2-6月。

图 495 雪香兰 （引自《图鉴》）

产广西及海南，生于海拔500-1100米山坡、谷地湿润林下或灌丛中。

8. 三白草科 SAURURACEAE

（夏念和）

多年生草本，芳香。茎直立或匍匐，具节。单叶互生；托叶与叶柄合生，或贴生叶柄基部形成托叶鞘。花序为密集的穗状花序或总状花序，具总苞或无总苞，苞片显著或不明显。花两性；无花被；雄蕊3、6或8，离生或贴生于子房基部，花药2室，纵裂；雌蕊由（2）3-4心皮组成，心皮离生或合生，离生者每心皮具2-4胚珠，合生者子房1室具侧膜胎座，每胎座具6-13胚珠，花柱离生。果为分果爿或顶端开裂的蒴果。种子具少量内胚乳及丰富外胚乳，胚小。

4属6种，分布于亚洲东部及北美洲。我国3属4种。

1. 子房上位，雄蕊长于花柱；叶柄短于叶片。
  2. 总状花序，基部无总苞；雄蕊6或8，稀3；分果爿3-4 ………………………… 1. **三白草属 Saururus**
  2. 稠密穗状花序，花序基部有4片白色花瓣状总苞片；雄蕊3；蒴果 ………………… 2. **蕺菜属 Houttuynia**
1. 子房下位，雄蕊短于花柱；叶柄与叶片近等长或稍长 ……………………………… 3. **裸蒴属 Gymnotheca**

1. 三白草属 Saururus Linn.

草本，直立，具根茎。茎具沟槽。叶全缘，具柄，柄短于叶片，托叶着生于叶柄边缘，膜质。花小，组成与叶对生或兼有顶生的总状花序，无总苞片。苞片小，贴生于花梗基部；雄蕊6，有时8，稀3，长于花柱，花丝与花药等长或稍长；雌蕊由3-4心皮组成，分离或基部合生；子房上位，每心皮2-4胚珠，花柱4，离生，内向，具柱头面。果裂为3-4分果爿。

2种，间断分布于亚洲东部及北美洲。我国1种。

三白草 图496 彩片258

Saururus chinensis (Lour.) Baill. in Adansonia 10(2): 71. 1871.

Spathium chinensis Lour. Fl. Cochinch. 217. 1790.

湿生草本，高达1米余。根茎白色，粗壮。茎粗壮，具纵棱及沟槽，下部伏地，常带白色，上部直立，绿色。托叶鞘长0.2-1厘米，与叶柄近等长，稍抱茎。叶纸质，密被腺点，宽卵形或卵状披针形，长（4-）10-20厘米，先端短尖或渐尖，基部心形或斜心形，两面无毛，上部叶较小，茎顶端2-3叶花期常白色，呈花瓣状；基脉5-7，网脉明显；叶柄长1-3毫米，无毛。总状花序腋生或顶生，长（5-）12-20（-22）厘米，花序梗长3-4.5厘米，无毛，花序轴密被柔毛；苞片近匙形，下部线形，被柔毛，贴生于花梗，上部圆，无毛或疏被缘毛。果近球形，径约3毫米，多疣。花期4-6月，染色体2n=22。

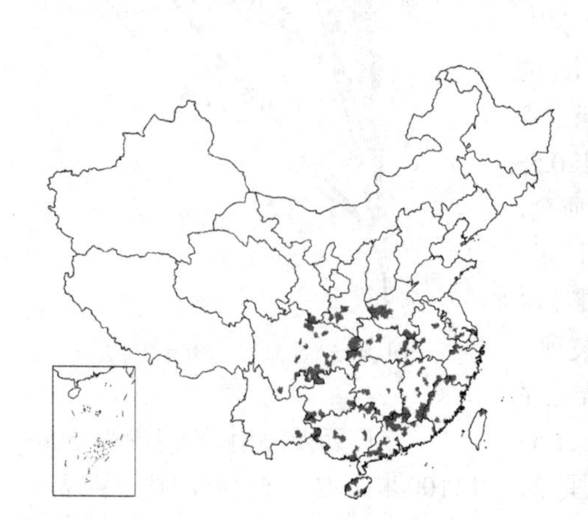

图 496 三白草 （邓盈丰 余汉平绘）

产河南、长江流域及其以南各地，生于低湿沟边、塘边或溪边。印度、日本、韩国、菲律宾及越南有分布。全株药用，内服治尿路感染及结石；外敷治痈疮疖肿等。

2. 蕺菜属 **Houttuynia** Thunb.

多年生草本，高达60厘米。具根茎。茎下部伏地，上部直立，无毛或节被柔毛，有时紫红色。叶薄纸质，密被腺点，宽卵形或卵状心形，长(2.5-)4-10厘米，先端短渐尖，基部心形，基出脉5（7），常无毛，有时脉腋具毛，下面常带紫色；叶柄长1-3.5(-4)厘米，无毛，托叶鞘长(0.5-)1-2.5厘米，具缘毛。穗状花序长(0.8-)1.5-2.7厘米，顶生或与叶对生，基部具4（稀6或8）片白色花瓣状苞片。花小，雄蕊3，稀4，长于花柱；花丝下部与子房合生，花药椭圆形；雌蕊由3个部分合生的心皮组成，子房1室，侧膜胎座3，每胎座具6-9胚珠，花柱3，外弯。蒴果近球形，长2-3毫米，顶端开裂，花柱宿存。染色体2n=24。

1种。

蕺菜　鱼腥草　　　　图497 彩片259

Houttuynia cordata Thunb. Fl. Jap. 234. 1784.

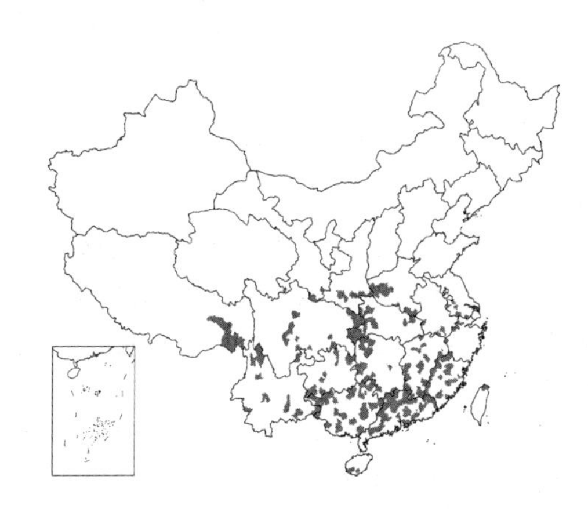

形态特征同属。花期4-8月，果期6-10月。

产华东、华南、华中、西南各地及甘肃、陕西，生于沟边、溪边、林下、湿地及田边。亚洲东部及东南部广布。全草入药，清热、解毒、利尿，治肺脓肿、肠炎、痢疾、肾炎水肿、白带、痈疖等。根茎可食。

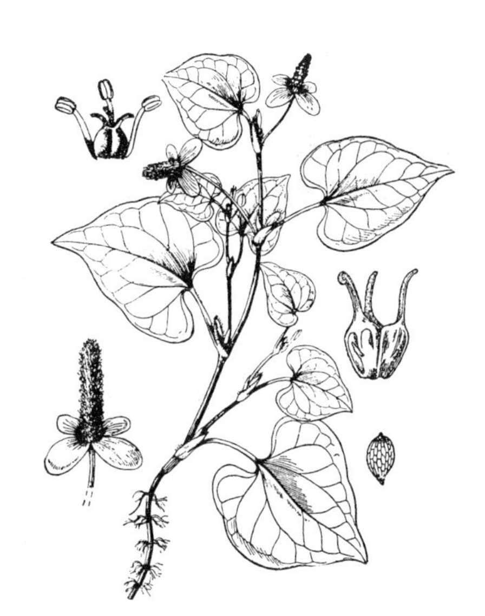

图 497　蕺菜　（引自《图鉴》）

3. 裸蒴属 **Gymnotheca** Decne.

多年生匍匐草本，全株无毛。茎具沟槽。叶纸质，全缘或具不明显细圆齿，无腺点；叶柄与叶片近等长，托叶膜质，与叶柄边缘合生。穗状花序与叶对生，基部有或无叶状白色大苞片，花序轴扁，两侧具棱近翅状。花小，白色；雄蕊（5）6（7），短于花柱，花丝与花药近等长，花药长圆形，纵裂；雌蕊由（2-3）4个合生心皮组成，子房半下位，1室，胎座4，每胎座具9-13胚珠，花柱4，线形，外弯。蒴果纺锤形，顶端开裂。染色体2n=18。

2种，分布于我国中部、西南部及越南北部。

1. 花序基部无叶状总苞 ………………………………… 1. **裸蒴 G. chinensis**
1. 花序基部具3-4叶状白色总苞片 ……………… 2. **白苞裸蒴 G. involucrata**

1.　裸蒴　　　　图498

Gymnotheca chinensis Decne. in Ann. Sci. Nat. 3, 3: 100. t. 5. 1845.

茎纤细，匍匐，长达65厘米。叶肾状心形，长3-6.5厘米，宽达7.5厘米，先端短尖或钝圆，基部深心形，基出脉5-7，网脉稍明显；托叶鞘长1.5-2厘米，为叶柄的1/3。花序长2-7.5厘米，花序梗长3-6厘米；苞片倒

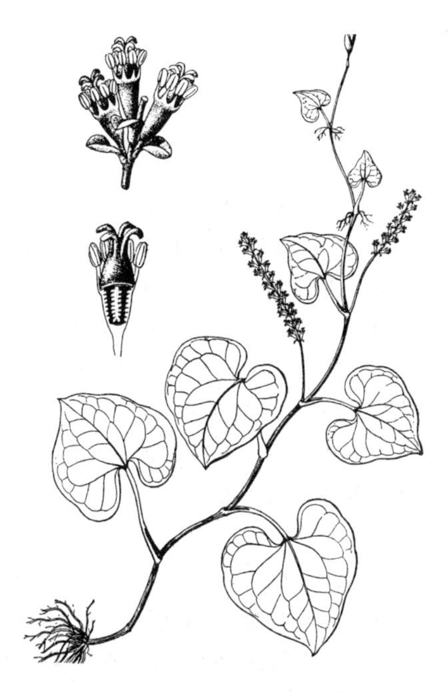

图 498　裸蒴　（引自《广东植物志》）

披针形，长约3毫米，有时最下1片近舌状；花丝与花药近等长或稍长，基部较宽；子房长倒卵圆形，外卷。花期4-11月。

产湖北、湖南、广东、广西、云南、贵州及四川，生于水边或山谷林中。全草药用，可消积食、解毒、排脓。

图 499 白苞裸蒴 （引自《图鉴》）

2. 白苞裸蒴 图 499 彩片 260

Gymnotheca involucrata Péi in Contr. Biol. Lab. Sci. Soc. China, Bot. 9:111. f. 11. 1934.

茎纤细，稍匍匐，长达70厘米。叶心形或肾状心形，长4-18厘米，先端短尖，基部深心形，基出脉5-7，网脉明显；托叶鞘长1.5-2厘米，为叶柄的1/4-1/3。花序常在茎中部与叶对生，长约5厘米，花序梗长4-7厘米。苞片倒卵状长圆形或倒披针形，长约3毫米，最下3-4片，白色，叶状，长12-18厘米，宽8-12厘米；花丝稍长于花药；子房长倒锥形，外弯。花期2-6月。

产四川，生于海拔700-1000米路边或林中湿地。

9. 胡椒科 PIPERACEAE

（夏念和）

草本、灌木或攀援藤本，稀小乔木，常芳香。茎横切面维管束多少散生。茎尖有时为一托叶状鞘（前出叶）所包被，有时与叶柄贴生。叶互生，稀对生或轮生，单叶，基部常不对称，具掌状脉或羽状脉。穗状花序下垂，稀组成伞形或总状花序，与叶对生或腋生，稀顶生。花小，两性、单性雌雄异株或间有杂性，常无梗；苞片小，常盾状或杯状，无花被；雄蕊1-10，花丝常离生，花药2室，分离或合生，纵裂；雌蕊由2-5心皮组成，合生，子房上位，1室，1胚珠，柱头1-5，花柱极短。核果或小坚果；外果皮肉质、薄或干燥，有时具乳突或锚状刺毛。种子富含淀粉质外胚乳及少量内胚乳，胚小。

8-9属，约3000余种，分布于热带及亚热带地区，主产美洲，亚洲较少，非洲有几种。我国3属70种，产台湾至东南及西南各地。

1. 花具梗，疏散总状花序；果密被锚状刺毛 ……………… 1. **齐头绒属 Zippelia**
1. 花无梗，密集穗状花序；果无刺毛。
    2. 托叶常与叶柄合生，茎节具隆起环状托叶痕；叶互生；柱头（2）3-5；核果 ……………… 2. **胡椒属 Piper**
    2. 无托叶，叶对生或轮生；柱头1，稀顶端2裂；小坚果 ……………… 3. **草胡椒属 Peperomia**

1. 齐头绒属 Zippelia Bl.

草本，直立，高达80厘米，无毛。外层维管束联合成环，内面的成1或2列散生。托叶早落，茎节具隆起环状托叶痕。叶互生，膜质，密生透明腺点，宽椭圆形，卵状长圆形或卵形，长8-14厘米，先端短渐尖，基部心形，常不对称；基出叶脉5-7，干时带白色，下面凸起，网脉明显；叶柄长2-5厘米，基部具鞘，托叶膜质，半透明，长椭圆形，长0.8-2.5厘米，先端锐尖。总状花序疏散，与叶对生；苞片卵形，与花序轴贴生。花两性，具短梗；雄蕊6，黄白色，长不及1毫米，花丝分离，肥厚，花药长圆形，药室内向，平行纵裂；雌蕊由4心皮组成，子房具疣状突起，胚珠2，基生，1个发育，花柱肉质，柱头长卵圆形。果球形，干燥，径约5毫米，密被长约1.5毫米锚状刺毛，具柄，不裂。

1种。

齐头绒 图500

Zipplelia begoniaefolia Bl. Syst. Veg. 7: 1651. 1830.

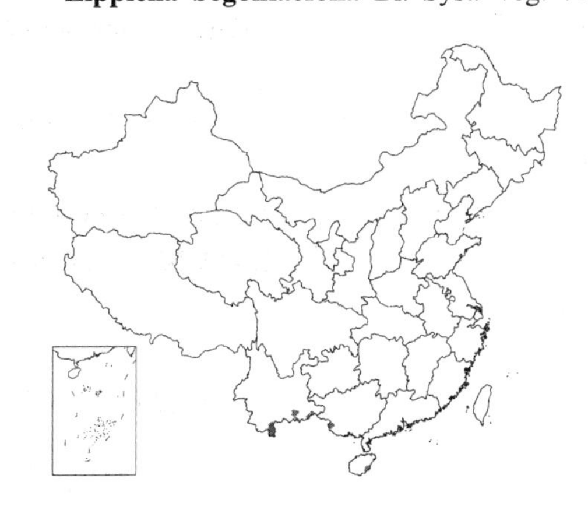

形态特征同属。花期5-7月。

产云南南部及东南部、广西南部、海南，生于低海拔山谷林下。菲律宾、印度尼西亚、马来西亚、老挝及越南北部有分布。

图 500 齐头绒（引自《植物分类学报》）

2. 胡椒属 Piper Linn.

灌木或攀援藤本，稀草本或小乔木，有香气；茎节膨大；外层维管束联合成环，内面的成1或2列散生。托叶多少贴生于叶柄，早落，茎节具隆起环状托叶痕；叶互生，全缘。花单性，雌雄异株，稀两性或杂性，穗状花序与叶对生，稀为腋生穗状花序组成的伞形复花序。苞片小，离生，稀与花序轴合生，常盾状；雄蕊2-6，着生于花序轴，稀着生于子房基部，花药2室，2-4裂；子房离生或有时嵌生于花序轴，1胚珠，柱头（2）3-5。核果倒卵圆形、卵圆形或球形，稀长圆形，红或黄色，无柄或具柄。

约2000种，主产热带地区。我国约60余种。

1. 腋生穗状花序组成伞形复花序 ······ 30. **大胡椒 P. umbellatum**
1. 穗状花序与叶对生。
  2. 直立灌木或亚灌木。
    3. 叶基部不偏斜，两侧常相等；苞片倒卵状长圆形 ······ 4. **樟叶胡椒 P. polysyphonum**
    3. 叶基部常偏斜，两侧不等；苞片圆形。
      4. 果具疣状突起 ······ 14. **蒟子 P. yunnanense**
      4. 果光滑。
        5. 果序长达15厘米；叶上面无毛 ······ 20. **苎叶蒟 P. boehmeriifolium**
        5. 果序长达30厘米；叶上面被短柔毛 ······ 21. **长穗胡椒 P. dolichostachyum**
  2. 藤本。

6. 果序球形或近球形，长不超过宽的2倍。
7. 叶柄及叶下面沿脉被极细短柔毛；柱头2 ………………………………………… 15. **球穗胡椒 P. thomsonii**
7. 叶柄及叶无毛。
8. 花两性；子房与花序轴离生；花序梗与叶柄近等长或较短 ……………………… 1. 短蒟 **P. mullesua**
8. 花单性；子房下部与花序轴合生；花序梗较上部叶柄长4倍 ……………… 29. **线梗胡椒 P. pleiocarpum**
6. 果序圆柱形，长超过宽3倍。
9. 苞片长圆形、匙状长圆形或倒卵状长圆形，贴生于花序轴，边缘及顶端分离。
10. 叶上面无毛，下面疏被微硬毛，脉上较密 ………………………………………… 3. **卵叶胡椒 P. attenuatum**
10. 叶两面无毛。
11. 叶脉掌状，全基出 ………………………………………………………………… 5(附). **变叶胡椒 P. mutabile**
11. 叶脉羽状，具1至多对离基5毫米以上的侧脉。
12. 果基部缢缩成1-4毫米的柄。
13. 花序梗短于叶柄；果序长约16厘米，果柄长3-4毫米 …………… 7. **陵水胡椒 P. lingshuiense**
13. 花序梗长于叶柄；果序长29-37厘米，果柄长1-2毫米 …… 7(附). **短柄胡椒 P. stipitiforme**
12. 果基部钝圆，不镒缩成柄。
14. 花杂性，果序密，果球形 ……………………………………………………………… 2. **胡椒 P. nigrum**
14. 花单性，雌雄异株；果序疏散，果卵圆形或纺锤形。
15. 花序长7-15厘米；果序长达22厘米，果稍具疣状凸起或皱缩 …… 5. 海南蒟 **P. hainanense**
15. 花序长1.5-5厘米；果序长3-3.5厘米，果光滑 ……………… 5(附). **变叶胡椒 P. mutabile**
9. 苞片圆形，盾状。
16. 子房及果部分与花序轴合生。
17. 果顶端被绒毛 ………………………………………………………………………… 13. **蒌叶 P. betle**
17. 果无毛。
18. 叶常无毛。
19. 叶基部心形，叶脉全基出；雌花序长1-1.5厘米 ……………… 24. **华南胡椒 P. austrosinense**
19. 叶基部钝圆凹缺，最上1对叶脉离基2-2.5厘米；雌花序长25-30厘米 ……………………………………………………………………… 23. **粗穗胡椒 P. tsangyuanense**
18. 叶被毛。
20. 叶片基部钝；雌花序总梗向上增粗 ……………………… 25(附). **毛叶胡椒 P. puberulilimbum**
20. 叶基部心形或弯缺成耳状。
21. 叶下面被毛。
22. 果序长6-8厘米；花序梗长于叶柄，花序轴被粗毛 ……… 8. **多脉胡椒 P. submultinerve**
22. 果序长约3厘米；花序梗短于叶柄，花序轴无毛 …………………… 9. **华山蒌 P. cathayanum**
21. 叶沿脉被毛。
23. 叶沿脉被硬毛；苞片具缘毛 ………………………………… 10. **缘毛胡椒 P. semiimmersum**
23. 叶下面被粉状细柔毛；苞片无缘毛。
24. 叶脉全基出 …………………………………………………………………… 11. **荜拔 P. longum**
24. 叶脉最上1对离基1-2厘米 ………………………………………… 12. 假蒟 **P. sarmentosum**
16. 子房及果与花序离生。
25. 果具柄；叶侧脉9对 ………………………………………………………… 6. **大叶蒟 P. laetispicum**
25. 果无柄；叶侧脉少于4对。
26. 花序轴密被黄色短柔毛；果长4-5毫米，基部着生于花序轴 …… 19. **粗梗胡椒 P. macropodum**
26. 花序轴无毛或被无色毛；果长1.5-3毫米，嵌生于花序轴内。

27. 叶无毛或被粉状细柔毛或乳突。
28. 叶具4条侧脉，离基1厘米以上 ………………………………………… 22. **角果胡椒 P. pedicellatum**
28. 叶具3条以下离基侧脉。
29. 叶脉5-7，先端短尖或渐尖 ………………………………………………………… 26. **山蒟 P. hancei**
29. 叶脉4-5，先端长渐尖或尾尖。
30. 叶长圆形或卵状披针形；苞片柄长，被短柔毛 ………………………… 27. **红果胡椒 P. rubrum**
30. 叶披针形或窄披针形；苞片近无柄，或具短柄，无毛 ……………… 28. **竹叶胡椒 P. bambusifolium**
27. 叶被毛，或下面沿脉被毛。
31. 叶下面被绒毛，毛分枝 …………………………………………………………… 16. **复毛胡椒 P. bonii**
31. 叶疏被毛，毛不分枝。
32. 叶基部钝圆或短窄 ………………………………………………………………… 25. **毛山蒟 P. wallichii**
32. 叶基部心形或圆钝。
33. 叶脉全基出；柱头4-7裂 ……………………………………………………… 18. **台湾胡椒 P. taiwanense**
33. 叶最上1对侧脉离基1-2厘米；柱头3-4裂。
34. 雄花序与叶近等长；果顶端钝圆 ……………………………………… 16(附). **毛蒟 P. hongkongense**
34. 雄花序长于叶；果顶端稍凹下 ………………………………………… 17. **小叶爬崖香 P. sintenense**

1. 短蒟 图 501

Piper mullesua Buch.-Ham. ex D. Don, Prodr. Fl. Nepal. 20. 1825.

攀援藤本，除花序轴及苞片柄外无毛。茎纤细，质硬，下部具疣。叶纸质至薄革质，无腺点，椭圆形，窄椭圆形或卵状披针形，长7.5-9厘米，先端尾尖，基部楔形，两侧相等或略偏斜；叶脉5（-7），在下面显著隆起，最上1对常互生，离基1-2.5厘米，网脉明显；叶柄纤细，长0.7-2厘米。花两性；穗状花序近球形，在枝顶与叶对生，长约3毫米，径2.5-3毫米，花序梗被毛，长2-3毫米。苞片圆形，具短柄，盾状，宽约1毫米，无毛；雄蕊2，花药肾形；子房与花序轴离生，倒卵圆形，柱头小，3-4。核果倒卵圆形，径约2.5毫米，顶端钝圆，基部嵌生于花序轴。花期5-6月。

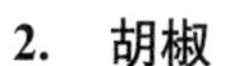

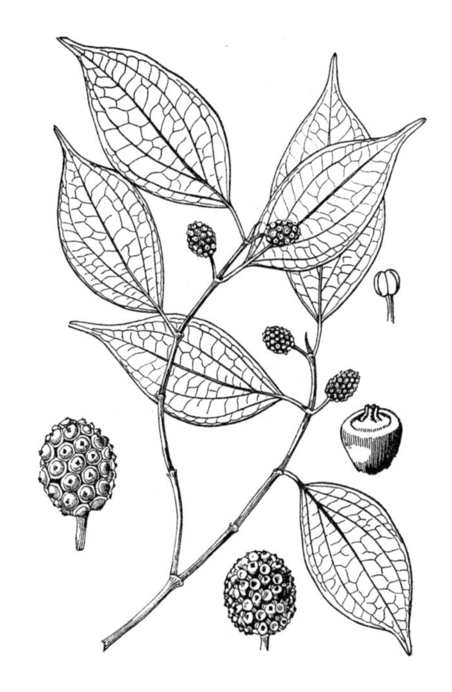

图 501 短蒟 （引自《广东植物志》）

产云南、四川南部及西藏南部，生于海拔800-2100米山坡、山谷林中或溪边。印度、尼泊尔及不丹有分布。全株药用，可舒筋活络、散瘀消肿、止血止痛，治风湿性关节炎、四肢麻木、骨折、跌打损伤。

2. 胡椒 图 502：1-5 彩片 261

Piper nigrum Linn. Sp. Pl. 28. 1753.

攀援藤本。茎、枝无毛，节常生根。叶近革质，宽卵形或卵状长圆形，稀近圆形，长10-15厘米，先端短尖，基部圆，稍偏斜，两面无毛，叶脉5-7（-9），最上1对互生，离基1.5-3.5厘米，余均基出，网脉明显；叶柄长1-2厘米，无毛。花杂性，常雌雄同株；花序与叶对生，短于叶或与叶等长，花序梗与叶柄等长，无毛；苞片匙状长圆形，长3-3.5厘米，中部宽约0.8毫米，贴生于花序轴，先端宽圆，边缘与花序轴分离，呈浅杯状；雄蕊2，花丝粗短，花药肾形；子房球形，柱头3-4（5）。核果球形，无柄，径3-4毫米，红色，未成熟干后黑色。花期6-10月。

原产东南亚，现广植于热带地区。台湾、福建、广东、海南、广西及云南等地有栽培。果含胡椒碱及少量胡椒挥发油，用于调味，亦作胃寒药，可温胃散寒、健胃止吐。

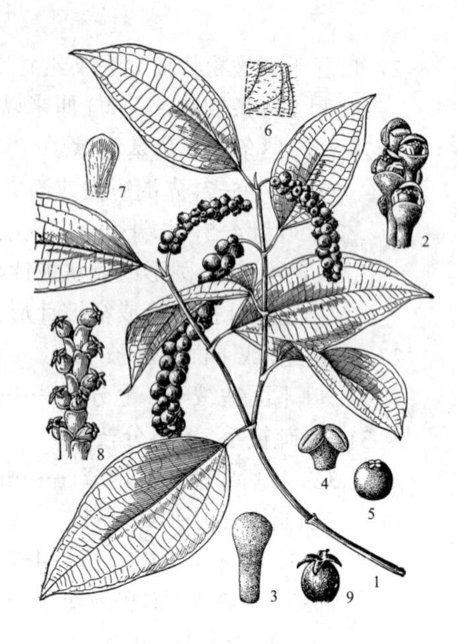

图 502：1-5. 胡椒 6-9. 卵叶胡椒（黄少容 邓盈丰绘）

3. 卵叶胡椒 图 502：6-9

Piper attenuatum Buch.-Ham. ex Miq. Syst. Piper. 306. 1843.

攀援藤本。茎干时具纵棱及沟纹，无毛。托叶长3-7毫米；叶膜质，具腺点，卵圆形、宽卵形或卵形，长8-11厘米，先端骤短尖，基部常平截，有时钝圆或浅心形，两侧相等或稍偏斜，上面无毛，下面疏被微硬毛，脉上较密，叶脉7(-9)，基出或近基出，最上1对有时离基约5毫米，上达叶顶部；叶柄长3-3.5厘米，下部叶柄长，疏被微硬毛。花单性，雌雄异株，穗状花序与叶对生。雄花序长8-14厘米，纤细，花密；苞片长圆状倒卵形，长约2毫米，贴生于花序轴上，边缘分离，先端钝圆；雄蕊2-4，与花丝近等长，花药卵圆形。雌花序长7-9厘米，果序长达18厘米，总梗长5-8毫米，无毛；苞片呈浅杯状，长约3毫米，无毛，花序轴在子房着生浅穴周围疏被毛；子房离生，柱头4-5，线形。核果卵圆形或球形，干时黑色，径约3.5毫米。花期10-12月。

产云南西部，生于林中沟边湿地。印度及不丹有分布。

4. 樟叶胡椒 图 503

Piper polysyphonum C. DC. in Bull. Herb. Boiss. ser. 2, 4: 1026. 1904.

直立亚灌木，高达1米以上，除花基部稍被毛外，余无毛。茎干时黑色。叶纸质，干时下面带淡红色，被腺点，椭圆形或宽椭圆形，长11-19厘米，先端短渐尖，具短尖头，基部短窄或近楔形，两侧常相等，叶脉5-7，最上1对互生，离基2.5-5厘米，余基出或近基出，网脉明显；叶柄长约1厘米。花单性，雌雄异株。雄花序长7-9厘米，径约2毫米，总梗略长于叶柄；苞片倒卵状长圆形，长约1.8毫米，贴生于花序轴，边缘及顶部分离，盾状；雄蕊3，花药卵圆形，与花丝等长，有时1枚雄蕊的花丝长于花药。雌花序长7-11厘米，果序长达17厘米；苞片长圆形，长3.5-4毫米；子房离生，柱头3-4，卵状渐尖。核果卵圆形，干时黑色，无柄，具疣，径3-3.5毫米。花期4-6月。

图 503 樟叶胡椒 （黄少容绘）

产贵州西南部及云南西南部，生于海拔800-1400米林中湿润处。

5. 海南蒟 图 504

Piper hainanense Hemsl. in Journ. Linn. Soc. Bot. 26: 365. 1891.

木质藤本，除花序轴外，余无毛。枝具细纹，径2-4毫米。叶卵状披针形或椭圆形，长7-12厘米，薄革质，干时灰绿色，先端短尖或尾尖，基部圆或宽楔形，微心形，上面有光泽，下面被白粉；叶脉5(-7)，最上1对离基1厘米，余基出；叶柄长1-3.5厘米。花单性，雌雄异株，穗状花序与叶对生。雄花序长7-12厘米，径约1.5毫米，总梗长1-2厘米；苞片倒卵形或倒卵状长圆形，长约1.5毫米，盾状，具腺点；雄蕊3-4，花丝短。雌花序长8-15厘米，果序长达22厘米，花序轴被毛；苞片长圆形或倒卵状长圆形，长3-3.5毫米，贴生于花序轴，边缘分离；子房倒卵圆形，无柄，柱头4，披针形。核果纺锤形，稍具疣或皱缩，长约4-5毫米。花期3-5月。

产海南、广东南部及广西，生于林中，攀援树干或石上。

［附］**变叶胡椒 Piper mutabile** C. DC. Fl. Indo-Chine 5: 92. 1910. 与海南蒟的区别：叶薄纸质，下部的卵圆形或窄卵形，长5-6厘米，基部心形，叶脉全基出，叶柄长0.5-1.2厘米；雄蕊2-3，雌花序长1.5-2.5厘米；果序长3-3.5厘米，果椭圆状球形。花期6-8月。产广东及广西，生于海拔400-600米山坡、山谷、水边、疏林中。越南北部有分布。

图 504 海南蒟 （引自《广东植物志》）

6. 大叶蒟 图 505 彩片 262

Piper laetispicum C. DC. in Ann. Cons. Jard. Bot. Geneve 2: 274. 1898.

攀援藤本，长达10米。枝干时淡褐色，径2-3毫米，具纵棱，无毛。叶长圆形或卵状长圆形，稀椭圆形，长12-17厘米，革质，具透明腺点，先端短渐尖，基部斜心形，两耳圆，常重叠，上面无毛，下面疏被长柔毛；每侧脉约9对，最上1对离基5-8厘米，其下1对最粗，离基1-1.5厘米，余基出，网脉明显；叶柄长2-5毫米，被短柔毛。花单性，雌雄异株，穗状花序与叶对生。雄花序长约10厘米，径约4毫米，总梗长1-1.5厘米，无毛，花序轴被毛；苞片宽倒卵形，盾状，具缘毛，长约1.3毫米；雄蕊2，花药2室，花丝肥厚，长约1.2毫米。雌花序长约10厘米，果序长达15厘米，花序轴密被粗毛；苞片倒卵状长圆形，贴生于花序轴，边缘分离，长约2毫米，具缘毛；柱头4，顶端短尖。核果近球形，径约5毫米，果柄与果近等长。花期8-12月。

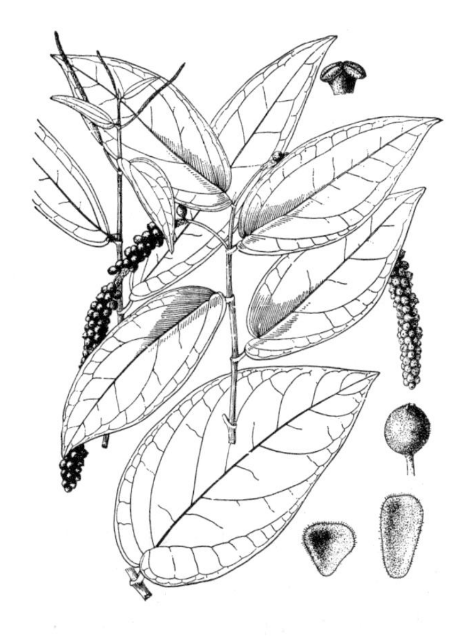

图 505 大叶蒟 （引自《广东植物志》）

产海南及广东南部，生于林中，攀援树上或石上。

7. 陵水胡椒　　图 506：1-7

Piper lingshuiense Y. C. Tseng in Acta Phytotax. Sin. 17(1): 28. f. 5. 1979.

攀援藤本，除花序轴外，余无毛。枝具纵棱，径2-3毫米。叶宽卵形或近圆形，稀宽椭圆形，长10-17厘米，薄革质，无腺点，先端短尖，基部钝或稍窄，两侧近相等，叶脉7(-9)，最上1对离基1.5-3厘米，余均基出，网脉明显；叶柄长1-1.5厘米。花单性，雌雄异株，穗状花序与叶对生，雄花序长约9厘米，径约1.2毫米，花序轴短于叶柄，被毛；苞片倒卵状长圆形，长约1.4厘米，贴生于花序轴，边缘分离，盾状；雄蕊3，花药2室，花丝粗短。雌花序长7-10厘米，果序长16厘米；苞片长圆形，长约3.2毫米。核果球形，径约5毫米，基部渐窄成长3-4毫米的果柄。花期10月至翌年1月。

产海南南部，生于林中，攀援树上。

［附］**短柄胡椒** 图 506：8-10 **Piper stipitiforme** Chang ex Y. C. Tseng in Acta Phytotax. Sin. 17(1): 28. 1979. 与陵水胡椒的区别：叶纸质，具腺点，椭圆形，先端具小尖头；果序长29-37厘米，径达1厘米以上；苞片长4-7毫米，盾状；果柄长1-2毫米。花期5-7月。产云南西南部，生于海拔800-1340米山谷密林中，攀援树上。

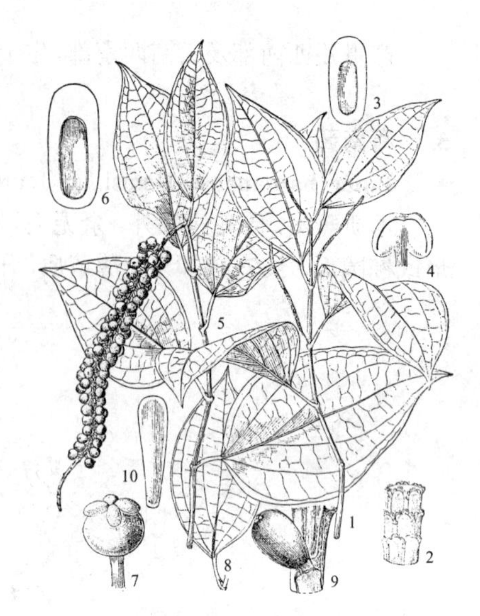

图 506：1-7. 陵水胡椒 8-10. 短柄胡椒（黄少容绘）

8. 多脉胡椒　　图 507

Piper submultinerve C. DC. Notizbl. Bot. Gart. Berlin. 6: 480. 1917.

攀援藤本，长达12米。枝具粗纵棱，密被微硬毛。叶纸质，密生腺点，卵形，稀长圆形，长13-20厘米，先端短尖或渐尖，基部深心形，上面沿脉被毛，下面被硬毛，叶脉7或9，最上1对离基0.5-1厘米，余基出或近基出，网脉明显，在下面稍凸起；叶柄长1.5-3.5。花单性，雌雄异株，穗状花序与叶对生。雌花序长3-4厘米，果序长6-8厘米，总梗被微硬毛，花序轴被粗毛。苞片圆形，近无柄，盾状，宽约1毫米，无毛；柱头4-5，外弯，线形，顶端短尖。核果球形，径约3毫米，部分与花序轴合生。花期5-6月。

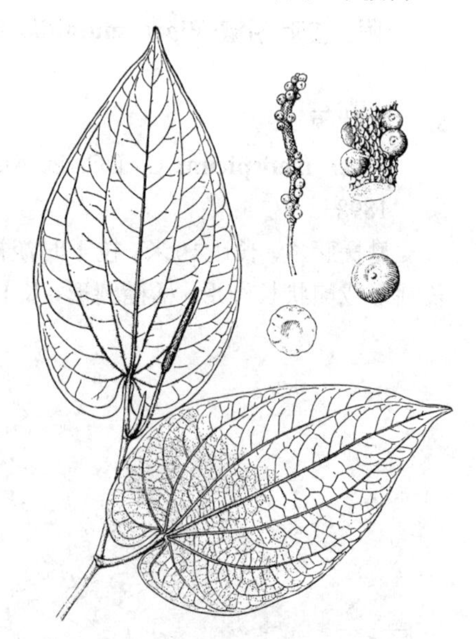

图 507　多脉胡椒　（邓盈丰绘）

产云南南部及东南部，生于海拔1400-1800米林中、水边，攀援树上或石上。

9. 华山蒌　　图 508：7-11

Piper cathayanum M. G. Gilbert et N. H. Xia, ined:
Piper sinense (Champ.) C. DC.; 中国植物志20(1): 38. 1982.

攀援藤本，长约5米。幼枝被较密软柔毛，老时脱落近无毛。叶卵形、

卵状长圆形或长圆形，长8-15厘米，纸质，先端钝或短尖，基部深心形，上面无毛或中脉基部疏被毛，下面被短柔毛，脉上较密；叶脉7，常对生，最上1对离基0.5-1厘米，网脉明显；叶柄长1-1.5厘米，密被毛。花单性，雌雄异株，穗状花序与叶对生。雄花序长2.5-4厘米，粗壮，总梗短于叶柄，被粗毛，花序轴无毛；苞片圆形，宽约1.2毫米，近无柄，盾状，无毛；雄蕊2。雌花序花序轴及苞片与雄花序相同；柱头常3。果序长不及3厘米，核果球形，无毛，径约2.5毫米，部分与花序轴合生。花期3-6月。

产四川、贵州南部、广西、广东南部及西南部、海南，生于密林中或溪边，攀援树上。

图 508：1-6. 缘毛胡椒 7-11. 华山蒌（邓盈丰 黄少容绘）

10. 缘毛胡椒

图 508：1-6

Piper semiimmersum C. DC. in Notizbl. Bot. Gart. Berlin. 6: 479. 1917.

攀援藤本。枝干具粗沟纹，密被硬毛。叶长圆状卵形或卵状披针形，枝端叶长圆形，长11-18厘米，纸质，具腺点，先端短渐尖，上面无毛，稀中脉基部疏被毛，下面沿脉被微硬毛，叶脉7，最上1对常互生，离基1-2（-2.7）厘米，余基出，网脉明显；叶柄长0.8-1.3厘米，疏被长毛。花单性，雌雄异株，穗状花序与叶对生。雄花序长7-8厘米，径约2.5毫米，总梗长2-2.5厘米，疏被毛，花序轴被毛；苞片近圆形，宽约1.2毫米，近无柄，盾状，被乳头状毛，密生缘毛；雄蕊2，花药肾形，2室，花丝极短。雌花序总梗长3-4厘米，被毛，花序轴被毛；子房部分埋于花序轴，柱头3-4，线形。果序长约6厘米，径7-8毫米，核果球形，径约3毫米，顶端脐状凸起。花期1-5月。

产海南、广西西部、贵州西南部、云南东南及南部、西藏东部，生于海拔200-900米山谷、水边密林中或村旁湿润地。越南北部有分布。

11. 荜拔

图 509：1-6

Piper longum Linn. Sp. Pl. 29. 1753.

攀援藤本，长达数米；大多数部位常被粉状细柔毛。枝呈“之”字形，具粗棱及沟槽。叶纸质，密被腺点，下部叶卵圆形或稍肾形，顶端叶卵形或卵状长圆形，长6-12厘米，先端短尖或渐尖，基部心形，基出脉7，最上1对粗，部分与中脉平行，网脉疏散；叶柄长1-9厘米，下部叶柄较长，顶端叶有时近无柄抱茎。花单性，雌雄异株，穗状花序与叶对生。雄花序长4-5厘米，总梗长2-3厘米，花序轴无毛；苞片近圆形，宽约1.5毫米，无毛，具短柄，盾状；雄蕊2，花药椭圆形，花丝极短。雌花序长1.5-2.5厘米，苞片宽0.9-1毫米；子房下部与花序轴合生，柱头3，卵形，顶端尖。核果球形，径约2毫米，顶端脐状凸起，部分与花序轴合生。花期7-10月。

产云南南部，生于海拔约600米林中。福建、广东、海南及广西有栽培。尼泊尔、印度、斯里兰卡、越南及马来西亚有分布。果核为镇痛健胃药，治腹痛、呕吐、腹泻。

12. 假蒟 图 509：7-10

Piper sarmentosum Roxb. Fl. Ind. 162. 1820.

多年生匍匐草本，长达10余米，各部有时被粉状细柔毛。能育小枝近直立。叶卵形或近圆形，上部叶卵形或卵状披针形，长7-14厘米，近膜质，被腺点，先端短尖，基部心形或钝圆，有时楔形，上面无毛，下面沿脉被粉状细柔毛，叶脉7，干时苍白色，在下面凸起，最上1对离基1-2厘米，网脉明显；叶柄长2-5厘米，匍匐枝叶柄长达10厘米。花单性，雌雄异株，穗状花序与叶对生。雄花序长1.5-2厘米，总梗与花序等长或稍短，花序轴被毛；苞片扁圆形，宽0.5-0.8毫米，近无柄，盾状；雄蕊2，花丝长为花药2倍，花药近球形，雌花序长6-8毫米，花序轴无毛；苞片近圆形，宽1-1.3毫米，盾状；柱头（3）4（5），被微硬毛。核果近球形，具4棱，径2.5-3毫米，部分与花序轴合生。花期4-11月。

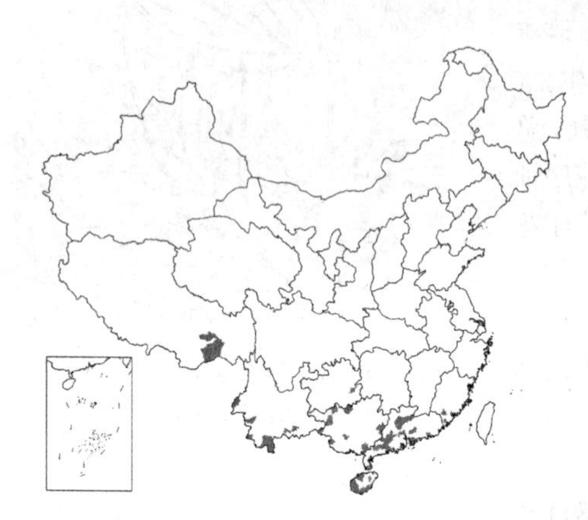

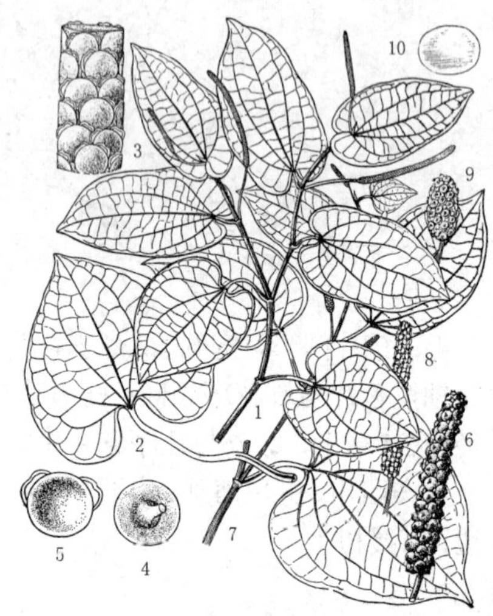

图 509：1-6. 荜拔 7-10. 假蒟（黄少容绘）

产福建、广东、海南、广西、云南、贵州及西藏，生于海拔50-1000米林下或村旁湿地。东南亚有分布。根治风湿骨痛、跌打损伤、风寒咳嗽，果序治牙痛、胃痛、腹胀、食欲不振。

13. 蒌叶 图 510

Piper betle Linn. Sp. Pl. 1: 28. 1753.

攀援藤本。枝节生根，径2.5-5毫米，稍木质。叶卵形或卵状长圆形，上部叶有时为椭圆形，长7-15厘米，下面及嫩叶脉上密被腺点，先端渐尖，基部心形，上部叶有时钝圆，上面无毛，下面沿脉被粉状细柔毛，叶脉7，最上1对常对生，离基0.7-2厘米，余基出，网脉明显；叶柄长2-5厘米，被粉状细柔毛。花单性，雌雄异株，穗状花序与叶对生。雄花序几与叶片近等长，总梗与叶柄近等长，花序轴被短柔毛；苞片圆形或近圆形，稀倒卵形，宽1-1.3毫米，近无柄，盾状；雄蕊2，花丝粗，与花药等长或较长，花药肾形。雌花序长3-5厘米，花序轴肉质，密被短柔毛；子房部分与花序轴合生，顶端被绒毛；柱头4或5，披针形，被绒毛。核果顶端稍凸，被绒毛，下部与花序轴合生成柱状、肉质、带红色的果穗。花期6-7月。

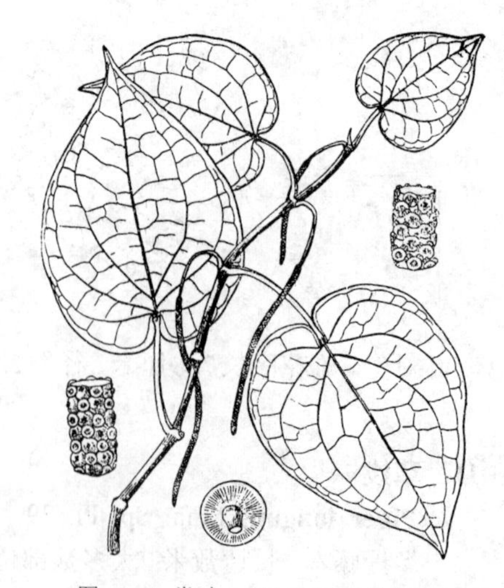

图 510 蒌叶（引自《广东植物志》）

我国东起台湾，至东南及西南各地均有栽培。原产东南亚及马达加斯加。可提取芳香油可作调味香料。茎、叶入药，治胃寒、风寒咳嗽、疮疖、湿疹。

14. 蒟子 图 511：1-5

Piper yunnanense Y. C. Tseng in Acta Phytotax. Sin. 17(1): 32. f. 9. 1979.

直立亚灌木，高达3米。枝具细棱，被毛。叶多卵形，上部叶椭圆形，长10-15厘米，薄纸质，先端渐尖，基部斜心形，上面无毛，下面密被腺点，沿脉被微硬毛；叶脉9，最上1对互生，离基1.2-3厘米，余基出，网脉明显；叶柄长0.8-1.4厘米，被短柔毛，基部具鞘。花单性，雌雄异株，穗状花序与叶对生。雄花序长4-6厘米，总梗稍长于叶柄，花序轴被短柔毛；苞片圆形，宽约1.1毫米，具短柄，盾状；雄蕊3，花丝粗，远短于花药，花药卵圆形。雌花序苞片宽0.8-1毫米；子房部分嵌生于花序轴中；柱头3，早落。果序长4-8厘米，核果球形，红色，径约2毫米，具疣，部分与花序轴合生。花期4-6月。

产云南南部、西南及西北部，生于海拔1100-2000米林中或湿润地。茎、叶可祛风散寒、舒筋活络、散瘀止痛，治流感、胃痛、经痛、跌打损伤、风湿骨痛。

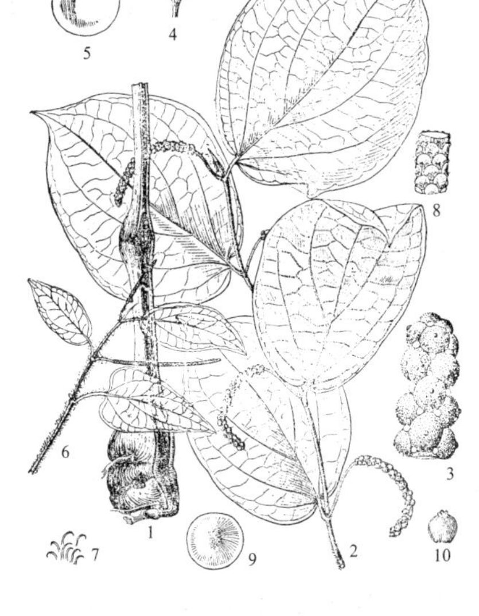

图 511: 1-5 蒟子 6-10. 小叶爬崖香
（黄少容绘）

15. 球穗胡椒

图 512

Piper thomsonii (C. DC.) Hook. f. Fl. Brit. Ind. 5: 87. 1886.

Chavica thomsonii C. DC. in DC. Prodr. 16: 389. 1868.

草质攀援藤本，长达2米，无毛或被粉状细柔毛。枝径3-4毫米，干时具纵纹，无毛。叶卵形、卵状披针形或椭圆形，长6-16厘米，膜质或薄革质，先端渐尖至长渐尖，基部偏斜，钝圆或浅心形，下面密被褐红色腺点，两面沿脉被粉状细柔毛，下面较密，叶脉5-7，最上1对离基0.5-1.5厘米，网脉明显；叶柄长1-2.5厘米，无毛或被细柔毛。花单性，雌雄异株，穗状花序与叶对生。雄花序长3-3.5厘米，总梗长达8毫米，花序轴被毛；苞片圆形，宽约1毫米，下面被柔毛，上面被褐红色腺点，近无柄；雄蕊（2-）4，花丝细短，花药肾形。雌花序圆柱形或球形，长达1.5厘米，总梗长0.4-1厘米；子房离生，柱头2。核果球形，密集，干时黑色，径约2毫米。花期4-6月。

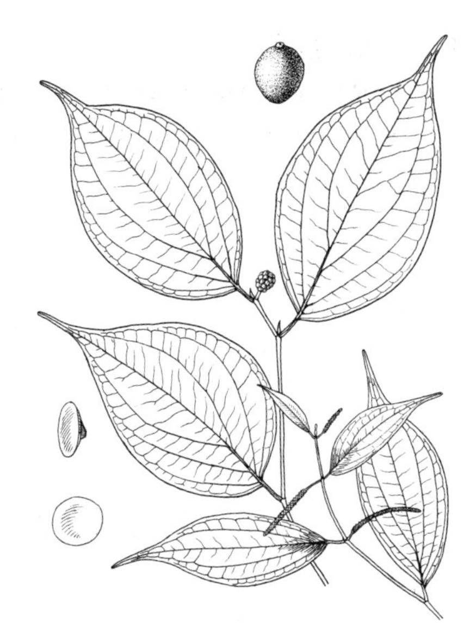

图 512 球穗胡椒 （黄少容绘）

产海南、广西、云南中南部及东南部、西藏东南部，生于海拔1300-1700米山谷林中，攀援树上。印度东部及越南有分布。

16. 复毛胡椒

图 513

Piper bonii C. DC. in Lecomte, Fl. Gen. Indo-Chine 5: 85. 1910.

攀援藤本。枝干时黑褐色，粗壮，被绒毛。叶卵形、卵状披针形或椭圆形，长4.5-9厘米，硬纸质，先端渐尖，基部两侧钝圆，被腺点，上面无毛或有时中脉基部被毛，下面被绒毛，脉上较密，多数毛分枝，叶脉7，最上1对互生，离基1-2厘米，余基生，网脉明显；叶柄长4-6毫米，被绒毛。花单性，雌雄异株，穗状花序与叶对生。雄花序长6-11厘米，总梗长0.5-

1厘米，被绒毛，花序轴被短柔毛；苞片圆形，宽约1毫米，具柄，盾状，背面有2-5条长毛，基部常具细齿；雄蕊3，花丝几无，花药球形。雌花序长约8厘米。果序径达5毫米，核果倒卵圆形，离生，长约2毫米，顶端稍粗糙。花期2-4月。

产海南、广东、广西及西北部、云南东南部，生于海拔300-1000米灌丛或林中，攀援树上。越南北部有分布。

［附］毛蒟 **Piper hongkongense** C. DC. Prodr. 16: 347. 1868. —— *Piper puberulum* (Benth.) Maxim.; 中国植物志20(1): 34. 1982. 与复毛胡椒的区别：叶基部浅心形或半心形，两面被柔毛；花药肾形，雌花序长4-6厘米；核果球形，花期3-5月。产福建、海南、广东及广西，生于海拔100-1300米灌丛或林中，攀援树上或石上。

图 513 复毛胡椒 （邓盈丰 黄少容绘）

17. 小叶爬崖香 图 511：6-10

Piper sintenense Hatusima in Acta Phytotax. Geobot. 4: 210. 1935.

Piper arboricola auct. non C. DC.: 中国植物志20(1): 45. 1982.

攀援或匍匐藤本，长达数米。茎节生根，幼时密被锈色柔毛，老时脱落稀疏，毛常向上弯曲。匍匐枝叶卵形或卵状长圆形，长3.5-5厘米，膜质，被腺点，基部心形，两侧稍不等，两面被粗毛，下面脉上较密，毛常向上弯曲，后脱落稀疏；小枝叶长椭圆形、长圆形或卵状披针形，长7-11厘米，先端短渐尖，基部偏斜或半心形，叶脉5-7，最上1对离基1-2厘米，余近基出，网脉明显；叶柄长0.5-2.5厘米，被粗毛。花单性，雌雄异株，穗状花序与叶对生。雄花序纤细，长5.5-13厘米，长于叶片，总梗与上部叶柄等长或稍长；苞片圆形，宽0.7-1毫米，具短柄，盾状，无毛，腹面与花序轴着生处被束毛；雄蕊2，花丝短，花药近球形。雌花序长4-5.5厘米，柱头4，线形。浆果倒卵圆形，顶端稍凹下，离生，径约2毫米。花期3-7月。

产台湾、福建、广东、海南、广西、贵州及云南，生于海拔1000-2500米林中，常攀援树上或石上。全株入药，可止痛、健胃、祛痰。

18. 台湾胡椒 图 514

Piper taiwanense Lin et Lu in Taiwania 40: 356. f. 4. 1995.

攀援藤本，疏被短柔毛或近无毛。叶卵形或长圆状卵形，长4.5-12厘米，厚纸质，先端短尖或钝圆，基部钝圆或心形，基生脉5-7；叶柄长0.7-1.5厘米。雌雄异株，穗状花序与叶对生。雄花序稍下垂，长2-6厘米，总梗长0.8-1.5厘米；苞片圆形，近无柄。雌花序稍下垂，长1-3.5厘米，总梗长0.7-2厘米。子房离生，柱头4-7裂，线形。核果球形。

产台湾，生于海拔约500米林中。

19. 粗梗胡椒 思茅胡椒 图 515

Piper macropodum C. DC. in Bull. Herb. Boiss. ser. 2, 4: 1026. 1904.

Piper szemaoense C. DC.; 中国植物志20(1): 52. 1982.

攀援藤本，除花序轴外各部无毛。叶卵状长圆形、窄椭圆形或椭圆形，长7-23厘米，硬纸质，密被腺点，先端短尖或渐尖，基部楔形，叶脉7-8，最上1对互生，离基，余基出，网脉在上面明显；叶柄长(0.3-)1.2-1.5厘米。花单性，雌雄异株，穗状花序与叶对生。雄花序长7-14厘米，总梗长于叶柄，长2.5-3.7厘米，花序轴密被黄色短柔毛；苞片圆形或近圆形，宽1-1.7毫米，具短柄，盾状；雄蕊3，花丝短，花药圆形。雌花序长6-8厘米，花序轴密被桔黄色粗毛；苞片无柄；子房着生于花序轴孔穴中，柱头4-5，线形，易脱落。果序长10-15厘米，核果卵圆形，长4-5毫米，基部着生于果序轴，密被疣状凸起。花期8-10月。

产云南，生于海拔800-2600米林中湿润地。

图 514 台湾胡椒 (引自《Fl.Taiwan》)

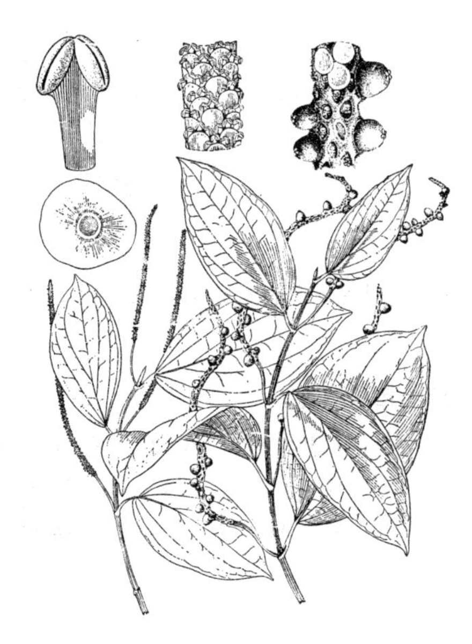

图 515 粗梗胡椒 (黄少容绘)

20. 苎叶蒟 顶花胡椒 图 516

Piper boehmeriifolium (Miq.) C. DC. in DC. Prodr. 16: 348. 1868.

Chavica boehmeriifolia Miq. Syst. Piperac. 265. 1843.

Piper terminaliflorum Tseng; 中国植物志20(1): 34. 1982.

直立亚灌木，高达3(-5)米。枝常无毛。叶椭圆形、窄椭圆形、长圆形、长圆状披针形或卵形，长(8-)11-24厘米，薄纸质，密被腺点，先端渐尖或长渐尖，基部偏斜，一侧圆，另一侧楔形，上面无毛，下面沿脉或脉基部疏被毛，或两面无毛，叶脉6-10，2对离基，最上1对互生，在叶片1/3或1/2处，网脉明显；叶柄长(0.2-)0.4-1厘米，无毛或疏被毛。花单性，雌雄异株，穗状花序与叶对生。雄花序长10-15厘米，总梗长1-3.5厘米；苞片圆形，宽1-2(-2.5)毫米，具短柄，盾状，无毛；雄蕊2，花丝短，花药肾形。雌花序长10-12厘米，花序轴疏被短柔毛；苞片宽1-1.4毫米；柱头脱落。核果密集，近球形，离生，径2-3毫米。花期4-6月。

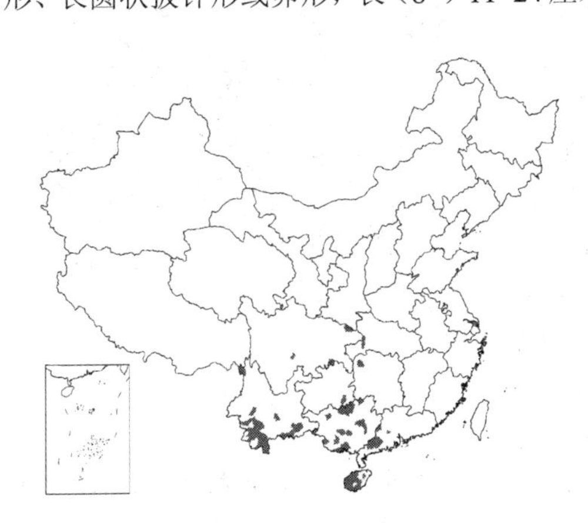

产广东、海南、广西、贵州、云南、湖南、湖北及四川，生于海拔500-

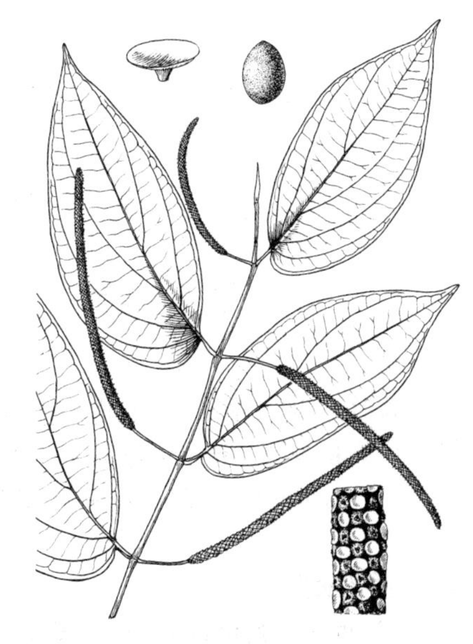

图 516 苎叶蒟 (余汉平绘)

2200米林中。印度西北部、不丹、缅甸、锡金、泰国、越南北部及马来西亚有分布。

21. 长穗胡椒 滇南胡椒 图 517

Piper dolichostachyum M. G. Gilbert et N. H. Xia, ined.

Piper spirei auct. non C. DC.: 中国植物志20(1): 52. 1982.

直立亚灌木，多数部位被褐色毛。枝径3-4毫米，渐无毛。叶椭圆状披针形或倒卵形，长14-21厘米，纸质，被腺点，先端长渐尖，基部斜心形，上面疏被微硬毛，下面密被褐色柔毛，脉上被绒毛，叶脉8-10；叶柄长0.5-1.3厘米，密被短柔毛。花单性，雌雄异株，穗状花序。雌花序总梗长4-4.5厘米，无毛，花序轴被短柔毛；苞片圆形，盾状，宽1.5-1.7毫米；子房圆柱形；柱头3-4，外反，极短。果序长27-30厘米，核果密集，棱状圆柱形，长约2毫米，径约1.5毫米。果期4月。

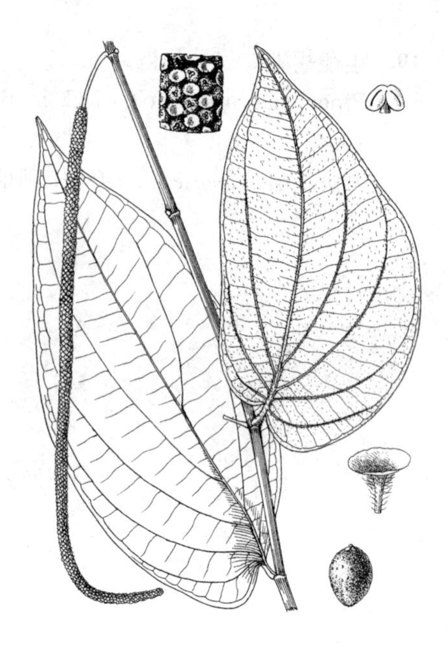

图 517 长穗胡椒 （余汉平绘）

产云南南部，生于密林中。

22. 角果胡椒 图 518

Piper pedicellatum C. DC. in Journ. Bot. 4: 164. 1866.

攀援藤本，除花序轴及苞片基部外，余无毛。枝径1-2毫米，具纵纹。叶卵形、窄卵形或椭圆形，长7-14厘米，厚纸质，被腺点，先端短尖或渐尖，基部不等，叶脉(7-)9，上面2对离基，最上1对互生，离基2-4厘米，网脉明显；叶柄长0.5-1厘米。花单性，雌雄异株，穗状花序与叶对生。雄花序纤细，长15-25厘米，总梗长达2厘米；苞片圆形，宽0.5-1毫米，盾状，具柄，基部被短柔毛；雄蕊2，花丝极短或几无，花药卵形至球形。雌花序总梗长约为叶柄2倍，花序轴被撕裂状粗毛；

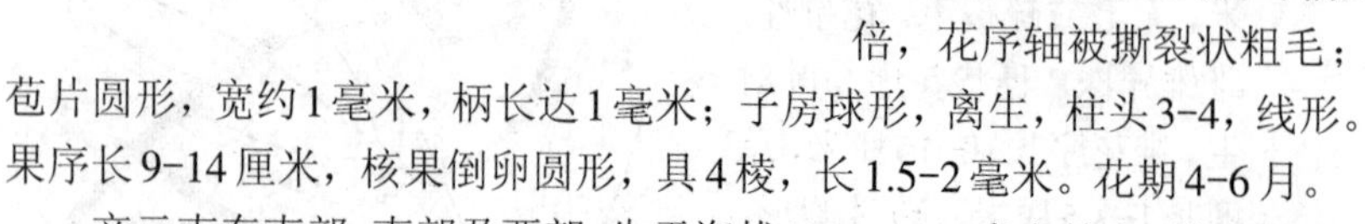

苞片圆形，宽约1毫米，柄长达1毫米；子房球形，离生，柱头3-4，线形。果序长9-14厘米，核果倒卵圆形，具4棱，长1.5-2毫米。花期4-6月。

产云南东南部、南部及西部，生于海拔1000-1900米密林中，攀援树上。印度东北部、孟加拉东部、不丹、锡金及越南北部有分布。

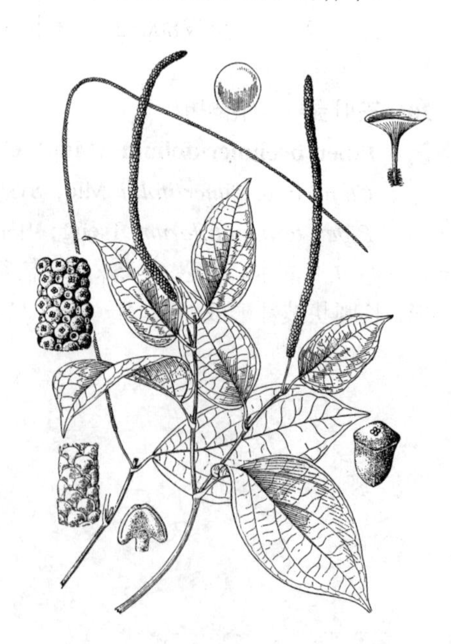

图 518 角果胡椒 （黄少容绘）

23. 粗穗胡椒 图 519

Piper tsangyuanense P. S. Chen et P. C. Zhu in Acta Phytotax. Sin. 17(1): 36. f. 13. 1979.

攀援藤本，除花序轴及苞片外，余无毛。枝径约6毫米，具纵棱。叶

椭圆形，长13-15厘米，纸质，被腺点，先端短尖，基部钝圆微缺，上部叶卵状披针形或窄椭圆形，长6-9厘米，先端尾尖；叶脉7，最上1对互生，离基2-2.5厘米，网脉明显；叶柄长1.5-2厘米。花单性，雌雄异株；雌花序长25-30厘米，径达1厘米，总梗长约5厘米，花序轴被毛；苞片近圆形，宽约1.5毫米，具短柄，盾状，密生缘毛；子房深埋于花序轴内，柱头3-5，线形。未熟核果大部分埋于花序轴内，具4或5棱，粗糙，顶部具脐状凸起。花期5-6月。

产云南西部，生于海拔约1600米沟谷、林缘、水边湿地。

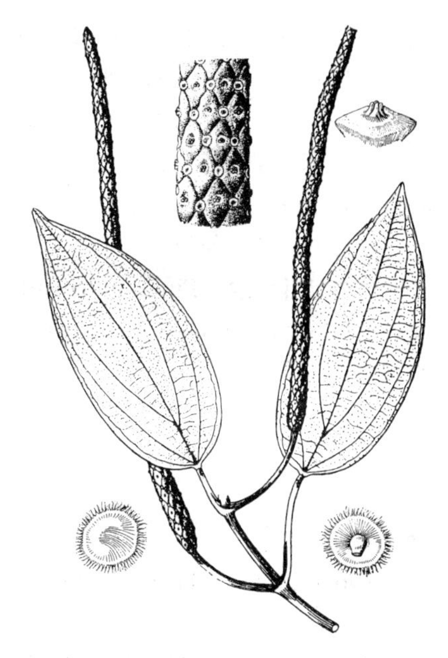

图 519 粗穗胡椒 （引自《植物分类学报》）

24. 华南胡椒 图 520

Piper austrosinense Y. C. Tseng in Acta Phytotax. Sin. 17(1): 36. f. 12. 1979.

木质攀援藤本，除花序轴、苞片及柱头外，余无毛。叶厚纸质，无明显腺点；下部叶卵形，长8.5-11厘米，先端短尖；基部常心形，上部叶窄卵形，长6-11厘米，先端渐尖，基部常偏斜，基出脉5（-7），网脉明显；叶柄长0.4-2厘米。花单性，雌雄异株，穗状花序与叶对生。雄花序白色，长3-6.5厘米，径约2毫米，总梗长1-1.8厘米，花序轴及苞片腹面密被白色柔毛；苞片圆形，宽约1毫米，无柄，盾状；雄蕊2，花丝与花药近等长。雌花序白色，长1-1.5厘米，径约3毫米，总梗与花序近等长；子房部分嵌生于花序轴内。柱头3-4，被绒毛。核果球形，径约2毫米，部分嵌生于花序轴内。花期4-6月。

图 520 华南胡椒 （引自《植物分类学报》）

产广西东部、广东及海南，生于海拔200-600米林中，攀援树上或石上。

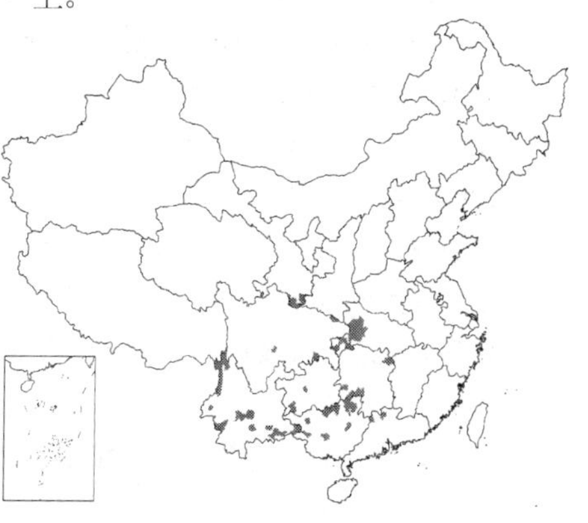

25. 毛山蒟 石南藤 图 521

Piper wallichii (Miq.) Hand.-Mazz. Symb. Sin. 7: 155. 1929.

Chavica wallichii Miq. Syst. Piperac. 254. 1843.

攀援藤本。枝常被微硬毛。叶卵状披针形或窄椭圆形，下部叶卵形，长5-14厘米，纸质，无明显腺点，先端渐尖，基部钝圆或短窄，上面无毛，下面被微硬毛，有时渐无毛，叶脉7，最上1对互生或近对生，离基1-1.5厘米，余基出；叶柄长1-2厘米，被微硬毛。花单性，雌雄异株，穗状花序与叶对生。雄花序长于叶片2倍，总梗长为叶柄2.5-3倍，被毛，花序轴疏被毛；苞片圆形，宽1-1.2毫米，近无柄，盾状；雄蕊3，花药肾形。雌花序长1.5-3厘米，总梗长2-4.2厘米，被毛；子房离生，顶端尖，柱头3-4，线形。核果近球形，径约3毫米，具疣。花期2-6月。

产广东北部、广西、云南、贵州、湖南、湖北、四川及甘肃南部，生于海拔300-2600米林中，攀援树上或石上。孟加拉、印度东部及尼泊尔有分布。茎可祛风寒、强腰膝、补肾壮阳，治风湿痹痛、腰腿痛。

［附］**毛叶胡椒 Piper puberulilimbum** C. DC. in Notizbl. Bot. Gart. Berlin 6: 479. 1917. 与毛山蒟的区别：叶卵状长圆形或椭圆形，硬纸质，密被腺点，被毛；最上1对侧脉离基约2厘米；雄花序常短于叶片，花序轴被硬毛，花药卵圆形；雌花序长6-8（-10）厘米。花期5-7月。产云南东南及西南部，生于海拔1200-1900米灌丛或林中。

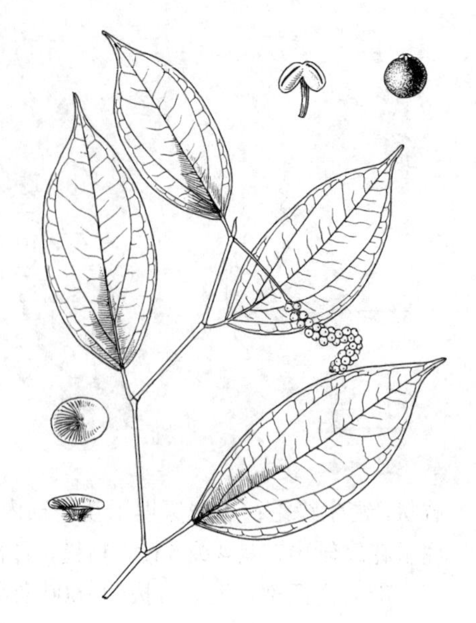

图 521 毛山蒟 （余汉平绘）

26. 山蒟 图 522：1-3

Piper hancei Maxim. in Mél. Boil. Acad. Sci. St. Pétersb. 12: 533. 1886.

攀援藤本，长达10余米，除花序轴及苞片基部外，余无毛。叶卵状披针形或椭圆形，稀披针形，长6-12厘米，先端短尖或渐尖，基部渐窄或楔形，叶脉5（-7），最上1对互生，离基1-3厘米，网脉明显；叶柄长0.5-1.2厘米。花单性，雌雄异株，穗状花序与叶对生。雄花序黄色，长6-10厘米，花序轴被柔毛；苞片近圆形，宽约0.8毫米，盾状，腹面疏被柔毛；雄蕊2。雌花序长约3厘米，子房离生，柱头（3）4。核果球形，黄色，径2.5-3毫米。花期3-8月。

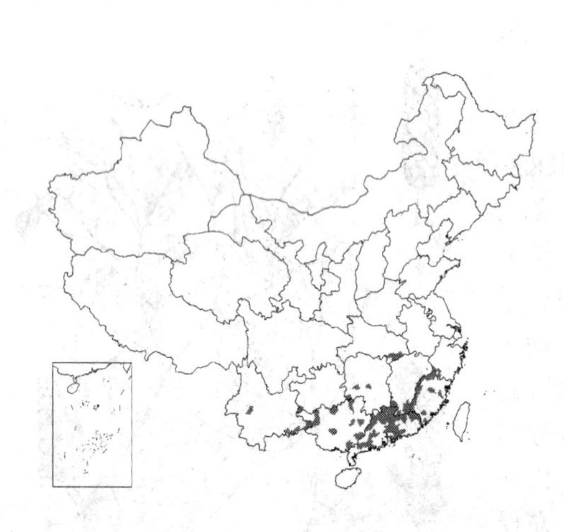

产浙江、福建、江西南部、湖北、湖南南部、广东、广西、贵州南部及云南，生于海拔50-1700米林中，攀援树上或石上。茎治风湿、咳嗽、感冒。

图 522：1-3. 山蒟 4-7. 红果胡椒 （黄少容绘）

27. 红果胡椒 图 522：4-7

Piper rubrum C. DC. in Ann. Cons. Jard. Bot. Geneve 2: 273. 1898.

攀援藤本，除花序轴及苞片基部外，余无毛。叶长圆形或卵状披针形，长7-12厘米，硬纸质，密被腺点，先端渐尖至长渐尖，具小尖头，基部稍圆或楔形；叶脉5，最上1对离基约1.5厘米，下面网脉明显；叶柄长（0.4-）1-1.5厘米。花单性，雌雄异株，穗状花序与叶对生。雄花序长不及1.5厘米，花序轴被毛；苞片圆形，宽0.7毫米，盾状，被毛；雄蕊2。雌花序长约6.5厘米，总梗稍长于叶柄，花序轴被长柔毛；苞片圆形，柄倒锥形，被毛；子房离生，柱头3，披针形。核果红色，干后褐色，球形，径约3毫米。花期4-5月。

产云南南部，攀援树上，生于海拔300-400米林中。越南北部有分布。

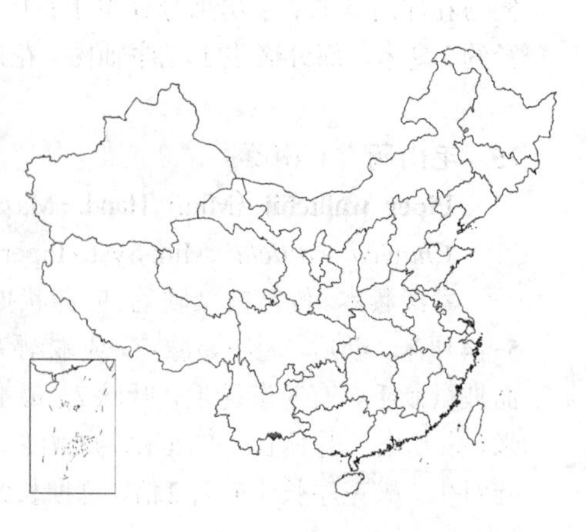

28. 竹叶胡椒 图 523

Piper bambusifolium Y. C. Tseng in Acta Phytotax. Sin. 17(1): 38. f. 14. 1979. ″bambusaefolium″

攀援藤本，除花序轴外，余无毛。花枝纤细。叶披针形或窄披针形，长4-8厘米，纸质，被腺点，先端长渐尖，基部楔形，叶脉（4）5，最上1对互生，离基1-1.5厘米，网脉不明显；叶柄长4-6毫米。花单性，雌雄异株，穗状花序与叶对生；雄花序黄色，常2-4厘米，总梗与叶柄等长或稍长，花序轴被毛；苞片圆形，宽约0.8毫米，边缘不整齐，盾状，无毛；雄蕊3，花丝稍长于花药，花药肾形。雌花序长达1.5厘米，总梗稍长于叶柄，子房离生，柱头3-4，卵状渐尖。核果干时红色，球形，径2-2.5毫米，平滑。花期4-7月。

图 523 竹叶胡椒 （黄少容绘）

产江西中部及北部、湖北东南部、四川东南部、贵州，生于海拔300-1200米林中，攀援石上或树上。

29. 线梗胡椒 图 524

Piper pleiocarpum Chang ex Y. C. Tseng in Acta Phytotax. Sin. 17 (1): 40. 1979.

攀援藤本，除花序轴外，余无毛。枝径1-2毫米。下部叶卵形，长5-6厘米，宽3.5-4.5厘米，薄纸质，被腺点，先端渐尖，基部钝圆，叶脉5-7，最上1对离基0-0.7厘米，余基出；上部叶卵状披针形或窄椭圆形，长6-9厘米，先端尾尖，基部楔形，稀钝圆，常微缺；叶柄长0.6-2厘米。花单性，雌雄异株；雄花序长约5厘米，花序轴疏被毛；苞片卵形，宽约1毫米，无柄，盾状；雄蕊2，花丝稍粗于花药，花药球形。雌花序近球形，总梗长约3.5厘米；苞片近圆形，子房下部与花序轴合生，柱头3-4，卵形。核果干时黑色，球形，径约4毫米，部分埋藏于花序轴内。花期10月，果期翌年5月。

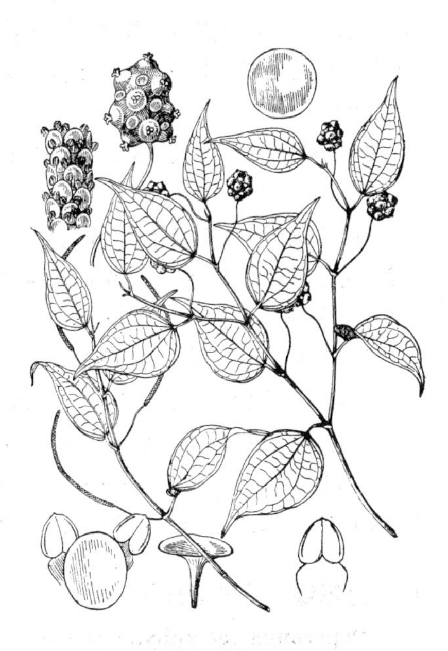

图 524 线梗胡椒 （黄少容绘）

产云南西南部，生于海拔2100-2700米林中，攀援树上。

30. 大胡椒 图 525

Piper umbellatum Linn. Sp. Pl. 1: 30. 1753.

Pothomorphe subpeltata (Willd.) Miq.; 中国植物志20(1): 14. 1982.

直立亚灌木，高达2米。茎粗壮。叶宽卵形或近圆形，长17-37厘米，膜质，密被褐色腺点，先端短尖或钝圆，基部深心形，无毛或沿脉被微硬毛，叶脉11-13，最上1对

近对生，离基1-2厘米，余基出；叶柄长15-25厘米，无毛或稍微硬毛。花两性；穗状花序长7-12厘米，常2-7花序组成伞状，总梗粗长，花序轴无毛。苞片三角形，长约1毫米，具柄，盾状，具缘毛；花药肾形，长于花丝。核果倒卵圆形或楔状倒卵形，长0.7-1毫米，被腺点。花期11月。

产台湾中南部，生于海拔约300米林中。东南亚、非洲、美洲热带及亚热带地区有分布。

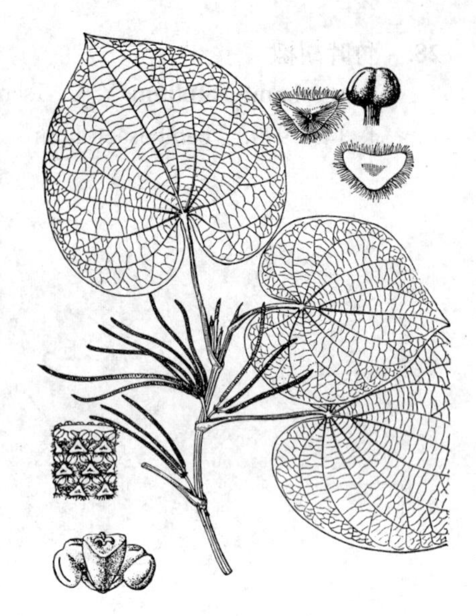

图 525 大胡椒（黄少容绘）

3. 草胡椒属 Peperomia Ruiz et Pavon

一年生或多年生草本。茎常矮小，带肉质；维管束散生。无托叶；叶对生、轮生或互生，全缘，叶脉基出。花小，两性，着生于花序轴凹处，无梗。穗状花序常直立，顶生或腋生，稀为与叶对生的细弱穗状花序，花序单生、双生或簇生，花序轴与总梗等粗或稍粗；苞片近圆形，盾状或否；雄蕊2，花丝短，花药近球形、椭球形或圆柱形；子房1室，2胚珠，柱头1，稀2裂，球形，顶端钝或短尖、喙状或画笔状，侧生或顶生。小坚果，常部分包被在花序轴凹处。

约1000种，广布于热带及亚热带地区。我国7种。

1. 叶对生或轮生，基部楔形或近圆；多年生匍匐草本。
  2. 花序轴密被短柔毛；茎干时具深沟；叶厚，干后皱缩 …………………………………… 1. **豆瓣绿 P. tetraphylla**
  2. 花序轴无毛；茎干时平滑或不规则皱缩；叶薄，干后平。
    3. 叶两面被短柔毛或硬毛。
      4. 叶具1（-3）脉；叶柄长1.5-3毫米 …………………………………… 2. **硬毛草胡椒 P. cavaleriei**
      4. 叶具3-5脉；叶柄长0.5-1.8厘米 …………………………………… 3. **石蝉草 P. blanda**
    3. 叶无毛 …………………………………… 4. **蒙自草胡椒 P. heyneana**
1. 叶互生，基部心形；一年生直立草本 …………………………………… 5. **草胡椒 P. pellucida**

1. 豆瓣绿 毛叶豆瓣绿　　图526：1-7 彩片263

Peperomia tetraphylla (Forst. f.) Hook. et Arn. Bot. Beech. Voy. 97. 1832.

Piper tetraphylla Forst. f. Prodr. 5. 1786.

Peperomia tetraphylla var. *sinensis* (C. DC.) P. S. Chen et P. C. Zhu；中国植物志20(1)：73. 1982.

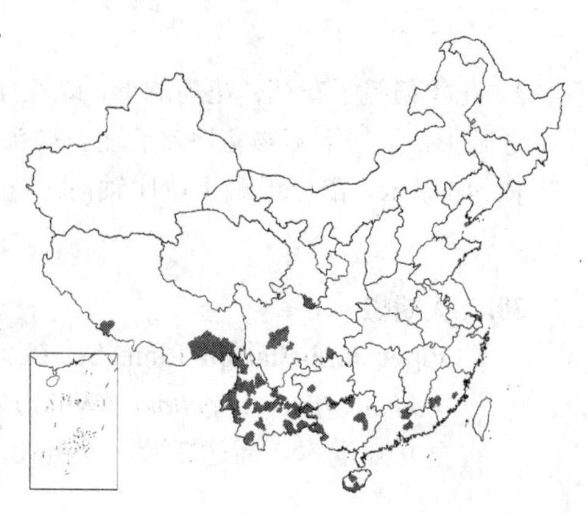

多年生肉质丛生草本，除花序轴和苞片基部外无毛。茎匍匐，多分枝，长10-30厘米，节间有粗纵棱。叶密集，(3)4片轮生，宽椭圆状近圆形，长0.9-1.2厘米，无毛，稀被疏毛，具透明腺点，干时淡黄色，具皱纹，稍背卷，叶脉3，纤细；叶柄长1-2毫米，无毛或被短柔毛。穗状花序单个顶生及腋生，长2-4.5厘米，总梗被疏毛或近无毛。苞片近圆形，具短柄；花丝短，花药近椭圆形；子房着生于花序轴凹处，柱头头状，被柔毛。小坚果近卵圆形，长约1毫米，顶端尖。花期2-4月及9-12月。

产福建、广东、海南、广西、贵州、云南、西藏南部、四川及甘肃南部，生于海拔600-1300米潮湿地石上或枯树上。东南亚、美洲、大洋洲、非洲有分布。全草药用。内服治风湿性关节炎，支气管炎，外敷治扭伤、骨折、痈疮疖肿。

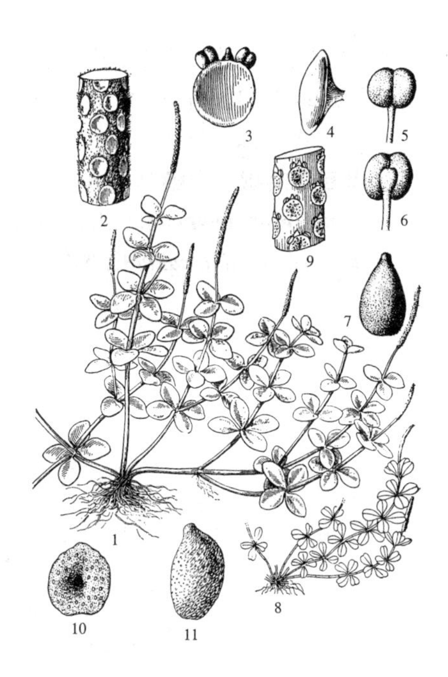

图 526：1-7. 豆瓣绿 8-11. 蒙自草胡椒
（邓盈丰 黄少容绘）

2. 硬毛草胡椒 图 527：1-4

Peperomia cavaleriei C. DC. in Nouv. Ann. Mus. Hist. Nat. 3: 41. 1914.

多年生匍匐草本，高达30厘米。茎稍肉质，分枝，密被硬毛。叶对生或3-5轮生，纸质，被腺点，宽椭圆形或长倒卵形，长1.5-2.5厘米，先端钝圆，基部楔形，两面密被硬毛，叶脉1（-3）；叶柄长1.5-3毫米，密被硬毛。穗状花序顶生及腋生，长3-5厘米，总梗疏被毛；花稍密集，着生于花序轴的凹处；苞片近圆形，具短柄，宽约0.5毫米；花丝纤细，花药球形；子房椭圆形，粗糙，被腺点，径约0.6毫米，顶端稍尖。花期5-7月。

产广西、贵州及云南，生于密林下或阴湿岩石上。

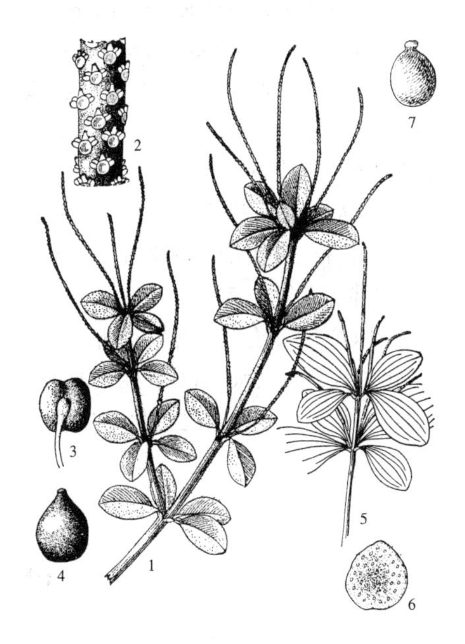

图 527：1-4. 硬毛草胡椒 5-7. 石蝉草
（黄少容绘）

3. 石蝉草 图 527：5-7

Peperomia blanda（Jacq.）Kunth in Nov. Gen. Sp. 1: 67. t. 3. 1816.

Piper blandum Jacq. Collectanea 3: 211. 1789.

Peperomia dindygulensis Miq.; 中国植物志20(1): 75. 1982.

多年生肉质草本，高达45（-50）厘米，全株被柔毛。茎直立或基部匍匐，分枝，常带红色。叶对生或3-4轮生，干时稍膜质，被腺点，椭圆形或倒卵形，下部叶有时近圆形，长2-4(-6.5)厘米，先端圆或钝，稀短尖，基部渐窄或楔形；叶脉3（-5）；叶柄长（0.5-）1-1.5厘米。穗状花序腋生及顶生，单生或2-3集生，长（3.5-）5-8(-12)厘米，总梗长0.5-1.5（-2）厘米；花疏散。苞片稍圆形，被腺点，宽约0.8毫米，花丝短，花药长椭圆形；子房倒卵圆形，顶端钝或微缺。小坚果球形或宽椭圆形，具不明显乳突，径0.5-0.7毫米。花期4-12月。

产福建、海南、广东、广西、贵州及云南，生于海拔100-1900米林谷、溪边或湿润岩石上。日本、东南亚、非洲、南美洲有分布。全草药用，可散瘀消肿、止血，治跌打刀伤、烧烫伤。

4. 蒙自草胡椒 短穗草胡椒 图526：8-11

Peperomia heyneana Miq. Syst. Piperac. 123. 1843.

Peperomia duclouxii C. DC.；中国植物志20(1)：76. 1982.

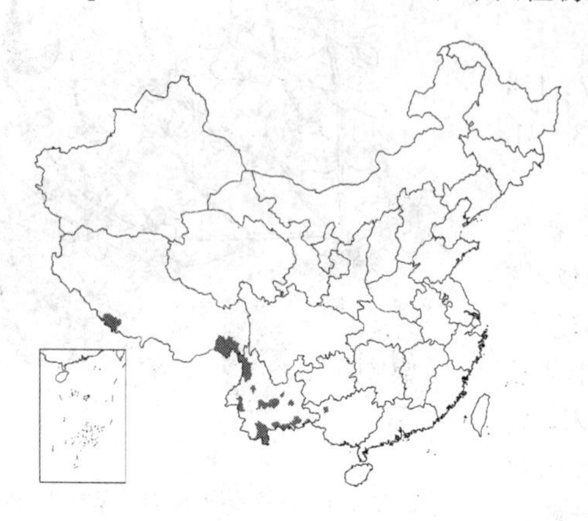

多年生丛生草本，高达15厘米。茎分枝，基部匍匐，无毛或疏被柔毛。叶对生或3-4轮生，膜质，被腺点，倒卵状长圆形或倒卵状楔形，稀近圆形，长0.5-1.5厘米，先端圆或微凹，稀沿凹缺被短缘毛，基部楔形，两面无毛或幼时被细柔毛，叶脉1-3；叶柄长1-8毫米，常无毛。穗状花序顶生，稀腋生，常单生，稀簇生，长1-4.5厘米，总梗长0.5-1.5厘米，花序轴无毛；苞片稍圆形，具短柄，宽约0.5毫米；花丝稍长于花药，花药近球形；子房偏斜，疏被乳头状柔毛。小坚果卵圆形或长卵圆形，长约0.8毫米，径约0.4毫米，粗糙。花期4-10月。

产广西西部、云南及西藏，生于海拔800-2000米密林下、沟边或湿润岩石上。尼泊尔、不丹、印度、锡金及缅甸有分布。

5. 草胡椒 图528

Peperomia pellucida (Linn.) Kunth in Nov. Gen. Sp. 64. 1815.

Piper pellucidum Linn. in Sp. Pl. 30. 1753.

一年生肉质草本，高达40厘米，除柱头外，各部无毛。茎直立或斜生，基部有时平卧，分枝。叶互生，膜质，半透明，宽卵形或卵状三角形，长宽1-3.5厘米，先端短尖或钝，基部心形，基出脉5-7，网脉不明显；叶柄长1-2厘米。穗状花序顶生或与叶对生，细弱，长2-6厘米，花疏生；苞片近圆形，宽约0.5毫米，具短柄；花丝短，花药近球形；柱头被柔毛。小坚果球形，径约0.5毫米。花期4-7月。

原产热带美洲，热带非洲、亚洲不丹、锡金、泰国及越南均有栽培，已野化。生于海拔50-200米林下湿地、石缝中或宅舍墙脚，在福建、海南、广东、广西及云南等地已野化为田间杂草。

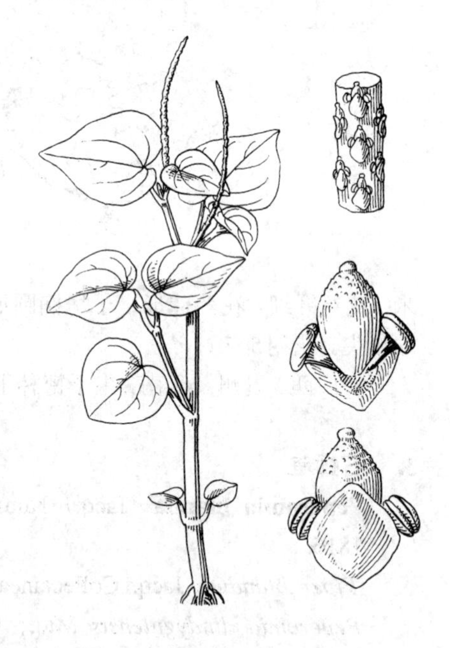

图 528 草胡椒 （引自《图鉴》）

10. 马兜铃科 ARISTOLOCHIACEAE

（黄淑美 杨春澍 周长征）

草质或木质藤本、灌木或多年生草本，稀小乔木；植物体常具油细胞。单叶，互生，具柄，无托叶；叶全缘或3-5裂，基部常心形。花两性，单生或簇生，或组成总状、聚伞或伞房状花序，顶生、腋生或生于老茎。花被花瓣状，1（2）轮，辐射对称或两侧对称，花被筒有时基部稍与子房合生，花被檐部整齐或不整齐；雄蕊6至多数，1-2轮，花丝短，离生或与花柱合生成合蕊柱，花药2室，平行，外向纵裂；子房下位，稀半下位或近上位，4-6室，心皮合生或基部合生；花柱粗短，离生或合生；胚珠每室多数，倒生，常1-2行叠置，中轴胎座或侧膜胎座。蒴果蓇葖状、长角果状或浆果状。种子多数，种皮脆骨质或稍坚硬；胚乳丰富，胚小。

约8属，600余种，主产热带及亚热带，南美洲较多，温带地区少数。我国4属，70余种。

1. 花被辐射对称，裂片整齐。
  2. 花被2轮；心皮基部合生；蒴果蓇葖状，腹缝开裂 ………………………………………… 1. 马蹄香属 **Saruma**
  2. 花被1轮；心皮合生；蒴果长角果状或浆果状。
    3. 雄蕊12，2轮；花单生；蒴果浆果状；多年生草本 ………………………………………… 2. 细辛属 **Asarum**
    3. 雄蕊6-36(-46)，1-2(3-4)轮；花多数，组成花序；蒴果长角果状 ………………… 3. 线果兜铃属 **Thottea**
1. 花被两侧对称，檐部偏斜，不整齐3裂或一侧形成1-2舌片，花被筒直伸或弯曲 …… 4. 马兜铃属 **Aristolochia**

1. 马蹄香属 **Saruma** Oliv.

（杨春澍　周长征）

多年生草本，高达1米。根茎芳香。茎被灰褐色短柔毛。叶互生，心形，长6-15厘米，两面被柔毛；叶柄长3-12厘米，被毛。花单生，花梗长2-5.5厘米，被毛；花被2轮，辐射对称，萼筒基部与子房合生，萼片3，宽心形；花瓣3，黄绿色，肾状心形，长约1厘米，具短爪；雄蕊12，2轮，子房半下位，心皮6，下部合生，上部离生。蒴果蓇葖状，腹缝开裂。种子三角状倒锥形，背面具横皱纹。

特有单种属。

马蹄香　图 529

Saruma henryi Oliv. in Hook. Icon. Pl. 19: pl. 1895. 1889.

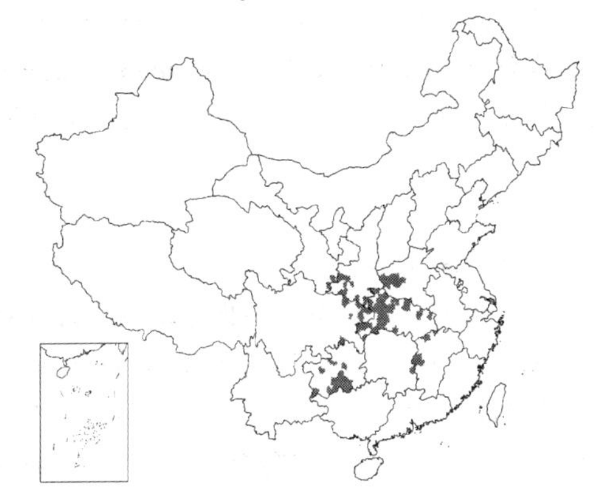

形态特征同属。花期4-7月。

产江西、湖北、贵州、四川、甘肃、陕西及河南，生于海拔600-1600米山谷林下及沟边草丛中。根茎及根药用，治胃痛、关节痛，鲜叶外用治疮。

图 529 马蹄香 （冯晋庸绘）

2. 细辛属 **Asarum** Linn.

（杨春澍　周长征）

多年生草本。根常稍肉质，芳香。茎短或无茎。叶1-2或4枚，基生、互生或对生，多近心形，全缘；叶柄基部常具膜质芽苞叶。花单生叶腋，花梗直伸或下弯；花被片3，1轮，辐射对称，紫绿或淡绿色，花被筒基部与子房合生；雄蕊12，2轮；子房半下位或下位，稀近上位，6室，花柱分离或合生成柱状，顶端6裂，柱头顶生或侧生。蒴果浆果状，不规则开裂。

约100种，分布于较温暖地区，主产亚洲东部及南部。我国约38种。多数种类可供药用，治风寒感冒、头痛、牙痛、风湿及跌打损伤。

1. 花被片分离或基部合生成极短的花被筒，花丝较长，花柱合生成柱状，柱头6裂。
  2. 花被片分离，直伸或反折。
    3. 花被片直伸，先端尾状。
      4. 叶宽卵形、三角状卵形或卵状心形，无点状白斑 ……………………………… 1. 尾花细辛 **A. caudigerum**
      4. 叶常近心形或宽卵形，叶具点状或条状白斑 …… 1(附). 花叶尾花细辛 **A. caudigerum** var. **cardiophyllum**
    3. 花被片反折，先端尖或短渐尖。

5. 植株密被白色长柔毛，干后毛黑褐色；雄蕊及花柱不伸出花被；叶卵状心形或宽卵形 …………………………………………………………………………………………………… 2. **长毛细辛 A. pulchellum**
5. 植株疏被白色柔毛；雄蕊及花柱伸出花被；叶近心形 ………………………………… 3. **双叶细辛 A. caulescens**
2. 花被基部合生成极短的花被筒。
6. 花被片先端短尖尾；叶脉被毛。
7. 叶先端尖或钝；花被片尾尖长约1毫米；雄蕊药隔不伸出，稀稍伸出 …………… 4. **铜钱细辛 A. debile**
7. 叶先端渐尖或长渐尖；花被片尾尖长3-4毫米，常内弯；雄蕊药隔伸出成尖舌状 …… 5. **短尾细辛 A. caudigerellum**
6. 花被片无尾尖；叶疏被柔毛。
8. 花被片反折，花柱细长，花梗长3-7厘米；叶疏离，叶先端渐尖 …………… 6. **单叶细辛 A. himalaicum**
8. 花被片直伸或平展，花柱粗短，花梗长0.5-1.5厘米；叶先端尖或钝 ……… 7. **地花细辛 A. geophilum**
1. 花被片合生成花被筒；雄蕊花丝极短，稀花丝较长；花柱离生或基部合生。
9. 花丝与花药近等长或稍长，稀较短，子房近上位或半下位，花柱短，花被筒喉部无膜环，花被片基部无乳突或垫状斑块。
10. 花被片直伸或近平展，花丝与花药近等长或稍长；叶先端短渐尖或尖，叶上面疏被短毛。
11. 叶下面脉被毛，叶柄无毛 ……………………………………………………………… 8. **细辛 A. sieboldii**
11. 叶下面密被短毛，叶柄疏被毛 ………………………………… 8(附). **汉城细辛 A. sieboldii** f. **seoulense**
10. 花被片反折，花丝较花药短；叶先端尖或钝，上面仅脉被毛，下面密被短毛，叶柄无毛 ……………………………………………………………………… 9. **辽细辛 A. heterotropoides** var. **mandshuricum**
9. 花丝较花药短，子房下位或半下位，稀近上位，花柱较长，花被筒喉部具膜环，花被片基部被乳突或垫状斑块，稀无。
12. 花柱顶端不裂。
13. 花被筒喉部缢缩，具膜环，内壁被凸起格状网眼；花被片不反折，基部具乳突状皱折。
14. 叶椭圆状卵形，先端渐尖 ……………………………………………………………… 10. **川北细辛 A. chinense**
14. 叶心形或卵状心形，先端尖或钝 ……………………………………………… 11. **小叶马蹄香 A. ichangense**
13. 花被筒喉部不缢缩或稍缢缩，无膜环，内壁具纵皱褶，花被片两侧反折，基部具黄色垫状斑块；叶三角状卵形或长卵形，密被黄褐色柔毛 ……………………………………………… 12. **福建细辛 A. fukienense**
12. 花柱顶端二叉分枝。
15. 花被筒长1.2-2.5厘米，喉部具膜环，稀无膜环，内壁具纵皱褶或格状网眼，花被片基部具乳突皱褶或垫状斑块(杜衡除外)。
16. 花被筒内具突起格状网眼。
17. 花被筒喉部稍缢缩或不缢缩，膜环窄或不明显。
18. 花被筒浅杯状或半球状，喉部径约1.5厘米，膜环不明显，花被片基部具半圆形乳突皱褶；叶卵状心形、长卵形或近戟形 ………………………………………………… 13. **青城细辛 A. splendens**
18. 花被筒钟状圆筒形，喉部径4-6毫米，膜环明显，花被片基部无乳突皱褶或垫状斑块；叶宽心形或肾状心形 ……………………………………………………………………… 14. **杜衡 A. forbesii**
17. 花被筒喉部极缢缩，膜环较宽，花径达6厘米，花被筒圆筒状，花被片宽卵形，基部具乳突皱褶；叶长卵形、宽卵形或近戟形，上面或具白斑 ……………………………… 15. **川滇细辛 A. delavayi**
16. 花被筒内面具纵皱，有时具细微横褶，无格状网眼。
19. 花被筒具凸起圆环，或上部稍肿胀。
20. 花被筒中部具凸起圆环，花被片基部具垫状斑块及横列乳突皱褶，喉部宽圆形；叶下面无油点 ………………………………………………………………………………………… 16. **大叶马蹄香 A. maximum**
20. 花被筒上部具凸起圆环，花被片仅具垫状斑块，无横列乳突皱褶，喉部窄三角形；叶下面被细

油点 ………………………………………………………………………………………… 17. **金耳环 A. insigne**

19. 花被筒无凸起圆环，或上部肿大，无凸环。

21. 花被筒无毛，喉部缢缩，具膜环，花被片基部具乳突皱褶。

22. 叶长卵形、宽卵形或近三角形，长15-25厘米，宽11-14厘米；每花枝具2朵花；药隔窄锥状 ……
……………………………………………………………………………… 18. **山慈姑 A. sagittarioides**

22. 叶卵状椭圆形，长8-14厘米，宽5-8厘米；每花枝具1朵花；药隔宽舌状 ………………………
……………………………………………………………… 18(附). **长茎金耳环 A. longerhizomatosum**

21. 花被筒被黄色柔毛；叶下面被黄褐色柔毛；花梗常下弯 ………………… 19. **五岭细辛 A. wulingense**

15. 花被筒漏斗状，直伸，长3-5厘米，内壁基部具疏离纵脊，花被片基部乳突向下直达管内；叶三角状宽卵形或卵状椭圆形，上面具白斑，下面无油点 ……………………………………………… 20. **祁阳细辛 A. magnificum**

1. 尾花细辛 图 530：1-6 彩片 264

Asarum caudigerum Hance in Journ. Bot. 19: 142. 1881.

多年生草本，全株被柔毛。叶宽卵形、三角状卵形或卵状心形，长4-10厘米，先端尖或渐尖，基部深心形；上面疏被长柔毛，下面毛较密；叶柄长5-20厘米，芽苞叶卵形或卵状披针形，下面及边缘密被柔毛。花被绿色，被紫红色簇生毛；花梗长1-2厘米，被柔毛；花被片直伸，先端尾尖，花被筒径0.8-1厘米，内被柔毛，具纵纹，花被片卵状长圆形，先端具长达1.2厘米尾尖；雄蕊长于花柱，花丝长于花药，药隔伸出；子房下位，具6棱，花柱合生，柱头6裂。果近球状，径约1.8厘米，花被宿存。花期4-5月，

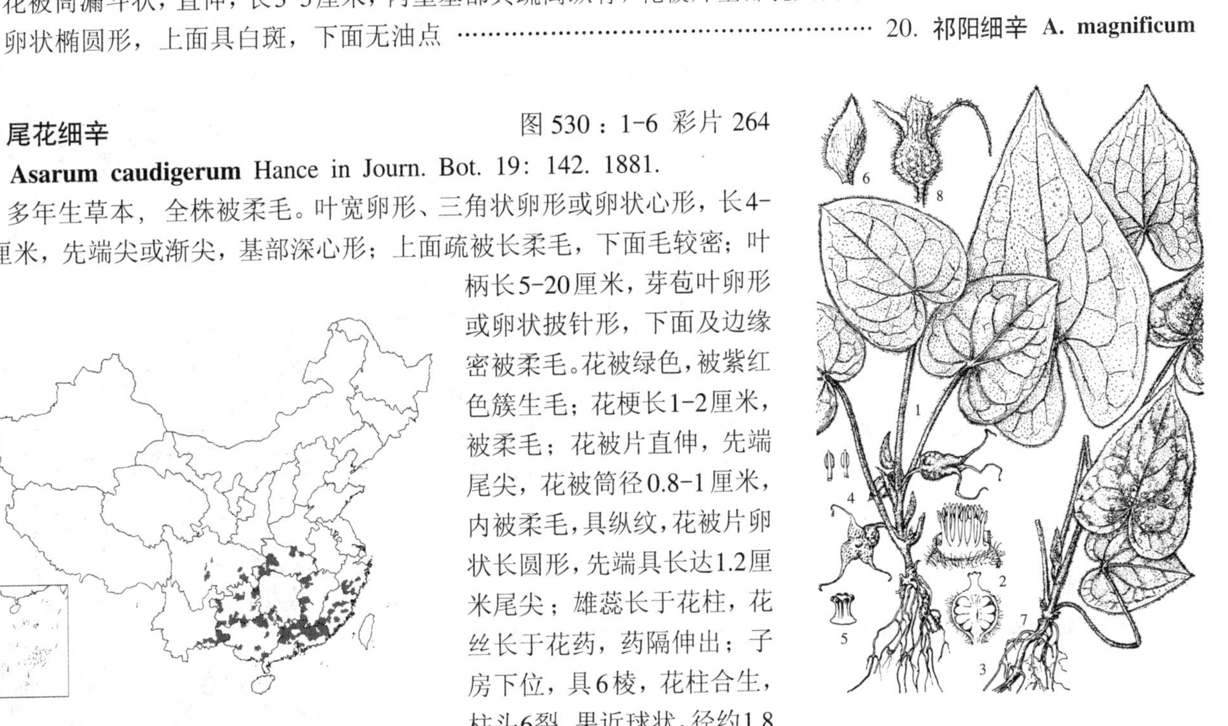

图 530: 1-6. 尾花细辛 7-8. 花叶尾花细辛（引自《中国植物志》）

产浙江、福建、江西、湖北、湖南、广东、广西、贵州云南及四川，生于海拔350-1660米林下、溪边及阴湿地。越南有分布。

［附］ **花叶尾花细辛** 图 530：7-8 **Asarum caudigerum** var. **cardiophyllum**（Franch.）C. Y. Cheng et C. S. Yang in Journ. Arn. Arb. 64: 568. 1983.—— *Asarum cardiophyllum* Franch. in Bull. Mus. Hist. Nat. Paris 1: 65. 1895. 本变种与模式变种的区别：叶上面具点状或条块状白斑。花期3月。产云南、贵州及四川，生于海拔500-1200米林下湿地。

2. 长毛细辛 图 531

Asarum pulchellum Hemsl. in Gard. Chron. ser. 3, 7: 422. 1890.

多年生草本，全株密被白色长柔毛（干后黑褐色）。根茎长达50厘米。地上茎长3-7厘米，多分枝。叶对生，卵状心形或宽卵形，长5-8厘米，先端尖或渐尖，基部心形，两面密被长柔毛；叶柄长10-22厘米，被长柔毛；芽苞叶卵形，下面及边缘密被长柔毛。花梗长1-2.5厘米；花被筒下部近球形，径约1厘米，花被片卵形，紫色，先端黄白色，被柔毛，反折；雄蕊与花柱近等长，不伸出花被，花丝较花药长约2倍，药隔短舌状；子房半下位，具6棱，被柔毛，花柱合生，顶端辐射6裂。果近球状，径约1.5厘米。花

期4-5月。

产安徽、浙江、福建、江西、湖北、湖南、贵州、云南及四川，生于海拔1200-1700米林下。日本有分布。

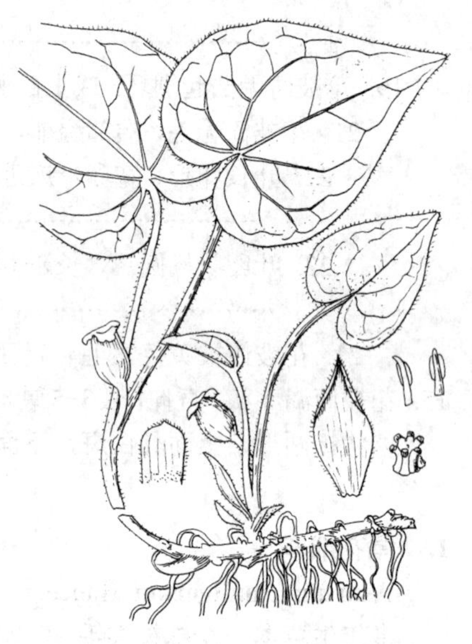

图 531 长毛细辛 （引自《中国植物志》）

3. 双叶细辛 图 532

Asanum caulescens Maxim. in Bull. Acad. Sci. St. Pétersb. 17: 162. 1872.

多年生草本。茎明显。叶1-2对，近心形，长4-9厘米，先端渐尖，基部深心形，两面疏被柔毛，下面毛较密；叶柄长6-12厘米，无毛，芽苞叶近圆形，边缘密生睫毛。花紫色，花梗长1-2厘米，被柔毛；花被片三角状卵形，长约1厘米，开花时上部反折；雄蕊及花柱常伸出花被，花丝较花药长约2倍，药隔锥尖；子房近下位，具6棱，花柱合生，顶端6裂，裂片倒心形，柱头侧生。果近球形。花期4-5月。

产陕西南部、甘肃南部、四川、湖北及贵州，生于海拔1200-1700米林下。日本有分布。

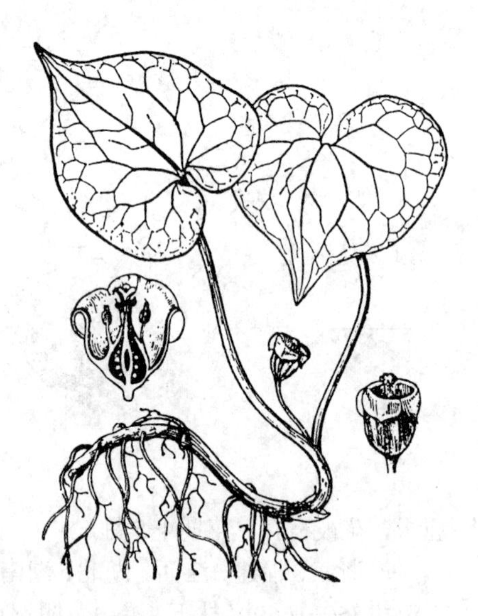

图 532 双叶细辛 （引自《中国植物志》）

4. 铜钱细辛 图 533

Asarum debile Franch. in Journ. de Bot. 12: 305. 1898.

多年生草本，高达15厘米。叶2片对生枝顶，心形，长2.5-4厘米，先端尖或钝，上面疏被柔毛，脉上较密，下面无毛或脉被毛；叶柄长5-12厘米，芽苞叶卵形，边缘密生睫毛。花紫色；花梗长1-1.5厘米，无毛；花被筒短，径约8毫米，花被片宽卵形，被长柔毛，长约1厘米，先端短尾尖，长约1毫米；雄蕊12，与花柱近等长，花丝较花药长约1.5倍，药隔常不伸出；子房下位，近球形，具6棱，花柱合生，顶端辐射6裂。花期5-6月。

产甘肃南部、陕西南部、湖北西部及四川，生于海拔1300-2300米林下石缝或溪边。

5. 短尾细辛 图 534

Asarum caudigerellum C. Y. Cheng et C. S. Yang in Journ. Arn. Arb. 64: 571. f. 3. 1983.

多年生草本，高达30厘米。叶对生，心形，长3-7厘米，先端渐尖或长渐尖，上面疏被柔毛，脉上较密，下面脉被毛；叶柄长4-18厘米，芽苞叶宽卵形。花被筒短，径约1厘米，花被片三角状卵形，被长柔毛，长约1厘米，先端短尾尖，长3-4毫米，常内弯；雄蕊长于花柱，花丝稍长

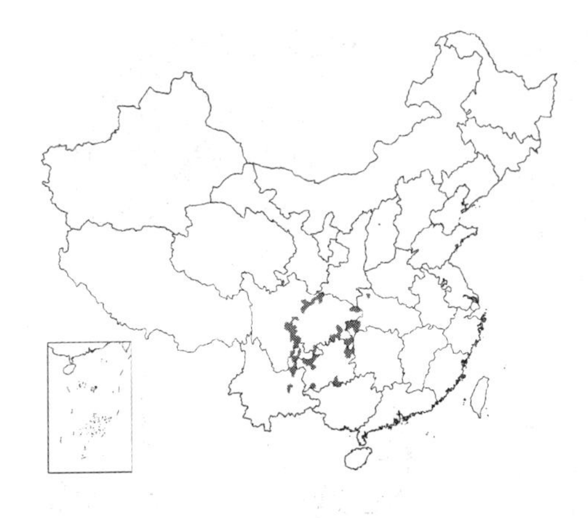

于花药，药隔伸出成尖舌状；子房下位，具6纵棱，被长柔毛，花柱合生，顶端辐射状6裂。果肉质，近球形。花期4-5月。

产湖北西部、四川、云南东北部及贵州，生于海拔1600-2100米林下阴湿地或水边岩缝中。

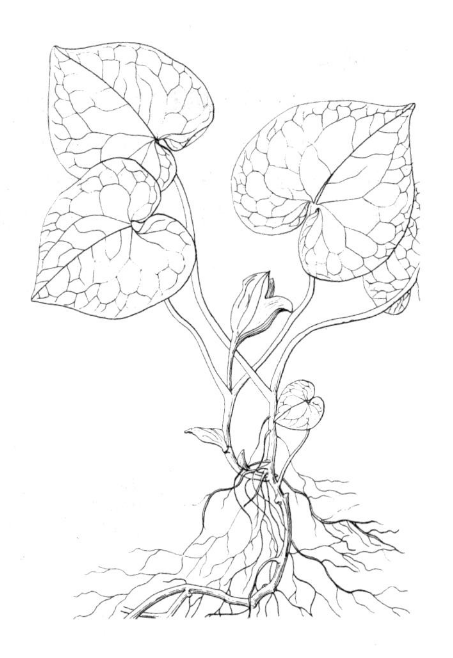

图 533 铜钱细辛 （引自《图鉴》）

6. 单叶细辛 图 535

Asarum himalaicum Hook. f. et Thoms ex Klotzsch. in Monatsb. Akad. Wiss. eBrl. 1: 385. 1859.

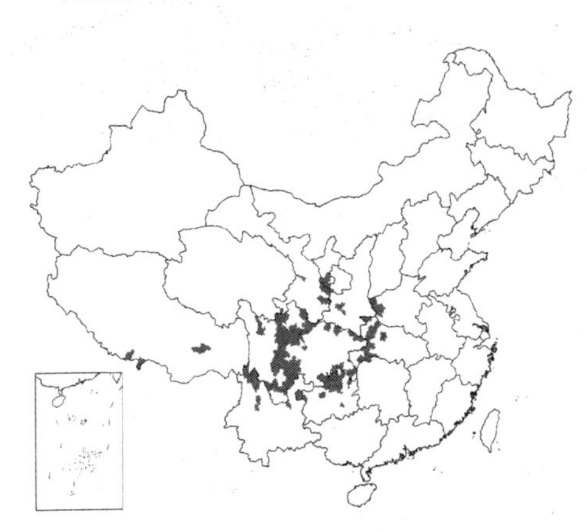

多年生草本。叶互生，疏离，心形或圆心形，长4-8厘米，先端渐尖或短渐尖，两面疏被柔毛，上面及叶缘毛较长；叶柄长10-25厘米，被毛，芽苞叶圆卵形。花深紫红色；花梗细，长3-7厘米，被毛，后渐脱落；花被筒短，花被片三角形，反折；雄蕊与花柱等长或稍长，花丝较花药长约2倍，药隔短锥形伸出；子房半下位，具6棱，花柱合生，顶端辐射状6裂。果近球形。花期4-6月。

产河南西部、陕西南部、甘肃南部、宁夏、西藏、云南、四川、贵州及湖北，生于海拔1300-3100米林下湿地。印度及锡金有分布。

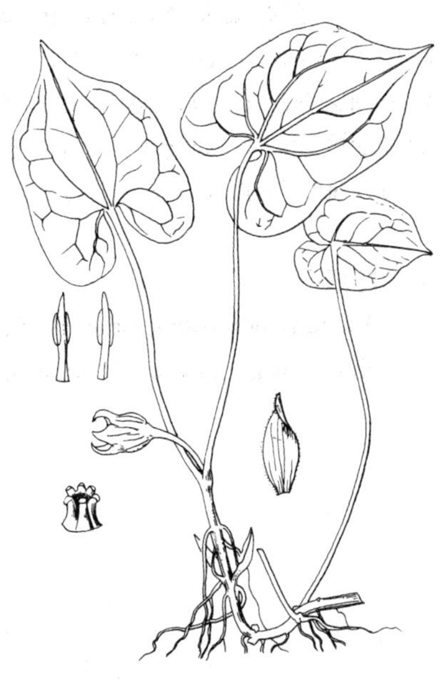

图 534 短尾细辛 （引自《图鉴》）

7. 地花细辛 图 536

Asarum geophilum Hemsl. in Gard. Chron. ser. 3, 7: 422. 1890.

多年生草本，全株散生柔毛。叶圆心形、卵状心形或宽卵形，长5-10厘米，宽5.5-12.5厘米，先端钝或尖，上面疏被短毛或无毛，下面初被密毛，后渐脱落；叶柄长3-15厘米，密被黄褐色柔毛，芽苞叶卵形或长卵形，密被柔毛。花紫色；花梗长0.5-1.5厘米，常下弯；花被筒长约5毫米，径0.6-1厘米，具凸环，花被片直伸或平展，卵圆形，淡绿色，密被紫色点状簇生毛，边缘黄色，长约8毫米，直伸或平展，雄蕊花丝稍短于花药，药隔伸出，锥尖或舌状；子房下位，具6棱，花柱粗短，柱头向外下延成线形。果卵圆形，褐黄色，花被宿存。花期4-6月。

产广东、广西及贵州，生于海拔250-700米密林下或山谷湿地。

8. 细辛 图 537 彩片 265

Asarum sieboldii Miq. in Ann. Mus. Bot. Lugd.-Bat. 2: 134. 1865.

多年生草本。叶心形或卵状心形，长4-11厘米，先端渐尖或尖，上面疏被短毛，脉上较密，下面仅脉被毛；叶柄长8-18厘米，无毛，芽苞叶肾圆形，边缘疏被柔毛。花紫黑色；花梗长2-4厘米；花被筒钟状，径1-1.5厘米，内壁具疏离纵皱褶，花被片三角状卵形，长约7毫米，直伸或近平展；花丝与花药近等长或稍长，药隔短锥形，子房半下位或近上位，花柱6，较短，顶端2裂，柱头侧生。果近球形，褐黄色。花期4-5月。

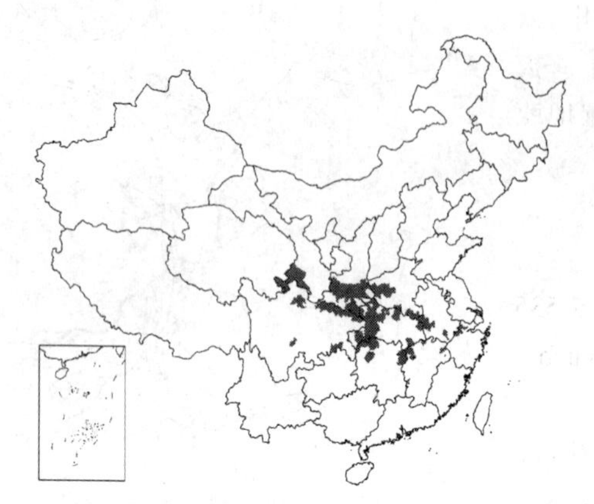

产陕西南部、河南西部、山东东部、安徽、浙江、江西、湖北、湖南及四川，生于海拔1200-2100米林下阴湿地。日本及朝鲜有分布。

［附］**汉城细辛 Asarum sieboldii** f. **seoulense**（Nakai）C. Y. Cheng et C. S. Yang in Journ. Arn. Arb. 64: 577. 1983. —— *Asarum sieboldii* var. *seoulense* Nakai in Fedde, Repert. Sp. Nov. 13: 267. 1914. 本变型与模式变型的区别：叶下面密被短毛，叶柄疏被毛。产吉林东部及辽宁东南部，生于海拔500-1200米林下及沟边。朝鲜有分布。

9. 辽细辛 图 538

Asarum heterotropoides Fr. Schmidt var. **mandshuricum**（Maxim.）Kitag. awa, Lineam. Fl. Mansh. 174. 1939.

Asarum sieboldii Miq. var. *mandshuricum* Maxim. in Mel. Biol. 8: 399. 1871.

多年生草本。叶卵状心形或近肾形，长4-9厘米，宽5-13厘米，先端尖或钝，上面脉被毛，下面毛较密；叶柄无毛，芽苞叶近圆形。花紫褐色；花梗长3-5厘米；花被筒壶状或半球形，径约1厘米，喉部稍缢缩，内壁具纵皱褶，花被片三角状卵形，长约7毫米，基部反折，贴于花被筒；花丝较花药短，药隔不伸出；子房半下位或近上位，花柱6，顶端2裂，柱头侧生。果半球状，径约1.2厘米。花期5月。

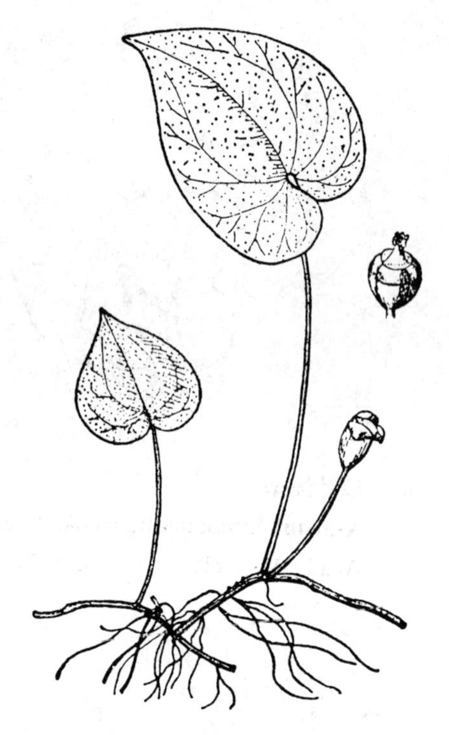

图 535 单叶细辛 （引自《中国植物志》）

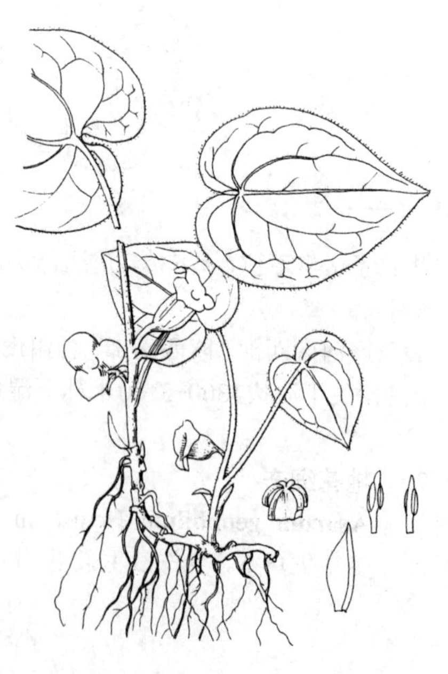

图 536 地花细辛 （引自《图鉴》）

产黑龙江、吉林、辽宁及河南，生于海拔500-900米山坡林下、山沟阴湿地。

10. 川北细辛 图 539

Asarum chinense Franch. in Journ. de Bot. 12: 303. 1898.

多年生草本。叶椭圆状卵形，长3-7厘米，先端渐尖，基部深心形，上

面绿色，有时具白色网纹，下面淡绿色或带紫红色；叶柄长5-15厘米，芽苞叶卵形。花紫红或紫绿色；花梗长约1.5厘米；花被筒球形或卵球形，径约1厘米，喉部缢缩具短颈，膜环宽约1毫米，内壁具格状网眼，花被片宽卵形，长约1厘米，基部密被乳突成半圆形；花丝极短，药隔不伸出或稍伸出；子房近上位或半下位，花柱离生，柱头近侧生。花期4-5月。

产湖北西部及四川东部，生于海拔1300-1500米林下或山谷湿地。

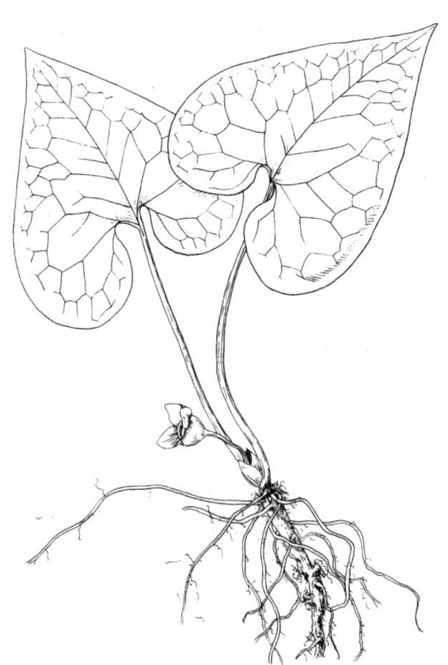

图 537 细辛 （引自《图鉴》）

11. 小叶马蹄香 图 540

Asarum ichangense C. Y. Cheng et C. S. Yang in Journ. Arn. Arb. 64: 579. f. 3. 1983.

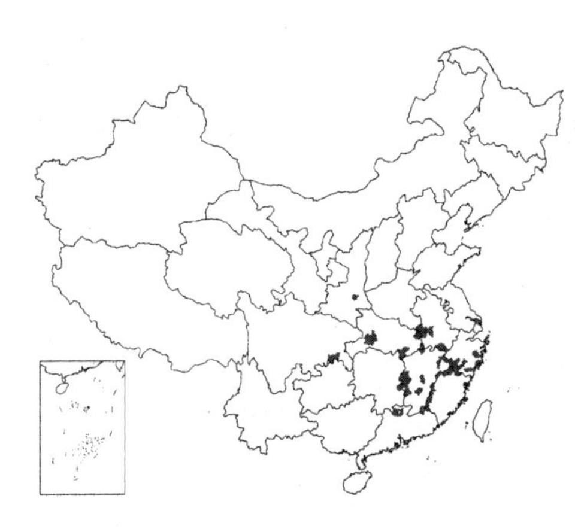

多年生草本。叶心形或卵状心形，长3-6厘米，先端尖或钝，上面有时中脉两侧有白斑，脉上或近边缘被短毛，下面淡绿或带紫色，无毛；叶柄长3-15厘米，芽苞叶卵形或长卵形。花紫色；花梗长约1厘米；花被筒球状，径约1厘米，喉部缢缩，膜环宽约1毫米，内壁具格状网眼，花被片三角状卵形，长1-1.4厘米，基部具乳突皱褶；药隔伸出，圆形，微内凹；子房近上位，花柱6，柱头顶生。花期4-5月。

产安徽、浙江、福建、江西、湖北、湖南、广东、四川及陕西，生于海拔330-1400米林下草丛或溪边阴湿地。

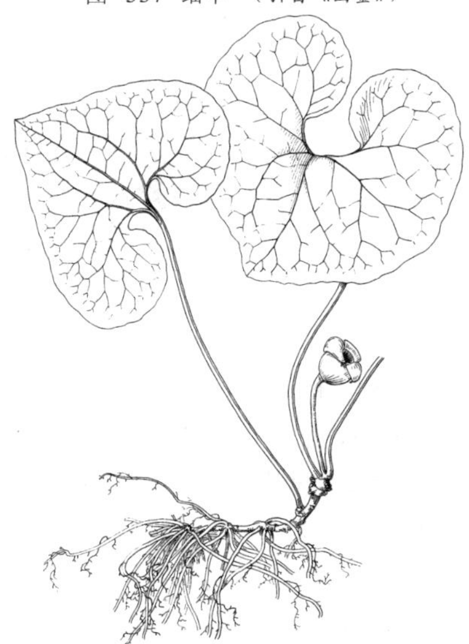

图 538 辽细辛 （冯晋庸绘）

12. 福建细辛 图 541

Asarum fukienense C. Y. Cheng et C. S. Yang in Journ. Arn. Arb. 64: 581. f. 4. 1983.

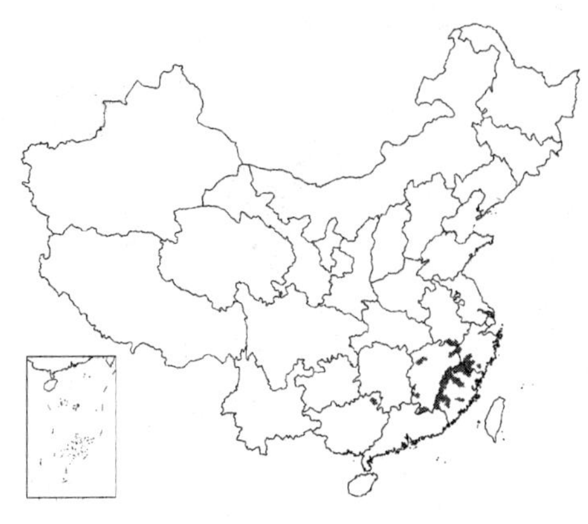

多年生草本。叶三角状卵形或长卵形，长4.5-10厘米，先端尖或短尖，基部深心形，上面沿中脉疏被短毛，下面密被褐色柔毛；叶柄长7-17厘米，被黄色柔毛，芽苞叶卵形，下面及边缘密被柔毛。花绿紫色；花梗长1-2.5厘米，密被褐黄色柔毛，常下弯；花被筒圆筒状，长约1.5

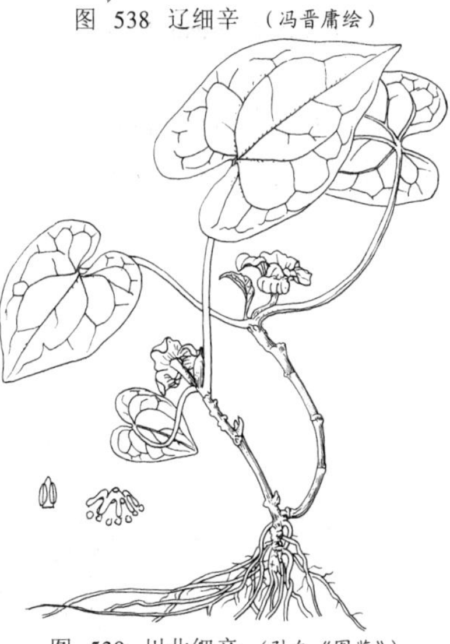

图 539 川北细辛 （引自《图鉴》）

厘米，径1厘米，被黄色柔毛，喉部不缢缩或稍缢缩，无膜环，内壁具纵皱褶，花被片宽卵形，两侧反折，中部至基部具半圆形黄色垫状斑块；药隔锥尖；子房下位，具6棱，花柱离生，顶端不裂，柱头卵形，顶生或近顶生。果卵球形，花被宿存。花期4-11月。

产安徽、浙江、福建、江西及广西，生于海拔300-1000米山谷林下阴湿地。

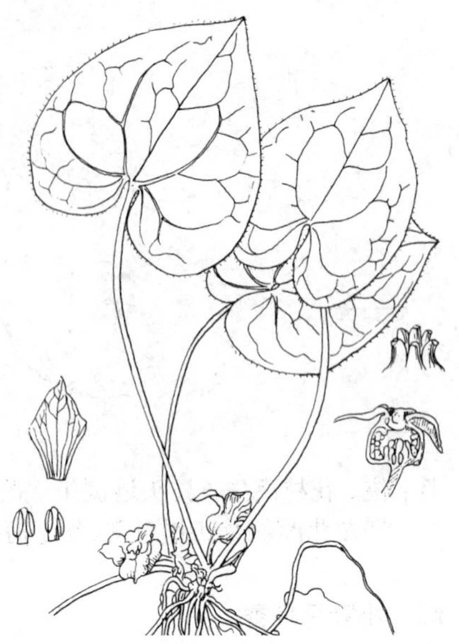
图 540 小叶马蹄香 （引自《图鉴》）

13. 青城细辛 图 542 彩片 266

Asarum splendens (Maekawa) C. Y. Cheng et C. S. Yang, Fl. Reipubl. Popul. Sin. 24: 180. 1988.

Heterotropa splendens Maekawa in Journ. Jap. Bot. 57(9): 261. f. 1. et t. 14. 1982.

多年生草本。叶卵状心形、长卵形或近戟形，长6-10厘米，先端尖，基部深心形或近心形，上面中脉两侧具白斑，脉上及近边缘被短毛；叶柄长6-18厘米，芽苞叶卵形，具睫毛。花绿紫色，径5-6厘米；花梗长约1厘米；花被筒浅杯状或半球形，长约1.4厘米，径约2厘米，内壁具格状网眼，喉部稍缢缩，径约1.5厘米，膜环不明显，花被片宽卵形，基部具半圆形乳突皱褶；雄蕊药隔伸出，子房近上位，花柱顶端2裂或稍下凹，柱头侧生。花期4-5月。

产湖北西部、四川、贵州及云南，生于海拔850-1300米陡坡草丛中或竹林下阴湿地。

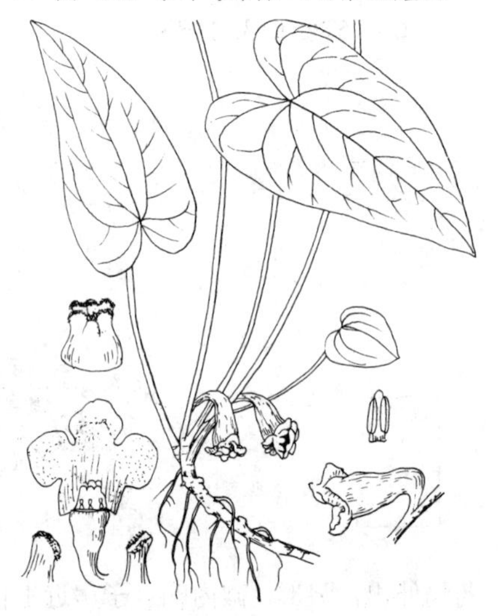
图 541 福建细辛 （引自《图鉴》）

14. 杜衡 图 543 彩片 267

Asarum forbesii Maxim. in Bull. Acad. Sci. St. Pétersb. 31: 92. 1887.

多年生草本。叶宽心形或肾状心形，长3-8厘米，先端钝或圆，上面中脉两侧具白斑，脉上及边缘被短毛；叶柄长3-15厘米，芽苞叶肾状心形或倒卵形，边缘具睫毛。花暗紫色，花梗长1-2厘米；花被筒钟状或圆筒状，长1-1.5厘米，径0.8-1厘米，内壁具格状网眼，喉部不缢缩，径4-6毫米，膜环宽不及1毫米，花被片直伸，卵形，长5-7毫米，基部无乳突皱褶及垫状斑块；药隔稍伸出；子房半下位，花柱离生，顶端2浅裂，柱头卵

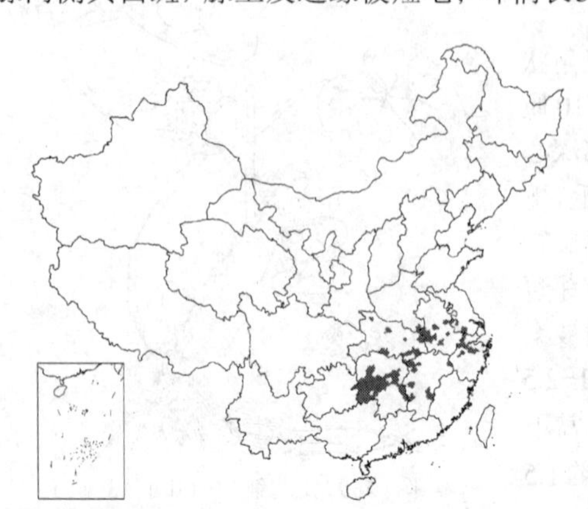

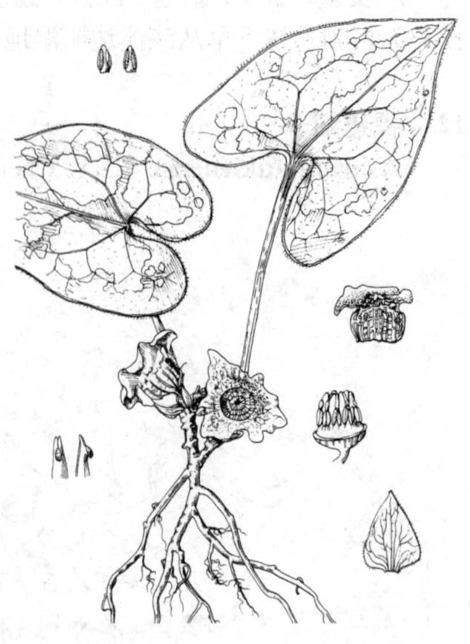
图 542 青城细辛 （仿《中国植物志》）

形，侧生。花期4-5月。

产江苏南部、安徽、浙江、江西、湖北、湖南及河南南部，生于海拔800米以下林中沟边湿地。

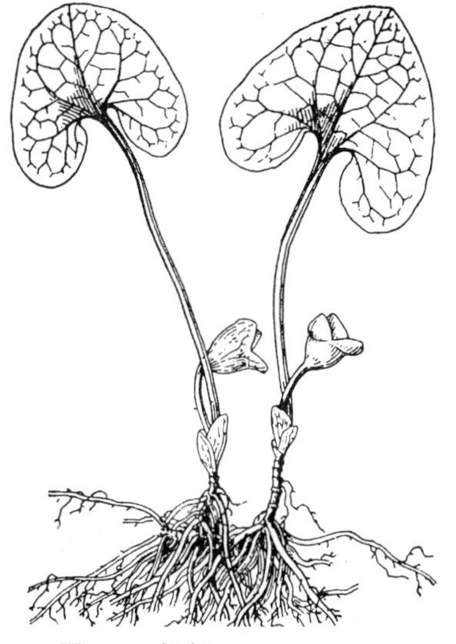

图 543 杜衡 （引自《图鉴》）

15. 川滇细辛 图 544 彩片 268

Asarum delavayi Franch. in Bull. Mus. Hist. Nat. Paris 1: 66. 1895.

多年生草本。叶卵形或近戟形，长7-12厘米，先端长渐尖，基部深心形，两侧裂片常外展，上面有时具白斑，疏被短毛；叶柄长达21厘米，无毛或疏被毛，芽苞叶长卵形或卵形，边缘具睫毛。花紫绿色，径4-6厘米；花梗长1-3.5厘米，无毛；花被筒圆筒状，长约2厘米，中部径约1.5厘米，内壁具格状网眼，喉部极缢缩，膜环宽约2毫米，花被片宽卵形，长2-3厘米，基部具乳突状皱褶；药隔伸出，宽卵形或锥尖；子房近上位或半下位，花柱6，离生，顶端2裂，柱头侧生。花期4-6月。

产云南东北部、贵州东部及四川南部，生于海拔800-1600米林下阴湿岩坡。

图 544 川滇细辛 （引自《图鉴》）

16. 大叶马蹄香 图 545

Asarum maximum Hemsl. in Gard. Chron. ser. 3, 7: 422. 1890.

多年生草本。叶卵形或近戟形，长6-13厘米，先端尖，基部心形，上面偶具白斑，脉上及边缘被短毛，下面无油点；叶柄长10-23厘米，芽苞叶卵形，边缘密被睫毛。花紫黑色，径4-6厘米；花梗长1-5厘米；花被筒钟状，长约2.5厘米，径1.5-2厘米，中部具凸起圆环，内壁具纵皱褶，喉部宽圆形，径约1厘米，无膜环或仅具膜环状皱褶，花被片宽卵形，长2-4厘米，基部具垫状斑块及横列乳突状皱褶；药隔伸出，钝尖；子房半下位，花柱6，顶端2裂，柱头侧生。花期4-5月。

产江西、湖北、湖南及四川东部，生于海拔600-800米林下。

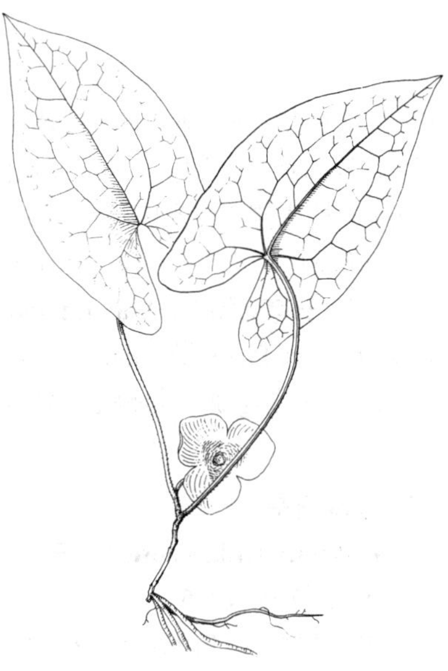

图 545 大叶马蹄香 （冯晋庸绘）

17. 金耳环 图 546

Asarum insigne Diels in Notizbl. Bot. Gart. Berl. 10: 855. 1930.

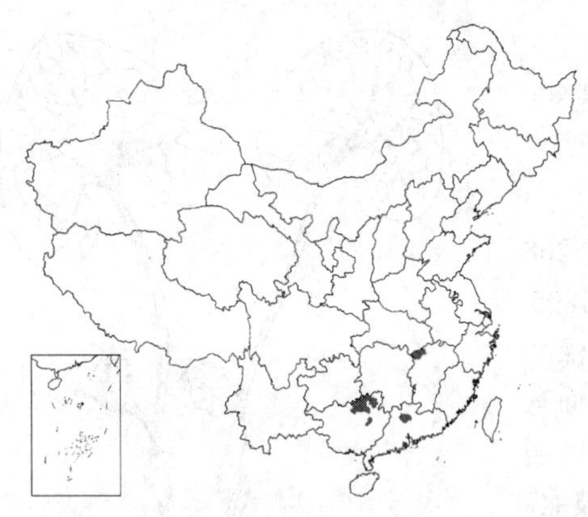

多年生草本。叶卵形，长10-15厘米，先端尖或渐尖，基部深耳状，上面中脉两侧常具白斑，疏被短毛，下面被细油点，脉上及边缘被柔毛；叶柄长10-20厘米，被柔毛，芽苞叶卵形，边缘具睫毛。花紫色，径3.5-5.5厘米；花梗长2-9.5厘米；花被筒钟状，长1.5-2.5厘米，径约1.5厘米，上部具凸起圆环，内壁具纵皱，喉部窄三角形，无膜环，花被片宽卵形或肾状卵形，长1.5-2.5厘米，中部至基部具白色半圆形垫状斑块；药隔伸出；子房下位，具6棱，花柱6，顶端2裂，柱头侧生。花期3-4月。

产江西西北部、广东北部及广西东北部，生于海拔450-700米林下湿地或山坡。

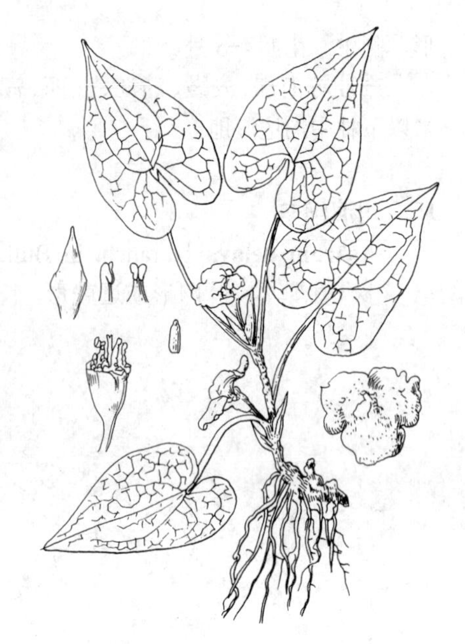

图 546 金耳环 （引自《图鉴》）

18. 山慈菇 图 547

Asarum sagittarioides C. F. Liang in Acta Phytotax. Sin. 13(2): 23. pl. 5. f. 7-11. 1975.

多年生草本。叶长卵形、宽卵形或近三角形，长15-32厘米，宽11-14厘米，先端渐尖，基部深心形或耳形，上面常具云斑，下面初被短毛，后渐脱落；叶柄长15-25厘米，芽苞叶卵形，边缘密被睫毛。每花枝常具2花，花紫绿色，径2.5-3厘米；花梗长约1.5厘米；花被筒圆筒状，无毛，长1.5-2.5厘米，径0.7-1.2厘米，内壁具纵皱褶，喉部缢缩，膜环宽约2毫米，花被片卵状肾形，长1-1.4厘米，基部具乳突皱褶；药隔伸出，窄锥状；子房半下位，花柱离生，顶端2裂。柱头侧生。果卵圆形。花期11月至翌年3月。

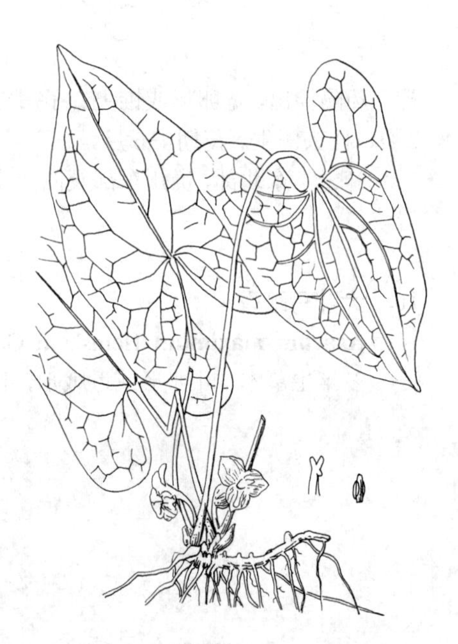

图 547 山慈菇 （引自《图鉴》）

产江西、广东及广西，生于海拔960-1200米山坡林下或溪边阴湿地。

［附］**长茎金耳环 Asarum longeorhizomatoxum** C. F. Liang et C. S. Yang in Acta Phytotax. Sin. 13(2): 21. pl. 1. f. et pl. 2. f. 4-10. 1975. 本种与山慈菇的区别：叶卵状椭圆形，长8-14厘米，宽5-8厘米；每花枝常

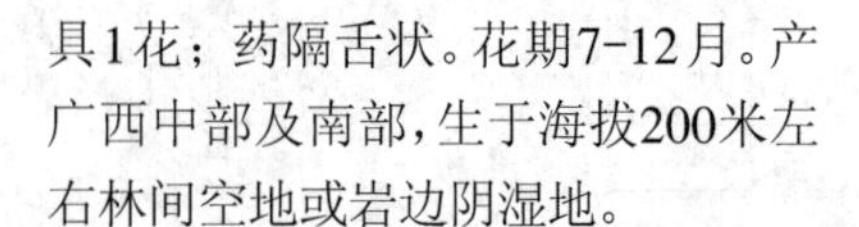

具1花；药隔舌状。花期7-12月。产广西中部及南部，生于海拔200米左右林间空地或岩边阴湿地。

19. 五岭细辛 图 548

Asarum wulingense C. F. Liang in Acta Phytotax. Sin. 13(2): 22. pl. 5. 1-6. 1975.

多年生草本。叶长卵形或卵状椭圆形，长7-17厘米，先端尖或短渐尖，基部耳形或耳状心形，上面偶具云斑，无毛，下面密被褐黄色柔毛；叶柄长7-18厘米，被短柔毛，芽苞叶卵形，边缘密被睫毛。花绿紫色；花梗长约2厘米，常下弯，被黄色柔毛；花被筒圆筒状，长约2.5厘米，径约1.2厘

米，基部常稍窄缩，被黄色柔毛，内壁具纵皱褶，喉部缢缩或稍缢缩，膜环宽约1毫米，花被片三角状卵形，长约1.5厘米，基部具乳突皱褶；药隔伸出，舌状；子房下位，花柱离生，顶端二叉分裂，柱头侧生。花期12月至翌年4月。

产浙江西部、江西西部及南部、湖南西南部及南部、广东北部、广西东北部、贵州，生于海拔1100米左右林下阴湿地。

图 548 五岭细辛 （引自《图鉴》）

20. 祁阳细辛 图 549 彩片 269

Asarum magnificum Tsiang ex C. Y. Cheng et C. S. Yang in Journ. Arn. Arb. 64: 593. f. 11. 1983.

多年生草本。叶三角状卵形或卵状椭圆形，长6-13厘米，先端尖，基部心状耳形，上面中脉被短毛，两侧具白斑，下面无毛，无油点；叶柄长6-16厘米，芽苞叶卵形，边缘密被睫毛。花绿紫色；花梗长约1.5厘米；花被筒漏斗状，直伸，长3-5厘米，径约1.5厘米，喉部不缢缩，内壁基部具疏离纵脊，花被片三角状卵形，长约3厘米，先端及边缘紫绿色，中部以下紫色，基部具三角形乳突区，向下延伸于管部成疏离纵列，至花被筒基部呈纵皱褶；药隔锥尖；子房下位，花柱离生，顶端2裂，柱头侧生。花期3-5月。

产安徽南部、浙江西部、江西、湖北、湖南及广东，生于海拔300-700米林下阴湿地。

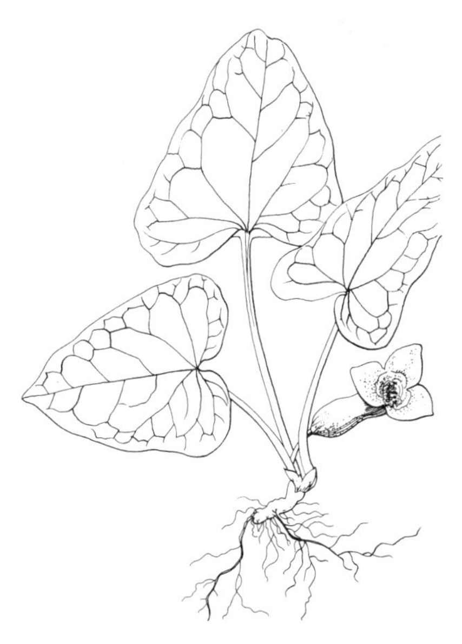

图 549 祁阳细辛 （孙英宝绘）

3. 线果兜铃属 Thottea Rottb.

（黄淑美）

灌木或亚灌木。叶全缘。花组成总状、聚伞、伞房或蝎尾状聚伞花序。花被1轮，辐射对称，宽钟状、壶状或杯状，颈部内面常具环，檐部3-4裂，裂片等大，花蕾时镊合状排列；花盘杯状或缺；雄蕊6-36（-46），1-2（-3-4）轮，花丝短或缺，离生或部分合生，常与花柱合生或合蕊柱，子房下位，4室，胚珠多数，悬垂，两行排列；花柱粗短，（2-）5-20裂，裂片直立或放射状。蒴果长角果状，常具四棱。种子常三棱状，稀扁平；种皮具皱纹或疣状凸起，稀平滑，常内卷在海绵状纤维质体内。

约25种，产印度、越南、马来西亚、菲律宾及印度尼西亚。我国1种。

海南线果兜铃 阿柏麻 图 550

Thottea hainanensis (Merr. et Chun) D. Hou in Blumea 27(2): 321. 1980. — *Apama hainanensis* Merr. et

Chun in Sunyatsenia 2: 220. pl. 43. 1935.

亚灌木，高达1米。茎节常肿大。叶倒卵形或长圆形，长20-30厘米，先端短尖或短渐尖，基部近圆，无毛或叶脉被柔毛，侧脉8-12对；叶柄长约1厘米，被柔毛。聚伞花序组成总状或伞房状花序，长3-5厘米，腋生；花多数密集。苞片披针形，长4-9毫米，被平伏粗毛；花紫红色，钟状，长约1厘米，檐部3-4裂；雄蕊8-9，1轮，合蕊柱顶端6-8裂。蒴果长约5厘米，径约5毫米，被毛。种子长圆状卵圆形，长约3.5毫米，被疣状凸起。花期8-12月，果期翌年1-3月。

产海南，生于密林中。

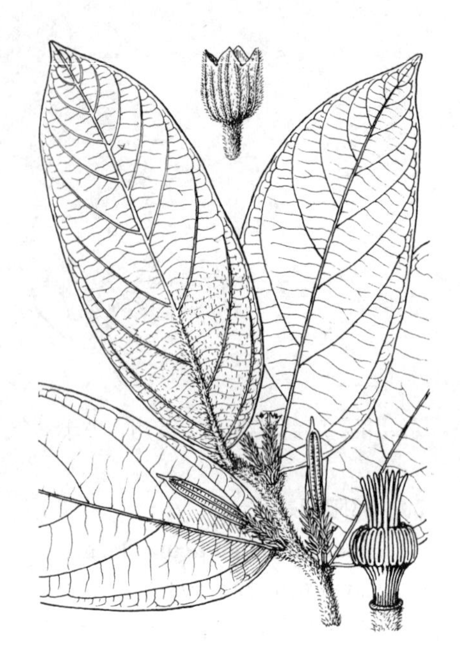

图 550 海南线果兜铃 （余汉平绘）

4. 马兜铃属 Aristolochia Linn.

（黄淑美）

藤本或亚灌木，稀小乔木。常具块根。叶互生，全缘或3-5裂。花组成总状花序，稀单生。花被1轮，两侧对称，花被筒直伸或弯曲，基部常肿大，檐部偏斜，不整齐3裂或一侧形成1-2舌片，色艳丽，常具腐肉味；雄蕊（4-）6（-10），1轮，常单个或成对与合蕊柱裂片对生，花丝缺；子房下位，（4-5）6室或子室不完全。侧膜胎座；合蕊柱肉质，顶端常3-6裂。蒴果室间开裂或沿侧膜开裂。种子多数，藏于内果皮中，种脊增厚或翅状，种皮脆骨质或坚硬，胚乳肉质，胚小。染色体基数x=6或x=7。

约350种，分布于热带及温带地区。我国30余种。本属多种植物供药用。据文献报道，某些植物含具抗癌作用的马兜铃酸，有些成分可降血压。

1. 木质藤本，稀亚灌木；花被筒中部膝状弯曲，合蕊柱顶端3裂，花药成对与合蕊柱裂片对生；蒴果由上而下开裂。
  2. 花被檐部盘状或喇叭状，3裂，裂片平展或外反。
    3. 花被檐部盘状，喉部径较花被筒小或近等大。
      4. 叶多型，全缘或基部两侧具2圆裂片。
        5. 小苞片膜质，卵形或披针形 ………………………… 1. **大叶马兜铃 A. kaempferi**
        5. 小苞片纸质，宽卵形或圆形 ………………… 1(附). **异叶马兜铃 A. kaempferi** var. **heterophylla**
      4. 叶单型。
        6. 叶心形、圆形或卵状心形，基出脉5-9。
          7. 花被檐部径3.5-12厘米。
            8. 幼枝、叶下面及花序密被褐黄或淡褐色长硬毛；花被檐部径3.5-4.5厘米，上面被暗红色棘状突起 ………………………… 2. **广西马兜铃 A. kwangsiensis**
            8. 幼枝、叶下面及花序被白色或红褐色长柔毛；花被檐部径4-12厘米，被黑色乳点或黄色斑纹。
              9. 幼枝、叶下面及花序密被白色长柔毛；花被筒中部马蹄形弯曲，下部管状，花被檐部径达6厘米；种子三角状心形，长6-7毫米，背面被疣点 ……………… 3. **木通马兜铃 A. manshuriensis**
              9. 幼枝、叶下面及花序密被红褐色长柔毛；花被筒中部膝状弯曲，下部囊状倒卵形，花被檐部径达12厘米；种子卵圆形，长约4.5毫米，背面具皱纹 ………… 4. **西藏马兜铃 A. griffithii**
          7. 花被檐部径2-3.5厘米。

10. 叶下面密被灰白色长绵毛；檐部径2-2.5厘米；花梗长1.5-3厘米 ………… 5. **寻骨风 A. mollissima**
10. 叶下面密被黄褐色长柔毛；檐部径3-3.5厘米；花梗长3-8厘米 …………………………………………………………………………………………………… 6. **宝兴马兜铃 A. moupinensis**
6. 叶长椭圆形、卵状长圆形、椭圆状披针形或披针形，基出脉3，稀5。
11. 叶基部窄耳形，下面仅叶脉被长柔毛 …………………………………………… 7. **变色马兜铃 A. versicolor**
11. 叶基部心形或圆，下面密被毛。
12. 叶基部深心形，弯缺深1-2厘米；花被檐部径2-2.5厘米 ………… 8. **革叶马兜铃 A. scytophylla**
12. 叶基部圆或浅心形，弯缺深不及1厘米；花被檐部径4-6厘米。
13. 叶披针形、椭圆状披针形或线状披针形，先端长渐尖，下面密被淡褐色倒伏长柔毛；花被檐部上面被乳点 ………………………………………………………… 9. **长叶马兜铃 A. championii**
13. 叶长圆形或卵状长圆形，先端钝或短尖，下面密被灰褐色短柔毛；花被檐部上面具黄斑及网脉 ………………………………………………………………………………… 10. **广防风 A. fangchi**
3. 花被檐部喇叭形，喉部径较花被筒大。
14. 叶基部深心形，下面密被白色丝质长绵毛；花被喉部近四方形，具紫斑 ……… 11. **管兰香 A. saccata**
14. 叶基部圆，下面被淡灰色或淡褐色长柔毛；花被喉部近圆，黄色 …… 12. **海南马兜铃 A. hainanensis**
2. 花被檐部圆筒状或囊状，2-6齿裂或3裂，裂片直或稍内弯。
15. 亚灌木；花被檐部5-6齿裂 ……………………………………………………… 13. **海边马兜铃 A. thwaitesis**
15. 藤本；花被檐部3裂。
16. 木质藤本；叶卵形，下面密被长绒毛;花被檐部裂片近半圆形或下面裂片近平截 …………………………………………………………………………………………… 14. **卵叶马兜铃 A. ovatifolia**
16. 草质藤本；叶葫芦状披针形、卵状披针形或披针形，下面疏被长柔毛；花被檐部裂片披针形 …………………………………………………………………………………… 15. **葫芦叶马兜铃 A. acucurbitoides**
1. 草质藤本；花被筒直或稍弯；合蕊柱顶端6裂；花药单个与合蕊柱裂片对生；蒴果由基部向上开裂。
17. 花被筒基部球形。
18. 叶下面网脉密被短茸毛，网眼清晰。
19. 叶戟形或卵状披针形，宽2-2.5厘米 ………………………………………… 16. **蜂窠马兜铃 A. foveolata**
19. 叶卵形或卵状三角形，宽5-11厘米。
20. 总状花序具8-10花；苞片及小苞片基部心形，无柄，稍抱茎 …………………………………………………………………………………………… 17. **苞叶马兜铃 A. chlamydophylla**
20. 总状花序具2-4花；苞片及小苞片基部近圆或楔形，具短柄 ……………… 18. **通城虎 A. fordiana**
18. 叶下面无毛或被柔毛，网眼不清晰。
21. 茎、叶及花序密被白色或褐色长柔毛 ………………………………………… 19. **福建马兜铃 A. fujianensis**
21. 茎、叶及花序无毛或被短柔毛。
22. 檐部舌片先端具长2-3厘米线形弯扭长尾尖；种子具膜质翅 …………… 20. **北马兜铃 A. contorta**
22. 檐部舌片先端渐尖、短尖或钝。
23. 叶卵状三角形、长圆状卵形或戟形；种子扁平，钝三角形，具膜质宽翅 … 21. **马兜铃 A. debilis**
23. 叶卵状心形或三角状心形，稀肾形；种子卵圆形，无翅。
24. 叶柄、幼枝折断后渗出微红色汁液；叶密被油点 ………………………22. **管花马兜铃 A. tubiflora**
24. 叶柄、幼枝折断后无上述汁液；叶无油点 ……………………………………23. **背蛇生 A. tuberosa**
17. 花被筒基部缢缩呈柄状，其上球形；叶卵状心形或长圆状卵形，基部深心形，两面无毛 ……………………………………………………………………………………………………… 24. **耳叶马兜铃 A. tagala**

1. 大叶马兜铃

图551

Aristolochia kaempferi Willd. Sp. Pl. 4(1): 152. 1805.

草质藤本。幼枝细长，密被倒生长柔毛，老枝无毛。叶纸质，卵形、卵状心形、卵状披针形或戟状耳形，长5-18厘米，先端短尖或渐尖，基部心形或耳形，全缘或基部两侧具2圆裂片，疏被短柔毛；叶柄长1.5–6厘米。花单生，稀2朵并生。花梗长2–7厘米；小苞片膜质，卵形或披针形，长0.5–1厘米，宽3–6毫米；花被管中部骤弯曲，下部长2–2.5厘米，径3–8毫米，檐部盘状，浅3裂，径1.5–3厘米，黄绿色，基部淡紫色，喉部黄色；花药长圆形，合蕊柱3裂。蒴果长圆形或卵圆形，长3–7厘米。种子倒卵圆形，长3–4毫米。花期4–5月，果期6–8月。

产江苏、浙江、福建、台湾、江西、广东、广西、云南及贵州，生于山坡灌丛中。

［附］**异叶马兜铃** 彩片 270 **Aristolochia kaempferi** f. **heterophylla** (Hemsl.) S. M. Hwang in Acta Phytotax. Sin. 19(2): 239. 1981.—— *Aristolochia heterophylla* Hemsl. in Journ. Linn. Soc. Bot. 26: 361. 1891. 本变型与原变型主要区别：小苞片宽卵形或圆形，长宽0.5–1.5厘米，抱茎，纸质。花期4–6月，果期8–10月。产陕西、甘肃南部、四川西部及湖北西部，生于疏林中、林缘或山坡灌丛中。

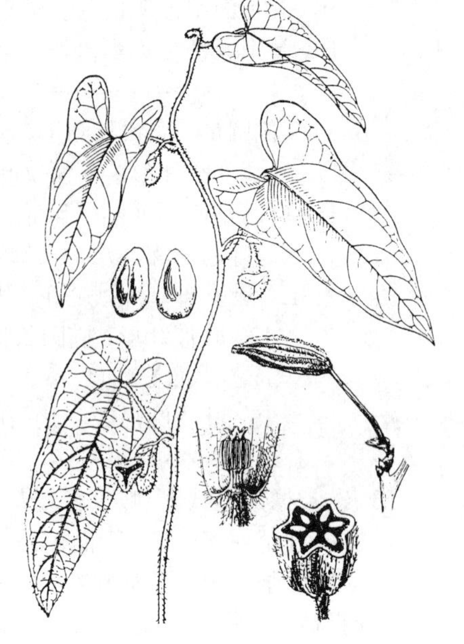

图 551 大叶马兜铃 （孙英宝绘）

2. 广西马兜铃 图 552 彩片 271

Aristolochia kwangsiensis Chun et How ex C. F. Liang in Acta Phytotax. Sin. 13(2): 12. f. 1(4). 1975.

木质大藤本。块根椭圆形或纺锤形。幼枝、叶下面及花序常密被褐黄或淡褐色长硬毛，老茎具厚木栓层。叶卵状心形或圆形，长11–15(–35)厘米，先端钝或短尖，基部宽心形，弯缺深3–5厘米；叶柄长6–15厘米。总状花序具2–3花。花梗长2.5–3.5厘米；小苞片钻形；花被筒中部膝状弯曲，下部长2–3.5厘米；檐部盘状，近圆三角形，径3.5–4.5厘米，上面蓝紫色，被暗红色棘状突起，3浅裂，裂片常外反，喉部黄色，具领状环；花药长圆形，合蕊柱3裂。蒴果长圆柱形，长8–10厘米。种子长约5毫米，被疣点。花期4–5月，果期8–9月。

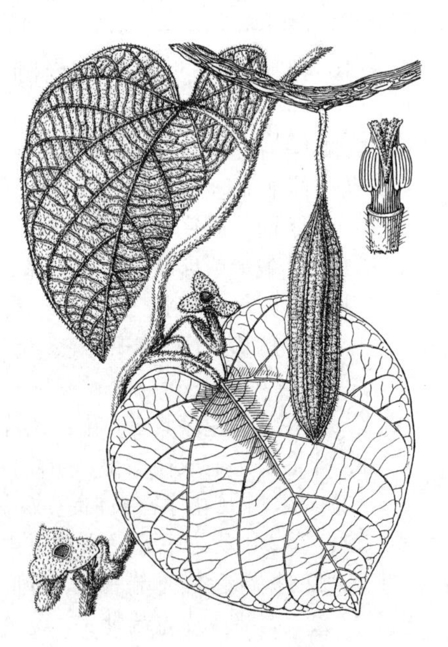

图 552 广西马兜铃 （余汉平绘）

产浙江、福建、广东、广西、云南、贵州、四川及湖南，生于海拔600–1600米山谷林中。块根药用，可清热、解毒、止血、止痛。

3. 木通马兜铃 图 553 彩片 272

Aristolochia manshuriensis Kom. in Acta Hort. Peterop. 22: 112. 1903.

木质大藤本，长达10余米。茎灰色，老茎具厚木栓层，幼枝及花序密被白色长柔毛。叶革质，心形或卵状心形，长15–29厘米，先端钝圆或短尖，基部心形，下面密被白色长柔毛；

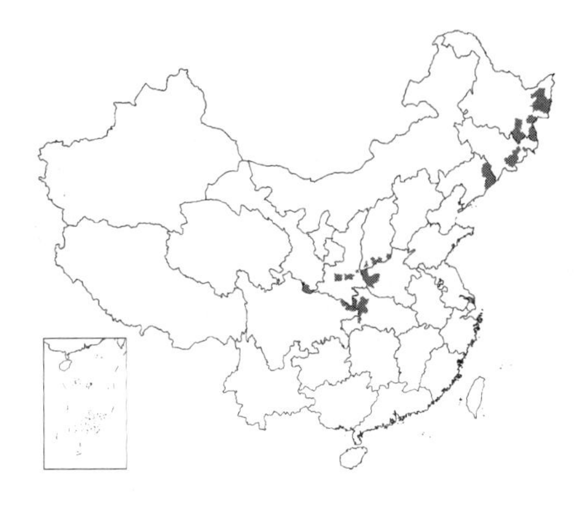

叶柄长6-8厘米。花1(-2)朵腋生。花梗长1.5-3厘米；小苞片卵状心形或心形，长约1厘米，绿色，近无柄；花被筒中部马蹄形弯曲，下部管状，长5-7厘米，径1.5-2.5厘米，檐部盘状，径4-6厘米，上面暗紫色，疏被黑色乳点，3裂；喉部圆形，径0.5-1厘米，具领状环；花药长圆形，合蕊柱3裂。蒴果长圆柱形，长9-11厘米，具6棱。种子三角状心形，长6-7毫米，灰褐色，背面平凸，被疣点。花期6-7月，果期8-9月。

产黑龙江、吉林、辽宁、山西、河南、陕西、甘肃、四川及湖北，生于海拔100-2200米阴湿针阔叶混交林中。朝鲜北部及俄罗斯有分布。茎药用，称"木通"，可清热、利尿。

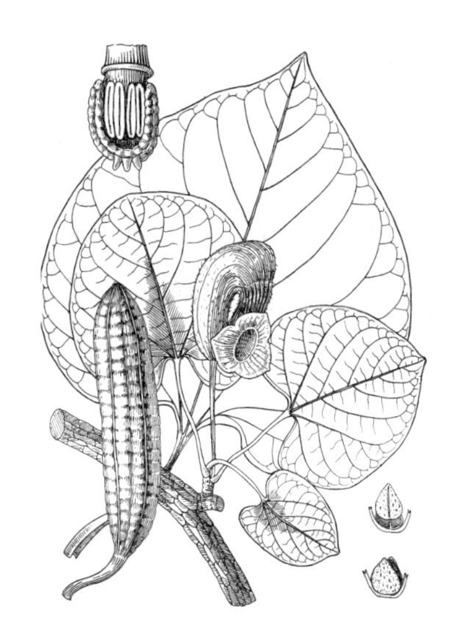

图 553 木通马兜铃 （余汉平绘）

4. 西藏马兜铃 图 554

Aristolochia griffithii Hook. f. et Thoms. ex Duch. in A. DC. Prodr. 15: 437. 1864.

木质大藤本。幼枝、叶下面及花序密被红褐色长柔毛。叶卵状心形或近圆形，长10-28厘米，先端钝或短尖，基部心形，弯缺宽3-6厘米，上面疏被乳头状短柔毛，下面密被红褐色长柔毛；叶柄长达10厘米。花单生叶腋。花梗长达10厘米；花被筒中部膝状弯曲，下部囊状倒卵形，长约8毫米，径约3.5厘米，檐部盘状，径5-12厘米，内面暗紫色，具黄色斑纹及网脉，3浅裂，裂片平展，喉部半圆形，径约1厘米；花药长圆形，合蕊柱3裂。蒴果长圆柱形，长10-18厘米。种子卵圆形，长约4.5毫米，背面平凸，具皱纹，淡褐色。花期3-5月，果期8-10月。

产西藏及云南，生于海拔2000-2800米密林中。印度东北部、不丹、尼泊尔及缅甸有分布。

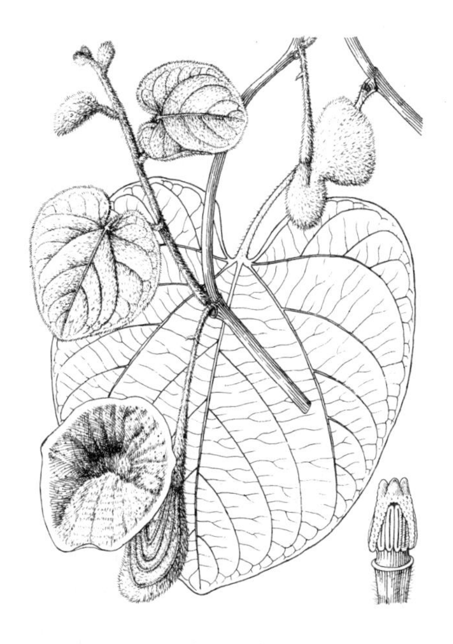

图 554 西藏马兜铃 （余汉平绘）

5. 寻骨风 图 555：1-4

Aristolochia mollissima Hance in London. Journ. Bot. 17: 300. 1879.

木质藤本。幼枝、叶柄及花密被灰白色长绵毛。叶卵形或卵状心形，长3.5-10厘米，先端钝圆或短尖，基部心形，弯缺深1-2厘米，上面被糙伏毛，下面密被灰白色长绵毛；叶柄长2-5厘米。花单生叶腋。花梗长1.5-3厘米，直立或近顶端下弯；花被筒中部膝状弯曲，下部长1-1.5厘米，径3-6毫米，

檐部盘状，径2-2.5厘米，淡黄色，具紫色网纹，浅3裂，裂片平展，喉部近圆形，径2-3毫米，稍具紫色领状突起；花药长圆形；合蕊柱3裂。蒴果长圆状倒卵圆形或倒卵圆形，长3-5厘米，具6波状棱或翅。种子卵状三角形，长约4毫米，背面平凸，具皱纹。花期4-6月，果期6-8月。

产陕西、山西、河南、山东、江苏、安徽、浙江、江西、湖北、湖南及贵州，生于海拔100-850米山坡、草丛、沟边及路边。全株药用，可祛风湿、通经络、止痛，治胃痛及筋骨痛。

图 555：1-4. 寻骨风 5-7. 宝兴马兜铃 （余汉平绘）

6. 宝兴马兜铃 图 555：5-7 彩片 273

Aristolochia moupinensis Franch. in Nour. Arch. Mus. Hist. Nat. Paris. ser. 2, 10: 79. 1887.

木质藤本。茎具纵棱，老茎具厚木栓层。叶卵形或卵状心形，长6-16厘米，先端短尖或短渐尖，基部深心形，弯缺深1-2.5厘米，上面疏被糙伏毛，下面密被黄褐色长柔毛；叶柄长3-8厘米。花单生或2朵腋生。花梗长3-8厘米，近基部向下弯垂；花被筒中部膝状弯曲，下部长2-3厘米，径0.8-1厘米，檐部盘状，径3-3.5厘米，黄色，具紫斑，边缘绿色，3浅裂，裂片稍外反，喉部圆形，稍具领状环，径8毫米；花药长圆形，合蕊柱3裂。蒴果长圆形，长6-8厘米。种子长卵圆形，长5-6厘米，背面具脊及皱纹。花期5-6月，果期8-10月。

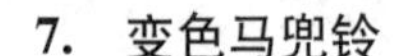

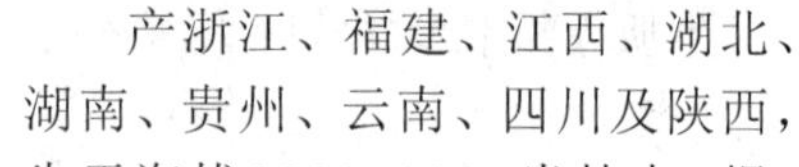

产浙江、福建、江西、湖北、湖南、贵州、云南、四川及陕西，生于海拔2000-3200米林中。根、茎、叶、果均药用，用途与北马兜铃相似。

7. 变色马兜铃 图 556

Aristolochia versicolor S. M. Hwang in Acta Phytotax. Sin. 19(2): 224. f. 4. 1981

木质藤本。块根长圆柱形，径达20厘米，常几个相连。幼枝被短柔毛；老茎具厚木栓层。叶长椭圆形或椭圆状披针形，长14-25厘米，先端短尖或渐尖，基部窄耳形，下面仅叶脉被长柔毛，粉绿色；叶柄长1-2厘米。花1-3，腋生。花梗长2-3厘米；花被筒中部膝状弯曲，下部长3-4厘米，径6-8毫米，密被丝质长柔毛，檐部盘状，径4-6厘米，紫红色，具网状脉，3浅裂，裂片平展，喉部半圆形，径约5毫米，稍具领状环；花药长圆形，合蕊柱3裂。蒴果椭圆形，长5-8厘米。种子卵圆形，长约6毫米，暗褐色。花期4-6月，果期8-10月。

产云南、广西及广东，生于海拔500-1500米山坡灌丛中、山谷石砾间及林缘。块根药用，可利尿、解毒、止痛。

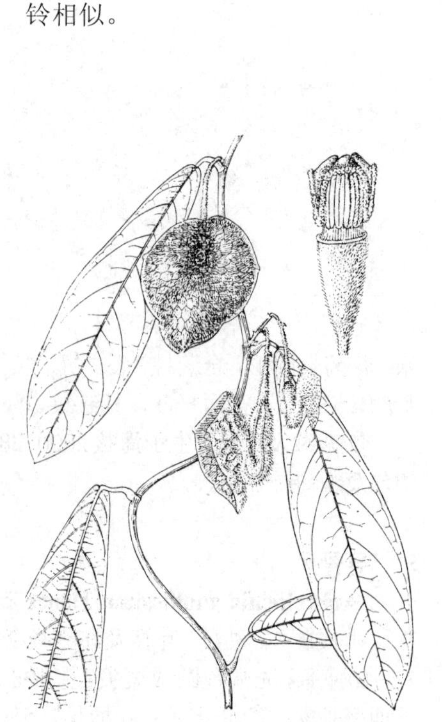

图 556 变色马兜铃 （余汉平绘）

8. 革叶马兜铃 图 557

Aristolochia scytophylla S. M. Hwang et D. L. Chen in Acta Phytotax. Sin. 19(2): 224. f. 3. 1981.

木质藤本。块根纺锤形。幼枝密被白色绒毛。叶厚革质，长卵形，长7-20厘米，先端短尖或渐尖，基部心形，弯缺宽及深1-2厘米，上面无毛，下面密被白色短柔毛；叶柄长2-6厘米。花数朵集生或组成长约3厘米总状花序，腋生或生老茎上。花梗长约1.5厘米；花被筒中部膝状弯曲，下部长约2厘米，径约8毫米，檐部近三角状盘形，径2-2.5厘米，紫红色，被白色长柔毛，内面具不规则乳点，3浅裂，裂片平展，喉部三角状圆形，径约3毫米，领状环高约2毫米；花药长圆形，合蕊柱3裂。花期1-3月。

产广西、贵州、四川及云南，生于海拔约600米石灰岩山地灌丛中。

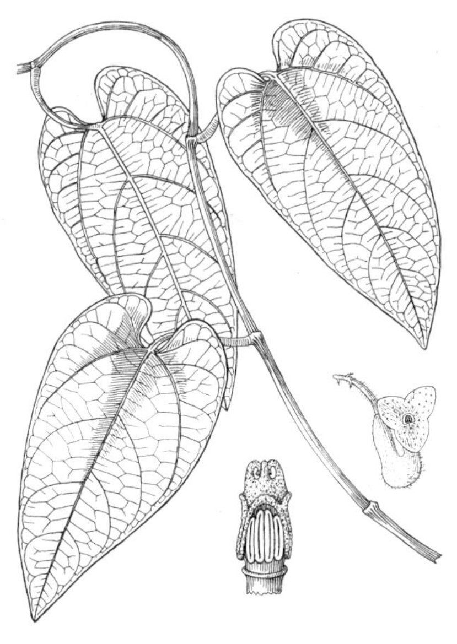

图 557 革叶马兜铃 （余汉平绘）

9. 长叶马兜铃 图 558

Aristolochia championii Merr. et Chun in Sunyatsenia 5: 47. 1940.

木质藤本。块根纺锤形。幼枝密被黄褐色倒伏长柔毛，老茎具厚木栓层。叶革质，披针形、椭圆状披针形或线状披针形，长15-30厘米，先端长渐尖，基部圆或浅心形，下面密被淡褐色倒伏长柔毛；叶柄长1-2.5厘米。花单生或2-5朵组成总状花序生于老茎。花梗长3-4厘米；花被筒中部膝状弯曲，下部长5-7厘米，径约1.5厘米，黄绿色，具紫色脉纹，檐部盘状，径4-6厘米，上面紫红色，具深紫色网纹，密被乳点，3浅裂，裂片平展，喉部半圆形，径约1.5厘米，黄或紫色；合蕊柱3裂。蒴果椭圆形，长6-8厘米。种子卵圆形，长约5毫米，暗褐色。花期6-7月，果期9-11月。

产广东、广西、贵州及云南，生于海拔500-900米山谷密林中。块根药用，可清热解毒。

图 558 长叶马兜铃 （余汉平绘）

10. 广防风 图 559

Aristolochia fangchi C. Y. Wu ex L. D. Chow et S. M. Hwang in Acta Phytotax. Sin. 13(1): 108. f. 19. 1973.

木质藤本。块根圆柱形，长达15厘米或更长。老茎具厚木栓层。叶长圆形或卵状长圆形，长6-16厘米，先端短尖或钝，基部圆，下面密被灰褐

色短柔毛；叶柄长1-4厘米。花单生或2-4组成总状花序，生于老茎近基部。花梗长5-7厘米；花被筒中部膝状弯曲，下部长4-5厘米，径1-1.5厘米，檐部盘状，径4-6厘米，暗紫色，具黄斑及网脉，3浅裂，喉部半圆形，径约1厘米，白色；花药长圆形，合蕊柱3裂。蒴果圆柱形，长5-10厘米。种子卵状三角形，长5-7毫米，褐色。花期3-5月，果期7-9月。

产广东、广西、贵州及云南，生于海拔500-1000米山坡密林或灌丛中。块根药用，可利尿，治关节肿痛、高血压及蛇咬伤。

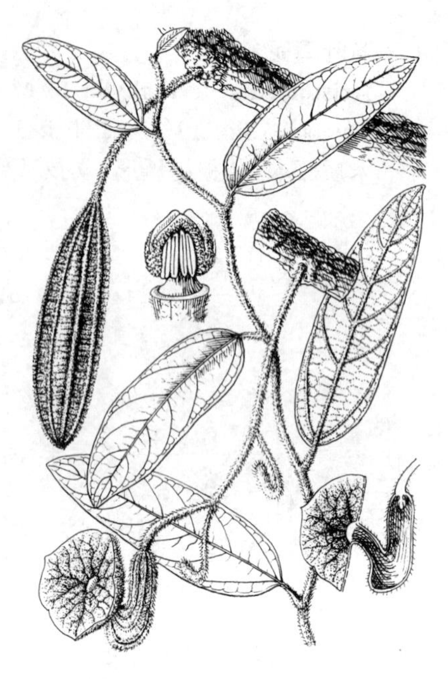

图 559 广防风 （余汉平绘）

11. 管兰香

图 560：1-2

Aristolochia saccata Wall. Pl. Asiat. Rar. 2, Part. 2. t. 103. 1829.

木质藤本，茎长达15米。块根纺锤形，长达60厘米，常几个从茎基部长出。幼枝被褐色绒毛；老茎具厚木栓层。叶卵形、宽卵形或卵状披针形，长20-35厘米，先端短尖，基部深心形，下面密被白色丝质长绵毛。花单生或数朵组成总状花序，生于老茎达基部。花梗长2-4厘米；花被筒中部膝状弯曲呈囊状，囊长1-2厘米，中部径达2厘米，下部筒径约1厘米；檐部喇叭状，长圆形，3裂，裂片外卷，暗紫色，密被乳点；喉部近四方形，径2-3厘米，黄色，具紫斑；花药长圆形，合蕊柱3裂。蒴果长圆形或圆柱形，长7-10厘米。种子卵圆形，长约6毫米。花期10月至翌年2月，果期6-7月。

产云南，生于山沟阔叶林中。锡金、尼泊尔、孟加拉国、不丹及印度有分布。块根药用，可祛瘀、生肌、凉血、止痛。

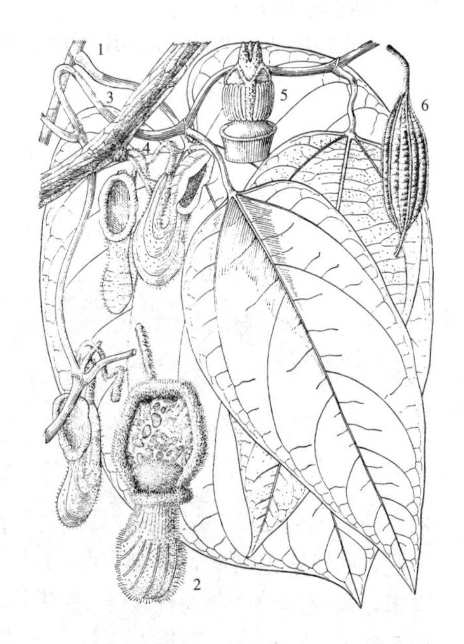

图 560：1-2. 管兰香 3-6. 海南马兜铃 （余汉平绘）

12. 海南马兜铃

图 560：3-6

Aristolochia hainanensis Merr. in Philipp. Journ. Sin. 21: 241. 1922.

木质藤本。幼枝被褐色短柔毛，老茎具厚木栓层。叶卵形、长卵形或卵状披针形，长12-20（-30）厘米，先端短渐尖或短尖，基部圆，上面无毛或疏被长柔毛，下面密被淡褐或淡灰色长柔毛；叶柄长4-8厘米。总状花序具3-6花，腋生或生于老茎近基部。花梗长3.5-4厘米，花被筒中部膝状弯曲呈囊状，囊长1-3厘米，径5-8毫米，檐部喇叭状长圆形，3浅裂，裂片外反，暗紫色，密被乳点；喉部近圆形，径1-3厘米，黄色；花药长圆形，合蕊柱3裂。蒴果长椭圆形或圆柱形，长7-10厘米。种子卵圆形，长约6毫米。花期10月至翌年2月，果期6-7月。

产海南及广西，生于海拔800-1200米山谷林中。块根药用，可祛风、解毒、消炎，叶煎水可治眼病。

13. 海边马兜铃 图 561

Aristolochia thwaitesii Hook. f. in Curtis's Bot. Mag. t. 4918. 1856.

亚灌木。块根椭圆形，长10厘米或更长。茎单生或丛生，具节和棱，被长柔毛。叶革质，匙形、窄长倒披针形或长圆状倒披针形，长10-15厘米，先端短尖或短渐尖，基部渐窄近楔形，下面密被褐色丝质长柔毛；叶柄长约1厘米。总状花序生于茎基部，多花。花梗长达3厘米，常下弯而使花近地面；花被筒中部膝状弯曲，下部长1.5-2.5厘米，径0.5-1厘米，筒最上部弯曲渐扩大，檐部圆筒状，径1.5-3厘米，边缘斜平截，不明显5-6浅裂或裂齿，深紫色；花药长圆形，合蕊柱3裂。蒴果卵球形，长3-5厘米。种子卵圆形，长约4毫米。花期3-5月，果期8-9月。

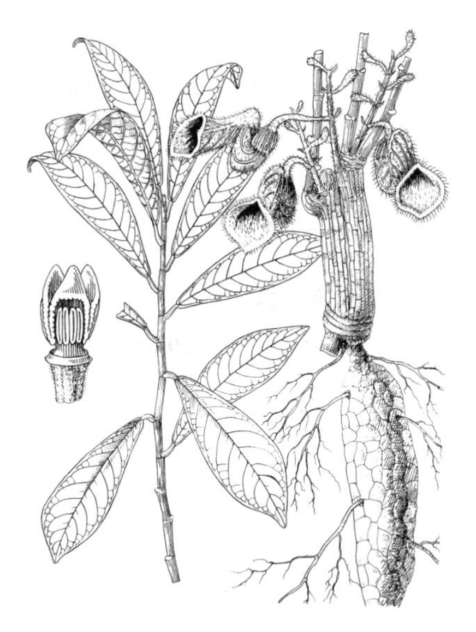

图 561 海边马兜铃 （余汉平绘）

产广东及香港，生于山地灌丛、竹林中及山坡石隙中。块根药用，治咽喉肿痛。

14. 卵叶马兜铃 图 562

Aristolochia ovatifolia S. M. Hwang in Acta. Phytotax Sin. 19(2): 226. f. 5. 1981.

木质藤本。根圆柱形。幼枝被黄褐色倒生长柔毛，老枝无毛。叶卵形，长5-13厘米，先端短尖，基部深心形，上面疏被毛或无毛，下面密被灰白或黄褐色长绒毛；叶柄长3-5厘米。花单生叶腋。花梗长3-6厘米；花被筒中部膝状弯曲，下部长1-1.5厘米，径0.7-1厘米，檐部圆筒状，径1-1.5厘米，偏于一侧，3浅裂，紫红色，裂片稍内弯，近半圆形或下面裂片近平截；花药长圆形，合蕊柱3裂。蒴果圆柱形，长约6厘米。种子长卵圆形，长约6毫米。花期4-5月，果期6-8月。

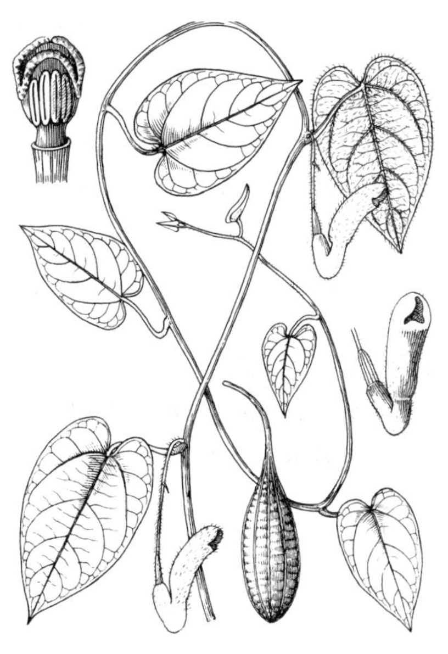

图 562 卵叶马兜铃 （余汉平绘）

产云南、四川及贵州，生于海拔1000-2500米灌丛中或疏林下。

15. 葫芦叶马兜铃 齿被马兜铃 图 563

Aristolochia cucurbitoides C. F. Liang in Acta Phytotax. Sin. 13 (1): 15. f. 3(1-2). 1975.

草质藤本。块根圆柱形，肉质。叶葫芦状披针形、卵状披针形或披针形，长12-22厘米，先端长渐尖，基部耳形，下面疏被长柔毛；叶柄长3-

5厘米。花单生叶腋。花梗细，长5-7厘米；花被筒中部膝状弯曲，下部长约2厘米，径约8毫米，檐部圆筒状，长约2厘米，径约8毫米，3深裂，裂片直，披针形，长5-7毫米；花药长圆形，合蕊柱3裂。幼果长圆形，具6棱，黄绿色，无毛。花期5-6月。

产广西、贵州及云南，生于海拔800-2400米疏林中。缅甸有分布。

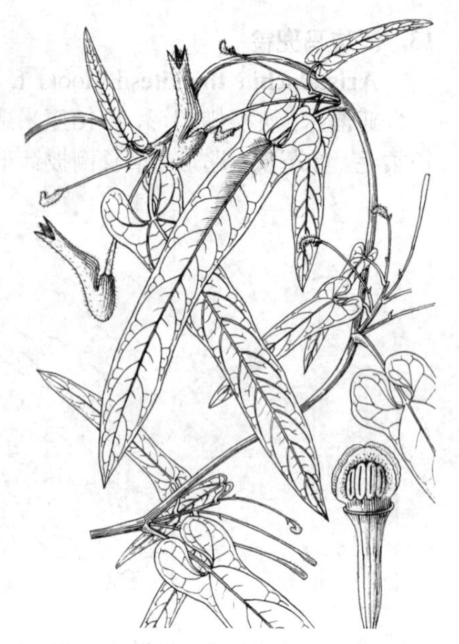

图 563 葫芦叶马兜铃 （余汉平绘）

16. 蜂窠马兜铃 图 564

Aristolochia foveolata Merr. in Philipp. Journ. Sci. Bot. 13: 290. 1918.

草质藤本。茎无毛。叶戟形或卵状披针形，长4-14厘米，宽2-2.5厘米，先端长渐尖，基部耳形，下面网脉密被短茸毛，网眼清晰；叶柄长3-5厘米。花单生或2朵并生叶腋。花梗长1-2厘米；苞片及小苞片卵状披针形，基部楔形，无柄；花被筒长2-2.5厘米，基部球形，向上骤缢缩成长管，管口漏斗状，檐部一侧延伸成卵状披针形舌片，长1.5-2厘米；花药卵圆形，合蕊柱6裂。蒴果长圆形或倒卵圆形，长2-2.5厘米。种子卵状三角形，长约4毫米，背面被疣点。花期4-6月，果期7-10月。

产福建、广东及台湾，生于海拔400-600米山地灌丛中。菲律宾有分布。

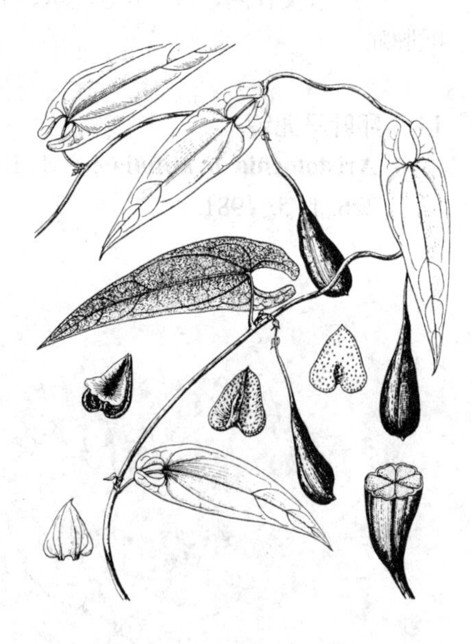

图 564 蜂窠马兜铃 （引自《Fl.Taiwan》）

17. 苞叶马兜铃 图 565

Aristolochia chlamydophylla C. Y. Wu ex S. M. Hwang in Acta Phytotax. Sin. 19(2): 223. f. 2. 1981.

草质藤本。茎细长。叶卵形或卵状三角形，长8-16厘米，宽5-11厘米，先端短尖，基部深心形，下面灰绿色，网脉密被短茸毛，网眼清晰，密被油点，具香气；叶柄长6-10厘米。总状花序具8-10花，长4-6厘米，腋生。花梗长0.8-1.2厘米；苞片及小苞片卵形，基部心形，无柄，稍抱茎；花被筒长1.5-2.5厘米，基部球形，径约3毫米，向上骤缢缩成长管，管稍弯，口部漏斗状，檐部一侧延伸成卵状披针形舌片，长约1.5厘米，暗紫色；花药卵形，合蕊柱6裂。花期3-4月。

产云南及广西，生于海拔1000-1300米山坡林下。

18. 通城虎 图 566

Aristolochia fordiana Hemsl. in London. Journ. Bot. 23: 286. 1885.

草质藤本。茎细长。叶卵形或卵状三角形，长10-20厘米，宽5-8厘米，先端渐尖，基部心形，下面网脉密被短茸毛，网眼清晰，密被油点，芳香；

叶柄长2-4厘米。总状花序腋生，具2-4花，长达4厘米。苞片及小苞片卵形或钻形，基部近圆或楔形，具短柄；花梗长约8毫米；花被筒长1.5-2.5厘米，基部球形，径约3.5毫米，向上骤缢缩成长管，管口漏斗状，檐部一侧延伸成卵状长圆形舌片，长1-1.5厘米，暗紫色；花药卵圆形，合蕊柱6裂。蒴果长圆形或倒卵圆形，长3-4厘米，径1.5-2厘米。种子卵状三角形，长约5毫米，褐色。花期3-4月，果期5-7月。

产浙江、江西、福建、广东、香港及广西，生于山谷林下、灌丛或山地石隙中。根药用，可解毒、消肿、祛风、镇痛、止咳。

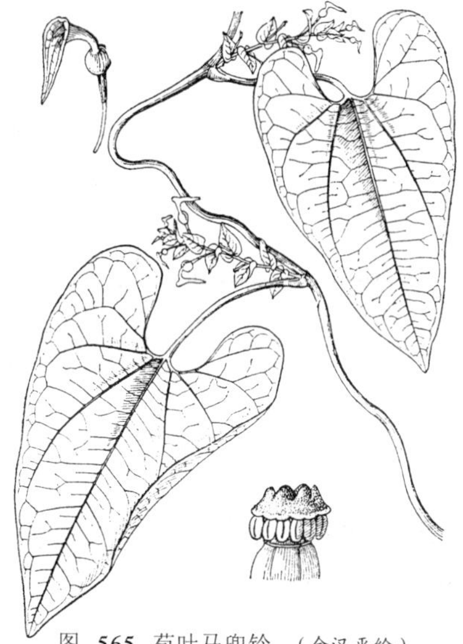

图 565 苞叶马兜铃 （余汉平绘）

19. 福建马兜铃 图 567

Aristolochia fujianensis S. M. Hwang in Guihaia 3(2): 81. f. 1983.

草质藤本，长达1米。茎密被长柔毛。根长圆柱形，黄褐色。叶心形或卵状心形，长宽4-11厘米，先端渐尖，基部心形，弯缺深1-1.2厘米，两面密被白或褐色长柔毛；叶柄长2-8厘米。总状花序具3-4花，稀单花，被长柔毛。花梗长5-15厘米；苞片及小苞片卵形或卵状披针形；花被筒长达3厘米，基部球形，径约4毫米，向上骤缢缩成长管，管口漏斗状，绿色具紫色纵纹，檐部一侧延伸成卵状披针形舌片，长0.8-1.6厘米，先端尾尖弯扭，暗紫色；花药卵圆形，合蕊柱6裂。蒴果长圆形或倒卵圆形，长约2厘米。种子卵状三角形，长约3毫米。花期3-4月，果期5-8月。

产浙江及福建，生于路边山地灌丛中。

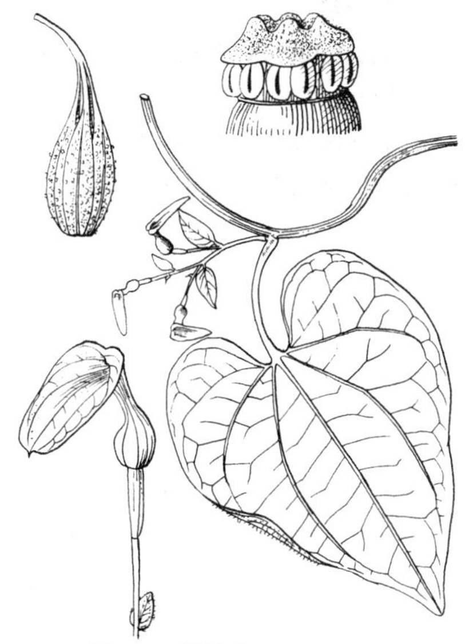

图 566 通城虎 （余汉平绘）

20. 北马兜铃 图 568

Aristolochia contorta Bunge in Mém. Acad. Sci. Pétersb. Sav. Etrung 2: 132. 1833.

草质藤本，长达2米以上。茎无毛。叶卵状心形或三角状心形，长3-13厘米，先端短尖或钝，基部心形，两面无毛；叶柄长2-7厘米。总状花序具2-8花，稀单花；花序梗极短。花梗长1-2厘米；小苞片卵形；花被筒长2-3厘米，基部球形，径达6毫米，向上骤缢缩成直管，长约1.4厘米，管口漏斗状，檐部一侧扩大成卵状披针形舌片，先端渐窄成长2-3厘米线形弯扭长尾尖，黄绿色，具紫色网纹及纵脉；花药卵圆形，合蕊柱6裂。蒴果

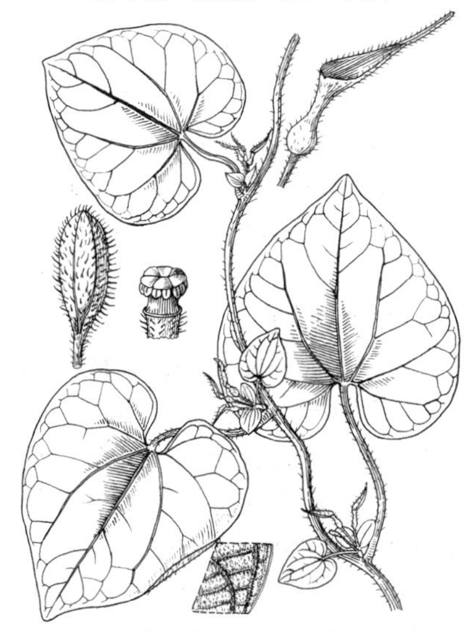

图 567 福建马兜铃 （余汉平绘）

宽倒卵形或椭圆状倒卵圆形，长3-6.5厘米。种子三角状心形，长3-5毫米，具膜质翅。花期5-7月，果期8-10月。

产黑龙江、吉林、辽宁、内蒙古、河北、山东、河南、山西、陕西、甘肃、四川及湖北，生于海拔500-1200米山坡灌丛中、沟边及林缘。朝鲜、日本及俄罗斯有分布。茎叶药用，称天仙藤，可止痛、利尿；果称马兜铃，可清热、止咳、平喘；根称青木香，有小毒，可健胃、止痛、降血压。

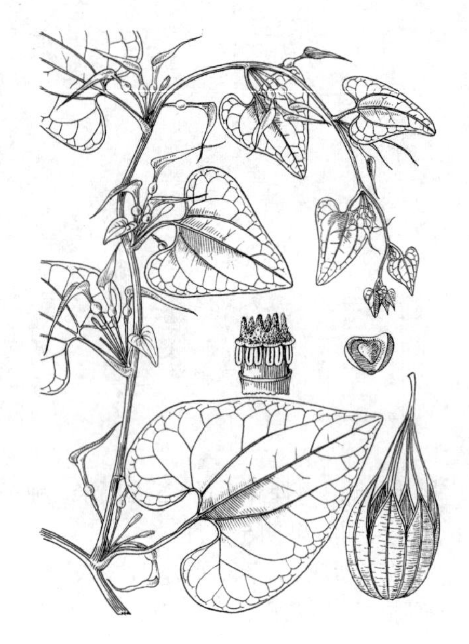

图 568 北马兜铃 （余汉平绘）

21. 马兜铃

图 569 彩片 274

Aristolochia debilis Sieb. et Zucc. Abh. Bayer. Akad. Wiss. Math. Phys. 4(3): 197. 1864.

草质藤本。茎有腐肉味。根圆柱形，径达1.5厘米。叶卵状三角形、长圆状卵形或戟形，长3-6厘米，先端钝圆或短尖，基部宽1.5-3.5厘米，心形，两面无毛；叶柄长1-2厘米。花单生或2朵并生叶腋。花梗长1-1.5厘米；花被筒长3-3.5厘米，基部球形，与子房连接处具关节，径3-6毫米，向上骤缢缩成长管，管长2-2.5厘米，径2-3毫米，口部漏斗状，黄绿色，具紫斑，檐部一侧延伸成卵状披针形舌片，长2-3厘米，先端钝；花药卵圆形，合蕊柱6裂。蒴果近球形，长约6厘米。种子扁平，钝三角形，长约6毫米，具白色膜质宽翅。花期7-8月，果期9-11月。

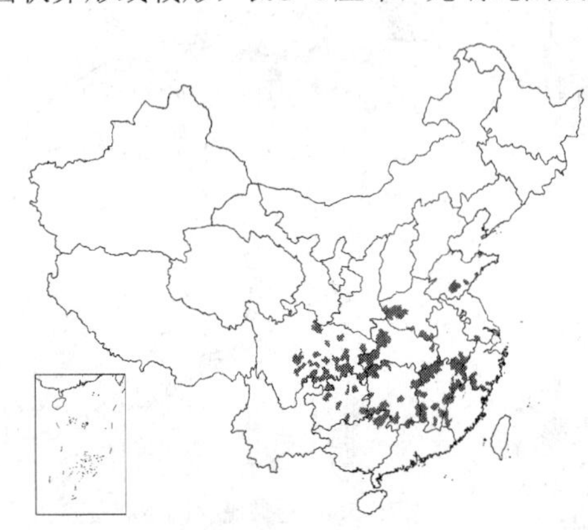

产河南、山东、江苏、安徽、浙江、福建、江西、湖北、湖南、广东、广西、贵州及四川，生于海拔200-1500米山谷、沟边阴湿处及山坡灌丛中。日本有分布。用途与北马兜铃同。

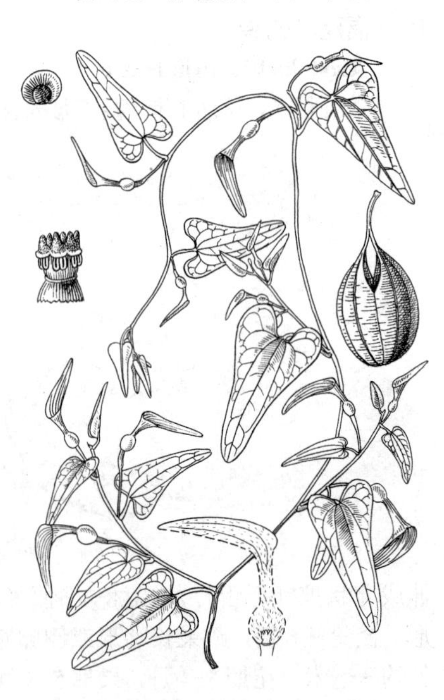

图 569 马兜铃 （余汉平绘）

22. 管花马兜铃

图 570：1-4

Aristolochia tubiflora Dunn in Journ. Linn. Soc. Bot. 38: 364. 1908.

草质藤本。茎无毛，枝、叶折断后渗出淡红色汁液。根长圆柱形，径3-4厘米。叶卵状心形或三角状心形，稀肾状，长3-15厘米，先端钝具凸尖，基部心形，两面无毛或下面被短柔毛，密被油点；叶柄长2-10厘米。花单生或2朵并生叶腋。花梗长1-2厘米；花被筒长3-4厘米，基部球形，径约5毫米，向上骤缢缩成直管，径2-4毫米，口部漏斗状，檐部一侧延伸成卵状长圆形舌片，长2-4厘米，先端钝或凹具短尖头，深紫色；花药卵圆形，

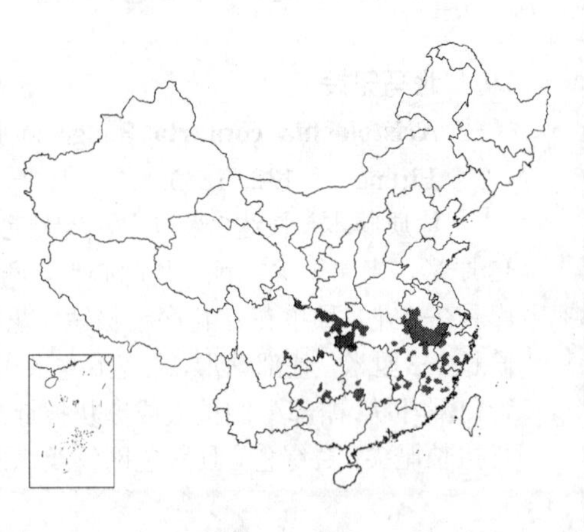

合蕊柱6裂。蒴果长圆形，长约2.5厘米。种子卵圆形或卵状三角形，长约4毫米，背面被疣点。花期4-8月，果期10-12月。

产安徽、浙江、福建、江西、湖北、湖南、广东、广西、贵州、四川、甘肃及河南，生于海拔100-1700米林下阴湿处。根及果药用，可清肺热、止咳、平喘。

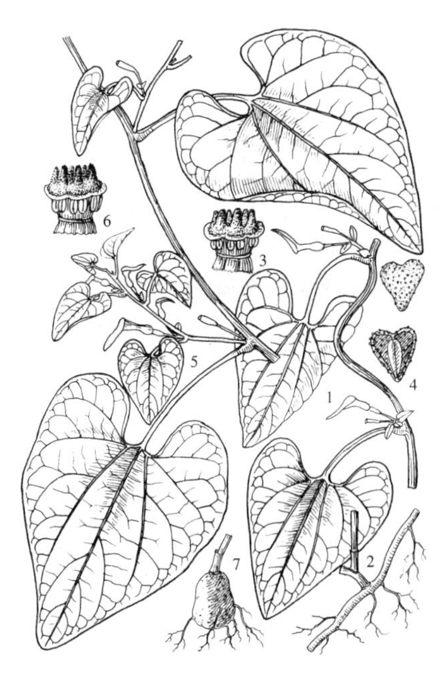

图 570：1-4 管花马兜铃 5-7. 背蛇生 （余汉平绘）

23. 背蛇生 图 570：5-7

Aristolochia tuberosa C. F. Liang et S. M. Hwang in Acta. Phytotax. Sin. 13(2)：17. f. 3(3). 1975.

草质藤本，全株无毛。块根近纺缍形，长达15厘米，径达8厘米，常2-3个相连。叶三角状心形，长8-14厘米，先端钝，基部心形，无油点；叶柄长3-14厘米。花单生或2-3朵集生。花梗长约1.5厘米；花被筒长约3.5厘米，基部球形，径约5毫米，向上骤缢缩成直管，管口漏斗状，檐部一侧延伸成长圆形舌片，长约2厘米，先端钝具凸尖，黄绿或具暗紫色条纹；花药卵圆形，合蕊柱6裂。蒴果倒卵圆形，长约3厘米。种子卵圆形，长约4毫米，密被疣点。花期11月至翌年4月，果期6-10月。

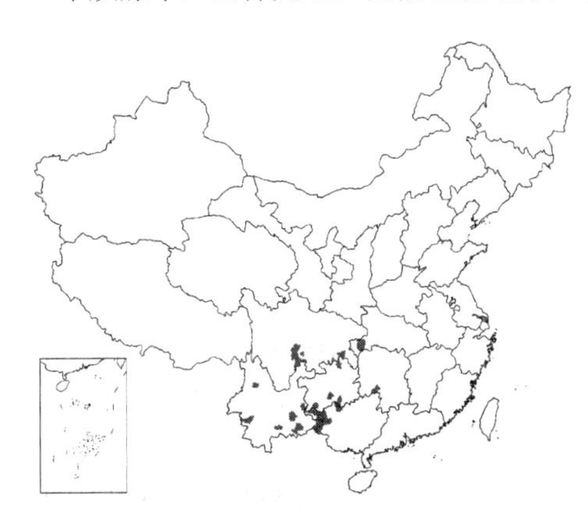

产湖北、湖南、贵州、广西、云南及四川，生于海拔150-1500米石灰岩山地或沟边灌丛中。块根药用，有小毒，可消炎、消肿，清热、解毒、止痛；对胃炎、胃溃疡有疗效。

24. 耳叶马兜铃 图 571

Aristolochia tagala Champ. in Linnaea 7: 207. t. 5. f. 3. 1832.

草质藤本。茎无毛。根圆柱形，长达1米以上，径3-5厘米。叶卵状心形或长圆状卵形，长8-24厘米，先端短尖或渐尖，基部深心形，两面无毛；叶柄长2.5-8厘米。花2-3朵组成总状花序。花梗长约1厘米；花被筒长4-6厘米，基部缢缩成柄状，具关节，其上球形，径5-8毫米，向上骤缢缩成直管，管口漏斗状，檐部一侧延伸成长圆形舌片，长2-3厘米，先端钝圆具凸尖，绿色至暗紫色；花药卵圆形，合蕊柱6裂。蒴果倒卵状球形或长圆状倒卵圆形，长3.5-5厘米。种子近心形，长约8毫米，扁平，密被疣点，具膜质翅。花期5-8月，果期10-12月。

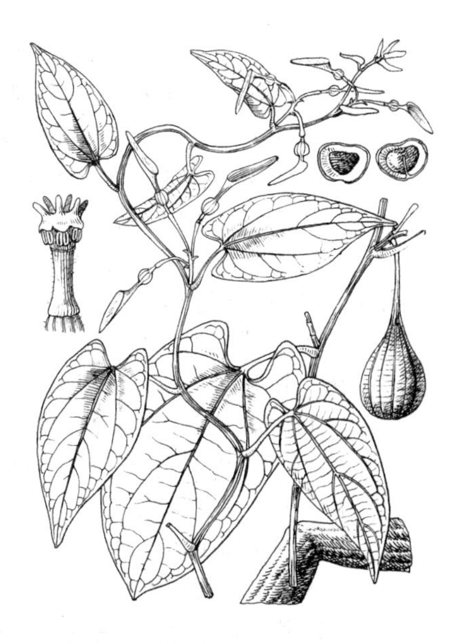

图 571 耳叶马兜铃 （余汉平绘）

产台湾、福建、广东、海南、广西、贵州及云南，生于海拔60-2000米阔叶林中。印度、越南、泰国及缅甸有分布。

11. 八角科 ILLICIACEAE

（张本能　林 祁）

常绿乔木或灌木；全株有香气。单叶，互生，常簇生枝顶，有时轮生状或近对生，革质，稀厚革质或纸质，无毛，全缘，羽状脉；具叶柄，无托叶。花蕾卵圆形或球形；花两性，常单生，或2-5簇生，多腋生，或腋上生或近顶生，稀生于老枝或树干上；苞片具缘毛。花被片7-55，数轮，覆瓦状排列，长圆形、舌状或披针形，扁平，薄肉质，或宽卵形至圆形，内凹，肉质；雄蕊4-50，离生，1至数轮；心皮5-21，离生，1轮，心皮侧扁，柱头钻状，柱头面在腹面，无花柱或花柱极短，子房1室，1胚珠。聚合蓇葖果由2-20枚单轮放射状排列的小果组成。每蓇葖1种子。种子卵圆形或椭圆形，侧扁，具光泽，腹面具纵棱；胚微小，后熟，子叶出土；胚乳丰富，含油。

单属科。

八角属 **Illicium** Linn.

属的特征与科同。

34种，分布于北半球，亚洲东部及东南部产31种，北美东南部及中美产3种。我国24种。

1. 花蕾卵圆形；花被片长圆形、椭圆形、披针形或窄舌状，扁平，薄肉质。
  2. 叶上面中脉凸起，宽2-2.5毫米。
    3. 花被片23-55，雄蕊24-32；果柄长1.5-3.5厘米 ……………… 1. **假地枫皮 I. angustisepalum**
    3. 花被片17-25枚，雄蕊17-25；果柄长1-2厘米 ……………… 2. **华中八角 I. fargesii**
  2. 叶上面中脉凹下，宽约1毫米。
    4. 乔木；心皮12-14 ……………… 3. **中缅八角 I. burmanicum**
    4. 灌木，稀小乔木；心皮8-9，稀达13 ……………… 4. **野八角 I. simonsii**
1. 花蕾球形；花被片宽卵形或圆形，稀兼有椭圆形，内凹，肉质。
  5. 心皮10-14。
    6. 叶革质，下面无油点或油点不明显。
      7. 花梗长2-6厘米；蓇葖顶端喙尖长3-7毫米。
        8. 花被片15-34，雄蕊12-41；聚合果径4-4.5厘米 ……………… 5. **大八角 I. majus**
        8. 花被片9-15，雄蕊6-11；聚合果径3.4-4厘米 ……………… 6. **披针叶八角 I. lanceolatum**
      7. 花梗长0.8-2厘米；蓇葖顶端喙尖长1-3毫米 ……………… 7. **匙叶八角 I. spathulatum**
    6. 叶厚革质或革质，下面密被褐色油点 ……………… 8. **地枫皮 I. difengpi**
  5. 心皮7-9，稀达13。
    9. 叶互生或簇生枝顶。
      10. 叶下面无油点或油点不明显。
        11. 灌木状或小乔木；聚合果径2-2.5厘米，蓇葖顶端喙尖长3-5毫米 ……………… 9. **红茴香 I. henryi**
        11. 乔木；聚合果径3.5-4厘米，蓇葖顶端喙钝圆，无尖头 ……………… 10. **八角 I. verum**
      10. 叶下面密被油点 ……………… 11. **小花八角 I. micranthum**
    9. 叶簇生枝顶或呈轮生状。
      12. 叶椭圆形或近卵形；果柄长0.5-1厘米 ……………… 12. **厚叶八角 I. pachyphyllum**
      12. 叶窄披针形、窄倒披针形或近线形；果柄长2-5.5厘米 ……………… 13. **红花八角 I. dunnianum**

1. 假地枫皮　百山祖八角　　图572　彩片275

Illicium angustisepalum A. C. Smith in Sargentia 7: 36. 1947.

Illicium jiadifengpi B. N. Chang；中国植物志30(1)：203. 1996.

Illicium jiadifengpi var. *baishanense* B. N. Chang et S. H. Ou；中国植物志30(1)：205. 1996.

乔木，高达20米。叶互生或3-5簇生枝顶，革质，披针状椭圆形、长椭圆形或倒披针状椭圆形，长7-16厘米，先端尾尖或渐尖，基部渐窄；上面中脉凸起，宽2-2.5毫米，侧脉5-10对；叶柄长1.5-3.5厘米。花单生叶腋、近顶生或生于老枝上。花蕾卵圆形；花梗长1-3厘米；花被片淡黄色，窄椭圆形或窄舌状，扁平，薄肉质，23-55枚，中轮最大，长1.4-1.7厘米，内轮渐窄小；雄蕊24-32，2轮；心皮12-14。聚合果径3-4厘米；果柄长1.5-3.5厘米；蓇葖12-14，长1.5-1.9厘米，顶端喙细尖，尖头长3-5毫米。种子淡黄色，长7-8毫米。花期3-5月，果期8-10月。

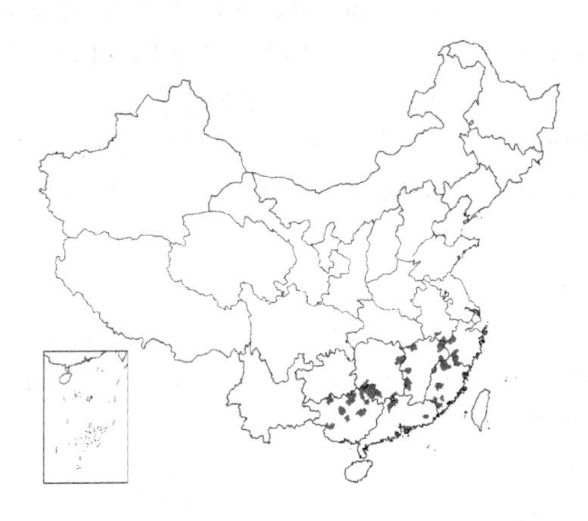

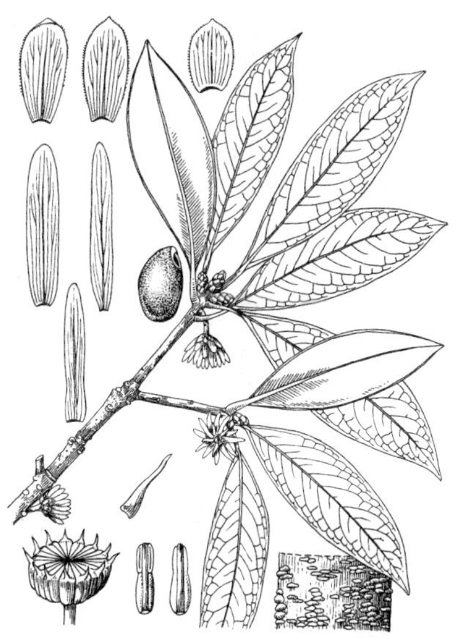

图 572 假地枫皮 （邓盈丰绘）

产安徽、浙江、江西、福建、湖北、湖南、广东、香港及广西，生于海拔450-2100米山地沟谷、山脊或山坡湿润常绿阔叶林中。根皮入药，外用治风湿骨痛、跌打损伤。有小毒。

2. 华中八角 图 573

Illicium fargesii Finet et Gagnep. in Bull. Soc. Bot. France 52: Mem. 4: 29. 1905.

乔木，高达15米。叶互生或3-5簇生枝顶，革质，长椭圆形、披针状椭圆形或倒披针状椭圆形，长11-16厘米，先端渐尖，基部楔形，上面中脉凸起或近平，稀干后微凹下，宽2-3毫米，侧脉6-10对；叶柄长1-3.5厘米。花单生叶腋、近顶生或生老枝上。花蕾卵圆形；花梗长0.5-1.5 厘米；花被片淡黄色，窄椭圆形或窄舌状，扁平，薄肉质，17-25枚，中轮最大，长1.2-1.5厘米，内轮渐窄小；雄蕊17-25，2轮；心皮12-13。聚合果径2.5-4.5厘米；果柄长1-2厘米；蓇葖11-13，常1-3枚发育不全，顶端喙细尖，尖头长0.8-1.2毫米。种子淡黄色，长6-8毫米。花期3-4月，果期8-9月。

图 573 华中八角 （邓盈丰绘）

产云南、四川、贵州、广西、湖南及湖北，生于海拔870-2250米山地沟谷、溪边或山坡常绿阔叶林中。

3. 中缅八角 大花八角 图 574

Illicium burmanicum Wils. in Journ. Arn. Arb. 7: 238. 1926.

Illicium macranthum A. C. Smith；中国植物志30(1)：209. 1996.

乔木，高达25米。叶互生或4-10簇生枝顶，厚纸质或革质，长圆状披

图 574 中缅八角 （邓盈丰绘）

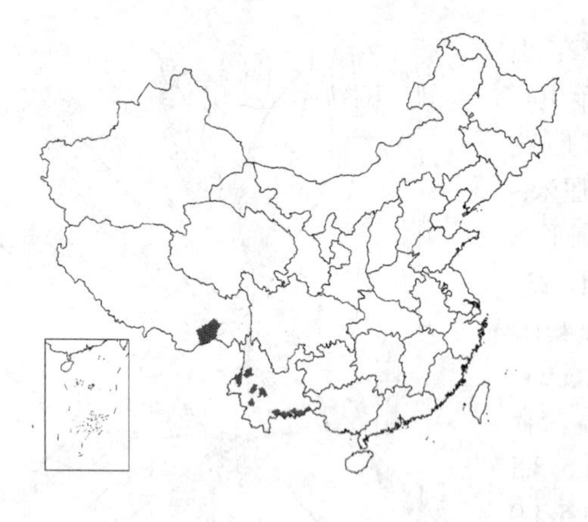

针形、长椭圆形或倒卵状长圆形，长7-13厘米，先端骤尖或短尖，基部宽楔形，下面被油点，上面中脉凹下，宽约1毫米，侧脉7-12对；叶柄长1.5-3厘米。花腋生或生于老枝上，单生或2-3簇生。花蕾卵圆形；花梗长0.3-1厘米；花被片淡黄、白或带紫红色，扁平，薄肉质，20-32枚，中轮最大，长圆状倒卵形或窄椭圆形，长1.3-1.5厘米，内轮渐小；雄蕊20-26，2轮；心皮12-14。聚合果径2.5-4厘米；果柄长0.5-2厘米；蓇葖12-13，长约2厘米，顶端喙状弯曲，长3-6毫米。种子淡黄或灰褐色。花期2-4月及10-11月，果期9-11月及翌年6-8月。

产云南及西藏，生于海拔1800-2800米山地沟谷、溪边或山坡湿润常绿阔叶林中。缅甸及印度有分布。根、叶、果煮水可杀虫、灭蚤虱；碾粉拌入食物可诱杀野兽。药用，可镇呕、止痛、生肌、接骨。有大毒，宜慎用。

4. 野八角　　图575　彩片276

Illicium simonsii Maxim. in Bull. Acad. Sci. St. Pétersb. 32: 480. 1888.

灌木状，稀小乔木，高达8米。叶近对生或互生，稀3-5轮生状，革质，

披针形、椭圆形或窄椭圆形，长5-11厘米，先端尖或短渐尖，基部楔形；上面中脉凹下，宽约1毫米，侧脉6-9对；叶柄长0.7-2厘米。花单生叶腋，或簇生枝顶，或生于老枝上。花蕾卵圆形；花梗长2-8厘米；花被片淡黄或近白色，稀粉红色，扁平，薄肉质，18-30枚，中轮最大，长圆状披针形或舌状，长0.9-1.8厘米，内轮渐小；雄蕊16-35，2-3轮；心皮8-9，或多达13。聚合果径2.5-3厘米；果柄长0.5-1.6厘米；蓇葖7-9，或达12枚，长1.1-2厘米，顶端喙状尖头钻形，长3-7毫米。种子淡黄或灰褐色，长6-7毫米。花期2-4月及10-11月，果期8-10月及翌年6-8月。

产四川、贵州及云南，生于海拔1500-4000米山地沟谷、溪边、涧旁或山坡湿润常绿阔叶林中。缅甸及印度有分布。用途同中缅八角。

图 575　野八角　（何顺清绘）

5. 大八角　　图576

Illicium majus Hook. f. et Thoms. in Hook. f. Fl. Brit. Ind. 1: 40. 1872.

乔木，高达20米。叶互生或3-6成轮生状，革质，长圆状披针形或倒披针形，长10-20厘米，先端渐尖，基部楔形，上面中脉凹下，宽约1毫米，侧脉6-9对；叶柄长1-2.5厘米。花腋生、近顶生或生于老枝上，单生或2-4簇生。花蕾球形；花梗长2-6厘米；花被片红色，内凹，肉质，15-34枚，外轮圆形或宽卵形，中轮最大，长0.8-1.5厘米，内轮渐窄小；雄蕊12-41，

图 576　大八角　（邓盈丰绘）

1-3轮；心皮11-14。聚合果径4-4.5厘米；果柄长2.5-8厘米；蓇葖11-14，长1.2-2.5厘米，顶端骤尖，喙尖钻状，长3-7毫米。种子淡褐或褐色，长0.6-1厘米。花期4-6月，果期7-10月。

产湖北、湖南、广东、广西、贵州、云南及四川，生于海拔300-2500米山地常绿阔叶林中。越南及缅甸有分布。木材结构细，供雕刻、家具、室内装修等用。根、树皮、叶、果入药，用途同中缅八角。

图 577 披针叶八角 （邓盈丰绘）

6. 披针叶八角

图 577 彩片 277

Illicium laceolatum A. C. Smith in Sargentia 7: 43. 1947.

乔木或灌木状，高达15米。叶互生、簇生枝顶或轮生状，革质，披或倒披针形，长5-17厘米，先端渐尖或尾状，基部窄楔形或渐窄，上面中脉凹下，宽约1毫米，侧脉5-8对；叶柄长0.7-1.8厘米。花腋生或近顶生，单生或2-3簇生。花蕾球形；花梗长2-5厘米；花被片红色，内凹，肉质，9-1枚，外轮宽卵形或圆形，中轮最大，长0.8-1.2厘米，内轮渐小；雄蕊6-11，1轮；心皮10-14。聚合果径3.4-4厘米；果柄长2.5-8厘米；蓇葖10-14，稀8枚，长1.4-2.1厘米，顶端喙尖内弯，长3-7毫米。种子褐色，长7-8毫米。花期4-6月，果期9-10月。

产河南、安徽、江苏、浙江、福建、江西、湖北、湖南及广东，生于海拔100-1600米山地沟谷、溪边、涧旁湿润常绿阔叶林中。叶含芳香油，作香料原料。根、根皮、叶可入药，可舒筋活血、散瘀止痛；叶研粉，调油外敷，治外伤出血；有大毒。树冠枝繁叶茂，花红叶绿，对二氧化硫等有害气体有抗性，可作城市园林绿化树种。

7. 匙叶八角 短柱八角 平滑叶八角

图 578

Illicium spathulatum Wu in Engl. Bot. Jahrb. 71: 175. 1940.

Illicium brevistylum A. C. Smith; 中国植物志30(1): 215. 1996.

Illicium leiophyllum A. C. Smith; 中国植物志 30(1): 219. 1996.

乔木或灌木状，高达20米。叶互生或3-5轮生状，薄革质或革质，倒卵形、倒披针形或窄长圆状椭圆形，长5-14厘米，先端尖或短尾尖，基部渐窄；上面中脉凹下，宽约1毫米，侧脉6-9对；叶柄长

图 578 匙叶八角 （邓盈丰绘）

0.6-2厘米。花腋生或近顶生，单生。花蕾球形；花梗长0.8-2厘米；花被片红色，内凹，肉质，宽卵形或圆形，8-23枚，中轮最大，长0.6-1.1厘米，内轮渐小；雄蕊14-30，1-2轮；心皮11-13。聚合果径2.5-3.5厘米；果柄长1.5-3.5厘米；蓇葖11-13，长1.3-2.9厘米，顶端喙尖长1-3毫米。种子淡褐色，长6-7毫米。花期4-5月及10月，果期10-11月及翌年4-5月。

产福建、湖南、广东、香港、广西及云南东南部，生于海拔350-1500米山地湿润常绿阔叶林中。树皮入药，外用治风湿骨痛、跌打损伤。有毒。

8. 地枫皮 图579 彩片278

Illicium difengpi K.I.B.et K.I.M. ex B.N.Chang in Acta Phytotax. Sin. 15(2): 76. 1977.

灌木，高达3米，全株芳香；树皮松脆易折断。叶3-5轮生状或簇生枝顶，稀互生，革质或厚革质，倒披针形或长椭圆形，长7-14厘米，先端短渐尖或稍钝圆，基部楔形，下面密被褐色油点，上面中脉凹下，宽约1毫米，侧脉6-8对；叶柄长1.2-2.5厘米。花腋生或近顶生，单生或2-4簇生。花蕾球形；花梗长1.2-2.5厘米；花被片红色，宽卵形、圆形或宽椭圆形，内凹，肉质，11-21枚，中轮最大，长1.2-1.5厘米，内轮渐小；雄蕊14-28，1-2轮；心皮12-13。聚合果径2.5-3.5厘米；果柄长1-4厘米；蓇葖11-13，长1.2-1.6厘米，顶端喙尖内弯，长3-5毫米。种子褐黄色，长6-7毫米。花期4-5月，果期8-10月。

图 579 地枫皮 （邹贤桂绘）

产广西及云南东南部，生于海拔120-1700米石灰岩山地林中。树皮入药，治风湿性关节炎、腰肌劳损等症，有小毒。

9. 红茴香 图580 彩片279

Illicium henryi Diels in Engl. Bot. Jahrb. 29: 323. 1900.

灌木状，稀小乔木，高达7米。叶互生或2-5簇生枝顶，革质，窄披针形、倒披针形或倒卵状椭圆形，长6-18厘米，先端长渐尖，基部楔形，上面中脉凹下，宽约1毫米，侧脉5-7对；叶柄长0.7-2厘米。花腋生、腋上生、近顶生或老枝生花，单生或2-3簇生。花蕾球形；花梗长1.5-5厘米；花被片红色，内凹，肉质，10-18枚，外轮宽卵形或圆形，中轮最大，长0.7-1厘米，内轮渐小；雄蕊9-20，稀达28，1-2轮；心皮7-9。聚合果径2-2.5厘米；果柄长1.5-5.5厘米；蓇葖7-8，长1.2-2厘米，先端喙尖长3-5毫米。种子淡褐或浅灰色，长6-7.5毫米。花期4-6月，果期8-10月。

产陕西、甘肃、河南、湖北、湖南、四川及贵州，生于海拔350-2200米山地沟谷、溪边湿润常绿阔叶林中或林缘。花红叶绿，可作庭园绿化或观赏植物。根、根皮入药，治跌打损伤、胸腹疼痛、风寒湿痹等症，有毒。

图 580 红茴香 （引自《图鉴》）

10. 八角

图 581 彩片 280

Illicium verum Hook. f. in Curtis's Bot. Mag. 114: t. 7005.1888.

乔木，高达25米。叶互生或3-6簇生枝顶呈轮生状，革质或厚革质，倒卵状椭圆形、倒披针形或椭圆形，长5-15厘米，先端短渐尖或稍钝圆，基部楔形，上面中脉稍凹下或鲜时平，宽1-1.5毫米，侧脉4-6对；叶柄长0.8-2厘米。花单生叶腋或近顶生。花蕾球形；花梗长1.5-4厘米；花被片红，稀白色，宽卵形、圆形或宽椭圆形，内凹，肉质，7-12枚，中轮最大，长0.9-1.2厘米，内轮渐小；雄蕊11-20，1-2轮；心皮7-9。聚合果平展，径3.5-4厘米；果柄长2-5.6厘米；蓇葖7-8，长1.4-2厘米，顶端喙钝圆，无尖头。种子褐色，长0.7-1厘米。花期3-5月及8-10月，果期9-10月及翌年3-4月。

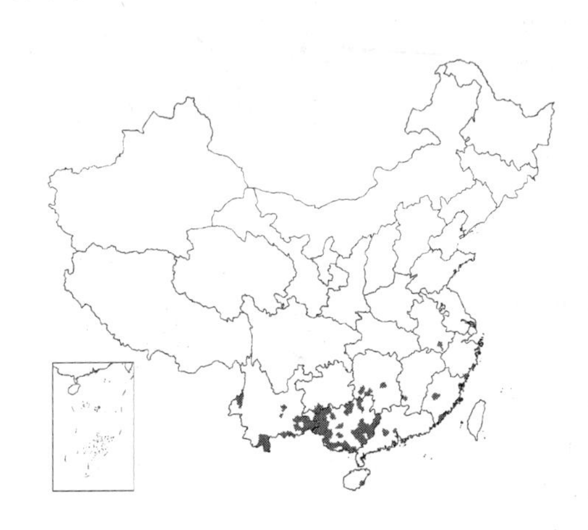

图 581 八角 （引自《中国树木志》）

产安徽、浙江、福建、江西、湖南、广东、海南、广西、贵州及云南，生于海拔60-2100米山地湿润常绿阔叶林中；产区多栽培。越南有分布。木材结构细，纹理直，有香气，供细木工、箱板等用。鲜果、种子、叶可提取茴香油（八角油），为化妆品及食品香料。果称八角茴香，为调味香料。叶、果入药，治呕吐、腹胀、疝气痛；亦可提取安粒素（Anethole），可治疗白血球减少症。

11. 小花八角

图 582

Illicium micranthum Dunn in Hook. Icon. Pl. 28: t. 2714. 1901.

小乔木或灌木状，高达10米。叶互生、近对生、3-5簇生枝顶或成轮生状，革质，倒卵状椭圆形、窄长圆状椭圆形或披针形，长4-11厘米，先端尾尖或渐尖，基部楔形，下面密被油点，上面中脉凹下，宽约1毫米，侧脉5-10对；叶柄长0.4-1.2厘米。花腋生，单生或几朵在近枝顶簇生。花蕾球形；花梗长0.7-2.8厘米；花被片红色，圆形或宽椭圆形，内凹，肉质，14-21枚，中轮最大，长5-8毫米，内轮渐小；雄蕊6-18，1轮；心皮7-8，稀达12。聚合果径1.7-2.1厘米；果柄长2.5-3.5厘米；蓇葖6-8，长0.9-1.4厘米，顶端喙尖长1-3毫米。种子褐灰色，长4.5-5毫米。花期4-6月，果期7-9月。

图 582 小花八角 （邓盈丰绘）

产湖北、湖南、广东、广西、云南、贵州及四川，生于海拔500-2600米山地湿润常绿阔叶林中。根、树皮、叶、果入药，煮水可作杀虫农药；树皮外用可治风湿骨痛、跌打损伤，内服可治风湿骨痛、感冒风寒、呕吐腹泻、胸腹气痛。有毒，不宜多服。

12. 厚叶八角 图583

Illicium pachyphyllum A. C. Smith in Sargentia 7: 64. 1947.

灌木状或小乔木，高达5米。叶4-7轮生状或簇生枝顶，革质或厚革质，椭圆形或近卵形，长6-9厘米，先端渐尖或短尾状，基部渐窄，上面中脉凹下，宽约1厘米，侧脉4-7对；叶柄长0.3-1.2厘米。花单生叶腋或2-3簇生枝顶。花蕾球形；花梗长2-5毫米；花被片红色，宽卵形或圆形，内凹，肉质，9-17枚，中轮最大，长6-8.5厘米，内轮渐小，雄蕊8-21，1-2轮；心皮7-10，稀达14；聚合果径2-3厘米；果柄长0.5-1厘米；蓇葖7-9，稀达13，长1.1-1.3厘米，顶端喙内弯，尖头长3-5厘米。种子黄色，长5-6厘米。花期2-3月及9-10月；果期8-9月及翌年6-7月。

图 583 厚叶八角 （邓盈丰绘）

产湖南、广东、广西及贵州，生于海拔300-2100米山地沟谷、山坡湿润常绿宽叶林中。根、树皮入药，外用可消肿止痛。有毒。

13. 红花八角 图584

Illicium dunnianum Tutch. in Journ. Linn. Soc. Bot. 37: 62.1905.

灌木，高1-5米。叶3-8轮生状或簇生枝顶，薄革质或革质，窄披针形、窄倒披针形或近线形，长5-12厘米，先端尾尖或骤尖，基部渐窄，上面中脉凹下，宽约1毫米米，侧脉6-8对；叶柄长0.5-1.5厘米。花单生叶腋或2-3簇生近枝顶。花蕾球形；花梗长1-3.5厘米；花被片红色，宽三角形、圆形或宽椭圆形，内凹，肉质，12-26枚，中轮最大，长0.6-1.1厘米，内面渐小；雄蕊6-31，1-2轮；心皮7-8，稀达13；聚合果径1.5-3厘米；果柄长2-5.5厘米；蓇葖7-8，稀达11，长0.9-1.5厘米，顶端喙钻状，尖头长3-5厘米。种子黄褐色，长4-5厘米。花期3-5月及10-11月，果期9-10月及翌年7-8月。

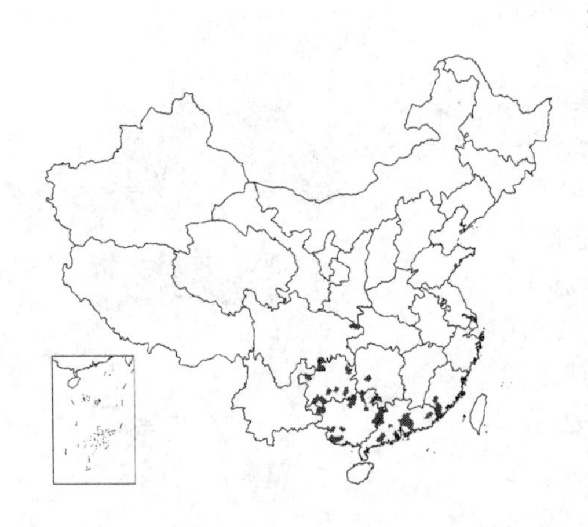

图 584 红花八角 （邓盈丰绘）

产福建、湖南、广东、香港、广西、贵州及四川，生于海拔100-1800米河岸、沟谷、水边、常绿阔叶林中。根、树皮入药，外用治跌打损伤、风湿骨痛。有大毒，勿内服。

12. 五味子科 SCHISANDRACEAE

（刘玉壶　郭丽秀）

木质藤本。单叶互生，常具透明腺点；叶柄细长，无托叶。花单性，雌雄异株或同株，常单生叶腋，有时数朵聚生新枝叶腋或短枝上。花被片6-24，2至多轮，相似，外轮及内轮较小，中轮最大，不成萼片状。雄花具多数雄蕊，稀4-5，离生、部分或全部合生成肉质雄蕊群，花丝短或无，花药小，2室，纵裂；雌花具12-300单雌蕊，离生，聚生于短肉质花托上，数至多轮排成球形或椭圆形雌蕊群，每心皮具倒生胚珠2-5，稀11。聚合果球形或长穗状。种子1-5，稀较多，胚乳丰富，油质，胚小。

1. 雌蕊群花托倒卵圆形或椭圆形，果时不伸长；聚合果球形或椭圆形 ························ 1. 南五味子属 Kadsura
1. 雌蕊群花托圆柱形或圆锥形，果时伸长；聚合果长穗状 ·· 2. 五味子属 Schisandra

1. 南五味子属 **Kadsura** Kaempf. ex Juss.

木质藤本。叶纸质，稀革质，全缘或具锯齿，具透明或不透明油腺体。花单性，雌雄同株，稀异株，单生叶腋，稀2-4聚生新枝叶腋或短枝上。花梗常具1-10枚分散小苞片；雄花花被片7-24，覆瓦状排成数轮，中轮常最大；雄蕊12-80，离生，花丝细长，与药隔连成棍棒状，2药室包被药隔顶端，或雄蕊连合成球状蕊柱，花丝宽扁，与药隔连成宽扁四方形或倒梯形，药隔顶端横长圆形；雌花花被片与雄花相似，单雌蕊20-300，离生，螺旋状排列于倒卵形或椭圆形花托上，花柱钻形或侧向平扁成盾形柱头冠，或形状不规则，胚珠2-5(-11)，叠生于腹缝或悬垂于子房顶端。果时花托不伸长；小浆果肉质，顶端宽厚，外果皮革质，聚合果球形或椭圆形。种子2-5，两侧扁，椭圆形、肾形或卵圆形，种皮常褐色，光滑，脆壳质。

约16种，主产亚洲东部及东南部。我国8种，产东南至西南。

1. 雄花花托顶端具1-20条分枝钻状附属体，雄蕊离生，花丝与药隔连成细棍棒状，药隔顶端圆钝；雌花花托近球形，胚珠自子房顶端悬垂；叶革质，全缘 ·· 1. 黑老虎 **K. coccinea**
1. 雄花花托顶端圆柱形，圆锥状凸出或不凸出于雄蕊群外，或顶端不伸长、不凸出，雄蕊连成球状蕊柱，花丝与药隔连成宽扁四方形或倒梯形，药隔顶端横长圆形；雌花花托近球形或椭圆形，胚珠叠生于腹缝上。
  2. 雄花花托顶端圆柱形，凸出或不凸出于雄蕊群外。
    3. 雄花花托顶端稍伸长并凸出于雄蕊群外，雄蕊群椭圆形，雄蕊50-65 ··· 2. 异形南五味子 **K. heteroclita**
    3. 雄花花托顶端伸长，不凸出于雄蕊群外，雄蕊群球形，雄蕊30-70 ······ 3. 南五味子 **K. longipedunculata**
  2. 雄花花托顶端不伸长，不凸出于雄蕊群外，雄蕊34-55；聚合果径不及3厘米 ·· 4. 日本南五味子 **K. japonica**

1. 黑老虎　冷饭团　　图585

Kadsura coccinea (Lem.) A. C. Smith in Sargentia 7: 166. f. 33. f-o. 1947.

Cosbaea coccinea Lem. in Illustr. Hort. 2: 71. 1855.

常绿木质藤本，全株无毛。叶革质，长圆形或卵状披针形，长7-18厘米，先端钝或短渐尖，基部宽楔形或近圆，全缘；侧脉6-7对，网脉不明显。花单生叶腋，稀成对，雌雄异株。花被片红色，10-16，中轮最大1片椭圆形，长2-2.5厘米，最内轮3片肉质；雄花花梗长1-4厘米，花托长圆锥形，长0.7-1厘米，顶端具1-20条分枝钻状附属体，雄蕊群椭圆形或近球形，径6-7毫米，具14-48离生雄蕊，花丝与药隔连成细棍棒状，花丝顶端为两药室包被，药隔顶端圆钝；雌花花梗长5-10厘米，花托近球形，花柱短钻状，顶端无盾状柱头冠，心皮50-80，胚珠顶生、下垂。聚合果近球形，红或暗紫色，径6-10厘米或更大；小浆果倒卵圆形，长达4厘米，外果皮革质，不露出种子。花期4-7月，果期7-11月。

产福建、江西、湖南、广东、香港、海南、广西、云南、贵州及四川，生于海拔1500-2000米的林中。越南有分布。根药用，可行气活血，消肿止痛，治胃病，风湿骨痛，跌打瘀痛，为妇科常用药。

图 585 黑老虎 （引自《图鉴》）

2. 异形南五味子 大风少藤 吹风散 图586

Kadsura heteroclita (Roxb.) Craib, Fl. Siam. Enum. 1: 28. 1925.

Uvaria heteroclita Roxb. Hort. Beng. 43. 1814.

常绿大藤本。叶卵状椭圆形或宽椭圆形，长6-15厘米，先端渐尖或骤尖，基部宽楔形或近圆钝，全缘或上部疏生细齿，侧脉叶腋，雌雄异株。花被片白或淡黄色，11-15，中轮最大1片椭圆形或倒卵形，长0.8-1.6厘米；

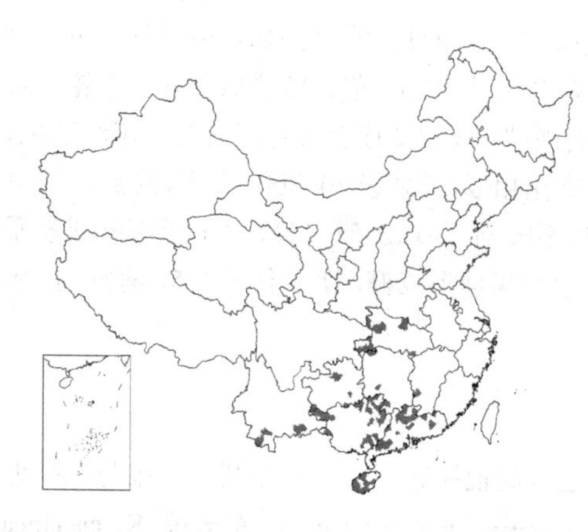

雄花花梗长0.3-2厘米，花托顶端圆柱状，圆锥状凸出于雄蕊群外，雄蕊群椭圆形，长6-7毫米，雄蕊50-65，花丝与药隔连成近宽扁四方形，药隔顶端横长圆形，花丝极短；雌花花梗长0.3-3厘米，雌蕊群近球形，径6-8毫米，单雌蕊30-55，花柱顶端具盾状柱头冠，胚珠叠生于腹缝。聚合果近球形，径2.5-4厘米；小浆果倒卵圆形，长1-2.2厘米，干时革质不露出种子。花期5-8月，果期8-12月。

产福建、江西、湖北、湖南、广东、海南、广西、云南及贵州，生于海拔400-900米山谷、溪边、密林中。锡金、孟加拉、越南、老挝、缅甸、泰国、印度及斯里兰卡有分布。藤及根称鸡血藤，药用，止痛，祛风除湿，治风湿骨痛、跌打损伤。

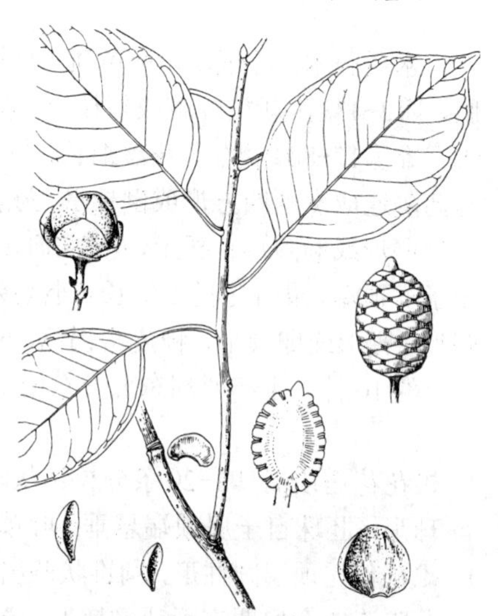
图 586 异形南五味子 （邓盈丰绘）

3. 南五味子 图587 彩片281

Kadsura longipedunculata Finet et Gagnep. in Bull. Soc. Bot. France 52: Mem. 4: 53. pl. 8, B. 8-15. 1905.

藤本。叶长圆状披针形、倒卵状披针形或卵状长圆形，长5-13厘米，先端渐尖或尖，基部窄楔形或宽楔形，疏生齿，上面具淡褐色透明腺点。花单生叶腋，雌雄异株。花被片白或淡黄色，8-17，中轮最大1片椭圆形，长0.8-1.3厘米；雄花花梗长0.7-4.5厘米，花托椭圆形，顶端圆柱状，不凸出雄蕊群外，雄蕊群球形，径8-9毫米，雄蕊30-70，药隔与花丝连成扁四方形，花丝极短；雌花花梗细，长3-13厘米，雌蕊群椭圆形或球形，径约1厘米，单雌蕊40-60，花柱具盾状心形柱头冠，胚珠3-5叠生腹缝。聚合果球形，径1.5-3.5厘米；小浆果倒卵圆形，外果皮薄革质，干时显出种

图 587 南五味子 （冀朝祯绘）

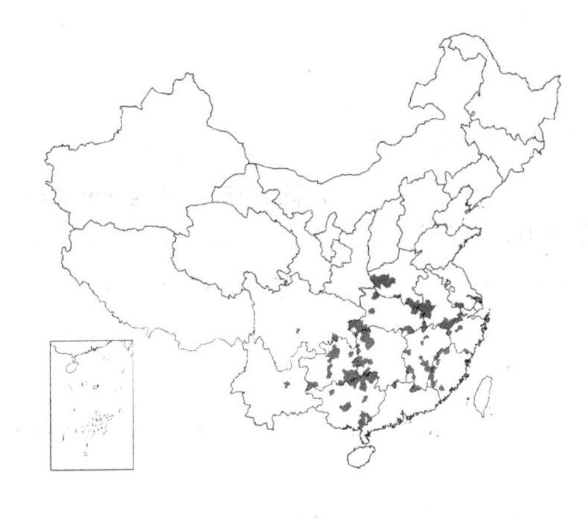

子。种子2-3，稀4-5，肾形或肾状椭圆形。花期6-9月，果期9-12月。

产河南、江苏、安徽、浙江、福建、江西、湖北、湖南、广东、广西、云南、贵州及四川，生于海拔1000米以下的山坡林中。根、茎、叶、种子入药，种子为滋补强壮剂及镇咳药，治神经衰弱、支气管炎等症；茎、叶、果可提取芳香油。

图 588 日本南五味子（引自《Fl.Taiwan》）

4. 日本南五味子 图 588

Kadsura japonica（Linn.）Dunal, Monogr. Anon. 57. 1817.

Uvaria japonica Linn. Sp. pl. 536. 1753.

藤本。叶坚纸质，倒卵状椭圆形或长圆状椭圆形，长5-13厘米，先端钝或短渐尖，基部楔形，全缘或疏生锯齿，中脉平或稍凹下。花单生叶腋，雌雄异株。花被片8-13，淡黄色，具腺点，中轮最大1片椭圆形或倒卵形，长1.2厘米；雄花花梗长0.6-1.5厘米，花托椭圆形，顶端不伸长，无附属体，雄蕊群近球形或卵球形，径5-7毫米，雄蕊34-55，花丝与药隔连成梯形，药室约与花丝等长；雌花花梗长2-4厘米，雌蕊群近球形，径约5毫米，单雌蕊40-50，胚珠叠生腹缝。聚合果径不及3厘米；小浆果近球形，径约5毫米，种子1-3。种子深褐色，肾形或椭圆形。花期3-8月，果期7-11月。

产福建及台湾，生于海拔500-2000米山坡林中。朝鲜及日本有分布。根及茎称红骨蛇，主治蛇咬伤，可止渴、解热、镇痛；果为强壮剂，可镇咳。

2. 五味子属 Schisandra Michx.

木质藤本。芽鳞6-8，外芽鳞常宿存，内芽鳞早落，有时宿存。叶纸质，在长枝上互生，在短枝上密集，常具小齿，膜质，下延至叶柄成窄翅，叶肉具透明腺点。花单性，雌雄异株，稀同株，单生叶腋或苞片腋，有时数朵聚生。花被片5-12（-20），中轮常最大；雄花具5-60雄蕊，离生或聚生于肉质花托呈球形或扁球形，稀成扁平五角状体；雌花具12-120单雌蕊，离生，密集在圆柱形或圆锥形花托上，每心皮2（3）胚珠，叠生腹缝，柱头侧生于心皮近轴面，末端柱头冠钻状或扁平，柱头基部下延成附属体。果时花托伸长，小浆果排列于肉质下垂果托上，聚合果长穗状。种子（1）2（3），肾形、扁椭圆形或扁球形，种脐常U形，种皮淡褐色，脆壳质，光滑，具皱纹或小瘤。

约30种，主产亚洲东部及东南部，1种产美国东南部。我国约19种，南北各地均产。

本属多数种类药用。茎皮纤维柔韧，可作绳索。茎、叶、果可提取芳香油。

1. 雄蕊（5-6）18-60，离生，螺旋状排列于伸长或极短花托上，花托不膨大，不扁。
  2. 雄花花托顶端不伸长，无附属物。

3. 雄蕊18-60，螺旋状排列于伸长花托上。
4. 雄花花托基部雄蕊的花丝长2-5毫米，顶端雄蕊不与花托合生。
5. 花白色；叶中部或下部较宽，椭圆形、窄椭圆形、倒卵状椭圆形或卵形 …………………………………………………………………………………………… 1. **大花五味子 S. grandiflora**
5. 花红色；叶上部较宽，倒卵形、倒卵状椭圆形或倒披针形，稀椭圆形或卵形 …………………………………………………………………………………………… 2. **红花五味子 S. rubriflora**
4. 雄花花托基部雄蕊的花丝长0.3-1.5毫米，顶端雄蕊与花托合生 …… 3. **球蕊五味子 S. sphaerandra**
3. 雄蕊5（6），直立排列于长约0.5毫米短圆柱形花托上，无花丝或外层3雄蕊具极短花丝 …………………………………………………………………………………………… 4. **五味子 S. chinensis**
2. 雄花花托顶端伸长，形成不规则头状或盾状附属体。
6. 内芽鳞紫红色，最大1片长达1.5厘米，宿存至幼果时；小枝具窄翅或锐棱；药隔宽扁，长于花药。
7. 叶下面被白粉；小枝具宽1-2.5毫米翅棱；外层雄蕊花丝长1-2毫米 ……… 5. **翼梗五味子 S. henryi**
7. 叶下面无白粉；小枝棱翅窄而粗厚，非薄翅状；外层雄蕊几无花丝 …………………………………………………………………………… 5(附). **滇五味子 S. henryi** var. **yunnanensis**
6. 内芽鳞褐色或灰褐色，最大1片长不及1厘米，早落，稀宿存；小枝无棱翅；药隔与花药等长或稍长。
8. 叶下面被褐色短柔毛 …………………………………………………………… 6. **毛叶五味子 S. pubescens**
8. 叶两面无毛。
9. 花较大，最大花被片长0.6-1.3厘米，宽0.6-1.1厘米。
10. 叶下面苍白或灰褐色，叶窄倒卵状椭圆形或倒卵形，疏生浅齿 … 7. **金山五味子 S. glaucescens**
10. 叶下面淡绿色或两面同色。
11. 雌花具单雌蕊25-60。
12. 叶倒卵形、宽倒卵形、倒卵状长椭圆形或圆形，稀椭圆形；花药两药室倾斜；种皮光滑或背面微皱 …………………………………………………… 8. **华中五味子 S. sphenanthera**
12. 叶窄椭圆形或卵状椭圆形；花药两药室近平行；种皮具皱纹 …………………………………………………………………………………………… 9. **滇藏五味子 S. neglecta**
11. 雌花具单雌蕊15-25；花药两药室近平行；叶卵状椭圆形，长6-14厘米，两面绿色 ……………………………………………………………………………………………… 10. **绿叶五味子 S. viridis**
9. 花较小，最大花被片长3.5-6毫米，宽2.5-6毫米。
13. 叶窄椭圆形或披针形，长4-10厘米；花梗长2-5厘米 …………… 11. **狭叶五味子 S. lancifolia**
13. 叶卵形或椭圆状卵形，长3-8厘米；花梗长1.5-3厘米 ………… 12. **小花五味子 S. micrantha**
1. 雄蕊3-16，合生于膨大肉质或扁平花托上。
14. 雄蕊3-16，合生于膨大肉质花托上。
15. 雄花花托近球形，雄蕊6-16，单个嵌入花托凹穴内。
16. 雄蕊12-16；小浆果25-45 ………………………………………………… 13. **合蕊五味子 S. propinqua**
16. 雄蕊6-9；小浆果10-30 …………………………………… 13(附). **铁箍散 S. propinqua** var. **sinensis**
15. 雄花花托倒卵圆形，雄蕊3-8，花药对生于花托孔穴内壁 ………………………… 14. **重瓣五味子 S. plena**
14. 雄蕊5，合生于扁平辐射状五角形花托上。
17. 小枝淡红色，稍具纵棱，二年生枝褐紫或褐灰色 ………………………………… 15. **二色五味子 S. bicolor**
17. 小枝黑褐色，具小瘤 ………………………………………… 15(附). **瘤枝五味子 S. bicolor** var. **tuberculata**

1. 大花五味子 图589 彩片282

Schisandra grandiflora (Wall.) Hook. f. et Thoms. in Hook. f. Fl. Brit. Ind. 1:44. 1872. *Kadsura grandiflora* Wall. Tent. Fl. Nepal. 10. t. 14. 1824.

落叶木质藤本。叶纸质，窄椭圆形、椭圆形、窄倒卵状椭圆形或卵形，中部或下部较宽，长(5-) 8-14 (-16) 厘米，先端渐尖或尾尖，基部楔形，疏生腺齿或近全缘，上面深绿色，下面稍苍白色。花白色，花被片7-10，3轮，近似，宽椭圆形或倒卵形，外轮长1.3-2厘米，内轮较窄小；雄花花梗长1-1.4厘米，花托不伸出，雄蕊30-60，离生，外侧向纵裂，顶端雄蕊无花丝，基部的花丝长2-5毫米；雌花花梗长1.7-6厘米，单雌蕊70-120；心皮倒卵圆形，花柱外弯，柱头鸡冠状。聚合果果托径5-6毫米，长12-21厘米；小浆果倒卵状椭圆形，长7-9毫米。种子宽肾形，种皮光滑，种脐V形，稍凹入。花期4-6月，果期8-9月。

图 589 大花五味子 （邓盈丰绘）

产云南西部及南部、西藏南部，生于海拔1800-3100米山坡、林下、灌丛中。尼泊尔、不丹、锡金、印度北部、缅甸及泰国有分布。

2. 红花五味子 图 590 彩片 283

Schisandra rubriflora (Franch.) Rehd. et Wils. in Sarg. Pl. Wilson. 1: 412. 1913.

Schisandra chinensis (Turcz.) Baill. var. *rubriflora* Franch. in Nouv. Arch. Mus. Hist. Nat. Paris. ser. 2, 8: 192. 1886.

落叶木质藤本。小枝紫褐色，后变黑，径0.5-1厘米。叶纸质，倒卵形、椭圆状倒卵形或倒披针形，稀椭圆形或卵形，上部较宽，长6-15厘米，先端渐尖，基部楔形，边缘具胼胝质尖锯齿，上面中脉凹下，中脉及侧脉在叶下面带淡红色。花红色，花梗长2-5厘米；花被片5-8，椭圆形或倒卵形，最大的长1-1.7厘米，宽0.6-1.6厘米；雄花雄蕊群椭圆状倒卵圆形或近球形，径约1厘米，雄蕊40-60，离生，花药外向开裂，基部雄蕊花丝长2-5毫米；雌花雌蕊群长圆状椭圆形，长0.8-1厘米，单雌蕊60-100，倒卵圆形。聚合果的小浆果红色，椭圆形或近球形，径0.8-1.1厘米。种子肾形，种皮平滑，微波状，种脐尖长，斜V形，深达1/3。花期5-6月，果期7-10月。

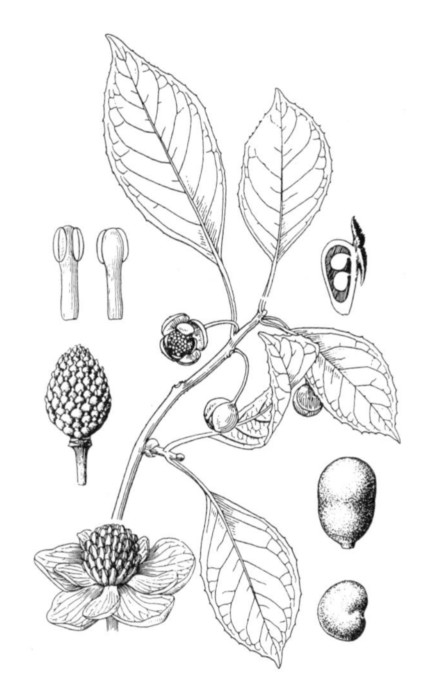

图 590 红花五味子 （仿《中国植物志》）

产甘肃南部、湖北、云南西北部、四川及西藏，生于海拔1000-1300米河谷、山坡林中。

3. 球蕊五味子

图 591 彩片 284

Schisandra sphaerandra Stapf in Curtis's Bot. Mag. 152: t. 9146. 1928.

落叶木质藤本。新枝紫红色，老枝灰褐色。叶纸质，倒披针形或窄椭圆形，长4-11厘米，先端渐尖，2/3以下渐窄成楔形，具胼胝质尖齿及浅齿，或仅具尖齿，近全缘，下面灰绿带苍白色；叶柄红色，具下延窄膜翅。花深红色，花梗长1-2.8厘米；花被片5-8，近似，倒卵状椭圆形，最大的长0.6-1.4厘米；雄花雄蕊群卵圆形，长约8毫米，雄蕊30-50，离生，基部雄蕊花丝长0.3-1.5毫米，顶部的无花丝，与花托合生，花药长0.7-1.4毫米，外侧向开裂；雌花雌蕊群长圆状椭圆形，长约1厘米，单雌蕊80-110。聚合果果托长6-15厘米，径约5毫米；小浆果椭圆形。种子椭圆形，长4-4.5毫米，内种皮灰白色，背具红乳头状凸起或皱纹，种脐微凹。花期5-6月，果期8-9月。

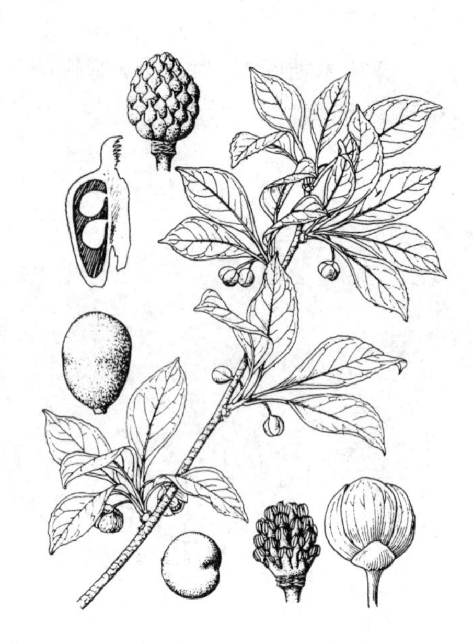

图 591 球蕊五味子 （邓盈丰绘）

产云南、四川西部及西藏，生于海拔2300-3900米阔叶混交林或云杉、冷杉林内。

4. 五味子

图 592 彩片 285

Schisandra chinensis (Turcz.) Baill. Hist. Pl. 1: 148. 1868-69.

Kadsura chinensis Turcz. in Bull. Soc. Nat. Mosc. 7: 149. 1837.

落叶木质藤本，除幼叶下面被柔毛及芽鳞具缘毛外余无毛。叶膜质，宽椭圆形、卵形、倒卵形、宽倒卵形或近圆形，长（3-）5-10（-14）厘米，先端骤尖，基部楔形，上部疏生胼胝质浅齿，近基部全缘，基部下延成极窄翅。花被片粉白或粉红色，6-9，长圆形或椭圆状长圆形，长0.6-1.1厘米；雄花花梗长0.5-2.5厘米，雄蕊5（6），长约2毫米，离生，直立排列，花托长约0.5毫米，无花丝或外3枚花丝极短；雌花花梗长1.7-3.8厘米，雌蕊群近卵圆形，长2-4毫米，单雌蕊17-40。聚合果长1.5-8.5厘米，小浆果红色，近球形或倒卵圆形，径6-8毫米，果皮具不明显腺点；种子1-2，肾形，种皮光滑。花期5-7月，果期7-10月。

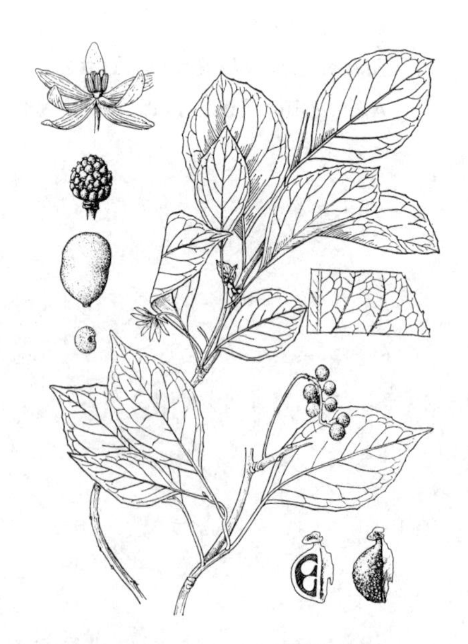

图 592 五味子 （仿《中国树木志》）

产黑龙江、吉林、辽宁、内蒙古、河北、山东、河南、山西、甘肃、宁夏及湖北，生于海拔1200-1700米沟谷、溪边、山坡。朝鲜及日本有分布。为著名中药，果含五味子素，可止咳、滋补、止泻、止汗。叶及果可提取芳香油。种仁可榨油供工业用。茎皮纤维柔韧，可制绳索。

5. 翼梗五味子 图 593: 1-12 彩片 286

Schisandra henryi Clarke in Gard. Chron. Ⅲ, 38: 162. f. 55. 1905.

落叶木质藤本。小枝具宽1-2.5毫米翅棱，被白粉。内芽鳞紫红色，长圆形或椭圆形，长0.8-1.5厘米，宿存于新枝基部。叶宽卵形、长圆状卵形或近圆形，长6-11厘米，先端短渐尖或短骤尖，基部宽楔形或近圆，下面被白粉，上部疏生胼胝质齿或全缘，基部下延成薄翅。花被片黄色，8-10，近圆形，最大1片径0.9-1.2厘米；雄花花梗长4-6毫米，花托顶端具近圆形盾状附属物，雄蕊群倒卵圆形，径约5毫米，雄蕊30-40，离生，花药内侧向开裂，药隔长于花药，外层雄蕊花丝长1-2毫米，顶部雄蕊无花丝；雌花花梗长7-8厘米，雌蕊群长圆状卵圆形，长约7毫米，单雌蕊约50。小浆果红色，球形，径4-5毫米，顶端花柱附属物白色。种子褐黄色，扁球形或扁长圆形，种皮具乳头状突起或皱凸。花期5-7月，果期8-9月。

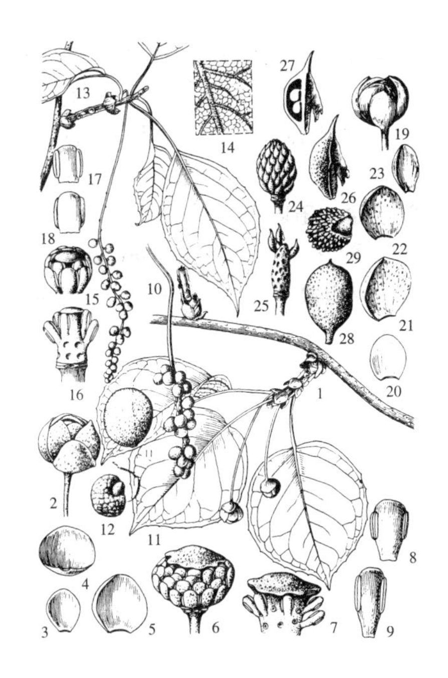

图 593:1-12. 翼梗五味子 13-29. 滇五味子 （邓盈丰绘）

产河南南部、浙江、福建、江西、湖北、湖南、广东、广西、云南东南部、贵州及四川，生于海拔500-1500米沟谷、山坡林下或灌丛中。茎药用，可通经活血、强筋壮骨。

［附］**滇五味子** 图 593: 13-29 彩片 287 **Schisandra henryi** var. **yunnanensis** A. C. Smith in Sargentia 7: 116. 1947. 本变种与模式变种的区别：叶下面无白粉，两面近同色；小枝棱翅窄而粗厚，非薄翅状；外层雄蕊几无花丝；种皮具瘤。花期5-7月，果期7月下旬至9月。产云南南部及东南部、西藏东南部，生于海拔1000-2500米沟谷、山坡林内或灌丛中。

6. 毛叶五味子 图 594

Schisandra pubescens Hemsl. et Wils. in Kew Bull. 1906: 150. 1906.

落叶木质藤本，芽鳞、幼枝、叶下面、叶柄均被褐色短柔毛。当年生枝基部常宿存芽鳞。叶纸质，卵形、宽卵形或近圆形，长8-11厘米，先端短骤尖，基部宽圆或宽楔形，下面被褐色短柔毛，上部疏生胼胝质浅钝齿，具缘毛。花被片淡黄色，6或8，最外轮的椭圆形，中轮的近圆形，径0.7-1厘米，最内面的近倒卵形；雄花花梗长2-3厘米，雄蕊群扁球形，高5-7毫米，花托圆柱形，长约4毫米，顶端圆钝，无盾状附属物，雄蕊11-24，药室分离，内向开裂；雌花花梗长4-6毫米，雌蕊群近球形或卵状球形，长5-7.5毫米，单雌蕊45-55。聚合果长6-10厘米，

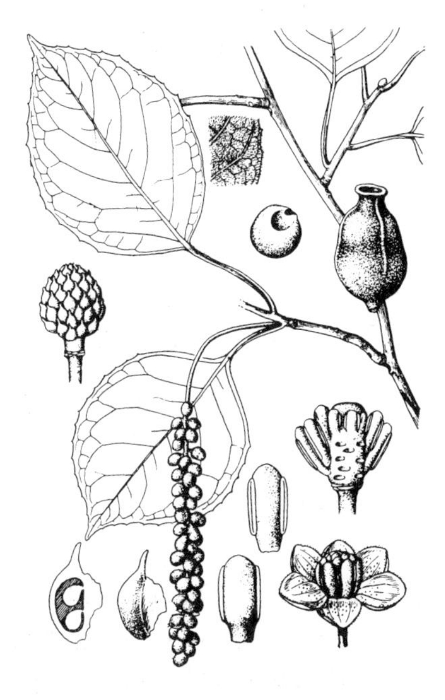

图 594 毛叶五味子 （邓盈丰绘）

果柄、果托、果皮及小浆果柄被淡褐色微毛；小浆果球形，橘红色。种子长圆形，长3-3.7毫米。花期5-6月，果期7-9月。

产湖北西部、云南、贵州及四川，生于海拔1100-2000米山坡林中。

图 595 金山五味子 （引自《湖北植物志》）

7. 金山五味子 图 595

Schisandra glaucescens Diels in Engl. Bot. Jahrb. 29: 323. 1900.

落叶木质藤本，全株无毛。叶纸质，3-7聚生短枝，窄倒卵状椭圆形或倒卵形，长5-10厘米，先端渐尖或骤短尖，基部楔形，上部疏生胼胝质浅齿，基部下延成窄翅，两面无毛，下面苍白或灰褐色。花被片6-7，外轮的纸质，椭圆状长圆形，长0.8-1.3厘米，内轮较小，椭圆形或倒卵形，最内数片稍退化；雄花雄蕊群近球形，径5-6毫米，雄蕊18-25，离生，药室内侧向或侧向开裂，长1-1.5毫米，药隔与花药等长或稍长；雌花雌蕊群近球形，径5-7毫米，单雌蕊60以下。聚合果柄长4.5-7厘米，果托长4-14厘米，径3-5毫米，小浆果红色。种子扁椭圆形，种皮光滑。花期5-6月，果期7-8月。

产湖北及四川东部，生于海拔1500-2100米林内或灌丛中。

8. 华中五味子 图 596 彩片 288

Schisandra sphenanthera Rehd. et Wils. in Sarg. Pl. Wilson. 1: 414. 1913.

落叶木质藤本。芽鳞具长缘毛。叶纸质，倒卵形、宽倒卵形、倒卵状长椭圆形或圆形，稀椭圆形，长(3-)5-11厘米，先端短骤尖或渐尖，基部楔形或宽楔形，下延至叶柄成窄翅，下面淡灰绿色，具白点，稀脉疏被细柔毛，中部以上疏生胼胝质尖齿。花生于小枝近基部叶腋。花梗长2-4.5厘米，基部具长3-4毫米苞片；花被片5-9，橙黄色，近似，椭圆形或长圆状倒卵形，中轮的长0.6-1.2厘米，具缘毛，具腺点。雄花雄蕊群倒卵圆形，径4-6毫米，花托顶端圆钝，雄蕊11-19(-23)，药室内侧向开裂，药室倾斜，顶端分开。雌花雌蕊群卵球形，径5-5.5毫米，单雌蕊30-60。小浆果红色，长0.8-1.2厘米。种子长圆形或肾形，长约4毫米，褐色光滑或背面微皱。花期4-7月，果期7-9月。

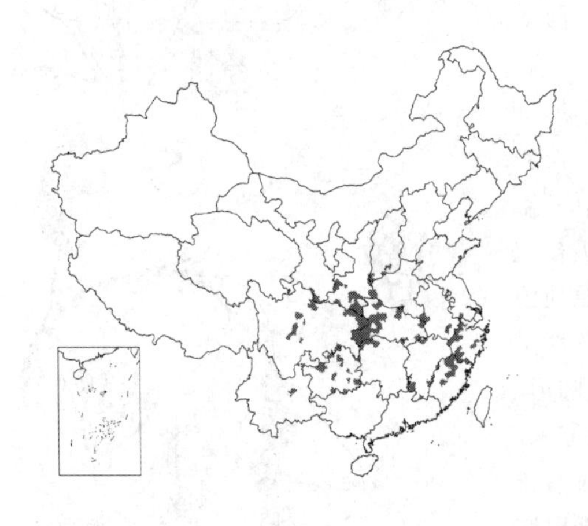

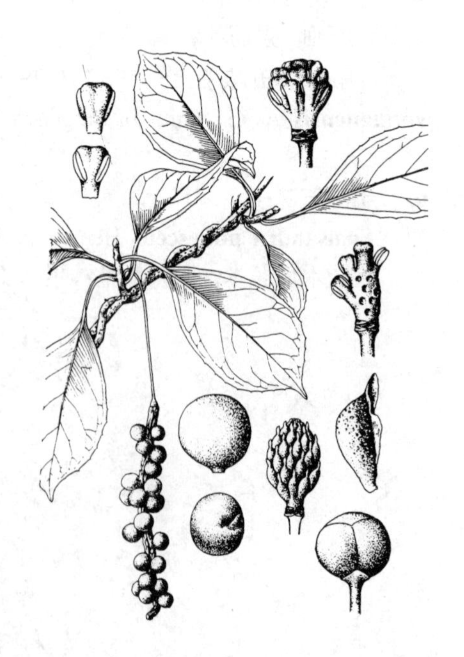

图 596 华中五味子 （仿《中国植物志》）

产河南、山西、陕西、甘肃、江苏、安徽、浙江、福建、江西、湖北、湖南、云南、贵州及四川，生于海拔600-3000米湿润山坡或灌丛中。果药用，为五味子代用品。

9. 滇藏五味子

图 597 彩片 289

Schisandra neglecta A. C. Smith in Sargentia 7: 127. f. 16. 17g. 1947.

落叶木质藤本，全株无毛。当年生枝紫红色。叶纸质，窄椭圆形或卵状椭圆形，长6-12厘米，先端渐尖，基部宽楔形，下延至叶柄成极窄膜翅，具骈胝质浅齿或近全缘，上面干时榄褐色，具树脂点，下面灰绿或带苍白色。花黄色，生于新枝叶腋或苞腋。花梗长3-6厘米；花被片6-8，宽椭圆形、倒卵形或近圆形，外层近纸质，中轮最大1片径7-9毫米，最内层近肉质；雄花雄蕊群倒卵圆形或近球形，径3-5毫米，花托椭圆状卵形，顶端具盾状附属物，雄蕊20-35，离生，花药内侧向开裂，药室近平行；雌花雌蕊群近球形，径5-6毫米，单雌蕊25-40。小浆果红色，长圆状椭圆形。种子椭圆状肾形，具皱纹。花期5-6月，果期9-10月。

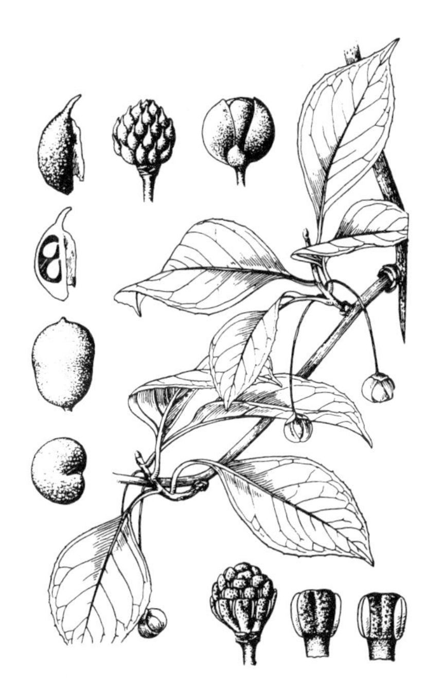

图 597 滇藏五味子 （仿《中国植物志》）

产云南、四川南部、西藏南部及东部，生于海拔1200-2500米山谷灌丛中或林间。印度东北部、不丹、尼泊尔、锡金有分布。种子代五味子药用。

10. 绿叶五味子

图 598

Schisandra viridis A. C. Smith in Sargentia 7: 129. f. 22. 1947.

落叶木质藤本，全株无毛。当年生枝紫褐色。叶纸质，卵状椭圆形，长4-16厘米，先端渐尖，基部楔形，中上部具骈胝质粗尖齿或波状疏齿，下面淡绿色，干时榄绿色。花被片黄绿或绿色，6-8，宽椭圆形、倒卵形或近圆形，长0.5-1厘米；雄花花梗长1.5-5厘米，雄蕊群倒卵圆形或近球形，径4-6毫米，花托顶端具盾状附属物，雄蕊10-20，离生，花药内侧向开裂，药室近平行；雌花花梗长4-7厘米，雌蕊群近球形，径5-6毫米，单雌蕊15-25。聚合果柄长3.5-9.5厘米；小浆果红色，排成2行。种子肾形，长3.5-4.5毫米，具皱纹或瘤点。花期4-6月，果期7-9月。

图 598 绿叶五味子 （引自《中国树木志》）

产安徽、浙江、福建、江西、湖南、广东、广西、云南及贵州，生于海拔200-1500米山沟、溪边或林间。

11. 狭叶五味子

图 599

Schisandra lancifolia (Rehd. et Wils.) A. C. Smith in Sargentia 7: 133. f. 17 a-c. 1947.

Schisandra sphenanthera Rehd. et Wils. var. *lancifolia* Rehd. et

Wils. in Sarg. Pl. Wilson. 1: 415. 1913.

落叶木质藤本，全株无毛。叶纸质，窄椭圆形或披针形，长4-10厘米，先端渐尖，基部楔形，下延至叶柄成窄翅，上部具不明显胼胝质浅齿，两面绿色。花1-2朵，腋生于当年短枝。花梗长2-5厘米，基部具叶状苞片；花被片6-8，淡黄色，薄肉质，边缘干膜质，椭圆形或近圆形，最大1片长3.5-5.5毫米；雄花花托顶端具圆形盾状附属物，雄蕊群倒卵圆形，高2.5-3.5毫米，雄蕊10-15，花药内侧向开裂；雌花雌蕊群近卵圆形，长1.5-3.5毫米，单雌蕊15-25。聚合果柄长3-8厘米；小浆果红色，椭圆形，长6-9毫米。种子扁椭圆形，长3.5-3.9毫米，种皮微具皱纹，种脐稍凹入。花期5-7月，果期8-9月。

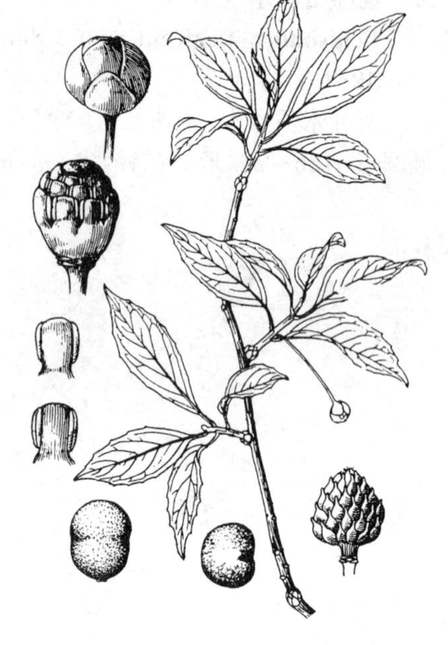

图 599 狭叶五味子 （仿《中国植物志》）

产湖北西部、云南西部及西北部、四川中南部，生于海拔1000-3000米溪边、林下。

12. 小花五味子 图 600

Schisandra micrantha A. C. Smith in Sargentia 7: 135. 1947.

落叶细弱木质藤本，全株无毛。叶薄纸质，卵形或椭圆状卵形，长3-8厘米，先端渐尖，基部宽楔形或圆，下延至叶柄成极窄翅，疏生浅齿，齿尖胼胝质，下面灰绿色。花黄色，单生于当年生小枝叶腋或苞腋。花梗长1.5-3厘米，花被片7-8，肉质，近似，圆形或宽椭圆形，最大1片长4-6毫米；雄花花托顶端具圆形盾状附属物，雄蕊群卵圆形，长3-4毫米，雄蕊8-12，2-3轮，花药内侧向开裂；雌花雌蕊群近球形，径2.5-4毫米，单雌蕊16-35，窄卵圆形，长1.2-2毫米，花柱长0.3-0.6毫米。小浆果椭圆状长圆形，长6-8毫米，具不明显腺体。种子扁椭圆形，长3.3-4毫米，具皱纹。花期5-7月，果期8-9月。

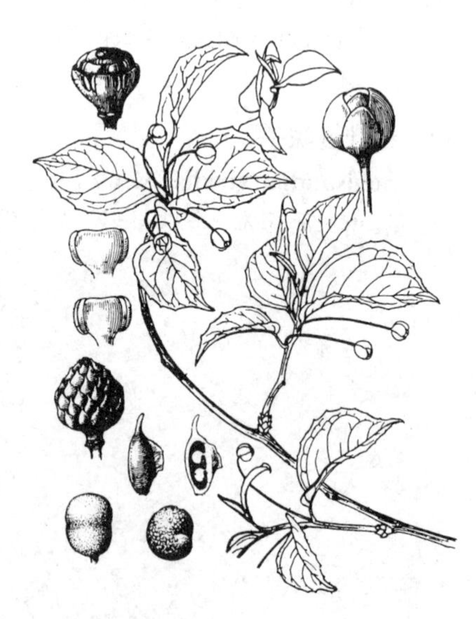

图 600 小花五味子 （仿《中国植物志》）

产广西、云南中部及东南部、贵州，生于海拔1000-3000米山谷、溪边、林内。

13. 合蕊五味子 图 601 彩片 290

Schisandra propinqua (Wall.) Baill. Hist. Pl. 1: 148. f. 183. 1868.

Kadsura propinqua Wall. Tent. Fl. Nepal. 2: t. 15. 1824.

落叶木质藤本。当年生枝具银白色角质层。叶坚纸质，卵形、长圆状卵形或窄长圆状卵形，长7-11(-17)厘米，先端渐尖或长渐尖，基部圆或宽楔形，下延至叶柄，下面带苍白色，疏生胼胝质齿，或近全缘。花橙黄色，单生或2-3聚生叶腋，或数花成总状花序。花梗长0.6-1.6厘米；小苞片2；花被片9(-15)，外轮3片绿色，中轮最大1片近圆形、倒卵形或宽椭圆形，长5-9(-15)毫米；雄花花托肉质球形，径约6毫米，雄蕊12-16，单个嵌入横列凹穴内，花丝短，花药内向纵裂；雌花雌蕊群卵球形，径4-6毫米，单雌蕊25-45。小浆果近球形或椭圆形，径6-9毫米。种子近球形或椭圆形，种皮淡灰褐色，光滑，种脐窄长，稍凹入。花期6-7月。

产云南及西藏南部，生于海拔2000-2200米河谷、山坡常绿阔叶林中。尼泊尔、不丹有分布。茎、叶、果可提取芳香油。根、叶入药，可祛风去痰；根及茎称鸡血藤，治风湿骨痛、跌打损伤；种子主治神经衰弱。

［附］铁箍散 图602：1-10 **Schisandra propinqua** var. **sinensis** Oliv. in Hook. Icon. Pl. 18: pl. 1715. 1887. 本变种与模式变种的区别：被片椭圆形，雄蕊6-9；小浆果10-30；种子肾形、近圆形，长4-4.5毫米，种皮灰白色，种脐窄V形。花期6-8月，果期8-9月。产河南、陕西、甘肃南部、江西、湖北、湖南、广西、云南中部及南部、贵州、四川，生于海拔500-2000米沟谷、岩坡、林中。

图 601 合蕊五味子 （引自《中国树木志》）

14. 重瓣五味子 图 602：11-15

Schisandra plena A. C. Smith in Sargentia 7: 154. 1947.

常绿木质藤本。当年生枝暗紫色。叶坚纸质，卵形、卵状长圆形或椭圆形，长7-10（-17）厘米，先端渐尖或短骤尖，基部钝或宽圆，全缘或疏生胼胝质细齿，网脉细密在两面凸起。花单生、双生，或3-8朵聚生短枝成总状。花被片11-17，淡黄，内面基部稍淡红色，纸质，内轮近肉质，常具不透明腺点，中轮最大，倒卵状椭圆形，长9-1.1厘米；雄花花梗长0.4-1厘米，花托肉质倒卵圆形，基部渐窄，长4.5-6毫米，雄蕊3-8，花药对生于花托孔穴内壁，花丝及药隔与花托愈合；雌花花梗长约5毫米，雌蕊群近球形或卵球形，径约4毫米，单雌蕊26-33。小浆果红色，球形或椭圆形，长0.8-1.1厘米。种子扁椭圆形，长7-7.5毫米，光滑，具凹入腺点。花期4-5月，果期8-9月。

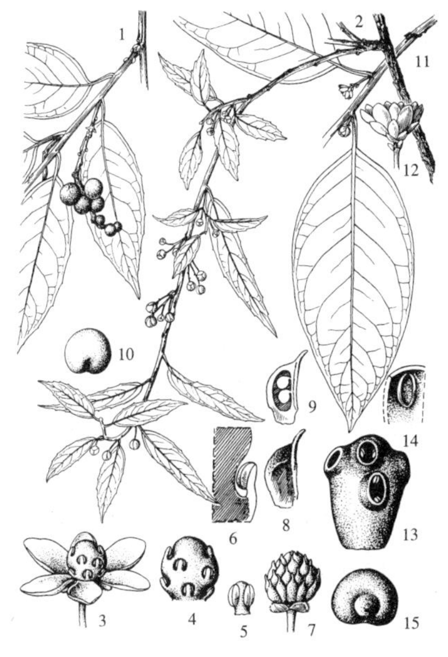

图 602: 1-10. 铁箍散 11-15. 重瓣五味子 （邓盈丰绘）

产云南南部及西南部，生于林中。印度东北部有分布。

15. 二色五味子 图 603

Schisandra bicolor Cheng in Contr. Biol. Lab. Sci. Soc. China, Bot. 8: 137. f. 5. 1932.

落叶木质藤本。当年生枝淡红色，稍具纵棱，二年生枝褐紫或褐灰色。叶近圆形，稀椭圆形或倒卵形，长5.5-9厘米，先端骤尖，基部宽楔形，疏生胼胝质浅尖齿，下延至叶柄成窄翅，下面灰绿色。花雌雄同株，稍芳香，径1-1.3厘米。花被片7-13，弯凹，外轮绿色，圆形或椭圆状长圆形，稀倒卵形，内轮红色，长圆形或长圆状倒卵形；雄花花梗长1-1.5厘米，雄蕊群红色，径约4毫米，花托扁五角形，雄蕊5，辐射状排列于花托五个角上，花丝初合生，后分离；雌花花梗长2-6厘米，雌蕊群宽卵球形，长约4毫米，单雌蕊9-16，斜椭圆形，长约2毫米，柱头短小。小浆果球形，具白色点。种皮背部具小瘤点。花期7月，果期9-10月。

图 603 二色五味子 （仿《中国树木志》）

产浙江、江西，生于海拔700-1500米山坡、林缘。

［附］**瘤枝五味子 Schisandra bicolor** var. **tuberculta**（Law）Law, Fl. Reipubl. Popularis Sin. 30(1): 273. 1996. —— *Schisandra tuberculta* Law in Bull. Bot. Res. (Harbin) 3(3): 148. 1983. 本变种与模式变种的区别：小枝黑褐色，具小瘤；内种皮具不规则条状凸起。花期6-7月，果期10月。产江西、湖南及广西北部，生于海拔800-1700米山谷林内。

13. 莲科 NELUMBONACEAE

（刘全儒）

多年生水生草本，具乳汁。根茎肥大，横走，具多节，节上生根，节间多孔。叶盾状，近圆形，具长柄，从根茎生出；具高出水面的叶及浮水叶两种。花大，单生，花葶常高于叶。花被片22-30，螺旋状着生，外层4-5，绿色，花萼状，较小，向内渐大，花瓣状；雄蕊200-400，螺旋状着生，早落，花丝细长，花药窄，外向，药隔棒状，花粉长球形，具3沟，具短柱状纹饰；心皮12-40，分离，埋藏于倒圆锥形海绵质花托内。坚果椭圆形，果皮革质，平滑。种皮海绵质。种子无胚乳，子叶肥厚。染色体2n=16。

1属2种，1种产亚洲及大洋洲，另1种黄莲**Nelumbo lutea**（Willd.）Pers. 产美国东部。我国1种。黄莲在我国南方有栽培。

莲属 **Nelumbo** Adans.

形态特征同科。

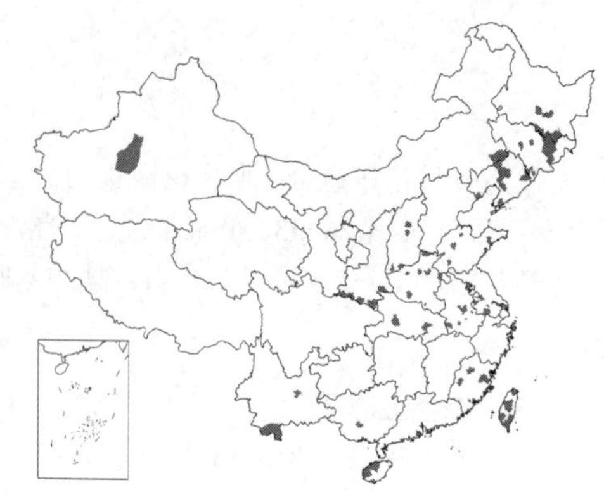

莲 荷花 图 604 彩片 291

Nelumbo nucifera Gaertn. Fruct. et Semin. Pl. 1: 73. 1788.

多年生水生草本。根茎肥厚，横生地下，节长。叶盾状圆形，伸出水面，径25-90厘米；叶柄长1-2米，中空，常具刺。花单生于花葶顶端，径10-20厘米。萼片4-5，早落；花瓣多数，红、粉红或白色，有时变态成雄蕊；

雄蕊多数，花丝细长，药隔棒状；心皮多数，离生，埋于倒圆锥形花托穴内。坚果椭圆形或卵形，黑褐色，长1.5-2.5厘米。种子卵形或椭圆形，长1.2-1.7厘米，种子红或白色。花期6-8月，果期8-10月。

产我国南北各地，自生或在池塘及水田内栽培。俄罗斯、朝鲜、日本、印度、越南、亚洲南部及大洋洲有分布。为著名观赏及食用植物。根茎称藕，可食用，也可制成藕粉；藕、藕节、叶、叶柄、莲蕊、莲房（花托）均可入药，可清暑热及止血；莲心（胚）可清火、强心降压；莲子可补脾止泻、养心益肾。

图 604 莲
（引自《中国水生维管束植物图谱》）

14. 睡莲科 NYMPHAEACEAE

（刘全儒）

水生草本。具根茎。叶盾状，心形或戟形，漂浮水面；叶柄长。花大，单生花葶顶端。萼片4-6，稀14，有时稍呈花瓣状；花瓣8至多数，常变态成雄蕊，稀无花瓣（如Ondinea属）；雄蕊多数，螺旋状着生，花药内向，花粉扁球形，具不明显颗粒，萌发孔环状；雌蕊由3-35心皮合成多室子房，子房上位至下位，胚珠多数。果浆果状，海绵质，或下部为海绵质，不裂或不规则开裂。种子小，常具假种皮，具内胚乳。染色体x=12-29。

5属约50种，广布世界各地。我国3属11种，引种栽培1属3种。

1. 萼片4，绿色，非花瓣状；子房下位或半下位。
  2. 子房下位；叶径40厘米以上，基部多无弯缺，叶片、叶柄、花梗、萼片均具锐刺。
    3. 叶缘直立，花径15-45厘米，花瓣白至红色 ………………………… 1. **王莲属 Victoria**
    3. 叶缘不直立，花径不及6厘米，花瓣紫红色 ………………………… 2. **芡属 Euryale**
  2. 子房半下位；叶径30厘米以下，基部弯缺，叶柄及花梗无刺 ………………… 3. **睡莲属 Nymphaea**
1. 萼片5-6(-12)，黄或桔黄色，花瓣状；子房上位 ………………………… 4. **萍蓬草属 Nuphar**

1. 王莲属 Victoria Lindl.

多年生或栽培为一年生水生草本。根茎肥大。叶柄、叶片下面、花梗、萼片、子房均具粗刺。叶片浮于水面，盾状，圆形，径0.9-2.5米，叶缘直立。花单生，径15-45厘米，浮于水面，具长梗。萼片4；花瓣多数，初白色，渐变红色；雄蕊多数，雄蕊群内有杯状体，心皮30-40；子房下位。浆果大型。

约2种，原产南美洲，我国已引种。

本属为著名水生观赏植物，种子富含淀粉，供食用。

1. 萼片几全被刺；叶下面疏被短柔毛及刺 ………………………… **王莲 V. amazonica**
1. 萼片基部被刺；叶下面密被柔毛 ………………………… (附). **小王莲 V. cruziana**

王莲 图605 彩片292

Victoria amazonica (Poepp.) Sowerby in Ann. and Mag. Nat. Hist. Ser. II, 4: 310. 1850

Euryale amazonica Poepp. in Eroriep, Notizen. 35: 131. 1832.

水生草本植物。根茎肥大。叶圆形，漂浮水面，径1-2.5米，叶缘直立，高7-10厘米，上面绿色，无刺，下面紫色，网状叶脉突起，叶片在网眼中皱缩，脉具多枚长2-3厘米锐刺；叶柄长，径1-1.5厘米，密被粗刺。花单生，伸出水面开放。花梗密被粗刺；萼片4，卵状三角形，长10-20厘米，宽6-8厘米，绿褐色，密被刺；花瓣多数，倒卵形，长10-22厘米，初白色，后淡红至深红色；雄蕊多数，外层变态为花瓣状，花药2室，长2厘米，顶端具披针形附属体，长6-7毫米，花丝扁平，长0.8-1厘米，基部渐宽；子房下位，密被粗刺，刺长1-1.1厘米。果球形，种子200-300粒。种子径5.5-6毫米。

原产南美洲。北京植物园、华南植物园、深圳仙湖植物园及云南已引种成功。

［附］**小王莲 Victoria cruziana** Orbigin. in Ann. Sc. Nat. Ser. II, 13: 57. 1840. 本种与王莲的区别：花萼基部被刺；叶下面密被柔毛；子房刺长1.5-1.6厘米，种子径7.5-9毫米。现已引种成功。

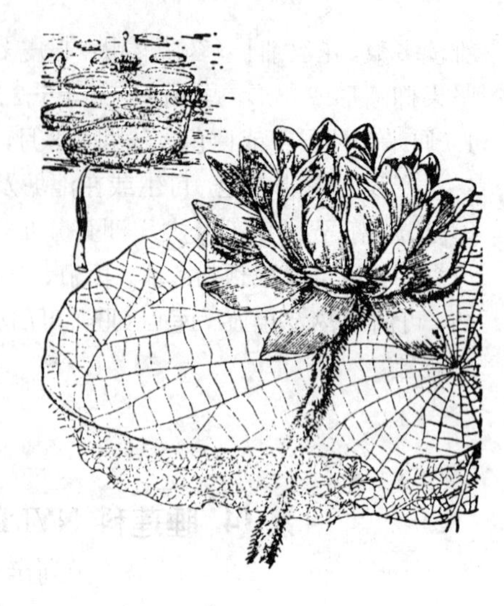

图 605 王莲
（引自《中国水生高等植物图说》）

2. 芡属 Euryale Salisb. ex DC.

一年生水生草本，具刺。根茎粗壮。茎不明显。叶二型：初生叶为沉水叶，箭形或椭圆形，长4-10厘米，两面无刺；次生叶为浮水叶，革质，椭圆状肾形或圆形，径0.65-1.3米，盾状，全缘，上面深绿色，具蜡被，下面带紫色，被短柔毛，两面在叶脉分枝处具锐刺；叶柄及花梗粗壮，长达25厘米，均被硬刺。花单生，伸出水面。萼片4，披针形，绿色，密被刺，内面紫色；花瓣多数，较萼片小，紫红色，数轮排列，向内渐变成雄蕊；雄蕊多数，花丝条形，花药内向，长圆形，药隔顶端平截；心皮8-10，子房下位，无花柱，柱头盘内凹，红色，边缘与萼筒愈合，每室胚珠少数。浆果球形，径3-5（-10）厘米，暗紫红色，密被硬刺，顶端具宿存直立萼片。种子20-100，球形，具浆质假种皮及黑色厚种皮，胚乳粉质。

单种属。

芡实 图606 彩片293

Euryale ferox Salisb. ex Konig et Sims in Ann. Bot. 2: 74. 1805.

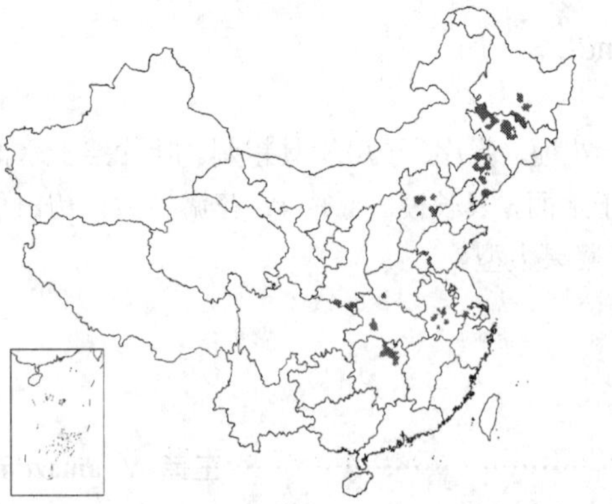

形态特征同属。花期7-8月，果期8-9月。

产黑龙江、吉林、辽宁、河北、河南、山东、江苏、安徽、浙江、福建、湖北、湖南及广西，生于湖塘池沼中。俄罗斯、朝鲜、日本及印度有分布。种子供食用及酿酒；又可入药，补脾益肾；全草作饲料及绿肥；根、茎、叶均可药用。

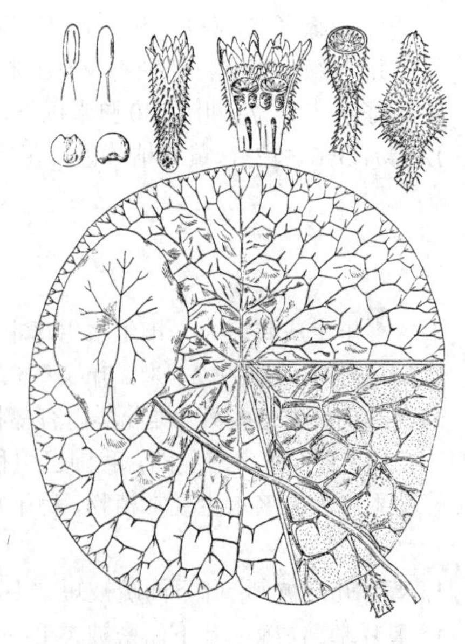

图 606 芡实 （引自《中国药用植物志》）

3. 睡莲属 Nymphaea Linn.

多年生水生草本。根茎肥厚。叶二型；浮水叶圆形或卵形，基部弯缺成心形或箭形；沉水叶薄膜质；叶柄及花梗无刺。花单生，大而美丽，浮于或伸出水面。萼片4，近离生；花瓣12-32，多轮，有时内轮变态为雌蕊；心皮环状，花托肉质杯状，子房半下位，多室，上部延伸成花柱，柱头内凹成柱头盘，胚珠倒生，垂悬在子房内壁。浆果海绵质，不规则开裂，在水下成熟。种子坚硬，为胶状物包裹，具肉质杯状假种皮；胚小，具少量外胚乳及丰富内胚乳。

约40种，广布于温带及热带。我国4种1变种，引种栽培2种、1变种。花大、美丽，供观赏。

1. 花药药隔不延长成附属物，花白、粉红、玫瑰红或黄色。
  2. 叶两面无毛，全缘波状。
    3. 叶宽3.5-9厘米；花径3-5厘米，柱头辐射状裂片5-8，花白色，萼片宿存 ……… 1. **睡莲 N. tetragona**
    3. 叶径10-30厘米；花径6-20厘米，柱头辐射状裂片6-20，花白色、带粉红、玫瑰红或黄色，萼片常脱落或花后枯萎。
      4. 花瓣20以上，花托圆柱形。
        5. 花白色、带粉红或玫瑰红色；根茎横走，不为块状。
          6. 花瓣20-25；叶在根茎上排列紧密，叶柄无毛。
            7. 花白色 ……… 2. **白睡莲 N. alba**
            7. 花粉红或玫瑰红色 ……… 2(附). **红睡莲 N. alba** var. **rubra**
          6. 花瓣23-32；叶在根茎上排列疏散，叶柄被长柔毛 ……… 2(附). **香睡莲 N. odorata**
        5. 花黄色；根茎直立，块状；叶上面具暗褐色斑纹，下面具黑色小斑点 … 2(附). **黄睡莲 N. mexicana**
      4. 花瓣12-20，花托稍四角形 ……… 3. **雪白睡莲 N. candida**
  2. 叶下面被柔毛，老叶几无毛，叶缘具弯缺三角状锐齿 ……… 4. **柔毛齿叶睡莲 N. lotus** var. **pubescens**
1. 花药药隔顶端具长附属物，花白色带青紫、蓝或紫红色 ……… 5. **延药睡莲 N. stellata**

1. 睡莲 图607

Nymphaea tetragona Georgi, Bemerk. Reise Russ. Reiche 1: 220. 1775.

多年生水生草本。根茎粗短。叶漂浮，薄革质或纸质，心状卵形或卵状椭圆形，长5-12厘米，宽3.5-9厘米，基部具深弯缺，全缘，上面深绿色，光亮，下面带红或紫色，两面无毛，具小点；叶柄长达60厘米。花径3-5厘米。花梗细长；萼片4，宽披针形或窄卵形，长2-3厘米，宿存；花瓣8-17，白色，宽披针形，长圆形或倒卵形，长2-3厘米；雄蕊约40；柱头辐射状裂片5-8。浆果球形，径2-2.5厘米，为宿萼包被。种子椭圆形，长2-3毫米，黑色。花期6-8月，果期8-10月。

产黑龙江、吉林、辽宁、内蒙古、河北、新疆、山东、江苏、安徽、福建、台湾、湖北、湖南、广西及云南，生于池塘或沼泽中。俄罗斯、朝鲜、日本、印度、越南、美国有分布。根茎含淀粉，供食用或酿酒。全草可作绿肥。

图 607 睡莲

（引自《华东水生维管束植物图谱》）

2. 白睡莲 图 608 彩片 294

Nymphaea alba Linn. Sp. Pl. 510. 1753.

多年生水生草本。根茎横走。叶飘浮水面，革质，近圆形，宽10-20厘米，基部裂片稍重叠、全缘或波状，两面无毛，有小点；叶柄盾状着生，径约1厘米，长达50厘米，无毛。花浮于水面，芳香，径10-20厘米，白天开放。萼片4，披针形，长4.5-6厘米，具5脉；花瓣20-25，白色，椭圆形至卵状椭圆形，长3-6厘米，内层渐小，并渐变态为雄蕊；花托圆柱形；内轮花丝和花药等宽，花粉粒具乳突；柱头辐射裂片14-22。浆果卵形或近球形，长2.5-3厘米。种子椭圆形，长2-3毫米。花期6-8月，果期8-10月。

河北、山东、陕西、安徽、浙江、福建、云南及西藏有栽培，生于池沼中。原产印度、俄罗斯及欧洲。根茎可食。

［附］**红睡莲** 彩片 295 **Nymphaea alba** var. **rubra** Lonnr. in Bot. Not. 124. 1856. 本变种与模式变种的区别：花粉红或玫瑰红色。河北、河南、山西、安徽等地栽培。

［附］**香睡莲** 彩片 296 **Nymphaea odorata** Dryand. in Ait. Hort. Kew. ed I, 2: 227. 1789. 本种与白睡莲的区别：叶下面、叶柄均为紫红色，叶柄被长柔毛，叶在根茎上排列疏散；花径7.5-13厘米，花萼深褐色，花瓣23-32，白色带粉红。原产北美洲。河南、广东等地栽培。

［附］**黄睡莲** 彩片 297 **Nymphaea mexicana** Zucc. in Abh. Akad. Muench. 1: 365. 1832. 本种与白睡莲的区别：根茎直立，块状；叶上面具暗褐色斑纹，下面具黑色小斑点；花黄色，径约10厘米。原产墨西哥。河北、河南、安徽等地栽培。

图 608 白睡莲
（引自《中国水生维管束植物图谱》）

3. 雪白睡莲 图 609

Nymphaea candida C. Presl in J. et C. Presl, Delic. Prag. 224. 1822.

多年生水生草本。根茎直立或斜升。叶近圆形或卵圆形，长15-30厘米，宽10-18厘米，基部裂片相接或重叠。花白色，径10-12厘米。花梗与叶柄近等长；萼片卵状长圆形，长3.5-4厘米，宽1.4-1.6厘米，脱落或花后枯萎；花瓣12-20，白色，卵状长圆形，外轮与萼片等长或稍短，向内渐短；花托稍四角形；雄蕊多数，内轮花丝披针形，宽于花药；柱头辐射状裂片6-14，深凹。浆果扁平或半球形。种子长3-4毫米。

产新疆北部、西北部及中部，生于池沼中，陕西栽培。西伯利亚、中亚及欧洲有分布。

图 609 雪白睡莲
（引自《中国水生维管束植物图谱》）

4. 柔毛齿叶睡莲 图 610 彩片 298

Nymphaea lotus Linn. var. **pubescens** (Willd.) Hook. f. et Thoms. in Hook. f. Fl. Brit. Ind. 1: 114. 1872.

Nymphaea pubescens Willd.

Sp. Pl. 2: 1154. 1799.

多年生水生草本。根茎肥厚，匍匐。叶近革质，漂浮，卵圆形，径15-26厘米，基部具深弯缺，上面粗糙，下面带红色，密被柔毛或微柔毛，老叶近无毛，叶缘具弯缺三角状锐齿；叶柄近叶缘盾状着生，长达50厘米，无毛。花径2-8厘米，浮于水面。花梗和叶柄近等长；萼片长圆形，长5-8厘米；花瓣12-14，白、红或粉红色，长圆形，长5-9厘米，先端钝圆，具5纵条纹；外轮雄蕊花瓣状，内轮不孕，花丝宽约2毫米；柱头具12-15辐射线及棒状附属物。浆果内凹卵形，长约5厘米，径约4厘米，雄蕊部分宿存。种子球形，具假种皮。花期8-10月，果期9-11月。

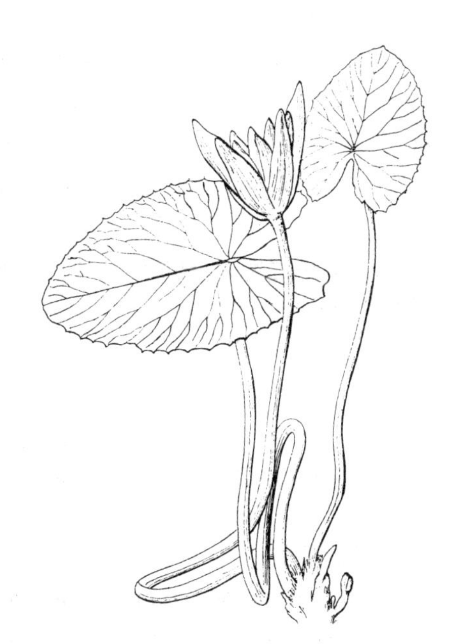

图 610 柔毛齿叶睡莲
（引自《中国水生维管束植物图谱》）

产云南南部及西南部、台湾，生于低山池塘中，福建、广东、广西栽培。印度、越南、缅甸、泰国及非洲有分布。

5. 延药睡莲 蓝睡莲 图 611

Nymphaea stellata Willd. Sp. Pl. 2: 1153. 1799.

多年生水生草本。根茎短，肥厚。叶纸质，圆形或椭圆形，长7-19厘米，宽7-10厘米，基部具弯缺，裂片平行或开展，具浅波状钝齿，上面绿色，下面带紫色，两面无毛，具小点；叶柄长达50厘米。花径7-15厘米，微芳香。花梗和叶柄近等长；萼片线形或长圆状披针形，长7-8厘米，宿存；花瓣白色带青紫、蓝或紫红色，线状长圆形或披针形，长4.5-5厘米，先端尖或稍钝圆，内轮变态为雄蕊；雄蕊33-54，花药药隔顶端具长附属物；柱头具10-30辐射线，顶端成短角，无附属物。浆果球形。种子具条纹。花果期7-12月。

图 611 延药睡莲
（引自《中国水生维管束植物图谱》）

产湖北、云南及海南，生于池塘中。印度、越南、缅甸、泰国及非洲有分布。根茎可食；花供观赏。

4. 萍蓬草属 Nuphar J. E. Smith

多年生水生草本。根茎粗壮，横生。叶伸出或漂浮水面，圆心形或卵形，基部箭形或深心形，全缘，叶柄着生叶片基部；沉水叶膜质。花单生，漂浮或伸出水面。萼片4-6（12），革质，黄或橘黄色，花瓣状，直立，离生，背部隆起，宿存；花瓣10-18，雄蕊状；雄蕊多数，花丝扁平，花药内向，纵裂；子房上位，心皮多数，和花托愈合，多室，胚珠多数，倒生，柱头盘状，具辐射状浅裂。浆果卵形或圆柱形，不规则开裂。种子多数，种皮革质，外被胶质；胚乳丰富。

约25种，分布于亚洲、欧洲及美洲。我国约5种。

1. 叶长4.5-17厘米，纸质或草质，卵形、宽卵形、心状卵形或圆形。
  2. 花径2-4厘米。
    3. 叶纸质，卵形或宽卵形，长6-17厘米，下面密被柔毛 ………………………………… 1. **萍蓬草 N. pumila**
    3. 叶草质，圆形或心状卵形，长4.5-6.5厘米，下面微被柔毛 ……………… 1(附). **贵州萍蓬草 N. bornetii**
  2. 花径5-6厘米；叶纸质，下面边缘密被柔毛或无毛 ……………………………………… 2. **中华萍蓬草 N. sinensis**
1. 叶长15-20厘米，革质，椭圆形，长大于宽，花径4-5厘米 ……………………… 2(附). **欧亚萍蓬草 N. luteum**

1. 萍蓬草 图612 彩片299

Nuphar pumila（Timm.）DC. Syst. 2: 61. 1821.

Nymphaea lutea Linn. var. *pumila* Timm, Mag. Naturk. Mecklenb. 2: 250. 1795.

多年生水生草本。根茎肥厚，径2-3厘米。叶生于根茎顶端，浮水叶纸质，卵形，宽卵形，稀椭圆形，长6-17厘米，宽6-12厘米，先端圆，基部具弯缺，裂片开展，上面光亮，无毛，下面密被柔毛，侧脉羽状，上部二歧分枝；沉水叶薄膜质，无毛；叶柄长20-50厘米，上部被柔毛，基部被绵毛。花径3-4厘米。花梗长40-50厘米，被柔毛；萼片5，黄色，花瓣状，长圆形或椭圆形，长1-2厘米；花瓣多数，窄楔形，长5-7毫米，先端微凹；雄蕊多数；子房上位，柱头盘状常10浅裂。浆果卵形，长约3厘米。种子长圆形，长5毫米，褐色。

产黑龙江、吉林、内蒙古、河北、河南、江苏、安徽、福建、湖北及广西，生于湖沼中。俄罗斯、日本、欧洲北部及中部有分布。根茎食用；又供药用，可增强体质；花供观赏。

［附］**贵州萍蓬草 Nuphar bornetii** Lévl. et Vant. in Bull. Soc. Bot. France 51: sess. Extraord. 143. 1904. 本种和萍蓬草的区别：叶草质，圆形或心状卵形，长4.5-6.5厘米，基部弯缺约占全叶1/3，下面微被柔毛；萼片4。花期5-7月，果期7-9月。产贵州及江西，生于池沼中。

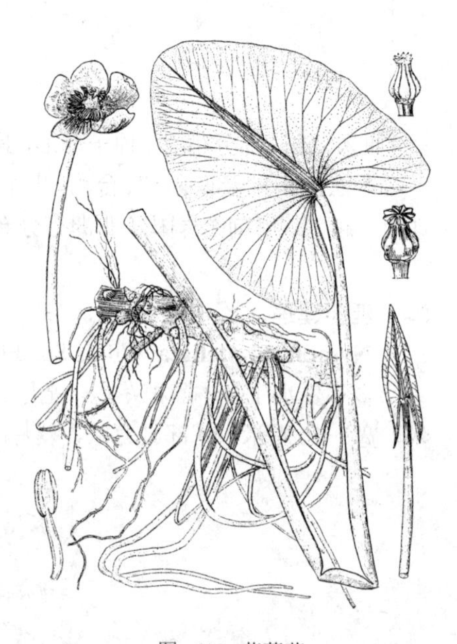

图 612 萍蓬草
（引自《华东水生维管束植物》）

2. 中华萍蓬草 图613

Nuphar sinensis Hand.-Mazz. in Sitzungsb Akad. Wiss. Wien, Math.-Nat. 43: 1. 1926.

多年生水生草本。浮水叶近草质或纸质，心状卵形，长8.5-15厘米，基部弯缺约占叶片1/3，裂片开展，下面边缘密被柔毛，或部分近无毛；叶柄长约40厘米，基部具膜质翅，被长柔毛。花径5-6厘米。萼片5，长圆形或倒卵形，长2厘米；花瓣楔形，长7毫米，先端微缺；柱头盘10-13裂，疏离，伸出柱头边缘。浆果径2厘米。种子卵形，长约3毫米，淡褐色。花果期5-9月。

产贵州、湖南、湖北、江西及浙江，生于池塘中。

［附］**欧亚萍蓬草 Nuphar luteum**（Linn.）J. E. Smith in Sibth. et Smith, Fl. Graec. Prodr. 1: 361. 1808-09.——*Nymphaea lutea* Linn. Sp. Pl. 510. 1753. 本种与中华萍蓬草的区别：叶近革质，椭圆形，长15-20厘米，叶柄三棱形；花径4-5厘米，柱头盘5-25裂，不达柱头边缘；种子长约5毫米。产新疆，生于池沼中。欧洲、俄罗斯高加索及西伯利亚、伊朗、中亚有分布。

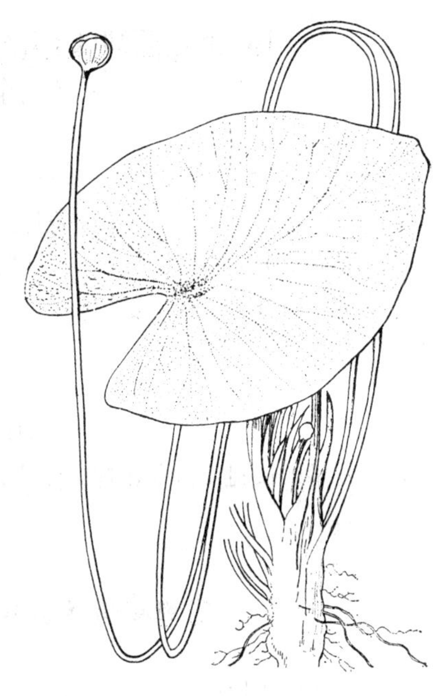

图 613 中华萍蓬草
（引自《中国水生维管束植物图谱》）

15. 莼菜科 CABOMBACEAE

（刘全儒）

多年生水生草本。根茎匍匐。茎细长，被粘质，薄壁组织具通气道及有节乳管，茎内维管束散生，无形成层及导管。叶二型；沉水叶细裂；浮水叶盾状，叶柄长。花单生，伸出水面，形小，辐射对称。花被片6，2轮，花瓣状，宿存；雄蕊3-6或12-18，花丝稍扁，花药侧向，纵裂；子房上位，心皮2-18，离生，每心皮2-3倒生胚珠；花柱短，柱头顶生或侧生。果不裂，果皮革质。种子1-3，胚小，具少量胚乳，富含外胚乳。

2属8种，其中Cabomba属7种，分布于新大陆热带及温带，莼菜属1种，分布于新、旧大陆热带及温带。

莼菜属 Brasenia Schreb.

多年生水生草本。根茎小，匍匐。茎细长，多分枝，包被胶质鞘内。叶二型：浮水叶互生，盾状，椭圆状长圆形，长3.5-6厘米，宽5-10厘米，上面绿色，下面带紫色，无毛，在叶脉处皱缩，全缘，叶柄长25-40厘米，被柔毛；沉水叶至少在芽时存在。花小，单生叶腋，径1-2厘米。花被片6，2轮，条形，长1-1.5厘米，暗紫色，宿存；雄蕊12-18，花丝锥状，花药条形，长约4毫米，侧向；心皮6-18，离生，条形，被微柔毛，子房上位，花柱短，柱头侧生。坚果革质，长圆状卵形，长约1厘米，顶端具弯刺，3个坚果或更多聚合为头状。种子1-3，卵形。

单种属。

莼菜 图 614

Brasenia schreberi J. F. Gmel. Syst. Veg. 1: 853. 1791.

形态特征同属。花期6月，果期10-11月。

产黑龙江、江苏、安徽、浙江、江西、湖北、湖南、四川及云南，生于池塘或河湖中。俄罗斯、日本、印度、北美、大洋洲东部及西非有分布。植物体富含胶质，嫩茎叶可作蔬菜食用。

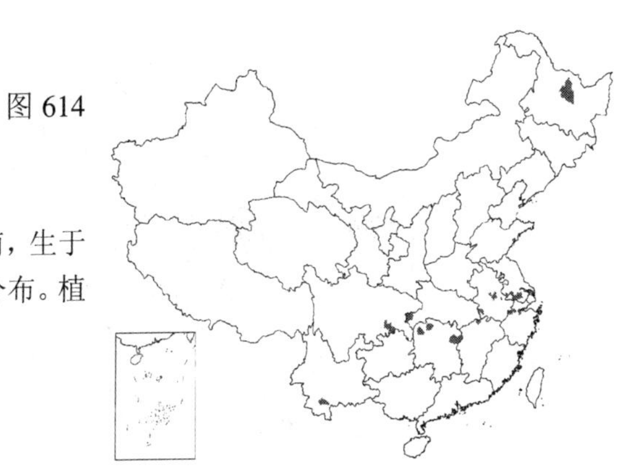

16. 金鱼藻科 CERATOPHYLLACEAE

（刘全儒）

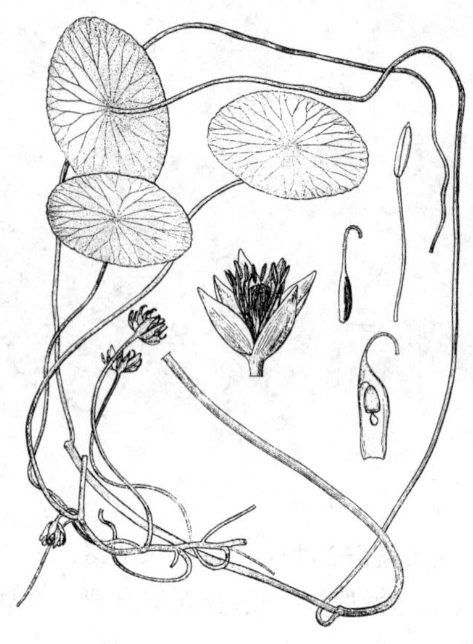

图 614 莼菜
（引自《华东水生维管束植物》）

多年生沉水草本。无根。茎多分枝，无次生生长，茎内具单1维管束。叶轮生，一至四回二叉状分歧，裂片丝状或线形，叶缘一侧疏生刺状细齿；无托叶。花单性，雌雄同株，小，单生叶腋，雄花和雌花异节着生。花近无梗；花被片8-15，1轮，线状披针形，基部连合；雄花具（5-）10-20（-27）雄蕊，螺旋状着生于扁平花托，花丝极短，花药外向，纵裂，药隔延长成着色粗大附属物，顶端具2-3齿；雌花具1心皮，1室，子房上位，胚珠1，具单层珠被，花柱细长。坚果革质，卵形或椭圆形，基部具2刺，有时上部具2刺，顶部具长刺状宿存花柱。种子1，种皮薄，胚乳极少或无。

1属。

金鱼藻属 **Ceratophyllum** Linn.

形态特征同科。

约7种，广布全世界。我国4种1变种。

1. 叶一至二回二叉状分歧；果无小疣状突起。
    2. 果具3长刺，顶生1个，基部2个，果平滑 ………………………………………… 1. **金鱼藻 C. demersum**
    2. 果具5长刺，或兼具3刺及5刺果实 ………………………… 1(附). **五刺金鱼藻 C. demersum** var. **quadrispinum**
1. 叶三至四回二叉状分歧，果具小疣状突起。
    3. 果具3刺，顶生宿存花柱刺及基部两侧各具1刺，具窄翅。
        4. 叶裂片细丝状，宽0.2-0.4毫米 ……………………………………………… 2. **东北金鱼藻 C. manschuricum**
        4. 叶一及二回裂片条形，宽约1毫米，末回裂片丝状 ………………………… 2(附). **宽叶金鱼藻 C. inflatum**
    3. 果具顶生宿存花柱短刺，无翅 ……………………………………………………… 3. **细金鱼藻 C. submersum**

1. 金鱼藻 图 615: 1-6

Ceratophyllum demersum Linn. Sp. Pl. 992. 1753.

多年生沉水草本，全株深绿色。茎细长，分枝。叶4-12轮生，一至二回叉状分歧，裂片丝状或丝状条形，长1.5-2厘米，宽0.1-0.5毫米，先端带白色软骨质，边缘一侧具细齿。花径约2毫米，1-3朵生于叶腋。花梗极短；花被片8-12，条形，长1.5-2毫米，淡绿色，先端具3齿及带紫色毛，宿存；雄蕊10-16，子房卵形，花柱钻状。坚果宽椭圆形，长4-5毫米，径约2毫米，黑色，平滑，无翅，具3刺，顶刺为宿存花柱，长0.8-1厘米，先端具钩，基部2刺向下斜伸，长4-7毫米。

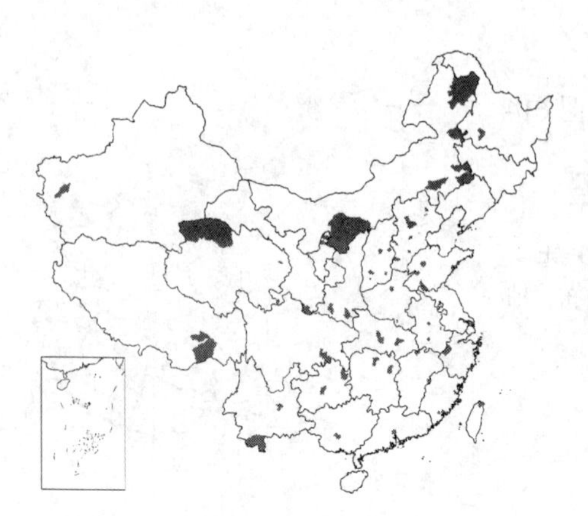

为世界广布种。我国南北各地均产，生于池塘、河沟

图 615: 1-6. 金鱼藻 7-8. 五刺金鱼藻
（引自《中国植物志》）

中。为鱼类饲料，又可喂猪；全草药用，治内伤吐血。

［附］**五刺金鱼藻** 图615：7-8 **Ceratophyllum demersum** var. **quadrispinum** Makino in Journ. Jap. Bot. 1: 21. 1927. —— *Ceratophyllum oryzetorum* Kom.；中国植物志27：17. 1979. 本变种与金鱼藻的区别：叶常10个轮生，二回二叉状分歧，果具5长刺，果基部及上部两侧各具2刺，顶端具1枚针刺，有时同一植株兼具3刺及具5刺果实。产东北、华北、华东及台湾、湖南、广西等地，生于河沟或池沼中。俄罗斯及日本有分布。

2. 东北金鱼藻 图616

Ceratophyllum manschuricum（Miki）Kitag. Lineam. Fl. Mansh. 207. 1939.

Ceratophyllum submersum Linn. var. *manschuricum* Miki in Bot. Mag. Tokyo 49: 778. f. g. 1935.

多年生沉水草本，全株深绿色。茎丝状，平滑，疏生短枝，节间长1-3厘米。叶5-11轮生，无柄，长2-3厘米，三至四回二叉状分歧，裂片细丝状，宽0.2-0.4毫米，先端具2短刺尖，疏生刺状细齿。花小，单性，单生叶腋。花梗极短；花被片8-12，线形，长约1毫米，宿存。坚果椭圆形，长约4毫米，稍扁，具3刺及窄翅和小疣状突起，基部2刺向下倾斜，长3-9毫米，顶端针刺为宿存花柱，长5-9毫米，顶端有时钩状。

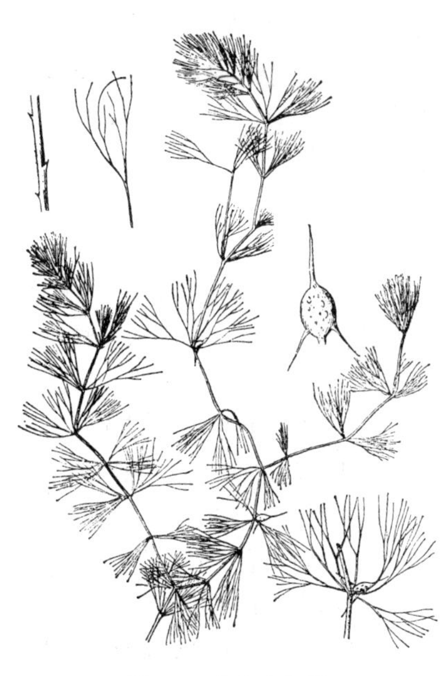

图 616 东北金鱼藻

（引自《中国水生维管束植物图谱》）

产黑龙江、吉林、辽宁、内蒙古、河北及宁夏，生于小河或沼泽中。

［附］**宽叶金鱼藻 Ceratophyllum inflatum** Jao, Fl. Reipubl. Popub. Sin. 27: 18. 603. 1979. 本种与东北金鱼藻的区别：一及二回裂片条形，宽约1毫米，常肿胀，具横隔，宿存花柱刺长1-1.5厘米。产湖北，生于湖泊、池塘中。

3. 细金鱼藻 图617

Ceratophyllum submersum Linn. Sp. Pl. ed. 2. 1409. 1763.

多年生沉水草本；茎细软，节间长1-2厘米，分枝。叶鲜绿色，常5-8轮生，三至四回叉状分歧，裂片丝状，长2-4厘米，一侧疏生细齿。雄花花被片12，雄蕊8-12；雌花花被片9-10，雌蕊6-16。坚果椭圆形，长4-5毫米，果具细疣状突起，无翅，顶生宿存花柱刺长约1毫米，两侧及基部无刺。

产天津、福建、台湾及云南，生于小河及池塘中。欧洲、亚洲及非洲北部有分布。

图 617 细金鱼藻

（引自《中国水生维管束植物图谱》）

17. 毛茛科 RANUNCULACEAE

（王文采 王筝 杨亲二）

多年生或一年生草本，稀灌木或木质藤本。单叶或复叶，掌状脉，稀羽状脉及二歧分支脉，常无托叶。花两性，稀单性，辐射对称，稀左右对称，单生或组成各种聚伞类花序或总状花序。萼片4-5，稀较多或较少，绿色或花瓣状，有颜色；无花瓣，或具4-5花瓣至较多，常具蜜腺；雄蕊多数，稀少数，花药2室，纵裂，或具退化雄蕊；心皮多数、少数或1枚，离生，稀连合，子房具多数、少数或1颗倒生胚珠。蓇葖果或瘦果，稀蒴果或浆果。种子具小胚，胚乳丰富。

约59属，2500种，广布世界各地，主产北半球温带地区。我国39属，约665种。

1. 子房具多数或数颗胚珠；蓇葖果，稀蒴果或浆果。
  2. 花左右对称；花序常总状，花梗具2小苞片。
    3. 上萼片无距；花瓣具爪 ………… 11. 乌头属 **Aconitum**
    3. 上萼片具距；花瓣无爪。
      4. 退化雄蕊2，分化成爪及瓣片；花瓣2，离生；心皮3-5（-7）………… 12. 翠雀属 **Delphinium**
      4. 无退化雄蕊；花瓣2，连合；心皮1 ………… 13. 飞燕草属 **Consolida**
  2. 花辐射对称；单歧聚伞花序，如为总状花序，花梗无小苞片。
    5. 花多数组成复聚伞花序、圆锥花序或总状花序。
      6. 单叶，不裂；无花瓣，无退化雄蕊 ………… 4. 铁破锣属 **Beesia**
      6. 复叶；具花瓣或具退化雄蕊。
        7. 茎下部叶鞘状；萼片长0.8-1.1厘米；蓇葖窄长，具细长柄 ………… 5. 黄三七属 **Souliea**
        7. 茎下部叶不为鞘状；萼片长4.5毫米以下；果具短柄或无柄。
          8. 基生叶正常发育；蓇葖果 ………… 6. 升麻属 **Cimicifuga**
          8. 基生叶鳞片状；浆果 ………… 7. 类叶升麻属 **Actaea**
    5. 花单生枝顶或少数组成单歧聚伞花序。
      9. 无花瓣。
        10. 单叶。
          11. 叶不裂 ………… 1. 驴蹄草属 **Caltha**
          11. 叶掌状3全裂 ………… 2. 鸡爪草属 **Calathodes**
        10. 二回3出复叶 ………… 15. 拟扁果草属 **Enemion**
      9. 具花瓣。
        12. 心皮大部或全部连合；蒴果；一年生草本 …………10. 黑种草属 **Nigella**
        12. 心皮离生，稀基部连合（人字果属）；蓇葖果。
          13. 花瓣具细长爪。
            14. 单叶，盾形，不裂或掌状浅裂；心皮5-8，离生 ………… 14. 星果草属 **Asteropyrum**
            14. 复叶鸟趾状；心皮2，基部连合 ………… 23. 人字果属 **Dichocarpum**
          13. 花瓣柄极短或无柄，无细长爪。
            15. 心皮具细长柄 ………… 24. 黄连属 **Coptis**
            15. 心皮无柄。
              16. 无退化雄蕊。
                17. 单叶。
                  18. 叶基生并茎生；花下无总苞。

19. 叶掌状深裂或全裂；花瓣条形 ………………………………………………………… 3. **金莲花属 Trollius**

19. 叶鸡足状全裂或深裂；花瓣杯形或喇叭状筒形 ……………………………………… 8. **铁筷子属 Helleborus**

18. 叶均基生；花葶具总苞 …………………………………………………………………… 9. **菟葵属 Eranthis**

17. 复叶。

20. 叶均基生，枯后叶柄密集；花单生花葶顶端；花瓣无柄 ………… 18. **拟耧斗菜属 Paraquilegia**

20. 叶基生及茎生，枯后叶柄不密集；花少数成顶生单歧聚伞花序；花瓣具短柄。

21. 多年生草本；心皮1-5 …………………………………………………… 16. **扁果草属 Isopyrum**

21. 一年生草本；心皮6-20 ………………………………………………… 17. **蓝堇草属 Leptopyrum**

16. 具退化雄蕊，膜质，线状披针形。

22. 花中等大，萼片天蓝或粉红白色；雄蕊多数，花柱长为子房1/2以上。

23. 叶均基生，单叶掌状三全裂或一回三出复叶；花长为子房2倍 …………… 19. **尾囊草属 Urophysa**

23. 叶基生并茎生，为二至三回3出复叶；花瓣与萼片近等大，具距，稀无距；花柱长为子房约1/2 ………………………………………………………………………………………… 20. **耧斗菜属 Aquilegia**

22. 花小，萼片白色，雄蕊8-14，花柱长为子房1/5-1/6，花瓣小，匙形，基部囊状；一回三出复叶 ………………………………………………………………………………………… 21. **天葵属 Semiaquilegia**

1. 子房具1胚珠；瘦果。

24. 花下具总苞；叶均基生。

25. 总苞与花分开。

26. 叶掌状分裂或近羽状分裂，或不裂，具掌状脉；花粉无刺。

27. 花柱果期不伸长，非羽毛状 ………………………………………………… 25. **银莲花属 Anemone**

27. 花柱果期伸长呈羽毛状 ……………………………………………………… 28. **白头翁属 Pulsatilla**

26. 叶大头状羽状分裂，具羽状脉；花粉具刺 …………………………… 27. **罂粟莲花属 Anemoclema**

25. 总苞与花靠接，花萼状 ……………………………………………………… 26. **獐耳细辛属 Hepatica**

24. 无总苞。

28. 无花瓣。

29. 萼片覆瓦状排列，花柱果期不伸长；叶基生，若具茎生叶则为互生。

30. 瘦果两侧具（1-）3纵肋；复叶，稀单叶；无退化雄蕊 ………………… 22. **唐松草属 Thalictrum**

30. 瘦果两侧无纵肋；单叶。

31. 基生叶数个，不裂或掌状浅裂，叶脉网状连结；无退化雄蕊 ……… 29. **毛茛莲花属 Metanemone**

31. 基生叶1，掌状全裂；叶脉二叉状分枝，不网结；具退化雄蕊 …………… 32. **独叶草属 Kingdonia**

29. 萼片镊合状排列，花柱果期伸长呈羽毛状；茎生叶对生，稀互生 ……………… 30. **铁线莲属 Clematis**

28. 具花瓣。

32. 木质藤本；茎生叶对生；花柱果期伸长呈羽毛状 ……………………………… 31. **锡兰莲属 Naravelia**

32. 多年生或一年生草本；茎生叶互生；花柱果期不伸长，非羽毛状。

33. 花瓣无蜜槽 ………………………………………………………………………… 34. **侧金盏花属 Adonis**

33. 花瓣具蜜槽。

34. 聚合果圆柱状，瘦果具粗壮宿存花柱，基部具2突起 ……………… 39. **角果毛茛属 Ceratocephala**

34. 聚合果非圆柱状，瘦果无粗壮宿存花柱，基部无突起。

35. 基生叶二至三回羽状细裂；胚珠在子房顶部下垂 ………………… 33. **美花草属 Callianthemum**

35. 基生叶不羽状细裂；胚珠生于子房底部。

36. 瘦果无纵肋。

37. 陆生草本，稀水生；花瓣黄色；瘦果平滑，稀具刺或瘤状突起 ……………………………

…………………………………………………………………………………………………… 35. **毛茛属 Ranunculus**

37. 水生草本；花瓣白色或基部黄色；瘦果具数条横皱纹 ………………………… 36. **水毛茛属 Batrachium**

36. 瘦果两侧具纵肋。

38. 无匍匐茎；花瓣10-15；瘦果每侧具1纵肋 ……………………………………… 37. **鸦跖花属 Oxygraphis**

38. 具匍匐茎；花瓣5-12；瘦果每侧具3-5纵肋 ………………………………… 38. **碱毛茛属 Halerpestes**

1. 驴蹄草属 Caltha Linn.

（王 筝）

多年生草本，具须根。茎不分枝或少分枝。叶全基生或兼茎生；茎生叶互生，不裂，稀茎上部叶掌状分裂，具齿或全缘；叶柄基部具鞘。花单生茎端或2朵至多朵组成单歧聚伞花序。萼片5或较多，花瓣状，黄色，稀白或红色，倒卵形或椭圆形，脱落；无花瓣；雄蕊多数；心皮少至多数，无柄或具短柄，花柱短；胚珠多数，2列。蓇葖果开裂，稀不裂。种子椭圆状球形，种皮光滑或具少数纵皱纹。染色体基数x=8。

约20种，分布于南、北两半球温带至寒温带地区。我国约4种。

1. 生于沼泽、湿草地或沟边水中；茎直立或渐升；萼片黄色，长7毫米以上，心皮5-12。

2. 心皮无柄。

3. 茎实心，高达50厘米，径达6毫米；花序下之叶常较基生叶小。

4. 叶近圆形、圆肾形或心形，稀三角状肾形，基部常深心形，均具牙齿。

5. 叶草质或近纸质；花梗长1.5-10厘米 ……………………………………………… 1. **驴蹄草 C. palustris**

5. 叶薄纸质或膜质；花梗长达14厘米 ……………… 1(附). **膜叶驴蹄草 C. palustris** var. **membranacea**

4. 叶多宽三角状肾形，基部宽心形，下部具牙齿，余微波状或近全缘 ……………………………………………………………………… 1(附). **三角叶驴蹄草 C. palustris** var. **sibirica**

3. 茎中空，高达1.2米，径达1.2厘米；花序下之叶与基生叶近等大；花序分枝较多，常多花 ……………………………………………………………………… 1(附). **空茎驴蹄草 C. palustris** var. **barthei**

2. 心皮具短柄，果期长1.8-3厘米；叶常全基生，有时茎具1叶，全缘或疏生浅齿；花常单生茎端，有时2花成单歧聚伞花序 …………………………………………………………………… 2. **花葶驴蹄草 C. scaposa**

1. 沉水植物或在沼泽匍匐；叶片浮于水面，全缘或微波状；萼片白或带粉红色，长约3毫米；心皮（10-）20-30 ……………………………………………………………………………… 3. **白花驴蹄草 C. natans**

1. 驴蹄草 图618 彩片300

Caltha palustris Linn. Sp. Pl. 789. 1753.

多年生草本，全株无毛。茎高达48厘米，实心。基生叶3-7；叶草质或近纸质，近圆形、圆肾形或心形，长(1.2-)2.5-5厘米，宽(2-)3-9厘米，基部深心形，密生三角形小牙齿；叶柄长(4-)7-24厘米。茎或分枝顶部具2花单歧聚伞花序。苞片三角状心形，具牙齿；花梗长(1.5-)2-10厘米；萼片5，黄色，倒卵形或窄倒卵形，长1-1.8(-2.5)厘米；雄蕊长4.5-7毫米；心皮(5-)7-12，无柄。蓇葖长约1厘米。种子

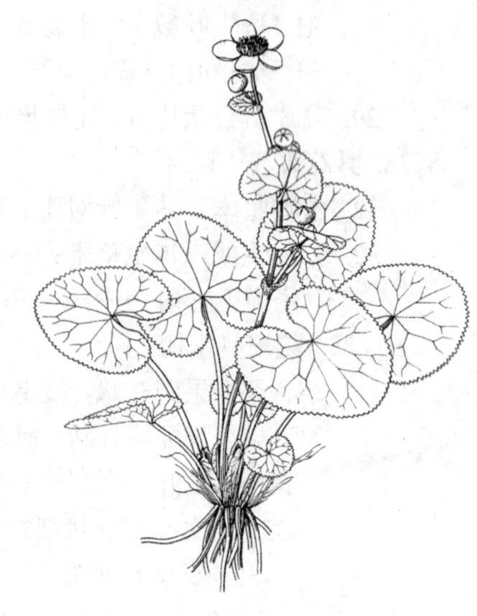

图 618 驴蹄草（王金凤绘）

窄卵圆形，长1.5-2毫米，黑色，有光泽。

产内蒙古、河北、山西、陕西、甘肃南部、新疆、西藏东部、四川、云南西北部、贵州、湖北及浙江，常生于海拔600-4000米山谷溪边或湿草甸，有时也生于草坡或林下，广布北半球温带至寒带地区。全草药用，可除风、散寒。

［附］**膜叶驴蹄草 Caltha palustris** var. **membranacea** Turcz. in Bull. Soc. Nat. Mosc. 15: 62. 1842. 本变种与模式变种的区别：叶较薄、薄纸质或膜质；花梗长达14厘米。产东北，生于溪边、沼泽或林中。朝鲜、日本及俄罗斯西伯利亚东部有分布。

［附］**三角叶驴蹄草 Caltha palustris** var. **sibirica** Regel in Bull. Soc. Nat. Mosc. 34: 53. 1861. 本变种与模式变种的区别：叶多宽三角状肾形，基部宽心形，下部具牙齿，余微波状或近全缘。产内蒙古、黑龙江、吉林、辽宁及山东东部。朝鲜、日本及俄罗斯远东地区有分布。

［附］**空茎驴蹄草** 彩片301 **Caltha palustris** var. **barthei** Hance in Ann. Sci. Nat. ser. 5, 5: 205. 1866. 本变种与模式变种的区别：茎中空，高达1.2米，径达1.2厘米；花序下之叶与基生叶近等大，形状近似；花序分枝较多，多花；萼片黄色，有时红色。产云南西北部、西藏东部、四川西部及甘肃西南部，生于海拔1000-3800米山地溪边、草坡或林中。日本及俄罗斯远东地区有分布。

2. 花葶驴蹄草 图619: 1-5 彩片302

Caltha scaposa Hook. f. et Thoms. Fl. Ind. 1: 40. 1855.

多年生矮草本，高达18(-24)厘米，全株无毛。具多数肉质须根。茎单一或数条，有时多达10条，直立或渐升，无叶或上部生1(2)叶，叶腋无花或具1花。基生叶3-10，具长柄；叶心状卵形或三角状卵形，稀肾形，长1-3(-3.7)厘米，宽1.2-2.8(-4)厘米，基部深心形，全缘或波状，有时疏生小牙齿。花常单生茎端；有时2花成单歧聚伞花序。萼片5(-7)，黄色，倒卵形、椭圆形或卵形，长0.9-1.5(-1.9)厘米；雄蕊长3.5-7(-10)毫米；心皮(5)6-8(-11)，具短柄。蓇葖长1-1.6厘米，径2.5-3毫米，具横脉；心皮柄长1.8-3毫米。

产西藏东部及南部、云南西北部、四川西部、青海及甘肃南部，生于海拔2800-4100米湿草甸或山谷沟边湿草地。尼泊尔、锡金、不丹及印度北部有分布。

图 619: 1-5. 花葶驴蹄草 6-8. 白花驴蹄草
（王金凤绘）

3. 白花驴蹄草 图619：6-8

Caltha natans Pall. Reise Russ. 3: 284. 1776.

沉水草本或在沼泽匍匐，全株无毛。茎长达50厘米以上，径2-4毫米，分枝，节上生不定根。叶在茎上等距排列，具长柄；叶片浮于水面，心状肾形或心形，长1-2厘米，宽1.5-2.4厘米，基部深心形，全缘或波状，或中部以下具浅圆齿；叶柄长2.5-7厘米，基部稍宽。单歧聚伞花序生于茎顶或分枝顶端，常具(2)3-5花；花径约5毫米。萼片5，白或带粉红色，倒卵形，长约3毫米，宽约2毫米；雄蕊长约2毫米；心皮(10-)20-30，无柄，花柱极短。蓇葖长约5毫米，窄椭圆形，无柄，宿存花柱极短。

产黑龙江及内蒙古，生于湿草甸水中。俄罗斯西伯利亚地区、蒙古及北美有分布。

2. 鸡爪草属 Calathodes Hook. f. et Thoms.

（王 筝）

多年生草本。具须根。单叶，基生并茎生，掌状3全裂。花单生于茎顶或枝顶，辐射对称。萼片5，花瓣状，黄或白色，覆瓦状排列；无花瓣；雄蕊多数，花药长圆形，花丝线形；心皮7-50，斜披针形，花柱短；胚珠8-10，2列。蓇葖近革质，背面常具突起。种子倒卵圆形，光滑。染色体基数x=8。

4种，1种分布于我国西藏、锡金及不丹，另3种为我国特有种，产台湾、云南、四川、贵州及湖北。

1. 蓇葖背缝具突起。
 2. 萼片黄色；蓇葖背缝下部具下弯窄三角形突起；心皮35-50 ………… 2. 钩突鸡爪草 C. unciformis
 2. 萼片白色；蓇葖背缝中部具三角形突起。
  3. 心皮7-12（-15）………… 1. 鸡爪草 C. oxycarpa
  3. 心皮30-60 ………… 1(附). 多果鸡爪草 C. polycarpa
1. 蓇葖无突起；萼片黄色，心皮约18 ………… 1(附). 黄花鸡爪草 C. palmata

1. 鸡爪草 图 620: 1-6

Calathodes oxycarpa Sprague in Kew Bull. 1919: 403. 1919.

茎高达40厘米，无毛，不分枝或分枝。基生叶约3枚，无毛，具长柄，花后多枯萎；叶五角形，长2-3厘米，宽3.2-5厘米，中裂片宽菱形，中部3深裂，具小裂片及锯齿，侧裂片斜扇形，不等2深裂近基部；叶柄长6-10厘米，基部具窄鞘。茎生叶约4枚，下部叶具长柄，似基生叶，上部叶小，具短柄。花径约1.8厘米，无毛。萼片白色，倒卵形或椭圆形，长0.9-1厘米，先端圆或钝；雄蕊长3.5-7.5毫米；心皮7-12（-15），长5-6毫米，背面基部稍囊状。蓇葖长0.7-1.4毫米，宿存花柱长1-1.7毫米，背缝近中部具三角形突起。花期5-6月，果期7月。

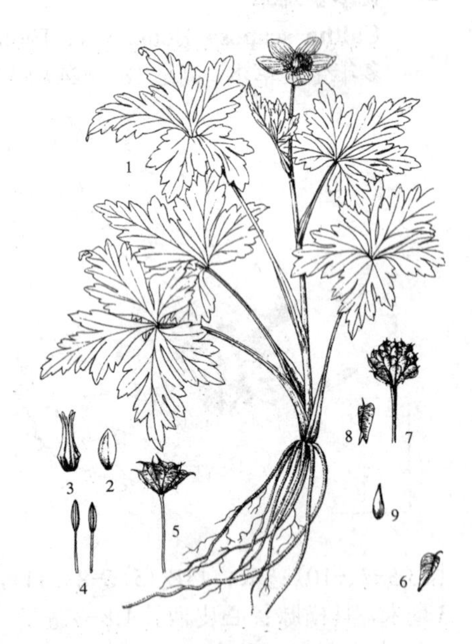

图 620: 1-6. 鸡爪草 7-9. 多果鸡爪草
（引自《中国种子植物特有属》）

产云南西部、四川及湖北西部，生于海拔2400-3200米山地林下或草坡阴处。

［附］**多果鸡爪草** 图 620：7-9 **Calathodes polycarpa** Ohwi in Acta Phytotax. Geobot. 2: 153. 1933. 本种与鸡爪草的区别：心皮30-60。产台湾，生于高山山坡。

［附］**黄花鸡爪草 Calathodes palmata** Hook. f. et Thoms. Fl. Ind. 41. 1855. 本种与鸡爪草的区别：萼片黄色；蓇葖无突起。产西藏东南部，生于海拔2500-3500米山地林下。不丹及锡金有分布。

2. 钩突鸡爪草 图 621

Calathodes unciformis W. T. Wang in Bull. Bot. Res. (Harbin) 16: 165. 1996.

茎高达40厘米，中部以上具少数分枝，无毛。茎生叶与鸡爪草相似，叶

长4-8厘米，宽5-12厘米；叶柄长约10厘米，基部具窄鞘。花径约2.5厘米，无毛。萼片黄色，窄倒卵形或椭圆形，长约1厘米，先端圆；雄蕊长约6.5毫米；心皮35-50，长约4.5毫米。蓇葖长6.5-8毫米，径4-5毫米，花柱宿存，果背缝下部具向下窄三角形突起，长3-3.5毫米。花期6月，果期8月。

产云南东北部、贵州西北部及湖北西南部，生于海拔1800-2000米山地林中、山谷沟边。

图 621 钩突鸡爪草（孙英宝绘）

3. 金莲花属 **Trollius** Linn.

（王 筝）

多年生草本。单叶，全基生或兼有互生，掌状分裂。花单生茎顶或少花成聚伞花序。萼片5至较多，花瓣状，倒卵形，黄色，稀淡紫色。花瓣5至多数，线形，近基部具蜜槽；雄蕊多数，花药椭圆形；心皮5至多数，无柄；胚珠多数，2列。蓇葖开裂。

约25种，分布于北半球温带及寒温带。我国16种。

花美丽，供观赏；有些种类供药用。

1. 萼片黄，稀白色，常脱落，稀宿存。
  2. 叶掌状深裂。
    3. 叶基生并茎生，茎生叶2-4，生于茎中部或上部。
      4. 萼片5（-7）。
        5. 萼片干时稍绿色，花瓣先端匙状；蓇葖喙直 ………… 1. **云南金莲花 T. yunnanensis**
        5. 萼片干时非绿色，花瓣先端渐窄；蓇葖喙外展 ………… 1(附). **川陕金莲花 T. buddae**
      4. 萼片8-13 ………… 2. **准噶尔金莲花 T. dschungaricus**
    3. 叶全基生，或1-3生于茎近基部。
        6. 萼片宿存，干时非绿色，暗紫色 ………… 3. **矮金莲花 T. farreri**
        6. 萼片脱落，叶及萼片干时稍绿色；叶牙齿卵形或近圆 ………… 3(附). **青藏金莲花 T. pumilus** var. **tanguticus**
  2. 叶掌状全裂。
    7. 花瓣较雄蕊短或近等长。
      8. 花瓣与花丝近等长；单花顶生。
        9. 叶裂片稍分开；萼片干时非绿色，宿存 ………… 3. **矮金莲花 T. farreri**
        9. 叶裂片稍靠近；萼片干时稍绿色，脱落 ………… 4. **毛茛状金莲花 T. ranunculoides**
      8. 花瓣较花丝长，与雄蕊近等长；单花顶生或2-3花成聚伞花序 ………… 5(附). **长白金莲花 T. japonicus**
    7. 花瓣较雄蕊长；萼片干时非绿色，脱落。
      10. 花瓣较萼片短；蓇葖喙长达1.5毫米 ………… 5. **短瓣金莲花 T. ledebourii**
      10. 花瓣与萼片等长或长于萼片。
        11. 萼片（6-）10-15（-19）；花瓣常与萼片近等长；蓇葖喙长约1毫米 ………… 6. **金莲花 T. chinensis**
        11. 萼片5-7；花瓣常较萼片稍长；蓇葖喙长3.5-4毫米 ………… 7. **长瓣金莲花 T. macropetalus**
1. 萼片淡紫、淡蓝或白色，15-18片，宿存，花瓣稍短于雄蕊，先叶开花；叶掌状3全裂 ………… 8. **淡紫金莲花 T. lilacinus**

1. 云南金莲花 图 622 彩片 303

Trollius yunnanensis (Franch.) Ulbr. in Fedde, Repert. Sp. Nov. Beih. 12: 368. 1922. p. p.

Trollius pumilus var. *yunnanensis* Franch. in Bull. Soc. Bot. France 33: 375. 1886.

植株无毛。高达80厘米。茎不分枝或中部以上分枝，疏生1-2叶。基生叶2-3，具长柄；叶五角形，长2.6-5.5厘米，宽4.8-11厘米，基部深心形，3深裂近基部约3毫米，裂片稍分开，稀稍靠叠，中裂片菱状卵形或菱形，3裂至或稍过中部，二回裂片分开或近靠接，具少数缺裂及三角形锐牙齿，侧裂片斜扇形，不等2深裂；叶柄长7-20厘米。下部茎生叶似基生叶，叶柄稍短，上部茎生叶较小，几无柄。花单生茎端或2-3朵成顶生聚伞花序，径（3.2-）4-5.5厘米。花梗长4-9.5厘米；萼片5（-7），开展，黄色，干时稍绿色，宽倒卵形或倒卵形，稀宽椭圆形，先端圆或平截，长1.7-7.5（-8）厘米；花瓣线形，较雄蕊稍短，或近等长，先端近匙形；雄蕊长达1厘米；心皮7-25。蓇葖长0.9-1.1厘米。花期6-9月，果期9-10月。

产云南西北部、四川西部及西藏东南部，生于海拔2700-3600米山地草坡、溪边草地或林下。

［附］川陕金莲花 **Trollius buddae** Schipcz. in Not. Syst. Herb. Hort. Petrop. 4: 10. 1923. p. p. 本种与云南金莲花的区别：萼片干时非绿色，花瓣先端渐窄，非匙状，骨突喙外展。产四川北部、甘肃南部及陕西南部，生于海拔1780-2400米山地草坡。根药用，可活血。

图 622 云南金莲花（朱蕴芳绘）

2. 准噶尔金莲花 图 623

Trollius dschungaricus Regel in Acta Hort. Petrop. 7: 383. 1880.

植株无毛，高达50厘米。茎疏生2-3叶。基生叶3-7，具长柄；叶五角形，长1.5-4.5厘米，宽2-7.5厘米，基部心形，3深裂近基部1-2毫米，裂片靠叠，有时近靠接，中裂片宽椭圆形或椭圆状倒卵形，上部3浅裂，裂片稍靠叠，具小裂片及不整齐小牙齿，侧裂片斜扇形，不等2深裂，二回裂片稍靠叠；叶柄长6-28厘米。单花顶生，有时2-3花成聚伞花序，径3-5.4厘米。花梗长5-15厘米；萼片8-13，黄或橙黄色，干时非绿色，倒卵形或宽倒卵形，稀窄倒卵形，长1.5-2.6厘米，先端圆；花瓣较雄蕊稍短或与花丝近等长，线形，

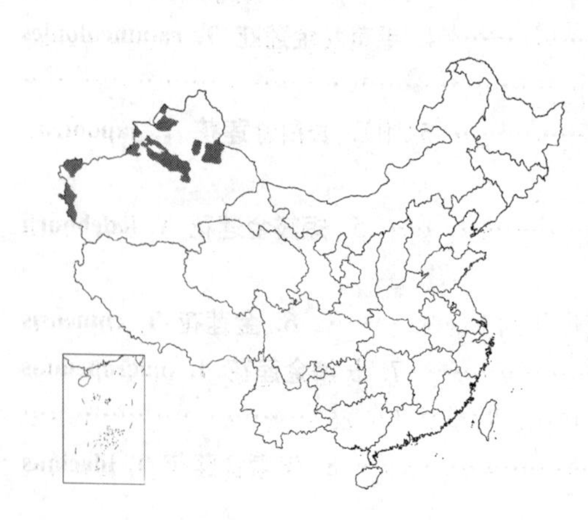

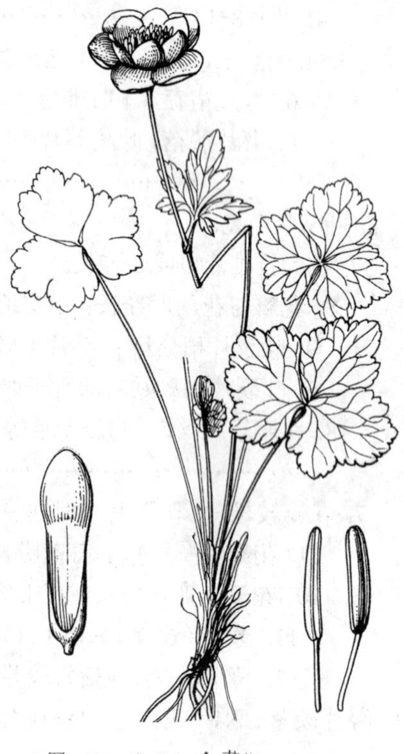

图 623 准噶尔金莲花（张荣生绘）

顶端圆或稍匙形；雄蕊长0.9–1.4厘米；心皮12–18，花柱淡黄绿色。蓇葖长1–1.2厘米。种子椭圆状球形，黑色，光滑。花期6–8月，果期9月。

产新疆西部及北部，生于海拔1800–3100米山地草坡或云杉林下。哈萨克斯坦有分布。

3. 矮金莲花 图 624

Trollius farreri Stapf in Curtis's Bot. Mag. 152: t. 9143. 1928.

植株无毛，茎高达17厘米。根茎短。茎不分枝。叶3–4枚，全基生或近基生，长3.5–6.5厘米，具长柄；叶五角形，长0.8–1.1厘米，宽1.4–2.6厘米，3全裂近基部，中裂片菱状倒卵形或楔形，与侧裂片常分开，3浅裂，小裂片分开，具2–3不规则三角形牙齿，侧裂片不等2裂稍过中部，二回裂片疏生小裂片及三角形牙齿；叶柄长1–4厘米，基部具宽鞘。单花顶生，径1.8–3.4厘米。萼片5（6），黄色，外面常带暗紫色，干时非绿色，宽倒卵形，长1–1.5厘米，先端圆，宿存，稀脱落；花瓣匙状线形，较雄蕊稍短，先端圆；雄蕊长约7毫米；心皮6–9（–25）。聚合果径约8毫米，蓇葖长0.9–1.2厘米，宿存花柱长约2毫米。花期6–7月，果期8月。

产云南西北部、四川西部、西藏东北部、青海南部及东部、甘肃南部、陕西南部，生于海拔3500–4700米山地草坡。全草药用，主治伤风、感冒。

［附］**青藏金莲花** 彩片 304 **Trollius pumilus** var. **tanguticus** Brühl in Ann. Bot. Gard. Calc. 5: 88. pl. 113. f. 2d. 1896. 与矮金莲花的区别：茎高达25（–30）厘米；叶干时稍绿色，长达1.7厘米，牙齿卵形或近圆，具不明显小尖头，稀锐尖；萼片干时稍绿色，脱落。产西藏东北部、四川西北部、青海南部及东部、甘肃西南部，生于海拔2300–3700米山地草坡、河滩或沼泽。

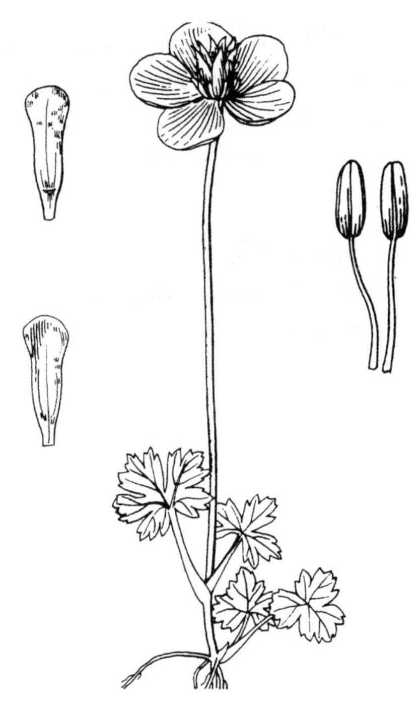

图 624 矮金莲花（引自《图鉴》）

4. 毛茛状金莲花 图 625

Trollius ranunculoides Hemsl. in Journ. Linn. Soc. Bot. 29: 301. 1893.

植株无毛，高达18（–30）厘米。茎1–3条，不分枝。基生叶数枚，茎生叶1–3枚，常生茎中下部；叶圆五角形或五角形，长1–1.5（–2.5）厘米，宽1.4–2.8（–4.2）厘米，3全裂，裂片近靠接或上部稍靠叠，中裂片宽菱形或菱状宽倒卵形，3深裂至中部或稍过中部，深裂片倒梯形或斜倒梯形，2–3裂，小裂片靠接，具1–2三角形或卵状三角形锐牙齿，侧裂片斜扇形，不等2深裂近基部；叶柄长3–13厘米。单花顶生，径2.2–3.2

图 625 毛茛状金莲花（引自《图鉴》）

（-4）厘米。萼片5（-8），黄色，干时稍绿色，倒卵形，长1-1.5厘米，宽1-1.8厘米，先端圆或近平截，脱落；花瓣较雄蕊稍短，匙状条形，上部稍宽，先端钝或圆；雄蕊长5-7毫米；心皮7-9。蓇葖长约1厘米，宿存花柱长约1毫米。种子椭圆状球形，有光泽。花期5-7月，果期8月。

产云南西北部、西藏东部、四川西部、青海南部及东部、甘肃南部，生于海拔2900-4100米山地草坡、水边草地或林中。

5. 短瓣金莲花 图626

Trollius ledebourii Reichb. Icon. Pl. Crit. 3: 63. 1825.

植株无毛，高达1米。茎疏生3-4叶。基生叶2-3，长15-35厘米，具长柄；叶五角形，长4.5-6.5厘米，宽8.5-12.5厘米，基部心形，3全裂，裂片分开，中裂片菱形，先端尖，3裂近中部或稍过中部，具小裂片及三角形小牙齿，侧裂片斜扇形，不等2深裂近基部；叶柄长9-29厘米。茎生叶与基生叶相似，上部叶较小，无柄。单花顶生或2-3朵成聚伞花序，径3.2-4.8厘米。花梗长5.5-15厘米；萼片5-8，黄色，干时非绿色，外层椭圆状卵形，余倒卵形或椭圆形，稀窄椭圆形，长1.2-2.8厘米，先端圆；花瓣10-22，较雄蕊长，较萼片短，线形，先端窄；雄蕊长9毫米，心皮20-28。蓇葖喙长达1.5毫米。花期6-7月，果期7月。

产黑龙江、吉林、辽宁及内蒙古东北部，生于海拔110-900米湿草地、林间草地、河边。俄罗斯西伯利亚东部及远东地区有分布。

图 626 短瓣金莲花 （引自《图鉴》）

［附］**长白金莲花 Trollius japonicus** Miq. in Ann. Mus. Bot. Lugd.-Batav. 3: 6. 1876. 与短瓣金莲花的区别：茎高达55厘米，叶长2.7-4.5厘米，宽5-9厘米；花瓣约9，长不及雄蕊，先端圆。产吉林东南部，生于海拔1200-2300米潮湿草坡。萨哈林岛及日本有分布。

6. 金莲花 图627: 1-6 彩片305

Trollius chinensis Bunge in Mém. Acad. Sci. St. Pétersb. 2: 77. 1833.

植株无毛，高达70厘米。茎不分枝，疏生（2）3-4叶。基生叶1-4，长16-36厘米，具长柄；叶五角形，长3.8-6.8厘米，宽6.8-12.5厘米，基部心形，3全裂，裂片分开，中裂片菱形，先端尖，3裂达中部或稍过中部，常三回裂，具不等三角形锐齿，侧裂片扇形，2深裂近基部，上面深裂片与中裂片相似，下面深裂片斜菱形；叶柄长12-30厘米，基部具窄鞘；茎生叶似基生叶，下部叶具长柄，上部叶较小，具短柄或无柄。单花顶生或2-3朵成聚伞花序，径约4.5

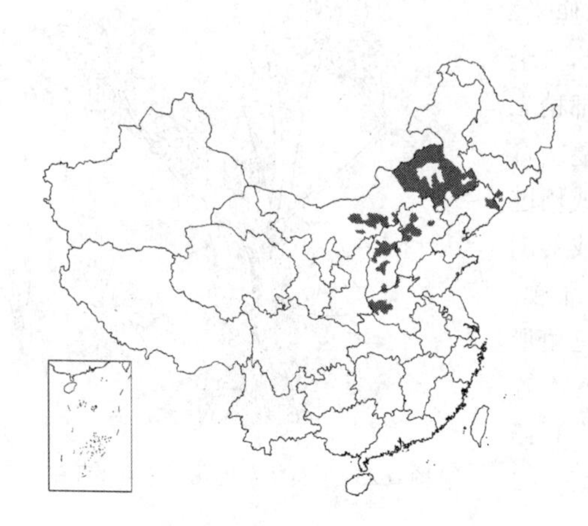

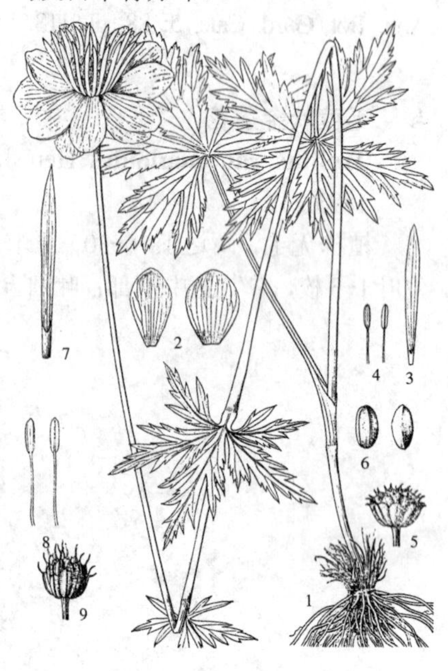

图 627: 1-6. 金莲花 7-9. 长瓣金莲花 （王金凤绘）

厘米；花梗长5-9厘米；萼片（6-）10-15（-19），金黄色，干时非绿色，椭圆状倒卵形或倒卵形，长1.5-2.8厘米，先端圆，具三角形或不明显小牙齿；花瓣18-21，稍长于萼片或与萼片近等长，稀较萼片稍短，条形；雄蕊长0.5-1.1厘米；心皮20-30。蓇葖长1-1.2厘米，宿存花柱长约1毫米。种子近倒卵圆形。花期6-7月，果期8-9月。

产吉林、辽宁、内蒙古、河北、山西及河南西部，生于海拔1000-2200米山地草坡或疏林下。花药用，治慢性扁桃体炎，与菊花及甘草合用，治急性中耳炎等症。

7. 长瓣金莲花 图627: 7-9

Trollius macropetalus F. Schmidt in Mém. Acad. Sci. St. Pétersb. 7(12): 88. 1868.

植株无毛。高达1米。基生叶2-4，具长柄；叶长5.5-9.2厘米，宽11-16厘米，与短瓣金莲花及金莲花的叶均相似。花径3.5-4.5厘米。萼片5-7，金黄色，宽卵形或倒卵形，长1.5-2（-2.5）厘米，先端圆，具不明显小齿；花瓣长1.8-2.6厘米，稍长于萼片或超出萼片达8毫米，有时与萼片近等长，先端窄；心皮20-40。蓇葖长约1.3厘米，宿存花柱长3.5-4毫米。种子窄倒卵圆形，长约1.5毫米，黑色，具4棱。花果期7-9月。

产黑龙江、吉林及辽宁，生于海拔450-600米湿草地。俄罗斯远东地区及朝鲜北部有分布。用途同金莲花。

8. 淡紫金莲花 图628

Trollius lilacinus Bunge, Verz. Pfl. Alt. 33. 1835.

植株无毛，高达28厘米。须根粗壮，长达12厘米，径达2.5毫米。茎疏生2叶。基生叶3-6，具长柄；叶五角形，长1.8-2.5厘米，宽2.8-4厘米，基部心形，掌状3全裂，中裂片菱形，3裂近中部，二回裂片具少数小裂片及锐牙齿，侧裂片不等2深裂；茎生叶小，具鞘状短柄或几无柄。单花顶生，先叶开花，径2.5-3.5厘米。萼片15-28，淡紫、淡蓝或白色，倒卵形或椭圆形，长1.2-1.6厘米；花瓣约8，较雄蕊稍短，宽线形，先端钝或圆；雄蕊长5-7毫米；心皮6-11。蓇葖长约1.2厘米，宿存花柱长2-2.5毫米。种子长约1毫米。花期7-8月，果期8-9月。

图 628 淡紫金莲花（引自《图鉴》）

产新疆，哈萨克斯坦、吉尔吉斯斯坦及俄罗斯西伯利亚地区有分布。

4. 铁破锣属 Beesia Balf. f. et W. W. Smith

（王 筝）

多年生草本。具根茎。单叶，均基生，心形或心状三角形，不裂；具长柄。花葶不分枝。聚伞花序无梗或几无梗，由少数或多花组成总状复花序；苞片及小苞片钻形；花辐射对称。萼片5，花瓣状，白色，椭圆形；无花瓣；雄蕊多数，花药近球形，花丝近丝形；心皮1，胚珠约10，2列。蓇葖扁，窄长，具横脉。种子少数，卵圆形，种皮具皱褶。

2种，产我国及缅甸北部。根茎药用。

铁破锣

图 629 彩片 306

Beesia calthifolia (Maxim.) Ulbr. in Notizbl. Bot. Gart. Berl. 10: 872. 1929.

Cimicifuga calthaefolia Maxim. ex Oliv. in Hook. Icon. Pl. 34: t. 1746. 1888.

根茎斜，长达10厘米。花葶高达58厘米，具少数纵沟，下部无毛，上部密被开展短柔毛。叶2-4，肾形、心形或心状卵形，长（1.5-）4.5-9.5厘米，宽（1.8-）5.5-16厘米，先端圆，短渐尖或尖，基部深心形，密生具短尖圆锯齿；叶柄长（5.5-）10-26厘米，无毛。花序长为花葶1/6-1/4。苞片钻形、披针形或匙形，长1-5毫米，无毛；花梗长0.5-1厘米，密被伸展柔毛；萼片白色或带粉红，窄卵形或椭圆形，长3-5（6-8）毫米，无毛；雄蕊稍短于萼片；心皮长2.5-3.5毫米，基部疏被柔毛。蓇葖长1.1-1.7厘米，扁，披针状线形，中部稍弯，下部径3-4毫米，具8条斜横脉，宿存花柱长1-2毫米。种子长约2.5毫米，种皮具斜纵皱褶。花期5-8月。

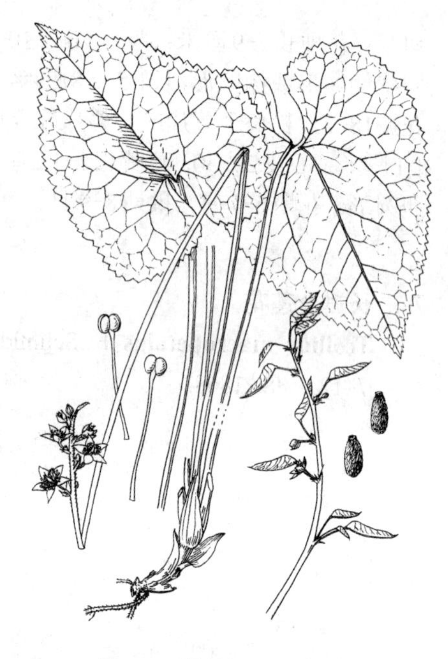

图 629 铁破锣（冯晋庸绘）

产云南、四川、贵州、广西东北部、湖南西部、湖北西部、陕西南部及甘肃南部，生于海拔1400-3500米山谷林下阴处。缅甸北部有分布。根茎药用，治风湿感冒、风湿骨痛及目赤肿痛。

5. 黄三七属 Souliea Franch.

（王 筝）

多年生草本，高达75厘米，无毛或近无毛。根茎粗壮，径4-9毫米，分枝。茎基具2-4片膜质宽鞘。二至三回三出全裂，叶片三角形，长达24厘米，一回裂片具长柄，卵形或卵圆形，二回裂片卵状三角形，小裂片具粗齿及缺裂。先叶开花；花辐射对称，径1.2-1.4厘米；4-6朵成总状花序。萼片5，花瓣状，白色，倒卵形或倒卵状长椭圆形；花瓣5，长为萼片1/2或更短，扇状倒卵形，先端具小牙齿；雄蕊多数，花药宽椭圆形，花丝线形；心皮1-3，窄长圆形，花柱短。蓇葖1-2（3），宽线形，基部渐窄成细柄，顶端具短喙，具网脉。种子12-16，窄卵圆形，黑色，具网状洼陷。

单种属。

黄三七

图 630 彩片 307

Souliea vaginata (Maxim.) Franch. in Journ. Bot. 12: 69. 1898.

Isopyrum vaginatum Maxim. Fl Tangut. 18. t. 30. 1889.

形态特征同属。花期5-6月，果期7-9月。

产西藏东南部、云南西北部、四川西部、青海、甘肃南部及陕西，生于海拔2800-4000米山地林中、林缘或草坡。锡金、不丹及缅甸有分布。根茎药用，治眼结膜炎、口腔炎、咽喉炎、肠炎及痢疾。

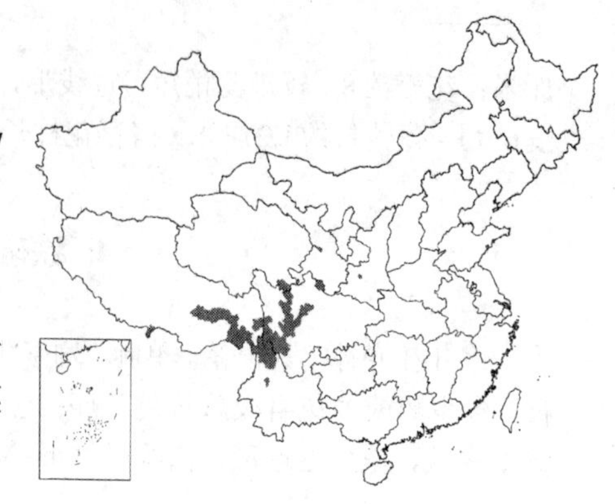

6. 升麻属 Cimicifuga Linn.

（王 筝）

多年生草本。根茎粗壮，具多数细根。茎单一，圆柱形，上部少数分枝。一至三回三出或近羽状复叶，具长柄；小叶卵形或菱形，具粗锯齿。总状花序2-30集成圆锥状花序；花序轴密被腺毛及柔毛。苞片钻形或窄三角形；花小，密生，辐射对称，两性，稀单性；萼片4-5，白色，花瓣状，倒卵状圆形，早落；无花瓣；退化雄蕊位于萼片内面，椭圆形或近圆形，顶端常具膜质附属物，全缘、微缺或叉状2深裂具2枚空花药，稀具蜜腺，雄蕊多数；心皮1-8，具短柄或无柄，蓇葖长椭圆形或倒卵状椭圆形，具隆起横脉，喙外弯。种子少数，椭圆形或窄椭圆形，常四周具膜质鳞翅，背、腹面横向鳞翅明显或不明显。

约18种，分布北半球温带。我国8种。

图 630 黄三七（冯晋庸绘）

1. 一回三出复叶；退化雄蕊与萼片同形，基部具蜜腺 …………………… 1. **小升麻 C. japonica**
1. 二至三回三出复叶；退化雄蕊与萼片不同形；心皮2-8。
  2. 花两性。
    3. 花序不分枝，有时下部具少数极短分枝 … 2. **单穗升麻 C. simplex**
    3. 花序具（2-）4-20分枝。
      4. 心皮及蓇葖密被灰色柔毛；顶生小叶菱形；蓇葖长圆形；种子四周具膜质鳞翅 …………………… 3. **升麻 C. foetida** var. **mairei**
      4. 心皮及蓇葖无毛或近无毛。
        5. 退化雄蕊顶端2浅裂；小叶宽卵形，宽4-14厘米 …………………… 4. **南川升麻 C. nanchuanensis**
        5. 退化雄蕊顶端全缘；小叶倒卵形，宽4-9厘米；蓇葖长圆形；种子四周具膜质鳞翅 …………………… 4(附). **大三叶升麻 C. heracleifolia**
  2. 花单性，雌雄异株；退化雄蕊顶端2裂，具2枚空花药 …………………… 5. **兴安升麻 C. dahurica**

1. 小升麻 金龟草 图 631

Cimicifuga japonica（Thunb.）Spreng. Syst. Veg. 2: 628. 1825.

Actaea japonica Thunb. in Syst. Veg. 2: 628. 1825.

Cimicifuga acerina（Sieb. et Zucc.）Tanaka: 中国高等植物图鉴 1: 662. 1972；中国植物志 27: 94. 1979.

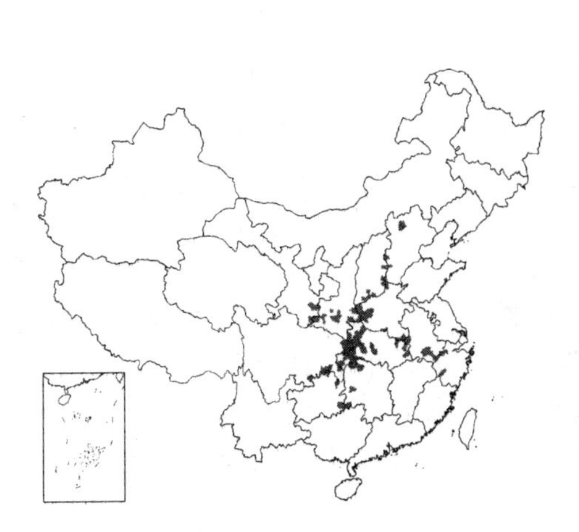

茎直立，高达1.1米，上部密被灰色柔毛。根茎横走，具多数细根。叶1-2，近基生，为三出复叶；叶宽达35厘米，小叶具长柄；顶生小叶卵状心形，长5-20厘米，7-9掌状浅裂，具锯齿，侧生小叶较小；叶柄长达32厘米。花序细长，长10-25厘米，具多花，花序轴密被柔毛。花径约4毫米，近无梗；萼片5，白色，椭圆形，长3-5毫米；退化雄蕊倒卵形，长约4.5毫米，基部具蜜腺，雄

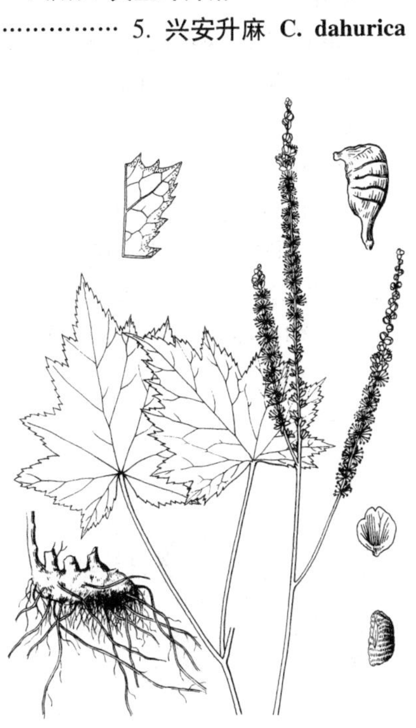

图 631 小升麻（引自《图鉴》）

蕊多数；心皮1-2，无毛。蓇葖果长约1厘米。种子具多数横向短鳞翅，四周无翅。

产湖南、湖北、贵州、四川、甘肃南部、陕西南部、山西、河北、河南、安徽及浙江，生于山地林缘或林下。日本有分布。根茎可祛瘀消肿、降血压。

2. 单穗升麻 图 632 彩片 308

Cimicifuga simplex Wormsk. in DC. Prodr. 1: 64. 1824.

多年生草本。高达1.5米，无毛。下部茎生叶为二至三回三出近羽状复叶，具长柄，小叶窄卵形或菱形，长4.5-8.5厘米，3深裂或浅裂，具锯齿，下面沿脉疏被柔毛，叶柄长达26厘米。花序细，长达35厘米，不分枝，或下部具短分枝，密被腺毛或柔毛。花梗长5-8毫米；萼片白色，宽椭圆形，长约4毫米；退化雄蕊椭圆形，顶端膜质，2浅裂，雄蕊多数；心皮2-7，密被柔毛。蓇葖长7-9毫米，柄长达5毫米。种子周围具膜质翼状鳞翅。花期8-9月，果期9-10月。

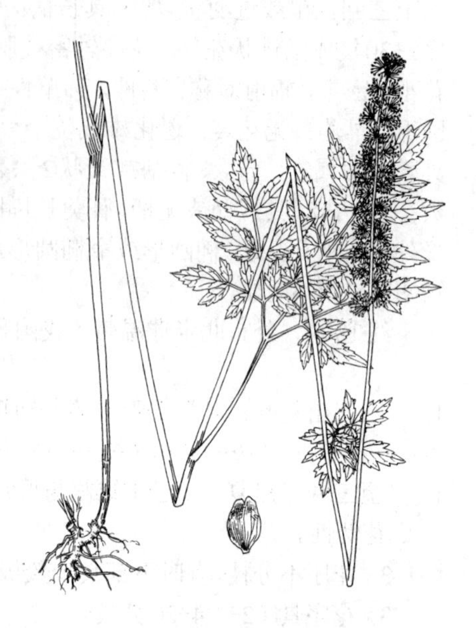

图 632 单穗升麻 （引自《图鉴》）

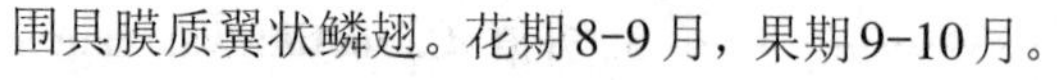

产黑龙江、吉林、辽宁、内蒙古、河北、山西、陕西、甘肃、四川、湖北、云南、浙江及广东，生于山坡草地或灌丛中。俄罗斯西伯利亚东部及远东地区、日本有分布。根茎药用，可驱风寒、清热解毒。

3. 升麻 图 633 彩片 309

Cimicifuga foetida Linn. var. **mairei** (Lévl.) W. T. Wang et Zh. Wang in Acta Phytotax. Sin. 37(3): 212. 1999.

Cimicifuga mairei Lévl. in Bull. Acad. Int. Geogr. Bot. 25: 43. 1915.

Cimicifuga foetida auct. non Linn.:中国高等植物图鉴1: 663. 1972; 中国植物志27: 101.1979.

多年生草本，高达1-2米。根茎粗壮。分枝被柔毛。二至三回三出羽状复叶，叶柄长达15厘米；小叶菱形或卵形，长达10厘米，浅裂，具不规则锯齿。花序具3-20分枝，长达45厘米，密被灰色腺毛及柔毛。萼片白色，倒卵状圆形；退化雄蕊宽椭圆形，顶端微凹或2浅裂，雄蕊多数；心皮2-5，密被灰色柔毛，具短柄。蓇葖果长0.8-1.4厘米，密被灰色柔毛。种子具横向膜质翅，周围具鳞翅。花期7-9月，果期8-10月。

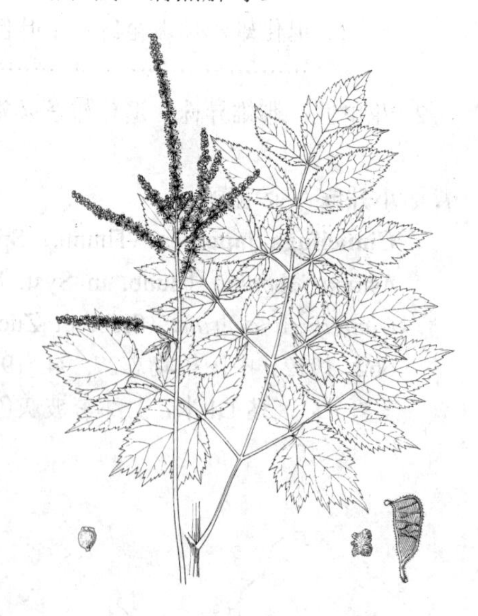

图 633 升麻 （引自《图鉴》）

产山西、河南、陕西、甘肃、青海、西藏、四川、云南、湖北、安徽及浙江，生于山地林缘或草坡。根茎药用，可解热透疹、解毒净血。

4. 南川升麻 图 634

Cimicifuga nanchuanensis Hsiao in Acta Phytotax. Sin. Addit. 1: 56. 1965.

茎微具槽，无毛，光滑。下部及中部叶为二至三回三出复叶，叶片三角形，宽达40厘米，叶柄长；小叶坚纸质，宽卵形，长5-15厘米，基部心形或近圆，具粗锯齿，有时2-3浅裂，无毛，顶生小叶菱形。花序具4-8分枝，分枝长3-14.5厘米，密被灰色柔毛；花径约4毫米。花梗长3-4毫米；萼片4-5，白色，宽椭圆形或近圆形，早落；退化雄蕊椭圆形，与萼片近等长，顶端2浅裂；雄蕊多数，长4-7毫米；心皮3-5，具短柄，无毛或近无毛。

产四川东南部，生于山地。根茎药用。

［附］**大三叶升麻 Cimicifuga heracleifolia** Kom. in Act. Hort. Peteop. 18: 438. 1901. 本种与南川升麻的区别：退化雄蕊顶端全缘，小叶倒卵形，叶片稍窄。产东北，生于山坡草丛或灌丛中。朝鲜及俄罗斯远东地区有分布。

图 634 南川升麻 （引自《图鉴》）

5. 兴安升麻 图 635

Cimicifuga dahurica (Turcz.) Maxim. Prim. Fl. Amur. 28. 1859.

Actinospora dahurica Turcz. ex Fisch. et Mey. Ind. Sem. Hort. Bot. Petrop. 1: 21. 1835.

茎高达1米以上。根茎粗壮。下部茎生叶为二回或三回三出复叶，叶三角形，宽达22厘米，顶生小叶宽菱形，长5-10厘米，3深裂，具锯齿，侧生小叶长椭圆状卵形，稍斜，叶柄长达17厘米；茎上部叶似下部叶，但较小，具短柄。雌雄异株，花序复总状，雄花序长达30余厘米，具分枝7-20；雌花序稍小，分枝少；序轴及花梗被灰色腺毛及短毛。萼片宽椭圆形或宽倒卵形，长3-3.5毫米；退化雄蕊叉状2深裂，顶端具2乳白色空花药，花药长约1毫米，花丝长4-5毫米；心皮4-7，疏被毛或近无毛。蓇葖长7-8毫米，径4毫米。种子周围具膜质鳞翅，中央具横鳞翅。

产黑龙江、吉林、辽宁、内蒙古、河北、山东及山西，生于海拔300-1200米山地林缘灌丛中、山坡疏林中或草地。俄罗斯西伯利亚东部及远东地区、蒙古有分布。根茎药用，治麻疹、胃火、牙痛。

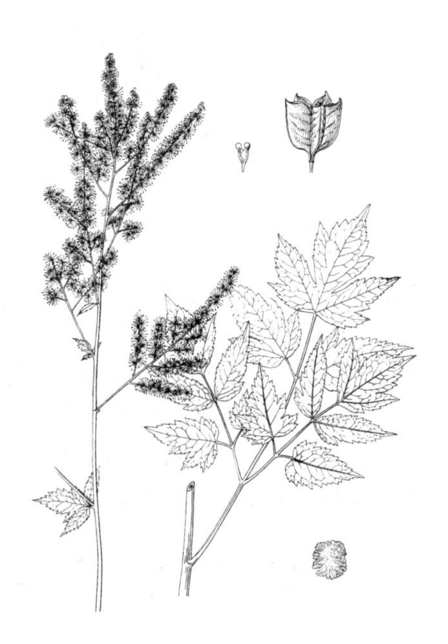

图 635 兴安升麻 （引自《图鉴》）

7. 类叶升麻属 Actaea Linn.

（王 筝）

多年生草本。根茎横走，具多数须根。茎单一，直立。基生叶鳞片状，茎生叶互生，为二至三回三出复叶，具长柄。总状或复总状花序。花小，辐射对称；萼片4，白色，花瓣状，早落；花瓣1-6，稀无，匙形，较萼片小，黄色，无蜜槽；雄蕊多数，花药卵圆形，黄白色，花丝线状丝形；心皮1，子房无毛，无花柱，柱头扁球形。浆果近球形，紫黑、红或白色。种子多数，卵圆形，具3棱，褐或黑色，干后微粗糙。

约8种，分布于北温带地区。我国2种。

1. 果柄径约1毫米，果紫黑色 ………………………………………………………………… 类叶升麻 **A. asiatica**
1. 果柄径约0.6毫米，果红色 ……………………………………………… (附). 红果类叶升麻 **A. erythrocarpa**

类叶升麻 图636 彩片310

Actaea asiatica Hara in Journ. Jap. Bot. 15: 313. 1939.

根茎横走，黑褐色，具多数细长须根。茎高达80厘米，下部无毛，中部以上被白色柔毛，不分枝。叶2-3，茎下部叶为三回三出近羽状复叶，具长柄；叶片三角形，宽达27厘米；顶生小叶卵形或宽卵状菱形，长4-8.5厘米，3裂，具锐锯齿，先端尖，侧生小叶卵形或斜卵形；叶柄长10-17厘米；茎上部叶形似下部叶，较小，具短柄。总状花序长2.5-4（-6）厘米；序轴及花梗密被白色或灰色柔毛；苞片线状披针形；萼片倒卵形，长约2.5毫米；花瓣匙形，长2-2.5毫米，具爪；雄蕊多数，花丝长3-5毫米；心皮与花瓣近等长。果序长5-17厘米，与茎上部叶等长或超出上部叶；果柄径约1毫米；果紫黑色，径约6毫米。种子约6粒，卵圆形。花期5-6月，果期7-9月。

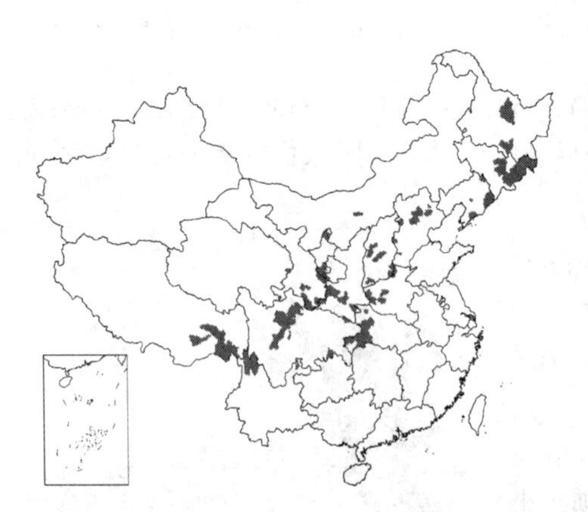

产黑龙江、吉林、辽宁、内蒙古、河北、山西、陕西、河南、湖北、四川、甘肃、宁夏、青海、西藏东部及云南，生于海拔350-3100米山地林下或沟边阴处。朝鲜、俄罗斯远东地区及日本有分布。根茎药用，茎、叶可作土农药。

［附］**红果类叶升麻** 彩片311 **Actaea erythrocarpa** Fisch. Ind. Sem. Hort. Bot. Petrop. 1: 20. 1835. 本种与类叶升麻的区别：果柄径约0.6毫米，果红色。产黑龙江、吉林、辽宁、内蒙古、河北及山西，生于海拔700-1500米山地林下或路边。欧洲、俄罗斯西伯利亚地区、蒙古及日本有分布。

图 636 类叶升麻 （引自《图鉴》）

8. 铁筷子属 Helleborus Linn.

（王 筝）

多年生草本。具根状茎。单叶，鸡足状全裂或深裂。单花顶生或少数成顶生聚伞花序。萼片5，花瓣状，白、粉红或绿色，常宿存；花瓣小，筒状漏斗形、筒形或杯形，具短爪；雄蕊多数，花药椭圆形，花丝线形，具1脉；心皮3-4，胚珠多数。蓇葖革质，花柱宿存。种子椭圆状球形。

约20种，主产欧洲东南部及亚洲西部。我国1种。

铁筷子 图 637

Helleborus thibetanus Franch. in Nouv. Arch. Hist. Nat. Mus. Paris. ser. 2, 8: 190. 1885.

根茎径约4毫米，密生肉质长须根。茎高达50厘米，无毛，上部分枝，基部具2-3枚鞘状叶。基生叶1（2），无毛，具长柄；叶肾形或五角形，长7.5-16厘米，宽14-24厘米，鸡足状3全裂，中裂片倒披针形，宽1.6-4.5厘米，下部以上密生锯齿，侧裂片具短柄，扇形，不等3裂；叶柄长20-24厘米；茎生叶近无柄，叶片较基生叶小，中裂片窄椭圆形，侧裂片不等2-3深裂。花1（2）朵生茎或枝端，基生叶刚抽出时开花。萼片粉红色，果期绿色，椭圆形或窄椭圆形，长（1.1-）1.6-2.3厘米；花瓣8-10，淡黄绿色，筒状漏斗形，长5-6毫米，具短柄；雄蕊长（0.45-）0.7-1厘米；心皮2-3，花柱与子房近等长。蓇葖扁，长1.6-2.8厘米，径0.9-1.2厘米，具横脉，宿存花柱长约6毫米。种子椭圆形。花期4月，果期5月。

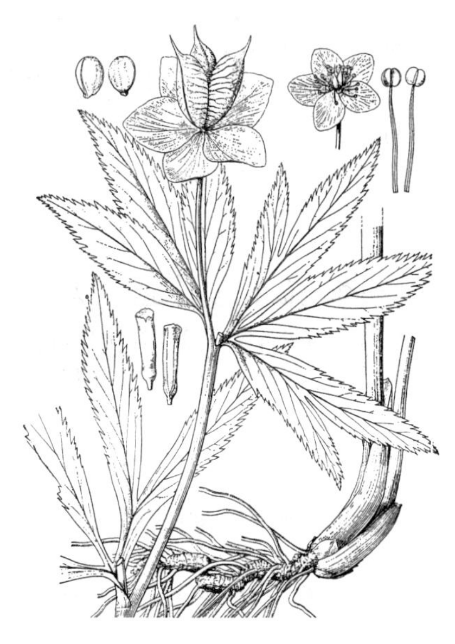

图 637 铁筷子（冯晋庸绘）

产四川西北部、甘肃南部、陕西南部、山西、河南及湖北西北部，生于海拔1100-3700米山地林内或灌丛中。根茎药用，治膀胱炎、尿道炎、疮疖肿毒及跌打损伤。

9. 菟葵属 **Eranthis** Salisb.

（王 筝）

多年生小草本。具块状根茎。叶1-2或无，基生，具长柄，掌状分裂。花葶不分枝；苞片数枚，轮生，形成总苞。单花顶生，辐射对称。萼片5-8，花瓣状，黄、白或粉红色，长圆形、椭圆形或卵形，脱落；花瓣小，5-8，筒形，顶端微凹或2裂，有时具花药；雄蕊多数，花丝线形，具1脉；心皮4-9，常具柄，子房具多数胚珠。

约8种，分布于欧洲及亚洲。我国3种，产四川西部及东北。

菟葵 图 638

Eranthis stellata Maxim. Prim. Fl. Amur. 22. 1859.

根茎球形，径0.8-1.1厘米。基生叶1或无，长约6厘米，具长柄，无毛；叶片圆肾形，3全裂。花葶高达20厘米，无毛；苞片开花时未完全展开，花谢后长达2.5-3.5厘米，深裂，小裂片披针形或线状披针形。花梗长0.4-1厘米，果期长达2.5厘米，被开展柔毛；花径1.6-2厘米；萼片黄色，窄卵形或长圆形，长0.7-1厘米；花瓣约10，漏斗形，上部2叉状；雄蕊长5-7毫米；心皮

图 638 菟葵（冯晋庸绘）

6-9，与雄蕊近等长，子房被短毛。蓇葖星状开展，长约1.5厘米，被柔毛，喙细，长约3毫米，心皮柄长约2毫米。种子暗紫色，近球形。花期3-4月，果期5月。

产黑龙江及辽宁，生于山地林中或林缘草地阴处。朝鲜北部及俄罗斯远东地区有分布。

10. 黑种草属 **Nigella** Linn.

（王 筝）

一年生草本。叶互生，常为二至三回羽状复叶，稀不裂。花单生于茎或枝端，辐射对称。萼片5，花瓣状，黄、白或蓝色，卵形，常具爪，脱落；花瓣小，5-8，具短爪，唇形，上唇较短，下唇具蜜槽；雄蕊多数；心皮3-10，无柄，子房大部或全部合生。蒴果，上部腹缝开裂。种子具棱，常具皱纹或疣。

约20种，主产地中海地区。我国栽培2种。

1. 茎、叶被短腺毛，叶小裂片线形或线状披针形；花下无总苞，子房被圆鳞状突起 ………………………………………… **腺毛黑种草 N. glandulifera**
1. 茎、叶无毛，叶小裂片窄线形或近丝状；花下具叶状总苞，子房平滑，无突起 …（附）. **黑种草 N. damascena**

腺毛黑种草 图639

Nigella glandulifera Freyr et Sint. in Bull. Herb. Boiss. sér. 2, 7: 559. 1903.

茎高达50厘米。二回羽状复叶。茎中部叶具短柄，小裂片线形或线状披针形，宽0.6-1毫米。花径约2厘米；萼片白或带蓝色，卵形，长约1.2厘米，具短爪；花瓣约8，长约5毫米，具短爪，上唇短于下唇，披针形，下唇2裂过中部，裂片宽菱形，先端近球状，基部具蜜槽；雄蕊长约8毫米，花药椭圆形，长约1.6毫米；心皮5，子房被圆鳞状突起，连合至花柱基部。蒴果长约1厘米，宿存花柱与果近等长。

原产地中海地区。新疆栽培。种子药用。

［附］**黑种草 Nigella domascena** Linn. Sp. Pl. 753. 1753. 本种与腺毛黑种草的区别: 植株无毛；叶小裂片窄线形或近丝状；花径约2.8厘米，具叶状总苞，子房平滑；蒴果长约2厘米。原产欧洲南部。我国一些城市栽培，供观赏；种子含生物碱及芳香油；也可作蜜源植物。

图 639 腺毛黑种草 （冯晋庸绘）

11. 乌头属 **Aconitum** Linn.

（杨亲二）

多年生至一年生草本。根为多年生直根，或由2至数个块根组成，或为一年生直根。茎直立或缠绕。叶为单生，互生，有时均为基生，掌状分裂，稀不分裂。花序通常总状；花梗有2小苞片。花两性，两侧对称；萼片5，花瓣状，紫、蓝或黄色，上萼片1，镰刀形、船形、盔形或圆筒形，侧萼片2，近圆形，下萼片2，较小，近长圆形；花瓣2，有爪，瓣片通常有唇和距，通常在距的顶部、偶有沿瓣片外缘生分泌组织；退化雄蕊通常不存在；雄蕊多数，花药椭圆球形，花丝有1纵脉，下部有翅；心皮3-5（6-13），花柱短，胚珠多数成2列生于子房室的腹缝线上。蓇葖有脉网，宿存花柱短。种子四面体形，仅沿棱生翅或同时在表面生横膜翅。

约350种，分布于北半球温带，主要分布于亚洲，次为欧洲和北美洲。我国约200种，除海南外，台湾和大陆各省区都有分布，大多数分布于西南横断山区，次为东北诸省。乌头属植物含乌头碱等生物碱，多数种类的块根有剧毒。但有镇痉、镇痛、祛风湿和解热等作用。我国约有36种可供药用，如乌头的块根经炮制后，毒性减低可作强心剂。

1. 根为多年生直根或块根。
 2. 根为多年生直根。
  3. 茎缠绕。
   4. 花序被反曲紧贴的短柔毛 ………………………………………………………… 4. **赣皖乌头 A. finetianum**
   4. 花序被开展的短柔毛 ………………………………………………………… 5. **两色乌头 A. alboviolaceum**
  3. 茎直立。
   5. 叶3深裂；萼片黄或蓝紫色。
    6. 萼片蓝紫色或淡紫色，或下部带白色。
     7. 花序被开展的毛。
      8. 心皮被毛。
       9. 花序下部花梗长1.2–4 厘米，中部以上的长0.5–4 厘米，花较稀疏；花瓣的距与唇等长，或比唇长2–3倍。
        10. 花序下部的花梗长2.2–4 厘米，中部以上的长1.4–3.5 厘米；花瓣的距通常比唇长；叶基部通常具明显的鞘 ………………………………………… 1. **花亭乌头 A. scaposum**
        10. 花序下部的花梗长1.2–3.5(–5.5) 厘米，中部以上的长0.5–1.2 厘米；花瓣的距与唇近等长；叶基部通常不具鞘 ……………………………………… 3. **粗花乌头 A. crassiflorum**
       9. 花梗（花序最下部的除外）长1.5–5毫米，花通常密集；花瓣有长达4–5毫米的短距，距明显比唇短 ………………………………………………………… 2. **短距乌头 A. brevicalcaratum**
      8. 心皮无毛 ………………………………………………………… 7. **白喉乌头 A. leucostomum**
     7. 花序被反曲紧贴的短柔毛 ………………………………………… 6. **高乌头 A. sinomontanum**
    6. 萼片黄色。
     11. 叶面仅沿脉疏被长柔毛或近无毛；心皮无毛 ……………………… 8. **吉林乌头 A. kirinense**
     11. 叶面密被短柔毛；子房通常被毛 ……………… 8(附). **毛果吉林乌头 A. kirinense** var. **australe**
   5. 叶3全裂；萼片黄色。
     12. 茎和叶柄只被反曲紧贴的短柔毛 ……………………………… 9. **牛扁 A. barbatum** var. **puberulum**
     12. 茎和叶柄除被反曲的短柔毛外，还被开展的较长柔毛 …………………………………………………… 9(附). **西伯利亚乌头 A. barbatum** var. **hispidum**
 2. 根由2或数个块根组成。
  13. 茎缠绕。
   14. 花梗被反曲紧贴的短柔毛或无毛。
    15. 花梗无毛 ………………………………………………………… 17. **苍山乌头 A. contortum**
    15. 花梗被反曲紧贴的短柔毛，稀无毛。
     16. 叶3深裂 ………………………………………………………… 20. **瓜叶乌头 A. hemsleyanum**
     16. 叶3全裂。
      17. 叶的中裂片宽菱形，急尖或短渐尖 ……………………………… 21. **黄草乌 A. vilmorinianum**
      17. 叶的中裂片卵状菱形或近菱形，渐尖或长渐尖 ………………… 23. **松潘乌头 A. sungpanense**
   14. 花梗被开展的毛。
    18. 叶3深裂至距基部2–3.5毫米处，稀3全裂，裂片多少细裂，小裂片窄披针形或线状披针形 …………………………………………………………………… 22. **紫乌头 A. delavayi**
    18. 叶3全裂；全裂片近不分裂或浅裂。
     19. 叶的中裂片不分裂或不明显3浅裂；叶边缘密生三角形锐齿 ………………………………………………… 24. **大麻叶乌头 A. cannabifolium**
     19. 叶的中裂片3裂或羽状深裂 ………………………………………… 25. **蔓乌头 A. volubile**

13. 茎直立，稀上部外倾或蔓生。
20. 叶基生或聚集在茎基部附近，茎生叶通常少数。
21. 叶较小，宽2-6.8厘米。
22. 叶片圆五角形，3全裂或3深裂至近基部 ………………………………… 11. **美丽乌头 A. pulchellum**
22. 叶片圆形或圆肾形，3深裂至中部或中下部 ………………………………… 10. **甘青乌头 A. tanguticum**
21. 叶较大，宽8.5-20（-30）厘米，3全裂；植株通常较高大 ………………… 12. **保山乌头 A. nagarum**
20. 基生叶通常不存在，下部茎生叶在开花时枯萎。
23. 叶3深裂，深裂片通常浅裂或有时不分裂。
24. 叶的中裂片和侧裂片均明显分裂；上萼片船形、高盔形或盔形。
25. 花小，侧萼片长6.5-8.5毫米 ………………………………………………… 13. **褐紫乌头 A. brunneum**
25. 花较大，侧萼片长1厘米以上。
26. 花序轴、花梗和心皮均无毛 ……………………………………………… 14. **膝瓣乌头 A. geniculatum**
26. 花序轴和花梗被毛。
27. 花梗和花序轴被反曲的短柔毛 ……………………………………… 18. **太白乌头 A. taipaicum**
27. 花梗被开展的毛。
28. 上萼片盔形；茎中部以上叶具短柄或几无柄 …………………… 15. **丽江乌头 A. forrestii**
28. 上萼片盔形或船状盔形；茎中部以上叶具柄；叶柄较叶片稍短或近等长 ……………… ……………………………………………………………………………… 16. **显柱乌头 A. stylosum**
24. 茎中部叶的中裂片不分裂或不明显3浅裂，侧裂片不分裂或不等2浅裂，二回裂片 ………… 不分裂，茎上部叶不分裂，菱状卵形；花序无毛；上萼片近圆筒形 ………………………… ………………………………………………………………………………… 19. **岩乌头 A. racemulosum**
23. 叶3全裂。
29. 叶的全裂片分裂程度较小，末回裂片卵形或窄卵形。
30. 茎蔓生，有长分枝，无毛；花序不等二叉状分枝，无毛；小苞片叶状，与花邻接或近邻接；上萼片高盔形 ………………………………………………………………… 26. **大苞乌头 A. raddeanum**
30. 茎直立，分枝通常短；花序轴直或稍之字形弯曲；小苞片不分裂，窄长圆形或线形。
31. 花梗被反曲紧贴的短柔毛 ………………………………………………… 28. **乌头 A. carmichaeli**
31. 花梗无毛。
32. 总状花序具2-5花；小苞片较宽，长圆形或倒卵状长圆形 …………………………… ……………………………………………………………………………… 17. **苍山乌头 A. contortum**
32. 顶生总状花序具9-22花，通常与其下的腋生花序形成圆锥花序；小苞片线形或钻状线形 ……………………………………………………………………………… 29. **北乌头 A. kusnezoffii**
29. 叶的全裂片多少细裂，末回裂片窄披针形、披针状线形或线形。
33. 茎中部以上的叶稀疏排列，中部叶的叶柄与叶片近等长，上部的渐变短。
34. 花序轴和花梗均无毛 ……………………………………………………… 30. **兴安乌头 A. ambigum**
34. 花序轴和花梗被毛。
35. 花梗和花序轴被反曲的毛。
36. 上萼片高盔形；花瓣的瓣片前上部多少鼓起 ………… 27. **细叶乌头 A. macrorhynchum**
36. 上萼片盔形或船形；花瓣的瓣片不鼓起。
37. 上萼片船形 ………………………………………………………… 33. **狭裂乌头 A. refractum**
37. 上萼片盔形或船状盔形。
38. 顶生总状花序短，具2-7花；萼片黄色，上萼片外缘镒缩；心皮3 ………………… ……………………………………………………………………… 37. **黄花乌头 A. coreanum**

38. 复总状花序长达60厘米，具多花；萼片蓝紫色，上萼片外缘不镒缩；心皮5 …… 31. **工布乌头 A. kongboense**

35. 花梗和花序轴被开展的毛。

39. 花序被黄色短柔毛；花梗长达6-9厘米，斜上展 …………………… 32. **德钦乌头 A. ouvrardianum**

39. 花序被白色短柔毛和少数淡黄色腺毛；花梗长3厘米，近直展 …… 34. **贡嘎乌头 A. liljestrandii**

33. 茎中部以上的叶密集，有极短柄或无柄。

40. 花序和花梗被紧贴短柔毛 ………………………………………………………… 35. **伏毛铁棒锤 A. flavum**

40. 花序和花梗密被开展短柔毛 …………………………………………………… 36. **铁棒锤 A. pendulum**

1. 根为一年生直根 …………………………………………………………………………… 38. **露蕊乌头 A. gymnandrum**

1. 花葶乌头 等叶花葶乌头 聚叶花葶乌头 黔川乌头 聚叶黔川乌头　图 640

Aconitum scaposum Franch. in Journ. Bot. 8: 227. 1894.

Aconitum cavaleriei Lévl. et Vant.；中国植物志27: 165.1978.

Aconitum scaposum var. *hupehanum* Rapaics；中国植物志27: 164.1978.

Aconitum scaposum var. *vaginatum* Rapaics；中国植物志27: 164.1978.

Aconitum cavaleriei var. *aggregatifolium*（Chang ex W. T. Wang）W. T. Wang；中国植物志27: 165. 1978.

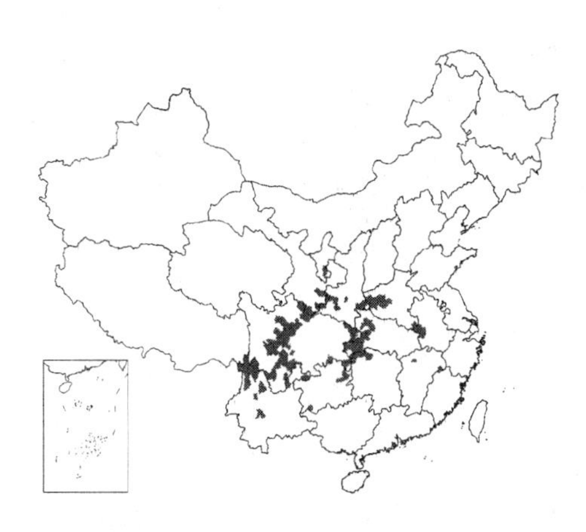

图 640 花葶乌头（引自《图鉴》）

根近圆柱形，长约10厘米。茎高35-67厘米，被反曲（稀开展）淡黄色短毛。基生叶1-4，具长柄；叶片肾状五角形，长5.5-11厘米，宽8.5-22厘米，基部心形，3裂稍超过中部，中裂片倒梯状菱形或菱形，急尖，稀渐尖，不明显3浅裂，有粗齿，侧裂片斜扇形，不等2浅裂，两面被短伏毛；叶柄长13-40厘米，基部有鞘。茎生叶2-11，集中在近茎基部处，有时在茎上部等距排列或在茎中部以上密集成丛，叶片长达2厘米，叶柄鞘状，长达5厘米。总状花序长（20-）25-40厘米，有15-40花；苞片披针形或长圆形；花序下部花梗长2-2.4厘米，中部以上长1.4-3.4厘米，被开展淡黄色长毛；小苞片似苞片，较短，萼片蓝紫色，稀黄色，疏被开展微糙毛，上萼片圆筒形，高1.3-1.8厘米，外缘近直，与向下斜展的下缘形成尖喙；花瓣的距疏被短毛或无毛，比瓣片长2-3倍，拳卷；心皮3，子房疏被长毛。蓇葖不等长，长0.75-1.3厘米。种子倒卵圆形，长约1.5毫米，长约1.5毫米，白色，密生横窄翅。8-9月开花。

产云南、四川、贵州、湖北、湖南、江西、安徽、河南、陕西、甘肃、宁夏，生于海拔1200-3900米山谷或林中阴湿处。

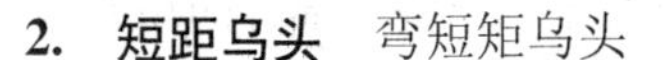

2. 短距乌头 弯短矩乌头　图 641 彩片 312

Aconitum brevicalcaratum（Finet et Gagnep.）Diels in Notes Roy. Bot. Gard. Edinb. 5: 267. 1912.

Aconitum lycoctonum Linn. var. *brevicalcaratum* Finet et Gagnep. in Bull. Soc. Bot. France. 51. 502. 1904.

Aconitum brevicalcaratum var. *lauenerianum*（Fletcher）W. T. Wang；中国植物志 27: 162. 1978.

根斜，圆柱形，粗约1.1厘米。茎高48-100厘米，中下部密被反曲而紧贴短柔毛，约生4叶。基生叶3-4，与茎下部叶具长柄；叶片肾形，长

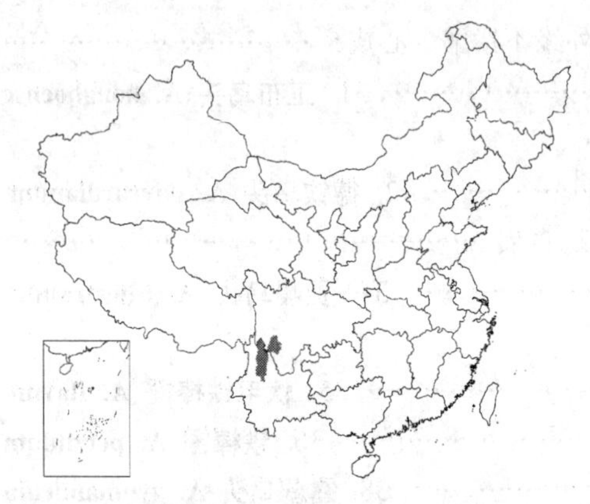

4.8-9.2厘米，宽7.5-13厘米，3深裂约3/4处，裂片稍分开或稍覆压，两面被稍密的紧贴短柔毛；叶柄长14-20（-28）厘米，被反曲短柔毛。顶生总状花序长20-40厘米，具密集的花；轴和花梗密被伸展淡黄色短柔毛；基部苞片近3全裂，长达1.6厘米，裂片披针形，其他的苞片渐变小，长圆形至线状长圆形，长0.6-1.2厘米；花序最下部花梗长达1-2厘米，其他花梗长1.5-5毫米；小苞片线形，长4-6毫米；萼片蓝或蓝紫色，被伸展短柔毛，上萼片圆筒形，高1.3-1.5厘米，中部粗约4.5毫米，外缘有中部之下突近不平地向外斜下方伸展，下缘直，长1-1.3厘米；花瓣的瓣片短，顶端圆，距长4-5毫米，距明显比唇短；心皮3，子房被绢状短柔毛。蓇葖长约1.4厘米，被短柔毛。种子倒圆锥状三角形，长约2毫米，有横窄翅。8-10月开花。

产云南西北部、四川西南部，生于海拔2800-3800米山地草坡。

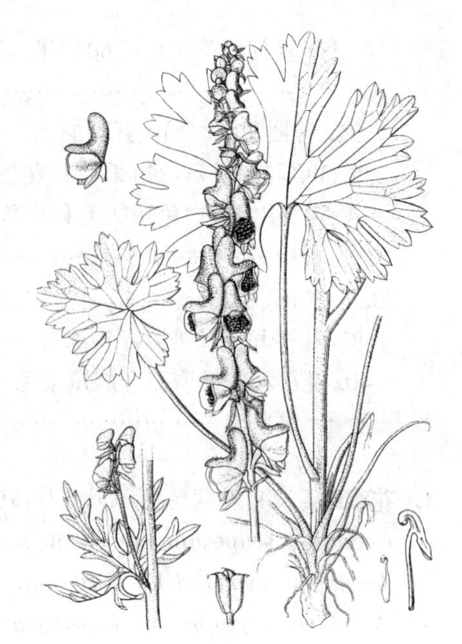

图 641 短距乌头（引自《图鉴》）

3. 粗花乌头 滇川乌头 图 642

Aconitum crassiflorum Hand.-Mazz. Symb. Sin. 7: 283. t. 6. f. 3. 1931.

Aconitum wardii Fletcher et Lauener；中国植物志27: 168. 1978.

根长约达7厘米。茎高40-70（-100）厘米，生2-3（-5）叶，中下部疏被反曲淡黄色短糙毛，花序之下有1分枝。基生叶2-3，与茎下部叶有长柄；叶片圆肾形或肾形，长3.6-7厘米，宽7.6-12厘米，3深裂稍超过中部，裂片近邻接，中裂片楔状倒梯形，侧裂片斜扇形，不等2或3裂，两面疏被短糙伏毛；叶柄长15-30厘米。总状花序长14-20（-36）厘米，具稀疏的花；轴和花梗密被伸展短毛；基部苞片3深裂，长0.8-3厘米，其他苞片较小，不分裂，线形，长3.5-5毫米；下部花梗长1.2-3.5（-5.5）厘米，其他花梗长0.5-1.2厘米；小苞片线形，长2.5-3.5毫米；萼片蓝紫色，疏被短毛，上萼片圆筒形，高1.6-2（-2.3）厘米，中部粗4-7毫米，顶端圆，外缘在中部之下稍缢缩并向外下方伸展与下缘形成三角形的喙，下缘长0.9-1.2厘米；花瓣的距与唇近等长或稍长，稍拳卷；心皮3，子房疏被短毛。7-8月开花。

分布于云南西北部、四川西南部，生于海拔3200-4200米山地草坡、矮杜鹃灌丛中或林下。

图 642 粗花乌头（引自《图鉴》）

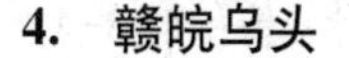

4. 赣皖乌头 图 643

Aconitum finetianum Hand.-Mazz. in Acta Hort. Gothob. 13: 80. 1939.

根圆柱形，长约8厘米。茎缠绕，

长约1米，疏被反曲短柔毛，中部以下几无毛。茎下部叶具长柄；叶片五角状肾形，长6-10厘米，宽10-18厘米，两面疏被紧贴短毛；叶柄长达30厘米，几无毛。茎上部叶渐变小，叶柄与叶片近等长或稍短。总状花序具4-9花；轴和花梗均密被淡黄色反曲贴伏的短柔毛；花梗长3.5-8毫米；小苞片小，线形，生花梗中部或近基部处；萼片白色带淡紫色，被紧贴的短柔毛，上萼片圆筒形，高1.3-1.5厘米，中部粗2.5-3（-5）毫米，直或稍向内弯曲，外缘在中部以下向外方斜展成短喙，下缘长约1厘米，侧萼片倒卵形，下萼片窄椭圆形；花瓣与上萼片等长，无毛，距与唇近等长或稍长，顶端稍拳卷；雄蕊无毛，花丝全缘；心皮3，子房疏被紧贴淡黄色短柔毛。蓇葖长0.8-1.1厘米。种子倒圆锥状三菱形，长约1.5毫米，生横窄翅。8-9月开花，10月结果。

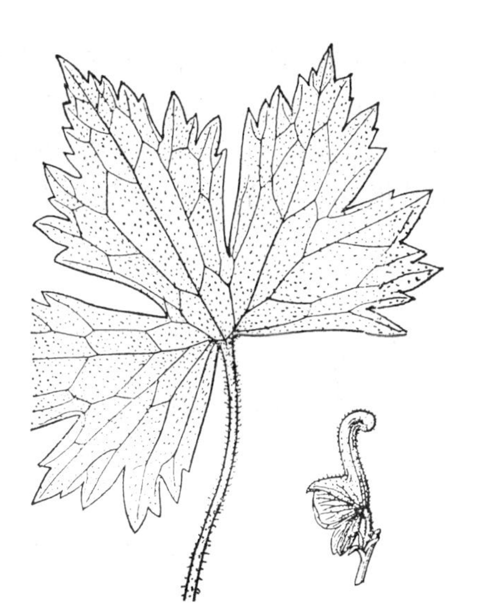

图 643 赣皖乌头（王金凤绘）

产福建、安徽、浙江、江西、湖南及河南，生于海拔850-1600米山地阴湿处。

5. 两色乌头 图 644

Aconitum alboviolaceum Kom in Acta Hort. Petrop. 18: 439. t. 5. 1901.

根圆柱形，长10-15厘米。茎缠绕，长1-2.5米，疏被反曲短柔毛或变无毛。基生叶1，与茎下部叶具长柄，茎上部叶变小，具较短柄；叶片五角状肾形，长6.5-9.5（-18）厘米，宽9.5-17（-25）厘米，基部心形，3深裂稍超过中部或近中部，裂片稍分开，中裂片菱状倒梯形、宽菱形或菱形，先端钝或微尖，稀短渐尖，不分裂或上部不明显3浅裂，中上部边缘具粗牙齿，侧裂片斜记扇形，不等2浅裂近中部，上浅裂片似中裂片，两面被极稀疏的短伏毛。总状花序长6-14厘米，具3-8花；轴及花梗密被伸展短柔毛；苞片线形，长3-3.5毫米；花梗长5-9毫米；小苞片生花梗的基部或中部，似苞片，较小；萼片淡紫色或近白色，被伸展柔毛，上萼片圆筒形，长1.3-2厘米，中部粗2.8-5毫米，喙短，稍向下弯，下缘长1-1.3厘米；花瓣与上萼片近等长，距细，比唇长或近等长，拳卷；心皮3，子房疏被伸展的短毛或无毛。蓇葖长约1.2厘米。种子倒圆锥状三角形，长约2.5毫米，生横窄翅。8-9月开花。

图 644 两色乌头（王金凤绘）

产黑龙江南部、吉林、辽宁、河北北部，生于海拔350-1400米山谷灌丛中间或林中。俄罗斯远东地区、朝鲜有分布。

6. 高乌头 图 645

Aconitum sinomontanum Nakai in Rep. Ist. Sci. Exp. Manch. 4(2): 146. f. 9. 1935.

根长达20厘米，圆柱形。茎高

(60-)95-150厘米，中下部几无毛，上部近花序处被反曲短柔毛，生4-6叶。基生叶1，与茎下部叶具长柄；叶片肾形或圆肾形，长12-14.5厘米，宽20-28厘米，基部宽心形，3深裂约至6/7处，边缘有不整齐的三角形锐齿，中裂片较小，楔状窄菱形，渐尖，侧裂片斜扇形，不等3裂稍超过中部，两面疏被短柔毛或变无毛；叶柄长30-50厘米，几无毛。总状花序长(20-)30-50厘米，具密集的花；轴及花梗多少密被紧贴反曲短柔毛；苞片比花梗长，下部苞片叶状，其他的苞片线形，长0.7-1.8厘米；下部花梗长2-5(-5.5)厘米，中部以上的长0.5-1.4厘米；小苞片通常生花梗中部，线形，长3-9毫米；萼片蓝紫或淡紫色，密被短曲柔毛，上萼片圆筒形，高1.6-2（-3）厘米，粗4-7（-9）毫米，外缘在中部之下稍缢缩，下缘长1.1-1.5厘米；花瓣长达2厘米，唇舌形，长约3.5毫米，距长约6.5毫米，向后拳卷；花丝大多具1-2小齿；心皮3，无毛。蓇葖长1.1-1.7厘米。种子倒卵圆形，具3棱，长约3毫米，褐色，密生横窄翅。6-9月开花。

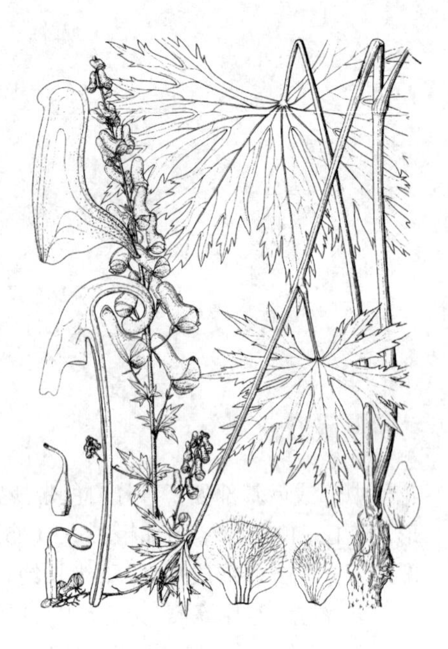

图 645 高乌头 （引自《图鉴》）

产河北、山西、陕西南部、甘肃南部、青海东部、四川、湖北西部、贵州，生于海拔1000-2700（-3700）米山坡草地或林中。

7. 白喉乌头 图 646

Aconitum leucostomum Worosch. in Byull. Glav. Bot. Sad.11: 62. f. 1. 1952.

茎高约1米，中下部疏被反曲短柔毛或几无毛，上部有开展的腺毛。基生叶约1，与茎下部叶具长柄；叶片形状与高乌头极为相似，长约达14厘米，宽达18厘米，上面无毛或几无毛，下面疏被短曲毛；叶柄长20-30厘米。总状花序长20-45厘米，有多数密集的花；轴和花梗密被开展淡黄色短腺毛；基部苞片3裂，其他苞片线形，比花梗长或近等长，长达3厘米；花梗长1-3厘米，中部以上的近向上直展；小苞片生花梗中部或下部，线形或丝形，长3-8毫米；萼片淡蓝紫色，下部带白色，被短柔毛，上萼片圆筒形，高1.5-2.4厘米，外缘在中部缢缩，然后向外下方斜展，下缘长0.9-1.5厘米；花瓣的距比唇长，稍拳卷；花丝全缘；心皮3，无毛。蓇葖长1-1.2毫米。种子倒卵圆形，有不明显3纵裂，生横窄翅。7-8月开花。

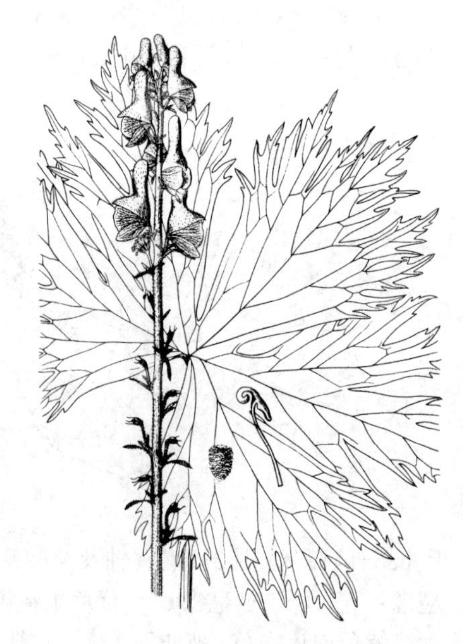

图 646 白喉乌头 （冯晋庸绘）

产新疆、甘肃西北部，生于海拔1400-2500米山地草坡或山谷沟边。哈萨克斯坦有分布。

8. 吉林乌头 图 647

Aconitum kirinense Nakai in Rep. Ist. Sci. Exp. Manch. 4(2): 147. 1935.

茎高80-120厘米，下部疏被伸展的黄色长柔毛，上部被反曲的黄色短柔毛，分枝，疏生2-6叶。基生叶约2，与茎下部叶均具长柄；叶片肾状五角形，长12-17厘米，宽20-24厘米，3深裂至距基部0.8-1.8厘米处，上面被紧贴短曲柔毛，下面仅沿脉疏被长柔毛或几无毛；叶柄长20-30厘米，疏被伸展的柔毛或几无毛。顶生总状花序长18-22厘米；轴及花梗被反曲而紧贴的短毛；花梗长0.8-1.2厘米；小苞片生花梗中部或下部，钻形，长1.2-4毫米；萼片黄色，密被短柔毛，上萼片圆筒形，高1.4-1.8厘米，喙短，下缘稍凹，长0.9-1厘米，侧萼片宽倒卵形，长约8毫米，下萼片窄椭圆形；花瓣的唇长约3毫米，舌状，微凹，距与唇近等长或稍短，顶端膨大，直或向后弯曲；花丝全缘，无毛或疏被缘毛；心皮3，无毛。蓇葖长1-1.2厘米，无毛。种子三菱形，长约2.5毫米，密生波状横窄翅。7-9月开花，9月结果。

产黑龙江、吉林、辽宁，生山地草坡、林边或红松林中。俄罗斯远东地区有分布。

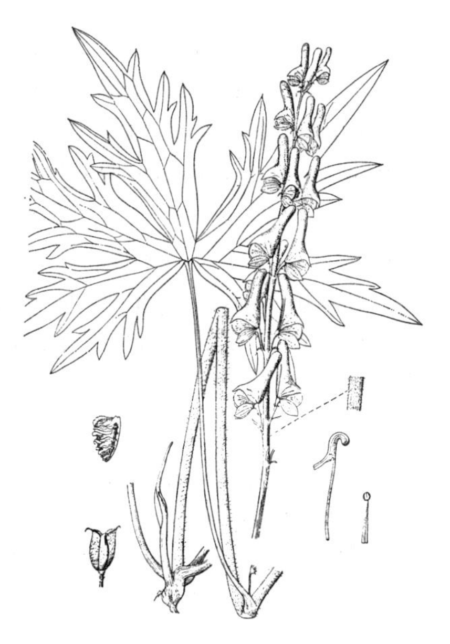

图 647 吉林乌头 （王金凤绘）

［附］**毛果吉林乌头 Aconitum kirinense** var. **australe** W. T. Wang in Acta Phytotax. Sin. 1: 63. 1965. 本变种与模式变种的区别：叶下面密被短柔毛，子房通常疏被黄色短柔毛。产陕西西南部、湖北西北部、河北、河南西部、山西南部，生于海拔780-2000米山地林中或山坡。

9. 牛扁 图 648 彩片 313

Aconitum barbatum Pers. var. **puberulum** Ledeb. Fl. Ross. 1: 67. 1842.

Aconitum ochranthum C. A. Mey.; 中国高等植物图鉴1: 689. 1972.

根近直立，圆柱形，长达15厘米。茎高达90厘米，在花序之下分枝，茎和叶柄均被反曲而紧贴的短柔毛，分枝。基生叶2-4，与茎下部叶具长柄；叶片肾形或圆肾形，长4-8.5厘米，宽7-20厘米，3全裂，中裂片宽菱形，3深裂不近中脉，末回小裂片三角形或窄披针形，上面疏被短毛，下面被长柔毛；叶柄长13-30厘米，被短柔毛，具鞘。顶生总状花序长13-20厘米，具密集的花；轴及花梗密被反曲紧贴短柔毛；下部苞片窄线形，长4.5-7.5毫米，中部的

图 648 牛扁 （朱蕴芳绘）

披针状钻形，长约2.5毫米，上部的三角形，长1-1.5毫米，被短柔毛；花梗直展，长0.2-1厘米；小苞片生花梗中部附近，窄三角，长1.2-1.5毫米；萼片黄色，密被短柔毛，上萼片圆筒形，高1.3-1.7厘米，粗约3.8毫米，直，下缘近直，长1-1.2厘米；花瓣的唇长约2.5毫米，距比唇稍短，直或稍向后弯曲；花丝无毛或有短毛；心皮3。蓇葖长约1厘米，疏被紧贴短毛。种子倒卵球形，长约2.5毫米，褐色，密生横窄翅。7-8月开花。

产新疆东部、内蒙古、山西、河北，生于海拔400-2700米山地疏林下或较阴湿处。俄罗斯西伯利亚有分布。

［附］**西伯利亚乌头 Aconitum barbatum** var. **hispidum** DC. Prodr. 1: 58. 1824. 本变种与牛扁的区别仅在茎和叶除被反曲紧贴短柔毛外，还被开展的较长柔毛。产黑龙江、吉林、内蒙古、河北、河南、山西、陕西、甘肃、宁夏、新疆，生于海拔420-2200米山地草坡或疏林下。俄罗斯西伯利亚有分布。

10. 甘青乌头 图 649 彩片 314

Aconitum tanguticum (Maxim.) Stapf in Ann. Bot. Gard. Calc. 10: 151. 1905.

块根小，纺锤形或倒圆锥形。茎高8-50厘米，疏被反曲而紧贴的短柔毛或几无毛，不分枝或分枝。基生叶7-9，有长柄；叶片圆形或圆肾形，长1.1-3厘米，宽2-6.8厘米，3深裂至中部或中下部，裂片稍覆压，浅裂边缘有圆牙齿，两面无毛；叶柄长3.5-14厘米，无毛，基部具鞘。茎生叶1-2(-4)，较小，常具短柄。顶生总状花序有3-5花；轴和花梗多少密被反曲短柔毛；苞片线形，或有时最下部苞片3裂；下部花梗长(1-)2.5-4.5(-6.5)厘米，上部的变短；小苞片生花梗上部或与花近邻接，卵形至宽线形，长2-2.5毫米；萼片蓝紫或淡绿色，被短柔毛，上萼片船形，宽6-8毫米，下缘稍凹或近直，长1.4-2.2厘米，侧萼片长1.1-2.1厘米，下萼片宽椭圆形或椭圆状卵形；花瓣无毛，稍弯，瓣片极小，长0.6-1.5毫米，唇不明显，微凹，近无距或具短距，直；花丝疏被毛，全缘或有2小齿；心皮5，无毛。蓇葖长约1厘米。种子倒卵圆形，长2-2.5毫米，具3纵棱，沿棱生窄翅。7-8月开花。

图 649 甘青乌头（引自《图鉴》）

产西藏东部、云南西北部、四川西部、青海东部、甘肃南部、陕西秦岭，生于海拔3200-4800米山地草坡或沼泽草地。

11. 美丽乌头 长序美丽乌头 剑川乌头 图 650 彩片 315

Aconitum pulchellum Hand.-Mazz. in Sitzgsanz. Akad. Wiss. Wien, Math.-Nat. 62: 219. 1925.

Aconitum pulchellum var. *racemosum* W. T. Wang；中国植物志 27:192.1978.

Aconitum handelianum Comber；中国植物志27:298. 1978.

块根小，倒圆锥形，长约7毫米。高6.5-30(-50)厘米，无毛，生1-2叶，不分枝。基生叶2-3，有长柄；叶片圆五角形，长1-2厘米，宽2-3.5厘米，3全裂或3深裂至近基部，末回裂片窄卵形或长圆状线形，宽1-3毫

米，两面无毛；叶柄长2.5-14.5厘米，无毛，基部具短鞘。茎生叶1-2，生茎下部或中部，较小，具短柄。总状花序伞房状，有1-4花，花序轴有短柔毛；基部苞片叶状，上部的线形；花梗长2-6厘米，被反曲短柔毛，上部混生伸展柔毛；小苞片生花梗中部附近，线形，长3-5毫米；萼片蓝紫色，疏被短柔毛或几无毛，上萼片盔状船形或盔形，自基部至喙长1.7-2厘米，中部附近最宽，侧萼片长1.3-1.6厘米；花瓣无毛，唇细长，长约3毫米，距长约1.5毫米，反曲；雄蕊无毛，花丝全缘；心皮5，子房被伸展黄色柔毛。8-9月开花。

产西藏东南部、云南西北部、四川西南部，生于海拔3500-4500米山坡草地，常生多石砾处。锡金、不丹、缅甸北部有分布。

图 650 美丽乌头（引自《图鉴》）

12. 保山乌头 图 651 彩片 316

Aconitum nagarum Stapf in Ann. Bot. Gard. Calc. 10: 176. pl. 113. 1905.

Aconitum nagarum f. *ecalcaratum* (Airy-Shaw) W. T. Wang; 中国植物志27:194. 1978.

块根近圆柱形。茎高达1米，上部疏被弯曲并紧贴的短柔毛，不分枝或分枝。基生叶及生于近茎基部的茎生叶均具长柄；叶片纸质或革质，五角状肾形，长5-8.5厘米，宽8-20（-30）厘米，3全裂或达近基部，中全裂片菱形或倒卵状菱形，3裂，末回小裂片窄卵形或窄披针形，侧全裂片斜扇表，不等2深裂，上面几无毛，下面疏被紧贴短柔毛；叶柄长达48厘米，几无毛，有短鞘。其他茎生叶1-3，渐变小。总状花序长12-30厘米，有6-25花；下部苞片3裂，上部苞片窄卵形；轴和花梗密被弯曲并紧贴的白色短柔毛；花梗长2-4.5厘米；小苞片生花梗的基部或下部，窄卵形，长3-4毫米；萼片蓝紫色，被白色短柔毛，上萼片船状盔形，斜上展，有短爪，自基部至喙长约1.8厘米，下缘稍凹，与近垂直的外缘形成短喙，侧萼片倒卵圆形，长约1.2厘米；瓣片长约7毫米，唇长约2.5毫米，距长约1.5毫米，直或向后弯曲，稀无距；雄蕊无毛，花丝全缘；心皮5，子房密被白色短柔毛。10月开花。

产云南，生于海拔1830-3000米山地草坡或灌丛中。缅甸北部、印度东北部有分布。块根有剧毒，可药用，祛风湿、镇痛。

图 651 保山乌头（引自《药学学报》）

13. 褐紫乌头 图 652

Aconitum brunneum Hand.-Mazz. in Acta Hort. Gothob. 13: 103. 1939.

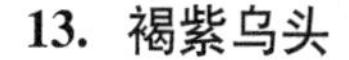

块根椭圆形或近圆柱形，长1.5-3.5厘米。茎高达1.1米，无毛或几无毛，在近花序处被反曲短柔毛，不分枝或在花序之下有1短分枝。叶片肾形或五角形，长3.8-6厘米，宽6.5-11厘米，3深裂至4/5-6/7处，中裂片倒卵形、倒梯形或菱形，3浅裂，侧裂片扇形，不等2裂至近中部，两面无毛；下部叶柄长20-25厘米，具鞘，中部以上的叶柄渐变短，几无鞘。总状花序长20-50厘米，具15-30花；轴和花梗

多少密被反曲短柔毛；最下部的苞片3裂，其他的苞片线形；花梗长0.5-2.5（-5.8）厘米；小苞片生花梗下部至上部，线形，长1.6-4毫米；萼片褐紫或灰紫色，疏被短柔毛，侧萼片长6.5-8.5厘米，上萼片船形，向上斜展，自基部至喙长约1厘米，下缘稍凹，与斜的外缘形成喙；花瓣长约1厘米，疏被短柔毛或几无毛，瓣片顶端圆，无距，唇长约2.5毫米；花丝全缘；心皮3，疏被短柔毛或无毛。蓇葖长1.2-2厘米，无毛。种子长约2.6毫米，倒卵圆形，具3纵棱，沿棱生窄翅，有横皱。8-9月开花。

产四川西北部、甘肃西南部、青海东南部，生于海拔3000-4250米山坡阳处或冷杉林中。

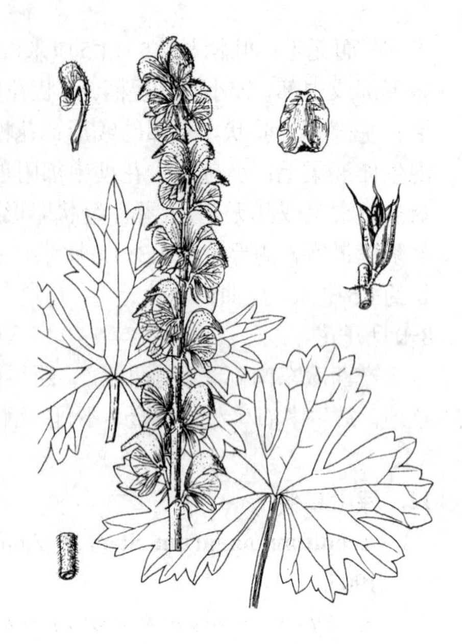

图 652 褐紫乌头 （冀朝祯绘）

14. 膝瓣乌头 爪盔膝瓣乌头 低盔膝瓣乌头 普格乌头 图653

Aconitum geniculatum Fletcher et Lauener in Notes Roy. Bot. Gard. Edinb. 20: 201. 1959.

Aconitum geniculatum var. *unguiculatum* W. T. Wang；中国植物志 27: 207. 1978.

Aconitum geniculatum var. *humilius* W. T. Wang；中国植物志 27: 207. 1978.

Aconitum pukeense W. T. Wang；中国植物志27: 207. 1978.

茎高约1米，具分枝，无毛，稀被开展短柔毛。茎中部叶具较长柄；叶片圆五角形，长及宽6-10厘米，基部心形，3深裂至距基部5-10毫米处，中央深裂片菱形，渐尖，3裂，侧深裂片斜扇形，2深裂超过中部，表面只沿脉疏被紧贴短毛，背面无毛；叶柄长3-5厘米，无毛，基部具鞘。花序总状或近伞房状，长3-8.5厘米，有2-8花；轴和花梗均无毛；苞片叶状；花梗长2-4厘米；小苞片生花梗中部，线状披针形或叶状、椭圆形、倒卵形或长圆形，长3.5-4.5毫米，无毛；萼片蓝色，无毛，上萼片高盔形，近对称，高约1.6厘米，下缘长1.5-1.8厘米，外缘近垂直，与下缘形成不明显的短喙或几无喙，侧萼片宽倒卵形，长1.3-1.4厘米，内面疏被短柔毛，下萼片长圆形；花瓣无毛，爪在顶端膝状弯曲，瓣片长约1.1厘米，唇长4.5毫米，末端2浅裂，距长约2.5毫米，向后弯曲；花丝全缘或具2枚小牙齿，心皮5，无毛。

产云南东北部、四川西南部，生于海拔约3300米山地。

图 653 膝瓣乌头 （王金凤绘）

15. 丽江乌头 图654

Aconitum forrestii Stapf in Kew Bull. 1910: 19. 1910.

块根胡萝卜形，长约5.5厘米。茎高达1米，被反曲短柔毛，上部分枝，有时不分枝。茎下部叶稀疏，具稍长柄，在开花时枯萎，茎中部以上叶具短柄或几无柄；叶片坚纸质，宽卵形或五角状卵形，长7-12厘米，宽7-10厘米，基部宽心形或浅心形，3深裂稍超过中部或至4/5处，裂片近邻接，两面被短柔毛；叶柄长0.2-1厘米。顶生总状花序长20-40厘米，具多数密集的花；轴和花梗密被伸展淡黄色短柔毛并混生反曲短柔毛；下部苞片叶状，中部以上的苞片长圆状线形，具短柄，长1.8-2.8厘米；花梗长1-2.5厘米；下部花梗的小苞片椭圆形，长0.7-1.1厘米，边缘具牙齿，中部的小苞片长圆形或窄长圆形，长不及1厘米，全缘，上部的小苞片线形；萼片蓝紫色，被短柔毛，上萼片盔形，在中部之上最宽，宽0.9-1.1厘米，基部至喙长1.7-2厘米，喙短，侧萼片长1.4-1.6厘米；花瓣顶端向外弯，唇长约5毫米，2浅裂，距长约1毫米，半圆形，稍向后弯；花丝全缘，心皮5，无毛。9月开花。

图 654 丽江乌头

产云南西北部、四川西南部，生于海拔约3100米山地草坡或林边。

16. 显柱乌头 膝爪显柱乌头 图 655

Aconitum stylosum Stapf in Kew Bull. 1910: 20. 1910.

Aconitum stylosum var. *geniculatum* Fletcher et Lauener；中国植物志27: 214. 1978.

块根胡萝卜形，长约6厘米。茎高达90厘米，被反曲而紧贴的短柔毛，不分枝。茎下部叶在开花时枯萎，中部叶具稍长柄；叶片五角形，长5.5-8厘米，宽8.5-12厘米，3深裂至距基部6-8毫米处，裂片多少覆压，中裂片宽菱形，侧裂片斜扇形，不等2裂稍超过中部，上面疏被紧贴短柔毛或仅沿脉被短柔毛，下面几无毛；叶柄较叶片稍短或近等长，疏被反曲的短柔毛。总状花序长17-25厘米，有7-20花；轴下部密被反曲淡黄色短柔毛，上部被伸展短柔毛；苞片叶状，具柄，向上逐渐变小；花梗长3-12厘米，密被伸展短柔毛；小苞片生花梗上部，下部花梗的叶状或3裂，长1.5-3.5厘米，上部的多不分裂，长圆形或线形，长0.5-1.6厘米；萼片蓝紫色或白色，疏被短柔毛或无毛，上萼片盔形或船状盔形，稍向上斜，自基部至喙长2-3厘米，喙短，侧萼片长1.7-2.3厘米；花瓣的爪中上部被短柔毛，唇长约5.5毫米，疏被短柔毛，距无毛，向后弯曲；花丝全缘或有2枚小齿；心皮5，子房密被淡黄色柔毛。8-10月开花。

图 655 显柱乌头 （引自《图鉴》）

产云南西北部、西藏东南部，生于海拔3400-4000米山地草坡或多石砾地。

17. 苍山乌头 图 656

Aconitum contortum Finet et Gagnep. in Bull. Soc. Bot. France 51: 506. pl. 8. B. 1904.

块根胡萝卜形，长5-9厘米。茎高达85厘米，直立或上部缠绕，初被反曲短柔毛，后变无毛，中上部分枝。茎下部叶在开花时大多枯萎，与茎中部叶有长柄；叶片五角形，长4.5-7.6厘米，宽8-10厘米，3全裂，中裂片菱形，先端多少渐尖，侧裂片斜扇形，不等2深裂，两面疏被短柔毛或下面几无毛；叶柄疏被反曲短柔毛，几无鞘。总状花序具2-5花；轴疏被反曲短柔毛；苞片叶状；花梗粗壮，无毛，斜展，常弧曲，长2.2-4厘米；小苞片生花梗上部或中部，长圆形或倒卵状长圆形，稀窄倒卵形，长5-6毫米；萼片蓝紫色，无毛，上萼片盔形，高约2.1厘米，下缘稍向上斜，近直，长约2厘米，喙短；花瓣的唇长约3.5毫米，微凹，距长1.5毫米，球形，向后弯曲；花丝通常有2枚小齿，稀全缘；心皮3-5，无毛。蓇葖长1.4-1.8厘米。种子三菱形，长约3毫米，仅在一面生横膜翅，另两面生横皱褶。9-10月开花。

产云南西北部，生于海拔3400米一带山地。

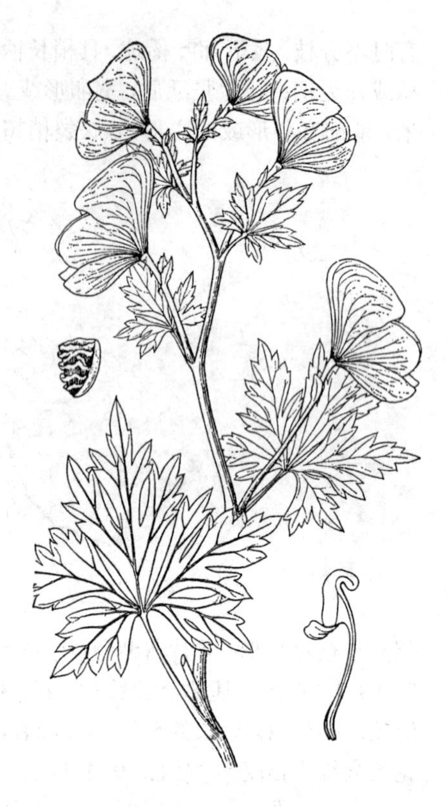

图 656 苍山乌头 （引自《云南植物研究》）

18. 太白乌头 图 657

Aconitum taipaicum Hand.-Mazz. in Acta Hort. Gothob. 13: 121. 1939.

块根倒卵球形或胡萝卜形，长1.5-3厘米。茎高达60厘米，上部被反曲并紧贴的短柔毛，上部分枝。茎下部叶有开花时枯萎。茎中部叶的叶片五角形，长3.5-5.5厘米，宽5-7厘米，3深裂至距基部2.5-5毫米处，中裂片宽菱形，近羽状分裂，侧裂片斜扇形，不等2深裂，两面疏被短柔毛；叶柄长约22厘米，被反曲短柔毛，无鞘。总状花序生茎及分枝顶端，有2-4花；轴和花梗均被反曲的短柔毛；苞片3裂或长圆形；花梗长1.5-2.5厘米，顶端向下弯曲；小苞片生花梗中部，线形，长0.6-1.1厘米；萼片蓝色，上萼片无毛，盔形，具不明显的爪，高约1.7厘米，自基部至喙长约1.5厘米，下缘稍凹，喙短；花瓣的瓣片长约8毫米，唇长约3.5毫米，距小，长约1毫米，向后弯曲；花丝有2小齿；心皮5，子房无毛或疏被短柔毛。蓇葖长约8毫米。种子三菱形，仅一面密生横翅。

图 657 太白乌头 （引自《秦岭植物志》）

9月开花。

产陕西南部、河南西部，生于海拔2600–3400米高山草地。根有大毒，供药用，治风湿性关节炎、跌打损伤等症。

19. 岩乌头 图 658

Aconitum racemulosum Franch. in Journ. Bot. 8: 276. 1894.

块根倒圆锥形，长2.3–3.6厘米，或近圆柱形，长约7厘米。茎高达65厘米，无毛。茎下部叶在开花时枯萎。茎中部叶有短柄，无毛；叶片革质，五角形，有时圆菱形，长5.5–9厘米，宽8–10厘米，基部心形或浅心形，有时圆形，3深裂至距基部1.5–2厘米处，中裂片卵状菱形，长渐尖，疏生三角形牙齿，叶柄长2.2–3厘米。茎上部叶变小，宽卵形或菱形，3裂稍超过中部，有时窄卵形，几不分裂。花序长2.2–3厘米，有1–6花，轴和花梗均无毛；花梗长约1厘米，稍向下弯曲；小苞片披针形或披针状线形，长3–8毫米，宽约1.5毫米，几无毛；萼片蓝色，上萼片圆筒状盔形或高盔形，高2.4–3.2厘米，无毛，下缘稍凹，长1.5–2.4厘米，花瓣具长爪，无毛，瓣片大，唇长约6毫米，距长5–7毫米，向后弯曲；花丝有2枚小齿或全缘；心皮3，无毛。蓇葖长1.6–1.8厘米。种子倒圆锥状三菱形，长约2毫米，仅在一面生横膜翅。9–10月开花。

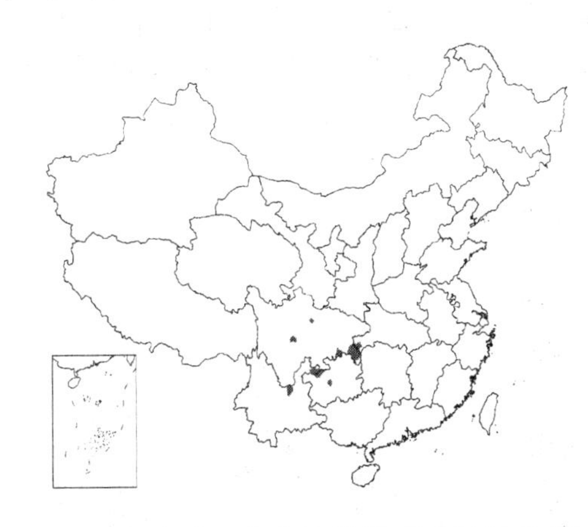

图 658 岩乌头 （引自《图鉴》）

产云南东北部、四川、贵州、湖北西部，生于海拔1620–2280米山谷崖石上或林中。根有毒，可药用，治跌打损伤、止痛。

20. 瓜叶乌头 滇南草乌 拳距瓜叶乌头 长距瓜叶乌头 截基瓜叶乌头 展毛瓜叶乌头 珠芽瓜叶乌头 粗茎乌头 图 659 彩片 317

Aconitum hemsleyanum Pritz. in Engl. Bot. Jahrb. 29: 329. 1900.

Aconitum hemsleyanum var. *circinatum* W. T. Wang; 中国植物志 27: 236. 1978.

Aconitum hemsleyanum var. *elongatum* W. T. Wang; 中国植物志 27: 236. 1978.

Aconitum hemsleyanum var. *chingtungense* (W. T. Wang) W. T. Wang; 中国植物志27: 236. 1978.

Aconitum hemsleyanum var. *unguiculatum* W. T. Wang; 中国植物志 27: 238. 1978.

Aconitum hemsleyanum var. *hsiae* (W. T. Wang) W. T. Wang; 中国植物志27: 238. 1978.

Aconitum austroyunnanense W. T. Wang; 中国植物志27: 245. 1978.

Aconitum crassicaule W. T. Wang; 中国植物志27: 240. 1978.

块根圆锥形，长1.6–3厘米。茎缠绕，无毛，常带紫色，分枝。茎中部叶的叶片五角形或卵状五角形，长6.5–12厘米，宽8–13厘米，基部心形或近截形，3深裂至距基部0.7–3.2厘米处，中裂片梯状菱形或卵状菱形，急尖或短渐尖，不明显3浅裂，具少数小裂片或卵形粗牙齿，侧裂片斜扇形，不等2浅裂；叶柄稍短于叶片，疏被

图 659 瓜叶乌头 （引自《图鉴》）

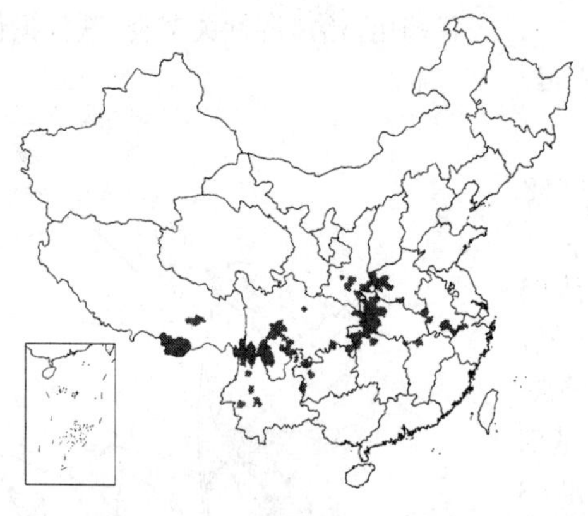

短柔毛或几无毛。总状花序生茎或分枝顶端，有2-6（-12）花；轴和花梗无毛或被贴伏的短柔毛，稀花梗被开展的柔毛；下部苞片叶状，或不分裂而为宽楔形，上部苞片小，线形；花梗常弧曲，下垂，长2.2-6厘米；小苞片生花梗下部或上部，线形，长3-5毫米，无毛；萼片深蓝色，无毛，上萼片高盔形或圆筒状盔形，高2-2.4厘米，下缘长1.7-1.8厘米，直或稍凹，侧萼片近圆形，长1.5-1.6厘米；花瓣无毛或有毛，瓣片长约1厘米，唇长5毫米，距长1-8毫米，向后弯或拳转；花丝有2小齿或全缘；心皮5，无毛或偶而子房有柔毛。蓇葖直，长1.2-1.5厘米，喙长2.5-5.5毫米。种子3棱形，长约3毫米，沿棱有窄翅并有横膜翅。8-10月开花。

产云南、四川、贵州、西藏、湖北、湖南、江西、安徽、浙江、陕西、河南，生于海拔1700-3500米山地林中或灌丛中。块根民间药用，治跌打损伤，关节疼痛。

21. 黄草乌 图 660 彩片 318

Aconitum vilmorinianum Kom. in Fedde, Repert. Sp. Nov. 7: 145. 1909.

块根椭圆球形或胡萝卜形，长2.5-7厘米。茎缠绕，长达4米，疏被反曲的短柔毛或几无毛，分枝。叶片坚纸质，五角形，长5-10厘米，宽8-15.5厘米，基部宽心形，3全裂达或近基部，中裂片宽菱形，急尖或短渐尖，侧裂片斜扇形，不等2裂稍超过中部，上面疏被紧贴短柔毛，下面仅沿脉疏被短柔毛；叶柄与叶片近等长。花序有3-6花；轴和花梗密被淡黄色反曲短柔毛；苞片线形；花梗长2-4厘米；小苞片生花梗中部或下部，线形，长3-5毫米，密被短柔毛；萼片紫蓝色，密被短柔毛，上萼片高盔形，高1.7-2厘米，下缘长1.5-1.6厘米，与外缘形成向下展的喙，侧萼片长1.3-1.4厘米，花瓣的唇长约6毫米，微凹，距长约3毫米，向后弯曲；花丝全缘或有2枚小齿；心皮5，无毛或子房上部疏生短毛。蓇葖直，无毛，长1.6-1.8厘米。种子长约3毫米，三菱形，仅一面密生横膜翅。8-10月开花。

图 660 黄草乌 （王金凤绘）

产云南中部、贵州西部，生于海拔2100-2500米山地灌丛中。根有剧毒，可药用，治跌打损伤、风湿等症。

22. 紫乌头 图 661

Aconitum delavayi Franch. in Bull. Soc. Bot. France. 33: 381. 1888.

Aconitum episcopale auct. non Lévl.: 中国高等植物图鉴1: 691. 1972; 中国植物志 27: 248. 1978.

块根倒圆锥形，长约5厘米。茎缠绕，上部疏被伸展或反曲短柔毛，分枝。茎中部叶的叶片圆五角形，长达7.5厘米，宽达10厘米，基部心形，3深裂至距基部2-3.5毫米处，稀3全裂，中裂片菱形或卵状菱形，渐尖，近羽状深裂，二回裂片3-4对，斜三角形或近线形，全缘或具1-3小裂片，两面疏被短柔毛或几无毛；叶柄与叶片近等长，被反曲短柔毛或几无毛，无鞘。总状花序有4-8花；轴和花梗密被伸展淡黄色微硬毛；苞片线形；花梗长1.5-3厘米；小苞片生花梗中部或下部，长3-8毫米，密被伸展短柔毛；萼片蓝紫色，疏被短柔

毛，上萼片高盔形或圆筒状盔形，高2-2.4厘米，自基部至喙长1.4-1.6厘米，下缘稍凹，外缘直或在下部稍缢缩，并与下缘形成短喙，侧萼片长1.2-1.4厘米；花瓣的唇长约4.5毫米，距长约3毫米，向后弯曲；花丝全缘或有2枚小齿；心皮（3-）5，子房被淡黄色柔毛或无毛。蓇葖长1.1-1.4厘米。种子三菱形，长约2.5毫米，密生横膜翅。7-11月开花。

产云南西北部，生于海拔2400-3200米山地。从块根中提出的紫草乌碱有较好的局部麻醉作用。

图 661 紫乌头（引自《图鉴》）

23. 松潘乌头 图 662 彩片 319

Aconitum sungpanense Hand.-Mazz. in Acta Hort. Gothob. 13: 130. 1939.

Aconitum liouii W. T. Wang；中国植物志27: 251. 1978.

块根长圆形，长约3.5厘米。茎缠绕，长达2.5米，无毛或几无毛，分枝。茎中部叶有柄；叶片草质，五角形，长5.8-10厘米，宽8-12厘米，3全裂，裂片几无柄或有柄，中裂片卵状菱形或近菱形，渐尖或长渐尖，下部3裂，两面有稀疏短柔毛；叶柄短于叶片，无毛或疏被反曲短毛，无鞘。总状花序有5-9花；轴和花梗无毛或被反曲的短柔毛；下部苞片3裂，其他苞片线形；花梗长2-4厘米，弧状弯曲，常排列于花序之一侧；小苞片生花梗中部至上部，线状钻形，长3.5-4.5毫米；萼片淡蓝紫色，有时带黄绿色，无毛或疏被短柔毛，上萼片高盔形，高1.8-2.2厘米，下缘长1.4-1.5厘米，微凹，外缘近直或中部稍缢缩，与下缘形成短喙，喙直，向斜下方伸展，侧萼片长1.3-1.5厘米；花瓣无毛或疏被短毛，唇长4-5毫米，微凹，距长1-2毫米，向后弯曲；花丝无毛或疏被短毛，全缘；心皮（3-）5，无毛或子房疏被紧贴的短毛。蓇葖长1-1.5厘米，无毛或疏被短柔毛。种子三菱形，长约3毫米，沿棱生窄翅，仅一面密生横膜翅。8-9月开花。

图 662 松潘乌头（引自《图鉴》）

产山西南部、陕西南部、甘肃南部、宁夏南部、青海东部、四川北部，生于海拔1400-3000米山地林中或林边灌丛中。根有大毒，供药用，治跌打损伤、风湿性关节痛等症。

24. 大麻叶乌头 图 663

Aconitum cannabifolium Franch. ex Finet et Gagnep. in Bull. Soc. Bot. France. 51: 503. pl. 6. f. 27. 1904.

茎缠绕，被反曲的短柔毛或变无毛，上部分枝。茎中部以上叶有柄；

叶片草质，五角形，长6.8-10厘米，宽9-11厘米，3全裂，全裂片具细长柄，中裂片不分裂或不明显3浅裂，披针形或长圆状披针形，渐尖，边缘密生三角形锐齿，侧裂片不等2裂通常达基部，有短柄或无柄，两面儿无毛或上面疏生短柔毛；叶柄短于叶片，疏被反曲短柔毛或几无毛。总状花序有3-6花；轴和花梗被伸展微硬毛；苞片小，线形；花梗长1.5-3.2厘米，稍弧状弯曲；小苞片生花梗下部，钻形，长2-3毫米；萼片淡绿带紫色，被短毛，上萼片高盔形，高2.1-2.3厘米，下缘稍凹，长1.4-1.6厘米，外缘近直或在中部稍缢缩，与下缘形成短喙；花瓣的唇长约4.5毫米，距长约3.5毫米，向后弯曲；花丝全缘；心皮3，子房疏生短柔毛；蓇葖直，长约1.5厘米。种子窄、三菱形，长约3.5毫米，仅一面密生鳞状横翅。8-9月开花。

产四川东北部、湖北西部、陕西南部，生于海拔1280-1950米山地林中或沟边。

图 663 大麻叶乌头（引自《秦岭植物志》）

25. 蔓乌头 图 664

Aconitum volubile Pall. ex Koelle, Spicil. Acon. 21. 1788.

Aconitum sczukinii auct. non Turcz.: 中国植物志: 256. 1978.

茎缠绕，无毛或上部疏被反曲短柔毛，分枝。茎中部叶有柄；叶片坚纸质，五角形，长7-9厘米，宽8-10厘米，基部心形，3全裂，中裂片有时具柄，菱状卵形，渐尖，3裂或羽状深裂，二回裂片约3-4对，最下面的二回裂片较大，窄菱形，有2-3三角形小裂片，上部的二回裂片小，窄三角形或窄披针形，侧裂片斜扇形，不等2裂达基部或近基部，上面疏被紧贴短柔毛，下面无毛或几无毛；叶柄长为叶片1/2-2/3。花序顶生或腋生，有3-5花；轴和花梗密被淡黄色伸展短柔毛；基部苞片3裂，其他的苞片线形；花梗长2-3.8厘米；小苞片生花梗中下部，长2-3毫米；萼片蓝紫色，被伸展短柔毛，上萼片高盔形，高1.8-2.7厘米，基部至喙长1-1.5厘米，下缘稍向上斜展，侧萼片长1-1.5厘米；花瓣的瓣片长0.6-1厘米，唇长约瓣片之半，距长1.5-3毫米，向后弯曲；花丝全缘；心皮5，子房被伸展短柔毛。蓇葖长1.5-1.7厘米。种子窄倒塔形，长约2.5毫米，密生横膜翅。8-9月开花。

图 664 蔓乌头（引自《中国植物志》）

产黑龙江、吉林、辽宁，生于海拔200-1000米山地草坡或林中。朝鲜、俄罗斯西伯利亚有分布。

26. 大苞乌头 图 665

Aconitum raddeanum Regel, Ind. Sem. Hort. Petrop. 43. 1861.

茎蔓生，高约1米，无毛，具近平展的长分枝。茎中部叶有短柄；叶片五角形，长约8.5厘米，宽约10厘米，3全裂，中裂片菱形，渐尖，近

羽状深裂，侧裂片斜扇形，不等2深裂近基部，上面仅沿稍下陷的脉疏被紧贴短毛，下面无毛；叶柄比叶片短约4倍，无毛。花序不等二叉状分枝稀疏，有少花，无毛；苞片叶状；下部花梗长达12.5厘米，上部花梗长1-1.5厘米，无毛；小苞片与花邻接或近邻接，叶状，长1-2厘米；萼片紫蓝色，无毛，上萼片高盔形，高2-2.5厘米，下缘稍向上斜展，长1.5-1.6厘米，喙短，侧萼片长约1.4厘米；花瓣的瓣片长约1.1厘米，唇长约3毫米，微凹，距长约3.5毫米，向后弯曲；花丝全缘；心皮3-5，子房密被褐色短柔毛。7月开花。

产吉林东部、黑龙江中部，生于山地路边。俄罗斯远东地区有分布。

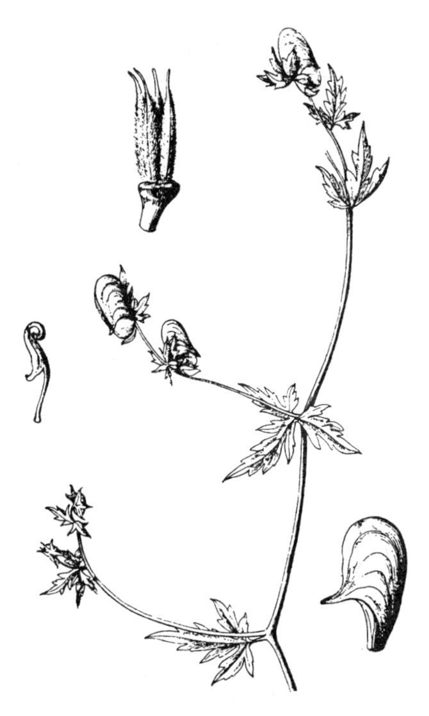

图 665 大苞乌头（引自《东北草本植物志》）

27. 细叶乌头 图 666

Aconitum macrorhynchum Turcz. in Bull. Soc. Nat. Mosc. 15: 83. 1842.

块根胡萝卜形，长1.2-2.8厘米。茎高达1米，下部几无毛，上部疏被反曲短柔毛。茎下部叶有长柄，开花时枯萎。茎中部叶有稍长柄；叶片圆卵形，长5.5-10厘米，宽6-12厘米，3全裂，中裂片三角状卵形，近羽状全裂，末回小裂片线形，两面疏被短柔毛；叶柄与叶片近等长。总状花序生茎及分枝顶端，有5-15花；下部苞片叶状，上部苞片线形；花梗长1.5-2.5厘米；小苞片生花梗下部至上部，线形，长(1.5-)2.5-4毫米；萼片紫蓝色，疏被短柔毛，上萼片高盔形，高1.5-1.9厘米，下缘长1.3-1.7厘米，侧萼片圆倒卵形，长1.1-1.4厘米；花瓣的爪疏被短毛，瓣片无毛，唇长约4.5毫米，微凹，距长约1毫米，向后弯曲；花丝全缘或有2枚小齿，疏被短毛；心皮5（-8），子房被短柔毛。蓇葖长1-1.3厘米。种子长约2.8毫米，沿纵棱生窄翅，仅一面密生横膜翅。8-9月开花。

图 666 细叶乌头（引自《东北草本植物志》）

产黑龙江、吉林，生于海拔200-500米山地草甸或山坡上。俄罗斯西伯利亚东部和远东地区有分布。

28. 乌头 图 667 彩片 320

Aconitum carmichaeli Debx. in Acta Soc. Linn. Bord. 33: 87. 1879.

块根倒圆锥形，长2-4厘米。茎高达1.5（-2）米，中上部疏被反曲的短柔毛，分枝。茎下部叶在开花时枯萎。茎中部叶有长柄；叶片五角形，长6-11厘米，宽9-15厘米，基部浅心形，3裂达近基部，中裂片宽菱形，有时倒卵状菱形或菱形，急尖，有时短渐尖，近羽状分裂，二回裂片约2对，有1-3牙齿或全缘，侧裂片不等2深裂，上面疏被短伏毛，下面通常仅沿脉疏被短柔毛；叶柄长1-2.5厘米，疏被短柔毛。顶生总状花序长6-10（-25）厘米，轴及花梗多少被反曲而紧贴的短柔毛；下部苞片3裂，其他的窄卵形或披针形；花梗长1.5-3（-5.5）厘米，小苞片生花梗中部或下部，长3-5（-10）毫米；萼片蓝紫色，被短柔毛，上萼片高盔形，高2-2.6厘米，自基部至喙长1.7-2.2厘米，下缘稍凹，喙不明显，侧萼片长1.5-2厘米；花瓣无毛，瓣片长约1.1厘米，唇长约6毫米，微凹，距长（1-）2-2.5毫米，通常拳卷；雄蕊无毛或疏被短毛，花丝有2小齿或全缘；心皮3-5，子房疏或密被短柔毛，稀无毛。蓇葖长1.5-1.8厘米。种子长3-3.2毫米，3棱形，只在二面密生横膜翅。9-10月开花。

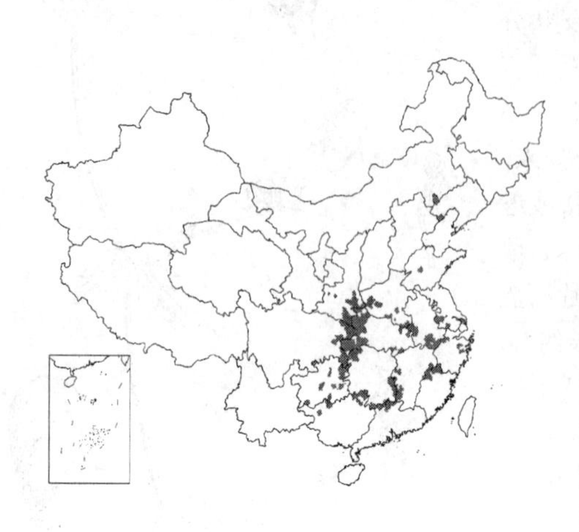

图 667 乌头（引自《图鉴》）

产辽宁南部、山东东部、江苏、安徽、浙江、江西、湖北、湖南、广东北部、广西北部、贵州、四川、陕西南部、河南南部，分布于100-2150米山地草坡或灌丛中。为重要药用植物，块根含次乌头碱、乌头碱、新乌头碱等多种化合物。附子治大汗亡阳，四肢厥逆，霍乱转筋，脉微欲绝，肾阳衰弱的腰膝冷痛，阳痿，水肿，脾阳衰弱的泄泻久痢，脘腹冷痛，形寒畏冷，精神不振以及风寒湿痹、脚气等症。

29. 北乌头 图 668 彩片 321

Aconitum kusnezoffii Reichb. Ill. Sp. Gen. Acon. t. 21. 1824-27.

块根圆锥形或胡萝卜形，长2.5-5厘米。茎高达1.5米，无毛，通常分枝。茎下部叶有长柄，在开花时枯萎。茎中部叶有柄；叶片五角形，长9-16厘米，宽10-20厘米，基部心形，3全裂，中裂片菱形，渐尖，近羽状分裂，小裂片披针形，侧裂片斜扇形，不等2深裂，上面疏被短曲毛，下面无毛；叶柄长为叶片1/3-2/3，无毛。顶生总状花序具9-22花，常与其下的腋生花序形成圆锥花序；轴和花梗无毛；下部苞片3裂，其他苞片长圆形或线形；下部花梗长1.8-3.5（-5）厘米；小苞片生花梗中部或下部，线形或钻状线形，长3.5-5毫米；萼片紫蓝色，疏被曲柔毛或几无毛，上萼片盔形或高盔形，高1.5-2.5厘米，有喙，下缘长约1.8厘米，侧萼片长1.4-1.6（-1.7）厘米，下萼片长圆形；花瓣的瓣片宽3-4毫米，唇长3-5毫米，距长1-4毫米，向后弯曲或近拳卷；花丝全缘或有2小齿；心皮（4-）5枚，无毛。蓇葖直，长（0.8）1.2-2厘米。种子长约2.5毫米，扁椭圆球形，沿棱具窄翅，仅一面生横膜翅。7-9月开花。

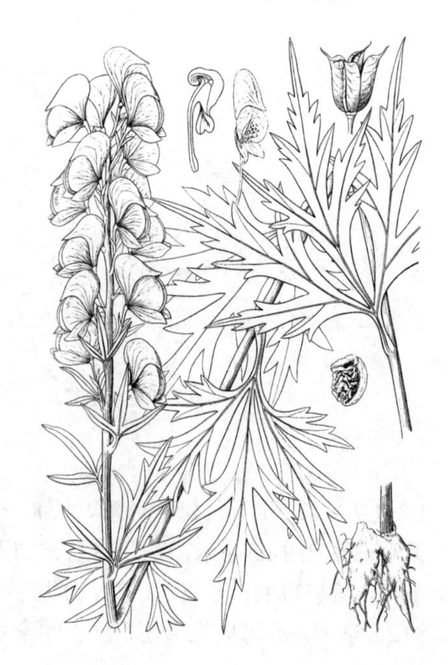

图 668 北乌头（王金凤绘）

产黑龙江、吉林、辽宁、内蒙古、河北、山西，生于海拔200-2400米山地草坡、草甸上或疏林中。朝鲜、俄罗斯西伯利亚有分布。块根有巨毒，经炮制后可入药，治风湿性关节炎、神经痛、牙痛、中风等症。

30. 兴安乌头 图 669

Aconitum ambiguum Reichb. Uebers. Gatt. Acon. 43. 1819.

茎高达1米，无毛，不分枝或花序下有1-2分枝。茎下部叶具长柄，在开花时枯萎。茎中部叶有稍长柄；叶片圆五角形，长4.6-7厘米，宽6-12.5厘米，3全裂，全裂片无柄，中裂片菱形，短渐尖，基部窄楔形，细裂近中脉，末回裂片披针形或线形，宽2-4毫米，侧裂片斜扇形，不等2裂几达基部，两面无毛；叶柄与叶片近等长，无毛。总状花序稀疏，有（1-）3-5花；轴和花梗无毛；下部苞片叶状，上部苞片3裂或线形；花梗长1-8.5厘米；小苞片生花梗上部，线形，长2.5-6.5毫米；萼片紫蓝色，无毛，上萼片盔形，高1.3-1.5厘米，下缘向斜上方展出，弧状弯曲，长约1.5厘米，喙短，侧萼片长0.9-1.1厘米；花瓣的瓣片长约7毫米，唇长约5毫米，宽约1毫米，距短，长不到1毫米，半球形；花丝有2枚小齿；心皮3-5，无毛。8月开花。

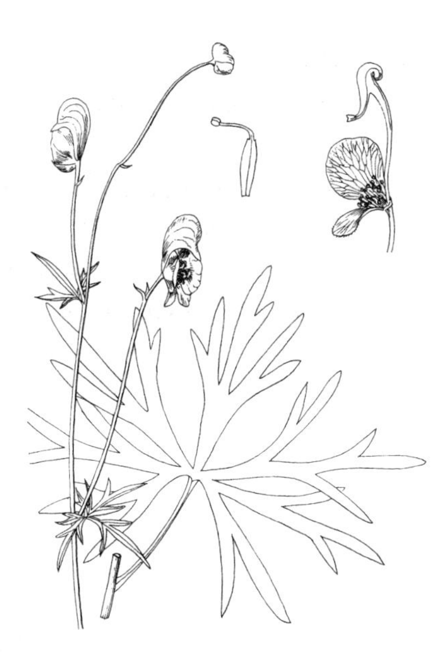

图 669 兴安乌头 （引自《东北草本植物志》）

产黑龙江大兴安岭，生于海拔400-450米山地林下或林边。俄罗斯西伯利亚、蒙古有分布。

31. 工布乌头 图 670

Aconitum kongboense Lauener in Notes Roy. Bot. Gard. Edinb. 25: 17. f. 1N. 4B. 1963.

块根近圆柱形，长8厘米。茎高达1.8米，上部与花序均密被反曲短柔毛，不分枝或分枝。叶心状卵形，多少带五角形，长及宽均达15厘米，3全裂，中裂片菱形，基部窄楔形，中上部近羽状深裂，裂片线状披针形或披针形，侧裂片斜扇形，不等2深裂至近基部，两面无毛或沿脉疏被短柔毛；最下部叶柄与叶片等长，其他的则远短于叶片。总状花序长达60厘米，有多数花，与分枝的花序形成圆锥花序；下部苞片叶状，其他苞片披针形或钻形；花梗长1-10厘米；小苞片生花梗中上部或近中部，下部花梗的小苞片似叶，上部花梗的小，线形；萼片白色带紫或淡紫色，被短柔毛，上萼片盔形或船状盔形，具短爪，高1.5-2厘米，基部至喙长1.5-2厘米，下缘凹，外缘稍斜，喙三角形，长约5毫米，侧萼片长1.5厘米，下萼片长1.3-1.5厘米；花瓣疏被短毛，瓣片长约8毫米，唇长约3.5毫米，末端微凹，距长约2毫米，向后反曲；花丝全缘；心皮3-4，无毛或疏被白色短柔毛。7-8月开花。

图 670 工布乌头 （王金凤绘）

产西藏、四川西部，生于海拔3050-3650米山坡草地或灌丛中。

32. 德钦乌头 展毛拟缺刻乌头 短瓣乌头 细茎乌头 图671 彩片322

Aconitum ouvrardianum Hand.-Mazz. Symb. Sin. 7: 285. t. 5. f. 9. 1931.

Aconitum sinonapelloides W. T. Wang var. *weisiense* W. T. Wang; 中国植物志27: 298. 1978.

Aconitum brevipetalum W. T. Wang; 中国植物志27: 298. 1978.

Aconitum tenuicaule W. T. Wang; 中国植物志27: 294. 1978.

块根胡萝卜形或圆柱形，长4-10厘米。茎高可达1米，被伸展淡黄色短柔毛，不分枝或有短分枝。茎下部叶在开花时枯萎，茎中部叶有稍长柄；叶片圆五角形，长4.7-7厘米，宽7-10厘米，3裂至距基部1.5-2.5(-20)毫米处，稀全裂，中裂片菱形，渐尖，近羽状深裂，2回裂片稀疏排列，线形或披针状线形，宽2-3毫米，间或窄三角形稍宽，全缘或具1-3小裂片，侧裂片斜扇形，不等2深裂近基部，上面疏被紧贴短柔毛，下面无毛；叶柄长约叶片之半，疏被伸展短柔毛。顶生总状花序长1-35厘米，有3-20花；轴和花梗密被淡黄色伸展(稀贴伏)短柔毛，下部苞片叶状，中上部的苞片变小，线形；花梗长2-9厘米；小苞片生花梗中部或上部，大多丝形或窄线形，长2.5-4毫米；萼片蓝紫色，上萼片盔形或船状盔形，无毛，基部至喙长1.6-2.3厘米，下缘稍凹，与稍斜的外缘形成短喙；花瓣无毛，唇长约3毫米，距长约1.5毫米，向后弯曲；花丝全缘；心皮(3-)5，子房疏被伸展短柔毛，稀无毛。7-8月开花。

图 671 德钦乌头（冯晋庸绘）

产云南西北部、西藏东南部，生于海拔3000-4000米山地草坡。

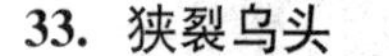

33. 狭裂乌头 图672

Aconitum refractum (Finet et Gagnep.) Hand.-Mazz. in Acta Hort. Gothob. 13: 108. 1939.

Aconitum napellus Linn. var. *refractum* Finet et Gagnep. in Bull. Soc. Bot. France 51: 513. 1904.

茎高约1.5米，无毛或上部疏被反曲短柔毛，在花序下常有较多短分枝。

茎中部叶有稍长柄；叶片五角形，长约10厘米，宽约14厘米，基部浅心形，3全裂至距基部2.5毫米处，中裂片卵窄菱形或窄菱形，两端渐窄，在中部或中下部3裂，2回中裂片大，线状披针形，具2-4裂片状牙齿，侧面全裂片不等2深裂至近基部，上面疏被短伏毛，下面无毛；叶柄长约3厘米，疏被反曲短柔毛，无鞘。顶生总状花序长达55厘米，有多数花；轴和花梗密被反曲而紧贴

图 672 狭裂乌头（吴彰桦绘）

短柔毛；下面苞片叶状，上部苞片线形，花梗长1.2-5厘米，斜展，顶端稍弯曲；小苞片生花梗中下部或近基部，线状钻形，长2.5-3毫米；萼片蓝色，疏被短柔毛，上萼片船形，高1.2-1.6厘米，基部至喙长1.3-1.6厘米，下缘斜上伸，弯曲，侧萼片长1.2-1.5厘米，下萼片长约1厘米；花瓣上部被短柔毛，唇长约4毫米，微凹，距长约1毫米，向后弯曲；花丝全缘；心皮3，无毛或被短毛。9月开花。

产西藏东部、四川西部，生于山地草坡。

34. 贡嘎乌头 图 673

Aconitum liljestrandii Hand.-Mazz. in Acta Hort. Gothob. 13: 108. 1939.

块根窄倒圆锥形，长约4厘米。茎高达70厘米，上部有少数开展或反曲短柔毛。茎下部叶有长柄，在开花时枯萎，茎中部叶有稍长柄；叶片圆五角形，长4-5.5厘米，宽4-8厘米，3全裂，中裂片菱形或卵状菱形，渐尖或长渐尖，羽状深裂，2回裂片4对，末回裂片线形，宽1-2.5毫米，侧裂片不等2深裂至近基部，两面几无毛或沿脉疏被短柔毛；叶柄疏被开展毛。总状花序长12-20厘米，有密集的花；轴和花梗被开展白色短柔毛和少数淡黄色腺毛；下部苞片叶状，上部的线状；花梗长1-3厘米；小苞片生花梗中部或上部，线形，长3.5-5毫米；萼片蓝紫色，无毛，稀疏被柔毛，上萼片船形，基部至喙长1.5-1.7厘米，侧萼片长1.3-1.5厘米，下萼片窄椭圆形，宽2.5-3.5毫米；花瓣无毛或疏被短毛，瓣片长约7毫米，唇长5毫米，距长约1毫米，稍向内弯曲，爪不膝弯曲；花丝全缘；心皮3-4，无毛。7-8月开花。

产西藏东部、四川西部，生海拔4200-4600米山坡草地。

图 673 贡嘎乌头（路桂兰绘）

35. 伏毛铁棒锤 图 674

Aconitum flavum Hand.-Mazz. in Acta Hort. Gothob. 13: 87. 1939.

块根胡萝卜形，长约4.5厘米。茎高达1米，中下部无毛，中部或上部被反曲而紧贴的短柔毛，密生多数叶，通常不分枝。茎下部叶在开花时枯萎，中部叶有短柄；叶片宽卵形，长3.8-5.5厘米，宽3.6-4.5厘米，基部浅心形，3全裂，全裂片细裂，末回裂片线形，两面无毛，疏被短缘毛；叶柄长3-4毫米。顶生总状花序窄长，长约为茎的1/4-1/5，有12-25花；轴及花梗密被紧贴短柔毛；下部苞片似叶，中上部的苞片线形；花梗长4-8毫米；小苞片生花梗顶部，线形，长3-6毫米；萼片黄色带绿色，或暗紫色，被短柔毛，上萼片盔状船形，

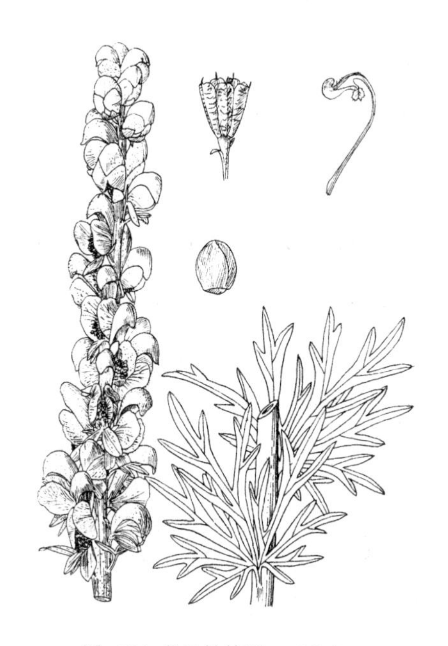

图 674 伏毛铁棒锤（冯晋庸绘）

具短爪，高1.5-1.6厘米，下缘斜升，上部向下弧状弯曲，外缘斜，侧萼片长约1.5厘米，下萼片斜长圆状卵形；花瓣疏被短毛，瓣片长约7毫米，唇长约3毫米，距长约1毫米，向后弯曲；花丝无毛或疏被短毛，全缘；心皮5，无毛或疏被短毛。蓇葖无毛，长1.1-1.7厘米。种子倒卵状三菱形，长约2.5毫米，光滑，沿棱具窄翅。8月开花。

产内蒙古南部、宁夏南部、甘肃、青海、西藏北部、四川北部，生于海拔2000-3700米山地草坡或疏林下。块根有剧毒，可供药用，沿跌打损伤、风湿关节炎。

36. 铁棒锤 图 675 彩片 323

Aconitum pendulum Busch in Bull. Jard. Bot. St. Pétesb. 5: 135. 1905.

Aconitum szechenyianum Gay.; 中国高等植物图监1: 693. 1972.

块根倒圆锥形。茎高达1米，仅上部疏被短柔毛，中上部通常密生叶，不分枝或分枝。茎下部叶在开花时枯萎，中部叶有短柄；叶片形状宽卵形，长3.4-5.5厘米，宽4.5-5.5厘米，小裂片线形，宽1-2.2毫米，两面无毛；叶柄长约4-5毫米。顶生总状花序长为茎长的1/4-1/5，有8-35花；轴和花梗密被伸展黄色短柔毛；下部苞片叶状或3裂，上部苞片线形；花梗短粗，长2-6毫米；小苞片生花梗上部，披针状线形或近钻形，长4-5毫米，疏被短柔毛；萼片黄色，常带绿色，有时蓝色，被近伸展短柔毛，上萼片船状镰刀形或镰刀形，具爪，下缘长1.6-2厘米，弧状弯曲，外缘斜，侧萼片圆倒卵形，长1.2-1.6厘米，下萼片斜长圆形；花瓣无毛或有疏毛，瓣片长约8毫米，唇长1.5-4毫米，距长不到1毫米，向后弯曲；花丝无毛或疏被短毛；心皮5，无毛或子房被伸展的短柔毛。蓇葖长1.1-1.4厘米。种子倒卵状三菱形，长约3毫米，光滑，沿棱具不明显的窄翅。7-9月开花。

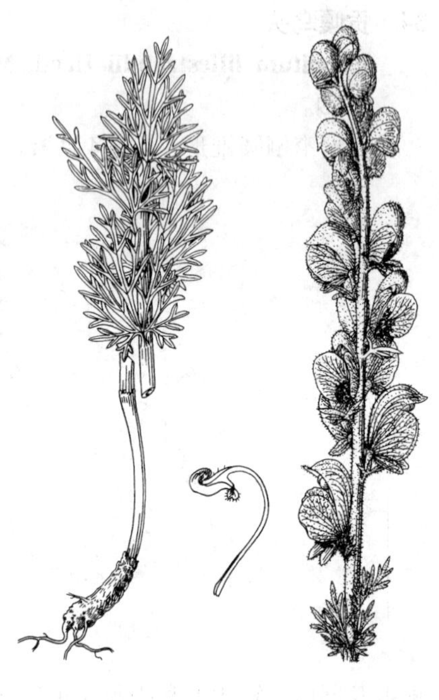

图 675 铁棒锤 （引自《图鉴》）

产河南西部、陕西南部、甘肃南部、青海、西藏、四川西部、云南西北部，生于海拔2800-4500米山地草坡或林边。块根有剧毒，供药用，治跌打损伤、骨折、风湿腰痛、冻疮等症。

37. 黄花乌头 图 676

Aconitum coreanum (Lévl.) Rapaics in Nov. Kozl. 6: 154. 1907.

Aconitum delavayi Franch. var. *coreanum* Lévl. in Bull. Acad. Geogr. Bot. 11: 300. 1902.

块根倒卵球形或纺锤形，长约2.8厘米。茎高达1米，疏被反曲短柔毛，密生叶。茎下部叶在开花时枯萎；叶片宽菱状卵形，长4.2-6.4厘米，宽3.6-6.4厘米，3全裂，全裂片细裂，小裂片线形或线状披针形，干时边缘稍反卷，两面几无毛；叶柄长为叶片1/4或稍短于叶片，无毛，具窄鞘。顶生总状花序短，有2-7花；轴和花梗密被反曲短柔毛；下部苞片羽状分裂，其他苞片不分裂，线形；下部花梗长0.8-2厘米；小苞片生花梗中部，窄卵形或线形，长1.5-2.6毫米；萼片淡黄色，密被曲柔毛，上萼片船状盔形或盔形，下萼片斜椭圆状卵形；花瓣无毛，爪细，瓣片窄长，长约6.5毫米，距极短，

头形；花丝疏被短毛；心皮3，子房密被紧贴短柔毛。蓇葖直，长约1厘米。种子长约2-2.5毫米，椭圆形，具3纵棱，表面稍皱，沿棱具窄翅。8-9月开花。

产黑龙江东部、吉林、辽宁、河北北部，生于海拔200-900米山地草坡或疏林中。朝鲜、俄罗斯远东地区有分布。块根有毒，经炮制后可内服，治偏正头痛、寒湿痹痛、口眼歪斜等症，外用可治疥癣。

图 676 黄花乌头（引自《图鉴》）

38. 露蕊乌头 图 677

Aconitum gymnandrum Maxim. in Bull. Acad. Sci. St. Pétersb. 23: 308. 1876.

根一年生，近圆柱形，长5-14厘米。茎高达0.5（-1）米，被短柔毛，下部有时变无毛，常分枝。基生叶1-3（-6），与最下部茎生叶通常在开花时枯萎；叶片宽卵形或三角状卵形，长3.5-6.4厘米，宽4-5厘米，3全裂，全裂片二至三回深裂，小裂片窄卵形或窄披针形，上面疏被短伏毛，下面沿脉疏被长柔毛或变无毛；下部叶柄长4-7厘米，上部叶柄渐变短，具窄鞘。总状花序有6-16花；基部苞片似叶，其他下部苞片3裂，中上部苞片披针形或线形；花梗长1-5（-9）厘米；小苞片生花梗上部或顶部，叶状或线形，长0.5-1.5厘米；萼片蓝紫色，稀白色，疏被柔毛，有较长爪，上萼片船形，高约1.8厘米，爪长约1.4厘米，侧萼片长1.5-1.8厘米，瓣片与爪近等长；花瓣的瓣片宽6-8毫米，疏被缘毛，距短，头状，疏被短毛；花丝疏被短毛，唇扇形，边缘有小齿，不分裂；心皮6-13，子房有柔毛。蓇葖长0.8-1.2厘米。种子倒卵球形，长约1.5毫米，密生横窄翅。6-8月开花。

产西藏、四川西部、青海、甘肃南部，生于海拔1550-3800米山地草坡、田边草地或河边砂地。全草有毒，可供药用，治风湿等症。

图 677 露蕊乌头（王金凤绘）

12. 翠雀属 Delphinium Linn.

（王 筝 王文采）

多年生草本，稀一年生或二年生草本。单叶，互生，有时均基生，掌状分裂，有时近羽状分裂。花序总状或伞房状；具苞片；花两性，左右对称。花梗具2小苞片；萼片5，花瓣状，紫、蓝、白或黄色，卵形或椭圆形，上萼片具距，距囊状或钻形；花瓣2，条形，生于上萼片与雄蕊之间，无爪，具距，具分泌组织；退化雄蕊2，分别生于二侧萼片与雄蕊之间，分化成瓣片及爪，雄蕊多数；心皮3-5。蓇葖具脉网，宿存花柱短。种子四面体形或近球形，沿棱具膜质翅，或密生鳞状横翅，或具同心横膜翅。

约300种以上，广布于北温带地区。我国约160种，除台湾及海南外其他省区均有分布，多数种产西南高山地区。

本属植物含翠雀碱Delphinin，有些种类供药用。花美丽，可供观赏。

1. 多年生草本，具根茎；单叶，掌状分裂；花瓣上部稍窄；退化雄蕊腹面中央具黄或白色髯毛，无毛时，则呈黑褐色；种子稍四面体形，沿棱具窄翅或密生鳞状横窄翅。
  2. 花瓣及退化雄蕊黑或黑褐色。
    3. 退化雄蕊无髯毛，瓣片与爪分化不明显，无突起；叶掌状深裂，一回裂片浅裂，小裂片卵形或三角形；萼片宿存，具脉纹。
      4. 萼距较萼片短；萼片被长糙毛及黄色腺毛；子房疏被柔毛或无毛 ………… 1. **短距翠雀花 D. forrestii**
      4. 萼距较萼片长；萼片被较密糙毛；子房密被紧贴短毛 ………………………… 2. **毛翠雀花 D. trichophorum**
    3. 退化雄蕊的瓣片腹面中央簇生黄色髯毛，瓣片卵形或椭圆形，基部中央骤窄成细爪，基部之上常具2小突起。
      5. 花序伞房状或伞形。
        6. 心皮（4）5。
          7. 叶基部骤窄；萼距囊状或圆锥状 ……………………………………… 3. **囊距翠雀花 D. brunonianum**
          7. 叶基部非骤窄；萼距钻形 ……………………………………………………… 8. **大通翠雀花 D. pylzowii**
        6. 心皮3。
          8. 叶掌状3深裂。
            9. 萼距圆锥状或圆锥状钻形，基部径0.7-1.2厘米。
              10. 茎、叶柄、花梗被开展柔毛及黄色腺毛 ……………………… 4. **黄毛翠雀花 D. chrysotrichum**
              10. 茎、叶柄、花梗被反曲及平伏柔毛，花梗无腺毛 ……………………………………………… 4(附). **察瓦龙翠雀花 D. chrysotrichum** var. **tsarongense**
            9. 萼距圆筒形或钻形，基部径2-4(-4.5)毫米。
              11. 小苞片与花靠接；茎及花梗无黄色腺毛；萼距圆筒状钻形或钻形，长1.7-3.3厘米 …………………………………………………… 11. **白蓝翠雀花 D. albocoeruleum**
              11. 小苞片与花分开。
                12. 萼片长1.2-1.7厘米；距钻形，长1.6-2.2厘米；叶下面被柔毛 …………………………………………………… 12. **细须翠雀花 D. siwanense**
                12. 萼片长1.3-2.5厘米；距圆筒形，与萼片等长；叶下面近无毛 …………………………………………………… 6. **宝兴翠雀花 D. smithianum**
          8. 叶掌状3全裂。
            13. 小苞片与花靠接。
              14. 小苞片线状披针形，宽1-1.7毫米 ……………………………… 7. **巴塘翠雀花 D. batangense**
              14. 小苞片椭圆形或披针形，宽3-3.5毫米 ……………………………… 10. **川陕翠雀花 D. henryi**
            13. 小苞片与花分开。
              15. 小苞片叶状，3深裂；花常1朵顶生；萼距钻形，较萼片长；退化雄蕊的瓣片2裂 ……………………………………………… 9. **单花翠雀花 D. candelabrum** var. **monanthum**
              15. 小苞片不裂，线形或披针形。
                16. 单花顶生。
                  17. 萼距圆筒形或钻状圆筒形，长1-1.3厘米，较萼片短 ……………………………………………… 5. **唐古拉翠雀花 D. tangkulaense**
                  17. 萼距钻形，长2-3厘米，与萼片近等长或稍长于上萼片 ……………………………………………… 9. **单花翠雀花 D. candelabrum** var. **monanthum**
                16. 伞房或伞形花序具2-10花；萼距较萼片长，钻形。
                  18. 叶中全裂片下部二至三回深裂近中脉，小裂片窄卵形或线形 ……………………

………………………………………………………………… 8(附). **三果大通翠雀花 D. pylzowii** var. **trigynum**

18. 叶中全裂片一回3裂稍过中部或不裂，二回裂片分裂或3浅裂，小裂片卵形或窄卵形。
    19. 茎高达30厘米；萼片长2–2.2厘米 ………………………………… 6(附). **软叶翠雀花 D. malacophyllum**
    19. 茎高达1.5米；萼片长1.2–1.7(–1.9)厘米 ……………………………… 12. **细须翠雀花 D. siwanense**

5. 花序总状。
   20. 花序花极密集 ……………………………………………………………… 13. **密花翠雀花 D. densiflorum**
   20. 花序花稍稀疏。
       21. 叶3全裂，全裂片3深裂 ………………………………………………… 16. **全裂翠雀花 D. trisectum**
       21. 叶3深裂。
           22. 小苞片生于花梗下部；叶两面疏被短毛；花梗、萼片及心皮无毛 ……………………… ……………………………………………………………… 15. **宽苞翠雀花 D. maackianum**
           22. 小苞片生于花梗中上部；叶两面、花梗、萼片及心皮被糙伏毛 …………………………… ……………………………………………………………… 14. **天山翠雀花 D. tianshanicum**

2. 花瓣、退化雄蕊及萼片均为蓝紫色，退化雄蕊分化成爪及瓣片，瓣片中央具黄或白色髯毛；心皮3(5)。
   23. 叶掌状3深裂，稀3浅裂，一回裂片浅裂。
       24. 萼距马蹄状或螺旋状弯曲；茎及叶柄被开展白硬毛 ……………………… 24. **螺距翠雀花 D. spirocentrum**
       24. 萼距直或下弯达90°。
           25. 萼片两面被柔毛，萼距近圆筒状；花序花密集 ……………………… 17. **粗距翠雀花 D. pachycentrum**
           25. 萼片被毛，内面无毛；小苞片与花靠接 …………………………… 18. **小瓣翠雀花 D. micropetalum**
               26. 萼片近顶端具长1–2毫米角状突起；小苞片位于花梗中部或上部。
                   27. 茎高达1.3米；小苞片钻形，与花分开；子房无毛或疏被柔毛 ……… 27. **大理翠雀花 D. taliense**
                   27. 茎高达65厘米；小苞片披针形或披针状线形，与花近靠接；子房被淡黄色柔毛 …………………… ………………………………………………………… 28. **角萼翠雀花 D. ceratophorum**
               26. 萼片无角状突起。
                   28. 小苞片与花稍靠接 ………………………………………………… 19. **滇川翠雀花 D. delavayi**
                   28. 小苞片与花分开。
                       29. 叶3深裂近基部3–5毫米以下。
                           30. 叶一回裂片靠接，中央一回裂片宽菱形，3裂；花梗与序轴成钝角斜上展；种子密生鳞状横翅 ………………………………………………………… 29. **长距翠雀花 D. tenii**
                           30. 茎生叶一回裂片成直角叉开，中央一回裂片窄披针形，不裂或具1–2小裂片；花梗直展；种子沿纵棱具窄翅 ……………………………………………… 30. **云南翠雀花 D. yunnanense**
                       29. 叶3深裂达基部5毫米以上。
                           31. 茎无毛。
                               32. 花梗被毛。
                                   33. 花梗被黄色腺毛 …………………………… 23(附). **毛梗翠雀花 D. eriostylum**
                                   33. 花梗被黄色腺毛及白色柔毛。
                                       34. 叶中央一回裂片不裂或微3浅裂 ……………… 21(附). **河南翠雀花 D. honanense**
                                       34. 叶中央一回裂片3裂；花梗密被黄色腺毛及少数白色短毛，萼片长1.3–1.7厘米 ……… ……………………………………………………… 21. **川西翠雀花 D. tongolense**
                               32. 花梗无毛，总状花序具多花，心皮无毛 ……………………… 23. **黑水翠雀花 D. potaninii**
                           31. 茎被毛。
                               35. 花梗无毛 ……………………………………………………… 22. **毛茎翠雀花 D. hirticaule**

35. 花梗被毛；茎被开展或斜下开展糙毛 …………………………………………… 20. 峨眉翠雀花 **D. omeiense**
23. 叶掌状3全裂。
36. 叶一回裂片浅裂，小裂片卵形、三角形或窄披针形；花序总状或复总状。
37. 退化雄蕊的瓣片顶端微凹 ………………………………………………………… 33. 金沙翠雀花 **D. majus**
37. 退化雄蕊的瓣片2裂达中部或稍过中部。
38. 小苞片与花靠接；退化雄蕊无黄色髯毛 ……………………… 26(附). 三小叶翠雀花 **D. trifoliolatum**
38. 小苞片与花分开。
39. 花梗被毛。
40. 萼片顶端具角状突起，花梗被黄色腺毛 ………………………… 25. 弯距翠雀花 **D. campylocentrum**
40. 萼片无角状突起 ……………………………………………………… 25(附). 松潘翠雀花 **D. sutchuenense**
39. 花梗无毛。
41. 花长约3厘米；萼距长1.6–2厘米，较萼片长 ……………………………… 26. 秦岭翠雀花 **D. giraldii**
41. 花长1.5–2.2厘米；萼距长0.6–1.1厘米，与萼片近等长 …… 26(附). 疏花翠雀花 **D. sparsiflorum**
36. 叶一回裂片深裂或细裂，小裂片披针形或线形。
42. 花序全部或上部呈伞房状或伞状。
43. 心皮5；萼距钻形，长1.8–2.8厘米，径2–3毫米 …………………………… 36. 蓝翠雀花 **D. caeruleum**
43. 心皮3；萼距较萼片长1倍；小苞片生于花梗中部 ……………………… 37. 康定翠雀花 **D. tatsienense**
42. 花序总状。
44. 叶无毛；花近闭合，退化雄蕊的瓣片腹面疏被短糙毛，萼距圆筒形 ……… 32. 川甘翠雀花 **D. souliei**
44. 叶稍被毛；花稍开放，退化雄蕊的瓣片腹面被黄色髯毛。
45. 小苞片与花靠接。
46. 茎生叶1，小裂片先端微尖或微钝；萼距长1.9–2.5厘米 ………… 31. 澜沧翠雀花 **D. thibeticum**
46. 茎生叶3，小裂片先端锐尖；萼距长1.3–1.8厘米 ……………………………………………………
……………………………………………………… 31(附). 锐裂翠雀花 **D. thibeticum** var. **laceratilobum**
45. 小苞片生于花梗中部或上部，与花分开。
47. 茎、花序轴、花梗及叶柄密被反曲平伏柔毛。
48. 花序被反曲平伏柔毛及开展黄色腺毛 …… 34(附). 腺毛翠雀 **D. grandiflorum** var. **glandulosum**
48. 花序被反曲平伏柔毛 …………………………………………………………… 34. 翠雀 **D. grandiflorum**
47. 茎、花序轴及花梗疏被开展柔毛，花梗顶端被曲伏毛；退化雄蕊的瓣片顶端微凹或2裂 …………
………………………………………………………… 35. 展毛翠雀花 **D. kamaoense** var. **glabrescens**
1. 一年生草本，具直根；二至三回羽状复叶；花瓣顶部宽；退化雄蕊无毛，蓝紫色；种子球形，具横窄膜翅。
49. 花长1–1.8(–2.5)厘米，萼距长5–9(–15)毫米。
50. 退化雄蕊的瓣片斧形，2深裂近基部 ……………………………………… 38. 还亮草 **D. anthriscifolium**
50. 退化雄蕊的瓣片卵形，微凹或2裂至中部 ……………… 38(附). 卵瓣还亮草 **D. anthriscifolium** var. **savatieri**
49. 花长2.3–3厘米，萼距长1.7–2.4厘米；退化雄蕊的瓣片卵形 ……………………………………………
………………………………………………………… 38(附). 大花还亮草 **D. anthriscifolium** var. **majus**

1. 短距翠雀花 图678

Delphinium forrestii Diels in Notes Roy. Bot. Gard. Edinb. 5: 265. 1912.

Delphinium mairei Ulbr.；中国高等植物图鉴1: 699. 1972.

茎高达35厘米，粗壮，密被向下斜展糙毛。基生叶及茎下部叶具长柄；叶圆肾形，长2.3–6厘米，宽达8厘米，3深裂，深裂片稍覆叠，中央深裂片倒卵状楔形或菱状楔形，3浅裂，具不等大牙齿，侧深裂片斜扇形，不

等2-3深裂，两面疏被短毛；叶柄长5-17厘米。总状花序圆柱状或球状，长（5-）10-15厘米，花密集。花梗长1.5-2（-5）厘米；小苞片生于花梗上部或与花靠接，披针形，长0.9-1.2厘米；萼片淡灰蓝或带淡绿色，被长糙毛，并有黄色腺毛，上萼片船状倒卵形，长2-3厘米，距较萼片稍短，圆锥状钻形，基部径约3毫米，花瓣顶端微凹，无毛；退化雄蕊长约1.2厘米，无毛，稀疏生缘毛，瓣片顶端微凹或2浅裂；雄蕊无毛；心皮3，子房疏被柔毛或近无毛。花期8-10月。

产云南西北部及四川西南部，生于海拔3800-4100米多石砾山坡、陡崖或杜鹃灌丛石缝中。

图 678 短距翠雀花（引自《图鉴》）

2. 毛翠雀花 图 679

Delphinium trichophorum Franch. in Bull. Soc. Philom. Paris ser. 8, 5: 166. 1893.

茎高达65厘米，被糙毛，有时脱落无毛。叶3-5生于茎基部或近基部，具长柄；叶肾形或圆肾形，长2.8-7（-10）厘米，宽达13（-15）厘米，深裂片覆叠或稍分开，两面疏被糙伏毛，有时脱落无毛；叶柄长5-10（-20）厘米。茎中部叶1-2，很小或无。总状花序窄长。序轴及花梗被开展糙毛，花梗近直展

小苞片生于花梗上部或近顶端，贴于萼上，卵形或宽披针形；萼片淡蓝或紫色，长1.2-1.9厘米，两面被长糙毛，上萼片船状卵形，距下垂，钻状圆筒形，长1.8-2.4厘米，基部径3-5毫米；花瓣先端微凹或2浅裂，无毛，疏被硬毛；退化雄蕊的瓣片卵形，2浅裂，无毛或疏被糙毛，雄蕊无毛；心皮3，子房密被平伏短毛。种子四面体形，长约2毫米，沿棱具窄翅。花期8-10月。

图 679 毛翠雀花（引自《图鉴》）

产西藏东北部、四川西部、甘肃中部及南部、青海西南部及东部，生于海拔2100-4600米草坡。

3. 囊距翠雀花 图 680

Delphinium brunonianum Royle, Ill. Bot. Himal. Mount. 56. 1839-40.

茎高达22（-34）厘米，被开展白色柔毛，常兼有黄色腺毛。基生叶及茎下部叶具长柄；叶肾形，长2.2-4.2厘米，宽5.2-8.5厘米，基部骤窄呈楔形，掌状深裂或达基部，一回裂片覆叠或靠接，具缺刻状小裂片及粗牙齿，疏被柔毛；叶柄长3-9.5厘米。花序具2-4花。花梗直展，长5.5-7厘米；小苞片生于花梗中部或上部，椭圆形，长1.7-2厘米；萼片蓝紫色，上萼片船状圆卵形，长1.8-3厘米，两面被绢状柔毛，距囊状或圆锥状，长0.6-1厘米，基部径6-9毫米；花瓣

先端2浅裂，疏被糙毛；退化雄蕊具长爪，瓣片长约7毫米，2深裂，腹面中央被黄色髯毛；雄蕊无毛；心皮4-5，子房疏被毛。种子扁四面体形，长约2毫米，沿棱具翅。花期8月。

产西藏，生于海拔4500-6000米草地或多石处。尼泊尔至阿富汗有分布。

图 680 囊距翠雀花 （引自《图鉴》）

4. 黄毛翠雀花 图 681

Delphinium chrysotrichum Finet et Gagnep. in Bull. Soc. Bot. France. 51: 488. pl. 78. 1904.

茎高达20厘米，疏被开展柔毛，不分枝，或下部具1（2）分枝。基生叶及下部叶具长柄；叶肾形或圆肾形，长（1.2-）1.6-3.2厘米，宽（2-）2.9-5.2厘米，3深裂近基部3-4毫米，裂片覆叠或靠接，具小裂片及钝牙齿，两面疏被柔毛；叶柄长6-11厘米。伞房花序具2（-4）花。花梗长3.4-8厘米，上部密被开展柔毛，兼有黄色腺毛；小苞片似苞片或披针状线形；萼片紫色，密被淡黄色长柔毛，上萼片船状圆卵形，长2-3厘米，距较萼片短或近等长，圆锥状或圆锥状钻形，长1.5-2.4厘米，基部径0.7-1.2厘米；花瓣先端2浅裂；退化雄蕊的瓣片长约7毫米，2裂过中部，腹面中央被黄色髯毛，雄蕊无毛；心皮3，子房被柔毛。蓇葖长约1.7厘米。种子四面体形，长约2毫米，沿棱具宽翅。花期8-9月。

产四川西部及西藏东部，生于海拔4200-5000米多石砾山坡。

［附］ **察瓦龙翠雀花** 彩片 324 **Delphinium chrysotrichum** var. **tsarongense** (Hand.-Mazz.) W. T. Wang, Fl. Reipubl. Popul. Sin. 27: 367. 1979. —— *Delphinium tsarongense* Hand.-Mazz. in Sitzungsb. Akad. Wiss. Wien, Math.-Nat. 59: 245. 1922. 本变种与模式变种的区别：茎、叶柄、花梗均被反曲平伏柔毛，无腺毛；萼距圆锥形，较萼片短，长1.3-2.3厘米。产云南西北部及西藏东南部，生于海拔3000-4600米草坡或多石砾山坡。

图 681 黄毛翠雀花 （王金凤绘）

5. 唐古拉翠雀花 图 682: 1-2

Delphinium tangkulaense W. T. Wang in Acta Phytotax. Sin. Addit. 1: 99. 1965.

茎高达10厘米，被开展柔毛。基生叶2-4，具长柄；叶圆肾形，长0.8-1.5厘米，宽1.6-3厘米，3全裂近基部，中裂片近扇形，3裂近中部，小裂片卵形或宽卵形，先端圆或钝，具短尖，侧裂片斜扇形，不等2深裂，两面被柔毛；叶柄长2-4厘米。单花生茎或分枝顶端，长3-4厘米；小苞片与花

分开，披针形，长7-9毫米；萼片蓝紫色，宽椭圆形或倒卵形，长1.8-2.7厘米，外面稍密被、内面疏被柔毛，距短于萼片，圆筒形或钻状圆筒形，长1-1.3厘米；花瓣2浅裂；退化雄蕊的瓣片近卵形，2裂近中部，腹面中央被黄色髯毛，雄蕊无毛；心皮3，子房被柔毛。花期7-8月。

产西藏及青海，生于海拔4700-4900米山坡或湖边沙地。

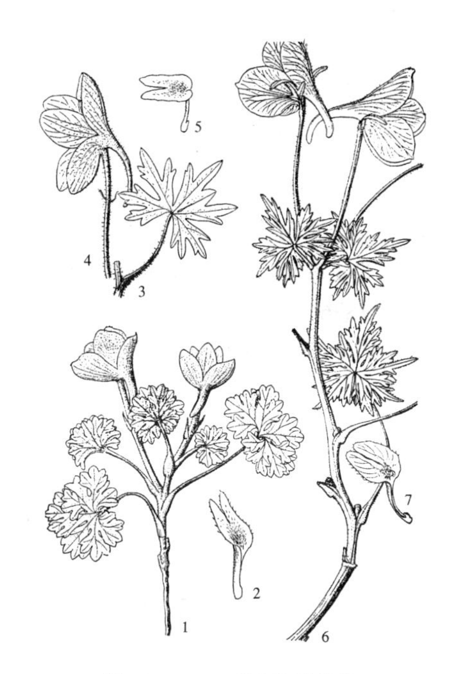

图 682: 1-2. 唐古拉翠雀花 3-5. 软叶翠雀花 6-7. 巴塘翠雀花（引自《中国植物志》）

6. 宝兴翠雀花 图 683

Delphinium smithianum Hand.-Mazz. in Acta Hort. Gotob. 13: 49. f. 16. 1939.

茎高达15厘米，被反曲柔毛。叶约5，具长柄；叶圆肾形或五角形，长1.2-2.3厘米，宽2.8-4.8厘米，3深裂近基部1.5-2.5毫米，裂片分离，中裂片浅裂，疏生牙齿，或稍细裂，上面沿脉被柔毛，下面近无毛；叶柄长2.1-8.8厘米。伞房花序具2-4花。花梗长3-8厘米；小苞片3裂或披针形；萼片堇蓝色，长2.3-2.5厘米，被柔毛，上萼片宽椭圆形，距长2-2.3厘米，圆筒形；花瓣无毛；退化雄蕊的瓣片2浅裂，腹面中央被黄色髯毛，雄蕊无毛；心皮3。种子棱不明显，近无翅。花期7-8月。

产四川西部及云南西北部，生于海拔3500-4600米多石砾山坡。

［附］**软叶翠雀花** 图682:3-5 **Delphinium malacophyllum** Hand.-Mazz. in Acta Hort. Gotob. 13: 52. 1939. 本种与宝兴翠雀花的区别：萼距较萼片长，钻形，长3.5-3.8厘米，上部径2.5毫米。产甘肃西南部及四川西北部，生于海拔4000-4300米草地。

图 683 宝兴翠雀花（引自《图鉴》）

7. 巴塘翠雀花 图 682: 6-7

Delphinium batangense Finet et Gagnep. in Bull. Soc. Bot. France 51: 478. pl. 5. B. 1904.

茎高达30（-50）厘米，被反曲柔毛或脱落无毛，茎下部叶具长柄，上部叶具短柄；叶五角状圆形，宽3-4厘米，3裂近基部，裂片靠接或稍叠，中裂片棱形，长渐尖，侧裂片斜扇形，不等2-3深裂，二回裂片细裂，两面被柔毛；叶柄长1.5-7（-9.5）厘米。伞房花序具2-4花。花梗近直伸，长4-8厘米；小苞片与花靠接，线状披针形，长0.8-1.2厘米，宽1-1.7毫米；

萼片蓝紫色，近圆形或宽椭圆形，长1.7-2.2厘米，疏被柔毛，距钻形，长2.1-2.4厘米；花瓣褐色，无毛；退化雄蕊黑褐色，瓣片与爪近等长，椭圆形，2裂至中部，腹面中央被黄色髯毛，雄蕊无毛；心皮3，子房密被长柔毛。花期8-9月。

产云南西北部及四川西南部，生于海拔3400-4200米山地草坡。

8. 大通翠雀花 图684

Delphinium pylzowii Maxim. in Bull. Acad. Sci. St. Pétersb. 9: 709. 1876.

茎高达55厘米，被反曲柔毛。下部叶具长柄；叶圆五角形，长1-2.8厘米，宽2.5-5厘米，3全裂，中裂片一回3裂或常二至三回近羽状细裂，小裂片稀疏，窄披针形或线形，两面疏被柔毛；叶柄长3.5-7.5厘米。伞房花序具2-6花。花梗长4.5-9厘米；小苞片生于花梗近中部，线形或钻形，长3-7毫米；萼片蓝紫色，卵形，长1.6-1.8(-2.4)厘米，被白色柔毛，内面无毛，距钻形，长2.1-2.4厘米；花瓣无毛；退化雄蕊的瓣片黑褐色，长6-9毫米，2裂达中部，腹面被黄色髯毛，雄蕊无毛；心皮5。种子四面体形、沿棱近无翅。花期7-8月。

图 684 大通翠雀花 （引自《图鉴》）

产青海及甘肃，生于海拔2350-3000米山地草坡。

［附］**三果大通翠雀花 Delphinium pylzowii** var. **trigynum** W. T. Wang in Acta Bot. Sin. 10: 78. 1962. 本变种与模式变种的区别：心皮3；萼片淡灰蓝色。产甘肃西南部、青海东南部及南部、四川西北部、西藏东部，生于海拔3500-4500米高山草甸。

9. 单花翠雀花 图685 彩片325

Delphinium candelabrum Ostenf. var. **monanthum** (Hand.-Mazz.) W. T. Wang in Acta Bot. Sin. 10: 78. 1962.

Delphinium monanthum Hand.-Mazz. in Acta Hort. Gotob. 13: 50. 1939; 中国高等植物图鉴1: 701. 1972.

茎直立或斜升，高达20厘米，下部埋于石砾中，无毛，上部被柔毛，不分枝或分枝。叶数枚，具长柄；叶圆五角形，长0.8-1.4厘米，宽达2.6厘米，3全裂，中裂片菱形，3裂，侧裂片斜扇形，不等2深裂，二回裂片再分裂，小裂片窄卵形或披针形，

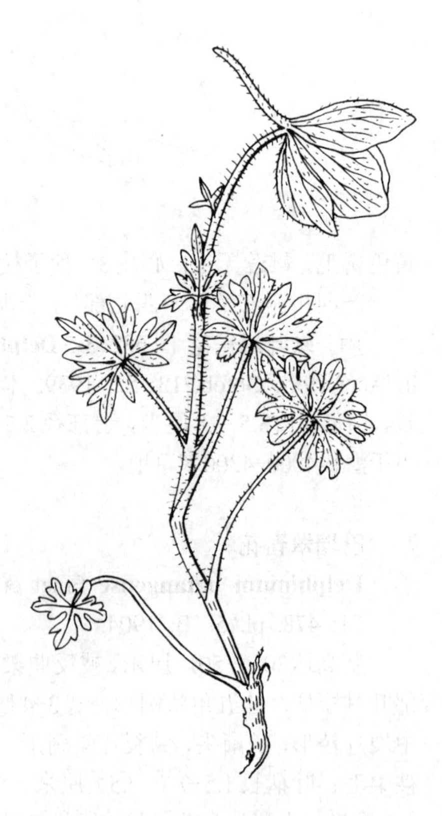

图 685 单花翠雀花 （王金凤绘）

两面疏被毛或无毛。单花生茎或分枝顶端。小苞片叶状，3深裂；萼片蓝紫色，宽椭圆形，长1.8-3厘米，距圆筒状钻形，长2-3厘米；退化雄蕊的瓣片2裂，腹面中央被黄色髯毛；雄蕊无毛；心皮3。花期8月。

产甘肃西南部、青海、四川北部、西藏东北部，生于海拔4100-5000米多石砾山坡。

10.　川陕翠雀花　　图 686

Delphinium henryi Franch. in Bull. Soc. Philom. Paris ser. 8, 5: 177. 1893.

茎高达40(-70)厘米，与叶柄及花梗均密被反曲柔毛。基生叶柄较长，开花时常枯萎。茎生叶具短柄或近无柄；叶五角形，长1.8-4厘米，宽2.8-6.4(-7)厘米，3全裂，裂片一至二回稍细裂，小裂片窄卵形或线状披针形，两面疏被柔毛；叶柄长达6厘米。伞房花序具2-4花。花梗长1.7-3.4(-5)厘米；小苞片与花靠接，椭圆形或披针形，宽3-3.5毫米；萼片宿存，蓝紫色，卵形或椭圆状卵形，长1.2-1.5厘米，被柔毛，距钻形，长1.5-2.2厘米；花瓣无毛；退化雄蕊的瓣片褐色，具黑色斑点，2裂近中部，腹面中央被黄色髯毛，雄蕊无毛；心皮3。种子倒圆锥状四面体形，沿棱具极窄翅。

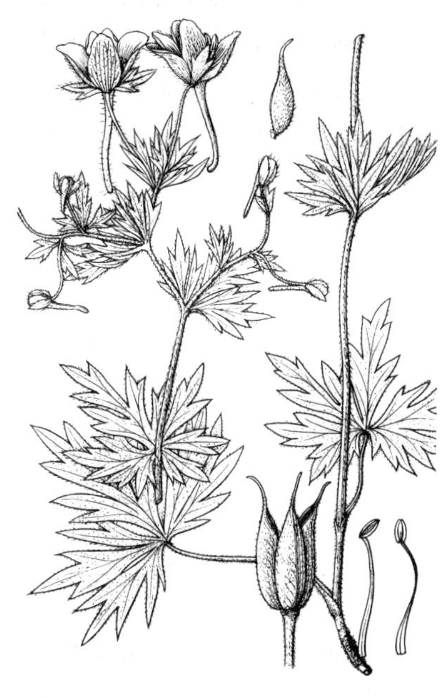

图 686　川陕翠雀花　(引自《图鉴》)

产四川东北部、湖北西部、陕西南部及河南西部，生于海拔1400-2200米山地草坡。

11.　白蓝翠雀花　　图 687　彩片 326

Delphinium albocoeruleum Maxim. in Bull. Acad. Sci. St. Pétersb. 23: 307. 1877.

茎高达60 (-100)厘米，被反曲柔毛。基生叶开花时不枯萎或枯萎。茎生叶五角形，长(1.4) 3.5-5.8厘米，宽(2-) 5.5-10厘米，3裂至基部1.5-4毫米，一回裂片有时浅裂，常一至二回稍深裂，小裂片窄卵形、披针形或线形，两面疏被柔毛；叶柄长3.5-13厘米。伞房花序具3-7花。花梗长3-12厘米；小苞片生于花梗近顶部或与花靠接，匙状线形，长0.6-1.4毫米；萼片蓝紫或蓝白色，长2-2.5(-3)厘米，被柔毛，距圆筒状钻形或钻形，长1.7-2.5(-3.3)厘米；花瓣无毛；退化雄蕊黑褐色，瓣片卵形，2浅裂或裂至中部，腹面中央被黄色髯毛，花丝疏被短毛；心皮3。种子四面体形，具鳞状横翅。花期7-9月。

图 687　白蓝翠雀花　(王金凤绘)

产四川北部、西藏东北部、青海及甘肃，生于海拔3600-4700米山地草坡或圆柏林下。全草药用，治肠炎。

12. 细须翠雀花 图 688

Delphinium siwanense Franch. in Bull. Soc. Philom. Paris ser. 8, 5: 162. 1893.

Delphininm leptopogon Hand.-Mazz.; 中国高等植物图鉴1: 703. 1972.

Delphiuium siwanense var. *leptopogon* (Hand.-Mazz.) W. T. Wang in Fl. Reipubl. Popul. Sin. 27: 381. 1979.

图 688 细须翠雀花 （张泰利绘）

茎高达1.5米，无毛或疏被柔毛。茎中部叶柄较长；叶五角形，长2.5-8厘米，宽3-13厘米，3全裂或3深裂近基部，中裂片窄菱形，3深裂，二回裂片披针形，不裂或具1-2小裂片，侧裂片斜扇形，不等2深裂近基部，下面被柔毛。伞形花序具2-10花。花梗长1.8-3厘米，被柔毛或黄色腺毛；小苞片线形；萼片蓝紫色，卵形，长1.2-1.7（-1.9）厘米，距钻形，长1.6-2.2厘米；退化雄蕊的瓣片2浅裂，腹面中央被黄色髯毛，雄蕊无毛；心皮3。种子密生鳞状横翅。花期8-9月。

产内蒙古、河北、山西、陕西南部、宁夏南部、甘肃南部，生于海拔1850-3200米草坡或灌丛中。

13. 密花翠雀花 图 689

Delphinium densiflorum Duthie ex Huth in Engl. Bot. Jahrb. 20: 393. 1895.

茎高达46厘米，疏被柔毛或无毛。叶基生并茎生；叶近革质，肾形，长3.2-3.7厘米，宽6-7厘米，掌状3深裂，深裂片稍覆叠，具圆齿，上面近无毛，下面沿脉疏被短柔毛；基生叶柄长达17厘米。总状花序达20厘米，具30-40密集的花。花梗长2-2.5厘米；小苞片生于花梗上部，线状长圆形；萼片淡灰蓝色，被长柔毛，内面无毛，上萼片船状卵形，长2.8-3厘米，距圆锥状，长0.8-1厘米，顶端钝；花瓣先端2浅裂；退化雄蕊长约1.4厘米，瓣片卵形，与爪近等长，2深裂，腹面中央簇生髯毛，雄蕊无毛；心皮3。种子三菱形，沿棱具窄翅。

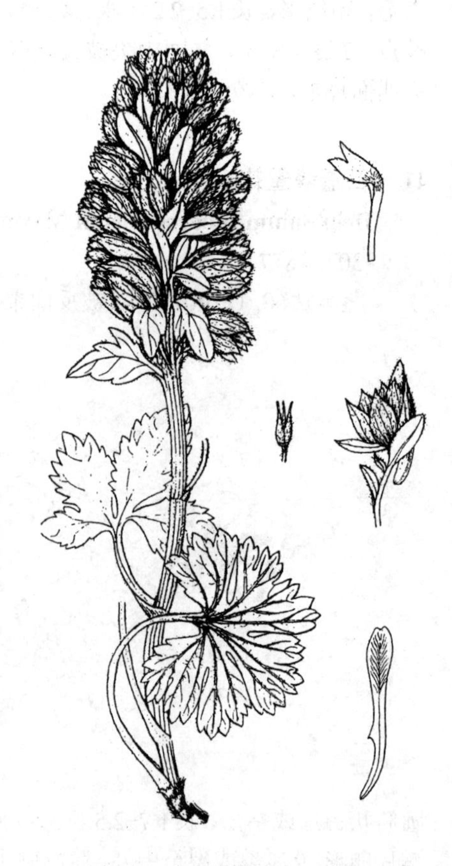

图 689 密花翠雀花 （闫翠兰绘）

产青海及甘肃，生于海拔3300-4500米山谷灌丛中、河滩或冲积扇。尼泊尔及印度有分布。

14. 天山翠雀花 图 690

Delphinium tianshanicum W. T. Wang in Acta Bot. Sin. 10: 85. 1962.

茎高达1.2米，被稍向下斜展白色硬毛。基生叶开花时常枯萎，与茎下部叶具长柄；叶五角状肾形，长6-9厘米，宽9-14厘米，3深裂，中深裂片菱状倒梯形或宽菱形，中上部3浅裂，具少数锐牙齿，侧深裂片斜扇形，不等2裂近中部，两面被较密糙伏毛；叶柄长为叶片1.5-5倍。顶生总状花序具8-15花，序轴及花梗密被反曲短糙伏毛。花梗长2-6厘米；小苞片生于花梗中部或上部，线形或披针状线形；萼片蓝紫色、卵形或倒卵形，长1.1-1.5厘米，密被短糙伏毛，距圆筒状钻形，长1.1-1.4厘米；花瓣黑色，微凹；退化雄蕊黑色，瓣片近卵形，2裂，上部具长缘毛，腹面中央被黄色髯毛，雄蕊无毛；心皮3，子房密被短糙伏毛。种子倒圆锥状四面体形，密生鳞状横翅。花期7-9月。

图 690 天山翠雀花（孙英宝绘）

产新疆，生于海拔1700-2700米山地草坡、灌丛中或沟边草地。

15. 宽苞翠雀花 图 691

Delphinium maackianum Regel in Mém. Acad. Sci. St. Pétersb. ser. 7, 7: 9. 1861.

茎高达1.4米，下部被稍向下斜展糙毛。下部叶开花时多枯萎；叶五角形，长7.2-11厘米，宽8-18厘米，3深裂至基部1.7-2.2厘米，中裂片菱形或菱状楔形，中部3浅裂，侧裂片斜扇形，不等2深裂，两面疏被毛；下部叶柄长约10厘米。顶生总状花序窄长，具多花；序轴及花梗密被开展黄色腺毛；基部苞片叶状，中上部苞片带蓝紫色，长圆状倒卵形、倒卵形或船形。花梗长1.3-3.8厘米；小苞片生于花梗下部，与苞片相似，蓝紫色，长4-8.5毫米；萼片紫蓝色，稀白色，卵形或长圆状倒卵形，长1-1.4厘米，无毛，距钻形，长1.6-1.7厘米；退化雄蕊黑褐色，瓣片与爪等长，卵形，2浅裂，腹面中央被黄色髯毛，雄蕊无毛；心皮3，无毛。种子金字塔状四面体形，密生鳞状横翅。花期7-8月。

图 691 宽苞翠雀花（王金凤绘）

产黑龙江、吉林及辽宁，生于山地林缘或草坡。朝鲜及俄罗斯远东地区有分布。

16. 全裂翠雀花 图 692

Delphinium trisectum W. T. Wang in Acta. Bot. Sin. 10: 80. 1962.

茎高达50厘米，被反曲柔毛。最下部叶开花时枯萎，下部叶具长柄；叶圆肾形，长(2.8-) 4.5-6.8厘米，宽(5.2-) 7.5-12厘米，3全裂，中裂片

菱形，3深裂，二回裂片再深裂，侧裂片斜扇形，宽为中裂片2倍，两面疏被糙毛；叶柄长达17厘米。总状花序具（5-）10-14花；序轴及花梗密被反曲柔毛。小苞片生于花梗上部或与花靠接，线形或钻形，长4-7毫米；萼片蓝紫色，椭圆形或椭圆状倒卵形，长1.4-1.7厘米，距稍长于萼片，圆筒状钻形，长1.6-2.1厘米；花瓣黑褐色，无毛；退化雄蕊黑褐色，瓣片2浅裂，上部边缘具长柔毛，腹面中央被淡黄色髯毛，雄蕊无毛；心皮3，子房被柔毛。花期4-5月。

产湖北北部、河南东南部及安徽西部，生于海拔400-800米山地。

图 692 全裂翠雀花 （孙英宝绘）

17. 粗距翠雀花 图 693

Delphinium pachycentrum Hemsl. in Journ. Linn. Soc. Bot. 29: 301. 1892.

茎粗壮，高达50厘米，与叶柄及花梗均密被反曲柔毛。中部叶叶柄较长；叶五角形，长3.7-5.5厘米，宽5.5-7.5厘米，3深裂至基部4毫米，深裂片稍覆叠，中裂片菱形或窄菱形，侧裂片斜扇形，不等2深裂，两面被伏毛；叶柄与叶片近等长，无鞘。总状花序具5-12密集的花。小苞片生于花梗上部，线形，长1-1.8厘米；萼片紫蓝色，上萼片卵形，其余萼片长圆形或长圆状披针形，长1.7-2.2厘米，两面被短柔毛，距近圆筒形，与萼片等长或稍短；退化雄蕊的瓣片与爪近等长，宽倒卵形或宽椭圆形，全缘或顶端微凹或2裂达中部，腹面中央被黄色髯毛；雄蕊无毛；心皮3，子房密被柔毛。花期7-8月。

图 693 粗距翠雀花 （孙英宝绘）

产四川西部及青海东南部，生于海拔4000-4500米山地多石砾草坡。

18. 小瓣翠雀花 图 694

Delphinium micropetalum Finet et Gagnep. in Bull. Soc. Bot. France 51: 479. pl. 5. A. 1904.

茎高达60厘米，被反曲糙毛。叶五角形或肾形，长4-9厘米，宽6.8-15厘米，3深裂，深裂片近靠接或稍覆叠，中裂片菱形或菱状倒梯形，侧裂片斜扇形，不等3裂，两面疏被糙伏毛；叶柄长19-25（-30）厘米。总状花

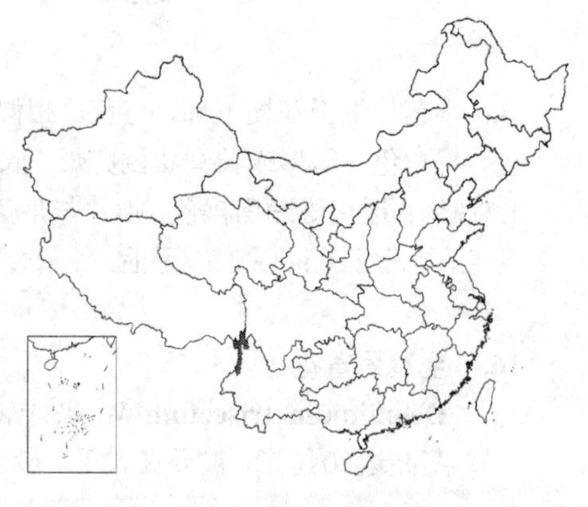

序窄长，具8-13花。花梗长1.5-6厘米；小苞片距花2-5毫米，有时与花靠接，线形或披针状线形，长0.4-1.5厘米；萼片蓝紫色，稀白色，倒卵形，长1-1.8厘米，疏被短柔毛，距较萼片稍短或近等长，圆锥状钻形，长1-1.6厘米；退化雄蕊的瓣片卵形，顶端全缘或微凹，腹面中央被黄色髯毛，雄蕊无毛；心皮3。种子密生横窄翅。花期8-10月。

产云南西北部，生于海拔3300-4200米山地草坡。缅甸北部有分布。

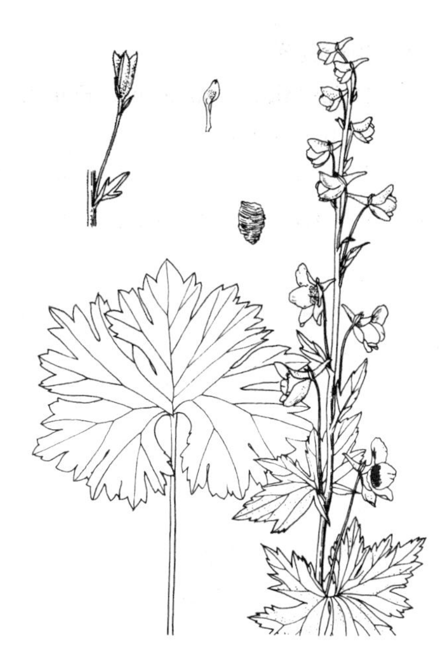

图 694 小瓣翠雀花 （张泰利绘）

19. 滇川翠雀花 图 695

Delphinium delavayi Franch. in Bull. Soc. Bot. France 33. 379. 1886.

茎高达1米，与叶柄密被反曲糙毛。茎下部叶具长柄；叶五角形，长4.5-6厘米，宽7.5-11厘米，3深裂，中裂片菱形，侧裂片斜扇形，不等2深裂，两面疏被糙伏毛；叶柄长为叶片2-3倍。总状花序窄长，具多花；序轴及花梗密被白色短糙毛及黄色短腺毛。花梗长1.2-3.5厘米；小苞片于生花梗顶端或距花2-6毫米，窄披针形，长0.5-1厘米；萼片蓝紫色，宽椭圆形，长1-1.2厘米，被柔毛，距钻形，长1.6-2.1厘米；花瓣蓝色，无毛；退化雄蕊的瓣片长方形，2浅裂，腹面中央被白或黄色髯毛，雄蕊无毛；心皮3。种子密生鳞状横翅。花期7-11月。

产云南、贵州及四川西南部，生于海拔2600-3600米山地草坡或疏林中。

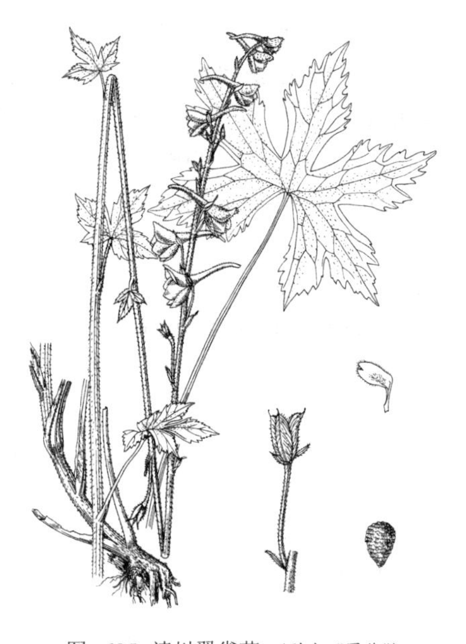

图 695 滇川翠雀花 （引自《图鉴》）

20. 峨眉翠雀花 图 696: 1-4

Delphinium omeiense W. T. Wang, Fl. Reipubl. Popul. Sin. 27: 403. 613. 1979.

茎高达95厘米，与叶柄被开展或稍向下斜展糙毛，不分枝或分枝，具4-6叶。下部茎生叶具长柄；叶五角形，长5-6.5（-9.5）厘米，宽7.5-11（-16）厘米，基部深心形，3深裂至基部4-5（-7）毫米，中裂片菱形，侧裂片斜扇形，不等2-3深裂，两面疏被短糙毛；下部叶柄长达25（-30）厘米。总状花序窄，长12-30厘米，具8-12花；序轴及花梗密被反曲白或淡黄色糙毛及开展黄色腺毛。花梗长1-4厘米，被毛；小苞片披针状线形或线形，长6-7毫米；萼片蓝紫色，椭圆状倒卵形，长1.2-1.6厘米，距钻形，长2-2.6厘米；花瓣无毛；退化雄蕊紫色，瓣片与爪近等长，2裂达中部，腹面下部中央被黄色髯毛，雄蕊无毛；心皮3。种子密生波状横翅。花期7-8月。

产四川及云南东北部，生于海拔2500-3300米山地草坡或林中。根药用，可镇痛、祛风除湿。

21. **川西翠雀花** 图 697

Delphinium tongolense Franch. in Bull. Soc. Philom. Paris sér. 8, 5: 166. 1893.

茎高1.6米，无毛。茎下部叶开花时枯萎。中部叶柄稍长；叶五角形，长7-9厘米，宽8-12厘米，3深裂至基部8毫米，中裂片菱形，侧裂片斜扇形或斜菱形，不等2深裂，两面疏被糙毛或近无毛。复总状花序顶生。花梗被黄色腺毛及白色短柔毛；小苞片近丝形，长4-7毫米；萼片蓝紫色，疏被短毛，上萼片宽椭圆形，长1.3-1.7厘米，距钻形，长1.5-2.4厘米，直伸或镰状下弯；花瓣无毛；退化雄蕊紫色，瓣片2裂至中部，腹面中央被黄色髯毛；心皮3，疏被短毛。种子密生横窄翅。花期7-8月。

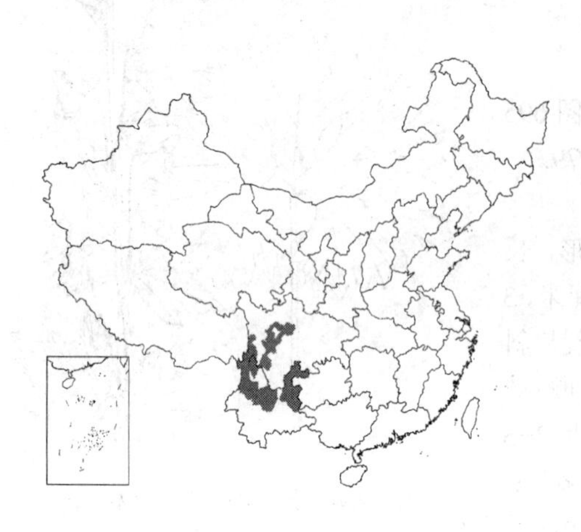

产云南北部及四川西部，生于海拔2900-3900米山地林缘、草坡或林中。

［附］**河南翠雀花** 图 696: 5-7 **Delphinium honanense** W. T. Wang in Acta Bot. Sin. 10: 146. 1962. 本种与川西翠雀花的区别: 叶中裂片不裂或微3浅裂；总状花序；心皮无毛。产河南西南部、陕西南部及湖北西部，生于海拔600-1900米山地林下。

图 696: 1-4. 峨眉翠雀花 5-7. 河南翠雀花 （张泰利绘）

22. **毛茎翠雀花** 图 698

Delphinium hirticaule Franch. in Journ. de Bot. 8: 275. 1894.

茎高约70厘米，下部疏被开展白色长糙毛，上部无毛。基生叶开花时枯萎；茎生叶约5枚。下部叶具长柄；叶五角形，长4.8-5.6厘米，宽8.5-9.5厘米，3深裂至基部7-9毫米，中裂片菱状倒卵形，中部3裂，侧裂片斜扇形，不等2深裂，两面被糙毛；叶柄长达15厘米。总状花序窄长，具5-10花。花梗长1.5-3厘米，无毛；小苞片生于花梗下部，钻状线形，长2.5-4毫米；萼片蓝紫色，椭圆形，长1.2-2厘米，疏被柔毛，距钻形，长1.7-2厘米；花瓣无毛；退化雄蕊蓝色，瓣片倒卵形，微凹或2深裂，腹面中央被黄色髯毛，雄蕊无毛；心皮3。种子密生鳞状横翅。花期8月。

图 697 川西翠雀花 （引自《中国植物志》）

产四川东北部、湖北西部及陕西南部，生于海拔1400-2900米山地草坡。

23. **黑水翠雀花** 图 699

Delphinium potaninii Huth in Bull. Herb. Boiss. 1: 332. pl. 14. 1893.

茎高达1.2米，无毛。茎中部叶

柄较长；叶五角形。长7-8.5厘米，宽10-15厘米，3深裂，裂片近靠接，中裂片菱形，中部3裂，侧裂片斜扇形，不等2深裂稍过中部，上面散生、下面沿脉疏被糙伏毛。顶生总状花序长20-30厘米，具多花；序轴及花梗无毛。花梗长2-9厘米，无毛；小苞片线形或丝形，长2-5毫米；萼片蓝紫色，倒卵形或椭圆状卵形，长1-1.8厘米，中部被柔毛，距钻形，长(1.6-)2.2-2.5(-3)厘米；花瓣无毛；退化雄蕊与萼片同色，瓣片2裂至中部，腹面中央密被黄色髯毛，雄蕊无毛；心皮3，无毛，稀被疏毛。种子密生鳞状横翅。花期8-9月。

产四川北部至东部、甘肃南部、陕西南部及湖北，生于海拔1800-3300米山坡或林中。

图 698 毛茎翠雀花 （孙英宝绘）

［附］**毛梗翠雀花 Delphinium eriostylum** Lévl. in Bull. Herb. Boiss. sér. 2, 6: 505. 1906. —— *Delphinium bovalotii* Franch. var. *eriostylum* (Lévl.) W. T. Wang; 中国植物志27: 410. 1979. 本种与黑水翠雀花的区别：茎有时疏被糙毛；花序伞房状，具3-5花，花梗被黄色腺毛。产贵州及四川东南部，生于海拔500-2000米山地。

图 699 黑水翠雀花 （孙英宝绘）

24. 螺距翠雀花 图 700 彩片 327

Delphinium spirocentrum Hand.-Mazz. Symb. Sin. 7: 280. 1931.

茎高达90厘米，与叶柄均被开展白硬毛。叶多生茎下部，具长柄；叶圆五角形，长2.7-4.8厘米，宽4-10(-14)厘米，3深裂至4/5，中裂片菱形，中部3裂，侧裂片斜扇形，不等2深裂，两面被短糙毛；叶柄长10-24厘米，被开展白硬毛。总状花序窄长，具4-25花。花梗近直伸，长1.5-5.5厘米，与序轴均密被白色糙毛及黄色腺毛；小苞片线形，长1-1.2厘米；萼片蓝紫色，椭圆形，长1.5-1.8厘米，被毛，距长约2.3厘米，马蹄状或螺旋状弯曲；退化雄蕊的瓣片较爪稍长，长方形，微凹或2浅裂至中部，腹面中央被黄色髯毛，雄蕊无毛；心皮3，子房被黄色糙毛。花期7-8月。

产云南西北部及四川西南部，生于海拔3500-4200米山地草坡、林缘或灌丛中。

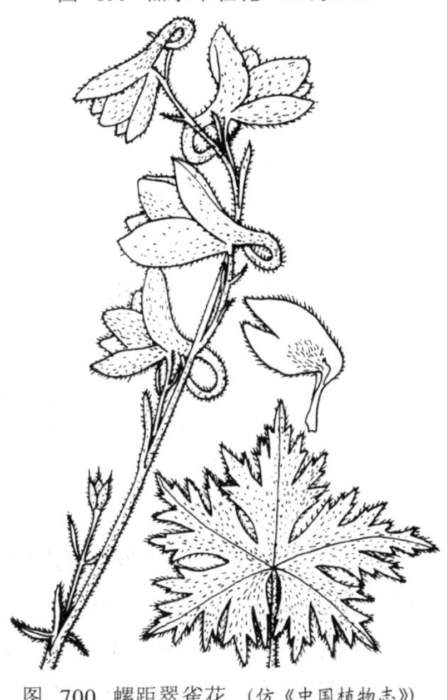

图 700 螺距翠雀花 （仿《中国植物志》）

25. 弯距翠雀花 图 701

Delphinium campylocentrum Maxim. in Acta Hort. Petrop. 11: 31. 1890.

茎高达1米，无毛。茎中部叶最大，柄较长；叶五角形，长7-8.4厘米，宽10-14厘米，3全裂，中裂片菱形，中部3裂，侧裂片斜扇形，不等2深裂，两面被柔毛；叶柄稍长于叶片，疏被短毛。圆锥花序具多花；序轴及花梗被黄色短腺毛。花梗长2.2-6厘米，被黄色腺毛；小苞片与花分开，钻形，长5-7毫米；萼片蓝紫色，卵形或倒卵形，长1-1.4厘米，疏被短腺毛，近先端具长2.5-3.5毫米角状突起，黄色，顶端2裂，距钻形，长1.8-2厘米，呈U字形或马蹄形下弯；退化雄蕊的瓣片2深裂，腹面中央被黄色髯毛，雄蕊无毛；心皮3（4），无毛。种子具波状横皱褶。花期7-9月。

图 701 弯距翠雀花 （引自《图鉴》）

产四川西北部及甘肃南部，生于海拔3400-3900米云杉林中或林缘草坡。

［附］**松潘翠雀花 Delphinium sutchuenense** Franch. in Bull. Soc. Philom. Paris sér. 8, 5: 178. 1893. 本种与弯距翠雀花的区别：花梗被反曲平伏白色柔毛，无黄色腺毛；萼片无角状突起或近先端具极短角状突起，萼距直或稍下弯。产甘肃南部及四川西北部，生于海拔约2800米山地林中或草坡。

26. 秦岭翠雀花 图 702

Delphinium giraldii Diels in Engl. Bot. Jahrb. 36, Beibl. 82: 39. 1905.

茎高达1.1（-1.5）米，与叶柄、花序轴及花梗均无毛。茎下部叶柄稍长，叶五角形，长6.5-10厘米，宽12-20厘米，3全裂，中裂片菱形或菱状倒卵形，中部3裂，侧裂片宽为中裂片2倍，不等2深裂近基部，两面被短柔毛；叶柄长约叶片1.5倍。总状花序数个组成圆锥花序；花长约3厘米。花梗斜展，长1.5-3厘米，无毛；小苞片钻形，长2.5-3.5毫米；萼片蓝紫色，卵形或椭圆形，长1-1.3厘米，被柔毛，距钻形，长1.6-2厘米；退化雄蕊的瓣片2裂稍过中部，腹面中央被黄色髯毛，雄蕊无毛；心皮3，无毛。种子密生波状横翅。花期7-8月。

图 702 秦岭翠雀花 （王金凤绘）

产四川北部、甘肃东南部、宁夏南部、陕西南部、湖北西部、河南西部及山西南部，生于海拔960-2000米山地草坡或林中。

［附］**疏花翠雀花 Delphinium sparsiflorum** Maxim. in Bull. Acad. Sci. St. Pétersb. 23: 307. 1877. 本种与秦岭翠雀花的区别：花长1.5-2.2厘

米；萼片长0.9-1厘米，萼距圆锥状，长0.6-1.1厘米。产宁夏南部、甘肃中部及南部、青海东部，生于海拔1900-2800米山地草坡或云杉林中。

［附］**三小叶翠雀花 Delphinium trifoliolatum** Finet et Gagnep. in Bull. Soc. Bot. France 51: 481. pl. 6. A. 1904. 本种与秦岭翠雀花的区别：茎疏被反曲柔毛；叶全裂片疏生牙齿；花序轴及花梗密被反曲柔毛；小苞片与花靠近，倒披针状线形或线形；退化雄蕊的瓣片腹面疏被白色短柔毛，无黄色髯毛。产安徽西部、湖北西南部及四川东南部，生于海拔1500-1600米林缘草地或林中。

27. 大理翠雀花　　图703　彩片328

Delphinium taliense Franch. in Bull. Soc. Philom. Paris sér. 8, 5: 174. 1893.

茎高1.3米，径4-8毫米，无毛或下部被糙毛。基生叶1或较多，与茎下部叶均具长柄；叶圆五角形或五角形，宽6.2-10厘米，3深裂至基部0.5-1厘米，中裂片菱状3裂，侧裂片斜扇形，不等2深裂，两面被糙伏毛；叶柄长达25厘米。总状花序具6-12（-17）花；序轴无毛。花梗近直伸，长2.5-7厘米，无毛或近顶端被短毛；小苞片生于花梗中部或上部，钻形，长4.5-5.5毫米；萼片紫蓝色，椭圆状倒卵形或椭圆形，长1.4（-2）厘米，被平伏短柔毛，近顶端具长1-2毫米角状突起，距稍长于萼片，钻形，长1.8-2.1（-2.5）厘米；退化雄蕊的瓣片2裂近中部，稍微凹，腹面中央被黄色短髯毛，雄蕊无毛；心皮3，无毛或子房疏被柔毛。种子沿棱具窄翅。花期8-11月。

图　703　大理翠雀花　（王金凤绘）

产云南北部及西北部、四川西南部，生于海拔2800-3500米山地松林林缘、草地或林中。

28. 角萼翠雀花　　图704　彩片329

Delphinium ceratophorum Franch. in Bull. Soc. Bot. France 33: 377. 1886.

茎高达65厘米，下部被开展白色糙毛。基生叶约5，具长柄；叶五角形或五角状肾形，长3-6.5（-10）厘米，宽3.2-10(-19) 厘米，3深裂至3/4-5/6，中裂片菱形，窄菱形或菱状楔形，3浅裂，侧裂片斜扇形，不等2深裂，两面被糙伏毛；叶柄长10-33厘米。总状花序长7-18（-30）厘米，具5-10(-17)花；序轴无毛。花梗长1.7-8厘米，无毛；小苞片披针形或披针状线形，长0.5-1厘米；萼片蓝紫色，倒卵形或椭圆状倒卵形，长1.6-1.8厘米，疏被短糙毛，近

图　704　角萼翠雀花　（张泰利绘）

先端具角长1.5-2毫米，距圆筒状钻形，长2.2-2.5厘米；退化雄蕊的瓣片倒卵形，2裂，腹面中央被黄色髯毛，雄蕊无毛；心皮3，子房被淡黄色柔毛。种子沿棱具翅状边缘。花期8-10月。

产云南西北部及四川南部，生于海拔2800-3600米山地草坡或林缘草地。

图 705 长距翠雀花 （张泰利绘）

29. 长距翠雀花 图 705 彩片 330

Delphinium tenii Lévl. in Fedde, Repert. Sp. Nov. 7: 98. 1909.

茎高达75厘米，无毛。基生叶柄稍长；叶五角状圆形或五角形，长3-5.5厘米，宽4-9厘米，3深裂至基部1.5-3毫米或近3全裂，裂片靠接，中央一回裂片菱形，中部3深裂，二回裂片再稍深裂，侧一回裂片扇形，不等2深裂，上面疏被稀弯曲柔毛，下面沿脉疏被柔毛或脱落无毛；叶柄长3.5-7厘米，无毛。总状花序疏生数花；序轴及花梗无毛。花梗与序轴成钝角斜展，长2.5-9.5厘米；小苞片钻形或披针状线形，长4-5（-12）毫米；萼片蓝色，椭圆形或窄椭圆形，长1-1.4厘米，被短毛，距钻形，长1.8-2.5厘米；退化雄蕊的瓣片倒卵形，先端微凹或2浅裂，腹面中央被黄色髯毛，雄蕊无毛；心皮3。种子密生鳞状横窄翅。花期7-10月。

产云南西北部、四川西南部及西藏东南部，生于海拔1850-3400米山地草坡或林缘。

30. 云南翠雀花 图 706

Delphinium yunnanense Franch. in Bull. Soc. Philom. Paris sér. 8, 5: 173. 1893.

茎高达90厘米，下部被反曲柔毛，上部无毛。疏生4-6叶。茎最下部叶开花时枯萎，下部叶具长柄；叶五角形，长3.6-5.8厘米，宽5.5-10厘米，3深裂至基部3-5毫米以下，裂片成直角叉开，中裂片菱状楔形，3深裂，二回裂片窄三角形或窄披针形，不裂或具1-2小裂片，侧裂片不等2深裂，上面被平伏短柔毛，下面疏被糙毛；叶柄长8.8-13厘米。总状花序窄长，疏生3-10花。花梗直伸，长1.2-5.5厘米，无毛或近无毛；小苞片钻形，长3.5-4.5毫米；萼片蓝紫色，椭圆状倒卵形，长0.9-1.4厘米；疏被柔毛，距钻形，长1.7-2.4厘米；退化雄蕊的瓣片倒卵形，2裂至中部，腹面中央被黄色髯毛，花丝无毛或疏被短毛；心皮3，子房密

图 706 云南翠雀花 （引自《图鉴》）

被短伏毛。种子沿棱具窄翅。花期8-10月。

产云南、四川南部及贵州西部，生于海拔1000-2400米山地草坡或灌丛边。根药用，治跌打损伤。

图 707 澜沧翠雀花 （张泰利绘）

31. 澜沧翠雀花 图 707

Delphinium thibeticum Finet et Gagnep. in Bull. Soc. Bot. France 51: 489. pl. 7A. 1904.

茎高达70(-85)厘米，被反曲柔毛。基生叶约3枚，具长柄；叶近圆形或圆肾形，长8-12（-20）厘米，3全裂，中裂片近菱形，3深裂，二回裂片一至二回细裂，侧裂片斜扇形，不等2深裂，上面疏被短伏毛，下面近无毛；叶柄长8-18（-24）厘米，无毛。茎生叶1，似基生叶，较小。总状花序窄长，具5至多花；序轴与花梗密被反曲的白色短柔毛，常混生少数黄色腺毛。小苞片披针形，长0.5-1.1厘米；萼片蓝紫色，椭圆状卵形或倒卵形，长1.2-1.4厘米，被短柔毛，距钻形，长1.9-2.2（-2.5）厘米；退化雄蕊的瓣片2裂近中部，腹面中央被黄色髯毛；花丝疏被毛或无毛；心皮3。种子沿棱具宽翅。花期8-9月。

产云南西北部、西藏东南部和东部、四川西南部，生于海拔2800-3800米山地草坡或疏林中。

［附］锐裂翠雀花 **Delphinium thibeticum** var. **laceratilobum** W. T. Wang, Fl. Reipubl. Popul. Sin. 27: 437. 615. pl. 100. f. 10-12. 1979. 本变种与模式变种的区别：叶小裂片多而密，小裂片窄三角形或披针状线形，先端锐尖；花序被开展柔毛。产四川西北部及西藏东部，生于海拔约3700米山谷、山坡。

32. 川甘翠雀花 图 708

Delphinium souliei Franch. in Bull. Soc. Philom. Paris sér. 8, 5: 172. 1873.

茎高达60厘米，疏被开展绢状柔毛。基生叶约5，无毛，具长柄；叶半圆形或扇形，长2-3.8厘米，宽2.8-8.4厘米，3全裂，裂片具细短柄或近无柄，细裂，小裂片线形；叶柄长5-11厘米；茎生叶1-2(-3)。总状花序具2-15花；花近闭合。花梗长3-14厘米，被短柔毛；小苞片披针形或披针状线形，长0.5-1.2厘米；萼片蓝紫色，卵形或窄卵形，上萼片船状，长1.4-1.9厘米，疏被短柔毛，距圆筒形，长2.1-2.7(-3)厘米；退化雄蕊的瓣片卵形，长约7.5毫米，

图 708 川甘翠雀花 （引自《图鉴》）

先端2浅裂，腹面中央疏被糙毛；花丝疏被毛；心皮3，子房密被柔毛。种子沿棱具宽翅。花期8-9月。

产四川、甘肃西南部及青海东南部，生于海拔3500-4400米山地草坡。

图 709 金沙翠雀花（孙英宝绘）

33. 金沙翠雀花 图 709

Delphinium majus（W. T. Wang）W. T. Wang in Acta Phytotax. Sin. Add. 1: 102. 1965.

Delphinium grandiflorum Linn. var. *majus* W. T. Wang in Acta Bot. Sin. 10: 273. 1962, excl. paratyp.

茎高达65厘米，疏被反曲平伏柔毛。基生叶1-3，开花时枯萎，具长柄；基生叶五角形，长3-6.5厘米，宽6.5-11厘米，掌状3全裂，裂片二至三回深裂，小裂片窄三角形或窄披针形，两面被短伏毛；叶柄长6-26厘米；中部以上叶渐小，小裂片披针状线形。顶生总状花序具4-7花，稀疏；序轴及花梗密被平伏白色柔毛。小苞片窄线形或钻形，长1.1-1.6厘米，被平伏柔毛，距钻形，长1.6-2.4厘米；退化雄蕊的瓣片倒卵形，顶端微凹，腹面中央被黄色髯毛，雄蕊无毛；心皮3，子房密被平伏柔毛。花期8-9月。

产云南西北部及四川西南部金沙江流域，生于海拔1600-1800米河谷、山坡草地或稀疏灌丛中。

34. 翠雀 图 710 彩片 331

Delphinium grandiflorum Linn. Sp. Pl. 531. 1753.

茎高达65厘米，与叶柄均被反曲平伏柔毛。基生叶及茎下部叶具长柄；叶圆五角形，长2.2-6厘米，宽4-8.5厘米，3全裂，中裂片近菱形，一至二回3裂至近中脉，侧裂片扇形，不等2深裂近基部，两面疏被短柔毛或近无毛；叶柄长为叶片3-4倍。总状花序具3-15花。花梗长1.5-3.8厘米，与序轴密被平伏白色柔毛；小苞片生于花梗中部或上部，与花分开，线形或丝形，长3.5-7毫米；萼片紫蓝色，椭圆形或宽椭圆形，长1.2-1.8厘米，被短柔毛，距钻形，长1.7-2（2.3）厘米；退化雄蕊的瓣片近圆形或宽倒卵形，顶端全缘或微凹，腹面中央被黄色髯毛，雄蕊无毛；心皮3。种子沿棱具翅。花期5-10月。

图 710 翠雀（引自《图鉴》）

产黑龙江、吉林西部、辽宁、内蒙古、河北、河南、山西、四川西北部及青海，生于海拔500-2800米山地草坡或丘陵砂地。俄罗斯西伯利亚地区及蒙古有分布。北京等地庭园栽培，供观赏，已有数百年历史。

［附］**腺毛翠雀 Delphinium grandiflorum** var. **glandulosum** W. T. Wang in Acta Bot. Sin. 10: 273. 1962. 本变种与模式变种的区别: 花序轴及花梗被反曲白色柔毛及开展黄色腺毛。产河北西南部、江苏西北部、安徽北部、河南、山西南部、陕西、甘肃中部及青海东部，生于海拔950-1800米丘陵、低山草坡或灌丛中。

图 711 展毛翠雀花 (孙英宝绘)

35. 展毛翠雀花 图 711

Delphinium kamaonense Huth var. **glabrescens** (W. T. Wang) W. T. Wang, Fl. Reipubl. Popul. Sin. 27: 449. 1979.

Delphinium pseudograndiflorum Wang var. *glabrescens* W. T. Wang in Acta Bot. Sin. 10: 274. 1962.

茎高达50(-70)厘米，被极稀疏开展柔毛。基生叶及茎下部叶具长柄；叶圆形，宽3.2-6.5(-8.2)厘米，3全裂，裂片细裂，小裂片线形，宽1-1.8（-3）毫米，两面疏被柔毛；叶柄长6.5-20厘米。总状花序具(2)3-14花，稀疏；花序轴近无毛。花梗长2.5-5.5（-9）厘米，顶部被曲伏毛，余被极稀疏开展短毛；小苞片窄披针形，长3-4.5毫米；萼片深蓝色，长0.9-1.8厘米，距钻形，长1.8-2.5厘米；退化雄蕊的瓣片倒卵形，顶端具小齿或微凹，腹面中央被黄色髯毛；心皮3，子房密被柔毛。种子沿棱具窄翅。花期7-8月。

产甘肃西南部、青海东南部及南部、四川西部、云南西北部、西藏东部，生于海拔2500-4200米高山草地。

36. 蓝翠雀花 图 712

Delphinium caeruleum Jacq. ex Camb. in Jacq. Voy. Bot. 4: 7. t. 6. 1844.

茎高达60厘米，与叶柄均被反曲柔毛。基生叶具长柄；叶近圆形，宽1.8-5厘米，3全裂，中裂片菱状倒卵形，细裂，侧裂片扇形，二至三回细裂，上面密被伏毛，下面疏被较长毛；叶柄长3.5-14厘米。茎生叶似基生叶。渐小。伞房花序常伞状，具1-7花。花梗细，长5-8厘米，与序轴密被反曲短柔毛；小苞片披针形，长0.4-1厘米；萼片紫蓝色，椭圆状倒卵形或椭圆形，长1.5-1.8(-2.5)厘米，被柔毛，有时基部密被长柔毛，距钻形，长1.8-2.8厘米，径2-3毫米；退化雄蕊的瓣片宽倒卵形或近圆形，顶端不裂或微凹，腹面中央被黄色髯毛，花丝疏被毛或无毛；心皮5。种子沿棱具窄翅。花期7-9月。

图 712 蓝翠雀花 (引自《图鉴》)

产西藏、四川西部、青海及甘肃，生于海拔2100-4000米山地草坡或多石砾山坡。尼泊尔及不丹有分布。

［附］**宽距翠雀花 Delphinium beesianum** W. W. Smith in Notes Roy. Bot. Gard. Edinb. 8: 130. 1913. 本种与蓝翠雀花的区别: 萼距钻状圆筒形，基部径3-4.5毫米，长2.4-2.8（-3.4）厘米。产云南西北部及四川西南部，生于海拔3500-4600米草坡或多石砾处。

37. 康定翠雀花 图 713 彩片 332

Delphinium tatsienense Franch. in Bull. Soc. Philom. Paris sér. 8, 5: 169. 1893.

茎高达80厘米，与叶柄密被反曲平伏柔毛。基生叶开花时常枯萎，茎下部叶具长柄；叶五角形或近圆形，长3.2-6.2厘米，宽4.5-8.5厘米，3全裂，中裂片菱形，2-3回近羽状细裂，侧裂片斜扇形，2深裂近基部，上面被短伏毛，下面疏被长柔毛；叶柄长5.5-17.5厘米。伞房状总状花序具3-12花。花梗长3-7.5厘米，密被反曲白色柔毛，常混生黄色腺毛；小苞片钻形，生于花梗中部，长3-3.5毫米；萼片深紫蓝色，椭圆状倒卵形或宽椭圆形，长1-1.2厘米，被柔毛，距钻形，长2-2.5厘米；退化雄蕊的瓣片宽倒卵形，先端不裂、微凹或微2浅裂，腹面中央被黄色髯毛，花丝疏被短毛或无毛；心皮3。种子沿棱具窄翅。花期7-9月。

图 713 康定翠雀花 （引自《图鉴》）

产云南北部及四川西部，生于海拔2300-3250米山地草坡。

38. 还亮草 图 714: 1-6 彩片 333

Delphinium anthriscifolium Hance in Journ. Bot. 5: 207. 1868.

一年生草本，茎高达78厘米。具直根。茎无毛或上部疏被反曲柔毛。二至三回近羽状复叶，或三出复叶；叶菱状卵形或三角状卵形，长5-11厘米，羽片2-4对，对生，稀互生，窄卵形，先端长渐尖，常分裂近中脉，小裂片窄卵形或披针形，上面疏被柔毛，下面无毛或近无毛；叶柄长2.5-6厘米。总状花序具（1）2-15花；序轴及花梗被反曲短柔毛。小苞片披针状线形，长2.5-4毫米；花梗长0.4-1.2厘米；花长1-1.8（-2.5）厘米；萼片堇色或紫色，椭圆形，长6-9（-11）毫米，疏被短柔毛，距钻形或圆锥状钻形，长5-9（-15）毫米；花瓣顶部宽；退化雄蕊无毛，蓝紫色，瓣片斧形，2深裂近基部，雄蕊无毛；心皮3，花序疏

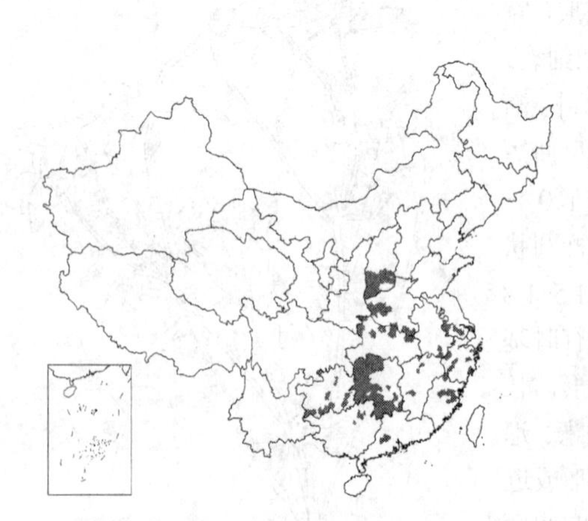

图 714: 1-6. 还亮草 7-8. 大花还亮草 9-12. 卵瓣还亮草 （张泰利绘）

被柔毛或近无毛。种子球形，具横窄膜翅。花期3-5月。

产山西南部、河南、安徽、江苏、浙江、福建、江西、湖北、湖南、贵州、广西及广东，生于海拔200-1200米丘陵、低山草坡或溪边草地。全草药用，治风湿骨痛，外涂治痈疮癣癞。

［附］**卵瓣还亮草** 图714：9-12 **Delphinium anthriscifolium** var. **savatieri**（Franch.）Munz in Journ. Arn. Arb. 48: 261. 1967. —— *Delphinium savatieri* Franch. in Bull. Soc. Linn. Paris 1: 330. 1882. —— *Delphinium anthriscifolium* var. *calleryi* auct. non（Franch.）Finet et Gagnep.: 中国植物志27: 460. 1979. 本变种与模式变种的区别: 退化雄蕊的瓣片卵形，顶端微凹或2裂至中部，有时全缘。产陕西南部、河南西南部、安徽、江苏、浙江、江西、广东、广西、湖南、贵州、四川及云南，生于海拔100-1300米林缘、灌丛中或草坡。

［附］**大花还亮草** 图 714: 7-8 **Delphinium anthriscifolium** var. **majus** Pamp. in Nouv. Giorn. Bot. Ital. n. sér. 20: 288. 1915. 本变种与模式变种的区别: 花长2.3-3厘米，萼片长1.2-1.6厘米，萼距长1.7-2.4厘米；退化雄蕊的瓣片卵形，2浅裂。产陕西南部、四川东部、湖北、安徽西部、湖南西北部及贵州东部，生于海拔200-1700米草坡。

13. 飞燕草属 Consolida（DC.）S. F. Gray

（王 筝）

一年生草本。叶互生，掌状细裂。花序总状或复总状。花两性，左右对称；萼片5，花瓣状，紫、蓝或白色，上萼片具距；花瓣2，连合，上部全缘或3-5裂，距伸入萼距之中，具分泌组织；雄蕊多数，花药椭圆状球形，花丝披针状线形，具1脉；心皮1，子房具多数胚珠。蓇葖具脉网。种子稍四面体形，具鳞状横翅。

约40余种，分布于欧洲南部、非洲北部及亚洲西部较干旱地区。我国1种。原产欧洲南部及亚洲西南部的飞燕草C. ajacis（Linn.）Schur 为著名观赏植物，我国一些城市有栽培。

凸脉飞燕草

图 715

Consolida rugulosa（Boiss.）Schrod. in Ann. Nat. Hofmus. 27: 43. 1913.

Delphinium rugulosum Boiss. in Ann. Sci. Nat. 16: 361. 1841.

茎高达10厘米，与花序轴、花梗均被开展白色柔毛，不分枝或下部分枝。叶具短柄；叶宽菱形，长0.7-1.7厘米，3全裂，小裂片线形，宽0.5-1毫米，两面被开展短柔毛。花序长3.5-7.5厘米。苞片似叶；花梗极短；萼片白色，窄卵形或卵状披针形，长约6.5毫米，距钻形，长约1.8厘米，末端稍下弯；花瓣瓣片3浅裂，中裂片长约1毫米，侧裂片圆卵形，宽约4毫米；雄蕊短；子房被白色短柔毛。蓇葖直，长0.9-1.2厘米，被开展柔毛，网脉隆起。

产新疆西北部，生于海拔约700米草地。伊朗、阿富汗、高加索及中亚地区有分布。

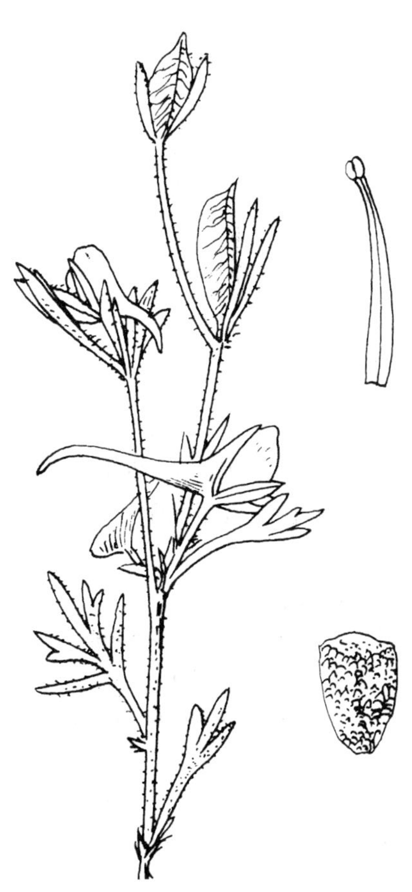

图 715 凸脉飞燕草（吴彰桦绘）

14. 星果草属 Asteropyrum Drumm. et Hutch.

（王 筝）

多年生小草本。根茎短，具多数细根。单叶，全基生，具长柄；叶圆形或五角形；叶柄盾状着生，基部具鞘。花茎1-3；苞片对生或轮生，卵形或宽卵形；花辐射对称，单花顶生。萼片5，白色，花瓣状，倒卵形；花瓣5，长约萼片之半，金黄色，瓣片倒卵形或近圆形，下部具细爪；雄蕊多数，花药宽椭圆形，花丝线形，中部以下微宽；心皮5-8，初直立，无毛。蓇葖成熟时星状开展，卵圆形，近革质，顶端具尖喙。种子多数，宽椭圆形，褐黄色。染色体基数x=8。

2种，我国特产。

1. 花葶高达20厘米；叶五角形，宽4-14厘米，3-5浅裂或近深裂，叶柄无毛 …… 1. **裂叶星果草 A. cavaleriei**
1. 花葶高达10厘米；叶圆形或稍五角形，宽2-3厘米，不裂或5浅裂，叶柄密被倒向柔毛 ………………………… 2. **星果草 A. peltatum**

1. 裂叶星果草　图716: 8

Asteropyrum cavaleriei (Lévl. et Vant.) Drumm. et Hutch. in Kew Bull. 1920: 156. 1920.

Isopyrum cavaleriei Lévl. et Vant. in Bull. Soc. Bot. France 51: 289. 1904.

多年生草本。根茎密生多条黄褐色细根。叶2-7；叶五角形，宽4-14厘米，3-5浅裂或近深裂，先端尖；基部近平截，具不规则浅波状圆缺；叶柄长6-13厘米，无毛，基部具膜质鞘。花葶1-3，高达20厘米，无毛或疏被柔毛；苞片生于花下5-8毫米，卵形或宽卵形，长约3毫米，近互生或轮生；花径1.3-1.6厘米。萼片椭圆形或倒卵形，长7-8毫米，先端圆；花瓣长3-4毫米，瓣片近圆形，具细爪；雄蕊稍长于花瓣；心皮5-8。蓇葖卵圆形，长达8毫米。种子椭圆形，褐黄色。花期5-6月，果期6-7月。

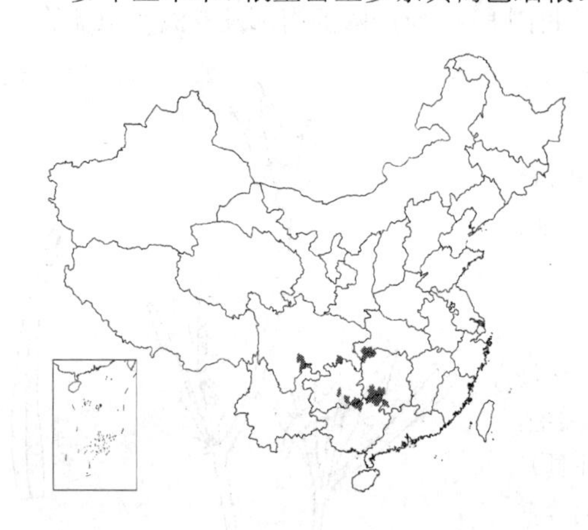

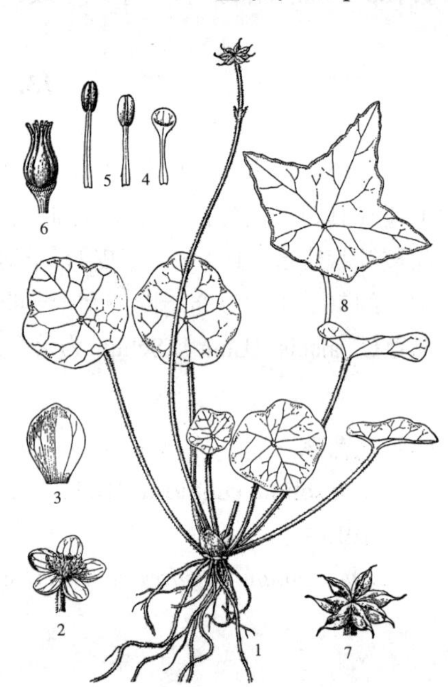

图 716: 1-7. 星果草 8. 裂叶星果草
（王金凤绘）

产四川、贵州、湖北、湖南、广西东北部及云南，生于海拔1050-2400米山地林下、路边及水边阴湿处。根茎在广西全州代黄连用。

2. 星果草　图716: 1-7 彩片 334

Asteropyrum peltatum (Franch.) Drumm. et Hutch. in Kew Bull. 1920: 155. 1920.

Isopyrum peltatum Franch. in Nouv. Arch. Mus. Hist. Nat. Paris sér. 2, 8: 190. pl. 4. 1885.

多年生小草本。叶2-6；叶圆形或近五角形，宽2-3厘米，不裂或5浅裂，具波状浅锯齿；叶柄长2.5-6厘米，密被倒向柔毛。花葶1-3，高达10厘米；苞片生于花下3-8毫米，卵形或宽卵形，长约3毫米，对生或轮生；花径1.2-1.5厘米。萼片倒卵形，长6-7毫米，先端圆，具3-5脉；花瓣金

黄色，长约萼片之半，瓣片倒卵形成近圆形，具细爪；雄蕊稍长于花瓣；心皮5-8，长椭圆形，顶端渐窄成花柱。蓇葖卵圆形，长达8毫米，顶端具尖喙。种子宽椭圆形，长约1.5毫米，褐黄色。花期5-6月，果期6-7月。

产云南西北部、四川及湖北西部，生于海拔2000-4000米山地林下。

15. 拟扁果草属 Enemion Rafin.

（王 筝）

多年生草本。根茎短而不明显，具多数细长须根。叶基生或茎生，二回三出复叶。花辐射对称，单生或数朵成伞形花序，花序具总苞。萼片5，花瓣状，白色，椭圆形；无花瓣；雄蕊多数，花药椭圆形，花丝丝状，上部宽；心皮3-6。蓇葖椭圆形，花柱宿存。种子少数，卵圆形至椭圆形，种皮具皱折。

5种，分布于北美及亚洲东北部。我国1种，产黑龙江、吉林及辽宁。

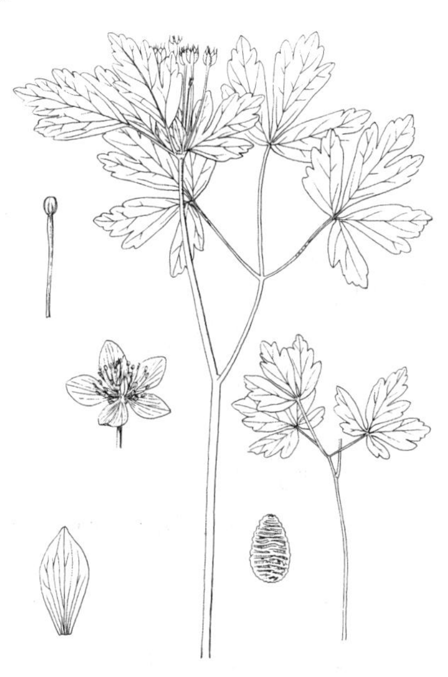

图 717 拟扁果草 （冯晋庸绘）

拟扁果草 图 717

Enemion raddeanum Regel in Bull. Soc. Nat. Mosc. 34(2): 61. t. 2. f. 3. 1861.

茎1-3，直立，高达40厘米。基生叶1，早落，较茎短，二回三出复叶。茎生叶常1枚，一回三出复叶，叶柄长2-25毫米；小叶柄长1.8-4.5厘米，小叶卵圆形，长宽2.5-7厘米，3全裂，中裂片菱形，上部3浅裂，具不等齿，侧裂片斜卵形，不等2裂。伞形花序顶生或腋生，具1-8花，无毛；总苞片3，叶状，卵状菱形，几无柄，长达5厘米。花梗长0.7-3厘米；花径1-1.5厘米；萼片白色，椭圆形，长4-6毫米；心皮斜卵形。蓇葖斜卵状椭圆形，长约8毫米，具突起斜脉，无毛，宿存花柱长约2毫米，微内弯。

产黑龙江、吉林及辽宁，生于山地林下。朝鲜、俄罗斯远东地区及日本有分布。

16. 扁果草属 Isopyrum Linn.

（王 筝）

多年生草本。具根茎。茎直立，无毛。叶基生及茎生，二回三出复叶，基生叶具长柄，茎生叶柄较短，基部具白色膜质鞘。单歧聚伞花序；苞片3浅裂或3全裂。花辐射对称，较小；萼片5，白色，花瓣状，椭圆形或卵形；花瓣5，较萼片小，椭圆形，下部席卷状或管状，基部浅囊状；雄蕊20-50；心皮（1-）5。离生，窄卵圆形。蓇葖（1-）5，椭圆状卵形，扁平，具横脉，顶端具内弯细喙。种子多枚，卵圆形或椭圆形。

4种，分布于亚洲及欧洲。我国2种。

1. 根茎细长、横走，疏生少数须根；花瓣长圆状船形，基部筒状 ………………………… 1. **扁果草 I. anemonoides**
1. 根茎具多数须根及纺锤状块根；花瓣倒卵状椭圆形，沿下缘连成浅杯状 …… 2. **东北扁果草 I. manshuricum**

1. 扁果草 图 718

Isopyrum anemonoides Kar. et Kir. in Bull. Soc. Imp. Nat. Mosc. 15: 135. 1842.

根茎细长，径1-1.5毫米，黑褐

色，横走，疏生少数须根。茎直立，柔弱，高达23厘米，无毛。基生叶多数，具长柄，二回三出复叶，无毛；叶三角形，宽达6.5厘米，顶生小叶具细柄，菱形或倒卵状圆形，长及宽1-1.5厘米，3全裂或3深裂，裂片具3枚粗圆齿或全缘，不等2-3深裂或浅裂；叶柄长3.2-9厘米；茎生叶1-2，似基生叶，较小。单歧聚伞花序，具2-3花。苞片卵形，3全裂或3深裂；花梗长达6厘米，无毛；花径1.5-1.8厘米；萼片白色，宽椭圆形或倒卵形，长7-8.5毫米，先端圆或钝；花瓣长圆状船形，长2.5-3毫米，基部筒状；雄蕊多数；心皮2-5。蓇葖扁平，长约6.5毫米，宿存花柱微外弯，无毛。种子椭圆形。花期6-7月，果期7-9月。

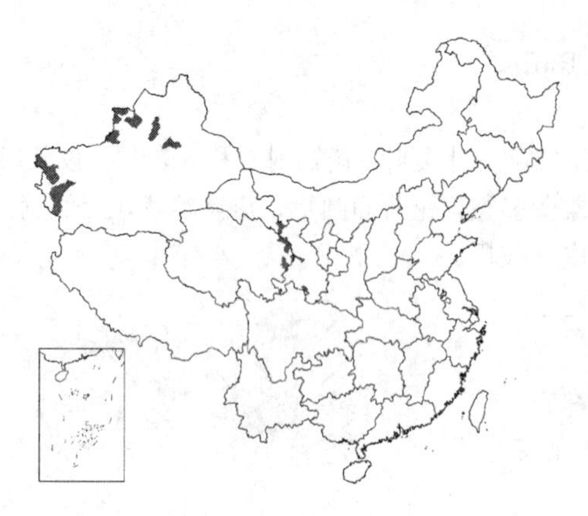

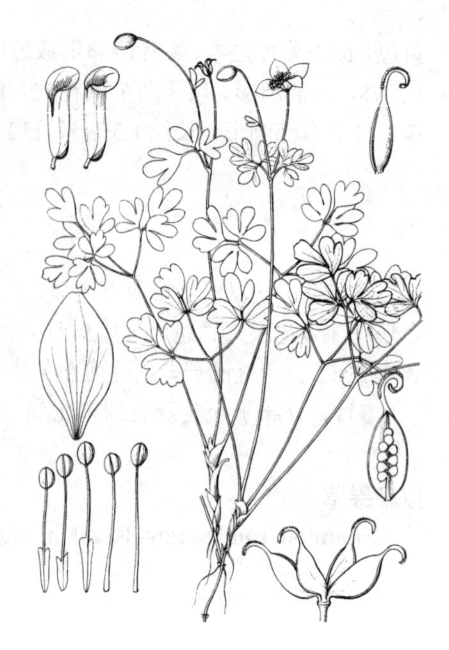

图 718 扁果草 （引自《图鉴》）

产新疆、青海及甘肃，生于海拔2300-3500米山地草原或林下石缝中。克什米尔地区、阿富汗及中亚地区有分布。

2. 东北扁果草 图 719

Isopyrum manshuricum Kom. in Not. Syst. Herb. Hort. Bot. USSR 6: 5. 1926, pro syn.

根茎长横走，具多数须根及纺锤状块根，近黑色。茎直立，高达18厘米，无毛。叶基生，少数，二回三出复叶，无毛；叶近三角形，宽达6厘米，顶生小叶具细柄，近扇形，长0.8-1.5厘米，宽1.5-2厘米，3深裂，裂片倒卵形，先端具3钝圆齿；叶柄长5.5-7.5厘米。花序具2-3花。下部苞片叶状，二回三出，最上部苞片三出，小裂片3深裂；花梗纤细，长1.5-6毫米；萼片5，白色，椭圆形或窄倒卵形，长6.5-7.5毫米，先端钝；花瓣倒卵状椭圆形，长约3毫米，沿下缘微连成浅杯状，基部浅囊状；雄蕊20-30，长约5毫米，花药宽椭圆形；心皮（1-）2，子房窄倒卵形，扁平，长约3毫米，花柱长约2毫米。

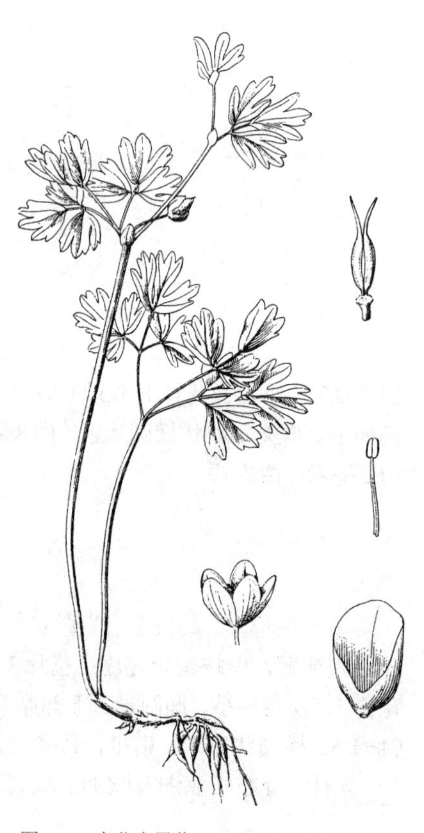

图 719 东北扁果草 （引自《东北草本植物志》）

产黑龙江南部及辽宁东北部，生于海拔约800米山地针阔叶混交林下湿地。

17. 蓝堇草属 Leptopyrum Reichb.

（王 筝）

一年生草本。直根不分枝，具少数侧根。茎数条，无毛或近无毛。一至二回三出复叶，小叶再一至二回细裂，基生叶具长柄，茎生叶柄较短。单歧聚伞花序；苞片似茎生叶。花径3-5毫米，辐射对称；萼片5，花瓣状，淡黄色，椭圆形，花瓣2-3，长约1毫米，近二唇形；雄蕊10-15，花丝近丝状，花药近球形；心皮6-20，无毛。蓇葖线状长椭圆形，具凸起网脉，花柱宿存。种子4-14，窄卵圆形，深褐或近黑色，具小疣。

单种属。

蓝堇草 图720

Leptopyrum fumarioides (Linn.) Reichb. Consp. 192. 1828.

Isopyrum fumarioides Linn. Sp. Pl. 557. 1753.

形态特征同属。花期5-6月，果期6-7月。

产黑龙江、吉林、辽宁、内蒙古、河北、山西、陕西、宁夏、甘肃、青海及新疆，生于海拔100-1440米田边、路边或干燥草地。亚洲北部及欧洲有分布。药用，治心血管病、肠胃病及伤寒。

图 720 蓝堇草 (王兴国绘)

18. 拟耧斗菜属 Paraquilegia Drumm. et Hutch.

(王 筝)

多年生草本。根茎较粗壮，黑褐色。叶多数，全基生，一至二回三出复叶，具长柄，叶柄基部鞘状，老叶柄残基密集呈丛状。花葶1-3，直立；苞片对生，稀互生，倒披针形或线状倒披针形；花单生花葶顶端，辐射对称。萼片5，淡蓝紫或白色，花瓣状，椭圆形；花瓣5，黄色，倒卵形或长椭圆状倒卵形，先端微凹，基部浅囊状，无爪；雄蕊多数，花药椭圆形，黄色，花丝丝状；心皮5(-8)，花柱长约子房之半或近等长，胚珠多数，2列。蓇葖直立或稍开展，顶端具细喙，具网脉。种子椭圆状卵圆形，褐或灰褐色，一侧具窄翼，光滑或具乳突状小疣。

约3种，我国2种，产西南及西北。尼泊尔、蒙古、中亚地区及俄罗斯西伯利亚有分布。

1. 二回三出复叶，小裂片倒披针形或椭圆状倒披针形；萼片脱落；种子褐色，光滑 …… **拟耧斗菜 P. microphylla**
1. 一回三出复叶，小裂片倒卵形；萼片宿存；种子灰褐色，具乳突状小疣 …… (附). **乳突拟耧斗菜 P. anemonoides**

拟耧斗菜 图721 彩片335

Paraquilegia microphylla (Royle) Drumm. et Hutch. in Kew Bull. 1920: 157. 1920.

Isopyrum microphyllum Royle, Ill. Bot. Himal. Mount. 54, t. 11. f. 4. 1839-40.

根茎细圆柱形或近纺锤形，径2-6毫米。叶多数，二回三出复叶，无毛。叶三角状卵形，宽2-6厘米，顶生小叶宽菱形或肾状宽菱形，长5-8毫米，宽0.5-1厘米，3深裂，每裂片再2-3细裂，小裂片倒披针形或椭圆状倒披针形，宽1.5-2毫米；叶柄细，长2.5-11厘米。花葶直立，长3-18厘米；苞片2，生于花下0.3-3.3厘米，对生或互生，倒披针形，长0.4-1.2厘米，基部具膜质鞘；花径2.8-5厘米。萼片淡堇或淡紫红色，稀白色，倒卵形或椭圆状倒卵形，长1.4-2.5厘米，先端微圆；花瓣倒卵形或倒卵状长椭圆形，长约5毫米，先端微凹，下部浅囊状；雄蕊多数；心皮5(-8)，无毛。蓇葖直立，长0.9-1.2厘米，喙长约2毫米。种子窄卵圆形，长1.3-1.8毫米，褐色，一侧具窄翅，光滑。花期6-8月，果期8-9月。

产四川西部、甘肃、新疆、青海、西藏及云南，生于海拔2700-4300米

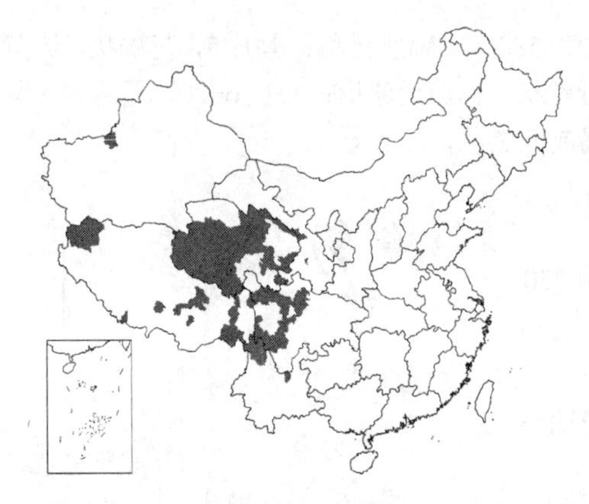

高山石壁或岩缝中。不丹、尼泊尔及哈萨克斯坦有分布。枝、叶药用，治子宫出血等症，根及种子可治乳腺炎、恶疮痈疽。

［附］ **乳突拟耧斗菜 Paraquilegia anemonoides** (Willd.) Engl. ex Ulbr. in Fedde, Repert. Sp. Nov. 12: 369. 1922. —— *Aquilegia anemonoides* Willd. Ges. Naturf. Freunde Berl. Mag. 5: 401. t. 9. f. 6. 1811. 本种与拟耧斗菜的区别：一回三出复叶，小裂片倒卵形；萼片宿存；种子具乳突状小疣。产甘肃、宁夏、青海北部、新疆及西藏西部，生于海拔2600-3400米山地石缝中或山区草原。蒙古、俄罗斯西伯利亚及哈萨克斯坦有分布。

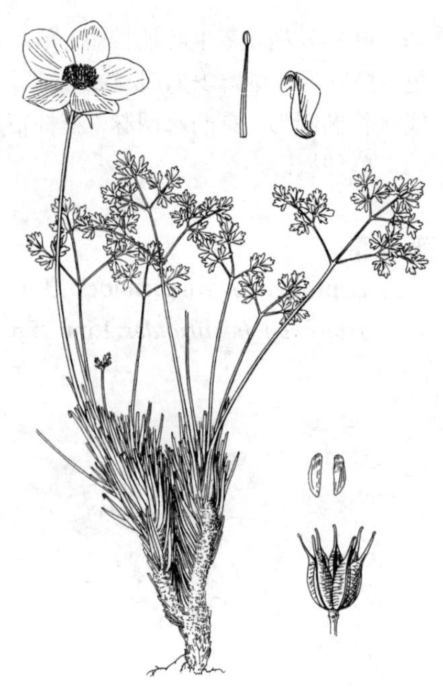

图 721 拟耧斗菜 （引自《图鉴》）

19. 尾囊草属 Urophysa Ulbr.

（王 筝）

多年生草本。根茎粗壮，稍木质。叶均基生，莲座状，单叶，常3全裂或一回三出复叶状，具长柄，叶柄基部鞘状。花葶常数条，不分枝；聚伞花序具1或3花。花辐射对称；萼片5，倒卵形或宽椭圆形，花瓣状，天蓝或粉红白色，具短爪；花瓣5，非花瓣状，较萼片短3-4倍，基部囊状或具短距；雄蕊多数，花药椭圆形；退化雄蕊约7枚，位于能育雄蕊内侧，披针形，膜质；心皮5（6-8），子房及花柱下部被柔毛，花柱较子房长约2倍。蓇葖卵圆形，肿胀，宿存花柱长。种子椭圆形，密被小疣。

2种，我国特产。

1. 聚伞花序具3花；花瓣无距，基部囊状；萼片长1-1.4厘米 ……………………………… **尾囊草 U. henryi**
1. 花葶具单花；花瓣具短距；萼片长约2厘米 ……………………………………………… （附）. **距瓣尾囊草 U. rockii**

尾囊草 尾囊果 图 722: 1-7

Urophysa henryi (Oliv.) Ulbr. in Notizbl. Bot. Gart. Berl. 10: 870. 1929.

Isopyrum henryi Oliv. in Hook. Icon. Pl. 8: t. 1745. 1888.

根茎木质，粗壮。叶多数；叶宽卵形，长1.4-2.2厘米，宽3-4.5厘米，基部心形，中裂片无柄或具长达4毫米短柄，扇状倒卵形或扇状菱形，宽1.7-3厘米，上部3裂，二回裂片具少数钝齿，侧裂片斜扇形，不等2浅裂，两面疏被柔毛；叶柄长3.6-12厘米，被开展柔毛。花葶与叶近等长；聚伞花序长约5厘米，具3花；苞片楔形、楔状倒卵形或匙形，长1-2.2厘米，不裂或3浅裂；小苞片对生或近对生，线形，长6-9毫米；花径2-

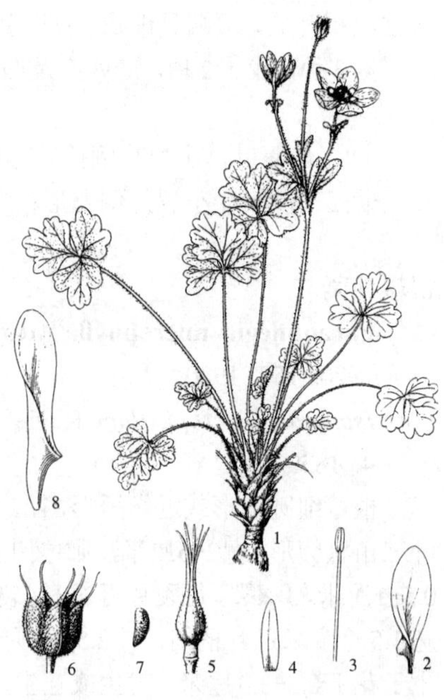

图 722: 1-7. 尾囊草 8. 距瓣尾囊草 （蔡淑琴绘）

2.5厘米。萼片天蓝或粉红白色，倒卵状椭圆形，长1-1.4厘米，疏被柔毛，内面无毛；花瓣无距，基部囊状，长约5毫米；退化雄蕊长椭圆形，长2.5-3.5毫米，渐尖；心皮5（-8）。蓇葖长4-5毫米，密生横脉，被短柔毛，宿存花柱长2毫米。种子窄肾形，长约1.2毫米，密被小疣。花期3-4月。

产四川、湖北西部、湖南西北部及贵州，生于山地石缝中或陡崖。根药用，治挫伤青肿。

［附］**距瓣尾囊草** 图722: 8 **Urophysa rockii** Ulbr. in Notizbl. Bot. Gart. Berl. 10: 869. 1929. 本种与尾囊草的区别: 花葶具单花；花瓣具短距；萼片长约2厘米。产四川北部涪江流域上游，生于溪边潮湿处，与苔类伴生。

20. 耧斗菜属 Aquilegia Linn.

（王文采）

多年生草本。基生叶为二至三回三出复叶，具长柄；茎生叶较基生叶小，具短柄或近无柄，稀无柄。单歧聚伞花序顶生，少花。花两性，辐射对称。萼片5，花瓣状，蓝、紫、紫红或黄绿色；花瓣5，与萼片近等大，各色，基部常下延成具蜜腺的距；雄蕊多数，花药椭圆形，花丝线形或上部近丝状，退化雄蕊少数，膜质，条状披针形，生于雄蕊内侧；心皮（4）5（-10），花柱长约子房之半，胚珠多数。蓇葖稍直立，顶端具细喙，网脉明显。种子窄倒卵圆形，光滑。

约70种，分布于北温带。我国约13种，产西南、西北、华北及东北。花美丽，可供观赏。

1. 花瓣无距或具短距，径1.5-2毫米。
  2. 花瓣无距 …………………… 1. **无距耧斗菜 A. ecalcarata**
  2. 花瓣具短距 …………………… 1(附). **细距耧斗菜 A. ecalcarata** f. **semicalcarata**
1. 花瓣具距，径5毫米以上。
  3. 雄蕊不伸出或稍伸出花外。
    4. 花瓣距直或末端稍内曲 …………………… 2. **直距耧斗菜 A. rockii**
    4. 花瓣距末端钩曲。
      5. 萼片长不及2.5厘米；花瓣距较瓣片长或近等长。
        6. 茎生叶明显。
          7. 茎无毛或近无毛；萼片及花瓣紫或黄白色。
            8. 萼片及花瓣均紫色 …………………… 3. **华北耧斗菜 A. yabeana**
            8. 萼片紫色，花瓣瓣片黄白色。
              9. 萼片长约3厘米；蓇葖长2-3厘米 …………………… 4. **尖萼耧斗菜 A. oxysepala**
              9. 萼片长1.6-2.5厘米；蓇葖长1.2-1.7(-2.5)厘米 …………………… 4(附). **甘肃耧斗菜 A. oxysepala** var. **kansuensis**
          7. 茎密被短柔毛；萼片及花瓣暗紫色，或近黑色 …………………… 4(附). **暗紫耧斗菜 A. atrovinosa**
        6. 茎生叶不明显或无。
          10. 小叶宽菱形或菱状倒卵形，宽达2厘米；萼片先端圆 …………………… 5. **白山耧斗菜 A. japonica**
          10. 小叶肾形或圆卵形，宽达5厘米；萼片先端微尖 ……………………5(附). **西伯利亚耧斗菜 A. sibirica**
      5. 萼片长3-4.5厘米；花瓣距较瓣片短 …………………… 6. **大花耧斗菜 A. glandulosa**
  3. 雄蕊伸出花外。
    11. 萼片及花瓣黄绿色 …………………… 7. **耧斗菜 A. viridiflora**
    11. 萼片及花瓣暗紫色 …………………… 7(附). **紫花耧斗菜 A. viridiflora** f. **atropurpurea**

1. 无距耧斗菜 图723 彩片336

Aquilegia ecalcarata Maxim. Fl. Tangut. 20. t. 8. f. 12. 1889.

茎高达60（-80）厘米，疏被柔毛。基生叶数枚，具长柄，二回三出复叶；小叶宽菱形、楔状倒卵形或扇形，长宽1.5-3厘米，3裂，裂片具2-3齿，两面无毛或下面疏被柔毛；茎生叶1-3，较小。花序具2-3花。花梗长达6厘米；萼片紫色，窄卵形，长1-1.4厘米；花瓣瓣片长圆状椭圆形，与萼片近等长，无距；雄蕊长约萼片之半；心皮4-5，子房疏被柔毛。蓇葖长0.8-1.1厘米。花期5-6月。

产河南西部、陕西南部、甘肃、青海、西藏东部、四川、湖北西部及贵州东北部，生于海拔1800-3500米山地林下或路边。

［附］**细距耧斗菜** 彩片337 **Aquilegia ecalcarata** f. **semicalcarata** (Schipcz.) Hand.-Mazz. in Acta Hort. Gotob. 13: 45. 1939. —— *Semiaquilegia ecalcarata* f. *semicalcarata* Schipcz. in Not. Syst. Herb. Hort. Ross. 5: 54. 1924. 本变型与模式变型的区别: 花瓣距长2-6毫米，径1.5-2毫米。产西藏东部、四川西部及甘肃南部，生于海拔2500-3500米草坡、灌丛或疏林中。

图 723 无距耧斗菜 （王金凤绘）

2. 直距耧斗菜 图724: 1-4 彩片338

Aquilegia rockii Munz in Gent. Herb. 7: 95. f. 24. 1946.

茎高达80厘米，基部疏被柔毛，上部密被腺毛。基生叶具长柄，二回三出复叶；小叶宽菱形或楔状倒卵形，长宽2-3.5厘米，2-3裂，具少数齿，上面近无毛，下面近基部被短柔毛；茎生叶1-3，较小。花序具1-3花。花梗长达12厘米；萼片紫色，窄卵形，长2-3厘米；花瓣紫色，瓣片长圆形，长1-1.5厘米，距长1.6-2厘米，直或末端稍弯；雄蕊较瓣片短，退化雄蕊长6-7毫米；心皮5，子房密被腺毛。蓇葖长1.5-2厘米。花期6-8月。

产西藏东南部、云南西北部及四川，生于海拔2500-3500米林下或路边。

图 724: 1-4. 直距耧斗菜 5-8. 尖萼耧斗菜 （王金凤绘）

3. 华北耧斗菜 图725 彩片339

Aquilegia yabeana Kitagawa in Rep. 1st Sci. Exp. Manch. 4(4): 81. t. 1. 1936.

茎高达60厘米，疏被柔毛及腺毛。基生叶具长柄，一至二回三出复叶；小叶菱状倒卵形或宽菱形，长2.5-5厘米，3裂，具疏齿，上面无毛，下面疏被柔毛；茎生叶小。花序具少花。萼片紫色，窄卵形，长1.6-2.6厘米；花瓣紫色，瓣片长圆形，长1.2-1.5厘米，距长1.7-2厘米，末端钩曲；雄蕊

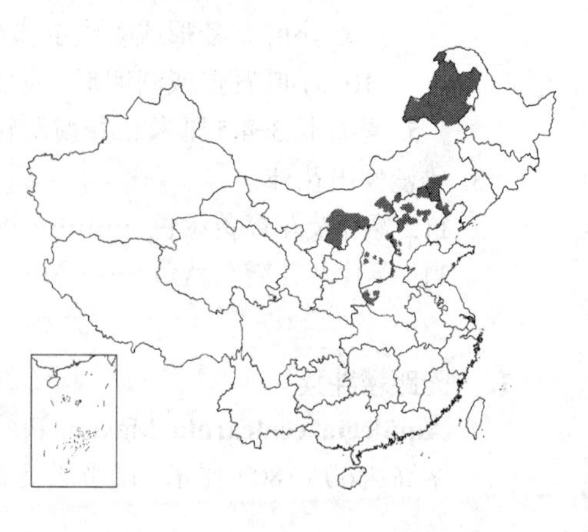

长达1.2厘米，退化雄蕊长约5.5毫米；心皮5，子房密被短腺毛。蓇葖长1.5-2厘米。花期5-6月。

产辽宁西部、内蒙古、河北、山西、河南西部及山东，生于草坡或林缘。

图 725 华北耧斗菜（王金凤绘）

4. 尖萼耧斗菜 图 724: 5-8 彩片 340

Aquilegia oxysepala Trautv. et Mey. Fl. Ochot. 10. f. 15. 1856.

茎高达80厘米，近无毛或被极疏柔毛。基生叶具长柄，二回三出复叶；小叶宽菱形或菱状倒卵形，长2-6厘米，3裂，具少数圆齿，两面无毛或下面疏被柔毛；茎生叶较小。花序具3-5花。萼片紫色，窄卵形，长2.5-3厘米；花瓣瓣片黄白色，宽长圆形，长1-1.3厘米，距紫色，长1.5-2厘米，末端向内钩曲；雄蕊与瓣片近等长，退化雄蕊长约7毫米；心皮5，子房被短柔毛。蓇葖长2.5-3厘米。花期5-6月。

产黑龙江、吉林、辽宁及内蒙古，生于海拔450-1000米林缘或草地。朝鲜及俄罗斯远东地区有分布。

［附］**甘肃耧斗菜** 彩片 341 **Aquilegia oxysepala** var. **kansuensis** Brühl in Journ. As. Soc. Beng. 61: 285. 1892. 本变种与模式变种的区别：萼片长1.6-2.5厘米；蓇葖长1.2-1.7厘米。产陕西南部、湖北西部、甘肃、宁夏南部、青海东部、四川及云南东北部，生于海拔1300-2700米草坡。

［附］**暗紫耧斗菜 Aquilegia atrovinosa** M. Pop. ex Gamajun. β фл Казах 4: 28. 1961. 本种与尖萼耧斗菜的区别：萼片及花瓣均呈暗紫色，有时近黑色；茎密被柔毛。产新疆天山一带，生于海拔1700-2600米云杉林下或林缘。哈萨克斯坦有分布。

5. 白山耧斗菜 图 726 彩片 342

Aquilegia japonica Nakai et Hara in Bot. Mag. Tokyo 49: 7. 1935.

茎高达40厘米，常单一，不分枝或上部少分枝。叶均基生，具长柄，二回三出复叶；小叶宽菱形或菱状倒卵形，长1-2.5厘米，基部楔形或宽楔形，3浅裂，疏生圆齿，上面无毛，下面疏被短柔毛。花葶高达25厘米，疏被柔毛或近无毛；花序具1-3花。萼片蓝紫色，宽椭圆形，长约2.2厘米，先端圆；花瓣蓝紫色，瓣片长圆形，上部淡黄色，较花瓣稍短，距长1.5-2.4厘米，末端钩曲；雄蕊长约9毫米，退化雄蕊长7毫米；心皮5，无毛。蓇葖长约2.4厘米。花期7-8月。

产吉林长白山，生于海拔1400-2500米山地岩缝中。朝鲜及日本有分布。

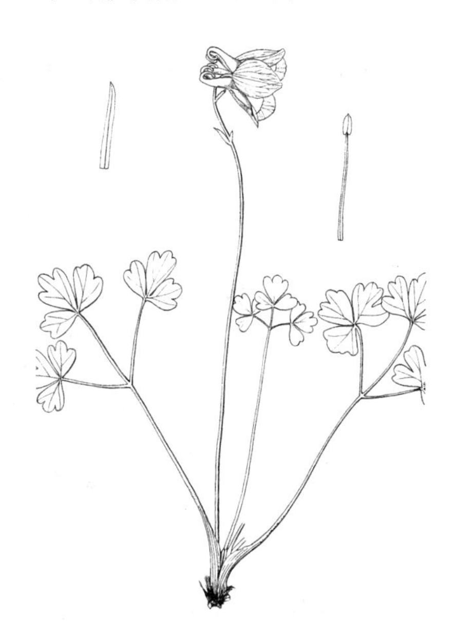

图 726 白山耧斗菜（孙英宝绘）

［附］**西伯利亚耧斗菜 Aquilegia sibirica** Lam. Encyl. 1: 150. 1783. 本种与白山耧斗菜的区别：小叶肾形或圆卵形，宽达5厘米；萼片先端微

尖。产新疆北部及东北部，生于海拔1600-2000米草甸。蒙古、俄罗斯西伯利亚及哈萨克斯坦有分布。

6. 大花耧斗菜 图 727

Aquilegia glandulosa Fisch. ex Link, Enum. Hort. Berol. 2: 84. 1822.

茎高达40厘米，下部无毛，上部被柔毛。基生叶具长柄，（一）二回三出复叶；小叶宽菱形、菱状倒卵形或肾形，长1.5-3厘米，3浅裂，疏生圆齿，两面无毛或下面疏被柔毛；茎生叶1或无。花序具1-3花。花梗长2-8厘米；萼片蓝色，卵形，长3-4.5厘米；花瓣瓣片蓝或白色，宽长圆形，长1.5-2.5厘米，距长0.6-1.2厘米，末端向内钩曲；雄蕊长0.5-1厘米，退化雄蕊长8毫米；心皮8-10，子房密被柔毛。蓇葖长2-3厘米。花期6-8月。

产新疆北部，生于海拔1000-2700米针叶林下、草坡、山谷或河边。蒙古及俄罗斯西伯利亚有分布。

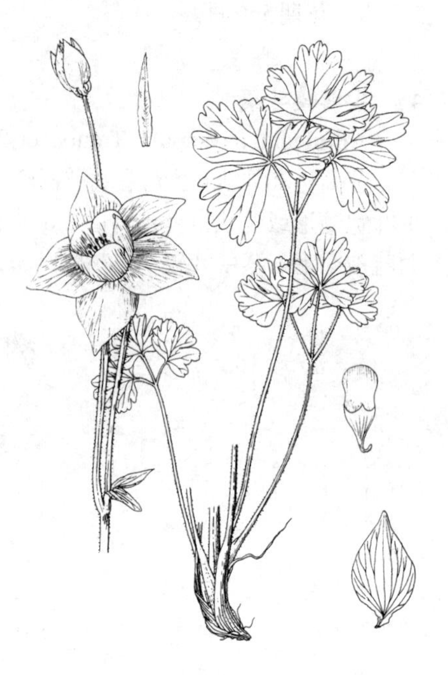

图 727 大花耧斗菜 （王金凤绘）

7. 耧斗菜 图 728

Aquilegia viridiflora Pall. in Nov. Acta Acad. Petrop. 2: 260. t. 11. f. 1. 1779.

茎高达50厘米，被柔毛或腺毛。基生叶具长柄，二回三出复叶；小叶楔状倒卵形，长1.5-3厘米，宽长近相等或更宽，3裂，疏生圆齿，上面无毛，下面被短柔毛或近无毛；茎生叶较小。花序具3-7花。花梗长2-7厘米；萼片黄绿色，窄卵形，长1.2-1.5厘米；花瓣黄绿色，瓣片宽长圆形，与萼片近等长，距长1.2-1.8厘米，直或稍弯；雄蕊长达2厘米，伸出花外，退化雄蕊长7-8毫米；心皮(4)5(6)，子房密被腺毛。蓇葖长2-2.5厘米。花期5-7月。

产黑龙江、吉林、辽宁、内蒙古、河北、山东、江苏、山西、陕西、甘肃、宁夏及青海，生于海拔200-2300米山地、路边、湿草地或河边。俄罗斯远东地区有分布。

图 728 耧斗菜 （王兴国绘）

［附］ **紫花耧斗菜 Aquilegia viridiflora** f. **atropurpurea** (Willd.) Kitagawa in Journ. Jap. Bot. 36: 6. 1950. —— *Aquilegia atropurpurea* Willd. Enum. Hort. Berol. 577. 1806. 本变型与模式变型的区别：萼片及花瓣均暗紫色。产辽宁南部、内蒙古、河北、山东东部、山西及青海东部，生于山谷林中或沟边多石处。

21. 天葵属 **Semiaquilegia** Makino

（王　筝）

多年生小草本，具块根。叶基生或茎生，掌状三出复叶，基生叶具长柄，茎生叶柄较短。单歧或蝎尾状聚伞花序；苞片小，3深裂或不裂。花小，辐射对称；萼片5，白色，花瓣状，窄椭圆形；花瓣5，匙形，基部囊状；雄蕊8-14，花药宽椭圆形，黄色，花丝丝状，中部以下稍宽；退化雄蕊约2枚，生于雄蕊内侧，白膜质，线状披针形；心皮3-4（5），花柱长约子房1/5-1/6。蓇葖微星状开展，卵状长椭圆形，具横脉，无毛，先端具细喙。种子多数，黑褐色，密被小瘤。

2种，分布于我国长江流域亚热带地区及日本。块根药用。

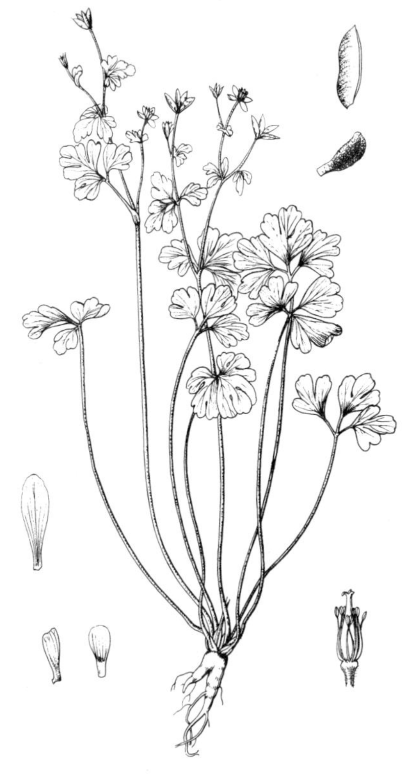

图 729 天葵（引自《中国药用植物》）

天葵　　图 729 彩片 343

Semiaquilegia adoxoides (DC.) Makino in Bot. Mag. Tokyo 16: 119. 1902.

Isopyrum adoxoides DC. Syst. Nat. 1: 324. 1818.

块根长达2.5厘米，径3-6毫米，褐黑色。茎高达32厘米，疏被柔毛，分枝。基生叶多数，一回三出复叶；小叶扇状菱形或倒卵状菱形，长0.6-2.5厘米，宽1-2.8厘米，3深裂，裂片疏生粗齿；叶柄长3-12厘米。花序具2至数花。萼片5，白色，带淡紫色，窄椭圆形，长4-6毫米；花瓣匙形，长2.5-3.5毫米，基部囊状；雄蕊8-14，花药椭圆形，退化雄蕊2，窄披针形；心皮3-5，花柱短。蓇葖果长6-7毫米。

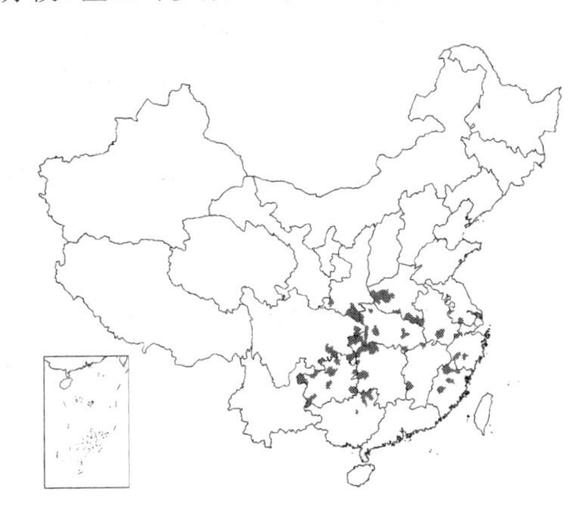

产江苏、安徽、浙江、福建、江西、湖北、湖南、广西北部、贵州、四川、陕西南部及河南，生于海拔100-1050米疏林下、路边或山谷较阴处。日本有分布。块根有小毒，可治疮疖、乳腺炎、扁桃体炎、淋巴结核及跌打损伤；也可作土农药，防治蚜虫、红蜘蛛及稻螟。

22. 唐松草属 **Thalictrum** Linn.

（王文采）

多年生草本。叶基生并茎生，稀全基生或茎生，一至五回三出复叶，稀单叶。单歧聚伞花序，稀总状花序。花两性或单性；萼片4-5，较小，早落，淡黄绿或白色，有时较大，粉红或紫色，花瓣状；无花瓣；雄蕊多数，稀少数，花丝线形，丝状，或上部宽或粗，花药药隔顶端不突出或突出；心皮2-20（-68），无柄或具柄，子房1胚珠，花柱短或长，腹面具不明显柱头组织或成明显柱头，柱头有时向两侧延长成翅，呈线形或三角形。瘦果椭圆状球形或卵球形，稍两侧扁，有时扁平，每侧具3条，稀1条纵肋。

约200种，分布于亚洲、欧洲、非洲、北美洲及南美洲。我国70种，各地均有分布。

本属一些种类，根部含小檗碱，可代黄连药用。有些种类花艳丽，可供观赏。

1. 花向顶发育，植株或总状花序的最下部花先开；花丝丝状；柱头具三角状宽翅。
   2. 叶均茎生，茎下部叶鳞片状，上部叶为三至四回羽状复叶；单花生于茎上部叶腋 ………………………………………………………………… 40. 石砾唐松草 **T. squamiferum**

2. 叶均基生，二回羽状三出复叶；顶生总状花序，苞片小，卵形，不裂。
3. 花梗下弯。
4. 心皮无柄 ………………………………………………………………………… 41. 高山唐松草 **T. alpinum**
4. 心皮具短柄 ………………………………………… 41(附). 柄果高山唐松草 **T. alpinum** var. **microphyllum**
3. 花梗斜上伸展 ………………………………………………… 41(附). 直梗高山唐松草 **T. alpinum** var. **elatum**
1. 花离顶发育，花序顶端的花先开，单歧聚伞花序。
5. 花柱上部钩曲，腹面上部常具不明显柱头组织，柱头不明显。
6. 花序被毛。
7. 小叶草质，脉平，脉网不明显；雄蕊8-12，花丝丝状，上部稍宽，较花药窄；花序具少花 ………………………………………………………………………………………… 8. 小喙唐松草 **T. rostellatum**
7. 小叶纸质，下面脉网隆起；雄蕊多数，花丝上部倒披针形，较花药宽。
8. 心皮具短柄，宿存花柱拳卷 ……………………………………………………… 6. 弯柱唐松草 **T. uncinulatum**
8. 心皮无柄。
9. 小叶卵形或窄卵形，长3-8厘米，先端渐尖，具锐齿 …………… 7(附). 粗壮唐松草 **T. robustum**
9. 小叶近圆形或圆卵形，长达3厘米，先端圆或钝，具钝齿。
10. 叶下面、茎及花梗均被腺毛 ………………………………………… 4(附). 微毛唐松草 **T. lecoyeri**
10. 叶下面及花梗均密被柔毛，无腺毛 ………………………… 4(附). 绢毛唐松草 **T. brevisericeum**
6. 植株无毛。
11. 小叶卵形，长5-10厘米，先端渐尖，具锐牙齿 ………………………………… 7. 大叶唐松草 **T. faberi**
11. 小叶近圆形、楔形或宽卵圆形，长3厘米以下（峨眉唐松草长3-7厘米），先端圆、平截或钝，具钝齿。
12. 复单歧聚伞花序窄长，似总状花序。
13. 花药窄长圆形；花柱向腹面弯曲；瘦果扁平，半月形 ……………… 9. 钩柱唐松草 **T. uncatum**
13. 花药椭圆形；花柱向背面弯曲；瘦果扁卵球形 ………………………… 10. 狭序唐松草 **T. atriplex**
12. 单歧聚伞花序稍呈伞房状，或分枝较多呈圆锥状。
14. 心皮具短柄 ………………………………………………………………… 5. 长喙唐松草 **T. macrorhynchum**
14. 心皮无柄。
15. 花丝线形；心皮25-68 ……………………………………………………… 1. 叉枝唐松草 **T. saniculiforme**
15. 花丝上部倒披针形或棒形，下部渐细；心皮25枚以下。
16. 花序常多回二歧状分枝，呈伞房状或圆锥状；瘦果窄椭圆形；小叶长2.5厘米以下 ……… ……………………………………………………………………………… 4. 爪哇唐松草 **T. javanicum**
16. 花序分枝少，具少花；瘦果窄卵球形或纺锤形。
17. 须根细；萼片长2毫米，心皮8-16；瘦果窄卵球形或披针形 ………………………… ……………………………………………………………………………… 2. 多枝唐松草 **T. ramosum**
17. 须根末端稍粗；萼片长3-4.5毫米，心皮3-6；瘦果圆柱状长圆形 ……………………… ……………………………………………………………………………… 3. 华东唐松草 **T. fortunei**
5. 花柱直，稀顶端稍弯，腹面成柱头。
18. 花丝上部倒披针形或棒形，下部丝状。
19. 心皮无柄；植株无毛。
20. 花柱极短，腹面全部成柱头。
21. 2（-4）花组成稀疏蝎尾状聚伞花序；瘦果纺锤形 ………………… 12. 武夷唐松草 **T. wuyishanicum**
21. 多花组成伞房状多歧聚伞花序；瘦果卵球形 ………………… 12(附). 网脉唐松草 **T. reticulatum**
20. 花柱明显，腹面上部成柱头；多歧聚伞花序具多花，伞房状 ……… 14. 瓣蕊唐松草 **T. petaloideum**
19. 心皮具柄。

22. 茎生叶3-5，三回以上羽状三出复叶；花柱明显，腹面上部成柱头。
23. 心皮具短柄。
24. 茎高达55厘米，径约2毫米，无毛，稀疏被短毛；小叶长1-3厘米；花序具少花，花梗长1-3厘米，心皮2-5；瘦果纺锤形 …… 11. **西南唐松草 T. fargesii**
24. 植株无毛；茎高达1米，径4-7毫米；小叶长1-6厘米；花序短圆锥状，多花密集；花梗长3-7毫米；心皮3-7；瘦果近球形。
25. 花柱长0.5毫米，柱头近球形；花序上部分枝或密集呈伞形或伞房状 …… 13. **贝加尔唐松草 T. baicalense**
25. 花柱钻形，长1-1.2毫米，柱头披针形；花序上部分枝不密集 …… 13(附). **长柱唐松草 T. megalostigma**
23. 心皮具细柄，柄与瘦果近等长或较瘦果长。
26. 多歧聚伞花序伞房状；瘦果倒卵球形，具3-4纵翅；植株无毛 …… 15. **唐松草 T. aquilegifolium** var. **sibiricum**
26. 花序圆锥状；瘦果扁，无翅。
27. 小叶下面被短毛；雄蕊30-45；果柄直 …… 16. **长柄唐松草 T. przewalskii**
27. 植株无毛；雄蕊10-15；果柄反曲 …… 16(附). **散花唐松草 T. sparsiflorum**
22. 茎生叶1-2，或无，较基生叶小，一至二回三出复叶，或单叶；心皮具细柄，花柱极短，腹面全部成柱头。
28. 小叶盾状 …… 21. **盾叶唐松草 T. ichangense**
28. 小叶非盾状。
29. 茎生叶为单叶，2，对生，近圆形或椭圆形 …… 22(附). **花唐松草 T. filamentosum**
29. 茎生叶为一至二回三出复叶，互生，稀对生（深山唐松草）。
30. 小叶下面被柔毛 …… 20. **尖叶唐松草 T. acutifolium**
30. 植株无毛。
31. 花序圆锥状，花稀疏 …… 19. **稀蕊唐松草 T. oligandrum**
31. 花序伞房状或伞状。
32. 多歧聚伞花序的分枝密集，近簇生，呈复伞形花序状；瘦果长达1.8毫米 …… 23. **小果唐松草 T. microgynum**
32. 复、单歧聚伞花序分枝稀疏，呈伞房状；瘦果长3-6毫米。
33. 小叶近圆形、菱状圆形或倒卵形。
34. 柱头线形，长约1毫米。
35. 小叶革质 …… 17. **台湾唐松草 T. urbainii**
35. 小叶草质 …… 17(附). **菲律宾唐松草 T. philippinense**
34. 柱头扁球形，长0.5毫米以下；小叶薄革质 …… 18. **阴地唐松草 T. umbricola**
33. 小叶卵形或菱状卵形。
36. 无块根；茎生叶互生；瘦果窄长圆形或近镰刀形 …… 20. **尖叶唐松草 T. acutifolium**
36. 具小块根；茎生叶对生；瘦果窄椭圆形 …… 22. **深山唐松草 T. tuberiferum**
18. 花丝线形或丝状，有时顶部稍宽或粗。
37. 小叶线形或近丝状 …… 27. **丝叶唐松草 T. foeniulaceum**
37. 小叶卵形、倒卵形或近圆形。
38. 小叶下面密被分枝毛；花序圆锥状 …… 35(附). **星毛唐松草 T. cirrhosum**
38. 小叶无毛，如有毛时，则非分枝毛。
39. 无基生叶，茎生叶数枚，均为一回三出复叶 …… 26. **帚枝唐松草 T. virgatum**

39. 具基生叶，如无，则茎生叶为二回以上复叶。
40. 萼片长0.6-2厘米，紫或粉红色。
41. 茎、叶、花序及子房均被毛 ………………………………………………………… 30(附). **美丽唐松草 T. reniforme**
41. 植株无毛。
42. 茎高达28厘米；小叶常全缘；花序伞房状，具少花；萼片粉红色，长1.3-2厘米；心皮约40；瘦果纺锤形，无翅 …………………………………………………………………… 28. **大花唐松草 T. grandiflorum**
42. 茎高达2米；小叶3浅裂或具齿；花序圆锥状，多花；萼片紫色，长0.6-1.4厘米；心皮15-22；瘦果扁，斜倒卵圆形，周围具窄翅。
43. 萼片长椭圆形、椭圆形或卵形，长0.6-1.1厘米，宽2.2-5毫米，先端尖 ………………………………………………………………………………………… 30. **偏翅唐松草 T. delavayi**
43. 萼片宽卵形，长0.7-1.1厘米，宽4.8-7毫米，先端钝 ………………………………………………………………………… 30(附). **宽萼偏翅唐松草 T. delavayi** var. **decorum**
40. 萼片长4.5毫米以下，淡绿或黄白色，稀淡红色（河南唐松草）。
44. 植株被毛。
45. 花单性，雌雄异株；小叶上面无毛，下面被毛 …………………………………… 42. **鞭柱唐松草 T. smithii**
45. 花两性。
46. 叶鞘具窄翅或无翅；柱头非鞭形。
47. 柱头无翅或具窄翅。
48. 柱头无翅；瘦果扁平，周围具窄翅，疏被短毛；小叶下面无白粉 ………………………………………………………………………… 34. **滇川唐松草 T. finetii**
48. 柱头具窄翅；瘦果稍两侧扁，无翅，无毛；小叶下面被白粉 ………………………………………………………………………… 35. **高原唐松草 T. cultratum**
47. 柱头具宽翅，呈三角形；瘦果扁平，无翅，被短毛 ………………… 36. **腺毛唐松草 T. foetidum**
46. 叶鞘具宽2.5-5毫米膜质褐色翅；柱头干时鞭形 ……………………………… 42. **鞭柱唐松草 T. smithii**
44. 植株无毛。
49. 复单歧聚伞花序窄长，似总状花序；小叶草质，脉平，脉网不明显。
50. 萼片长约1.5毫米；柱头极短，无翅；果柄下弯 ………………… 24. **芸香叶唐松草 T. rutifolium**
50. 萼片长3-4毫米；柱头窄长圆形，具窄翅；果柄直伸 …………… 25. **白茎唐松草 T. leuconotum**
49. 花序似伞房花序或圆锥花序。
51. 小叶宽4.4-8.5厘米，近圆形或圆心形；圆锥花序较窄长；柱头小，无翅 ………………………………………………………………………… 33. **河南唐松草 T. honanense**
51. 小叶宽2.5厘米以下，如宽达5厘米时（东亚唐松草），花序宽圆锥状，柱头具宽翅。
52. 小叶全缘，卵形、椭圆形或倒卵形，长4-6毫米 ……………………… 32. **细唐松草 T. tenue**
52. 大部或全部小叶均分裂或具齿。
53. 小叶长1.5-4毫米；瘦果扁平，每侧具1纵肋，周围具窄翅 ………………………………………………………………………… 29. **小叶唐松草 T. elegans**
53. 小叶长6毫米以上；瘦果常稍两侧扁，每侧具3纵肋。
54. 圆锥花序塔形，不明显二叉状分枝；瘦果长4毫米以下。
55. 茎生叶向上直伸；花序窄圆锥状，分枝稍向上直伸；柱头三角形 ………………………………………… 38. **短梗箭头唐松草 T. simplex** var. **brevipes**
55. 茎生叶及花序分枝均斜上或平展；花序稍宽塔形。
56. 柱头具不明显窄翅，窄长圆形。
57. 小叶草质；下面干时无白粉；瘦果稍两侧扁，长椭圆形，无柄 ………………

1. 叉枝唐松草 图 730

Thalictrum saniculiforme DC. Prodr. 1: 12. 1824.

植株无毛。茎高达32厘米。基生叶及下部茎生叶具长柄，二至三回三出复叶；小叶纸质，宽倒卵形或菱状宽倒卵形，长1.5-2.5厘米，基部宽楔形、圆或浅心形，3浅裂，疏生钝齿，下面网脉隆起；叶柄长4.5-13厘米。花序二至三回不等叉状分枝，具少花。萼片4，白色，早落，椭圆形，长4毫米；雄蕊多数，花丝线形，花药具小尖头；心皮25-68。瘦果扁，长椭圆形，长约4.8毫米，宿存花柱长2.2毫米，上部钩曲。花期7月。

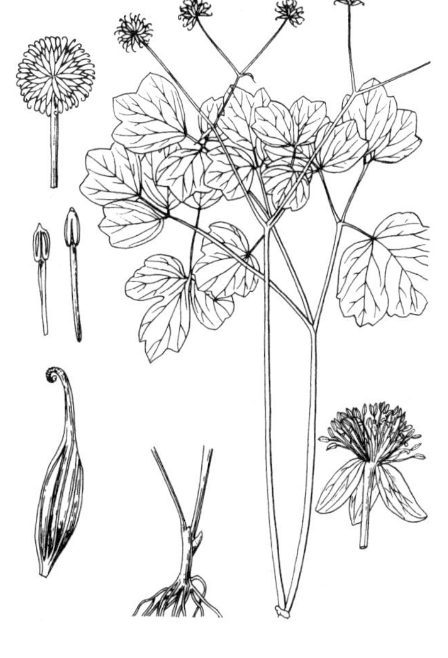

图 730 叉枝唐松草（引自《图鉴》）

产云南及西藏，生于海拔2300-2500米草坡或林中。不丹、尼泊尔及印度北部有分布。

2. 多枝唐松草 图 731

Thalictrum ramosum Boivin in Journ. Arn. Arb. 26: 115. pl. 1. f. 12-15. 1945.

植株无毛。须根细。茎高达45厘米。基生叶与下部茎生叶具长柄，二至三回三出复叶；小叶草质，宽卵形、近圆形或宽倒卵形，长0.7-2厘米，基部圆或浅心形，不明显3浅裂，疏生钝齿，下面网脉稍隆起；叶柄长7-9厘米。复单歧聚伞花序伞房状，花稀疏。萼片4，淡堇或白色，卵形，长约2毫米，早落；花丝上部窄倒披针形，下部丝状；心皮(6-)8-16。瘦果窄卵球形或披针形，长3.5-4.5毫米，宿存花柱长0.3-0.5毫米，拳卷。花期4月。

图 731 多枝唐松草（史渭清绘）

产四川、湖北、湖南、贵州东北部及广西西北部，生于海拔540-950米丘陵或低山灌丛中。

3. 华东唐松草 图 732

Thalictrum fortunei S. Moore in Journ. Bot. 16: 130. 1878.

植株无毛。须根末端稍粗。茎高达66厘米。基生叶具长柄，二至三回三出复叶；小叶草质，近圆形或圆菱形，宽1-2厘米，基部圆或浅心形，不明显3浅裂，疏生钝齿，下面网脉稍隆起；叶柄长约6厘米。花序近伞房状，花稀疏。萼片4，白或淡堇色，倒卵形，长3-4.5毫米；花丝上部倒披针形，下部丝状；心皮（3）4-6。瘦果圆柱状长圆形，长4-5毫米，宿存花柱长1-1.2毫米，顶端常拳卷。花期3-5月。

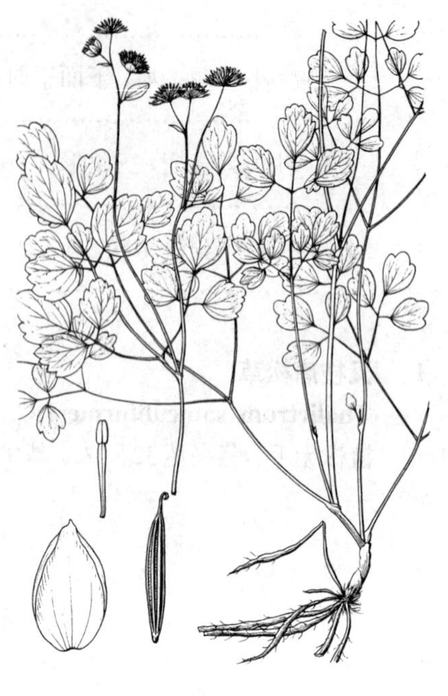

图 732 华东唐松草 （引自《图鉴》）

产安徽南部、江苏南部、浙江、福建、江西北部、湖北及河南，生于海拔100-1500米丘陵、山地林下或阴湿地。

4. 爪哇唐松草 图 733 彩片 344

Thalictrum javanicum Bl. Bijdr. 2. 1825.

植株无毛。茎高达1米。基生叶开花时枯萎。茎生叶4-6，三至四回三出复叶；小叶纸质，倒卵形、椭圆形或近圆形，长1.2-2.5厘米，3浅裂，疏生齿，下面网脉隆起；叶柄长达5.5厘米。花序多回二歧分枝，伞房状或圆锥状，少花或多花。花梗长3-7(-10)毫米；萼片4，长2.5-3毫米，早落；花丝上部倒披针形，下部丝状；心皮8-15。瘦果窄椭圆形，长2-3毫米，宿存花柱长0.6-1毫米，顶端拳卷。花期4-7月。

产甘肃南部、四川、西藏南部及东南部、云南、贵州、湖北、湖南、广东北部、广西、江西、浙江、福建、台湾，生于海拔1500-3400米山地林中、沟边或陡崖阴湿处。尼泊尔、印度、斯里兰卡及印度尼西亚有分布。

［附］**微毛唐松草 Thalictrum lecoyeri** Franch. Pl. Delav. 16. pl. 5. 1889. —— *Thalictrum javanicum* Bl. var. *puberulum* W. T. Wang in Fl. Reipubl. Popul. Sin. 27: 521. 617. pl. 127. f. 104. 1979. 本种与爪哇唐松草的区别：茎、叶柄、小叶柄及小叶下面均被极短腺毛；心皮16-35，宿存花柱长1.5-2毫米，较粗壮，钩曲；小叶下面网脉显著隆起。产四川西南部、贵州西部及云南，生于海拔1500-3200米山地林中、草坡、灌丛中或沟边。

图 733 爪哇唐松草 （引自《图鉴》）

［附］**绢毛唐松草 Thalictrum**

brevisericeum W. T. Wang et S. H. Wang in Fl. Tsinling. 1(2): 239. f. 204. 1974. 本种与爪哇唐松草的区别：小叶下面被绢状柔毛。产陕西南部、甘肃东南部及云南西北部，生于海拔950-2300米山地林缘。

5. 长喙唐松草 图 734

Thalictrum macrorhynchum Franch. in Journ. de Bot. 4: 302. 1890.

植株无毛。茎高达65厘米。基生叶及茎下部叶具较长柄；二至三回三出复叶；小叶草质，圆菱形或宽倒卵形，长（1.4-）2-4厘米，3浅裂，下面脉平或中脉稍隆起；叶柄长达8厘米。花序伞房状；花稀疏。花梗长1.2-3.2厘米；萼片白色，早落，椭圆形，长约3.5毫米；花丝上部窄倒披针形，下部细；心皮10-20，具短柄。瘦果长卵圆形，长7-9毫米，具短柄，宿存花柱长约2.2毫米，钩曲。花期6月。

图 734 长喙唐松草 （引自《秦岭植物志》）

产河北、山西、河南西部、陕西南部、甘肃南部、四川东北部、湖北西部及湖南，生于海拔850-2900米山地林中或灌丛中。

6. 弯柱唐松草 图 735

Thalictrum uncinulatum Franch. in Nouv. Arch. Mus. Hist. Nat. Paris ser. 2, 8: 187.1885.

茎高达1.2米，疏被柔毛。基生叶开花时枯萎。茎下部叶具长柄，三回三出复叶；小叶纸质，宽卵形或菱状卵形，长1.6-3厘米，3浅裂或不裂，疏生齿，下面被柔毛，网脉隆起；叶柄长2.5-7厘米。花序圆锥状，花密集。花梗长1.5-3.5毫米，密被柔毛；萼片白色，早落，椭圆形，长约2.5毫米；花丝上部倒披针状线形，下部丝状；心皮6-8，具短柄。瘦果窄卵圆形，长2-2.2毫米，具短柄，宿存花柱长约0.5毫米，拳卷。花期7月。

产陕西南部、甘肃南部、湖北西部、湖南西北部、四川及贵州，生于海拔1200-2600米草坡或林缘。

图 735 弯柱唐松草 （引自《图鉴》）

7. 大叶唐松草 图 736

Thalictrum faberi Ulbr. in Notizbl. Bot. Gart. Berl. 9: 222. 1925.

植株无毛。茎高达1.1米。基生叶开花时枯萎。茎下部叶二至三回三出复叶；小叶纸质，卵形或三角状卵形，长5-10厘米，先端尖，3浅裂或不裂，具牙齿，下面网脉隆起；叶柄长4.5-6厘米。花序圆锥状，多花。萼片白色，早落，宽椭圆形，长3-3.5毫米；花丝线状倒披针形，下部丝状；心皮3-6。瘦果窄卵圆形，长5-6毫米，每侧具4纵肋，宿存花柱长1毫

米，钩曲。花期7-8月。

产河南南部、安徽、江苏南部、浙江、福建、江西、湖北及湖南，生于海拔600-1300米山地林下。

［附］**粗壮唐松草 Thalictrum robustum** Maxim. in Acta Hort. Petrop. 11: 18. 1890. 本种与大叶唐松草的区别：茎有时疏被短柔毛；小叶下面及花梗被柔毛。产甘肃、陕西南部、河南西部、安徽、湖北西北部、四川西北部及东部，生于海拔980-2100米山地林中、沟边或阴湿草地。

图 736 大叶唐松草 （吴彰桦绘）

8. 小喙唐松草 图 737

Thalictrum rostellatum Hook. f. et Thoms. Fl. Ind. 5. 1855.

植株无毛或小叶下面有时疏被短毛。茎细，高达60厘米。茎下部及中部叶具短柄，三回三出复叶；小叶草质，宽卵形或近圆形，长0.5-1.2厘米，宽0.5-1.5厘米，不明显3浅裂，疏生钝齿，脉近平，网脉不明显；叶柄长1-3.3厘米。复单歧聚伞花序，少花。花梗长0.3-1.2厘米；萼片白色，脱落，卵形或窄卵形，长2-3毫米；雄蕊8-12，花丝丝状，上部稍宽，较花药窄；心皮4-7，具短柄。瘦果扁，近半月形，长约4毫米，具细柄，宿存花柱长2.5毫米，顶端钩状。花期5-8月。

产四川西部、云南西北部、西藏东南部及南部，生于海拔2500-3200米林中或沟边。不丹及尼泊尔有分布。

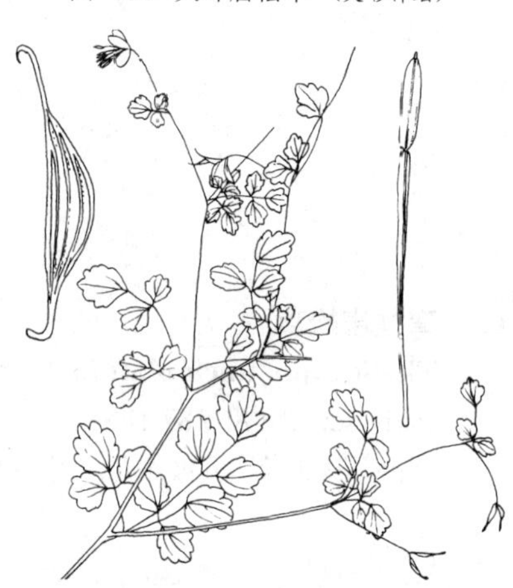

图 737 小喙唐松草 （引自《中国植物志》）

9. 钩柱唐松草 图 738

Thalictrum uncatum Maxim. in Acta Hort. Petrop. 11: 14. 1890.

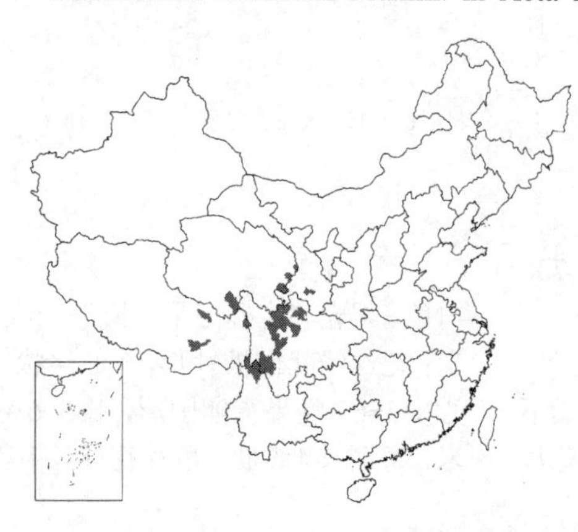

植株无毛。茎高达90厘米。茎下部叶具长柄，四至五回三出复叶；小叶草质，楔状倒卵形或宽菱形，长0.9-1.3厘米，3浅裂，脉近平；叶柄长约7厘米。圆锥花序窄长。花梗长2-4毫米；萼片4，脱落，淡紫色，椭圆形，长3毫米；雄蕊约10，花丝上部窄条形，下部丝状；花药窄长

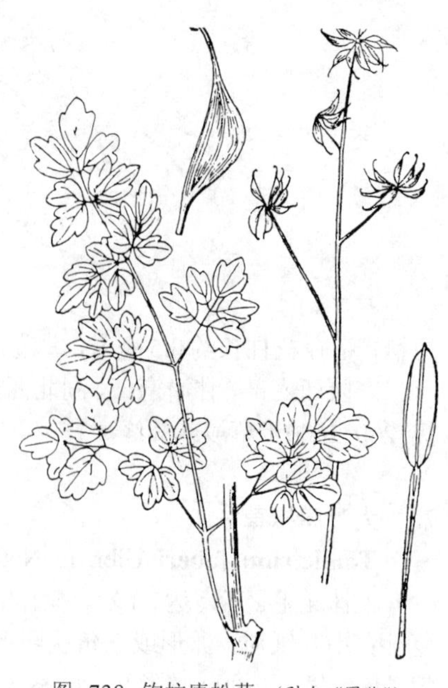

图 738 钩柱唐松草 （引自《图鉴》）

圆形；心皮6-12，花柱向腹面弯曲。瘦果扁平，半月形，长4-5毫米，心皮柄长1-2毫米，宿存花柱长2毫米，顶端钩状。花期5-7月。

产甘肃南部、青海东部、四川西部、云南西北部及西藏东部，生于海拔2700-3200米草坡或灌丛中。

10. 狭序唐松草 图 739

Thalictrum atriplex Finet et Gagnep. in Bull. Soc. Bot. France 50: 613. pl. 19B. 1903.

植株无毛。茎高达80厘米。茎下部叶具长柄，四回三出复叶；小叶草质，楔状倒卵形、宽菱形或近圆形，长0.8-2.2厘米，宽达3厘米，3裂，具齿，脉近平；叶柄长约12厘米。圆锥花序窄长，似总状花序；花稍密。花梗长1-5毫米；萼片4，白色，早落，椭圆形，长2.5-3.5毫米；雄蕊7-10，花丝上部棒状，下部线形，花药椭圆形；心皮4-5（-8），花柱向背面弯曲。瘦果扁卵球形，长2.5毫米，无柄或柄极短，宿存花柱长1-2毫米，拳卷。花期6-7月。

图 739 狭序唐松草 （引自《图鉴》）

产四川西部、云南西北部及西藏东部，生于海拔2300-3600米山地草坡、林缘。

11. 西南唐松草 图 740: 1-4

Thalictrum fargesii Franch. ex Finet et Gagnep. in Bull. Soc. Bot. France 50: 608. pl. 19c. 1903.

植株无毛。茎高达55厘米，径约2毫米，疏被短毛。茎中部叶柄稍长，三至四回三出复叶；小叶草质或纸质，菱状倒卵形、宽倒卵形或近圆形，长1-3厘米，3浅裂，裂片全缘或具1-3钝齿，下面脉网隆起；叶柄长3.5-5厘米。花序伞房状；花少数，排列稀疏。花梗纤细，长1-3.5厘米；萼片4，脱落，白或带淡紫色，椭圆形，长3-6毫米；雄蕊多数，花丝上部倒披针形，下部丝状；心皮2-5。瘦果纺锤形，长4-5毫米，柄极短，宿存花柱直，长0.8-2毫米，腹面上部具窄柱头。花期5-6月。

图 740: 1-4. 西南唐松草 5-8. 尖叶唐松草 （史渭清 路桂兰绘）

产甘肃南部、陕西南部、河南西部、湖北、湖南西北部、贵州北部及四川，生于海拔1300-2400米林中、草地或沟边。

12. 武夷唐松草 图 741 : 1-6

Thalictrum wuyishanicum W. T. Wang et S. H. Wang, Fl. Reipubl. Popul. Sin. 27: 541. 618. pl. 131. f. 1-6. 1979.

植株无毛。茎细，高达29厘米。基生叶1-3，二回三出复叶；小叶纸质，宽倒卵形或圆菱形，长1.8-2.5厘米，3浅裂或具3-5牙齿，网脉两面隆起；叶柄长8-12厘米。茎生叶一回三出复叶。单歧聚伞花序，具2花，或具4花蝎尾状聚伞花序。花梗长1.2-3厘米；萼片淡粉红色，早落，椭圆形，长3-4毫米；雄蕊12-16，花丝上部窄倒披针形，下部丝状；心皮(4-)6-7，花柱极短或无，腹面全成柱头。瘦果纺锤形，长3-4毫米，无柄，宿存柱头扁球形。花期4月。

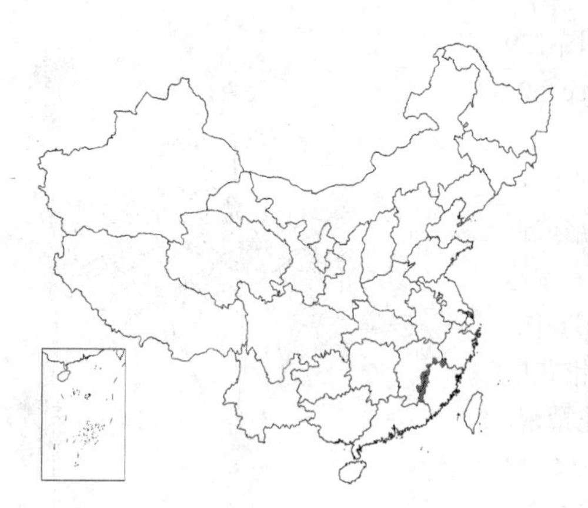

产福建西部及江西东部，生于海拔2000米山地石缝中。

[附] **网脉唐松草** 图 741: 7-9 **Thalictrum reticulatum** Franch. in Bull. Soc. Bot. France 33: 371. 1886. 本种与武夷唐松草的区别: 花序分枝较多，呈伞房状多歧聚伞花序，具多花；小叶厚纸质或薄革质。产云南西北部及四川西部，生于海拔2200-2500米草坡或松林中。

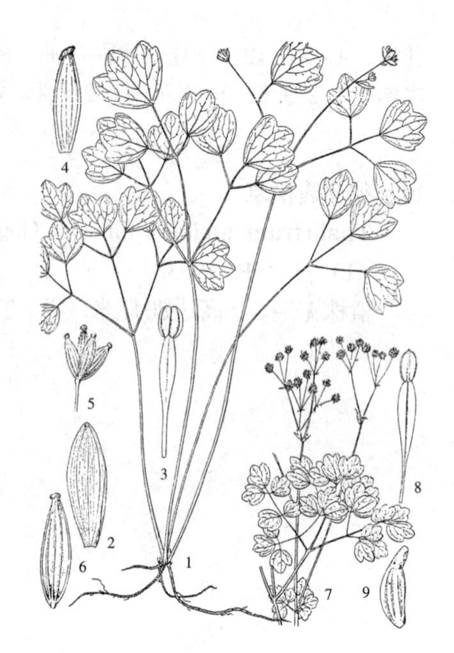

图 741: 1-6. 武夷唐松草 7-9. 网脉唐松草
(史渭清绘)

13. 贝加尔唐松草 图 742

Thalictrum baicalense Turcz. in Bull. Soc. Nat. Mosc. 11: 85. 1838.

植株无毛。茎高达80厘米。茎中部叶具短柄，三回三出复叶；小叶草质，菱状宽倒卵形或宽菱形，长1.8-4.5厘米，宽达5厘米，3浅裂，疏生齿，下面网脉稍隆起。花序上部分枝呈伞房状，或密集呈伞形，长2.5-4.5厘米。花梗长4-9毫米；萼片4，绿白色，早落，椭圆形，长2毫米；雄蕊(10-)15-20，长3.5-4毫米，花丝上部窄倒披针形，下部丝状；心皮3-7，花柱长0.5毫米，腹面顶端具近球形小柱头。瘦果扁球形，长约3毫米，具短柄，宿存花柱短。花期5-6月。

产黑龙江、吉林东部、辽宁、内蒙古、河北、山西、河南西部、湖北、陕西南部、甘肃南部、青海及西藏东南部，生于海拔900-2800米林下或草坡。朝鲜及俄罗斯远东地区有分布。

[附] **长柱唐松草 Thalictrum megalostigma** (Boivin) W. T. Wang in Bull. Bot. Lab. North. East. Forest. Inst. 8: 27. f. 1. 3. 1980. —— *Thalictrum baicalense* Turcz. var. *megalostigma* Boivin in Rhodora 46: 363. f. 9. 1944. 本种与贝加尔唐松草的区别: 复单歧聚伞花序分枝不密集；花柱较长，钻形，顶端常稍弯曲，在腹面上部2/3处具窄披针形柱头。产甘肃南部及四川西部，生于海拔2200-3000米山地沟边或林中。

图 742 贝加尔唐松草
(引自《东北草本植物志》)

14. 瓣蕊唐松草 图 743

Thalictrum petaloideum Linn. Sp. Pl. ed. 2. 771. 1762.

植株无毛。茎高达80厘米。基生叶数个，三至四回三出或羽状复叶；小叶草质，倒卵形、宽倒卵形、窄椭圆形、菱形或近圆形，长0.3-1.2厘

米，宽达1.5厘米，3裂或不裂，全缘，脉平；叶柄长达10厘米。花序伞房状，具多花或少花。萼片4，白色，早落，卵形，长3-5毫米；雄蕊多数，花丝上部倒披针形，下部丝状；心皮4-13，无柄，花柱明显，腹面具柱头。瘦果窄椭圆形，稍扁，长4-6毫米，宿存花柱长1毫米。花期6-7月。

产黑龙江、吉林、辽宁、内蒙古、河北、山西、山东、河南西部、陕西、甘肃、宁夏、新疆、青海、四川西北部、湖北、安徽及浙江，生于海拔3000米以下草坡。朝鲜及俄罗斯西伯利亚有分布。

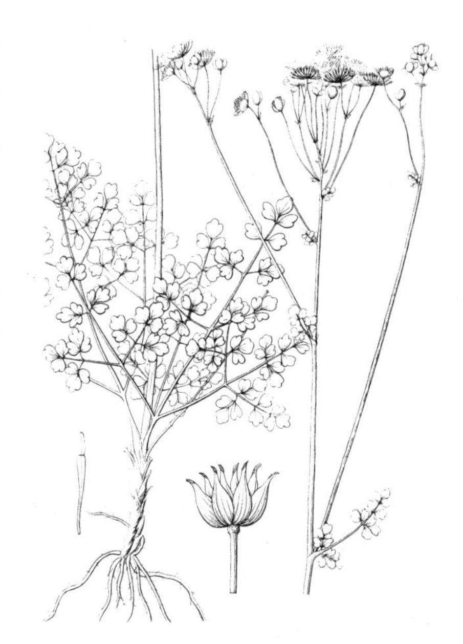

图 743 瓣蕊唐松草 （王兴国绘）

15. 唐松草 图 744

Thalictrum aquilegifolium Linn. var. **sibiricum** Regel et Tiling. Fl. Ajan. 23. 1858.

植株无毛。茎高达1.5米。基生叶开花时枯萎。茎生叶为三至四回三出复叶；小叶草质，倒卵形或扁圆形，长1.5-2.5厘米，宽达3厘米，常3浅裂，具1-2齿，脉平或下面稍隆起；叶柄长4.5-8厘米。多歧聚伞花序伞房状，多花密集。花梗长0.4-1.7厘米；萼片白或带紫色，早落，宽椭圆形，长3-3.5毫米；雄蕊多数，花丝上部倒披针形，下部丝状；心皮6-8，具细长柄，花柱短，柱头侧生。瘦果倒卵球形，长4-7毫米，具3-4纵翅，心皮柄长3-5毫米，宿存柱头长0.3-0.5毫米。花期7月。

产黑龙江、吉林、辽宁、内蒙古、河北、山东东部、山西、河南、安徽、浙江西北部、湖北东北部及湖南东北部，生于海拔500-1800米林缘、草地或林中。朝鲜、日本及俄罗斯西伯利亚有分布。

图 744 唐松草 （史渭清绘）

16. 长柄唐松草 图 745: 1-4

Thalictrum przewalskii Maxim. in Bull. Acad. Sci. St. Pétersb. 23: 305. 1877.

茎高达1.2米，无毛。基生叶及近基部茎生叶开花时枯萎，茎下部叶为四回三出复叶；小叶草质，宽卵形、菱状倒卵形或近圆形，长1-3厘米，3裂，疏生齿，下面被短毛，脉稍隆起；叶柄长约6厘米。圆锥花序具多花，无毛。萼片4，白，或带黄绿色，早落，窄卵形，长2.5-5毫米；雄蕊30-45，花丝上部倒披针状线形，下部丝状；心皮4-9，具细柄，花柱与子房等长。瘦果扁，斜倒卵球形，连心皮柄长0.6-1.2厘米，宿存花柱长1毫米，果柄直。花期6-8月。

产内蒙古、河北、山西、河南西

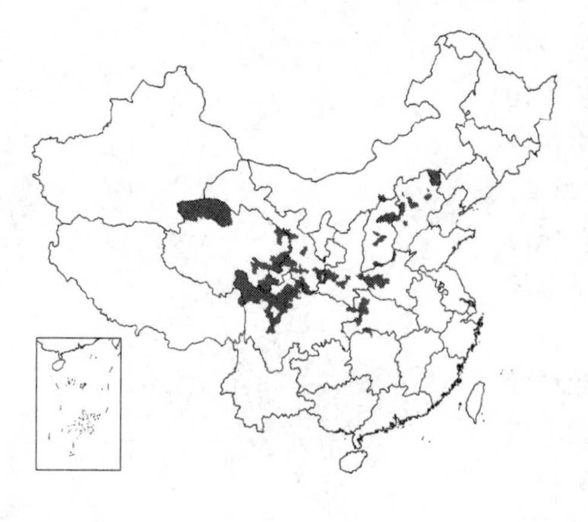

部、陕西、甘肃、青海、西藏东北部、四川西部、湖北西部及湖南西北部，生于海拔750-3500米灌丛边、林下或草坡。

［附］**散花唐松草** 图745：5-6 **Thalictrum sparsiflorum** Turcz. ex Fisch. et Mey. Ind. Sem. Hort. Petrop. 1: 40. 1835. 本种与长柄唐松草的区别：植株无毛；雄蕊10-15，花丝近丝状，上部稍宽；果柄反曲。产黑龙江东部及吉林东部，生于山地草坡、林缘或落叶松林中。朝鲜、俄罗斯远东地区及北美有分布。

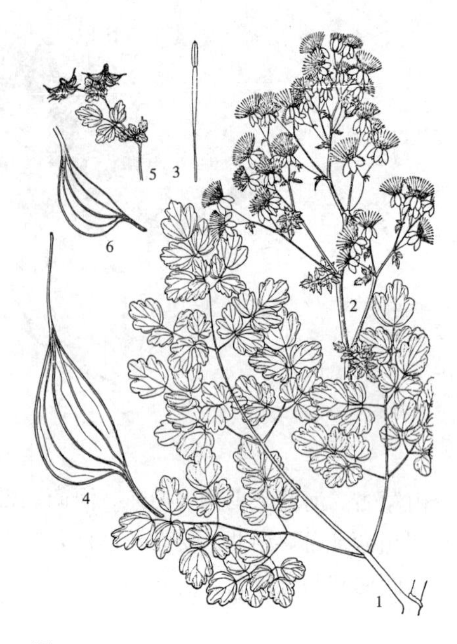

图 745：1-4. 长柄唐松草 5-6. 散花唐松草（引自《中国植物志》）

17. 台湾唐松草 图746

Thalictrum urbainii Hayata, Ic. Pl. Formos. 1: 25. 1911.

植株无毛。茎高达30厘米。基生叶数个，二回三出复叶；小叶草质，菱状圆形，长、宽0.4-1厘米，微3浅裂，具1-2圆齿，脉近平。茎生叶1-2，小。花序伞房状，少花。花梗长1-1.6厘米；萼片4，早落，窄椭圆形，长约4毫米；雄蕊多数，花丝上部倒披针形，下部丝状；心皮11-17，具细柄，花柱短，柱头线形，长约1毫米。瘦果纺锤形，长4-6毫米，心皮柄长1.8毫米。花期5月。

特产台湾，生于林缘或林下阴湿处。

［附］**菲律宾唐松草** **Thalictrum philippinense** C. B. Rob. in Bull. Torr. Bot. Club 35: 65. 1908. 本种与台湾唐松草的区别：基生叶为三回三出复叶；小叶草质，宽卵形、近圆形或宽倒卵形；花梗长2-5毫米；瘦果椭圆形。产海南五指山，生于海拔约1600米山地陡崖阴湿处。菲律宾有分布。

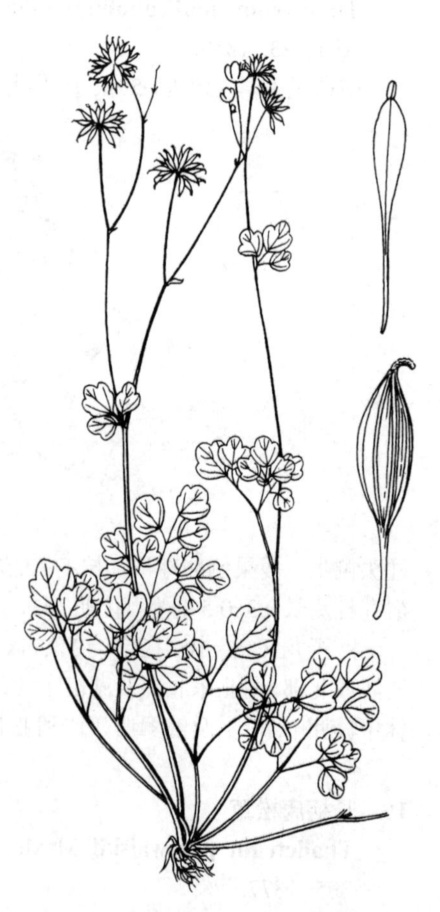

图 746 台湾唐松草（引自《图鉴》）

18. 阴地唐松草 图747

Thalictrum umbricola Ulbr. in Notizbl. Bot. Gart. Berl. 9: 221. 1925.

植株无毛。茎高达50厘米。基生叶为二至三回三出复叶；小叶纸质，近圆形、圆菱形或宽倒卵形，长、宽1-2.5厘米，微3裂，疏生齿，脉平或在下面稍隆起；叶柄长达12厘米。茎生叶为一至二回三出复叶。花序伞房状，少花。花梗长1-2.4厘米；萼片4，白色，早落，卵形，长2毫米；雄蕊多数，花丝上部窄倒披针形，下部丝状；心皮6-9，具细柄，花柱极短，柱头扁球形，长不及0.5毫米，瘦果扁，纺锤形，长3毫米，心皮柄长1-2毫米。

花期3-4月。

产江西西南部、湖南东南部、广东及广西东部，生于山地林中、沟边或陡崖较阴湿处。

图 747 阴地唐松草 （张泰利绘）

19. 稀蕊唐松草 图 748

Thalictrum oligandrum Maxim. in Acta Hort. Petrop. 11: 16. 1890.

植株无毛。茎高达60厘米。基生叶具长柄，三回宽倒卵形、楔状倒卵形或卵形，长1-1.5厘米，3浅裂，具1-2齿，脉平；叶柄长3.6-4.6厘米。圆锥花序稀疏，花药15。花梗细，长0.2-1.2厘米。萼片4，白色，脱落，椭圆状卵形，长约2毫米；雄蕊3-7，花丝倒披针状线形；心皮6-10，具细柄，花柱极短。瘦果扁，纺锤形，长2-3毫米，心皮柄长1-3.5毫米，宿存花柱长0.4毫米。花期7月。

产陕西西南部、青海东部及四川西部，生于海拔2600-3300米山地林中。

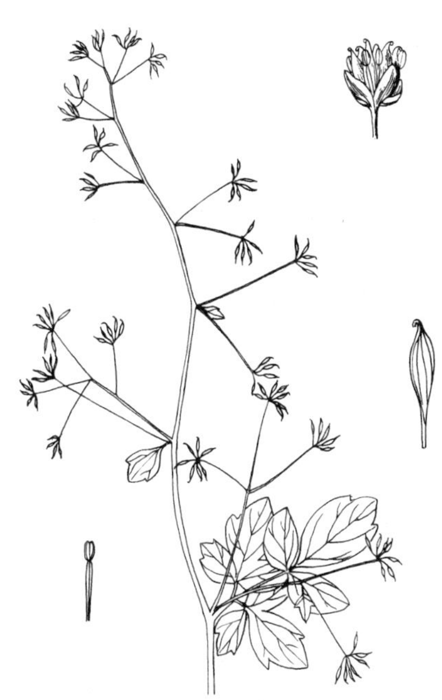

图 748 稀蕊唐松草 （张泰利绘）

20. 尖叶唐松草 图 740: 5-8

Thalictrum acutifolium (Hand.-Mazz.) Boivin in Rhodora 46: 364. 1944.

Thalictrum clavatum DC. var. *acutifolium* Hand.-Mazz. in Sitzungsb. Akad. Wiss. Wien, Math.-Nat. 43: 1. 1926.

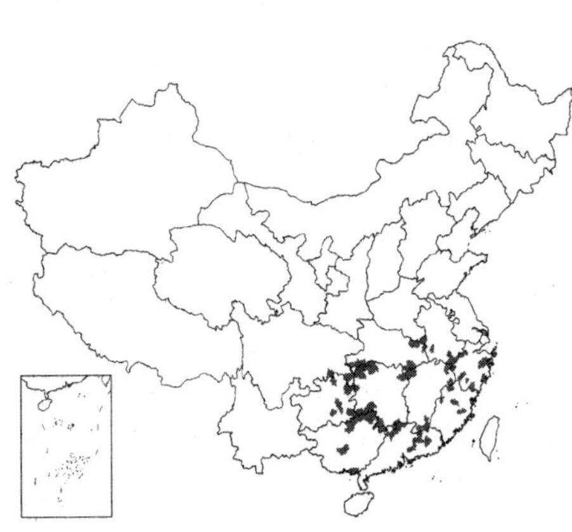

植株无毛，稀小叶下面疏被柔毛。无块根。茎高达65厘米。基生叶2-3，不裂或微3浅裂，疏生牙齿，脉在下面稍隆起；叶柄长10-20厘米。花序伞房状，稀疏。花梗长3-8毫米；萼片4，白或带粉红色，早落，卵形，长约2毫米；雄蕊多数，花丝上部倒披针形，下部丝状；心皮6-12，具细柄，花柱近无，柱头小。瘦果扁，长椭圆形，稍不对称，有时稍镰状弯曲，长3-3.8毫米，心皮柄长1-2.5毫米。花期4-7月。

产安徽南部、浙江、福建、江西、湖北、湖南、广东、广西、贵州及四川东南部，生于海拔1300-2000米山谷坡地或林缘湿润处。

21. 盾叶唐松草 图 749

Thalictrum ichangense Lecoy. ex Oliv. in Hook. Icon. Pl. 18: pl. 1765. 1888.

植株无毛。茎高达32厘米。须根具小块根。基生叶具长柄，一至二回三出复叶；小叶纸质，菱状卵形，稀圆卵形或近圆形，基部盾状，长2-4厘米，微3裂，疏生圆齿，脉平；叶柄长5-12厘米。茎生叶1-3，小。花序伞房状，稀疏。花梗长0.3-2厘米；萼片白色，早落，卵形，长约3毫米；雄蕊多数，花丝上部倒披针形，下部丝状；心皮5-12（-16），具细柄，花柱近无，柱头小。瘦果纺锤形或近镰刀形，长约4.5毫米，心皮柄长1-1.8毫米。花期4-7月。

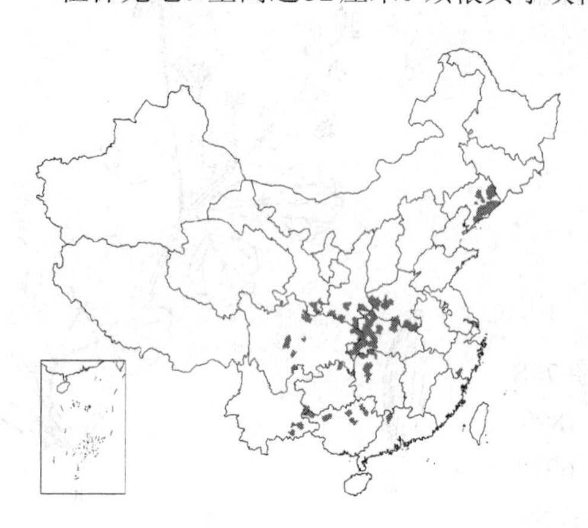

产辽宁、河南西部、陕西南部、甘肃南部、湖北、湖南西北部、贵州、四川、云南东部、广西北部、广东北部及浙江，生于海拔200-1900米山地溪边、灌丛或林中。

图 749 盾叶唐松草（引自《东北草本植物志》）

22. 深山唐松草 图 750: 1-4

Thalictrum tuberiferum Maxim. in Bull. Acad. Sci. St. Pétersb. 22: 227. 1876.

植株无毛。茎高达70厘米。须根具小块根。基生叶1，三回三出复叶；小叶草质，卵形或菱状卵形，长4-4.5厘米，微3裂，疏生钝齿，脉近平；叶柄长11-19厘米。茎生叶2，对生，具柄，一至二回三出复叶。花序伞房状。萼片4，白色，早落，椭圆形，长约2毫米；雄蕊多数，花丝上部倒披针形，下部丝状；心皮3-5，具细柄，花柱近无，柱头小。瘦果斜窄椭圆形，长3.5毫米，心皮柄长1.6毫米。花期6-7月。

产黑龙江东南部、吉林东部及辽宁东部，生于山地草坡或灌丛边。朝鲜、俄罗斯远东地区及日本有分布。

［附］**花唐松草** 图 750: 5-7 **Thalictrum filamentosum** Maxim. Prim. Fl. Amur. 13. 1859. 本种与深山唐松草的区别：茎生叶为单叶，2枚对生，无柄；心皮柄长约1毫米。产黑龙江东部及吉林东部，生于山地林中或灌丛中。俄罗斯远东地区有分布。

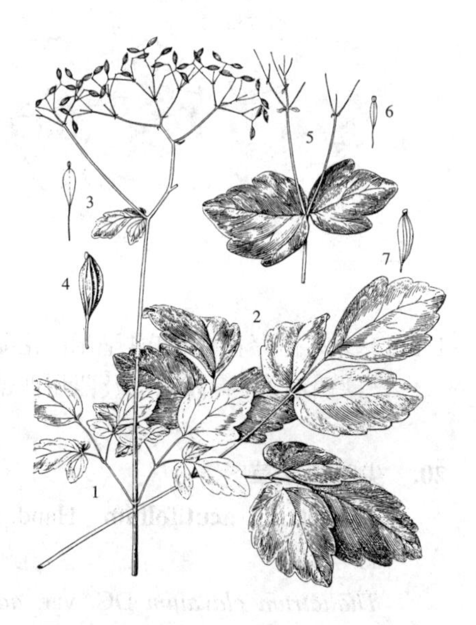

图 750: 1-4. 深山唐松草 5-7. 花唐松草（引自《东北草本植物志》）

23. 小果唐松草 图 751

Thalictrum microgynum Lecoy. ex Oliv. in Hook. Icon. Pl. 18: pl. 1766. 1886.

植株无毛。茎高达42厘米。须根具小块根。基生叶1，二至三回三出复叶；小叶草质，楔状倒卵形、菱

形或卵形，长2-6.4(-9.5)厘米，微3裂，疏生钝齿，脉平；叶柄长8-15厘米。茎生叶1-2，较小。花序似复伞形花序。花梗细，长达1.5厘米；萼片白色，早落，窄椭圆形，长约1.5毫米；雄蕊多数，花丝上部窄倒披针形，下部丝状；心皮6-15，具细柄，花柱近无，柱头小。瘦果下垂，长椭圆形，长约1.8毫米，心皮柄长1.2毫米。花期4-7月。

产湖北西部、湖南西北部、贵州东北部、四川及云南西北部，生于海拔700-2800米山地林下、草坡或岩边较阴湿处。

图 751 小果唐松草 （仿《中国植物志》）

24. 芸香叶唐松草 图 752

Thalictrum rutifolium Hook. f. et Thoms. Fl. Ind. 14. 1855.

植株无毛。茎高达50厘米。基生叶及茎下部叶具长柄，三至四回三出复叶；小叶草质，楔状倒卵形、菱形、椭圆形或近圆形，长3-8毫米，3裂或不裂，常全缘，脉平；叶柄长达6厘米。复单歧聚伞花序窄长，总状。花梗长2-7毫米；萼片4，淡紫色，早落，卵形，长约1.5毫米；雄蕊4-18(-30)，花丝丝状，花药顶端具小尖头；心皮3-5，具短柄，花柱短，无翅，腹面具柱头。瘦果下垂，稍扁，镰状半月形，长4-6毫米，心皮柄长1毫米，宿存花柱长0.3毫米；果柄下弯。花期6月。

产甘肃、青海、西藏、四川西部及云南西北部，生于海拔2280-4300米草坡、河滩或沟边。印度北部有分布。

图 752 芸香叶唐松草 （引自《图鉴》）

25. 白茎唐松草 图 753

Thalictrum leuconotum Franch. Pl. Delav. 15. 1889.

植株无毛。茎高达1.5米。基生叶及茎下部叶为三回三出或近羽状复叶；小叶草质，圆菱形、楔状倒卵形或圆形，长7-9毫米，宽达1.2厘米，3浅裂，有时不裂，全缘，脉平；叶柄长达10厘米。花序窄长，总状。花梗长0.3-1厘米；萼片4，淡绿色，早落，窄卵形，长3-4毫米；雄蕊多数，花丝丝状，花药顶端具小尖头；心皮2-5，具短柄，柱头窄长圆形，具窄翅。瘦果下垂，近扁半月形，长8毫米，心皮柄长1.2毫米，宿存柱头长约1.2毫米。花期5-6月。

产青海南部、四川西部及云南西北部，生于海拔2500-3800米草坡。

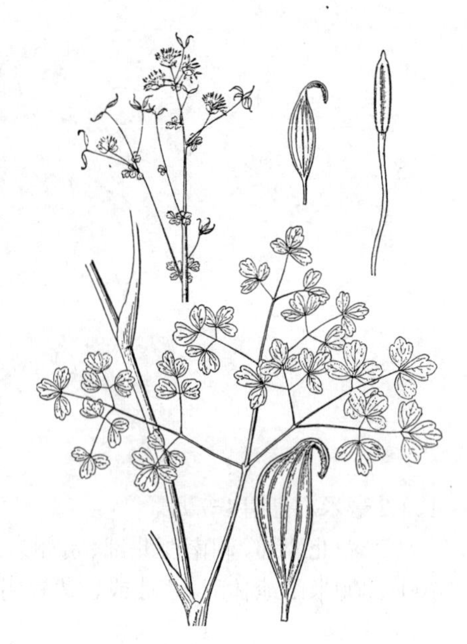

图 753 白茎唐松草（史渭清绘）

26. 帚枝唐松草 图 754

Thalictrum virgatum Hook. f. et Thoms. Fl. Ind. 14. 1855.

植株无毛。茎高达65厘米。叶均茎生，一回三出复叶，具短柄或无柄；小叶纸质或薄革质，菱状宽三角形或宽菱形，长1.1-2.5厘米，微3裂，疏生牙齿，网脉隆起。花序少花，顶生或在茎上部腋生。花梗长0.8-1.8厘米；萼片4-5，白色，脱落，卵形，长4-8毫米；雄蕊多数，花丝线形；心皮10-25，具短柄，近无花柱，柱头小。瘦果扁，椭圆形，长3毫米，心皮柄长0.4毫米，宿存柱头长0.3毫米。花期6-8月。

产四川西部、云南及西藏，生于海拔2300-3500米林下或林缘岩缝中。不丹及尼泊尔有分布。

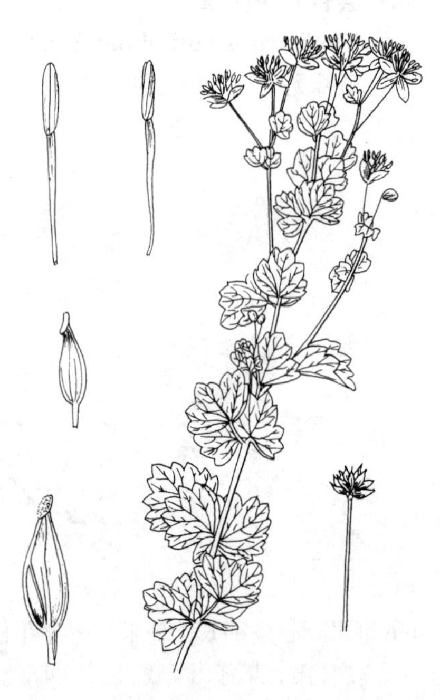

图 754 帚枝唐松草（仿《中国植物志》）

27. 丝叶唐松草 图 755

Thalictrum foeniculaceum Bunge in Mém. Sav. Etrang. Acad. Sci. St. Pétersb. 2: 76. 1833.

植株无毛。茎高达78厘米。基生叶2-6，二至四回三出复叶；小叶薄革质，线形或近丝状，长0.6-3厘米，宽0.5-1.5毫米，全缘，中脉隆起；叶柄长1.5-9厘米。茎生叶1-4，较小。聚伞花序伞房状，花稀疏。萼片4，粉红或白色，椭圆形或窄倒卵形，长0.6-1厘米；雄蕊多数，花丝丝状，较花药短，花药顶端具小尖头；心皮7-11，花柱极短，腹面具柱头。瘦果窄长圆形，长3.5-4.5毫米，每侧具3纵肋。花期6-7月。

产辽宁、河北、山西、陕西、甘肃中部南达临洮、青海，生于海拔590-1000米干草坡、山麓砂地、多石砾处或草丛中。

28. 大花唐松草 图 756

Thalictrum grandiforum Maxim. in Acta Hort. Petrop. 11: 11. 1889.

植株无毛。茎高达28厘米。基生叶2，与茎下部叶均为三回三出或近羽状复叶；小叶纸质或薄革质，卵形或圆卵形，长0.5-2.3厘米，全缘，稀

3浅裂或具1钝齿，脉不明显；叶柄长3-6厘米。聚伞花序伞房状，少花。花梗长1.6-5厘米；萼片4，粉红色，窄卵形，长1.3-2厘米，宽0.5-1厘米；雄蕊多数，花丝丝状，花药窄长圆形，顶端具小尖头；心皮约40，具短柄，花柱与子房近等长，腹面顶部具小柱头。瘦果纺锤形，长5毫米，心皮柄短，宿存花柱长1.5毫米。花期8-10月。

产甘肃南部及四川北部，生于海拔约1000米山坡。

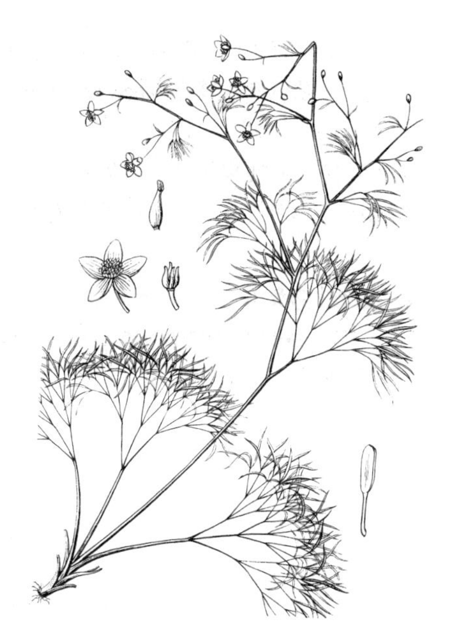

图 755 丝叶唐松草 （引自《图鉴》）

29. 小叶唐松草 图 757

Thalictrum elegans Wall. ex Royle, Ill. Bot. Himal. Mount. 51. 1838.

茎细，高达90厘米，与叶柄均疏被极短毛。基生叶开花时常枯萎。茎下部及中部叶具短柄或近无柄，三至四回三出复叶；小叶纸质，近圆形、圆卵形、倒卵形或菱状倒卵形，长、宽1.5-4毫米，3裂或不裂，全缘，无毛，脉平；叶柄长0.5-1.5厘米。花序圆锥状，稀疏。萼片4，椭圆形，长2.6毫米；雄蕊6-12，花丝丝状，花药长圆形，具小尖头；心皮6-20。瘦果扁平，斜倒卵圆形，长5-7毫米，每侧具1纵脉，周围具窄翅，心皮柄长3-4毫米，近无花柱，宿存柱头长1毫米。花期7月。

产四川西南部、云南西北部、西藏南部及东南部，生于海拔2700-4000米林缘或草坡。不丹、尼泊尔及印度北部有分布。

图 756 大花唐松草 （仿《中国植物志》）

30. 偏翅唐松草 图 758 彩片 345

Thalictrum delavayi Franch. in Bull. Soc. Bot. France 33: 367. 1886.

植株无毛。茎高达2米。茎下部及中部叶为三至四回三出复叶；小叶草质，圆卵形、倒卵形或椭圆形，长0.5-3厘米，3浅裂或具3至少数牙齿，脉平；叶柄长1.4-8厘米。圆锥花序长15-40厘米。花梗长0.8-2.5厘米；萼片4（5），紫色，长椭圆形、椭圆形或卵形，长0.6-1.1厘米，宽2.2-5毫米，先端尖或微钝；雄蕊多数，花丝丝状，花药具极小尖头；心皮15-22，具短柄，花柱短，腹面具柱头。瘦果扁，斜倒卵圆形，长5-8毫米，周围具窄翅，心皮柄长1-3毫米，宿存花柱长1毫米。花期6-9月。

产四川西部、云南及西藏东部，生于海拔1900-3400米林缘、沟边、灌丛或疏林中。

［附］**宽萼偏翅唐松草 Thalictrum delavayi** var. **decorum** Franch. Pl. Delav. 11. 1889. 本变种与模式变种的区别：萼片宽卵形，长0.7-1.1厘米，宽4.8-7毫米，先端微钝；圆锥

花序长达80厘米。产四川西南部及云南西北部，生于海拔约2500米灌丛中。

［附］**美丽唐松草 Thalictrum reniforme** Wall. Pl. As. Rar. 2: 26. 1831. 本种与偏翅唐松草的区别：茎、小叶下面、花序轴、花梗及心皮均被腺毛；萼片粉红色；瘦果无翅。产西藏南部及东南部，生于海拔3100-3700米草坡、灌丛或冷杉林中。不丹及尼泊尔有分布。

图 757 小叶唐松草 （引自《中国植物志》）

31. 多叶唐松草 图 759

Thalictrum foliolosum DC. Syst. Nat. 1: 175. 1818.

植株无毛。茎高达2米。茎中部以上叶为三回三出或近羽状复叶；叶片长达36厘米，小叶草质，菱状椭圆形或卵形，长1-2.5厘米，宽0.5-1.5厘米，3浅裂或不裂，具圆齿，脉平或在下面稍隆起；叶柄长1.5-5厘米。圆锥花序多花。萼片4，淡黄绿色，早落，窄椭圆形，长3-4.5毫米；雄蕊多数，花丝丝状，花药窄长圆形，具小尖头；心皮4-6，柱头线形。瘦果稍两侧扁，长椭圆形，长约3毫米，每侧具3纵肋。花期8-9月。

产四川西南部、云南及西藏南部，生于海拔1500-3200米林中或草坡。尼泊尔及印度北部有分布。

图 758 偏翅唐松草 （引自《中国药用植物志》）

32. 细唐松草 图 760

Thalictrum tenue Franch. in Nouv. Arch. Mus. Hist. Nat. Paris ser. 2, 5: 168. 1883.

植株无毛。茎高达70厘米。茎下部及中部叶为三至四回羽状复叶；小叶草质，卵形、椭圆形或倒卵形，长4-6毫米，宽2-4毫米，不裂，稀3浅裂，全缘，脉平；叶柄长2-4厘米。花序少花，生于茎及分枝顶端。花梗长0.7-3厘米；萼片4，淡黄绿色，早落，椭圆形或倒卵形，长2-3毫米；雄蕊多数，花丝丝状，花药窄长圆形，具小尖头；心皮4-6。瘦果扁，窄倒卵圆形，长6毫米，每侧具2纵肋，周围具窄翅，宿存柱头长约0.7毫米。花期6月。

产内蒙古、河北、山西、陕西北部、宁夏、甘肃及青海，生于丘陵或低山干燥山坡或田边。

33. 河南唐松草 图 761

Thalictrum honanense W. T. Wang et S. H. Wang, Fl. Reipubl. Popul. Sin. 27: 576. 620. pl. 146. f. 3-7. 1979.

植株无毛。茎高达1.5米。基生叶及茎下部叶开花时枯萎。茎中部叶具短柄，二至三回三出复叶；小叶纸质，近圆形或圆心形，长4.2-6.5厘米，宽4.2-8.5厘米，3浅裂，具粗钝齿，下面被白粉，网脉隆起；叶柄长0.9-4厘米。圆锥状花序窄长，长30-40厘米，分枝稀疏，长2-8厘米，花密集。花梗长4-6毫米；萼片4，淡红色，早落，长3-4.5毫米；雄蕊多数，花丝线形，下部细，花药窄长圆形；心皮3-9，花柱短，柱头小，无翅。瘦果窄卵球形，长4.5毫米，宿存柱头长0.6-1毫米。花期8-9月。

产河南西部及南部、湖北，生于海拔840-1800米山地灌丛或疏林中。

图 759 多叶唐松草（引自《中国药用植物志》）

34. 滇川唐松草 图 762

Thalictrum finetii Boivin in Journ. Arn. Arb. 26: 113. 1945.

茎高达2米，初被毛后脱落无毛。茎中部叶柄较短，三至四回三出或近羽状复叶；小叶草质，菱状倒卵形、宽卵形或近圆形，长0.9-2厘米，3浅裂，疏生齿，或全缘，下面脉上被短毛，脉平或稍隆起。圆锥花序长达30厘米。花梗长0.4-1.8厘米；萼片4-5，白或淡绿黄色，脱落；雄蕊多数，花丝丝状，花药窄长圆形，具小尖头；心皮7-14，具短柄，花柱短，柱头侧生，小。瘦果花丝丝状，花药窄长圆形，具小尖头；心皮7-14，具短柄，花柱短，柱头侧生，小。瘦果扁平，半倒卵圆形，长约4毫米，被极短毛，周围具窄翅，心皮柄长0.4毫米。花期7-8月。

产四川西部、云南西北部及西藏东部，生于海拔2200-4000米草坡、林缘或林中。

图 760 细唐松草（王金凤绘）

35. 高原唐松草 图 763

Thalictrum cultratum Wall. Pl. Asiat. Rar. 2: 26. 1831.

植株无毛或茎上部及小叶下面疏被短毛。茎高达1.2米。茎中部叶柄短，三至四回羽状复叶；小叶薄革质，菱状倒卵形、宽菱形或近圆形，长0.5-1.4厘米，宽0.3-1.4厘米，3浅裂，疏生齿，下面被白粉，网脉隆起。圆锥花序长10-24厘米。花梗长0.4-1.4厘米；萼片4，绿白色，脱落，长3-4毫米；雄蕊多数，花丝丝状，花药窄长圆形，具小尖头；心皮4-9，无毛，柱头窄三角形，具窄翅。瘦果稍两侧扁，或扁斜倒卵圆形，长约3.5毫米，无翅，近无柄或具短柄，宿存花柱长1.2毫

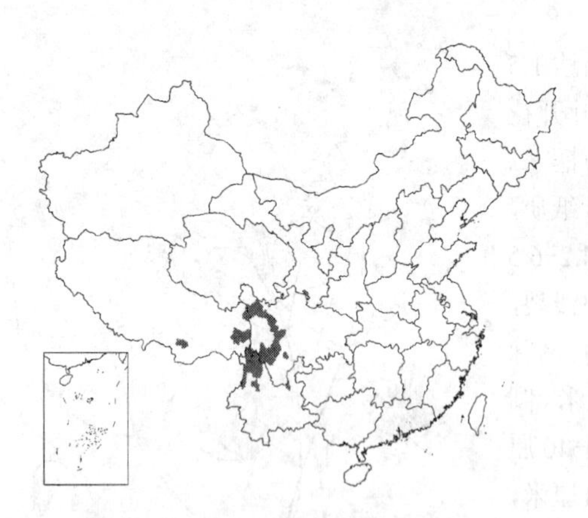

米。花期6-7月。

产甘肃南部、四川西部、云南及西藏，生于海拔1700-3800米草坡、灌丛中、沟边、林中。尼泊尔有分布。

［附］**星毛唐松草 Thalictrum cirrhosum** Lévl. in Fedde, Repert. Sp. Nov. 7: 97. 1909. 本种与高原唐松草的区别：茎上部及花序轴被极短腺毛；小叶纸质，下面隆起网脉密被灰白色短分枝毛；子房被短腺毛。产四川西南部、贵州西部、云南昆明至大理一带，生于海拔2200-2400米山地灌丛中或山坡。

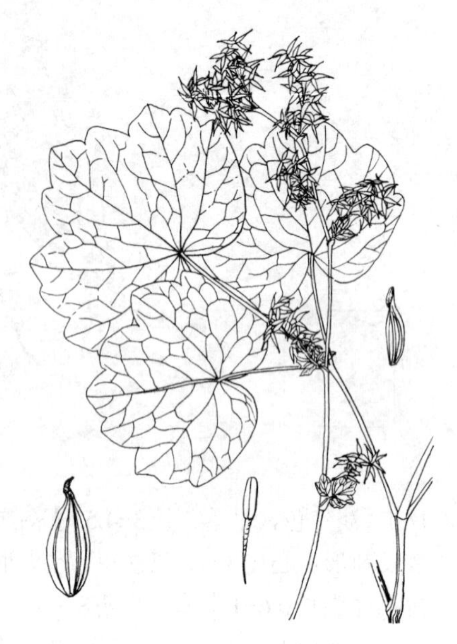

图 761 河南唐松草 （引自《中国植物志》）

36. 腺毛唐松草 图 764

Thalictrum foetidum Linn. Sp. Pl. 545. 1753.

茎高达1米，无毛或被短柔毛。茎中部叶柄短，三回近羽状复叶；小叶草质，菱状宽卵形或卵形，长0.4-1.5厘米，3浅裂，疏生齿，下面网脉稍隆起，被短柔毛及腺毛。圆锥花序多花或少花。花梗长0.5-1.2厘米，被短柔毛或极短腺毛；萼片5，淡黄绿色，脱落，卵形，长2.5-4毫米；花丝丝状，花药窄长圆形，具小尖头；心皮4-8，子房疏被毛，柱头三角形，具宽翅。瘦果近扁平，半倒卵形，长3-5毫米，无翅，被短柔毛，宿存柱头长1毫米。花期5-7月。

产内蒙古、河北、山西、陕西、宁夏、甘肃、新疆、青海、四川西部、云南西北部及西藏，生于海拔350-4500米草坡或高山多石砾处。蒙古、亚洲西部及欧洲有分布。

图 762 滇川唐松草 （史渭清绘）

37. 东亚唐松草 图 765

Thalictrum minus Linn. var. **hypoleucum** (Sieb. et Zucc.) Miq. in Ann. Mus. Bot. Lugd.-Bot. 3: 3. 1867.

Thalictrum hypoleucum Sieb. et Zucc. in Abh. Akad. Muench. 4: 178. 1845.

Thalictrum thunbergii DC.; 中国高等植物图鉴1: 684, 1972.

植株无毛。茎高达1.5米。三至四回三出复叶；叶片长达35厘米，小叶纸质，近圆形、宽倒卵形或楔形，长1.6-3.5(-5.5)厘米，宽1-4厘米，3浅裂，小裂片全缘或具1-2小齿，下面被白粉，网脉隆起。花序圆锥状，长10-35厘米，多花。萼片4，绿白色，脱落，窄卵形，长3-4毫米；雄

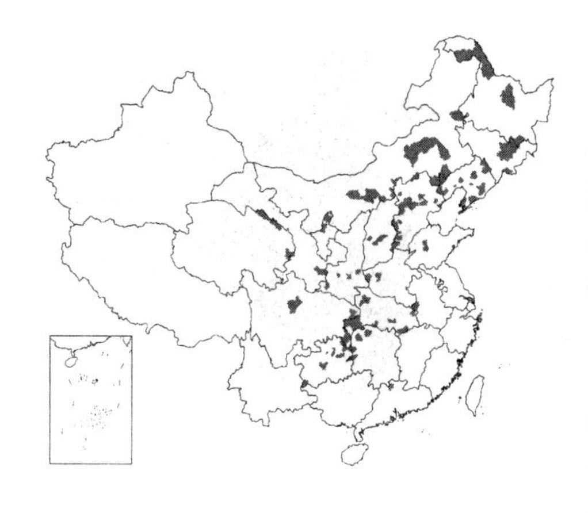

蕊多数，花丝丝状，花药窄长圆形，具小尖头；心皮2-4，柱头箭头形。瘦果卵球形，长2-3毫米，每侧具3纵肋，宿存柱头长约0.6毫米。花期7-8月。

产黑龙江、吉林、辽宁、内蒙古、河北、山西、山东、河南、江苏、安徽、湖北、湖南、广东北部、贵州、四川、陕西、甘肃及青海，生于丘陵、山地林缘、山谷、沟边。朝鲜及日本有分布。

图 763 高原唐松草 （引自《秦岭植物志》）

38. 短梗箭头唐松草 图 766: 1-3

Thalictrum simplex Linn. var. **brevipes** Hara in Journ. Fac. Sci. Univ. Tokyo sect. 3, 4: 56.1952.

植株无毛。茎高达1米。上部分枝直展。茎生叶近直展，具短柄或近无柄，二至三回三出复叶；小叶楔状倒卵形、楔形或窄菱形，长1.5-4.5厘米，宽0.5-2厘米，3裂，裂片三角形或披针形，先端尖，下面脉隆起。花序窄圆锥状，分枝近直展。萼片4，脱落，卵形，长2毫米；雄蕊多数，花丝丝状，花药窄长圆形，具小尖头；心皮6-12，柱头三角形。瘦果窄卵圆形，长3毫米，每侧具3纵肋；果柄与瘦果等长或稍长。花期7-8月。

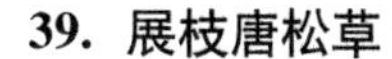

产黑龙江、吉林、辽宁、内蒙古、河北、山西、陕西、河南、湖北、四川、甘肃、青海东部、山东及江苏，生于平原、低山草地或沟边。朝鲜及日本有分布。

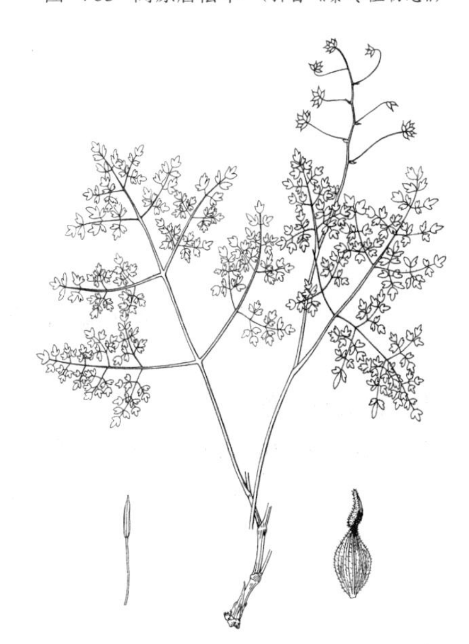

图 764 腺毛唐松草 （王金凤绘）

39. 展枝唐松草 图 767

Thalictrum squarrosum Steph. ex Willd. Sp. Pl. 2: 1299. 1799.

植株无毛。茎高达1米，中部以上近二歧状分枝。茎下部及中部叶柄短，二至三回羽状复叶；小叶坚纸质或薄革质，楔状倒卵形、宽倒卵形、长圆形或圆卵形，长0.8-2(-3.5)厘米，常3浅裂或疏生齿，下面被白粉，脉平或下面稍隆起。圆锥花序伞房状，近二歧状分枝。花梗长1.5-3厘米；萼片4，淡黄绿色，脱落，长3毫米；雄蕊5-14，花丝丝状，花药长圆形，具小尖头；心皮1-3(-5)，柱头三角形，具宽翅。瘦果近纺锤形，稍斜，长4-5.2毫米，

宿存柱头长1.6毫米。花期7-8月。

产黑龙江、吉林、辽宁、内蒙古、河北、山西、陕西北部、甘肃及青海，生于海拔200-1900米平原草地、田边或干草坡。蒙古及俄罗斯西伯利亚有分布。

图 765 东亚唐松草（引自《图鉴》）

40. 石砾唐松草 图 766: 4-8

Thalictrum squamiferum Lecoy. in Bull. Soc. Bot. Belg. 16: 227. 1880.

植株无毛。茎渐升或直立，长达20厘米，下部埋在石砾中，节处具鳞叶。茎中部叶柄短，三至四回羽状复叶；小叶薄革质，卵形、三角状宽卵形或心形，长1-2毫米，全缘，脉不明显。花单生茎上部叶腋。花梗长1.5-6.5（-20）毫米；萼片4，淡黄绿，或带紫色，脱落，椭圆状卵形，长2.1-3毫米；雄蕊10-20，花丝丝状，花药窄长圆形，具小尖头；心皮4-6，柱头箭头形。瘦果稍扁，宽椭圆形，长3毫米，宿存柱头长0.8毫米。花期7月。

产青海南部、四川西部、云南西北部及西藏，生于海拔3600-5000米多石砾山坡、河岸石砾砂地或林缘。锡金有分布。

图 766: 1-3. 短梗箭头唐松草 4-8. 石砾唐松草（史渭清绘）

41. 高山唐松草 图 768

Thalictrum alpinum Linn. Sp. Pl. 545. 1753.

多年生小草本，无毛。叶4-5或更多，均基生，二回羽状复叶；小叶薄革质，圆菱形、菱状宽倒卵形或倒卵形，长、宽3-5毫米，3浅裂，裂片全缘，脉不明显；叶柄长1.5-3.5厘米。花葶1-2，高达20厘米，不分枝；总状花序长2.2-9厘米。苞片小，窄卵形；花梗下弯，长0.1-1厘米；萼片4，脱落，椭圆形，长2毫米；雄蕊7-10，花丝丝状，花药窄长圆形，具小尖头；心皮3-5，无柄，柱头与子房近等长，箭头形。瘦果稍扁，长椭圆形，长3毫米，无柄。

产新疆、西藏、青海、宁夏及内蒙古，生于海拔4300-5300米高山草地、山谷阴湿处或沼泽地。亚洲北部及西部、欧洲、北美有分布。

［附］**柄果高山唐松草 Thalictrum alpinum** var. **microphyllum** (Royle) Hand.-Mazz. Symb. Sin. 7: 311. 1931. —— *Thalictrum microphyllum* Royle, Ill. Bot. Himal.

Mount. 51. 1831. 本变种与模式变种的区别：瘦果基部具短心皮柄。产云南西北部及西藏南部，生于海拔3000-4000米高山草地。锡金有分布。

［附］**直梗高山唐松草 Thalictrum alpinum** var. **elatum** Ulbr. in Notizbl. Bot. Gart. Berl. 10: 877. 1929. 本变种与模式变种的区别：花梗斜上开展，花葶高达38厘米，常具1条分枝；小叶宽1-2厘米，下面脉稍隆起。产河北西北部、山西、陕西南部、宁夏、甘肃南部、青海东部及南部、四川西部、云南北部、西藏东部，生于海拔2400-4600米草坡或林间草地。印度北部有分布。

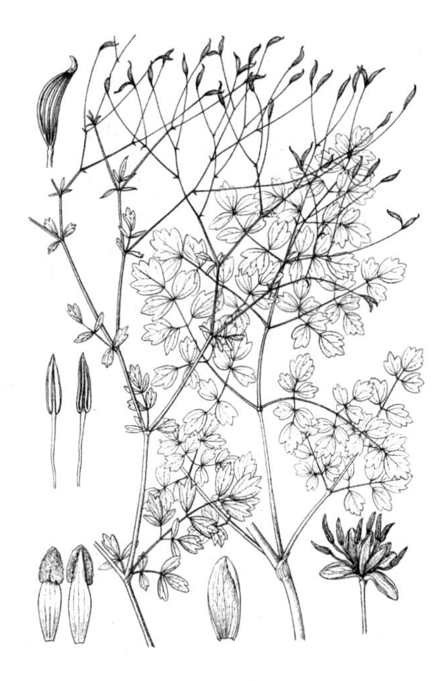

图 767 展枝唐松草 （史渭清绘）

42. 鞭柱唐松草 图 769

Thalictrum smithii Boivin in Journ. Arn. Arb. 26: 114. 1945.

茎高达90厘米，无毛。下部茎生叶为三回羽状复叶；小叶草质，宽菱形或宽卵形，长、宽0.6-1.5厘米，3裂，具缺刻或疏生小齿，下面中脉侧脉稍隆起，疏被短毛，叶柄长1.5-5厘米，叶鞘为宽2.5-5毫米膜质褐色翅。圆锥花序长10-35厘米，多花。花两性或单性雌雄异株；萼片4，淡黄绿色，脱落，长1.5-2.8毫米，雄蕊10-16，花丝丝状，花药窄长圆形，具小尖头；两性花心皮6-9，雌花心皮10-20，柱头钻形，较子房长，具极窄翅，干时鞭状。瘦果卵球形，长2毫米，宿存花柱钻形，长1.5毫米。花期5-7月。

产四川西南部及西部、西藏东部，生于海拔2300-3000米林缘、草坡或田边。

23. 人字果属 Dichocarpum W. T. Wang et Hsiao

（王 筝）

多年生直立草本。具根茎。叶基生及茎生，或全基生，鸟趾状复叶，稀一回三出复叶。单歧或二歧聚伞花序；苞片3浅裂至3全裂。花辐射对称，两性；萼片5，花瓣状，常白色，椭圆形或倒卵形；花瓣5，金黄色，较萼片小，爪细长，瓣片圆形或倒卵形，稀二唇形或漏斗形，先端全缘或微凹，稀3-4浅裂；雄蕊5-25，花药黄色，卵圆形或宽椭圆形，花丝线形，具1脉；心皮2，长椭圆形，直立，无柄，基部连合；胚珠多数，2列。蓇葖2，倒卵状线形或窄长椭圆形，顶端具细喙，两叉状或近水平状开展。种子球形，种皮褐色，常光滑，偶具小疣，或粗糙状或具少数纵脉。染色体基数x=6。

约16种，分布于东亚及喜马拉雅山区。我国9种。

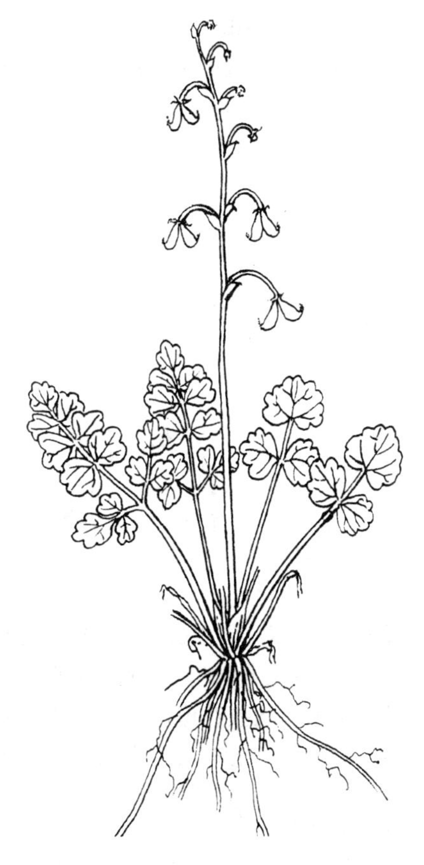

图 768 高山唐松草 （王金凤绘）

1. 根茎明显，无直根；花瓣瓣片扁平；种子无纵肋。
  2. 叶基生并茎生。
    3. 根茎长2-3厘米；小叶菱形或菱状卵形 …………………………………………………………………… 1. **耳状人字果 D. auriculatum**
    3. 根茎长1-2厘米；小叶近圆形或扇形。
      4. 萼片长3.5-4.5毫米；蓇葖长7-9（-10）毫米；宿存花柱长约0.5毫米 …………………………… 2. **小花人字果 D. adiantifolium**
      4. 萼片长0.6-1.1厘米；蓇葖长1-1.3厘米；宿存花柱长约0.2毫米 ……… 2(附). **四川人字果 D. adiantifolium** var. **sutchuenense**
  2. 叶均基生，无茎生叶。
    5. 顶生小叶菱形，长2.5-7.5厘米，宽1.7-3.5厘米，先端钝 ………………………………………………… 3. **蕨叶人字果 D. dalzielii**
    5. 顶生小叶菱状卵形，长10-12厘米，宽5-5.6厘米，先端短渐尖 … ……………………………… 3(附). **粉背人字果 D. hypoglaucum**
1. 根茎极短，直根长；花瓣瓣片中部连成漏斗状；种子具纵肋 ……………………………………………………………… 4. **纵肋人字果 D. fargesii**

图 769 鞭柱唐松草 （仿《中国植物志》）

1. 耳状人字果 图 770 彩片 346

Dichocarpum auriculatum (Franch.) W. T. Wang et Hsiao in Acta Phtotax. Sin. 9: 328. 1964.

Isopyrum auriculatum Franch. Pl. Delav. 23. t. 6. 1889.

植株无毛。根茎横走，黑褐色，质坚硬，具多数细根。基生叶少数，果期枯萎，二回鸟趾状复叶；叶草质；顶生小叶菱形或等边菱形，长1.8-6厘米，中部以上具浅牙齿，侧生2小叶不等大，斜卵形或斜卵圆形；叶柄长5-11厘米。茎生叶2（-4）或无，似基生叶，叶柄长2-5厘米。复单歧聚伞花序长7-19厘米，具（1-）3-7花；花序下部苞片叶状，最上部苞片无柄，长约3毫米，3全裂。花梗长2.5-3.5厘米；花径1-1.7厘米；萼片白色，倒卵状椭圆形，长5-9毫米，先端钝；花瓣金黄色，长约4毫米，瓣片宽倒卵圆形，长、宽约1.5毫米，爪细长；雄蕊约20。蓇葖窄倒卵状披针形，长1.1-1.5厘米，顶端具长约2毫米细喙。种子近球形，黄褐色，光滑。花期4-5月，果期4-6月。

图 770 耳状人字果 （冯晋庸绘）

产云南东北部、四川及湖北，生于海拔650-1600米山地阴处或疏林下石缝中。全草药用，可止咳化痰。

2. 小花人字果 图 771

Dichocarpum adiantifolium (Hook. f. et Thoms) W. T. Wang et Hsiao in Acta Phytotax. Sin. 9(4): 329. 1964.

Isopyrum adiantifolium Hook. f. et Thoms. Fl. Ind. 42. 1855.

Dichocarpum franchetii (Finet et Gagnep.) W. T. Wang; 中国高等植物图鉴1: 667. 1972; 中国植物

志27：479. 1979.

植株无毛。茎高达26厘米。根茎横走，密生多数细根。基生叶少数，鸟趾状复叶；顶生小叶近扇形或近圆形，长0.6-1.2厘米，宽0.9-1.4厘米，中部以上具5圆齿，齿端微凹，侧生小叶4或6，小叶不等大，近扇形、斜卵形或近圆形；叶柄长2.5-7厘米。茎生叶常1枚或无，似基生叶。复单歧聚伞花序长5-11厘米，3-7花；下部苞片叶状，3-5全裂；花径4.2-6毫米。萼片白色，倒卵形，长3.5-4.5毫米，宽约2毫米，先端钝；花瓣金黄色，瓣片近圆形，长1-1.2毫米；雄蕊长2-3毫米；心皮长约3毫米。蓇葖长7-9（10）毫米，近顶部叉开。种子球形，淡黄褐色。花期4-5月，果期5-6月。

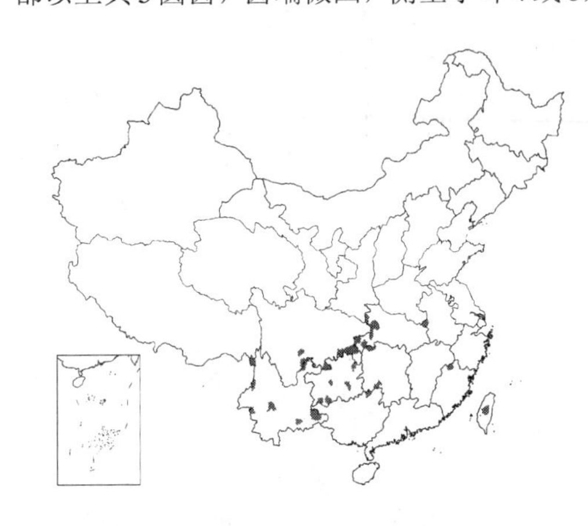

产云南、四川、贵州、湖北、湖南、广西、安徽、福建及台湾，生于海拔1300-3200米山地密林或疏林中，或沟边潮湿处。缅甸北部及尼泊尔有分布。

［附］**四川人字果 Dichcarpum adiantifolium** var. **sutchuenense** (Franch.) D. Z. Fu in Acta Phytotax. Sin. 26(4)：257. 1988. —— *Isopyrum sutchuenense* Franch. in Journ. de Bot. 8：247. 1894. 本变种与模式变种的区别：萼片长0.6-1.1厘米；蓇葖长达1-1.3厘米。产四川及浙江。

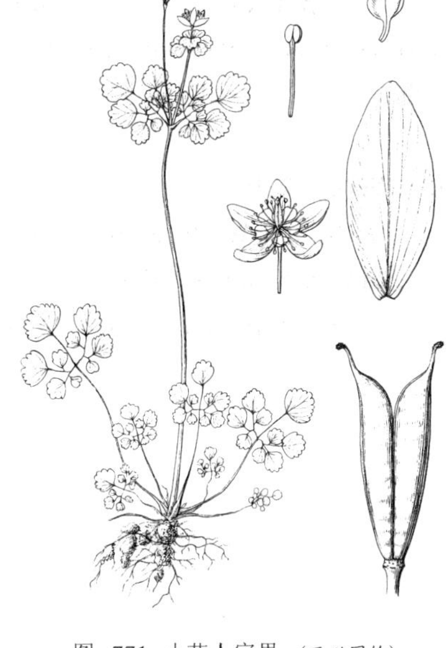

图 771 小花人字果（王兴国绘）

3. 蕨叶人字果 图 772

Dichocarpum dalzielii (Drumm. et Hutch.) W. T. Wang et Hsiao in Acta Phytotax. Sin. 9：327. 1964.

Isopyrum dalzielii Drumm. et Hutch. in Kew Bull. 1920：163. 1920.

植株无毛。根茎较短，密生多数黄褐色须根。叶3-11，全基生，鸟趾状复叶；叶草质，宽3.5-10厘米；顶生小叶菱形，长2.5-6.5（-7.5）厘米，先端钝，中部以上具3-4对浅裂片，具锯齿，侧生小叶5或7，不等大，斜菱形或斜卵形；叶柄长3.5-11.5厘米。花葶3-11，高达28厘米；复单歧聚伞花序长5-10厘米，3-8花。花梗长2-3厘米；苞片常无柄，下部苞片长1-2.1厘米，最上部苞片长2-3毫米，3全裂；花径1.4-1.8厘米；萼片白色，倒卵状椭圆形，长0.8-1厘米，先端钝尖；花瓣金黄色，长2.8-4.5毫米，瓣片近圆形；雄蕊多数；子房窄倒卵圆形。蓇葖近顶端叉开，窄倒卵状披针形，长0.9-1厘米，细喙长约2毫米。种子近圆球形，褐色，光滑。花期4-5月，果期5-6月。

产四川、湖北、贵州、广西、广东、海南、江西、福建西部、浙江及安徽，生于海拔750-1600米山地密林下、溪边及沟边。根药用，治红肿疮毒等症。

图 772 蕨叶人字果（张泰利绘）

［附］**粉背人字果** 彩片347 **Dichocarpum hypoglaucum** W. T. Wang et Hsiao in Acta Phytotax. Sin. 9: 327. t. 33. f. 3. 1964. 本种与蕨叶人字果的区别：顶生小叶菱状卵形，长10-12厘米，宽5-5.6厘米，先端短渐尖；种子紫褐色。产云南东南部，生于山地林内、阴湿处石灰岩缝中。

4. 纵肋人字果 图773

Dichocarpum fargesii（Franch.）W. T. Wang et Hsiao in Acta Phytotax. Sin. 9: 329. 1964.

Isopyrum fargesii Franch. in Journ. Bot. 11: 294. 1897.

植株无毛。茎高达35厘米，中部以上分枝。根茎极短，直根长。叶基生及茎生，基生叶少数，具长柄，一回三出复叶；叶草质，卵圆形，宽1.8-3.5厘米；顶生小叶肾形或扇形，长0.5-1.2厘米，宽0.7-1.6厘米，先端具5浅牙齿，叶脉明显，侧生小叶斜卵形，上侧小叶斜倒卵形，长0.6-1.4厘米，下侧小叶卵圆形，长5-9毫米；叶柄长3-8厘米，基部具鞘；茎生叶似基生叶，渐小，对生，最下一对的叶柄长1.2-4.2厘米。花径6-7.5毫米；花瓣长约萼片之半，瓣片近圆形，中部连成漏斗状；雄蕊10。蓇葖线形，长约1.3厘米，顶端尖，喙极短。种子椭圆状球形，具纵肋。花期5-6月，果期7月。

图 773 纵肋人字果 （引自《秦岭植物志》）

产四川东部、贵州、湖南西北部、湖北西部、安徽西部、河南西南部、陕西南部及甘肃东南部，生于海拔1300-1600米山谷阴湿处。

24. 黄连属 Coptis Salisb.

（王文采）

多年生草本。根茎黄色。叶全基生，具长柄，单叶，掌状全裂，或三出复叶，具掌状脉。花葶直立；单歧聚伞花序，有时1花，具苞片；花两性，稀单性，辐射对称。萼片5，黄绿或白色，花瓣状；花瓣5-12，较萼片小，披针形或匙形，具爪，中央具分泌组织或无；雄蕊多数，花丝近丝状，花药宽长圆形；心皮5-15，轮生，具细长柄，胚珠2列，花柱腹面具柱头。蓇葖轮生，具细柄，无横脉。种子椭圆状球形，光滑。

约15种，分布于东亚及北美。我国6种。

根茎及须根含小檗碱等，供药用，治肠胃炎、急性细菌性痢疾等，黄连为我国著名中药。

1. 叶掌状3全裂；花瓣线状披针形或匙形。
  2. 叶片卵状五角形，中裂片较侧裂片稍长；萼片披针形。
    3. 花瓣线状披针形。
      4. 萼片长0.9-1.3厘米，较花瓣长约1倍 ……………… 1. **黄连 C. chinensis**
      4. 萼片长约6.5厘米，较花瓣长1/3-1/5 ……………… 1(附). **短萼黄连 C. chinensis** var. **brevisepala**
    3. 花瓣匙形 ……………… 1(附). **云南黄连 C. teeta**
  2. 叶片窄卵形或披针形，中裂片较侧裂片长3-3.5倍；萼片披针状线形 ……………… 2. **峨眉黄连 C. omeiensis**
1. 叶掌状5全裂；花瓣圆倒卵状匙形 ……………… 3. **五叶黄连 C. quinquefolia**

1. 黄连 图 774 彩片 348

Coptis chinensis Franch. in Journ. de Bot. 2: 231. 1897.

叶具长柄；叶薄革质，卵状五角形，基部心形，3全裂，全裂片具柄，中裂片菱状卵形，羽状深裂，小齿具细刺尖，侧裂片斜卵形，不等2深裂，上面脉疏被毛，下面无毛。花葶高达25厘米；花序具3-8花。苞片窄长，羽状分裂；萼片黄绿色，披针形，长0.9-1.2厘米；花瓣线状披针形，长5-6.5毫米；雄蕊长3-6毫米；心皮8-12。蓇葖长6-8毫米，心皮柄与蓇葖近等长。种子长2毫米。花期2-3月。

产陕西南部、湖北、湖南、贵州及四川，生于海拔500-2000米山地林中或山谷阴处，野生或栽培。

［附］**短萼黄连** 彩片 349 **Coptis chinensis** var. **brevisepala** W. T. Wang et Hsiao in Acta Pharm. Sin. 12(3): 195. pl. 2. f. A6. 1965. 本变种与模式变种的区别：萼片长约6.5毫米，较花瓣长1/3-1/5。产安徽南部、浙江、福建、江西、广东及广西，生于海拔600-1600米山谷、沟边、林下或阴湿处。

图 774 黄连 （仿《中国药用植物志》）

［附］**云南黄连** 彩片 350 **Coptis teeta** Wall. in Trans. Med. Phys. Soc. Calc. 8: 347. 本种与黄连的区别：花瓣匙形。产云南西北部及西藏东南部；生于海拔1500-2300米林中。缅甸有分布。

2. 峨眉黄连 图 775 彩片 351

Coptis omeiensis (Chen) C. Y. Cheng in Acta Pharm. Sin. 12(3): 196. pl. 1. f. c. 1965.

Coptis chinensis Franch. var. *omeiensis* Chen in Bull. Fan Mem. Inst. Biol. Bot. n. ser. 1: 93. 1943.

叶具长柄；叶薄革质，窄卵形或披针形，长6-16厘米，宽3.5-6.3厘米，基部心形，3全裂，中裂片菱状披针形，羽状深裂，具小锐齿，侧裂片较中裂片短3-4倍，斜卵形，不等2深裂，脉网明显，上面疏被柔毛，下面无毛。花葶高达27厘米；花序具数花。苞片披针形；萼片黄绿色，披针状线形，长0.8-1厘米；萼片9-12，较花瓣短2倍；雄蕊长约5毫米；心皮9-14。蓇葖长5-6毫米，与心皮柄近等长。花期2-3月。

产四川峨眉山、峨边、洪雅一带，生于海拔1000-1700米山地悬崖或岩缝阴湿处。

图 775 峨眉黄连（引自《中国珍稀濒危植物》）

3. 五叶黄连 图 776

Coptis quinquefolia Miq. Prol. Fl. Jap. 195. 1869.

叶具长柄；叶薄革质，五角形，长2-5厘米，宽2-6厘米，基部心形，5全裂，中裂片宽菱形或楔状菱形，3裂，具小锐齿，侧裂片稍小、稍斜，2-3浅裂，上面疏被毛，下面无毛。花葶高达28厘米；花序具1至数花。苞片披针形；萼片椭圆形或倒卵状椭圆形，长4.5-8毫米；花瓣5，圆倒卵状匙形，长1.6-3毫米，雄蕊较花瓣稍长；心皮约10。蓇葖长4-5毫米，与心皮柄等长。花期3-4月。

产台湾，生于山地林下阴湿处。日本有分布。

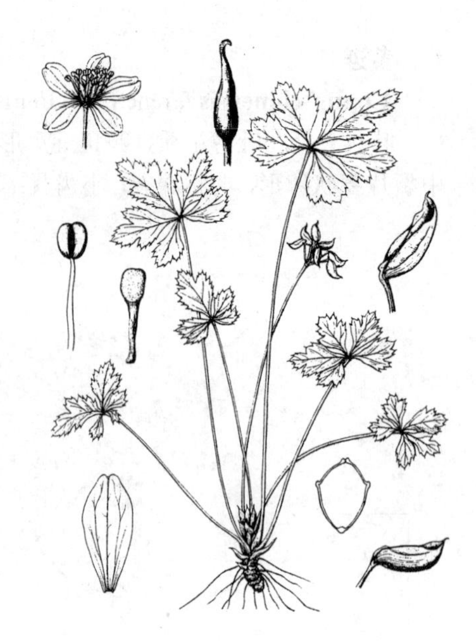

图 776 五叶黄连（引自《Fl. Taiwan》）

25. 银莲花属 Anemone Linn.

（王文采）

多年生草本。具根茎。叶基生，有时无，单叶，常掌状分裂成三出复叶，具掌状脉。花葶直立或渐升；花序聚伞状或伞形，或1花。苞片（2）3或数枚，形成总苞。花两性，辐射对称；萼片5，稀多数，花瓣状，白、蓝紫或黄色；无花瓣无；雄蕊常多数，花丝线形；心皮多数或少数，子房1胚珠，具花柱或无，柱头生于花柱腹面或形成柱头。瘦果稍卵球形或扁平。

约150种，各大洲均有分布，多数分布于亚洲及欧洲。我国55种。

本属植物多含白头翁素等，有些种类供药用，有的可作土农药。花美丽，可供观赏。

1. 心皮密被绵毛。
  2. 苞片2（3），无柄；心皮90-120 ……………………………… 13. **岩生银莲花 A. rupicola**
  2. 苞片3，具柄；心皮180以上。
    3. 基生叶为单叶，3全裂；心皮180-240 ……………………………… 14. **大花银莲花 A. silvestris**
    3. 基生叶为三出复叶，如为单叶则掌状浅裂或深裂。
      4. 叶下面疏被短伏毛。
        5. 萼片5。
          6. 萼片紫红色 ……………………………… 11. **打破碗花花 A. hupehensis**
          6. 萼片白色 ……………………………… 11(附). **水棉花 A. hupehensis** f. **alba**
        5. 萼片约20，紫色 ……………………………… 11(附). **秋牡丹 A. hupehensis** var. **japonica**
      4. 叶下面被绒毛；萼片5，白或带粉红色。
        7. 基生叶为三出复叶，稀单叶 ……………………………… 12. **大火草 A. tomentosa**
        7. 基生叶为单叶 ……………………………… 12(附). **野棉花 A. vitifolia**
1. 心皮被柔毛或无毛。
  8. 苞片具柄。
    9. 苞片柄鞘状；萼片先端密被柔毛；心皮无毛，花柱钩曲；基生叶3全裂。

10. 花径（1.3-）2-3厘米；萼片6-8（-10）………………………………………… 9. **草玉梅 A. rivularis**

10. 花径1-1.8厘米；萼片5（6）……………………………… 9(附). **小花草玉梅 A. rivularis** var. **flore-minore**

9. 苞片柄细长，非鞘状，如具翅而扁平则心皮被短柔毛；萼片先端无毛；花柱非钩曲。

11. 萼片6-7，反曲，宽线形；花丝线形 ……………………………………………… 6. **反萼银莲花 A. reflexa**

11. 萼片平展，倒卵形或窄倒卵形；花丝丝状。

12. 苞片3深裂 ………………………………………………………………………… 2. **小银莲花 A. exigua**

12. 苞片3全裂。

13. 根茎粗壮，节密集；萼片5。

14. 心皮无毛；无匍匐茎。

15. 基生叶为单叶，3全裂，全裂片无柄或柄极短；花粉具3沟 ……… 1. **西南银莲花 A. davidii**

15. 基生叶为三出复叶，小叶柄细长；花粉具散沟 ……………… 1(附). **三出银莲花 A. griffithii**

14. 子房被柔毛；基生叶3全裂；具匍匐茎 ………………………… 1(附). **匐枝银莲花 A. stolonifera**

13. 根茎细，节间明显；萼片（5）6-15，子房被柔毛。

16. 苞片中裂片浅裂或不裂，具齿 ……………………………………………… 4. **多被银莲化 A. raddeana**

16. 苞片中裂片3深裂或过中部。

17. 苞片柄无翅。

18. 基生叶1；萼片8-15 ……………………………………………………… 3. **阿尔泰银莲花 A. altaica**

18. 无基生叶；萼片5 ………………………………………………… 3(附). **阴地银莲花 A. umbrosa**

17. 苞片柄扁，具窄翅；萼片6-8 ………………………………………… 5. **黑水银莲花 A. amurensis**

8. 苞片无柄。

19. 花序二歧状分枝；苞片2；瘦果扁平，无毛 ………………………………… 23. **二歧银莲花 A. dichotoma**

19. 单歧聚伞花序，成伞形花序状，或单花；苞片3或更多。

20. 瘦果背面具1纵肋，无毛。

21. 基生叶微3浅裂或不裂；花粉具散沟 ………………………………… 10. **卵叶银莲花 A. begoniifolia**

21. 基生叶3裂近中部；花粉具3沟 ……………………………………… 10(附). **拟卵叶银莲花 A. howellii**

20. 瘦果无纵肋。

22. 基生叶1-3或无，心状五角形，3全裂；花丝丝状，中脉不明显；花粉具5-10沟。

23. 根茎粗壮，节密集。

24. 无走茎；叶全裂片浅裂，小裂片近靠接。

25. 花药无尖头 ……………………………………………………………………… 7. **鹅掌草 A. flaccida**

25. 花药顶端具小尖头 ………………………………………………… 7(附). **鹤峰鹅掌草 A. hofengensis**

24. 具走茎；叶全裂片深裂，小裂片分离 ………………………………… 7(附). **川西银莲花 A. prrttii**

23. 根茎细，节间较长。

26. 子房被柔毛 ………………………………………………………………… 8. **毛果银莲花 A. baicalensis**

26. 心皮无毛 ……………………………………… 8(附). **光果银莲花 A. baicalensis** var. **glabratta**

22. 基生叶4-6（-10）；花丝线形，具中脉；花粉具3沟。

27. 瘦果稍卵球形。

28. 叶基部心形。

29. 心皮20以下。

30. 叶一回3全裂。

31. 萼片5；叶两面被短柔毛 ………………………………………………… 15. **疏齿银莲花 A. obtusiloba**

31. 萼片7-8；叶两面无毛或上面疏被柔毛 ……………………………… 16. **岷山银莲花 A. rockii**

30. 叶二回3全裂 ………………………………………………………… 17. 湿地银莲花 **A. rupestris**
29. 心皮40-80，花柱钩曲；叶一至二回3全裂 ………………………………………………………… ………………………………………………………… 17(附). 多果银莲花 **A. rupestris** subsp. **polycarpa**
28. 叶基部楔形或宽楔形。
32. 叶分裂。
33. 叶菱状倒卵形或宽菱形，基部宽楔形；萼片黄色 ………………………… 18. 匙叶银莲花 **A. trullifolia**
33. 叶匙形，基部渐窄；萼片蓝或白色 ……………… 18(附). 蓝匙叶银莲花 **A. trullifolia** var. **coelestina**
32. 叶不裂，匙形，近先端疏生齿，稀近全缘或微3浅裂 ………………………………………………… ………………………………………………………… 18(附). 条叶银莲花 **A. trullifolia** var. **linearis**
27. 瘦果扁平，具宽边；叶3全裂。
34. 花葶及叶柄近无毛。
35. 心皮无毛 ………………………………………………………… 21. 银莲花 **A. cathayensis**
35. 心皮被毛 ………………………………………… 21(附). 毛蕊银莲花 **A. cathayensis** var. **hispida**
34. 花葶及叶柄被柔毛。
36. 叶五角形或圆五角形。
37. 花葶、叶柄及叶下面密被淡黄色绵毛或极密长柔毛 ………………………………………………… ………………………………………………………… 20(附). 密毛银莲花 **A. demissa** var. **villosissima**
37. 花葶、叶柄被稍密长柔毛，叶下面疏被毛，叶分裂较浅，小裂片卵形或披针形。
38. 叶干时不变黑，宽达7.5厘米，全裂片无柄；小裂片卵形 ……………………………………… ………………………………………………… 19. 卵裂银莲花 **A. narcissiflora** var. **sibirica**
38. 叶干时常变黑，宽达10厘米，全裂片常具短柄，小裂片长卵形、卵形或三角形 ………… ………………………………………………… 20(附). 宽叶展毛银莲花 **A. demissa** var. **major**
36. 叶卵形或窄卵形。
39. 叶卵形，宽3.2-4.5厘米，各回裂片不覆叠；萼片5（6），蓝，稀白色 ……………………… ………………………………………………………………………… 20. 展毛银莲花 **A. demissa**
39. 叶窄卵形，宽1.1-2.2厘米，中裂片柄细长，各回裂片覆叠；萼片6-7，白、紫或黑紫色 ……… ………………………………………………………………………… 22. 叠裂银莲花 **A. imbricata**

1. 西南银莲花 图 777 彩片 352

Anemone davidii Franch. in Nouv. Arch. Mus. Hist. Nat. Paris sér. 2, 8: 185. 1886.

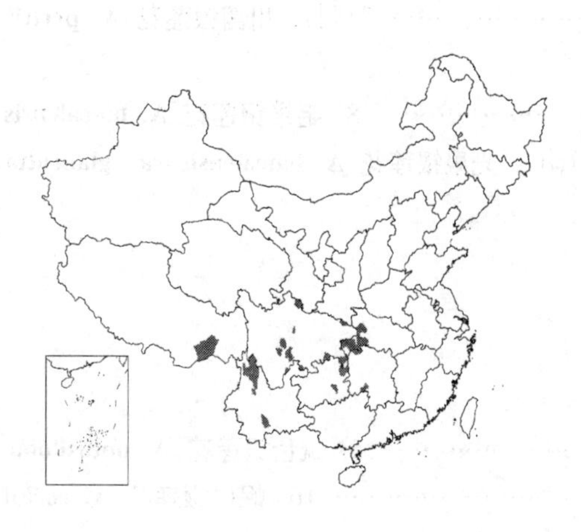

植株高达55厘米。基生叶1（-3）或无，具长柄；叶心状五角形，长(2-)6-10厘米，宽达18厘米，3全裂，中裂片菱形，3深裂，侧裂片不等2深裂，两面疏被短毛。花葶直立，花1-3朵；苞片3，具柄，似基生叶。花梗长(2.5-)5-17厘米；萼片5，白色，倒卵形，长1-2(-3.8)厘米；花丝丝状，花药宽长圆

图 777 西南银莲花 （朱蕴芳绘）

形，花粉具3沟；心皮45-70，无毛，花柱短，柱头小。瘦果卵球形，稍扁，长2.5毫米，宿存花柱短。花期5-6月。

产湖北西部、湖南、贵州、四川、云南及西藏东南部，生于海拔1950-3500米山地沟谷杂木林、竹林中、沟边阴湿处或石缝中。

［附］**匐枝银莲花 Anemone stolonifera** Maxim. in Bull. Acad. Sci. St. Pétersb. 22: 225. 1876. 本种与西南银莲花的区别：匍匐茎细长；叶长达2.5厘米，宽达4厘米；花较小，萼片长0.7-1厘米；心皮约8，子房疏被毛。产黑龙江东部及台湾，生于山地林下。朝鲜及日本有分布。

［附］**三出银莲花 Anemone griffithii** Hook. f. et Thoms. Fl. Ind. 1: 21. 1855. 本种与西南银莲花的区别：基出叶为三出复叶，小叶柄细，柄长3-7毫米；花较小，萼片长4-8毫米，花粉具散沟。产四川及西藏南部，生于海拔1650-3000米山地林下或沟边。不丹及尼泊尔有分布。

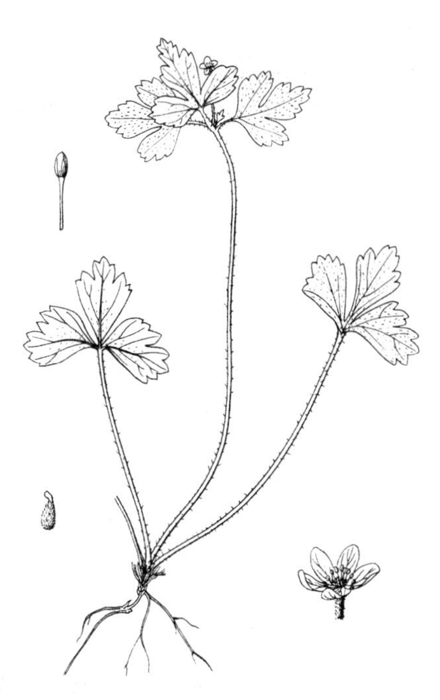

图 778 小银莲花（引自《图鉴》）

2. 小银莲花 图 778

Anemone exigua Maxim. in Bull. Acad. Sci. St. Pétersb. 23: 306. 1877.

植株高达24厘米。根茎细长。基生叶2-5，具长柄；叶心状五角形，长1-3厘米，宽达4厘米，3全裂，中裂片宽菱形，3浅裂，侧裂片不等2浅裂，两面疏被柔毛。花葶1（2），上部疏被柔毛；苞片3，具柄，三角状卵形或卵形，长0.7-1.6厘米，3深裂。花梗长1-3厘米；萼片5，白色，椭圆形或倒卵形，长5.5-9.5毫米；花丝丝状，花药长圆形；心皮5-8（-10），子房被短柔毛，花柱短。瘦果椭圆状球形，长2.6毫米。花期6-8月。

产山西、河南、湖北西部、陕西南部、甘肃南部、青海东部、四川西部及云南西北部，生于海拔2100-3500米云杉林或灌丛中。

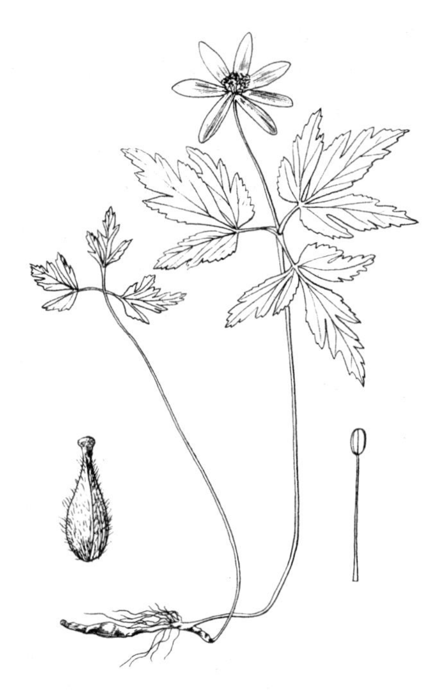

图 779 阿尔泰银莲花（引自《秦岭植物志》）

3. 阿尔泰银莲花 图 779

Anemone altaica Fisch. ex C. A. Mey. in Ledeb. Fl. Alt. 2: 362. 1830.

植株高达23厘米。根茎径4毫米，节间长3-5毫米。基生叶1或无，具长柄；叶宽卵形，长2-4厘米，宽达7厘米，3全裂，中裂片3裂，具缺刻状牙齿，侧裂片不等2全裂，两面近无毛。花葶近无毛，单花顶生。苞片3，具柄，近五角形，宽2.5-7.5厘米，3全裂，中裂片3浅裂，侧裂片不等2裂。萼片8-10，白色，倒卵状长圆形或长圆形，长1.5-2厘米；花丝丝状，花药长圆形；心皮20-30，子房密被柔毛，花柱短。瘦果卵球形，长4毫米。花期3-5月。

产山西、河南西部、甘肃南部、陕西南部及湖北西北部，生于海拔1200-1800米山谷林中、灌丛中或沟边。

［附］**阴地银莲花 Anemone umbrosa** C. A. Mey. in Ledeb. Fl. Alt. 2：361. 1830. 本种与阿尔泰银莲花的区别：根茎径约1毫米；萼片5，椭圆形。产吉林东部及辽宁；生于海拔200-500米阴坡草地或林下。朝鲜北部及俄罗斯远东地区有分布。

4. 多被银莲花 图780

Anemone raddeana Regel in Bull. Soc. Nat. Mosc. 34：16. 1861.

植株高达30厘米。根茎长2-3厘米，径3-7毫米。基生叶1，具长柄；叶3全裂，全裂片具细柄，2-3深裂，近无毛。花葶近无毛；苞片3，具柄，近扇形，长1-2厘米，3全裂，中裂片倒卵形或倒卵状长圆形，近先端疏生小齿，侧裂片稍斜。花梗长1-1.3厘米；萼片9-15，白色，长圆形，长1.2-1.9厘米；花丝丝状，花药长圆形；心皮约30，子房密被短柔毛，花柱短。花期4-5月。

产黑龙江、吉林、辽宁及山东，生于海拔约800米山地林中或草地阴处。朝鲜北部、俄罗斯西伯利亚及蒙古有分布。

图 780 多被银莲花 （仿《东北草本植物志》）

5. 黑水银莲花 图781

Anemone amurensis（Korsh.）Kom. in Acta Hort. Petrop. 22：262. 1903.

Anemone nemorosa Linn. subsp. *amurensis* Korsh. in Acta Hort. Petrop. 12：292. 1892.

植株高达25厘米。根茎径2毫米。基生叶1-2或无，具长柄；叶三角形，宽2.5-5厘米，3全裂，全裂片具短柄，中裂片3裂。花葶无毛；苞片3，具柄，宽卵形或五角形，长2.7-3厘米，宽达3.8厘米，3全裂，中裂片卵状菱形，3裂，具小齿，侧裂片稍小，两面近无毛，柄扁，具窄纵翅。花梗长1.5-4厘米；萼片6-10，白色，长圆形，长1.3-1.5厘米；花丝丝状，花药长圆形；心皮约12，子房被柔毛，花柱短。花期5月。

产黑龙江、吉林东部及

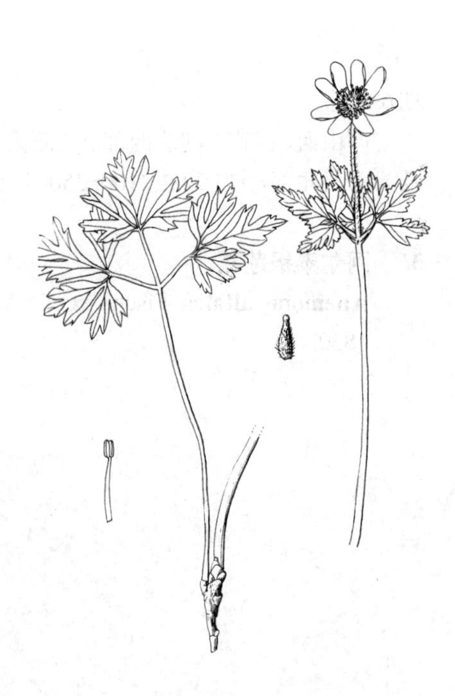

图 781 黑水银莲花 （仿《东北草本植物志》）

辽宁东部，生于山地林下或灌丛中。朝鲜北部及俄罗斯远东地区有分布。

6. 反萼银莲花 图 782

Anemone reflexa Steph. in Willd. Sp. Pl. 2: 1282. 1797.

植株高达26厘米。根茎径约4毫米。常无基生叶。花葶无毛；苞片3（4），具柄，近五角形，长3.5-6.8厘米，3全裂，中裂片长圆状披针形或窄菱形，微3浅裂，具锯齿，侧裂片不等2浅裂；花梗长1.5-3.8厘米，被短柔毛；萼片5或7，白色，反曲，线形，长3-6.5毫米；花丝线形，花药长圆形；心皮约12，子房密被短柔毛，花柱短。花期4-5月。

产吉林、河南西部及陕西南部，生于海拔约1200米山地灌丛中、林内或河边湿地。

图 782 反萼银莲花（仿《中国植物志》）

7. 鹅掌草 图 783 彩片 353

Anemone flaccida F. Schmidt in Mém. Acad. Sci. St. Pétersb. sér. 7, 2: 103. 1868.

植株高达40厘米。根茎近圆柱形，径(0.3)0.5-1厘米。基生叶1-2，具长柄；叶草质，心状五角形，长3.5-7.5厘米，宽达14厘米，3全裂，中裂片菱形，3裂近中部，具不等齿，侧裂片不等2深裂，上面疏被毛，下面近无毛或被柔毛。花葶上部被柔毛，花2-3；苞片3，无柄，菱状三角形或菱形，长4.5-6厘米，3深裂，二回裂片浅裂。花梗长4.2-7.5厘米；萼片5，白色，倒卵形或椭圆形，长0.7-1厘米；花丝丝状，花药宽长圆形，顶端钝；心皮约8，子房密被短毛，无花柱，柱头近球形。花期4-6月。

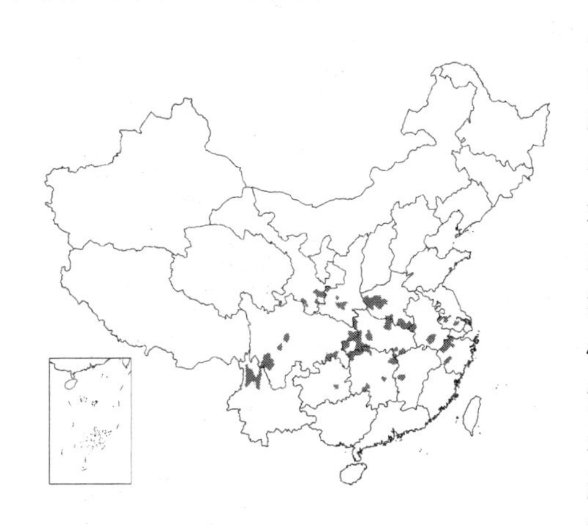

产江苏、安徽、浙江、江西、湖北、湖南、贵州、云南、四川、甘肃、陕西及河南，生于海拔1100-3000米山谷草地或林下。日本及俄罗斯远东地区有分布。

［附］**鹤峰银莲花 Anemone hofengensis** W. T. Wang in Acta Bot. Yunn. 29: 463. 1991. 本种与鹅掌草的区别：叶质地较厚；花序具2-6花；苞片二回裂片深裂；花药顶端具小尖头。产湖北西南部及湖南西北部，生于海拔1230-1600米山谷溪边。

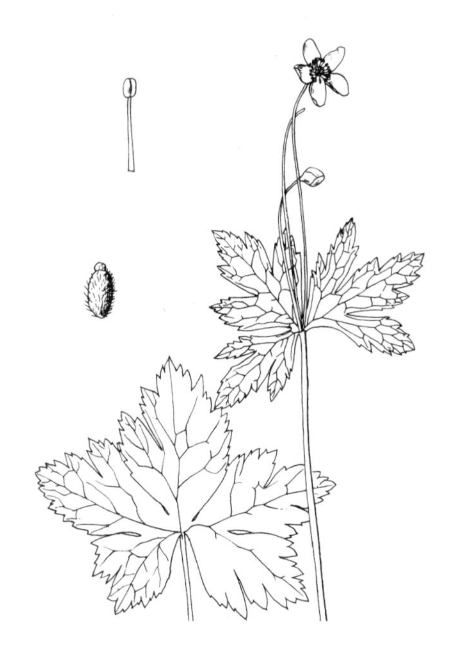

图 783 鹅掌草（赵宝恒绘）

［附］**川西银莲花 Anemone prattii** Huth ex Ulbr. in Engl. Bot. Jahrb. 36, Beibl. 80: 4. 1905. 本种与鹅掌草的区别：根茎常自顶部生出地上走茎；叶中裂片二回近羽状深裂，小裂片宽披针形或窄卵形，裂片分离。产云南北部及四川西部，生于海拔1700-2400米山地林下阴湿处。

8. 毛果银莲花 图 784: 1-6

Anemone baicalensis Turcz. in Bull. Soc. Nat. Mosc. 15: 42. 1842.

植株高达28厘米。根茎径1毫米。基生叶1-2，具长柄；叶心状五角形，长4-5.2厘米，宽达10厘米，3全裂，中裂片宽菱形，3浅裂，具不等齿，侧裂片斜扇形，不等2深裂，两面被短柔毛。花葶被开展柔毛，花1-2朵；苞片3，无柄，菱形或宽菱形，长1.2-3.3厘米，2-3裂或不裂；花梗长1.8-7厘米；萼片5（6），白色，倒卵形，长1-1.5厘米；花丝丝状，花药长圆形；心皮6-10（-16），子房密被柔毛，花柱近无，柱头球形。花期5-7月。

产黑龙江、吉林东部、辽宁、陕西、甘肃秦岭山地、四川及湖北西部，生于林下、灌丛中或阴坡湿地，在东北生于海拔500-900米地带，在秦岭一带生于海拔1800-3100米地带。朝鲜及俄罗斯西伯利亚有分布。

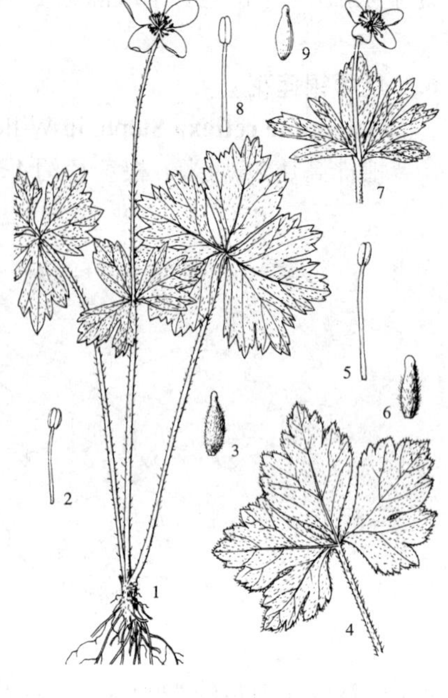

图 784: 1-6. 毛果银莲花 7-9. 光果银莲花（赵宝恒绘）

［附］**光果银莲花** 图 784: 7-9 **Anemone baicalens is** var. **glabrata** Maxim. Prim. Fl. Amur. 18. 1859. 本变种与模式变种的区别：叶柄无毛或上部疏被柔毛；心皮无毛。产黑龙江及吉林东部。俄罗斯远东地区有分布。

9. 草玉梅 图 785 彩片 354

Anemone rivularis Buch.-Hom. ex DC. Syst. Nat. 1: 211. 1818.

植株高达65厘米。根茎木质，径0.8-1.4厘米。基生叶3-5，具长柄；叶心状五角形，长2.5-7.5厘米，宽达14厘米，3全裂，中裂片宽菱形或菱状卵形，3深裂，具小齿，侧裂片斜扇形，不等2深裂，两面被糙伏毛。花葶1（-3）；聚伞花序（一）二至三回分枝；苞片3（4），具短柄，宽菱形，3裂近基部，一回裂片稍细裂；花径（1.3-）2-3厘米。萼片（6）7-8（-10），白色，倒卵形，长（0.6-）0.9-1.4厘米，宽（0.4-）0.5-1厘米，先端密被柔毛；花丝丝状，花药长圆形；心皮30-60，无毛，花柱钩曲。花期5-8月。

产青海、四川、西藏南部及东部、云南、广西西部、贵州、湖北西南部，生于海拔850-4900米草坡、溪边或湖边。不丹、尼泊尔、印度及斯里兰卡有分布。

图 785 草玉梅 （引自《东北草本植物志》）

［附］**小花草玉梅** **Anemone rivularis** var. **flore-minore** Maxim. Fl. Tangut. 6. 1889. 本变种与模式变种的区别：苞片一回裂片常不裂，披针

形或披针状条形；花径1-1.8厘米，萼片5（6），长6-9毫米，宽2.5-4毫米。植株高达1.3米。产内蒙古南部、辽宁西部、河北北部及西部、山西、河南东北部、陕西、宁夏、甘肃南部及中部、四川西北部及北部、青海东部、新疆，生于海拔900-3000米草坡或林缘。

10. 卵叶银莲花 图786

Anemone begoniifolia Lévl. et Van. in Bull. Acad. Geogr. Bot. 9: 46. 1902.

植株高达39厘米。基生叶3-9，具长柄；叶心状卵形或宽卵形，长2.8-8.8厘米，先端短渐尖，不裂、微3裂或5浅裂，具牙齿，两面疏被长柔毛。花葶常紫红色；伞形花序具3-7花；苞片3，无柄，长圆形，长0.6-1.4厘米，不裂或3裂。萼片5，白色，倒卵形，长0.5-1.1厘米；花丝丝状，花药宽长圆形，花粉具散沟；心皮约40，无毛，花柱短。瘦果菱状倒卵圆形，长约2毫米，背腹面各具1纵肋。花期2-4月。

产四川东南部、贵州、广西西部及云南东南部，生于海拔650-1000米山谷林中、阴湿沟边、草地或石缝中。

［附］**拟卵叶银莲花 Anemone howellii** Jeffrey et W. W. Smith in Notes Roy. Bot. Gard. Edinb. 9: 78. 1916. 本种与卵叶银莲花的区别：叶3裂近中部；花粉具3沟。产广西、贵州西南部、云南东南部及西部，生于海拔1200-2300米山谷沟边阴湿处或疏林中。缅甸北部有分布。

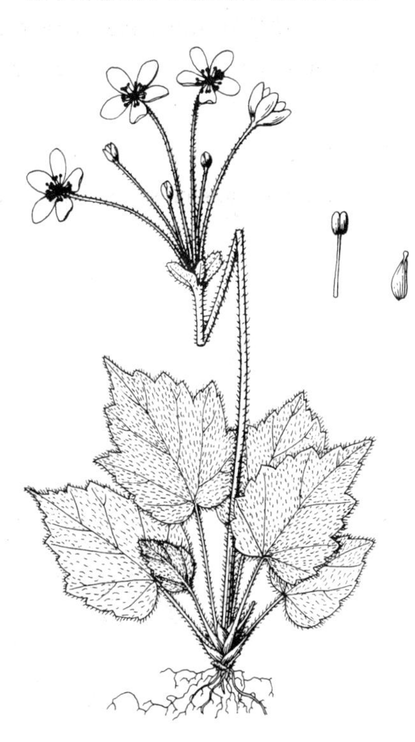

图 786 卵叶银莲花 （引自《图鉴》）

11. 打破碗花花 图787

Anemone hupehensis Lemoine Catalogue 176: 40. 1910.

植株高达1.2米。根茎长约10厘米，径4-7毫米。基生叶3-5，具长柄；三出复叶，有时1-2枚或为单叶；顶生小叶具长柄，卵形或宽卵形，长4-11厘米，不裂或3-5浅裂，具锯齿，两面疏被糙毛，侧生小叶较小。花葶疏被柔毛；聚伞花序二至三回分枝，花较多；苞片3，具柄，三出复叶。萼片5，紫红色，倒卵形，长2-3厘米，被短绒毛；花丝丝状，花药长圆形，心皮约400，生于球形花托，长1.5毫米，具细柄，密被短绒毛。瘦果长3.5毫米，具细柄，密被绵毛。花期7-10月。

产河南、陕西南部、甘肃南部、四川、云南东部、贵州、广西、广东北部、湖南、湖北、江西、安徽及浙江，生于海拔400-1800米草坡或沟边。

图 787 打破碗花花 （冀朝祯绘）

［附］**水棉花** 彩片355 **Anemone hupehensis** f. **alba** W. T. Wang in

Acta Phytotax. Sin. 12: 166. 1974. 本变型与模式变型的区别：萼片白，或带淡粉红色。产台湾、四川西部、贵州及云南北部，生于海拔1200-3500米草坡或沟边。

［附］**秋牡丹 Anemone hupehensis** var. **japonica**（Thunb.）Bowles et Stearn in Journ. Roy. Hort. Soc. 72: 265. 1947. —— *Atragene japonica* Thunb. Fl. Jap. 239. 1784. 本变种与模式变种的区别：花重瓣，萼片约20，紫或紫红色。云南、广东、江西、福建、浙江、江苏及安徽各地栽培普遍，有的已野化。日本有栽培。供观赏，也可药用，治感冒、体癣等症。

12. 大火草 图 788 彩片 356

Anemone tomentosa（Maxim.）Péi in Contr. Biol. Lab. Sci. China, Sect. Bot. 9: 2. 1933.

Anemone japonica（Thunb.）Sieb. et Zucc. var. *tomentosa* Maxim. Fl. Tangut. 7. 1889.

植株高达1.5米。根茎径0.5-1.8厘米。基生叶3-4，具长柄，三出复叶，有时1-2叶；小叶卵形或三角状卵形，长9-16厘米，基部浅心形，3浅裂至3深裂，具不规则小裂片及小齿，下面密被绒毛。花葶与叶柄均被绒毛；聚伞花序长达38厘米，二至三回分枝；苞片3，似基生叶，具柄，3深裂，有时为单叶。萼片5，淡粉红或白色，长1.5-2.2厘米；雄蕊多数；心皮400-500，密被绒毛。瘦果长3毫米，具细柄，被绵毛。花期7-10月。

图 788 大火草（引自《图鉴》）

产河北西部、山西、河南西部、陕西、甘肃、青海东部、四川西部及东北部、湖北西部，生于海拔700-3400米草坡或路边。

［附］**野棉花** 彩片 357 **Anemone vitifolia** Buch.-Ham. ex DC. Syst. Nat. 1: 211. 1818. 本种与大火草的区别：基生叶均为单叶。产四川西南部、云南、西藏东南部及南部，生于海拔1200-2700米草坡、沟边或疏林中。缅甸北部、不丹、尼泊尔及印度北部有分布。

13. 岩生银莲花 图 789

Anemone rupicola Camb. in Jacq. Voy. 4: 5, f. 2. 1838.

植株高达20(-30)厘米。根茎径2.5-4毫米。基生叶3-4，具长柄；叶心状五角形，长1.5-6厘米，宽达11厘米，3全裂，中裂片菱形，3裂，具锐齿，侧裂片斜菱形，2深裂，上面近无毛，下面疏被柔毛或近无毛。花葶顶部被柔毛，花1-2；苞片2（3），无柄，菱状卵形或宽卵形，长1.5-4.5厘米，3裂。花梗长2.5-7厘米，萼片5，白色，倒卵形，长1.8-2.5（-3.3）厘米；雄蕊多数；心皮90-

图 789 岩生银莲花（赵宝恒绘）

120，密被绵毛。瘦果长3毫米，具心皮柄，被长绵毛。花期6-8月。

产四川西部、云南西北部、西藏东南部及南部，生于海拔2400-4200米石崖、多石砾坡地、山谷沟边或林下，不丹、尼泊尔及印度北部有分布。

14. 大花银莲花 图 790

Anemone silvestris Linn. Sp. Pl. 540. 1753.

植株高达50厘米。根茎径2-2.5毫米。基生叶3-9，具长柄；叶心状五角形，长2-5.2厘米，宽达8厘米，3全裂，中裂片菱形或倒卵状菱形，3裂，疏生齿，侧裂片斜扇形，2深裂，上面近无毛，下面疏被柔毛。花葶直立；苞片3，具柄，似基生叶，较小。花梗长5.5-24厘米；萼片5，白色，倒卵形，长1.5-2厘米；雄蕊多数；心皮180-240，子房密被短柔毛。瘦果长2毫米，具短柄，被长绵毛。花期5-6月。

产黑龙江北部、内蒙古、河北北部、山西及新疆，生于海拔580-3400米草坡、林边、草原或多砂山坡上。亚洲北部及欧洲有分布。

图 790 大花银莲花（引自《图鉴》）

15. 疏齿银莲花 钝裂银莲花 图 791

Anemone obtusiloba D. Don in Ann. Bot. Gard. Calc. 5: 78. pl. 106B. f. 23. 27. 1896.

Anemone geum Lévl.; 中国高等植物图鉴1：729. 1972.

植株高达17(-30)厘米。根茎粗壮，垂直。基生叶5-10，具长柄；叶宽卵形，长0.8-2.2（-3.2）厘米，基部心形，3全裂，中裂片宽菱形或菱状倒卵形，常3浅裂，疏生齿，侧裂片较小，具3齿，两面被柔毛。花葶1-5；苞片3，无柄，窄倒卵形，长0.7-1.7（-2）厘米，3裂或不裂。花梗长1.2-11厘米；萼片5，白、黄或蓝色，倒卵形，长5-9（-11）毫米；雄蕊多数；心皮20-30，子房密被柔毛，花柱短。瘦果窄卵球形，长约5毫米。花期5-7月。

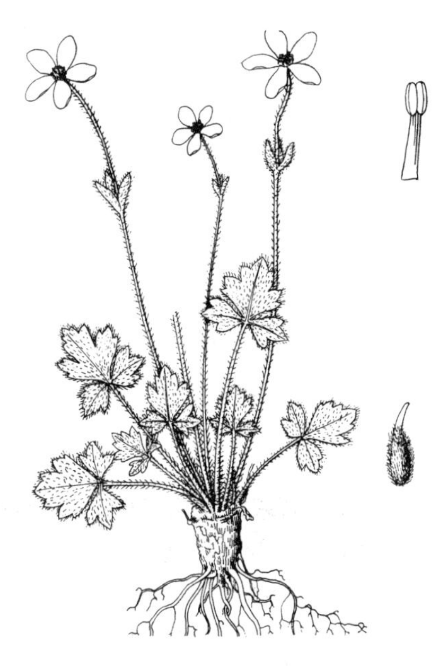

图 791 疏齿银莲花（引自《图鉴》）

产河北西部、山西、陕西南部、甘肃、宁夏、新疆、青海、四川西部、云南西北部及西藏，生于海拔1900-5000米草地或灌丛边。

16. 岷山银莲花 图 792

Anemone rockii Ulbr. in Notizbl. Bot. Gart. Berl. 10: 876. 1929.

植株高达26厘米。根茎短，垂直。基生叶5-15，具长柄；叶宽卵形，长1.6-3厘米，宽达4.5厘米，基部心形，3全裂，中裂片宽卵形或宽菱形，3裂，二回裂片稍细裂，侧裂片斜扇形，不等3裂，两面无毛或上面疏被

柔毛。花葶及叶柄疏被毛或无毛；苞片3，无柄，倒卵形，长1.5-2.5厘米，3裂。花梗长2.5-8.5厘米；萼片7-8，白色，长圆状倒卵形，长1.5-1.8厘米；雄蕊多数；心皮15-32，无毛或近无毛。花期6-8月。

产甘肃南部、陕西南部及四川北部，生于海拔3400-4000米草坡。

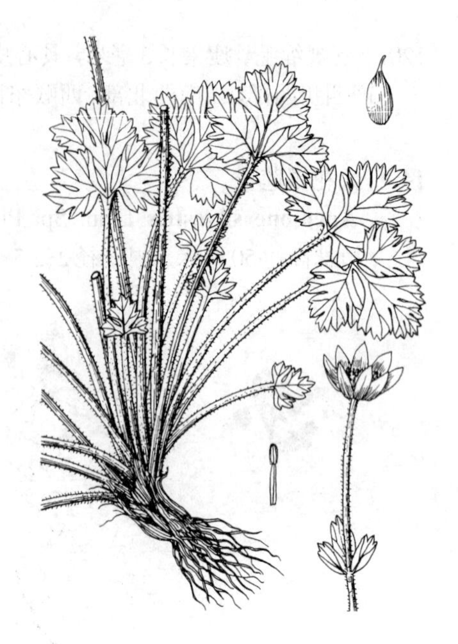

图 792 岷山银莲花 （王金凤绘）

17. 湿地银莲花 图 793

Anemone rupestris Hook. f. et Thoms. Fl. Ind. 1: 21. 1855.

植株高达18厘米。根茎短，垂直。基生叶4-6，具长柄；叶卵形，长0.9-2.3厘米，宽达2.8厘米，基部心形，3全裂，中裂片宽菱形，常再3全裂，有时3浅裂或深裂，基部骤缢缩成短柄，小裂片窄卵形或窄披针形，侧生一回全裂片无柄，一至二回3裂，两面疏被毛或近无毛。花葶与叶柄近无毛；苞片3，无柄，长圆状倒卵形或长圆状披针形，长0.5-1.1厘米，3浅裂或不裂。花梗长（2-）4.8-7.4厘米；萼片5（-7），白或紫色，倒卵形，长0.7-1.1厘米；雄蕊多数；心皮5-12，无毛或子房疏被毛，花柱短、直。花期6-8月。

产云南西北部及西藏东南部，生于海拔2500-3000米草坡或溪边。不丹及尼泊尔有分布。

［附］**多果银莲花 Anemone rupestris** subsp. **polycarpa**（**Evans**）W. T. Wang, Fl. Reipubl. Popul. Sin. 28: 43. pl. 11. f. 3-6. 1980. —— *Anemone polycarpa* Evans in Notes Roy. Bot. Gard. Edinb. 13: 154. 1921. 本亚种与模式亚种的区别：心皮40-80，花柱钩曲；叶片长2-4.5厘米，宽达5.3厘米。产云南西北部及西藏东南部。

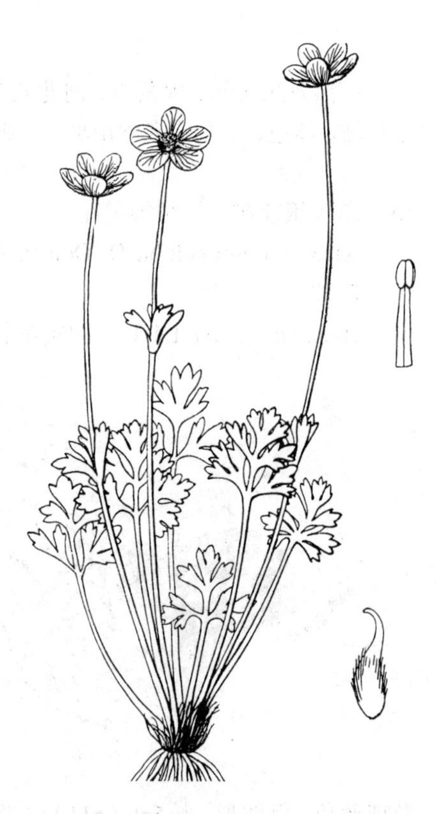

图 793 湿地银莲花 （引自《中国植物志》）

18. 匙叶银莲花 图 794

Anemone trullifolia Hook. f. et Thoms. Fl. Ind. 22. 1855.

植株高达18厘米。根茎短，垂直。基生叶5-10，叶柄短或长；叶菱状倒卵形或宽菱形，长2-3.8厘米，基部宽楔形或楔形，3浅裂，具牙齿，两面密被长柔毛。花葶1-4；苞片3，无柄，窄倒卵形或长圆形，长0.8-1.5厘米，具3齿或全缘。花梗长0.5-3厘米；萼片5（-7），黄色，倒卵形，长0.7-1.4厘米；雄蕊多数；心皮约8，子房密被柔毛，花柱短。花期5-6月。

产四川西南部及西藏南部，生于海拔4100-4500米草地或沟边。不丹有分布。

［附］**蓝匙叶银莲花 Anemone trullifolia** var. **coelestina**（Franch.）Finet et Gagnep. in Bull. Soc. Bot.

France 51: 61. 1904. —— *Anemone coelestina* Franch. in Bull. Soc. Bot. France 33: 4. 1886. 本变种与模式变种的区别：叶匙形或菱状楔形，长3-9厘米，基部渐窄；萼片蓝或白色。产四川西南部及云南西北部，生于海拔2500-3500米草坡或林中。

［附］条叶银莲花 彩片 358 **Anemone trullifolia** var. **linearis**（Bruhl）Hand.-Mazz. in Acta Hort. Gotob. 13: 178. 1939. —— *Anemone obtusiloba* D. Don subsp. *trullifolia* var. *linearis* Bruhl in Ann. Bot. Gard. Calc. 5: 77. 1896. 本变种与模式变种的区别：叶不裂，匙形，近先端疏生齿，稀近全缘或微3浅裂。产甘肃西南部、青海东南部及南部、四川西部、云南西北部、西藏东部及南部，生于海拔3500-5000米草地或灌丛中。

图 794 匙叶银莲花（孙英宝绘）

19. 卵裂银莲花 图 795

Anemone narcissiflora Linn. var. **sibirica**（Linn.）Tamura in Acta Phytotax. Geobot. 17: 115. 1958.

Anemone sibirica Linn. Sp. Pl. 541. 1753.

植株高达30厘米。基生叶5-10，具长柄；叶心状五角形，长3-5厘米，宽4-7.5厘米，基部深心形，3全裂，中裂片宽菱状倒卵形，3深裂，小裂片卵形或窄卵形，侧裂片斜扇形，不等2深裂，上面无毛，下面疏被长柔毛，边缘被长柔毛。花葶及叶柄被开展长柔毛；苞片3，无柄，菱状宽楔形，长1.5-2厘米，3深裂；伞辐3-5，长2-4.5厘米。萼片5，白色，倒卵形，长约1.2厘米；雄蕊多数；心皮约8，无毛。花期5-7月。

产内蒙古、宁夏及新疆，生于海拔2300-3000米草坡或灌丛中。蒙古、俄罗斯西伯利亚有分布。

图 795 卵裂银莲花（孙英宝绘）

20. 展毛银莲花 图 796 彩片 359

Anemone demissa Hook. f. et Thoms. Fl. Ind. 23. 1855.

植株高达45厘米。基生叶5-13，具长柄；叶卵形，长3-4厘米，宽3.2-4.5厘米，基部心形，3全裂，中裂片菱状宽卵形，3深裂，侧裂片较小，各回裂片稍覆叠，上面毛脱落，下面被长柔毛。花葶与叶柄被开展长柔毛；苞片3，无柄，窄菱形，长1.2-2.4厘米，3裂；伞辐1-5，长1.5-8.5厘米。萼片5-6，蓝，稀白色，倒卵形，长1-1.8厘米；雄蕊多数；心皮无毛。瘦

果扁平，椭圆形，长5.5-7毫米。花期6-7月。

产甘肃西南部、青海东南部和南部、四川西部、云南西北部、西藏东部及南部，生于海拔3200-4600米草坡或疏林中。不丹及尼泊尔有分布。

［附］**宽叶展毛银莲花** 彩片360 **Anemone demissa** var. **major** W. T. Wang, Fl. Reipubl. Popul. Sin. 28：51. 351. pl. 13. f. 4-7. 1980. 本变种与模式变种的区别：叶心状五角形，长4-6.5厘米，宽6-10厘米，干时常变黑色；萼片5（6），白或蓝紫色；植株高达68厘米。产四川西部、云南西北部及西藏南部，生于海拔3200-4100米草坡或疏林中。

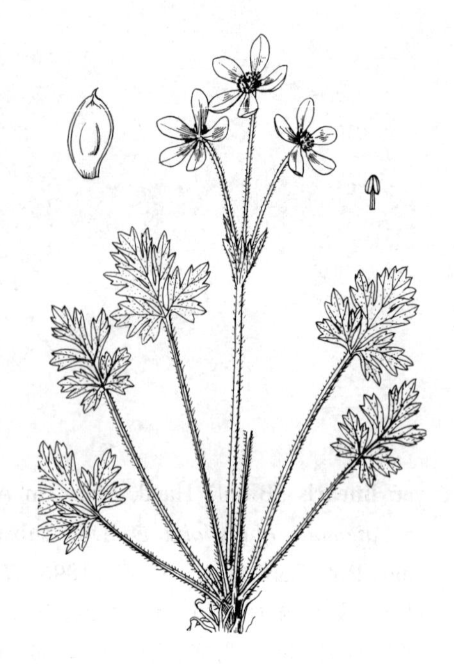

图 796 展毛银莲花 （王金凤绘）

［附］**密毛银莲花** 彩片360 **Anemone demissa** var. **villosissima** Brühl in Ann. Bot. Gard. Calc. 5：81. 1896. 本变种与模式变种的区别：叶心状五角形，下面密被柔毛；花葶及叶柄密被开展绒毛；萼片白色。产甘肃南部、四川西部、云南西北部及西藏南部，生于海拔3000-4000米草坡、沟边、灌丛中。印度北部有分布。

21. 银莲花 图 797

Anemone cathayensis Kitagawa. Lineam. Fl. Mansh. 213. 1939.

植株高达40厘米。根茎垂直。基生叶4-6，具长柄；叶心状五角形，稀圆卵形，长2-5.5厘米，宽4-9厘米，3全裂，中裂片宽菱形或菱状倒卵形，3裂，二回裂片浅裂，侧裂片斜扇形，不等3深裂，两面疏被柔毛，后脱落无毛。花葶及叶柄疏被柔毛或无毛；苞片约5，无柄，不等大，菱形或倒卵形，3裂；伞辐2-5，长2-5厘米。萼片5-6（-10），白或带粉红色，倒卵形，长1-1.8厘米；雄蕊多数；心皮4-16，无毛。瘦果扁平，宽椭圆形，长5毫米，无毛。花期4-7月。

图 797 银莲花 （朱蕴芳绘）

产河北及山西，生于海拔1000-2600米草坡或多石砾山坡。朝鲜有分布。

［附］**毛蕊银莲花 Anemone cathayensis** var. **hispida** Tamura in Acta Phytotax. Geobot. 17：114. 1958. 本变种与模式变种的区别：子房及瘦果被毛。产河北北部及河南西北部，生于海拔1000-2800米草坡。朝鲜有分布。

22. 叠裂银莲花 图 798

Anemone imbricata Maxim. Fl. Tangut. 8. t. 22. f. 1-6. 1889.

植株高达12（-20）厘米。基生叶4-7，具长柄；叶窄卵形，长1.5-2.8

厘米，基部心形，3全裂，中裂片具细柄，窄卵形，3全裂或深裂，二回裂片浅裂，侧裂片较小，无柄，不等3裂，下面密被长柔毛。花葶及叶柄密被长柔毛；苞片3，无柄，长1-1.6厘米，3裂；伞辐1，长0.5-3.5厘米。萼片6-9，白、紫或黑紫色，倒卵形，长1.1-1.3厘米；雄蕊多数；心皮约30，无毛。瘦果扁平，椭圆形，长6.5毫米。花期5-8月。

产甘肃中部及西南部、青海、四川西部、西藏，生于海拔3200-5300米草坡或灌丛中。

图 798 裂银莲花（王金凤绘）

23. 二歧银莲花 图 799

Anemone dichotoma Linn. Sp. Pl. 540. 1753.

植株高达60厘米。基生叶1，常无。花葶疏被短柔毛；聚伞花序二至三回二歧状分枝；苞片2，无柄，扇形，长3-6厘米，宽4.5-10厘米，3深裂，深裂片线状倒披针形或窄楔形，近顶部疏生齿，下面疏被柔毛；小总苞苞片似总状苞片。萼片5，白或带粉红色，倒卵形，长0.7-1.2厘米；雄蕊多数；心皮约30，无毛。瘦果扁平，椭圆形，长5-7毫米。花期6月。

产黑龙江、吉林及内蒙古，生于丘陵、低山湿草地或林中。亚洲北部及欧洲广布。

图 799 二歧银莲花（引自《图鉴》）

26. 獐耳细辛属 Hepatica Mill.

（王文采）

多年生草本。根茎短。叶全基生，单叶，具长柄，掌状浅裂。花葶不分枝；苞片3，轮生，形成总苞，与花靠接呈萼片状；花单生花葶顶端，两性。萼片5-10，稀更多，花瓣状；无花瓣；雄蕊多数，花丝线形，花药长圆形；心皮多数，子房1胚珠，花柱短。瘦果卵圆形。

约7种，分布于北半球温带。我国1种1变种。

1. 叶裂片具1-2牙齿；苞片全缘或具3小齿 ························ 1. 川鄂獐耳细辛 **H. henryi**
1. 叶裂片及苞片均全缘 ···································· 2. 獐耳细辛 **H. nobilis** var. **asiatica**

1. 川鄂獐耳细辛 峨眉獐耳细辛 图 800

Hepatica henryi (Oliv.) Steward in Rhodora 29: 53. 1927.

Anemone henryi Oliv. in Hook. Icon. Pl. 16: pl. 1570. 1887.

Hepatica yamatutai Nakai; 中国高等植物图鉴1: 732. 1972.

植株开花时高达6厘米，后高达12厘米。根茎长约2.5厘米。基生叶约6；叶宽卵形或圆肾形，长1.5-5.5厘米，宽2-8.5厘米，基部心形，3浅裂，裂片宽卵形或三角形，具1-2牙齿，两面被柔毛；叶柄长4-12厘米。花葶1-3，被柔毛；苞片窄卵形或窄倒卵形，长0.5-1.1厘米，全缘或具3小齿，疏被柔毛。萼片6，倒卵状长圆形，长0.8-1.2厘米，疏被柔毛；雄蕊长2-3.5毫米；心皮约10，子房被长柔毛，花柱短。花期4-5月。

产四川、湖北西部及湖南北部，生于海拔1300-2500米山地林下或阴湿草坡。

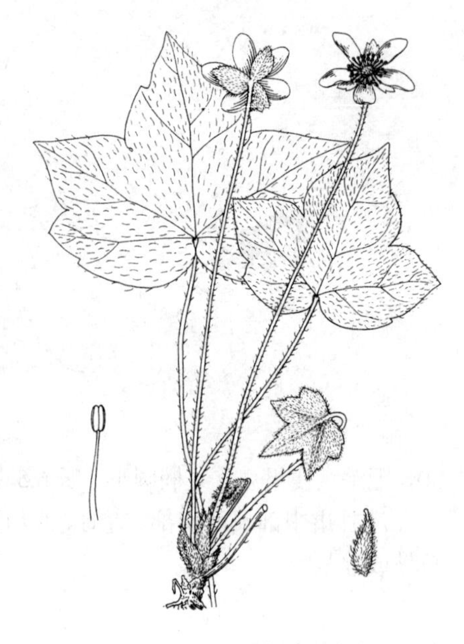

图 800 川鄂獐耳细辛 （引自《图鉴》）

2. 獐耳细辛 图 801 彩片 361

Hepatica nobilis Schreb. var. **asiatica** (Nakai) Hara in Journ. Fac. Sci. Univ. Tokyo sect. 3, 6: 51. 1952.

Hepatica asiatica Nakai in Journ. Jap. Bot. 13: 307. 1937.

植株高达18厘米。根茎短，密生须根。基生叶3-6；叶三角状宽卵形，长2.5-6.5厘米，宽4.5-7.5厘米，基部深心形，3裂至中部，裂片宽卵形，全缘，疏被柔毛；叶柄长6-9厘米。花葶1-6，被柔毛；苞片椭圆状卵形，长0.7-1.2厘米，全缘，下面稍密被柔毛。萼片6-11，粉红或堇色，窄长圆形，长0.8-1.4厘米；雄蕊长2-6毫米；子房密被柔毛。瘦果卵圆形，长4毫米，被柔毛，宿存花柱短。花期4-5月。

产浙江、安徽西南部及东南部、河南东南部、湖北、辽宁，生于山地杂木林下或草坡石缝阴处。朝鲜有分布。

图 801 獐耳细辛 （冯晋庸绘）

27. 罂粟莲花属 Anemoclema (Franch.) W. T. Wang

（王文采）

多年生草本，高达80（-150）厘米。具根茎。基生叶4-7；叶匙状长圆形或长圆形，长5.5-17厘米，一回裂片3-8对，近平展或稍斜展，裂片羽裂，具1-2对小裂片，上面疏被柔毛，下面沿羽轴密被长柔毛；叶柄扁，有时具窄翅，长3.5–8.5厘米，基部鞘状，被长柔毛。花葶直立；聚伞花序少花；总苞具3枚苞片，苞片长2.4–4.4（–7）厘米，披针状卵形或披针状长圆形，具齿或羽状浅裂；花辐射对称，两性。花梗长达16.5厘米；萼片5，长1.6–4.4厘米，花瓣状，蓝紫色，倒卵形；无花瓣；雄蕊多数，长6–9毫米，花丝线形，具1中脉，花药长圆形，顶端具短尖头，花粉大，具散孔及刺；心皮60–70，密被绢状长柔毛，1胚珠，花柱较子房长约6倍，被柔毛。瘦果近椭圆形，稍扁，长约6毫米，密被长柔毛，宿存花柱与瘦果近等长或稍长，密被短柔毛。

特有单种属。

罂粟莲花 图 802 彩片 362

Anemoclema glaucifolium（Franch.）W. T. Wang in Acta Phytotax. Sin. 9：106. 1964.

Anemone glaucifolia Franch. in Bull. Soc. Bot. France 33：363. 1886.

形态特征同属。花期7–9月。

产云南西北部及四川西南部，生于海拔1750–3000米山地、江边草坡、灌丛中或云南松林下。

图 802 罂粟莲花 （赵宝恒绘）

28. 白头翁属 Pulsatilla Adans.

（王 筝）

多年生草本，常被长柔毛。具根茎。叶均基生，具长柄，掌状或羽状分裂，具掌状脉。花葶具总苞；苞片3，掌状细裂，具柄或无柄，基部连合成筒。花单生花葶顶端，两性；花托近球形。萼片常6，花瓣状，卵形、窄卵形或椭圆形，蓝紫或黄色；雄蕊多数，花药椭圆形，花丝线形，具1纵脉，雄蕊全部发育或外层为退化雄蕊；心皮多数，子房1胚珠，花柱长，丝状，被柔毛。聚合果球形，瘦果近纺锤形，被柔毛，宿存花柱羽毛状。

约43种，主要分布于欧洲及亚洲。我国约11种。本属植物多含白头翁素等化合物，供药用，治痢疾等症，也可作土农药。

1. 雄蕊花丝紫色，无退化雄蕊；叶全裂片一至二回细裂 ………………………………… 1. **紫蕊白头翁 P. kostyczewii**
1. 雄蕊花丝白色，外层为退化雄蕊。
  2. 叶3裂，或近羽裂，羽片2对。
    3. 叶中裂片（2）3深裂。
      4. 叶小裂片浅裂，末回裂片卵形 ……………………………………………………………… 2. **白头翁 P. chinensis**
      4. 叶小裂片2–3裂或羽状分裂，末回裂片线状披针形或披针形 … 3. **掌叶白头翁 P. patens** var. **multifida**
    3. 叶中裂片3全裂。
      5. 叶末回裂片宽达2.2毫米；总苞筒长0.8–1.4厘米；宿存花柱长4–6厘米，被开展长柔毛。
        6. 叶缘被毛；萼片紫红色，宿存花柱约4厘米 ………………………………………… 4. **朝鲜白头翁 P. cernua**
        6. 叶缘无毛；萼片蓝紫色，宿存花柱长5–6厘米 ………………………… 4(附). **兴安白头翁 P. dahurica**
      5. 叶末回裂片窄披针形，宽0.8–1.5毫米；总苞筒长约2毫米；宿存花柱长2.5–3厘米，上部被平贴伏柔毛 ……………………………………………………………………………………… 5. **蒙古白头翁 P. ambigua**
  2. 二至三回羽状复叶，羽片3–6对，细裂。

7. 叶羽片3-4对。
 8. 总苞筒长约2毫米；叶羽片3对 ………………………………………………… 5. 蒙古白头翁 **P. ambigua**
 8. 总苞筒长5-6毫米；叶羽片3-4对 ………………………………………… 6. 细叶白头翁 **P. turczaninowii**
7. 叶羽片5-6对 …………………………………………………………………… 6(附). 西南白头翁 **P. millefolium**

1. 紫蕊白头翁 图 803: 1-2

Pulsatilla kostyczewii (Korsh.) Juz. in Fl. URSS 7: 288. t. 18. f. 1. 1937.

Anemone kostyczewii Korsh. in Mém. Acad. Sci. St. Pétersb. 4: 88. t. 1. 1896.

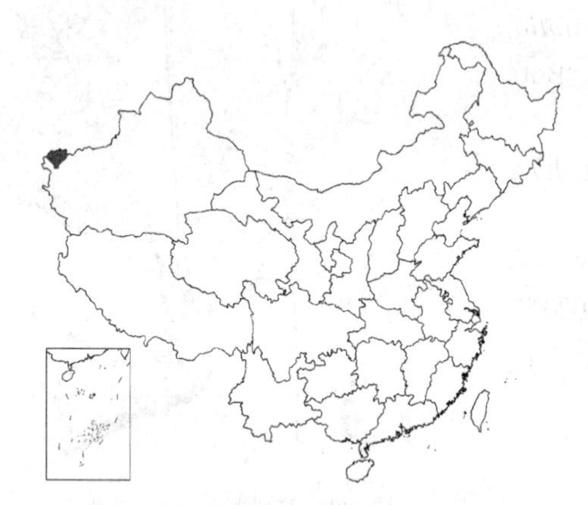

植株高约14厘米。基生叶约4，长4.5-6厘米；叶长1.2-2厘米，宽3-4厘米，3全裂，全裂片具细柄，一至二回细裂，末回裂片线形，宽约0.5毫米，边缘反卷，与叶柄均被白色柔毛；叶柄长约3厘米。花葶被白色柔毛；总苞长1.6-2厘米，无柄，苞片掌状细裂，小裂片线形，密被柔毛。花梗长约6厘米；花径约5厘米；萼片6，紫红色，倒卵形或椭圆形，长2-2.5厘米，先端圆或钝，被柔毛；雄蕊全发育，紫色，长0.4-1厘米，花药椭圆形，长约1.2厘米，花丝线状或近丝状；心皮密被柔毛。花期6月。

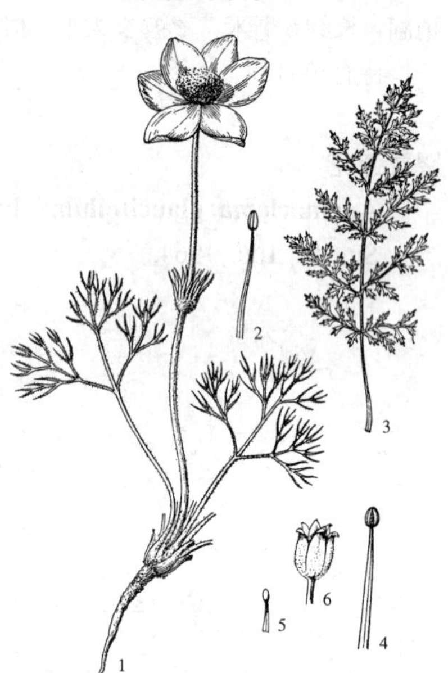

图 803: 1-2 紫蕊白头翁 3-6. 西南白头翁
（张泰利绘）

产新疆，生于海拔约2900米山地草坡。哈萨克斯坦有分布。

2. 白头翁 图 804 彩片 363

Pulsatilla chinensis (Bunge) Regel, Tent. Fl. Ussur. 5. t. 2. f. B. 1861.

Anemone chinensis Bunge in Mém. Acad. Sci. St. Pétersb. 2: 76. 1832.

植株高达35厘米。根茎径0.8-1.5厘米。叶4-5；叶宽卵形，长4.5-14厘米，宽8.5-16厘米，下面被柔毛，3全裂，中裂片常具柄，3深裂，小裂片分裂较浅，末回裂片卵形，侧裂片较小，不等3裂；叶柄长5-7厘米，密被长柔毛。花葶1-2，被柔毛；总苞管长0.3-1厘米，裂片线形。花梗长2.5-5.5厘米；花直立；萼片6，蓝紫色，长圆状卵形，长2.8-4.4厘米；雄蕊长约萼片之半。瘦果扁纺锤形，长3.5-4毫米，被长柔毛，宿存花柱长3.5-6.5厘米，被向上斜展长柔毛。花期4-5月。

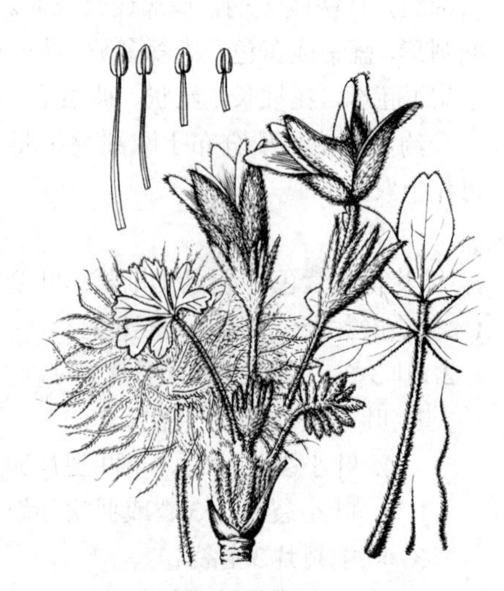

图 804 白头翁（引自《图鉴》）

产黑龙江、吉林、辽宁、内蒙古、河北、山西、山东、江苏、安徽、河南、湖北北部、陕西、甘肃南部、青海东部及四川，生于海拔200-1900（-3200）米山坡草丛中、林缘或干旱多石坡地。朝鲜及俄罗斯远东地区有分布。根茎药用，治血痢、出血等症。浸液可作土农药，可防治地老虎、蚜虫、蝇蛆、孑孓等。

3.　掌叶白头翁　　图 805

Pulsatilla patens (Linn.) Mill. var. **multifida** (Pritz.) S. H. Li et Y. H. Huang, Fl. Pl. Herb. Chinae Bor.-Orient. 3: 163. Pl. 70. f. 1-3. 1975.

Anemone patens var. *multifida* Pritz. in Linnaea 15: 58. 1841.

多年生草本，高达15厘米。根粗壮，黑褐色。基生叶柄长8-30厘米；叶片近圆状心形，掌状3全裂，中裂片常具短柄，裂片菱形，2-3深裂，小裂片2-3裂或不整齐羽状分裂，末回裂片条状披针形或披针形，全缘或先端具2-3牙齿，幼时密被柔毛，果期毛较稀疏。花葶顶部密被柔毛；总苞片深裂，裂片线形，长约4厘米，全缘或2-3裂，先端渐尖，密被长柔毛，基部毛密。萼片6，蓝紫色，长圆形，长3-3.5（4）厘米，先端渐尖，被长柔毛，内面无毛；雄蕊较萼片短1/2-2/3。瘦果长圆形，长约4毫米，宿存花柱尾状，长约3.5厘米，密被白色羽毛。

图 805　掌叶白头翁（引自《东北草本植物志》）

产黑龙江、内蒙古及新疆，生于山坡林下或沼泽地。蒙古及俄罗斯西伯利亚有分布。

4.　朝鲜白头翁　　图 806

Pulsatilla cernua (Thunb.) Bercht. et Opiz. Rostl. I. Ranuncul. 22. 1820.

Anemone cernua Thunb. Fl. Jap. 238. 1784.

植株高达28厘米。基生叶4-6，具长柄；叶卵形，长3-7.8厘米，基部浅心形，3全裂，一回中裂片具细长柄，五角状宽卵形，再3全裂，二回全裂片二回深裂，末回裂片披针形或窄卵形，宽达2.2毫米，一回侧裂片无柄，上面近无毛，下面密被柔毛，具缘毛。总苞近钟形，长3-4.5厘米，筒长0.8-1.2厘米，裂片线形。花梗长2.5-6厘米，被绵毛；萼片6，紫红色，长圆形或卵状长圆形，长1.8-3厘米；雄蕊长约萼片之半。瘦果倒卵状长圆形，长约3毫米，被短柔毛，宿存花柱长约4厘米，被开展长柔毛。花期4-5月。

产吉林、辽宁及内蒙古，生于山地草坡。朝鲜、日本及俄罗斯远东有分布。根茎药用，治阿米巴痢疾、疟疾、金疮、妇女闭经等症；外用捣敷治外痔。

图 806　朝鲜白头翁（引自《东北草本植物志》）

［附］兴安白头翁 **Pulsatilla dahurica**（Fisch.）Spreng. Syst. Veget. 2: 663. 1825. —— *Anemone dahurica* Fisch. ex DC. Prodr. 1: 17. 1824. 本种与朝鲜白头翁的区别：叶缘无毛；萼片蓝紫色。产黑龙江及吉林东部，生于山地草坡。朝鲜及俄罗斯西伯利亚东部有分布。

5. 蒙古白头翁 图 807

Pulsatilla ambigua Turcz. ex Pritz. in Linnaea 15: 601. 1841.

植株高达22厘米。基生叶6-8，具长柄；叶卵形，长2-3.2厘米；宽1.2-3.2厘米，3全裂，羽片3对，一回中裂片具细柄，宽卵形，再3全裂，二回中裂片具细柄，五角形，二回细裂，末回裂片窄披针形，宽0.8-1.5毫米，二回侧全裂片和一回侧全裂片相似，均无柄，上面近无毛，下面疏被长柔毛。花葶1-2；苞片3，长1.5-2.8厘米，基部连成长约2毫米短筒，裂片披针形或线状披针形。花梗长约4厘米；花直立；萼片紫色，长圆状卵形，长2.2-2.8厘米；雄蕊长约萼片之半。瘦果卵圆形或纺锤形形，长约2.5毫米，被长柔毛，宿存花柱长2.5-3厘米，下部被向上斜展长柔毛，上部被近平伏短柔毛。花期7月。

产黑龙江南部、内蒙古、甘肃、青海北部及新疆，生于高山草地。蒙古及俄罗斯西伯利亚有分布。

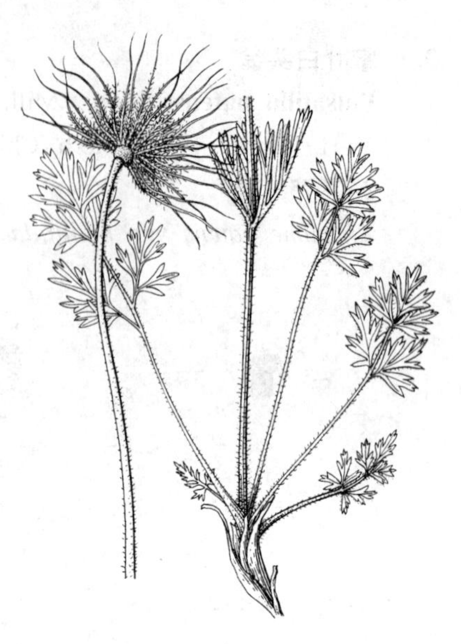

图 807 蒙古白头翁 （王金凤绘）

6. 细叶白头翁 图 808

Pulsatilla turczaninovii Kryl. et Serg. in Animadv. Syst. ex Herb. Univ. Tomsk. n. 5-6: 1. 1930.

植株高达25厘米。基生叶4-5，具长柄，三回羽状复叶；叶片窄椭圆形，有时卵形，长7-8.5厘米，羽片3-4对，下部叶具柄，上部叶无柄，卵形，二回羽状细裂，末回裂片线状披针形或线形，上面毛脱落，下面疏被柔毛。花葶被柔毛；总苞钟状，长2.8-3.4厘米，筒长5-6毫米，苞片细裂。花梗长约1.5厘米；花直立；萼片蓝紫色，卵状长圆形或椭圆形，长2.2-4.2厘米。瘦果纺锤形，长约4毫米，密被长柔毛，宿存花柱长约3厘米，被向上斜展长柔毛。花期5月。

产黑龙江西部、吉林西部、辽宁西部、河北北部、内蒙古、宁夏及新疆，生于草原、山地草坡或林缘。蒙古及俄罗斯西伯利亚有分布。根茎药用，治细菌性痢疾、阿米巴痢疾、痔疮出血、淋巴结核等症；全草可治风湿性关节炎。

图 808 细叶白头翁
（引自《东北草本植物志》）

［附］**西南白头翁** 图 803: 3-6 **Pulsatilla millefolium**（Hemsl. et Wils.）

Ulbr. in Notizbl. Bot. Gart. Berl. 9: 225. 1925. —— *Anemone millefolium* Hemsl. et Wils. in Kew Bull. 1906: 146. 1906. 本种与细叶白头翁的区别：叶羽片5-6对。产云南东北部、四川西部及西南部，生于海拔2200-3000米山坡路边、灌丛中或高山栎林下。

29. 毛茛莲花属 **Metanemone** W. T. Wang

（王　筝）

多年生草本。根茎粗短，垂直，下部密生须根。叶均基生，单叶二型；卵形叶，长2.2-2.4厘米，宽1.7-1.9厘米，先端微钝，基部圆，具1-2粗齿；窄椭圆形叶，长1.2-2厘米，宽0.9-1厘米，近全缘；不裂或掌状3裂。中裂片楔状倒梯形，3浅裂，裂片具1-2小齿或全缘，侧裂片斜楔形，两面疏被柔毛；叶柄扁，长1.5-5厘米，疏被开展柔毛。花葶高约15厘米，直立，疏被短毛，单花顶生，径约2.2厘米。萼片约19，花瓣状，淡蓝白色，倒披针形或窄倒卵形，疏被绢状柔毛；雄蕊约50，长3.5-5毫米，花药椭圆形，花丝线形，具1纵脉；心皮约18，密被黄色长柔毛，每子房具1下垂倒生胚珠，花柱钻形，无毛，柱头小。瘦果两侧无纵肋。

特有单种属。

毛茛莲花　　图 809

Metanemone ranunculoides W. T. Wang, Fl. Reipub. Popul. Sin. 28: 72. 352. pl. 21. 1980.

形态特征同属。

产云南西北部（维西），生于海拔约3500米山坡。

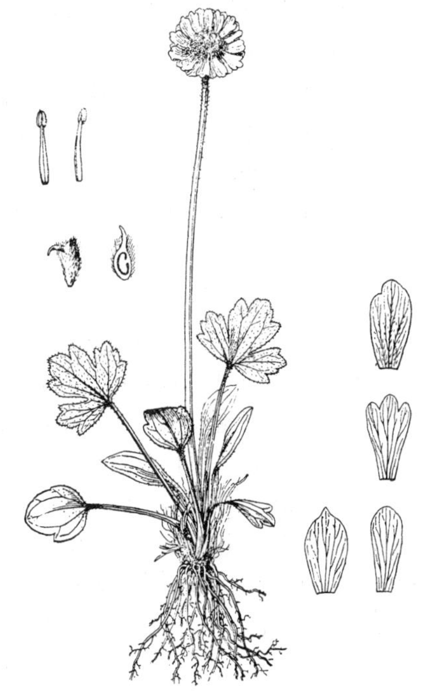

图 809　毛茛莲花（冯晋庸绘）

30. 铁线莲属 **Clematis** Linn.

（王文采）

木质或草质藤本，稀直立小灌木、亚灌木或多年生草本。茎常具纵沟。叶基生或茎生，茎生叶对生，极稀互生（互叶铁线莲），单叶或复叶，具掌状脉。花序聚伞状，1至多花，花序具梗及2对生苞片，有时花单生或簇生；花两性，稀单性，辐射对称。萼片镊合状排列，4（5-8），花瓣状，平展，斜展，或直立；无花瓣；雄蕊常多数，有时具退化雄蕊，花丝窄条形、条形或条状披针形，具1脉，花药内向，长圆形至条形；心皮多数，子房1胚珠，花柱长，密被柔毛，柱头常不明显。瘦果稍两侧扁，卵形、椭圆形或披针形，宿存花柱伸长，被开展长柔毛呈羽毛状。

约330种，广布世界各地。我国133种。

1. 雄蕊无毛；萼片常平展。
  2. 直立小灌木或多年生草本。
    3. 萼片白色，平展。
      4. 单叶，不裂或掌状5浅裂。
        5. 叶心状五角形，掌状5浅裂；萼片无毛 ………………………… 1. **槭叶铁线莲 C. acerifolia**
        5. 叶披针状条形，不裂；萼片疏被柔毛，边缘被短绒毛 ……………… 33. **准噶尔铁线莲 C. songarica**

4. 叶羽状全裂或为羽状复叶。

6. 多年生草本；叶羽状全裂，裂片革质，网脉隆起；萼片（4）5-6(8) …… 34. **棉团铁线莲 C. hexapetala**

6. 小灌木；羽状复叶，小叶纸质，网脉不隆起；萼片4-6 ………………………… 35. **银叶铁线莲 C. delavayi**

3. 萼片黄色，斜展；单叶。

7. 叶全缘，不裂，条形或窄披针形。

8. 叶灰绿色；聚伞花序具1-3(-7)花，腋生或顶生 ………………………… 36. **灰叶铁线莲 C. canescens**

8. 叶绿色；花单生枝顶 ………………………………… 36(附). **长梗灰叶铁线莲 C. canescens** subsp. **viridis**

7. 叶缘具齿或羽状全裂。

9. 叶不裂，具牙齿，有时下部浅裂或深裂 ………………………………………… 37. **灌木铁线莲 C. fruticosa**

9. 叶羽状全裂 ……………………………………………………………………… 38. **小叶铁线莲 C. nannophylla**

2. 木质或草质藤本。

10. 花药药隔顶端小尖头长0.5-3毫米。

11. 单叶。

12. 叶上面网脉不明显，下面网脉稍明显；萼片4-5，内面无毛 ……… 39. **菝葜叶铁线莲 C. smilacifolia**

12. 叶两面网脉隆起；萼片6，内面被绒毛 ……………………………… 39(附). **滇南铁线莲 C. fulvicoma**

11. 羽状复叶或三出复叶。

13. 羽状复叶；萼片4-6，暗紫色；无退化雄蕊；花药小尖头长0.5-1毫米 …… 40. **长萼铁线莲 C. tashiroi**

13. 三出复叶；萼片4，白色；退化雄蕊条形；花药小尖头长1.5-3毫米 …… 41. **丝铁线莲 C. loureiriana**

10. 花药药隔顶端不突出，或稍突出，小尖头长0.1毫米。

14. 花或花与叶自老枝腋芽生出，花梗或花序梗基部具宿存芽鳞。

15. 花序具梗及2苞片。

16. 花序具7至多花；萼片4（5），长1.2-2.4厘米 ……………………………… 30. **小木通 C. armandii**

16. 花序具3花；萼片4-5，长2.1-4厘米 ………… 30(附). **大花小木通 C. armandii** var. **farquhariana**

15. 花1-多朵簇生，无苞片。

17. 萼片直立；瘦果披针形；花梗长0.5-2.4厘米 ………………………………… 5. **滑叶藤 C. fasciculiflora**

17. 萼片平展；瘦果卵形或椭圆形；花梗长3厘米以上。

18. 三出复叶。

19. 子房及瘦果无毛；宿存花柱被白色长柔毛。

20. 花梗长1-10厘米；萼片长0.7-3厘米，疏被柔毛。

21. 花梗长3-10厘米；萼片长1.3-3厘米；宿存花柱长2.5-4厘米 … 2. **绣球藤 C. montana**

21. 花梗长1-4厘米；萼片长0.7-1.2厘米；宿存花柱长2厘米 ………………………………………………………………………… 2(附). **小叶绣球藤 C. montana** var. **sterilis**

20. 花梗长10-20厘米；萼片长2.6-5厘米，密被短柔毛 ………………………………………………………………… 2(附). **大花绣球藤 C. montana** var. **grandiflora**

19. 子房及瘦果被毛；宿存花柱被黄褐色长柔毛 ……………………… 4. **金毛铁线莲 C. chrysocoma**

18. 羽状复叶 …………………………………………………………………………… 3. **薄叶铁线莲 C. gracilifolia**

14. 花或花序生于当年生枝顶或叶腋。

22. 萼片斜展；花序腋生或兼顶生。

23. 小叶长1-5厘米，全缘；花序具1-3花；花柱被柔毛 …………………… 12. **吴兴铁线莲 C. huchouensis**

23. 小叶长(2.5-) 5-10 厘米，具牙齿；花序具5至多花；花柱密被长柔毛 ……………………………

………………………………………………………………………………………… 42. **羽叶铁线莲 C. pinnata**

22. 萼片平展。

24. 花径4–16厘米。

25. 单花顶生，花梗长4.6–10厘米，萼片8，白色；小叶上面脉疏被短柔毛 ……… 11. **转子莲 C. patens**

25. 腋生花序具1–7花。

26. 花丝皱 …………………………………………………………………… 31. **厚叶铁线莲 C. crassifolia**

26. 花丝平。

27. 花序具3–7花，花药长圆形或窄长圆形。

28. 小叶具齿；萼片5–6（7），边缘无毛 ……………………………… 6. **美花铁线莲 C. potaninii**

28. 小叶全缘；萼片4–5（6），边缘具绒毛。

29. 小叶卵形，纸质，密被短柔毛；萼片4（5–6）………………… 28. **陕西铁线莲 C. shensiensis**

29. 小叶线状披针形或披针形，纸质或薄革质；萼片4–5 ……………………………………………………………………… 28(附). **五叶铁线莲 C. quinquefoliolata**

27. 花序具1花；花药条形或窄条形（C. florida有时窄长圆形）。

30. 萼片4 ……………………………………………………………… 9. **毛萼铁线莲 C. hancockiana**

30. 萼片5–6。

31. 花柱短，密被平伏短柔毛，花后几不伸长 ……………………… 8. **短柱铁线莲 C. cadmia**

31. 花柱较长，被柔毛，花后稍伸长，被开展长柔毛，呈羽毛状。

32. 花柱长约3.5毫米，下部被毛，上部无毛，花后长达8毫米 ……………………………………………………………………… 7. **铁线莲 C. florida**

32. 花柱长4–7.5毫米，密被长柔毛，花后长1.2–3厘米，密被开展长柔毛 ……………………………………………………………………… 10. **大花威灵仙 C. courtoisii**

24. 花径4厘米以下。

33. 花丝皱 ………………………………………………………………………… 31. **厚叶铁线莲 C. crassifolia**

33. 花丝平。

34. 瘦果钻状圆柱形，无毛 ……………………………………………… 32. **柱果铁线莲 C. uncinata**

34. 瘦果稍两侧扁，卵形、椭圆形或披针形。

35. 三出复叶。

36. 花药长0.8–2毫米，长圆形或窄长圆形，顶端钝。

37. 小叶卵形或宽卵形，具牙齿，不裂或3浅裂；萼片内面被短柔毛；花药长1.5–1.8毫米。

38. 小叶常菱状卵形，长2–8厘米，宽1.5–6厘米，下面疏被短柔毛；宿存花柱长0.8–1.2（–1.5）厘米 ……………………………………………………………… 13. **女萎 C. apiifolia**

38. 小叶常宽卵形，长2.5–13厘米，宽2.2–9.5厘米，下面密被柔毛或绒毛；宿存花柱长1.5–2.5（–2.7）厘米 …………………………… 13(附). **钝齿铁线莲 C. apiifolia** var. **argentilucida**

37. 小叶披针形或窄卵形，全缘，不裂或2–3浅裂；萼片内面无毛；花药长0.8–1毫米 ……………………………………………………………… 13(附). **宝岛铁线莲 C. formosana**

36. 花药长2.5–6.5毫米，条形或窄长圆形，稀长圆形，顶端钝或具长0.1毫米小尖头。

39. 小叶下面密被柔毛；花序腋生并顶生 ……………………… 28. **陕西铁线莲 C. shensiensis**

39. 小叶下面疏被柔毛或近无毛；花序腋生。

40. 花序具3–7花；萼片长1–2厘米 ………………………………… 23. **山木通 C. finetiana**

40. 花序具多花；萼片长0.8–1.3厘米 ……………………………… 24. **毛柱铁线莲 C. meyeniana**

35. 一至二回羽状复叶或二回三出复叶。

41. 花药长1–2毫米，长圆形或窄长圆形，顶端钝，稀具长约0.1毫米小尖头。

42. 小叶或裂片革质，两面网脉隆起。
43. 二回或一回羽状复叶，小叶长圆形、椭圆形，或披针形；植株干后常变黑色 …………………………………… 29. **太行铁线莲 C. kirilowii**
43. 一回羽状复叶，小叶窄卵形；植株干后非黑色 …… 29(附). **巴山铁线莲 C. kirilowii** var. **bashanensis**
42. 小叶纸质，网脉不隆起。
44. 瘦果披针形或纺锤形，顶端渐窄。
45. 小叶全缘，稀具1小齿，近无毛 …………………………………… 18. **小衰衣藤 C. gouriana**
45. 小叶具齿，上面疏被，下面密被柔毛 …………………………… 19. **台湾铁线莲 C. taiwaniana**
44. 瘦果卵形或椭圆形，顶端骤尖。
46. 一回羽状复叶。
47. 瘦果扁平，具窄边。
48. 枝及花梗被柔毛；瘦果长6-9毫米 ……………………………… 25. **圆锥铁线莲 C. terniflora**
48. 枝节上疏被毛，花梗无毛或近无毛；瘦果长达6毫米。
49. 花药顶端具小尖头 ……………………… 25(附). **辣蓼铁线莲 C. terniflora** var. **mandshurica**
49. 花药顶端无小尖头 ……………………… 25(附). **鸳鸯鼻铁线莲 C. terniflora** var. **garanbiensis**
47. 瘦果稍两侧扁，不扁平，无边缘。
50. 瘦果长5-8毫米。
51. 植株干后变黑色；小叶下面无毛或脉疏被柔毛；萼片4，长0.6-1.3厘米 …………………………………… 26. **威灵仙 C. chinensis**
51. 植株干后非黑色；小叶下面密被柔毛；萼片4-6，长1.3-2.4厘米 …………………………………… 28. **陕西铁线莲 C. shensiensis**
50. 瘦果长2-4毫米。
52. 腋生花序具3-6花，似总状花序；萼片长1-1.5厘米。
53. 子房及瘦果被毛 …………………………………… 15. **粗齿铁线莲 C. grandidentata**
53. 子房及瘦果无毛 ……………………… 15(附). **丽江铁线莲 C. grandidentata** var. **likiangensis**
52. 腋生花序具多花；萼片长0.6-1厘米。
54. 花序小苞片卵形或披针形；小叶上面密被柔毛 ……………… 14. **金佛铁线莲 C. gratopsis**
54. 花序小苞片钻形或条形，有时无。
55. 小叶宽3.5-7厘米，密被糙伏毛。
56. 小叶具粗牙齿 …………………………………… 16. **两广铁线莲 C. chingii**
56. 小叶全缘 …………………………………… 16(附). **福贡铁线莲 C. tsaii**
55. 小叶宽0.9-4厘米，近无毛或疏被短柔毛。
57. 子房及瘦果无毛 …………………………………… 17. **钝萼铁线莲 C. peterae**
57. 子房及瘦果被毛 ……………………… 17(附). **毛果铁线莲 C. peterae** var. **trichocarpa**
46. 二回羽状复叶或二回三出复叶。
58. 萼片5-7，边缘无毛 …………………………………… 6. **美花铁线莲 C. potaninii**
58. 萼片4，边缘被绒毛。
59. 花序小苞片钻形。
60. 花梗长0.5-1.3厘米；萼片内面疏被柔毛 ……………………… 20. **短尾铁线莲 C. brevicaudata**
60. 花梗长1-4.5厘米；萼片内面无毛。
61. 心皮及瘦果无毛 …………………………………… 22. **扬子铁线莲 C. ganpiniana**
61. 心皮及瘦果被毛 ……………………… 22(附). **毛果扬子铁线莲 C. ganpiniana** var. **tenuisepala**
59. 花序小苞片卵形或披针形 …………………………………… 21. **裂叶铁线莲 C. parviloba**

41. 花药长2毫米以上。
62. 小叶革质，两面网脉隆起。
63. 植株干后稍黑色；二回羽状复叶，小叶长圆形、椭圆形或披针形，不裂或2-3裂 ………………………………………………………………………………………………… 29. **太行铁线莲 C. kirilowii**
63. 植株干后不变黑；一回羽状复叶，小叶窄卵形或三角状卵形，不裂。
64. 花药顶端钝 ………………………………………… 29(附). **巴山铁线莲 C. kirilowii** var. **bashanensis**
64. 花药顶端具长约0.1毫米小尖头 ………………… 29(附). **细尖太行铁线莲 C. kirilowii** var. **latisepala**
62. 小叶纸质，稀薄革质，网脉不隆起。
65. 小叶下面密被柔毛 ……………………………………………………………… 28. **陕西铁线莲 C. shensiensis**
65. 小叶下面无毛或疏被柔毛。
66. 萼片4；一回羽状复叶。
67. 植株干后不变黑；瘦果扁平，具窄边 ………………………………………… 25. **圆锥铁线莲 C. terniflora**
67. 植株干后变黑；瘦果稍两侧扁，不扁平，无窄边 ……………………………… 26. **威灵仙 C. chinensis**
66. 萼片5-7（C. obscura偶4）；一至二回羽状复叶。
68. 植株干后不变黑；小叶具齿；萼片窄倒卵形，被短柔毛，边缘无毛 ………………………………………………………………………………………………… 6. **美花铁线莲 C. potaninii**
68. 植株干后变黑；小叶全缘；萼片长圆形或披针形，无毛，边缘被短绒毛 ………………………………………………………………………………………………… 27. **秦岭铁线莲 C. obscura**
1. 雄蕊被毛；萼片斜上开展或直立。
69. 萼片斜上开展。
70. 花生于当年生枝叶腋或顶端；无退化雄蕊。
71. 萼片白色；雄蕊顶部疏被柔毛；花序顶生或腋生 …………………………… 42. **羽叶铁线莲 C. pinnata**
71. 萼片黄色，有时带紫色；雄蕊基部至顶部被较密柔毛。
72. 单花顶生，或具腋生花序。
73. 小叶基部以上至近顶端具牙齿 ……………………………………… 44. **甘青铁线莲 C. tangutica**
73. 小叶全缘，或具1-2小齿 ……………………… 45. **厚萼中印铁线莲 C. tibetana** var. **vernayi**
72. 花序腋生。
74. 萼片内面无毛。
75. 小叶具浅钝齿 ……………………………………………………… 46. **甘川铁线莲 C. akebioides**
75. 小叶全缘或具1-2小齿。
76. 小叶披针形或条状披针形 ……………………………………… 48. **黄花铁线莲 C. intricata**
76. 小叶窄椭圆形、长圆形或窄卵形 ………………………… 48(附). **粉绿铁线莲 C. glauca**
74. 萼片内面被柔毛。
77. 小叶灰绿色 …………………………………………… 48(附). **东方铁线莲 C. orientalis**
77. 小叶绿色。
78. 小叶全缘或具1-2小齿 ……………………………… 48(附). **粉绿铁线莲 C. glauca**
78. 小叶基部以上至近顶端具较多小齿 ………………………… 47. **齿叶铁线莲 C. serratifolia**
70. 花与叶自老枝腋芽生出；具花瓣状退化雄蕊。
79. 一回三出复叶；小枝无毛；芽鳞长1-2厘米；萼长1.7-2厘米 ………… 66. **朝鲜铁线莲 C. koreana**
79. 二回三出复叶。
80. 退化雄蕊条状匙形，长约萼片之半。
81. 萼片黄色 ………………………………………………………… 67. **西伯利亚铁线莲 C. sibirica**
81. 萼片紫色 ……………………………………… 67(附). **半钟铁线莲 C. sibirica** var. **ochotensis**

80. 退化雄蕊窄披针形，与萼片近等长或较萼片稍短 …………………………… 68. **长瓣铁线莲 C. macropetala**

69. 萼片直立。

82. 花萼近筒状；花丝顶端疏被柔毛；花杂性；直立多年生草本或小灌木；三出复叶。

83. 小叶被平伏柔毛；花序梗及花梗密被柔毛，花药条形，长3.2–5毫米，顶端尖头长0.2–0.5毫米 ……… …………………………………………………………………………………………… 43. **大叶铁线莲 C. heracleifolia**

83. 小叶无毛；花序梗及花梗被绒毛；花药窄长圆形，长约2.8毫米，顶端小尖头长0.1毫米 ……………… ……………………………………………………………………………………… 43(附). **光蕊铁线莲 C. psilandra**

82. 花萼钟状；花丝被较密长柔毛或柔毛；花两性；常为藤本。

84. 叶互生，单叶，不裂 …………………………………………………………………… 49. **互叶铁线莲 C. alternata**

84. 叶对生。

85. 花与叶自老枝叶芽中生出；二回三出复叶 …………………………… 63. **西南铁线莲 C. pseudopogonandra**

85. 花生于当年生枝叶腋或顶端。

86. 单花腋生，无花序梗及苞片；小叶两面无毛或下面疏被柔毛 ……… 62. **须蕊铁线莲 C. pogonandra**

86. 花序腋生或顶生，具花序梗及苞片，或单花顶生。

87. 萼片具2–3条窄纵翅。

88. 单叶、三出复叶或羽状复叶，小叶纸质，宽卵形或卵形，常3裂，具齿 ……………………… ………………………………………………………………………… 61. **毛茛铁线莲 C. ranunculoides**

88. 三出复叶，小叶薄革质，长圆状披针形或窄卵形，不裂，全缘或具小齿 ……………………… ……………………………………………………………… 61(附). **元江铁线莲 C. yuanjiangensis**

87. 萼片无纵翅。

89. 单叶，稀枝上部为三出复叶（C. repens）。

90. 直立小灌木；叶无柄 ………………………………………………… 64. **全缘铁线莲 C. integrifolia**

90. 藤本；叶柄长1–6.5厘米。

91. 花药无毛，顶端钝 ……………………………………………………… 50. **单叶铁线莲 C. henryi**

91. 花药被毛，顶端具小尖头。

92. 全为单叶或少数叶为三出复叶，叶片纸质，基部近心形、圆或宽楔形，疏生牙齿 … ……………………………………………………………………………… 55. **曲柄铁线莲 C. repens**

92. 全为单叶，纸质或亚革质，基部宽楔形，常全缘 ………………………………………… ………………………………………………………………… 55(附). **贵州铁线莲 C. kweichowensis**

89. 复叶。

93. 一回三出复叶。

94. 花药无毛。

95. 萼片和花序被锈色短绒毛 ………………………………… 53. **绣毛铁线莲 C. leschenaultiana**

95. 萼片和花序不被锈色短绒毛。

96. 小叶无明显脉网，下面疏被柔毛。

97. 萼片长2–2.8厘米，较雄蕊长约2倍 ………………… 51. **尾叶铁线莲 C. urophylla**

97. 萼片长1.2–1.7厘米，与雄蕊近等长 ……………… 52. **云南铁线莲 C. yunnanensis**

96. 小叶两面网脉稍隆起，下面无毛 ………………… 52(附). **锡金铁线莲 C. sikkimensis**

94. 花药被毛。

98. 枝条及小叶下面密被柔毛；腋生花序具6至多花 ………………………………………… ………………………………………………………………… 53(附). **莓叶铁线莲 C. rubifolia**

98. 枝条及叶无毛；有时叶上面疏被柔毛；腋生花序具1–3花。

99. 对生叶柄基部分离；叶上面无毛 ……………………… 56. **华中铁线莲 C. pseudootophora**

99. 对生叶柄宽，连成盘状，叶上面疏被短柔毛 ······························ 56(附). **宽柄铁线莲 C. otophora**
93. 一至二回羽状复叶，二回三出复叶，或二至四回羽状全裂。
100. 二至四回羽状全裂 ·· 60. **芹叶铁线莲 C. aethusifolia**
100. 一至二回羽状复叶或二回三出复叶。
101. 小叶具齿。
102. 对生叶柄基部分离。
103. 小叶5-9，叶柄长3-6厘米；宿存花柱长2-2.5厘米 ········ 57. **长花铁线莲 C. rehderiana**
103. 小叶5，叶柄长4.5-9厘米；宿存花柱长3.5-5厘米 ············ 54. **毛木通 C. buchananiana**
102. 对生叶柄基部宽并连合。
104. 木质藤本；对生叶柄基部连成盘状；萼片淡黄色。
105. 一回羽状复叶。
106. 小叶下面脉疏被毛，不裂；花药无毛 ····················· 58. **合柄铁线莲 C. connata**
106. 小叶下面被较密柔毛，常3浅裂；花药疏被毛 ··
································· 58(附). **杯柄铁线莲 C. connata** var. **trullifera**
105. 二回羽状复叶 ······························ 58(附). **川藏铁线莲 C. connata** var. **bipinnata**
104. 草质藤本；对生叶柄基部宽并连合，非盘状 ····················· 59. **毛蕊铁线莲 C. lasiandra**
101. 小叶全缘；萼片红紫色。
107. 花梗及萼片被较密褐色柔毛 ························· 65. **褐色铁线莲 C. fusca**
107. 花梗及萼片无毛或近无毛 ···
··· 65(附). **紫花铁线莲 C. fusca** var. **violacea**

1. 槭叶铁线莲 图810

Clematis acerifolia Maxim. in Bull. Soc. Nat. Mosc. 54: 2. 1879.

小灌木。茎高达60厘米，无毛，分枝，枝无纵沟。单叶，无毛；叶厚纸质，五角形，长3-7.5厘米，先端尖，基部近心形，5浅裂，疏生牙齿；叶柄长2-5厘米。花2-4与叶自顶芽生出，径3.5-5厘米。花梗长5.5-10厘米，无毛；萼片5-8，白或淡粉红色，平展，窄倒卵形或长圆形，长1.5-2.5厘米，两面无毛；雄蕊无毛，花药窄长圆形或长圆形，长1-2毫米，顶端钝。瘦果窄卵圆形，长2.5-3毫米，被柔毛，宿存花柱长约2.5厘米，羽毛状。花期4-5月。

特产北京，生于海拔约200米低山丘陵石崖或土坡。

图 810 槭叶铁线莲 (引自《图鉴》)

2. 绣球藤 图811 彩片364

Clematis montana Buch.-Ham. ex DC. Syst. Nat. 1: 164. 1818.

木质藤本。枝被短柔毛或脱落无毛，具纵沟。三出复叶；小叶纸质，卵形、菱状卵形或椭圆形，长2-7厘米，先端渐尖，基部宽楔形或圆，疏生牙齿，两面疏被短柔毛；叶柄长3-10厘米。花2-4与数叶自老枝腋芽生出，径3-5厘米。花梗长3-10厘米；萼片4，白色，稀带粉红色，开展，倒卵形，长1.3-3厘米，宽0.8-1.5厘米，疏被平伏短柔毛，内面无毛，边缘无毛；雄蕊无毛，花药窄长圆形，长2-3毫米，顶端钝。瘦果卵圆形，长4-5毫米，无毛，宿存花柱长2.5-4厘米，羽毛状。花期4-6月。

产河南、安徽南部、浙江、福建西北部、台湾、江西、湖北、湖南、广西北部、贵州、云南北部、西藏南部、青海、四川、陕西南部、甘肃南部及宁夏南部，生于海拔1200-4000米灌丛或林中、林缘或溪边，不丹、尼泊尔、印度北部及巴基斯坦北部有分布。

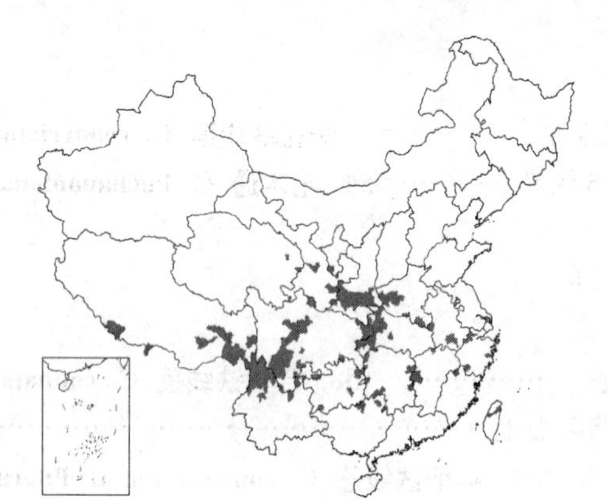

［附］**小叶绣球藤** 彩片365 **Clematis montana** var. **sterilis** Hand.-Mazz. Symb. Sin. 7: 320. 1931. 本变种与绣球藤的区别：小叶长1.2-3（4）厘米；花梗长1-4厘米，花径2-3厘米，萼片长0.7-1.2厘米，宽3-9毫米；宿存花柱长约2厘米。产四川西南部及云南西北部，生于海拔2400-3000米山坡或林中。

［附］**大花绣球藤 Clematis montana** var. **grandiflora** Hook. in Curtis's Bot. Mag. 70: t. 4061. 1844. 本变种与绣球藤的区别：小叶长3-6.5(9.8)厘米；花梗长10-20厘米；花径5-11厘米，萼片长2.6-5厘米，背面每侧边缘内具1密被平伏短毛的纵带，花药长（2）3-4毫米。产甘肃南部、陕西南部、湖北西部、湖南西部、贵州、四川、云南西北部及西藏南部，生于海拔1100-4000米灌丛中或溪边。印度北部有分布。

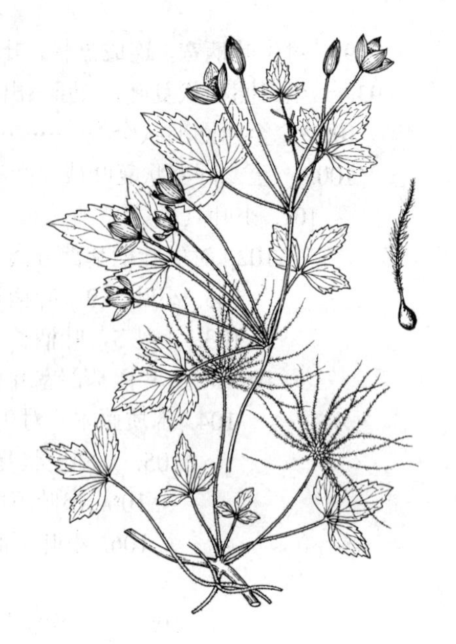

图 811 绣球藤 （郭木森绘）

3. 薄叶铁线莲 图 812

Clematis gracilifolia Rehd. et Wils. in Sarg. Pl. Wilson. 1: 331. 1913.

木质藤本。枝被短柔毛，或脱落无毛，具纵沟。一回羽状复叶，小叶5，有时为三出复叶；小叶薄纸质，卵形、窄卵形或倒卵形，长0.5-3.5厘米，先端尖，基部宽楔形或圆，具锯齿或小牙齿，两面疏被柔毛，不裂或2-3浅裂；叶柄长1.5-7.5厘米。花1-5与数叶自老枝腋芽生出，径2-3.5厘米。花梗长2-6厘米；萼片4，白色或带粉红色，开展，倒卵形，长1-2厘米，疏被柔毛，内面无毛，边缘无毛；雄蕊无毛，花药窄长圆形，长1.6-2毫米，顶端钝。瘦果卵圆形，长4-4.5毫米，无毛；宿存花柱长1.5-2.2厘米。花期4-6月。

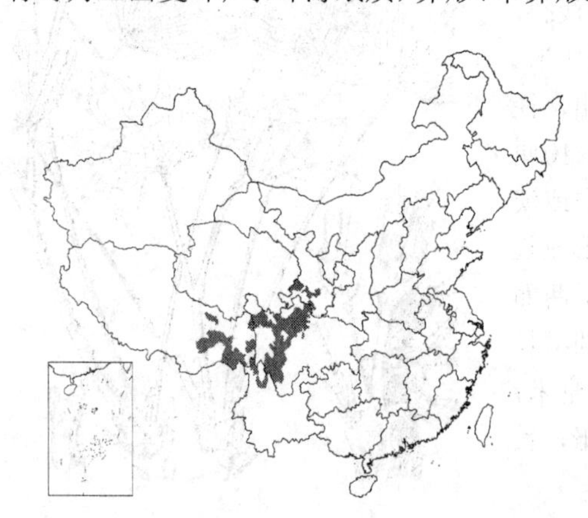

产甘肃南部、四川西部、云南西北部及西藏东部，生于海拔2000-3800米林中或溪边。

图 812 薄叶铁线莲 （引自《中国植物志》）

4. 金毛铁线莲 图 813 彩片 366

Clematis chrysocoma Franch. in Bull. Soc. Bot. France 33: 362. 1886.

木质藤本，有时近直立。枝被毛，后脱落，具浅纵沟。三出复叶；小叶纸质，菱状倒卵形或菱状卵形，长2-6厘米，先端尖或渐尖，基部宽楔形，疏生牙齿，两面密被平伏柔毛；叶柄长1-6.5厘米。花1-6与数叶自老枝腋芽生出，有时单生当年生枝叶腋，径3.2-6厘米。花梗长4.5-8.5（-20）厘米，密短柔毛；萼片4，白或粉红色，平展，倒卵形，长1.6-3厘米，被平伏柔毛，内面无毛；雄蕊无毛，花药窄长圆形，长3-4毫米，顶端钝。瘦果卵圆形，长4-5毫米，被柔毛；宿存花柱长2.2-2.7厘米，被黄褐色长柔毛呈羽毛状。花期4-7月。

产贵州西部、四川西部、云南东部、中部及西北部，生于海拔1000-3000米灌丛中、溪边、草坡或多石砾山坡。

图 813 金毛铁线莲（引自《中国植物志》）

5. 滑叶藤 图 814

Clematis fasciculiflora Franch. Pl. Delav. 5. 1889.

木质藤本。枝疏被短柔毛。三出复叶；小叶薄革质，窄卵形、披针形或长椭圆形，长2-8.5厘米，先端渐尖，基部宽楔形或圆，全缘，上面无毛，下面疏被柔毛或无毛；叶柄长2-3（-6）厘米。花2-4朵，有时与数叶自老枝腋芽生出，径1.4-1.7厘米。花梗长0.5-2.4厘米，被淡黄色绒毛；萼片4，白色，直立，倒卵状长圆形或近长圆形，长1.2-2厘米，被淡黄色绒毛，内面无毛；雄蕊无毛，花药窄长圆形，长约3毫米，顶端钝。瘦果披针形，长5.5-8毫米，无毛；宿存花柱长1-1.6厘米。花期12月至翌年3月。

产四川西南部、云南及广西西部，生于海拔1500-2500米溪边、灌丛或林中，越南北部及缅甸北部有分布。

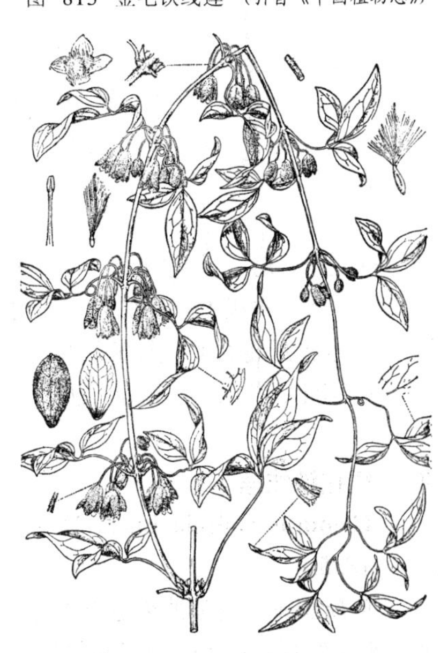

图 814 滑叶藤（引自《中国植物志》）

6. 美花铁线莲 图 815 彩片 367

Clematis potaninii Maxim. in Acta Hort. Petrop. 11: 9. 1890.

木质藤本。枝被柔毛，具纵沟。二回羽状复叶；小叶薄纸质，卵形或宽卵形，长1.5-6厘米，先端尖或渐尖，基部宽楔形、圆或近心形，具锯齿，两面疏被柔毛；叶柄长3-5厘米。聚伞花序生于当年枝叶腋，具（1）3（4）

花，花序梗长5.5-15厘米；苞片为三出复叶或单叶。花梗长3-9.8厘米；萼片5-6（7），白色，开展，楔状倒卵形或窄倒卵形，长1.8-3.7厘米，被平伏柔毛，内面无毛；雄蕊无毛，花药窄长圆形，长2-3毫米，顶端钝。瘦果倒卵圆形或椭圆形，长3-4.5毫米，无毛；宿存花柱长2.5-3.2厘米，羽毛状。花期6-8月。

产陕西南部、甘肃南部、四川西部，生于海拔1400-4000米山坡、林缘或林中。

图 815 美花铁线莲（引自《中国植物志》）

7. 铁线莲 图 816

Clematis florida Thunb. Fl. Jap. 240. 1784.

草质藤本。茎被短柔毛，具纵沟，节膨大。二回或一回三出复叶，小叶纸质。窄卵形或披针形，长1-6厘米，先端尖，基部圆或宽楔形，全缘，两面疏被短柔毛；叶柄长2-4厘米。花序腋生，1花，花序梗长1-4厘米；苞片宽卵形或卵状三角形，长1.4-3厘米；花径3.6-5厘米。花梗长3.7-8.5厘米；萼片6，白色，平展，倒卵形或菱状倒卵形，长2-3厘米，沿中脉被绒毛；雄蕊无毛，花药长圆形或线形，长2.5-3.5毫米，顶端钝。瘦果宽倒卵圆形，长约3.5毫米，被柔毛；宿存花柱长约8毫米，下部被开展柔毛，上部无毛。花期4-6月。

产湖北、湖南、广东及广西，生于低山丘陵灌丛中、溪边。

图 816 铁线莲（引自《中国植物志》）

8. 短柱铁线莲 图 817

Clematis cadmia Buch.-Ham. ex Hook. f. et Thoms. Fl. Ind. 1: 5. 1855.

草质藤本。枝疏被柔毛或无毛，具纵沟。二回三出复叶或一回羽状复叶，小叶纸质，窄卵形、卵形或披针形，长1.5-5厘米，先端渐窄或渐尖，基部宽楔形或圆，全缘，不裂，有时2-3浅裂，两面中脉疏被柔毛；叶柄长2-5.5厘米。花序腋生，1花，花序梗长1.2-1.8厘米；苞片卵形或宽卵形，长0.7-4.5厘米；花径3.5-6厘米。萼片5-6，白或淡紫色，平展，倒卵形或窄倒卵形，被短柔毛；雄蕊无毛，花药线形，长4-5毫米，顶端具极小尖头。瘦果菱形或窄椭圆形，长5-7毫米，被柔毛；宿存花柱长1-3毫米，密被平伏短柔毛。花期4-5月。

产江苏南部、浙江北部、安徽、湖北、江西及广东，生于河岸、溪边或田边草地。越南、印度有分布。

9. 毛萼铁线莲 图 818

Clematis hancockiana Maxim. in Bull. Soc. Nat. Mosc. 54(1): 1. 1879.

草质藤本。茎疏被柔毛，具纵沟，节膨大。羽状复叶具5小叶，或为一至二回三出复叶；小叶纸质，窄卵形或卵形，长3-4.5厘米，先端尖，基部宽楔形或圆，边缘全缘，两面中脉疏被柔毛；叶柄长4-7.5厘米。花序腋生，1花，花序梗长2-5厘米；苞片宽卵形，长2.5-4厘米；花径3-5厘米。花梗长5-6.6厘米；萼片4，紫红或蓝紫色，平展，长圆形或窄长圆形，长1.5-2.5厘米，密被平伏柔毛；雄蕊无毛，花药线形，长6-7.2毫米，顶端具极小尖头。瘦果菱状倒卵圆形，长约5毫米，被柔毛；宿存花柱长3.5-5厘米，羽毛状。花期5月。

产河南南部、湖北东部、安徽东南部、江苏南部、浙江北部及东部，生于海拔100-500米山坡或灌丛中。

图 817 短柱铁线莲（引自《中国植物志》）

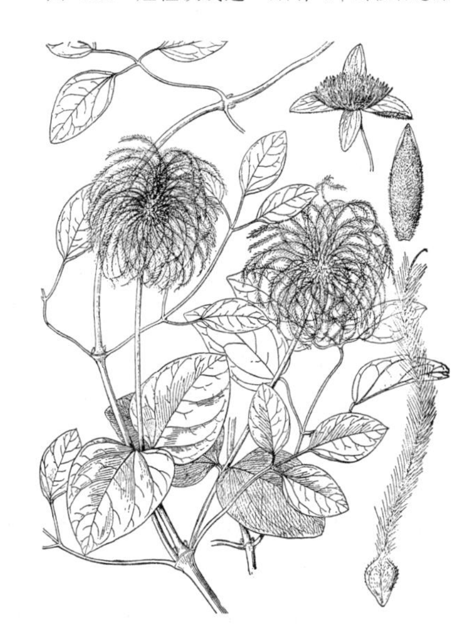

图 818 毛萼铁线莲（史渭清绘）

10. 大花威灵仙 图 819

Clematis courtoisii Hand.-Mazz. in Acta Hort. Gotob. 13: 200. 1939.

草质藤本。茎疏被柔毛，具纵沟，节膨大。一至二回三出复叶或一回羽状复叶；小叶纸质，长椭圆形、窄卵形或卵形，长3-6.5厘米，先端渐尖或尖，基部宽楔形、圆或平截，全缘，两面脉疏被柔毛，下面网脉稍隆起；叶柄长3-7厘米。花序腋生，1花，花序梗长2.5-7厘米；苞片卵形或宽卵形，长3.4-6.2厘米；花径5-9.5厘米。花梗长3.4-6.8厘米；萼片6，白色或带紫色，平展，长椭圆形或椭圆形，长2.7-5厘米，沿中脉疏被柔毛，沿侧脉被绒毛；雄蕊无毛，花药线形，长4.5-6毫米，顶端具极小尖头。瘦果倒卵圆形，长3.5-4.5毫米，疏被柔毛；宿存花柱长1.2-3厘米，羽毛状。花期5-6月。

产湖北、河南东南部、安徽、江苏南部及浙江，生于海拔200-500米山坡、溪边或林中。

11. 转子莲 图 820

Clematis patens Mor. et Decne. in Bull. Acad. Brux. 3: 173. 1836.

草质藤本。茎疏被柔毛。三出复叶或羽状复叶具5小叶；小叶纸质，卵形或窄卵形，长3-7厘米，先端渐尖或尖，基部圆、平截、宽楔形或浅心形，全缘，两面脉疏被柔毛；叶柄长4-8厘米。单花顶生，径7-12厘米。花梗长4.6-10厘米；萼片8，白色，平

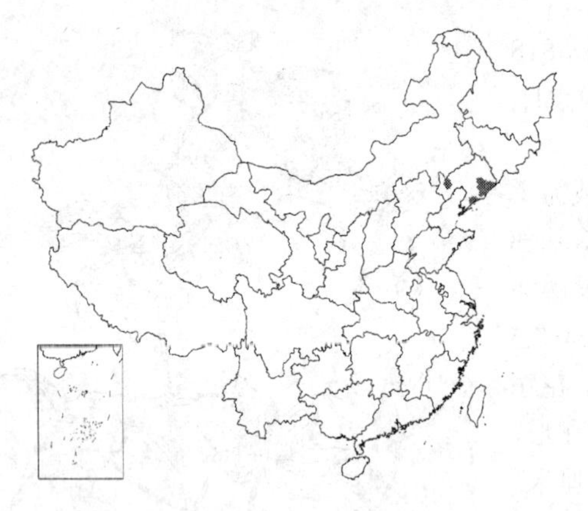

展，倒卵形或窄倒卵形，长3.5-6厘米，沿中脉被柔毛；雄蕊无毛，花药线形，长6-8毫米，顶端钝或具小尖头。瘦果宽卵圆形，长3.5-5毫米，被柔毛；宿存花柱长3-3.8厘米，羽毛状。花期5-6月。

产辽宁及山东东部，生于海拔200-1000米草坡或灌丛中。朝鲜及日本有分布。

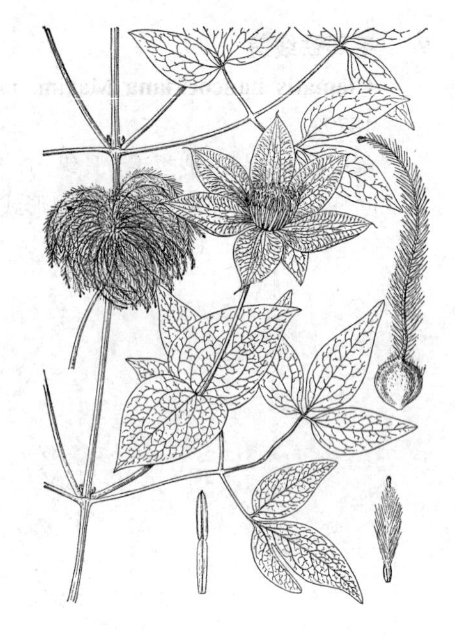

图 819 大花威灵仙 （引自《中国植物志》）

12. 吴兴铁线莲 图 821

Clematis huchouensis Tamura in Acta Phytotax. Geobot. 23: 36. 1968.

草质藤本。茎被柔毛或近无毛。羽状复叶或三出复叶；小叶薄纸质或草质，卵形、卵状椭圆形或椭圆状披针形，长1-5厘米，先端钝、微尖或圆，基部宽楔形、圆或近心形，全缘，2-3浅裂或不裂，两面被柔毛；叶柄长1.7-3厘米。花序腋生，1-3花，花序梗长2-6.5 厘米；苞片卵形或宽卵形，长2-3厘米，不裂或2-3浅裂。花梗长1.2-3厘米；萼片4，白色，斜展，长圆形或长圆状披针形，长1.4-2.2厘米，被柔毛，上部边缘具翅；雄蕊无毛，花药线形，长2.5-3.2毫米，顶端具尖头。瘦果宽椭圆形或宽卵圆形，长4-6毫米，被柔毛；宿存花柱细钻形，长0.8-1.3厘米，被平伏柔毛。

产江苏南部、浙江北部、江西北部及湖南北部，生于丘陵草地或湖岸。

图 820 转子莲 （陈荣道绘）

13. 女萎 图 822

Clematis apiifolia DC. Syst. Nat. 1: 149. 1818.

木质藤本。枝密被柔毛。三出复叶，小叶纸质，卵形或椭圆形，长2-8厘米，宽1.5-6厘米，先端渐尖，基部圆、稍平截或近心形，疏生小牙齿，微3浅裂，两面疏被柔毛；叶柄长1.5-14厘米。花序腋生或顶生，(3-) 7至多花，花序梗长1.8-9厘米；苞片椭圆形或宽卵形，不裂或3浅裂。花梗长0.5-2厘米；萼片4，白色，开展，倒卵状长圆形，长6-8毫米，被柔毛，内面密被柔毛，边缘被绒毛；雄蕊长4-6毫米，无毛，花药窄长圆形，长1.5-1.8毫米，顶端钝。瘦果长卵圆形或纺锤形，长3.5-4.5毫米，被柔毛；宿存花柱长0.8-1.2（-1.5）厘米，羽毛状。花期7-9月。

产陕西西南部、湖北、安徽南部、江苏南部、浙江、福建北部及江西东北部，生于海拔150-400米草坡、溪边或林中。朝鲜及日本有分布。

［附］**钝齿铁线莲 Clematis apiifolia** var. **argentilucida**（Lévl. et Van.）W. T. Wang in Acta Phytotax. Sin. 31: 216. 1993. —— *Clematis vitalba* Linn. var. *argentilucida* Lévl. et Van. in Bull. Acad. Intern. Geogr. Bot. 11: 167. 1902.

本变种与模式变种的区别：小叶宽卵形，长2.5-13厘米，宽2.2-9.5厘米，下面密被柔毛或绒毛，疏生钝牙齿；宿存花柱长1.5-2.5(-2.7)厘米。产安徽南部、江苏南部、浙江西部、江西、湖北、湖南、广东北部、广西北部、贵州、云南东部、四川及陕西南部，生于海拔200-2300米林中或溪边。

图 821 吴兴铁线莲（陈荣道绘）

［附］**宝岛铁线莲 Clematis formosana** Kuntze in Hook. Icon. Pl. pl. 1945. 1891. 本种与女萎的区别：小叶披针形或窄卵形，全缘；花序具3-5花，萼片内面无毛；瘦果卵圆形或椭圆形。特产台湾，生于海拔800米以下阳坡或林缘。

14. 金佛铁线莲 图 823

Clematis gratopsis W. T. Wang in Acta Phytotax. Sin. 6: 385. 1957.

木质藤本。干后变黑。枝密被柔毛及少数长柔毛。羽状复叶具5小叶；小叶纸质，宽卵形或三角状卵形，长1.8-7厘米，先端长渐尖或渐尖，基部心形或稍圆近平截，疏生不等大牙齿，3浅裂或3深裂，上面密被平伏柔毛，下面密被短柔毛，脉被较长柔毛；叶柄长2-5.5厘米。花序腋生并顶生，3-14花，花序梗长3-9厘米；苞片椭圆形或宽卵形，长0.7-2厘米。花梗长0.8-2.4厘米；萼片4，白色，平展，卵状长圆形，长7-9.5毫米，密被柔毛，边缘被绒毛；雄蕊无毛，花药窄长圆形，长1-1.2毫米，顶端钝。瘦果卵圆形，长4毫米，被毛；宿存花柱长2.3-4.5厘米，羽毛状。花期8-10月。

图 822 女萎（引自《图鉴》）

产陕西南部、甘肃南部、四川东部及北部、湖北西部，生于海拔200-1700米灌丛中、山坡或溪边。

15. 粗齿铁线莲 图 824

Clematis grandidentata (Rehd. et Wils.) W. T. Wang in Acta Phytotax. Sin. 31: 218. 1993.

Clematis grata Wall. var. *grandidentata* Rehd. et Wils. in Sarg. Pl. Wilson. 1: 338. 1913.

木质藤本。枝密被柔毛。羽状复叶具5小叶；小叶纸质，卵形、宽卵形

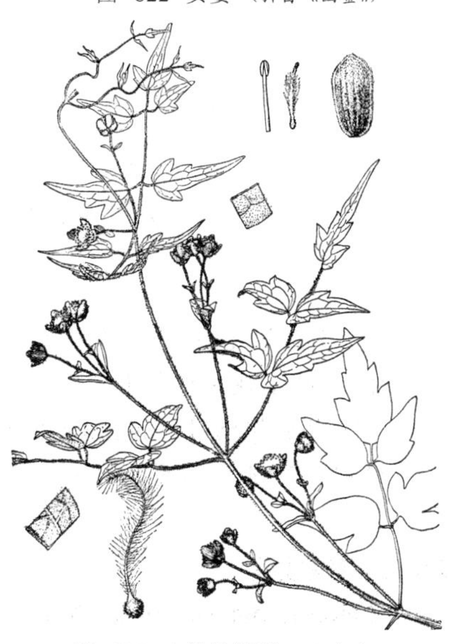

图 823 金佛铁线莲（陈荣道绘）

或椭圆形，长3.5-8（-10）厘米，先端渐尖或长渐尖，基部圆或浅心形，疏生粗牙齿，上面疏被柔毛，下面密被柔毛或绒毛；叶柄长2.5-7厘米。花序腋生并顶生，腋生花序3-6花，花序梗长2-6厘米；苞片线形，长0.5-1.1厘米，有时似小叶。花梗长1.2-3厘米；萼片4-5，白色，开展，倒卵状长圆形，长1-1.5厘米，密被短柔毛；雄蕊无毛，花药窄长圆形，长1.2-2毫米，顶端钝。瘦果宽卵圆形，长2.2-3毫米，被毛；宿存花柱长2-3.4厘米，羽毛状。花期5-8月。

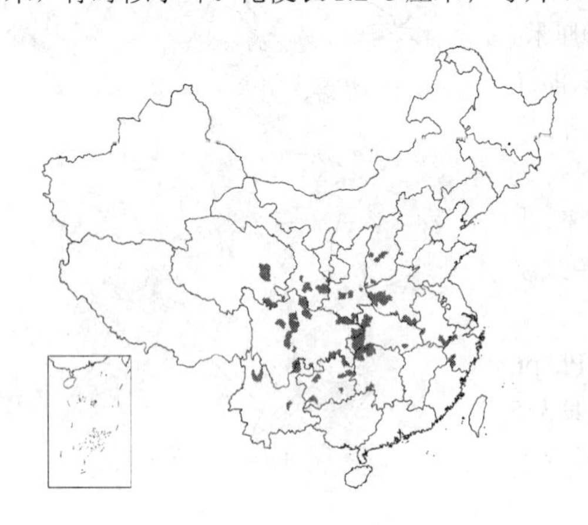

产河北西南部、山西、河南南部、安徽西部及南部、浙江、江西、湖北、湖南、贵州、云南、四川、陕西南部、甘肃南部、青海东部，生于海拔450-3200米山坡或灌丛中。

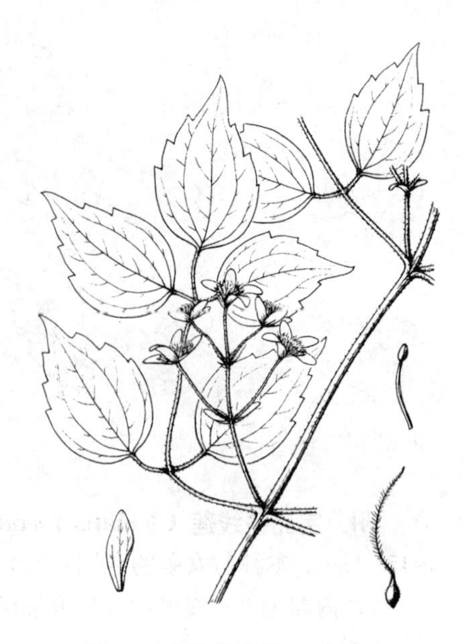

图 824 粗齿铁线莲（吴彰桦绘）

［附］丽江铁线莲 **Clematis grandidentata** var. **likiangensis** (Rehd.) W. T. Wang in Acta Phytotax. Sin. 31: 219. 1993. —— *Clematis grata* Wall. var. *likiangensis* Rehd. in Journ. Arn. Arb. 14: 201. 1933. 本变种与模式变种的区别：子房及瘦果无毛。产浙江西北部、湖北、四川、贵州及云南西北部，生于海拔2000-3400米山坡、溪边、灌丛或疏林中。

16. 两广铁线莲 图 825

Clematis chingii W. T. Wang in Acta Phytotax. Sin. 6: 383. 1957.

木质藤本。枝密被柔毛。羽状复叶具5小叶；小叶纸质，卵形、宽卵形或椭圆形，长4-8厘米，先端渐尖或尖，基部圆或浅心形，具1-4粗牙齿，常不裂，上面被糙伏毛，下面密被柔毛；叶柄长2.5-6厘米。花序腋生并顶生，10-85花，花序梗长2.2-8.5厘米；苞片卵形，长0.5-6厘米。花梗长0.5-1.7厘米；萼片4，白色，开展，椭圆状长圆形，长7-9.5毫米，被绒毛；雄蕊无毛，花药窄长圆形，长1.2-2毫米，顶端钝。花期7-9月，果期10-12月。

产湖南西部及南部、广东北部、广西西部、贵州西南部、云南东南部，生于海拔200-1700米灌丛中或山坡。

图 825 两广铁线莲（陈荣道绘）

［附］福贡铁线莲 **Clematis tsaii** W. T. Wang in Acta Phytotax. Sin. 6: 382. 1957. 本种与两广铁线莲的区别：小叶全缘。产云南中部及西北部、西藏东南部，生于海拔1500-2000米山坡或林中。

17. 钝萼铁线莲 图 826 彩片 368

Clematis peterae Hand.-Mazz. in Acta Hort. Gotob. 13: 213. 1939.

木质藤本。枝被柔毛或脱落无毛。羽状复叶具5小叶；小叶纸质，卵形或椭圆状卵形，长2-9.5厘米，先端渐尖或长渐尖，基部圆或宽楔形，全缘或具1-2对齿，不裂，稀2-3浅裂，上面无毛，稀疏被毛，下面疏被毛或近无毛；叶柄长1.5-5.4厘米。花序腋生并顶生，少花至多花；花序梗长1.3-7厘米；苞片似叶。花梗长0.7-1.5厘米；萼片4，白色，开展，倒卵状长圆形，长6-8毫米，被柔毛或无毛，内面被柔毛，边缘被绒毛；雄蕊无毛，花药长圆形，长2-2.5毫米，顶端钝；子房无毛。瘦果椭圆形，长2-3.5毫米，无毛；宿存花柱长约2厘米，羽毛状。花期5-8月。

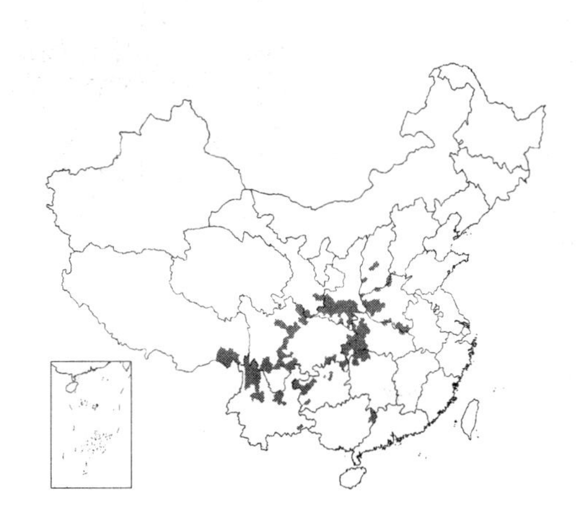

产河北西南部、山西南部、陕西南部、甘肃南部、河南、湖北、湖南西北部、四川、贵州、云南、广西东部及西藏，生于海拔600-3400米林中、灌丛中或溪边。

图 826 钝萼铁线莲 （吴彰桦绘）

［附］毛果铁线莲 **Clematis peterae** var. **trichocarpa** W. T. Wang in Acta Phytotax. Sin. 6: 381. 1957. 本变种与模式变种的区别：子房及瘦果被柔毛。产河南西部及南部、安徽南部、江苏南部、浙江西部、江西北部、湖北、湖南西北部、贵州、四川、陕西南部，生于海拔600-1900米山坡、灌丛中或溪边。

18. 小簑衣藤 图 827

Clematis gouriana Roxb. et DC. Syst. Nat. 1: 138. 1818.

木质藤本。枝被柔毛，后脱落无毛。羽状复叶具5小叶；小叶纸质或薄革质，卵形或窄卵形，长2.4-10厘米，先端渐窄或渐尖，基部圆或近心形，全缘，稀具1小齿，两面无毛或中脉疏被毛；叶柄长3.5-6.5厘米。花序腋生并顶生，9-100花；花序梗长1.2-7厘米；苞片卵形，长0.4-1厘米。花梗长0.6-1.2厘米；萼片4，白色，开展，窄倒卵形或倒卵状长圆形，长5-6毫米，密被柔毛，内面疏被毛；雄蕊无毛，花药窄长圆形，长1.1-1.5毫米，顶端钝。瘦果披针形或纺锤形，长3-3.5毫米，被短毛；宿存花柱长约2厘米，羽毛状。花期9-10月。

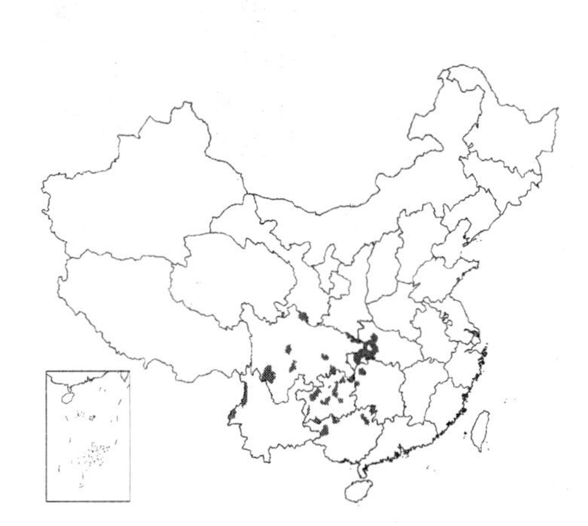

图 827 小簑衣藤 （史渭清绘）

产湖北西部、湖南西部、广西、贵州、四川、云南中部及西部，生于海拔50-1800米山坡、灌丛中或溪边。菲律宾、缅甸、不丹、印度及尼泊尔具分布。

19. 台湾铁线莲 图 828

Clematis taiwaniana Hayata in Journ. Coll. Sci. Univ. Tokyo 30: 17. 1911.

木质藤本。枝密被柔毛。羽状复叶或一至二回三出复叶；小叶纸质，卵形、三角形或椭圆形，长（2.3-）3.7-7.6（-13）厘米，先端渐尖或长渐尖，

基部心形或楔形，具牙齿，常3浅裂，上面疏被毛或无毛，下面密被绢状柔毛；叶柄长4.2-9.7厘米。花序腋生，多花，花序梗长3.2-6.4厘米；苞片椭圆形或披针形。花梗长1.6-2厘米；萼片4，白色，开展，倒卵状长圆形，长0.9-1.5厘米，密被柔毛，内面被柔毛；雄蕊无毛，花药长圆形，长1.2-2毫米，顶端钝。瘦果窄椭圆形或纺锤形，长2.5-3毫米；宿存花柱长1.6-3毫米，羽毛状。花期4-9月。

产台湾，生于海拔2500米以下旷地、溪边或林缘。琉球群岛有分布。

图 828 台湾铁线莲 （孙英宝绘）

20. 短尾铁线莲 图 829

Clematis brevicaudata DC. Syst. Nat. 1: 138. 1818.

木质藤本。枝被柔毛。二回羽状复叶或二回三出复叶；小叶薄纸质，卵形或窄卵形，长1.5-6厘米，先端渐尖或长渐尖，基部圆或浅心形，疏生牙齿，不裂或3浅裂，两面近无毛或疏被柔毛；叶柄长1.7-8厘米。花序腋生并顶生，4-25花，花序梗长2-5厘米；苞片卵形，长0.4-1.2厘米。花梗长0.9-1.3厘米；萼片4，白色，开展，倒卵状长圆形，长0.9-1.1厘米，被平伏柔毛，内面疏被毛；雄蕊无毛，花药窄长圆形，长1-2毫米，顶端钝。瘦果椭圆形，长约3毫米，被毛；宿存花柱长1.2-2厘米，羽毛状。花期7-9月。

图 829 短尾铁线莲 （吴彰华绘）

产黑龙江、吉林、辽宁、内蒙古、河北、河南、山西、陕西、宁夏、甘肃、青海、西藏东部、云南西北部、四川西部、湖北及湖南，生于海拔300-2800米灌丛中、悬崖或疏林中。蒙古、朝鲜及俄罗斯远东地区有分布。

21. 裂叶铁线莲 图 830

Clematis parviloba Gardn. et Champ. in Journ. Bot. Kew Gard. Misc. 1: 241. 1849.

木质藤本。干后常变黑。枝密被柔毛。二回羽状复叶或二回三出复叶；小叶纸质，窄卵形或卵形，长1.5-7厘米，先端渐尖或尖，基部圆或宽楔形，全缘或具1对小齿，上面疏被柔毛，下面密被柔毛；叶柄长3-8.5厘米。花序腋生并顶生，（1-）3至多花，花序梗长2.8-10厘米；苞片窄卵形，小苞

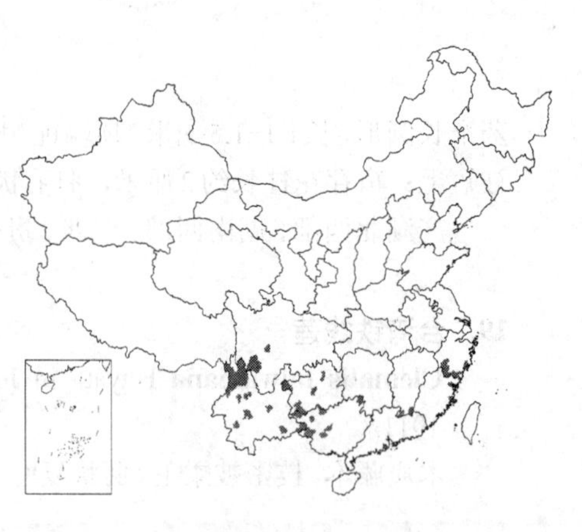

片卵形或椭圆形。花梗长1.2-3厘米；萼片4，白色，开展，近长圆形，长0.8-1.6厘米，被柔毛；雄蕊无毛，花药长圆形，长1-2毫米，顶端钝。瘦果卵圆形，长3-5毫米，被毛；宿存花柱长2-3.2厘米，羽毛状。花期5-7月。

产浙江南部、福建、江西、广东北部、香港、广西、贵州、云南及四川，生于海拔500-3000米山坡、灌丛中、林缘或溪边。

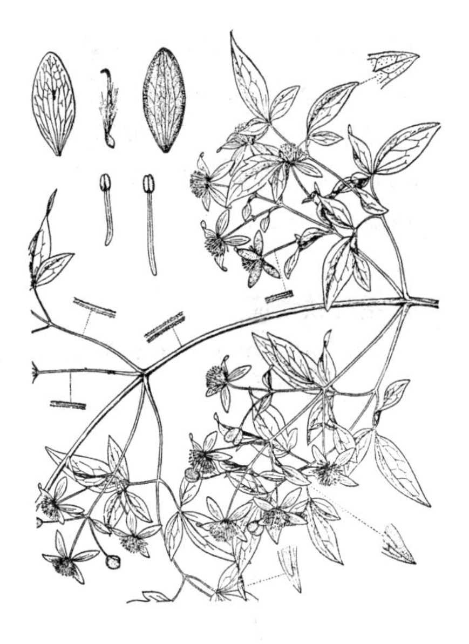

图 830 裂叶铁线莲（引自《中国植物志》）

22. 扬子铁线莲 图831

Clematis ganpiniana（Lévl. et Van.）Tamura in Acta Phytotax. Geobot. 15：17. 1953.

Clematis vitalba Linn. var. *ganpiniana* Lévl. et Van. in Bull. Acad. Intern. Geogr. Bot. 11(152)：167. 1902.

木质藤本，干后常变黑。枝疏被柔毛。二回羽状复叶或二回三出复叶；小叶纸质，卵形或窄卵形，长1.5-9.8厘米，先端长渐尖或渐尖，基部圆、近心形或宽楔形，两面疏被柔毛；叶柄长1-7.5厘米。花序腋生并顶生，9至多花；花序梗长2-10厘米；苞片卵形，或三出复叶。花梗长1-4.5厘米；萼片4，白色，开展，倒卵状长圆形，长0.7-1.2厘米，被平伏柔毛；雄蕊无毛，花药长圆形，长1-2毫米，顶端钝。子房无毛。瘦果近扁平，圆卵形，长2.5-3.5毫米，无毛；宿存花柱长2.5-3.5厘米，羽毛状。花期7-10月。

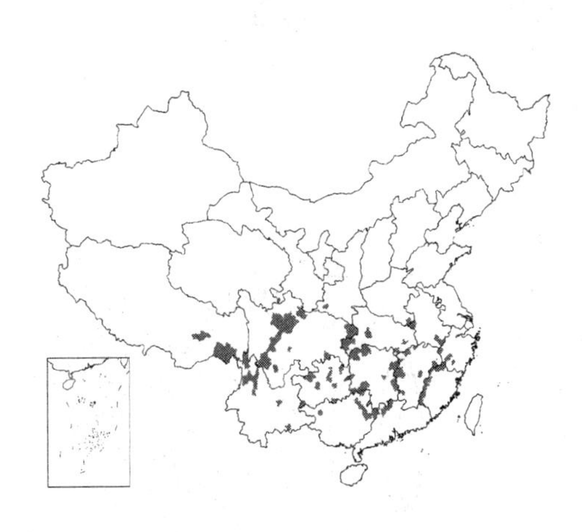

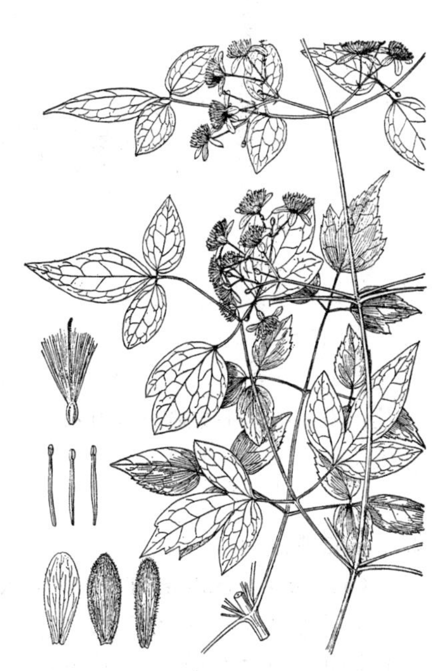

图 831 扬子铁线莲（史渭清绘）

产安徽、浙江、福建、江西、湖北、湖南、广东西部、广西北部、贵州、云南、西藏东部、四川及陕西南部，生于海拔400-3300米山坡、灌丛或林中。

［附］**毛果扬子铁线莲 Clematis ganpiniana** var. **tenuisepala**（Maxim.）C. T. Ting, Fl. Reipubl. Popul. Sin. 28：188. 1980. —— *Clematis brevicaudata* DC. var. *tenuisepala* Maxim. in Acta Hort. Petrop. 11：9. 1890. 本变种与模式变种的区别：子房及瘦果密被平伏柔毛。产山西南部、山东、河南南部、陕西南部、湖北西部、浙江北部、广西北部，生于海拔250-1000米草坡、林中或溪边。

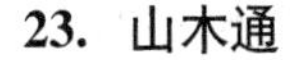

23. 山木通 图832

Clematis finetiana Lévl. et Van. in Bull. Soc. Bot. France 51：219. 1904.

木质藤本。枝节上被柔毛。三出复叶；小叶革质，窄卵形或披针形，长3.5-10（-15）厘米，先端渐尖，基部圆或浅心形，全缘，两面无毛；叶柄长2-7.8厘米。花序腋生并顶生，1-5（-7）花，花序梗长1.5-9厘米；苞片三角形，长2-5毫米。花梗长1.5-6厘米；萼片4（-6），白色，平展，窄披针形，长1-2厘米，边缘被绒毛；雄蕊无毛，花药窄长圆形或线形，长4-

6.5毫米，顶端具小尖头。瘦果镰状纺锤形，长约5毫米，被柔毛；宿存花柱长1.5-2.5厘米，羽毛状，毛黄褐色。花期4-6月。

产陕西、河南南部、安徽南部、江苏南部、浙江、福建、江西、湖北、湖南、广东北部、广西北部、贵州及四川，生于海拔100-1200米溪边、疏林或灌丛中。

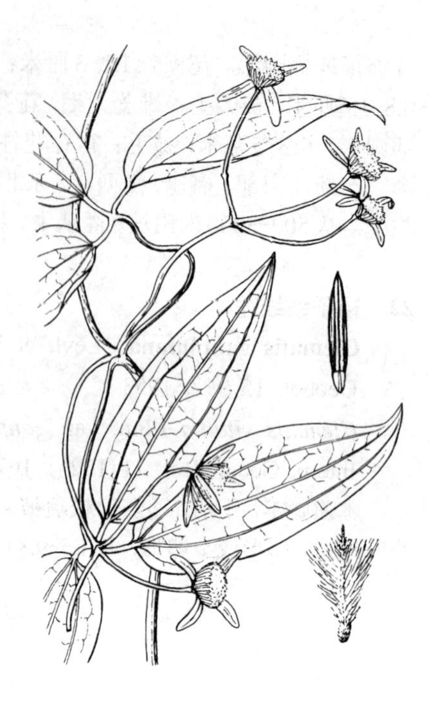

图 832 山木通 （郭木森绘）

24. 毛柱铁线莲

图 833

Clematis meyeniana Walper in Nov. Acta Nata. Cur. Misc. 19 (Suppl. 1)：297. 1843.

木质藤本。枝被柔毛，后脱落无毛。三出复叶；小叶薄革质，卵形或椭圆状卵形，长7.5-12(-14)厘米，先端渐尖或尖，基部圆、浅心形或宽楔形，全缘，两面几无毛；叶柄长2-11厘米。花序腋生并顶生，多花，花序梗长2.6-7.5厘米；苞片钻形，长约5毫米。花梗长0.6-1.6厘米；萼片4，白色，平展，窄长圆形，长0.8-1.3厘米，边缘被绒毛；雄蕊无毛，花药窄长圆形或线形，长3-5.5毫米，顶端具小尖头。瘦果镰状披针形，长5-7毫米，被毛；宿存花柱长2-4厘米，羽毛状，毛淡黄色。花期6-8月。

产浙江、台湾、福建、江西、湖北、湖南南部、广东、香港、广西、贵州及云南，生于海拔300-1800米溪边、疏林或灌丛中。越南、老挝及日本有分布。

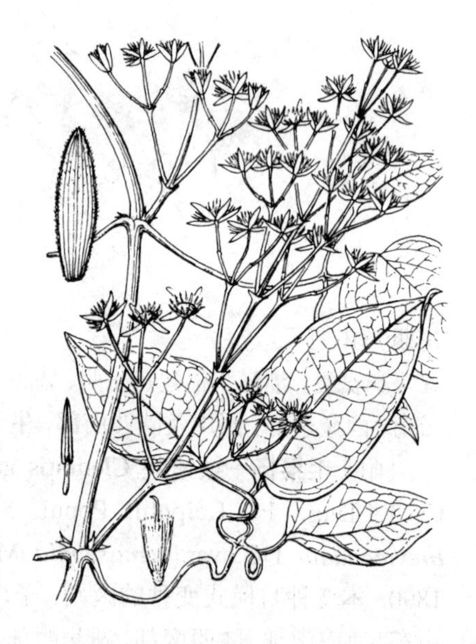

图 833 毛柱铁线莲 （郭木森绘）

25. 圆锥铁线莲

图 834

Clematis terniflora DC. Syst. Nat. 1: 137. 1818.

木质藤本。枝具短柔毛和浅纵沟。羽状复叶5(-7)小叶；小叶纸质，卵形或窄卵形，长2.5-8厘米，基部圆、近心形或宽楔形，全缘，两面疏被柔毛，后脱落无毛；叶柄长2.5-4.5厘米。花序腋生并顶生，多花，花序梗长1-7厘米；苞片线形或椭圆形。花梗长0.5-3厘米，被柔毛；萼片4，白色，平展，倒卵状长圆形，长0.5-1.5厘米，边缘被绒毛；雄蕊无毛，花药窄长圆形或长圆形，长2-3毫米，顶端钝或具小尖头。瘦果近扁平，橙黄色，宽椭圆形或倒卵圆形，长6-9毫米，被柔毛，具窄边；宿存花柱长1.2-4厘米，羽毛状。花期6-8月。

产河南南部、陕西东南部、湖北、湖南北部、江西、浙江、江苏及安徽南部，生于海拔400米以下林缘或草地。朝鲜及日本有分布。

［附］ **辣蓼铁线莲 Clematis terniflora var. mandshurica** (Rupr.)

Ohwi in Acta Phytotax. Geobot. 7: 43. 1938. —— *Clematis mandshurica* Rupr. in Bull. Phys. Math. Acad. Sci. St. Pétersb. 15: 258. 1857. 本变种与模式变种的区别：枝节被柔毛；花梗近无毛，花药顶端具小尖头；瘦果长4-6毫米。产黑龙江、吉林、辽宁及内蒙古，生于灌丛中或山坡。朝鲜北部、蒙古及俄罗斯西伯利亚有分布。

［附］鸳銮鼻铁线莲 **Clematis terniflora** var. **garanbiensis** (Hayata) M. C. Chang, Fl. Reipubl. Popul. Sin. 28: 170. 1980. —— *Clematis garanbiensis* Hayata, Ic. Pl. Formos. 9: 1. 1920. 本变种与模式变种的区别：枝节上疏被柔毛，花梗无毛或近无毛；瘦果长达6毫米。与辣蓼铁线莲的区别：花药顶端无小尖头。产台湾。

图 834 圆锥铁线莲（引自《图鉴》）

26. 威灵仙 图 835

Clematis chinensis Osbeck, Dagbok Ostind. Resa 205, 242. 1757.

木质藤本，干后变黑。枝无毛或疏被柔毛。羽状复叶具5小叶；小叶纸质，卵形、窄卵形或披针形，长1.5-9.5厘米，先端渐尖或渐窄，基部圆、宽楔形或浅心形，全缘，上面脉疏被毛，下面无毛或脉疏被毛；叶柄长1.8-7.5厘米。花序腋生并顶生，多花，花序梗长3-8.5厘米；苞片椭圆形或线形。花梗长1.4-3厘米；萼片4，白色，平展，倒卵状长圆形，长0.6-1.3厘米，顶部疏被柔毛，边缘被绒毛；雄蕊无毛，花药窄长圆形或条形，长2-3.5毫米。瘦果椭圆形，长5-7毫米，被柔毛；宿存花柱长1.8-4厘米，羽毛状。花期6-9月。

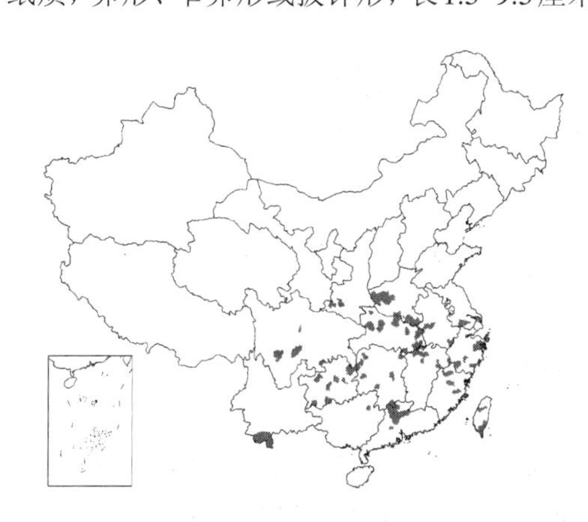

产安徽南部、江苏南部、浙江、台湾、福建、江西、湖北、湖南、广东、香港、海南、广西、贵州、云南南部、四川、陕西南部及河南南部，生于海拔140-1500米山坡、灌丛中或溪边。越南及日本南部有分布。

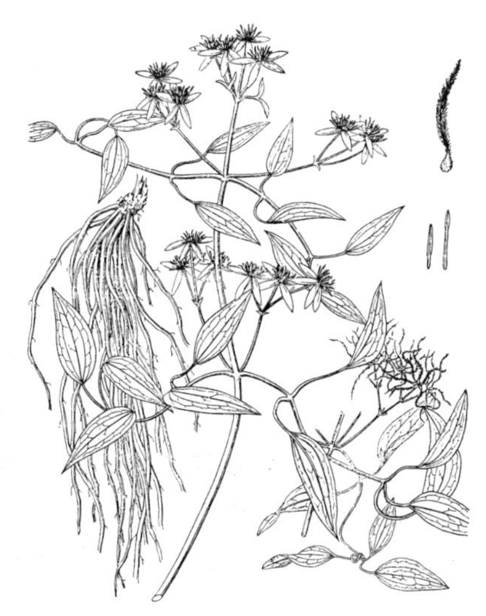

图 835 威灵仙（裘缉木 陈月明绘）

27. 秦岭铁线莲 图 836

Clematis obscura Maxim. in Acta Hort. Petrop. 11: 6. 1890.

木质藤本，干后变黑。枝疏被柔毛。一至二回羽状复叶，小叶5-11；小叶纸质，卵形或披针形，长1.2-7.8厘米，先端渐尖，尖或渐窄，全缘，两面疏被柔毛或近无毛；叶柄长1.2-5.5厘米。花序腋生并顶生，1-3（-5）花，花序梗长1-7.6厘米；苞片卵形或椭圆形。花梗长3-8厘米；萼片

图 836 秦岭铁线莲（郭木森绘）

(4) 5-6 (7)，白色，平展，长圆形，长1.2-2.6厘米，边缘被绒毛；雄蕊无毛，花药线形，长3.8-4.5毫米，顶端具小尖头。瘦果椭圆形或卵圆形，长4.5-5毫米，被柔毛；宿存花柱长达2.5厘米，羽毛状，毛黄褐色。花期4-6月。

产山西、河南西部、陕西南部、甘肃南部、湖北及四川，生于海拔400-2600米山坡或灌丛中。

28. 陕西铁线莲 图 837

Clematis shensiensis W. T. Wang in Acta Phytotax. Sin. 6: 378. 1957.

木质藤本。枝被短柔毛。羽状复叶具5小叶；小叶纸质，卵形或宽卵形，长2.5-7厘米，先端尖、渐尖或钝，基部心形，平截或圆，全缘，上面近无毛，下面密被柔毛；叶柄长3-6厘米。花序腋生并顶生，3(-7)花，花序梗长3.5-12厘米；苞片卵形。花梗长1-3.2厘米；萼片4 (5-6)，白色，平展，倒卵状长圆形，长1.3-2(2.4)厘米，被柔毛；雄蕊无毛，花药窄长圆形，长3.2-5.4毫米，顶端具小尖头。瘦果椭圆形，长6-8毫米，被柔毛；宿存花柱长2.5-4.5厘米，羽毛状，毛褐黄色。花期5-6月。

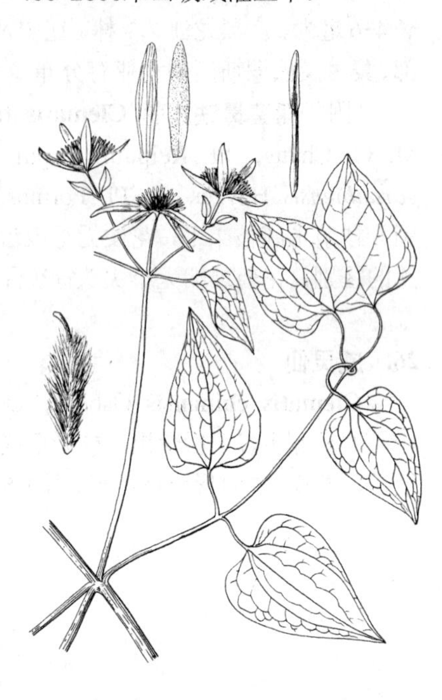

图 837 陕西铁线莲 (引自《秦岭植物志》)

产山西西南部、河南、陕西南部及湖北西北部，生于海拔700-1300米灌丛中、溪边或悬崖。

［附］**五叶铁线莲 Clematis quinquefoliolata** Hutch. in Gard. Chron. sér. 3, 41: 3. 1907. 本种与陕西铁线莲的区别：小叶薄革质，线状披针形或披针形，两面无毛；花药长2-3毫米；瘦果被柔毛，宿存花柱长达6厘米。花期6-8月。产湖北西部、湖南西北部、贵州东北部、四川、云南中部及北部，生于海拔1000-1800米山坡、灌丛中或溪边。

29. 太行铁线莲 图 838

Clematis kirilowii Maxim. in Bull. Acad. Sci. St. Pétersb. 22: 210. 1876.

木质藤本，干后变黑。枝疏被柔毛。二回或一回羽状复叶；小叶革质，椭圆形、长圆形、窄卵形或卵形，长1.5-6厘米，基部圆、平截或宽楔形，全缘，不裂或2-3裂，两面网脉隆起，疏被柔毛或近无毛；叶柄长1.4-4.5厘米。花序腋生并顶生，3至多花，花序梗长0.9-5.5厘米；苞片三角形或椭圆形。花梗长0.8-2.8厘米；萼片4 (5-6)，白色，平展，倒卵状长圆形，长0.7-1.5厘米，被柔毛；雄蕊无毛，花药窄长圆形，长2-3毫米，顶

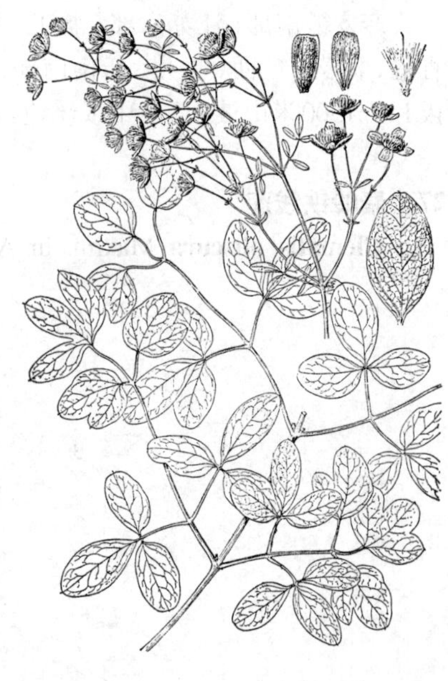

图 838 太行铁线莲 (史渭清绘)

端钝。瘦果椭圆形，长4-5毫米，被柔毛；宿存花柱长约1.8厘米，羽毛状。花期6-8月。

产河北西部、山东、山西南部、陕西南部、河南、湖北、安徽北部及江苏北部，生于海拔200-1700米草坡或林中。

［附］**巴山铁线莲 Clematis kirilowii** var. **bashanensis** M. C. Chang, Fl. Reipubl. Popul. Sin. 28: 356. 1980. 本变种与模式变种的区别：植株干时不变黑；一回羽状复叶，小叶窄卵形或卵形，不裂，近无毛；花药顶端钝。产四川东部、湖北西部、陕西南部、河南西部及南部、安徽、江苏南部，生于海拔120-1000米山坡、灌丛中或溪边。

［附］**细尖太行铁线莲 Clematis kirilowii** var. **latisepala** (M. C. Chang) W. T. Wang in Acta Phytotax. Sin. 36: 158. 1998. —— *Clematis terniflora* DC. var. *latisepala* M. C. Chang, Fl. Reipuhl. Popul. Sin. 28: 357. 1980. 本变种与模式变种的区别：植株干时常不变黑；一回羽状复叶，小叶三角状卵形或窄卵形，不裂，近无毛；花药顶端具小尖头。产山西南部、河南西部及南部、陕西东南部、湖北西部，生于海拔350-2000米山坡或溪边。

30. 小木通 图 839 彩片 369

Clematis armandii Franch. in Nouv. Arch. Mus. Hist. Nat. Paris sér. 2, 8: 184. 1885.

木质藤本。枝疏被柔毛。三出复叶；小叶革质，窄卵形或披针形，长5-16厘米，先端渐尖或渐窄，基部圆、近心形或宽楔形，全缘，两面无毛；叶柄长3.6-11厘米。花序1-3自老枝腋芽生出，7至多花，花序梗长达8厘米，基部具三角形或长圆形宿存芽鳞；苞片窄长圆形。萼片4(5)，白或粉红色，平展，窄长圆形或长圆形，长1.2-2.4厘米，宽2-7毫米，疏被柔毛，边缘被短柔毛；雄蕊无毛，花药窄长圆形或线形，长3-4.5毫米。瘦果窄卵圆形，长4-5毫米，疏被毛；宿存花柱长1.6-4.8厘米，羽毛状。花期3-4月。

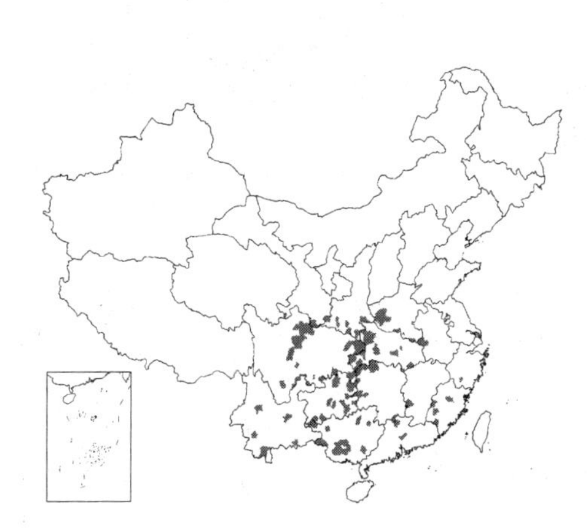

图 839 小木通 （引自《中国植物志》）

产浙江南部、安徽西部、福建、江西、湖北、湖南、广东、广西、贵州、云南、四川、甘肃南部、陕西南部及河南，生于海拔100-2400米山坡、灌丛中、林缘或溪边。

［附］**大花小木通 Clematis armandii** var. **farquhariana** (Rehd. et Wils.) W. T. Wang in Acta Phytotax. Sin. 36: 158. 1998. —— *Clematis armandii* f. *farquhariana* Rehd. et Wils. in Sarg. Pl. Wilson. 1: 327. 1913. 本变种与模式变种的区别：腋生花序具3花；萼片4-5，长2.1-4厘米，宽0.6-1.2厘米。产湖南西部、湖北西部及四川东部，生于海拔550-1500米灌丛、疏林中或溪边。

31. 厚叶铁线莲 图 840

Clematis crassifolia Benth. Fl. Hongk. 7. 1861.

木质藤本。枝无毛。三出复叶，无毛；小叶薄革质，椭圆形、长圆形或卵形，长5-12厘米，基部宽楔形或圆，全缘；叶柄长5.5-10厘米。花序腋生并顶生，多花，花序梗长3-5厘米，无毛；苞片线形。花梗长1-2.8厘米，无毛；萼片4，白或带粉红色，平展，线状披针形，长1.2-2.2厘米，边缘被

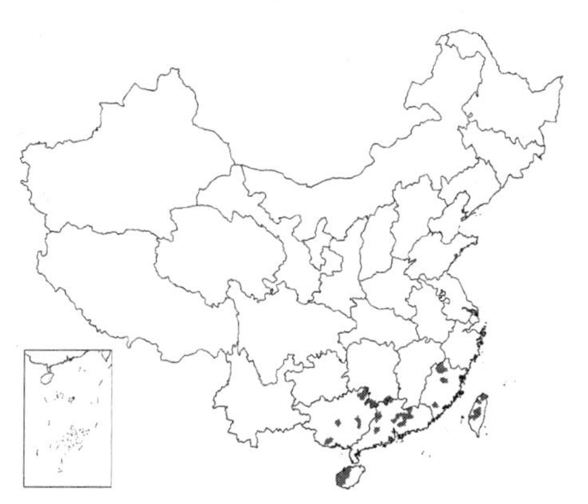

绒毛，近无毛或被柔毛；内面疏被毛，雄蕊无毛，花丝皱，花药长圆形，长1.2-2.2毫米，顶端钝。瘦果卵圆形，长4-6毫米，被柔毛；宿存花柱长2.4-4厘米，羽毛状。花期12月至翌年1月。

产台湾、福建、湖南南部、广西、广东及海南，生于海拔300-2300米山坡，溪边或林中。日本南部有分布。

图 840 厚叶铁线莲 （引自《中国植物志》）

32. 柱果铁线莲 图 841

Clematis uncinata Champ. ex Benth. in Kew Journ. Bot. 3: 255. 1851.

木质藤本。枝无毛。一至二回羽状复叶，小叶5-15，无毛；小叶薄革质或纸质，卵状椭圆形、卵形或窄卵形，长3-18厘米，先端渐尖或尖，基部圆、宽楔形、近心形或平截，全缘，下面被白粉，网脉稍隆起；叶柄长3-8厘米。花序腋生并顶生，多花，无毛，花序梗长1-8厘米；苞片钻形或披针形。花梗长1-2.2厘米；萼片4，白色，平展，窄长圆形，长1-1.5厘米，边缘被绒毛；雄蕊无毛，花药窄长圆形或线形，长2.8-3.2毫米，顶端具小尖头。瘦果钻状圆柱形，长5-7毫米，无毛；宿存花柱长1.5-2（3）厘米，羽毛状。

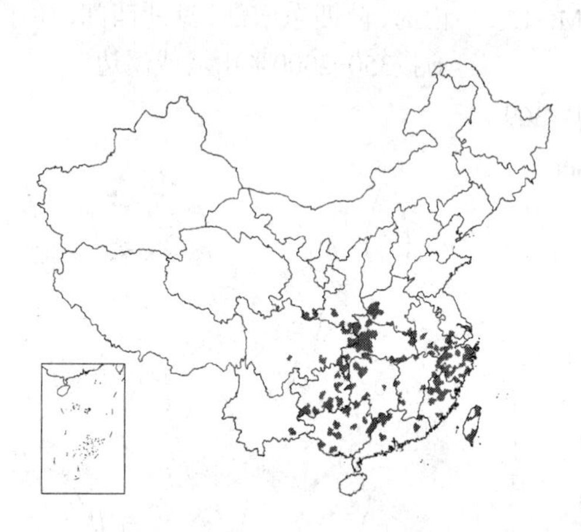

产安徽南部、江苏南部、浙江、台湾、福建、江西、湖北、湖南、广东、香港、广西、贵州、云南东南部、四川东南部、甘肃南部、陕西南部及河南，生于海拔100-2500米灌丛中、林缘或溪边。越南、日本南部有分布。

图 841 柱果铁线莲 （郭木森绘）

33. 准噶尔铁线莲 图 842 彩片 370

Clematis songarica Bunge, Del. Semin. Hort. Dorpat. 8. 1839.

直立亚灌木或多年生草本。茎高达1.5米；枝节疏被毛。单叶，薄革质，线形、线状披针形或披针形，长2-8厘米，基部渐窄，全缘或疏生小齿，两面无毛；叶柄长0.5-2厘米。花序顶生并腋生，少花至多花；苞片叶状。花梗长1-3.5厘米，无毛；萼片4（-6），白色，平展，长圆状倒卵形，长0.5-1.5厘米，被短柔毛或近无毛，边缘被绒毛；花药窄长圆形，长（2-）2.6-4毫米，顶端钝。瘦果卵圆形，长2.5-3.5毫米，被柔毛；宿存花柱长1.4-2.6厘米，羽毛状。花期6-8月。

产新疆及甘肃，生于海拔450-2500米多石山坡或草地。哈萨克斯坦及蒙古有分布。

34. 棉团铁线莲　　图 843

Clematis hexapetala Pall. Reise 3: 735. pl. Q. f. 2. 1776.

多年生直立草本。茎高达1米，疏被柔毛。一至二回羽状全裂，裂片革质，线状披针形、线形或长椭圆形，长1.5-10厘米，基部楔形，全缘，两面疏被柔毛或近无毛，网脉隆起；叶柄长0.5-2厘米。花序顶生并腋生，3至多花；苞片叶状或披针形。花梗长1-7厘米；萼片（4）5-6（-8），白色，平展，窄倒卵形，长1-2.5厘米，被绒毛；雄蕊无毛，花药窄长圆形，长2.6-3.2毫米，顶端具小尖头。瘦果倒卵圆形，长2.5-3.5毫米，被柔毛；宿存花柱长1.5-3厘米，羽毛状。花期6-8月。

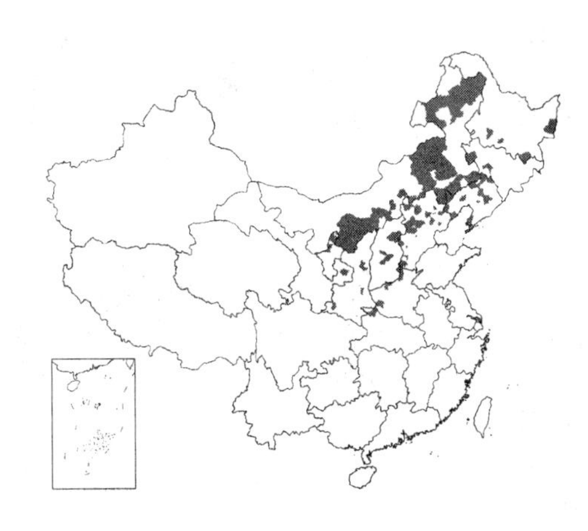

产黑龙江、吉林、辽宁、内蒙古、河北、山西、河南西部、湖北、陕西、甘肃及宁夏，生于海拔100-1300米林缘或坡上。朝鲜、蒙古及俄罗斯西伯利亚有分布。

［附］**长冬草 Clematis hexapetala** var. **tchefouensis**（Debx.）S. Y. Hu in Journ. Arn. Arb. 35: 193. 1954. —— *Clematis angustifolia* Jacq. var. *tchefouensis* Debx. in Acta Soc. Linn. Bord. 31: 117. 1876. 本变种与模式变种的区别：萼片无毛，边缘被绒毛。产山东东部及江苏北部，生于海拔100-450米草坡。

图 842　准噶尔铁线莲　（王金凤绘）

35. 银叶铁线莲　　图 844

Clematis delavayi Franch. in Bull. Soc. Bot. France 33: 360. 1888.

直立小灌木。茎高达1.5米，枝密被绢状柔毛。羽状复叶，具3-6对小叶；小叶纸质，卵形或窄卵形，长0.8-4厘米，先端尖，基部圆或宽楔形，全缘，上面疏被柔毛，下面密被银色毯毛；叶柄长0.2-1.8厘米。花序顶生，少或多花；苞片叶状。花梗长1.4-2厘米；萼片4-6，白色，平展，倒卵状长圆形，长0.8-1.4厘米，被绒毛；雄蕊无毛，花药窄长圆形，长2-2.8毫米，顶端小尖头不明显。瘦果卵圆形，长约4毫米，被柔毛；宿存花柱长约2.5厘米，羽毛状。花期7-8月。

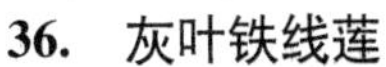

产四川西部及云南西北部，生于海拔1800-3000米灌丛中或多石山坡。

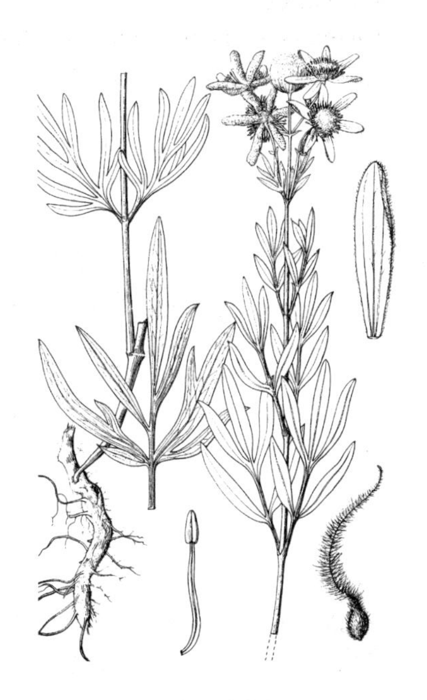

图 843　棉团铁线莲　（王兴国绘）

36. 灰叶铁线莲　　图 845: 7

Clematis canescens（Turcz.）W. T. Wang et M. C. Chang, Fl. Reipubl. Popul. Sin. 28: 150. 1980. *Clematis fruticosa* Turcz. β *canescens* Turcz. in Bull. Soc. Nat. Mosc. 5: 180. 1832.

直立小灌木。茎高达1米；枝密被柔毛。单叶；革质，灰绿色，窄披针形或长圆状披针形，长1-4.5厘米。先端尖，基部楔形，全缘，稀下部具1-2小齿，两面被平伏柔毛；叶柄长2-5毫米。花序顶生并腋生，1-3（-7）花；苞片线形。花梗长0.5-1.8厘米；萼片4，黄色，斜展，宽披针形或长圆形，长0.9-1.6厘米，被柔毛，边缘被绒毛；雄蕊无毛，花药窄长圆形，顶端钝。瘦果长椭圆形，长4-5毫米，被长柔毛；宿存花柱长约2厘米，羽毛状。花期7-8月。

产内蒙古西南部、宁夏、陕西北部及甘肃北部，生于海拔1100-1900米沙地或沙丘下部。

［附］**长梗灰叶铁线莲 Clematis canescens** subsp. **viridis** W. T. Wang et M. C. Chang, Fl. Reipubl. Popul. Sin. 28: 356. 1980. 本亚种与模式亚种的区别：叶绿色；花单生枝顶；花梗长1.2-3.5厘米，萼片长1.2-2.6厘米，宽0.5-1.3厘米，无毛或近顶端疏被毛，花药长3-4毫米；瘦果被柔毛，宿存花柱长2-3.2厘米。花期6-7月。产青海东南部、四川西部及西藏东部，生于海拔2750-3500米山坡或灌丛中。

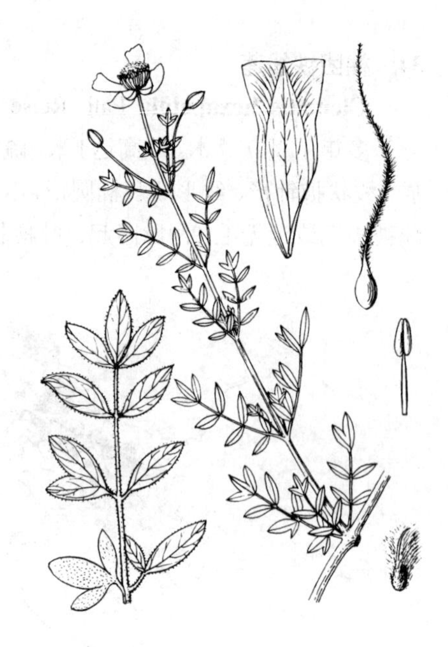

图 844 银叶铁线莲 （引自《中国植物志》）

37. 灌木铁线莲 图 845: 1-6

Clematis fruticosa Turcz. in Bull. Soc. Nat. Mosc. 5: 180. 1832.

直立小灌木。茎高达1米；枝被柔毛。单叶，薄革质，窄披针形或披针形，长1.5-4.5（-6）厘米，先端尖，基部宽楔形或近平截，具小牙齿，羽状浅裂或深裂，两面疏被柔毛，后脱落无毛；叶柄长0.3-1.2厘米。花序顶生并腋生，1-3花；苞片叶状。花梗长0.4-1.3厘米；萼片4，黄色，斜展，椭圆状卵形，长1-2厘米，无毛或疏被毛，边缘被绒毛；雄蕊无毛，花药窄长圆形，长2.5-4毫米，顶端钝。瘦果卵圆形，长约5毫米，被柔毛；宿存花柱长约2.5厘米，羽毛状。花期7-8月。

产内蒙古、河北、山西、陕西北部及甘肃，生于海拔800-2000米灌丛中或山坡。

图 845: 1-6. 灌木铁线莲 7. 灰叶铁线莲 （引自《中国植物志》）

38. 小叶铁线莲 图 846

Clematis nannophylla Maxim. in Bull. Acad. Sci. St. Pétersb. 23: 305. 1877.

直立小灌木。茎高达1米；枝密被柔毛，具浅纵沟。单叶，革质，卵形或披针形，长0.5-1.4（-2）厘米，先端尖，基部楔形或近平截，羽状浅裂至全裂，裂片1-3（4）对，三角形，

窄长圆形或线形，不裂或不等2浅裂，两面疏被柔毛；叶柄长1.5-4厘米。花序顶生，1-3（-7）花；苞片叶状。花梗长0.5-1.3厘米；萼片4，黄色，斜展，长圆形，长0.8-1.6厘米，被柔毛或无毛，边缘被绒毛；雄蕊无毛，花药窄长圆形，长2.2-3毫米，顶端钝或小尖头不明显。瘦果椭圆形，长3-4毫米，被柔毛；宿存花柱长约2厘米，羽毛状。花期7-8月。

产内蒙古、甘肃及青海，生于海拔1200-3200米干旱山坡。

图 846　小叶铁线莲　（张泰利绘）

39. 菝葜叶铁线莲　　图 847

Clematis smilacifolia Wall. in Asiat. Resear. 13: 414. 1820.

Clematis loureiriana auct. non DC.: 中国植物志28: 228. 1980.

木质藤本。枝无毛。单叶，革质，卵形，长8-16.5厘米，先端微钝或尖，基部心形或浅心形，全缘，两面无毛，叶柄长3.5-6厘米。花序腋生，疏花，花序梗长1-11厘米；苞片线形。花梗长4-7厘米，密被柔毛；萼片4-5，蓝紫色，平展，披针状长圆形，长1.6-1.8厘米，被绣色绒毛；雄蕊无毛，花药窄长圆形，长2.5-3毫米，顶端尖头长1-2毫米。瘦果窄卵圆形，长约6毫米，被柔毛；宿存花柱长5-8厘米，羽毛状。花期11-12月。

产广东南部、海南、广西、贵州南部及云南南部，生于海拔980-2300米灌丛或林中，印度、越南、菲律宾及印度尼西亚有分布。

［附］　**滇南铁线莲　Clematis fulvicoma** Rehd. et Wils. in Sarg. Pl. Wilson. 1: 327. 1913. 本种与菝葜叶铁线莲的区别：叶两面网脉隆起；萼片6，内面被褐色短绒毛。产云南南部，生于海拔1000-1550米溪边、林内或灌丛中。越南、泰国、缅甸及印度东北部有分布。

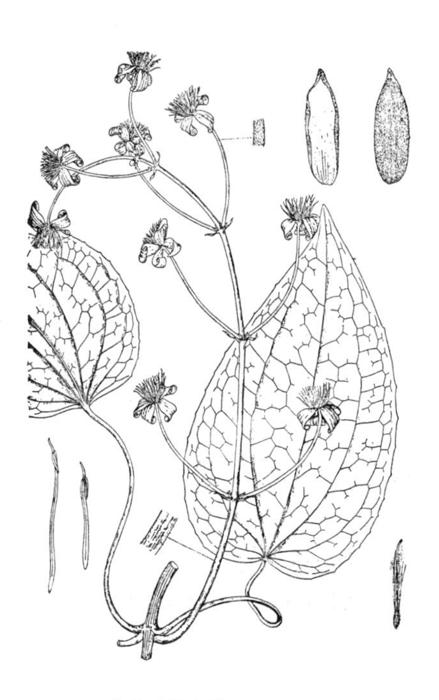

图 847　菝葜叶铁线莲　（引自《Fl. Taiwan》）

40. 长萼铁线莲　　图 848

Clematis tashiroi Maxim. in Bull. Acad. Sci. St. Pétersb. 32: 477. 1888.

木质藤本。枝无毛。羽状复叶或三出复叶，无毛；小叶纸质，卵形或窄卵形，长3-22厘米，先端尖或渐尖，基部圆或近心形，全缘；叶柄长3.5-9.4厘米，基部宽并与对生的叶柄连合。花序腋生，（1-）3-8花，无毛，花序梗长1.5-6厘米；苞片窄卵形。花梗长5.5-12厘米；萼片4-6，暗紫色，

平展，窄长圆形，长1.8-3厘米，被褐色绒毛；雄蕊无毛，花药长2-3.5毫米，顶端尖头长0.5-1毫米。瘦果窄椭圆形，长4-5毫米，疏被柔毛；宿存花柱长4-6厘米，羽毛状。

产台湾，生于海拔2800米以下海岸、溪边、山坡或林缘。日本琉球群岛有分布。

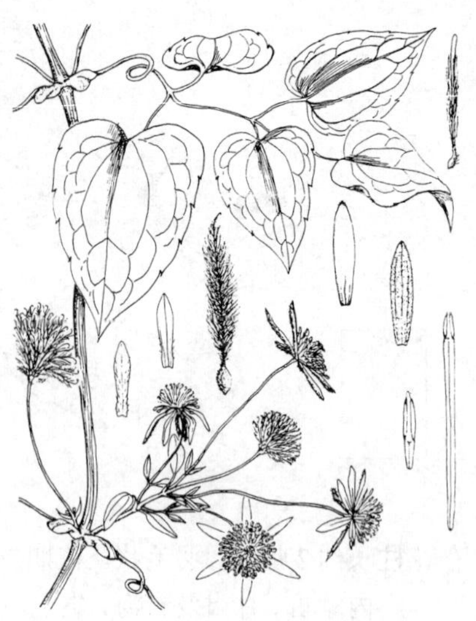

图 848 长萼铁线莲 （陈荣道绘）

41. 丝铁线莲

图 849 彩片 371

Clematis loureiriana DC. Syst. Nat. 1: 144. 1818.

Clematis filamentosa Dunn; 中国植物志 28: 233. 1980.

木质藤本。枝无毛。三出复叶，无毛；小叶纸质，卵形、宽卵形或披针形，长5-11厘米，先端钝，基部近心形、宽楔形或圆，全缘；叶柄长4-13厘米。花序腋生，7-12花，花序梗长0.5-5厘米；苞片线形。花梗长3-8厘米，密被柔毛；萼片4，白色，平展，窄卵形，长1-2厘米，密被柔毛；退化雄蕊窄条形，长1-1.5厘米，无毛，雄蕊长5-8毫米，无毛，花药窄长圆形，长2-2.8毫米，顶端尖头长1.5-3毫米。瘦果窄卵圆形，长0.6-1厘米，被柔毛；宿存花柱长3-5厘米，羽毛状。花期11-12月，果期翌年1-2月。

产广东、香港、海南、广西及福建，生于海拔180-1600米灌丛、林中或溪边。

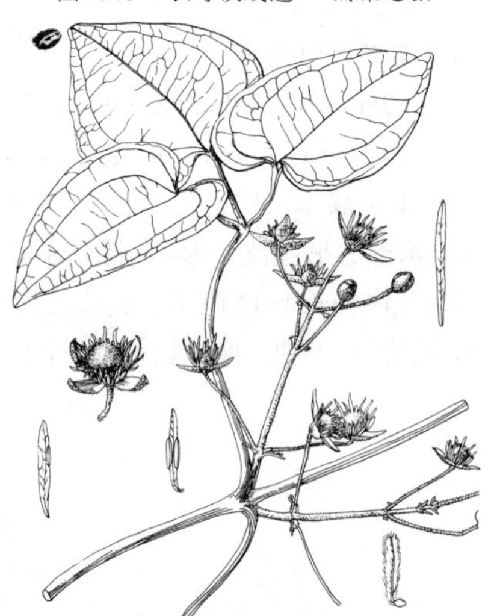

图 849 丝铁线莲 （陈荣道绘）

42. 羽叶铁线莲

图 850

Clematis pinnata Maxim. in Bull. Acad. Sci. St. Pétersb. 22: 216. 1876.

木质藤本。枝被柔毛。羽状复叶具5小叶；叶纸质，卵形或宽卵形，长（2.5-）5-12厘米，先端渐尖，基部圆或浅心形，具牙齿，2-3浅裂或不裂，两面疏被平伏柔毛，下面网脉稀疏、隆起；叶柄长3-11厘米。花序腋生并顶生，具多花，花序梗长3-8厘米；苞片三角形或长椭圆形，有时

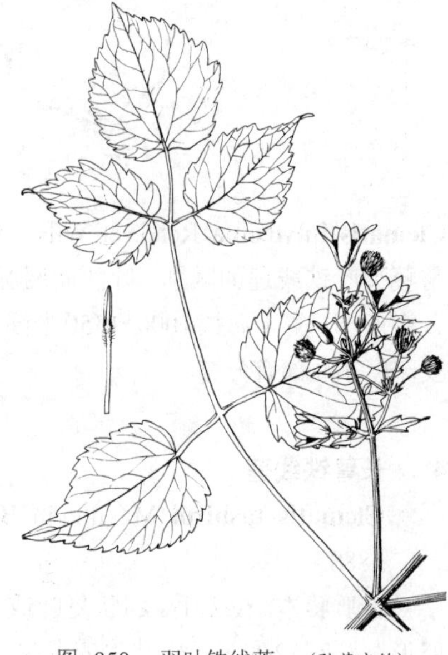

图 850 羽叶铁线莲 （孙英宝绘）

为三出复叶。花梗长0.5-1.8（-3）厘米；萼片4，白色，斜展，倒卵状长圆形，长1.2-1.9厘米，密被柔毛，边缘被绒毛；花丝顶部疏被柔毛，稀无毛，花药线形，长2.5-3毫米，无毛，顶端具极小尖头；子房被柔毛，花柱密被长柔毛。花期7-8月。

产河北，生于海拔700-1200米山坡、灌丛中。

43. 大叶铁线莲 图 851

Clematis heracleifolia DC. Syst. Nat. 1: 138. 1818.

直立亚灌木或多年生草本。茎高达1米，被柔毛。三出复叶；小叶纸质，宽卵形、五角形或近圆形，长2.5-16厘米，先端短渐尖或尖，基部平截、圆或宽楔形，具不等牙齿，常3浅裂，两面被平伏柔毛，下面网脉稀疏、隆起；叶柄长2.5-14厘米。复聚伞花序顶生并腋生，7至多花；苞片宽卵形，3深裂。花梗长0.8-3.5厘米，被柔毛；花杂性；萼片4，蓝或紫色，直立，窄长圆形或匙状长圆形，长1.5-2.4厘米，密被柔毛；花丝顶部疏被毛，花药线形，长3.2-5毫米，疏被毛，顶端具小尖头。瘦果椭圆形，长3-5毫米，被毛；宿存花柱长约2.5厘米，羽毛状。花期8-9月。

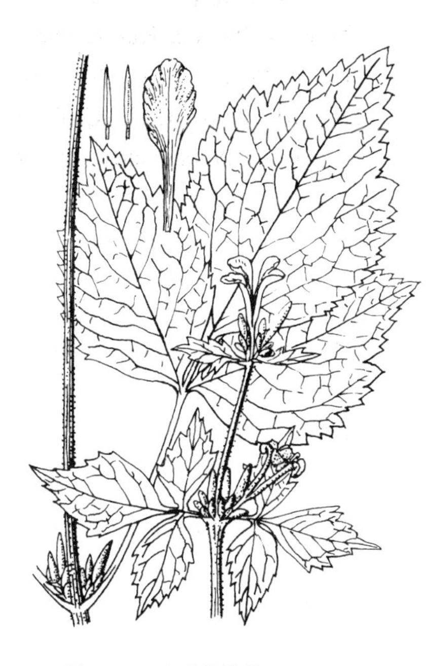

图 851 大叶铁线莲 （王金凤绘）

产吉林、辽宁、内蒙古、河北、山东、山西、河南、陕西、安徽、江苏、浙江西北部、湖南西北部、湖北及贵州，生于海拔300-2000米灌丛中或林缘。朝鲜有分布。

［附］**光蕊铁线莲 Clematis psilandra** Kitagawa in Journ. Jap. Bot. 13: 352. 1937. 本种与大叶铁线莲的区别：小叶厚纸质，上面无毛，花梗长0.7-1厘米，被绒毛。产台湾，生于海拔1000-2500米阳坡。

44. 甘青铁线莲 图 852 彩片 372

Clematis tangutica (Maxim.) Korsh. in Bull. Acad. Sci. St. Pétersb. 9: 399. 1898.

Clematis orientalis Linn. var. *tangutica* Maxim. Fl. Tangut. 3. 1889.

木质藤本，在荒漠地区呈矮小灌木状。枝被柔毛。一至二回羽状复叶；小叶菱状卵形或窄卵形，长1-6厘米，先端尖，具小牙齿，两面脉疏被柔毛；叶柄长2-6厘米。花单生枝顶，或1-3朵组成腋生花序，花序梗长0.3-3厘米；苞片似小叶。花梗长3.5-16.5厘米；萼片4，黄色，具时带紫色，窄卵形或长圆形，长1.5-4厘米，顶端常骤尖，疏被柔毛，边缘被柔毛；花丝被柔毛，花药窄长

图 852 甘青铁线莲 （王金凤绘）

圆形，长2-3毫米，无毛，顶端具不明显小尖头。瘦果菱状倒卵圆形，长约4.5毫米，被毛；宿存花柱长达5厘米。花期6-9月。

产甘肃、新疆、青海、四川西部、西藏及内蒙古，生于海拔1370-4900米草坡、灌丛中或多石砾河岸。

45. 厚萼中印铁线莲 西藏铁线莲 图 853

Clematis tibetana Kuntze var. **vernayi** (C. E. C. Fisch.) W. T. Wang in Acta Phytotax. Sin. 36: 164. 1998.

Clematis vernayi C. E. C. Fisch. in Kew Bull. 1937: 95. 1937.

Clematis tenuifolia auct. non Royle: 中国植物志 28: 140. 1980.

木质藤本。枝被柔毛。二回或一回羽状复叶；小叶纸质，窄卵形、宽披针形或卵形，长1.2-3.5厘米，先端尖，基部宽楔形或楔形，全缘或具1-2小齿，下部2-3裂或不裂，两面疏被毛；叶柄长1.2-6厘米。单花顶生，或1-3朵组成腋生花序。花梗长5-12厘米；萼片4，革质，黄或褐紫色，卵形或长圆形，长1.5-27厘米，无毛或疏被柔毛；花丝被柔毛，花药窄长圆形或长圆形，长2.4-3.5毫米，顶端钝。瘦果窄倒卵圆形，长约5毫米，被毛；宿存花柱长约5厘米，羽毛状。花期5-7月。

产西藏南部及东部，生于海拔2200-4800米山坡、草地或灌丛中。尼泊尔有分布。

图 853 厚萼中印铁线莲 （史渭清绘）

46. 甘川铁线莲 图 854

Clematis akebioides (Maxim.) Veitch, Hardy Pl. West China 9. 1912.

Clematis orientalis Linn. var. *akebioides* Maxim. in Acta Hort. Petrop. 11: 6. 1880.

木质藤本。枝疏被柔毛。一至二回羽状复叶；小叶薄革质，卵形、椭圆或长圆形，长1.2-4厘米，先端钝或微尖，基部宽楔形或圆，具浅钝齿，不裂或2-3浅裂，两面无毛或下面疏被毛，被白粉；叶柄长3-7.8厘米。花序腋生，1-3花，花序梗长0.2-2.4(-3.5)厘米；苞片似小叶。花梗长2.5-7厘米；萼片4，淡绿黄色，有时带紫色，窄卵形，长1.6-2.7厘米，两面无毛，边缘被绒毛；花丝被柔毛，花药窄长圆形，长2-3毫米，无毛。瘦果倒卵圆形，长约3毫米，被毛；宿存花柱长约3厘米，羽毛状。花期7-9月。

图 854 甘川铁线莲 （史渭清绘）

产内蒙古西部、甘肃、青海、四川西部、云南西北部及西藏东部，生于海拔1200-3600米灌丛中、草坡或溪边。

47. 齿叶铁线莲 图 855

Clematis serratifolia Rehd. in Mitt. Deutsch. Dendr. Ges. 248. 1910.

木质藤本。枝被柔毛或无毛。二回羽状复叶；小叶纸质，披针形、窄卵形或卵形，长3-6（-8）厘米，先端渐窄，基部宽楔形或圆，具不等锯齿或小牙齿，两面疏被柔毛；叶柄长3-7.5厘米。花序腋生，1-3花，花序梗长0.5-1.5厘米；苞片线形。花梗长3-7厘米；萼片4，黄色，斜展，长圆形或窄卵形，长1.5-2.5厘米，无毛，内面被柔毛，边缘被绒毛；花丝被柔毛，花药窄长圆形，长1.6-2.6毫米，无毛，顶端具小尖头。瘦果椭圆形，长约3毫米，被毛；宿存花柱长约3毫米，羽毛状。花期8月。

产吉林东北部及辽宁，生于海拔约400米林中、干旱山坡或多石砾河岸。朝鲜、日本北部及俄罗斯远东地区有分布。

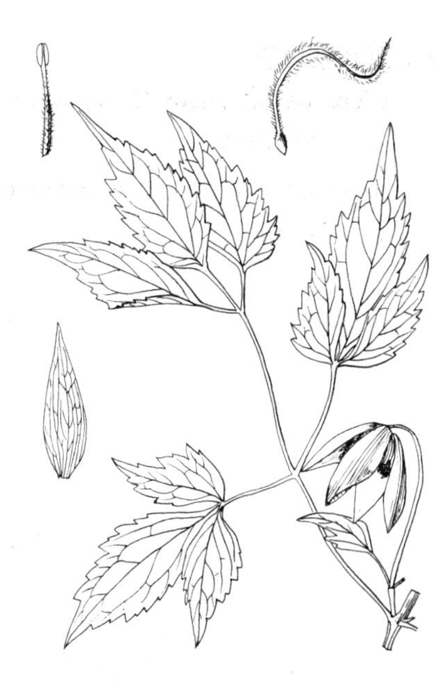

图 855 齿叶铁线莲 （引自《中国植物志》）

48. 黄花铁线莲 图 856 彩片 373

Clematis intricata Bunge in Mém. Acad. Sci. St. Pétersb. Sav. Etr. 2: 75. 1833.

木质藤本。枝疏被柔毛。二回或一回羽状复叶；小叶纸质，稍灰绿色，披针形或线状披针形，稀卵形，长1-4厘米，先端渐窄，基部楔形，全缘或具1-2小齿，不裂或2-3裂，两面疏被柔毛，常脱落无毛；叶柄长1.6-5.5厘米。花序腋生，(1-)3(-5)花，花序梗长0.1-3厘米；苞片披针形。花梗长2-3.8厘米；萼片4，黄色，斜展，窄卵形，长1.2-2.5厘米，两面无毛，边缘被绒毛；花丝被柔毛，花药窄长圆形或线形，长2.5-4毫米，无毛，顶端钝。瘦果椭圆形，长2.5-3.2毫米，被毛；宿存花柱长2.5-4厘米，羽毛状。花期6-7月。

产辽宁、内蒙古、河北、山西、陕西北部、甘肃、青海东部及河南，生于海拔450-2600米山坡或灌丛中。

［附］**东方铁线莲 Clematis orientalis** Linn. Sp. Pl. 543. 1753. 本种与黄花铁线莲的区别：小叶灰绿色，萼片内面被柔毛。产甘肃北部及新疆，生于海拔450-2000米山坡或溪边。

图 856 黄花铁线莲 （冀朝祯绘）

［附］**粉绿铁线莲 Clematis glauca** Willd. Herb. Baumz. 65. t. 4. f. 1. 1796. 本种与黄花铁线莲的区别：小叶蓝绿色，长圆形，两面无毛，萼片内面无毛或上部被柔毛。产青海东部及新疆，生于海拔1000-2600米山坡或灌丛中。哈萨克斯坦、蒙古及俄罗斯西伯利亚有分布。

49. 互叶铁线莲 图 857

Clematis alternata Kitamura et Tamura in Acta Phytotax. Geobot. 15: 129. 1954.

Archiclematis alternata (Kitamura et Tamura) Tamura; 中国植物志 28: 74. 1979.

木质藤本。枝细，被柔毛。单叶互生，纸质，卵形、心形或五角形，长3-7厘米，先端尖或短渐尖，基部心形，具小牙齿，两面密被柔毛；叶柄长2-5.6厘米。花序腋生，1-3花，花序梗长3.4-7厘米；苞片卵形。花梗长2.5-3.8厘米；萼片4，红色，直立，卵状长圆形，长1.8-2.2厘米，密被柔毛；花丝被柔毛，花药线形或窄长圆形，长约4毫米，无毛，顶端钝；子房被柔毛，花柱密被长柔毛。花期7月。

产西藏，生于海拔2200-2500米灌丛中或林缘。尼泊尔有分布。

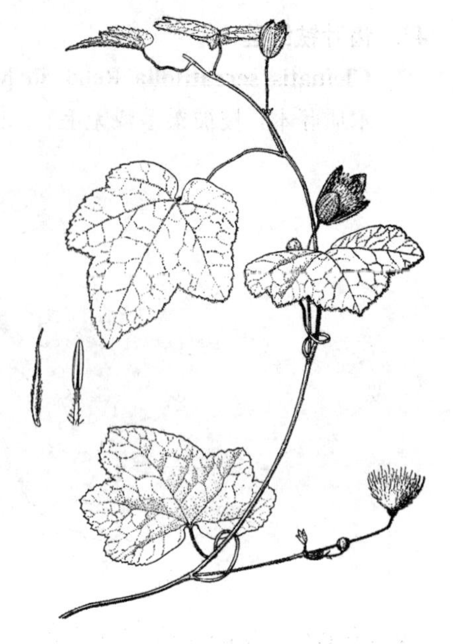

图 857 互叶铁线莲 (陈荣道绘)

50. 单叶铁线莲 图 858

Clematis henryi Oliv. in Hook. Icon. Pl. 9(3): pl. 1819. 1889.

木质藤本。枝疏被柔毛。单叶，纸质，窄卵形或披针形，长5.5-16厘米，先端渐尖或尾尖，基部近心形或圆，具小齿，两面疏被柔毛或上面近无毛；叶柄长2-6.5厘米。花序腋生，1(2-5)花，花序梗长0.4-1.5厘米；苞片钻形，稀披针形。花梗长2-4厘米；萼片4，白色，直立，卵状长圆形或长卵形，长1.4-1.9厘米，近顶端疏被毛；花丝密被长柔毛，花药长圆形，长1.8-3毫米，无毛，顶端钝。瘦果窄圆形，长约3毫米，被毛；宿存花柱长约4厘米，羽毛状。花期10月至翌年2月。

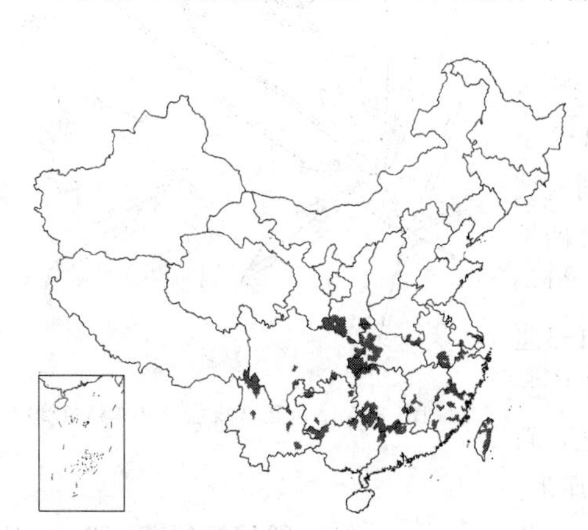

产安徽南部、江苏南部、浙江、台湾、福建、江西、湖北、湖南、广东北部、广西、贵州、云南、四川、陕西南部及河南，生于海拔200-2500米阴坡、溪边、林缘、林内或灌丛中。越南北部有分布。

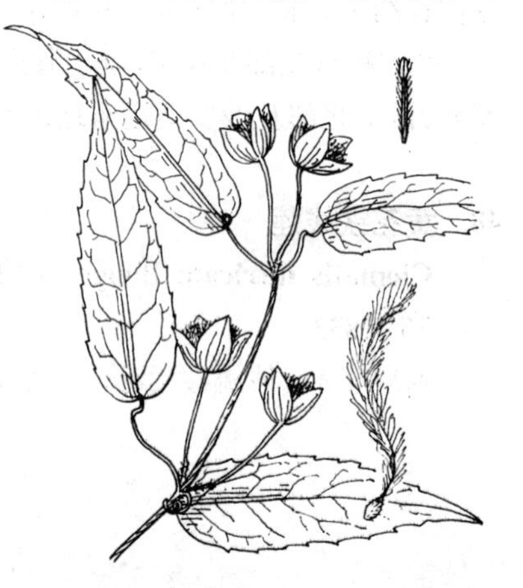

图 858 单叶铁线莲 (冯晋庸绘)

51. 尾叶铁线莲 图 859

Clematis urophylla Franch. in Bull. Soc. Linn. Paris 1: 433. 1884.

图 859 尾叶铁线莲 (冯晋庸绘)

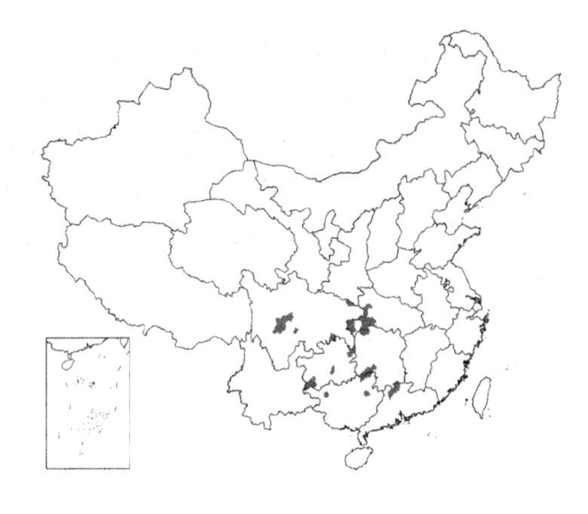

木质藤本。枝被柔毛。三出复叶；小叶纸质，卵形或卵状披针形，长5-10厘米，先端长渐尖或渐尖，基部宽楔形或近心形，具小齿，两面疏被柔毛；叶柄长2.5-6厘米。花序腋生，1-3（-5）花，花序梗长0.3-3.5厘米；苞片钻形或卵形。花梗长1.8-4厘米；萼片4，白色，直立，长圆形，长2-2.8厘米，被短柔毛；雄蕊长0.9-1.6厘米，花丝被长柔毛，花药长圆形，长1.5-3毫米，顶端钝。瘦果纺锤形，长3-4毫米，被毛，宿存花柱长4.5-5厘米，羽毛状。花期11-12月。

产湖北西南部、湖南、广东北部、广西北部、贵州及四川，生山坡、林内或灌丛中。

52. 云南铁线莲 图 860

Clematis yunnanensis Franch. in Bull. Soc. Bot. France 33: 361. 1886.

木质藤本。枝被柔毛。三出复叶；小叶纸质，宽披针形或窄卵形，长5-12厘米，先端渐窄或渐尖，基部圆，具小牙齿，两面疏被柔毛，网脉不明显；叶柄长2-6厘米。花序腋生，1-7花，被毛，花序梗长0.2-3.5厘米；苞片条形。花梗长1-3厘米；萼片4，白或淡黄色，直立，卵状长圆形，长1.2-1.7厘米，密被短柔毛，内面无毛；雄蕊与萼片近等长，花丝密被长柔毛，花药长圆形，长1.5-2毫米，顶端钝。瘦果长椭圆形，长约3毫米，被毛；宿存花柱长达3厘米，羽毛状。花期10-11月。

产四川西南部、西藏东部、云南及广西西部，生于海拔1600-3000米山坡、溪边或林中。

［附］**锡金铁线莲 Clematis sikkimensis**（Hook. f. et Thoms.）Drumm. ex Burkill in Rec. Bot. Surv. Ind. 10: 229. 1925. —— *Clematis acuminata* DC. var. *sikkimensis* Hook. f. et Thoms. in Hook. f. Fl. Brit. Ind. 1: 6. 1872. 本种与云南铁线莲的区别：小叶卵形或窄卵形，上面基部疏被毛，下面无毛，两面网脉隆起；花序具8至多花，无毛。产云南中部及西部，生于海拔约2400米溪边。印度东北部及不丹有分布。

图 860 云南铁线莲 （引自《中国植物志》）

53. 锈毛铁线莲 图 861

Clematis leschenaultiana DC. Syst. Nat. 1: 151. 1818.

木质藤本。枝密被柔毛。三出复叶；小叶纸质，卵形、窄卵形或卵状披针形，长5-11厘米，先端渐尖，基部圆或宽楔形，具小牙齿，上面疏被、下面密被柔毛；叶柄长3.5-11厘米。花序腋生，3-10花，花序梗长0.8-7厘米，与花梗及叶柄均被绣色绒毛；苞片披针形或为三出复叶。花梗长2-5厘米，密被褐色短绒毛；花丝被长柔毛，花药窄长圆形，长2.5-3.5毫米，无毛，顶

图 861 锈毛铁线莲 （王金凤绘）

端钝。瘦果近纺锤形，长4.5-6毫米，被毛；宿存花柱长3-4厘米。花期1-2月。

产台湾、福建、江西、湖北、湖南、广东、广西、贵州、四川及云南，生于海拔500-1200米山坡或灌丛中。越南、菲律宾、印度尼西亚有分布。

［附］**莓叶铁线莲 Clematis rubifolia** C. H. Wright in Kew Bull. 1896: 21. 1896. 本种与锈毛铁线莲的区别：花序梗、花梗及叶柄密被淡黄色毛，花药背面疏被毛。产贵州南部、云南及广西西部，生于海拔800-2000米山坡、林缘或溪边。

54. 毛木通 图 862

Clematis buchananiana DC. Syst. Nat. 1: 140. 1818.

木质藤本。枝密被柔毛。羽状复叶具5小叶，纸质，宽卵形、卵形或椭圆形，长4-11厘米，先端尖或渐尖，基部近心形或圆，具小牙齿或牙齿，上面疏被柔毛，下面密被柔毛；叶柄长4.5-9厘米，基部粗与对生的叶柄基部连合。花序腋生，多花，花序梗长2-20厘米，与花梗密被柔毛；苞片叶状或为单叶。花梗长1-3.5厘米；萼片4，黄色，直立，披针状长圆形，长2-3厘米，密被柔毛；花丝被柔毛，花药窄长圆形或线形，长2.6-5毫米，顶端钝。瘦果菱状椭圆形，长3-5毫米，被毛；宿存花柱长3.5-5厘米，羽毛状。花期8-12月。

图 862 毛木通 （引自《中国植物志》）

产四川西南部、贵州西南部、云南、西藏南部及广西，生于海拔1200-2800米林缘、灌丛中或溪边。不丹、尼泊尔及印度北部有分布。

55. 曲柄铁线莲 图 863

Clematis repens Finet et Gagnep. in Bull. Soc. Bot. France 50: 548. 1903.

近木质藤本。枝细，无毛或疏被毛。单叶，有时兼具三出复叶；小叶纸质，卵形或卵状长圆形，长3-10厘米，先端渐尖，基部浅心形、圆或宽楔形，疏生牙齿，不裂或3裂，两面无毛；叶柄长1-5.5厘米。花序腋生，1花，无毛，花序梗长0.7-3.2厘米；苞片线形。花梗长2.5-8厘米；萼片4，淡黄色，直立，卵状长圆形，长1.2-2.5厘米，无毛；花丝密被柔毛，花药窄长圆形，长2-4毫米，背

图 863 曲柄铁线莲 （陈荣道绘）

面被柔毛，顶端具极小尖头。瘦果窄椭圆形，长2.5-4毫米，被毛；宿存花柱长3-5.5厘米，羽毛状。花期7-8月。

产四川、湖北、湖南、贵州、云南、广西北部及广东北部，生于海拔1300-2500米林内、石缝或溪边。

［附］贵州铁线莲 **Clematis kweichowensis** Péi in Contr. Biol. Lab. Sci. Soc. China, Bot. 9: 305. 1934. 本种与曲柄铁线莲的区别：单叶，纸质或亚革质，基部宽楔形，全缘。产湖北西部、四川南部、贵州西部及云南东北部，生于海拔800-2100米林中。

56. 华中铁线莲 图 864

Clematis pseudootophora M. Y. Fang, Fl. Reipubl. Popul. Sin. 28: 355, pl. 37. 1980.

近木质藤本。枝细，无毛。三出复叶，无毛；小叶纸质，长圆状披针形或窄卵形，长4-11厘米，先端渐窄或渐尖，基部圆或宽楔形，疏生齿或全缘；叶柄长4-7.8厘米。花序腋生，1-3花，无毛，花序梗长2-7厘米；苞片披针形。花梗长1-4厘米，无毛；萼片4，淡黄色，直立，卵状长圆形，长2.5-3厘米，无毛；花丝密被柔毛，花药线形，长3.5-4.2毫米，背面被毛，顶端具长0.4-0.6毫米尖头。瘦果窄倒卵圆形，长约5毫米，被毛；宿存花柱长4-5厘米，羽毛状。花期8-9月。

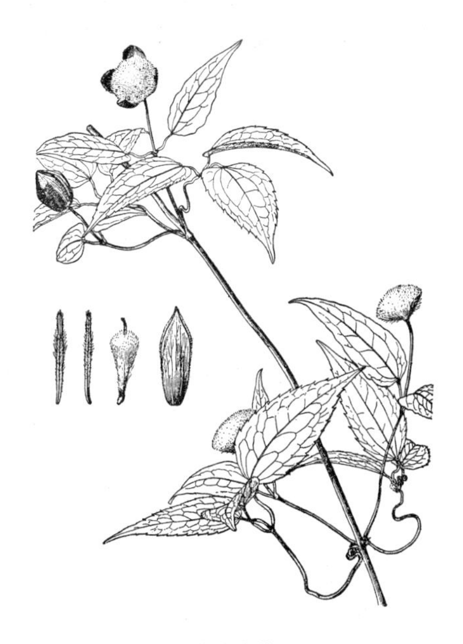

图 864 华中铁线莲 （陈荣道绘）

产浙江、福建北部、江西西部、湖北西南部、湖南、贵州东北部及广西北部，生于海拔1300-1800米溪边、林内或灌丛中。

［附］宽柄铁线莲 **Clematis otophora** Franch. ex Finet et Gagnep. in Bull. Soc. Bot. France 50: 548. pl. 17a. 1903. 本种与华中铁线莲的区别：对生叶的叶柄基部宽连成盘状，小叶上面疏被毛，花药顶端小尖头长0.1-0.2毫米。产四川东部、湖北西部及湖南西北部，生于海拔1200-2000米林缘、灌丛中或林内。

57. 长花铁线莲 图 865

Clematis rehderiana Craib in Kew Bull. 1914: 150. 1914.

木质藤本。枝疏被毛。二回或一回羽状复叶；小叶5-9，纸质，卵形或五角状卵形，长3.5-7厘米，先端渐尖或尾状，基部心形、平截或宽楔形，具牙齿，3浅裂或3深裂，两面被平伏绢状柔毛；叶柄长3-6厘米。花序腋生，4至多花，花序梗长7-13厘米；苞片卵形。花梗长0.3-2.8厘米，密被柔毛；萼片4，淡黄色，直立，长圆形，长1.4-1.9厘米，密被柔毛；花丝被柔毛，花药窄长

图 865 长花铁线莲 （张春方绘）

圆形，长1.8-3毫米，无毛或背面疏被毛，顶端钝。瘦果卵圆形，长3-4毫米，被毛；宿存花柱长2-2.5厘米，羽毛状。花期7-8月。

产青海东部、四川西部、云南西北部及西藏，生于海拔2000-3500米山坡、灌丛中或溪边。尼泊尔有分布。

58. 合柄铁线莲

图866 彩片374

Clematis connata DC. Prodr. 1: 4. 1824.

木质藤本。枝无毛。羽状复叶具5小叶；小叶纸质，卵形，长4-12厘米，先端尾尖或渐尖，基部心形，具牙齿，不裂，上面近无毛，下面脉疏被毛，被白粉；叶柄长3-8厘米，基部宽与对生叶柄连成盘状。花序腋生，11至多花，花序梗长2.5-4厘米；苞片窄卵形。花梗长1.5-4厘米；萼片4，淡黄色，直立，长圆形，长1.6-2.2厘米，被平伏柔毛；花丝密被柔毛，花药窄长圆形，长约3毫米，无毛，顶端钝。瘦果卵圆形，长约4毫米，被毛；宿存花柱长约4厘米，羽毛状。花期9月。

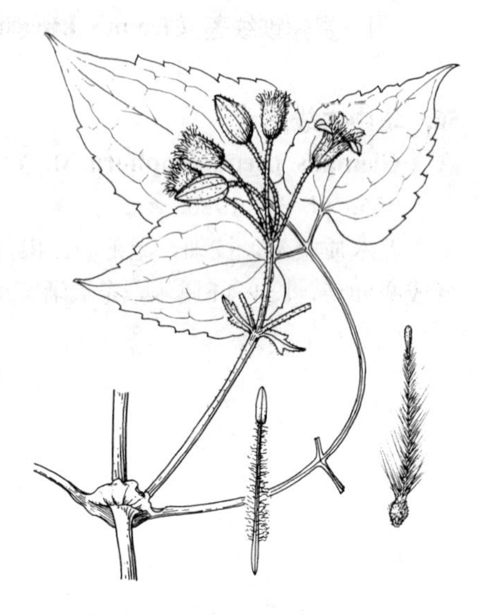

图 866 合柄铁线莲 （张春方绘）

产西藏南部、云南西北部及四川西南部，生于海拔2000-3400米江边、山沟的云杉林下及杂木林中。

［附］**杯柄铁线莲 Clematis connata** var. **trullifera** (Franch.) W. T. Wang in Acta Phytotax. Sin. 36: 170. 1998. ——*Clematis buchananiana* DC. var. *trullifera* Franch. Pl. Delav. 3. 1889. —— *Clematis trullifera* (Franch.) Finet et Gagnep.；中国植物志28: 110. 1980. 本变种与模式变种的区别：小叶下面密被柔毛，常3裂，花药背面被毛。产四川西部、贵州西部及云南北部，生于海拔2000-2800米灌丛中、溪边或林内。

［附］**川藏铁线莲 Clematis connata** var. **bipinnata** M. Y. Fang, Fl. Reipubl. Popul. Sin. 28: 354. pl. 30. f. 1-5. 1980. 本变种与模式变种的区别：二回羽状复叶，小叶基部平截或宽楔形，花药背面被毛。产四川西南部及西藏南部，生于海拔2900-3000米林中。

59. 毛蕊铁线莲

图867

Clematis lasiandra Maxim. in Bull. Acad. Sci. St. Pétersb. 22: 213. 1876.

多年生草质藤本。枝无毛或疏被毛。二回羽状复叶或二回三出复叶；小叶草质或薄纸质，窄卵形或卵形，长2-6.5厘米，先端长渐尖或渐尖，基部宽楔形或圆，具齿，两面疏被毛或下面无毛；叶柄长2-6厘米，基部宽与对生叶柄基部连合。花序腋生并顶生，1-9花，花序梗长1-6厘米；苞片为三出复叶或单

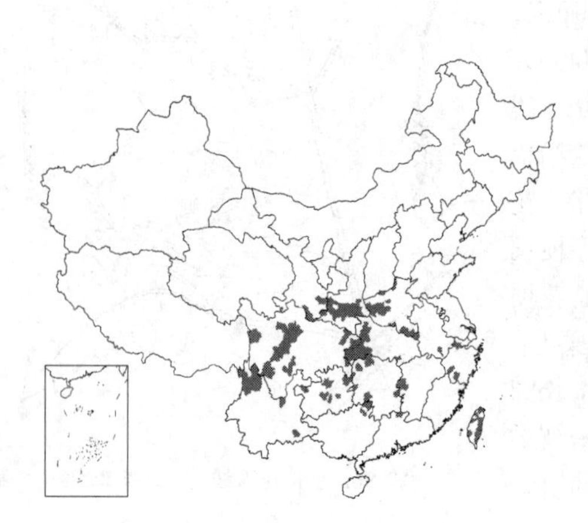

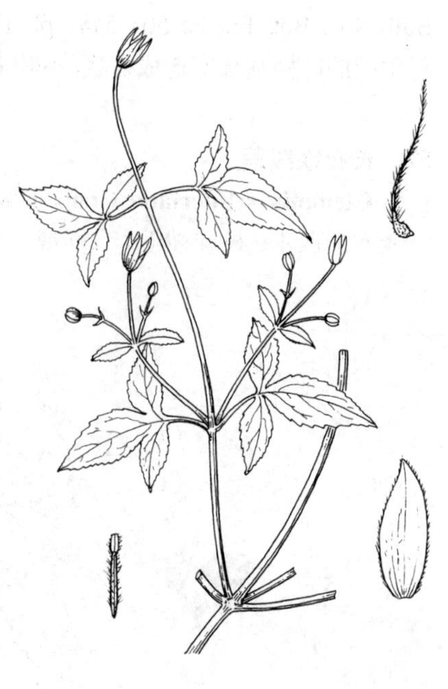

图 867 毛蕊铁线莲 （张春方绘）

叶。花梗长1.5-3.5厘米；萼片4，紫红色，直立，长圆形，长1-1.7厘米，无毛；花丝密被柔毛，花药窄长圆形，长2-3毫米，无毛，顶端钝。瘦果窄椭圆形，长约3毫米，被毛；宿存花柱长2-3厘米，羽毛状。花期8-10月。

产浙江、台湾、江西、安徽、湖北、湖南、广西北部、云南、贵州、四川、甘肃南部、陕西南部及河南，生于海拔500-2800米山坡、灌丛中或溪边。日本有分布。

60. 芹叶铁线莲 图868 彩片375

Clematis aethusifolia Turcz. in Bull. Soc. Nat. Mosc. 5: 181. 1832.

多年生草质藤本。枝疏被毛或近无毛。二至四回羽状全裂；羽片4-5对，三角形，纸质，小裂片线形，窄长圆形或窄三角形，长1-5毫米，先端钝或圆，全缘或具1小齿，两面无毛或下面疏被毛；叶柄长0.6-2.4厘米。花序腋生并顶生，1-5花，花序梗长1-9.5厘米；苞片叶状。花梗长3-9厘米；萼片4，淡黄色，直立，披针状长圆形或倒披针状长圆形，长1.2-2厘米，两面近无毛；花丝疏被柔毛，花药长圆形，长1.8-2.2毫米，无毛，顶端钝。瘦果宽椭圆形，长3-4毫米，被毛；宿存花柱长1.6-2.7厘米，羽毛状。花期7-8月。

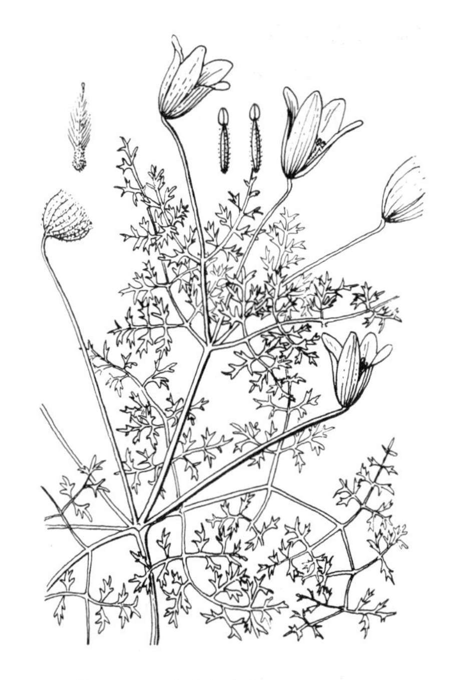

图 868 芹叶铁线莲 （冀朝祯绘）

产内蒙古、河北、山西、陕西北部、甘肃及青海，生于海拔200-3000米山坡、溪边或灌丛中。蒙古及俄罗斯西伯利亚有分布。

61. 毛茛铁线莲 图869

Clematis ranunculoides Franch. in Bull. Soc. Bot. France 33: 360. 1886.

多年生草质藤本。茎枝被毛，具纵沟及4-6锐纵棱。基生叶具长柄，为一回三出复叶或单叶，下部茎生叶为一回三出或羽状复叶，上部茎生叶为一回羽状或二回或一回三出复叶；小叶或叶片纸质，宽卵形、五角形、卵形或菱形，长1.5-7厘米，先端渐尖，基部宽楔形或近心形，具不等齿，常3裂，两面疏被柔毛；叶柄长4-11厘米。腋生花序具1-3花，顶生花序3-7花，花序梗长0.1-1（-3.5）厘米；苞片卵形或线形。花梗长0.6-5厘米；萼片4，紫红色，稀白色，直立，长圆形，长0.7-1.4厘米，疏被毛，具2-3窄纵翅；花丝被长柔毛，花药窄长圆形，长1.2-2毫米，无毛，顶端钝。瘦果窄椭圆形，长约3毫米，被毛；宿存花柱长1.5-2.5厘米，羽毛状。花期8-10月。

图 869 毛茛铁线莲 （冯晋庸绘）

产四川西南部、云南中部及西北部、贵州西部、广西西北部，生于海拔500-3000米山坡、溪边、灌丛中或林内。

［附］元江铁线莲 **Clematis yuanjiangensis** W. T. Wang in Acta Phytotax. Sin. 31：224. f. 3. 1993. 本种与毛茛铁线莲的区别：一回三出复叶，小叶革质，长圆形或窄卵形，基部宽楔形，具小齿或全缘，不裂。产贵州西部、云南南部，生于海拔480-1200米草坡或灌丛中。

62. 须蕊铁线莲 图 870 彩片 376

Clematis pogonandra Maxim. in Acta Hort. Petrop. 11：8. 1890.

亚木质藤本。枝近无毛。三出复叶；小叶纸质，卵状披针形或长圆形，长3.5-10厘米，先端渐尖或长渐尖，基部圆或浅心形，全缘，稀具1-3小齿，两面无毛或近无毛，下面被白粉；叶柄长2-6厘米。单花腋生。花梗长3-10厘米；萼片4，淡黄色，直立，卵状长圆形，长2.2-2.9厘米，无毛；花丝上部被柔毛，花药窄长圆形，长约4毫米，背面密被柔毛，顶端具小尖头。瘦果窄倒卵圆形，长4-5毫米，被毛；宿存花柱长约2.5厘米。花期6-7月。

产甘肃南部、陕西南部、四川、湖北西部及湖南西北部，生于海拔1900-3400米林缘或灌丛中。

图 870 须蕊铁线莲 （陈荣道绘）

63. 西南铁线莲 图 871 彩片 377

Clematis pseudopogonandra Finet et Gagnep. in Bull. Soc. Bot. France 50：549. pl. 17B. 1903.

木质藤本。枝疏被毛。二回三出复叶与1-3花自老枝腋芽中生出；小叶纸质，卵形或宽卵形，长1.2-4厘米，先端尖或长渐尖，基部圆或宽楔形，疏生牙齿或全缘，3浅裂或不裂，两面疏被柔毛；叶柄长1.4-6.5厘米。花径约3厘米。花梗长3.5-6.5厘米；萼片4，紫红色，直上斜展，近革质，宽披针形或长圆形，长2.2-4厘米，两面被柔毛；花丝上部密被长柔毛，花药长圆形，长2.5-3毫米，背面密被毛，顶端钝。瘦果宽卵圆形，长3-5毫米，被毛；宿存花柱长约3.5厘米，羽毛状。花期6-7月。

产四川西部、云南西北部及西藏东部，生于海拔2700-4300米溪边、林内或灌丛中。

图 871 西南铁线莲 （孙英宝绘）

64. 全缘铁线莲 图 872

Clematis integrifolia Linn. Sp. Pl. 544. 1753.

直立亚灌木或多年生草本。茎高达1.5米，被柔毛，常不分枝。单叶，

无柄，纸质，宽卵形或卵形，长4-14厘米，先端尖或渐尖，基部圆或宽楔形，全缘，两面无毛。花单生茎端，下垂。萼片4，紫或蓝色，直立，长圆状披针形，长3-4.5厘米，两面无毛；花丝上部被毛，花药线形，长4.2-5毫米，背面密被毛，顶端具小尖头。瘦果窄倒卵圆形，长0.6-1厘米，被毛；宿存花柱长4-5厘米，羽毛状。花期6-7月。

产新疆北部，生于海拔1200-2000米草坡、河岸或灌丛中。

图 872 全缘铁线莲 （陈荣道绘）

65. 褐毛铁线莲 图 873

Clematis fusca Tuscz. in Bull. Soc. Nat. Mosc. 14: 60. 1840.

多年生草质藤本。茎被柔毛。羽状复叶具（5-）7（-9）小叶；小叶纸质，卵形或宽卵形，长2-9厘米，先端渐尖或尖，基部圆或近心形，全缘，不裂或2-3浅裂，两面疏被柔毛或近无毛，顶生小叶成卷须；叶柄长2.5-4.5厘米。花序腋生，1花；花序梗近无或长1-3厘米；苞片卵形或椭圆形，长0.7-1.8厘米。花梗长6-8毫米，下弯；萼片4，褐紫色，卵状长圆形，长约1.8厘米，被柔毛；花丝及花药密被长柔毛，花药具小尖头。瘦果宽椭圆形，长约6毫米，疏被柔毛，宿存花柱长约3厘米。花期6-7月。

产黑龙江、吉林、辽宁、内蒙古东部、河北东北部及山东东部，生于海拔500-1000米山坡或林内。朝鲜、俄罗斯远东地区及日本有分布。

［附］**紫花铁线莲 Clematis fusca** var. **violacea** Maxim. Prim. Fl. Amur. 11. 1859. 本变种与模式变种的区别：萼片红紫色，无毛或近无毛。产黑龙江及吉林东南部，生于林内或灌丛中。朝鲜、俄罗斯远东地区有分布。

图 873 褐毛铁线莲 （引自《中国植物志》）

66. 朝鲜铁线莲 图 874

Clematis koreana Kom. in Acta Hort. Petrop. 18: 438. 1901.

木质藤本。枝无毛，具不明显6纵棱。芽鳞纸质，披针形或窄卵形，长1-2厘米。一回三出复叶与1花自老枝腋芽生出；小叶纸质，宽卵形、卵形或近圆形，长5-9厘米，先端渐尖，基部近心形，具牙齿，两面疏被柔毛；叶柄长4-7厘米。花单生，径约3.5厘米。花梗长5-11厘米；萼片4，淡黄

或带粉红色，斜展，长圆形，长1.7-2厘米，两面被柔毛；退化雄蕊线状匙形，长1.5-1.8厘米，被柔毛；雄蕊长1-1.4厘米，花丝被柔毛，花药窄长圆形，长约2.5毫米，背面密被毛，顶端钝。瘦果窄倒卵圆形，长4-5毫米，被毛；宿存花柱长4.5厘米，羽毛状。花期5-6月。

产吉林东部及辽宁东部，生于海拔1000-1900米林内或灌丛中。朝鲜有分布。

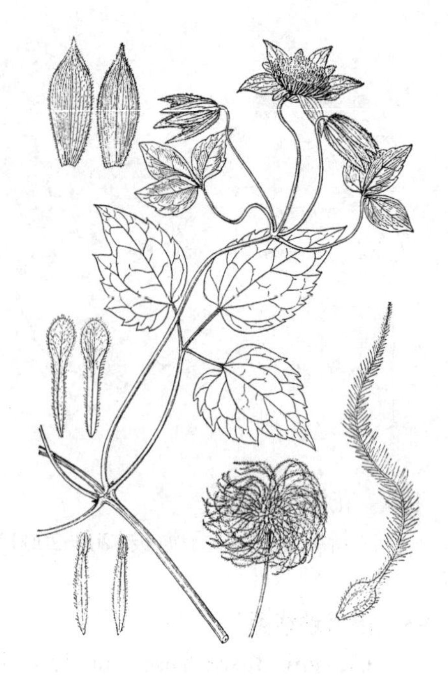

图 874 朝鲜铁线莲 （史渭清绘）

67. 西伯利亚铁线莲 图 875

Clematis sibirica Mill. Gard. Dict. ed. 8, 12. 1768.

木质藤本。枝无毛，具不明显4-6纵棱；芽鳞三角形，长0.4-1.8厘米。二回三出复叶与1花自老枝腋芽中生出；小叶草质或薄纸质，卵形或披针形，长2-7厘米，先端渐尖或尖，基部宽楔形或圆，具锯齿或小牙齿，两面疏被毛或上面无毛；叶柄长3-6.5厘米。花单生，径约4.5厘米。花梗长7-10厘米；萼片4，黄或白色，斜展，窄长圆形、长圆形或窄倒卵形，长3-4.5厘米，两面被柔毛；退化雄蕊线状匙形，长约萼片之半；雄蕊长1-1.4厘米，花丝被柔毛，花药窄长圆形，长2-3.2毫米，背面被毛。瘦果倒卵圆形，长4-5毫米，被毛；宿存花柱长2-5-4.5厘米，羽毛状。花期6-7月。

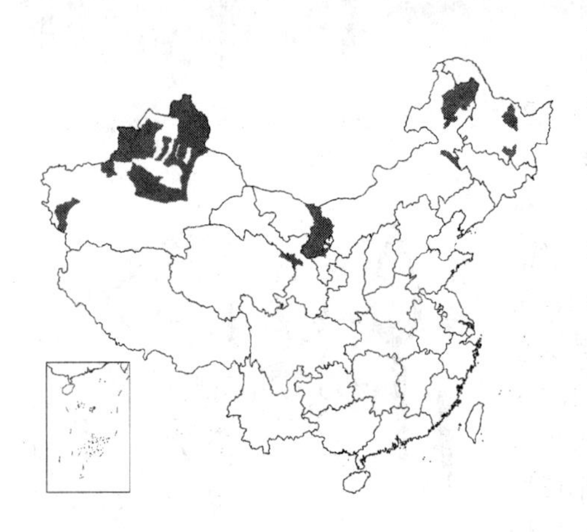

产黑龙江、内蒙古、宁夏、新疆、青海东北部及甘肃中部，生于海拔1200-2000米林中或林缘。蒙古、俄罗斯、欧洲北部有分布。

[附] **半钟铁线莲 Clematis sibirica** var. **ochotensis** (Pall.) S. H. Li et Y. H. Huang, Fl. Pl. Herb. Chinae Bor.-Orient. 3: 179. 1975. —— *Atragene ochotensis* Pall. Fl. Ross. 1: 69. 1784. 本种与模式变种的区别：萼片紫或蓝色。产黑龙江、吉林、内蒙古、河北北部及山西北部，生于海拔600-1200米林内、灌丛中或林缘。俄罗斯远东地区及西伯利亚有分布。

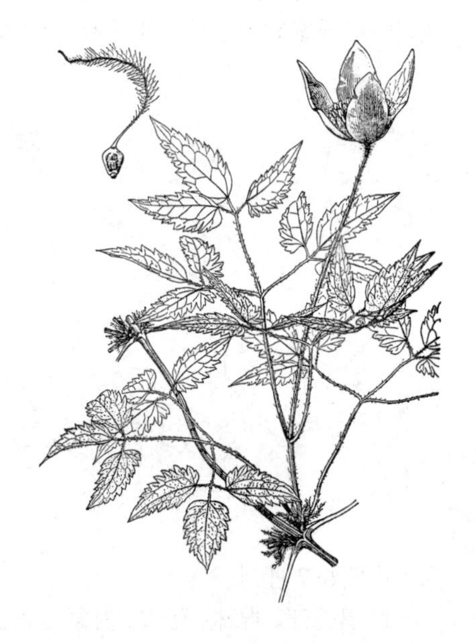

图 875 西伯利亚铁线莲 （陈荣道绘）

68. 长瓣铁线莲 图 876 彩片 378

Clematis macropetala Ledeb. Icon. Pl. Ross. 1: 5. t. 2. 1829.

木质藤本。枝无毛，或疏被毛，具4-6纵棱；芽鳞三角形，长0.2-1.8厘米。二回三出复叶与1花自老枝腋芽中生出；小叶纸质，窄卵形、披针形或卵形，长2-5厘米，先端渐尖，基部宽楔形或圆，具锯齿，不裂或2-3裂，两面疏被毛；叶柄长3-5.5厘米。花单生，径3-6厘米。花梗长8-13厘米；萼片4，蓝或紫色，斜展，斜卵形，长3-4厘米，密被柔毛；退化雄蕊窄披针形，有时内层的线状匙形，与萼片近等长，被柔毛，雄蕊长1-1.4厘米，花丝被柔毛，花药窄长圆形或线形，长2.5-4毫米，背面被毛，顶端钝。瘦果倒卵圆形，长约4毫米，疏被毛；宿存花柱长3.5-4厘米，羽毛状。

产内蒙古、辽宁、河北、山西、陕西、宁夏、甘肃及青海东部，生于海

拔2000-2600米山坡、多石处或林中。蒙古、俄罗斯远东地区有分布。

图 876 长瓣铁线莲 （张泰利绘）

31. 锡兰莲属 Naravelia DC.

（王 筝）

木质藤本。茎生叶对生；羽状复叶，顶端3小叶变态成3卷须，基部具2小叶。圆锥花序顶生或腋生。萼片4-5；花瓣6-12，线形或棒状，较萼片长；雄蕊多数，无毛，花药内向；心皮多数，被毛，每心皮1垂悬胚珠。瘦果窄长，具短柄，羽毛状花柱宿存。

约9种，分布于亚洲南部及东南部热带地区。我国1种1变种，产广东、广西及云南。

1. 小叶宽卵形或近圆形；花瓣顶端球形 ……… **两广锡兰莲 N. pilulifera**
1. 小叶常心形；花瓣顶端棒状，匙形 ……………………………………………… （附）. **云南锡兰莲 N. pilulifera** var. **yunnanensis**

两广锡兰莲 图 877

Naravelia pilulifera Hance in Journ. Bot. 6: 111. 1868.

木质藤本，长达3米，攀援树上。茎圆柱形，具纵沟纹，被柔毛或近无毛。小叶纸质，宽卵形、卵形或椭圆状卵形，长5-11厘米，先端短渐尖，基部圆或微心形，全缘，两面疏被柔毛或近无毛。圆锥花序腋生，长达16厘米，被柔毛。花梗长1-1.5厘米；萼片4，卵形或椭圆形，长5-7毫米，被平伏柔毛，内面无毛，边缘密被绒毛；花瓣8-12，长6-7.5毫米，淡绿色，顶端球形，下部丝状，无毛；雄蕊长3-4毫米，无毛，花丝基部稍宽，顶端药隔钝尖；心皮与雄蕊近等长，被绢状毛，花柱长约3毫米。瘦果纺锤形，长5毫米，疏被柔毛，宿存羽毛状花柱长约2厘米。花期9月。

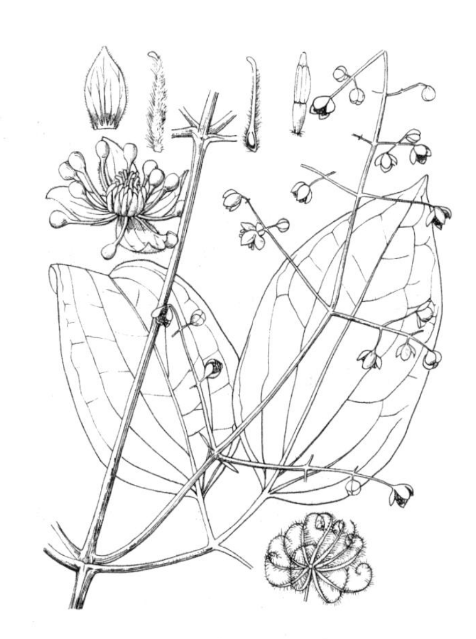

图 877 两广锡兰莲 （引自《海南植物志》）

产广东、海南及广西，生于海拔约300米山坡、溪边、疏林中。

［附］**云南锡兰莲 Naravelia pilulifera** var. **yunnanensis** Y. Fei in Acta Bot. Yunn. 19(4): 406. 1997. —— *Naravelia zeylanica* auct. non (Linn.) DC.: 中国高等植物图鉴1: 753. 1972; 中国植物志28: 238. 1980. 本种与模式变种的区别：小叶常心形；花瓣顶端棒状、匙形。产云南南部，生于海拔800-1200米山坡林下或旷地。

32. 独叶草属 Kingdonia Balf. f. et W. W. Smith

（王 筝）

多年生小草本，无毛。根茎细长，自顶芽生出1叶及1花葶。叶基生；叶心状圆形，宽3.5-7厘米，掌状五全裂，中、侧裂片3浅裂，最下裂片不等2深裂，顶部具小牙齿，下面粉绿色，叶脉二叉状分枝；叶柄长5-11厘米。花葶高达12厘米；花单生葶端，两性，径约8毫米。萼片（4）5-6（7），淡绿色，卵形，长5-7.5毫米；无花瓣；退化雄蕊8-11（-13），圆柱状，顶端头状膨大；雄蕊（3-）5-8，花药椭圆形，花丝线形，具1纵脉；心皮3-7（-

9），子房具1垂悬胚珠，花柱钻形，与子房近等长。瘦果扁，窄倒披针形，长1-1.3厘米，宿存花柱长3.5-4毫米，向下反曲。

特产单种属。

独叶草 图878 彩片379

Kingdonia uniflora Balf. f. et W. W. Smith in Notes. Roy. Bot. Gard. Edinb. 8: 191. 1914.

形态特征同属。花期5-6月。

产云南西北部、四川西部、甘肃南部及陕西南部，生于海拔2750-3900米山地冷杉林下或杜鹃灌丛中。

图 878 独叶草 （冀朝祯绘）

33. 美花草属 Callianthemum C. A. Mey.

（王文采）

多年生草本。根茎粗壮。茎少叶或无叶。叶基生并茎生，或近全基生，一至三回羽状复叶。单花顶生，两性，辐射对称。萼片5，脱落；花瓣5-16，白、淡紫或黄色，基部橙黄色，具短爪，爪端具蜜槽；雄蕊多数，花丝披针状线形，花药长圆形；心皮多数，生于隆起花托上，子房具1下垂胚珠。聚合果近球形；瘦果卵圆形，常皱，宿存花柱短。

约12种，分布于亚洲及欧洲温带地区。我国6种。

1. 茎生叶2-3。
  2. 花瓣倒卵形或宽倒卵形，宽0.9-1.4厘米 ······ 1. **厚叶美花草 C. alatavicum**
  2. 花瓣线状倒披针形或倒卵状长圆形。
    3. 花瓣9-13；茎高8厘米以上。
      4. 叶长6-13厘米，小裂片窄卵形或披针状线形 ······ 1(附). **薄叶美花草 C. angustifolium**
      4. 叶长达6厘米，小裂片倒卵形或楔状倒卵形 ······ 1(附). **太白美花草 C. taipaicum**
    3. 花瓣5-7；茎高3-7厘米 ······ 2. **美花草 C. pimpinelloides**
1. 茎无叶或近基部具1-2叶。
  5. 花瓣淡黄色，线形，先端窄 ······ 2(附). **楔裂美花草 C. cuneilobum**
  5. 花瓣白、粉红或淡紫色，线状倒披针形或宽线形，先端圆或平截。
    6. 花径0.8-1.4(-2)厘米；花瓣5-7；宿存花柱长0.2-0.5毫米 ······ 2. **美花草 C. pimpinelloides**
    6. 花径2.3-2.6厘米；花瓣8-9；宿存花柱长1毫米 ······ 2(附). **甘南美花草 C. farreri**

1. 厚叶美花草 图879

Callianthemum alatavicum Freyn in Bull. Herb. Boiss. 6: 882. 1898.

植株无毛。茎渐升或近直立，长达18厘米。基生叶3-4，具柄，三回羽状复叶；叶亚革质，窄卵形或卵状窄长圆形，长3.7-8.8厘米，羽片4-5对，小裂片楔状倒卵形；茎生叶2-3。花径1.7-2.5厘米。萼片椭圆形，长0.7-1厘米；花瓣5-7，白色，基部橙色，倒卵形或宽倒卵形，长0.9-1.4厘米；雄蕊长约花瓣之半。聚合果近球形，长3.5-4毫米。花期5-6月。

产新疆北部及东部，生于海拔2650-3400米草坡或山谷。哈萨克斯坦有分布。

［附］**薄叶美花草 Callianthemum angustifolium** Witasek in Verh. Zool. Bot. Gesell. Wien 49: 336. 1899. 本种与厚叶美花草的区别：叶草质，长达13厘米，小裂片窄卵形或披针状线形；花瓣11，倒卵状长圆形。产新疆北部，生于海拔约2200米山地落叶林中。蒙古及俄罗斯西伯利亚有分布。

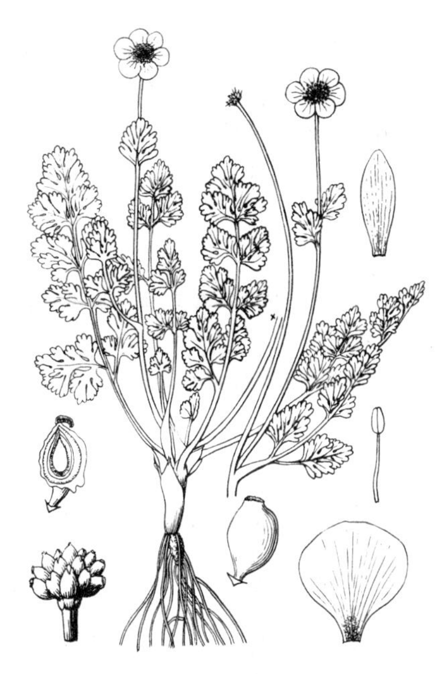

图 879 厚叶美花草 （引自《图鉴》）

［附］**太白美花草 Callianthemum taipaicum** W. T. Wang in Fl. Tsinling. 1(2): 274. 604. f. 235. 1974. 本种与薄叶美花草的区别：叶长达6厘米，小裂片倒卵形或楔状倒卵形；花瓣9-13。产陕西秦岭太白山，生于海拔3450-3600米山坡草地。

2. 美花草 图 880: 1-4 彩片 380

Callianthemum pimpinelloides (D. Don) Hook. f. et Thoms. Fl. Ind. 26. 1855.

Ranunculus pimpinelloides D. Don in Royle, Ill. Bot. Himal. Mount. 45. 1839-1840.

植株无毛。茎2-3，直立或渐升，高达7厘米，无叶或具1-2叶。基生叶与茎近等长，具长柄，一回羽状复叶；叶卵形或窄卵形，长1.5-2.5厘米，羽片（1）2（3）对，掌状深裂，小裂片窄倒卵形。花径1.1-1.4厘米。萼片椭圆形，长3-6毫米；花瓣5-7(-9)，白、粉红或淡紫色，下部橙黄色，倒卵状长圆形或宽线形，长0.5-1厘米；雄蕊长约花瓣之半。心皮8-14。聚合果径约6毫米；瘦果卵球形，长约2.8毫米。花期4-6月。

产青海、四川西北部、云南西北部及西藏，生于海拔3200-5600米高山草地。尼泊尔及印度北部有分布。

［附］**甘南美花草** 图880:5 **Callianthemum farreri** W. W. Smith in Notes Roy. Bot. Gard. Edinb. 9: 90. 1916. 本种与美花草的区别：茎高达7厘米，无叶；花径2.3-2.6厘米，花瓣8-9，白或带蓝色；宿存花柱长1毫米。产甘肃南部及湖北西部，生于海拔2500-3500米草坡或林中。

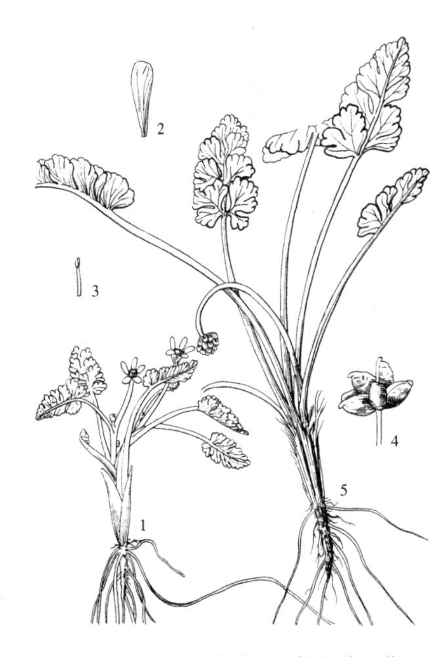

图 880: 1-4. 美花草 5. 甘南美花草 （吴彰桦绘）

［附］**楔裂美花草 Callianthemum cuneilobum** Hand.-Mazz. in Acta Hort. Gotob. 13: 133. 1939. 本种与

美花草的区别：茎高达10（-18）厘米，无叶；叶长2-6（-9）厘米；花瓣5，淡黄色，线形，长4.5-8毫米。产山西中部及四川西北部，生于海拔2000-4100米林缘或草坡。

34. 侧金盏花属 Adonis Linn.

（王 筝）

多年生或一年牛草本。茎不分枝或分枝。叶基生并茎生，基生叶及茎下部叶常成鳞片状，茎生叶互生，数回掌状或羽状细裂。花单生于茎或分枝顶端，两性。萼片5-8，淡黄绿或带紫色，长圆形或卵形；花瓣5-24，黄、白或蓝色，倒卵形、倒披针形或长圆形，无蜜槽；雄蕊多数，花药长圆形或椭圆形，花丝线形或近丝状；心皮多数，螺旋状着生于圆锥状花托上，子房卵圆形，1胚珠，花柱短或长，柱头常不明显。瘦果倒卵圆形或卵圆形，平滑或具隆起网脉，宿存花柱短或长。

约30种，分布于亚洲及欧洲。我国10种。

1. 多年生草本，根茎粗；花瓣白、蓝或黄色；瘦果常被毛，宿存花柱内曲。
  2. 茎下部叶具长柄，上部叶柄渐短。
    3. 花瓣白或蓝色。
      4. 叶片五角形或三角状卵形；花瓣白色，有时带淡紫色 ………………………… 1. **短柱侧金盏花 A. brevistyla**
      4. 叶片长圆形或长圆状窄卵形；花瓣淡紫或淡蓝色 ………………………………… 2. **蓝侧金盏花 A. coerulea**
    3. 花瓣黄色。
      5. 叶无毛；瘦果被毛。
        6. 萼片短于花瓣 ……………………………………………………… 1(附). **蜀侧金盏花 A. sutchuenensis**
        6. 萼片与花瓣等长或稍长 ……………………………………………………… 3. **侧金盏花 A. amurensis**
      5. 叶下面被柔毛；瘦果无毛 ……………………………………………… 3(附). **金黄侧金盏花 A. chrysocyatha**
  2. 叶无柄或柄极短；花瓣黄色。
    7. 叶无毛。
      8. 茎生叶约4；花径2.5-4厘米；萼片具睫毛 ………………………………… 3(附). **辽吉侧金盏花 A. ramosa**
      8. 茎生叶约15；花径4-6厘米；萼片无睫毛 ……………………………………………… 4. **北侧金盏花 A. apennina**
    7. 叶及茎均被毛。
      9. 茎及叶被腺毛 ………………………………………………………………………… 5. **甘青侧金盏花 A. bobroviana**
      9. 茎及叶被柔毛，无腺毛 …………………………………………………… 5(附). **天山侧金盏花 A. tianschanica**
1. 一年生草本，直根细；花瓣橙色，中下部黑紫色；瘦果无毛，宿存花柱直 ……………………………………………… 6. **小侧金盏花 A. aestivalis** var. **parviflora**

1. 短柱侧金盏花 图881 彩片381

Adonis brevistyla Franch. in Bull. Soc. Bot. France 33: 372. 1886.

茎高达40（-58）厘米，下部分枝。茎下部叶具长柄，上部叶具短柄或无柄，无毛；叶片五角形或三角状卵形，长3.5-9厘米，3全裂，裂片具柄，二回羽状全裂或深裂，小裂片窄卵形，具1-2锐齿或全缘。花径1.1-2.6厘米。萼片5-7，窄倒卵形，长5-8毫米；花瓣7-10（-14），白色，有时带淡紫色，倒卵状长圆形或长圆形，长1-1.4厘米；雄蕊与萼片近等长，花药长2-3毫米；子房卵圆形，疏被柔毛，花柱极短。瘦果倒卵圆形，长3-4毫米，疏被柔毛，花柱宿存。花期4-8月。

产山西南部、甘肃南部、四川西部及东南部、湖北西部、贵州、云南及西藏东部，生于海拔1900-3500米山地草坡、沟边、林缘、林内。不丹有分布。

［附］**蜀侧金盏花 Adonis sutchuenensis** Franch. in Bull. Soc. Philom. Paris 6: 89. 1894. 本种与短柱侧金盏花的区别：花黄色；与侧金盏花的区别：萼片短于花瓣。产四川北部及陕西南部，生于海拔1100-3300米山地林内、灌丛中或草坡。

图 881　短柱侧金盏花　（王金凤绘）

2.　蓝侧金盏花　　图 882

Adonis coerulea Maxim. in Bull. Acad. Sci. St. Pétersb. 22: 306. 1877.

植株除心皮外，余无毛。茎高达15（-20）厘米，常在近地面处分枝，基部及下部具少数鞘状鳞片。茎下部叶具长柄，上部叶具短柄或无柄；叶长圆形或长圆状窄卵形，稀三角形，长1-4.8厘米，二至三回羽状细裂，羽片3-5对，小裂片窄披针形或披针状线形。萼片5-7，长4-6毫米；花瓣约8，淡紫或淡蓝色，窄倒卵形，长0.6-1.1厘米，近先端疏生小齿；心皮多数，子房卵圆形，花柱极短。瘦果倒卵圆形，长约2毫米。花期4-7月。

产西藏、青海、四川西部及甘肃；生于海拔2300-5000米草坡。

图 882　蓝侧金盏花　（王金凤绘）

3.　侧金盏花　　图 883

Adonis amurensis Regel et Radde in Bull. Soc. Nat. Mosc. 33(1): 35. 1861.

茎开花时高达15厘米，后高达30厘米，无毛或顶部疏被柔毛，基部具少数膜质鳞片。茎下部叶具长柄，无毛；叶三角形，长4.5-9厘米，三回羽状细裂，小裂片窄卵形或披针形。萼片约9，长圆形或倒卵状长圆形，长1.4-1.8厘米；花瓣约10，黄色，倒卵状长圆形或窄倒卵形，与萼片等长或稍长；心皮多数，子房被柔毛。瘦果倒卵圆形，长约3.8毫米，被柔毛，宿存花柱长约1毫米，向后弯曲。花期3-4月。

产黑龙江、吉林、辽宁及河北，生山坡草地或林下。朝鲜、日本及俄罗斯远东地区有分布。

［附］**金黄侧金盏花 Adonis chrysocyatha** Hook. f. et Thoms. in Hook. f. Fl. Brit. Ind. 1: 15. 1875. 本种与侧金盏花的区别：叶下面被柔毛；瘦果无毛。产新疆西部，生于

海拔2200-2600米草坡。克什米尔及中亚地区有分布。

［附］**辽吉侧金盏花 Adonis ramosa** Franch. in Bull. Soc. Philom. Paris ser. 8, 6: 91. 1894.——*Adonis pseudoamurensis* W. T. Wang；中国植物志 28: 252. 1979. 本种与侧金盏花的区别：萼片5-7，较花瓣短，菱状卵形、宽菱形或菱状椭圆形，长0.7-1.2厘米。产吉林西南部及辽宁东南部，生于阳坡。朝鲜北部、俄罗斯远东地区及日本有分布。

图 883 侧金盏花
（引自《中国药用植物志》）

4. 北侧金盏花 图 884

Adonis apennina Linn. Sp. Pl. 1: 548. 1753.

Adonis sibirica Patr. ex Ledeb.；中国植物志28：252. 1980.

植株无毛。茎高约40厘米，基部具鞘状鳞片。茎中部及上部叶约15，无柄，卵形或三角形，长达6厘米，二至三回羽状细裂，羽片4-6对，线状披针形。萼片菱状倒卵形，长约1.5厘米，无毛；花瓣黄色，窄倒卵形，长2-2.3厘米，先端近圆或钝，具不等大小齿；雄蕊长约1.2厘米。瘦果长约4毫米，疏被柔毛，具皱褶，宿存花柱长约0.8毫米，自基部向后弯曲。花期6月。

产新疆北部及内蒙古，生于海拔1450-2100米山地草坡或西伯利亚落叶松林下。蒙古、俄罗斯有分布。

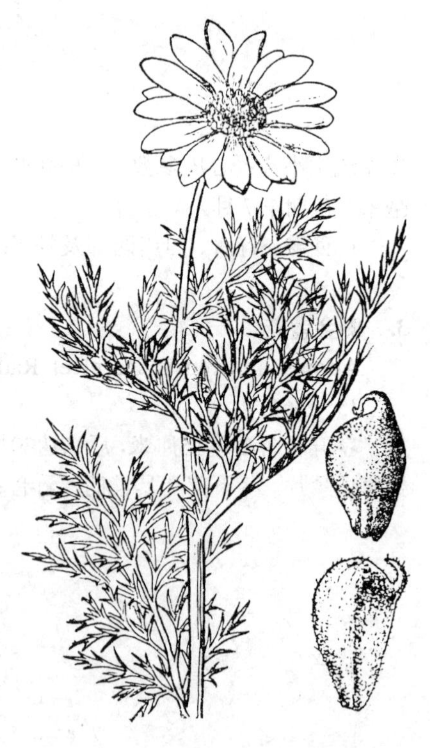

图 884 北侧金盏花 （张泰利绘）

5. 甘青侧金盏花 图 885: 5-8

Adonis bobroviana Sim. in Nov. Syst. Pl. Vasc. 1968: 127. 1968.

茎高达30厘米，被极短腺毛，基部具膜质鳞片，下部分枝。茎中部以上叶柄极短或无柄，卵形或窄卵形，长4-9厘米，两面无毛，二至三回羽状细裂，羽片3-6对，小裂片披针形或条形，边缘疏生腺毛或无毛。萼片5，淡绿色，带紫色，菱状卵形，长0.5-1.7厘米，疏被腺毛；花瓣9-13，黄色，带紫色，倒披针形或长圆形，长1-2厘米。聚合果径约1.2厘米；瘦果倒卵圆形，长约4-5毫米，网脉隆起，被柔毛，宿存花柱长约1毫米，自基部向后弯曲。花期4-7月。

产内蒙古西部、宁夏、甘肃及青海，生于海拔1900-2200米干草坡。

［附］**天山侧金盏花 Adonis tianschainca** (Adolf) Lipsch. in Fl. URSS 7: 531. 1937. —— *Adonis* *turkestanica* (Korsb.) Adolf var. *tianschanica* Adolf β Бюлл. Прикл. Бот. 23: 328. 1930. 本种与甘青金盏花的区别：茎及叶被柔毛，无腺毛。产新疆西部，生于海拔约1900米山坡。哈萨克斯坦有分布。

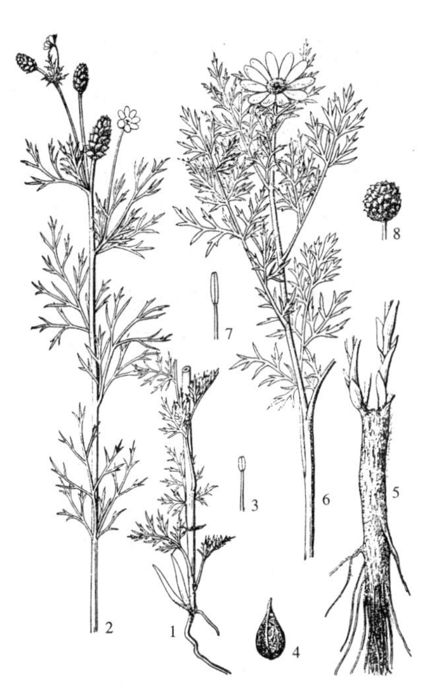

图 885: 1-4. 小侧金盏花 5-8. 甘青侧金盏花
（引自《中国植物志》）

6. 小侧金盏花 图 885: 1-4

Adonis aestivalis Linn. var. **parviflora** M. Bieb. Fl. Taur.-cauc. 3: 378. 1819.

茎高达30厘米，不分枝或分枝，下部疏被柔毛。茎下部叶长约3.5厘米，具长柄；中上部茎生叶无柄，长达6厘米，二至三回羽状细裂，小裂片线形或披针状线形。花单生茎端。花梗较长，开花时伸出茎顶部叶；萼片约5，长3-5毫米，窄菱形或窄卵形；花瓣约8，橙黄色，下部黑紫色，长4-5.5毫米；心皮多数。瘦果卵圆形，长约3.5毫米，网脉隆起，背肋及腹肋明显。

产西藏西南部及新疆，生于山坡草地。亚洲西部及欧洲有分布。

35. 毛茛属 Ranunculus Linn.

（王文采）

多年生或一年生草本，陆生，稀水生。叶基生或茎生，单叶，一至二回三出复叶，或羽状复叶，具掌状脉。花单生，或成单歧聚伞花序，两性，辐射对称。萼片（3-4）5；花瓣5（6-10），黄色，具短爪，基部具蜜槽，无蜜槽或具鳞片；雄蕊多数，稀少数，花丝窄线形，花药长圆形；心皮多数，螺旋状着生于隆起花托上，子房具1近直立胚珠，具花柱或无，柱头常不明显。瘦果两侧稍鼓起，无边缘，或两侧扁，沿缝线具窄边或齿，平滑、被小瘤或刺，无纵肋，横皱不明显。

约600种，广布世界各地。我国约115种。

本属植物含毛茛甙，毛茛、茴茴蒜、猫爪草等为药用植物，花毛茛为著名观赏植物。

1. 萼片4，窄长圆形，基部囊状；花具雌雄蕊柱；雄蕊4 ………………………… 48. **狭萼毛茛 R. angustisepalus**
1. 萼片5，卵形、椭圆形或近圆形，基部非囊状；花无雌雄蕊柱；雄蕊多数，稀少数或4。
  2. 瘦果具小瘤或刺。
    3. 瘦果两侧稍鼓，具小瘤；基生叶不裂；茎生叶卵形或菱形；花瓣蜜槽无鳞片；花柱长约0.4毫米 ……………………………………………………………… 34. **西南毛茛 R. ficariifolius**
    3. 瘦果扁平，具刺；基生叶3浅裂 ……………………………………… 46. **刺果毛茛 R. muricatus**
  2. 瘦果无小瘤或刺。
    4. 瘦果两侧稍鼓，稍卵球形，无边缘或翅；花瓣蜜槽无鳞片。
      5. 心皮及瘦果具短柄，具花柱；基生叶为三出复叶 ………………………… 32. **柄果毛茛 R. podocarpus**
      5. 心皮及瘦果无柄。
        6. 心皮无花柱，具柱头；心皮淡绿色，柱头球形 ……………………………… 33. **石龙芮 R. sceleratus**

6. 心皮具花柱，柱头不明显。
 7. 具块根；基生叶为三出复叶，稀单叶 ………………………………………………………… 31. **猫爪草 R. ternatus**
 7. 具须根，无块根。
  8. 基生叶开花叶枯萎；茎生叶无柄，披针形或披针状线形。
   9. 茎径4-5毫米；叶宽3-7毫米；花径1.7-2.8厘米 ……………………………… 29. **长叶毛茛 R. amurensis**
   9. 径粗达1厘米；叶宽0.7-2厘米；花径2.7-3.8厘米 …………………………… 29(附). **条叶毛茛 R. lingua**
  8. 基牛叶开花时不枯萎。
   10. 基生叶为单叶，不裂。
    11. 基生叶全缘，稀上部具1-2齿；单花顶生。
     12. 基生叶近无柄，线形、线状披针形或窄匙形，宽1-2毫米 ……………… 30. **松叶毛茛 R. reptans**
     12. 基生叶具叶柄。
      13. 叶片无毛。
       14. 花瓣长约萼片2倍，长0.6-9.5厘米 …………………………………… 16. **云生毛茛 R. nephelogenes**
       14. 花瓣与萼片近等长，长4.5-6毫米 ……………………………………………………………………
       ……………………………………………………… 16(附). **长茎毛茛 R. nephelogenes** var. **longicaulis**
      13. 叶片被毛。
       15. 茎被绒毛或密被柔毛；基生叶披针状线形、线形或窄长圆形，上面疏被柔毛，下面被柔毛或密柔毛 ………………………………………………………………………… 17. **棉毛茛 R. membranaceus**
       15. 茎疏被柔毛；基生叶披针形或窄长圆形，上面无毛或近边缘疏被柔毛，下面被柔毛 …………
       ……………………………………………………… 17(附). **柔毛茛 R. membranaceus** var. **pubescens**
    11. 基生叶具齿。
     16. 心皮及瘦果被柔毛。
      17. 基生叶楔状倒卵形、倒卵形或匙形，基部楔形，上部或近先端具钝齿；顶生花序具2-3花 ……
      ……………………………………………………………………………………… 21. **云南毛茛 R. yunnanensis**
      17. 基生叶近圆形或扇形，基部宽楔形、圆、近平截或浅心形；单花顶生。
       18. 基生叶扇形或扁圆状卵形 …………………………………………………………… 20. **扇叶毛茛 R. felixii**
       18. 基生叶圆卵形；下部茎生叶3浅裂，上部茎生叶3全裂；茎被柔毛 ………………………
       …………………………………………………………………………………………… 24. **圆叶毛茛 R. indivisus**
     16. 心皮及瘦果无毛。
      19. 基生叶匙形或卵形，长大于宽。
       20. 花瓣5；基生叶卵形、椭圆形或倒卵形，具1-3对齿 ……………… 15. **美丽毛茛 R. pulchellus**
       20. 花瓣7；基生叶匙形或楔形，上部具3-5齿 ……………………………… 22. **阿尔泰毛茛 R. altaicus**
      19. 基生叶扁圆形、近肾形或圆卵形，长小于宽。
       21. 基生叶宽3-3.5厘米；花径1.5-2.8厘米。
        22. 萼片被淡黄色柔毛 ……………………………………………………………… 19. **宽瓣毛茛 R. albertii**
        22. 萼片被黑褐色柔毛 ……………………………………………… 19(附). **截叶毛茛 R. transiliensis**
       21. 基生叶宽达1.6厘米；花径0.8-1.4厘米 ……………………………………… 25. **苞毛茛 R. similis**
   10. 基生叶为分裂的单叶，或为复叶。
    23. 基生叶为3浅裂的单叶。
     24. 心皮及瘦果被柔毛。
      25. 须根基部细；基生叶肾形，稀圆卵形，基部心形；茎生叶3-7掌状全裂 ………………………
      ……………………………………………………………………………………… 18. **单叶毛茛 R. monophyllus**
      25. 须根基部粗，向下骤细。

26. 基生叶扇形或扁圆状卵形，基部截状楔形或平截形 ………………… 20. **扇叶毛茛 R. felixii**

26. 基生叶心状五角形，3浅裂或3深裂，基部心形；茎生叶3全裂 ……………………………………………………………………………………… 20(附). **康定毛茛 R. dielsianus**

24. 心皮及瘦果无毛；须根自基部向下渐细。

27. 叶无毛。

28. 花瓣长2.5–4.2毫米；花柱长不及0.1毫米 …………………………………… 28. **浮毛茛 R. natans**

28. 花瓣长0.6–1.3厘米；花柱长0.5–0.7毫米。

29. 基生叶宽达3–3.5厘米，扁圆形或近肾形，侧裂片具3–6钝齿。

30. 萼片被淡黄色柔毛 ………………………………………………………… 19. **宽瓣毛茛 R. albertii**

30. 萼片被黑褐色柔毛 ………………………………………………… 19(附). **截叶毛茛 R. transiliensis**

29. 基生叶宽达1.4厘米，侧裂片全缘。

31. 茎生叶不裂 ………………………………………………………………… 16. **云生毛茛 R. nephelogenes**

31. 茎生叶3深裂或3全裂。

32. 基生叶低梯状卵形 ………………………… 11(附). **深齿毛茛 R. popovii** var. **stracheyanus**

32. 基生叶卵形、椭圆形或倒卵形 ………………………………………… 15. **美丽毛茛 R. pulchellus**

27. 叶被毛。

33. 基生叶基部楔形。

34. 基生叶卵形、椭圆形或倒卵形，长达1.6厘米 ……………………… 15. **美丽毛茛 R. pulchellus**

34. 基生叶窄长圆形或披针状线形，长2–6厘米 …… 17(附). **柔毛茛 R. membranaceus** var. **pubescens**

33. 基生叶基部圆或宽楔形。

35. 基生叶侧裂片不等2浅裂，中裂片全缘 ……………… 11(附). **深齿毛茛 R. popovii** var. **stracheyanus**

35. 基生叶侧裂片不裂，中裂片全缘或具1齿 ……………………………… 23. **圆裂毛茛 R. dongrergensis**

23. 基生叶3深裂或单叶3全裂，或为三出复叶。

36. 基生叶3全裂。

37. 叶片革质，无毛或上面被柔毛。

38. 花瓣长1–1.6厘米；基生叶中裂片长椭圆形或倒披针形，不裂 ……… 6. **川青毛茛 R. chuanchingensis**

38. 花瓣长0.5–1厘米；基生叶中裂片常3浅裂 …………………………………… 7. **砾地毛茛 R. glareosus**

37. 叶片纸质或草质。

39. 基生叶基部心状平截或近平截；单花顶生 …………………………………… 12. **鸟足毛茛 R. brotherusii**

39. 基生叶基部心形。

40. 茎平卧，纤细，径0.2–0.5毫米，长达20厘米，下部节上生根 …………… 8. **爬地毛茛 R. pegaeus**

40. 茎直立，较粗。

41. 须根基部粗，向下骤细 ……………………………………………… 5. **矮毛茛 R. pseudopygmaeus**

41. 须根基部向下渐细。

42. 基生叶中裂片二回细裂，小裂片线状披针形；顶生花序具2–3花。

43. 子房和瘦果无毛 ………………………………………………………… 14. **高原毛茛 R. tanguticus**

43. 子房和瘦果被短柔毛 ………………… 14(附). **毛果高原毛茛 R. tanguticus** var. **dasycarpus**

42. 基生叶中裂片不细裂，小裂片卵形或窄卵形；单花顶生。

44. 基生叶宽2–4.4厘米；花托近无毛或疏被毛；花瓣倒卵形；雄蕊约70 ………………………………………………………………………………………… 1. **新疆毛茛 R. songoricus**

44. 基生叶宽3–7毫米；花托无毛；花瓣长圆形；雄蕊3–7 ……………………………………………………………………………………………… 9. **窄瓣毛茛 R. micronivalis**

36. 基生叶3深裂。

45. 心皮及瘦果被毛。
46. 须根基部粗，向下骤细 ………………………………………………………… 20(附). **康定毛茛 R. dielsianus**
46. 须根基部向下渐细。
47. 茎端疏被毛，余无毛；花托无毛 ……………………………………………………… 3. **深山毛茛 R. franchetii**
47. 茎被柔毛；花托被毛。
48. 茎疏被白色柔毛；叶上面被毛，侧裂片具4-5线形小裂片 …………… 2. **裂叶毛茛 R. pedatifidus**
48. 茎密被淡黄色柔毛；叶上面无毛 ……………………………………………… 11. **天山毛茛 R. popovii**
45. 心皮及瘦果无毛。
49. 须根基部粗，向下骤细 ……………………………………………………………… 5. **矮毛茛 R. pseudopygmaeus**
49. 须根基部向下渐细。
50. 基生叶基部平截、圆、宽楔形或楔形。
51. 基生叶基部楔形，深裂片线形或窄披针形。
52. 叶无毛 ……………………………………………………………………………… 16. **云生毛茛 R. nephelogenes**
52. 叶上面疏被柔毛，下面被柔毛或密柔毛 ………………………………… 17. **棉毛茛 R. membranaceus**
51. 基生叶基部宽楔形、圆或平截。
53. 生于小溪浅水中或沼泽地 ……………………………………………………… 26. **沼地毛茛 R. radicans**
53. 生于高山草地。
54. 花托被毛。
55. 基生叶侧深裂片具3-4线形裂片 ……………………………………… 2(附). **掌裂毛茛 R. rigescens**
55. 基生叶侧裂片斜披针形，不裂，或斜楔形，具2-3小裂片 … 13. **叉裂毛茛 R. furcatifidus**
54. 花托无毛。
56. 花瓣扇状倒卵形或宽倒卵形，宽达1.7厘米 …………… 6. **川青毛茛 R. chuanchingensis**
56. 花瓣倒卵形、长圆状倒卵形或近长圆形。
57. 基生叶深裂片的小裂片先端圆或钝，具小尖头 ……………… 4. **高山毛茛 R. junipericola**
57. 基生叶深裂片的小裂片先端尖或微尖，无小尖头。
58. 基生叶基部圆、宽楔形或近平截，3深裂稍过中部，侧裂片斜楔形，不等2浅裂或中裂 ……………………………………… 11(附). **深齿毛茛 R. popovii var. stracheyanus**
58. 基生叶基部心状平截或平截，3深裂近基部或3全裂，侧深裂片斜扇形，不等2深裂 ……………………………………………………………………… 12. **鸟足毛茛 R. brotherusii**
50. 基生叶基部心形。
59. 花托无毛。
60. 花瓣长圆形、长椭圆形或窄楔形。
61. 茎平卧，纤细，节上生根，无毛 ……………………………………………… 8. **爬地毛茛 R. pegaeus**
61. 茎直立，高达5厘米，疏被柔毛或无毛 ……………………………………… 9. **窄瓣毛茛 R. micronivalis**
60. 花瓣倒卵形。
62. 叶革质，无毛或上面被柔毛 ……………………………………………………… 7. **砾地毛茛 R. glareosus**
62. 叶纸质，两面被糙伏毛 ……………………………… 10. **三裂毛茛 R. hirtellus var. orientalis**
59. 花托被毛。
63. 生于河边或沼泽浅水中。
64. 叶中裂片3浅裂或不裂，小裂片卵形 ……………………………………… 26. **沼地毛茛 R. radicans**
64. 叶中裂片一至二回细裂，小裂片窄卵形或线状披针形 ………… 27. **小掌叶毛茛 R. gmelinii**
63. 生于高山草地或草坡。
65. 基生叶基部心形，3深裂近基部或3全裂 ……………………………………… 1. **新疆毛茛 R. songoricus**

65. 基生叶基部截状心形或截状楔形，3深裂稍过中部 ………………………… 1(附). **毛托毛茛 R. trautvetterianus**

4. 瘦果扁平，沿腹缝具窄边或翅；花瓣蜜槽具1鳞片。

66. 瘦果两侧极扁，沿腹缝具窄翅；基生叶二至四回羽状细裂。

67. 宿存花柱近直或稍弯 ………………………………………………………………… 47. **宽翅毛茛 R. platyspermus**

67. 宿存花柱钩曲 ……………………………………………………………………… 47(附). **扁果毛茛 R. regelianus**

66. 瘦果稍厚，沿腹缝具窄边，无翅；基生叶为单叶或一至二回三出复叶，不细裂。

68. 单花与叶对生；茎渐升或卧地，被开展毛。

69. 基生叶全为三出复叶；萼片反折 ……………………………………………… 42. **扬子毛茛 R. sieboldii**

69. 基生叶为三出复叶或兼有单叶，3深裂或3全裂；萼片平展 …………… 42(附). **铺散毛茛 R. diffusus**

68. 单花顶生或顶生花序具数花。

70. 基生叶为3深裂的单叶。

71. 花托被毛 ……………………………………………………………………………… 40. **棱喙毛茛 R. trigonus**

71. 花托无毛。

72. 植株具匍匐茎 …………………………………………………………………… 37(附). **大毛茛 R. grandis**

72. 植株无匍匐茎。

73. 基生叶基部心形。

74. 根茎较长。

75. 叶宽达7.8厘米；瘦果长约2.2毫米 ………………………………… 35(附). **黄毛茛 R. laetus**

75. 叶宽达11厘米；瘦果长约3.5毫米 ………………………………… 37. **大叶毛茛 R. grandifolius**

74. 根茎很短，不明显。

76. 茎及基生叶柄被开展糙毛。

77. 茎中空；基生叶宽5-10（-16）厘米；花径1.4-2.4厘米 ………… 35. **毛茛 R. japonicus**

77. 茎实心；基生叶宽1.2-2.8(-4)厘米；花径5-9毫米 ……… 36. **鹿场毛茛 R. taisanensis**

76. 茎及基生叶柄被糙伏毛；最上部茎生叶3全裂，全裂片线形，基生叶宽3-9厘米 …………… ……………………………………………………… 35(附). **伏毛毛茛 R. japonicus** var. **propinquus**

73. 基生叶基部宽楔形或平截。

78. 基生叶五角形，基部平截、心状截形或宽楔形 ………………… 38. **昆明毛茛 R. kunmingensis**

78. 基生叶宽菱形，基部宽楔形 ……………………………………………… 39. **楔叶毛茛 R. cuneifolius**

70. 基生叶为3全裂的单叶或为三出复叶。

79. 基生叶为3全裂的单叶。

80. 花托无毛；茎被开展糙毛 ……………………………………………………… 35. **毛茛 R. japonicus**

80. 花托被毛。

81. 萼片平展；心皮多数，花柱短于子房 ………………………………… 40. **棱喙毛茛 R. trigonus**

81. 萼片反折；心皮10-17，花柱与子房近等长 …………………… 41. **褐鞘毛茛 R. sinovaginatus**

79. 基生叶为一回三出复叶，稀2回三出复叶。

82. 植株具匍匐茎 ……………………………………………………………………… 44. **匐枝毛茛 R. repens**

82. 植株无匍匐茎。

83. 聚合果长圆形 ………………………………………………………………………… 45. **茴茴蒜 R. chinensis**

83. 聚合果球形。

84. 花单朵顶生；心皮10-17 …………………………………………………… 41. **褐鞘毛茛 R. sinovaginatus**

84. 花2-10朵组成顶生花序；心皮较多。

85. 萼片平展 ……………………………………………………………………… 40. **棱喙毛茛 R. trigonus**

85. 萼片反折。

86. 花柱直或稍弯。

87. 基生叶为三出复叶；花柱较子房短约3倍 …………………… 43. **禺毛茛 R. cantoniensis**

87. 基生叶为二回三出复叶；花柱与子房近等长 ………… 43(附). **长嘴毛茛 R. tashiroei**

86. 花柱钩曲；基生叶为一回三出复叶 ……………………… 43(附). **钩柱毛茛 R. silerifolius**

1. 新疆毛茛 图 886

Ranunculus songoricus Schrenk in Fisch. ct C. A. Mey. Enum. Pl. Nov. 2: 67. 1842.

多年生草本。茎高达30厘米，上部被柔毛。基生叶无毛，叶心状五角形，长1.4-3厘米，宽2-4.4厘米，基部心形，3深裂近基部或3全裂，中裂片菱形或菱状倒卵形，3浅裂，具齿，侧裂片斜扇形，不等2深裂；叶柄长3.5-8厘米；茎生叶较小。单花顶生。花托疏被毛或近无毛；萼片5，椭圆形，长5-3毫米；花瓣5-6，宽倒卵形或倒卵形，长0.7-1.2厘米；雄蕊约70。瘦果倒卵球形，长2.2-2.8毫米，无毛，宿存花柱长0.8毫米。花期5-9月。

图 886 新疆毛茛 （张荣生绘）

产新疆，生于海拔1900-4400米草地、灌丛中或多石砾山坡。哈萨克斯坦有分布。

［附］**毛托毛茛 Ranunculus trautvetterianus** Rogel ex Ovcz. in Kom. Fl. URSS 7: 403. t. 25. f. 3. 1937. 本种与新疆毛茛的区别：基生叶基部截状心形或截状楔形，3深裂稍过中部。产新疆西部，生于海拔1700-4500米草甸或溪边。哈萨克斯坦有分布。

2. 裂叶毛茛 图 887

Ranunculus pedatifidus Smith in Rees, Cyclop. 29: 72. 1818.

多年生草本。茎高达25厘米，疏被白色柔毛。基生叶及下部茎生叶肾状五角形或近圆形，长1-1.7厘米，宽1.7-2.6厘米，基部心形，3深裂近基部，中裂片窄楔形，3裂，二回裂片近线形，侧裂片斜扇形，具4-5线形小裂片，两面疏被柔毛；叶柄长2-4.5厘米。花1-2朵生于茎或分枝顶端。花托密被毛；萼片5，宽卵形，长5毫米；花瓣5，宽倒卵形，长0.6-1厘米；雄蕊多数。瘦果倒卵球形，长1.5-2毫米，被毛，稀无毛，宿存花柱长0.4-0.7毫米。花期6-8月。

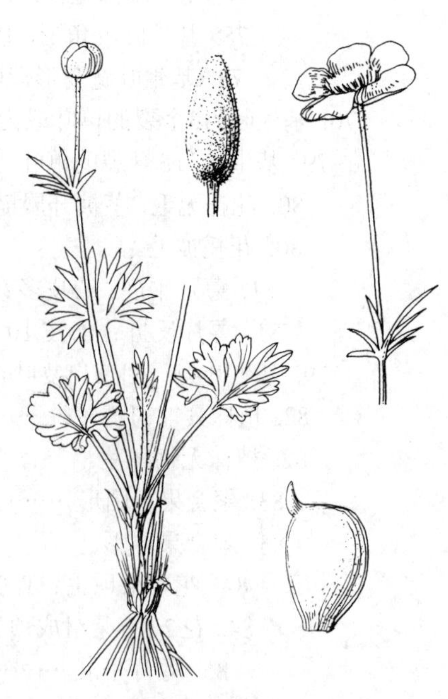

图 887 裂叶毛茛 （张荣生绘）

产内蒙古西部、甘肃中南部及新疆，生于海拔1900-4000米草甸或林中。蒙古、俄罗斯西伯利亚及哈萨克斯坦有分布。

［附］**掌裂毛茛 Ranunculus rigescens** Turcz. ex Ovcz. in Kom. Fl. URSS 7: 387. 1937. 本种与裂叶毛茛的区别：基生叶2型：一型叶卵圆形，具5-11深齿裂，另一型叶掌状深裂，具宽披针形全缘或具疏齿的二回裂片；花瓣卵形，长5-8毫米，先端微凹。产黑龙江、内蒙古及新疆。蒙古、俄罗斯西伯利亚有分布。

3. 深山毛茛 图 888

Ranunculus franchetii Boiss. in Bull. Herb. Boiss. 7: 591. 1899.

多年生草本。茎3-5，高达20厘米，顶端疏被毛。基生叶约10，叶肾形或半圆形，长1-2厘米，宽1.8-3.9厘米，基部宽心形或近平截，3全裂或3深裂，中裂片宽倒卵形，具3-5小裂片，侧裂片斜扇形，不等2浅裂，上面疏被柔毛，下面无毛，叶柄长4-14厘米；茎生叶无柄，3全裂。单花顶生。花托无毛；萼片5，椭圆形，长4-6毫米；花瓣5，倒卵形，长7-8毫米；雄蕊多数。瘦果近球形，长约1.5毫米，密被柔毛，宿存花柱长1毫米。花期4-5月。

产黑龙江、吉林中部及东北部、辽宁东北部，生于海拔300-1300米林缘或林中。朝鲜、日本及俄罗斯远东地区有分布。

图 888 深山毛茛 （王金凤绘）

4. 高山毛茛 图 889

Ranunculus junipericola Ohwi in Acta Phytotax. Geobot. 2: 154. 1931.

多年生草本。茎高达25厘米，被柔毛。基生叶3-5，叶圆卵形或扁圆形，长1-2.2厘米，宽1.2-2.8厘米，基部平截、圆或截状楔形，3深裂，中裂片窄卵形、倒卵形或长圆状卵形，先端圆钝，全缘或每侧具1齿，侧裂片斜楔形，不等2浅裂，两面无毛或上面疏被毛，叶柄长2-11厘米；茎生叶2-3。花1-2朵顶生。花托无毛；萼片5，椭圆状卵形，长3.2-3.5毫米；花瓣5，长圆状倒卵形或近长圆形，长约5毫米；雄蕊约13。瘦果倒卵球形，长约2毫米，无毛；宿存花柱长约0.7毫米。花期6-7月。

产台湾，生于海拔3300-3600米林中、灌丛边或多石砾地。

图 889 高山毛茛 （引自《Fl. Taiwan》）

5. 矮毛茛 图 890: 1-2

Ranunculus pseudopygmaeus Hand.-Mazz. in Acta Hort. Gotob. 13: 61. t. 1. f. 14. 1939.

多年生草本。茎高达5厘米，无毛或疏被毛。须根基部粗，向下骤细。基生叶3-5，叶五角形或宽卵形，长2-6毫米，宽3-8毫米，基部心形，具时圆截形，3深裂或3全裂，稀3浅裂或不裂，中裂片倒卵形或菱形，全缘或具3齿，侧裂片斜扇形或斜倒卵形，不等2裂，两面无毛或上面疏被毛；叶柄长0.8-3厘米。单花顶生。花托无毛；萼片5，椭圆形，长2-2.5毫米；花瓣5，窄倒卵形，长2-2.5毫米；雄蕊8-16。瘦果斜椭圆状球形，长约4毫米，无毛；宿存花柱长约0.3毫米。花期6-9月。

产云南西北部及西藏东南部，生于海拔3000-4000米草甸、多石砾坡或湖岸。尼泊尔有分布。

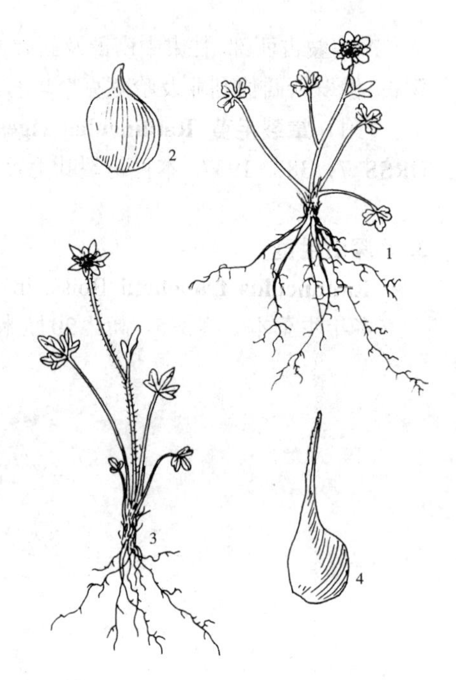

图 890: 1-2. 矮毛茛 3-4. 窄瓣毛茛
(冯晋庸绘)

6. 川青毛茛 图 891

Ranunculus chuanchingensis L. Liou, Fl. Reipubl. Popul. Sin. 28: 293. 362. pl. 91. f. 5-6. 1980.

多年生小草本。茎高达6厘米，无毛或疏被毛。基生叶5，叶革质，扁圆形或圆倒卵形，长0.6-1.6厘米，宽1-2.6厘米，基部近平截或圆，3全裂或3深裂，中裂片长椭圆形或窄倒卵形，常不裂，侧裂片斜楔形，不等2裂，小裂片近条形，两面无毛，或上面疏被毛，叶柄长1-4厘米；茎生叶(1)2。单花顶生。花托无毛；萼片5，卵形，长6-7毫米；花瓣5，扇状倒卵形或宽倒卵形，长1-1.6厘米，宽1.1-1.7厘米；雄蕊多数；心皮多数，无毛，花柱稍短于子房。花期6-7月。

产青海及四川西北部，生于海拔约4800米高山草甸。

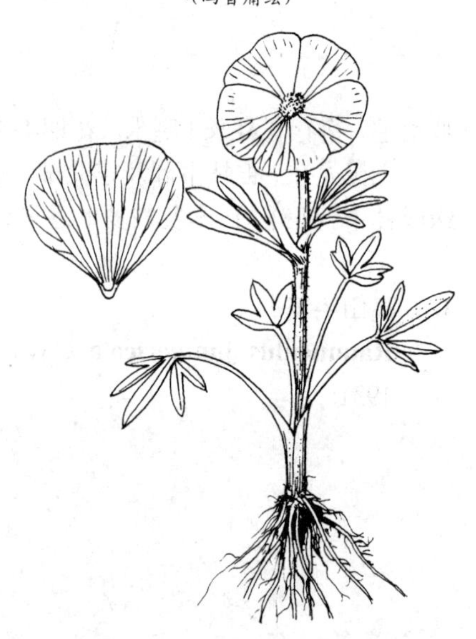

图 891 川青毛茛 (吴彰桦绘)

7. 砾地毛茛 图 892

Ranunculus glareosus Hand.-Mazz. Symb. Sin. 7: 307. 1931.

多年生草本。茎高达15厘米，疏被柔毛。基生叶1-3，叶革质，卵形或五角形，长0.4-2厘米，宽0.6-1.8厘米，基部心形，3全裂，有时3深裂，中裂片卵形或菱形，不裂或3浅裂，侧裂片扇形，不等2深裂，两面无毛或上面疏被毛，叶柄长1.2-7.5厘米；茎生叶约2。花1-2朵顶生。花托无毛；萼片5，椭圆形，长4-5毫米；花瓣5，倒卵形，长0.5-1厘米；雄蕊多数。瘦果斜卵球形，长2-3毫米，无毛，宿存花柱长0.5毫米。花期6-8月。

产甘肃中部、青海东部及南部、四川西部、云南西北部、西藏东部，生于海拔3900-4800米多石砾山坡。

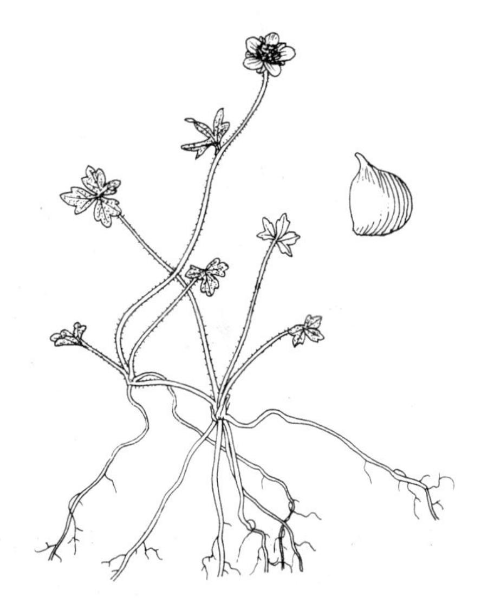

图 892　砾地毛茛　（冯晋庸绘）

8.　爬地毛茛　　图 893

Ranunculus pegaeus Hand.-Mazz. in Acta Hort. Gotob. 13: 141. 1939.

多年生草本。茎铺地，长达20厘米，纤细，节上生根，无毛。基生叶约10，无毛，叶五角形，长3-6（-10）毫米，宽5-9（-15）毫米，基部心形，3全裂，有时3深裂，中裂片菱形或长圆形，全缘，侧裂片斜扇形，一至二回2裂，叶柄长2-3.6厘米；茎生叶柄较短。单花顶生。花托无毛；萼片5，椭圆形，长约2毫米；花瓣5，椭圆形，长2.8-3毫米；雄蕊6-7。瘦果斜倒卵球形，长约1毫米，无毛；宿存花柱长约0.2毫米。花期6-9月。

产云南西北部及西藏，生于海拔3400-4100米草坡、溪边、灌丛或林中。不丹及尼泊尔有分布。

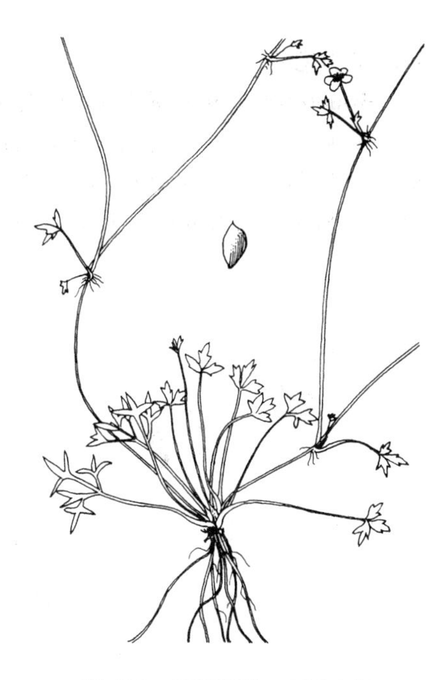

图 893　爬地毛茛　（孙英宝绘）

9.　窄瓣毛茛　　图 890: 3-4

Ranunculus micronivalis Hand.-Mazz. in Sitzungsb. Akad. Wiss. Wien, Math.-Nat. 57: 48. 1920.

Ranunculus longipetalus Hand.-Mazz.; 中国植物志28: 280. 1979.

多年生小草本。茎高达5厘米，疏被柔毛或无毛。基生叶3-5，无毛，叶五角形，长1.8-5毫米，宽3-7毫米，基部心形或平截，3深裂或3全裂，中裂片菱形或倒卵形，不裂，侧裂片斜扇形或斜倒卵形，不等2浅裂，叶柄长0.4-2.2厘米；茎生叶1或无。单花顶生。花托无毛；萼片5，椭圆形，长2.5-3毫米；花瓣5，长椭圆形，长4-5.2毫米；雄蕊3-7；心皮多数，无毛，花柱稍长于子房。花期7-8月。

产四川西部及云南西北部，生于海拔3700-4800米草坡或高山草甸。

10.　三裂毛茛　　图 894

Ranunculus hirtellus Royle var. **orientalis** W. T. Wang in Bull. Bot. Res. (Harbin) 15(2): 176. 1995.

多年生草本。茎直立或渐升，高

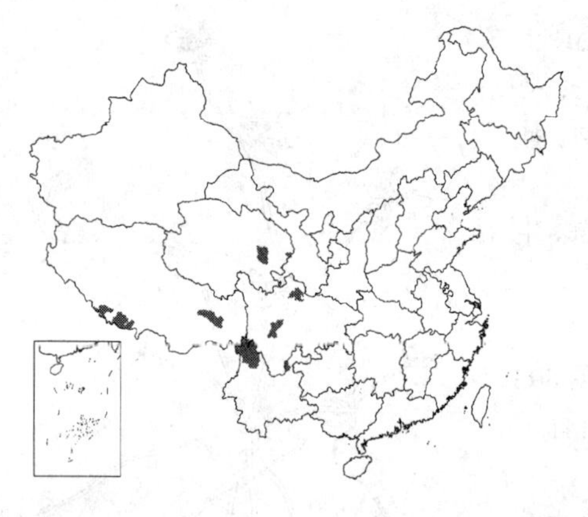

达15(20)厘米，被柔毛。基生叶约5，叶五角形，长0.5-1.4厘米，宽0.8-2厘米，基部心形，常3深裂，中裂片倒卵形，具3齿或全缘，侧裂片斜扇形，不等2浅裂，两面被糙伏毛；叶柄长1-5厘米。单花顶生。花托无毛；萼片5，卵形，长4-6毫米；花瓣5，倒卵形，长6-8毫米；雄蕊多数。瘦果卵球形，长约1.5毫米，无毛，疏被柔毛；宿存花柱长0.5-1毫米。花期6-8月。

产青海东部、四川西部、云南、西藏东部及南部，生于海拔3000-5000米高山草甸。

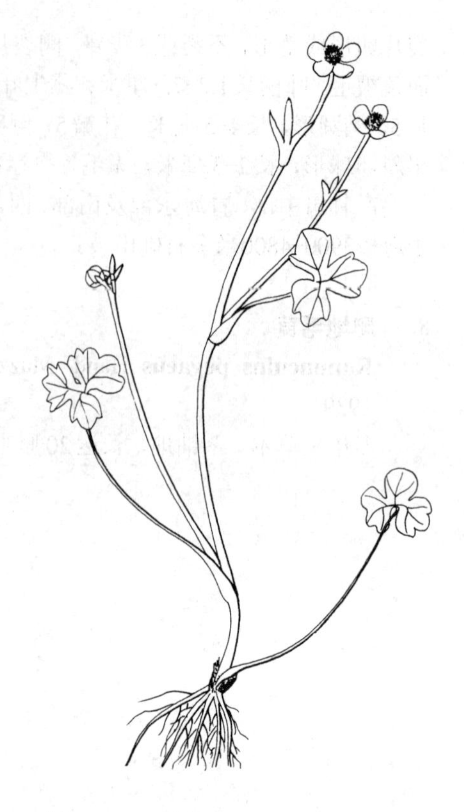

图 894 三裂毛茛 (引自《中国植物志》)

11. 天山毛茛 图 895

Ranunculus popovii Ovcz. in Kom. Fl. URSS 7: 393. 741. 1937.

多年生草本。茎高达12厘米，密被淡黄色柔毛。基生叶约4，叶五角形或宽卵形，长0.9-1.4厘米，宽0.9-1.8厘米，基部近平截或截状心形，3深裂，中裂片窄倒卵形或长椭圆形，不裂或3浅裂，侧裂片斜倒卵形或斜扇形，不等2裂，上面无毛，下面疏被毛，叶柄长2-2.8厘米；茎生叶较小，掌状全裂。单花顶生。花托被毛；萼片5，圆卵形，长约4毫米；花瓣5，倒卵形，长5-6毫米；雄蕊多数。瘦果斜椭圆状球形，长1.2-2毫米，疏被柔毛；宿存花柱长0.8-1毫米。花期7-8月。

产内蒙古、宁夏及新疆中部，生于海拔3100-3700米高山草地、草坡或溪边。哈萨克斯坦有分布。

［附］**深齿毛茛 Ranunculus popovii** var. **stracheyanus** (Maxim.) W. T. Wang in Bull. Bot. Res. Harbin 15(2): 180. 1995. —— *Ranunculus affinis* R. Br. var. *stracheyanus* Maxim. Fl. Tangut. 14. 1889. 本变种与模式变种的区别：茎疏被白色柔毛；叶3深裂，有时3裂至中部或3浅裂；花托及瘦果无毛；花瓣长5.5-9毫米，宽2.5-5.5毫米。产甘肃南部、青海、四川西南部、云南西北部、西藏南部及西部、新疆南部及西部，生于海拔2300-4500米高山草地、草坡或溪边。尼泊尔及印度中部有分布。

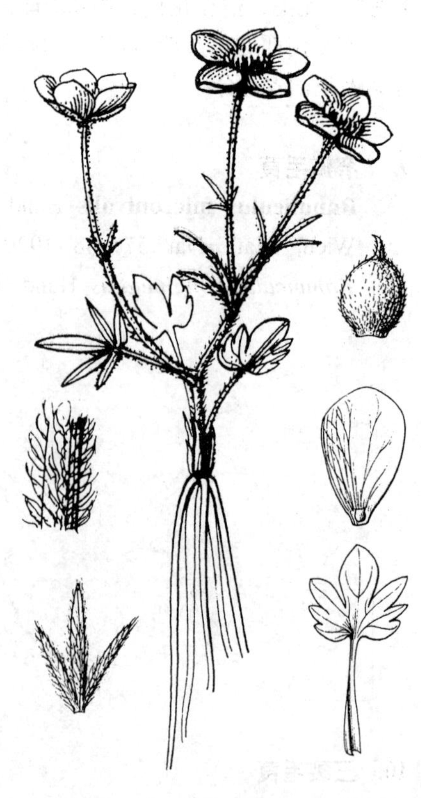

图 895 天山毛茛 (仿《新疆植物志》)

12. 鸟足毛茛 图 896

Ranunculus brotherusii Freyn in Bull. Herb. Boiss. 6: 885. 1898.

多年生草本。茎1-4，高达12厘米，被柔毛。基生叶5-15，叶圆卵或五角形，长0.6-1厘米，宽0.6-1.5厘米，基部心状平截或近平截，3深裂或3全裂，中裂片楔形，3浅裂或具3齿，有时长圆形，全缘，侧裂片斜扇形，常不等2深裂，先端尖或微尖，两面被柔毛，叶柄长1.2-3.5厘米；茎生叶2-4，渐小。单花顶生。花托无毛；萼片5，卵形，长2.2-3.2毫米；花瓣5，倒卵形，长3-8毫米；雄蕊多数。瘦果斜倒卵状球形，长1-1.5毫米，无毛；宿存花柱长0.3-0.5毫米。花期5-8月。

产内蒙古西南部、宁夏、山西、甘肃、青海、四川西北部、西藏及新疆中部，生于海拔2100-4700米高山草甸、草坡或溪边。哈萨克斯坦有分布。

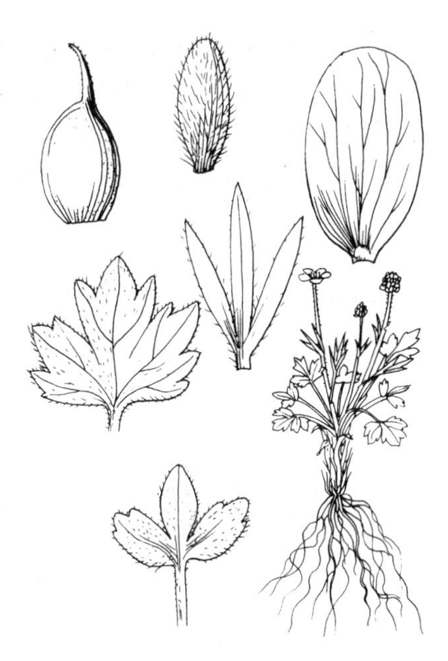

图 896 鸟足毛茛 （张荣生绘）

13. 叉裂毛茛

图 897

Ranunculus furcatifidus W. T. Wang in Acta Phytotax. Sin. 32(5): 478. f. 5. 1994.

多年生草本。茎高达18厘米，被柔毛。基生叶约5，叶宽菱形，长1-2.5厘米，宽0.7-2.3厘米，基部宽楔形，稀近平截，3深裂，中裂片长圆状披针形或线形，不裂，或具1-2小裂片，侧裂片斜披针形、不裂，或斜楔形、不等2（3）浅裂，上面无毛，下面疏被毛；叶柄长1.5-5厘米。单花顶生。花托被毛；萼片5，窄椭圆形，长2.5-4.2毫米；花瓣5，椭圆状倒卵形，长3-5毫米；雄蕊10-12。瘦果窄倒卵球形，长约1毫米，无毛；宿存花柱长约0.4毫米。花期6-8月。

产内蒙古西南部、宁夏、河北、青海、四川西部、云南西北部、西藏及新疆，生于海拔2400-4800米山坡、沼泽草甸或溪边。

图 897 叉裂毛茛 （孙英宝绘）

14. 高原毛茛

图 898 彩片 382

Ranunculus tanguticus (Maxim.) Ovcz. in Kom. Fl. URSS 7: 392. 1937.

Ranunculus affinis R. Br. var. *tanguticus* Maxim. Fl. Tangut. 14. 1889.

Ranunculus brotherusii auct. non Freyn; 中国高等植物图鉴 1: 714. 1972.

多年生草本。茎高达20(-30)厘米，被柔毛。基生叶5-10或更多，叶五角形或宽卵形，长0.8-1.5(-2.6) 厘米，宽1-2 (-3.4)厘米，基部心形，3全裂，中裂片宽菱形或楔状菱形，侧裂片斜扇形，全裂片均二回细裂，小裂片线状披针形，两面或下面被柔毛，叶柄长1.5-5.5厘米；茎生叶渐小。顶生花序2-3花。花托被柔毛；萼片5，窄椭圆形，长3-4毫米；花瓣5，倒卵形，长4.5-8.5毫米；雄蕊多数。瘦果倒卵状球形，长1-1.5毫米，无毛；宿存花柱长约0.8毫米。花期6-10月。

产内蒙古西南部、山西中部、陕西南部、宁夏、甘肃、青海、四川西部、云南西北部、西藏东部及南部，生于海拔2200-4200米高山草甸、草坡、林缘或溪边，常组成优势群落。尼泊尔有分布。

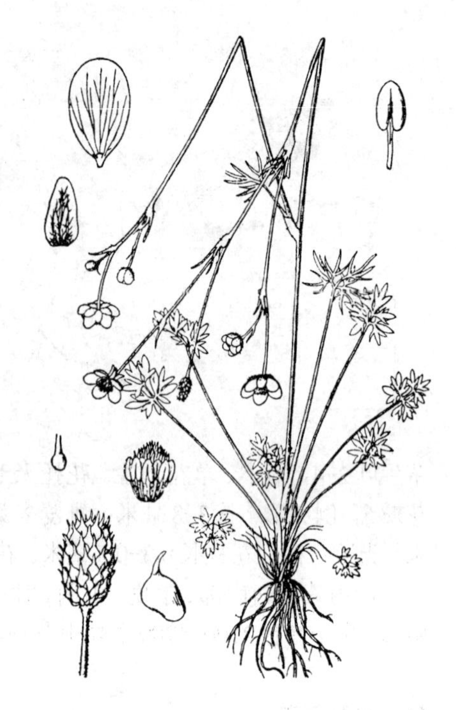

图 898 高原毛茛 (引自《图鉴》)

［附］ 毛果高原毛茛 **Ranunculus tanguticus** var. **dasycarpus** (Maxim.) L. Liou, Fl. Reipubl. Popul. Sin. 28: 297. 1980. —— *Ranunculus affinis* R. Br. var. *tanguticus* lus. *dasycarpus* Maxim. Fl. Tangut. 14. 1889. 本变种与模式变种的区别：子房及瘦果被柔毛。产甘肃西北部、青海东北部、四川西部、云南西北部及西藏东南部，生于海拔2200-4100米高山草甸、草坡、灌丛中或溪边。

15. 美丽毛茛 图 899: 1-2

Ranunculus pulchellus C. A. Meyer in Ledeb. Fl. Alt. 2: 333. 1830.

多年生草本。茎高达20厘米，无毛或疏被柔毛。基生叶5-7，叶卵形、椭圆形或倒卵形，长0.8-1.6厘米，基部宽楔形或圆，不裂，具1-3对小齿，有时3浅裂，两面无毛或疏被柔毛，叶柄长2-6厘米；茎生叶无柄，3深裂或全裂。单花顶生。花托无毛；萼片5，椭圆形，长约3.5毫米；花瓣5，倒卵形，长5-7毫米；雄蕊多数。瘦果斜倒卵状球形，长约2毫米，无毛；宿存花柱长约0.5毫米。花期6-7月。

产内蒙古、甘肃、青海及新疆，生于海拔2300-3100米溪边或高山草甸。蒙古、俄罗斯西伯利亚及哈萨克斯坦有分布。

图 899: 1-2. 美丽毛茛 3-5. 圆叶毛茛 (引自《中国植物志》)

16. 云生毛茛 图 900 彩片 383

Ranunculus nephelogenes Edgew. in Trans. Linn. Soc. Lond. 20: 28. 1846.

多年生草本。茎高达20 (-35) 厘米，近顶部疏被柔毛。基生叶4-9，无毛，叶卵形、长圆形、披针形或披针状线形，长0.9-3.7厘米，基部楔形、宽楔形或圆，全缘，稀具1齿，不裂，稀3裂，叶柄长1.2-10厘米；茎生叶披针状线形，不裂，渐小。单花顶生。花托无毛或疏被毛，萼片5，宽卵形，长3.5-5毫米；花瓣5（-7），倒卵形，长6-8（-9.5）毫米；雄蕊多数。瘦果卵球形，长4-7毫米，无毛；宿存花柱长约0.6毫米。花期3-8月。

产山西、甘肃西部、青海、四川西部、云南西北部、西藏及新疆，生于海拔2800-5200米高山草甸、多石砾山坡、溪边或沼泽，在沼泽草甸常组成优势群落。尼泊尔、印度西北部及巴基斯坦北部有分布。

图 900　云生毛茛　（王金凤绘）

［附］**长茎毛茛 Ranunculus nephelogenes** var. **longicaulis**（Trautv.）W. T. Wang in Bull. Bot. Res. (Harbin) 7(2): 110. 1987. —— *Ranunculus pulchellus* C. A. Meyer var. *longicaulis* Trautv. in Bull. Soc. Nat. Mosc. 33: 68. 1860. 本变种与模式变种的区别：花瓣长4.5-6毫米，较萼片长4-5毫米；茎高达52厘米。产山西、甘肃、青海东北部、新疆中部及南部、西藏西部，生于海拔1700-4200米高山草甸、溪边或沼泽。蒙古、俄罗斯西伯利亚及哈萨克斯坦有分布。

17. 棉毛茛　　图 901

Ranunculus membranaceus Royle, Ill. Bot. Himal. Mount. 53. 1839.

多年生草本。茎高达12厘米，被绒毛或密柔毛。基生叶约4，叶披针状线形、线形或窄长圆形，长1.6-3厘米，宽3-4毫米，基部渐窄或楔形，不裂或3裂，全缘，上面疏被柔毛，下面被柔毛或密柔毛，叶柄长1.5-8厘米；茎生叶较小。单花顶生。花托无毛或被毛；萼片5，卵形或宽卵形，长3-7.5毫米；花瓣5，倒卵形，长5-9毫米；雄蕊多数。瘦果斜倒卵状球形，长1.5-2毫米，无毛；宿存花柱长0.5-0.8毫米。花期6-9月。

产四川西北部、西藏南部及青海，生于海拔3700-5000米高山草甸、多石砾山坡或河岸。尼泊尔及巴基斯坦有分布。

图 901　棉毛茛　（引自《中国植物志》）

［附］**柔毛茛 Ranunculus membranaceus** var. **pubescens**（W. T. Wang）W. T. Wang in Bull. Bot. Res. (Harbin) 15: 285. 1995. —— *Ranunculus nephelogenes* Edgew. var. *pubescens* W. T. Wang in Bull. Bot. Res. (Harbin). 7(2): 11. 1987. 本变种与模式变种的区别：茎高达25厘米，被柔毛；基生叶宽披针形、线状披针形或窄长圆形，长1-7.5厘米，宽3-9毫米，上面无毛或疏被柔毛，下面疏被平伏柔毛。产内蒙古西南部、宁

夏、甘肃南部、青海、四川西部、西藏西南部及新疆西部，生于海拔2700-4500米高山草甸、山坡、河岸或沼泽。

图 902 单叶毛茛 （朱蕴芳绘）

18. 单叶毛茛 图 902

Ranunculus monophyllus Ovcz. in Not. Syst. Herb. Hort. Petrop. 3: 54. 1922.

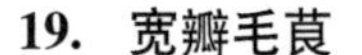

多年生草木。茎高达45厘米，无毛。基生叶1（-3），叶肾形或圆卵形，长1.2-3.6厘米，基部心形，稀近平截，3浅裂至3深裂，具齿，无毛或上面疏被柔毛，叶柄长5-14厘米；茎生叶2，无柄，3-7全裂，裂片线形。单花顶生。花托被毛或无毛；萼片5，椭圆形，长4-5毫米；花瓣5，倒卵形，长5.5-8.5毫米；雄蕊多数。瘦果斜倒卵状球形，长2-2.8毫米，被柔毛；宿存花柱长0.6-1毫米。花期4-6月。

产黑龙江、内蒙古、河北北部、山西及新疆，生于海拔1600-2000米草地、林中或溪边。蒙古、俄罗斯西伯利亚及欧洲部分有分布。

19. 宽瓣毛茛 图 903

Ranunculus albertii Regel et Schmalh in Acta Hort. Petrop. 5: 223. 1877.

多年生草本。茎高达30厘米，上部被柔毛。基生叶2-5，叶肾状五角形或扁圆形，长1-2.2厘米，宽1.4-2.5厘米，基部近心形或平截状圆形，具圆齿，不裂或3浅裂，两面无毛，叶柄长1.5-8厘米；茎生叶2-3，较小，掌状深裂或全裂。单花顶生。花托无毛；萼片5，卵形，长6-8毫米，被淡黄色柔毛；花瓣5-6，宽倒卵形，长1-1.3厘米；雄蕊多数。瘦果斜倒卵状球形，长约2.5毫米，无毛；宿存花柱长约0.5毫米。花期6-9月。

产新疆中部及西部，生于海拔1800-3300米草坡或溪边。哈萨克斯坦有分布。

图 903 宽瓣毛茛 （王金凤绘）

［附］ **截叶毛茛** 图904: 3-4 **Ranunculus transiliensis** Popov ex Ovcz. in Kom Fl. URSS 7: 401. 1937. 本种与宽瓣毛茛的区别：花托被

毛；萼片被黑褐色柔毛。产新疆西北部，生于海拔2500-3400米高山草甸。哈萨克斯坦有分布。

20. 扇叶毛茛　图 904: 1-2

Ranunculus felixii Lévl. in Fedde. Repert. Sp. Nov. 12: 281. 1913.

多年生草本。茎高达20厘米，被开展柔毛。根茎下部粗，向下骤细。基生叶约2，叶扁圆状卵形或扇形，长1.2-2.6厘米，宽1.6-3.8厘米，基部截状楔形或平截，3裂，中裂片全缘，侧裂片具2-3牙齿，两面无毛或下面疏被柔毛；叶柄长3-8.5厘米。花1-2顶生。花托近无毛；萼片5，椭圆状卵形，长5-7毫米；花瓣5，倒卵形，长5-7毫米；雄蕊多数。瘦果宽椭圆状球形，长约1.8毫米，密被柔毛；宿存花柱长1毫米。花期5-7月。

产四川西南部、云南西北及东北部，生于海拔2600-4000米草坡或林中。

［附］**康定毛茛 Ranunculus dielsianus** Ulbr. in Engl. Bot. Jahrb. 48: 621. 1913. 本种与扇叶毛茛的区别：基生叶心状五角形，基部心形，茎生叶3全裂；须根基部粗，向下骤细。产四川西部、云南东北部及西藏南部，生于海拔3500-4800米草坡、多石砾山坡、林中或溪边。

图 904: 1-2. 扇叶毛茛 3-4. 截叶毛茛
（引自《中国植物志》）

21. 云南毛茛　图 905

Ranunculus yunnanensis Franch. in Bull. Soc. Bot. France 32: 5. 1885.

多年生草本。茎高达15厘米，无毛。基生叶3-8，叶楔状倒卵形、倒卵形或匙形，长1.2-4.6厘米，基部楔形，上部具钝齿或顶部具3-7齿，不裂，两面无毛，叶柄长2-7厘米；茎生叶较小，上部叶3裂。顶生花序具2-3花。花托无毛；萼片5，椭圆形，长3.5-6毫米；花瓣5（-8），倒卵形，长0.5-1厘米；雄蕊多数。瘦果斜倒卵状球形，长1.5-2毫米，密被柔毛；宿存花柱长0.8毫米。花期6-9月。

产四川西南部、云南西北部及东北部，生于海拔2800-4800米草坡、高山草甸、林缘、溪边或云南松林中。

图 905　云南毛茛　（王金凤绘）

22. 阿尔泰毛茛　图 906

Ranunculus altaicus Laxm. in Nov. Comm. Acad. Petrop. 18: 533. 1773.

多年生草本。茎高达15厘米，顶

端被褐色柔毛。基生叶数枚，无毛，叶匙形、楔形或窄倒卵形，长1-2.5厘米，基部楔形，近先端具3-5齿，叶柄长1.5-3.5厘米；茎生叶2-3，较小。单花顶生。花托密被柔毛；萼片5，卵形，长约8毫米；花瓣7，宽倒卵形或倒卵形，长约1.1厘米；雄蕊多数。瘦果斜卵球形，长约2.5毫米，无毛；宿存花柱长1毫米。花期7-8月。

产新疆北部，生于海拔2570-2560米草地或沼泽边缘。蒙古、俄罗斯西伯利亚中部、哈萨克斯坦及吉尔吉斯斯坦有分布。

图 906 阿尔泰毛茛 （王金凤绘）

23. 圆裂毛茛 图 907

Ranunculus dongrergensis Hand.-Mazz. in Acta Hort. Gotob. 13: 157. t. 1. f. 8. 1939.

多年生草本。茎高达25厘米，无毛或疏被柔毛。基生叶数枚，叶扁圆形、圆卵形或倒卵形，长0.7-2厘米，基部圆、近平截或宽楔形，3浅裂，中裂片全缘或具1钝齿，侧裂片不裂或2浅裂，两面无毛或上面被平伏毛，叶柄长2-11厘米；茎生叶渐小。单花顶生。花托无毛或被毛；萼片5，椭圆形，长4-6毫米；花瓣5，倒卵形，长4-9毫米；雄蕊多数。瘦果窄倒卵状球形，长约1.5毫米，无毛；宿存花柱长0.3-0.7毫米。花期5-8月。

产四川西北部、云南西北部、西藏南部及青海东南部，生于海拔3200-5600米高山草甸或草坡。

24. 圆叶毛茛 图 899: 3-5

Ranunculus indivisus (Maxim.) Hand.-Mazz. in Acta Hort. Gotob. 13: 145. 1939, quoad nomen, excl. specim. cit.

Ranunculus affinis R. Br. var. *indivisus* Maxim. Fl. Tangut. 14. 1889.

多年生草本。茎高达36厘米，被柔毛。基生叶4-9，无毛，叶圆卵形，长1-3厘米，宽与长近相等，基部近平截或近心形，具牙齿或钝齿，不裂，叶柄长2-5厘米；上部茎生叶较小，近无柄，3全裂，全裂片窄披针形或线

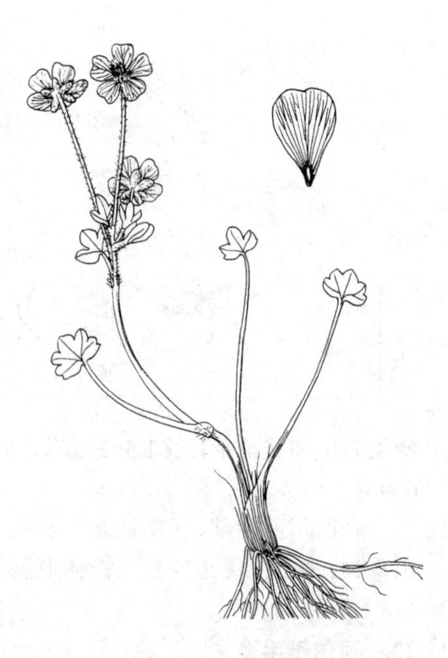

图 907 圆裂毛茛 （引自《中国植物志》）

形。单花顶生。花托被柔毛；萼片5，近椭圆形，长4-5.5毫米；花瓣5，窄倒卵形，长5-9毫米；雄蕊多数。瘦果斜倒卵状球形，长1.5-2毫米，被柔毛；宿存花柱长0.8毫米。花期6-7月。

产山西及青海，生于海拔3400-3900米灌丛中、岩缝中或山坡。

图 908 苞毛茛 （冯晋庸绘）

25. 苞毛茛 图 908

Ranunculus similis Hemsl. in Hook. Icon. Pl. 26: pl. 2586. 1899.

Ranunculus involucratus Maxim.; 中国植物志28: 284. 1979.

多年生小草本。茎高达5厘米，无毛。基生叶2-4，无毛，叶革质，近肾形、扁圆形或楔状倒卵形，长0.3-1厘米，宽0.4-1.6厘米，基部近心形或截状圆形，3浅裂或具3-5圆齿，叶柄长1.6-3.8厘米；茎生叶2（3），无柄，生于花下，倒卵形或扁圆形。单花顶生。花托无毛；萼片5，宽椭圆形，长8毫米；花瓣5，楔状倒卵形，长8毫米；雄蕊多数。瘦果卵球形，长约2毫米，无毛；宿存花柱长1毫米。花期6-7月。

产新疆东南部、青海及西藏，生于海拔4900-5700米草坡、多石砾山坡或溪边。

26. 沼地毛茛 图 909: 5-6

Ranunculus radicans C. A. Meyer in Ledeb. Fl. Alt. 2: 316. 1830.

多年生草本。茎柔弱，无毛或疏被柔毛。节上生根。叶具柄；叶圆肾形或心状五角形，长0.5-1（-1.6）厘米，宽0.7-1.7（-2.6）厘米，基部心形或心状平截，3深裂，中裂片菱状楔形或宽菱形，3浅裂，侧裂片斜扇形，不等2浅裂，两面无毛或疏被柔毛；叶柄长2-3（-8）厘米。花顶生或腋生。花梗长1-5厘米；花托疏被柔毛；萼片5，卵形，长1.8-2.5毫米；花瓣5，长圆状倒卵形，长约2.7毫米；雄蕊约13。瘦果倒卵球形，长1-1.5毫米，无毛；宿存花柱长约0.3毫米。花期6-7月。

产黑龙江、内蒙古及新疆北部，生于沼泽、河岸湿地或河水中。蒙古及俄罗斯西伯利亚有分布。

图 909: 1-4. 浮毛茛 5-6. 沼地毛茛 7-8. 小掌叶毛茛 9-10. 松叶毛茛 （张泰利绘）

27. 小掌叶毛茛 图 909: 7-8

Ranunculus gmelinii DC. Syst. Nat. 1: 303. 1818.

多年生草本。茎细长，无毛或疏被柔毛。茎生叶具柄，叶圆肾形或心状五角形，长0.4-1厘米，宽0.6-1.7厘米，基部心形，3深裂近基部，中裂片楔状菱形，3裂，侧深裂片斜倒卵形或斜扇形，不等2深裂，小裂片窄卵形或条状披针形，无毛或下面疏被柔毛；叶柄长0.5-2厘米。花序顶生，1-4花。花梗长达3.5厘米；花托被毛；萼片5，卵状椭圆形，长2.2-3毫米；花瓣5，倒卵形，长2.2-4毫米；雄蕊12或更多。瘦果斜倒卵球形，长1-1.3毫米，无毛；宿存花柱长0.3毫米。花期6-8月。

产黑龙江、吉林及内蒙古北部，生于溪水中、溪边湿地或草甸。日本、蒙古、俄罗斯西伯利亚及欧洲北部有分布。

28. 浮毛茛 图 909: 1-4

Ranunculus natans C. A. Meyer in Ledeb. Fl. Alt. 2: 315. 1830.

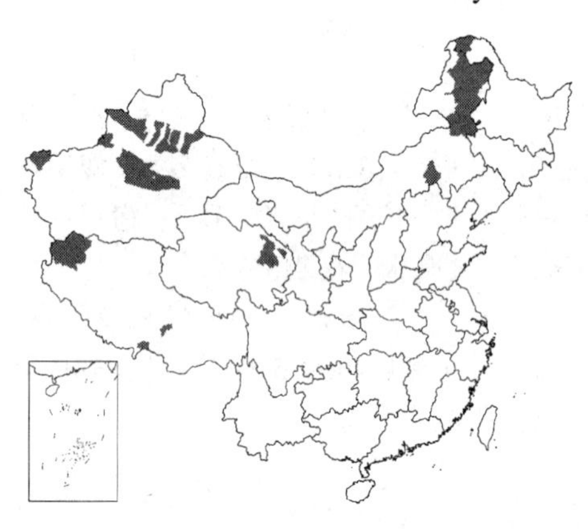

多年生草本。茎高达30厘米，无毛。基生叶3-5，无毛，叶心状五角形或圆肾形，长0.7-2.1厘米，宽1.1-3.7厘米，基部心形，3浅裂，中裂片宽倒卵形，不裂或微3裂，侧裂片斜扇形，不裂或不等2裂，叶柄长2.5-11厘米；茎生叶似基生叶，渐小。花与茎生叶对生，单朵顶生或顶生单歧聚伞花序具2花。花托疏被毛；萼片5，圆卵形，长2.3-3毫米；花瓣5，倒卵形，长2.5-4.2毫米；雄蕊多数；花柱长不及0.1毫米。瘦果斜倒卵球形，长1.3-1.6毫米，无毛；宿存花柱长0.1毫米。花期6-8月。

产黑龙江、内蒙古、新疆、青海及西藏，生于海拔1800-3500米河水或湖水中，河边湿地或沼泽中。蒙古、俄罗斯西伯利亚及哈萨克斯坦有分布。

29. 长叶毛茛 图 910

Ranunculus amurensis Kom. in Acta Hort. Petrop. 22: 294. 1903.

多年生草本。茎高达60厘米，径4-5毫米，被糙伏毛。基生叶开花时枯萎；茎生叶无柄，披针状线形，长7-15厘米，基部渐窄，全缘，两面被糙伏毛。单花顶生。花托无毛；萼片5，椭圆形，长4-7毫米；花瓣5，倒卵形，长0.8-1.2厘米；雄蕊多数。瘦果斜倒卵球形，长约1.8毫米，无毛；宿存花柱长0.4毫米。花期7-9月。

产黑龙江及内蒙古；生于草地。俄罗斯远东地区有分布。

［附］**条叶毛茛 Ranunculus lingua** Linn. Sp. Pl. 549. 1753. 本种与近缘种长叶毛茛的区别：茎粗达1厘米，高约75厘米；茎生叶长10-15厘米；花较大，花瓣长1.7-2

图 910 长叶毛茛 （王金凤绘）

厘米，宽1.4-1.7厘米。产新疆中部。俄罗斯西伯利亚、哈萨克斯坦及欧洲有分布。

30. 松叶毛茛 图 909: 9-10

Ranunculus reptans Linn. Sp. Pl. 549. 1753.

多年生草本。茎铺地，纤细，节上生根，无毛或疏被柔毛。基生叶约6，近无柄，线形、线状披针形或窄匙形，长3.5-5.5厘米，宽1-2毫米，全缘，无毛或疏被柔毛；茎生叶数枚，似基生叶，形小。花顶生或腋生。花托无毛；萼片5，卵圆形，长2-3毫米；花瓣5-7，倒卵形，长3-4.5毫米；雄蕊多数。瘦果斜倒卵球形，长1-1.5毫米，无毛；宿存花柱长0.2毫米。花期7-9月。

产黑龙江、内蒙古北部及新疆北部，生于海拔210-1500米河岸或湖岸湿地。日本北部、蒙古、俄罗斯西伯利亚及欧洲部分、哈萨克斯坦及欧洲西部、北美洲北部有分布。

31. 猫爪草 图 911

Ranunculus ternatus Thunb. Fl. Jap. 241. 1784.

多年生草本。小块根卵球形或纺锤形。茎高达18厘米，疏被柔毛。基生叶5-10，三出复叶，具时少数叶为单叶，叶长达1.5厘米，宽达2.4厘米，小叶菱形，2-3浅裂或深裂，单叶五角形或宽卵形，3浅裂至3全裂，叶柄长2-6厘米；茎生叶较小，无柄，3全裂，裂片线形。单花顶生。花托无毛；萼片5，卵形或宽卵形，长3-4毫米；花瓣5，倒卵形，长5.5-7毫米；雄蕊多数。瘦果卵球形，长1-1.2毫米，无毛；宿存花柱长约0.2毫米。花期3-5月。

产河南南部、安徽、江苏南部、浙江、福建、台湾、江西、湖北、湖南及广西北部，生于海拔500米以下田边、草地、草坡或林缘。日本有分布。块根药用，治淋巴结核。

图 911 猫爪草 （引自《图鉴》）

32. 柄果毛茛 图 912

Ranunculus podocarpus W. T. Wang in Bull. Bot. Res. (Harbin) 16 (2): 163. f. 2: 7. 1996.

多年生草本。茎高达15厘米，无毛或疏被柔毛。基生叶约4，三出复叶，无毛，小叶卵形或宽菱形，3深裂或二回三出细裂，小裂片窄长圆形，侧生小叶较小，叶柄长1.8-5厘米；茎生叶渐小。单花顶生。花托无毛；萼片5，窄椭圆形，长4-5毫米；花瓣5（-7），窄倒卵形，长6-9毫米；雄蕊多数。瘦果斜椭圆状球形，长1.8-2（3）毫米，疏被柔毛或无毛，柄长0.3-0.6毫米；宿存花柱长约0.4毫米。花期3-10月。

产安徽东南部及江西北部，生于海拔200米以下田边、湖边、溪边或湿草地。

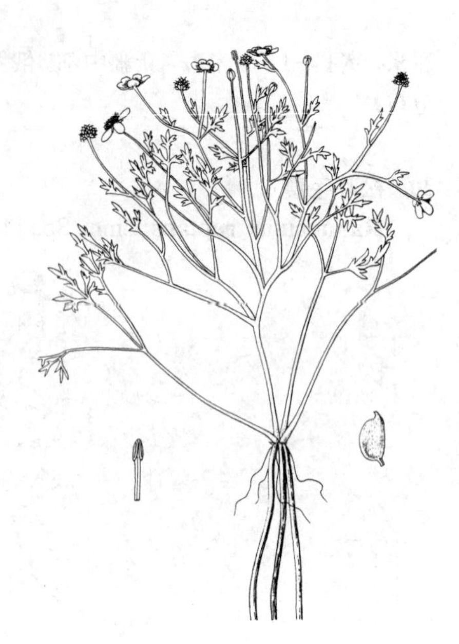

图 912 柄果毛茛 （孙英宝绘）

33. 石龙芮 图 913: 1-4

Ranunculus sceleratus Linn. Sp. Pl. 551. 1753.

一年生草本。茎高达75厘米，无毛或疏被柔毛。基生叶5-13，叶五角形、肾形或宽卵形，长1-4厘米，宽1.5-5厘米，基部心形，3深裂，中裂片楔形或菱形，3浅裂，小裂片具1-2钝齿或全缘，侧裂片斜倒卵形，不等2裂，两面无毛或下面疏被柔毛，叶柄长1.2-15厘米；茎生叶渐小。伞房状复单歧聚伞花序顶生，苞片叶状；花径4-8毫米。花托被柔毛或无毛；萼片5，卵状椭圆形，长2-3毫米；花瓣5，倒卵形，长2.2-4.5毫米；雄蕊10-19。瘦果斜倒卵球形，长约1毫米，无毛，偶具2-3条短横皱；宿存柱头长约0.1毫米。花期1-7月。

除海南、青海、西藏外，广布各省、区，生于海拔2300米以下溪边、湖边、稻田或湿草地。亚洲亚热带、温带地区及欧洲、北美洲广布。全草有毒，可供药用，治痈肿、疮毒等症。

图 913: 1-4. 石龙芮 5-7. 匐枝毛茛 （张泰利绘）

34. 西南毛茛 图 914 彩片 384

Ranunculus ficariifolius Lévl. et Van. in Bull. Soc. Bot. France 51: 288. 1904.

多年生草本。茎直立，渐升，有时近铺地，长达45厘米，疏被柔毛，基生叶1至数枚，无毛，三角状卵形、扁三角形或近圆形，长0.2-1.7厘米，宽0.4-2.2厘米，基部宽楔形或平截，稀心形，具2-3对小齿，叶柄长1.2-6.5厘米；茎生叶渐小，肾状卵形、三角状卵形或近菱形。花与上部茎生叶对生。花梗长0.3-2.5厘米；花托被毛；萼片5，椭圆形，长2-3毫米；花瓣5，窄倒卵形，长2-4.5毫米；雄蕊多数。瘦果卵球形，长1-1.5毫米，无毛，被小瘤；宿存花柱长0.2-0.8毫米。花期3-8月。

产湖北西部、江西西部、湖南、贵州、四川及云南，生于海拔1100-3200米溪边、草地或林缘。泰国、不丹及尼泊尔有分布。

35. 毛茛 图 915

Ranunculus japonicus Thunb. in Trans. Linn. Soc. 2: 337. 1794.

多年生草本。根茎短。茎中空，高达65厘米，下部及叶柄被开展糙毛。基生叶数枚，心状五角形，长1.2-6.5（-10）厘米，宽5-10（-16）厘米，3深裂，稀3全裂，中裂片楔状菱形或菱形，3浅裂，具不等牙齿，侧裂片斜扇形，不等2裂，两面被糙伏毛，叶柄长3-22（-25）厘米；茎生叶渐小。花序顶生，3-15花；花径1.4-2.4厘米。花托无毛；萼片5，卵形，长5毫米；花瓣5，倒卵形，长0.7-1.2厘米；雄蕊多数。瘦果扁，斜宽倒卵圆形，长1.8-2.8毫米，具窄边；宿存花柱长0.2-0.4毫米。花期4-8月。

除海南、西藏外，广布各省、区，生于海拔100-3500米草坡、溪边或林中。朝鲜、日本、俄罗斯远东地区有分布。全草含原白头翁素，有毒，捣碎外敷，可治疟、消肿及治疮癣。

图 914 西南毛茛 （王金凤绘）

［附］**伏毛毛茛 Ranunculus japonicus** var. **propinquus**（C. A. Meyer）W. T. Wang in Bull. Bot. Res. (Harbin) 15(3): 305. 1995. —— *Ranunculus propinquus* C. A. Meyer in Ledeb. Fl. Alt. 2: 332. 1830. 本变种与模式变种的区别：茎下部及基生叶柄被糙伏毛。产黑龙江、吉林、辽宁、内蒙古、河北、山东、山西、河南西部、陕西、甘肃、宁夏、新疆北部、青海东部、四川、贵州西南部及云南，生于海拔340-2600米草坡或林缘。俄罗斯西伯利亚有分布。

［附］**黄毛茛 Ranunculus laetus** Wall. ex Royle, Ill. Bot. Himal. Mount. 1: 53. 1859. 本种与毛茛的区别：根茎长2厘米以上。产云南西北部、西藏东南部及南部、新疆西部，生于海拔2000-3800米草坡、林中或溪边。不丹、尼泊尔、印度北部、巴基斯坦北部、阿富汗、吉尔吉斯斯坦及哈萨克斯坦有分布。

图 915 毛茛 （冯晋庸绘）

36. 鹿场毛茛 图916

Ranunculus taisanensis Hayata in Journ. Coll. Sci. Tokyo 30(1): 20. 1911.

多年生草本。根茎极短。茎实心，高达20(-26)厘米，与叶柄均被开展淡褐色糙毛。基生叶约3，肾状五角形，长1-1.8(-2.5)厘米，宽1.2-2.8(-4)厘米，基部近心形，3深裂，中裂片宽菱形或倒梯状菱形，3浅裂或具3牙齿，侧裂片斜扇形，不等2裂，两面被糙伏毛，叶柄长1.4-7(-10)厘米；茎生叶小，3全裂。花序顶生，1-3花；花径5-9毫米。花托无毛；萼片5，卵形，长2.6-3.5毫米；花瓣

5(-10),倒卵形,长2.2-5毫米;雄蕊15-17。瘦果扁,斜倒卵球形,长1.3-1.8毫米,无毛;宿存花柱长0.3-0.6毫米。花期7-8月。

产台湾,生于海拔1500-3000米草坡、林缘或河岸。

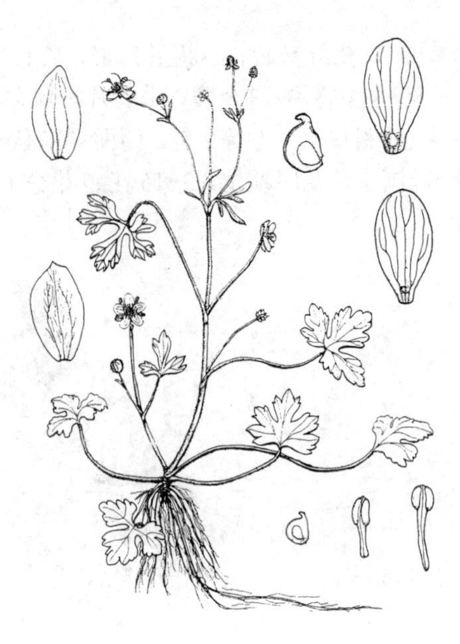

图 916 鹿场毛茛 (引自《Fl. Taiwan》)

37. 大叶毛茛 图 917: 1-3

Ranunculus grandifolius C. A. Meyer in Ledeb. Fl. Alt. 2: 330. 1830.

多年生草本。根茎长达2厘米。茎高达45厘米,下部被开展糙毛。基生叶4-8,肾状五角形,长2-6.5厘米,宽3.5-11厘米,基部心形,3深裂,中裂片宽菱形,3浅裂,具不等牙齿,侧裂片斜扇形,不等2深裂,上面被糙毛,下面无毛或疏被毛,叶柄长4-24厘米;上部茎生叶具短柄或无柄,3全裂。顶生花序具2-7花。花托无毛;萼片5,卵形,长1.5-6.5毫米;花瓣5,倒卵形,长1-1.3厘米;雄蕊多数。瘦果扁,斜倒卵圆形,长约3.5毫米,无毛,具窄边;宿存花柱长0.7毫米。花期5-10月。

产新疆,生于海拔1050-2000米草坡或溪边。哈萨克斯坦及俄罗斯西伯利亚有分布。

[附] **大毛茛 Ranunculus grandis** Honda in Bot. Mag. Tokyo 43: 657. 1929. 本种与毛茛及大叶毛茛的区别:地下匍匐茎细长。产吉林东部。日本有分布。

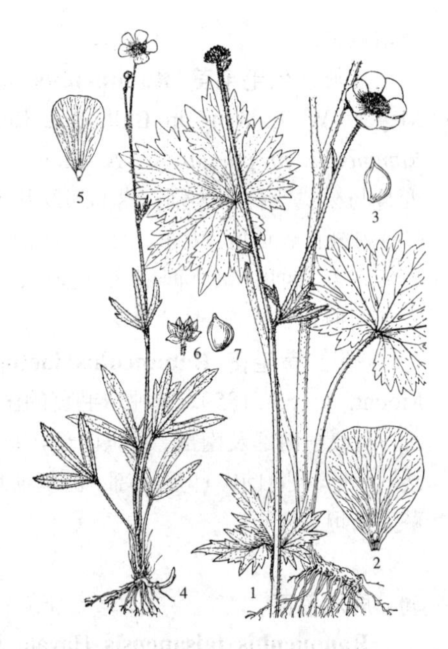

图 917: 1-3. 大叶毛茛 4-7. 楔叶毛茛 (冯晋庸绘)

38. 昆明毛茛 图 918

Ranunculus kunmingensis W. T. Wang in Bull. Bot. Res. Harbin 15 (3): 309. pl. 2. f. 1-3. 1995.

多年生草本。茎高达45厘米,与叶柄均被糙伏毛。基生叶2-5,五角形,长1.3-4厘米,宽1.8-4.5厘米,基部平截或心状平截,3深裂,中裂片楔状倒卵形或楔形,3浅裂,小裂片全缘或具1-2小齿,侧裂片斜扇状倒卵形,不等2深裂,两面被糙伏毛,叶柄长4-12.5厘米;茎生叶较小。花序顶生,2-5花。花托无毛;萼片5,椭圆形,长3.5-4.5毫米;花瓣5,倒卵形,长0.7-1厘米;雄蕊多数。瘦果扁,斜宽倒卵圆形,长约2毫米,无毛;宿存花柱长0.2毫米。花期3-8月。

产四川及云南,生于海拔1550-2600米溪边、疏林或灌丛中。

39. 楔叶毛茛 图 917: 4-7

Ranunculus cuneifolius Maxim. in Bull. Acad. Sci St. Pétersb. 23: 306. 1877.

多年生草本。茎高达60厘米,被

糙伏毛。基生叶约3，宽菱形，长宽3-8厘米，基部宽楔形，3深裂，中裂片线形或楔状线形，上部具2小齿，侧裂片线形或斜楔形，不等2裂，全缘或具1-2小齿，两面被糙伏毛；叶柄长3.5-25厘米。花序顶生，具2至数花。花托无毛；萼片5，卵形，长5-6毫米；花瓣5，倒卵形，长0.6-1.1厘米；雄蕊多数。瘦果扁，斜宽倒卵圆形，长约2.2毫米，无毛，具窄边；宿存花柱长0.3毫米。花期7-9月。

产黑龙江、辽宁及内蒙古，生于海拔1300米以下草地。

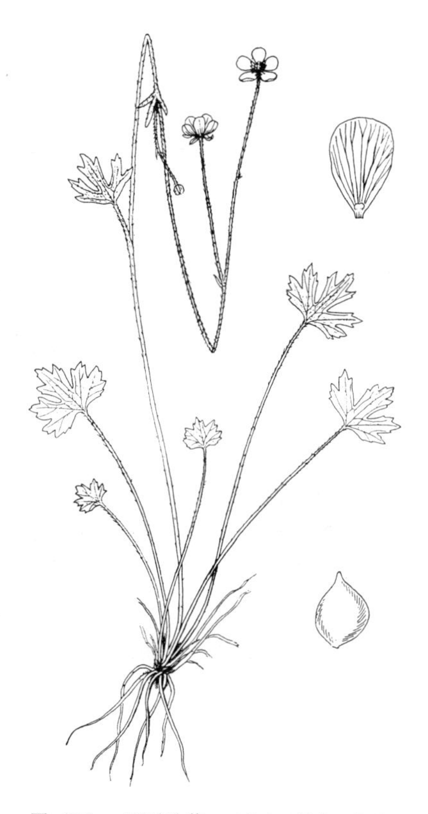

图 918 昆明毛茛 （引自《植物研究》）

40. 棱喙毛茛 图 919

Ranunculus trigonus Hand.-Mazz. Symb. Sin. 7: 304. 1931.

多年生草本。茎高达48厘米，被开展淡褐色柔毛。基生叶3-6，单叶或三出复叶；单叶五角形或宽卵形，长1.2-4.5（-5）厘米，宽1.5-4.6（-6）厘米，3深裂，中裂片菱状倒卵形，3浅裂，具不等牙齿，侧裂片斜菱形或斜扇形，不等2裂，三出复叶的小叶具短柄，顶生小叶宽菱形，3深裂，侧生小叶不等2深裂，两面被糙伏毛，叶柄长1.4-1.8厘米；茎生叶渐小，上部叶3全裂。花序顶生，2-3花。花托被柔毛；萼片5，平展，卵形或长圆形，长4-5毫米；花瓣（3-）5，长圆形，长3.2-6毫米；雄蕊多数；心皮多数，花柱短于子房。聚合果球形；瘦果扁，斜宽倒卵圆形，长2-3.5毫米，无毛，具窄边；宿存花柱长0.5-0.8毫米。花期3-9月。

产四川西南部、云南及西藏东南部，生于海拔1350-3300米草坡、草地、林中、溪边或湖边。

图 919 棱喙毛茛 （王金凤绘）

41. 褐鞘毛茛 图 920

Ranunculus sinovaginatus W. T. Wang in Bull. Bot. Res. (Harbin) 6 (1): 34. 1986.

多年生草本。茎高达28厘米，被糙毛。基生叶为三出复叶，长1-4厘米，宽1.4-7.6厘米，小叶具柄，有时近无柄，顶生小叶菱形或宽菱形，3浅裂或3深裂，具少数牙齿，侧生小叶斜扇形，不等2深裂，两面被糙伏毛，叶柄长3-9.5厘米；茎生叶似基生叶，较小。单花顶生。花托疏被毛；萼片5，反折，窄卵形，长4-6毫米；花瓣5，窄倒卵形，长0.7-1.1

厘米；雄蕊多数；心皮10-17，花柱与子房近等长。聚合果球形，瘦果扁，斜宽倒卵圆形，长2.2-3毫米，无毛，具窄边；宿存花柱长1.7-2毫米。花期4-9月。

产陕西南部、甘肃南部、四川、贵州西部及云南北部，生于海拔1500-3200米草坡、林中或溪边。

图 920 褐鞘毛茛 （孙英宝绘）

42. 扬子毛茛 图 921 彩片 385

Ranunculus sieboldii Miq. in Ann. Mus. Bot. Lugd.-Bat. 3: 5. 1876.

多年生草本。茎渐升或近铺地，长达50厘米，与叶柄被开展糙毛。基生叶3-7，三出复叶，叶长1.5-5.4厘米，宽2.6-7厘米，小叶具柄，顶生小叶宽菱形或宽菱状卵形，3裂，具齿，侧生小叶斜宽倒卵形，不等2裂，两面被糙伏毛，叶柄长2.5-14厘米；茎生叶较小。花与上部茎生叶对生。花梗长0.7-4.6厘米；花托被毛；萼片5，反折，窄卵形，长4-6毫米；花瓣5，窄倒卵形，长5-9毫米；雄蕊多数。瘦果扁，斜倒卵圆形，长3-4毫米，无毛，具边；宿存花柱长1毫米。花期3-10月。

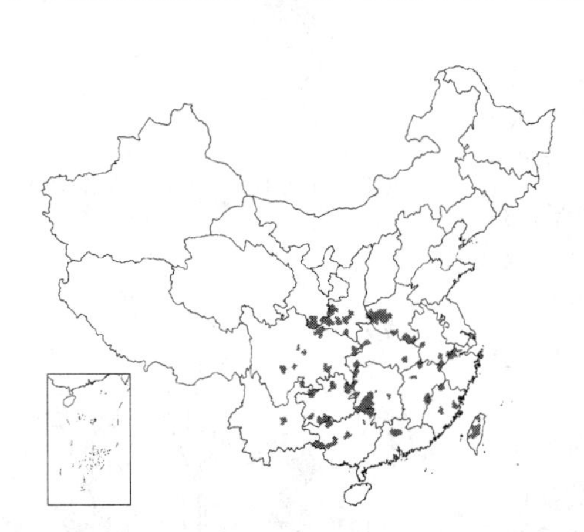

产河南、安徽南部、江苏南部、浙江、台湾、福建、江西、湖北、湖南、广东北部、广西、贵州、云南、四川、甘肃南部及陕西南部，生于海拔2500米以下草地、灌丛中或河边。日本有分布。全草药用，捣碎外敷，治疮毒等症。

［附］**铺散毛茛** 图 922: 4-6 **Ranunculus diffusus** DC. Prodr. 1: 38. 1824. 本种与扬子毛茛的区别：基生叶具三出复叶及单叶；萼片平展。产云南北部及西部、西藏南部，生于海拔1100-3100米草地、石缝中或溪边。缅甸北部、不丹、尼泊尔、印度北部、巴基斯坦北部及阿富汗有分布。

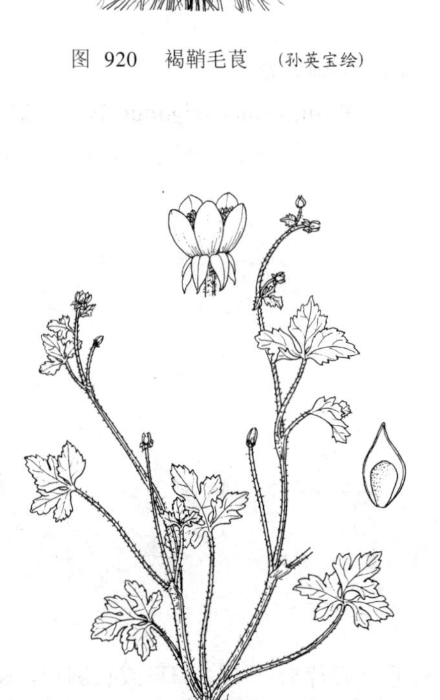

图 921 扬子毛茛 （张春方绘）

43. 禺毛茛 图 922: 1-3

Ranunculus cantoniensis DC. Prodr. 1: 43. 1824.

多年生草本。茎高达65厘米，与叶柄均被开展糙毛。基生叶为三出复叶，长3-14厘米，宽3.8-17厘米，小叶具柄，顶生小叶菱状卵形或宽卵形，3深裂，具小齿，侧生小叶斜宽卵形，不等2全裂或2深裂，两面疏被糙伏毛，叶柄长4.5-20厘米；茎生叶较小。花序顶生，4-10花。花托被糙伏毛；萼片5，反折，窄卵形，长3-4毫米；花瓣5，窄椭圆形或倒卵形，长4-7.5毫米；雄蕊多数；花柱直或稍弯，较子房短约3倍。聚合果球形；瘦果扁，斜倒卵圆形，长2.5-3毫米，无毛，具窄边；宿存花柱三角形，长1毫米，直或稍弯。花期3-9月。

产河南、安徽南部、江苏南部、浙江、台湾、福建、江西、湖北、湖南、广东、香港、广西、贵州、云南东部、四川及陕西，生于海拔100-1700米溪边、田边、草坡或林缘。朝鲜南部、日本及不丹有分布。全草含原白头翁素，有毒，可药用，解毒消炎，治黄疸等症。

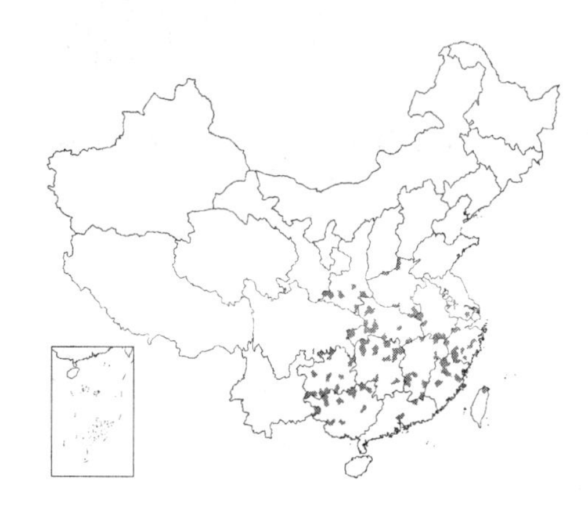

［附］钩柱毛茛 **Ranunculus silerifolius** Lévl. in Fedde, Repert. Sp. Nov. 7: 257. 1909. 本种与禺毛茛的区别：花柱钩曲。产台湾、福建、江西、湖北西南部、湖南、广东北部、广西、贵州、云南东部及南部、四川东南部及西部，生于海拔150-2500米溪边、林中或草坡。朝鲜、日本、不丹、印度东北部、印度尼西亚有分布。

［附］长嘴毛茛 **Ranunculus tashiroei** Franch. et Sav. Enum. Pl. Japan. 2: 267. 1876. 本种与禺毛茛的区别：基生叶为二回三出复叶；宿存花柱长1.2-1.6毫米。产吉林东部及辽宁东南部，生于湿草地。朝鲜及日本有分布。

图 922：1-3. 禺毛茛 4-6. 铺散毛茛
（张泰利绘）

44. 匍枝毛茛 图 913: 5-7

Ranunculus repens Linn. Sp. Pl. 554. 1753.

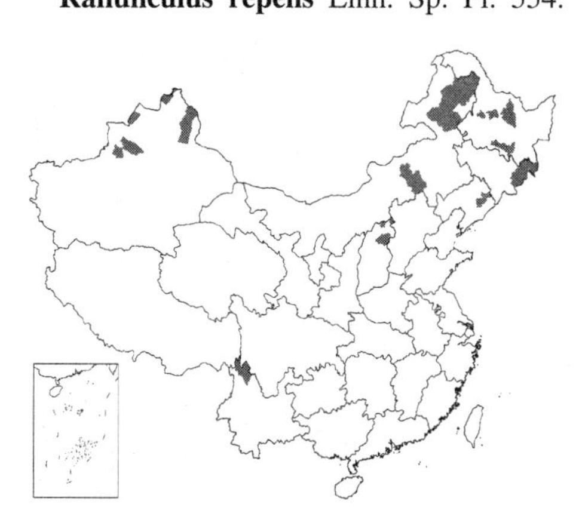

多年生草本。匍匐茎细长。茎高达60厘米，近无毛或疏被毛。基生叶为三出复叶，小叶具柄，顶生小叶宽菱形，长2-4.2厘米，宽1.8-3.8厘米，基部宽楔形，3深裂，疏生齿，侧生小叶斜，不等2裂，两面无毛或上面疏被柔毛，叶柄长7-20厘米；茎生叶似基生叶，较小。花序顶生，2至数花。花梗长1-8厘米；花托被柔毛；萼片5，卵形，长5-7毫米；花瓣5，倒卵形，长0.7-1厘米；雄蕊多数。瘦果扁，斜倒卵圆形，长2.2-3毫米，无毛，具窄边；宿存花柱长0.5-0.8毫米。花期4-8月。

产黑龙江、吉林、辽宁、内蒙古、山西、新疆及云南西北部，生于海拔320-3300米草地或溪边。亚洲北部及西部、欧洲及北美洲有分布。

45. 茴茴蒜 图 923

Ranunculus chinensis Bunge, Enum. Pl. Chin. Bor. 3. 1831.

多年生或1年生草本。茎高达50厘米，与叶柄被开展糙毛。基生叶数枚，为三出复叶，长4-8厘米，宽4-10.5厘米，小叶具柄，顶生小叶菱形或宽菱形，3深裂，裂片菱状楔形，疏生齿，侧生小叶斜扇形，不等2深裂，两面被糙伏毛，叶柄长4-20厘米；茎生叶渐小。花序顶生，3至数花。花梗长0.5-2厘米；萼片5，反折，窄卵形，长3-5毫米；花瓣5，倒卵形，长5-6毫米；雄蕊多数。聚合果长圆形；瘦果扁，斜倒卵圆形，长2-2.5毫米，无毛，具窄边，宿存花柱长0.2毫米。花期4-9月。

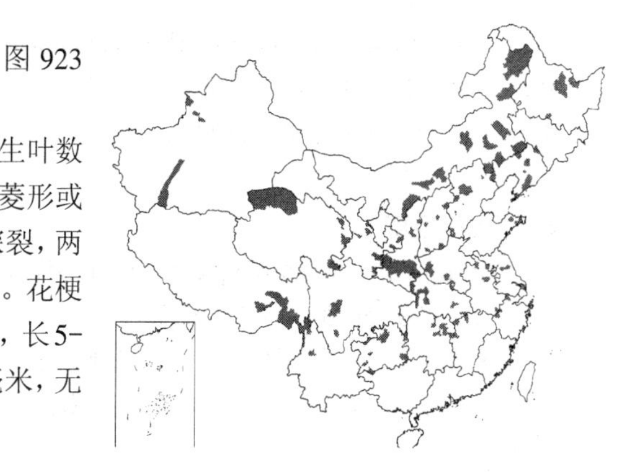

除福建、台湾、广东、海南、广西外，广布各省区，生于海拔50-3000米溪边、湿草地或草坡。朝鲜、日本、俄罗斯西伯利亚、蒙古、哈萨克斯坦、巴基斯坦北部、印度北部及不丹有分布。全草药用，外敷引赤发泡，可消炎、消肿、截疟。

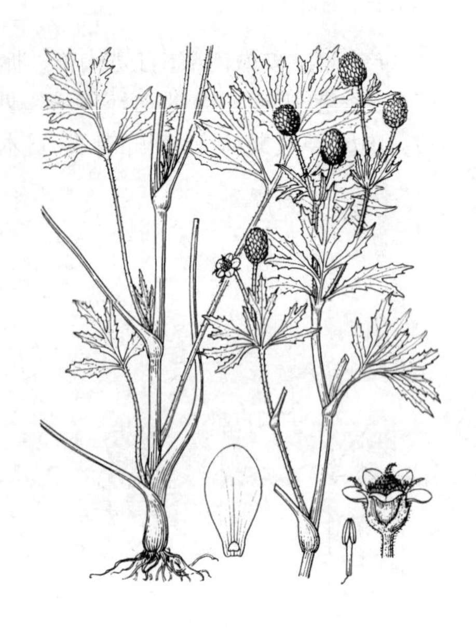

图 923　茴茴蒜　（张春方绘）

46. 刺果毛茛　　图 924: 1-3

Ranunculus muricatus Linn. Sp. Pl. 555. 1753.

多年生草本。茎高达28厘米，无毛。基生叶6-9，无毛，宽卵形或圆卵形，长1.6-5.5厘米，宽1.8-4.2厘米，基部近平截或平截状楔形，3浅裂，中裂片菱状倒梯形，再3裂或具牙齿，侧裂片斜卵形，不等2裂，叶柄长3.4-12厘米；茎生叶小。花与上部茎生叶对生。花梗长1-3厘米；花托疏被毛；萼片5，窄卵形，长5-6毫米；花瓣5，窄倒卵形，长3-8毫米；雄蕊多数。瘦果扁，倒卵圆形，长4-5毫米，具刺；宿存花柱长2毫米。花期3-4月。

原产亚洲西部及欧洲。安徽、江苏、上海、浙江等地栽培，已野化，生于草地、田边或庭院。

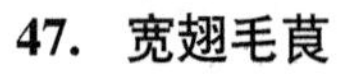

47. 宽翅毛茛　　图 924: 4-6

Ranunculus platyspermus Fisch. in DC. Prodr. 1: 37. 1824.

多年生草本。茎高达29厘米，被柔毛。基生叶约5，羽状复叶，叶近菱形，长宽2.5-4厘米，羽片3对，一至二回细裂，小裂片披针形或线形，上面近无毛，下面疏被毛，叶柄长2-3厘米；茎生叶较小，3全裂。顶生花序具3-5花。花梗长1.5-4.5厘米；花托无毛；萼片5，卵形，长5毫米；花瓣5，倒卵形，长7-8毫米；雄蕊多数。瘦果极扁，圆卵形，长3-3.2毫米，无毛，具窄翅；宿存花柱三角形，长0.5毫米。花期4月。

产新疆西部，生于海拔约680米草地。哈萨克斯坦及俄罗斯西伯利亚西部有分布。

［附］**扁果毛茛 Ranunculus regelianus** Ovcz. in Bull. Soc. Nat. Mosc. 44: 267. 1935. 本种与宽翅毛茛的区别：瘦果宿存花柱钩曲。产新疆西北部，生于海拔680-1120米草地或河岸。哈萨克斯坦有分布。

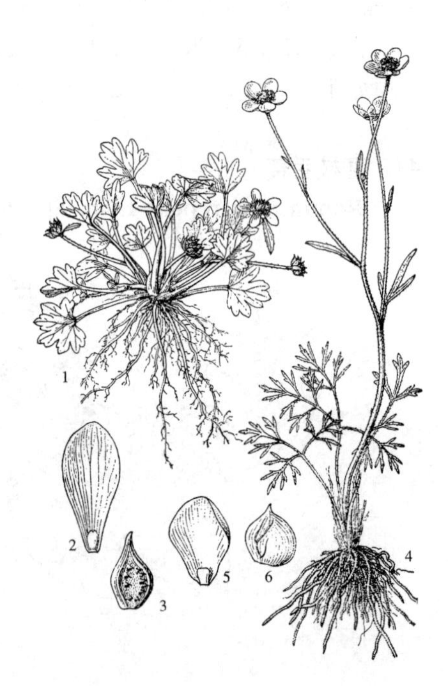

图 924: 1-3. 刺果毛茛 4-6. 宽翅毛茛　（冯晋庸绘）

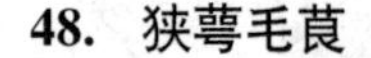

48. 狭萼毛茛　　图 925

Ranunculus angustisepalus W. T. Wang in Bull. Bot. Res. (Harbin) 15: 320. pl. 3. f. 4-7. 1995.

多年生草本。茎高约10厘米，花下疏被柔毛，余无毛。基生叶约7，无毛，五角形，长6-9厘米，宽0.8-1.3厘米，基部平截状心形，3浅裂，中裂片低倒梯形，具3牙齿，侧裂片具不等3-4牙齿或微3裂，叶柄长2-5厘米；茎生叶1-2，线形。单花顶生。花托无毛；萼片4，船状线形或窄长

圆形，长约5毫米，无毛，基部囊状；花瓣倒披针形，长约6毫米；雌雄蕊柄长约0.6毫米；雄蕊4，心皮多数，无毛，子房长0.8毫米，花柱长0.3毫米。花期8月。

产西藏波密，生于海拔约3600米草坡。

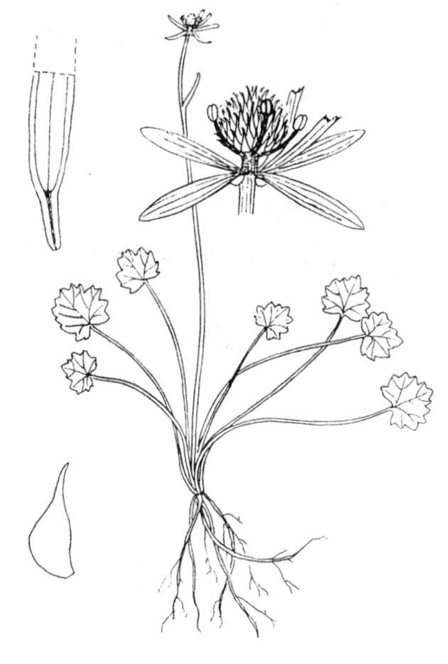

图 925 狭萼毛茛 （引自《植物研究》）

36. 水毛茛属 Batrachium S. F. Gray

（王文采）

多年生水生草本。茎细长，沉于水中，常分枝。单叶，互生，沉水叶（中国种）二至六回掌状细裂成丝状或线形小裂片，浮水叶掌状浅裂。花对叶单生，两性，辐射对称。花具梗；萼片5，脱落；花瓣5，白色或基部黄色，稀全黄色，具短爪，近基部具蜜槽；雄蕊多数或少数；心皮多数至少数，花托隆起。聚合果球形；瘦果卵圆形，稍两侧扁，具数条横皱纹，喙细，直或弯曲。

约30种，世界广布。我国约7种。

1. 茎生叶二至五回细裂，小裂片丝状。
  2. 茎长20厘米以上；花径1-2厘米。
    3. 叶柄长0.25-2厘米，或鞘状，被毛。
      4. 叶圆形；无柄或鞘状柄长1-3毫米 ………………………………………… 1. **硬叶水毛茛 B. foeniculaceum**
      4. 叶半圆形或扇形；柄长2.5-5毫米或长达2厘米。
        5. 叶小裂片在水外开展，叶片宽1-2厘米，叶柄长约2.5毫米或鞘状 ……………………………………………………………………………………………………… 2. **毛柄水毛茛 B. trichophyllum**
        5. 叶小裂片在水外收拢，叶片宽2.5-4厘米，叶柄长0.7-2厘米 ……………………… 3. **水毛茛 B. bungei**
    3. 叶柄长；叶片扇形，长3-8厘米 ……………………………………………… 3(附). **长叶水毛茛 B. kauffmannii**
  2. 植株高达6厘米；花径6-8毫米 ………………………………………………………… 4. **小水毛茛 B. eradicatum**
1. 茎上部叶二至三回中裂至深裂，小裂片线形或披针状线形，宽0.2-0.6毫米，下部叶小裂片丝状 ……………………………………………………………………………………………………… 3(附). **北京水毛茛 B. pekinense**

1. 硬叶水毛茛　　图 926: 1-2

Batrachium foeniculaceum (Gilib.) Krecz. in Kom. Fl. URSS 7: 338. 1937.

Ranunculus foeniculaceum Gilib. Fl. Lith. 5: 261. 1782.

茎长达50厘米以上，无毛。叶无柄或具长1.3毫米鞘状短柄，鞘被糙毛；叶圆形，宽1-2厘米，二至四回细裂，丝状小裂片在水外叉开，无毛。花径1.1-1.5厘米。花梗长3-5厘米，无毛；花托密被柔毛；萼片卵状椭圆形，长3-4毫米，无毛；花瓣白色，倒卵形，长7-8毫米；雄蕊10余枚。聚合果卵圆形，径4-5毫米；瘦果宽倒卵圆形，长约1.5毫米，具5-7条横皱纹。花期6-7月。

产黑龙江、内蒙古、山西北部、陕西西北部、甘肃、青海东北部、新疆北部及云南西北部，生于浅水中。蒙古、俄罗斯西伯利亚及哈萨克斯坦有分布。

2.　毛柄水毛茛　　图 927: 1-3

Batrachium trichophyllum（Chaixex Vill.）Bossche, Prodr. Fl. Bat. 7. 1850.

Ranunculus trichophyllus Chaix ex Vill. Hist. Pl. Dauph. 1: 335. 1786.

茎长30厘米以上，无毛或节疏被毛。叶柄长约2.5毫米，或鞘状；叶近半圆形，宽1-2厘米，三至四回细裂，丝状小裂片在水外叉开，无毛。花径1.1-1.5厘米。花梗长2-5厘米，无毛；花托被毛；萼片椭圆形，长2.5-3.5毫米，无毛；花瓣白色，基部黄色，倒卵形，长6-7毫米；雄蕊约15。聚合果卵圆形，径约4毫米；瘦果椭圆形，长约1毫米。花期6-7月。

产黑龙江、内蒙古、山西、河北、河南、湖北、陕西、甘肃、青海、新疆及西藏，生于海拔140-3700米沼泽水中或河边水中。俄罗斯西伯利亚、哈萨克斯坦、巴基斯坦、欧洲、北美及澳大利亚东北部有分布。

3.　水毛茛　　图 926：3-5　彩片 386

Batrachium bungei（Steud.）L. Liou, Fl. Reipubl. Popul. Sin. 28: 341. 1980.

Ranunculus bungei Steud. Nom. Bot. 2: 432. 1841.

Batrachium trichophyllum auct. non（Chaix）Bossche：中国高等植物图鉴1：720. 1972；中国植物志28：341. 1980.

茎长30厘米以上，无毛或节被毛。叶半圆形或扇状半圆形，宽2.5-4厘米，三至五回细裂，丝状小裂片在水外通常收拢，无毛或近无毛。叶柄长0.7-2厘米。花径1-1.5(-2)厘米。花梗长2-5厘米；无毛；花托被毛；萼片卵状椭圆形，长2.5-4毫米，无毛；花瓣白色，基部黄色，倒卵形，长5-9毫米；雄蕊10余枚。聚合果卵圆形，径约3.5毫米；瘦果斜倒卵圆形，长1.2-2毫米。花期5-8月。

图 926: 1-2. 硬叶水毛茛 3-5. 水毛茛 6-8. 北京水毛茛 9-10. 小水毛茛
（引自《中国植物志》）

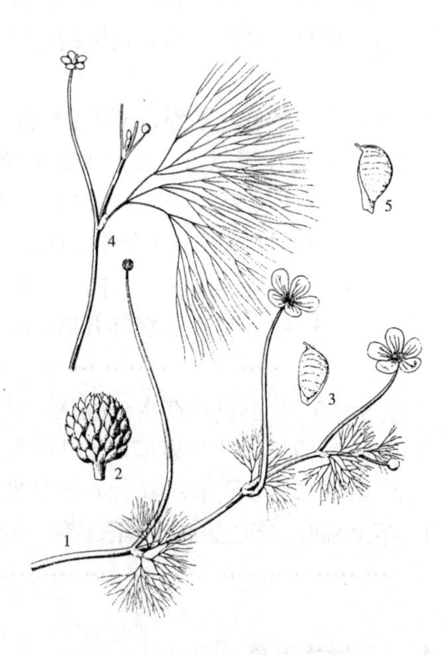

图 927: 1-3. 毛柄水毛茛 4-5. 长叶水毛茛
（引自《东北草本植物志》）

产内蒙古、辽宁、河北、山西、山东、安徽、江苏、浙江、甘肃、青海、西藏、云南、四川、湖北及广西，生于海拔3000米以下湖中、山谷溪流中或河滩积水地。

［附］**长叶水毛茛**　图 927: 4-5 **Batrachium kauffmanii**（Clerc）

Ovcz. in Kom. Fl. URSS 7: 343. t. 21. f. 5. 1937. —— *Ranunculus kauffmanii* Clerc in Bull. Soc. Oural. Amat. Sci. Nat. 4: 107. 1878. 本种与水毛茛的区别：叶长3-6（-8）厘米，深绿色。产黑龙江、吉林及新疆，生于水中。蒙古、俄罗斯及欧洲有分布。

［附］**北京水毛茛** 图926: 6-8 **Batrachium pekinense** L. Liou in Fl. Reipub. Popul. Sin. 28: 340. 363. pl. 106. f. 11-12. 1980. 本种与水毛茛的区别：茎上部叶小裂片线形或披针状线形，下部叶小裂片丝状。产北京西北部及内蒙古南部，生于海拔120-400米山谷溪流中。

4. 小水毛茛 图 926: 9-10

Batrachium eradicatum（Laest.）Fries in Bot. Notis. 114. 1843.

Ranunculus aquitilis Linn. var. *eradicatus* Laest. in Nouv. Act. Soc. Upr. 11: 242. 1839.

水生小草本。茎高达6厘米，无毛。叶柄长0.5-1.5厘米；叶扇形，长约1厘米，宽达2厘米，二至三回细裂，小裂片近丝状或线形，长1-2毫米，无毛。花径6-8毫米。花梗长1-2厘米，无毛；花托被毛；萼片卵形，长1.5-2毫米，无毛；花瓣白色，基部黄色，窄倒卵形，长3-4毫米；雄蕊8-10。聚合果球形，径约3毫米；瘦果宽椭圆形，长约1.5毫米，沿背肋被毛。花期5-7月。

产黑龙江及新疆，生于水中或河边潮湿地。亚洲北部及欧洲有分布。

37. 鸦跖花属 Oxygraphis Bunge

（王 筝）

多年生小草本。茎无叶或具苞片呈花葶状。叶全基生，不裂，全缘或具浅圆齿；叶柄基部鞘状。花单生葶端或茎顶。萼片绿色，5-8，纸质或近革质，脱落或果期增大宿存；花瓣黄色，10-15，具窄爪，蜜槽位于爪上端呈点状或杯状凹穴；雄蕊多数，花药卵圆形，花丝细，长于花药2-4倍；心皮多数，具1直立胚珠，螺旋状密生于无毛花托。聚合果近球形；瘦果卵状或菱状楔形，果皮厚，无毛，每侧具1纵肋，喙短，直伸，不缢缩。

4种，分布于喜马拉雅山区至俄罗斯西伯利亚。我国均产。

1. 叶具圆齿，肾状圆形、圆形或宽卵形，基部心形或平截。
   2. 萼片纸质，脱落 …………………………………… 1. **脱萼鸦跖花 O. delavayi**
   2. 萼片近革质，果期增大、宿存 …………………………… 1(附). **圆齿鸦跖花 O. polypetala**
1. 叶全缘，基部宽楔形或楔形。
   3. 叶宽卵形或卵形，宽0.5-2.5厘米，基部宽楔形；花瓣长0.8-1.5厘米 ………… 2. **鸦跖花 O. glacialis**
   3. 叶线形，宽2-3毫米，基部楔形或渐窄；花瓣长约5毫米 ………… 2(附). **小鸦跖花 O. tenuifolia**

1. 脱萼鸦跖花 图 928

Oxygraphis delavayi Franch. in Bull. Soc. Bot. France 33: 374. 1886.

茎高达15厘米，无毛。须根褐色。基生叶多数，肾状圆形、圆形或卵圆形，长0.8-2厘米，宽0.9-2.5厘米，基部心形，具钝圆齿，无毛；叶柄长2-5厘米，基部具褐色膜质宽鞘。花葶1-3，上部被曲柔毛，单花顶生，稀分枝具2-3花，苞片线形或卵形；花径1-2厘米。萼片褐色，窄长圆形，长5-8毫米，无毛，果期脱落；花瓣黄或白色，6-10，椭圆形或长圆形，长0.6-1厘米，具3-7脉，基部渐窄成爪，长约1毫米，密槽呈杯状凹穴。聚合果卵圆形，径约5毫米；瘦果长约2毫米，两侧具1纵肋，宿存花柱长约0.5毫米。花果期5-8月。

产云南西北部、西藏东部及四川西北部，生于海拔4400-5000米高山草甸或岩坡。

［附］**圆齿鸦跖花 Oxygraphis polypetala**（Royle）Hook. f. et Thoms. Fl. Ind. 27. 1855. —— *Ranunculus polypetalus* Royle, Ill. Bot. Himal. Mount. 54. t. 11. f. 2. 1839. 本种与脱萼鸦跖花的区别：萼片近革质，果期增大，宿存。产西藏南部，生于海拔3900-5000米高山草甸或林缘。尼泊尔、印度北部及巴基斯坦北部有分布。

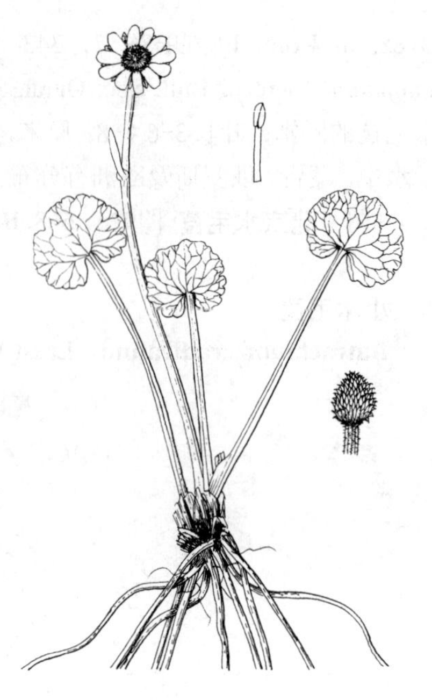

图 928 脱萼鸦跖花 （孙英宝绘）

2. 鸦跖花 图929 彩片387

Oxygraphis glacialis（Fisch. ex DC.）Bunge, Suppl. Fl. Alt. 46. 1836.

Ficaria glacialis Fisch. ex DC. Prodr. 1: 44. 1824.

茎高达9厘米。根茎短；须根细长，簇生。叶全基生，卵形、倒卵形或椭圆状长圆形，长0.3-3厘米，全缘，无毛；叶柄长1-4厘米。花葶1-5，无毛；花径1.5-3厘米。萼片5，倒卵形，长0.4-1厘米，近革质，无毛，果期宿存；花瓣10-15，黄色，披针形或长圆形，长0.7-1.5厘米，宽1.5-4毫米，蜜槽凹穴状。聚合果近球形，径约1厘米；瘦果斜窄卵圆形，长2.5-3毫米，两侧具纵肋，宿存花柱短。花果期6-8月。

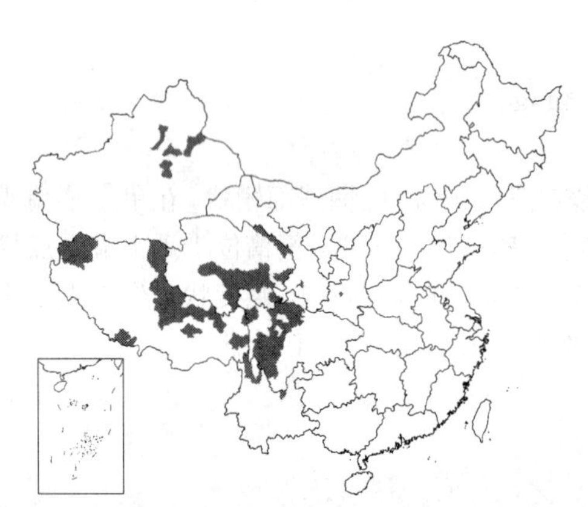

产陕西西南部、甘肃南部、青海、新疆、西藏、四川西部及云南西北部，生于海拔3600-5000米高山草甸或灌丛中。哈萨克斯坦及俄罗斯西伯利亚有分布。

［附］**小鸦跖花 Oxygraphis tenuifolia** W. E. Evans in Notes Roy. Bot. Gard. Edinb. 8: 172. 1921. 本种与鸦跖花的区别：叶线形，宽2-3毫米，基部楔形或渐窄；花较小，花瓣长约5毫米。产云南西北部及四川西部，生于海拔约3500米高山草甸。

图 929 鸦跖花 （引自《图鉴》）

38. 碱毛茛属 Halerpestes Green

（王文采）

多年生小草本。匍匐茎细长。叶均基生，具长柄，单叶，掌状分裂或不裂。花葶具苞片或无；顶生单歧聚伞花序具1至少花。花两性，辐射对称；萼片5，脱落；花瓣5-12，黄色，较萼片长或近等长，具短爪，爪端具蜜槽；雄蕊多数或数枚；心皮多数生于隆起花托。聚合果球形或卵圆形；瘦果两侧扁，每侧具3-5纵肋。

约10种，分布于亚洲、北美洲及南美洲。我国5种，产西南、西北、华北及东北。

1. 雌蕊群及聚合果球形；瘦果排列不紧密。
   2. 叶3深裂或3全裂，间或3中裂。

3. 叶宽菱形或菱形，长0.5-2.7厘米，宽达2.8厘米，基部楔形或宽楔形 ········ 1. **三裂碱毛茛 H. tricuspis**
3. 叶五角形或倒卵状五角形，长0.4-1.5厘米，宽达1.2厘米，基部平截、宽楔形或平截心形 ··· 1(附). **变叶三裂碱毛茛 H. tricuspis** var. **variifolia**
2. 叶3浅裂，间或3中裂，五角状倒卵形，基部平截或平截状心形 ··· 1(附). **浅三裂碱毛茛 H. tricuspis** var. **intermedia**
1. 雌蕊群及聚合果卵圆形；瘦果紧密排列。
4. 花瓣5，雄蕊（6-）14-20；叶近圆形、肾形或宽卵形；花葶高达16厘米 ········ 2. **水葫芦苗 H. sarmentosa**
4. 花瓣6-12，雄蕊50-78；叶宽梯形；花葶高达24厘米 ································ 3. **长叶碱毛茛 H. ruthenica**

1. 三裂碱毛茛 图930

Halerpestes tricuspis（Maxim.）Hand.-Mazz. n Acta Hort. Gotob. 13: 135. 1939.

Ranunculus tricuspis Maxim. Fl. Tangut. 12. 1889.

匍匐茎细，长达25厘米。叶具长柄，无毛；叶革质，宽菱形或菱形，长0.5-2.7厘米，宽0.4-2.8厘米，基部楔形或宽楔形，3全裂或3深裂，一回裂片线形或披针状线形，全缘，不裂，有时较大叶的一回裂片具(1)2小裂片。花葶高达12厘米，无毛或疏被柔毛，单花顶生。萼片椭圆状卵形，长3.5-4毫米；花瓣5-7，窄倒卵形或倒卵形，长3-5.5毫米；雄蕊长2-4毫米。聚合果球形，径4-5毫米；瘦果长2毫米。花期5-8月。

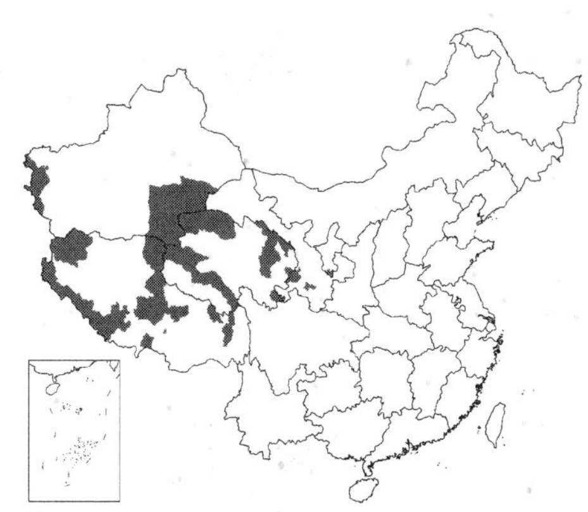

图 930 三裂碱毛茛 （张春方绘）

产宁夏、甘肃、青海、新疆及西藏，生于海拔1680-5000米盐碱性湿草地。

［附］**变叶三裂碱毛茛 Halerpestes tricuspis** var. **variifolia**（Tamura）W. T. Wang in Guihaia 15(2): 100. f. 3: 6-11. 1995. —— *Halerpestes lancifolia*（Bertol）Hand.-Mazz. var. *variifolia* Tamura in Journ. Geobot. 26: 69. 1978. 本变种与模式变种的区别：叶五角形或倒卵状五角形，基部平截、宽楔形或平截状心形。产甘肃南部、四川西南部及西藏，生于海拔2700-5000米盐碱性湿地。尼泊尔有分布。

［附］**浅三裂碱毛茛 Halerpestes tricuspis** var. **intermedia** W. T. Wang in Guihaia 15(2): 101. f. 3: 12-15. 1995. —— *Halerpestes tricuspis* auct. non (Maxim.) Hand.-Mazz.: 中国植物志28: 336. 图版105.图8. 1980. 本变种与模式变种的区别：叶五角状倒卵形、宽倒卵形或近五角形，3浅裂，稀3中裂。产甘肃南部、青海、四川西北部及西藏东部，生于海拔2300-4600米盐碱性湿地。

图 931 水葫芦苗 （朱蕴芳绘）

2. 水葫芦苗 图931

Halerpestes sarmentosa（Adams）Kom. in Kom. et Aliss. Key Pl. Far East 1: 550. 1931.

Ranunculus sarmentosus Adams in Mem. Soc. Nat. Mosc. 9: 244. 1834.

Halerpestes cymbalaria auct. non (Pursh) Green: 中国植物志 28: 335. 1980.

匍匐茎细长。叶具长柄，无毛；叶近圆形、肾形或宽卵形，长0.4-2.5厘米，宽0.4-2.8厘米，基部宽楔形、平截或心形，具3-5齿或微3-5浅裂。花葶高达16厘米；苞片线形或窄倒卵形；花1-2顶生。萼片宽椭圆形，长约3.5毫米，无毛；花瓣5，窄椭圆形，长约3毫米；雄蕊（6-）14-20，与花瓣近等长。聚合果卵圆形，长达6毫米；瘦果紧密排列，长约1.8毫米。

产黑龙江、吉林、辽宁、内蒙古、河北、山西、山东、河南、陕西、甘肃、宁夏、新疆、青海、西藏及四川，生于盐碱性沼泽地或湖边。蒙古、朝鲜、俄罗斯西伯利亚、哈萨克斯坦、巴基斯坦及阿富汗有分布。

3. 长叶碱毛茛 图 932

Halerpestes ruthenica (Jacq.) Ovcz. in Kom. Fl. URSS 7: 331. 1937.

Ranunculus ruthenicus Jacq. Hort. Vindob. 3: 19. 1776.

匍匐茎细长。叶具长柄，无毛；叶宽梯形或卵状梯形，长1.2-4.2厘米，先端近平截，疏生钝齿，或微三裂，基部近平截或宽楔形。花葶高达24厘米，疏被柔毛；花1-3朵顶生。萼片窄卵形，长约7毫米；花瓣6-12，倒卵状披针形，长0.8-1.2厘米；雄蕊50-78，较花瓣短2倍。聚合果卵圆形，长约1厘米；瘦果紧密排列，斜倒卵圆形，长约3毫米。花期5-8月。

产吉林、辽宁、内蒙古、河北北部、山西、陕西北部、甘肃北部、宁夏及新疆，生于盐碱沼泽地或湿草地。蒙古及俄罗斯西伯利亚有分布。

图 932 长叶碱毛茛 （引自《图鉴》）

39. 角果毛茛属 Ceratocephalus Moench

（王 筝）

一年生小草本。主根细、直、伸长。叶多数，全基生，不裂或3全裂，侧裂片一至二回细裂，被绢状长柔毛；叶柄基部具鞘。花葶多数，无叶。花顶生。花托隆起，果期伸长；萼片5，外面被柔毛；花瓣常白色，5，基部具窄爪，蜜槽呈点状凹穴；雄蕊少数，花药卵圆形；心皮多数。聚合果圆柱形；瘦果多数，扁卵圆形，密生绢状柔毛，果皮厚，基部具2突起，具硬、直或呈镰状弯曲的长喙。

2种，分布于欧洲及亚洲西部，我国均产。

角果毛茛 图 933

Ceratocephalus orthoceras DC. Syst. 1: 231. 1818.

一年生小草本，高达8厘米，全株被绢状柔毛。叶10余枚，外层数叶较小，不裂，倒披针形或线形，长3-6毫米，余叶较大，3全裂，长0.5-1.5厘米，中裂片线形，全缘，侧裂片一至二回细裂或不裂，小裂片条形，宽0.5-1毫米，被蛛丝状柔毛；叶柄细弱。花葶2-8，单花顶生；花径约5毫米。萼片绿色，5，卵形，长约3毫米，密被白柔毛，果期长达8毫米，宿存；花瓣白色，5，披针形，与萼片近等长，宽约0.5毫米，具爪；雄蕊约10，花药长约0.3毫米，花丝长约1毫米。聚合果近圆柱形，长达2厘米；瘦果多数，扁卵圆形，长约2毫米，被白色柔毛，喙与果近等长，顶端具黄色硬刺。花果期3-5月。

产新疆，生于浅水中或潮湿岸边。分布于亚洲西部及欧洲。

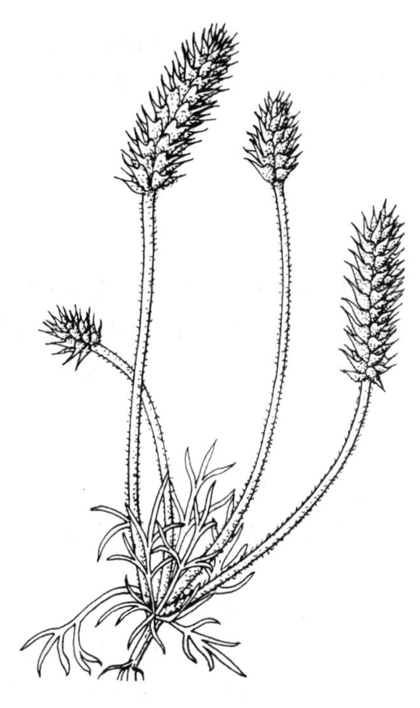

图 933 角果毛茛 （引自《图鉴》）

18. 星叶草科 CIRCAEASTERACEAE

（傅德志）

一年生小草本，具细长胚下轴。茎细，高达10厘米。宿存子叶与叶簇生茎顶；子叶线形或披针状线形，长0.4-1.1厘米。叶菱状倒卵形、匙形或楔形，长0.35-2.3厘米，下部至基部楔形渐窄，上部边缘具小齿，齿端刺状短尖，无毛，下面粉绿色，叶脉二歧分枝；叶柄常长于叶片。花两性，小，单生叶腋，在叶簇中央呈簇生状。萼片2（3），窄卵形，长约0.5毫米；无花瓣；雄蕊1-2（3），长0.6-1毫米，花药2室，内向，花丝线形，花粉管通过胚珠中部进入胚囊；心皮1-2，离生，无花柱，柱头小，椭圆状球形，子房具1下垂胚珠。瘦果窄长圆形或近纺锤形，不裂，长2.5-3.5毫米，常被钩状毛。种子具细胞型胚乳，胚圆柱形，子叶短。

单种属。

星叶草属 Circaeaster Maxim.

形态特征同科。单种属。

星叶草 图 934 彩片 388

Circaeaster argrestis Maxim. in Bull. Acad. Imp. Sci. St. Pétersb. 27: 557. 1881.

形态特征同科。4-6月开花。

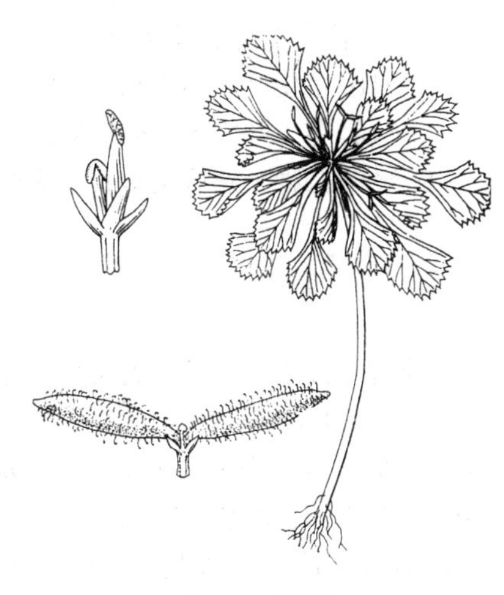

图 934 星叶草

产陕西南部、甘肃南部、青海南部、四川西部、云南、西藏东部及新疆西部，生于海拔2100-4000米山谷沟边、林中或湿草地。不丹、锡金及尼泊尔有分布。

19. 小檗科 BERBERIDACEAE

（应俊生）

灌木或多年生草本，稀小乔木，常绿或落叶。有时具根茎或块茎。茎具刺或无。单叶或一至三回羽状复叶，互生，稀对生或基生，叶脉羽状或掌状；有托叶或无。花序顶生或腋生，花单生，簇生或总状、穗状、伞形、聚伞花序或圆锥花序。花具梗或无；花两性，辐射对称，有小苞片或无；花被通常3基数，偶2基数，稀无；萼片6-9，常花瓣状，离生，2-3轮；花瓣6，扁平、盔状或距状，或蜜腺状，基部有密腺或无；雄蕊与花瓣同数而对生，花药2室，瓣裂或纵裂；子房上位，1室，胚珠多数或少数，稀1枚，基生或侧膜胎座，有花柱或无，有时果时宿存。浆果、蒴果、蓇葖果或瘦果。种子1至多数，有时具假种皮；富含胚乳；胚大或小。

17属约650种，主产北温带和亚热带高山地区。我国11属约320种。

1. 灌木或小乔木。
  2. 二至三回羽状复叶；小叶全缘；花药纵裂，近边缘胎座 ………… 1. **南天竹属 Nandina**
  2. 单叶或羽状复叶；小叶通常具齿；花药瓣裂，外卷，基生胎座。
    3. 单叶；枝通常具刺 ………… 2. **小檗属 Berberis**
    3. 羽状复叶；枝通常无刺 ………… 3. **十大功劳属 Mahonia**
1. 多年生草本。
  4. 单叶；花无蜜腺。
    5. 花单生。
      6. 根茎粗短；花先叶开放；浆果不裂 ………… 4. **桃儿七属 Sinopodophyllum**
      6. 根茎细瘦；花后叶开放；蒴果纵斜开裂 ………… 5. **鲜黄连属 Plagiorhegma**
    5. 花2朵以上。
      7. 花数朵簇生，或伞形；叶盾状，3-9深裂或浅裂；种子多数 ………… 6. **八角莲属 Dysosma**
      7. 聚伞或伞形花序顶生；叶2半裂；种子少数 ………… 7. **山荷叶属 Diphylleia**
  4. 复叶（除淫羊藿属少数种具单叶）；花具蜜腺。
    8. 蒴果；种子不裸露；总状花序或圆锥花序。
      9. 根茎粗短或横走；小叶不裂，具刺毛状细齿；花瓣4，有距或囊 ………… 8. **淫羊藿属 Epimedium**
      9. 根茎块状；小叶2-3裂，全缘；花瓣6，蜜腺状，无距。
        10. 茎生叶1，稀2；蒴果非囊状，瓣裂；种子具薄假种皮 ………… 9. **牡丹草属 Gymnospermium**
        10. 茎生叶2-5；瘦果囊状，不裂；种子无假种皮 ………… 10. **囊果草属 Leontice**
    8. 浆果；种子熟后裸露；复聚伞花序 ………… 11. **红毛七属 Caulophyllum**

1. 南天竹属 Nandina Thunb.

常绿小灌木。茎常丛生而少分枝，高1-3米，无毛。幼枝常红色，老后灰色。叶互生，集生茎上部，二至三回羽状复叶，长30-50厘米，羽片对生；小叶薄革质，椭圆形或椭圆状披针形，长2-10厘米，宽0.5-2厘米，先端渐尖，基部楔形，全缘，上面深绿色，冬季红色，两面无毛；近无柄。圆锥花序顶生或腋生，直立，长20-35厘米。花两性，3基数，白色，芳香，径6-7毫米；具小苞片；萼片多轮，外轮萼片卵状三角形，长1-2毫米，最内轮萼片卵状长圆形，长2-4毫米；花瓣长圆形，长约4.2毫米；雄蕊6，1轮，与花瓣对生，长约3.5毫米，花丝短，花药纵裂，药隔延伸；子房斜椭圆形，近边缘胎座，花柱短，柱头全缘，稀数小裂，1室，胚珠1-3。浆果球形，径5-8毫米，花萼宿存，熟时鲜红色，稀橙红色；果柄长4-8毫米。种子扁圆形。

单种属。

南天竹 图 1 彩片 449

Nandina domestica Thunb. Fl. Jap.: 9. 1784.

形态特征同属。花期3-6月，果期5-11月。染色体2n=20。

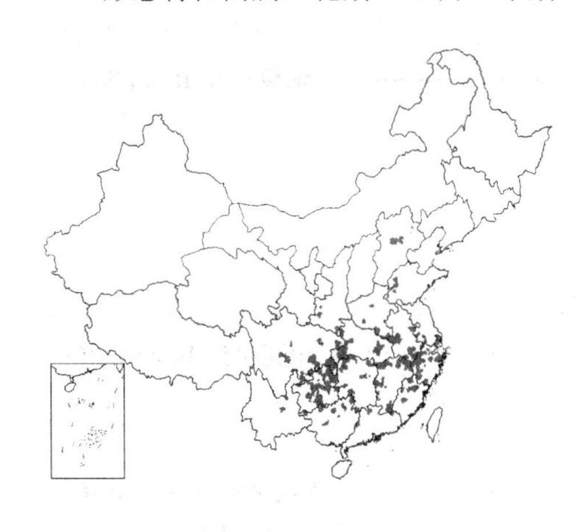

产河北、山东、河南、陕西、江苏、安徽、浙江、福建、江西、湖北、湖南、广东、广西、贵州、四川及云南，生于海拔1200米以下山地林下沟旁、路边或灌丛中。日本有分布。根、叶具强筋活络、消炎解毒之效，果为镇咳药，过量有中毒之虞。各地庭园常栽培，为优美观赏植物。

图 1 南天竹 （引自《图鉴》）

2. 小檗属 Berberis Linn.

落叶或常绿灌木。枝无毛或被绒毛；通常具刺，单生或3-5分叉；老枝常暗灰或紫黑色，幼枝有时红色，常有散生黑色疣点，内皮层和木质部均黄色。单叶互生，着生侧生短枝，通常具齿及叶柄，叶片与叶柄连接处常有关节。花单生、簇生、总状、圆锥或伞形花序。花3数，小苞片3，早落；萼片6，2轮，稀3或9，1轮或3轮，黄色；花瓣6，黄色，内侧近基部具2腺体；雄蕊6，与花瓣对生，花药瓣裂，花粉近球形，具螺旋状萌发孔或为合沟，外壁具网状纹饰；子房胚珠1-12，稀达15，基生，花柱短或无，柱头头状。浆果球形、椭圆形、长圆形、卵圆形或倒卵圆形，熟时通常红或蓝黑色。种子1-10，黄褐至红棕色或黑色，无假种皮。染色体基数x=14。

约500种，主产北温带，分布于南北美洲、欧洲和热带非洲山区。我国约250余种。多数种类的根皮和茎皮含小檗碱，可代黄连药用；也作观赏植物栽培。

1. 花单生或2至多朵簇生。
  2. 花单生。
    3. 叶下面密被白粉。
      4. 萼片3轮，花瓣先端全缘，胚珠3-4 ······································ 1. **单花小檗 B. candidula**
      4. 萼片2轮。
        5. 叶全缘；药隔顶端突尖或圆钝。
          6. 枝近圆柱形，无槽，被白粉；叶窄倒卵形或长圆形，先端圆或钝尖，下面被白粉；胚珠3-4；浆果卵圆形 ······································ 2. **刺红珠 B. dictyophylla**
          6. 枝稍有槽，无白粉；叶椭圆形，先端渐尖，下面无白粉；胚珠5-6；浆果长圆状卵圆形 ······································ 2(附). **无粉刺红珠 B. dictyophylla** var. **epruinosa**
        5. 叶缘具1-7对刺齿；药隔顶端平截 ······································ 3. **近似小檗 B. approximata**
    3. 叶下面无白粉或微被白粉。
      7. 叶全缘：
        8. 萼片3轮 ······································ 4. **等萼小檗 B. parisepala**

8. 萼片 2 轮。
9. 枝被柔毛；花瓣先端近全缘，胚珠 6；叶倒卵形 ······ 5. **有棱小檗 B. angulosa**
9. 枝无毛；花瓣先端 2 裂，胚珠 3-5。
10. 叶革质，长圆形或倒卵形，长约 1.2 厘米，叶缘厚；花梗长 4-8 毫米，药隔顶端平截；浆果长 5-7 毫米 ······ 6. **厚檐小檗 B. crrasilimba**
10. 叶薄纸质，窄倒卵形或长圆状倒卵形，长 1.5-3 厘米，边缘不增厚；花梗长 1-3 厘米，药隔顶端突尖；浆果长 1-1.4 厘米 ······ 7. **木里小檗 B. muliensis**
7. 叶缘具刺齿或全缘兼具 1-6 对刺齿。
11. 叶全缘或兼具 1-6 对刺齿。
12. 花瓣先端全缘，内萼片长 6-8 毫米，胚珠 3-4；浆果卵圆形；茎刺 3-5 分叉；叶长达 1.2 厘米 ······ 8. **珠峰小檗 B. everestiana**
12. 花瓣先端锐裂，萼片长 4-5.5 毫米，胚珠 2；浆果卵圆形或卵状椭圆形；茎刺 3 分叉；叶长 1-2 厘米 ······ 9. **小花小檗 B. minutifloa**
11. 叶缘具刺齿。
13. 萼片 3 轮。
14. 花梗长 0.4-1 厘米；枝密生疣点；叶先端刺尖 ······ 10. **疣枝小檗 B. verruculosa**
14. 花梗长 1.5-2 厘米；枝有时疏生疣点；叶先端圆，具小短尖 ······ 10(附). **雅洁小檗 B. concinna**
13. 萼片 2 轮，花瓣先端浅缺裂；茎刺 3-5(-7)分叉；叶缘具 4-7 对刺牙齿 ······ 11. **西伯利亚小檗 B. sibirica**
2. 花簇生。
15. 落叶灌木。
16. 叶全缘或具 1-2 对刺齿。
17. 萼片 3 轮，内轮萼片椭圆形；花梗长 1-1.5 毫米 ······ 12. **芒康小檗 B. reticulinervis**
17. 萼片 2 轮。
18. 花梗长 2-4 厘米；浆果长圆状卵圆形，长 1-1.2 厘米；叶倒卵形或长圆状倒卵形 ······ 13. **云南小檗 B. yunnanensis**
18. 花梗长 3-5 毫米；浆果球形，长 3-3.5 毫米；叶线状倒披针形或线状披针形 ······ 13(附). **尤里小檗 B. ulicina**
16. 叶缘具刺齿。
19. 花瓣先端锐裂或缺裂。
20. 花瓣先端缺裂，萼片 3 轮，胚珠 4-7；叶倒卵形或倒卵状披针形，长 1.5-2.5 厘米 ······ 14. **玉山小檗 B. morrisonensis**
20. 花瓣先端锐裂，萼片 2 轮，胚珠 6-10；叶长圆形或倒卵状长圆形，长 1.5-4 厘米 ······ 15. **鲜黄小檗 B. diaphana**
19. 花瓣先端全缘，萼片 2 轮；叶缘具 15-40 对刺齿 ······ 16. **秦岭小檗 B. circumserrata**
15. 常绿灌木。
21. 叶全缘或兼具 1-4 对刺齿：
22. 胚珠 1-2；花 6-12 朵簇生；叶倒披针形或椭圆状倒卵形，下面无白粉；浆果椭圆状长圆形，无白粉 ······ 17. **武夷小檗 B. wuyiensis**
22. 胚珠 3-5；花 4-7 朵簇生；叶倒卵形、倒卵状匙形或倒披针形，下面常微被白粉；浆 果近球形，微被白粉 ······ 18. **金花小檗 B. wilsonae**
21. 叶缘具刺齿或刺锯齿，稀兼有全缘。
23. 叶线形、线状披针形、披针形、线状长圆形、椭圆状披针形或倒披针形。
24. 叶线形、线状披针形或线状长圆形。

25. 叶线状长圆形或线形，长 4-15 厘米，宽 0.2-1 厘米，叶缘背卷，具 3-26 对刺齿 … 19. **西昌小檗 B. insolita**
25. 叶线状披针形，长 1.5-6 厘米，宽 3-6 毫米，边缘有时稍背卷，具 7-14 对刺齿 … 20. **血红小檗 B. sanguinea**
24. 叶披针形、椭圆状披针形或倒披针形。
26. 萼片 3 轮：
27. 花瓣先端全缘或微凹。
28. 胚珠 5-7；浆果近球形，顶端具宿存花柱；枝暗红色；叶两面网脉微显 ………………………………………………………………………………… 21. **球果小檗 B. insignis** subsp. **incrassata**
28. 胚珠 3-4；浆果椭圆形，无宿存花柱；枝棕灰或棕黄色；叶两面网脉明显 …… 22. **显脉小檗 B. phanera**
27. 花瓣先端缺裂或锐裂。
29. 花梗长 1-2 厘米，胚珠 4-5；浆果熟时红色；叶披针形或窄披针形，上面暗绿色 ………………………………………………………………………………… 23. **湖北小檗 B. gagnepainii**
29. 花梗长 1.5-2.5 厘米，胚珠 2（-3），浆果熟时蓝黑色，微被蓝粉。
30. 叶长圆状披针形、线状披针形或窄椭圆形，长 2-6 厘米，下面常微被白粉；花 2-4 朵簇生；花瓣先端浅缺裂 ………………………………………………………………… 24. **芒齿小檗 B. triacanthophora**
30. 叶披针形，长 5-11 厘米，下面无白粉；花 2-10 朵簇生；花瓣先端锐裂 … 24(附). **巴东小檗 B. veitchii**
26. 萼片 2 轮。
31. 茎无刺或有刺；叶具 2-4 对刺粗锯齿；花 2-10 朵簇生；浆果梨状或椭圆形，熟时紫黑色，被白粉，顶端具宿存花柱。
32. 叶绿色，下面无白粉 ………………………………………………… 25. **错那小檗 B. griffithiana**
32. 叶灰白色，下面被白粉 …………………………………… 25(附). **灰叶小檗 B. griffithiana** var. **pallida**
31. 茎具刺，3 分叉。
33. 胚珠单一。
34. 珠柄较胚珠长 3-6 倍，花瓣先端缺裂，基部具爪；浆果卵圆形，熟时紫红色 ………………………………………………………………………………… 26. **近光滑小檗 B. sublevis**
34. 珠柄与胚珠等长或较短；浆果椭圆形，熟时黑色。
35. 花瓣先端全缘或微锐裂，基部楔形 ………………………………………… 27. **平滑小檗 B. levis**
35. 花瓣先端缺裂或锐裂，基部具爪。
36. 药隔顶端不延伸；浆果顶端具宿存花柱，被白粉；叶长 3-10 厘米；茎刺粗壮，腹面具槽 ……………………………………………………………………………… 28. **豪猪刺 B. julianae**
36. 药隔顶端延伸；浆果顶端无宿存花柱，无白粉；叶长 2.5-6 厘米；茎刺细弱，腹面平 ………………………………………………………………………… 28(附). **滑叶小檗 B. liophylla**
33. 胚珠 2-4。
37. 花瓣先端全缘，花梗长 1-2.5 厘米；浆果倒卵圆形，顶端具宿存花柱；叶下面微被白粉，具 2-7 对刺锯齿 ……………………………………………………………………… 29. **独龙小檗 B. taronensis**
37. 花瓣先端缺裂或深锐裂。
38. 花瓣先端深锐裂；浆果卵圆形 ……………………………………… 30. **黑果小檗 B. atrocarpa**
38. 花瓣先端缺裂；浆果椭圆形或倒卵圆形。
39. 浆果倒卵圆形。
40. 叶窄披针形，具 10-15 对刺齿；花 10-30 朵簇生；浆果顶端具宿存花柱 ………………………………………………………………………… 31. **鄂西小檗 B. zanlanscianensis**
40. 叶椭圆状披针形，具 15-30 对刺齿；花 2-5 朵簇生；浆果顶端无宿存花柱 ………………………………………………………………………… 31(附). **南川小檗 B. fallaciosa**
39. 浆果椭圆形或圆球形。

41. 叶长4.5-14厘米，具30-50对刺齿；花梗长约1.5厘米；茎刺粗，长3分叉，长2.5-4厘米 ………………………………………………………………………………………………… 32. **锐齿小檗 B. arguta**

41. 叶长4-9厘米，具8-15对刺齿；浆果被白粉；花梗长1.8-2.2厘米；茎刺细，单一或3分叉，长1-2厘米 ………………………………………………………………… 32(附). **亚尖叶小檗 B. subacuminata**

22. 叶椭圆形、长圆形、长圆状椭圆形、卵形或倒卵形。

42. 花瓣先端锐裂。

43. 胚珠1；花8-20朵簇牛；花瓣卵形或倒卵形；叶缘稍背卷，具6-15对刺齿 … 33. **贵州小檗 B. cavalerlei**

43. 胚珠2-3。

44. 叶长圆状披针形，具20-40对芒刺齿；花10-15朵簇生 ……………… 34. **密齿小檗 B. aristato-serrulata**

44. 叶椭圆形或倒卵形，具1-6对刺齿，稀全缘；花8-20朵簇生 ……………… 35. **粉叶小檗 B. pruinosa**

42. 花瓣先端缺裂。

45. 萼片3轮。

46. 叶具15-25对刺齿；浆果无宿存花柱，熟时黑色，无白粉；胚珠1-2，花瓣基部楔形 …………………………………………………………………………………………… 36. **刺黑珠 B. sargentiana**

46. 叶具5-18对刺齿；浆果顶端具宿存花柱，熟时红色，被白粉；胚珠2-3，花瓣基部具爪 …………………………………………………………………………………… 36(附). **假豪猪刺 B. soulieana**

45. 萼片2轮。

47. 茎刺无或极细弱；叶长圆形或窄椭圆形 ………………………………… 37. **南岭小檗 B. impedita**

47. 茎具刺，3分叉。

48. 胚珠1。

49. 叶缘具20-30对刺齿；花6-15（-20）朵簇生；浆果微被霜粉，无宿存花柱；茎刺长2.5-5厘米，腹面具槽 ……………………………………………………… 38. **壮刺小檗 B. deinacantha**

49. 叶缘具8-15对刺齿；花3-5簇生；浆果无白粉，顶端具短宿存花柱；茎刺长1-2厘米，腹面扁平 …………………………………………………………… 38(附). **宁远小檗 B. valida**

48. 胚珠2-3；叶长圆状倒披针形或长圆状窄椭圆形，具2-6对刺齿；浆果椭圆形或倒卵圆形，被白粉，顶端具宿存花柱 ……………………………………………………… 39. **华东小檗 B. chingii**

1. 花序伞形状或圆锥状。

50. 伞形花序；茎刺单生；叶全缘，两面网脉不显；胚珠1-2 ………………… 40. **日本小檗 B. thunbergii**

50. 穗形总状花序、近伞形总状花序、总状花序或圆锥花序。

51. 穗形总状花序、近伞形总状花序或总状花序。

52. 穗形总状花序。

53. 叶被毛。

54. 萼片3轮。

55. 叶椭圆形、倒卵形或长圆状椭圆形，上面折皱，两面被毛；浆果顶端具宿存花柱 ……………………………………………………………………………… 41. **短柄小檗 B. brachypoda**

55. 叶披针形，上面无折皱，下面被毛；浆果顶端无宿存花柱 ……………… 41(附). **柳叶小檗 B. salicaria**

54. 萼片2轮，花瓣先端缺裂或全缘，花梗无毛；叶全缘或具2-9对细小刺齿 …… 42. **涝峪小檗 B. gilgiana**

53. 叶无毛。

56. 叶具5-15对刺齿或全缘；浆果熟时黑色 ……………………………… 43. **延安小檗 B. purdomii**

56. 叶全缘；浆果熟时淡红色。

57. 花瓣先端全缘；花序具15-35花，花序梗长0.5-1厘米；茎刺单一，长1-3厘米 …………………………………………………………………………………… 44. **匙叶小檗 B. vernae**

57. 花瓣先端锐裂；花序具8-15花，花序梗长1-2厘米；茎刺缺，或单一，有时3分叉，长4-9毫

米 ……… 45. **细叶小檗 B. poiretii**

52. 近伞形状总状花序或总状花序。

58. 近伞形总状花序。

59. 花序无总梗；萼片2轮，花瓣先端缺裂，胚珠3-5；叶宽倒卵形或椭圆形；茎刺细弱，长约1厘米 ……………………………………………………………………………………………… 46. **阔叶小檗 B. platyphylla**

59. 花序具总梗。

60. 萼片3轮。

61. 浆果近球形，熟时黑色，顶端具宿存花柱；叶长0.8-2厘米；常绿灌木 …… 47. **四川小檗 B. sichuanica**

61. 浆果长圆形，熟时红色，顶端无宿存花柱；叶长1.5-4.5厘米；落叶灌木 …… 48. **湄公小檗 B. mekongensis**

60. 萼片1或2轮。

62. 萼片1轮；叶窄倒披针形，宽1.5-5毫米 ………………………………… 49. **鳞叶小檗 B. lepidifolia**

62. 萼片2轮。

63. 叶革质，窄倒卵状椭圆形或窄椭圆形，网脉不显；浆果长圆形；种子1 … 50. **美丽小檗 B. amoena**

63. 叶纸质或薄纸质。

64. 叶全缘。

65. 花瓣倒卵形，先端全缘，雄蕊药隔顶端牙齿状；叶下面无乳突 ……… 51. **变绿小檗 B. virescens**

65. 花瓣椭圆形，先端锐裂；雄蕊药隔顶端平截；叶下面具乳突 …… 51(附). **乳突小檗 B. papillifera**

64. 叶具刺齿或全缘兼具1-10对刺齿。

66. 叶下面灰绿色，有时微被白粉；胚珠3-4；浆果卵状长圆形 ………… 52. **川西小檗 B. tischleri**

66. 叶下面无白粉；胚珠2。

67. 花瓣先端近全缘；浆果长圆形；叶长2-6厘米 ………………… 53. **华西小檗 B. silva-taroucana**

67. 花瓣先端缺裂；浆果长圆状椭圆形；叶长1.2-3.5厘米 ……… 54. **察瓦龙小檗 B. tsarongensis**

58. 总状花序。

68. 花序具总梗。

69. 叶全缘。

70. 叶被毛；花序轴、花序梗、花梗无毛；茎常具单刺；叶两面被柔毛，叶缘背卷 …………………………………………………………………………………………………… 55. **柔毛小檗 B. pubescens**

70. 叶无毛；萼片2轮。

71. 叶近楔形、倒心形或长圆状菱形。

72. 叶近楔形或倒心形，长0.8-1.4厘米；浆果顶端具宿存花柱 ………………… 56. **心叶小檗 B. retusa**

72. 叶长圆状菱形，长3.5-8厘米；浆果顶端无宿存花柱 …………………… 57. **庐山小檗 B. virgetorum**

71. 叶椭圆形、倒卵形或长圆状倒卵形。

73. 浆果长圆形；花序长7-18厘米，花达60；叶倒卵形或长圆状倒卵形；茎刺单生，细弱，长2-8毫米 ……………………………………………………………………… 58. **异长穗小檗 B. feddeana**

73. 浆果卵球形；花序长7-10厘米；具9-20（-40）花；叶椭圆形或长圆状倒卵形；茎刺单生或3分叉，粗壮，长1.5-3.5厘米 ……………………………………… 59. **川滇小檗 B. jamesiana**

69. 叶具锯齿或兼具全缘：

74. 浆果顶端具宿存花柱；花瓣长圆状倒卵形，先端锐裂；叶下面灰绿色，微被白粉 ……………………………………………………………………………………………… 60. **川鄂小檗 B. henryana**

74. 浆果顶端无宿存花柱。

75. 叶近圆形或宽椭圆形。

76. 花瓣先端缺裂；浆果长圆状倒卵圆形 ………………………………………… 61. **甘肃小檗 B. kansuensis**

76. 花瓣先端全缘；浆果椭圆形或倒卵圆形。
77. 叶下面淡绿色，稍被白粉；胚珠2-3 ························ 62. **安徽小檗 B. anhweiensis**
77. 叶下面黄绿色，无白粉；胚珠1-2 ························ 63. **直穗小檗 B. dasystachya**
75. 叶长圆形、椭圆形、卵形或长圆状倒卵形。
78. 叶长圆状、卵形或椭圆形。
79. 叶倒卵状椭圆形或卵形，长5-10厘米，宽2.5-5厘米；茎刺3分叉 ············ 64. **黄芦木 B. amurensis**
79. 叶椭圆形或倒卵形，长1.5-4.5厘米，宽0.5-1.7厘米；茎刺无或单生，稀3分叉 ························ 64(附). **南阳小檗 B. hersii**
78. 叶窄倒卵形，下面淡黄绿色；浆果顶端无宿存花柱 ························ 65. **置疑小檗 B. dubia**
68. 花序无花序梗。
80. 常绿灌木；叶具1-4对刺锯齿；茎刺长2-6厘米 ························ 66. **少齿小檗 B. potaninii**
80. 落叶灌木。
81. 萼片1-2轮。
82. 萼片1轮；叶全缘，稀具1-8对不明显刺齿 ························ 67. **变刺小檗 B. mouillacana**
82. 萼片2轮。
83. 叶全缘或稀有少数刺齿。
84. 叶全缘。
85. 浆果顶端常弯曲，具宿存花柱；花瓣先端尖 ························ 68. **滇西北小檗 B. franchetiana**
85. 浆果顶端不弯曲，无宿存花柱。
86. 花瓣先端缺裂；叶长1.5-2.5厘米，边缘平 ························ 69. **光叶小檗 B. lecomtei**
86. 花瓣先端全缘；叶长1-2厘米，边缘反卷 ························ 69(附). **小毛小檗 B. microtricha**
84. 叶全缘或具6-10对刺齿。
87. 浆果熟时红色，顶端具宿存花柱；叶长圆状倒卵形，长1-3厘米；花瓣先端微裂 ························ 70. **道孚小檗 B. dawoensis**
87. 浆果熟时黑色，顶端无宿存花柱；叶倒卵形，长2-6厘米；花瓣先端全缘 ························ 70(附). **异果小檗 B. heteropoda**
83. 叶具刺齿。
88. 花瓣先端缺裂；叶椭圆形或椭圆状披针形，无毛 ························ 71. **首阳小檗 B. dielsiana**
88. 花瓣先端全缘。
89. 叶椭圆形或椭圆状倒卵形，长1-3.5厘米，具细密刺齿；苞片长1毫米 ························ 72. **松潘小檗 B. dictyoneura**
89. 叶倒卵形或椭圆状倒卵形，长2.5-5厘米，边缘具粗刺齿；苞片长4-5毫米 ························ 73. **垂果小檗 B. nutanticarpa**
81. 萼片3轮；叶先端尖或圆钝，网脉不明显；花药顶端钝 ························ 74. **烦果小檗 B. ignorata**
51. 圆锥花序。
90. 圆锥花序紧密；花梗长1-2毫米；浆果近球状或卵圆形 ························ 75. **堆花小檗 B. aggregata**
90. 圆锥花序松散；花梗长2毫米以上。
91. 萼片3轮；花序轴、花序梗无毛。
92. 叶卵形或椭圆形，长2-7厘米，先端尖，具15-30对刺齿；浆果顶端无宿存花柱 ························ 76. **大黄檗 B. francisci-ferdinandi**
92. 叶倒卵状椭圆形或倒卵形，长1-3（4）厘米，先端圆钝，全缘；浆果顶端具宿存花柱 ························ 76(附). **短锥花小檗 B. prattii**
91. 萼片2轮。

93. 半常绿灌木。
  94. 茎刺单生；花序长6-14厘米；花瓣先端锐裂，胚珠2 ……………………………… 77. **刺黄花 B. polyantha**
  94. 茎刺3分叉；花序长3-5厘米；花瓣先端全缘，胚珠4 ……………………………… 78. **锡金小檗 B. sikkimensis**
93. 落叶灌木；叶窄倒披针形，薄纸质；花瓣先端全缘 ……………………………… 79. **北京小檗 B. beijingensis**

1. 单花小檗 图 2

Berberis candidula Schneid. in Bull. Herb. Boiss. ser. 2, 5: 402. 1905.

常绿灌木。老枝密生小疣点；茎刺3分叉，长1-1.5厘米。叶厚革质，椭圆形或卵圆形，长1-2厘米，先端渐尖，具刺尖头，上面中脉凹陷，侧脉不显，下面密被白粉，叶缘背卷，具1-4对刺齿；叶柄极短或近无柄。花单生，黄色；花梗长0.4-1厘米，无毛；萼片3轮，外萼片长圆状卵形，黄红色，长约4毫米，中萼片长圆状倒卵形，长约7毫米，内萼片倒卵形，长约1厘米；花瓣倒卵形，长约8毫米，先端全缘，基部楔形，具2卵形腺体；药隔顶端平截；胚珠3-4。浆果椭圆形，长8-9毫米，无宿存花柱，微被白粉。花期4-5月，果期6-9月。

产湖北及四川，生于海拔1200-3000米山地路旁或灌丛中。

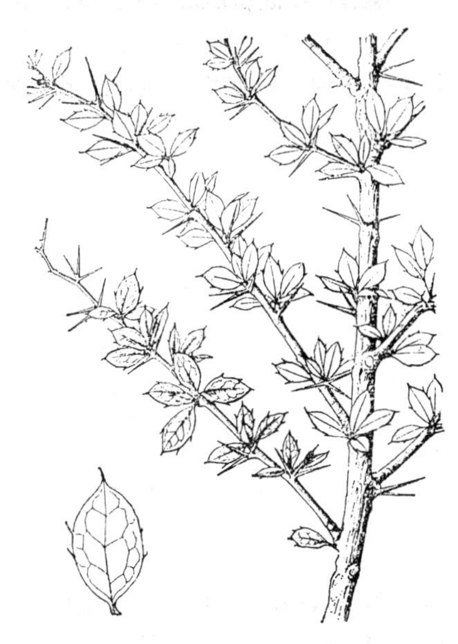

图 2 单花小檗 （引自《湖北植物志》）

2. 刺红珠 图 3

Berberis dictyophylla Franch. Pl. Delavay 39. t. 11. 1889.

落叶灌木。幼枝近圆柱形，被白粉；茎刺3分叉，有时单生，长1-3厘米，淡黄或灰色。叶厚纸质或近革质，窄倒卵形或长圆形，长1-2.5厘米，先端圆或钝尖，基部楔形，下面被白粉，两面叶脉和网脉隆起，叶缘平，全缘；近无柄。花单生，黄色；花梗长0.3-1厘米，有时被白粉；萼片2轮，外萼片线状长圆形，长约6.5毫米，内萼片长圆状椭圆形，长8-9毫米；花瓣窄倒卵形，长约8毫米，先端全缘，基部具爪，具2腺体；药隔顶端突尖；胚珠3-4。浆果卵圆形，长0.9-1.4厘米，熟时红色，被白粉，花柱宿存。花期5-6月，果期7-9月。

产青海、贵州、四川、云南及西藏，生于海拔2500-4000米山坡灌丛中、河滩草地、林下、林缘或草坡。

图 3 刺红珠 （冀朝祯绘）

[附] **无粉刺红珠 Berberis dictyophylla** var. **epruinosa** Schneid. in Sarg. Pl. Wilson. 1: 353. 1913. 与模式变种的区别：枝稍有槽，无白粉；叶椭圆形，先端渐尖，下面无白粉；胚珠5-6；果长圆状卵圆形。

产青海、四川、云南及西藏，生于海拔2500-4750米灌丛中、林缘、林下、山坡、沟边。

3. 近似小檗 图 4

Berberis approximata Sprague in Kew Bull. 1909: 256. 1909.

落叶灌木。老枝具条棱，无毛，疏生棕褐色疣点；茎刺3分叉，长1-2.1厘米，腹面具浅槽。叶纸质，窄倒卵形、倒卵形或窄椭圆形，长1-2.2厘米，上面近无脉或微显，下面被白粉，网脉显著，叶缘平，全缘或具1-7对刺齿。花单生，黄色；花梗长3-7毫米，无毛；萼片2轮，外萼片椭圆形，长约4.5毫米，内萼片倒卵形，长6-7毫米；花瓣倒卵形或椭圆形，长约5毫米，先端浅缺裂，裂片尖，基部略具爪，具2紧靠腺体；药隔顶端平截；胚珠4-6，具短柄。浆果卵球形，熟时红色，长0.8-1厘米，花柱宿存，微被白粉。花期5-6月，果期9-10月。

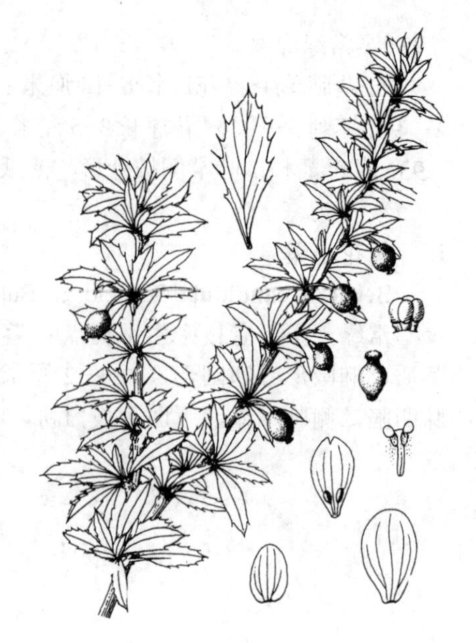

图 4 近似小檗 （冀朝祯绘）

产青海、四川、云南及西藏，生于海拔2900-4300米山坡灌丛中、山坡、林缘或林中。

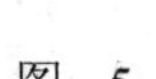

4. 等萼小檗 图 5

Berberis parisepala Ahrendt in Gard. Chron. ser. 3, 109: 100. 1941.

落叶灌木。枝被柔毛具槽，无疣点，幼枝棕褐色；茎刺细弱，3分叉，偶有单生或5分叉，长0.4-1.6厘米。叶薄纸质，倒卵形或窄倒卵形，长1.5-2.8厘米，上面亮深黄绿色，中脉平，下面淡绿色，有光泽，两面侧脉和网脉不显，叶缘平，全缘或偶有1-3对刺齿；叶柄长2-5毫米。花单生，黄色；花梗长0.5-1.2厘米，被柔毛；小苞片卵形，黄色，长约1.3毫米；萼片3轮，外、中、内轮萼片等大，长8-9毫米；花瓣长约7.5毫米，先端缺裂，基部具2分离腺体；药隔顶端平截；胚珠4。浆果椭圆形，长1-1.1厘米，熟时红色，花柱宿存，无白粉。花期5-6月，果期9-10月。

产西藏，生于海拔3600-3900米山坡灌丛中或高山草甸。缅甸、不丹及尼泊尔有分布。

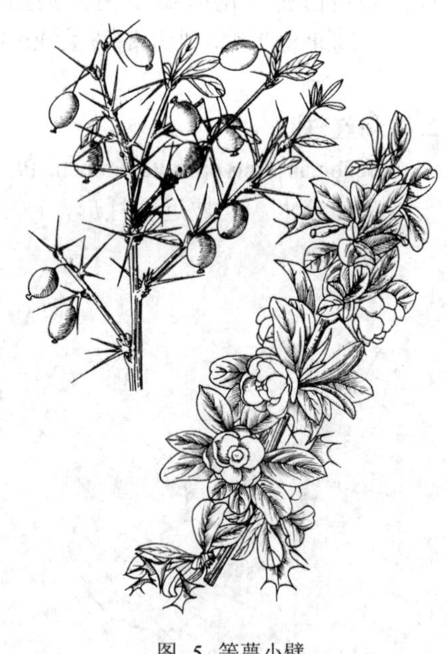

图 5 等萼小檗
（孙英宝仿《Crutis's Bot. Mag.》）

5. 有棱小檗 图 6

Berberis angulosa Wall. ex Hook. f. et Thoms. Fl. Ind. 1: 227. 1855.

落叶灌木。老枝被柔毛，具深槽，幼枝被微柔毛；茎刺细弱，单生或3分叉，有时5分叉，长0.7-

1.2 厘米，有时被微毛。叶纸质，倒卵形，长 1.5-2.5 厘米，上面亮深黄绿色，下面淡黄绿色，有光滑，两面叶脉不显，无毛，叶缘平，有时被微毛，全缘。花单生，黄色；花梗长 3-5 毫米，下垂，被柔毛；小苞片卵形，先端渐尖，长约 3.5 毫米；萼片 2 轮，外萼片椭圆形，长约 5.5 毫米，内萼片倒卵形，长约 9.2 毫米；花瓣倒卵形，长约 6 毫米，先端近全缘，基部具爪，具 2 枚分离长圆形腺体；药隔顶端圆钝；胚珠 6，近无柄。浆果近球形，熟时亮红色，长 1-1.2 厘米，宿存花柱不明显或无，无白粉。花期 5-6 月，果期 7-8 月。

产青海及西藏，生于海拔 3500-4500 米疏林、灌丛中或灌丛草地。尼泊尔及印度有分布。

图 6 有棱小檗
（孙英宝仿《Crutis's Bot. Mag.》）

6. 厚檐小檗 图 7

Berberis crrasilimba C. Y. Wu ex S. Y. Bao in Bull. Bot. Rev. (Harbin) 5(3): 2. f. 2. 1985.

常绿灌木。老枝圆柱形，无毛，无疣点，幼枝具条棱；茎刺 3 分叉，暗棕黄色，长约 1.5 厘米，腹面具浅槽。叶革质，长圆形或倒卵形，长约 1.2 厘米，先端圆，具突尖，上面亮深绿色，中脉平，近无脉，下面淡绿色，无白粉，中脉及 1-2 对侧脉显著，叶缘厚，全缘；近无柄。花单生，黄色；花梗长 4-8 毫米，无毛；萼片 2 轮，外萼片长椭圆形，长约 7 毫米，内萼片宽倒卵形，长约 7 毫米，先端圆；花瓣倒卵形，长 5-6 毫米，先端 2 裂，基部具爪，具 2 分离长圆形腺体；药隔顶端平截；胚珠 3，具柄。浆果球形或椭圆形，长 5-7 毫米，无宿存花柱，无白粉。花期 3-6 月，果期 10 月。

产四川及云南，生于海拔约 3600 米开阔石坡或向阳坡地。

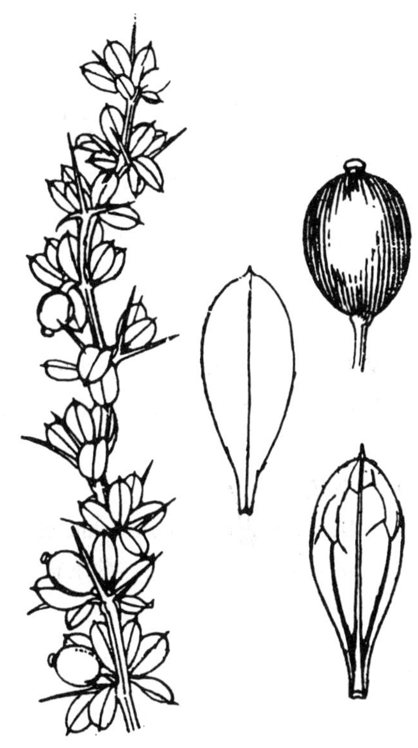

图 7 厚檐小檗 （肖 溶绘）

7. 木里小檗 图 8

Berberis muliensis Ahrendt in Kew Bull. 1939: 268. 1939.

落叶灌木。老枝具槽，无白粉，幼枝亮红色；茎刺细弱 3 分叉，长 1.5-2 厘米，棕黄色，有时无。叶薄纸质，窄倒卵形或长圆状倒卵形，长 1.5-3 厘米，先端圆或尖，上面暗绿色，中脉平或微凹，下面灰绿色，被灰白粉，两面侧脉和网脉显著，叶缘平，全缘；叶柄长 2-3 毫米。花单生，黄色；花梗长 1-3 厘米，无白粉；小苞片宽倒卵形，黄色，

长宽约2.5毫米；萼片2轮，外萼片卵形，长7-8毫米，内萼片倒卵形，长0.9-1厘米；花瓣倒卵形，长约6.5毫米，先端浅裂，基部具2窄椭圆形腺体；药隔顶端突尖；胚珠3-4。浆果卵形或长圆状卵圆形，长1-1.4厘米，无宿存花柱，无白粉。花期5-6月，果期8-9月。

产四川、云南及西藏，生于海拔2800-4300米山坡灌丛中、冷杉林下或林缘河滩。

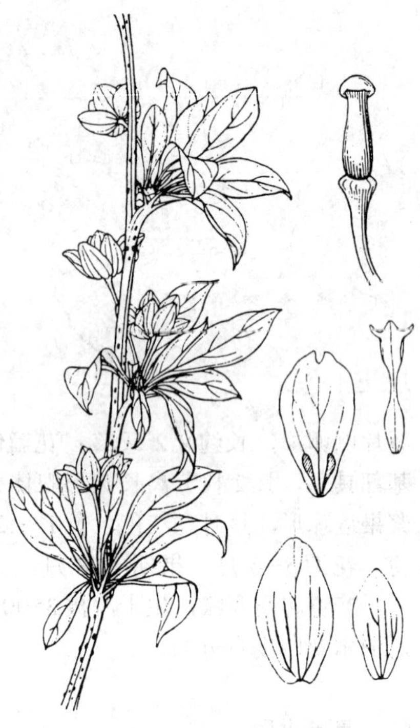

图 8 木里小檗 （包士英绘）

8. 珠峰小檗

Berberis everestiana Ahrendt in Journ. Linn. Soc. Bot. 57: 117. f. 28. 1961.

落叶矮小灌木，高20-30厘米。老枝具槽，无毛，紫黑色，幼枝淡紫红色；茎刺3-5分叉，有时单生，长0.8-1.2厘米。叶纸质，倒卵形，长达1.2厘米，下面淡黄绿色，无白粉，叶缘平，全缘；具短柄。花单生，黄色；花梗长5-9毫米，无毛；小苞片披针形，长约4毫米；萼片2轮，外萼片长6-7毫米，内萼片长7-8毫米；花瓣长6-6.5毫米，宽3-3.5毫米，先端全缘；药隔顶端平截；胚珠3-4。浆果卵圆形，长0.7-1厘米，宿存花柱无或不明显。种子紫色。花期6月，果期8-9月。

产西藏，生于海拔3800-5000米峡谷山坡、谷底石质土及高山灌丛草甸。尼泊尔有分布。

9. 小花小檗 图 9

Berberis minutiflora Schneid. Ill. Handb. Laubh. 2: 914. 1912.

落叶灌木。枝无毛，具条棱，散生黑色疣点，幼枝初被柔毛，后光滑；茎刺细弱，3分叉，长0.4-1.2厘米。叶厚纸质或近革质，窄倒卵形或窄倒披针形，长1-2厘米，上面叶脉疏散分枝，无毛，下面具乳突，无白粉，两面网脉不显，叶缘平，全缘或偶具1-3对刺齿；近无柄。花单生，黄色；花梗长0.5-1厘米，细弱；小苞片卵形，红色，长约1.4毫

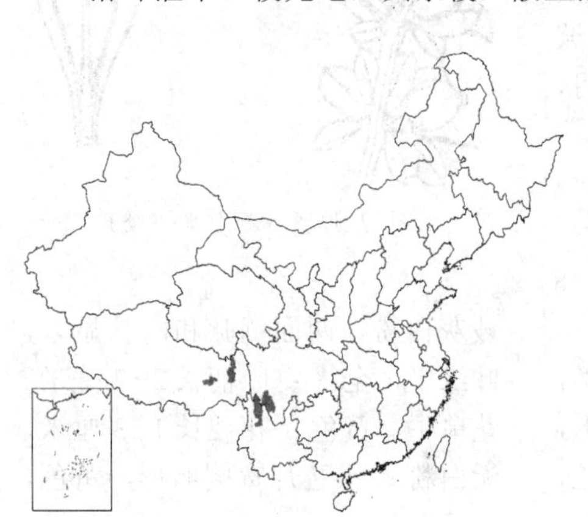

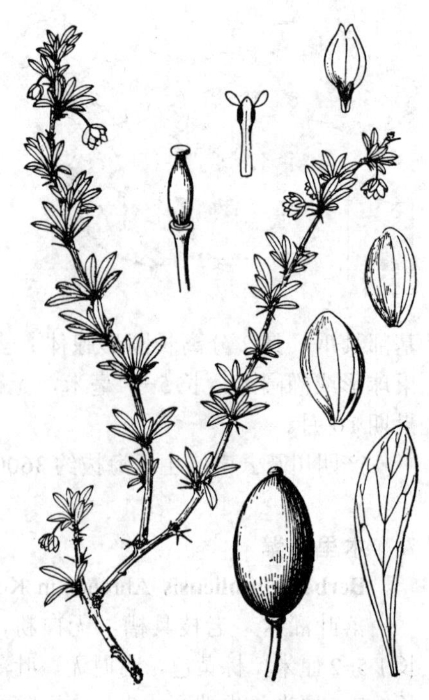

图 9 小花小檗 （引自《云南植物志》）

米；萼片2轮，外萼片长圆状卵形，长约4毫米，内萼片长圆状倒卵形，长约5.5毫米；花瓣长约4.5毫米，先端锐裂，基部无爪，具2分离腺体；药隔顶端圆钝；胚珠2。浆果卵圆形或卵状椭圆形，长6-9毫米，有时达1.2厘米，熟时红色，无宿存花柱，有时微被白粉。花期4-6月，果期9-10月。

产四川、云南及西藏，生于海拔2500-3800米山坡灌丛中、草坡、岩坡或高山松林下。

10. 疣枝小檗 图 10:1-8

Berberis verruculosa Hemsl. et Wils. in Kew Bull. 1906: 151. 1906.

常绿灌木。枝密生疣点，圆柱形，幼枝密被柔毛和疣点；茎刺长1-2厘米。叶革质，倒卵状椭圆形或椭圆形，长1-2厘米，先端刺尖，中脉凹陷，下面密生乳突，被白粉，侧脉3-4对，两面网脉不显，叶缘常波状或稍背卷，具2-4对硬直刺齿；近无柄。花单生，黄色；花梗长0.4-1厘米，无毛；萼片3轮，外萼片卵形，长约4毫米，中萼片卵形，长约6毫米，内萼片倒卵形，长约1厘米；花瓣椭圆形或倒卵形，长5.5-6毫米，先端缺裂或微凹，裂片先端圆，基部楔形，具2分离腺体；雄蕊长约3.5毫米，药隔顶端圆钝；胚珠4-6。浆果长圆状卵圆形，长1-1.2厘米，无宿存花柱，被白粉。花期5-6月，果期7-9月。

产陕西、甘肃、四川及云南，生于海拔1900-3200米林下、山坡灌丛中或山谷岩石上及林下。根用作清热药。根部含小檗碱1.05%、巴马亭、药根碱、小檗胺等生物碱。

[附] **雅洁小檗 Berberis concinna** Hook. f. et Thoms. in Curtis's Bot. Mag. 79. t. 477. 1853. 与疣枝小檗的区别：枝有时具稀疏疣点；叶先端圆，具小短尖；花梗长1.5-2厘米。产西藏，生于海拔3700米。印度北部及尼泊尔有分布。

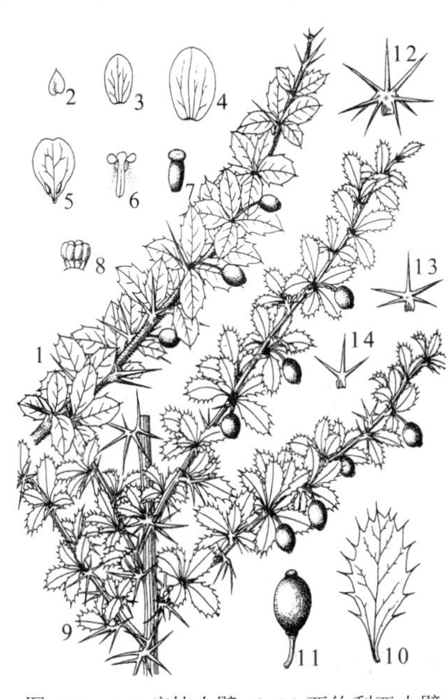

图 10：1-8.疣枝小檗 9-14.西伯利亚小檗
（冀朝祯绘）

11. 西伯利亚小檗 图 10:9-14

Berberis sibirica Pall. Reise Prov. Russ. 2, Anh, 737. 1973.

落叶灌木。老枝无毛，幼枝被微柔毛，具条棱。茎刺3-5(-7)分叉，长0.3-1.1厘米，有时刺基部略叶状。叶纸质，倒卵形、倒披针形或倒卵状长圆形，长1-2.5厘米，先端刺尖，下面淡黄绿色，无白粉，两面中脉、侧脉和网脉隆起，侧脉4-5对，斜上至近叶缘联结，叶缘有时略波状，具4-7对硬直刺状牙齿；叶柄长3-5毫米。花单生；花梗长0.7-1.2厘米，无毛；萼片2轮，外萼片长圆状卵形，长约4毫米，内萼片倒卵形，长约4.5毫米；花瓣倒卵形，长约4.5毫米，先端浅缺裂，基部具2分离腺体；药隔顶端平截；胚珠5-8。浆果倒卵圆形，熟时红色，长7-9毫米，无宿存花柱，无白粉。花期5-7月，果期8-9月。

产黑龙江、辽宁、内蒙古、河北、山西、甘肃、宁夏及新疆，生于海拔1450-3000米高山碎石坡、陡坡、荒漠或林下。俄罗斯西伯利亚及蒙古有分布。根皮和茎皮入药，清热、解毒、止泻、止血、明目。

12. 芒康小檗 图 11

Berberis reticulinervis Ying in Acta Phytotax. Sin. 37(4): 305. f. 1: 1-7. 1999.

落叶灌木。老枝圆柱形，无毛，具条棱；茎刺3分叉，淡黄色，长1-2.5厘米。叶纸质，倒披针形或椭圆形，长0.7-2.1厘米，全缘或具1-4对刺齿，上面无毛，下面淡绿色，无白粉，两面网脉突起；近无柄。花黄色，3-4簇生；花梗光滑，长1-1.5厘米；萼片3轮，外萼片披针状长圆形，长约3毫米，中萼片椭圆形，长4毫米，内萼片椭圆形，长5.5-6毫米；花瓣椭圆形，先端锐裂，裂片尖，基部楔形，具2分离腺体；药隔顶端圆钝；胚珠3，偶2，珠柄极短。花期6-7月，果期8-10月。

产四川及西藏，生于海拔3400-3850米山坡林缘。

图 11 芒康小檗 （冀朝祯绘）

13. 云南小檗 图 12

Berberis yunnanensis Franch. in Bull. Soc. Bot. France 33: 388. 1886.

落叶灌木。幼枝暗红色，老枝具槽和黑色疣点；茎刺细弱，3分叉，长1-2.5厘米。叶纸质，倒卵形或长圆状倒卵形，长3-6厘米，先端圆或具短尖头，基部楔形，全缘，偶具2-3对刺齿，上面暗绿色，秋季紫红色，侧脉3-4对，下面浅绿色，具乳突，中脉和侧脉微突起；具短柄。花2-4簇生，有时达10朵；花梗长2-4厘米，光滑；萼片2轮，外萼片长圆状倒卵形，长约5毫米，内萼片长圆状倒卵形，长7-8毫米；花瓣倒卵形，长约5毫米，先端缺裂，裂片圆钝，基部具2分离腺体；药隔顶端近突尖；胚珠2-3。浆果紫红色，长圆状卵圆形，长1-1.2厘米，无明显宿存花柱，无白粉。花期5-6月，果期8-10月。

产四川、云南及西藏，生于海拔3100-4180米云杉林下、冷杉林缘、灌木林缘或草坡。

图 12 云南小檗 （李锡畴绘）

[附] **尤里小檗 Berberis ulicina** Hook. f. et Thoms. Fl. Ind. 277. 1855. 与云南小檗的区别：叶线状倒披针形或线状披针形；花梗长3-5毫米；浆果球形，长3-3.5毫米。产新疆及西藏西部，生于海拔2500-3700米山谷坡地、河谷、洪积滩地、河边或混交林内。克什米尔有分布。

14. 玉山小檗 图 13 彩片 450

Berberis morrisonensis Hayata in Journ. Coll. Sci. Univ. Tokyo 30: 25. 1911.

落叶灌木。幼枝绿色，老枝暗红色，疏生疣点；茎刺3分叉，长1-1.5厘米。叶倒卵形或倒卵状披针

形，长1.5-2.5厘米，先端圆钝，具4-7对刺齿，上面暗绿色，下面淡绿色，有时灰白色，两面网脉突起；具短柄。花黄色，2-5簇生，有时单生；花梗长1.2-2.5厘米，常下垂；萼片3轮，外萼片披针形或窄卵形，长4-4.5毫米，中萼片长圆状椭圆形，长5.5-6.5毫米，内萼片窄倒卵形，长约7.5毫米；花瓣宽椭圆形，长5-6毫米，先端缺裂；药隔顶端钝或平截；胚珠4-7。浆果熟时深红色，近球形，长8-9毫米。

产台湾中部，生于海拔3000-4300米高山地带。

图 13 玉山小檗 （孙英宝仿《Crutis's Bot. Mag.》）

15. 鲜黄小檗 图 14

Berberis diaphana Maxim. in Bull. Acad. Imp. Sci. St. Pétersb. 23: 309. 1877.

落叶灌木。幼枝绿色，老枝灰色，具条棱和疣点；茎刺3分叉，粗壮，长1-2厘米，淡黄色。叶坚纸质，长圆形或倒卵状长圆形，长1.5-4厘米，具2-12对刺齿，偶全缘，上面侧脉和网脉突起，下面淡绿色，有时微被白粉；具短柄。花2-5簇生，稀单生，黄色；花梗长1.2-2.2厘米；萼片2轮，外萼片近卵形，长约8毫米，内萼片椭圆形，长约9毫米；花瓣卵状椭圆形，长6-7毫米，先端锐裂，基部具爪，具2腺体；药隔顶端平截；胚珠6-10。浆果熟时红色，卵状长圆形，长1-1.2厘米，顶端略弯，有时稍被白粉，花柱宿存。花期5-6月，果期7-9月。

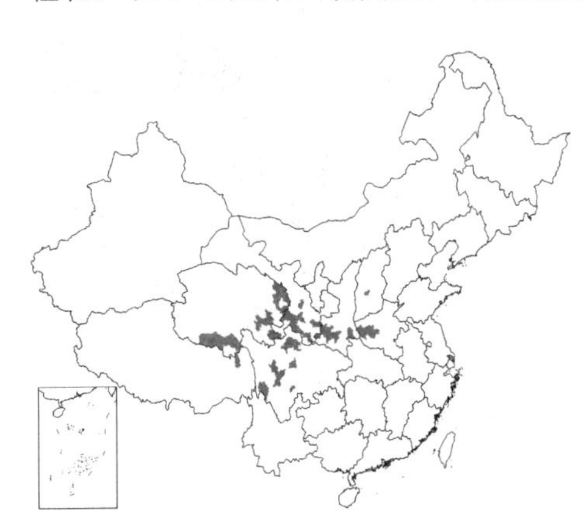

产河南、山西、陕西、甘肃、青海、四川及西藏，生于海拔1620-3600米灌丛中、草甸、林缘、坡地或云杉林中。

图 14 鲜黄小檗 （引自《图鉴》）

16. 秦岭小檗 图 15

Berberis circumserrata (Schneid.) Schneid. in Sarg. Pl. Wilson. 3: 435. 1917.

Berberis diaphana Maxim. var. *circumserrata* Schneid. in Sarg. Pl. Wilson. 1: 354. 1913.

落叶灌木。老枝疏生黑色疣点，具条棱；茎刺3分叉，长1.5-3厘米。叶薄纸质，倒卵状长圆形或倒卵形，偶近圆形，长1.5-3.5厘米，密生15-40对刺齿，上面暗绿色，下面被白粉，两面网脉突起；具短

柄。花黄色，2-5 簇生；花梗长 1.5-3 厘米，无毛；萼片 2 轮，外萼片长圆状椭圆形，长 7-8 毫米，内萼片倒卵状长圆形，长 0.9-1 厘米；花瓣倒卵形，长 7-7.5 毫米，先端全缘，基部略具爪，具 2 分离腺体；药隔顶端圆钝或平截；胚珠 6-7，有时 3 或 8。浆果椭圆形或长圆形，熟时红色，长 1.3-1.5 厘米，花柱宿存，无白粉。花期 5 月，果期 7-9 月。

产河南、山西、陕西、甘肃、宁夏、青海、湖北及四川，生于海拔 1450-3300 米山坡、林缘、灌丛中、沟边。根皮含小檗碱，药用，为苦味健胃剂，可解毒、抗菌、消炎。

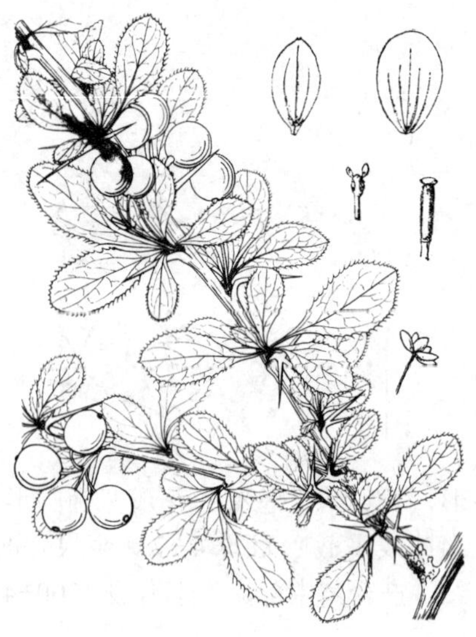

图 15 秦岭小檗 （引自《秦岭植物志》）

17. 武夷小檗 图 16

Berberis wuyiensis C. M. Hu in Bull. Bot. Rev. (Harbin) 6(2): 7. f. 3. 1986.

常绿灌木。老枝灰色，幼枝淡黄色，具条棱和稀小疣点；茎刺 3 分叉，长 1-2 厘米，淡黄棕色，近圆柱形。叶革质，倒披针形或椭圆状倒卵形，长 3.5-7 厘米，先端刺尖，上面中脉凹陷，侧脉及网脉不显，下面淡绿色，侧脉明显，网脉不显，无白粉，中部以上具 2-4（-6）对刺齿，稀全缘；叶柄长 1-3 毫米。花 6-12 簇生，淡黄色；花梗长 0.8-1 厘米，带红色；小苞片披针形，长 1.8-2.5 毫米；萼片 2 轮，外萼片披针形或卵状披针形，长 3-3.5 毫米，内萼片长圆形，长 3.5-4.5 毫米；花瓣倒卵形，长 3-4.5 毫米，先端缺裂，基部略具爪，具 2 腺体；胚珠（1）2。浆果椭圆状长圆形，长约 7.5 毫米，宿存花柱短，无白粉。花期 5-6 月，果期 7-9 月。

产福建及江西，生于海拔 1900-2100 米疏林中或山顶灌丛中。

图 16 武夷小檗 （邓盈丰绘）

18. 金花小檗 图 17

Berberis wilsonae Hemsl. in Kew Bull. 1906: 151. 1906.

半常绿灌木。幼枝暗红色，具棱，散生黑色疣点；茎刺细弱，3 分叉，长 1-2 厘米，淡黄或淡紫红色，有时单一或无。叶革质，倒卵形、倒卵状匙形或倒披针形，长 0.6-2.5 厘米，上面暗灰绿色，网脉明显，下面常微被白粉，全缘或偶有 1-2 对细刺齿；近无柄。花 4-7 簇生，金黄色；花梗长 3-7 毫米；小苞片卵形；

图 17 金花小檗 （引自《图鉴》）

萼片2轮，外萼片卵形，长3-4毫米，内轮萼片倒卵状圆形或倒卵形，长5-5.5毫米；花瓣倒卵形，长约4毫米，先端缺裂；药隔顶端钝尖；胚珠3-5。浆果近球形，长6-7毫米，熟时粉红色，花柱宿存，微被白粉。花期6-9月，果期翌年1-2月。

产甘肃、青海、湖北、湖南、四川、云南及西藏，生于海拔1000-4000米山坡、灌丛中、石山、河滩、松林、栎林林缘或沟边。根、枝入药，可代黄连，清热、解毒、消炎。

19. 西昌小檗 图 18:1-4

Berberis insolita Schneid. in Fedder, Repert. Sp. Nov. 46: 257. 1939.

常绿灌木。茎圆柱形，老枝灰色，幼枝淡黄色，微具条棱，散生黑色疣点；茎刺3分叉，长达4厘米，淡黄色。叶薄革质，线状长圆形或线形，长4-15厘米，宽0.2-1厘米，上面中脉微凹，下面淡黄绿色，两面侧脉显著，网脉不显，无白粉，叶缘背卷，具3-26对细小刺齿；近无柄。果3-11簇生，果柄长0.4-2厘米，暗紫红色，无毛；浆果椭圆形，长约7毫米，熟时红色，无白粉或微被白霜，宿存花柱短；种子1-2。果期5-10月。

产贵州、四川及云南东北部，生于海拔1000-2500米灌丛中、林中、路旁。

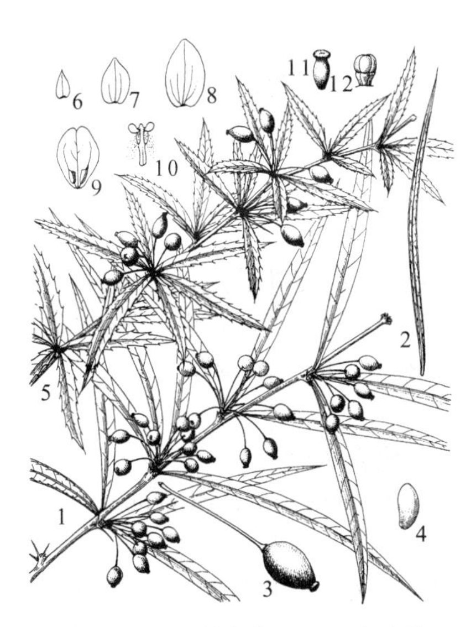

图 18：1-4.西昌小檗 5-12.血红小檗
（冀朝祯绘）

20. 血红小檗 图 18:5-12

Berberis sanguinea Franch. in Nuov. Arch. Mus. Hist. Nat. Paris ser. 2, 8: 194. t. 5. 1886.

常绿灌木。茎具槽，幼枝浅黄色，疏生小黑疣点；茎刺3分叉，长1-3毫米，淡黄色。叶薄革质，线状披针形，长1.5-6厘米，宽3-6毫米，先端刺尖，上面中脉凹下，下面亮淡黄绿色，两面侧脉和网脉不显，无白粉，叶缘有时稍背卷，具7-14对刺齿；近无柄。花2-7簇生；花梗长0.7-2厘米，带红色；小苞片早落，红色；萼片3轮，外萼片卵形，长约3毫米，红色，中萼片和内萼片椭圆形，长约5毫米，黄色；花瓣倒卵形，长约4毫米，先端微凹；胚珠2-3。浆果椭圆形，长0.7-1.2厘米，熟时紫红色，无宿存花柱，无白粉。花期4-5月，果期7-10月。

产湖北及四川，生于海拔1100-2700（-3800）米阳坡、山沟林中、河边、草坡或灌丛中。

21. 球果小檗 图 19:1-2

Berberis insignis subsp. **incrassata** (Ahrendt.) Chamb. et C. M. Hu in Notes Roy. Bot. Gard. Edinb. 42(3): 536. 1985.

Berberis incrassata Ahrendt. in Gard. Chron. ser. 3, 105: 371. 1939.

常绿灌木。枝圆柱形，暗红色，无毛；无茎刺。叶革质，椭圆形或椭圆状披针形，长5-16厘米，宽2-6厘米，上面暗灰绿色，中脉凹陷，下面亮淡黄绿色，两面

侧脉清晰，网脉微显，无白粉，具12-24对粗刺锯齿；叶柄长2-4毫米。花（4-）8-15簇生；花梗长1-2.4厘米，细弱，无毛；萼片3轮，外萼片卵形，长约4毫米，中萼片卵状椭圆形，长约6毫米，内萼片倒卵形，长约7毫米；花瓣倒卵形，长约6毫米，先端全缘，基部楔形，具2腺体；药隔顶端平截；胚珠5-7。浆果近球形，熟时紫红或黑色，长6-7毫米，宿存花柱短，无白粉。花期4-5月，果期8-12月。

产云南及西藏，生于海拔1200-2350米灌丛中、阔叶林、杂木林或竹林中，也生于悬崖。

图19：1-2.球果小檗 3-9.平滑小檗
（冀朝祯绘）

22. 显脉小檗

图 20

Berberis phanera Schneid. in Osterr. Bot. Zeitschr. 67: 22. 1918.

常绿灌木。枝圆柱形，棕灰或棕黄色，无毛，具黑色疣点；茎刺3分叉，长1-3厘米，腹面具槽。叶革质，长圆状椭圆形或椭圆状披针形，长4.5-7厘米，宽1.2-1.8厘米，上面中脉凹陷，下面亮深绿色，两面侧脉和网脉明显，无白粉，叶缘波状，微背卷，具7-12对刺齿；具短柄。花2-6簇生；花梗细弱，长2-3厘米，花期绿色，果期红色；萼片3轮，外萼片卵形，长约3毫米，中萼片近圆形或卵圆形，长约5毫米，内萼片与中萼片同形，长约7毫米；花瓣长圆状倒卵形，长约5.5毫米，先端近圆，微凹，基部具爪，具2分离腺体；药隔顶端平截；胚珠3-4。浆果椭圆形，长约1.2厘米，被蓝粉。无宿存花柱。花期6-9月，果期10-12月。

产四川及云南，生于海拔1800-4000米云杉林下、灌丛中、河边或云南松林下。

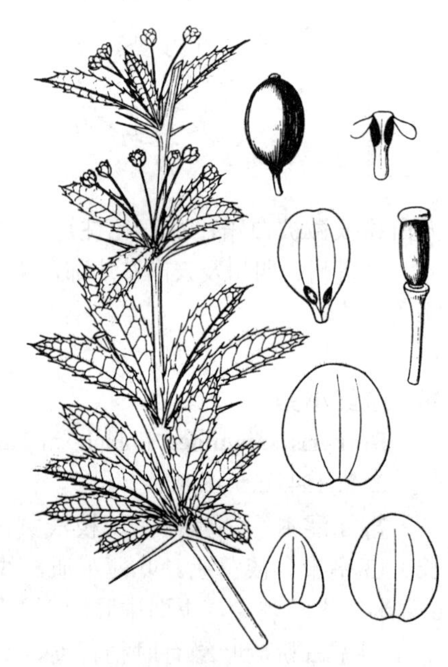

图 20 显脉小檗 （李锡畴绘）

23. 湖北小檗

图 21

Berberis gagnepainii Schneid. in Bull. Herb. Boissier ser. 2, 5: 196. 1908.

常绿灌木。茎圆柱形，幼枝禾秆黄色，具条棱，疏生细小疣点；茎刺长1-4厘米，与枝同色，老枝无刺。叶披针形或窄披针形，长3.5-14厘米，宽0.4-2.5厘米，上面暗绿色，有时灰绿色，中脉微凹陷，侧脉和网脉明显，下面黄绿色，侧脉微隆起，网脉不显，无白粉，叶缘有时微波状，具6-20对刺齿；近无柄。花2-8簇生，有

时达 15 朵，淡黄色；花梗长（0.4-）1-2 厘米，棕褐色，无毛；小苞片长圆状卵形，长约 3 毫米；萼片 3 轮，外萼片长圆状卵形，长约 4.5 毫米，中萼片椭圆形或卵形，长约 6.5 毫米，内萼片倒卵形，长 8 毫米；花瓣倒卵形，长约 7 毫米，先端缺裂或微凹，裂片先端圆，基部楔形，具 2 分离腺体；胚珠 4-5。浆果熟时红色，长圆状卵形，长 0.8-1 厘米，无明显宿存花柱，微被蓝粉。花期 5-6 月，果期 6-10 月。

产湖北、贵州、四川、云南及西藏，生于海拔 700-2600 米灌丛中、岩缝中、云杉林下或林缘。

图 21 湖北小檗 （冀朝祯绘）

24. 芒齿小檗 图 22

Berberis triacanthophora Fedde in Engl. Bot. Jahrb. 36 (Beibl. 82): 43. 1905.

常绿灌木。幼枝带红色，疏生疣点；茎刺 3 分叉，长 1-2.5 厘米。叶革质，线状披针形、长圆状披针形或窄椭圆形，长 2-6 厘米，宽 2.5-8 毫米，先端常刺尖，上面深绿色，有光泽，下面灰绿色，两面侧脉和网脉不显，具乳突，有时微被白粉，叶缘微背卷，具 2-8 对刺齿，偶全缘；近无柄。花 2-4 簇生，黄色；花梗长 1.5-2.5 厘米，无毛；小苞片红色，卵形，长约 1 毫米；萼片 3 轮，外萼片卵状圆形，长 2 毫米，中萼片卵形，长 3.5 毫米，内萼片倒卵形，长约 5 毫米；花瓣倒卵形，长约 4 毫米，先端浅缺裂，基部楔形，具 2 长圆形腺体；药隔顶端平截；胚珠 2-3。浆果椭圆形，长 6-8 毫米，熟时蓝黑色，微被白粉。花期 5-6 月，果期 6-10 月。

产陕西、湖北、湖南、贵州及四川，生于海拔 500-2100 米山坡杂木林中。

[附] 巴东小檗 **Berberis veitchii** Schneid. in Sarg. Pl. Wilson. 1: 363. 1913. 与芒齿小檗的区别：叶披针形，长 5-11 厘米，下面无白粉；花 2-10 簇生，花瓣先端锐裂。产湖北及四川，生于海拔 2000-3300 米山地灌丛中、林中、林缘或河边。

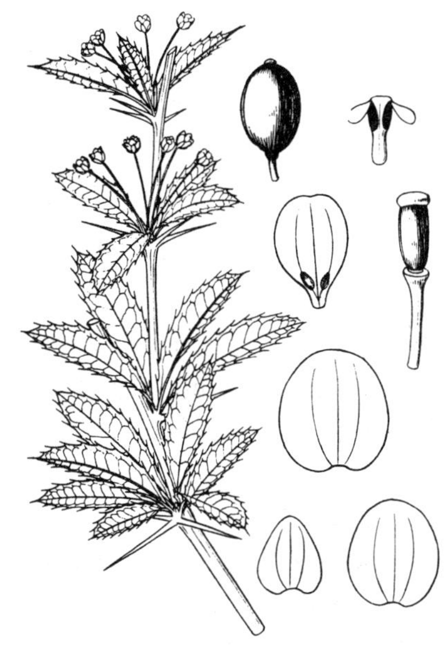

图 22 芒齿小檗 （冀朝祯绘）

25. 错那小檗 图 23:1

Berberis griffithiana Schneid. in Bull. Herb. Boiss. ser. 2, 5: 403. 1905.

常绿灌木。枝圆柱形，有时具条棱，淡黄色，无毛；茎刺 3 分叉，长 1.2-2.5 厘米。叶革质，椭圆状披针形，长 1.2-3.2 厘米，宽 4-9 毫米，先端刺尖，上面暗绿色，中脉微隆起，侧脉显著，网脉不显，下面亮淡绿色，侧脉和网脉不显，叶缘微背卷，略波状，具 2-4 对粗刺齿；无叶柄。花 2-10 簇生；花梗长 1.1-2.2 厘米；小苞片卵形，长约 2 毫米；萼片 2 轮，外萼片卵形，长 5 毫米，内萼片长圆状倒卵形，

长7毫米，先端圆钝；花瓣倒卵形，长7毫米，先端缺裂，基部具爪，具2分离腺体；药隔顶端突尖；胚珠3-4。浆果梨状或椭圆形，长7-9毫米，熟时紫黑色，花柱宿存，被白粉。花期5-6月，果期7月。

产西藏，生于海拔2500-3300米林缘、灌丛中、铁杉林、杜鹃林或竹林中。不丹有分布。

[附] 灰叶小檗 **Berberis griffithiana** var. **pallida** (Hook. f. et Thoms.) Chamb. et C. M. Hu in Notes Roy. Bot. Gard. Edinb. 42(3): 547. 1985. —— *Berberis wallichiana* DC. var. *pallida* Hook. f. et Thoms. Fl. Ind. 1: 226. 1855. 与模式变种的主要区别：叶灰白色，下面被白粉。产西藏东南部，生于海拔2100-3500米灌丛中、林迹地或河滩。不丹东部有分布。

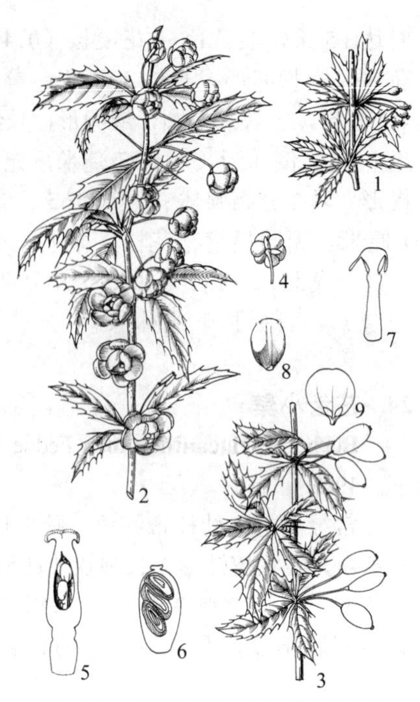

图 23：1.错那小檗 2-9.近光滑小檗
（孙英宝仿《Crutis's Bot. Mag.》）

26. 近光滑小檗 图 23：2-9

Berberis sublevis W. W. Smith in Notes Roy. Bot. Gard. Edinb. 9: 83. 1916.

常绿灌木。枝棕灰色，具棱槽，疏生疣点；茎刺细弱，3分叉，长1-2厘米，腹面扁平。叶薄革质，线状披针形，长4-12厘米，宽1-1.5厘米，上面中脉微凹陷，侧脉清晰，下面苍绿色，侧脉微隆起，无白粉，两面网脉不显，叶缘平或微背卷，具10-28对密刺齿，有时近全缘；具短柄。花5-30簇生；花梗细弱，长0.7-1.5厘米；萼片2轮，外萼片卵形，带红色，长约2.5毫米，内萼片倒卵形或长圆状椭圆形，长约5毫米；花瓣倒卵形，长5-5.5毫米，先端缺裂，基部具爪，具2分离腺体；药隔顶端钝；胚珠单一，珠柄长于胚珠3-6倍。浆果熟时紫红色，卵圆形，长6-7毫米，宿存花柱短，无白粉。花果期5-11月。

产四川及云南，生于海拔1500-2700米灌丛中、河边或林中。缅甸及印度东北部有分布。

27. 平滑小檗 图 19：3-9 图 24

Berberis levis Franch. in Bull. Soc. Bot. France 33: 386. 1886.

常绿灌木。幼枝棕黄色，具条棱，密生黑色疣点；茎刺粗壮，3分叉，长1-4厘米。叶革质，椭圆形、窄椭圆形或披针形，长3-10厘米，宽0.7-1.7厘米，先端刺尖，基部楔形，上面暗黄绿色，中脉微凹陷，侧脉和网脉不显，下面棕黄色，中脉隆起，侧脉和网脉不显，无白粉，叶缘平，具5-15（-20）对刺齿；近无柄。花7-25簇生，黄色；花梗长1-2厘米，无毛；萼片2轮，外萼片倒卵形或长三角形，长3-5毫米，内萼片倒卵形或披针形，长4-5毫米；花瓣倒卵形或宽倒卵

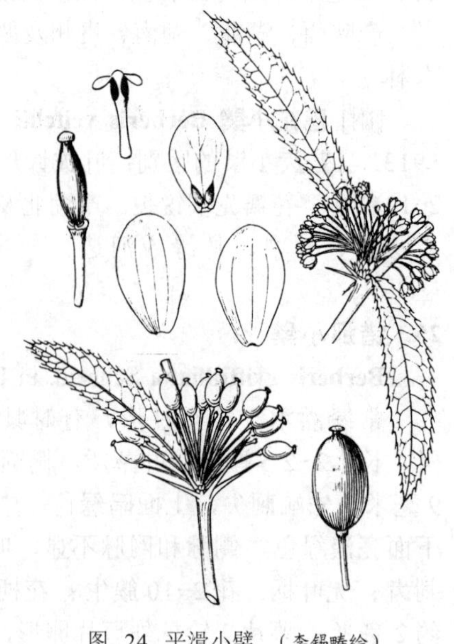
图 24 平滑小檗 （李锡畴绘）

形，长 5-6 毫米，先端全缘或微锐裂，基部楔形，具 2 腺体；雄蕊长 3-4 毫米，药隔延伸，顶端圆钝；胚珠单生，珠柄与胚珠等长或较短。浆果椭圆形，熟时黑色，长 7-8 毫米，花柱宿存，无白粉或微被白粉。花期 4-5 月，果期 9-11 月。

产四川及云南，生于海拔 2100-2900 米山坡常绿阔叶林、松林下或山坡。

28. 豪猪刺 图 25

Berberis julianae Schneid. in Sarg. Pl. Wilson. 1: 360. 1913.

常绿灌木。幼枝淡黄色，具条棱，疏生黑色疣点；茎刺粗壮，3 分叉，腹面具槽，长 1-4 厘米。叶革质，椭圆形、披针形或倒披针形，长 3-10 厘米，上面中脉凹陷，侧脉微显，下面淡绿色，侧脉微隆起或不显，两面网脉不显，无白粉，叶缘平，具 10-20 对刺齿；叶柄长 1-4 毫米。花 10-25 簇生，黄色；花梗长 0.8-1.5 厘米；小苞片卵形，长约 2.5 毫米；萼片 2 轮；外萼片卵形，长约 5 毫米，先端尖，内萼片长圆状椭圆形，长约 7 毫米，先端圆钝；花瓣长圆状椭圆形，长约 6 毫米，先端缺裂，基部具爪，具 2 长圆形腺体；药隔顶端不延伸；胚珠单生。浆果长圆形，熟时蓝黑色，长 7-8 毫米，花柱宿存，被白粉。花期 3 月，果期 5-11 月。

产陕西、安徽、福建、江西、湖北、湖南、广西、贵州及四川，生于海拔 1100-2100 米山坡、沟边、林中、林缘、灌丛中或竹林中。根作黄色染料，也供药用，清热解毒、消炎抗菌。

图 25 豪猪刺 （引自《图鉴》）

[附] **滑叶小檗 Berberis liophylla** Schneid. in Fedde, Repert. Sp. Nov. 46: 247. 1939. 与豪猪刺的区别：茎刺细弱，腹面平；叶长 2.5-6 厘米；花药顶端延伸；浆果顶端无宿存花柱，无白粉。产四川及云南，生于海拔 2100-2800 米林缘或灌丛中。

29. 独龙小檗 图 26

Berberis taronensis Ahrendt in Journ. Bot. Lond. (suppl.) 23: 25. 1941.

常绿灌木。花枝近圆柱形，暗灰色，无疣点，幼枝淡黄色，有时具条棱；茎刺 3 分叉，腹面具浅槽，长 0.5-1.5 厘米。叶革质，窄长圆状椭圆形或长圆状披针形，长 2.5-6 厘米，上面中脉凹陷，侧脉微显，下面淡黄绿色，微被白粉，具乳突，侧脉微隆起，两面网脉不显，具 2-7 对刺齿或刺锯齿；近无柄。花 2-12 簇生，黄色；花梗长 1-2.5 厘米，暗红色，细弱；小苞片卵形，红色，长约 1 毫米；萼片 2 轮，外萼片长约 4 毫米，内萼片长约 6 毫米，均倒卵形；花瓣卵形，长约 5.5 毫米，先端全缘，基部具宽爪，具 2 紧靠腺体；药隔顶端钝；胚珠 3。

图 26 独龙小檗 （冀朝祯绘）

浆果倒卵圆形，熟时红色，长7-8毫米，顶端花柱宿存，被白粉。花期5月，果期6-8月。

产云南及西藏，生于海拔2030-2600米山坡灌丛中、林缘或林下。

30. 黑果小檗 图 27

Berberis atrocarpa Schneid. in Sarg. Pl. Wilson. 3: 437. 1917.

常绿灌木。枝具条棱或槽，散生黑色疣点；茎刺3分叉，长1-4厘米，淡黄色，腹面平。叶厚纸质，披针形或长圆状椭圆形，长3-7厘米，上面中脉凹陷，下面淡绿色，两面侧脉和网脉微显，具5-10对刺齿，偶近全缘；具短柄。花3-10簇生，黄色；花梗长0.5-1厘米，无毛，带红色；萼片2轮，外萼片长圆状倒卵形，长约4毫米，内萼片倒卵形，长约7毫米；花瓣倒卵形，长约6毫米，先端圆，深锐裂，基部楔形，具2分离腺体；雄蕊长约4毫米；胚珠2，无柄或具短柄。浆果熟时黑色，卵圆形，长约5毫米，花柱宿存，无白粉。花期4月，果期5-8月。

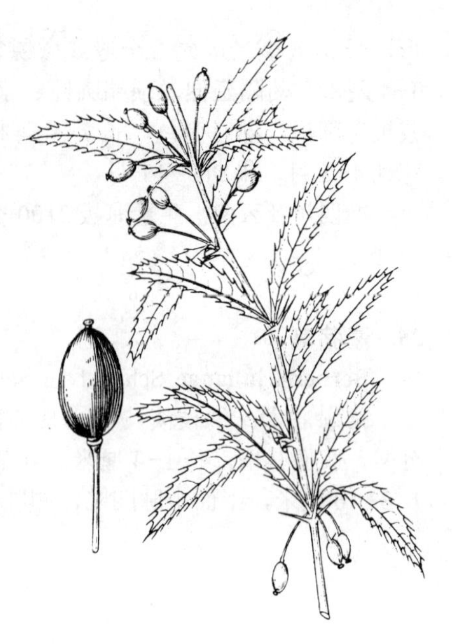

图 27 黑果小檗 （李锡畴绘）

产陕西、湖南、贵州、四川及云南，生于海拔600-2800米山坡灌丛中、马尾松林下、云南松林下、常绿阔叶林缘或岩缝中。

31. 鄂西小檗 图 28

Berberis zanlanscianensis Pamp. in Nouvo Giorn. Bot. Ital. n. s. 22: 293. 1915.

常绿灌木。老枝具条棱，无疣点，幼枝紫红色，无毛；茎刺3分叉，淡黄色，长1-2.5厘米，有时无。叶厚革质，窄披针形，长4-11厘米，上面中脉凹陷，侧脉微隆起，下面淡绿或带红褐色，中脉和侧脉隆起，两面网脉可见，无白粉，叶缘干后稍背卷，具10-15对刺齿；叶柄长约4毫米。花10-30簇生；花梗长1-2厘米，带紫红色；花瓣较外萼片长；胚珠1-3。浆果熟时黑色，倒卵圆形，长7-9毫米，宿存花柱极短，无白粉。花期3-5月，果期5-9月。

图 28 鄂西小檗 （引自《湖北植物志》）

产湖北、贵州及四川，生于海拔1400-1700米山坡路旁、林下或灌丛中。

[附] 南川小檗 **Berberis fallaciosa** Schneid. in Fedde, Repert. Sp. Nov. 46: 258. 1939. 与鄂西小檗的区别：叶椭圆状披针形，具15-30对刺齿；花2-3朵簇生；浆果顶端无宿存花柱。产湖北及四川，生于海拔1000-2700米山坡灌丛中、林下、路边、沟边或林缘。

32. 锐齿小檗

Berberis arguta (Franch.) Schneid. in Bull. Herb. Boissier ser. 1, 8: 197. 1908.

Berberis wallichiana DC. f. *arguta* Franch. in Bull. Soc. Bot. France 33: 388. 1886.

常绿灌木。枝圆柱形，无毛；茎刺粗，3分叉，长2.5-4厘米，腹面具槽。叶革质，披针形或长圆状披针形，长4.5-14厘米，具30-50对刺齿，下面浅绿色，侧脉13-16对，两面网脉隆起；近无柄。花6-8簇生，黄色；花梗长约1.5厘米，红色，无毛；萼片2轮，外萼片宽卵形，长约3.5毫米，内萼片长圆状椭圆形，长约5毫米；花瓣倒卵形，长约4.5毫米，先端圆，缺裂，基部具爪，具2长圆形腺体；药隔顶端平截；胚珠2，无柄。浆果椭圆形或圆球形，长6-8毫米，熟时黑色，宿存花柱极短，无白粉；种子2。花期5-6月，果期9-10月。

产贵州及云南，生于海拔1600-1800米河谷林缘。

[附] **亚尖叶小檗 Berberis subacuminata** Schneid. in Sarg. Pl. Wilson. 1: 363. 1913. 与锐齿小檗的区别：茎刺细，单一或3分叉，长1-2厘米；叶长4-9厘米，具8-15对刺齿；花梗长1.8-2.2厘米；浆果被白粉。产湖南、贵州及云南，生于海拔1400-2500米干旱山坡、灌丛中或混交林下。

33. 贵州小檗 图 29

Berberis cavaleriei Lévl. in Fedder, Repert. Sp. Nov. 9: 454. 1911.

常绿灌木。老枝棕灰色，幼枝棕黄色，具深槽，散生黑色疣点；茎刺3分叉，腹面平或具浅槽，长1-2.5厘米。叶革质，椭圆形或长圆状椭圆形，长2.5-6厘米，上面中脉凹陷，下面黄绿色，两面侧脉微显，网脉不显，无白粉，叶缘稍背卷，具6-15对刺齿；叶柄长1-2.5毫米。花5-20簇生，黄色；花梗纤细，长0.8-2厘米；小苞片卵形，先端渐尖，长约2.5毫米；萼片2轮，外萼片卵形或窄卵形，长约3毫米，内萼片倒卵形或窄倒卵形，长2-4.5毫米；花瓣卵形或倒卵形，长约5.5毫米，先端锐裂，基部具2分离腺体；药隔顶端平截；胚珠单生，具短柄。浆果长圆形，熟时黑色，长7-8毫米，花柱宿存，无白粉。花期4-5月，果期7-10月。

产贵州及云南，生于海拔900-1800米山坡灌丛、路边或密林中。

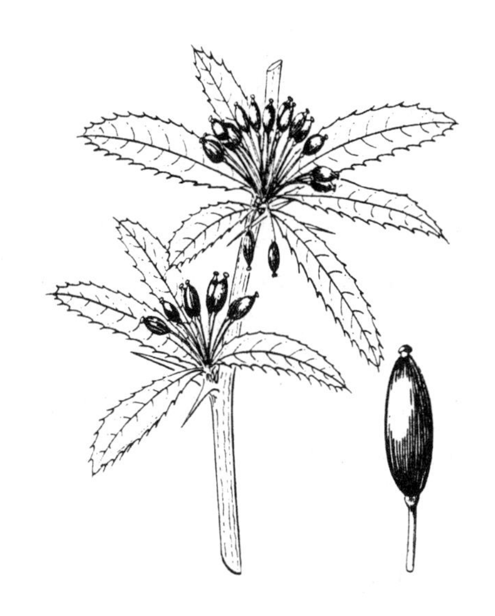

图 29 贵州小檗 （李锡畴绘）

34. 密齿小檗 图 30

Berberis aristato-serrulata Hayata, Ic. Pl. Formos. 3: 13. f. 5. 1913.

常绿灌木。枝纤细，具槽；茎刺细弱，3分叉，长2-4毫米。叶薄革质，长圆状披针形，长5-7厘米，宽1-1.5厘米，具芒尖，上面网脉不显，下面苍白色，网脉隆起，叶缘微背卷，具20-40对芒刺齿；

叶柄长2-4毫米。花10-15簇生，绿黄色；花梗长约1厘米；小苞片长圆状卵形，长约2.5毫米；萼片2轮，外萼片和内萼片均倒卵形，长约5毫米，内萼片长达5.5毫米；花瓣倒卵状匙形，长3-5毫米，先端圆，锐裂，基部具2腺体；胚珠2-3，珠柄与胚珠等长或较胚珠长2倍。浆果卵圆状，长约7毫米，熟时暗蓝黑色。花果期5-8月。

产台湾，生于海拔2000-3000米山坡灌丛中。

图 30 密齿小檗 （引自《Fl. Taiwan》）

35. 粉叶小檗 大黄连刺　　图 31

Berberis pruinosa Franch. in Bull. Soc. Bot. France 33: 387. 1886.

常绿灌木。枝圆柱形，被黑色疣点；茎刺粗，3分叉，长2-3.5厘米。叶硬革质，椭圆形、倒卵形，稀椭圆状披针形，长2-6厘米，上面中脉平，侧脉微隆起，下面被白粉或无白粉，侧脉微显，两面网脉不显，具1-6（-9）对刺锯齿或刺齿，稀全缘；近无柄。花（8-）10-20簇生；花梗长1-2厘米，纤细；小苞片披针形，长约2毫米；萼片2轮，外萼片长圆状椭圆形，长约4毫米，内萼片倒卵形，长约6.5毫米；花瓣倒卵形，长约7毫米，先端深缺裂，基部具爪，具2分离腺体；药隔顶端近平截；胚珠2-3。浆果椭圆形或近球形，长6-7毫米，无宿存花柱，有时具短宿存花柱，密被或微被白粉；种子2。花期3-4月，果期6-8月。

产广西、贵州、四川、云南及西藏，生于海拔1800-4000米灌丛中、高山栎林、云杉林缘、路边或针叶林下。根富含小檗碱，药用，清热解毒、消炎止痢。

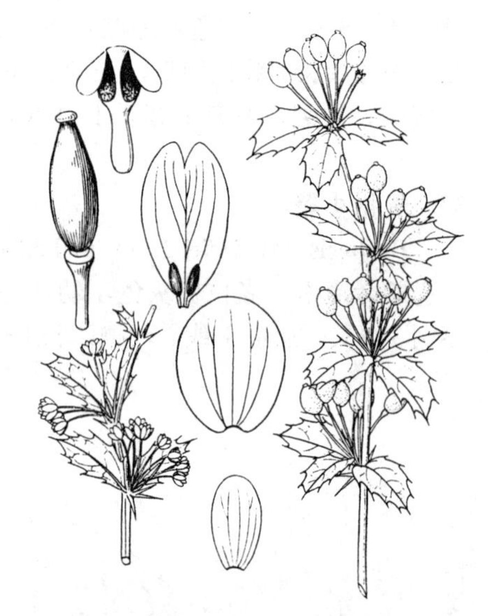

图 31 粉叶小檗 （李锡畴绘）

36. 刺黑珠　　图 32

Berberis sargentiana Schneid. in Sarg. Pl. Wilson. 1: 359. 1913.

常绿灌木。茎圆柱形，老枝灰棕色，幼枝带红色，无疣点，稀疏生黑色疣点；茎刺3分叉，长1-4厘米，腹面具槽。叶厚革质，长圆状椭圆形，长4-15厘米，上面中脉凹陷，侧脉微隆起，网脉微显，下面黄绿或淡绿色，侧脉微隆起，网脉显著，叶缘平，具15-25对刺齿；近无柄。花4-10簇生，黄色；花梗长1-2厘米；小苞片红色，长、宽约2毫米；萼片3轮，外萼片卵形，长3.5毫米，自基部向先端有红色带

图 32 刺黑珠 （引自《图鉴》）

条，中萼片菱状椭圆形，长5毫米，内萼片倒卵形，长6.5毫米；花瓣倒卵形，长6毫米，先端缺裂，裂片先端圆，基部楔形，具2靠接橙色腺体；药隔顶端平截；胚珠1-2。浆果长圆形或长圆状椭圆形，熟时黑色，长6-8毫米，无宿存花柱，无白粉。花期4-5月，果期6-11月。

产湖北、湖南及四川，生于海拔700-2100米山坡灌丛中、路边、岩缝、竹林中或沟旁林下。根入药，清热解毒，消炎抗菌。

[附] **假豪猪刺 Berberis soulieana** Schneid. in Bull. Herb. Boiss. ser. 2, 5: 449. 1905. 与刺黑珠的区别：叶具5-18对刺齿；花瓣基部具爪；胚珠2-3；浆果顶端具宿存花柱，熟时红色，被白粉。产陕西、甘肃、湖北及四川，生于海拔600-1800米沟边、灌丛中、山坡、林中。

37. 南岭小檗 图 33

Berberis impedita Schneid. in Fedde, Repert. Sp. Nov. 46: 263. 1939.

常绿灌木。枝具条棱，无疣点，幼枝淡黄色；茎刺无或极细弱，3分叉，长约1厘米。叶革质，椭圆形、长圆形或窄椭圆形，长4-9厘米，上面中脉凹陷，侧脉微隆起，网脉不显，下面灰绿或黄绿色，网脉不显著，叶缘平，具8-12对刺齿；叶柄长5-8毫米。花2-4簇生，黄色；花梗长0.8-1.8厘米；小苞片卵形，长约2.5毫米；萼片2轮，外萼片椭圆状长圆形，长3.5-4.5毫米，内萼片椭圆形，长5-5.5毫米；花瓣倒卵形，长约4毫米，先端缺裂；药隔顶端稍膨大，具2细小牙齿；胚珠4-6。果柄常带红色；浆果长圆形，熟时黑色，长8-9厘米，无宿存花柱，有时宿存花柱极短，无白粉。花期4-5月，果期6-10月。

产江西、湖北、湖南、广东、海南、广西、四川及云南，生于海拔1400-2800米山顶阳处、林地、路边、灌丛中、疏林下或沟边。

图 33 南岭小檗 （余 锋绘）

38. 壮刺小檗 图 34

Berberis deinacantha Schneid. in Fedder, Repert. Sp. Nov. 46: 259. 1939.

常绿灌木。老枝具条棱和黑色疣点，无毛，幼枝无毛；茎刺粗，3分叉，长2.5-5厘米，腹面具槽。叶革质，长圆状椭圆形，长3-12厘米，上面中脉凹陷，侧脉12-15对，下面黄绿色，网脉两面显著，叶缘有时微背卷，具20-30对刺齿；叶柄长2-4毫米。花6-15（-20）簇生，深黄色；花梗长1.2-1.5（-2）厘米；花深黄色；萼片2轮，外萼片卵形，长约4毫米，内萼片倒卵形或倒卵状圆形，长5.5毫米；花瓣长圆状倒卵形，长约4.5毫米，先端微凹，基部无爪，具2分离腺体；药隔微凹；胚珠单生。浆果椭圆形，长6-7毫米，熟时紫黑色，无宿存花柱，微被霜粉。花期5月，果期11月。

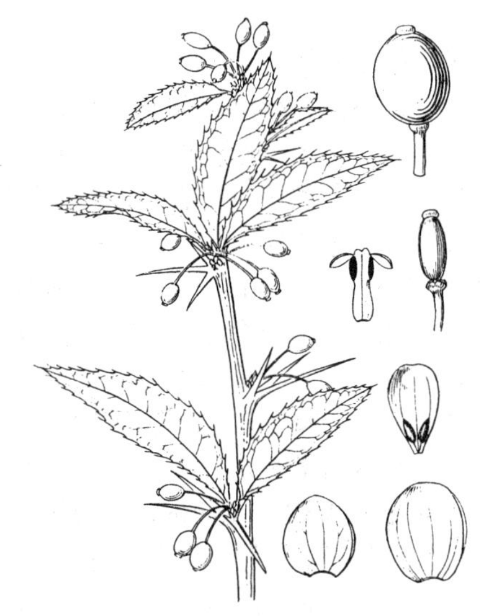

图 34 壮刺小檗 （李锡畴绘）

产贵州、四川及云南，生于海拔1700-3100米山坡灌丛中、云杉林下或疏林中。

[附] **宁远小檗 Berberis valida** (Schneid.) Schneid. in Mitt. Deutsch. Dendr. Ges. 55: 40. 1942. —— *Berberis deinacantha* var. *valida* Schneid. in Fedder, Repert. Sp. Nov. 46: 260. 1939. 与壮刺小檗的区别：茎刺长1-2厘米，腹面扁平；叶具8-15对刺齿；花3-5朵簇生；浆果无白粉，宿存花柱短。产四川及云南，生于海拔约2000米山坡灌丛中。

图 35 华东小檗 （引自《图鉴》）

39. 华东小檗 图 35

Berberis chingii Cheng in Contr. Biol. Lab. Sci. Soc. China 9: 191. f. 17. 1934.

常绿灌木。老枝暗灰色，幼枝淡黄色，具黑色疣点；茎刺粗，3分叉，长1-2.5厘米。叶薄革质，长圆状倒披针形或长圆状窄椭圆形，长2-8厘米，上面暗绿色，中脉凹陷，侧脉5-10对，微显，下面被白粉，侧脉不显，两面网脉不显，叶缘平，中部以上具2-6对刺齿或偶全缘，齿距0.3-2厘米；叶柄长2-4毫米。花2-14簇生，黄色；花梗长0.7-1.8厘米；小苞片三角形；萼片2轮，外萼片椭圆形，长5-5.5毫米，内萼片倒卵状长圆形，长约6.5毫米；花瓣倒卵形，长约5.5毫米，先端缺裂，基部具爪，具2近靠腺体；药隔顶端钝；胚珠2-3。浆果椭圆状或倒卵圆形，长6-8毫米，具宿存花柱，被白粉。花期4-5月，果期6-9月。

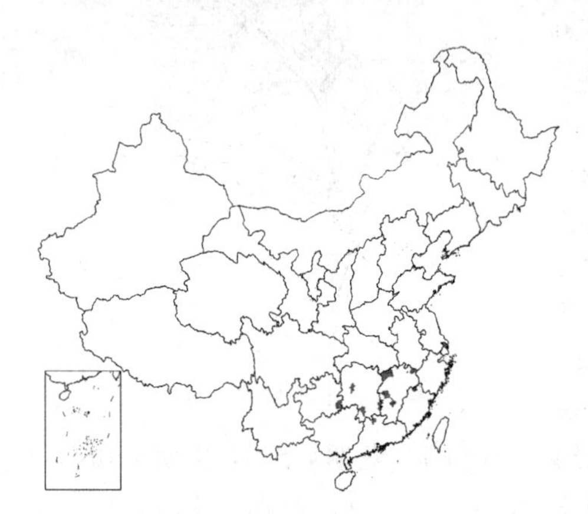

产福建、江西、湖南、广东及贵州，生于海拔250-2000米山沟杂木林下、沟边、山坡灌丛中。

40. 日本小檗 图 36

Berberis thunbergii DC. Reg. Veg. Syst. 2: 9. 1821.

落叶灌木。多分枝，枝具细条棱，幼枝淡红带绿色，无毛，老枝暗红色；茎刺单一，偶3分叉，长0.5-1.5厘米。叶薄纸质，倒卵形、匙形或菱状卵形，长1-2厘米，先端骤尖或钝圆，全缘，下面灰绿色，两面网脉不显，无毛；叶柄长2-8毫米。花2-5组成具总梗的伞形花序，或近簇生伞形花序或无总梗呈簇生状。花梗长0.5-1厘米，无毛；小苞片卵状披针形，长约2毫米，带红色；花黄色；外萼片卵状椭圆形，长4-4.5毫米，内萼片宽椭圆形，长5-5.5毫米；花瓣长圆状倒卵形，长5.5-6毫米，先端微凹，基部略爪状，具2近靠腺体；药隔顶端平截；胚珠1-2，无珠柄。浆果椭圆形，长约8毫米，熟时亮鲜红色，无宿存花柱。花期4-6月，果期7-10月。

原产日本。我国多数省区、大城市常栽培于庭园中或路旁作绿化或绿篱用。根和茎含小檗碱，可提取黄连素。枝、叶煎水服，治结膜炎；根皮作健胃药。茎去除外皮，作黄色染料。

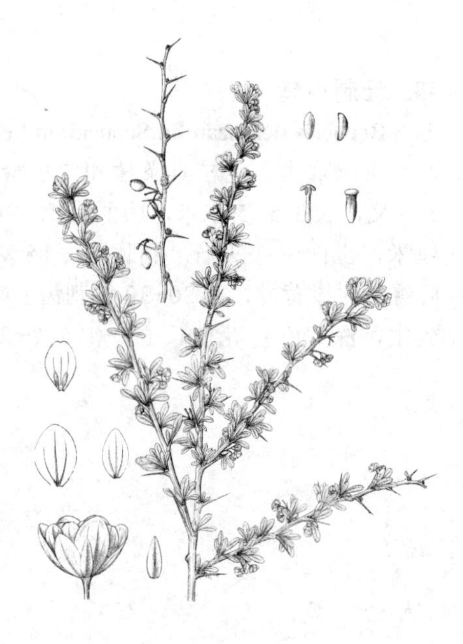

图 36 日本小檗 （引自《图鉴》）

41. 短柄小檗

图 37:1-8

Berberis brachypoda Maxim. in Bull. Acad. Imp. Sci. St. Pétersb. 23: 308. 1877.

落叶灌木。幼枝具条棱，无毛或被柔毛，疏生黑色疣点；茎刺 3 分叉，稀单生，长 1-3 厘米，腹面具槽。叶厚纸质，椭圆形、倒卵形或长圆状椭圆形，长 3-8（-14）厘米，上面折皱，疏被柔毛，下面黄绿色，脉密被长柔毛，叶缘平，具 20-40 对刺齿；叶柄长 0.3-1 厘米，被柔毛。穗形总状花序长 5-12 厘米，花 20-50，花序梗长 1.5-4 厘米，无毛。花梗长约 2 毫米，疏被柔毛或无毛；花淡黄色；小苞片披针形，常红色，2 轮 4 枚；萼片 3 轮，边缘具毛，外萼片卵形，长约 2 毫米，常带红色，中萼片长圆状倒卵形，长约 3 毫米，内萼片倒卵状椭圆形，长约 4.5 毫米；花瓣椭圆形，长约 5 毫米，先端缺裂或全缘，裂片先端尖，基部具爪，具 2 腺体；药隔顶端平截；胚珠 1-2。浆果长圆形，长 6-9 毫米，熟时鲜红色，花柱宿存，无白粉。花期 5-6 月，果期 7-9 月。

产山西、河南、陕西、宁夏、甘肃、青海、湖北及四川，生于海拔 800-2500 米山坡灌丛中、林下、林缘、路边或山谷湿地。根含小檗碱，供药用，除湿热，可代黄连。

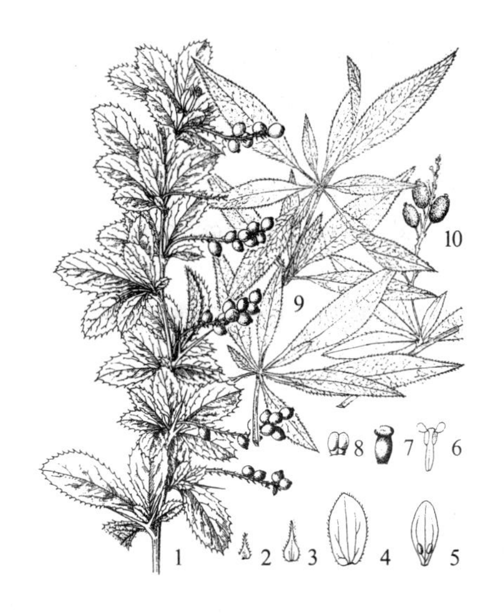

图 37：1-8.短柄小檗 9-10.柳叶小檗
（冀朝祯绘）

[附] **柳叶小檗** 图37:9-10 **Berberis salicaria** Fedde in Engl. Bot. Jahrb. 36 (Beibl. 82): 42. 1905. 与短柄小檗的区别：叶披针形，上面无折皱，下面被毛；浆果顶端无宿存花柱。产陕西、甘肃及湖北，生于海拔约 1200 米山坡疏林中、林下或林缘。

42. 涝峪小檗

图 38

Berberis gilgiana Fedde in Engl. Bot. Jahrb. 36 (Beibl. 82): 43. 1905.

落叶灌木。幼枝微被柔毛；茎刺单一或 3 分叉，长 0.5-1.5 厘米。叶纸质，倒卵状披针形或倒卵形，长 1.5-4 厘米，上面疏被柔毛，中脉微凹陷，侧脉显著，下面淡绿色，密被柔毛，侧脉微隆起，两面网脉显著，叶缘平，全缘或具 2-9 对细小刺齿；叶柄长 1-2 毫米。穗形总状花序具 10-25 花，长 3-6 厘米，花序梗长 1-3 厘米，被柔毛，苞片披针形，长 1-2 毫米。花梗细弱，长 3-5 毫米，无毛；花鲜黄色；小苞片卵形；萼片 2 轮，外萼片倒卵状圆形，长 2-2.3 毫米，内萼片倒卵形，长约 2.5 毫米；花瓣椭圆形，长约 3 毫米，先端缺裂或全缘，基部具爪，具 2 分离腺体；药隔顶端圆钝；胚珠 1-2。浆果熟时红色，长圆形，长 8-9 毫米，无宿存花柱，微被白粉。种子 1-2，紫褐色。花期 4-5

图 38 涝峪小檗 （引自《陕西植物志》）

月，果期8-10月。

产河南、陕西、甘肃及湖北，生于海拔800-2000米山坡或山谷。

43. 延安小檗 图 39

Berberis purdomii Schneid. in Sarg. Pl. Wilson. 1: 372. 1913.

落叶灌木。幼枝常紫褐色，无毛，无疣点；茎刺单一，有时3分叉，淡黄色，长1-2厘米，稀长达5厘米。叶纸质，窄倒卵形或倒披针形，长1-4厘米，宽4-8毫米，上面中脉下部微凹陷，下面淡绿色，两面无毛，侧脉和网脉显著，叶缘平，具2-15对刺齿或全缘；叶柄长2-3毫米或近无柄。穗形总状花序具15-25花，长3-5厘米，花序梗长1-2厘米，无毛；苞片披针形，长约2毫米。花梗长4-5毫米，无毛；花黄色；小苞片带红色，钻状披针形；萼片2轮，外萼片倒卵状圆形或卵状椭圆形，长约2.2毫米，内萼片长圆形，长3.2-4毫米；花瓣倒卵状长圆形，长3-3.2毫米，先端缺裂，基部具爪，具2分离腺体；药隔顶端平截；胚珠1-2。浆果长圆形，长5-6毫米，熟时黑色，无宿存花柱，微被白粉；种子1。花期6月，果期7-8月。

图 39 延安小檗 （引自《陕西植物志》）

产山西、陕西、宁夏、甘肃及青海，生于海拔1100-2500米山坡、丘陵、黄土堆或山坡灌丛中。

44. 匙叶小檗 图 40

Berberis vernae Schneid. in Sarg. Pl. Wilson. 1: 372. 1913.

落叶灌木。老枝具条棱，无毛，散生黑色疣点，幼枝常带紫红色；茎刺粗，单生，淡黄色，长1-3厘米。叶纸质，倒披针形或匙状倒披针形，长1-5厘米，上面中脉平，侧脉微显，下面淡绿色，中脉和侧脉微隆起，两面网脉显著，无毛，无乳突，叶缘平，全缘，稀具1-3对刺齿；叶柄长2-6毫米，无毛。穗形总状花序具15-35花，长2-4厘米，花序梗长0.5-1厘米，无毛。花梗长1.5-4毫米，无毛；苞片披针形，长约1.3毫米；花黄色；小苞片披针形，长约1毫米，常红色；萼片2轮，外萼片卵形，长1.5-2.1毫米，内萼片倒卵形，长2.5-3毫米；花瓣倒卵状椭圆形，长1.8-2毫米，先端近尖，全缘，基部具爪，具2分离腺体；药隔平截；胚珠1-2，近无柄。浆果长圆形，熟时淡红色，长4-5毫米，无宿存花柱，无白粉。花期5-6月，果期8-9月。

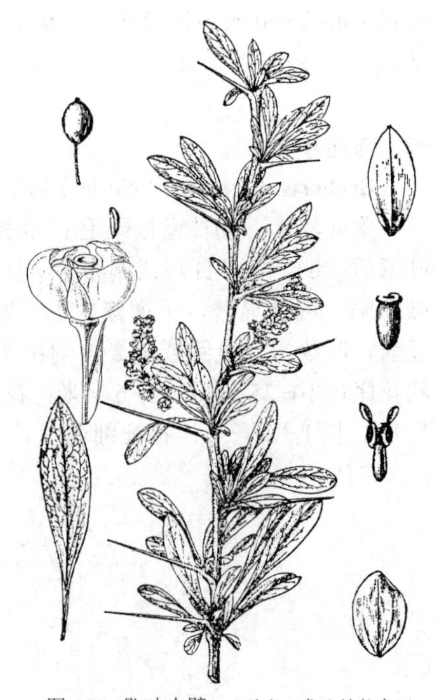

图 40 匙叶小檗 （引自《秦岭植物志》）

产内蒙古、宁夏、甘肃、青海、新疆及四川，生于海拔2200-3850米河滩地或山坡灌丛中。

45. 细叶小檗　　图 41　彩片 451

Berberis poiretii Schneid. in Mitt. Deutsch. Dendrol. Ges. 180. 1906.

落叶灌木。幼枝紫褐色，被黑色疣点，具条棱；无茎刺或单一，有时3分叉，长4-9毫米。叶纸质，倒披针形或窄倒披针形，稀披针状匙形，长1.5-4厘米，宽0.5-1厘米，先端具小尖头，上面中脉凹陷，下面淡绿或灰绿色，侧脉和网脉明显，两面无毛，叶缘平，全缘，稀中上部边缘具数对细刺齿；近无柄。穗形总状花序具8-15花，长3-6厘米，花序梗长1-2厘米，常下垂。花梗长3-6毫米，无毛；花黄色；苞片条形，长2-3毫米；小苞片2，披针形，长1.8-2毫米；萼片2轮，外萼片椭圆形或长圆状卵形，长约2毫米，内萼片椭圆形，长约3毫米；花瓣倒卵形或椭圆形，长约3毫米，先端锐裂，基部略呈爪，具2腺体；药隔顶端平截；胚珠1（2）。浆果长圆形，熟时红色，长约9毫米，无宿存花柱，无白粉。花期5-6月，果期7-9月。2n=28。

产吉林、辽宁、内蒙古、河北、山东、山西、河南、陕西及青海，生于海拔600-2300米山地灌丛、砾质地、草原化荒漠、山沟河岸或林下。朝鲜半岛北部、蒙古、俄罗斯远东地区有分布。根和茎入药，可代黄连，主治痢疾、黄疸、关节肿痛等症。

图 41　细叶小檗　（引自《图鉴》）

46. 阔叶小檗　　图 42

Berberis platyphylla (Ahrendt) Ahrendt in Journ. Linn. Soc. Bot. 57: 145. 1961.

Berberis yunnanensis Franch. var. *platyphylla* Ahrendt in Journ. Bot. Lond. 79 (suppl.): 61. 1941.

落叶灌木。老枝具条棱，有时散生黑色疣点，幼枝暗紫色，无毛；茎刺细弱，3分叉，长约1厘米，腹面具浅槽。叶纸质，宽倒卵形或椭圆形，长2-5厘米，先端刺尖，上面中脉平，下面淡绿色，有时微被白粉，两面侧脉和网脉显著，叶缘平，全缘或具2-4对刺齿；叶柄长2-5毫米，有时近无柄。近伞形总状花序具3-7花，长3-5厘米。花梗长1.2-2厘米，无毛；花黄色；小苞片披针形，紫红色，长约3毫米；萼片2轮，外萼片卵形，长约6毫米，内萼片长圆状倒卵形，长6-7毫米；花瓣倒卵形，长约6毫米，先端缺裂，基部具爪，具2腺体；药隔顶端突尖；胚珠3-5。浆果长圆形，长约1厘米，无宿存花柱，无白粉。花期6月，果期8-10月。

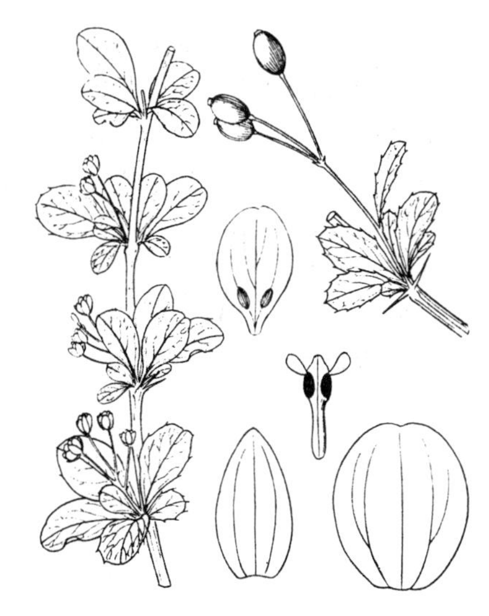

图 42　阔叶小檗　（李锡畴绘）

产四川、云南及西藏，生于海拔3100-3500米山坡灌丛中、针叶林或混交林下或林缘。

47. 四川小檗 图 43

Berberis sichuanica Ying in Acta Phytotax. Sin. 37(4): 329. f. 10: 1-11. 1999.

常绿灌木。老枝具条棱，幼枝淡黄色，无毛，无疣点；茎刺单生或3分叉，淡黄色，长1-1.5厘米。叶薄革质，倒卵形或倒卵状椭圆形，长0.8-2厘米，上面中脉和侧脉微隆起，下面灰白色，两面网脉显著，叶缘平，全缘或具1-5对刺齿；近无柄。伞形总状花序具6-15花，长3-4.5厘米，花序梗长0.4-1.2厘米，有时基部具数花簇生。花梗长0.4-1.2厘米，无毛；苞片叶状，倒卵形，先端刺尖；花黄色；萼片3轮，外萼片卵状披针形，长1.6-2毫米，中萼片倒卵状椭圆形，长2.8-3.1毫米，内萼片椭圆形，长4-5毫米；花瓣倒卵状椭圆形，长4-4.1毫米，先端全缘，圆钝，基部具爪，具2腺体；药隔顶端圆钝；胚珠3-4，近无柄。浆果近球形，长0.8-1厘米，熟时黑色，花柱宿存，被白粉。花期6-7月，果期8-9月。

图 43 四川小檗 （冀朝祯绘）

产四川及云南，生于海拔2600-3600米山坡或灌丛中。

48. 湄公小檗 图 44

Berberis mekongensis W. W. Smith in Notes Roy. Bot. Gard. Edinb. 9: 82. 1916.

落叶灌木。枝具条棱，疏生黑色疣点，幼枝初被柔毛，后无毛；茎刺3分叉，淡黄色，长1-2.5厘米，腹面具浅槽。叶纸质，倒卵形或宽倒卵形，长1.5-4.5厘米，先端圆，上面中脉和侧脉微隆起，下面具乳突，无白粉，两面网脉显著，叶缘平，全缘或具10-15对刺齿；叶柄长0.3-1厘米。伞形总状花序具6-12花，基部有数花簇生，长3-7厘米。花梗长0.4-1.5厘米，簇生花梗较长，无毛；花黄色；苞片长1-1.5毫米；萼片3轮，外萼片披针形，长约4毫米，中萼片长圆状椭圆形，长5-5.5毫米，内萼片倒卵形，长6-6.5毫米；花瓣倒卵形，长4-5毫米，先端近尖，锐裂，基部具爪，具2分离腺体；药隔顶端平截；胚珠2-4。浆果长圆形，熟时红色，长0.8-1厘米，无宿存花柱，无白粉。花期6-7月，果期10-11月。

产四川、云南及西藏，生于3000-4000米山坡阳处、山麓、冷杉或云杉林下及高山灌丛中。

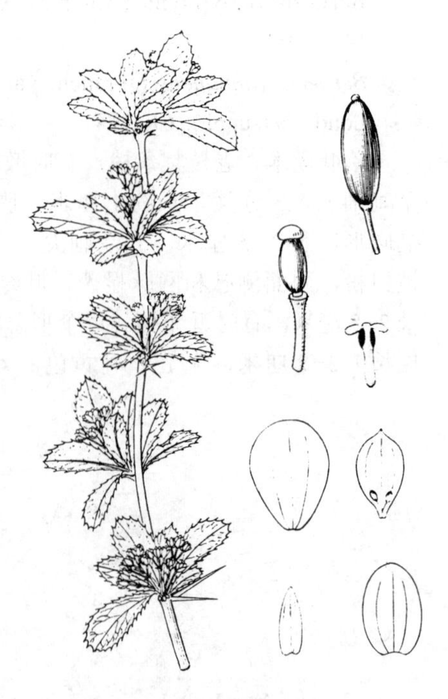

图 44 湄公小檗 （李锡畴绘）

49. 鳞叶小檗 图 45

Berberis lepidifolia Ahrendt in Kew Bull. 1939: 269. 1939.

落叶灌木。老枝具棱和黑色疣点，幼枝具棱槽和稀疏黑色疣点；茎刺单一，长3-6毫米，有时达1.5厘米，稀无刺。叶纸质，窄倒披针形，长1.7-4.5厘米，宽1.5-5毫米，两面网脉不显，下面灰白色，无白粉，侧脉微隆起，叶缘微背卷，全缘。近无柄。伞形总状花序具5-8花，长2-4.5厘米，花序梗长1-2厘米；苞片披针形，长1.5毫米。花梗细，长0.5-1厘米，无毛；花黄色，径约4毫米；萼片1轮，3片，卵形，长2-2.5毫米，边缘黄色，中部红色；花瓣长圆状椭圆形，长约2.5毫米，先端缺裂，基部楔形，具2腺体；药隔顶端平截；胚珠2，具短柄。浆果卵状长圆形，熟时黑色，长0.8-1.1厘米，宿存花柱短或无，微被蓝色霜粉。花期5月，果期8月。

产四川及云南，生于海拔3000-3700米岩坡灌丛中或松林路边。

图 45 鳞叶小檗 （李爱莉绘）

50. 美丽小檗 图 46

Berberis amoena Dunn in Journ. Linn. Soc. Bot. 39: 422. 1911.

落叶灌木。老枝散生黑色疣点，幼枝暗红色，具条棱；茎刺单生或3分叉，长0.4-1.2厘米。叶革质，窄倒卵状椭圆形或窄椭圆形，长1-1.6厘米，先端短尖，上面中脉显著，网脉不显，下面被白粉，具乳突，侧脉2-3对，全缘，稀有1-2对刺齿；近无柄。伞形总状花序具4-8花，长2-3厘米，花序梗长1-2厘米。花梗长4-7毫米，无毛；花黄色；小苞片披针形，长1.5-2毫米；萼片2轮，外萼片倒卵形或椭圆形，长2-2.5毫米，内萼片椭圆形，长4-4.5毫米；花瓣倒卵形，长3.5-4毫米，先端浅缺裂，裂片圆，基部楔形，具2腺体；药隔顶端突尖；胚珠1-2。浆果长圆形，熟时红色，长约6毫米，花柱宿存，无白粉。种子1。花期5-6月，果期7-8月。

图 46 美丽小檗 （李锡畴绘）

产四川及云南，生于海拔1600-3100米石山灌丛中、云南松林下、荒坡或杂木林下。

51. 变绿小檗 图 47 彩片 452

Berberis virescens Hook. f. et Thoms. in Curtis's Bot. Mag. 116: t. 7116. 1880.

落叶灌木。幼枝淡红色，具条棱，老枝疏生疣点；茎刺3分叉或单生，长0.7-1.7厘米。叶纸质，长圆状倒卵形，长1.5-2.7厘米，先端刺尖，上面中脉平，侧脉2-3对，下面淡黄绿色，无乳凸，中脉和侧

脉微隆起，两面网脉不显，叶缘平，全缘；近无柄。近伞形花序或伞形总状花序具4-6花，花序梗长1.5-2.7厘米，有时花序梗基部有1-2花并生。花梗长0.6-1.1厘米；花黄色；小苞片长圆状披针形，长约4毫米；萼片2轮，外萼片倒卵形，长约6毫米，内萼片宽倒卵形，长约6毫米；花瓣倒卵形，长约5毫米，先端全缘，基部具爪，具2腺体；药隔顶端牙齿状；胚珠4-5。浆果卵圆形，长0.8-1厘米，熟时红色，宿存花柱短，无白粉。花期5-6月，果期7-9月。

产青海、云南及西藏，生于海拔3600-4100米山坡灌丛中。尼泊尔、印度北部及不丹有分布。

[附] **乳突小檗** 彩片 453 **Berberis papillifera** (Franch.) Koehne in Gartenflora 48: 21. 1899. —— *Berberis thunbergii* var. *papillifera* Franch. Pl. Delav. 36. 1889. 与变绿小檗的主要区别：叶先端无刺尖，下面具乳突，叶柄长2-4毫米；花序梗长4-8毫米；花瓣椭圆形，先端锐裂，雄蕊药隔顶端平截，浆果长圆状椭圆形。花期6-7月，果期10-11月。产四川、云南及西藏东南部，生于海拔2900-3000米灌木林缘。

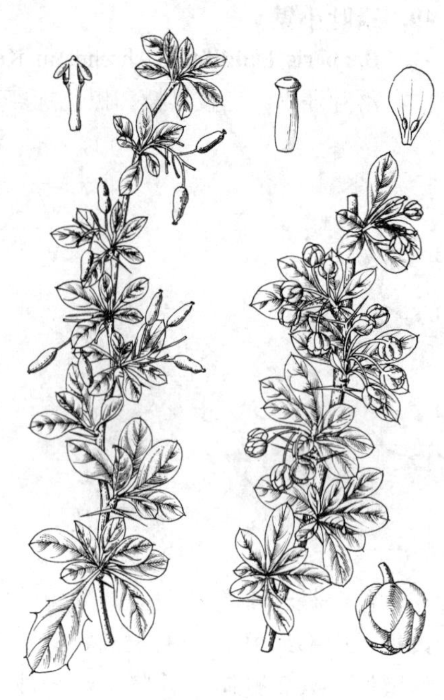

图 47 变绿小檗 （孙英宝仿《Crutis's Bot. Mag.》）

52. 川西小檗 图 48

Berberis tischleri Schneid. in Bull. Herb. Boisser ser. 2, 8: 201. 1908.

落叶灌木。幼枝具棱槽，无疣点；茎刺3分叉，长1-2.5厘米，腹面具槽，淡黄色。叶薄纸质，长圆状倒卵形或倒卵形，长1.5-4.5厘米，上面中脉平，有时微凹陷，侧脉和网脉微显，下面灰绿色，有时微被白粉，侧脉和网脉显著，叶缘平，全缘或具2-8对细小刺齿；叶柄长2-3毫米。疏散伞形总状花序具4-15花，长4-10厘米，花序梗长1-3厘米，无毛。花梗长0.5-2厘米，花序下部花梗长达3厘米，无毛；苞片披针形，长2-3毫米；花黄色；萼片2轮，外萼片窄卵形，长约5毫米，内萼片窄长圆状倒卵形，长约6.3毫米；花瓣倒卵形，长约4毫米，先端缺裂，基部楔形，具2分离腺体；药隔顶端突尖；胚珠3-4。浆果熟时红色，卵状长圆形，顶端窄稍弯曲，长1-1.6厘米，宿存花柱短，无白粉。花期5-6月，果期7-9月。

图 48 川西小檗 （李爱莉绘）

产四川及西藏，生于海拔1500-3800米山坡灌丛中或林中。

53. 华西小檗 图 49 彩片 454

Berberis silva-taroucana Schneid. in Sarg. Pl. Wilson. 1: 370. 1913.

落叶灌木。老枝散生疣点，具条棱，幼枝无毛；茎刺单生或无，稀3分叉，长3-7毫米。叶纸质，倒卵形、长圆状倒卵形或近圆形，长2-6厘米，先端短尖，下面苍白色，无白粉，两面网脉显著，叶缘平，全缘或具数对细小刺齿；叶柄长0.5-2.5厘米，有时近无柄，无毛。疏散伞形总状花序具6-12花，长3-8厘米，花序梗长0.3-1厘米，无毛，花序基部有时簇生数花。花梗长0.5-2厘米，簇生花梗长达3厘米；苞片长1-1.5毫米；花黄色；小苞片卵状披针形，长约2毫米；萼片2轮，外萼片倒卵形，长约4毫米，内萼片倒卵形，长约6毫米；花瓣倒卵形，长约4.5毫米，先端近全缘，基部具2腺体；药隔顶端突尖；胚珠2，无柄。浆果长圆形，长0.9-1厘米，熟时深红色，无宿存花柱，无白粉。花期4-6月，果期7-10月。

图 49 华西小檗 （引自《图鉴》）

产甘肃、福建、湖北、湖南、四川、云南及西藏，生于海拔1600-3800米山坡林缘、灌丛中、林中、河边、冷杉林下、路边或沟谷。

54. 察瓦龙小檗 图 50

Berberis tsarongensis Stapf in Curtis's Bot. Mag. 156: t. 9332. 1933.

落叶灌木。老枝具条棱，疏生黑色小疣点；茎刺单生或3分叉，长1-1.7厘米。叶薄纸质，倒卵形或长圆状椭圆形，长1.2-3.5厘米，上面中脉平，下面灰绿色，具乳突，侧脉2-3对，两面显著，网脉不显，叶缘平，全缘或具1-4对刺齿；近无柄。伞形总状花序具4-9花，长1.5-3.5厘米，花序梗长5-9毫米。花梗长0.8-2厘米，无毛；花黄色；小苞片长约2毫米；萼片2轮，外萼片椭圆形，长3-4毫米，内萼片倒卵形，长约5毫米；花瓣长圆状倒卵形，长约5.5毫米，先端缺裂，裂片圆钝，基部楔形，具2腺体；药隔顶端圆；胚珠2。浆果长圆状椭圆形，熟时红色，长0.8-1.5厘米，无宿存花柱，无白粉；种子2。花期4-5月，果期6-10月。

产四川、云南及西藏，生于海拔2900-3880米山坡、林缘、灌丛草甸或杂木林中。

图 50 察瓦龙小檗

（孙英宝仿《Crutis's Bot. Mag.》）

55. 柔毛小檗　　图 51

Berberis pubescens Pamp. in Nuovo Giorn. Bot. Ital. s. n. 17: 273. 1910.

落叶灌木。老枝无毛，幼枝带红色，被柔毛；茎刺通常单生，长 1-2.5 厘米，腹面具槽。叶纸质，倒卵形，长 2-4 厘米，先端短尖，基部渐窄下延成柄，上面中脉和侧脉微凹陷，网脉不显，下面淡绿色，网脉显著，两面被柔毛，叶缘背卷，全缘，稀具少数刺齿；叶柄长 0.7-1 厘米。总状花序长 3-6 厘米，花序轴无毛，花序梗长 1-1.5 厘米，无毛。花梗长 4-6 毫米，无毛；苞片长 1 毫米。浆果长圆形，长 4-7 毫米，无宿存花柱，无白粉；种子 1。果期 8 月。

图 51　柔毛小檗　（李爱莉绘）

产陕西及湖北，生于山坡。

56. 心叶小檗　　图 52

Berberis retusa Ying in Acta Phytotax. Sin. 37(4): 338. 1999.

落叶灌木。幼枝棕褐色，疏生黑色疣点，无毛，具条棱；茎刺单一或无，长约 1 厘米。叶纸质，倒心形或近楔形，长 0.8-1.4 厘米，先端微凹或平截，上面中脉和侧脉微隆起，下面浅绿色，侧脉微隆起，两面网脉隆起，无毛，叶缘平，全缘；叶柄长 1-2 毫米。总状花序具 6-12 花，有时花序轴上部花近轮列，长 1.6-2.2 厘米，花序梗长 0.5-1 厘米，无毛；苞片长约 1.5 毫米，披针形。萼片 2 轮。浆果椭圆形，长 8-9 毫米，花柱宿存，被白粉；果柄长约 6 毫米，无毛；种子 2。果期 8 月。

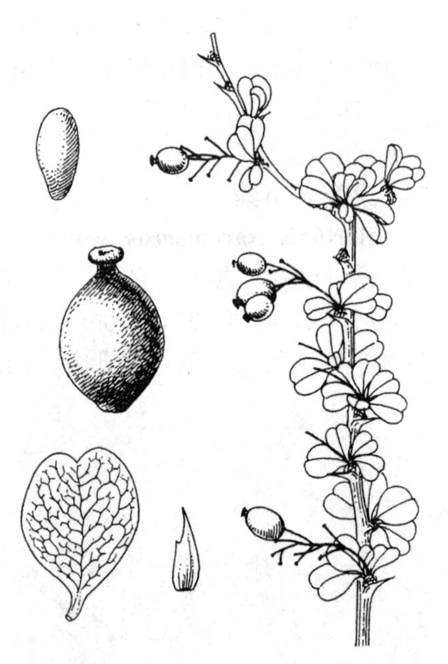

图 52　心叶小檗　（冀朝祯绘）

产四川及云南，生于海拔约 3000 米向阳干旱河谷。

57. 庐山小檗　　图 53

Berberis virgetorum Schneid. in Sarg. Pl. Wilson. 3: 440. 1917.

落叶灌木。枝具条棱，无疣点；茎刺单生，稀 3 分叉，长 1-4 厘米。叶薄纸质，长圆状菱形，长 3.5-8 厘米，基部渐窄下延，上面中脉稍隆起，侧脉显著，下面灰白色，中脉和侧脉隆起，叶缘平，全缘，有时稍波状；叶柄长 1-2 厘米。总状花序具 3-15 花，长 2-5 厘米，花序梗长 1-2 厘米。花梗长 4-8 毫米，无毛；苞片披针形，长 1-1.5 毫

米；花黄色；萼片2轮，外萼片长圆状卵形，长1.5-2厘米，内萼片长圆状倒卵形，长约4毫米，花瓣椭圆状倒卵形，长3-3.5毫米，先端全缘，基部具爪，具2腺体；药隔顶端钝；胚珠单生，无柄。浆果长圆状椭圆形，长0.8-1.2厘米，熟时红色，无宿存花柱，无白粉。花期4-5月，果期6-10月。

产陕西、安徽、浙江、福建、江西、湖北、湖南、广东、广西及贵州；生于海拔250-1800米山地灌丛中、河边、林中。根皮、茎富含小檗碱，代黄连、黄檗药用，为清热、消炎药。

图 53 庐山小檗 （引自《图鉴》）

58. 异长穗小檗 图 54

Berberis feddeana Schneid. in Bull. Herb. Boissier ser. 2, 5: 665. 1905.

落叶灌木。老枝圆柱形，无疣点，幼枝无毛；茎刺单生，细弱，长2-8毫米，有时无。叶纸质，倒卵形或长圆状倒卵形，长3-8厘米，上面中脉平或微凹陷，侧脉和网脉明显，下面淡绿色，网脉显著，两面无毛，叶缘平，全缘或密生多对不明显细刺齿；叶柄长0.6-1.5厘米。总状花序长7-18厘米，无毛，花达60朵，花序梗长1-3厘米。花梗长4-8毫米；苞片三角状披针形，长1-2毫米；花黄色；小苞片披针形，长1.5-2毫米，带红色；萼片2轮，外萼片长圆形，长2.5-3毫米，内萼片倒卵状长圆形，长4-4.5毫米；花瓣椭圆形，长3-3.5毫米，先端浅缺裂，基部具短爪，具2稍分离腺体；胚珠2。浆果长圆形，长0.8-1厘米，熟时红色，无宿存花柱，无白粉。花期4-5月，果期6-9月。

产河南、陕西、甘肃、青海、湖北及四川，生于海拔800-3000米山地沟边、路边灌丛中或林缘。

图 54 异长穗小檗 （引自《湖北植物志》）

59. 川滇小檗 图 55 彩片 455

Berberis jamesiana Forest et W. W. Smith in Notes Roy. Bot. Gard. Edinb. 9: 81. 1916.

落叶灌木。枝圆柱形，幼枝紫色，无疣点；茎刺单生或3分叉，粗壮，长1.5-3.5厘米。叶近革质，椭圆形或长圆状倒卵形，长2.5-8厘米，先端圆或微凹，上面中脉微凹陷，下面灰绿色，两面侧脉和网脉显著，无乳突，叶缘平，全缘，或具细刺齿；叶柄长1-3毫米。总状花序具9-20（-40）花，长7-10厘米，花序下部花常轮列，无毛，花序梗长0.5-3厘米。花梗细弱，长0.7-1厘米，无毛；花黄色；小苞片卵形，长2-2.5毫米；萼片2轮，外萼片长圆状倒卵形，长约3毫米，内萼片窄倒卵形，长约4.5毫米；花瓣倒卵形或窄长圆状椭圆形，长约4.5毫米，先端缺裂，裂片尖，基部具爪，具2分离腺体；药隔

顶端微突尖；胚珠2。浆果初乳白色，熟时亮红色，卵球形，长约1厘米，无宿存花柱，外果皮透明，无白粉。花期4-5月，果期6-9月。

产青海、四川、云南及西藏，生于海拔2100-3600米山坡、林缘、河边、林中或灌丛中。根和茎皮含小檗碱，含量较高。

图 55 川滇小檗 （李锡畴绘）

60. 川鄂小檗 图 56

Berberis henryana Schneid. in Bull. Herb. Boissier ser. 2, 5: 664. 1905.

落叶灌木。幼枝红色，近圆柱形；茎刺单生或3分叉，长1-3厘米，有时无。叶坚纸质，椭圆形或倒卵状椭圆形，长1.5-3（-6）厘米，上面中脉微凹陷，侧脉和网脉微显，下面灰绿色，常微被白粉，侧脉和网脉显著，两面无毛，叶缘平，具10-20对不明显细刺齿；叶柄长0.4-1.5厘米。总状花序具10-20花，长2-6厘米，花序梗长1-2厘米。花梗长0.5-1厘米，无毛；苞片长1-1.5毫米；花黄色；小苞片披针形，长1-1.5毫米；外萼片长圆状倒卵形，长2.5-3.5毫米，内萼片倒卵形，长5-6毫米；花瓣长圆状倒卵形，长5-6毫米，先端锐裂，基部具2腺体；药隔顶端平截；胚珠2。浆果椭圆形，长约9毫米，熟时红色，宿存花柱短，无白粉。花期5-6月，果期7-9月。

产河南、陕西、甘肃、湖北、湖南、贵州及四川，生于海拔1000-2500米山坡灌丛中、林缘、林下或草地。根皮含小檗碱，供药用，清热、解毒、消炎、抗菌。

图 56 川鄂小檗 （引自《图鉴》）

61. 甘肃小檗 图 57

Berberis kansuensis Schneid. in Osterr. Bot. Zeitschr. 67: 288. 1918.

落叶灌木。幼枝带红色，具条棱；茎刺细弱，单生或3分叉，长1-2.4厘米。叶厚纸质，近圆形或宽椭圆形，长2.5-5厘米，基部渐窄成柄，上面中脉稍凹陷，下面灰色，微被白粉，两面侧脉和网脉隆起，叶缘平，具15-30对刺齿；叶柄长1-2厘米，老枝叶常近无柄。总状花序具10-30花，长2.5-7厘米，花序梗长0.5-3厘米；苞片长1-1.5毫米。花梗长4-8毫米，常轮列；花黄色；小苞片带红色，长约1.4毫米，先端渐尖；萼片2轮，外萼片卵形，长2.5毫米，内萼片长圆状椭圆形，长约4.5

图 57 甘肃小檗 （李爱莉绘）

毫米；花瓣长圆状椭圆形，长4.5毫米，先端缺裂，基部具短爪，具2分离倒卵形腺体；药隔顶端圆或平截；胚珠2，具柄。浆果长圆状倒卵圆形，熟时红色，长7-8毫米，无宿存花柱，无白粉。花期5-6月，果期7-8月。

产陕西、宁夏、甘肃、青海及四川，生于海拔1400-2800米山坡灌丛中或杂木林中。

62. 安徽小檗 图 58

Berberis anhweiensis Ahrendt in Journ. Linn. Soc. Bot. 57: 185. 1961.

落叶灌木。老枝具条棱，散生黑色小疣点；茎刺单生或3分叉，长1-1.5厘米。叶薄纸质，近圆形或宽椭圆形，长2-6厘米，基部楔形，上面中脉和侧脉隆起，下面淡绿色，稍被白粉，两面网脉显著，无毛，叶缘平，具15-40对刺齿；叶柄长0.5-1.5厘米。总状花序具10-27花，长3-7.5厘米，花序梗长1-1.5厘米，无毛。花梗长4-7毫米，无毛；苞片长约1毫米；花黄色；小苞片卵形，长约1毫米；外萼片长圆形，长2.5-3毫米，内萼片倒卵形，长约4.5毫米；花瓣椭圆形，长4.8-5毫米，先端全缘，基部楔形，具2腺体；药隔顶端平截；胚珠2-3。浆果椭圆形或倒卵圆形，长约9毫米，熟时红色，无宿存花柱，无白粉。花期4-6月，果期7-10月。

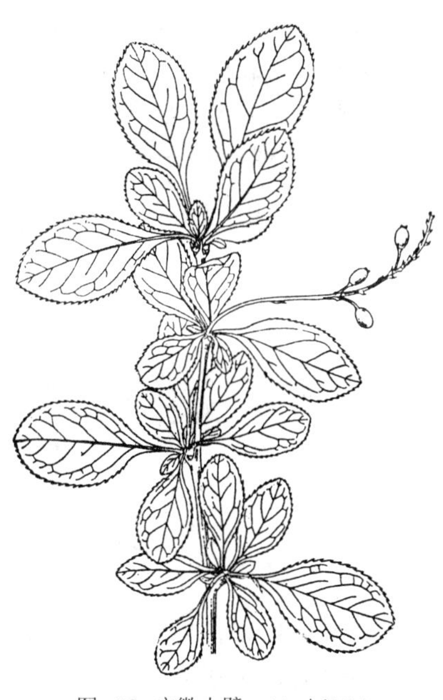

图 58 安徽小檗 （江建新绘）

产浙江、安徽及湖北，生于海拔400-1800米山地灌丛中、林中、路边或山顶。

63. 直穗小檗 图 59

Berberis dasystachya Maxim. in Bull. Acad. Imp. Sci. St. Pétersb. 23: 308. 1877.

落叶灌木。老枝圆柱形，疏生小疣点；茎刺单一，长0.5-1.5厘米，稀3分叉。叶长圆状椭圆形、宽椭圆形或近圆形，长3-6厘米，基部骤缩，上面中脉和侧脉微隆起，下面黄绿色，无白粉，两面网脉显著，无毛，叶缘平，具25-50对细小刺齿；叶柄长1-4厘米。总状花序直立，具15-30花，长4-7厘米，花序梗长1-2厘米，无毛。花梗长4-7毫米；花黄色；小苞片披针形，长约2毫米；外萼片披针形，长约3.5毫米，内萼片倒卵形，长约5毫米，基部稍具爪；花瓣倒卵形，长约4毫米，先端全缘，基部具爪，具腺体；雄蕊长约2.5毫米，药隔顶端平截；胚珠1-2。浆果椭圆形，长6-7毫米，熟时红色，无宿存花柱，无白粉。花期4-6月，果期6-9月。

产河北、山西、河南、陕西、宁夏、甘肃、青海、湖北及四川，生于海拔800-3400米向阳山地灌丛中、山谷溪边、林缘、林下、草丛中。根皮及茎皮含小檗碱，供药用。

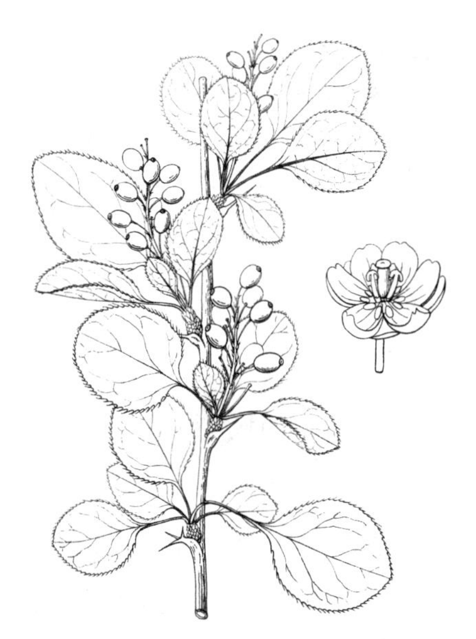

图 59 直穗小檗 （引自《图鉴》）

64. 黄芦木 图 60

Berberis amurensis Rupr. in Bull. Acad. Sci. Imp. St. Pétersb. 15: 260. 1857.

落叶灌木。老枝稍具棱槽，无疣点；茎刺3分叉，稀单一，长1-2厘米。叶纸质，倒卵状椭圆形、椭圆形或卵形，长5-10厘米，宽2.5-5厘米，上面中脉和侧脉凹陷，网脉不显，下面淡绿色，网脉微显，叶缘平，具40-60对细刺齿；叶柄长0.5-1.5厘米。总状花序具10-25花，长4-10厘米，无毛，花序梗长1-3厘米。花梗长0.5-1厘米；花黄色；外萼片倒卵形，长约3毫米，内萼片与外萼片同形，长5.5-6毫米；花瓣椭圆形，长4.5-5毫米，先端浅缺裂，基部稍具爪，具2腺体；药隔顶端平截；胚珠2。浆果长圆形，长约1厘米，熟时红色，无宿存花柱，无白粉或基部微被霜粉。花期4-5月，果期8-9月。

产黑龙江、吉林、辽宁、内蒙古、河北、山东、山西、河南、陕西、宁夏及甘肃，生于海拔1100-2850米灌丛中、沟谷、疏林中、溪边或岩石旁。日本、朝鲜半岛北部及俄罗斯西伯利亚有分布。根皮和茎皮含小檗碱，代黄连，供药用，清热，解毒。

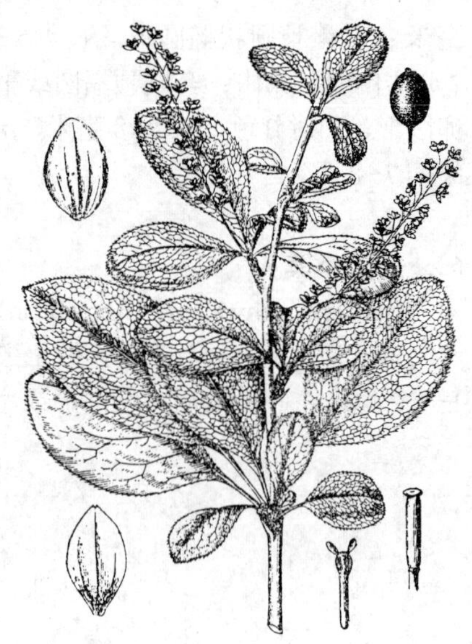

图 60 黄芦木 （引自《图鉴》）

[附] 南阳小檗 **Berberis hersii** Ahrandt in Gard. Illust. 64: 426. 1944. 与黄芦木的区别：茎刺无或单一，稀3分叉；叶椭圆形或倒卵形，长1.5-4.5厘米，宽0.5-1.7厘米。产河北、山东及山西，生于海拔700-2040米山坡灌丛中、林缘、林下或路旁。

65. 置疑小檗 图 61

Berberis dubia Schneid. in Bull. Herb. Boissier ser. 2, 5: 663. 1905.

落叶灌木。老枝稍具棱槽和黑色疣点，幼枝具棱槽；茎刺单生或3分叉，长0.7-2毫米。叶纸质，窄倒卵形，长1.5-3厘米，上面中脉和侧脉隆起，下面淡黄绿色，两面网脉隆起，无毛，无白粉，叶缘平，具6-14对细刺齿；叶柄长1-3毫米。总状花序具5-10花，长1-3厘米，花序梗长0.5-1厘米。花梗长3-6毫米，细弱，无毛；花黄色；小苞片披针形，长约1.5毫米；萼片2轮，外萼片卵形，长约2.5毫米，内萼片宽倒卵形，长约4.5毫米；花瓣椭圆形，长约3.5毫米，短于内萼片，先端浅缺裂，基部楔形，具2腺体；药隔顶端短突尖；胚珠2。浆果倒卵状椭圆形，熟时红色，长约8毫米，无宿存花柱，无白粉。花期5-6月，果期8-9月。

产内蒙古、陕西、宁夏、甘肃、青海及西藏，生于海拔1400-3850米山坡灌丛中、石质山坡、河滩地、岩缝中或林下。

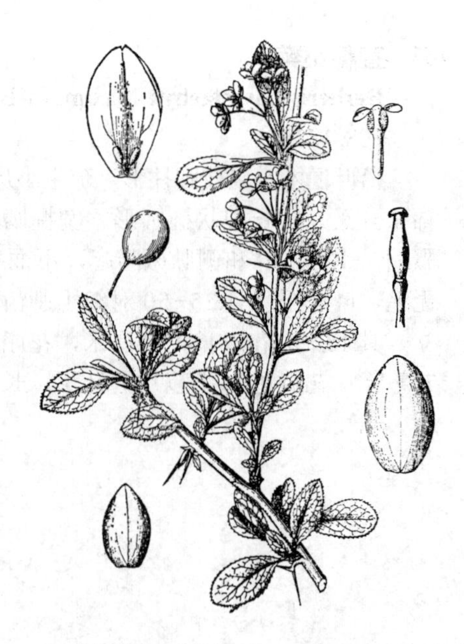

图 61 置疑小檗 （引自《秦岭植物志》）

66. 少齿小檗 图 62

Berberis potaninii Maxim. in Acta Hort. Petrop. 2: 41. 1891.

常绿灌木。老枝无毛，幼枝具条棱，散生黑色小疣点；茎3分叉，长2-6厘米。叶革质，披针形、倒卵形或窄倒卵形，长2-4厘米，先端硬尖，下面淡绿色或初微被白粉，后淡黄绿色，有时密生小乳突，侧脉和网脉不显，中部以上具1-4对刺锯齿，枝顶叶常全缘；近无柄。总状花序具4-12花，长2-4厘米。花梗长0.5-1.5厘米，无毛；花黄色；外萼片椭圆形或倒卵形，长4-5毫米，内萼片倒卵形，长5-7毫米；花瓣倒卵形，长4.3-5毫米，先端全缘，基部平截，具2腺体；药隔顶端钝；胚珠1-2，无柄。浆果长圆形或长圆状球形，长7-8毫米，熟时红色，花柱宿存，无白粉，有时微被白粉。花期4-5月，果期8-10月。

产河南、陕西、甘肃及四川，生于海拔450-2100米阳坡、路旁、沟边或河谷。

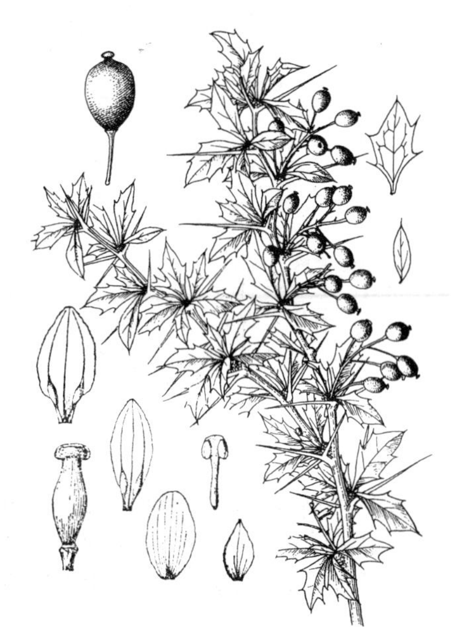

图 62 少齿小檗 （冀朝祯绘）

67. 变刺小檗 图 63

Berberis mouillacana Schneid. in Sarg. Pl. Wilson. 1: 371. 1913.

落叶灌木。老枝具棱槽，幼枝无疣点；茎刺单一，圆柱形，有时无或3分叉，长0.3-1.8厘米。叶纸质，倒卵形或长圆状倒卵形，长1-6厘米，上面中脉平或微凹陷，侧脉和网脉不显，下面绿色，无白粉，无乳突，侧脉和网脉明显，叶缘平，全缘，稀具1-8对不明显刺齿；叶柄长2-5毫米或近无柄。总状花序或基部有数花簇生，稀伞形总状花序，具4-12花，长2-5厘米。花梗长0.3-1.5厘米，无毛；花黄色；小苞片披针形，长约3毫米；萼片1（2）轮，外萼片窄椭圆形，长4-4.5毫米，内萼片椭圆形，长6-6.5毫米；花瓣宽椭圆形，长约4.5毫米，先端缺裂，基部具2分离腺体；药隔顶端平截；胚珠2-4。浆果卵状椭圆形，长0.9-1厘米，花柱宿存，无白粉。花期4-5月，果期7-9月。

产甘肃、青海及四川，生于海拔2000-3500米河滩、云杉林下、灌丛中、林缘、山坡路旁或林中。

图 63 变刺小檗 （李爱莉绘）

68. 滇西北小檗 图 64

Berberis franchetiana Schneid. in Osterr. Bot. Zeitschr. 67: 223. 1918.

落叶灌木。枝无毛，具棱槽，稀有黑色小疣点；茎刺细弱，3分叉，长1-1.5厘米。叶纸质，窄倒卵形，长2-3.5厘米，上面中脉平，侧脉2-3对，下面淡灰色，两面网

脉不显，无白粉，叶缘平，全缘；叶柄长2-4毫米。总状花序具3-8花，基部常数花簇生，长2-4厘米。花梗长0.7-1.8厘米；花黄色；小苞片披针形，长约2.8毫米；萼片2轮，外萼片披针形，长约4.5毫米，中萼片长圆状倒卵形，长约6毫米，内萼片倒卵形，长约7毫米；花瓣椭圆形，长约5毫米，先端尖，缺裂，基部具宽爪，具2腺体；胚珠2。浆果长圆状卵圆形，熟时红色，长0.9-1厘米，顶端常弯曲，花柱宿存，无白粉。花期6月，果期8-10月。

产四川、云南及西藏，生于海拔300-4100米山地灌丛中、林缘。

图 64 滇西北小檗 （李爱莉绘）

69. 光叶小檗 图 65

Berberis lecomtei Schneid. in Sarg. Pl. Wilson. 1: 373. 1913.

落叶灌木。老枝具条棱，无毛，散生黑色疣点；茎刺单一或3分叉，长0.2-1.5厘米，细弱，有时无。叶纸质，窄倒卵形，长1.5-2.5厘米，基部下延至叶柄，上面中脉和侧脉显著，网脉不显，下面灰绿色，无白粉，中脉和侧脉微隆起，网脉显著，叶缘平，全缘；叶柄长2-5毫米。总状花序具4-16花，长1.5-4厘米，基部常有数花簇生，无毛。花梗长0.4-1厘米，无毛；花黄色；小苞片长1.5-2毫米，红色；萼片2轮，外萼片宽卵形，长2.5-3毫米，内萼片椭圆形，长3-4毫米；花瓣倒卵形，长4-5毫米，先端缺裂，裂片尖，基部具爪，具2长圆形腺体；药隔顶端平截或近锥状；胚珠2，无柄。浆果熟时深红色，有光泽，长圆形或长圆状倒卵圆形，长0.8-1厘米，无宿存花柱，无白粉。花期5-6月，果期8-10月。

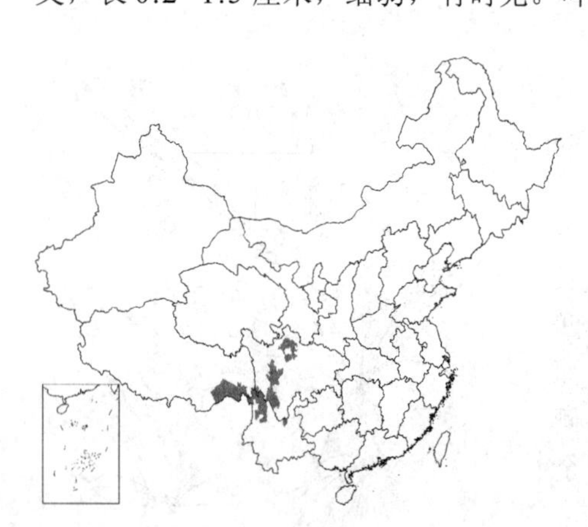

产四川、云南及西藏，生于海拔2500-4200米山坡林下、林缘、草坡、沟边、灌丛中。

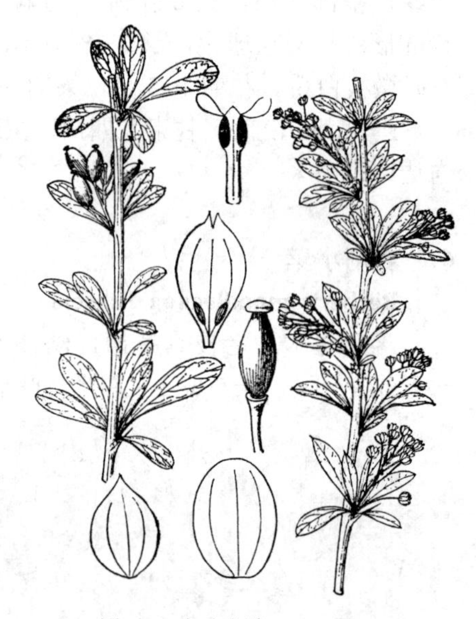

图 65 光叶小檗 （李锡畴绘）

［附］ **小毛小檗 Berberis microtricha** Schneid. in Osterr. Bot. Zeitchr. 67: 223. 1918. 与光叶小檗的区别：叶长1-2厘米，边缘反卷；花瓣先端全缘。产四川及云南，生于海拔2500-3200米山坡灌丛中。

70. 道孚小檗 图 66

Berberis dawoensis K. Meyer in Fedde, Repert. Sp. Nov. Beih. 12: 379. 1922.

常绿灌木。老枝具棱槽，散生黑色疣点；茎刺3分叉，长0.6-2.5厘米。叶纸质，长圆状倒卵形，长1-3厘米，先端圆，具刺尖头，基部楔形，上面中脉平或微凹，下面初被白粉，后渐脱落淡绿色，两面网脉显著，无毛，叶缘平，具6-10对刺齿，稀全缘；叶柄长1-4毫

米。总状花序具5-10花，有时基部数花簇生，长2-4厘米。花梗细，长0.7-1.2厘米，簇生花梗长达1.8厘米，无毛；花黄色；萼片2轮，外萼片倒卵形，长6-8毫米，内萼片与外萼片同形，长6.5-8.5毫米；花瓣宽椭圆形，长5-7毫米，先端微裂，裂片尖，基部楔形，具2枚倒卵形腺体；雄蕊长3-4毫米，药隔顶端钝；胚珠2。浆果长圆状卵圆形，熟时红色，长约1厘米，宿存花柱短，微被白粉；种子2。花期4-5月，果期9-10月。

产四川及云南，生于海拔3000-3900米山坡灌丛中、林缘或林中。

[附] **异果小檗** 彩片456 **Berberis heteropoda** Schrenk. in Enum. Pl. Nov. 1: 102. 1841. 与道孚小檗的区别：叶倒卵形，长2-6厘米；花瓣先端全缘；浆果顶端无宿存花柱，成熟时黑色。产新疆，生于海拔950-3200米石质山坡、河滩、疏林或云杉林下、灌丛中或荒漠草原。俄罗斯有分布。

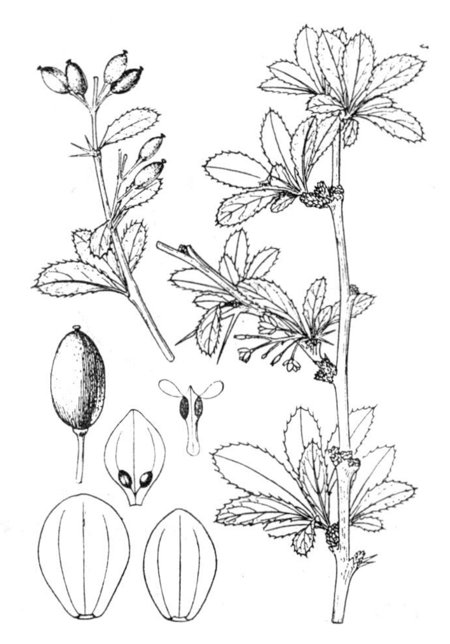

图 66 道孚小檗 （李锡畴绘）

71. 首阳小檗 图 67

Berberis dielsiana Fedde in Engl. Bot. Jahrb. 36 (Beibl. 82): 41. 1905.

落叶灌木。老枝具棱槽，疏生疣点；茎刺单一，长0.3-1.5厘米，萌枝刺长达2.5厘米。叶薄纸质，椭圆形或椭圆状披针形，长4-9厘米，基部渐窄，上面中脉平，侧脉不显，下面初灰色，微被白粉，后绿色，侧脉微显，两面网脉不显，无毛，叶缘平，具8-20对刺齿，萌枝叶全缘；叶柄长约1厘米。总状花序具6-20花，长5-6厘米，花序梗长0.4-1.5厘米，无毛。花梗长3-5毫米，无毛；花黄色；小苞片披针形，红色，长2-2.5毫米；萼片2轮，外萼片长圆状卵形，长2-2.5毫米，内萼片倒卵形，长4-4.5毫米；花瓣椭圆形，长5-5.5毫米，先端缺裂，基部具2腺体；药隔顶端平截；胚珠2。浆果长圆形，熟时红色，长8-9毫米，无宿存花柱，无白粉。花期4-5月，果期8-9月。

图 67 首阳小檗 （引自《秦岭植物志》）

产河北、山东、山西、河南、湖北、陕西、宁夏、甘肃及四川，生于海拔600-2300米山坡、山谷灌丛中、山沟溪旁或林中。根入药，清热、退火、抗菌。

72. 松潘小檗 图 68

Berberis dictyoneura Schneid. in Sarg. Pl. Wilson. 1: 374. 1913.

落叶灌木。老枝具槽，疏生疣点，茎刺3分叉或单生，长1-2厘米。叶纸质，椭圆形或椭圆状倒卵形，长1-3.5厘米，上面中脉微凹，下面黄绿色，两面密网脉隆起，无

毛，无白粉，叶缘平，具7-15对细密刺齿；叶柄长2-8毫米。总状花序具7-14花，长2-3厘米，花序梗短或间杂簇生花。花梗长4-6毫米，无毛；苞片卵形，长约1毫米；花黄色；小苞片长约2.5毫米，先端尖；萼片2轮，外萼片长圆形，长4-4.8毫米，内萼片倒卵形，长5.5-6.5毫米；花瓣倒卵形，长5-5.8毫米，先端全缘，基部具爪，具2腺体；药隔顶端近突尖；胚珠1-2。浆果倒卵状长圆形，长0.8-1厘米，熟时粉红或淡红色，无宿存花柱，无白粉。花期4-6月，果期7-9月。

图 68 松潘小檗 （李爱莉绘）

产山西、陕西、宁夏、甘肃、青海、四川及西藏，生于海拔1700-4250米路边、河边草坡、高山栎林下、云冷杉林下、灌丛中或林缘。

73. 垂果小檗 图 69

Berberis nutanticarpa C. Y. Wu ex S. Y. Bao in Bull. Bot. Rev. (Harbin) 5(3): 15. 图15. 1985.

落叶灌木。枝棕灰色，具条棱，散生黑色疣点，无毛；茎刺3分叉或单生，长1-2.5厘米。叶纸质或厚纸质，倒卵形或椭圆状倒卵形，长2.5-5厘米，上面中脉平或微隆起，侧脉5-7对，下面淡绿色，有时灰白色，侧脉多分枝，隆起，叶缘平，具10-14对粗刺齿，稀全缘；叶柄长2-3毫米。果序总状，长4.5-6厘米，5-6个总状果序簇生，每果序具5-8果，稍下垂，簇生果柄长2-2.5厘米，无毛；苞片披针形，长4-5毫米；浆果熟时红色，椭圆形，长0.9-1.2厘米，无宿存花柱，微被霜粉；种子2。果期10月。

图 69 垂果小檗 （杨建昆绘）

产四川、云南及西藏，生于海拔3000-3700米草坡或高山草甸。

74. 烦果小檗 图 70:9-12

Berberis ignorata Schneid. in Bull. Hreb. Boissier ser. 2, 5: 661. 1905.

落叶灌木。老枝圆柱形，疏生疣点，幼枝亮紫黑色；茎刺单生，有时3分叉，长0.5-1.6厘米。叶纸质，窄倒卵形，长1-3.5厘米，先端圆钝或尖，上面中脉平或微隆起，侧脉4-5对，网脉不显，下面微被白粉，叶缘平，全缘，有时具1-5对刺齿；叶柄长2-3毫米或近无柄。总状花序或近伞形总状花序，具3-9花，长2-3.5厘米，基部常有数花簇生，无花序梗；苞片长约1.5毫米。花梗长0.5-1厘米，无毛；

花黄色；小苞片宽披针形，长约3毫米；萼片3轮，外萼片长圆状卵形，长4-4.5毫米，中萼片椭圆形，长约5毫米，内萼片椭圆状倒卵形，长5.2-6毫米；花瓣倒卵形，长4.5-5毫米，浅缺裂，裂片先端圆钝，基部具2腺体；药隔顶端钝；胚珠3-4，无柄。浆果长圆形，长1-1.3厘米，熟时红色，无宿存花柱，无白粉。花期5月，果期8-9月。

产西藏，生于海拔2700-3800米松、栎针阔混交林下或林间空地灌丛中。印度北部及不丹有分布。

75. 堆花小檗 图 71

Berberis aggregata Schneid. in Bull. Herb. Boissier ser. 2, 8: 203. 1908.

半常绿或落叶灌木。老枝无毛，具棱槽，幼枝微被柔毛，疏生黑色疣点；茎刺3分叉，长0.8-1.5厘米，淡黄色。叶近革质，倒卵状长圆形或倒卵形，长0.8-2.5厘米，先端刺尖，上面中脉微凹或平，两面网脉显著，叶缘平，具2-8对刺齿，有时全缘；叶柄短或近无柄。短圆锥花序具10-30花，紧密，长1-2.5厘米，近无花序梗。花梗长1-2毫米；花淡黄色；小苞片卵形，长约1毫米；萼片2轮，外萼片长约2.5毫米，内萼片长约3.5毫米，均椭圆形；花瓣倒卵形，长约3.5毫米，先端缺裂，基部具爪，具2腺体；药隔顶端钝；胚珠2，近无柄。浆果近球形或卵圆形，长6-7毫米，熟时红色，花柱宿存，无白粉。花期5-6月，果期7-9月。

图 71 堆花小檗 （引自《图鉴》）

产山西、陕西、甘肃、青海、湖北、贵州、四川及云南，生于海拔1000-3500米山谷灌丛中、山坡路旁、河滩、林中或林缘灌丛中。根含小檗碱，供药用，清热解毒，消炎抗菌。

76. 大黄檗 图 70:1-8

Berberis francisci-ferdinandi Schneid. in Sarg. Pl. Wilson. 1: 367. 1913.

落叶灌木。老枝近圆柱形，幼枝散生疣点；茎刺单生，稀3分叉，长0.5-2厘米，有时无刺。叶纸质，卵形或椭圆形，长2-7厘米，先端尖，基部骤缩或楔形，上面中脉微凹陷，下面淡黄绿色，两面网脉微显，无毛，叶缘平，具15-30对刺齿，有时齿不显；叶柄长0.5-1.5厘米。圆锥花序具20-40花，长5-14厘米，花序梗长1-3厘米，无毛。花梗细弱，长0.4-1厘米；苞片线状钻形，长3-3.5毫米；花黄色；小苞片长1.5-2毫米，带红色；萼片3轮，外萼片卵形，长约2.4毫米，中萼片卵形，长约3毫米，内萼片倒卵形，长3.3-4.3毫米；花瓣长圆形，长3.5-

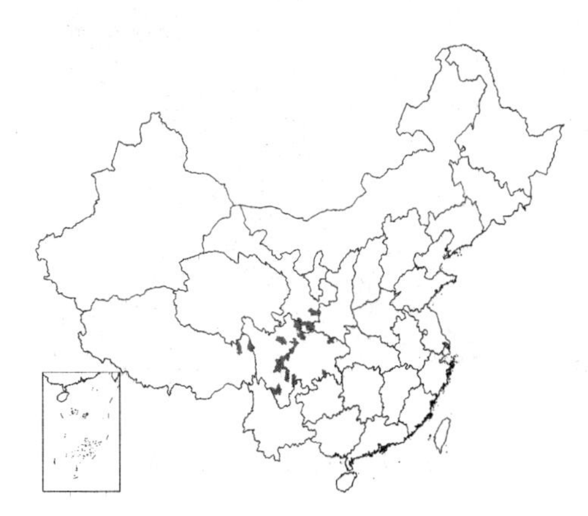

图 70：1-8.大黄檗 9-12.烦果小檗 （引自《秦岭植物志》《西藏植物志》）

4.5毫米，先端尖，微锐裂，基部楔形，具2分离长圆形腺体；药隔顶端钝圆；胚珠2，无柄。浆果倒卵状椭圆形，熟时鲜红色，长1-1.2厘米，无宿存花柱，无白粉。花期5-6月，果期7-10月。

产甘肃、四川及西藏，生于海拔1400-4000米灌丛中、疏林下、林缘、山沟或草坡。

[附] **短锥花小檗 Berberis prattii** Schneid. in Sarg. Pl. Wilson. 1: 376. 1913. 与大黄檗的区别：叶倒卵状椭圆形或倒卵形，长1-3（4）厘米，先端圆钝，全缘；浆果顶端具宿存花柱。产四川及西藏，生于海拔2100-3400米山坡灌丛中。

77. 刺黄花 图 72

Berberis polyantha Hemsl. in Journ. Linn. Soc. Bot. 29: 302. 1892.

半常绿灌木。老枝具槽和稀疏疣点；茎刺单生，稀3分叉，长1-3厘米。叶革质，长圆状倒卵形或倒卵形，长0.8-4.5厘米，上面中脉平或凹陷，下面淡绿色，两面网脉细密，隆起，叶缘平，具3-10对刺齿，有时全缘；叶近无柄。圆锥花序具30-100花，长6-14厘米，花序梗长0.3-2厘米，无毛。花梗长2-4毫米，无毛；苞片长1.5-2.5毫米；花黄色；小苞片三角形，长1-1.5毫米；外萼片卵形，长3.5毫米，内萼片倒卵形，长4.5-6.5毫米；花瓣倒卵形，长3.5-4毫米，先端锐裂，基部具爪，具2腺体；药隔顶端钝；胚珠2，近无柄。浆果窄卵圆形，长7-8毫米，熟时暗红或暗红棕色，宿存花柱长达1.5毫米，被白粉。种子紫色。花期5-7月，果期8-10月。

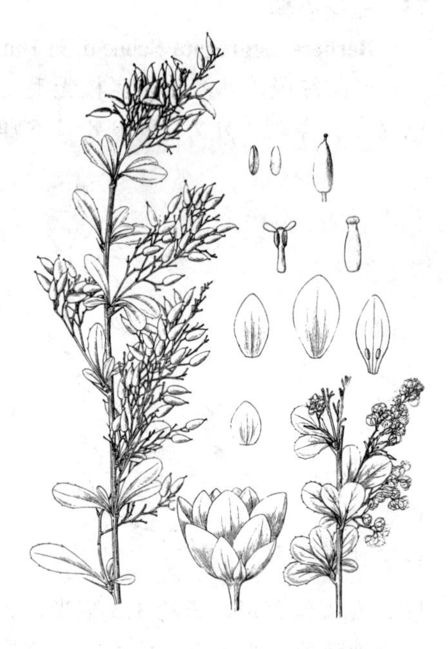

图 72 刺黄花 （引自《中国药用植物志》）

产四川及西藏，生于海拔2000-3600米阳坡、灌丛中、路边、林缘、草坡、林中或河谷两岸。代黄连，用根煮水吃去火，或洗眼治眼病。

78. 锡金小檗 图 73 彩片 457

Berberis sikkimensis (Schneid.) Ahrendt in Journ. Bot. Lond. 80 (Suppl.): 85. 1942.

Berberis chitria Linde. var. *sikkimensis* Schneid in Bull. Herb. Boissier, ser. 2, 5: 453. 1905.

半常绿灌木。老枝无毛或被疏柔毛，具稀疏疣点，幼枝无毛，具棱槽；茎刺3分叉，长0.5-2厘米，淡黄色。叶革质，倒卵形或倒卵状椭圆形，长1.5-2.7厘米，先端刺尖，上面中脉平，下面黄绿色，初被白粉，后脱落，散生乳突，侧脉2-4对，两面网脉显著，叶缘平，全缘或具1-5对刺齿；具短柄。圆锥花序或总状花序具3-20花，长3-5厘米，花序

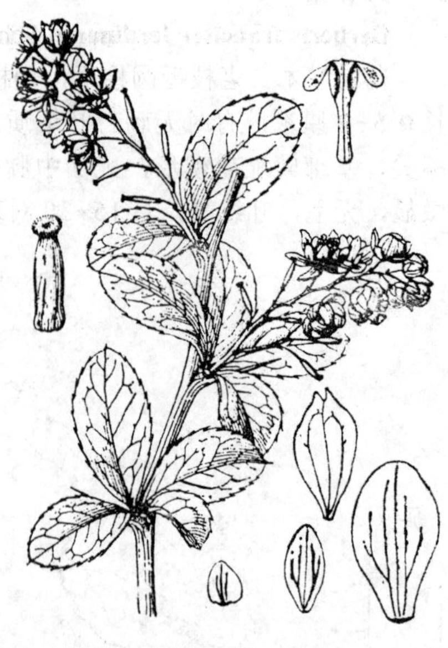

图 73 锡金小檗 （冀朝祯绘）

梗长0.5-2厘米。花梗长4-8毫米，无毛；花黄色；小苞片萼片状，黄色，长约2毫米；萼片2轮，外萼片卵形，长3.5-4毫米，内萼片宽椭圆形，长7-8毫米；花瓣倒卵形，长约6毫米，先端全缘或波状，基部具爪，具2分离腺体；药隔顶端微突尖；胚珠4。浆果窄卵圆形，花序暗红色，长约1.5厘米，常微弯，宿存花柱长约1.5毫米，无白粉。花期5-6月，果期7-8月。

产云南及西藏，生于海拔2000-3000米林中、林缘或灌丛中。尼泊尔、印度北部及不丹有分布。

79. 北京小檗 图 74

Berberis beijingensis Ying in Acta Phytotax. Sin. 37(4): 324. f. 8: 1-8. 1999.

落叶灌木。枝具棱槽，无毛，疏生黑色疣点；茎刺单生，稀3分叉，长5-8毫米。叶薄纸质，窄倒披针形，长1-4厘米，上面中脉微隆起，下面淡绿色，无毛，无白粉，两面侧脉和网脉隆起，叶缘平，全缘；近无柄。圆锥花序具15-30花，长3-7厘米，花序梗长1-1.5厘米，无毛；苞片披针形，长2-3.5毫米。花梗长2-5毫米，无毛；花黄色；小苞片披针形，长约2毫米；萼片2轮，外萼片椭圆形，长2-2.5毫米，内萼片倒卵形，长3-3.5毫米；花瓣椭圆形，长3-3.2毫米，先端全缘，基部楔形，具2分离腺体；药隔顶端平截；胚珠单生，具柄。花期5-6月。

图 74 北京小檗 （冀朝祯绘）

产河北及山东，生于海拔约100米山坡灌丛中。

3. 十大功劳属 Mahonia Nuttall

常绿灌木或小乔木。枝无刺。奇数羽状复叶，互生，无叶柄或具叶柄；小叶3-41对，侧生小叶通常无柄或具柄，小叶具粗疏或细锯齿、或具牙齿，稀全缘。花序顶生，具（1-）3-18簇生总状花序或圆锥花序，长3-35厘米，基部具芽鳞。苞片较花梗短或长；花黄色；萼片3轮，9枚；花瓣2轮，6枚，基部具2腺体或无；雄蕊6，花药瓣裂；子房1室，具基生胚珠1-7，花柱极短或无花柱，柱头盾状。浆果，深蓝或黑色。2n=28。

约60种，分布于亚洲和美洲。我国约35种。

1. 圆锥花序。
  2. 花序4-9簇生，长7-19厘米；花梗长0.6-1.1厘米，花瓣先端微凹，胚珠5-6；小叶具4-11刺齿 ………………………………………………………………………………………… 1. **鹤庆十大功劳 M. bracteolata**
  2. 花序3-5簇生，长（6-）25-35厘米；花梗长1.3-2.4厘米，花瓣先端微缺，胚珠2-4；小叶中下部全缘，中部以上具1-5对刺齿 ……………………………………………………… 2. **细柄十大功劳 M. gracilipes**
1. 总状花序。
  3. 总状花序下部有时具分枝。
    4. 小叶12-20对；花瓣先端窄锐裂，胚珠2-3；浆果卵圆形，顶端宿存花柱长1毫米 ………………………………………………………………………………………… 3. **阿里山十大功劳 M. oiwakensis**
    4. 小叶4-9对；花瓣先端微缺，胚珠4-7；浆果近球形，顶端宿存花柱长2-3毫米 ……………………

………………………………………………………………………………………… 4. **长柱十大功劳 M. duclouxiana**

3. 总状花序不分枝。

5. 花瓣先端全缘。

6. 叶柄长约1厘米，小叶披针形或卵状披针形，具9-23对粗锯齿；总状花序3-5簇生 ……………………………………………………………………………………………… 5. **独龙十大功劳 M. taronensis**

6. 叶柄长3.5-14厘米，小叶椭圆形或倒卵形，全缘或近先端具1-3对不明显锯齿；总状花序6-10簇生 ……………………………………………………………………………………………… 6. **沈氏十大功劳 M. shenii**

5. 花瓣先端微缺或锐裂。

7. 叶柄长2.5-9厘米；总状花序4-10簇生。

8. 小叶2-5对；花梗与苞片等长，花瓣基部腺体明显 ………………………… 7. **十大功劳 M. fortunei**

8. 小叶6-9对；花梗长于苞片，花瓣基部腺体不显 ……………………… 8. **宽苞十大功劳 M. eurybracteata**

7. 叶柄长2厘米以下或近无柄。

9. 小叶披针形或卵状长圆形。

10. 小叶6-9对，具3-9对刺齿；花瓣基部具腺体 ……………………………………………………………… 8(附). **安坪十大功劳 M. eurybracteata** subsp. **ganpinensis**

10. 小叶8-12对，具35-65对刺齿；花瓣基部无腺体 ……………………… 9. **细齿十大功劳 M. leptodonta**

9. 小叶长圆形、卵形、宽椭圆形或菱形。

11. 小叶上面网脉隆起，边缘具3-11对刺齿 ………………………………… 10. **网脉十大功劳 M. retinervis**

11. 小叶上面网脉扁平或不显，具2-16对牙齿。

12. 小叶下面被白粉；浆果径1-1.2厘米 ……………………………………… 11. **阔叶十大功劳 M. bealei**

12. 小叶下面黄绿色，无白粉；浆果径1厘米以下。

13. 苞片长于花梗：

14. 花序3-9簇生，长5-9厘米；花瓣先端微缺。

15. 总状花序6-9簇生；浆果无白粉；小叶具4-7（-11）对牙齿 …………………………………………………………………………………… 12. **长苞十大功劳 M. longibracteata**

15. 总状花序3-5簇生；浆果微被白粉；小叶具10-16对牙齿 … 13. **峨眉十大功劳 M. polydonta**

14. 花序8-15簇生，长7-9厘米；花瓣先端锐裂。

16. 药隔顶端突尖或圆；胚珠4-5 ………………………………… 14. **尼泊尔十大功劳 M. napaulensis**

16. 药隔顶端平截；胚珠2 ……………………………………………… 15. **宜章十大功劳 M. cardiophylla**

13. 苞片短于花梗或等长。

17. 小叶具1-3对牙齿，先端尾尖；胚珠2 ……………………………… 16. **亮叶十大功劳 M. nitens**

17. 小叶具（2-）4-10对牙齿。

18. 小叶排成密集覆瓦状；总状花序5-10簇生 ………………………… 17. **遵义十大功劳 M. imbricata**

18. 小叶分离或邻接；花梗长于苞片或等长。

19. 浆果球形，有时梨形，无宿存花柱；花瓣基部腺体不显 …… 18. **小果十大功劳 M. bodinieri**

19. 浆果椭圆形或卵圆形，具短宿存花柱；花瓣基部腺体显著。

20. 花梗与苞片等长或稍长 ……………………………………… 19. **长阳十大功劳 M. sheridaniana**

20. 花梗长于苞片。

21. 小叶4-6对，具2-4对牙齿；花梗长6-7毫米，胚珠4-7 ……………………………………………………………………………………… 20. **台湾十大功劳 M. japonica**

21. 小叶5-9对，具2-9对刺锯齿；花梗长2.5-4毫米，胚珠2 ……………………………………………………………………………………… 21. **江北十大功劳 M. fordii**

1. 鹤庆十大功劳　图 75

Mahonia bracteolata Takeda in Notes Roy. Bot. Gard. Edinb. 6: 228. 1917.

灌木。复叶长14-25厘米，宽8-14厘米，具3-8对邻接小叶；最下1对小叶离叶柄基部0.7-1.5厘米，上面暗灰绿色，叶脉不显，下面淡灰绿色，微被白粉，近无脉，叶轴径约2毫米，节间长2-3厘米；小叶革质，长圆状披针形，长2.5-12厘米，下部小叶具2-3对锯齿，上部小叶具4-11对锯齿。圆锥花序4-9簇生，长7-19厘米，基部芽鳞卵形或卵状披针形，长1-1.5厘米。花梗长0.6-1.1厘米；苞片卵形，长2-3毫米；花黄色；外萼片卵形，长2-3毫米，中萼片卵形，长4-6毫米，内萼片椭圆形，长7-8毫米；花瓣长圆状椭圆形，长6-7.5毫米，基部具2腺体，先端微凹；药隔延伸长达1.5毫米，顶端圆或平截；胚珠5-6。浆果近球形，径5-7毫米，微被白粉，宿存花柱长约1.5毫米。花期8-11月，果期9月-翌年1月。

图 75 鹤庆十大功劳
（引自《云南树木志》）

产四川及云南，生于海拔1900-2500米山坡灌丛中或向阳山坡。

2. 细柄十大功劳 刺黄柏　图 76

Mahonia gracilipes (Oliv.) Fedde in Engl. Bot. Jahrb. Syst. 31: 128. 1901.

Berberis gracilipes Oliv. in Hook. Icon. Pl. 28: t. 1754. 1887.

小灌木。复叶长20-41厘米，宽7-11厘米，具2-3对近无柄的小叶，最下部小叶离叶基部3.5-10厘米，下面被白粉，两面网脉隆起，叶轴径2-3毫米；最下部小叶长圆形，长6-11厘米，宽2-5厘米，上部小叶长圆形或倒披针形，长8-13厘米，宽3.5-5厘米，基部楔形，中部以下全缘，以上具1-5对刺齿，顶生小叶长8-14.5厘米，宽3-7.3厘米，小叶柄长2-5.5厘米。总状花序3-5簇生，长（6-）25-35厘米，花较稀疏，基部芽鳞披针形，长2-2.5厘米。花梗纤细，长1.3-2.4厘米；苞片长1-2毫米；花瓣黄色；萼片紫色，外萼片卵形，长2.2-3毫米，中萼片椭圆形，长4.5-5毫米，内萼片椭圆形，长5-5.5毫米；花瓣长圆形，长4-5毫米，基部具2腺体，先端微缺，裂片尖；药隔顶端平截；胚珠2-4。浆果球形，径5-8毫米，熟时黑色，被白粉。花期4-8月，果期9-11月。

图 76 细柄十大功劳 （引自《图鉴》）

产湖北、贵州、四川及云南，生于海拔700-2400米常绿阔叶林或常绿落叶阔叶混交林下、林缘或阴坡。根入药，清热解毒、散瘀消肿，治目赤肿痛、痈肿疮毒、直肠脱垂、黄水疮及虫牙。

3. 阿里山十大功劳 图 77 彩片 458

Mahonia oiwakensis Hayata, Ic. Pl. Formos. 6: 1. 1916.

灌木。复叶长15-42厘米，宽8-15厘米，具12-20对无柄小叶，最下1对小叶距叶柄基部0.5-1厘米，下面淡黄绿色，叶脉微显或不显，叶轴径2-3毫米，节间长1.5-5厘米；最下部小叶卵形或近圆形，长1.5-3厘米，余小叶卵状披针形或披针形，长2-10厘米，基部圆，具2-9对刺锯齿；顶生小叶长4-6.5厘米，宽0.9-1.5厘米，小叶柄长0.5-1厘米，有时无柄。总状花序有时分枝，7-18簇生，长9-25厘米，基部芽鳞宽披针形或卵形，长1.5-3厘米。花梗长（2-）5-6毫米；苞片卵形，长3-3.5毫米；花金黄色；外萼片卵形或近圆形，长1.2-3毫米，中萼片椭圆形或卵形，长（3-）5-6毫米，内萼片椭圆形或长圆形，长5-7毫米；花瓣长圆形，长4.5-6.5毫米，基部具2腺体，先端窄锐裂；药隔顶端圆或略突尖；胚珠2-3。浆果卵圆形，长6-8毫米，熟时蓝或蓝黑色，被白粉，宿存花柱长约1毫米。花期8-11月，果期11月翌年5月。

图 77 阿里山十大功劳 （引自《Fl. Taiwan》）

产台湾、广东、海南、贵州、四川、云南及西藏，生于海拔650-3800米林下、灌丛中、林缘。

4. 长柱十大功劳 图 78 彩片 459

Mahonia duclouxiana Gagnep. in Bull. Soc. Bot. France 55 (4th ser. 8): 87. 1908.

灌木。复叶长20-70厘米，宽10-22厘米，具4-9对无柄小叶，最下1对小叶距叶柄基部约1厘米，上面网脉平，下面黄绿色，网脉不显，叶轴径3-5毫米，节间长2.5-11厘米；小叶无柄，窄卵形、长圆状卵形、窄长圆状卵形或椭圆状披针形；最下1对小叶长1.5-3厘米，余小叶长4.5-16厘米，基部偏斜，具2-12对刺锯齿；有时顶生小叶长达18厘米，宽4厘米，小叶柄长1-3厘米。总状花序4-15簇生，有时有分枝，长8-30厘米，基部芽鳞宽披针形或卵形。花梗长3.2-6毫米；苞片宽披针形或卵形，长3-6毫米；花黄色；外萼片卵形或三角状卵形，长1.1-3毫米，中萼片卵形、卵状长圆形或椭圆形，长2.2-5毫米，内萼片椭圆形，长3.2-8毫米；花瓣椭圆形，长3-7.2毫米，基部具2腺体，先端微缺，裂片钝圆；药隔顶端平截或圆；胚珠4-7。浆果近球形，径5-8毫米，熟时深紫色，被白粉，宿存花柱长2-3毫米。花期11月-翌年4月，果期3-6月。

图 78 长柱十大功劳 （冀朝祯绘）

产广西、贵州、四川及云南，生于海拔1800-2700米林中、灌丛中、路边、河边或山坡。缅甸、印度及泰国有分布。

5. 独龙十大功劳 图 79

Mahonia taronensis Hand.-Mazz. in Anz. Akad. Wiss. Wien, Math.-Nat. 60: 181. 1923.

灌木。复叶长18-40（-65）厘米，宽7-17（-3）厘米，具小叶5-10对，最下1对小叶距叶柄基部约1厘米，上面中脉凹陷，侧脉不显，下面黄绿色；小叶稀疏，披针形或卵状披针形，长4-13（-20）厘米，具9-23对粗刺齿。总状花序不分枝，3-5簇生，长5-8厘米，基部芽鳞卵形或卵状长圆形。花梗长2-2.5毫米；苞片披针形，长4-5毫米；花淡绿黄色；外萼片卵形，长约1.9毫米，中萼片椭圆形，长约2.3毫米，内萼片长圆形，长约3.5毫米；花瓣长圆状倒卵形，长约3毫米，基部具2腺体，先端全缘；药隔先端平截；胚珠2-4。浆果球形，径约6毫米，熟时蓝黑色，被白粉，宿存花柱长约0.3毫米。花期10月-翌年1月，果期2-7月。

产云南及西藏，生于海拔1500-3000米林下或林缘。

图 79 独龙十大功劳 （引自《云南树木志》）

6. 沈氏十大功劳 图 80:1 图 93:2

Mahonia shenii Chun in Journ. Arn. Arb. 9: 127. 1928.

灌木。复叶长23-40厘米，宽13-22厘米，具1-6对小叶，最下1对小叶距叶柄基部3.5-14厘米，上面基脉3出，下面淡黄绿色，叶轴径1.5-2.5毫米，节间长2.5-8厘米；小叶无柄，椭圆形或倒卵形，长6-13厘米，全缘或近先端具1-3对不明显锯齿，顶生小叶长圆状椭圆形或倒卵形，长10-15厘米，全缘或近先端具1或2对不明显锯齿，柄长1.5-6.5厘米。总状花序6-10簇生，长约10厘米，基部芽鳞披针形。花梗长2-3毫米；苞片卵形，长约1毫米；花黄色；外萼片卵形，长约2毫米，中萼片卵状椭圆形或椭圆形，长4-4.1毫米，内萼片倒卵状椭圆形，长4.5-4.6毫米；花瓣倒卵状长圆形，长约3.6毫米，基部腺体不明显，先端全缘；药隔平截；胚珠2。浆果近球形，径6-7毫米，熟时蓝色，被白粉，无宿存花柱。花期4-9月，果期10-12月。

图 80：1.沈氏十大功劳 2-10.十大功劳
（冀朝祯绘）

产福建、湖南、广东、广西及贵州，生于海拔450-1450米常绿落叶混交林中、灌丛中。

7. 十大功劳 图 80:2-10 图 81

Mahonia fortunei (Lindl.) Fedde in Engl. Bot. Jahrb. Syst. 31: 130. 1910. *Berberis fortunei* Lindl. in Journ. Roy. Hort. Soc. 1: 231. 1846.

灌木。复叶长10-28厘米，宽8-18厘米，具2-5对小叶，最下1对小叶距叶柄基部2-9厘米，上面叶

脉不显，下面淡黄色，稀稍苍白色，叶轴径1-2毫米，节间1.5-4厘米；小叶近无柄，窄披针形或窄椭圆形，长4.5-14厘米，具5-10对刺齿。总状花序4-10簇生，长3-7厘米，基部芽鳞披针形或三角状卵形。花梗长2-2.5毫米；苞片卵形，长1.5-2.5毫米；花黄色；外萼片卵形或三角状卵形，长1.5-3毫米，中萼片椭圆形，长3.8-5毫米，内萼片椭圆形，长4-5.5毫米；花瓣长圆形，长3.5-4毫米，基部腺体明显，先端微缺裂，裂片尖；药隔顶端平截；胚珠2。浆果球形，径4-6毫米，熟时紫黑色，被白粉。花期7-9月，果期9-11月。

产浙江、江西、湖北、湖南、广西、贵州及四川，生于海拔350-2000米山坡沟谷林中、灌丛中、路边或河边。各地有栽培，为庭园观赏植物。全株药用，清热解毒、滋补强壮。

图 81 十大功劳 （引自《图鉴》）

8. 宽苞十大功劳 图 82 : 1-8

Mahonia eurybracteata Fedde in Engl. Bot. Jahrb. Syst. 31: 127. 1901.

灌木。复叶长25-45厘米，宽8-15厘米，具6-9对斜升小叶，最小1对小叶距叶柄基部约5厘米或近无柄，上面侧脉不显，下面淡黄绿色，叶

轴径2-3毫米，节间长3-6厘米；小叶椭圆状披针形或窄卵形，最下1对小叶长2.5-6厘米，宽0.8-1.2厘米，向上小叶长4-10厘米，宽2-4厘米，具3-9对刺齿，先端渐尖，顶生小叶长8-10厘米，近无柄或柄长约3厘米，总状花序4-10簇生，长5-10厘米，基部芽鳞卵形，长1-1.5厘米。花梗长3-5毫米；苞片卵形，长2.5-3毫米；花黄色；外萼片卵形，长2-3毫米，中萼片椭圆形，长3-4.5毫米，内萼片椭圆形，长3-5毫米；花瓣椭圆形，长3-4.3毫米，基部腺体有时不明显，先端微缺裂；药隔顶端平截；胚珠2。浆果倒卵圆形或长圆形，长4-5毫米，熟时蓝或淡红紫色，花柱宿存，被白粉。花期8-11月，果期11月-翌年5月。

产湖北、湖南、广西、贵州及四川，生于海拔350-1950米常绿阔叶林中、竹林中、灌丛中、林缘、草坡或向阳岩坡。

［附］安坪十大功劳 图82 : 9 彩片460 **Mahonia eurybracteata** subsp. **ganpinensis** (Lévl.) Ying et Boufford, Fl. Reipubl. Popul. Sin. 29: 232. 2001. —— *Mahonia ganpinensis* (Lévl.) Fedde in Repert. Sp. Nov. 6: 372. 1909. 与模式亚种的区别：小叶宽1.5厘米以下；花梗长1.5-2毫米。花期7-10月，果期11月-翌年5月。产湖北、贵州及四川，生于海拔230-1150米林下或溪边。浙江等地栽培。

图 82 : 1-8.宽苞十大功劳 9.安坪十大功劳 10.细齿十大功劳 （冀朝祯绘）

9. 细齿十大功劳 图 82:10

Mahonia leptodonta Gagnep. in Bull. Soc. Bot. France 85: 166. 1938.

灌木。复叶长15-28厘米，宽10-14厘米，具8-12对邻接或稍覆盖的小叶，最下1对小叶距叶柄基部0.5-1.5厘米，上面中脉稍凹陷，侧脉不显，下面黄绿色，叶轴径1-2.5毫米，节间长1-3（-7）厘米，最下1对小叶近圆形或卵形，长0.7-4厘米，向上小叶披针形或卵状长圆形，长（4.5-）7-10（-14）厘米，基部圆或心形，先端尾尖，具35-65对刺齿。总状花序5-6簇生，长6-7厘米。花梗长5-8毫米；苞片长圆形，长约2毫米；花黄色；外萼片卵形，长约2毫米，中萼片长圆形，长约5毫米，内萼片长圆形，长约5毫米；花瓣长圆形，长约3毫米，基部无腺体，先端圆；药隔顶端稍具短尖。花期8-9月。

产四川及云南，生于海拔250-1500米山坡林下、竹林下、草坡或阴处。

10. 网脉十大功劳 图 83

Mahonia retinervis Hsiao et Y. S. Wang in Acta Phytotax. Sin. 23(4): 310. pl. 1: 4. 1985.

灌木。复叶长15-23厘米，宽9-12厘米，具3-5对小叶，最下1对小叶距叶柄基部0.5-1.2厘米，上面具基脉5-7出，网脉隆起，下面淡黄绿色，基部隆起，网脉不显著，叶轴径1.5-2.2毫米，节间长2-5厘米；小叶厚革质，无柄，最下1对小叶卵形，长1.5-3厘米，具2-3对刺齿，向上小叶长卵圆形，长6-8厘米，基部偏斜，近圆，具3-11对不明显刺齿，先端渐尖，顶生小叶宽卵形，长7-8厘米，柄长2.5-3.2厘米。总状花序5-10簇生，长4-8厘米，基部芽鳞卵状披针形，长1.5-2厘米；苞片卵形或长圆形，长2-3毫米。花梗长3-4.5毫米；花淡黄色，径约3毫米。浆果长圆形，长约7毫米，熟时蓝黑色，微被白粉，花柱宿存。种子1。花期8-9月，果期10-12月。

图 83 网脉十大功劳 （引自《植物分类学报》）

产广西及云南，生于海拔1000-1500米开阔陡坡或岩坡灌丛中。

11. 阔叶十大功劳 图 84 图 89:9

Mahonia bealei (Fort.) Carr. in Fl. Serres Jard. Paris 10: 166. 1854.

Berberis bealei Fort. in Gard. Chron. 1850: 212. 1850.

灌木或小乔木。复叶长27-51厘米，宽10-20厘米，具4-10对小叶，最下1对小叶距叶柄基部0.5-2.5厘米，上面暗灰绿色，下面被白粉，有时淡黄绿或苍白色，两面叶脉不显，叶轴径2-4毫米，节间长3-10厘米；小叶厚革质，最下1对小叶卵形，长1.2-3.5厘米，具1-2对粗锯齿，向上小叶近圆形、卵形或长圆形，长2-10.5厘米，基部宽楔形或圆，偏斜，有时心形，具2-6对粗锯齿，先端具硬尖，顶生小叶长7-13厘米，柄长1-6厘米。总状花序直立，3-9簇生，基部芽鳞

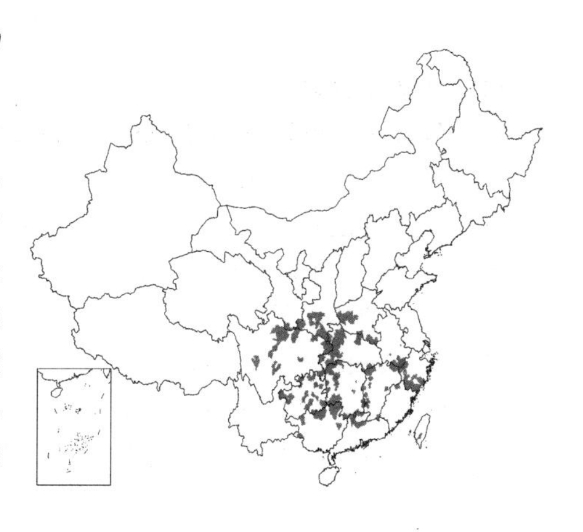

卵形或卵状披针形。花梗长4-6厘米；苞片宽卵形或卵状披针形，长3-5毫米；花黄色；外萼片卵形，长2.3-2.5毫米，中萼片椭圆形，长5-6毫米，内萼片椭圆形，长6.5-7毫米；花瓣倒卵状椭圆形，长6-7毫米，基部腺体明显，先端微缺；药隔顶端圆或平截；胚珠3-4。浆果卵圆形，长约1.5厘米，径1-1.2厘米，熟时深蓝色，被白粉。花期9月-翌年1月，果期3-5月。

产河南、陕西、甘肃、安徽、浙江、福建、江西、湖北、湖南、贵州、广东、广西及四川，生于海拔500-2000米阔叶林、竹林、杉木林及混交林下、林缘、草坡、溪边、路边或灌丛中。日本、墨西哥、美国温暖地区及欧洲广为栽培。

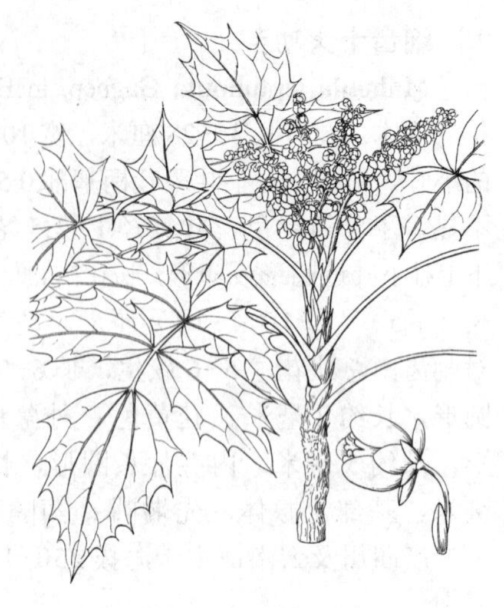

图 84 阔叶十大功劳 （引自《图鉴》）

12. 长苞十大功劳 图 85

Mahonia longibracteata Takeda in Notes Roy. Bot. Gard. Edinb. 6: 236. 1917.

灌木。复叶长14-23厘米，宽6-11厘米，具4-5对小叶，最下1对小叶距叶柄基部约1厘米，上面网脉和中脉隆起，下面淡黄绿色，网脉不显，节间长2.5-4厘米，叶轴径2-3毫米；最下1对小叶卵形，长1.5-2厘米，具2-3对锯齿，向上小叶长圆形或卵状披针形，长3-8厘米，基部圆或宽楔形，具（3）4-7（-11）对牙齿，小叶柄长0.4-1.5厘米。总状花序6-9簇生，长6-9厘米，基部芽鳞窄卵形。花梗长约5毫米；苞片披针形，长7-9毫米；花黄色；外萼片宽披针形，长3-6毫米，中萼片长圆形，长4-6毫米，内萼片长圆状倒卵形，长5-6毫米；花瓣椭圆形，长4.1-4.5毫米，基部腺体不明显，先端全缘；药隔顶端平截；胚珠2。浆果长圆形，长约1厘米，熟时亮红色，无白粉。花期4-5月，果期5-10月。

产四川及云南，生于海拔1900-3300米山坡林下、灌丛中、阴坡或铁杉林下。

图 85 长苞十大功劳 （李锡畴绘）

13. 峨眉十大功劳 图 86

Mahonia polydonta Fedde in Engl. Bot. Jahrb. Syst. 31: 126. 1901.

灌木。复叶长15-30厘米，宽5-10厘米，具4-8对小叶，基部1对小叶距叶柄基部0.5-2.5（-4）厘米，叶脉显著，下面淡黄绿色，叶轴径2-2.5毫米，节间长（1.5-）3-6厘米；小叶无柄，基部1对小叶倒卵状长圆形，长2.5-6厘米，余小叶椭圆形或卵状长圆形，长4-9厘米，具10-16对刺牙齿，先端渐尖，顶生小叶长8-12厘米，柄长约2厘米。总状花序3-5簇生，长5-6厘米，基部芽鳞卵状披针形。花梗长2-3（-6）毫米；苞片宽披针形，长0.6-1.1厘米；花黄色；外萼

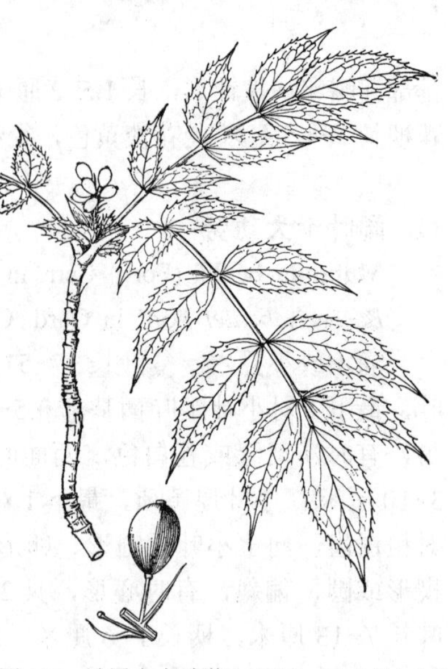

图 86 峨眉十大功劳 （引自《云南树木志》）

片卵形，长3-4毫米，中萼片椭圆形，长4-4.5毫米，内萼片长圆形，长约5毫米；花瓣长圆形，长3.6-4.2毫米，基部腺体显著，先端微缺裂，裂片圆；药隔顶端平截；胚珠2。浆果倒卵圆形，长5-6.5毫米，熟时蓝黑色，微被白粉，宿存花柱长0.5-1毫米。花期3-5月，果期5-8月。

产湖北西部、贵州东北部、四川、云南及西藏，生于海拔1300-3100米常绿落叶阔叶混交林或针叶林下、灌丛中、竹林下、路边或石山坡。缅甸及印度阿萨姆有分布。

14. 尼泊尔十大功劳 图 87

Mahonia napaulensis DC. Syst. 2: 21. 1821.

灌木或小乔木。复叶长17-61厘米，宽7-19厘米，具5-12对小叶，最下1对小叶距叶柄基部0.5-2（-4）厘米，上面中脉凹陷，下面淡黄绿色，叶轴径2-4毫米，节间长（1-）2-5（-8.3）厘米；小叶长圆形、长圆状卵形、卵形或卵状披针形，最下1对小叶长1.3-3.7厘米，第二对以上小叶长2-9.5厘米，基部宽楔形、圆或近心形，具3-10对牙齿，顶生小叶长6-10厘米，无柄或柄长达2.5厘米，总状花序8-18簇生，长7-23厘米，基部芽鳞长圆形、卵形或卵状披针形。花梗长3-9毫米；苞片披针形、卵形或长圆形，长2-6毫米；花黄至深黄色，芳香；外萼片三角状卵形、卵形或近圆形，长2-3.2毫米，中萼片卵形或长圆形，长3.2-5.2毫米，内萼片椭圆形，长5-7毫米；花瓣椭圆形，长3.6-7毫米，基部具腺体；先端微缺或锐裂，药隔顶端突尖或圆；胚珠4-5。浆果长圆形，长0.9-1厘米，熟时蓝黑色，被白粉。花期6月-翌年1月，果期1-7月。

产湖南、广西、四川、云南及西藏，生于海拔1200-3000米常绿落叶阔叶混交林中、林缘或灌丛中。印度、不丹、缅甸、尼泊尔有分布。澳大利亚、南欧、印度尼西亚、斯里兰卡等地区有栽培。

图 87 尼泊尔十大功劳 （李爱莉绘）

15. 宜章十大功劳 图 88

Mahonia cardiophylla Ying et Boufford, Fl. Reipubl. Popul. Sin. 29: 308. 239. pl. 48. 2001.

灌木。复叶长20-42厘米，宽8-15厘米，具8-10对小叶，最下1对小叶距叶柄基部1-1.5厘米，上面叶脉凹陷，下面淡黄绿色，叶轴径2-3毫米，节间长2-4.5（-7）厘米；小叶厚革质，最下1对小叶卵形，长2-3厘米，具2-3对牙齿，第二对向上小叶卵状椭圆形，长3-9厘米，基部心形，有时圆，具3-8对牙齿，先端长渐尖，顶生小叶长4-7厘米，柄长1-2厘米。总状花序8-13簇生，基部芽鳞卵形，长1-2厘米。花梗长2.5-3毫米；苞片卵状披针形，长3-5毫米；花黄色；外萼片三角状卵形，长2.7-2.8毫米，中萼片卵形，长4.5-4.7毫米，内

萼片椭圆形，长5-5.1毫米；花瓣倒卵形，长4.3-4.5毫米，基部腺体显著，先端锐裂；药隔顶端平截；胚珠2。浆果卵圆形，长0.7-1厘米，熟时蓝紫色，被白粉，宿存花柱长1-2毫米。花期2-4月，果期5-6月。

产湖南南部、广西、贵州、四川东南部及云南东南部，生于海拔1500-1700米林下。

图 88 宜章十大功劳 （冀朝祯绘）

16. 亮叶十大功劳 图 89:1-8

Mahonia nitens Schneid. in Sarg. Pl. Wilson. 1: 379. 1913.

灌木。复叶长16-43厘米，宽4.5-13厘米，具5-8对小叶，最下1对小叶距叶柄基部0.5-2厘米，上面暗绿色，下面淡黄绿色，两面具光泽，网脉略凸起，叶轴径1.5-2.5毫米，节间长2.5-7厘米；小叶无柄，基生1对小叶长圆形，长2-4厘米，具1-3对牙齿，第二对向上小叶卵形或椭圆形，长5-14厘米，叶缘深波状，具1-6对粗疏刺牙齿，先端尾尖或窄骤尖，顶生小叶较侧生小叶长，有时较窄，柄长2-3厘米。总状花序5-10簇生，长9-15厘米，基部芽鳞披针形或卵形，长1-2.5厘米。花梗长1.5-3毫米；苞片卵状披针形、卵形或长圆状卵形，长2-4毫米；花黄色，有时粉红色；外萼片卵形或长圆状椭圆形，长1.5-3.5毫米，中萼片窄卵形或长圆形，长3.3-3.5毫米，内萼片椭圆形，长3.5-4.5毫米；花长圆形或长圆状椭圆形，长2.7-4毫米，基部腺体显著，先端微缺；药隔顶端平截或圆；胚珠2（3）。浆果被白粉。花期7-10月，果期10月-翌年3月。

产广西、贵州及四川，生于海拔650-2000米混交林中、灌丛中、溪边或山坡。

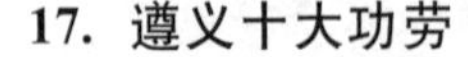

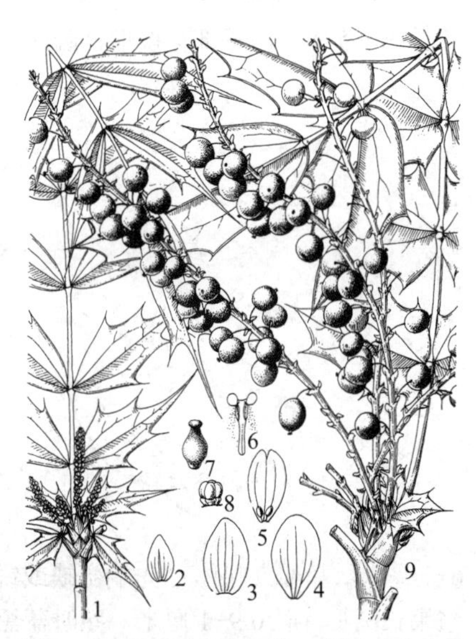

图 89：1-8.亮叶十大功劳 9.阔叶十大功劳 （冀朝祯绘）

17. 遵义十大功劳 图 90

Mahonia imbricata Ying et Boufford, Fl. Reipubl. Popul. Sin. 29: 309. 242. pl. 49. 2001.

灌木。复叶长15-20厘米，宽7-10厘米，具5或8对小叶，小叶排成密集覆瓦状，最下1对小叶距叶柄约5毫米，上面叶脉凹陷，下面淡黄绿色，叶轴径1.5-2毫米，节间长1.5-2.5厘米；小叶厚革质，最下1对小叶近圆形，长1-3厘米，具2-3对刺锯齿，向上小叶窄卵形

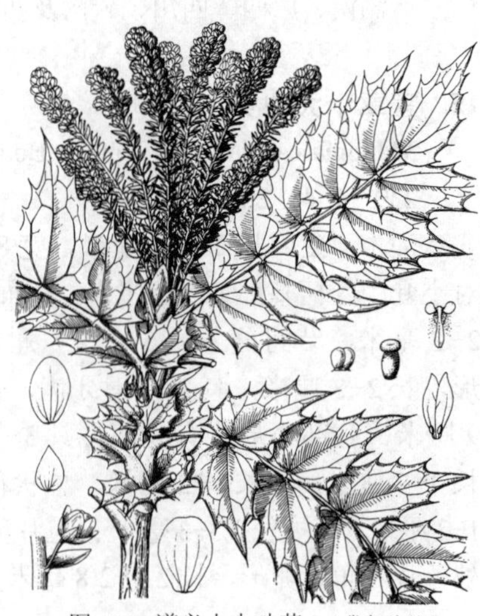

图 90 遵义十大功劳 （冀朝祯绘）

或卵状椭圆形，长3-6.5厘米，基部圆或微心形，偏斜，具2-3对牙齿，先端骤尖，顶生小叶长约7.5厘米，柄长约1.5厘米。总状花序5-10簇生，长8-13厘米，基部芽鳞卵形，长1.5-2厘米。花梗长3-4毫米；苞片卵形，长3.5-4毫米；花黄色；外萼片卵形，长2.7-3毫米，中萼片椭圆形，长约4.5毫米，内萼片椭圆形或长圆形，长5-5.2毫米；花瓣椭圆形，长4.5-5毫米，基部腺体显著，先端锐裂；药隔不延伸，顶端平截；胚珠2。未熟浆果被白粉。花期3-4月，果期4-6月。

产贵州及云南，生于海拔1230-2400米常绿阔叶林或灌丛中。

18. 小果十大功劳 图 91:1-7 彩片 461

Mahonia bodinieri Gagnep. in Bull. Soc. Bot. France 55: 85. 1908.

灌木或小乔木。复叶长20-50厘米，宽10-25厘米，具小叶8-13对，最下1对小叶生于叶柄基部，下面黄绿色，网脉微隆起，叶轴径2-4毫米，节间长（2-）5-9厘米；最下1对小叶近圆形，长2.5-3厘米，向上小叶长圆形或宽披针形，长5-17厘米，顶生小叶长5-15厘米，柄长1-2厘米，具3-10对粗大刺锯齿，齿间距1-2厘米。总状花序5-11簇生，长10-20（-25）厘米，基部芽鳞披针形。花梗长1.5-5毫米；苞片窄卵形，长1.5-4.5厘米；花黄色；外萼片卵形，长约3毫米，中萼片椭圆形，长4.5-5毫米，内萼片窄椭圆形，长约5.5毫米；花瓣长圆形，长4.5-5毫米，基部腺体不显，先端缺裂或微凹；药隔顶端平截，稀具3细牙齿；胚珠2。浆果球形，有时梨形，径4-6毫米，熟时紫黑色，被白霜，无宿存花柱。花期6-9月，果期8-12月。

产浙江、江西、湖北、湖南、广东、广西、贵州及四川，生于海拔100-1800米常绿阔叶林、常绿落叶阔叶混交林和针叶林下、灌丛中、林缘或溪边。

图 91：1-7.小果十大功劳 8-10.台湾十大功劳 （冀朝祯绘）

19. 长阳十大功劳

Mahonia sheridaniana Schneid. in Sarg. Pl. Wilson. 1: 384. 1913.

灌木。复叶长17-36厘米，宽8-14厘米，具4-9对小叶，最下1对小叶距叶柄基部0.7-1厘米，上面叶脉不显著，下面淡绿色，叶脉稍隆起，节间长1.5-5厘米；小叶厚革质，卵形或卵状披针形，最下1对小叶长1.2-3厘米，向上小叶长3-9.5厘米，宽1.5-3.6厘米，基部宽圆、近楔形或近心形，略偏斜，具2-5对牙齿，顶生小叶长6.5-11厘米，柄长0.8-2.5厘米。总状花序4-10簇生，长5-18厘米，基部芽鳞宽披针形或卵形，长1-2厘米。花梗长3-5毫米；苞片卵形，长2-3.5毫米；花黄色；外萼片窄卵形、卵形或卵状披针形，长2.5-4.5毫米，中萼片卵形或卵状披针形，长4.5-6毫米，内萼片椭圆形，长5.5-8.2毫米；花瓣倒卵状椭圆形或长圆形，长5-6.5毫米，基部腺体显著，先端微缺；药隔顶端平截；胚珠2-3。浆果卵圆形或椭圆形，长0.8-1厘米，熟时蓝黑或暗紫色，被白霜，宿存花柱极短。花期3-4月，果期4-6月。

产湖北、贵州及四川，生于海拔1200-2600米常绿阔叶林、竹林、灌丛中、路边或山坡。

20. 台湾十大功劳 华南十大功劳　　图 91:8-10 图 92

Mahonia japonica (Thunb.) DC. Syst. 2: 22. 1821.

Ilex japonica Thunb. Fl. Japan 79. 1784.

灌木。复叶长15-27厘米，宽5-10厘米，具4-6对无柄小叶，最下1对小叶距叶柄基部约0.5厘米，上面深绿色，下面淡绿色，无白粉，叶轴径2-3毫米，节间长2-4厘米；小叶卵形，最下1对小叶长1.8-2.7厘米，向上小叶长3.5-7厘米，基部偏斜，略心形，下部小叶具2-4对牙齿，上部小叶具3-7对牙齿，顶生小叶具柄，长1-2厘米。总状花序下垂，5-6簇生，长5-10厘米，基部芽鳞卵形或卵状披针形，长0.8-1.5厘米。花梗长6-7毫米；苞片卵形，长3.5-4毫米；花黄色；外萼片卵形，长2.5-2.7毫米，中萼片宽倒卵形，长3.3-3.5毫米，内萼片倒卵状长圆形，长6-6.4毫米；花瓣椭圆形，长5.5-6毫米，先端微缺，基部腺体显著；药隔顶端圆；胚珠4-7。浆果卵圆形，长约8毫米，熟时暗紫色，略被白粉，宿存花柱极短或无。花期12月-翌年4月；果期4-8月。

产台湾，生于海拔800-3350米林中或灌丛中。日本、欧洲、美国较温暖地区有栽培。

图 92 台湾十大功劳 （引自《图鉴》）

21. 北江十大功劳　　图 93:1

Mahonia fordii Schneid. in Sang. Pl. Wilson. 1: 383. 1913.

灌木。复叶长20-35厘米，宽7-11厘米，具5-9对稀疏小叶，最下1对小叶距叶柄基部1-1.5厘米，上面叶脉微显，下面淡绿色，叶脉不显，叶轴径1.5-2.5毫米，节间长2-7厘米；最下1对小叶窄卵形，长3.5-5.5厘米，向上小叶窄卵形或椭圆状卵形，近等大，长5-8厘米，基部宽圆或楔形，具2-9对刺锯齿，先端渐尖，顶生小叶长1.5-2厘米，具柄。总状花序5-7簇生，长6-15厘米，基部芽鳞卵形或卵状披针形，长1-1.4厘米。花梗长2.5-4毫米；苞片宽卵形，长1.5-2毫米；花黄色；外萼片卵形，长约2毫米，中萼片椭圆形，长3.5-4毫米，内萼片倒卵状椭圆形，长4-4.5毫米；花瓣椭圆形，长约4毫米，基部腺体显著，先端微缺；药隔顶端平截；胚珠2。浆果（未熟）长约7毫米，宿存花柱短。花期7-9月，果期10-12月。

图 93：1.北江十大功劳 2.沈氏十大功劳 （邓盈丰绘）

产广西、广东及四川，生于海拔约850米林下或灌丛中。

4. 桃儿七属 Sinopodophyllum Ying

多年生草本，高20-50厘米。根茎粗短，横走，节状，多须根。茎直立，单生，具纵棱，无毛，基部被褐色大鳞片。叶2枚，薄纸质，非盾状，基部心形，3-5深裂几达中部，裂片不裂或2-3小裂，裂片先端尖或渐尖，上面无毛，下面被柔毛，具粗锯齿；叶柄长10-25厘米，具纵棱，无毛。花大，单生，先叶开放，花两性，整齐，粉红色；无蜜腺。萼片6，早萎；花瓣6，倒卵形或倒卵状长圆形，长2.5-3.5厘米，先端略波状；雄蕊6，长约1.5厘米，花丝较花药稍短，花药线形，纵裂，顶端圆钝，药隔不延伸；雌蕊1，长约1.2厘米，子房椭圆形，1室，侧膜胎座，胚珠多数，花柱短，柱头头状。浆果卵圆形，长4-7厘米，不裂，熟时桔红色。种子卵状三角形，红褐色，无肉质假种皮。

单种属。

桃儿七 鬼臼 图 94 彩片 462

Sinopodophyllum hexandrum (Royle) Ying, Fl. Xizang. 2: 119. 1985.

Podophyllum hexandrum Royle in Ill. Bot. Himal. Mts. 2(1): 64. 1834.

Podophyllum emodi Wall. var. *chinensis* Sprague; 中国高等植物图鉴 1: 758. 1972.

形态特征同属。花期5-6月，果期7-9月。

产陕西、宁夏、甘肃、青海、四川、云南及西藏，生于海拔2200-4300米林下、林缘湿地、灌丛中或草丛中。尼泊尔、印度北部、巴基斯坦、阿富汗东部及克什米尔有分布。根茎、须根、果均可入药。根茎除风湿，利气血、通筋、止咳；果生津益胃，健脾理气、止咳化痰，对麻木、月经不调等症有疗效。

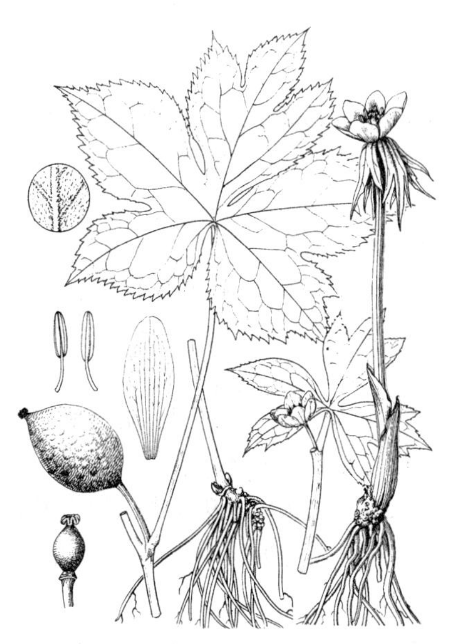

图 94 桃儿七 （李锡畴 冀朝祯绘）

5. 鲜黄连属 Plagiorhegma Maxim.

多年生草本，高10-30厘米，无毛。根茎细瘦，密生有分枝细须根，横切面鲜黄色，生叶4-6枚；地上茎无。单叶，基生，膜质，近圆形，长6-8厘米，先端凹陷，具针刺状突尖，基部深心形，边缘微波状或全缘，掌状脉9-11，下面灰绿色；叶柄长10-30厘米，无毛。花葶长15-20厘米；花单生，淡紫色；无蜜腺；萼片6，花瓣状，紫红色，长圆状披针形，长约6毫米，具条纹，无毛，早落；花瓣6，倒卵形，基部渐窄，长约1厘米；雄蕊1，长约4毫米，无毛；花柱长约2毫米，柱头浅杯状，边缘皱波状，胚珠多数。蒴果纺锤形，长约1.5厘米，熟时黄褐色，自顶部向下纵斜开裂，宿存花柱长约3毫米。种子多数，黑色。

单种属。

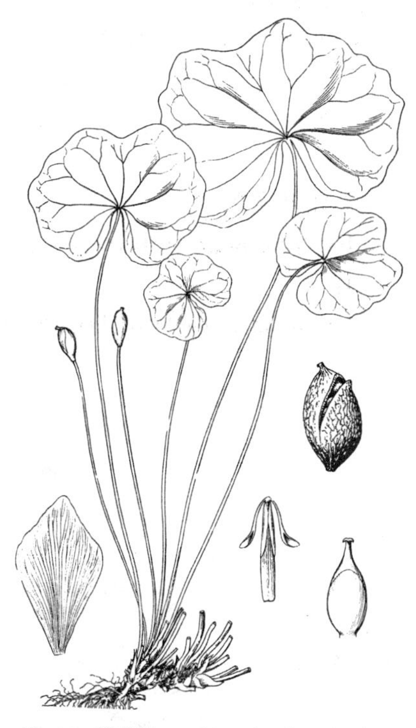

图 95 鲜黄连 （引自《东北草本植物志》）

鲜黄连 图 95

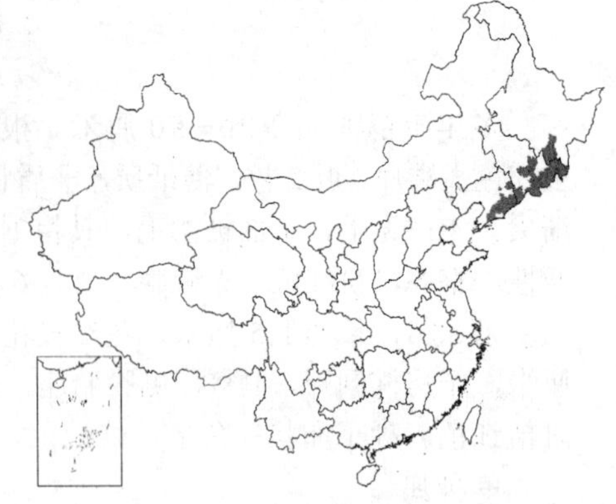

Plagiorhegma dubia Maxim. Prim. Fl. Amur. 34. 1859.

Jerrersonia dubia (Maxim.) Benth. et Hook. f. ex Baker et Moore; 中国高等植物图鉴 1: 761. 1972.

形态特征同属。花期5-6月，果期9-10月。

产黑龙江、吉林及辽宁，生于海拔500-1040米针叶林下、杂木林下、灌丛中或山坡阴湿处。朝鲜半岛及俄罗斯有分布。根茎为健胃药。

6. 八角莲属（鬼臼属） Dysosma Woodson

多年生草本。根茎粗短横走，多须根。茎直立，单生，光滑或被毛，基部覆被大鳞片。叶大，盾状，3-9深裂或浅裂。花数朵簇生或组成伞形花序。花两性，下垂；花无蜜腺；萼片6，膜质，早落；花瓣6，暗紫红色；雄蕊6，花丝扁平，外倾，花药内向开裂，药隔宽而常延伸；雌蕊单生，花柱显著，柱头膨大，子房1室，胚珠多数。浆果，红色。种子多数，无肉质假种皮。染色体2n=12。

约7种，为我国特有属。

1. 叶互生，花簇生近叶基。
  2. 叶裂片先端3小裂；花瓣椭圆状披针形 ………… 1. 贵州八角莲 **D. majorensis**
  2. 叶裂片先端不裂。
    3. 叶盾状，4-9掌状浅裂；花瓣勺状倒卵形；浆果长约4厘米，椭圆形 ………… 2. 八角莲 **D. versipellis**
    3. 叶偏心盾状着生，不裂或浅裂；花瓣长圆状线形；浆果小，圆球形 ………… 3. 小八角莲 **D. difformis**
1. 叶对生；花着生叶腋。
  4. 叶裂片先端不裂；花瓣倒卵状椭圆形，长3-4厘米。
    5. 叶无毛，掌状浅裂，裂片三角状卵形；花瓣紫红色；浆果熟时紫黑色 ………… 4. 六角莲 **D. pleiantha**
    5. 叶两面被毛，掌状深裂近中部，裂片楔状长圆形；花瓣白色3；浆果熟时红色 ………… 4（附）. 西藏八角莲 **D. tsayuensis**
  4. 叶裂片先端3浅裂；花瓣窄长圆形，长4-6厘米 ………… 5. 川八角莲 **D. veitchii**

1. 贵州八角莲 图 96: 1-4

Dysosma majorensis (Gagnep.) Ying in Acta Phytotax. Sin. 17(1): 18. 1979.

Podophyllum majorense Gapnep. in Bull. Soc. Bot. France 85: 167.1938.

多年生草本，高约50厘米。根茎结节状，棕褐色。茎具纵棱，被柔毛。叶薄纸质，2叶互生，盾状着生，叶近扁圆形，长10-20厘米，4-6掌状深裂，裂片先端3小裂，上面暗绿或有紫色晕，下面带灰紫色，被柔毛，具极稀疏刺齿；叶柄长4-20厘米。花2-5成伞形，着生近叶基。花

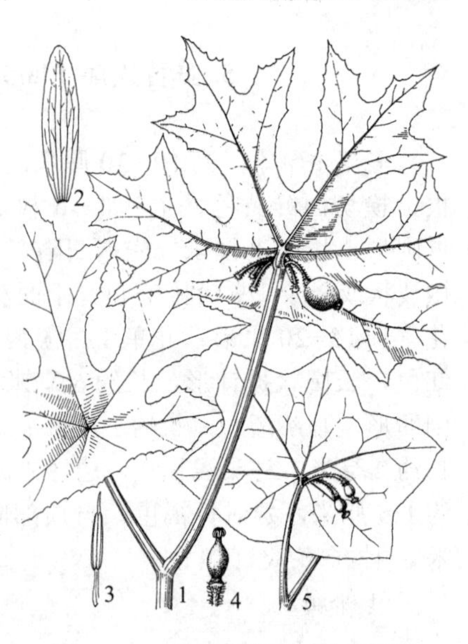

图 96: 1-4.贵州八角莲 5.小八角莲
（冀朝祯绘）

梗长 1-3 厘米，被灰白色柔毛；萼片不等大，椭圆形，长 0.7-1.5 厘米，淡绿色，无毛；花瓣紫色，椭圆状披针形，长达 9 厘米；花丝与花药近等长，有时花丝短于花药，药隔顶端尖头状；柱头盾状，半球形。浆果长圆形，成熟时红色。花期 4-6 月，果期 6-9 月。

产湖北、广西、贵州及四川，生于海拔 1300-1800 米密林下或竹林下。根茎及根药用，解毒，止痛。

2. 八角莲 图 97 彩片 463

Dysosma versipellis (Hance) M. H. Cheng ex Ying in Acta Phytotax. Sin. 17(1): 18. 1979.

Podophyllum versipelle Hance in Journ. Bot. 21: 362. 1883.

多年生草本，高 0.4-1.5 米。茎无毛，淡绿色。茎生叶 2，薄纸质，互生，盾状，近圆形，径达 30 厘米，4-9 掌状浅裂，裂片宽三角形、卵形、或卵状长圆形，长 2.5-4 厘米，基部宽 5-7 厘米，先端尖，不裂，上面无毛，下面被柔毛，具细齿；下部叶柄长 12-25 厘米，上部叶柄长 1-3 厘米。花梗纤细，下弯，被柔毛；花 5-8 簇生近叶基部，下垂。萼片长圆状椭圆形，长 0.6-1.8 厘米，先端尖，外面被柔毛，内面无毛；花瓣深红色，勺状倒卵形，长约 2.5 厘米，无毛；花丝短于花药，药隔顶端尖，无毛；柱头盾状。浆果椭圆形，长约 4 厘米。花期 3-6 月，果期 5-9 月。

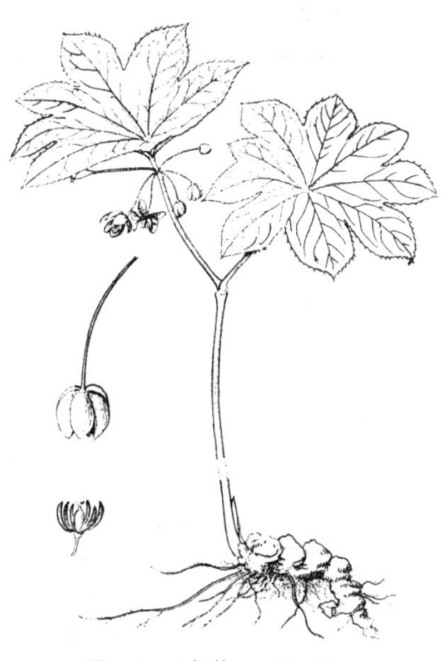

图 97 八角莲 （蒋祖德绘）

产河南、陕西、安徽、浙江、福建、江西、湖北、湖南、广东、广西、贵州、四川及云南，生于海拔 300-2400 米山坡林下、灌丛中、溪旁阴湿处、竹林下或石灰岩山地常绿林下。根茎药用，治跌打损伤，半身不遂，关节酸痛，毒蛇咬伤。

3. 小八角莲 图 96:5 图 98 彩片 464

Dysosma difformis (Hemsl. et Wils.) T. H. Wang ex Ying in Acta Phytotax. Sin. 17(1): 19. 1979.

Podophyllum difforme Hemsl. et Wils. in Kew Bull. 1906: 152. 1906.

多年生草本，高 15-30 厘米。茎无毛，有时带紫红色。茎生叶薄纸质，互生，不等大，偏心盾状着生，不裂或浅裂，长 5-11 厘米，宽 7-15 厘米，基部圆，两面无毛，上面有时带紫红色，疏生乳突状细齿；叶柄长 3-11 厘米，无毛。花 2-5 簇生叶基部，无花序梗。花梗长 1-2 厘米，下弯，疏生白色柔毛；萼片长圆状披针形，长 2-2.5 厘米，外面被柔毛，内面无毛；花瓣淡赭红色，长圆状线形，长 4-5 厘米，无

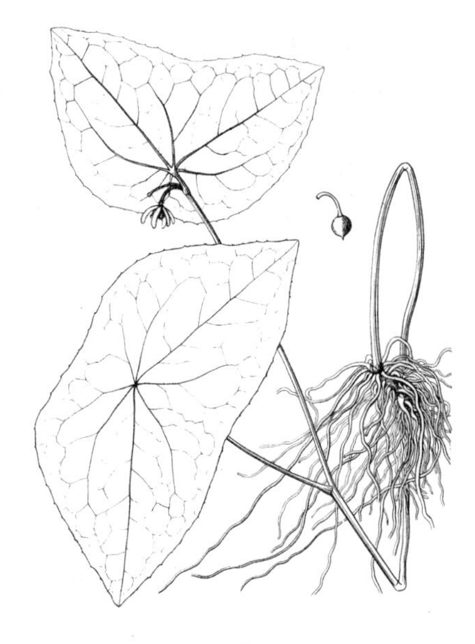

图 98 小八角莲（引自《图鉴》）

毛，先端圆钝；花丝长约8毫米，花药长约1.2厘米，药隔顶端延伸；柱头盾状。浆果小，圆球形。花期4-6月，果期6-9月。

产湖北、湖南、广西、贵州及四川，生于海拔750-1800米密林下。根茎入药，镇痛。

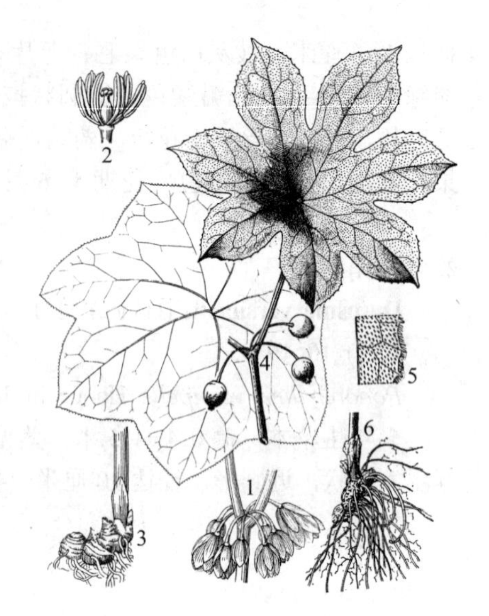

图 99：1-3.六角莲 4-6.西藏八角莲
（引自《图鉴》） （冀朝祯绘）

4. 六角莲 图 99：1-3 彩片 465

Dysosma pleiantha (Hance) Woodson in Ann. Miss. Bot. Gard. 15: 339. pl. 46. 1928.

Podophyllum pleianthum Hance in Journ. Bot. 21: 175. 1883.

多年生草本，高20-60（-80）厘米。茎顶端生2叶，无毛。叶近纸质，对生，盾状，近圆形，径16-33厘米，5-9掌状浅裂，裂片三角状卵形，先端尖，上面暗绿色，下面淡黄绿色，两面无毛，具细刺齿；叶柄长10-20厘米，具纵棱，无毛。花梗长2-4厘米，常下弯，无毛；花腋生，下垂；萼片椭圆状长圆形或卵状长圆形，长1-2厘米，早落；花瓣紫红色，倒卵状椭圆形，长3-4厘米；雄蕊常镰状弯曲，长7-8毫米，花药长约1.5厘米，药隔顶端延伸；柱头头状。浆果倒卵状长圆形或椭圆形，长约3厘米，熟时紫黑色。花期3-6月，果期7-9月。

产河南、安徽、浙江、台湾、福建、江西、湖北、湖南、广东、广西及四川，生于海拔400-1600米林下、山谷溪旁或阴湿溪谷草丛中。根茎及根有毒，药用，散瘀解毒，治毒蛇咬伤、痈、疮、疔及跌打损伤。

[附] **西藏八角莲** 图 99：4-6 彩片466 **Dysosma tsayuensis** Ying in Acta Phytotax. Sin. 17(1): 20. f. 1. 1979. 与六角莲的区别：叶两面被毛，掌状深裂近中部，裂片楔状长圆形；花瓣白色；浆果熟时红色。花期5月，果期7月。产西藏，生于海拔2500-3500米高山松林、冷杉林、云杉林下或林间空地。

5. 川八角莲 图 100 彩片 467-1，467-2

Dysosma veitchii (Hemsl. et Wils) Fu ex Ying in Acta Phytotax. Sin. 17(1): 20. 1979.

Podophyllum veitchii Hemsl. et Wils. in Kew Bull. 1906: 125. 1906.

多年生草本，高20-65厘米。叶2枚，对生，纸质，盾状，近圆形，径达22厘米，4-5深裂达中部，裂片楔状矩圆形，先端3浅裂，小裂片三角形，先端渐尖，上面暗绿色，有时带暗紫色，无毛，下面淡黄绿或暗紫红色，沿脉疏被柔毛，后脱落，疏生小腺齿；叶柄长7-10厘米，被白色柔毛。伞形花序具2-6花，着生叶腋2叶柄交叉处，有时无

图 100 川八角莲 （冀朝祯绘）

花序梗，簇生状。花梗长1.5-2.5厘米，下弯，密被白色柔毛；萼片长圆状倒卵形，长约2厘米，外轮较窄，外面被柔毛，常早落；花瓣紫红色，窄长圆形，先端圆钝，长4-6厘米；花丝较花药短，药隔延伸，长达9毫米；柱头流苏状。浆果椭圆形，长3-5厘米，熟时鲜红色。种子白色。花期4-5月，果期6-9月。

产湖北、贵州、四川及云南，生于海拔1200-2500米山谷林下、沟边或阴湿处。全草入药，滋阴补肾、追风散毒、清肺润燥、祛瘀消肿。

7. 山荷叶属 **Diphylleia** Michaux

多年生草本。根茎粗壮，横走，多须根，具节，节处有1碗状小凹。茎单一，2（3）叶；叶柄粗壮，叶互生，盾状着生，叶横向长圆形或肾状圆形，2半裂，每半裂具浅裂，疏生粗锯齿，掌状脉，被柔毛。聚伞花序或伞形花序顶生，花序梗无毛或疏被柔毛。花3数，辐射对称；具花梗；萼片6，2轮；花瓣6，2轮，白色；雄蕊6，与花瓣对生，花药底着，纵裂，花粉外壁具刺状纹饰；子房上位，1室，花柱极短或缺，柱头盘状，胚珠2-11。浆果球形或宽椭圆形，熟时暗紫黑色，被白粉。种子少数，红褐色，无假种皮。染色体基数x=6。

3种，分布于东亚和北美东部。我国1种。

南方山荷叶　　图 101

Diphylleia sinensis H. L. Li in Journ. Arn. Arb. 28: 442. 1947.

Diphylleia grayi auct. non Fr. Schmidt.: 中国高等植物图鉴 1: 761. 1972.

多年生草本，高40-80厘米。下部叶柄长7-20厘米，上部叶柄长（2.5-）6-13厘米；叶盾状着生，肾形、肾状圆形或横向长圆形，下部叶长19-40厘米，宽20-46厘米，上部叶长6.5-31厘米，宽19-42厘米，2半裂，每半裂具3-6浅裂或波状，具不规则锯齿，齿端具尖头，上面疏被柔毛或近无毛，下面被柔毛。聚伞花序顶生，具10-20花，花序轴和花梗被柔毛。花梗长0.4-3.7厘米；外轮萼片披针形或线状披针形，长2.3-3.5毫米，内轮萼片宽椭圆形或近圆形，长4-4.5毫米；外轮花瓣窄倒卵形或宽倒卵形，长5-8毫米，内轮花瓣窄椭圆形或窄倒卵形，长5.5-8毫米；雄蕊长约4毫米，花丝扁平，长1.7-2毫米，花药长约2毫米；胚珠5-11。浆果球形或宽椭圆形，长1-1.5厘米，熟后蓝黑色，微被白粉；果柄淡红色。种子4，三角形或肾形，红褐色。花期5-6月，果期7-8月。

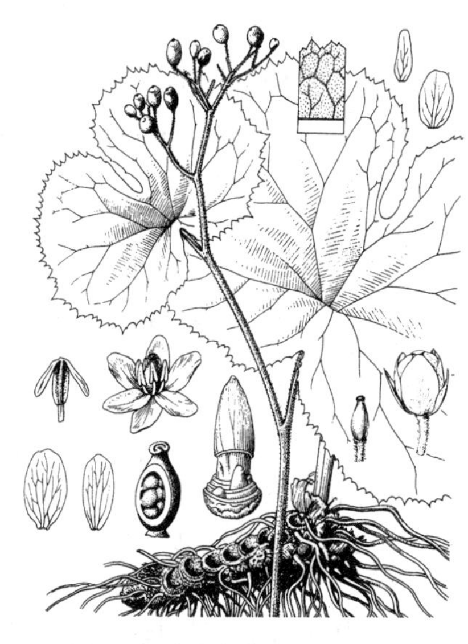

图 101　南方山荷叶　（冀朝祯绘）

产河南、陕西、宁夏、甘肃、青海、湖北、四川及云南，生于海拔1880-3700米落叶阔叶林或针叶林下、竹丛或灌丛下。根茎药用，退热、凉血、活血、止痛及有泻下作用。

8. 淫羊藿属 **Epimedium** Linn.

落叶或常绿多年生草本。根茎粗短或横走，质硬、多须根，褐色。茎单生或数茎丛生，光滑，基部被褐色鳞片。叶常革质；单叶或一至三回羽状复叶，基生或茎生，基生叶具长柄；小叶卵形、卵状披针形或近圆形，基部心形，基部两侧通常不对称，具刺毛状细齿。花茎具1-4叶，对生，稀互生。总状花序或圆锥花序顶生，无毛或被腺毛，具少花至多花。花两性；具蜜腺；萼片8，2轮，内轮花瓣状，常有颜色；

花瓣4，有距或囊，稀兜状或扁平；雄蕊4，与花瓣对生，药室瓣裂，裂瓣外卷，花粉球形，具3孔沟；子房上位，1室，胚珠6-15，侧膜胎座，花柱宿存，柱头膨大。蒴果背裂。种子具肉质假种皮。染色体基数2n=12。

约50种，产阿尔及利亚、意大利北部至黑海、西喜马拉雅、中国、朝鲜半岛和日本。我国约40种。

1. 单叶；圆锥花序 ………………………………………………………… 1. **单叶淫羊藿 E. simplicifolium**
1. 复叶。
  2. 花瓣无距。
    3. 花茎具1叶 ………………………………………………………… 2. **茂汶淫羊藿 E. platypetalum**
    3. 花茎具2叶或2-4叶。
      4. 花茎具2叶。
        5. 花序轴、花梗被腺毛 ……………………………………………… 3. **柔毛淫羊藿 E. pubescens**
        5. 花序轴、花梗无毛。
          6. 叶下面被粗短伏毛或无毛，顶生小叶卵形；圆锥花序窄，花淡棕黄色 ……………………………………………………………… 4. **三枝九叶草 E. sagittatum**
          6. 叶下面无毛，顶生小叶长圆形；圆锥花序塔形，花黄色 ……………………………………………………………… 4(附). **光叶淫羊藿 E. sagittatum** var. **glabratum**
      4. 花茎具2-4叶，花序具70-210花；内萼片窄卵形，花瓣红或橘红色 ……………………………………………………………… 5. **天平山淫羊藿 E. myrianthum**
  2. 花瓣有距。
    7. 总状花序。
      8. 花茎具1叶。
        9. 二回三出复叶，小叶9，卵形，下面无毛或疏被柔毛；内萼片窄卵形或披针形 ……………………………………………………………… 6. **朝鲜淫羊藿 E. koreanum**
        9. 一回三出复叶，小叶3，窄卵形或卵形，下面中脉被柔毛；内萼片窄椭圆形 ……………………………………………………………… 7. **黔岭淫羊藿 E. leptorrhizum**
      8. 花茎具2叶；花序轴、花梗被腺毛。
        10. 总状花序具7-15花；内萼片窄披针形，白或带粉红色，反折；花瓣较内萼片短，暗紫蓝色 ……………………………………………………………… 8. **川鄂淫羊藿 E. fargesii**
        10. 总状花序具14-25花；内萼片窄卵形，淡黄色，向上弯曲；花瓣长于内萼片，淡黄色 ……………………………………………………………… 9. **木鱼坪淫羊藿 E. franchetii**
    7. 圆锥花序。
      11. 一回三出复叶，小叶3或5。
        12. 小叶5，稀3，基部两侧近相等或略不等，叶柄着生处被褐色柔毛 ……………10. **宝兴淫羊藿 E. davidii**
        12. 小叶3。
          13. 花序轴、花梗无毛；叶下面被绵毛或无毛，叶缘平；内萼片宽椭圆形 ……………………………………………………………… 11. **巫山淫羊藿 E. wushanense**
          13. 花序轴、花梗或仅花梗被腺毛。
            14. 花瓣短距状，较内萼片短，棕色；内萼片披针形，长约1.2厘米；叶下面被柔毛 ……………………………………………………………… 12. **星花淫羊藿 E. stellulatum**
            14. 距较内萼片长。
              15. 小叶窄卵形或披针形，下面密被粗伏毛；花瓣具角状距，外弯 …… 13. **粗毛淫羊藿 E. acuminatum**

15. 小叶长圆形、卵形或窄卵形，下面被疏柔毛或近无毛。
  16. 小叶下面苍白色，或被白粉，顶生小叶长圆形；内萼片宽椭圆形，长5-6毫米；花瓣距圆柱形，平展 ·· 14. **湖南淫羊藿 E. hunanense**
  16. 小叶下面无白粉，具乳突，顶生小叶卵形；花瓣距角状，下弯；内萼片窄披针形，长1.5-1.7厘米 ·· 15. **四川淫羊藿 E. sutchuenense**

11. 二回三出复叶，小叶9；花茎具2叶；花白或淡黄色，距圆锥状，长2-3毫米 ·· 16. **淫羊藿 E. brevicornu**

1. 单叶淫羊藿 图 102

Epimedium simplicifolium Ying in Acta Phytotax. Sin. 13(2): 49. pl. 8. f. 1. 1975.

多年生草本，高约50厘米。根茎粗壮，被褐色鳞片。单叶，茎生叶叶柄长5-7厘米，无毛，叶纸质，卵形或卵状宽椭圆形，长17-19厘米，先端尖，具刺毛状齿，基部心形，两侧近等，上面无毛，网脉明显，下面灰绿色，密被白色绢状毛，基脉7。花茎具2枚对生单叶；圆锥花序顶生，长12-22厘米，具15-32花，花序轴无毛。花梗长1-2.5厘米，微被柔毛；花黄色；萼片2轮，每轮4枚，外萼片倒卵形，长约4毫米，内萼片膜质，卵形，长约6毫米；花瓣具角状距，长约2厘米，紫或黄色，向上弯曲；花丝扁平，短于花药。蒴果斜圆柱状，无毛，宿存花柱喙状。花期4-5月，果期6-7月。

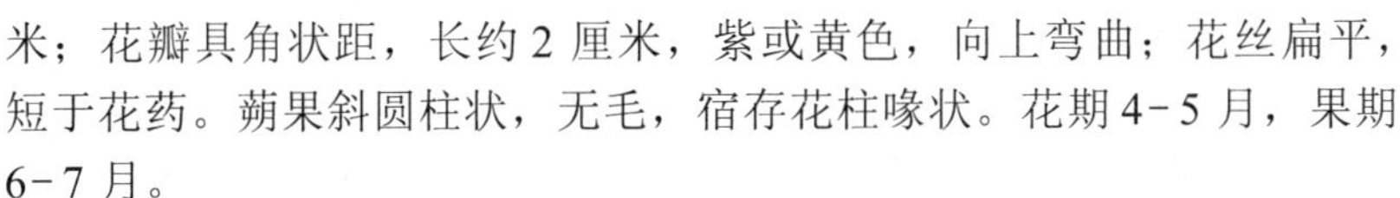

产贵州北部，生于海拔约1100米沟谷两侧。

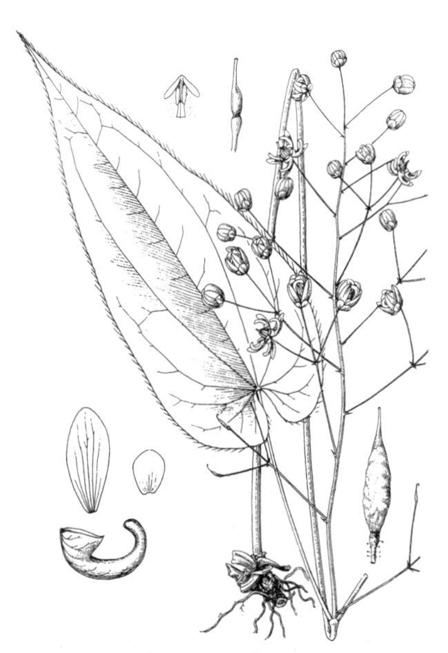

图 102 单叶淫羊藿 （冀朝祯绘）

2. 茂汶淫羊藿 图 103:1-7

Epimedium platypetalum K. Meyer in Fedde, Reprert. Sp. Nov. 12: 380. 1922.

多年生草本，高10-25厘米。根茎呈结节状或瘤状。一回三出复叶基生或茎生，叶柄疏被柔毛，有时节簇生红棕色毛；小叶3，膜质或近纸质，叶宽卵形或近圆形，长2-4厘米，宽1.6-3厘米，基部深心形，两侧基部裂片圆，几等，顶生和侧生小叶几同形，上面无毛，下面被白色疏柔毛，具乳突，具刺齿。花茎具1叶；总状花序长4-8厘米，具2-8

图 103：1-7.茂汶淫羊藿 8-10.柔毛淫羊藿
（冀朝祯绘）

花，有时2花并生。花梗纤细，长0.5-1厘米，先端常下弯，被腺毛；花小，淡黄色，钟状；萼片2轮，外萼片三角状披针形，长2-2.5毫米，反折，内萼片宽卵形，长4-5毫米；花瓣长圆形或倒卵状长圆形，长约8毫米，无距。蒴果长1-2厘米，宿存花柱长2-3毫米。花期4-5月，果期5-6月。

产陕西及四川，生于海拔1600-2800米林下。

3. 柔毛淫羊藿　　图 103:8-10 彩片 468

Epimedium pubescens Maxim. in Bull. Acad. Imp. Sci. St. Pétersb. 23: 309.1877.

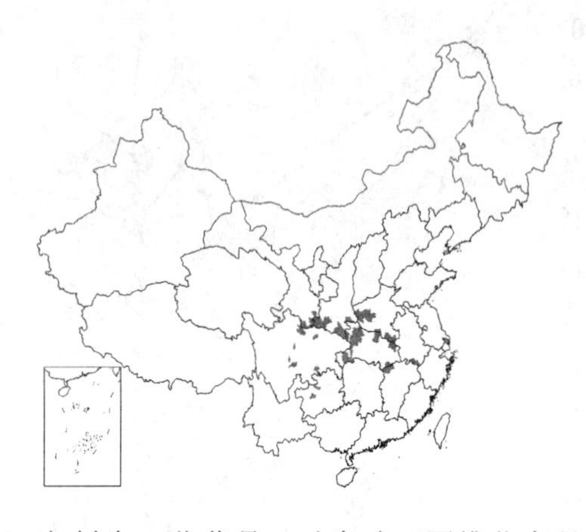

多年生草本，高20-70厘米。根茎被褐色鳞片。一回三出复叶基生或茎生；茎生叶2枚对生，小叶3；小叶叶柄长约2厘米，疏被柔毛；小叶革质，卵形、窄卵形或披针形，长3-15厘米，基部深心形，顶生小叶基部裂片圆，几等大；侧生小叶基部裂片不等大，尖或圆，下面密被绒毛、柔毛和灰色柔毛，具细密刺齿。花茎具2对生叶；圆锥花序具30-100花，长10-20厘米，花序轴及花梗被腺毛，有时无花序梗。花梗长1-2厘米；花径约1厘米；萼片2轮，外萼片宽卵形，长2-3毫米，带紫色，内萼片披针形或窄披针形，白色，长5-7毫米；花瓣长约2毫米，囊状，无距，淡黄色；雄蕊外露。蒴果长圆形，宿存花柱长喙状。花期4-5月，果期5-7月。

产河南、安徽、陕西、甘肃、江西、湖北、贵州及四川，生于海拔300-2000米林下、灌丛中、山坡或山沟阴湿处。药效同淫羊藿。

4. 三枝九叶草　　图 104 彩片 469

Epimedium sagittatum (Sieb. et Zucc.) Maxim. in Bull. Acad. Imp. Sci. St. Pétersb. 23: 310. 1877.

Aceranthus sargittatus Sieb. et Zucc. in Abh. Akad. Wiss. Wien, Munch.-Phys. 4(2): 175. pl. 2. 1845.

多年生草本，高30-50厘米。一回三出复叶基生和茎生，小叶3；小叶革质，卵形或卵状披针形，长5-19厘米，基部心形，顶生小叶卵形，基部两侧裂片圆形，侧生小叶基部外裂片较内裂片大，三角形，内裂片圆形，上面无毛，下面疏被粗伏毛或无毛，具刺齿。花茎具2枚对生叶；圆锥花序长10-20（-30）厘米，具20-60花，无毛，稀被少数腺毛。花梗长约1厘米，无毛；花径约8毫米，白色；萼片2轮，外萼片4，先端钝圆，具紫色斑点，1对窄卵形，长约3.5毫米，另1对长圆状卵形，长约4.5毫米，内萼片卵状三角形，长约4毫米，白色；花瓣囊状，无距，淡棕黄色，长1.5-2毫米。蒴果长约1厘米，宿存花柱长约6毫米。花期4-5月，果期5-7月。

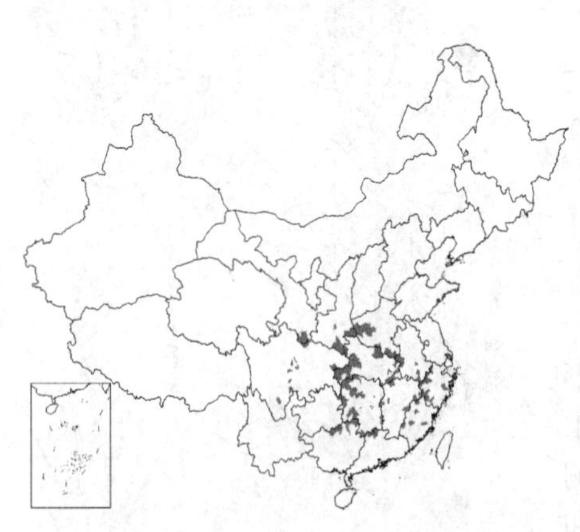

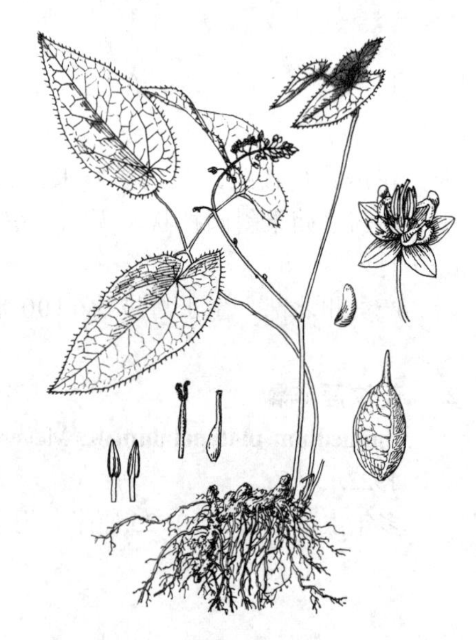

图 104 三枝九叶草 （冯晋庸绘）

产河南、陕西、甘肃、安徽、浙江、福建、江西、湖北、湖南、广东、广西、贵州及四川，生于海拔200-1750米草丛中、林下、灌丛中、沟边或岩边石缝中。全草药用，补精强壮、祛风湿，治阳痿、关节风湿痛、白带。可作兽药，有强壮牛马性神经及补精功效，主治牛马阳痿及神经衰弱。

[附] 光叶淫羊藿 **Epimedium sagittatum** var. **glabratum** Ying in Acta Phytotax. Sin. 13(2): 53. pl. 8: 3. 1975. 与模式变种的主要区别：叶下面无毛，顶生小叶长圆形；圆锥花序尖塔形；花黄色。产湖北及贵州，生于海拔约700米林下。

5. 天平山淫羊藿　　图 105

Epimedium myrianthum Stearn in Kew Bull. 53(1): 218. f. 3. 1998.

多年生草本，高30-60厘米。一回三出复叶具3小叶，基部叶的小叶革质，卵形，长5-6厘米，宽3-4厘米；茎生叶的小叶窄卵形、椭圆形或披针形，长6-11厘米，宽2-6厘米，基部心形，顶生小叶基部裂片圆形，侧生小叶基部裂片极不对称，圆或尖，上面无毛，下面苍白色，被细小伏毛，叶缘平，具细密刺齿。花茎具2枚对生叶或3-4枚轮生；圆锥花序长18-34厘米，具70-210花，无毛。花梗长0.5-1.5厘米；萼片2轮，外萼片4，早落，不等大，1对长约2毫米，另1对长约3.5毫米，先端钝，暗黑色，内萼片4，早落，窄卵形，不等大，长约4毫米，宽1.5-2.5毫米，白色；花瓣较内萼片短，睡袋状，无距，红或橘红色，长约2-2.5毫米；雄蕊外露，长约4毫米，淡黄色，花丝长2毫米，花药与花丝等长；子房长约5.2毫米，花柱长约2.8毫米。花期4月，果期4-5月。

图 105 天平山淫羊藿（冀朝祯绘）

产湖北、湖南及广西，生于密林下、灌丛中、路旁或沟边。

6. 朝鲜淫羊藿 淫羊藿　　图 106 彩片 470

Epimedium koreanum Nakai in Fl. Sylv. Kor. 21: 64. 1936.

多年生草本，高15-40厘米。花茎基部被鳞片。二回三出复叶基生和茎生，小叶9；小叶纸质，卵形，长3-13厘米，基部深心形，基部裂片圆，侧生小叶基部裂片不等大，上面无毛，下面苍白色，无毛或疏被柔毛，具细刺齿。花茎具1枚二回三出复叶；总状花序顶生，具4-16花，长10-15厘米，无毛或被疏柔毛。花梗长1-2厘米；花径2-4.5厘米，白、淡黄、深红或紫蓝色；萼片2轮，外萼片长圆形，长4-5毫米，带红色，内萼片窄卵形或披针形，扁平，长0.8-1.8厘米；花瓣较内萼片长，具钻状距，长1-2厘米，基部具花瓣状瓣片。蒴果窄纺锤形，长约6毫米，宿存花柱长约2毫米。花期4-5月，果期5月。

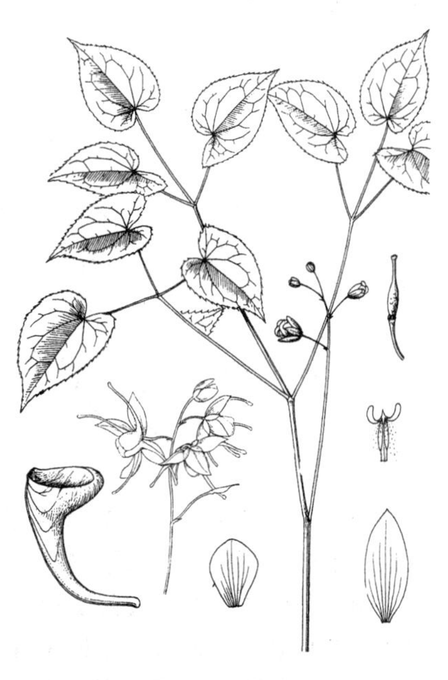

图 106 朝鲜淫羊藿（冀朝祯绘）

产黑龙江、吉林、辽宁、安徽及浙江，生于海拔400-1500米林下或灌丛中。朝鲜及日本有分布。全草供药用，有温肾壮阳、强筋骨、祛风湿功效。

7. 黔岭淫羊藿 近裂淫羊藿 图 107

Epimedium leptorrhizum Stearn in Journ. Bot. 71: 343. 1933.

多年生草本，高12-30厘米。匍匐根茎长达20厘米，径1-2毫米，具节。一回三出复叶基生或茎生，叶柄被棕色柔毛；小叶柄着生处被褐色柔毛；小叶3，革质，窄卵形或卵形，长3-10厘米，基部深心形；顶生小叶基部裂片近等大，近靠；侧生小叶基部裂片不等大，偏斜，上面无毛，下面中脉被棕色柔毛，常被白粉，具乳突，具刺齿。花茎具2枚一回三出复叶；总状花序具4-8花，长13-20厘米，被腺毛。花梗长1-2.5厘米，被腺毛；花径约4厘米，淡红色；萼片2轮，外萼片卵状长圆形，长3-4毫米，内萼片窄椭圆形，长1.1-1.6厘米；花瓣长达2厘米，角距状，基部无瓣片。蒴果长圆形，长约1.5厘米，宿存花柱喙状。花期4月，果期4-6月。

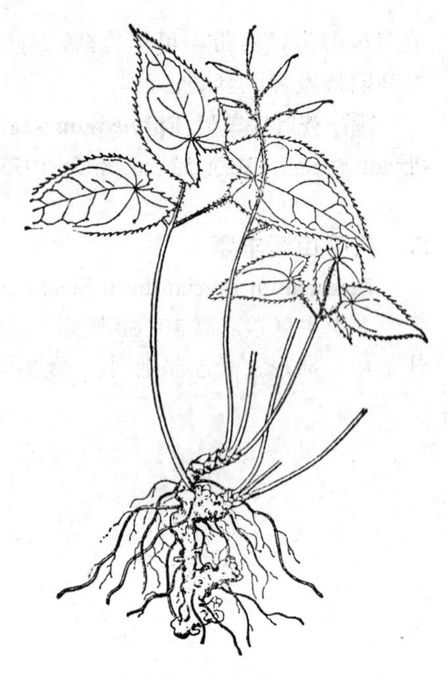

图 107 黔岭淫羊藿 （引自《湖北植物志》）

产湖北、湖南、广西、贵州及四川，生于海拔600-1500米林下或灌丛中。

8. 川鄂淫羊藿 图 108

Epimedium fargesii Franch. in Journ. de Bot. 8: 281. 1894.

多年生草本，高30-70（-80）厘米。一回三出复叶，茎生叶2枚对生，每叶具3小叶；小叶革质，窄卵形，长4-15厘米，先端渐尖，基部深心形，顶部小叶基部裂片圆，近等大，侧生小叶基部内侧裂片圆，外侧裂片三角形，上面无毛，下面苍白色，无毛或被疏柔毛，两面网脉显著，具刺锯齿。花茎具2枚对生叶，稀3叶轮生；总状花序具7-15花，花序轴被腺毛，无花序梗。花梗长1.5-4厘米，被腺毛；花紫红色，长约2厘米；萼片2轮，外萼片窄卵形，先端钝圆，长3-4毫米，带紫蓝色，内萼片窄披针形，反折，长1.5-1.8厘米，白或带粉红色；花瓣较内萼片短，暗紫蓝色，具钻状距，长约7毫米，瓣片2-3浅裂；雄蕊伸出，花药紫色。蒴果连同宿存花柱长约2厘米。花期3-4月，果期4-6月。

产湖北及四川，生于海拔200-1700米山坡针阔叶混交林下或灌丛中。

图 108 川鄂淫羊藿 （冀朝祯绘）

9. 木鱼坪淫羊藿 图 109

Epimedium franchetii Stearn in Kew Bull. 51(2): 396. f. 2. 1996.

多年生草本，高20-60厘米。根茎密集，径约7毫米。一回三出复叶基生和茎生，具3小叶；小叶革质，窄卵形，长9-14厘米，基部深心形，顶生小叶基部裂片几等，侧生小叶基部偏斜，内侧裂片小，外侧裂片较长，渐尖，上面无毛，下面苍白色，有时带淡红色微被伏毛，具密刺齿。花茎具2枚对生叶；总状花序具14-25花，长15-30厘米。花梗长1-3厘米，被腺毛；花径约4.5厘米，淡黄色；萼片2轮，外萼片早落，长达5毫米，绿色，内萼片窄卵形，长约1厘米，向上弯曲，淡黄色；花瓣长于内萼片，淡黄色，具钻状距，长约2厘米，向上弯曲，基部无瓣片；雄蕊露出，花药淡黄色。花期4月。

图 109 木鱼坪淫羊藿 （冀朝祯绘）

产湖北及贵州，生于海拔约1200米山坡林下。

10. 宝兴淫羊藿 图 110

Epimedium davidii Franch. in Nouv. Arch. Mus. Hist. Nat. Paris ser. 2, 8: 195. t. 6. 1885.

多年生草本，高30-50厘米。一回三出复叶，基生叶长12-25厘米；茎生2枚对生叶，小叶（3）5，卵形或宽卵形，长6-12厘米，基部心形，两侧近相等或略不等，上面深绿色，下面苍白色，具乳突，疏被柔毛，两面基出脉及网脉显著，具细密刺齿；叶柄着生处被褐色柔毛。花茎具2对生叶，有时互生；圆锥花序，上部花稀疏，总状，长15-25厘米。花梗纤细，长1.5-2厘米，被腺毛；花淡黄色，径2-3厘米；外萼片卵形，先端钝圆，长2-4毫米，内萼片淡红色，窄卵形，长6-7毫米；花瓣距钻状，长1.5-1.8厘米，内弯，花距基部瓣片杯状，高约7毫米。蒴果长1.5-2厘米，宿存花柱长约5毫米，喙状。花期4-5月，果期5-8月。

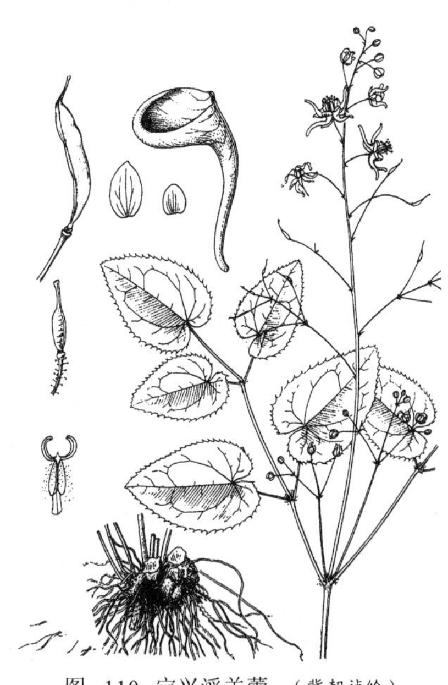

图 110 宝兴淫羊藿 （冀朝祯绘）

产江西、湖北、四川及云南，生于海拔1400-3000米林下、灌丛中、岩缝中或河边杂木林中。

11. 巫山淫羊藿 图 111

Epimedium wushanense Ying in Acta Phytotax. Sin. 13(2): 55. pl. 8: 2. 1975.

多年生常绿草本，高50-80厘米。一回三出复叶，具长柄，小叶3；小叶具柄，叶革质，披针形或窄披针形，长9-23厘米，具刺齿，基部心形，顶生小叶基部具圆形裂片，侧生小叶基部内裂片小，圆

形，外裂片大，三角形，渐尖，上面无毛，下面被绵毛或无毛，叶缘平，具刺锯齿。花茎具2枚对生叶。圆锥花序顶生，长15-30（-50）厘米，具多花，花序轴无毛。花梗长1-2厘米，疏被腺毛或无毛；花淡黄色，径达3.5厘米；萼片2轮，外萼片近圆形，长2-5毫米，内萼片宽椭圆形，长0.3-1.5厘米；花瓣具角状距，淡黄色，内弯，基部浅杯状，有时基部带紫色，长0.6-2厘米。蒴果长约1.5厘米，宿存花柱喙状。花期4-5月，果期5-6月。

产湖北、广西、贵州及四川，生于海拔300-1700米林下、灌丛中、草丛中或石缝中。

图 111 巫山淫羊藿 （冀朝祯绘）

12. 星花淫羊藿 图 112

Epimedium stellulatum Stearn in Kew Bull. 48(4): 810. f. 1-2. 1993.

多年生草本，高20-35厘米。一回三出复叶基生和茎生；小叶革质，

卵形，长8-9厘米，基部深心形，两侧裂片近等，尖，分离，侧生小叶基部裂片不等，下面被柔毛，具多数刺锯齿。花茎具2枚对生复叶，稀1枚；圆锥花序长15-20厘米，具20-40花，无花序梗。花梗长0.5-1.5厘米，密被腺毛；小苞片先端短渐尖，长约2.2毫米；萼片2轮，外萼片4，早落，卵形或窄卵形，长2.5-3毫米，内萼片披针形，白色，长约1.2厘米，宽约3毫米；花瓣短距状，长约2.5毫米，较内萼片短，近直立，棕色，基部橙色；雄蕊伸出花瓣。花期4月。

产湖北及四川，生于海拔约860米山坡。

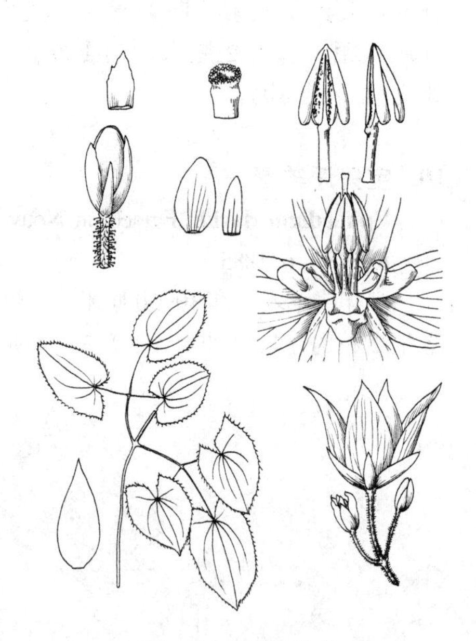

图 112 星花淫羊藿
（孙英宝仿《Kew Bull.》）

13. 粗毛淫羊藿 图 113

Epimedium acuminatum Franch. in Bull. Soc. Bot. France 33: 109. 1886.

多年生草本，高30-50厘米。一回三出复叶，小叶3，薄革质，窄卵形或披针形，长3-10厘米，基部心形，顶生小叶基部裂片圆，近相等，侧生小叶基部裂片偏斜，上面无毛，下面灰绿或灰白色，密被粗伏毛，后稀疏，基脉7，隆起，网脉显著，具细密刺齿。花茎具2枚对生叶，有时3枚轮生；圆锥花序长12-25厘米，具10-50花，无花序梗，花序轴被腺毛。花梗长1-4厘米，密被腺毛；花黄、白、紫

红或淡青色；外萼片4，外面1对卵状长圆形，长约3毫米，内面1对宽倒卵形，长约4.5毫米，内萼片4，卵状椭圆形，长0.8-1.2厘米；花瓣较内轮萼片长，具角状距，外弯，基部无瓣片，长1.5-2.5厘米。蒴果长约2厘米，宿存花柱长喙状。花期4-5月，果期5-7月。

产湖北、湖南、广西、贵州、四川及云南，生于海拔270-2400米草丛、石灰岩陡坡、林下、灌丛中或竹林下。全草入药，治阳痿，小便失禁、风湿痛，虚劳久咳等症。

图 113 粗毛淫羊藿 （李锡畴绘）

14. 湖南淫羊藿

Epimedium hunanense (Hand.-Mazz.) Hand.-Mazz. Symb. Sin. 7: 324. 1931.

Epimedium davidii var. *hunanense* Hand.-Mazz. in Anz. Akad. Wiss. Wien. 62(12): 131. 1926.

多年生草本，高约40厘米。一回三出复叶，基生叶与花茎几等长，小叶3；小叶革质，长10-13厘米，宽6厘米，顶生小叶长圆形，先端尖，基部心形，侧生小叶窄卵形，先端长渐尖，基部深心形，偏斜，上面无毛，下面苍白色，或被白粉，具乳突，疏被柔毛或几无毛，具细密刺齿。花茎具2枚对生复叶；圆锥花序具10-16花，长10-15厘米，几无毛，无花序梗。花梗长1-2厘米，疏被腺毛；花黄色，径约3.5厘米；外萼片椭圆形，长约4毫米，内萼片宽椭圆形，长5-6毫米；花瓣长1.5-1.8厘米，距圆柱形，平展，距基部瓣片杯状，高约8毫米。蒴果长椭圆形，长约1.3厘米，宿存花柱喙状，长2-3毫米。花期3-4月，果期4-6月。

产湖北、湖南、贵州及广西，生于海拔400-1400米林下。

15. 四川淫羊藿　　图 114

Epimedium sutchuenense Franch. in Journ. Bot. 8: 282. 1894.

多年生草本，高15-30厘米。一回三出复叶，小叶3；小叶薄革质，卵形或窄卵形，长5-13厘米，宽2-5厘米，先端长渐尖，具密刺齿，基部深心形，顶生小叶卵形，基部裂片圆，侧生小叶基部内裂片圆形，外裂片较内裂片大，尖，上面无毛，下面灰白色，具乳突，疏被灰色柔毛，基脉5-7，网脉显著。花茎具2枚对生叶；总状花序长8-15厘米，具4-8花，被腺毛。花梗长1.5-2.5厘米，被腺毛；花暗红或淡紫红色，径3-4厘米；外萼片4，外1对卵形，长约3毫米，先端钝圆，内1对宽倒卵形，长约4毫米，内萼片4，窄披针形，反折，长1.5-1.7厘米，基部宽约3毫米；花瓣具角状距，下弯，基部浅囊状，无瓣片，向先端渐细，反折，长1.5-2厘米；雄蕊外露。蒴果长1.5-

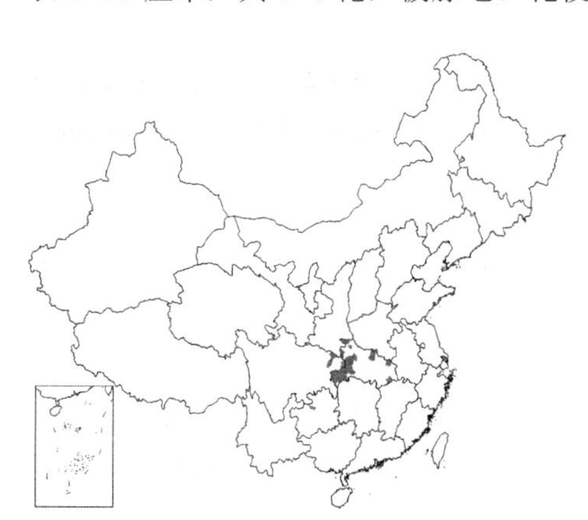

图 114 四川淫羊藿 （引自《湖北植物志》）

2 厘米，宿存花柱喙状。花期3-4 月，果期5-6 月。

产湖北、贵州及四川，生于海拔400-1900 米林下、灌丛中、草地或溪边阴处。

16. 淫羊藿 图 115

Epimedium brevicornu Maxim. in Acta Hort. Petrop. 11: 42. 1889.

多年生草本，高20-60 厘米。二回三出复叶，小叶9；基生叶1-3，具长柄，茎生叶2，对生；小叶纸质或厚纸质，卵形或宽卵形，长3-7 厘米，基部深心形，顶生小叶基部裂片圆，近等大，侧生小叶基部裂片偏斜，尖或圆，上面网脉显著，下面苍白色，无毛或疏生柔毛，基脉7，具刺齿。花茎具2 枚对生叶；圆锥花序长10-35 厘米，具20-50 花，花序轴及花梗被腺毛。花梗长0.5-2 厘米；花白或淡黄色；外萼片卵状三角形，暗绿色，长1-3 毫米，内萼片披针形，白或淡黄色，长约1 厘米；花瓣较内萼片短，距圆锥状，长2-3 毫米，瓣片小；雄蕊伸出。蒴果长约1 厘米，宿存花柱喙状，长2-3 毫米。花期5-6 月，果期6-8 月。

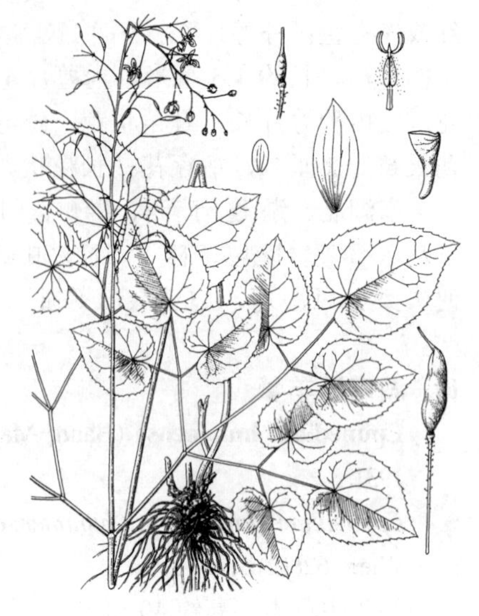

图 115 淫羊藿 （冀朝祯绘）

产山西、河南、陕西、宁夏、甘肃、青海、湖北及四川，生于海拔650-3500 米林下、沟边灌丛中或山坡阴湿处。全草药用，治阳痿早泄、腰腿痛、四肢麻木、神经衰弱、耳鸣、目眩。

9. 牡丹草属 Gymnospermium Spach

多年生草本。根茎块根状。地上茎直立，草质，不分枝，全株无毛。茎具1 叶，稀2，叶生茎顶，一回三出或二至三回羽状三出复叶，小叶2-3 裂，全缘，裂片质薄，微被白粉。总状花序顶生，具总梗，单一。花梗基部具苞片；花黄色；萼片6，花瓣状；花瓣6，蜜腺状，较萼片短；雄蕊6，分离，与花瓣对生，2 瓣裂；雌蕊单生，花柱短或细长，柱头平截，子房1 室，胚珠2-4，基底着生。蒴果径不及8 毫米，瓣裂。种子2-4，假种皮薄。染色体基数x=8。

6-8 种，星散分布于北温带。我国3 种。

1. 二至三回三出羽状复叶；萼片长达1 厘米 ·············· 1. **江南牡丹草 G. kiangnanensis**
1. 一回或二回三出复叶；萼片长5-8 毫米。
   2. 小叶3 全裂；花序梗长约8 厘米；胚珠2-3 ·············· 2. **牡丹草 G. microrrhynchum**
   2. 小叶掌状4-5 全裂；花序梗长约1.5 厘米；胚珠4 ·············· 2(附). **阿尔泰牡丹草 G. altaicum**

1. 江南牡丹草 图 116

Gymnospermium kiangnanense (P. L. Chiu) Loconte in Canad. Jour. Bot. 67: 2315. 1989.

Leontice kiangnanensis P. L. Chiu in Acta Phytotax. Sin. 18(1): 96. 1980.

多年生草本，高20-40 厘米。根茎近球形，径3-5（-8）厘米，内面黄色。地上茎直立或外倾，无毛而微被白粉，通常黑紫色。叶1 枚，生于茎顶，二至三回三出羽状复叶，草质，长6-10 厘米，宽9-18 厘米，小裂片倒卵形或卵状长圆形，2-3 深裂，裂片全缘，长2.5-3.5 厘米，宽1.5-2.5 厘米，叶脉网

状，上面淡绿色，下面粉绿色；托叶一侧与叶柄愈合，2 裂。总状花序顶生，具13-16 花；苞片三角状卵形或肾形，先端常突尖。下部花梗长 3-4 厘米；花黄色，径 1.1-1.8 厘米；萼片花瓣状，长椭圆形或卵形，长 0.7-1 厘米，先端钝；花瓣蜜腺状，长约 2 毫米；花柱短，胚珠 2-3。蒴果近球形，5 瓣裂。种子 2，近倒卵圆形，熟时绿褐色。花期 3-4 月，果期 4-5 月。

产安徽及浙江，生于海拔 700-800 米林缘。根茎药用，治跌打损伤。

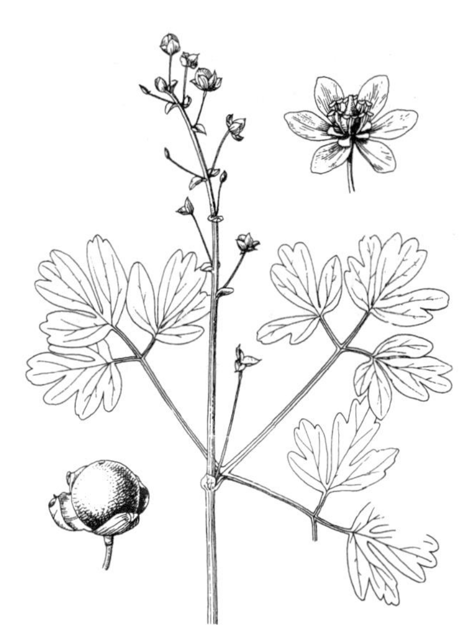

图 116 江南牡丹草 （冀朝祯绘）

2. 牡丹草 图 117

Gymnospermium microrrhynchum (S. Moore) Takht. in Bot. Zurn. SSSR 55: 1192. 1970.

Leontice microrrhyncha S. Moore in Journ. Linn. Soc. Bot. 17: 377. pl. 16. f. 3-4. 1879; 中国高等植物图鉴 1: 763. 1972.

多年生草本，高约 30 厘米。根茎块根状，径约 2 厘米。地上茎直立，草质多汁，禾秆黄色，顶生 1 叶。一回三出或二回三出羽状复叶，草质，小叶具柄，长约 2 厘米，3 深裂至基部，裂片长圆形或长圆状披针形，长 3-4 厘米，全缘，先端钝圆，下面淡绿色；托叶 2，先端 2-3 浅裂。总状花序顶生，单一，具 5-10 花，花序梗长约 8 厘米。花梗纤细，下部花梗长 2-2.5 厘米，上部花梗较短；苞片宽卵形，长约 5 毫米；花淡黄色；萼片倒卵形，长约 5 毫米，先端钝圆；花瓣蜜腺状，长约 3 毫米，先端平截；胚珠 2-3，花柱极短。蒴果扁球形，径约 6 毫米，5 瓣裂至中部。种子 2，扁。花期 4-5 月，果期 5-6 月。

产吉林及辽宁，生于海拔约 100 米林中或林缘。朝鲜有分布。

[附] **阿尔泰牡丹草 Gymnospermium altaicum** (Pall.) Spach in Hist. Nat. Veg. Plan. 8: 67. 1839. —— *Leontice altaica* Pall. in Acta Acad. Sci. Imp. Petrop. 2: 255. 1779; 中国高等植物图鉴 1: 763. 1972. 与牡丹草的区别：小叶掌状 4-5 全裂；花序梗长约 1.5 厘米；胚珠 4。产新疆，生于海拔约 1200 米山麓路边。俄罗斯西伯利亚地区有分布。

图 117 牡丹草 （引自《图鉴》）

10. 囊果草属 Leontice Linn.

多年生草本。根茎块状。地上茎直立，草质，不分枝，全株无毛。茎生叶 2（-5），互生，二至三回羽状深裂；具托叶。总状花序单一，顶生；具苞片。花黄色；萼片 6，花瓣状；花瓣 6，蜜腺状，黄色，较萼片短；雄蕊6，离生；雌蕊1，心皮1，子房膨大，无柄或具短柄，柱头小，胚珠2-4，基底胎座。瘦果囊状，膜质，不裂或顶端不整齐撕裂状，种子内藏。种子2，扁，无假种皮。

3-4 种，分布于北温带。我国 1 种。

囊果草 图 118

Leontice incerta Pall. Reise III. Anhang. 84. 726. 1776.

多年生草本，高5-20厘米。块根卵状、球状或不规则，径2-5厘米，须根少。茎圆柱形，浅棕褐色，基部有数枚披针形淡棕褐色鳞片。

茎生叶2，互生，着生茎顶，叶柄长3-5厘米，基部具叶鞘，二至三回三出深裂，裂片椭圆形或倒卵形，全缘，上面深绿色，基脉3-5，下面黄绿色，叶脉不显，两面无毛。总状花序顶生，长4-6厘米，花序梗长2-2.4厘米；苞片近圆形或宽卵形，先端钝圆，肉质。花梗粗，长达1.2厘米，无毛；花黄色；萼片椭圆形或卵形，黄色，外侧有蓝紫色斑，长于花瓣；花瓣蜜腺状，倒卵形，基部具爪；花药顶部2瓣裂。瘦果近球形，径2.5-4.5厘米，膀胱状膨胀，不裂，具网状脉，上部淡紫色。种子黑棕色。花期4月，果期5月。

产新疆，生于海拔约600米荒漠山坡、固定沙地或梭梭林下。哈萨克斯坦有分布。

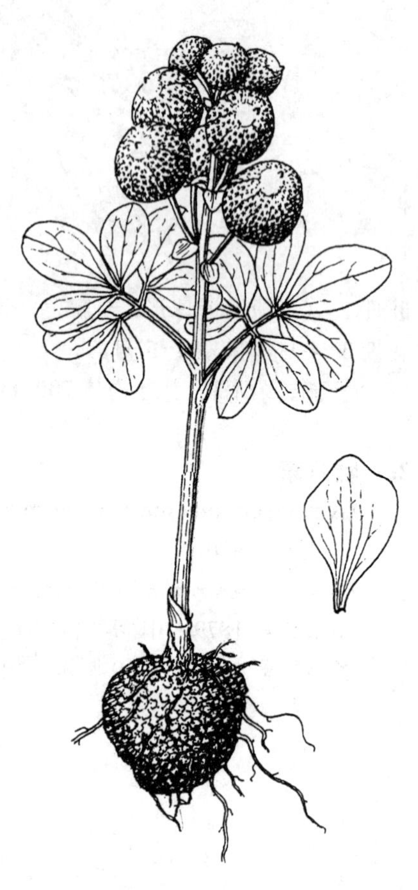

图 118 囊果草 （冀朝祯绘）

11. 红毛七属 Caulophyllum Michaux

落叶多年生草本，无毛。根茎粗壮，横走，结节状，极多须根。茎直立，基部被鳞片。叶互生，二至三回三出复叶，小叶卵形、倒卵形或宽披针形，全缘或分裂，边缘无齿，掌状脉或羽状脉；具柄或无柄。复聚伞花序顶生。花3数；小苞片3-4，早落；萼片6，花瓣状，黄、红、紫或绿色；花瓣6，蜜腺状，扇形；雄蕊6，离生，花药瓣裂，花粉长球形，具3孔沟，外壁具网状雕纹；心皮单一，花柱短，柱头侧生，子房具2基生胚珠。浆果，熟后果壁开裂，露出2种子。种子球形，假种皮肉质。染色体基数x=8。

3 种，分布于东亚和北美。我国 1 种。

红毛七 类叶牡丹 图 119 彩片 471

Caulophyllum robustum Maxim. Prim. Fl. Amur. 33. 1859.

Leontice robustum (Maxim.) Diels; 中国高等植物图鉴 1: 763. 1972.

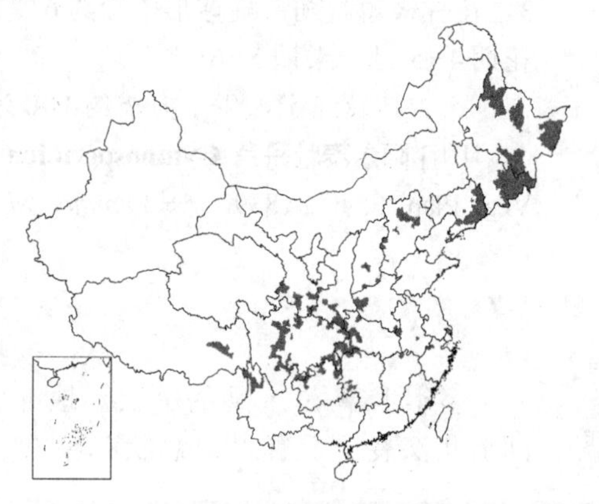

多年生草本，高达80厘米。根茎粗短。茎生2叶，互生，二至三回三出复叶，下部叶具长柄；小叶卵形、长圆形或宽披针形，长4-8厘米，全缘，有时2-3裂，下面淡绿或带灰白色，两面无毛；顶生小叶具柄，侧生小叶近无柄。圆锥花序顶生；苞片3-6。花淡黄色，径7-8毫米；萼片倒卵形，花瓣状，长5-6毫米；花瓣蜜腺状，扇形，基部具爪；雄蕊长约2毫米，花丝稍长于花药。浆果熟时柄增粗，长7-8毫米。种子径6-8毫米，假种皮肉质，蓝黑色，微被白粉。花期5-6月，果期7-9月。

产黑龙江、吉林、辽宁、河北、山西、河南、陕西、宁夏、甘肃、安徽、浙江、江西、湖北、湖南、贵州、四川、云南及西藏，生于海拔950-3500米林下、山沟阴湿处或竹林下。朝鲜半岛、日本及俄罗斯远东地区有分布。根及根茎入药，活血散瘀、祛风止痛、清热解毒、降压、止血。

图 119 红毛七
（引自《东北草本植物志》）

20. 大血藤科 SARGENTODOXACEAE

（覃海宁）

落叶攀援木质藤本。冬芽卵形，芽鳞多数。三出复叶或单叶，互生；具长柄，无托叶。花单性，雌雄同株，总状花序下垂。雄花：萼片6，两轮，绿色，花瓣状；花瓣6，鳞片状，绿色，蜜腺性；雄蕊6，与花瓣对生，花丝短，花药长圆形，宽药隔成短的附属物，花粉囊外向，纵裂；退化雌蕊4-5。雌花：萼片及花瓣与雄花同数相似，退化雄蕊6，花药不裂；雌蕊多数，螺旋状排列在膨大花托上，每雌蕊具1下垂胚珠，近顶生、横生或近倒生；花托果期膨大，肉质。多数小浆果合成聚合果，每1小浆果具1圆形种子，内果皮不坚硬；胚小而直，胚乳富含淀粉及油脂。染色体2n=22。

1属。

大血藤属 **Sargentodoxa** Rehd. et Wils.

单种属。形态特征同科。

大血藤 图 935 彩片 389

Sargentodoxa cuneata (Oliv.) Rehd. et Wils. in Sarg. Pl. Wilson. 1: 351. 1913

Holboellia cuneata Oliv. in Hook. Icon. Pl. 14: t. 1817. 1889.

落叶缠绕藤本，长达27米，径达9厘米，全株无毛。小枝暗红色。三出复叶，或兼具单叶，稀全为单叶；叶柄长3-12厘米，顶生小叶近棱状倒卵圆形，长4-12.5厘米，宽3-9厘米，先端尖，基部渐窄成0.6-1.5厘米短柄，全缘；侧生小叶斜卵形，先端尖，基部内面楔形，外面截或圆，小叶无柄。总状花序长6-12厘米，雄花与雌花同序或异序，同序时，雄花生于基部。花梗细，长3.3-5厘米；苞片矩圆形，干膜质，长3-4毫米，宽1.5-2.5毫米，先端渐尖；萼片长圆形，长0.5-1厘米，宽2-4毫米，先端钝；花瓣圆，长约1毫米，蜜腺性；雄蕊长2.5-4毫米，花药长圆形，长1.5-2毫米，宽约5毫米，药隔先端略突出，花丝较花药长1/2或稍长；退化雄蕊长1.5-2.5毫米；雌蕊多数，螺旋状生于卵状突起的花托上，子房瓶形，长约2毫米，花柱线形，柱头斜；退化雌蕊线形，长1毫米。小浆果近球形，径约1厘米，黑蓝色，小果柄长0.6-1.2厘米。种子卵球形，长约5毫米，基部平截；黑色，光亮，平滑；种脐显著。

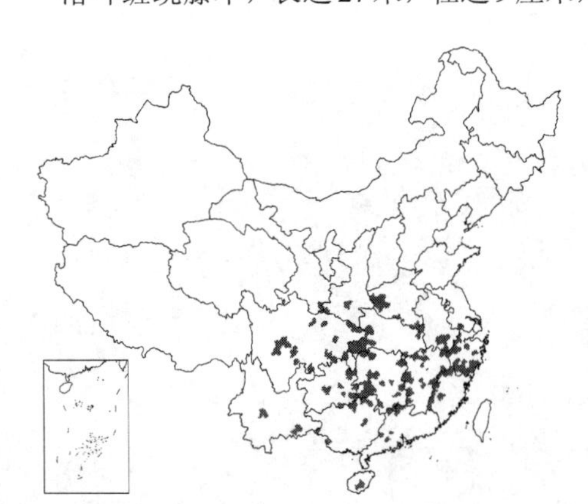

图 935 大血藤 （引自《云南植物志》）

产江苏南部、安徽、浙江、福建北部、江西、湖北、湖南、广东、海南、香港、广西、贵州、云南东南部、四川、甘肃南部、陕西南部及河南，生于低海拔山坡灌丛、疏林中或林缘。老挝及越南北部有分布。

21. 木通科 LARDIZABALACEAE

（覃海宁）

常绿或落叶木质藤本，稀灌木；幼茎常具细条纹，具短枝（Decaisnea除外），冬芽具2至多枚鳞片。木质部具髓射线。叶互生，有时在短枝上簇生或呈轮生状，掌状复叶具3-7(9)小叶，稀羽状复叶，无托叶，叶柄及小叶柄两端膨大成节状，小叶常基出三脉。总状花序或伞房状，稀圆锥花序或多花簇生；花序常几个簇生叶腋，稀顶生，基部具多枚鳞片状苞片。花常败育成单性花，雌雄同株，稀雌花。花被3数，1-4轮，下位；萼片花瓣状，常肉质，6枚，稀3枚，镊合状排列；花瓣6，瓣片状或无；雄蕊6(-8)，花丝分离或稍合生，药室2，外向，纵裂，药隔宽大，钝圆或呈角状体，雌花具6个退化雄蕊；雌蕊群具3-9(12)枚离生心皮(在雄花中退化)，常在开花时不完全闭合，柱头显著，偶不分化，花柱常不显著，子房1室，胚珠多数，直生或倒生，双珠被，厚珠心，层状散生或生于腹缝两侧。浆果或蓇葖果。种子多数，三角状，种脐明显，基部侧面着生，胚小而直，胚乳丰富，胚囊廖型；子叶出土。花粉具3沟。

9属35种，间断分布于喜玛拉雅地区至日本及朝鲜温带东亚、温带南美洲。我国7属29种。多数木通科植物的果实可食用，其茎叶可药用，茎部可供藤索和编制器具。

1. 直立灌木；羽状复叶，小叶13-26；圆锥花序 ………………………………………………… 1. **猫儿屎属 Decaisnea**
1. 木质藤本；掌状复叶具3-7(9)小叶；总状花序、伞房状花序或伞形花序，稀多花簇生或单花。
  2. 掌状3小叶，小叶不等大，顶生小叶菱状倒卵形，侧生小叶基部偏斜；花近无梗，花径7毫米以下，柱头不明显；落叶，叶纸质 ………………………………………………… 2. **串果藤属 Sinofranchetia**
  2. 掌状3-7(9)小叶，小叶非菱状倒卵形，两侧对称；花梗长0.5厘米以上，花径9毫米以上，柱头明显；常绿或落叶，叶稍革质。
    3. 肉质蓇葖果沿腹缝开裂；花丝短或近无、分离，花药弯曲；雌蕊圆柱形，柱头盾状。
      4. 花被片6，披针形或线形；雌花稍大于雄花，同型 ………………………… 3. **长萼木通属 Archakebia**
      4. 花被片3，稀4-5，卵圆形；雌花大于雄花，异型 ………………………………… 4. **木通属 Akebia**
    3. 肉质浆果不裂；花丝显著、分离或联合，花药直；雌蕊圆锥形，柱头乳头状或延长状。
      5. 花瓣6，瓣片状，披针形；柱头圆锥形、延长状，与子房间无明显界限；药隔角状体较花丝长或等长；掌状3小叶 ………………………………………………… 5. **牛藤果属 Parvatia**
      5. 无花瓣，或具6枚卵球形或长条形鳞片；柱头乳头状，与子房间有明显界限；药隔不突出，成角状体时则较花丝短；掌状3-7(9)小叶
        6. 花丝分离，稀联合；萼片内外轮同形，近等大，椭圆形，先端钝；有鳞片状花瓣 ………………………………………………… 6. **八月瓜属 Holboellia**
        6. 花丝联合，稀分离；萼片内外轮异形，外轮披针形，先端渐尖，内轮线形；无花瓣或具鳞片状花瓣 ………………………………………………… 7. **野木瓜属 Stauntonia**

1. 猫儿屎属 Decaisnea Hook. f. et Thoms.

落叶灌木，高达5米；冬芽卵圆形，具2枚鳞片；叶痕大；髓大，白色。奇数羽状复叶着生茎顶，叶长50-90厘米，小叶13-23，对生，下面具易脱落的单细胞柔毛。总状花序或组成圆状花序，顶生或腋生，长6-30厘米，果时花序轴和花梗木质化。雌雄同株，雌花与雄花等大，淡绿黄色；花梗长1-2厘米；萼片6，2轮，披针形，长1.8-3厘米，内面被微柔毛；无花瓣；雄蕊6，花丝合生成2-4毫米长的花丝筒，药隔角状体显著；心皮3，圆柱形，柱头乳头状，胚珠约40，在腹缝线两侧排成两行，胚珠间无毛状体。浆果圆柱状，稍弯曲，长5-7.5(-10)厘米，成熟时蓝或蓝紫色，被白粉，具颗粒状小突起，生长季结束后常沿腹缝线开裂，稀不裂，内果皮具乳管。种子多数，2列，椭圆形，长约1厘米，两侧扁，黑褐色。染色体2n=30。

单种属。

猫儿屎　　图936　彩片390

Decaisnea insignis (Griff.) Hook. f. et Thoms. Proc. Linn. Soc. London 2: 350. 1855.

Slackia insignis Griff. Itin. Pl. Khusyah mts. 2: 187. no. 977. 1848.

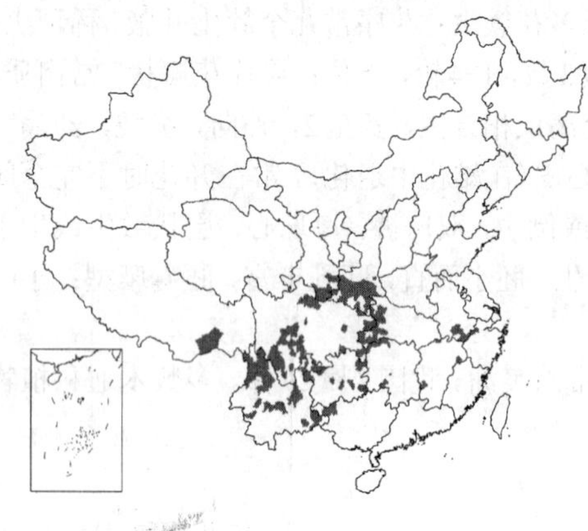

形态特征同属。

产江苏(南京)、安徽、浙江、江西(庐山、铅山、遂川)、湖北、湖南、贵州、广西(凌云、乐业、田林)、云南、四川、西藏、陕西及甘肃，生于海拔500-3800米阴坡杂木林中及林缘。尼泊尔、不丹、锡金、印度东北部及缅甸北部有分布。

图 936　猫儿屎　(冀朝祯绘)

2. 串果藤属 Sinofranchetia (Diels) Hemsl.

落叶木质藤本，全株无毛。幼枝具白粉。冬芽具数枚鳞片，覆瓦状排列。掌状3小叶集生短枝，叶柄长10-21厘米，幼时淡红色，叶纸质，全缘或有时浅波状，顶生小叶菱状倒卵形，长9-15厘米，宽7-12厘米，基部宽楔形，叶柄较长，侧生小叶较小，基部偏斜，叶柄极短。总状花序纤细，下垂，长11-29厘米。花小，雌雄同株或异株，雌雄花等大，花梗长2-3毫米；萼片6，2轮，长约2毫米；瓣片6，倒匙形，长约1毫米；雄蕊6，离生，花丝基部与花瓣粘连，药室卵圆形，药隔不突出，雌花的雄蕊发育良好但稍小；雌蕊具3心皮，椭圆形或倒卵状长圆形，长约1.5毫米，柱头不明显，无花柱，雄花的雌蕊不育；胚珠10余个，于腹缝两侧排成2列，胚珠间无毛状体。浆果近球形，径1.5-2厘米，种子数颗。种子小、卵形、扁，种皮褐黄色，无光泽。染色体2n=36。

特有单种属。

串果藤　　图937　彩片391

Sinofranchetia chinensis (Franch.) Hemsl. in Hook. Icon. Pl. ser. 4, 9: t. 2842. 1907.

Parvatia chinensis Franch. in Journ. de Bot. 8: 281. 1894.

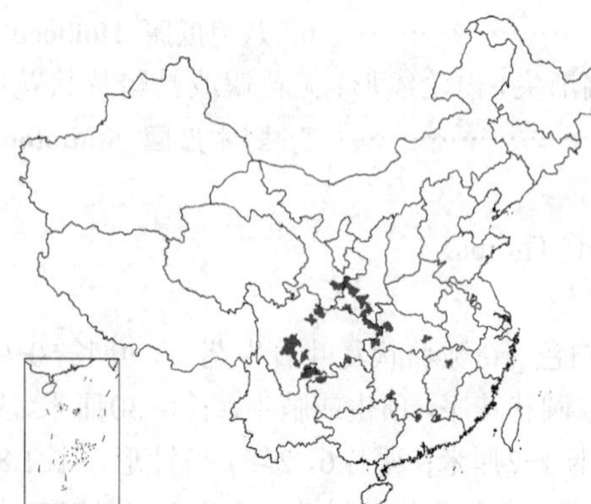

形态特征同属。

产江西(龙南，南昌)、湖北、湖南(新宁)、广东(乳源)、云南、四川、甘肃及陕西，生于海拔1000-2000米山坡阔叶林、林缘或山沟灌丛中。

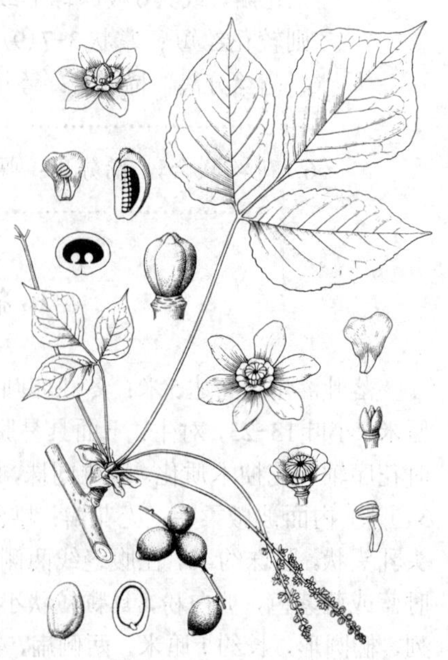

图 937　串果藤　(冀朝祯绘)

3. 长萼木通属 Archakebia C. Y. Wu, T. Chen et H. N. Qin

落叶或半常绿木质藤本，无毛。老茎具圆形皮孔，冬芽具数枚鳞片。掌状复叶簇生短枝，小叶(4)5-7，薄革质，倒卵状长圆形，中间小叶稍大，先端钝圆微凹。总状花序数个腋生，长3-8厘米，雌雄花同形不等大，雄花较小，5-10朵生于花序上部，雌花2，较大，生于花序下部。雄花花梗长2-4毫米，萼片6，2轮，外轮披针形，内轮条形，萼片长1-1.8厘米，无花瓣，雄蕊6，花丝很短，分离，花药内曲，药隔为极短的角状体，退化雌蕊3，锥形。雌花花梗长1.5-2.5厘米，萼片6，无花瓣，退化雄蕊3，雌蕊3(4)，短圆柱形，花柱不明显，柱头盾状；胚珠多数，散生于子房内壁，胚珠间有毛状体。果黄白色，椭圆形，长6-9厘米，径2.5-4厘米，开裂。种子多数，稍肾形，红褐色。染色体2n=32。

特有单种属。

长萼木通 图938

Archakebia apetala (Q. Xia, J. Z. Suen et Z. X. Peng) C. Y. Wu, T. Chen et H. N. Qin, in Acta Phytotax. Sin. 33(3): 241. pl. 1. 1995.

Holboellia apetala Q. Xia, J. Z. Suen et Z. X. Peng in Acta Phytotax. Sin.28(5): 409. pl. 1. 1990.

形态特征同属。花期4-5月，果期9-10月。

产甘肃南部(文县)、陕西西南部(略阳、眉县)及四川北部(绵阳、昭化、剑阁)，生于海拔500-1000米阴坡林缘、沟边、路边灌丛中。

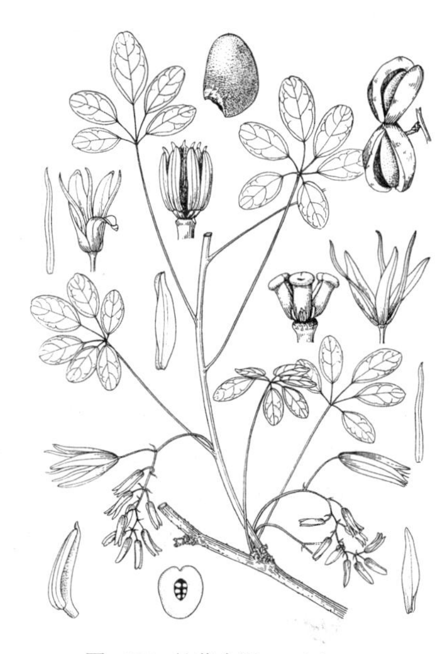

图 938 长萼木通 （张春方绘）

4. 木通属 Akebia Decne.

落叶稀常绿木质藤本。全株无毛。枝条具圆形皮孔；冬芽具许多鳞片，宿存。叶在新枝上互生或在短枝上呈簇生状，具长柄，掌状3小叶或5(-7)小叶，革质，叶全缘或波状。花单性，雌雄同株同序，稀雌雄异株，腋生总状花序或伞房状。雌雄花异形，不等大，雄花较小，多数，花梗短，生于花序上部；雌花1-3，较大，具长梗，生于花序下部；花无香气。萼片常3（4、5、6），内凹，稍卵圆形，开花时向外反折；无花瓣；雄蕊6(-8)，分离，花丝极短，花药内弯，外向开裂，雌花具退化雄蕊6（-9），细小；雌蕊3-9（-12），圆柱形，腹缝明显，柱头盾状，花柱不明显，胚珠多数，排成散生胎座式，胚珠间具毛状体。果椭圆形，肉质，果皮厚，熟时沿腹缝开裂；种子多数，果柄粗。埋在果肉中，种子肾状卵形，亮黑色或红褐色，种脐明显，基部侧生；胚乳丰富。染色体2n=32。

4种，分布于日本、朝鲜及中国。我国3种1亚种。

1. 5小叶，稀3小叶；小叶在中部或中部以上最宽，稀中部以下最宽 ································· 1. **木通 A.quinata**
1. 3小叶，稀4-5小叶；中部以下小叶最宽。
   2. 小叶边缘深波状或齿状，叶纸质或薄革质；雌花萼片长1.2厘米以上 ················· 2. **三叶木通 A. trifoliata**
   2. 小叶全缘或浅波状，叶革质；雌花萼片长1.1厘米以下 ············ 2(附). **白木通 A. trifoliata** subsp. **australis**

1. 木通 图939

Akebia quinata (Houtt.) Decne. in Arch. Mus. Hist. Nat. 1: 195. t. 13a. 1839.

Rajania quinata Houtt. Nat. Hist. Dier. Pl. Min. 2: 366. pl. 75. f. 1. 1779.

Akebia quinata var. *retusa* Chun ex T. Chen；中国高等植物图鉴补编1: 483. 1982.

落叶或半常绿木质藤本，长达

10米。幼枝淡红褐色，老枝具灰或银白色皮孔。小叶5，稀3、4、6或7，叶柄长（2.5）3-14厘米，小叶柄长（0.4）0.7-1.7（2.3）厘米；小叶倒卵形或倒卵状椭圆形，顶生小叶长（1.6）2.5-5（6.8）厘米，宽（0.8）1.2-2.4（3.2）厘米，侧生小叶较小，先端圆而稍凹入，基部阔楔形或圆形，全缘或浅波状，叶薄革质。总状花序或伞房状花序，腋生，长（3）6-13厘米，每花序具雄花4-8（11），生于上部，雌花2，生于花序基部或无。雄花：花梗长（0.5-）0.8-1.5厘米，萼片3（4-5），淡紫色，卵形或椭圆形，长（3）5-8毫米；雄蕊6（7），紫黑色，长4-5毫米。雌花：花梗长2.5-5厘米，萼片3或4，紫红色，长0.9-1.7（2.2）厘米，卵形或卵圆形；退化雄蕊常与雌蕊同数互生；雌蕊5-7（-9），紫红色。蓇葖果淡紫色，长6-9厘米，径3-5厘米。种子多数，长约6毫米，卵形。染色体2n=32。

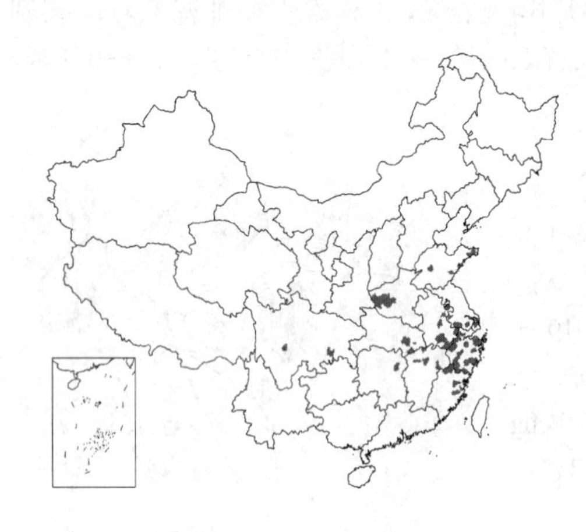

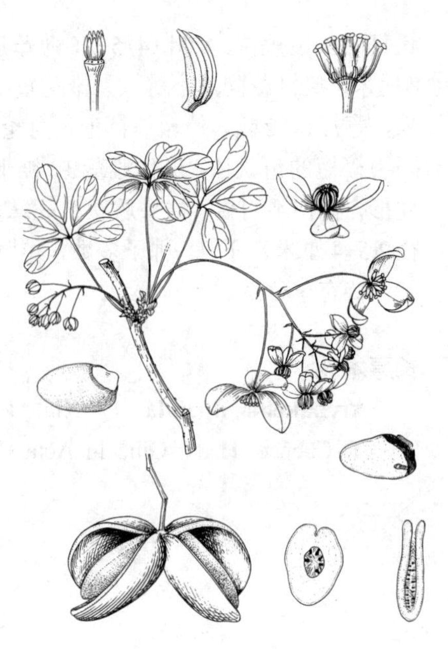

图 939 木通 （张春方绘）

产山东、江苏、安徽、浙江、福建、江西、河南、湖北及四川，生于海拔300-1500米山坡灌丛中、林缘、路边、沟边阴湿处。日本本州以南及朝鲜半岛南部有分布。

2. 三叶木通 图940 彩片392

Akebia trifoliata (Thunb.) Koidz. in Bot. Mag. Tokyo 39: 310. 1925. *Clematis trifoliata* Thunb. in Trans. Linn. Soc. London. 2: 337. 1794.

落叶木质藤本。冬芽卵圆形，具10-14个红褐色鳞片。掌状3小叶，稀4或5，小叶较大，柄较长，侧生小叶较小、柄较短；小叶卵形，椭圆形或披针形，长3-8厘米，宽2-6厘米，先端钝圆或微凹，基部宽楔形或圆，波状或不规则浅裂，叶薄革质或纸质。总状花序生于短枝叶丛中，长6-16（18）厘米，雌花常2，稀3或无，花梗长1-4厘米，雄花12-35，花梗长2-4（6）毫米。雄花萼片3，淡紫色，卵圆形，长约3毫米，宽约1.5毫米；雄蕊6，稀7，8，紫红色，长2-3毫米，花丝很短；退化雌蕊3-6。雌花萼片3（4、5、6），暗紫红色，宽卵形或卵圆形，顶端钝圆，凹入，长1-1.5厘米，宽0.5-1.5厘米；雌蕊5-9（-15），紫红色，圆柱形，长4-6毫米。蓇葖果长5-8（11）厘米，淡紫或土灰色，光滑或被石细胞束形成的小颗粒突起。种子长约7毫米。染色体2n=32。

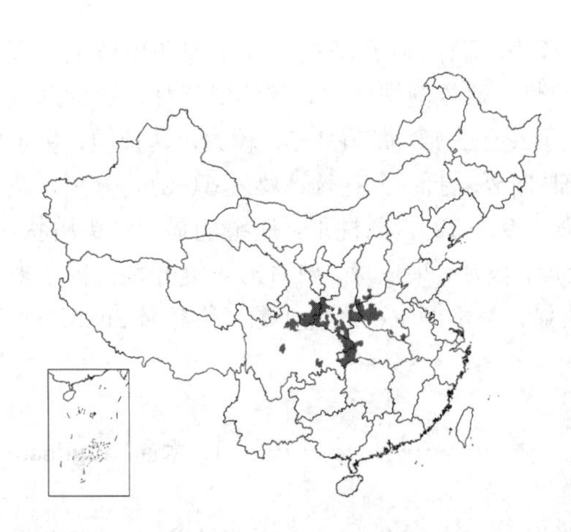

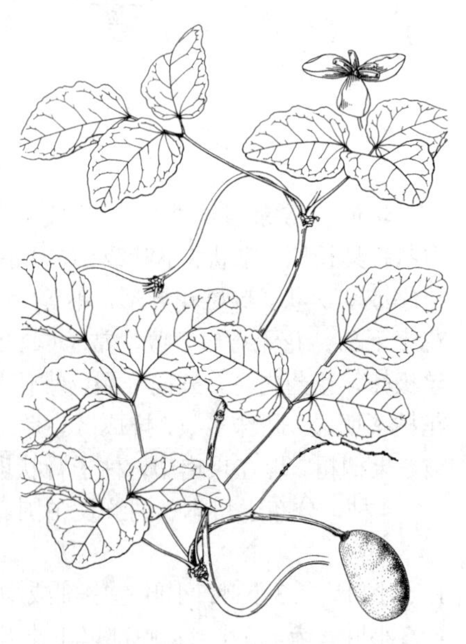

图 940 三叶木通 （冀朝祯绘）

产山西南部、河南南部、湖北西部、陕西南部及四川及甘肃，生于海拔10-2800米溪边、山谷、林缘、路边阴湿处或稍干旱山坡。日本有分布。

［附］**白木通** 彩片393 **Akebia trifoliata** subsp. **australis** (Diels) T. Shimizu in Quart. Journ. Taiwan Mus. 14: 201. 1961. —— *Akebia lobata* Decne var. *australis* Diels in Engl. Bot. Jahrb. 29: 344. 1981. 本

亚种与模式亚种的区别：叶全缘或浅波状，革质。产江苏、安徽、浙江、福建、台湾、江西、湖北、湖南、广东、广西、云南、贵州、四川、陕西及河南。

5. 牛藤果属 **Parvatia** Decne.

常绿木质藤本。老枝茎皮常木栓化，有时具气生根。3小叶，叶下面无毛或密被短绒毛。总状花序或多花簇生叶腋。萼片6，2轮，披针形或卵形；花瓣6，2轮，披针形或椭圆形；雄蕊6，花丝连合成筒，药隔突起较花丝筒长；心皮3，柱头圆锥形，延长状；胚珠多数，散生胎座，胚珠间具毛状体。浆果长圆形或球形，不裂，果皮坚硬，常具石细胞束。种子肾状三角形，侧扁，红褐或黑褐色。染色体2n=32。

2种，分布于印度、孟加拉国东北部、缅甸中部、泰国北部、越南北部及中国长江以南地区。

1. 叶柄及幼枝圆、无脊状突起；叶下面无毛；总状花序。
  2. 果椭圆形，长7-11厘米，稀见；叶椭圆形，先端渐尖；雄蕊药隔角状体与花药等长或稍长 ………………………………………… 1. **三叶野木瓜 P. brunoniana**
  2. 果球形，径3-5厘米，常见；叶椭圆形，先端急尖；雄蕊药隔角状体较花药短 ………………………………………… 1(附). **牛藤果 P. brunoniana** subsp. **elliptica**
1. 叶柄及幼枝具脊状突起；叶下面密被短柔毛及鳞片；多花簇生叶腋 ………………… 2. **翅野木瓜 P. decora**

1. 三叶野木瓜 图941

Parvatia brunoniana (Wall. ex Hemsl.) Decne in Arch. Mus. Hist. Nat. Paris 1: 190. pl. 12A. 1839.

Stauntonia brunoniana Wall. ex Hemsl. in Hook. Icon. Pl. ser. 4, 9: t. 2843. 1907.

木质藤本，全株无毛。幼枝绿色，老茎皮灰白色，栓质化，不规则开裂或具耸脊。顶生小叶较大，叶柄长4.5-13厘米，小叶柄长0.7-3厘米；叶椭圆形，稀卵圆形或长圆状披针形，长8-11厘米，宽2.5-6.5厘米，先端渐尖，基部宽楔形或钝圆，下面淡绿色，薄革质，下面脉较明显。总状花序几个聚生叶腋，长4-8厘米，花黄白色，单性，有香气，雌花较雄花稍大。萼片6，外轮3个卵状披针形，长0.5-1.1厘米，宽2-4毫米，内轮披针形，长0.4-1厘米，宽2-3毫米；花瓣6，2轮，长圆状披针形，长1-2毫米；雄蕊6，花丝连合，花丝、花药及药隔突出体均长约1.5毫米；雌蕊3，柱头锥形，花柱不显著。果椭圆形或长圆形，长约3-9(10)厘米，径2.5-4厘米，粗糙，黄褐或灰白色，种子约40粒，埋在白色果肉中。种子长约1厘米，径4毫米。

产四川南部及云南西南部，生于低海拔山坡、山谷溪边疏林中、林缘、灌丛中。越南北部、泰国北部、缅甸中部及印度东北部有分布。

图 941 三叶野木瓜 （张泰利会）

[附] **牛藤果 Parvatia brunoniana** subsp. elliptica (Hemsl.) H. N. Qin in **Cathaya** (8-9): 81. f. 36. 1997. —— *Stauntonia elliptica* Hemsl. in Hook. Icon. Pl. ser. 4, 9: t. 2844. 1907. 本种与模式亚种的区别：果球形，径3-5厘米；叶椭圆形，先端尖；

雄蕊药隔角状体较花药短。产四川南部、贵州东部、云南东南部、广西东北部、广东北部、江西西部、湖南西部及湖北西南部。生于海拔约500米山坡、山谷溪边疏林中、林缘、灌丛中。

2. 翅野木瓜 图 942

Parvatia decora Dunn in Hook. Icon. Pl. ser. 4, 8(1): t. 2712. 1901.

常绿木质藤本。茎、叶柄及小叶柄均具1-3毫米高的纵脊。3小叶，叶柄长5-11厘米，顶生小叶柄长4-5厘米，侧生小叶柄长1-1.5厘米，小叶近革质，椭圆形，长8-11厘米，宽3.5-5厘米，先端尖，具小尖头，基部近圆，下面密被糙毛，灰白色，两面脉均明显，基出3脉。花黄白色，雌雄花等大，数朵簇生叶腋。花梗长2.5-5厘米；萼片6，披针形，外轮长1.5-2.8厘米，宽5-7毫米，内轮较小；花瓣6，披针形，长1.5-2.5毫米；雄蕊长0.7-1.4厘米，花丝连合，药隔突起长3-5毫米；雌蕊3，圆锥形，柱头尖锐，延长状。果椭圆形，稍弯，长约7厘米，径约4厘米。

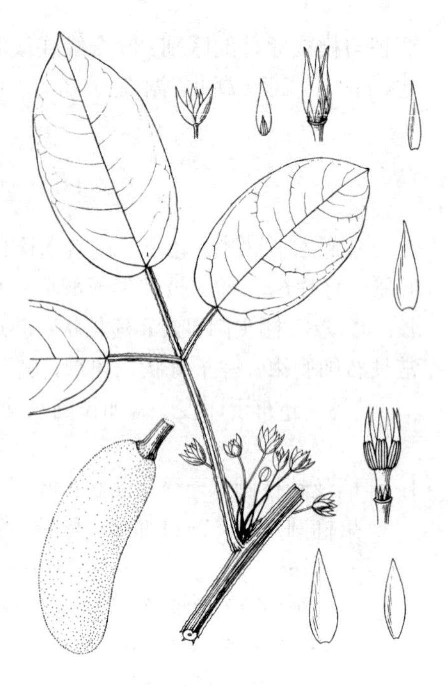

图 942 翅野木瓜 （张泰利绘）

产广东、广西东部及西南部、云南东南部，生于海拔750-1100米溪边、山谷、路边阴湿处。

6. 八月瓜属 Holboellia Diels

落叶稀常绿木质藤本，长达10米，无毛，稀叶下面被毛。茎枝具纵纹，稀具棱脊。叶掌状3小叶或5-7(9)小叶，顶生小叶较大，柄较长。花单性，常具香气，雌花较大，肉质，雌雄同株，稀异株；伞房花序，稀总状花序或数花簇生叶腋。萼片6，2轮，内外轮萼片近同形，常椭圆形；花瓣6，鳞片状，卵圆形或长条形；雄蕊6，花药离生，花丝分离，稀上部离生下部合生；药隔宽大；雌蕊3，圆锥形，柱头乳头状，胚珠多数，散生胎座，胚珠间具毛状体。浆果长圆形或卵圆形，不裂。种子多数，埋于果肉中。种子近三角形，红褐或黑褐色，有光泽。染色体2n=32(34?)。

约11种，分布于喜玛拉雅地区至中印半岛北部。我国9种。

1. 花序长2厘米以下，花12朵以上，雄花长5毫米以下 ………… 2. **小花鹰爪枫 H. parviflora**
1. 花序疏散，长2厘米以上，花10朵以下，雄花长7毫米以上。
  2. 茎枝具棱或翅；掌状5-7小叶 ………… 1. **沙坝八月瓜 H. chapaensis**
  2. 茎枝圆，具细纹，稀具细棱；3小叶或3-7(9)小叶。
    3. 3小叶，叶缘具透明蜡质圈；幼枝绿色，具细纵棱 ………… 3. **鹰爪枫 H. coriacea**
    3. 3-7(9)小叶；叶缘无透明蜡质圈；幼枝具细纹。
      4. 药室长为花丝1/2至2/3；小叶长圆形、椭圆形、条形或倒卵形。
        5. 小叶长圆形、椭圆形或条形。
          6. 小叶叶形多变异，长4.5-13厘米，宽1.5-7厘米，先端尖 ………… 4. **五风藤 H. angustifolia**
          6. 小叶长圆形，长3-8厘米，宽1-4厘米，先端钝 ………… 4(附). **钝叶五风藤 H. angustifolia** subsp. **obtusa**

5. 小叶倒卵形，雄花长1.5毫米或更长 ………………………………………… 5. **牛姆瓜 H. grandiflora**

4. 药室与花丝等长或长于花丝；小叶卵形或卵状长圆形。

7. 小叶3（4-5），叶革质，上面中脉不凹下；花乳白色 ……………………………… 6. **八月瓜 H. latifolia**

7. 小叶5-7，稍纸质，上面中脉凹下；花稍淡绿色 ……………………………………………………………………… 6(附). **纸叶八月瓜 H. latifolia** subsp. **chartacea**

1. 沙坝八月瓜 图943

Holboellia chapaensis Gagnep. in Bull. Soc. Bot. France 85：165. 1938.

常绿木质藤本，长达10米。幼枝常具纵棱，老茎皮斑裂，皮孔稀少。叶掌状(3)4-5小叶，叶柄长(3-)7-14厘米，小叶柄长1.5-5.5厘米；叶厚革质，倒卵状长圆形或椭圆形，长8-17厘米，宽(2.5-)4-8厘米，先端尖，基部宽楔形，上面叶脉凹下。伞房状花序长约9厘米，数个簇生叶腋，花芳香，紫红色，雌花径较大。雄花萼片长椭圆形，外轮长0.8-1厘米，宽3-4毫米，内轮较小；花瓣卵圆形，长约1毫米；花丝长2-3毫米，花药长3-4毫米，药隔突起不及0.5毫米。雌花萼片较厚，卵圆形，外轮长约1厘米，宽5-6毫米，内轮较窄；退化雄蕊长约2毫米；雌蕊3，柱头乳头状。果圆柱形，长8-12厘米，直径3-5厘米。种子较大，黑色，有光泽。

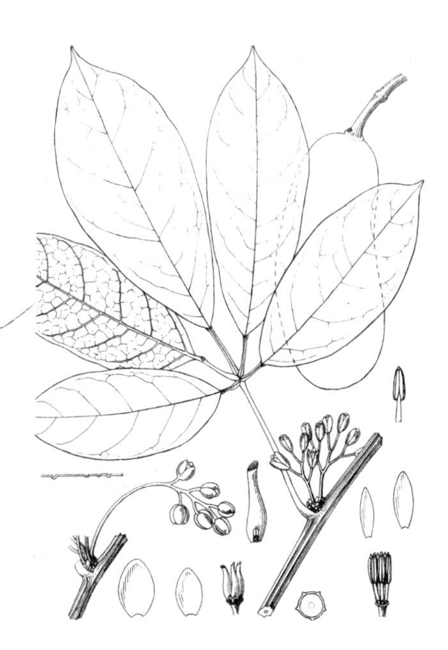

图 943 沙坝八月瓜 （张泰利绘）

产云南及广西西南部（那坡），生于海拔1000-2000米常绿林中。越南北部有分布。

2. 小花鹰爪枫 图944

Holboellia parviflora（Hemsl.）Gagnep. Bull. Mus. Hist. Nat. Paris 14：68. 1908.

Stauntonia parviflora Hemsl. in Hook. Icon. Pl. ser. 4, 9：t. 2849. 1907.

Holboellia latistaminea T. Chen；中国高等植物图鉴补编1：484. 1982.

常绿攀援灌木。枝具纵纹。羽状3小叶，叶薄革质，干时常淡红色；小叶椭圆形或卵圆形，长6-12厘米，宽3-6.5厘米，先端长渐尖，基部宽楔形或近圆。伞房花序多个簇生叶腋，长约2厘米，苞片多数，卵圆

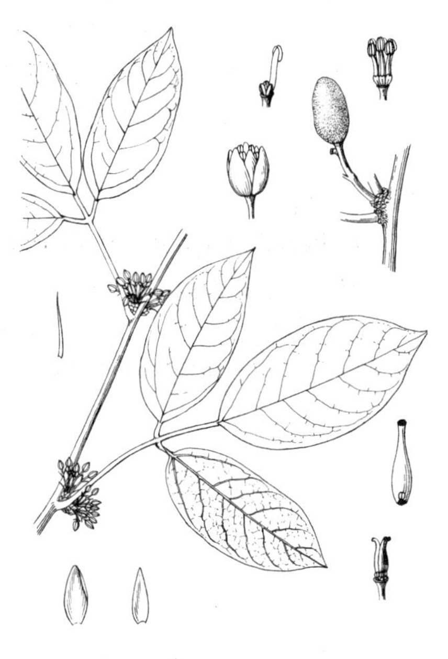

图 944 小花鹰爪枫 （张泰利绘）

形，紫红色。花小，淡绿色；花梗纤细，长0.5-1(-2)厘米，小苞片针形，长约4毫米；雄花萼片6，外轮椭圆形，长约4毫米，内轮披针形，长2-3毫米，退化花瓣6，卵圆形，长1毫米，雄蕊6，花丝较花药长2倍，药室卵圆形，药隔不突出；雌花较雄花稍大，外轮萼片长5-6毫米，卵形，内轮矩圆形或披针形，长4毫米，退化花瓣6，长0.3毫米，退化雄蕊6，长约0.6毫米，雌蕊3，圆锥状，长约3毫米。果椭圆形，长2.5-6厘米，径2-3厘米，不裂。

产云南东南部、四川南部及西部（荣经）、广西西南部（靖西）、贵州（蝴蝶江边），生于海拔500-1900米山坡林内、林缘或沟边。

3. 鹰爪枫 图945

Holboellia coriacea Diels in Engl. Bot. Jahrb. 29: 342. 1900.

常绿攀援藤本。长达5米。幼枝淡绿色，茎枝及叶柄具细纵棱。掌状3小叶，叶革质，椭圆或矩圆形，长5-13厘米，宽1.5-4.5厘米，基部近圆或宽楔形，先端骤尖或尖，叶缘反卷，具半透明蜡带，下面粉绿色，基出3脉，侧脉不明显。伞房状花序疏散，长3-11厘米，具5-8花。雄花白色或下部淡紫色，外轮萼片长圆形或倒卵状长圆形，长0.8-1.2厘米，宽2-4毫米，内轮稍小；退化花瓣圆形，长0.5毫米；雄蕊6，长6-8毫米，花丝分离，与花药等长，药隔突出短；退化雌蕊3。雌花紫红色，外轮萼片卵形，长0.9-1.4厘米，宽0.7-10厘米，内轮长椭圆形或披针形，长0.6-1.2厘米，宽2-5毫米；雌蕊3，长圆形。果长圆形，淡紫色，长4-7厘米，径约2厘米。染色体2n=32。花期3-4月，果期8-9月。

产江苏、安徽、浙江、江西、湖北、湖南、广西东北部、贵州、四川、甘肃、陕西及河南，生于海拔400-1800米山谷、溪边、山坡灌丛中或林缘。

图 945 鹰爪枫 （引自《图鉴》）

4. 五风藤 图946 彩片394

Holboellia angustifolia Wall. Tent. Fl. Nepal. 1: 25. t. 17. 1824.

Holboellia fargesii Reaub.; 中国高等植物图鉴1: 755. 1972.

落叶木质藤本。茎具细纵纹，有时幼枝被白粉。掌状复叶3-7(8)小叶，叶柄长(1.5)3-8(10)厘米，小叶柄长0.4-2.5厘米；小叶窄长圆形、披针形，稀倒卵形、卵圆形、倒披针形或线形，长3-11厘米，宽1.5-5厘米，先端钝尖具小尖头，基部楔形或钝圆，下面灰绿色，两面侧脉不明显。伞房花序长2.5-8(10)厘米，数个簇生叶腋，花芳香。雄花黄白或淡紫色，花梗长0.8-1.5厘米；外轮萼片椭圆形或倒卵状长圆形，长8-1.5厘米，宽3-5

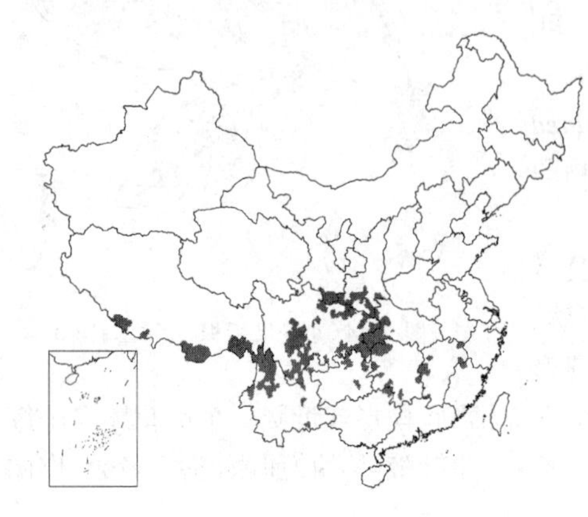

图 946 五风藤 （引自《图鉴》）

毫米，先端钝厚，内轮较小；花瓣鳞片状，近圆形或三角形，长不及1毫米；雄蕊长0.6-1厘米，花丝较花药长1.5-2倍，药隔突起稍明显。雌花紫色，径较雄花大，花梗长达5.5厘米，萼片卵形、卵状长圆形或宽椭圆形，长1.1-1.9厘米，宽0.8-1厘米，内轮稍小；具退化花瓣及雄蕊；雌蕊3，长约6毫米。果紫红色，长圆形，长5-9厘米，径约2厘米，干后常结肠状。

产福建、江西、湖北、湖南、广西、贵州、云南、西藏、四川、甘肃及陕西，生于海拔400-2800米较阴湿溪边、林缘及较干旱的山地。巴基斯坦、尼泊尔、锡金、不丹、印度及缅甸有分布。

［附］**钝叶五风藤 Holboellia angustifolia** subsp. **obtusa** (Gagnep.) H. N. Qin in Cathaya vol. 8-9: 116-117. 1997. —— *Holboellia latifolia* var. *obtusa* Gagnep. in Bull. Mus. Hist. Nat. Paris 14: 68. 1908. 本亚种与模式亚种的区别：小叶长圆形，长3-8厘米，宽1-4厘米，先端钝。产四川西部、西藏东部、云南西北部。

5. 牛姆瓜 图 947

Holboellia grandiflora Reaubourg in Bull. Soc. Bot. France 53: 453. 1906.

常绿缠绕藤本，长达5米，全株无毛。掌状复叶具（4）5-7小叶，叶柄长5-13（-15）厘米，小叶革质，倒卵形、长圆形、卵形，稀倒披针形，长（5-）7-11（-15）厘米，宽2.5-4.5（-6.5）厘米，先端骤尖，基部楔形至圆，下面灰绿色，网脉不明显，小叶柄长1-4厘米。花白至淡紫白色，微芳香；总状伞房花序长4-9（-12）厘米，雌雄同株。雄花几个，花梗长1-2.5（-4）厘米，萼片6，2轮，长1.4-1.9（-2.3）厘米，宽4-6（-9）厘米，花瓣状，倒披针形，雄蕊6，退化雌蕊6；雌花1-2，花梗长2.5-4（-7）厘米，萼片6，卵形，肉质，长1.2-1.8（-2.7）厘米，宽0.8-1.3厘米，退化雄蕊6，雌蕊长6-9毫米，柱头头状。果不裂，圆柱形，长5-9厘米，径1.5-3厘米，稍内曲。种子多数，长约6毫米，黑色，埋于果肉中。花期4-5月，果期7-9月。

图 947 牛姆瓜 （引自《Cathaya》）

产四川南部、云南东北部及贵州，生于海拔1100-3800米林中、山地溪边。

6. 八月瓜 图 948

Holboellia latifolia Wall. Tent. Fl. Nepal. 1: 24. t. 16. 1824.

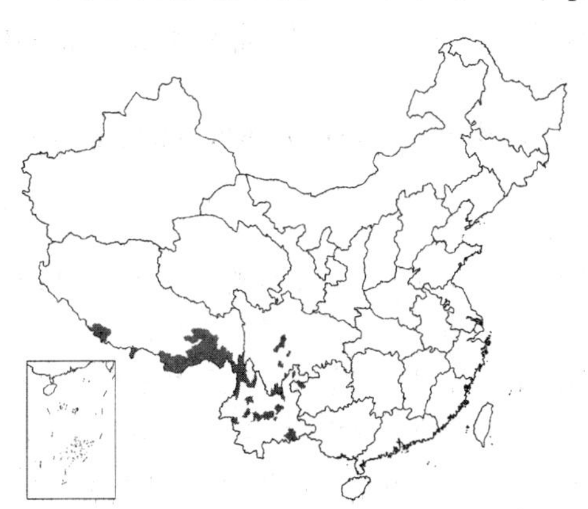

常绿木质攀援藤本。掌状叶3-5（7）小叶，叶柄长4-14厘米，小叶柄长1-4（6）厘米，小叶卵状长圆形、卵圆形、椭圆形，稀倒卵形，长4-13厘米，宽1-6（9）厘米，基部宽楔形或钝圆，先端渐尖，下面淡绿色，革质。伞房花序长5厘米以下，数个腋生，每花序具数花，芳香。雄花常乳白色，花梗长0.7-1.5厘米；萼片窄长圆形或椭圆形，外轮长0.9-1.5厘米，宽2-5毫米，内轮稍小；退化花瓣6，长达1毫米；雄蕊6，长0.7-1.2厘米，花药与花丝等长或稍长，药隔突起长0.5-1毫米；退化雌蕊3。雌花较大，卵圆形，淡紫色，花梗长2厘米以上；外轮萼片卵状长圆形或卵形，长0.9-1.4（1.6）厘米，宽4-9毫米，内轮较小；具退化花瓣及退化雄蕊；雌蕊3，圆拄形。果圆柱形或卵圆形，稀结肠状，长4-8(12)厘米，径1.5-5厘米，紫红色。

产云南、西藏东南部和南部、四川南部及贵州西部（赫章），生于海拔600-2900(-3350)米山坡或山谷阔叶林林缘。巴基斯坦、印度、尼泊尔、锡金、不丹、孟加拉国北部及缅甸北部有分布。

［附］**纸叶八月瓜 Holboellia latifolia** subsp. **chartacea** L. Y. Wu et S. H. Huang ex H. N. Qin in Cathaya 8-9: 124. 1997. 本亚种与模式亚种的区别：小叶5-7，稍纸质，上面中脉凹下；花稍淡绿色。花期5月，果期9-12月。产西藏南部及云南西北部，生于海拔1830-3100米林中、荫湿地带。锡金及不丹有分布。

图 948 八月瓜 （孙英宝绘）

7. 野木瓜属 Stauntonia DC.

常绿木质藤本，长达10米，全株无毛。幼茎淡绿色，具纵纹，干后红褐色。叶掌状3小叶或5-7(9)小叶，叶柄较长。花单性；萼片肉质，具香气，雌花较大或与雄花近等大，雌雄同株，稀异株，伞房花序。萼片6，2轮，外轮披针形，先端渐尖，内轮条形；无花瓣，或具鳞片状花瓣；雄蕊6，花丝合生，稀上部离生，下部合生；药隔宽大，顶端成角状体，稀钝圆；雌蕊3，圆锥形，柱头乳头状；胚珠多数，散生胎座，胚珠间具毛状体。浆果长圆形或卵圆形，不裂。种子多数，埋于果肉中，种子近三角形，红褐或黑褐色，有光泽。染色体2n=32(34?)。

13种，分布于喜玛拉雅地区至中印半岛北部，东至朝鲜南部及日本北海道以南地区。我国12种。

1. 叶厚革质，先端尖或钝圆，下面苍白或灰绿色。
  2. 萼片披针形，先端渐尖；小叶5(-9)，下面无斑点。
3. 药隔角状体无或极不明显；药室扁球形，长约花丝1/3；花丝上部离生，下部合生 ………………………………………… 1. **钝药野木瓜 S. obovata**
    3. 药隔角状体明显；药室圆筒形，与花丝近等长；花丝全部合生。
      4. 叶革质，倒卵形、倒卵状长圆形或椭圆形，基部宽楔形 ……………………… 2. **羊瓜藤 S. duclouxii**
      4. 叶厚革质，卵形或卵圆形，基部近圆形 ……………………………… 3. **三脉野木瓜 S. trinervia**
  2. 外轮萼片椭圆形，先端尖；小叶3(5)，下面具白色斑点 ……………………… 4. **显脉野木瓜 S. conspicua**
1. 叶薄革质或纸质，先端渐尖或尾状，下面灰绿色，具白色斑点。
  5. 花药扁球形，药隔不突出；雄花长8毫米以下；小叶倒披针状长圆形 ……… 6. **西南野木瓜 S. cavalerieana**
  5. 花药圆筒形，药隔成角状体；雄花长1厘米以上；小叶椭圆形或倒卵状长圆形。
6. 雄花花瓣6，卵圆形；叶下面具淡色斑点，革质，上面有光泽；雄花具鳞片状花瓣，稀无花瓣 ………………………………………… 5. **野木瓜 S. chinensis**
6. 无花瓣；叶下面具深色斑点，薄革质，上面常灰白色，稀有光泽；雄花无花瓣 ………………………………………… 7. **那藤 S. obovatifoliola** subsp. **urophylla**

1. 钝药野木瓜 图 949

Stauntonia obovata Hemsl. In Hook. Icon. Pl. ser. 4, 9: t. 2847. 1907.

常绿木质藤本。小叶(3)5-7，薄革质，倒卵状披针形、倒卵状长圆形或倒卵形，长(3)-4-10厘米，宽(1)1.7-4.5厘米，先端常急尖，有时渐尖，基部常楔形，边缘微背卷，上面淡绿色，下面常灰白色，干后常淡黄色。伞房式花序长4-6厘米，3-5个簇生叶腋，花白色或黄白色。雄花：萼片6，外轮3片披针形，长7-9毫米，宽1-3毫米，内轮3片线形，长6-8毫米，宽1毫米；雄蕊6，长约4毫米，花丝

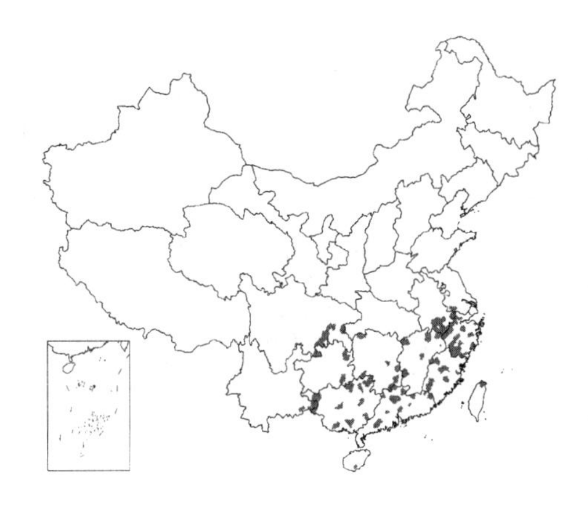

长约3毫米，上部分离，下部合生，偶有全部合生，花药扁球形，长约1毫米，顶端钝，药隔不突出；退化心皮3，微小。雌花与雄花同形，比雄花长1-2毫米，外轮萼片宽约4毫米。果椭圆形，长4-5(6)厘米，直径2-3厘米，成熟时黄色，果皮较厚，不开裂。

产江苏、安徽、浙江、福建、台湾、广东、香港、湖南、广西、贵州、云南及四川，生于海拔300-1500米山谷、溪边、山坡灌丛中或疏林边缘。

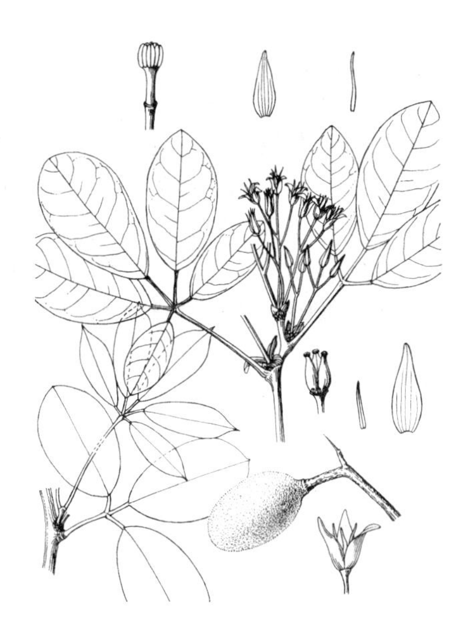

图 949 钝药野木瓜 （张泰利绘）

2. 羊瓜藤 图950

Stauntonia duclouxii Gagnep. in Bull. Soc. Bot. France 55: 48. 1908.

常绿木质藤本，枝条具纵条纹，干后灰白色或黑褐色。小叶5-7(9)，叶柄有时很粗壮；小叶倒卵形或倒卵状长圆形，长5-13厘米，宽2-4.4厘米，先端钝圆或尖，基部楔形或宽楔形，厚革质，下面粉绿色，干后粉白色，基出3脉。伞房花序数个腋生；苞片椭圆形，花序具3-7花，花大，黄绿或乳白色。雄花萼片肉质，外轮3片卵状长圆形或披针形，长1.3-2.2厘米，宽4-8毫米，先端尖，内轮3片披针形或条形，长1.1-1.9厘米，宽1-4毫米；无花瓣；雄蕊花丝连合成筒，药室长4毫米，药隔角状体与花丝筒长3毫米。雌花较雄花长3-7(11)毫米，萼片似雄花，无花瓣，退化雄蕊6，长约0.5毫米；雌蕊3。果黄色，卵圆形，长4-7厘米，径2-3厘米。

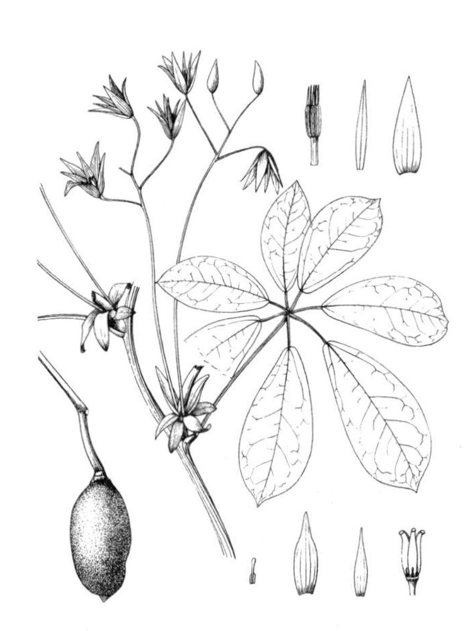

图 950 羊瓜藤 （张春方绘）

产甘肃南部、陕西南部、四川、湖北西南部、湖南西南部、贵州东南部及云南东北部（盐津），生于海拔700-1500米山谷、水边或山坡阴处林中。

3. 三脉野木瓜 图951

Stautonia trinervia Merr. in Lingnan Sci. Journ.13: 24. pl. 6. 1934.

Stauntonia crassipes T. Chen; 中国高等植物图鉴补编1: 486. 1982.

常绿木质藤本，枝具细纹，干时黑色，幼枝及叶下面常被白粉。3小叶，稀4、5小叶，叶厚革质，卵形或卵圆形，长6-16厘米，宽3.5-7.5厘米，基部近圆或宽楔形，先端尖，网脉不明显，基出3脉，下面灰白色，背卷。伞房花序2-5个腋生，花序长6-10厘米，每花序具4-6花，花淡绿色。雄花

外轮萼片披针形，长1.5-2.8厘米，宽5-8毫米，内轮条形，长1-1.7厘米，宽1-4毫米；无花瓣；雄蕊长1厘米，花丝、花药及药隔角状体近等长，退化雌蕊3。雌花径较大，外轮萼片卵状披针形，长1.8-2.5厘米，宽6-9毫米，内轮萼片较小；退化雄蕊条形，药隔角状体较退化花药长1倍以上。果卵圆形或球形，长4-10厘米，径3-4.5厘米。种子长7-9毫米。

产福建南部、广东、广西东北部和西南部、贵州东南部(雷山)，生于海拔400-1400米山谷、林缘或疏林中。

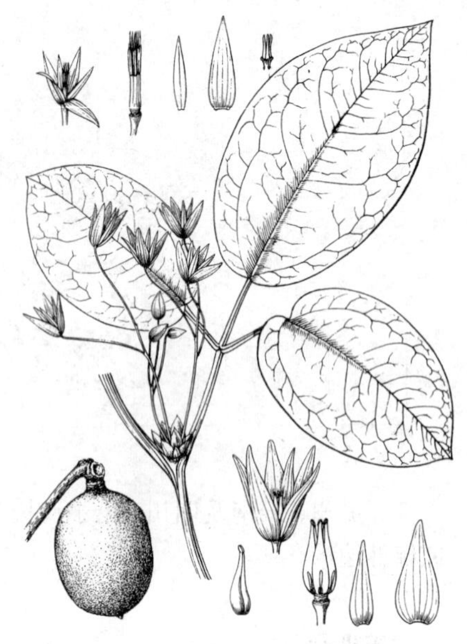

图 951 三脉野木瓜 （引自《Cathaya》）

4. 显脉野木瓜 图 952

Stauntonia conspicua R. H. Chang in Acta Phytotax Sin. 25(3): 235. t. 1. 1987.

Stauntonia obscurinervia T. Chen；中国高等植物图鉴补编 1: 486. 1982.

常绿木质藤本，长达3米。幼茎淡绿色，具纵纹，老茎灰褐色。3小叶，稀4或5；叶厚革质，卵形或卵状长圆形，先端尖，基部近圆，边缘反卷，下面粉绿或灰白色，具白斑，叶脉不明显。伞房状花序腋生，长4-11厘米，具3-4花，稀疏；花紫红或黄绿色，花梗长2-5厘米。雄花外轮萼片椭圆形，长1.3-1.5厘米，宽4-8毫米，内轮条形，长1.1-1.5厘米，宽2-3毫米；无花瓣；雄蕊6，花丝长约4毫米，合生成筒，稀上部分离下部合生，花药长4毫米，角状体长1毫米。雌花与雄花等大，萼片与雄花相似，无花瓣；退化雄蕊长约1毫米；雌蕊3。果长圆形，长3-7厘米，宽2-3厘米，成熟时黄色，略结肠状。染色体2n=32。花期4-5月，果期9-10月。

产浙江西南部、福建北部、江西西部、湖南南部及广东北部，生于海拔1000-1600米林缘或灌丛中。

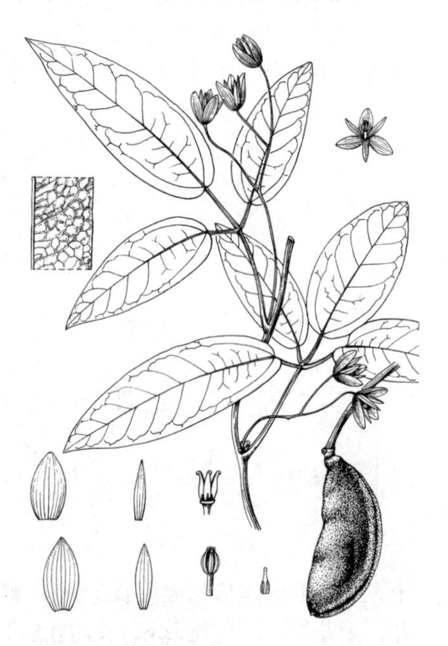

图 952 显脉野木瓜 （引自《Cathaya》）

5. 野木瓜 图 953 彩片 345

Stauntonia chinensis DC. Syst. 1: 514. 1818.

Stauntonia hainanensis T. Chen；中国高等植物图鉴补编 1: 486. 1982.

常绿木质藤本。小叶(3)5-7(8)，革质，长圆形、长圆状披针形或倒卵状椭圆形，长7-13厘米，宽2.5-5厘米，先端长渐尖，基部宽楔形或近圆，老叶下面斑点明显。伞房花序具3-5花，总花梗纤细，基部具大苞片，花序长4-9厘米，数个腋生。花淡黄或乳白色，内面有紫斑；雄花外轮萼片长1.5-2.3厘米，宽5-8毫米，内轮长1.1-2厘米，宽1-3毫米；退化花瓣椭圆形，长约1毫米，有时无；雄蕊长0.8-1厘米，药隔角状体长2-3毫米，花

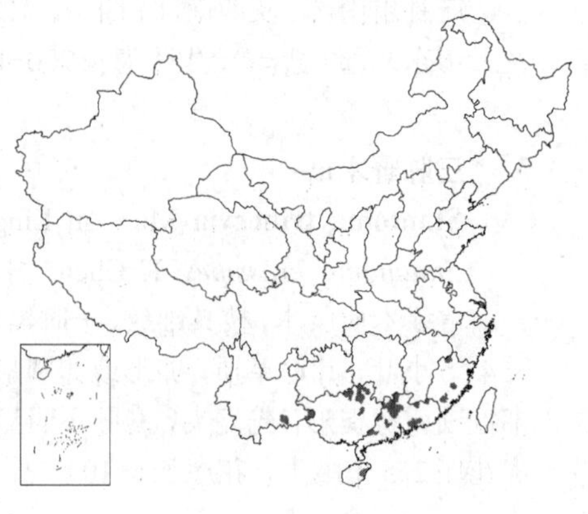

丝合生；退化雌蕊小；雌花较大，外轮萼片长2-2.5厘米，宽5-9毫米；无花瓣；退化雄蕊长约2毫米；雌蕊圆锥形，柱头乳头状。果椭圆形，长约5-7厘米，径2.5-3.4厘米，橙黄色。花期3-4月，果期9-10月。

产福建、广东、香港、海南、广西、云南东南部，生于海拔300米-1500米常绿阔叶林下、山谷或溪边灌木丛中。老挝及越南北部有分布。

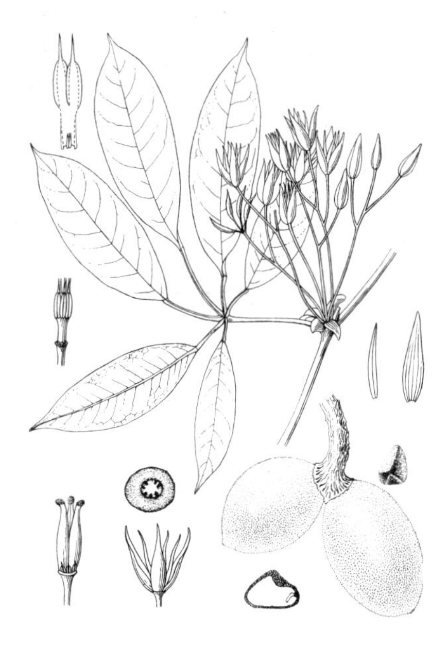

图 953 野木瓜 （张泰利绘）

6. 西南野木瓜 图 954

Stauntonia cavalerieana Gagnep. in Bull. Soc. Bot. France 55: 47. 1908.

木质藤本。幼枝绿色，具纵条纹，皮孔纺锤形，老茎皮纵裂，灰白色。小叶7(5-9)；小叶倒卵状长圆形、倒披针形，稀窄长圆形，薄革质至纸质，先端尾尖，基部楔形，下面淡绿色，常具白色斑点。伞房式总状花序数个聚生叶腋，长4-8(12)厘米，花序梗较细，着生苞片腋部。小花梗纤细，花黄白色，有时内面有紫斑；雄花外轮萼片卵状披针形或卵形，长9-1.3(1.5)厘米，宽2-3毫米，内轮线形，长0.7-1.1(1.8)厘米，宽0.5-1毫米；无花瓣；雄蕊6，长4-6毫米，花丝合生成长2.5-4毫米花丝筒，较药室长约2倍，花药扁球形，长约2毫米，药隔不凸出；雌花较大，外轮萼片长1-1.5厘米，宽4毫米；雌蕊3，棒状，长约5毫米。果椭圆形，长5-9.5厘米，径3-5厘米，黄色。花期3-4月，果期8-11月。

产四川东南部、贵州东部、广西北部、湖南西南部及湖北西南部（利川）。生于海拔550-1600米山谷或溪旁杂木林中。

图 954 西南野木瓜 （张春方绘）

7. 那藤 图 955

Stauntonia obovatifoliola Hayata subsp. **urophylla** (Hand.-Mazz.) H. N. Qin in Cathaya 8-9: 164. f. 72. 1997.

Stauntonia hexaphylla (Thunb. ex Murr.) Decne var. *urophylla* Hand.-Mazz. in Sitzungsb. Akad. Wiss. Wien, Math.-Nat. 102. 1922.

Stauntonia brachybotrya T. Chen; 中国高等植物图鉴补编1: 487. 1982.

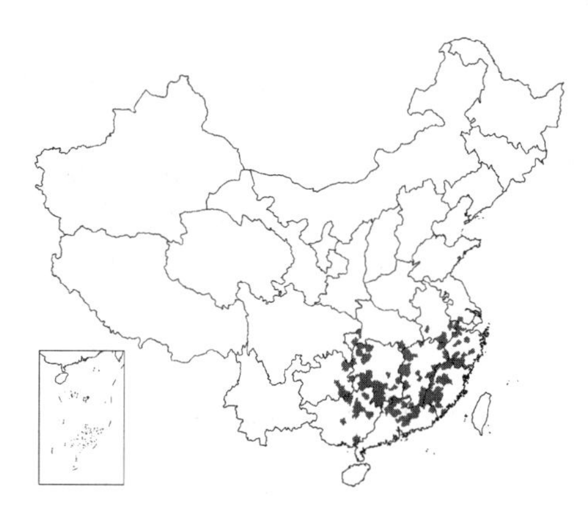

常绿木质藤本，长达5米。幼枝淡绿色，皮孔纺锤形，稀少，老茎皮纵裂，灰白色。5-7(-9)小叶；小叶倒卵形或倒卵状长圆形，薄革质、革质或纸质，长5-10(18)厘米，宽2-4.5(9)厘米，基部宽楔形，下面淡绿色，密被白色斑点。伞房花序长4-

8(12)厘米，数个簇生叶腋，苞片多，较大，宽卵形或长圆形。小花梗纤细，长1-3厘米，萼片黄白色，有时内面有紫斑；雄花萼片6，外轮卵形或披针形，先端渐尖，长1-2(2.5)厘米，宽3-6毫米，内轮披针形或线形，长0.9-1.3(2)厘米，宽1.5-3毫米；雄蕊6，长0.7-1.1厘米，花丝合生成管状，长2.5-4毫米，药室常与花丝筒等长或稍长，药隔角状体长1-2毫米；退化雌蕊3，微小；雌花较大，外轮萼片卵状披针形，长1.5-3(4)厘米，宽4-8(10)毫米，先端尾状，内轮披针形，较小；无花瓣；雌蕊3，棒状，长约5毫米。果椭圆形，长5-9(11)厘米，径约3-5厘米，淡黄色。花期3-4月，果期8-9月。

产江苏南部、安徽南部、浙江、福建、江西、湖北、湖南、广东、广西及贵州，生于海拔350-1500米山谷、溪边或山坡林内阴湿处。

图 955 那藤 （张春方绘）

22. 防已科 MENISPERMACEAE

（罗献瑞）

攀援或缠绕藤本，稀灌木或小乔木，木质部常具车辐状髓线。单叶，稀复叶，基脉常掌状，稀羽状脉；叶柄两端肿胀，无托叶。聚伞花序组成圆锥状或总状，稀单花；苞片小，稀叶状。花常小而不鲜艳，单性，雌雄异株，具花萼及花冠，稀为单被花；萼片常轮生，每轮3片，稀4、2或1片，有时螺旋状着生，分离，稀合生，覆瓦状或镊合状排列；花瓣常2轮，稀1轮，每轮3片，稀4、2或1片，或无花瓣，常分离，稀合生；雄蕊2至多数，常6-8，花丝分离，稀合生，花药1-2室或假4室，纵裂或横裂；雌花具退化雄蕊或无；心皮3-6，稀1-2或多数，分离，子房上位，1室，常一侧肿胀，胚珠2，其中1颗退化，花柱顶生，柱头分裂或条裂，全缘；雄花中退化雌蕊小或无。核果，外果皮革质或膜质，中果皮常肉质，内果皮骨质或木质，稀革质。种子常弯，种皮薄，有或无胚乳；胚常弯，胚根小，子叶扁平叶状或半柱状。

约65属350种，产热带及亚热带地区，温带很少。我国19属78种1亚种5变种1变型。本科植物含生物碱，为著名药用植物；茎皮纤维强韧，有些种类的枝条可代藤用。

一、雄株分属检索表

1. 雄蕊花丝合生。
  2. 花丝合生成柱状或圆锥状，花药在其顶部或上部聚合。
    3. 药室横裂。
      4. 花药2-18；花序数个簇生叶腋或老枝上；叶具羽状脉 ························ 1. **密花藤属 Pycnarrhena**
      4. 花药9-27；花序单生叶腋或老枝上。
        5. 内轮萼片合生成坛状，花药18-27，排成6列；叶具羽状脉 ······················ 3. **崖藤属 Albertisia**
        5. 花被片离生，花药9-12，聚成球状；叶具掌状脉 ························ 4. **古山龙属 Arcangelisia**
    3. 花药6，药室纵裂；叶具掌状脉 ································ 11. **细圆藤属 Pericampylus**
  2. 花丝合生成盾状，花药着生盾盘边缘，药室横裂。
    6. 萼片离生。
      7. 萼片4轮，外轮较小 ································ 7. **球果藤属 Aspidocarya**
      7. 萼片2或1轮。

8. 萼片2轮，等大或近等大。
9. 花瓣6；叶心形、戟形或箭形 ………… 9. **连蕊藤属 Parabaena**
9. 花瓣3或4；叶盾状 ………… 17. **千金藤属 Stephania**
8. 萼片1轮。
10. 小聚伞花序密集成头状，组成伞形聚伞花序或复伞形聚伞花序 ………… 17. **千金藤属 Stephania**
10. 小聚伞花序组成伞房状聚伞花序 ………… 18. **锡生藤属 Cissampelos**
6. 萼片合生成坛状 ………… 19. **轮环藤属 Cyclea**
1. 雄蕊花丝分离。
11. 药室横裂。
12. 萼片12 ………… 2. **藤枣属 Eleutharrhena**
12. 萼片6。
13. 萼片干时具黑色条状斑纹，外轮萼片与内轮近等长 ………… 12. **秤钩风属 Diploclisia**
13. 萼片无黑色斑纹，外轮萼片较内轮小。
14. 花瓣先端2裂 ………… 13. **木防已属 Cocculus**
14. 花瓣先端不裂 ………… 14. **粉绿藤属 Pachygone**
11. 药室纵裂。
15. 雄蕊常3；花被不分化为萼片及花瓣 ………… 6. **天仙藤属 Fibraurea**
15. 雄蕊6或多个；具花瓣及萼片。
16. 雄蕊6。
17. 萼片9-12。
18. 花瓣6。
19. 花序生于老茎上；叶片折断有胶丝，干时上面有波状皱纹 ………… 5. **大叶藤属 Tinomiscium**
19. 花序生于叶腋；叶无上述特征 ………… 11. **细圆藤属 Pericampylus**
18. 花瓣4-5，稀9 ………… 10. **夜花藤属 Hypserpa**
17. 萼片6 ………… 8. **青牛胆属 Tinospora**
16. 雄蕊9-18。
20. 萼片6，2轮；雄蕊9（12）；木质大藤本 ………… 15. **风龙属 Sinomenium**
20. 萼片4-8（10），近螺旋状着生；雄蕊12-18；草质或稍木质藤本 ………… 16. **蝙蝠葛属 Menispermum**

二、雌株分属检索表

1. 心皮2-6。
2. 叶具羽状脉。
3. 心皮无柄。
4. 萼片离生，心皮2-4；核果无毛 ………… 1. **密花藤属 Pycnarrhena**
4. 内轮萼片合生成坛状，心皮6；核果被绒毛 ………… 3. **崖藤属 Albertisia**
3. 心皮具柄，果时柄长达1.5厘米 ………… 2. **藤枣属 Eleutharrhena**
2. 叶具掌状脉或三出脉。
5. 果核被毛；花被不分化为萼片及花瓣；木质大藤本；花序生老茎上 ………… 4. **古山龙属 Arcangelisia**
5. 果核无毛；花被分化为萼片及花瓣。

6. 花瓣先端2裂；心皮3或6；退化雄蕊6或无。
7. 萼片干时具黑色条纹，外轮萼片与内轮近等大；叶长、宽相等 ……………………… 12. **秤钩风属 Diploclisia**
7. 萼片无黑色条纹，外轮萼片较内轮小；叶长度大于宽度 ……………………… 13. **木防已属 Cocculus**
6. 花瓣先端不裂。
8. 单被花，退化雄蕊3，花柱极短 ……………………………………………………… 6. **天仙藤属 Fibraurea**
8. 双被花，花被分化为萼片及花瓣，退化雄蕊6或更多。
9. 鲜叶折断有胶丝，干时上面具波状皱纹；总状花序；柱头盾形 ……………… 5. **大叶藤属 Tinomiscium**
9. 叶片无上述特征；聚伞花序、伞房状花序或圆锥花序。0
10. 叶柄非盾状着生；退化雄蕊6、9或无退化雄蕊。
11. 无退化雄蕊，心皮2（中国种） …………………………………………… 10. **夜花藤属 Hypserpa**
11. 退化雄蕊6或9，心皮3。
12. 退化雄蕊9，花柱外弯；圆锥花序 …………………………………… 15. **风龙属 Sinomenium**
12. 退化雄蕊6。
13. 花序伞房状，花序细稍之字曲折；果核倒卵圆形，常被刺 ……………………………………………………………………………… 9. **连蕊藤属 Parabaena**
13. 聚伞、总状或圆锥花序，果核常无刺。
14. 小枝及圆锥花序被糙毛状柔毛；萼片12，4轮 ……………… 7. **球果藤属 Aspidocarya**
14. 小枝及花序非上述毛被；萼片6或9。
15. 萼片9，3轮，柱头2深裂；聚伞花序 ………………… 11. **细圆藤属 Pericampylus**
15. 萼片6，2轮。
16. 心皮囊状椭圆形，花柱肥厚，柱头舌状盾形 ………… 8. **青牛胆属 Tinospora**
16. 心皮一侧肿胀，花柱外弯，柱头分裂 ……………… 14. **粉绿藤属 Pachygone**
10. 叶柄盾状着生，退化雄蕊6-12或更多，棒状 ……………………………… 16. **蝙蝠葛属 Menispermum**
1. 心皮1。
18. 花被辐射对称；萼片2轮，每轮3或4片；花瓣3或4 ……………………………… 17. **千金藤属 Stephania**
18. 花被左右对称；萼片1-2；花瓣2-3。
19. 小聚伞花序组成伞形或头状花序；具块根 ……………………………………… 17. **千金藤属 Stephania**
19. 小聚伞花序组成聚伞圆锥花序或伞房状聚伞花序；无块根。
20. 苞片叶状；果核背部中脊二侧具圆锥状或横肋状雕纹 …………………… 18. **锡生藤属 Cissampelos**
20. 苞片小；果核背肋二侧各具2-3列小瘤体 ……………………………………… 19. **轮环藤属 Cyclea**

1. 密花藤属 Pycnarrhena Miers ex Hook. f. et Thoms.

藤本。老枝常具杯状叶痕。叶具羽状脉。聚伞花序数个簇生叶腋或生于老枝上，稀为单花。雄花萼片6-15，轮生，每轮3片，覆瓦状排列，内轮较大，常圆而深凹，外轮小，最外轮常小苞片状；花瓣2-5，很小，常宽倒卵形，有时无花瓣；聚药雄蕊，花丝大部合生，花药2-18，近球形，药室横裂。雌花萼片及花瓣与雄花相似；心皮2-6，卵圆形，背侧稍隆起，柱头舌状，外折，无柄。核果近球形，无毛；果核纸质，软骨质或近木质，基部不缢缩成柄状。花柱迹位于腹侧。

约9种，分布亚洲东南部及澳大利亚昆士兰。我国2种。

1. 聚药雄蕊具4-5花药；内轮萼片近圆形囊状 ……………………………………………………… 1. **密花藤 P. lucida**
1. 聚药雄蕊具8-11花药；内轮萼片椭圆形，非囊状 ……………………………………………… 2. **硬骨藤 P. poilanei**

1. 密花藤 图956

Pycnarrhena lucida (Teijsm. et Binn.) Miq. in Ann. Mus. Lugd.-Bat. 4: 87. 1868.

Cocculus lucidus Teijsm. et Binn. in Nat. Tijdschr. Nederl. Ind. 4: 397. 1853.

木质藤本。幼枝被锈色短柔毛，老枝灰褐色。叶近革质，长圆状披针形或长圆形，长7-11厘米，先端短尖、渐尖或骤尖，基部宽楔形或楔形，两面无毛，侧脉5-7对，近边缘处分枝联结；叶柄密被锈色短柔毛。聚伞花序常具1花，数个簇生叶腋，被毛垫状突起；雄花序梗纤细，长3-5毫米。雄花萼片外轮小，内轮圆形，稍肉质，囊状；花瓣2，肉质，横椭圆形；聚药雄蕊具4-5花药。核果红色，近球形，长1.5-2厘米；果核纤维状木质。种子肾形。

图 956 密花藤（引自《广东植物志》）

产海南南部及东南部，生于林中。老挝、泰国、马来西亚、印度尼西亚及印度有分布。

2. 硬骨藤 图957：1-7

Pycnerrhena poilanei (Gagnep.) Forman in Kew Bull. 26: 407. 1971.

Pridania poilanei Gagnep. in Bull. Soc. Bot. France 85: 170. 1938.

木质藤本，长达3米。枝圆，具纵纹。叶薄纸质，卵形、长圆状卵形，或宽卵形，长9-16厘米，先端尾尖，侧脉(5-)7-10对，上面凹下，近叶缘连成边脉；叶柄细长，顶端稍肿胀，微盾状着生。聚伞花序腋生，疏散，具数花，花序梗及花梗均纤细。雄花萼片6-9，内轮椭圆形或宽椭圆形，长2-2.8毫米；花瓣4-5，卵形，具短爪，长约1.5毫米；聚药雄蕊具8-11花药。核果椭圆形，红色，长1.1-1.3厘米。花期夏季，果期秋季。

产海南、云南东南部及南部，生于较低海拔密林中，越南北部有分布。

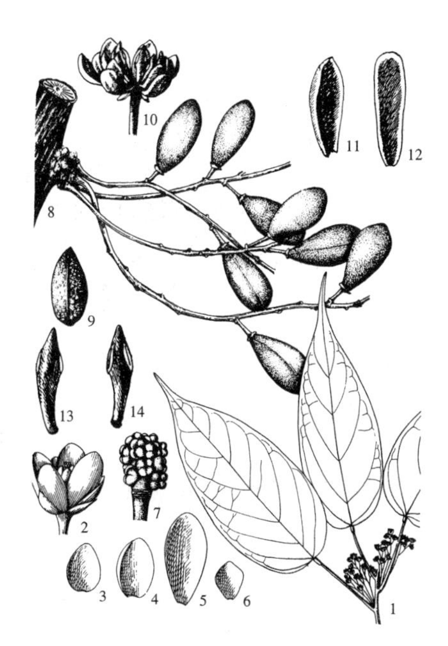

图 957：1-7. 硬骨藤 8-14. 大叶藤
（邓晶发绘）

2. 藤枣属 **Eleutharrhena** Forman

木质藤本。幼枝被微柔毛，后脱落。叶革质，椭圆形或卵状椭圆形，长9.5-22厘米，先端渐尖或近骤尖，基部圆或宽楔形，无毛。羽状脉，侧脉5-9对，在两面凸起；叶柄长2.5-8厘米，着生于小枝的盘状体，顶端膨大膝曲，近盾状着生。雄花序具1-3花，簇生腋部，花序梗长0.6-1厘米，被微柔毛。雄花萼片12，4轮，覆瓦状排列，外轮近卵形，内轮倒卵状楔形，长1.5-1.7毫米，最内轮近圆形或宽卵圆形，长约2.5毫米，无毛；花瓣6，宽倒卵表；雄蕊6，花丝分离，柱状，花药小，宽与花丝近相等，药室内向横裂。雌花心皮6。果柄粗，具6个放射状聚合核果；核果椭圆形，黄或红色，长2.5-3厘米，径1.7-2.5厘米，柄长达1.5厘米；果核薄木质。种子椭圆形，无胚乳，子叶厚大。

单种属。

藤枣 图958

Eleutharrhena macrocarpa (Diels) Forman in Kew Bull. 30: 99. 1975. *Pycnarrhena macrocarpa* Diels in Engl. Pflanzenr. IV. 94: 52. 1910.

形态特征同属。花期5月，果期10月。

产云南南部及东南部，生于海拔840-1500米密林或疏林中。印度阿萨姆有分布。

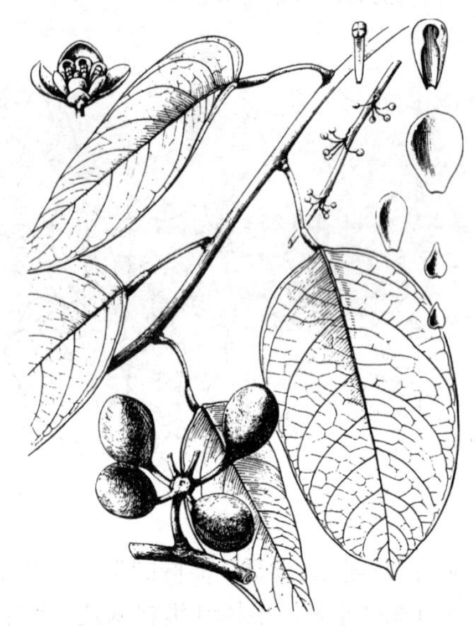

图 958 藤枣 （邓盈丰绘）

3. 崖藤属 Albertisia Becc.

木质藤本。枝具盘状叶痕。叶常椭圆形，羽状脉，侧脉基部沿中脉下延；叶柄两端肿胀。雄聚伞花序单生叶腋或生于老茎上，雌花序常具1花。雄花萼片3轮，外轮及中轮小，内轮合生成坛状，顶端具3个小裂片；花瓣小，3或6，稍肉质；聚药雄蕊圆锥状，花药18-27，6纵列，2室，药室横裂；雌花萼片及花瓣与雄花相似；心皮6，长卵圆形，具柄，果时柄长达1.5厘米，花柱锥状。聚合核果放射状着生于顶端肿胀、被绒毛的心皮柄上，常近椭圆形，花柱迹近基生，中果皮干时颗粒状；果核脆壳质或近木质，近平滑或微皱。种子无胚乳，子叶肥大，胚根小。

约17种，12种产非洲，5种产东亚。我国1种。

崖藤 图959

Albertisia laurifolia Yamam. in Rep. Sci. Invest. Hainan Taihoku Univ. 1: 70. f. 2. 1942.

木质大藤本。幼枝被绒毛，老枝无毛。叶近革质，椭圆形或卵状椭圆形，长7-14厘米，先端短渐尖或近骤尖，基部楔形或微圆，无毛或下面疏被微柔毛，侧脉3-5对；叶柄长1.5-3.5厘米，无毛。雄聚伞花序具3-5花，长达1.5厘米，花序梗及花梗均粗，长3-5毫米，被绒毛。雄花萼片3轮，外轮钻形，长约0.5毫米，中轮线状披针形，长约2毫米，内轮合

图 959 崖藤 （引自《海南植物志》）

生成坛状，长5-7毫米，均被绒毛；花瓣6，2轮，外轮菱形，长约0.8毫米，边内折，近中肋被硬毛，内轮近楔形，无毛，长约0.8毫米；聚药雄蕊长3-4毫米，花药约27个，6纵列，花丝极短。核果椭圆形，长2.2-3.3厘米，径1.5-2厘米，被绒毛；果核稍木质，长1.5-2.5厘米，微皱。花期夏季，果期秋季。

产海南南部、广西南部及云南南部，生于林中。越南北部有分布。

4. 古山龙属 **Arcangelisia** Becc.

藤本。叶具掌状脉。雄圆锥花序腋生或生无叶老茎上，雌圆锥花序常生老茎上。雄花花被片9，离生，3轮，外轮小苞片状，最内轮花瓣状，覆瓦状排列，开花时花被片星状展开，花丝合成短柱状，花药9-12，聚成球状，药室横裂；雌花花被片9，3轮，退化雄蕊鳞片状，心皮3，每心皮具2叠生胚珠。核果近球形，外果皮近革质，中果皮肉质；果核骨质，被网纹状皱纹或具软刺或平滑，常被毛。种子近圆形，胚乳嚼烂状。

4种，分布亚洲东南部，南至伊里安岛。我国1种。

古山龙　　图960

Arcangelisia gusanlung Lo in Acta Phytotax. Sin. 18(1): 100. f. 1 (1-8). 1980.

木质大藤本，长达10余米；木质部鲜黄色。小枝无毛。叶革质，宽卵形或宽卵圆形，长8-13厘米，先端骤尖，基部近平截，稍圆，或近心形，无毛，掌状脉5；叶柄稍盾状着生，两端肿胀。雄圆锥花序常腋生老茎上，长5-8厘米，近无毛。雄花花被3轮，每轮3片，外轮近卵形，长0.6-0.8毫米，边缘啮蚀状，中轮长圆状椭圆形，长2.2-2.3毫米，内轮舟状，长约2.2毫米；聚药雄蕊具9花药。果柄粗，长0.7-1.5厘米，径5-7毫米；果稍扁球形，径2.5-3厘米，黄色，后变黑色；果核近骨质，被锈色长毛。花期初夏。

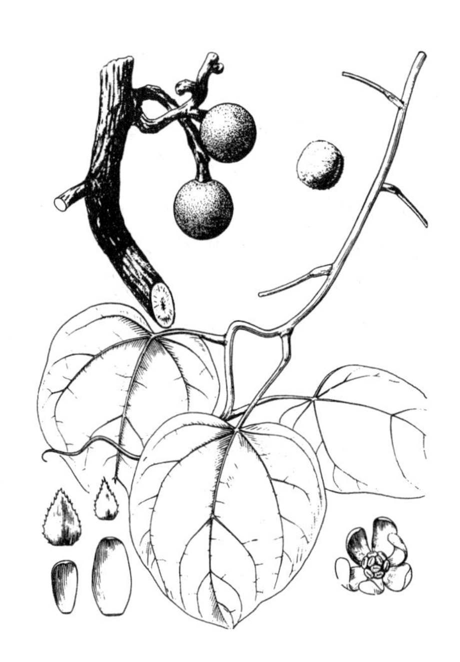

图 960　古山龙　（余　峰　绘）

产海南，生于林中。根及茎含多种生物碱，如小檗碱(Berberine)及巴马汀(Palmatine)等。

5. 大叶藤属 **Tinomiscium** Miers ex Hook. f. et Thoms.

藤本。小枝及叶折断有胶丝，叶干时上面有波状皱纹；叶常宽大，近革质，掌状脉3-5；具长柄。总状花序生老茎上，单生或簇生。雄花萼片9-12，外轮3片小苞片状，内轮6片大，近革质，边缘常膜质，覆瓦状排列；花瓣6，较萼片稍短，长圆形或近圆形，边内卷；雄蕊6，与花瓣对生近等长，花丝肥厚，上部宽，花药内向，药室斜纵裂；退化心皮3。雌花萼片及花瓣与雄花同形，退化雄蕊6，顶端具喙，心皮3，柱头盾形，纹裂。聚合核果3或较少，近卵圆形，两侧扁，背部隆起，腹面较平，宿存花柱近顶生，胎座迹不明显。种子倒卵圆形，胚乳丰富；子叶宽扁、叠生。

约7种，分布亚洲东南部，南至伊里安岛。我国1种。本属植物体含乳液，可提取硬橡胶，为优良绝缘材料。

大叶藤 图 957：8-14

Tinomiscium petiolare Hook. f. et Thoms. Fl. Ind. 1: 205. 1955.

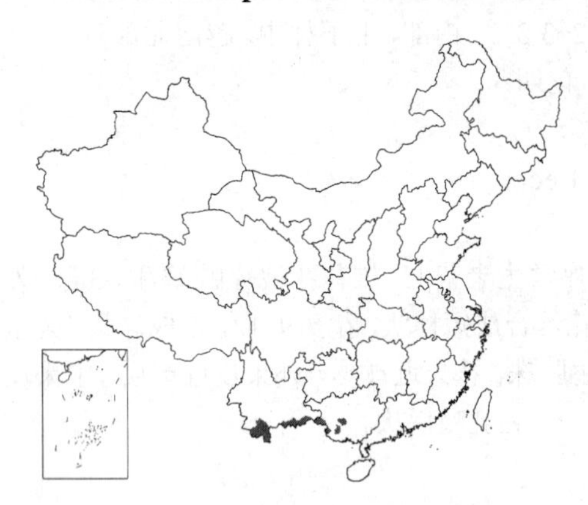

木质藤本，茎皮啮蚀状开裂。小枝及叶折断有胶丝。叶宽卵形，长10-20厘米，先端短渐尖，基部近平截或微心形，全缘或具不整齐细圆齿，上面有波状皱纹，侧脉1-3对，在上面凸起；叶柄长5-12厘米，疏被毛或无毛。总状花序生于老茎上，多个簇生，常下垂，长7-15厘米，被紫红色绒毛或柔毛。雄花外轮萼片小，内轮窄倒卵状椭圆形或椭圆形，长3-4.5毫米，边缘被小乳突状缘毛；花瓣6，倒卵状椭圆形或椭圆形，深凹，长2-2.5毫米；雄蕊6，长1.4-2.5毫米，药隔短尖内弯。核果长圆形，两侧扁，长达4厘米，径1.3-1.5厘米。子叶不等大，大片2裂，基部耳形。花期春夏，果期秋季。

产云南南部及东南部、广西西部，生于林中。越南有分布。

6. 天仙藤属 **Fibraurea** Lour.

藤本，根及茎木质部均鲜黄色。叶具离基3-5出脉；叶柄基部及顶端均肿胀。圆锥花序常生老茎上。单被花；雄花花被片8-12，覆瓦状排列，外轮2-6片小，内轮6片较大，肉质，边缘薄，雄蕊6或3，分离，花丝肥厚，花药小，药室叉开，稍斜纵裂，无退化雌蕊；雌花花被和雄花相似，退化雄蕊常3，窄长圆形，肉质，心皮3，直立，囊状卵圆形，花柱极短，近顶生。核果1-3，桔黄色，花柱迹近顶生，外果皮平滑；果核近木质，背部隆起，腹面平，具纵沟，胎座迹沟状。胚藏于胚乳中，横切面马蹄形，子叶宽而极薄。

约5种，分布于亚洲热带、亚热带地区。我国1种。

天仙藤 图 961

Fibraurea recisa Pierre, Fl. For. Cochinch. t. 111. 1885.

木质大藤本，长达10余米。茎褐色，具深沟状裂纹，小枝及叶柄具纵纹。叶革质，长圆状卵形、宽卵形或宽卵圆形，长10-25厘米，先端稍骤尖或短渐尖，基部圆或宽楔形，稀近心形，无毛，基出掌状脉3-5，侧脉3对；叶柄长5-14厘米，稍盾状着生。圆锥花序生于无叶老枝或老茎上；雄花序长达30厘米。雄花花梗长2-3毫米；外轮花被片长约0.3毫米，内轮花被片长0.6-1毫米，最内轮花被片椭圆形，内凹，长约2.5毫米；雄蕊3，花丝宽厚，长2毫米，药室近肾形。核果长圆状椭圆形，稀倒卵形，长1.8-3厘米，黄色。花期春夏，果期秋季。

产云南、广西南部及广东西，生于林中。越南、老挝及柬埔寨有分布。

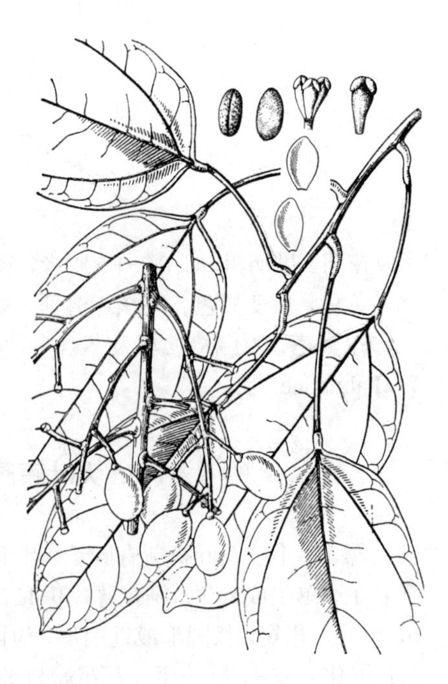

图 961 天仙藤 （引自《广东植物志》）

7. 球果藤属 Aspidocarya Hook. f. et Thoms.

藤本，长达7米。小枝被糙毛状柔毛。叶纸质，心形或宽卵状心形，长9-18厘米，先端骤尖，基部深心形，全缘，稀3裂，两面被柔毛，掌状脉5-7，侧脉2-3对；叶柄长0.8-1.5厘米，被柔毛，基部稍肿胀，微扭旋。圆锥花序长达30厘米，被糙毛状柔毛。雄花萼片12，4轮，离生，外轮较小，中轮线状长圆形，具1脉，内轮匙形，具3脉，外轮及内轮均被柔毛，最内轮倒卵形，无毛，具3脉；花瓣6，淡黄色，倒三角形或楔状倒卵形，先端3浅裂或近平截，两侧边缘内卷，具3脉，聚药雄蕊盾状，花药6，着生盾盘边缘，药室横裂；雌花萼片及花瓣与雄花相似，退化雄蕊6，棒状，心皮3，柱头头状或3裂。核果(1-)3，近椭圆形，花柱迹近顶生，外果皮肉质；果核近骨质，两侧扁呈双凸镜状，两端具尖头，背面具龙骨，腹面具龙骨及2条具少数小瘤的小肋，边缘具窄翅，翅近平截状齿形或啮蚀状，胎座迹不明显。种子卵状椭圆形。

单种属。

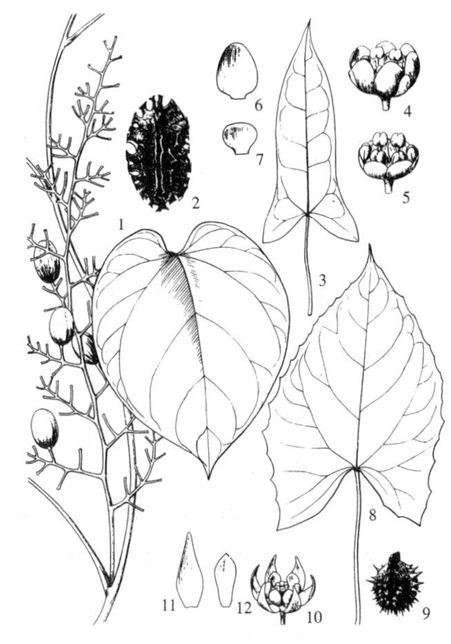

图 962：1-2.球果藤 3-7.云南青牛胆 8-12.连蕊藤 （余 峰 绘）

球果藤 图 962：1-2

Aspidocarya uvifera Hook. f. et Thoms. Fl. Ind. 1: 180. 1855.

形态特征同属。花期4-5月，果期9-10月。

产云南南部及西南部，生于密林中。锡金及印度有分布。

8. 青牛胆属 Tinospora Miers

藤本。叶箭形或戟形，具掌状脉，基部心形。总状、聚伞或圆锥花序单生或几个簇生。雄花萼片6，外轮较小，膜质，覆瓦状排列，花瓣6，稀3，基部具爪，边缘常内卷，包花丝，雄蕊6，花丝分离或合生，花药近外向，花药稍偏斜，药室纵裂；雌花萼片与雄花相似，花瓣较小或与雄花相似，退化雄蕊6，较花瓣短，与子房基部贴生，心皮3，囊状椭圆形，花柱肥厚，柱头舌状盾形，边缘波状或条裂。核果1-3，具柄，球形或椭圆形，花柱迹近顶生；果核近骨质，背部具棱脊，有时有小瘤体，腹面近平，胎座迹宽，具球形腔，向外穿孔。种子新月形，具嚼烂状胚乳，子叶叶状，卵形，极薄，叉开。

30余种，分布于东半球热带及亚热带。我国6种、2变种。

1. 落叶藤本；茎及分枝均粗；枝稍肉质，表皮膜质，皮孔疣状凸起，常十字形开裂。
    2. 枝、叶均被柔毛；叶宽卵状圆形 …………………………………… 1. **中华青牛胆 T. sinensis**
    2. 枝、叶均无毛；叶宽卵状心形或心状圆形 …………………………………… 2. **波叶青牛胆 T. crispa**
1. 常绿藤本；茎、枝均非肉质，皮孔小，透镜状，2纵裂。
    3. 叶下面网脉凸起；内轮萼片宽卵形、倒卵形或宽椭圆形，长达3.5毫米 ……………… 3. **青牛胆 T. sagittata**
    3. 叶下面网脉不明显；内轮萼片倒卵形或宽倒卵形，长约2毫米 …………………………………………………………………… 3(附). **云南青牛胆 T. sagittata** var. **yunnanensis**

1. 中华青牛胆 图 963

Tinospora sinensis（Lour.）Merr. in Sunyatsenia 1：193. 1934.

Campylus sinensis Lour. Fl. Cochinch. 113. 1790.

落叶藤本，长达20米。枝稍肉质，幼枝绿色，被柔毛，老枝粗，褐色，表皮膜质，无毛，皮孔凸起，常十字形开裂。叶纸质，宽卵圆形，长7-14厘米，先端骤尖，基部深心形或浅心形，全缘，两面被柔毛，掌状脉5；叶柄长6-13厘米。总状花序先叶抽出；雄花序长1-4厘米，单生或几个簇生；雌花序单生。雄花萼片6，2轮，外轮长圆形或近椭圆形，内轮宽卵形，花瓣6，近菱形，爪长约1毫米，瓣片长约2毫米，雄蕊6；雌花萼片及花瓣与雄花同，心皮3。核果红色，近球形；果核半卵球形，长达1厘米，背面具棱脊及小疣。花期4月，果期5-6月。

产广东南部、海南、广西、云南南部及西藏，生于林中；常见栽培。斯里兰卡、印度及中南半岛北部有分布。茎藤为华南常用中药，可舒筋活络，称宽筋藤。

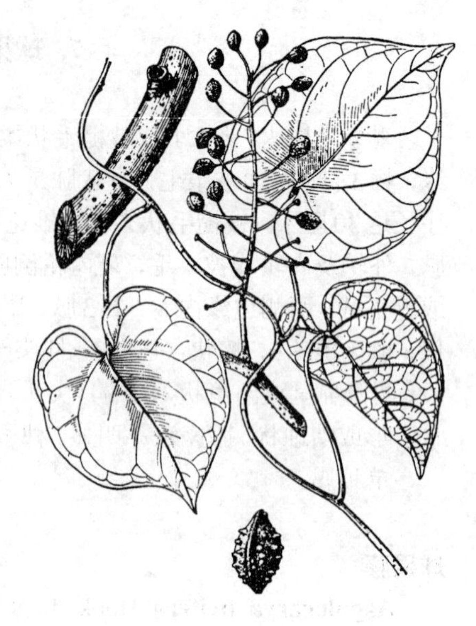

图 963 中华青牛胆 （引自《广东植物志》）

2. 波叶青牛胆 图 964

Tinospora crispa（Linn.）Hook. f. et Thoms. Fl. Ind. 1：183. 1855.

Menispermum crispum Linn. Sp. Pl. ed. 2, 1468. 1763.

落叶藤本，常具细长气根。枝稍肉质，无毛，皮孔小瘤状，常十字形开裂。叶稍肉质，宽卵状心形或心状圆形，长宽6-13厘米，先端骤短渐尖，无毛，掌状脉5；叶柄长6-13厘米。总状花序先叶抽出，常2-3个簇生。雄花萼片2轮，每轮3片，外轮近卵形，内轮近倒卵形；花瓣3-6，黄色，倒卵状匙形，长1.6-2.5毫米；雄蕊6，与花瓣近等长。花期春季。

产云南南部，常生于疏林或灌丛中；广东、广西有栽培。印度、中南半岛至马来群岛有分布。

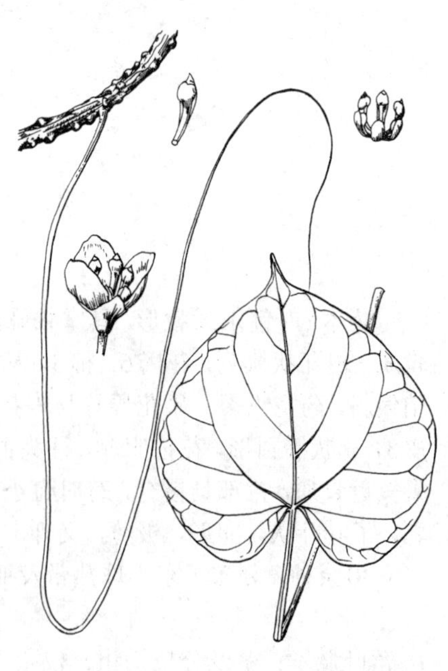

图 964 波叶青牛胆 （余 峰 绘）

3. 青牛胆 图 965 彩片 396

Tinospora sagittata（Oliv.）Gagnep. in Bull. Soc. Bot. France 55：45. 1908.

Limacia sagittata Oliv. in Hook. Icon. Pl. 1749. 1888.

常绿草质藤本。块根连珠状，膨大部分不规则球形，黄色。枝纤细，被柔毛，皮孔小，透镜状，2纵裂。叶披针状箭形或披针状戟形，稀卵状或椭圆状箭形，长7-15（20）厘米，先端渐尖或尾尖，两面近无毛，掌状脉5，连同网脉均在下面凸起；叶柄长2.5-5厘米，被柔毛或近无毛。聚伞或圆锥花序长2-10（-15）厘米；花序梗及花梗均丝状；小苞片2。雄花萼片6，外轮卵形或披针形，内轮宽卵形、倒卵形、宽椭圆形或椭圆形，长达3.5毫米，花瓣6，肉质，具爪，瓣片近圆形或宽倒卵形，稀近菱形，基部边缘常反折；雄蕊6，与花瓣近等长或稍长；雌花萼片与雄花相似，花瓣楔形，长约0.4毫米，退化雄蕊6，棒状或3个稍宽扁，长约0.4毫米；心皮3，近无毛。核果红色，近球形；果核近半球形，径6-8毫米。花期4月，果期秋季。

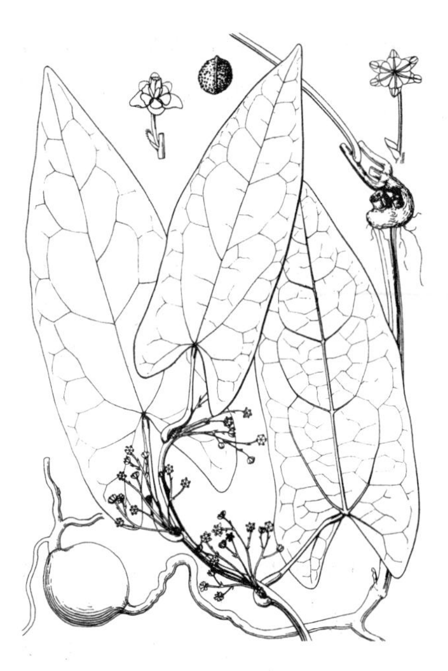

图 965 青牛胆 （引自《广东植物志》）

产河南、湖北西部、陕西南部、四川东部、贵州、湖南、江西、福建西北部、广东西部、海南北部及广西，常生于疏林下、林缘、竹林中及草地。越南北部有分布。块根入药、名“金果榄”，味苦性寒，可清热解毒。

［附］**云南青牛胆** 图962：3-7 **Tinospora sargittata** var. **yunnanensis** (S. Y. Hu) Lo, Fl. Yunnan. 3: 232. pl. 65 (3-7. 1983). —— *Tinospora yunnanensis* S. Y. Hu in Journ. Arn. Arb. 35: 197. t. 1(4). 1964. 本变种与模式变种的区别：内轮萼片倒卵形或宽倒卵形，长约2毫米；叶下面网脉不明显。产云南东南部及广西西部，生于林中或林缘。

9. 连蕊藤属 **Parabaena** Miers

草质藤本。叶心形、戟形或箭形，掌状脉；叶柄非盾状着生。花序伞房状，花序轴稍之字曲折。雄花萼片6，2轮，离生，近等长，花瓣6，常楔状倒卵形，顶端近平截或3浅裂，边缘常内折，聚药雄蕊具6花药，着生盾盘边缘，药室横裂；雌花萼片及花瓣与雄花近似或不同，退化雄蕊6，心皮3，直立，花柱短，柱头外弯，常撕裂。核果卵圆状近球形，腹面稍平，花柱迹近顶生；果核倒卵圆形，常被刺，胎座迹位于腹面正中，盘状。种子新月形。

约6种，分布亚洲东南部，南至伊里安岛。我国1种。

连蕊藤 图962：8-12 彩片397

Parabaena sagittata Miers in Ann. Mag. Nat. Hist. ser. 2, 7: 39. 1851.

草质藤本。茎、枝常被糙毛状柔毛或近无毛，叶纸质，宽卵形或长圆状卵形，长8-16厘米，先端长渐尖，基部箭形，疏生粗齿，稀全缘，上面疏被毛或近无毛，下面密被毡毛状绒毛，掌状脉5-7；叶柄长6-14厘米。花序伞房状，单生或双生，被绒毛。雄花萼片卵圆形或椭圆状卵形，长1.7-2毫米，花瓣倒卵状楔形，长约1.3毫米，聚药雄蕊长约1毫米；雌花萼片4，2轮，外轮楔状长圆形，长2.2-2.5毫米，内轮近卵形，基部内凹或囊状，花瓣4，与萼片对生，长圆形，长约1.7毫米，退化雄蕊线形，扁平，长约1毫米，心皮3。核果球形，稍扁，长约8毫米；果核卵状半球形，背肋鸡冠状，

两侧各具2行小刺。花期4-5月，果期8-9月。

产云南西南部及东南部、广西西部、贵州西南部、西藏南部，生于林缘或灌丛中。尼泊尔、锡金、印度东部、孟加拉、中南半岛北部及安达曼群岛有分布。

10. 夜花藤属 Hypserpa Miers

木质藤本，小枝顶端有时卷须状。叶全缘，掌状脉3（5-7）。聚伞或圆锥花序腋生，常短小。雄花萼片7-12，覆瓦状排列，外轮苞片状，内轮大，具膜质边檐，花瓣4-5（9），肉质，有时无花瓣，雄蕊6至多数，分离或连合，花丝顶端肥厚，药室纵裂；雌花有退化雄蕊或无；心皮2-3（6），花柱短，柱头全缘或3裂。核果倒卵圆形或近球形，稍扁；果核被横肋状皱纹，胎座迹2小室，具线形通道。胚乳丰富，胚环形。

约6种，分布于亚洲南部及东南部、澳大利亚及波利尼西亚。我国1种。

夜花藤　图966

Hypserpa nitida Miers in Ann. Mag. Nat. Hist. ser. 3, 14: 363. 1864.

木质藤本。幼枝被褐黄色毛，老枝近无毛。叶卵形、卵状椭圆形或长椭圆形，长4-10厘米，无毛，掌状脉3；叶柄长1-2厘米。雄花序长1-2厘米。雄花萼片7-11，外轮小苞片状，长0.5-0.8毫米，内轮4-5片，宽倒卵形、卵形或卵圆形，长1.5-2.5毫米，具缘毛，花瓣4-5，近倒卵形，长1-1.2毫米，雄蕊5-10，花丝分离或基部稍连合，长1-1.5毫米；雌花萼片及花瓣与雄花相似，无退化雄蕊，心皮2，长0.8-1毫米，无毛。核果黄或橙红色，球形，稍扁；果核宽倒卵圆形，长5-6毫米。花果期夏季。

产贵州、云南南部、广西、广东、海南及福建南部，生于林中或林缘。斯里兰卡、中南半岛、马来半岛、印度尼西亚及菲律宾有分布。根药用，可凉血、止痛、消炎、利尿。

图 966 夜花藤 （引自《广东植物志》）

11. 细圆藤属 Pericampylus Miers

木质藤本。叶具掌状脉。聚伞花序腋生，单生或2-3簇生。雄花萼片9，3轮，外轮苞片状，中轮及内轮大而凹，花瓣6，楔形或菱状倒卵形，边缘内卷，包花丝，雄蕊花丝分离或稍粘合，花药6，药室纵裂；雌花萼片及花瓣与雄花相似，退化雄蕊6，棒状，心皮3，花柱短，柱头2深裂，或裂片再2裂，裂片或小裂片叉开。核果扁球形，花柱迹近基生；果核骨质，宽倒卵状圆形，两面中部平，背部中肋两侧具锥状或短刺状凸起，胎座迹隔膜状，不穿孔。种子马蹄形。

2-3种，产亚洲东南部，南至伊里安岛。我国1种。

细圆藤　图967　彩片398

Pericampylus glaucus (Lam.) Merr. Interpr. Rumph. Herb. Amboin. 219. 1917. *Menispermum glaucum* Lam. Dict. 4: 100. 1797.

木质藤本，长达10余米。小枝常被灰黄色绒毛，老枝无毛。叶三角状卵形或三角状近圆形，稀卵状椭圆形，长3.5-8（-10）厘米，先端钝或圆，具小凸尖，基部近平截或心形，具圆齿或近全缘，两面被绒毛或上面疏被柔毛或近无毛，稀两面近无毛，掌状脉（3）5；叶柄长3-7厘米，被绒毛。伞房状聚伞花序长2-10厘米，被绒毛。雄花萼片背面被毛，外轮窄，长0.5毫米，中轮倒披针形，长1-1.5毫米，内轮稍宽，花瓣6，楔形或匙形，长0.5-0.7毫米，边缘内卷，雄蕊花丝分离，聚伞花药6；雌花萼片及花瓣与雄花相似，退化雄蕊6，柱头2裂。核果红或紫色；果核径5-6毫米。花期4-6月，果期9-10月。

图 967 细圆藤 （引自《海南植物志》）

产浙江、福建、江西、湖南、广东、海南、广西、云南、贵州及四川。枝条细长，四川等地用作编织藤器。

12. 秤钩风属 **Diploclisia** Miers

木质藤本。枝长下垂。叶革质，具掌状脉。聚伞花序腋生，或聚伞圆锥花序生于老枝或茎上。雄花萼片6，2轮，近等长，干时具黑色条状斑纹，内轮较外轮宽，覆瓦状排列，花瓣6，两侧具内折小耳包花丝，雄蕊花丝分离，花丝上部肥厚，聚伞花药6，近球形，药室横裂；雌花萼片与雄花相似，花瓣先端2裂，退化雄蕊6，花药小，心皮3，花柱短，柱头外弯。核果倒卵形，花柱迹近基生；果核骨质，基部窄，背部具棱脊，两侧具小横肋状雕纹，胎座迹隔膜状。种子马蹄形。

2种，我国均产，分布于亚洲热带地区。

秤钩风 图 968

Diploclisia affinis（Oliv.）Diels in Engl. Pflanzenr. IV. 94：227. 1910.

Cocculus affinis Oliv. in Hook. Icon. Pl. t. 1760. 1888.

木质藤本，长达8米。当年生枝黄色，具纵纹，无毛。腋芽2，叠生。叶三角状扁圆形或菱状扁圆形，稀近菱形或宽卵形，长3.5-9厘米，先端短钝尖，具小凸尖，掌状脉5；叶柄与叶片近等长。聚伞花序腋生，具3至多花，花序梗长2-4厘米。雄花萼片椭圆形或宽卵圆形，长2.5-3毫米，外轮宽约1.5毫米，内轮宽2-2.5毫米；花瓣卵状菱形，长1.5-2毫米，基部二侧反折呈耳状，包花线；雄蕊长2-2.5毫米。核果红色，倒卵圆形，

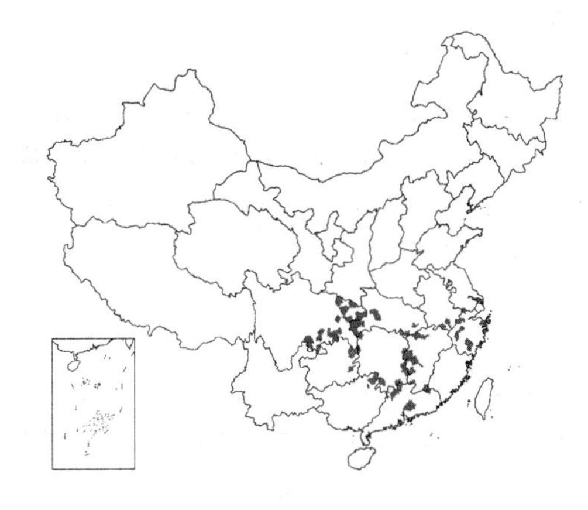

图 968 秤钩风 （引自《广东植物志》）

长0.8-1厘米。花期4-5月，果期7-9月。

产浙江、江西、安徽、湖北、湖南西北部、广东、广西东北部、云南、贵州东部、四川东部及东南部，生于林缘或疏林中。

13. 木防已属 **Cocculus** DC.（nom. conserv.）

木质藤本，稀灌木。叶非盾状着生，全缘或分裂，具掌状脉。聚伞花序或聚伞圆锥花序，腋生或顶生。雄花萼片6，2轮，外轮小，内轮大而凹，花瓣6，基部内折呈小耳状，先端2裂，裂片叉开，雄蕊6或9，药室横裂；雌花萼片及花瓣与雄花相似，退化雄蕊6或无，心皮6或3，柱头外弯。核果倒卵圆形或近球形，稍扁，花柱迹近基生；果核骨质，背肋二侧具小横肋状雕纹。种子马蹄形。

约8种，分布于美洲中部、非洲、亚洲东部、东南部及南部。我国2种。

木防已 图969 彩片399

Cocculus orbiculatus（Linn.）DC. Syst. 1：523. 1817.

Menispermum orbiculatum Linn. Sp. Pl. 341. 1753.

木质藤本。小枝被毛。叶线状披针形、宽卵形、窄椭圆形、近圆形、倒披针形、倒心形或卵状心形，长3-8（-10）厘米，先端短钝尖，具小凸尖，有时微缺或2裂，全缘或3（5）裂，掌状脉3（5）；叶柄长1-3（-5）厘米，被白色柔毛。聚伞花序具少花，腋生，或具多花组成窄聚伞圆锥花序，顶生或腋生，长达10厘米，被柔毛。雄花具2或1小苞片，被柔毛，萼片6，外轮卵形或椭圆状卵形，长1-1.8毫米，内轮宽圆形或近圆形，长达2.5毫米，花瓣6，长1-2毫米，下部边缘内折，包花丝，先端2裂，裂片叉开，雄蕊6，较花瓣短；雌花萼片及花瓣与雄花相同，退化雄蕊6，微小，心皮6。核果红或紫红色，近球形，径7-8毫米；果核骨质，径5-6毫米，背部具小横肋状雕纹。

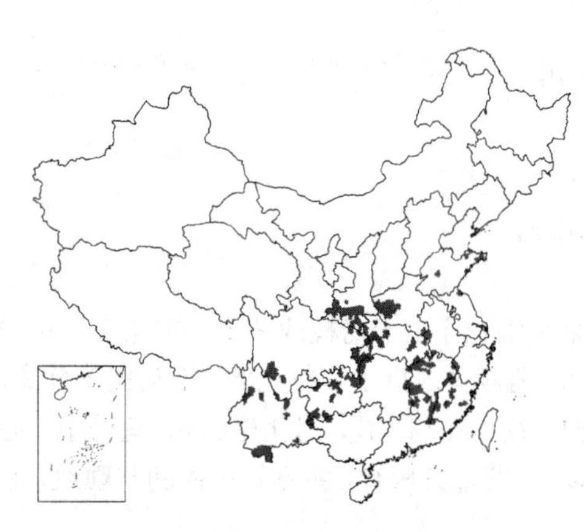

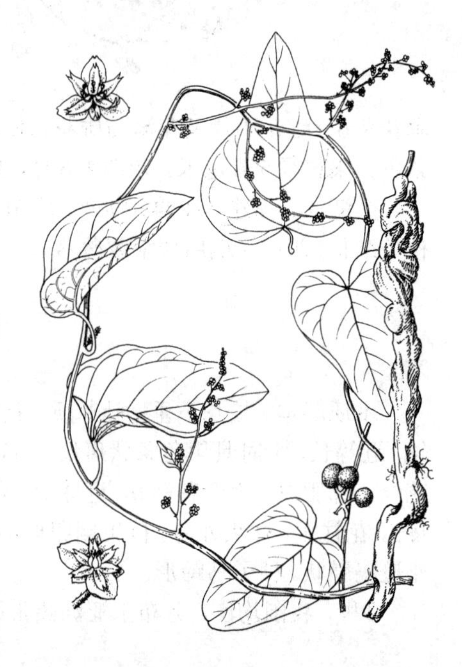

图 969 木防已 （郭木森绘）

产辽宁、山东、江苏、浙江、福建、安徽、江西、湖北、湖南、广东、海南、广西、贵州、四川、云南、陕西及河南，生于灌丛中、村边、林缘。亚洲东南部及东部、夏威夷群岛有分布。

14. 粉绿藤属 **Pachygone** Miers

木质藤本。叶常卵形，掌状脉3-5；叶柄非盾状着生。总状花序或窄圆锥花序，腋生。雄花萼片6，外轮小，内轮大，覆瓦状排列，花瓣6，较小，基部二侧反折呈耳状，包花丝，先端不裂；雄蕊6，分离，花药肥大，药室横裂；雌花萼片及花瓣与雄花相似，退化雄蕊6，较花瓣短，心皮3，一侧肿胀，花柱外弯。核果倒卵圆形或近球形，稍扁，花柱迹近基部；果核骨质，肾状圆形，两侧稍凹，胎座迹小，近匙形。种子弯。

约12种，分布亚洲南部及东南、大洋洲。我国3种。

粉绿藤 图970

Pachygone sinica Diels in Notizbl. Bot. Gart. Berlin 11：209. 1931.

木质藤本，长达7米。小枝及枝均具皱纵纹。叶卵形，稀宽卵形或披针形，长5-9厘米，先端渐尖，基部圆或近平截，无毛，掌状脉3-5，最外侧一对常纤细或不明显，连同网状小脉在两面均凸起；叶柄细，长1.5-4厘米，顶端膨大扭曲。总状花序或极窄圆锥花序，花序轴纤细，被柔毛，长达10厘米，不分枝或具长不及1厘米分枝；小苞片2。雄花萼片6，2轮，外轮长1.1毫米，内轮宽椭圆形，长1.5-1.7毫米，背面中肋被柔毛，花瓣6，长1.3-1.6毫米，花药大，药室横裂；雌花萼片及花瓣与雄花相似，常较小；退化雄蕊6；心皮3(4)。核果扁球形；果核脆壳质，横椭圆状肾形，径1.3-1.4厘米，具皱纹。花期9-10月，果期翌年2月。

产广东、广西，常生于林缘。

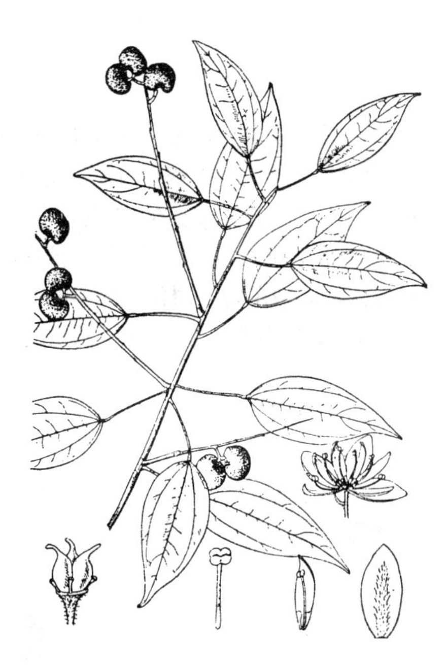

图 970 粉绿藤 （引自《广东植物志》）

15. 风龙属 Sinomenium Diels

木质大藤本，长达20余米。叶心状圆形或宽卵形，长6-15厘米，先端渐尖或短尖，基部常心形，全缘，具角或5-9裂，裂片尖或钝圆，幼叶被绒毛，老叶无毛，或下面被毛，掌状脉5(7)；叶柄长5-15厘米。圆锥花序长达30厘米，腋生，花序轴及分枝均纤细，被毛；苞片线状披针形。雄花具小苞片2，萼片6，2轮，外轮长圆形或窄长圆形，长2-2.5毫米，内轮近卵形，与外轮近等长，花瓣稍肉质，长0.7-1毫米，基部边缘内折，包花丝，雄蕊9(12)，长1.6-2毫米，花药四方状球形，药室近顶部开裂；雌花萼片及花瓣与雄花相似，退化雄蕊9，丝状；心皮3，囊状半卵圆形，花柱外弯，柱头分裂。核果扁球形，红或暗紫红色，稍歪斜，径5-6毫米，花柱迹近基部；果核扁，两边凹入部分分平，背部沿中肋具2行刺状凸起，两侧具小横肋状雕纹，胎座迹片状。种子半月形。

单种属。

风龙 图971

Sinomenium acutum (Thunb.) Rehd. et Wils. in Sarg. Pl. Wilson. 1: 387. 1913.

Menispermum acutum Thunb. Fl. Jap. 193. 1784.

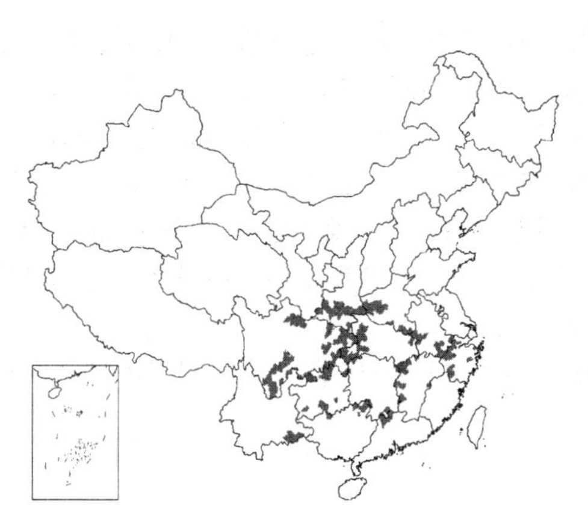

形态特征同属。花期夏季，果期秋末。

产安徽、浙江、江西、湖北、广东、广西、贵州、云南、四川、陕西及河南，生于林中。日本有分布。茎为传统中药青风藤，根、茎可治风湿关节痛。枝条细长，供编制藤椅。

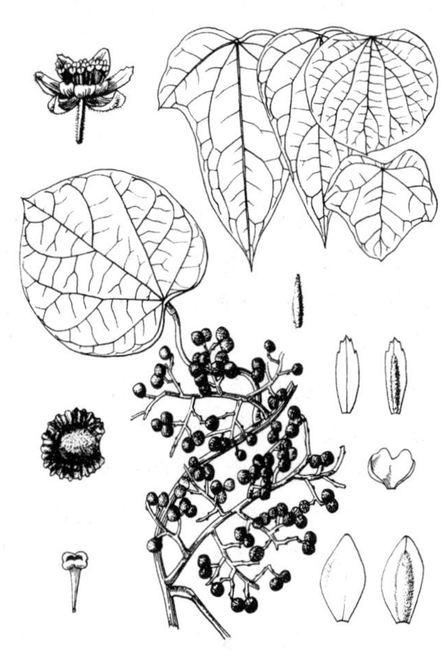

图 971 风龙 （余 峰 绘）

16. 蝙蝠葛属 **Menispermum** Linn.

草质或稍木质藤本。叶盾状，具掌状脉。圆锥花序腋生。雄花萼片4-8(10)，近螺旋状着生，常内凹，花瓣6-9，近肉质，肾状心形或近圆形，边缘内卷，雄蕊花丝柱状，聚合花药12-18，近球状，药室纵裂；雌花萼片及花瓣与雄花相似，退化雄蕊6-12或更多，棒状，心皮2-4，具柄，子房囊状半卵圆形，花柱短，柱头分裂，外弯。核果近扁球形，花柱迹近基生；果核肾状圆形或宽半月形，甚扁，两面低平部分肾形，背脊鸡冠状隆起，具2列小瘤体，背脊两侧各具1列小瘤体，胎座迹片状。

3-4种，分布北美、亚洲东北及东部。我国1-2种。

蝙蝠葛 图 972

Menispermum dauricum DC. Syst. Veg. 1: 540. 1818.

草质藤本。根茎直生，茎自近顶部侧芽生出。一年生茎纤细，无毛。叶心状扁圆形，长宽3-12厘米，具3-9角或3-9裂，稀近全缘，基部心形或近平截，下面被白粉，掌状脉(7)9-12；叶柄长3-10厘米。圆锥花序单生或双生，花序梗细长，具花数朵至20余朵。花梗长0.5-1厘米，雄花萼片4-8，膜质，绿黄色，倒披针形或倒卵状椭圆形，长1.4-3.5毫米，外轮至内轮渐大，花瓣6-8（9-12），肉质，兜状，具短爪，长1.5-2.5毫米，雄蕊常12，长1.5-3毫米；雌花具退化雄蕊6-12，长约1毫米，雌蕊群具柄，长0.5-1毫米。核果紫黑色；果核径约1厘米，基部弯缺深约3毫米。花期6-7月，果期8-9月。

产黑龙江、吉林、辽宁、内蒙、河北、山东、江苏、浙江、安徽、江西、湖北、湖南、贵州、甘肃、宁夏、陕西、山西及河南，生于路边、灌丛及疏林中。日本、朝鲜及俄罗斯西伯利亚南部有分布。

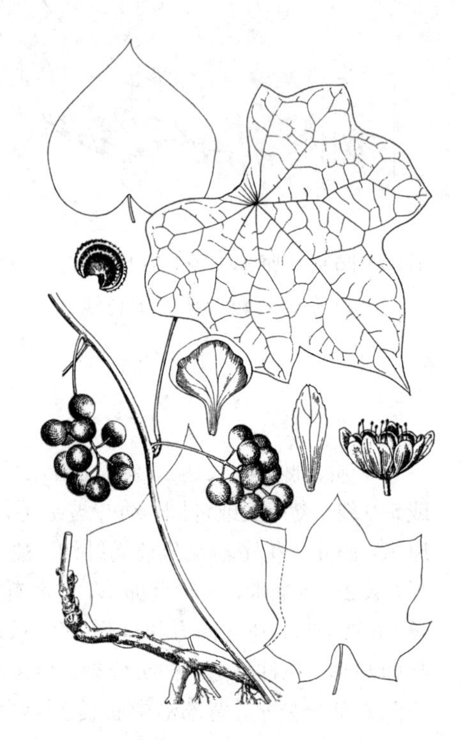

图 972 蝙蝠葛 （引自《东北草本植物志》）

17. 千金藤属 **Stephania** Lour.

草质或木质藤本。具块根。枝具纵纹，稍扭曲。叶柄长，两端肿胀，盾状着生于叶片近基部至近中部；叶三角形、三角状圆形或三角状卵形，掌状脉自叶柄着生处放射伸出。花序腋生或生于短枝，稀生于老茎，常为伞形聚伞花序或复伞形聚伞花序，小聚伞花序多个密集成头状，雄花花被辐射对称，萼片2轮，近等大，稀1轮，每轮3-4片，分离，稀基部合生，花瓣3-4，与内轮萼片互生，稀2轮或无花瓣，聚药雄蕊盾状，花药（2）4（-6），生于盾盘边缘，药室横裂；雌花萼片及花瓣3-4，左右对称，或具1萼片及2花瓣（稀2萼片及3花瓣），生于花的一侧，心皮1，近卵圆形。核果近球形，两侧稍扁，红或橙红色，花柱迹近基生；果核倒卵圆形或倒卵状球形，背部中肋二侧各具1或2行小横肋型雕纹；胎座迹两面微凹，穿孔或不穿孔。种子马蹄形。

本属约60种，分布于亚洲热带及亚热带地区，少数产大洋洲。我国39种、1变种。本属约50种，植物体内富含生物碱，均为制药原料。有些种类的块根为传统中药材。

1. 雌花花被辐射对称，萼片及花瓣均3或4。
   2. 雄花萼片两轮，每轮3或4。

3. 小聚伞花序及花均具梗。
4. 伞形聚伞花序。
5. 萼片先端短尖或短渐尖，非尾尖。
6. 叶宽大于长，先端钝，有时具小凸尖 …… 1. **草质千金藤 S. herbacea**
6. 叶长大于宽，先端渐尖或短尖 …… 2. **雅丽千金藤 S. elegans**
5. 萼片先端尾尖…… 3. **西南千金藤 S. subpeltata**
4. 复伞形聚伞花序。
7. 果核长 1-1.2 厘米 …… 4. **台湾千斤藤 S. sasakii**
7. 果核长 4-5 毫米 …… 5. **一文钱 S. delavayi**
3. 小聚伞花序及花均无梗或近无梗。
8. 花序及叶均无毛；胎座迹不穿孔 …… 6. **千金藤 S. japonica**
8. 花序被毛；胎座迹穿孔。
9. 叶下面被丛卷柔毛 …… 7. **桐叶千金藤 S. hernandifolia**
9. 叶两面无毛 …… 8. **粪箕笃 S. longa**
2. 雄花萼片 1 轮，4 片 …… 9. **粉防已 S. tetrandra**
1. 雌花花被左右对称；萼片 1，花瓣 2。
10. 果核背部雕纹为小横肋型。
11. 雌雄花序无盘状托。
12. 伞形聚伞花序 …… 10. **地不容 S. epigaea**
12. 复伞形聚伞花序 …… 11. **汝兰 S. sinica**
11. 雌雄花序具盘状托 …… 12. **金线吊乌龟 S. cephalantha**
10. 果核背部雕纹为柱型。
13. 花序梗及伞梗顶端具苞片或小苞片。
14. 果核长5-6毫米；雄花花瓣内凹，内面密被小瘤状或脑纹状突起 …… 13. **黄叶地不容 S. viridiflavens**
14. 果核长 0.9-1 厘米；雄花花瓣内面不内凹，无小瘤体 …… 14. **白线薯 S. brachyandra**
13. 花序梗及伞梗顶端无苞片或小苞片。
15. 雄花瓣内面无腺体；枝叶含红色汁液 …… 15. **血散薯 S. dielsiana**
15. 雄花瓣内面具 2 腺体；枝叶无红色汁液。
16. 胎座迹正中穿孔 …… 16. **广西地不容 S. kwangsiensis**
16. 胎座迹偏侧穿孔 …… 17. **江南地不容 S. excentrica**

1. 草质千金藤

图 973：1-3

Stephania herbacea Gagnep. in Bull. Soc. Bot. France 55: 40. 1908.

草质藤本。根茎纤细，匍匐，节生纤维状根。小枝细，无毛。叶宽三角状卵圆形，长 4-6 厘米，宽 4.5-8 厘米，先端钝，有时具小凸尖，基部近平截，全缘，无毛，下面粉绿，掌状脉向上的3条，向下的4-5条；叶柄较叶片长，盾状着生。伞形聚伞花序腋生，花序梗丝状，长2-4厘米。雄花萼片6，2轮，倒卵形，长 1.8-2 毫米，先端短尖，基部渐窄至骤窄，1脉，花瓣3，菱状圆形，长0.7-1毫米，聚药雄蕊较花瓣短。雌花萼片及花瓣（2）4，与雄花的近等大。核果近球形，红色，长7-8毫米；果核背部中肋二侧各具约10小横肋，胎座迹不穿孔。花期夏季。

产湖北、湖南、四川东南部及西南部、贵州，生于山地、路边、灌丛中。

2. 雅丽千金藤 图 974：1-3

Stephania elegans Hook. f. et Thoms. Fl. Ind. 1: 195. 1855.

草质藤本。枝纤细，无毛或近无毛。叶长三角形或卵状三角形，长5-10厘米，先端渐尖或短尖，基部近平截或微凹，无毛，掌状脉向上及向下的各4-5条。伞形聚伞花序，花序梗细直。花具梗，淡绿或紫色，雄花萼片6，2轮，无毛，暗紫色，倒卵形，长约1.6毫米，先端短渐尖，花瓣3，稍肉质，宽倒卵形，先端微凹，长0.8毫米，聚药雄蕊长1毫米；雌花花被和雄花相似。核果红色，宽倒卵状球形，长约7毫米，基部近平截；果核长5-6毫米，背部每边具小横肋状雕纹约10条，胎座迹不穿孔。果期11月。

产云南西南部及西藏。尼泊尔、锡金及印度东北部有分布。

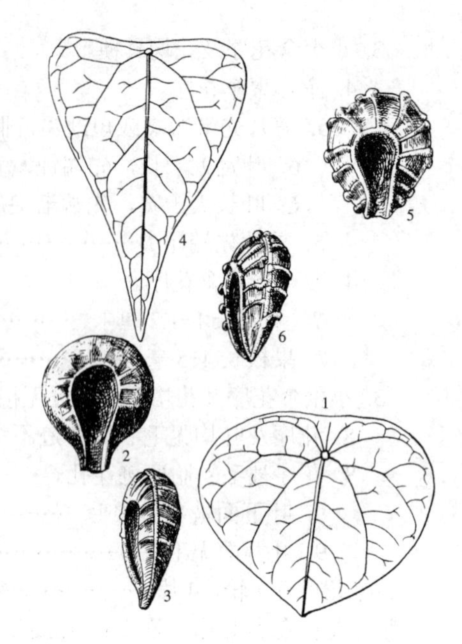

图 973：1-3.草质千金藤 4-6.西南千金藤
（余 峰 绘）

3. 西南千金藤 图 973：4-6

Stephania subpelata Lo in Acta Phytotax. Sin. 16: 22. f. 1(10-12). 1978.

草质藤本，全株无毛。枝绿色，纤细。叶卵状三角形、宽卵状三角形，长3.5-10厘米，先端尾尖，基部微凹，稀心形，掌状脉向上的3条，平伸的2条，向下的不明显，网脉两面微凸；叶柄细，较叶片短，稍盾状。雌、雄花序近同形，伞形聚伞花序疏散，具少花，花序梗丝状，长1.6-6.5厘米，末端簇生3-5个小聚伞花序；小苞片窄披针形，早落。花紫色。雄花萼片6，2轮，外轮卵形，内轮近披针形，长1.2-1.4毫米，先端均尾尖，花瓣3，宽楔形，长约0.5毫米；雌花萼片3，宽卵形，长1.5毫米，先端尾尖，花瓣3，扁圆形或宽楔形，长0.6毫米，柱头3裂。果红色，宽倒卵状球形；果核长4.5-5毫米，背部具4行雕纹，近中肋2行点状，二侧小横肋状，胎座不穿孔。花期11月。

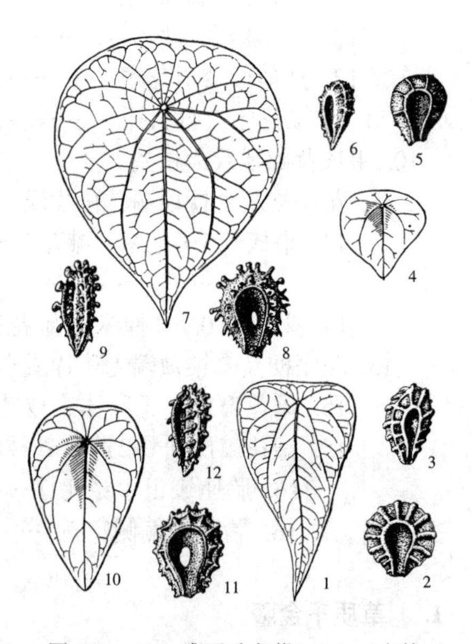

图 974：1-3.雅丽千金藤 4-6.一文钱 7-9.桐叶千金藤 10-12.粪箕笃
（引自《中国植物志》）

产云南西北部、西部、中部及南部、广西西部、四川南部，生于山区灌丛中。

4. 台湾千金藤 图 975

Stephania sasakii Hayata ex Yamam. Suppl. Ic. Pl. Formos. 4: 13. 1928.

木质藤本，长达5米。根粗壮，径1-2厘米。枝具10纵槽。幼枝绿色，老枝褐色。叶薄革质，宽卵形，长9-10厘米，先端短尖，基部常圆，掌状脉约12，较粗，网状细脉明显；叶

柄长7-9厘米，两侧扁。复伞形聚伞花序腋生或生于老枝或老茎上，花序梗长6-12厘米，伞梗约8条；苞片小，线形。雄花萼片6（8），外轮3片披针形或近长圆形，长1.2-1.5毫米，先端短尖，具缘毛，内轮3片倒卵形，稀匙形，内凹，长约2毫米，先端圆，基部爪状，具锯齿；花瓣3(4)，淡黄色，宽卵形或近圆形，深内凹，内面具疣状突起；聚药雄蕊具6花药。核果红色，宽倒卵形或近球形，两侧扁，果柄长2-3毫米；果核长1-1.2厘米，背部具柱头雕纹4行，柱状体顶端头状微弯。花期春夏。

特产台湾兰屿。

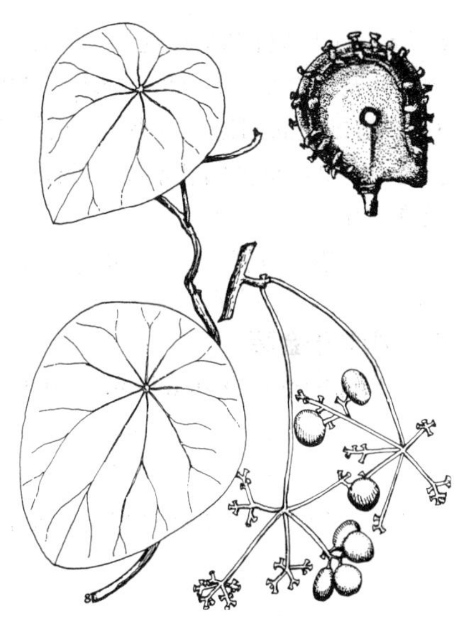

图 975 台湾千金藤 （引自《Fl. Taiwan》）

5. 一文钱 图 974：4-6

Stephania delavayi Diels in Engl. Pflanzenr. IV. 94: 275. 1910.

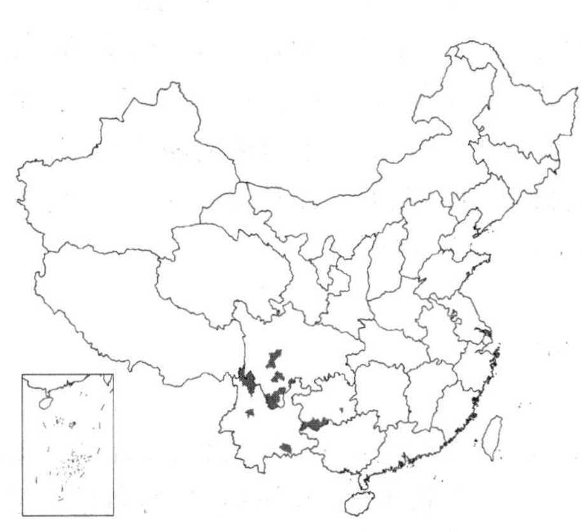

草质藤本，长达2米。茎枝纤细，具条纹，无毛。叶三角状圆形，长宽3-5厘米，先端钝圆，具小凸尖，基部近平截，无毛，下面粉绿色，掌状脉9-10，纤细，干时褐色；叶柄与叶片近等长。复伞形聚伞花序腋生或生于短枝，花序梗长1-3.5厘米，伞梗3-7，长0.3-1.2厘米，均纤细。花梗长不及0.5毫米，雄花萼片6，2轮，倒卵状楔形或宽倒卵状楔形，稀倒卵圆形，质薄，长1-1.2毫米；花瓣3-4，稍肉质，近倒三角形或宽楔形，长约0.5毫米，聚药雄蕊长0.7毫米；雌花萼片及花瓣3(4)，与雄花的相似；柱头3裂，裂片长尖。核果红色，无毛；果核倒卵圆形，长4-5毫米，背部具2行小横肋状雕纹，每行5-8(10)条，胎座迹不穿孔。

产云南、四川南部及贵州南部，生于灌丛中或路边。

6. 千金藤 图 976

Stephania japonica (Thunb.) Miers in Ann. Nat. Hist. ser. 3, 18: 14. 1866.

Menispermum japonicum Thunb. Fl. Jap. 195. 1784.

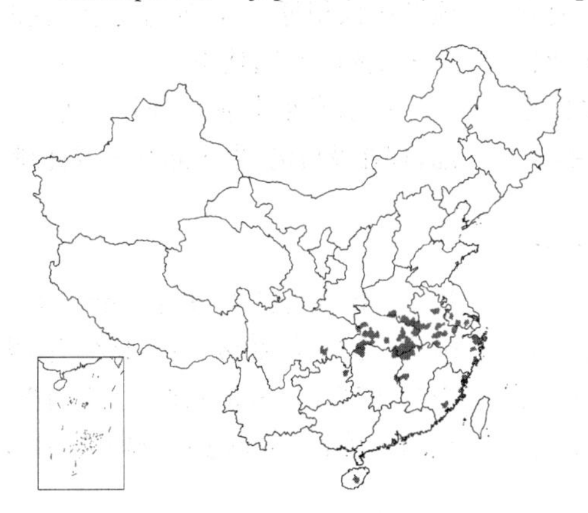

稍木质藤本，全株无毛。根条状，褐黄色。小枝纤细。叶三角状圆形或三角状宽卵形，长宽6-10(15)厘米，先端具小凸尖，基部常微圆，下面粉白，掌状脉10-12条；叶柄长3-12厘米，盾状着生。复伞形聚伞花序腋生，伞梗4-8，小聚伞花序近无梗，密集成头状。花近无梗，雄花萼片

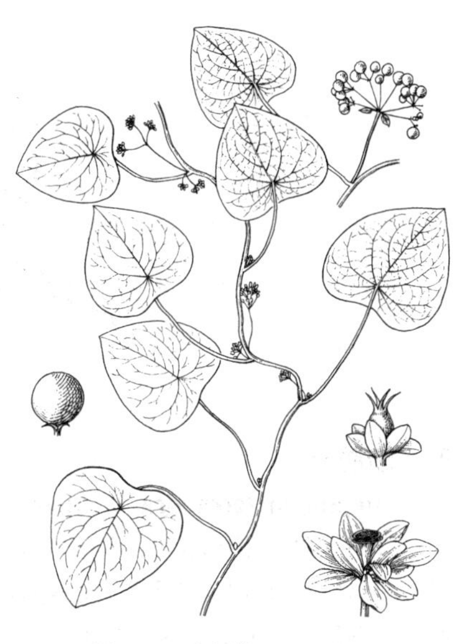

图 976 千金藤 （郭木森绘）

6或8，倒卵状椭圆形或匙形，长1.2-1.5毫米，无毛，花瓣3或4，黄色，稍肉质，宽倒卵形，长0.8-1毫米，聚药雄蕊长0.5-1毫米；雌花萼片及花瓣3-4，与雄花的相似或较小。核果倒卵形或近球形，长约8毫米，红色；果核背部具2行小横肋状雕纹，每行8-10条，小横肋常断裂，胎座迹不穿孔，稀具小孔。

产江苏、安徽、浙江、福建、海南、江西、湖南、湖北、河南南部、四川东南部及贵州，生于村边或旷野灌丛中。日本、朝鲜、菲律宾、印度尼西亚、印度及斯里兰卡有分布。根含多种生物碱，为民间常用草药，味苦性寒，可祛风活络、利尿消肿。

7. 桐叶千金藤 图 974：7-9 彩片 400

Stephania hernandifolia (Willd.) Walp. Repert. 1: 96. 1842.

Cissampelos hernandifolia Willd. Sp. Pl. 4: 861. 1805.

藤本。根条状，木质。老茎稍木质，枝长，被柔毛。叶纸质，三角状圆形或近三角形，长宽4-15厘米，先端钝，具小凸尖，基部圆或近平截，上面近无毛，下面粉白，被丛卷柔毛，掌状脉9-12，向上的粗，连同网脉在两面凸起；叶柄长3-7厘米，盾状着生。复伞形花序被毛，单生叶腋，稀2或几个生于短枝，花序梗长1.5-5.5厘米，2或3回伞形分枝，小聚伞花序多个密集成头状，花序梗及花梗均极短。雄花萼片6或8，2轮，倒披针形或匙形，长1.1-1.5毫米，黄绿色，被短毛，花瓣3-4，宽倒卵形或近圆形，长0.5-0.7毫米，稍肉质，无毛，聚药雄蕊长达1毫米；雌花萼片3-4，花瓣3-4，与雄花相似或稍小，柱头撕裂状。核果倒卵状球形，红色；果核长5-6毫米，背部具2行小横肋状雕纹，每行约10条，小横肋中部近撕裂，两端高凸，胎座迹穿孔。花期夏季，果期秋季。

产广西西部、云南西南部、东南部及东北部、贵州南部、四川东部及西南部，生于疏林或灌丛中、石质山坡。亚洲南部及东南部、澳大利亚东部有分布。

8. 粪箕笃 图 974：10-12 彩片 401

Stephania longa Lour. Fl. Cochinch. 608. 1790.

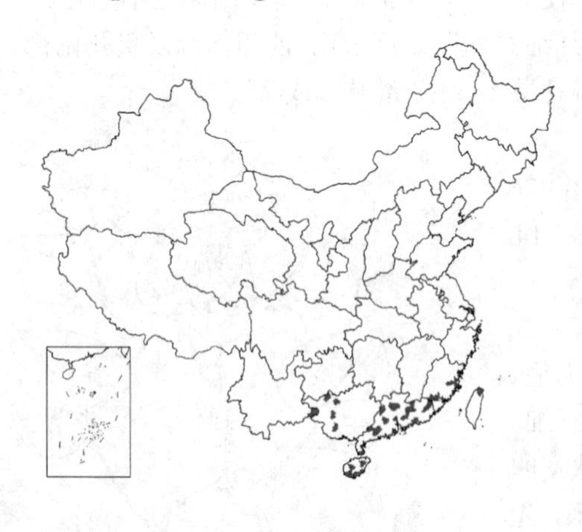

草质藤本，长达4米，除花序外全株无毛。枝纤细，具纵纹。叶三角状卵形，长3-9厘米，先端钝，具小凸尖，基部近平截或微圆，稀微凹，无毛，下面淡绿色，有时粉绿色，掌状脉10-11；叶柄长1-4.5厘米，基部常扭曲。复伞形聚伞花序腋生，花序梗长1-4厘米，雄花序较纤细，被短硬毛。雄花萼片8，2轮，楔形或倒卵形，长约1毫米，背面被乳头状短毛，花瓣(3)4，绿黄色，近圆形，长约0.4毫米，聚药雄蕊长约0.6毫米；雌花萼片及花瓣(3)4，长约0.6毫米，子房无毛，柱头裂片平叉开。核果红色，长5-6毫米；果核背部具2行小横肋，每行9-10条，小横肋中段稍低平，胎座迹穿孔。花期春末夏初，果期秋季。

产云南东南部、广西、广东、海南、福建及台湾，生于灌丛中或林缘。

9. 粉防已 图 977

Stephania tetrandra S. Moore in Journ. Bot. 13: 225. 1875.

草质藤本，长达3米。主根肉质，柱状。叶宽三角形，长4-7厘米，先端具凸尖，基部微凹或近平截，两面或下面被平伏短柔毛，掌状脉9-10，较纤细，网脉密；叶柄长3-7厘米。花序头状腋生，长而下垂，组成总状；苞片小。雄花萼片4，1轮，倒卵状椭圆形，连爪长约0.8毫米，具缘毛，花瓣5，肉质，长0.6毫米，边缘内折，聚药雄蕊长约0.8毫米；雌花萼片及

花瓣与雄花相似。核果近球形，红色；果核径约5.5毫米，背部鸡冠状隆起，两侧各具约15条小横肋状雕纹。花期夏季，果期秋季。

产浙江、安徽、福建、江西、湖北、湖南、广东、海南及广西，生于村边、旷野、路边灌丛中。肉质主根入药，称粉防已，味苦辛、性寒，可祛风除湿、利尿。植物体含多种生物碱，对风湿关节炎及高血压症有疗效。

图 977 粉防已（史渭清绘）

10. 地不容 图 978：1-3

Stephania epigaea Lo in Acta Phytotax. Sin. 16: 34. 1978.

草质藤本，全株无毛。块根常扁球状，暗灰褐色。幼枝稍肉质，常紫红色，被白霜。叶扁圆形，稀近圆形，长3-5厘米，宽5-6.5厘米，先端圆或骤尖，基部常圆，下面稍粉白；掌状脉向上的3条，向下的5-6，纤细；叶柄长4-6厘米。伞形聚伞花序腋生，稍肉质，常紫红色，被白粉；雄花序梗长(0.5)1-4厘米，几个至10多个小聚伞花序簇生，每小聚伞花序具2-3(5-7)花；雌花序与雄花序相似，较紧密，花序梗长1-3厘米。雄花萼片6，常紫色，卵形或椭圆状卵形，长1.3-1.6毫米，花瓣3(5-6)，紫色或橙黄具紫色斑纹，稍肉质，宽楔形或近三角形，长0.4-0.7毫米，聚药雄蕊长0.4-0.5毫米；雌花萼片1，倒卵形或楔状倒卵形，长不及1毫米，花瓣(1)2，倒卵状圆形或宽倒卵形，与萼片近等长。核果红色，果柄短，肉质；果核倒卵圆形，长6-7毫米，背部二侧各具小横肋状雕纹16-20条，胎座迹不穿孔。花期春季，果期夏季。

产云南及四川西南部，常生于石山；常见栽培。块根为云南著名中草药；味苦，性凉，有小毒；可清热解毒、镇静、理气、止痛。

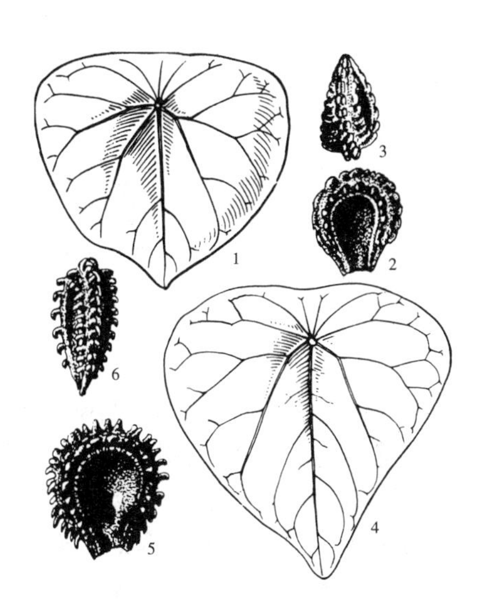

图 978：1-3. 地不容 4-6. 黄叶地不容（余汉平绘）

11. 汝兰 图 979：1-3 彩片 402

Stephania sinica Diels in Engl. Pflanzenr. IV. 94: 272. 1910.

稍肉质藤本，全株无毛。枝肥壮，常中空。叶三角形或三角状近圆形，长10-15厘米，先端钝，具小凸尖，基部近平截或微圆，浅波状或全缘，掌状脉向上的5条，向下的4-5条；叶柄长达30厘米，顶端常肥大。复伞形聚伞花序腋生，花序梗及伞梗均肉质，雌花序伞梗较粗短；无苞片及小苞片。雄花萼片6，稍肉质，干时透明，近倒卵状长圆形，长1-1.3毫米，内轮稍宽，花瓣3(4)，宽倒卵形，内面具2大腺体，长约0.8毫米，聚药雄蕊长0.7-0.8毫米；雌花萼片1，花瓣

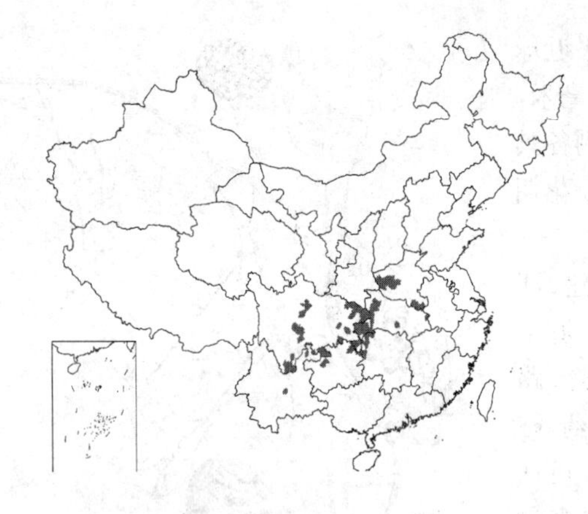

2，内面腺体有时不明显。果柄肉质，干时黑色；果核长6-7毫米，背部二侧各具小横肋状雕纹15-18条，小横肋中段低凹至断裂，胎座迹不穿孔。花期6月，果期8-9月。

产河南、湖北、湖南、四川东部、中部及南部、贵州北部、云南及海南，生于林中、沟边。

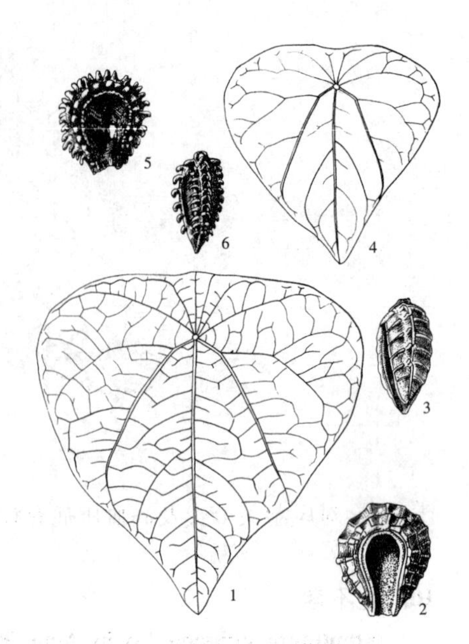

图 979：1-3. 汝兰 4-6. 江南地不容
（余汉平绘）

12. 金线吊乌龟　　图 980

Stephania cepharantha Hayata, Ic. Pl. Formos. 3: 12. f. 8. 1913.

草质藤本，长达2米，全株无毛。块根团块状或近圆锥状，褐色，皮孔突起。小枝紫红色，纤细。叶三角状扁圆形或近圆形，长2-6厘米，宽2.5-6.5厘米，先端具小凸尖，基部圆或近平截，掌状脉7-9，向下的纤细；叶柄细，长1.5-7厘米。雌雄花序头状，具盘状托；雄花序梗丝状，常腋生，组成总状；雌花序梗粗，单生叶腋。雄花萼片(4)6(8)，匙形或近楔形，长1-1.5毫米，花瓣3或4，稀6，近圆形或宽倒卵形，长约0.5毫米，聚药雄蕊短；雌花萼片1(2-5)，长约0.8毫米，花瓣2(-4)，肉质，较萼片小。核果宽倒卵圆形，长约6.5毫米，红色；果核背部二侧各具10-12条小横肋状雕纹，胎座迹常不穿孔。花期4-5月，果期6-7月。

产江苏、浙江、福建、江西、安徽、湖北、湖南、广东、广西、贵州、四川及陕西，生于村边、旷野、林缘，石灰岩岩缝中或石砾中。全果含胡萝卜素；种子含油达19%；块根含多种生物碱及千金藤素，可抗痨、治胃溃疡及矽肺。味苦性寒，可清热解毒、消肿止痛，又为兽药，称白药、白药子或白大药。

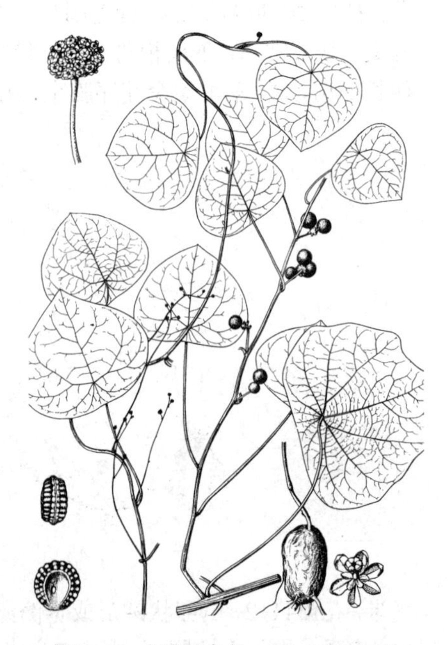

图 980 金线吊乌龟 （引自《图鉴》）

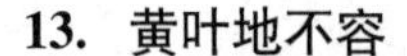

13. 黄叶地不容　　图 978：4-6

Stephania viridiflavens Lo et M. Yang in Bull. Bot. Res. (Harbin) 2 (1): 42. f. 1(1-7). 1982.

草质藤本，茎基部稍木质化。叶三角状圆形或近圆形，长宽8-15(20)厘米，侧枝之叶长不及8厘米，先端短钝尖，基部近平截、圆或微凹，掌状脉向上的5-6，较粗，向下的6-8，纤细；叶柄与叶片近等长或较长，基部常扭曲。复伞形聚伞花序腋生或生于短枝，花序梗及伞梗顶端具苞片及小苞片；雄花序梗较叶柄长，伞梗5-12，长1.5-5厘米，小聚伞花序数个簇生，雌花序梗粗短，伞梗、小聚伞花序梗及花梗均极短，花序密集成头状。雄花萼片绿黄色，6片，2轮，外轮椭圆形或菱状椭圆形，稀倒卵状楔形，长2-2.2毫米，上部边缘常反卷，花瓣橙黄色，3片，厚肉质，内凹，长1.1-1.2毫米，先端微凹，二侧边缘内

卷，背部凹下，内面密被小瘤状或脑纹状突起，聚药雄蕊长0.5-0.7毫米；雌花具1微小萼片及2稍大花瓣。核果红色，宽倒卵圆形；果核长5-6毫米，背部具4行短柱状雕纹，每行16-18（20）颗，柱状凸起顶端头状，胎座迹近正中穿孔。

产广西中部及西南部、贵州南部、云南东南部，常成片生于石灰岩山地。块根不规则球形，可提取颅通定(Rotundine)。

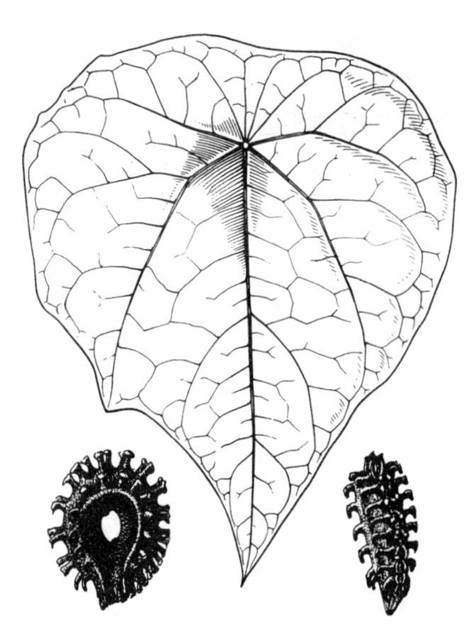

图 981 白线薯 （余汉平绘）

14. 白线薯 图 981

Stephania brachyandra Diels in Engl. Pflanzenreich IV. 94: 275. 1910.

草质藤本。枝稍扭曲，无毛。叶三角状稍圆，长宽8-18厘米，先端钝或短尖，基部近平截或微圆，具波状粗齿或近全缘，无毛或被微柔毛，掌状脉向上的及向下的各5条；叶柄较叶片长或近等长。复伞形聚伞花序腋生或生于短枝，花序梗及伞梗顶端具苞片及小苞片；雄花序稍纤细，花序梗长3-7厘米，伞梗5-7，长1.5-3厘米，末端常楔形上弯，小聚伞花序稍密集；雌花序密集成头状。雄花萼片6，倒卵形或宽倒卵形，长1.7-2.2毫米，外轮宽1-1.3毫米，内轮较宽，花瓣3(4)，肉质，长0.8-1毫米，两侧边缘内卷，镊合状排列，聚药雄蕊长0.5-0.7毫米；雌花萼片1，卵状披针形，长约1毫米，花瓣2，近圆形，长约0.6毫米。核果宽倒卵圆形，红色，果柄非肉质；果核长0.9-1厘米，背部具4行柱状雕纹，每行14-15颗，柱状凸起，顶端头状。花期5-6月，果期7-8月。

产云南及贵州，常生于海拔约1000米林内、沟边。缅甸有分布。块根含异紫堇定碱(Isocorydine)。

15. 血散薯 图 982

Stephania dielsiana Y. C. Wu in Engl. Bot. Jahrb. 71(2): 174. 1940.

草质藤本，长达3米。块根大，露出地面，褐色，皮孔凸起。枝叶含红色汁液。枝稍粗肥，常紫红色，无毛。叶三角状圆形，长5-15厘米，先端具凸尖，基部微圆或近平截，无毛，掌状脉8-10，向上及平伸的5-6条，网脉纤细，紫色；叶柄与叶片近等长或稍长。复伞形聚伞花序

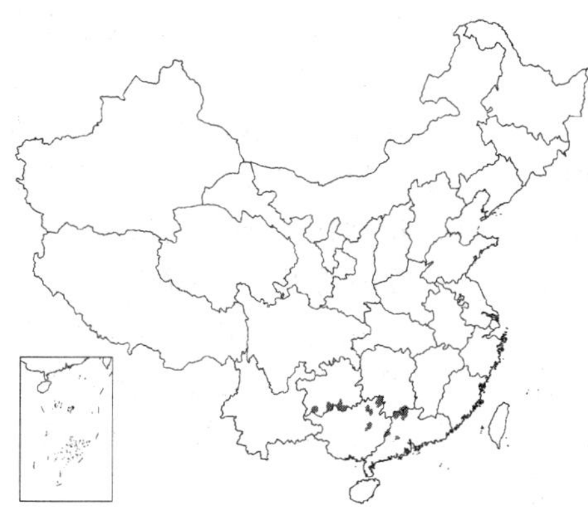

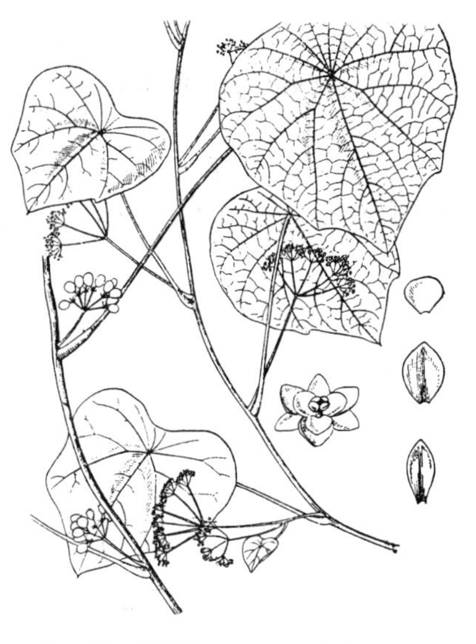

图 982 血散薯 （引自《广东植物志》）

腋生或生于短枝，雄花序1至3回伞状分枝，小聚伞花序具梗，常数个集生；雌花序近头状，小聚伞花序近无梗。雄花萼片6，倒卵形或倒披针形，长约1.5毫米，内轮稍宽，均具紫色条纹，花瓣3，肉质，贝壳状，长约1.2毫米，紫色或带橙黄；雌花萼片1，花瓣2，均较雄花的小。核果红色，倒扁卵球形，长约7毫米；果核背部两侧各具2列钩状小刺，每列18-20颗，胎座迹穿孔。花期夏季。

产广东、广西、贵州南部及湖南南部，常生于林中、林缘、溪边多石砾地。块根含青藤碱(Sinomenine)等多种生物碱；药用，味苦性寒，可消肿解毒、健胃止痛。

16. 广西地不容 图 983

Stephania kwangsiensis Lo in Acta Phytotax. Sin. 16: 30. f. 5. 6(1-3). 1978.

草质藤本。枝无毛。叶纸质，三角状圆形或近圆形，长宽5-12厘米，全缘或具角状粗齿，无毛，下面绿白，掌状脉10-11，密被小乳突，向上的5(7)条，常2叉分枝，向下的纤细，不分枝；叶柄长4-9厘米，基部扭曲。复伞形聚伞花序腋生，雄花序梗长2-7厘米，伞梗6-10，长0.5-2厘米，小聚伞花序密集成伞房状；雌花序较粗，伞梗长3-4毫米。雄花萼片6，淡绿色，2轮，外轮匙状倒披针形或倒卵形，宽0.4-0.6毫米，内轮宽倒卵形，密被透明小乳突，花瓣3，淡黄色，肉质，贝壳状，密被透明小乳突，内面具2大腺体，聚药雄蕊长0.7-1毫米，花药4；雌花萼片1-2，近卵形，长约0.3毫米，花瓣2，宽卵形或卵圆形，长0.4-0.8毫米，子房无毛。核果红色；果核倒卵球形，长5-6毫米，背部具4行刺状凸起，每行18-19颗，刺稍扁，末端下弯，胎座迹正中穿孔。花期5月。

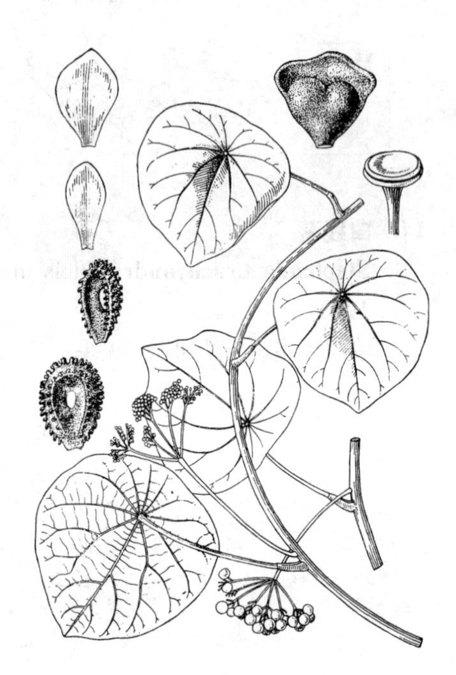

图 983 广西地不容 （引自《广西植物志》）

产广西西北部及西南部、云南东南部，生于石灰岩山地石山。块根富含颅通定(Rotundine)。

17. 江南地不容 图 979：4-6

Stephania excentrica Lo in Acta Phytotax. Sin. 16: 33. f. 6(4-6). 1978.

草质藤本，全株无毛。块根短棒状、纺锤状或团块状。叶三角形或三角状圆形，长宽5-10(13)厘米，先端钝，具凸尖，基部微凹或浅心形，稀近平截，全缘，掌状脉向上的3条，向下的6-7，在上面凸起，网脉细密；叶柄长7-10(-14)厘米，盾状着生。雄复伞形聚伞花序腋生或生于短枝，花序梗长2-5厘米，稍肉质，具小苞片，伞梗纤细，长1-3厘米，小聚伞花序具梗，5-8伞状簇生；雌花序腋生，伞梗较粗，长不及1厘米。雄花萼片6，淡绿色，2轮，宽卵形或宽卵圆形，长1.2毫米，花瓣3，宽楔形或贝壳状，长约0.5毫米，内面具2垫状腺体；聚药雄蕊较花瓣稍长；雌花萼片1，宽卵形，花瓣2，近圆形，宽约0.5毫米。核果红色，果柄肉质；果核近球形，径约6毫米，背部具4列刺状突起，每列16-18颗，刺顶端钩状，胎座迹偏侧穿孔。花期6月。

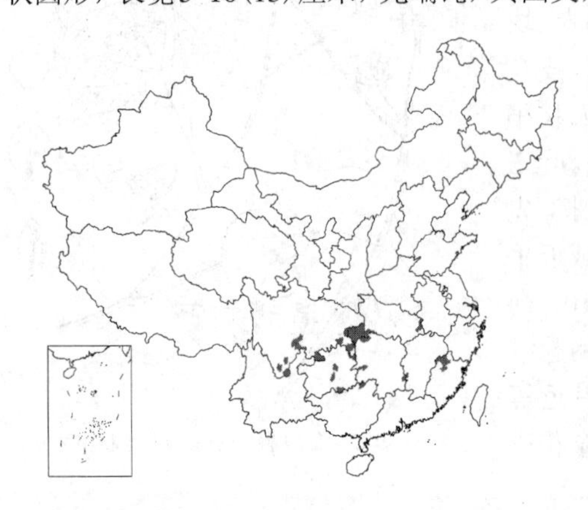

产福建西北部、江西西南部、湖北、湖南、广西北部、贵州、四川东部及东南部，生于林缘、路边或灌丛中。

18. 锡生藤属 **Cissampelos** Linn.

藤本或灌木。叶卵形、心形或近圆形，掌状脉；叶柄盾状或非盾状着生。雄伞房状聚伞花序具梗，腋生或生于短枝；雌密伞花序组成聚伞圆锥花序；苞片叶状，重叠。雄花萼片4，1轮，离生，常被毛，倒卵形；花瓣合生成碟状或杯状，稀2-4裂近基部；聚药雄蕊盾状，具4(-10)花药，着生盾盘边缘。雌花萼片1；花瓣1(2-3)，与萼片对生；心皮1，被毛。核果近扁球形，被毛；果核脆壳质或近骨质，背部中脊二侧具圆锥状或横肋状雕纹，胎座迹近球形。种子马蹄形；胚柱状，藏于胚乳中，子叶扁平，与胚根近等长或较短。

20-25种，分布于热带地区，非洲及美洲为多，亚洲少。我国1变种。

锡生藤

图 984

Cissampelos pareira Linn. var. **hirsuta** (Buch. ex DC.) Forman in Kew Bull. 22: 356. 1968.

Cissampelos hirsuta Buch. ex DC. Syst. Veg. 1: 535. 1818.

木质藤本。枝细瘦，密被柔毛，稀近无毛。叶纸质，心状圆形或近圆形，长宽2-5厘米，先端凹缺，具凸尖，基部心形，稀微圆，上面疏被毛，下面密被毛，掌状脉5-7；叶柄密被柔毛，较叶片短。雄伞房状聚伞花序单生或几个簇生腋部，花序轴及分枝均细，密被柔毛；雌聚伞圆锥花序长达10(18)厘米，叶状苞片近圆形，在花序轴上重叠，密被毛。雄花萼片长1.2-1.5毫米，疏被长毛，花冠碟状，聚药雄蕊长约0.7毫米；雌花萼片宽倒卵形，长约1.5毫米，花瓣小。核果被柔毛；果核宽倒卵圆形，长3-5毫米，背肋两侧各具2行刺状凸起，胎座迹为马蹄形边缘所环绕。

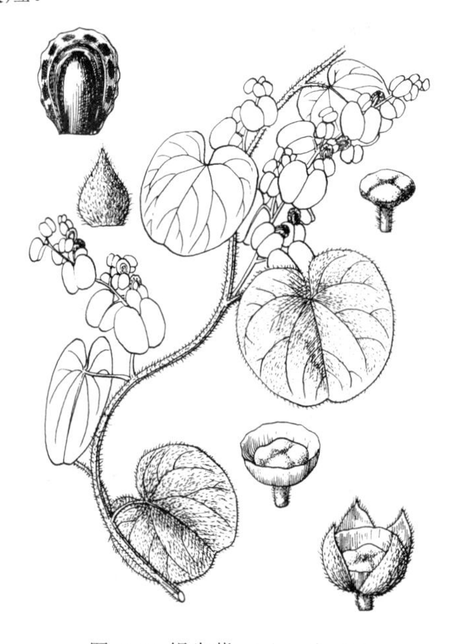

图 984 锡生藤 （余 峰 绘）

产广西西北部、贵州西南部、云南南部及西藏，生于林中。亚洲热带地区及澳大利亚有分布。根含多种生物碱，亚呼鲁碱为较好的肌肉松驰剂。

19. 轮环藤属 **Cyclea** Arn. ex Wight

藤本。叶具掌状脉，叶柄长，盾状着生。聚伞圆锥花序，稀宽大疏散，腋生、顶生或生老茎上；苞片小。雄花萼片4-5(6)，合生成坛状，裂片4-5，稀分离，花瓣4-5，常合生，全缘或具4-8裂片，稀分离，有时无花瓣，聚药雄蕊盾状，花药4-5，着生盾盘边缘，药室横裂；雌花萼片及花瓣均1-2，相互对生，稀无花瓣，心皮1，花柱短，柱头3裂或较多裂。核果倒卵状球形或近球形，常稍扁，花柱迹近基生；果核骨质，背肋二侧各具2-3列小瘤体，腔室马蹄形，胎座迹具1-2空腔，花柱迹与果柄着生处之间穿一小孔。种子具胚乳；胚马蹄形，背倚子叶半柱状。

约20种，分布亚洲南部及东南部。我国12种、1亚种、1变型。

1. 花序生叶腋；雄花萼片分离或基部合生。
  2. 花序轴及核果均无毛。
    3. 叶无毛；果核长约7毫米 ………… 1. **四川轮环藤 C. sutchuenensis**
    3. 叶被毛；果核长不及5毫米。
      4. 苞片顶端疏被毛；叶长6-10厘米；果核基部下延 ………… 2. **西南轮环藤 C. wattii**

4. 苞片背面上部被毛；叶长2.5-7厘米；果核基部近平截或微凹 ………… 2(附). **粉叶轮环藤 C. hypoglauca**

2. 花序轴及核果均被毛。

5. 叶具掌状脉9-11，先端短尖或尾尖；核果被刚毛 ……………………………………… 3. **轮环藤 C. racemosa**

5. 叶具掌状脉5，先端渐尖；核果被柔毛 ……………………………………………… 4. **纤细轮环藤 C. gracillima**

1. 花序生老枝或老茎上；雌雄圆锥花序均宽大；雄花萼片合生成坛状；叶柄基生或稍盾状着生 …… 5. **铁藤 C. polypetala**

1. 四川轮环藤 图 985

Cyclea sutchuenensis Gagnep. in Bull. Soc. Bot. France 55: 37. 1908.

草质或稍木质藤本，除苞片有时被毛外，余无毛。叶披针形或卵形，长5-15厘米，先端短尖或尾尖，基部圆，全缘，掌状脉3-5；叶柄长2-6厘米，盾状着生。花序总状或穗状花序状，腋生，长达20厘米，花序轴常曲折，雄花序较纤细；苞片菱状卵形或菱状披针形，长1-1.5毫米，无毛或有时被须毛。花梗短；雄花萼片4，基部合生，椭圆形或卵状长圆形，长约2.2毫米，花瓣4，合生，稀分离，长0.4-0.6毫米，聚药雄蕊长约1.5毫米，具4花药；雌花萼片2，一片近圆形，边内卷，宽约1.8毫米，另一片对折，长2-2.1毫米，花瓣2，长不及1毫米。核果红色；果核长约7毫米，背部二侧各具3行小瘤状凸起。花期夏季，果期秋季。

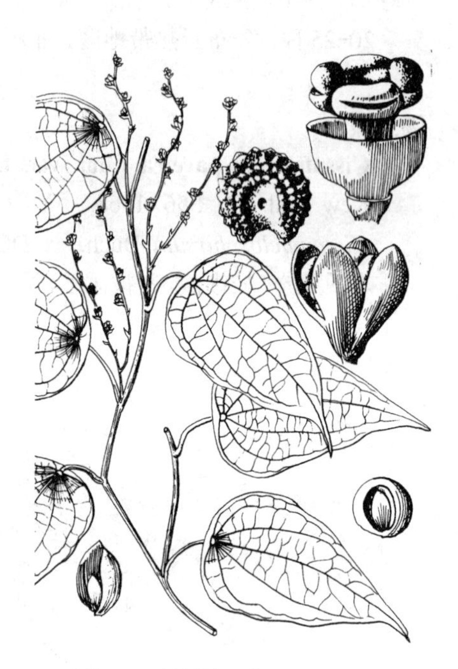

图 985 四川轮环藤 （黄少容绘）

产四川东部及东南部、贵州、云南、湖北湖南南部、广东、广西，生于林中、林缘及灌丛中。

2. 西南轮环藤 图 986

Cyclea wattii Diels in Engl. Pflanzenr. IV. 94: 320. 1910.

藤本，长达6米。老茎木质，灰色，小枝纤细，无毛或被微柔毛。叶心形、宽卵形或披针形，长6-10厘米，先端长渐尖或尾尖，基部心形、圆或近平截，全缘，上面无毛，下面稍粉白，被平伏柔毛；叶柄细，长3-5厘米，无毛，盾状或基部着生。小聚伞花序组成总状，花序梗纤细，长2-10厘米，无毛；苞片长1-1.5毫米，顶端疏被毛。雄花萼片5-6，披针形、长圆形或椭圆形，长1-1.5毫米，花瓣3-6，近圆形、宽卵形或舌形，长0.3-0.6毫米，聚药雄蕊长0.5-

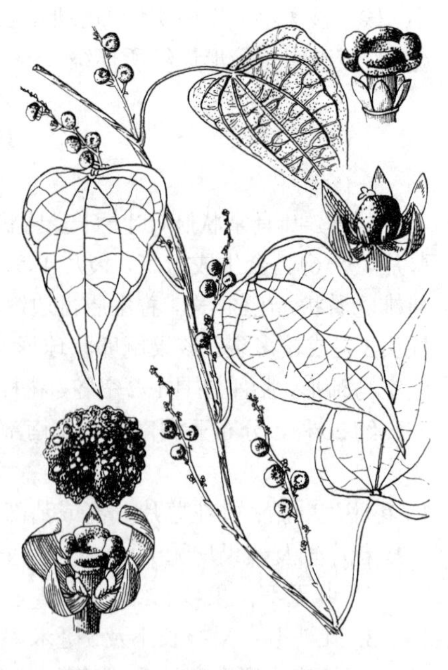

图 986 西南轮环藤 （黄少容绘）

1毫米，具4花药；雌花萼片2，倒卵状长圆形或倒披针状长圆形，长1.5-2毫米，花瓣2，卵形或宽卵形，长0.5-0.7毫米，稍肉质。核果扁球形，无毛；果核长约5.5毫米，基部向下延伸，背部中肋二侧各具2或3列小瘤体。花期夏季。

产贵州、四川、云南及广西，常生于林缘及灌丛中。印度东北部有分布。

［附］**粉叶轮环藤** 彩片403 **Cyclea hypoglauca** (Schauer) Diels in Engl. Pflanzenr. IV. 94: 319. 1910. —— *Cissampelos hypoglauca* Schauer in Nov. Acta. Acad. Leop. Carol. 11(Suppl. 1): 479. 1843. 本种与西南轮环藤的区别：苞片背面上部被毛；叶长2.5-7厘米，果核基部近平截或微凹。产福建中部及南部、江西中部及南部、湖南南部、广东、香港、海南、广西、云南东部及贵州，生于林缘或灌丛中，越南北部有分布。

3. 轮环藤 图987

Cyclea racemosa Oliv. in Hook. Icon. Pl. t. 1938. 1890.

藤本。枝被柔毛或近无毛。叶盾状或近盾状，卵状三角形或三角状圆形，长4-9厘米，先端短尖或尾尖，基部近平截或心形，全缘，上面疏被柔毛或近无毛，下面密被柔毛，或疏被柔毛，掌状脉9-11，向下的4-5条纤细；叶柄较叶片短或近等长，被柔毛。聚伞圆锥花序窄长，花序轴密被柔毛；苞片卵状披针形，长约2毫米，尾尖，被柔毛。雄花花萼钟形，4深裂近基部，2片宽卵形，长2.5-4毫米，2片近长圆形，宽1.8-2毫米，顶部反折，花冠碟形或浅杯状，全缘或2-6深裂近基部，聚药雄蕊长约1.5毫米，具4花药；雌花萼片2，基部囊状，中部缢缩，上部稍反折，长1.8-2.2毫米，花瓣2或1，近圆形，宽约0.6毫米。核果扁球形，疏被刚毛；果核径3.5-4毫米，背部中肋二侧各具3行圆锥状小凸体，胎座迹球形。花期4-5月，果期8月。

图 987 轮环藤 （引自《图鉴》）

产浙江南部、福建、江西、湖北西部、湖南、广东北部、贵州、四川东部及东南部、陕西南部及河南，生于林中或灌丛中。

4. 纤细轮环藤 图988

Cyclea gracillima Diels in Engl. Pflanzenr. IV. 94: 319. 1910

草质藤本。幼枝被柔毛。叶纸质或膜质，心状卵形或三角状卵形，长2-8厘米，先端渐尖，基部深心形或近平截，上面近无毛，下面被绒毛，掌状脉5；叶柄较叶片短，近盾状着生。雄花序腋生，单生或2-3簇生，圆锥花序状或总状花序状，密被长柔毛；雌花序圆锥花序状，单个腋生。雄花萼片5，基部合生，卵形或倒卵形，长约1毫米，基部增厚，被长柔毛，花瓣1，近圆形，有时无花瓣，聚药雄蕊长1-1.2(3)毫米；雌花萼片及花

图 988 纤细轮环藤 （引自《广东植物志》）

瓣均1片，三角形或宽卵形，长约1毫米，被硬毛。核果近球形，径约4毫米，红色，被柔毛；果核背部二侧各具3列疣状小凸起，胎座迹不穿孔。花期4-8月。

产台湾及海南，生于低海拔林中及灌丛中。

5. 铁藤 图 989

Cyclea polypetala Dunn in Journ. Linn. Soc. Bot. 35: 485. 1903.

木质大藤本，长达10余米。小枝被毛。叶宽心形，长6-18厘米，先端渐尖，上面无毛，下面被掌状脉5-7；叶柄长3-7厘米，被短硬毛，基部膝曲，近基部着生或稍盾状。小聚伞花序组成圆锥状，生于老茎或老枝，长达15厘米，被毛。花梗长0.7-1毫米；雄花花萼近坛状，顶端近平截或具圆齿状裂片，高1-2毫米，花瓣4，分离，长圆形，稍肉质，长0.5-1.5毫米，聚药雄蕊长不及2毫米；雌花萼片2，深兜状，长约0.5毫米，花瓣2，近圆形，宽0.1-0.3毫米，边内卷。核果无毛，近扁球形；果核长约4毫米，背部中肋二侧各具3行小疣突。花期4-11月。

产云南南部、广西西南部及海南，生于中海拔林中，常攀附乔木。根含异粒枝碱（d-isochon-chrodendrine）及左旋箭毒碱（l-curine）。

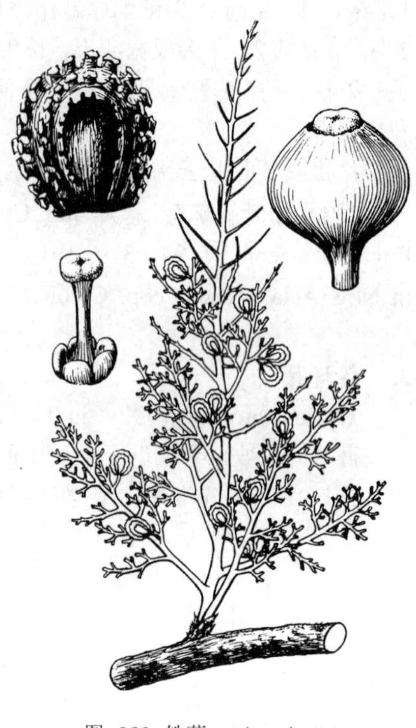

图 989 铁藤 （余 峰 绘）

23. 罂粟科 PAPAVERACEAE

（吴征镒 傅立国）

草本，稀亚灌木或灌木，极稀小乔木，常具乳液、黄或红色汁液。基生叶常莲座状，茎生叶互生，稀上部对生或近轮生，全缘或分裂，有时具卷须；无托叶。花单生或成总状、聚伞或圆锥花序。花两性，辐射对称；萼片2（3-4），常分离，早落；花瓣4-8（-8-16），2轮，覆瓦状排列，稀无花瓣；雄蕊分离，多数，稀4或6枚，花丝丝状，或下部线形，稀翅状，有时基部披针形，花药直立，2室，纵裂，药隔薄；子房上位，心皮2至多数，1室，侧膜胎座，或隔膜延至中轴成数室，或具假隔膜成2室，胚珠多数，稀少数或1，倒生，稀横生或弯生，花柱短或无，柱头分离或连合，或辐射状连合成扁平或塔形盘状体。蒴果，瓣裂或顶孔开裂，稀具节，内具横隔膜，节间分离。种子多数，细小，无种阜或具鸡冠状种阜；胚小，胚乳油质。

约26属200余种，主产北温带，以地中海、西亚、中亚至东亚及北美洲西南部为多。我国13属65种。

1. 雄蕊多数；心皮2至多枚；花瓣同形；蒴果瓣裂，稀顶孔开裂；植株具汁液。
  2. 花被3基数；心皮3-6；花单生茎顶，稀聚伞状；茎叶具刺；蒴果顶端3-6微瓣裂，稀裂至基部，被刺，稀无刺；种子无种阜或极小 ………………………………………… 1. 蓟罂粟属 **Argemone**
  2. 花被2基数或无花瓣；心皮2，稀较多。
    3. 花瓣4，稀较多。
      4. 花单生或成总状花序；种子无种阜。

5. 心皮3至多枚；花单生或成总状花序，稀圆锥状花序；蒴果3-12瓣裂或顶孔开裂。
6. 花柱常明显，柱头棒状或头状，分离或连合，呈辐射状下延；蒴果顶端3-12瓣裂；植株具黄色汁液 ………………………………………………………………………… 2. **绿绒蒿属 Meconopsis**
6. 无花柱，柱头连成扁平或塔形盘状体；蒴果顶孔开裂；植株具乳液 …………… 3. **罂粟属 Papaver**
5. 心皮2，稀4；花单生茎顶；蒴果2-4瓣裂。
7. 花瓣黄或橙色，稀红色；蒴果2瓣裂。
8. 花药线形，较花丝长；茎生叶和基生叶同形，均具柄，叶三出多回羽状细裂，裂片线形；花托杯状；萼片花前帽状连合；蒴果自基部向顶端开裂 ……………………… 4. **花菱草属 Eschscholtzia**
8. 花药长圆形，较花丝短；基生叶多，羽状浅裂或深裂，裂片具齿，具柄；茎生叶少，小于基生叶，无柄。
9. 子房1室；种子卵球形，具网纹；植株常具黄或淡黄色汁液 …… 5. **秃疮花属 Dicranostigma**
9. 子房2室；种子肾状长圆形，种皮蜂窝状；植株具红色汁液 ………… 6. **海罂粟属 Glaucium**
7. 花瓣紫或朱红色；蒴果（2-3）4瓣裂 ………………………………………… 7. **裂叶罂粟属 Roemeria**
4. 伞房或圆锥花序；种子具种阜。
10. 茎不为花葶状；叶茎生或基生，叶羽状全裂或深裂，心形，裂片具齿或羽状分裂。
11. 叶近对生于茎顶；茎不分枝；蒴果不为念珠状。
12. 花具苞片，伞房状或伞形花序；子房被短柔毛；蒴果顶端至基部2-4瓣裂 ……………………
……………………………………………………………………………… 8. **金罂粟属 Stylophorum**
12. 花无苞片，1-3花成聚伞状；子房无毛；蒴果基部至顶端2瓣裂 … 9. **荷青花属 Hylomecon**
11. 茎叶互生；茎分枝；蒴果近念珠状 ……………………………………… 10. **白屈菜属 Chelidonium**
10. 茎花葶状；叶全基生，心形，边缘浅波状 ……………………………………… 11. **血水草属 Eomecon**
3. 无花瓣；圆锥花序 ………………………………………………………………… 12. **博落回属 Macleaya**
1. 雄蕊4；心皮2；花瓣4，2轮，外轮和内轮异形；蒴果具节，内有横隔膜，熟时节间分离，或2瓣裂；植株无汁液 …………………………………………………………………………… 13. **角茴香属 Hypecoum**

1. 蓟罂粟属 Argemone Linn.

一年生或二年生，稀多年生有刺草本。茎常粗壮，多分枝，具黄色汁液。叶羽状分裂，裂片具波状刺齿。花单生茎顶，稀聚伞状。花被3基数；花托窄长圆锥状；萼片（2）3，顶端具角状附属物；花瓣（4-）6，芽时扭转；雄蕊多数，分离，花丝丝状或中下部稍宽大，花药线形，近基部着生，2裂，外向，开裂后弯曲；心皮3-6，连合，子房1室，胚珠多数，花柱极短或无，柱头与心皮同数，呈放射状，与胎座对生。蒴果被刺，稀无刺，顶端3-6微瓣裂，稀裂至基部。种子多数，种阜极小或无，种皮具网纹。

约29种，主产美洲。我国南方栽培1种。

蓟罂粟 图990 彩片404

Argemone mexicana Linn. Sp. Pl. 508. 1753.

一年生草本（栽培常为多年生或灌木状），高达1米。茎具分枝及短枝，疏被黄褐色刺。基生叶较密集，宽倒披针形、倒卵形或椭圆形，长5-20厘米，先端尖，基部楔形，羽状深裂，裂片具波状刺齿，两面无毛，沿脉疏被刺，上面沿脉两侧灰白色，叶柄长0.5-1厘米；茎生叶互生，与基生叶同形，上部叶较小，无柄，常半抱茎。花单生短枝顶，稀少花成聚伞花序。花芽卵圆形，长约1.5厘米。花梗极短；萼片2，舟状，长约1厘米，顶端具距，距刺尖，无毛或疏被刺，早落；花瓣6，宽倒卵形，长1.7-3厘米，先端圆，基部宽楔形，黄或橙黄色；花丝长约7毫米，花药窄长圆形，长1.5-2毫米；

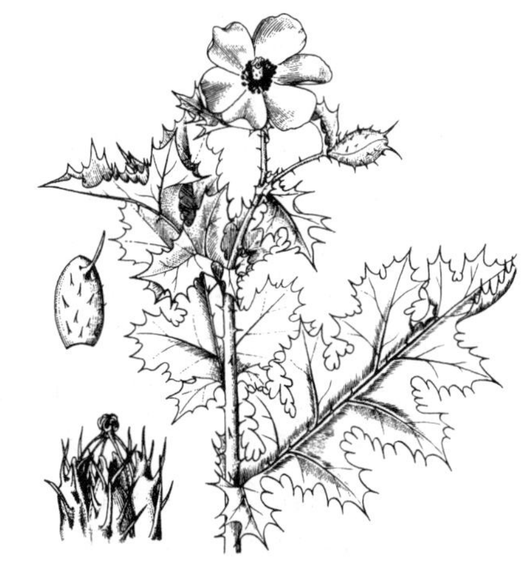

图 990 蓟罂粟 （引自《图鉴》）

子房长0.7-1厘米，被黄褐色刺，花柱极短，柱头4-6裂，深红色。蒴果长圆形或宽椭圆形，长2.5-5厘米，疏被黄褐色刺，自顶端4-6瓣裂至1/4-1/3。种子球形，径1.5-2毫米，具网纹。花果期3-10月。

原产中美洲及热带美洲。南方有栽培，台湾、福建、广东沿海及云南已野化。

2. 绿绒蒿属 Meconopsis Vig.

一年生或多年生草本，具黄色汁液。主根肥厚或呈萝卜状。茎分枝或不分枝，或具茎生花葶。叶基生成莲座状或具茎生叶，基生叶常宿存；叶全缘、具锯齿、羽状浅裂至全裂，无毛或被刺毛；基生叶及下部茎生叶具长柄，上部茎生叶具短柄或无柄，有时抱茎。花单生或成总状、圆锥状花序。花大；萼片2（3-4），早落；花瓣4（5-10）；雄蕊多数，花丝丝状，稀线形或下部线形；子房1室，心皮3至多枚，胚珠多数，花柱常明显，稀短或近无，上下等粗或基部盘状，柱头分离或连合，头状或棒状，常辐射状下延。蒴果自顶端向基部3-12瓣微裂，或裂至1/3或更多，稀裂至基部。种子多数，无种阜。

约49种，主产东亚中国-喜马拉雅山地区。我国38种。为著名观赏植物，有些种类可药用。

1. 叶基生及茎生；聚伞或总状圆锥花序，或总状花序具苞片。
  2. 茎分枝；聚伞或总状圆锥花序；花瓣4；叶羽状分裂。
    3. 根细，多分枝，组成纤维根系；聚伞状圆锥花序。
      4. 果窄长圆形或近圆柱形，长3-4厘米；子房无毛 ………… 1. **柱果绿绒蒿 M. oliverana**
      4. 果长椭圆形，长1-1.5厘米；子房无毛或近基部微被刚毛 ………… 2. **椭果绿绒蒿 M. chelidonifolia**
    3. 根肥厚，呈萝卜状、圆柱状或窄长；总状圆锥花序。
      5. 花瓣黄色，叶全缘或分裂 ………… 3. **锥花绿绒蒿 M. paniculata**
      5. 花瓣蓝色，稀红、紫或白色；叶羽裂 ………… 4. **尼泊尔绿绒蒿 M. napaulensis**
  2. 茎不分枝；总状花序具苞片；花瓣4-8，黄、蓝、紫、稀白色；叶全缘或分裂。
    6. 须根纤维状；茎基部具宿存叶基，叶基被分枝刚毛。
      7. 花黄色；叶全缘，基部渐窄 ………… 5. **全缘叶绿绒蒿 M. integrifolia**
      7. 花蓝或紫色；基生叶缺刻状圆裂，基部心形或平截 ………… 6. **藿香叶绿绒蒿 M. betonicifolia**
    6. 主根萝卜状或细长；茎基部叶基脱落或叶基无毛、宿存。
      8. 植株被柔毛或无毛；花淡蓝、稀粉红或或白色；果窄长圆形或近圆柱形；基生叶全缘、圆裂或羽裂 ………… 7. **琴叶绿绒蒿 M. lyrata**
      8. 植株被刺毛。
        9. 叶全缘或波状，稀具粗齿；种子具窗格状网纹 ………… 8. **总状绿绒蒿 M. racemosa**
        9. 叶羽状深裂；种子具纵凹痕 ………… 9. **美丽绿绒蒿 M. speciosa**
1. 叶全基生，无茎生叶，稀生于茎下部；总状花序无苞片或花单生花葶。
  10. 总状花序无苞片，稀单生花葶。
    11. 叶两面疏被平伏亮褐色长硬毛；无花葶；花柱极短或无；果窄圆柱形 ………… 10. **丽江绿绒蒿 M. forrestii**
    11. 叶两面无毛或被黄褐色反曲硬毛，常具花葶；花柱长1-2毫米；果窄倒卵形或椭圆形 ………… 11. **长叶绿绒蒿 M. lancifolia**
  10. 花单生花葶。
    12. 具纤维状须根；茎基部具宿存叶基，叶基被分枝刚毛。
      13. 花瓣深红色，花丝线形；种子密被乳突 ………… 12. **红花绿绒蒿 M. punicea**
      13. 花瓣淡蓝或紫色，花丝丝状；种子具网纹及绉褶。
        14. 蒴果长1.8-2.5厘米，密被紧贴刚毛；花瓣4-6，花径2.5-5厘米，子房近球形、卵圆形或长圆形；种子具网纹及皱褶 ………… 13. **五脉绿绒蒿 M. quintuplinervia**

14. 蒴果长2.5-5厘米，常疏被反曲刚毛；花瓣5-8，花径5-8厘米，子房窄椭圆形或长圆状椭圆形；种子密被乳突 ································ 13(附). **单叶绿绒蒿 M. simplicifolia**

12. 具主根；茎基部无宿存叶基或有而无毛。

15. 主根圆锥形或萝卜状。

16. 茎基部具宿存叶基；叶倒披针形或长圆状倒披针形，两面被卷曲硬毛；花瓣长4-5厘米；花丝上部丝状，中下部线形 ································ 14. **川西绿绒蒿 M. henrici**

16. 茎植株基部无宿存叶基；叶圆形，圆裂，两面无毛；花瓣长约3厘米，花丝丝状 ································ 14(附). **乌蒙绿绒蒿 M. wumungensis**

15. 主根肥厚延长或细长。

17. 叶羽状分裂，稀全缘或波状，两面无毛，或中脉疏被刚毛；花瓣4-10；果窄倒卵形或窄椭圆形 ································ 15. **拟秀丽绿绒蒿 M. pseudovenusta**

17. 叶全缘或波状，两面被尖刺或刺毛。

18. 植株密被尖刺；子房圆锥状，被平展或斜展尖刺 ················ 16. **多刺绿绒蒿 M. horridula**

18. 植株被刺毛；子房椭圆形或窄倒卵圆形，被平伏刺毛 ··············· 17. **滇西绿绒蒿 M. impedita**

1. 柱果绿绒蒿 图991

Meconopsis oliverana Franch. et Prain ex Prain in Journ. As. Soc. Bengal. 64, 2: 312. 1896.

多年生草本，高达1米，汁液透明。根细，多分枝，组成纤维状根系。叶基密被黄褐色分枝刚毛，宿存。茎分枝，具槽，近基部疏被刚毛。基生叶卵形或长卵形，长5-10厘米，羽状全裂及浅裂，裂片3-5，小裂片卵形或倒卵形，先端钝，基部宽楔形、平截或稍心形，两面疏被黄褐色长硬毛，叶柄被黄褐色长硬毛；下部茎生叶与基生叶同形，具柄，上部叶较小，无柄或近无柄，稍抱茎。聚伞状圆锥花序。花梗长5-10厘米；萼片2，椭圆形，长0.7-1厘米，无毛；花瓣4，宽卵形或圆形，长1-1.5（-2）厘米，黄色；雄蕊多数，花丝丝状，长4-7毫米，花药长卵圆形，长约1毫米；子房窄长圆形或近圆柱形，长约8毫米，径约1毫米，无毛，花柱极短，柱头4-5裂，裂片稍下延。蒴果窄长圆形或近圆柱形，长3-4厘米，径3-4毫米，无毛，具肋，顶端向下4-5微裂。种子椭圆状卵圆形，长约1毫米，光褐色，具纵纹及格状凹痕。花果期5-9月。

图 991 柱果绿绒蒿 （引自《图鉴》）

产河南西部、湖北西部及四川东部，生于海拔1500-2400米山坡林下或灌丛中。

2. 椭果绿绒蒿 黄花绿绒蒿 图992

Meconopsis chelidonifolia Bur. et Franch. in Journ. de Bot. 5: 19. 1891.

多年生草本，高1.5米。根细长，多分枝，组成纤维根系。叶基宿存，密被黄褐色分枝刚毛。茎紫绿色，分枝，具槽，近基部被黄褐色分枝刚毛。基生叶及下部茎生叶卵状长圆形或宽卵形，长7-8厘米，羽状全裂及浅裂，裂片3-5，小裂片卵形，先端钝圆，两面疏被长硬毛，叶柄密被黄褐色长硬毛；上部茎生叶宽卵形，羽状3全裂或3深裂，无柄或近无柄。聚伞状圆锥花序。花梗无毛；萼片2，近圆

形，宽约1厘米，无毛，边缘一侧膜质；花径1.5-2.3厘米，花瓣4，黄色，倒卵形或近圆形；花丝丝状，长约7毫米，花药窄长圆形，长3-4毫米；子房长5-6毫米，无毛或近基部微被刚毛。果椭圆形，长1-1.5厘米，无毛，顶端向下4-5(6)微裂。种子镰状长圆形，长不及1毫米，具浅凹纵纹。花果期5-8月。

产四川及云南东北部，生于海拔1400-2700米林下或溪边。

图 992 椭果绿绒蒿 （王金凤绘）

3. 锥花绿绒蒿 图 993

Meconopsis paniculata Prain in Journ. As. Soc. Bengal. 64, 2: 316. 1896.

一年生草本，高达2米。主根萝卜状，长达18厘米。茎、叶、花梗、子房及果被黄色分枝柔毛及星状绒毛。基生叶密集，披针形、椭圆形或倒披针形，长达49厘米，近基部常羽状全裂，近顶部羽状浅裂，裂片披针形、长圆形或三角形，羽状全裂及浅裂，叶柄长达28厘米；下部茎生叶与基生叶同形，具短柄，上部茎生叶披针形，先端钝圆，基部抱茎或耳状，无柄。总状圆锥花序下垂。花梗长约8厘米；花径达5厘米，花瓣4（5），黄色，倒卵形或近圆形；花丝丝状；子房近球形，花柱近基部粗，柱头6-12裂，微紫红色。蒴果长椭圆形，长1.5-2.5厘米，被绒毛，渐脱落，顶端（4-)6-12微裂；果柄长达20厘米。种子肾形，长不及1毫米，具蜂窝状孔穴。花果期6-8月。

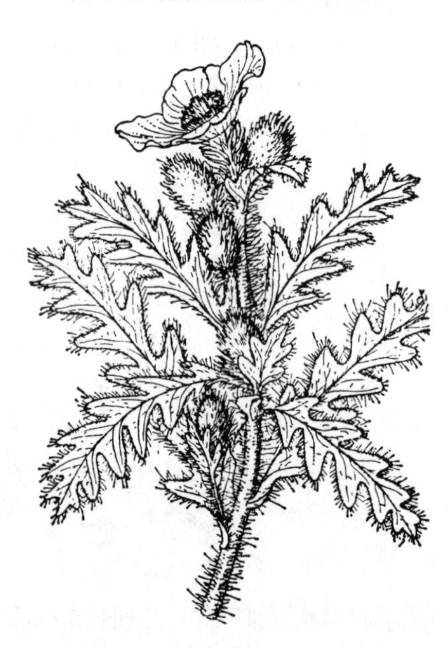

图 993 锥花绿绒蒿 （引自《图鉴》）

产西藏南部，生于海拔3000-4350米林下或沟边。尼泊尔东部至阿萨姆东北部有分布。

4. 尼泊尔绿绒蒿 图 994

Meconopsis napaulensis DC. Prodr. 1: 121. 1824.

一年生草本，高达1.2米，全株被黄褐色分枝长柔毛。主根肥厚，长约9厘米。茎分枝，具纵棱，叶基宿存。基生叶密集，长达30厘米，羽状全裂及浅裂，裂片长圆形，叶缘被长柔毛，两面中脉隆起，下面侧脉隆起；叶柄长达22厘米；下部茎生叶与基生叶同形，具短柄；上部茎生叶长3-13厘米，宽1-5厘米，羽状浅裂、深裂或全裂，基部楔形或耳形，近无柄。总状

圆锥花序顶生。花梗长3-10厘米，花下垂；萼片宽卵形；花瓣4，卵形或近圆形，长3-4.3厘米，蓝色，稀红、紫或白色；花丝丝状；子房长约1厘米。果长圆形，长1.5-2.5厘米，顶端5-8微裂。种子卵圆形或宽椭圆形，密被乳突。花果期6-9月。

产四川西南部、云南及西藏，生于海拔2700-4000米草坡。尼泊尔及锡金有分布。全草药用，清热止咳。

图 994 尼泊尔绿绒蒿 （引自《图鉴》）

5. 全缘叶绿绒蒿 图 995 彩片 405

Meconopsis integrifolia (Maxim.) Franch. in Bull. Soc. Bot. France 33: 389. 1886.

Cathcartia integrifolia Maxim. in Bull. Acad. Imp. Sc. St. Pétersb. 23: 310. 1887.

一年生或多年生草本，高达1.5米。叶基、叶、子房及果被锈色、黄色或褐色平展分枝长柔毛。茎不分枝，具纵纹，幼时被毛，后脱落，基部具宿存叶基。基生叶莲座状，叶倒披针形、倒卵形或近匙形，连叶柄长8-32厘米，先端圆或钝尖，基部渐窄下延成翅，全缘，常具3至多条纵脉；下部茎生叶同基生叶，上部叶近无柄，窄椭圆形、披针形、倒披针形或线形，顶部茎生叶常轮生状，窄披针形、倒窄披针形或线形，长5-11厘米。花4-5组成总状花序。花梗长达40厘米；萼片舟形，长约3厘米，被毛，具数纵脉；花瓣6-8，近圆形或倒卵形，长3-7厘米，黄，稀白色；花丝线形；柱头4-9裂。果宽椭圆状长圆形或椭圆形，长2-3厘米，顶端至上部4-9瓣裂。种子近肾形，长1-1.5毫米，具纵纹及蜂窝状孔穴。花果期5-11月。

产甘肃西南部、青海东部及南部、四川西部及西北部、云南西北部及东北部、西藏东部，生于海拔2700-5100米草坡或林下。缅甸东北部有分布。全草清热止咳，花前采叶入药，治胃反酸，花可退热、催吐、消炎、治跌打骨折。

图 995 全缘叶绿绒蒿 （李锡畴绘）

6. 藿香叶绿绒蒿 图 996

Meconopsis betonicifolia Franch. Pl. Delav. 42. t. 12. 1889.

一年生或多年生草本，高达1.5米。叶基宿存，密被锈色分枝长柔毛。茎不分枝，无毛，稀被锈色长柔毛。基生叶卵状披针形或卵形，长5-15厘米，先端圆或尖，基部心形或平截，下延成翅，在叶柄基部成鞘状，具宽缺刻状圆齿，两面疏被分枝长柔毛，中脉突起，侧脉二叉；下部茎生叶同基生叶，上部叶无柄，基部耳形抱茎。花3-6，组成总状花序。花梗长达28厘米；花径6-8厘米；花瓣4（5-6），宽卵形、圆形或倒卵形，长3-5厘米，蓝或

紫色，具纵纹；花丝丝状；子房无毛，稀被锈色长柔毛，花柱棒状，柱头4-5（-7）裂。果长圆状椭圆形，长2-4.5厘米，无毛，稀被平伏锈色长硬毛，顶端4-5微裂或裂至上部。种子近肾形，长约1毫米，具纵纹及蜂窝状孔穴。花果期6-11月。

产云南西北部及西藏东南部，生于海拔3000-4000米林下或草坡。缅甸北部有分布。

图 996 藿香叶绿绒蒿 （引自《图鉴》）

7. 琴叶绿绒蒿 图 997：1

Meconopsis lyrata（Cummins et Prain ex Prain）Fedde ex Prain in Kew Bull. 1915: 142.1915.

Cathcartia lyrata Cummins et Prain ex Prain in Journ. As. Soc. Bengal. 64, 2: 325. 1896.

一年生草本，高达50厘米。茎不分枝，被黄褐色卷曲或平展柔毛，稀无毛。基生叶早枯，卵形、长圆状卵形、匙形或倒披针形，长1.5-4厘米，基部楔形或微心形，全缘、圆裂、羽状浅裂或深裂，两面疏被黄褐色柔毛或无毛，叶柄长1.5-4厘米；茎生叶与基生叶同形，下部叶柄长达6厘米，上部叶柄较短。花茎长达20厘米，被黄褐色卷曲或平展柔毛，花1-5，半下垂。萼片无毛；花瓣4（5-6），卵形、宽卵形或宽披针形，长1.2-1.9厘米，淡蓝色，稀粉红、淡玫瑰或白色；花丝丝状；子房无毛，花柱极短。果窄长圆形或近圆柱形，长约4厘米，顶端至上部或中下部瓣裂。种子镰状椭圆形，具绉纹。花果期5-9月。

产云南西北部及西藏南部，生于海拔3400-4200(-4800)米草坡或高山草甸。锡金及尼泊尔有分布。

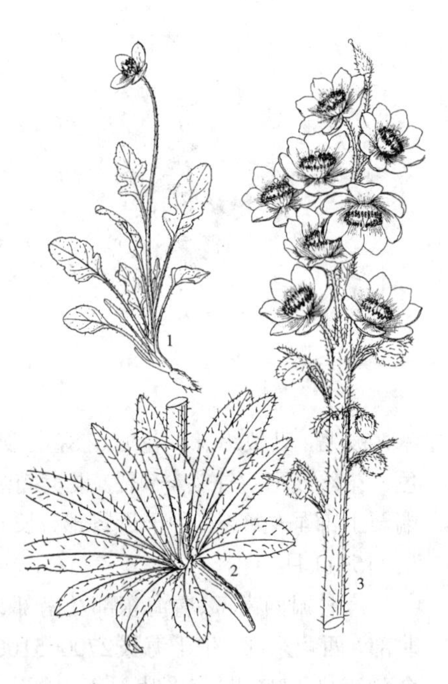

图 997：1. 琴叶绿绒蒿 2-3. 总状绿绒蒿 （吴锡麟绘）

8. 总状绿绒蒿 图 997：2-3 彩片 406

Meconopsis racemosa Maxim. Mél. Biol. 9: 713. 1876.

Meconopsis horridula auct. non Hook. f. et Thoms.; 中国高等植物图鉴2: 6. 1972.

一年生草本，高达50厘米。叶、萼片、子房、蒴果及果柄被黄褐或淡黄色平展或平伏刺毛。茎不分枝，有时具花葶，叶基宿存。基生叶长圆状披针形或倒披针形，稀窄卵形或线形，长5-20厘米，基部窄楔形，下延，全缘或波状，稀具不规则粗齿，侧脉明显，叶柄长3-8厘米；下部茎生叶同基生叶，上部茎生叶长圆状披针形或线形，长3-17厘米，全缘，具短柄或无柄。总状花序。花梗长2-5厘米；萼片长圆状卵形；花瓣5-8，倒卵状长圆形，长2-3厘米，蓝或蓝紫色，稀红色；花丝丝状；花柱圆锥形，具棱。果卵圆形或长卵圆形，长0.5-2厘米，顶端至上部4-6瓣裂；果柄长1-15厘米；宿存花柱长0.7-1厘米。种子长圆形，具窗格状网纹。花果期5-11月。

产云南西北部、四川西部及西北部、西藏、青海南部及东部、甘肃，生于海拔3000-4600（-4900）米草坡、石坡及林下。西藏用全草治头伤、骨折；云南用根治气虚、浮肿、脱肛、久痢、哮喘，青海用花、茎治腰腿痛。

9. 美丽绿绒蒿 图 998

Meconopsis speciosa Prain in Trans. et Proc. Bot. Soc. Edinb. 23: 257. t. 2. 1907.

一年生草本，高达60厘米，植株被锈色或淡黄色刺毛。主根长达30厘米，径2.5厘米。茎不分枝，有时具花葶，叶基宿存。基生叶披针形或窄卵形，长5-13厘米，先端圆或尖，基部渐窄下延成翅，羽状深裂，裂片长圆形，裂片间常成圆缺刻，中脉宽，侧脉细，叶柄长2-11厘米；茎生叶同基生叶，具短柄或无柄。花芳香，总状花序，或具花葶。上部花梗长2-8厘米；花瓣4-8，倒卵形或近圆形，长2-4.5厘米，蓝或紫红色；花丝丝状，长约1厘米，花药长约1毫米；花柱具棱，有时近基部被刺毛。果椭圆形，长1.5-2.5厘米，宿存花柱长达1厘米，顶端至上部4-8瓣裂。种子肾形，具纵凹痕。花果期7-10月。

产四川西部、云南西北部及西藏东南部，生于海拔3700-4400米灌丛中、草地、岩坡、岩壁或流石滩。

图 998 美丽绿绒蒿 （引自《图鉴》）

10. 丽江绿绒蒿 图 999：1-2

Meconopsis forrestii Prain in Kew Bull. 1907: 316. 1907.

一年生草本。主根圆锥形或萝卜状。叶全基生，倒披针形、椭圆形或宽线形，长3-20厘米，先端圆或尖，基部渐窄成翅，翅基部成膜质鞘，全缘或稍波状，两面疏被平伏褐色长硬毛。花茎不分枝，高达30（-60）厘米，被褐色平展或稍反曲长硬毛。总状花序具3-7花，无苞片。花梗长1-3厘米；萼片被褐色长硬毛，内面无毛；花瓣4（5），卵形或宽卵形，长1-2.5厘米，淡蓝或淡紫蓝色；花丝丝状；子房无毛或疏被长硬毛，花柱极短或无，柱头3-4裂。果近窄圆柱形，长约6厘米，无毛或疏被长硬毛，顶端至上部2-4瓣裂；果柄长达9厘米，被平展褐色长硬毛。种子镰状椭圆形，具不明显凹痕。花果期5-9月。

产云南西北部及四川西南部，生于海拔(3100-)3400-4300米草坡。

图 999：1-2. 丽江绿绒蒿 3-4. 长叶绿绒蒿 （李锡畴绘）

11. 长叶绿绒蒿 图 999：3-4

Meconopsis lancifolia（Franch.）Franch. ex Prain in Journ. As. Soc. Bengal 64, 2: 311. 1896.

Cathcartia lancifolia Franch. in Bull. Soc. Bot. France 33: 391. 1886.

一年生草本，高达25厘米。主根萝卜状。茎被黄褐色平展或反曲硬毛，或无毛。叶基生或生于茎下部，倒披针形、线形、匙形、倒卵形、椭圆状披针形或窄倒披针形，长1-15厘米，先端圆或尖，基部楔形，下延成翅，常全缘，两面无毛或被黄褐色反曲或卷曲硬毛，侧脉细；叶柄长2-7厘米。花茎具细纵肋，疏被黄褐色硬毛；总状花序，无苞片，或花单生花葶。花梗长0.5-3厘米，密被硬毛；萼片疏被锈色硬毛；花瓣4-8，倒卵形、近圆形或卵圆形，长1-3厘米，有时具细齿，紫或蓝色；花丝丝状；子房被黄褐色伸展刺毛，稀无毛，花柱长1-2毫米，柱头头状，（2）3-4（-6）裂。果窄卵圆形、窄长圆形，稀近圆柱形，长1.5-3.5厘米，褐色，宿存花柱及果肋深紫色，无毛或被黄褐色硬毛，顶端至上部3-5瓣裂。种子肾形或镰状椭圆形。花果期6-9月。

产云南西北部、西藏东南部、四川西部及西北部、甘肃西南部，生于海拔3300-4800米林下或高山草地。缅甸东北部有分布。

12. 红花绿绒蒿 图 1000：1-2 彩片 407

Meconopsis punicea Maxim. Fl. Tangut. 1: 34. 1889.

多年生草本，高达75厘米。须根纤维状。叶基宿存。叶基、叶、花葶、萼片、子房及蒴果均密被淡黄或深褐色分枝刚毛。叶全基生，莲座状，倒披针形或窄倒卵形，长3-18厘米，先端尖，基部渐窄下延，全缘，具数纵脉；叶柄长6-34厘米，基部稍鞘状。花葶1-6，常具肋，花单生花葶，下垂。萼片卵形，长1.5-4厘米；花瓣4（6），椭圆形，长3-10厘米，深红色；花丝线形，长1-3厘米；子房长1-3厘米，花柱极短，柱头4-6圆裂。蒴果椭圆状长圆形，长1.8-2.5厘米，无毛或密被淡黄色分枝刚毛，顶端4-6微裂。种子密被乳突。花果期6-9月。

产四川西北部、西藏东北部、青海东南部及甘肃，生于海拔2800-4300米山坡草地。花茎及果入药，可镇痛、止咳、抗菌。

图 1000：1-2. 红花绿绒蒿 3-4. 单叶绿绒蒿
（李锡畴绘）

13. 五脉绿绒蒿 图 1001 彩片 408

Meconopsis quintuplinervia Regel in Gartenflora 25: 291. 1876.

多年生草本，高达50厘米。须根纤维状。叶基宿存。叶基、叶、花葶、萼片及蒴果均密被淡黄或深褐色分枝硬毛。叶全基生，莲座状，倒卵形或披针形，长2-9厘米，基部渐窄下延、全缘，具3-5纵脉；叶柄长3-6厘米。花葶1-3，具肋，花单生花葶，下垂。萼片长约2厘米；花瓣4-6，倒卵形或近圆形，淡蓝或紫色，花径2.5-5厘米；花丝丝状；子房近球形、卵圆形或长圆形，长5-8毫米，花柱短，柱头头状，3-6裂。果椭圆形，长1.5-2.5厘米，顶端3-6微裂。种子窄卵圆形，黑褐色，具网脉及绉褶。花果期6-9月。

产湖北西部、四川西北部、西藏

东北部、青海东部、甘肃南部及陕西西部，生于海拔2300-4600米阴坡灌丛中或高山草地。全草入药，清热解毒、消炎、定喘。

［附］ **单叶绿绒蒿** 图1000：3-4 **Meconopsis simplicifolia**（D. Don）Walp. Rep. Syst. 1: 110. 1842. —— *Papaver simpicifolium* D. Don, Prodr. Fl. Nepal. 197. 1825. 本种与五脉绿绒蒿的区别：蒴果长2.5-5厘米，常疏被反曲刚毛；花瓣5-8，花径5-8厘米；子房窄椭圆形或长圆状椭圆形；种子密被乳突。产西藏，生于海拔3300-4500米山坡灌丛草地或石缝中。尼泊尔、锡金及不丹有分布。

图 1001 五脉绿绒蒿 （引自《图鉴》）

14. 川西绿绒蒿 图 1002

Meconopsis henrici Bur. et Franch. in Journ. de Bot. 5: 19. 1891.

一年生草本。主根圆锥形。叶全基生，倒披针形或长圆状倒披针形，长3-8厘米，先端钝或圆，基部渐窄下延，全缘或波状，稀具疏齿，两面被黄褐色卷曲硬毛；叶柄线形，长2-6厘米。花葶高达50厘米，被黄褐色平展反曲或卷曲硬毛。花单生花葶。萼片边缘膜质，被黄褐色卷曲硬毛；花瓣5-9，卵形或倒卵形，长4-5厘米，深蓝紫或紫色；花丝上部丝状，中下部线形，长约1.5厘米；子房密被黄褐色平伏硬毛，柱头裂片分离或连成棒状。果椭圆状长圆形或窄倒卵圆形，长约2厘米，疏被硬毛，顶端4-6微裂。种子镰状长圆形，具纵纹或浅凹痕。花果期6-9月。

产四川及甘肃南部，生于海拔3200-4500米高山草地。

［附］**乌蒙绿绒蒿 Meconopsis wumungensis** K. M. Feng ex C. Y. Wu et H. Chuang, Fl. Yunnan. 2: 33. 本种与川西绿绒蒿的区别：植株基部无宿存叶基；叶圆形，圆裂，两面无毛；花瓣长约3厘米，花丝丝状。产云南中部，生于海拔3600-3800米湿润石缝中或岩壁。

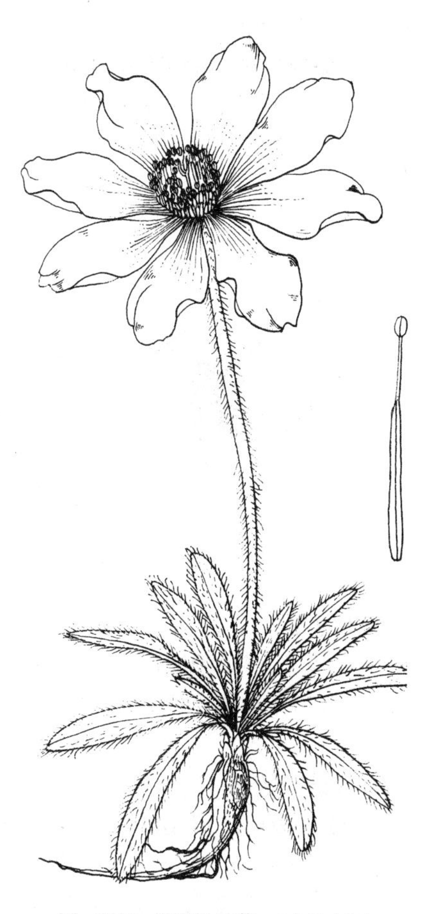

图 1002 川西绿绒蒿 （李锡畴绘）

15. 拟秀丽绿绒蒿 图 1003

Meconopsis pseudovenusta Tayl. Monogr. 85. pl. 21. 1934.

一年生草本，高达20厘米。主根肥厚，长10厘米以上。茎粗短，密被宿存叶基。叶全基生，稀生于花茎下部，卵形、椭圆形、披针形或倒披针形，长2-5厘米，先端尖或圆，基部楔形，羽状深裂或二回羽状深裂，稀全缘

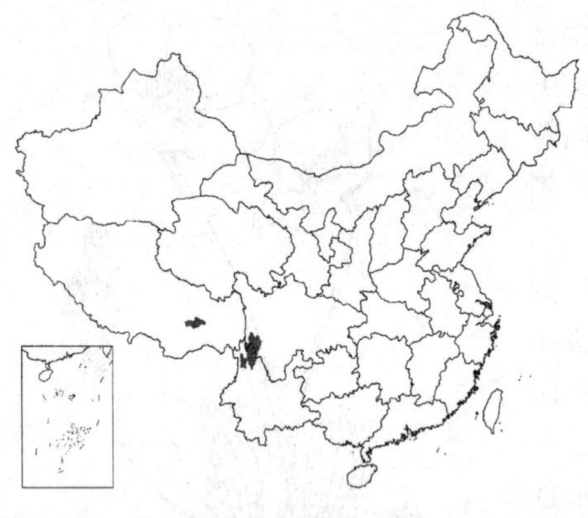

或波状，两面无毛或中脉疏被刚毛，近基出脉数条，两面均明显；叶柄线形，长达11厘米。花葶4-15，高10-20厘米，果时达35厘米，无毛或被平展刚毛。萼片无毛或疏被刚毛；花瓣4-10，椭圆形、倒卵形或近圆形，长2-3.5厘米，具不规则缺刻，深紫色；花丝丝状；子房疏被平伏或伸展刚毛，柱头头状。果窄倒卵形或窄椭圆形，长2-3厘米，疏被锈色平展或反曲刚毛，顶端3-4微裂，宿存花柱长达6毫米。种子镰状椭圆形，具不明显纵凹痕。花果期6-10月。

产云南西北部、四川西南部及西藏东南部，生于海拔3400-4200米高山草甸、岩坡或高山流石滩。

图 1003 拟秀丽绿绒蒿 （肖 溶 绘）

16. 多刺绿绒蒿 图1004 彩片409

Meconopsis horridula Hook. f. et Thoms. Fl. Ind. 252. 1855.

一年生草本，高达1米。叶、萼片及蒴果均被黄褐色尖刺。主根肥厚，长达20厘米。叶全基生，披针形，长5-12厘米，基部渐窄下延，全缘或波状；叶柄长0.5-3厘米。花葶5-12，高10-20厘米，绿或蓝灰色，花稍下垂，径2.5-4厘米。花瓣（4）5-8，宽倒卵形，长1.2-2厘米，蓝紫色；花丝丝状；柱头圆锥状。果倒卵形或椭圆形，稀宽卵圆形，长1.2-2.5厘米，顶端至上部3-5瓣裂。种子肾形，具窗格状网纹。花果期6-9月。

产甘肃、青海东部及南部、四川西部、云南西北部及西藏，生于海拔3600-5100米草坡，尼泊尔、锡金、不丹有分布。

图 1004 多刺绿绒蒿 （曾孝濂绘）

17. 滇西绿绒蒿 图1005 彩片410

Meconopsis impedita Prain in Kew Bull. 1915: 162. 1915.

一年生草本。叶、花葶、萼片及蒴果均被锈色或黄褐色刺毛。植株基部叶基宿存。主根肥厚，长达30厘米。叶全基生，窄椭圆形、披针形、倒披针形或匙形，长2.5-6厘米，先端圆或尖，基部渐窄下延成翅，全缘、波状、不规则分裂或羽状深裂，中脉明显，侧脉二歧状；叶柄长3-7厘米。花葶多数，高达25厘米，果时高达40厘米，花下垂。萼片具线纹；花瓣4-10，倒卵形或近圆形，长1.5-3厘米，深紫或深蓝色；花丝丝状；柱头头状。果窄

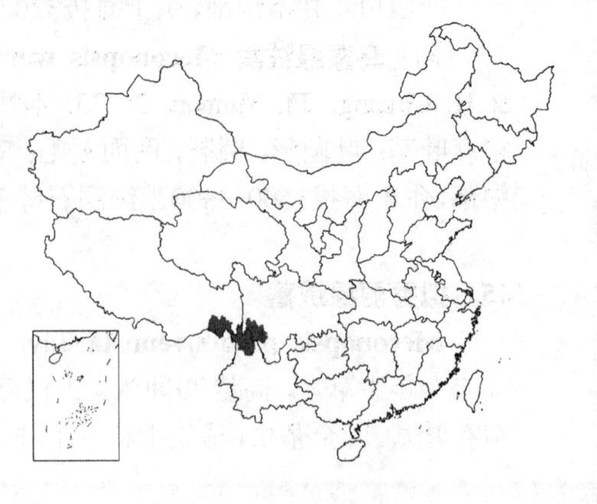

倒卵圆形或窄椭圆形，长2-3厘米，顶端至上部3(4-5) 瓣裂。种子镰状椭圆形，黑色，具条纹或不明显纵凹痕。花果期5-11月。

产四川西南部、云南西北部及西藏东南部，生于海拔3400-4500米草坡或岩石坡。缅甸东北部有分布。

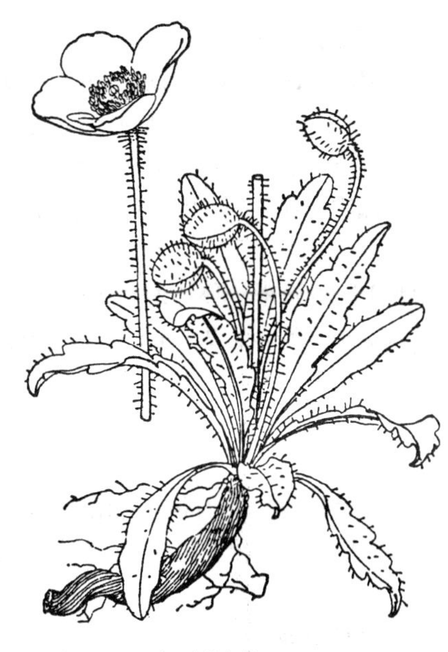
图 1005 滇西绿绒蒿 （引自《图鉴》）

3. 罂粟属 **Papaver** Linn.

一年生、二年生或多年生草本，稀亚灌木，具乳液。茎常被刚毛，稀无毛。基生叶羽状浅裂、深裂、全裂或二回羽状分裂，有时具缺刻或锯齿，稀全缘，上面常被白粉，两面被刚毛，具叶柄；茎生叶与基生叶同形，无柄，有时抱茎。花单生，稀聚伞状总状花序；花序梗或花葶常被刚毛。萼片2(3)，常被刚毛；花瓣4（5-6），外花瓣较大，艳丽，常早落；雄蕊多数，花丝丝状；子房1室，心皮4-8，胚珠多数，花柱无，柱头4-18，辐射状连成扁平或塔形盘状体，具圆齿或分裂。蒴果顶孔开裂。种子小，多数；胚乳白色、肉质，富含油分。

约100种，主产中欧、南欧及亚洲温带，少数产美洲、大洋洲及非洲南部。我国7种3变种。

1. 一年生草本；茎长；叶基生及茎生；花单生茎枝顶端或腋生。
   2. 植株无毛，稀疏被小刚毛；茎不分枝；茎生叶抱茎，具不规则浅波状齿；花丝白色 …………………………………… 1. **罂粟 P. somniferum**
   2. 植株被刚毛，稀无毛；茎分枝；茎生叶不抱茎，羽状分裂；花丝紫红或深紫色。
      3. 子房及果无毛；花芽长圆状倒卵形；花瓣紫红色，基部具深紫色斑点；花药黄色；叶二回羽状深裂 …………………………………… 2. **虞美人 P. rhoeas**
      3. 子房及果被长刚毛；花芽卵圆形；花瓣红色，近基部具黑色环纹；花药淡紫色；叶一回羽状深裂或全裂 …………………………………… 3. **黑环罂粟 P. pavoninum**
1. 多年生草本；茎极短；叶全基生；花单生花葶顶端；花瓣淡黄、黄或橙黄色。
   4. 子房及果被刚毛 …………………………………… 4. **野罂粟 P. nudicaule**
   4. 子房及果无毛 …………………………………… 4(附). **光果野罂粟 P. nudicaule** var. **aquilegioides**

1. 罂粟 图 1006

Papaver somniferum Linn. Sp. Pl. 508. 1753.

一年生草本，高达80厘米。全株无毛或疏被刚毛，不分枝，被白粉。叶卵形或长卵形，长7-25厘米，先端渐尖或钝，基部心形，具不规则波状齿，被白粉，叶脉稍突起；下部叶具短柄，上部叶无柄抱茎。花单生茎枝顶端。花梗长达25厘米，无毛，稀疏被刚毛；萼片2，宽卵形，边缘膜质；花瓣4，近圆形或近扇形，长4-7厘米，浅波状或分裂，白、粉红、红、紫或杂色；雄蕊多数，花丝线形，白色，花药淡黄色；子房径1-2厘米，无毛，柱头（5-）8-12（-18），辐射状连成扁平盘状体，盘缘深裂，裂片具细圆齿。蒴果球形或长圆状椭圆形，长4-7厘米，无毛，褐色。种子黑或灰褐色，种皮蜂窝状。花果期3-11月。

原产南欧。我国药圃（场）有栽培。印度、缅甸、老挝及泰国北部有栽培。花大、色艳，重瓣栽培品种为观赏植物。未熟果实富含乳液，制干后为鸦片，和果壳均含吗啡、可待因、罂粟碱等多种生物碱，加工入药，可敛肺、涩肠、止咳、止痛及安眠。

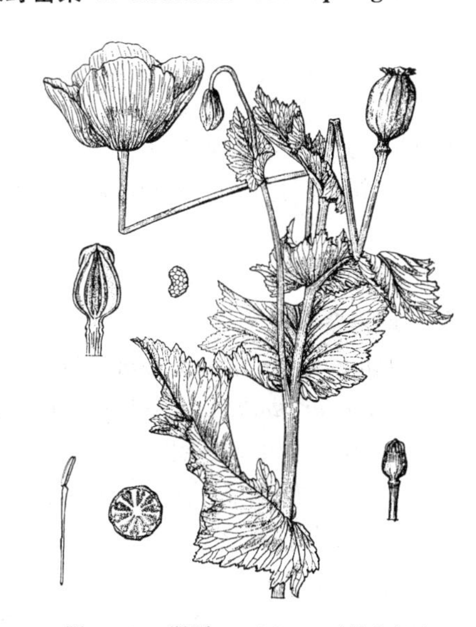
图 1006 罂粟 （引自《江苏植物志》）

2. 虞美人 丽春花 图 1007

Papaver rhoeas Linn. Sp. Pl. 507. 1753.

一年生草本，高达90厘米。茎、叶、花梗、萼片被淡黄色刚毛。茎分枝。叶披针形或窄卵形，长3-15厘米，二回羽状分裂，下部全裂，裂片披针形再次羽状浅裂，上部深裂或浅裂，裂片披针形，最上部粗齿状羽状浅裂，上面叶脉稍凹；下部叶具柄，上部叶无柄。花单生茎枝顶端。花芽下垂。花梗长10-15厘米；萼片2，宽椭圆形，长1-1.8厘米；花瓣4，圆形、宽椭圆形或宽倒卵形，长2.5-4.5厘米，全缘，稀具圆齿或先端缺刻，紫红色，基部常具深紫色斑点；花丝丝状，深紫红色，花药黄色；子房无毛，柱头5-18，辐射状，连成盘状体，边缘具圆齿。果宽倒卵圆形，长1-2.2厘米，无毛，微具肋。种子肾状长圆形。花期3-8月。

原产欧洲。我国各地栽培，为观赏植物。花及全株入药，含多种生物碱，有镇咳、止泻、镇痛、镇静等功效。

图 1007 虞美人 （引自《东北草本植物志》）

3. 黑环罂粟 图 1008

Papaver pavoninum Fisch. et Mey. Ind. Sem. Hort. Petrop. 9: 83. 1838.

一年生草本，高达45厘米。全株被长刚毛。茎上部少数分枝。基生叶窄卵形或窄披针形，连叶柄长3-10厘米，羽状深裂或全裂，裂片披针形，具疏齿，稀再次羽状深裂，具长柄；下部茎生叶具长柄，上部叶具短柄或近无柄。花1（2）生于茎枝顶端。花芽卵圆形；花梗长3-7厘米；萼片2，早落；花瓣4，扇状倒卵形或近圆形，长2-3.5厘米，红色，近基部具黑色宽环纹；花丝丝状，向上渐宽，深紫色，花药淡紫色；子房具5-7纵肋，柱头5-7，辐射状。蒴果卵圆形或长圆形，长约1厘米，具肋。花期4-7月。

产新疆，生于海拔约900米多石山坡、田边、草地。伊朗及中亚地区有分布。

图 1008 黑环罂粟 （冯晋庸绘）

4. 野罂粟 山罂粟 图 1009 彩片 411

Papaver nudicaule Linn. Sp. Pl. 507. 1753.

Papaver nudicaule subsp. *rubro-aurantiacum* var. *chinense* Fedde; 中国高等植物图鉴2: 7. 1972.

多年生草本，高达60厘米。根茎粗短，常不分枝，密被残枯叶鞘。茎极短。叶基生，卵形或窄卵形，长3-8厘米，羽状浅裂、深裂或全裂，裂片2-4对，小裂片窄卵形、披针形或长圆形，两面稍被白粉，被刚毛，稀近无毛；叶柄长（1-）5-12厘米，基部鞘状，被刚毛。花葶1至数枝，被刚毛，花单生花葶顶端。花芽密被褐色刚毛。萼片2，早落；花瓣4，宽楔形或倒卵形，长（1.5-）2-3厘米，具浅波状圆齿及短爪，淡黄、黄或橙黄色，稀红色；花丝钻形；柱头4-8，辐射状。果窄倒卵圆形、倒卵圆形或

倒卵状长圆形，长1-1.7厘米，密被平伏刚毛，具4-8肋；柱头盘状，具缺刻状圆齿。种子近肾形，褐色，具条纹及蜂窝小孔穴。花果期5-9月。

产黑龙江、内蒙古、河北、山西、陕西及新疆，生于海拔（580-）1000-2500（-3500）米林下、林缘或山坡草地。

［附］光果野罂粟 **Papaver nudicaule** var. **aquilegioides** Fedde in Engl. Pflanzenr. 4: 383. 1909. 本变种与模式变种的区别：子房及蒴果无毛。产黑龙江、内蒙古、河北、山西、陕西、宁夏、甘肃、四川东部及湖北西部，生于海拔（210-）1400-2300米林缘、山坡草地、草原、草甸或沟谷。

图 1009 野罂粟 （仝 青 绘）

4. 花菱草属 Eschscholtzia Cham.

多年生或一年生草本，稀亚灌木，具微透明汁液。叶互生，具柄，三出多回羽状深裂，小裂片多线形。花单生。花梗长；萼片2，花芽时连成帽状；花瓣4，生于杯状花托边缘，芽时扭转；雄蕊多数，生于花瓣基部，花丝短，花药较花丝长，2室，内向；子房1室，心皮2，花柱极短，柱头2或多裂。蒴果具10脉，自基部向顶端2瓣裂，裂瓣常弯曲。种子多数，具网纹及小瘤状突起，无种阜；子叶线形，全缘或2尖裂，裂片线形。

约12种，分布于北美太平洋沿岸荒漠或草原。我国引种栽培1种。

花菱草 图 1010

Eschscholtzia californica Cham. in Nees Horae Phys. Berol. 73. t. 15. 1820.

多年生（栽培常为一年生）草本，高达60厘米。植株无毛，被白粉。茎具纵肋，二歧分枝。基生叶长10-30厘米，灰绿色，三回羽状细裂，小裂片条形，具长柄；茎生叶与基生叶同，较小，具短柄。花单生茎枝顶端。花梗长5-15厘米，花托杯状，边缘波状反折；花萼卵圆形，长约1厘米，萼片2，早落；花瓣4，三角状扇形，长2.5-3厘米，黄色，基部具橙黄色斑点；雄蕊40以上，花丝丝状，基部宽，长约3毫米，花药线形，长5-6毫米，橙黄色；花柱短，柱头4，钻状线形，不等长。蒴果窄长圆锥形，长5-8厘米，自基部向上2瓣裂。种子球形，径1-1.5毫米，具网纹。花期4-8月，果期6-9月。

原产北美加利福尼亚。我国引种供观赏。

图 1010 花菱草 （引自《江苏植物志》）

5. 秃疮花属 Dicranostigma Hook. f. et Thoms.

草本，具黄或淡黄色汁液。茎多数分枝。基生叶多数，羽状浅裂、深裂或二回羽状分裂，裂片波状或具齿，具柄；茎生叶少，互生，羽状分裂或具不规则粗齿，无柄。花单生或几朵成聚伞花序生于茎枝顶端，具花梗，无苞片；萼片2；花瓣4；雄蕊多数，花丝丝状，花药长圆形；子房1室，2心皮，花柱极短，柱头头状。蒴果，顶端至近基部2瓣裂。种子小，多数，卵球形，具网纹，无种阜。

3种，我国均产。

1. 蒴果圆柱形；花萼被毛，花瓣长2-3厘米。
   2. 植株高1-2米；茎无毛；茎生叶抱茎；子房及蒴果无毛 ·························· 1. **宽果秃疮花 D. platycarpum**
   2. 植株高15-60厘米；茎被短柔毛；茎生叶不抱茎；子房及蒴果被短柔毛 ·························· 1(附). **苣叶秃疮花 D. lactucoides**
1. 蒴果线形；花萼无毛，花瓣长1-1.6厘米，子房密被疣状短毛 ·························· 2. **秃疮花 D. leptopodum**

1. 宽果秃疮花 图1011

Dicranostigma platycarpum C. Y. Wu et H. Chuang in Acta Bot. Yunn. 7(1): 87. f. 1. 1985.

草本，高达2米。茎粗壮，无毛，基部密被残枯叶基。基生叶大头羽状分裂，裂片疏离，具柄，基部成鞘；下部茎生叶倒披针形或窄倒披针形，长20-27厘米，大头羽状深裂，裂片4-6对，具不规则粗齿，两面无毛，无柄，近抱茎；上部茎生叶宽卵形，先端渐尖，基部抱茎，具不规则粗齿，两面无毛，侧脉网状。花1-3成聚伞花序生于茎枝顶端。花梗长达7厘米；萼片舟状宽卵形，先端尖具距长约1厘米，疏被短柔毛，边缘一侧薄膜质；花瓣倒卵形，长2-3厘米，黄色；花丝长0.6-1厘米，花药长约2毫米；子房长1-1.5厘米，无毛，花柱长约1毫米，柱头2裂。果圆柱形，长6-8毫米，无毛，顶端至近基部2瓣裂；果柄长达15厘米，无毛。种子卵球形，具网纹。花果期8-9月。

图 1011 宽果秃疮花 （李锡畴绘）

产云南西北部及西藏南部，生于海拔3300-3500(-4000)米草地或沟边岩缝中。

［附］**苣叶秃疮花** 彩片412 **Dicranostigma lactucoides** Hook. f. et Thoms. Fl. Ind. 1: 225. 1855. 本种与宽果秃疮花的区别：植株高达60厘米，茎被短柔毛；茎生叶不抱茎；子房被黄色短柔毛；果被短柔毛。花果期6-8月。产四川西北部及西藏南部，生于海拔(2900-)3700-4300米石坡。印度北部及尼泊尔有分布。

2. 秃疮花 图1012 彩片413

Dicranostigma leptopodum (Maxim) Fedde in Engl. Bot. Jahrb. 36. Beibl. 82: 45. 1905.

Glaucium leptopodum Maxim. in Mel. Biol. 9: 714. 1876.

多年生或二年生草本，高达80厘米，具淡黄色汁液，被短柔毛，稀无毛。茎多条，被白粉。基生叶丛生，窄倒披针形，长10-15厘米，羽状深裂，裂片4-6对，小裂片羽状深裂或浅裂，下面疏被白色短柔毛，叶柄长2-5厘米，疏被白色短柔毛，具纵纹；茎生叶少数，生于茎上部，长1-7厘米，羽状深裂、浅裂或二回羽状深裂，裂片具疏齿，先端三角状渐尖，无柄。花1-5成聚伞花序顶生。花梗长2-2.5厘米，无毛，具苞片；萼片卵形，长0.6-1厘米，先端渐尖，具匙形距，无毛，稀被短柔毛；花瓣倒卵形或圆形，长1-1.6厘米，黄色；花丝长3-4毫米，花药长1.5-2毫米；子房密被疣状短毛，花柱短，柱头2裂。蒴果线形，长4-7.5厘米，径约2毫米，无毛，顶

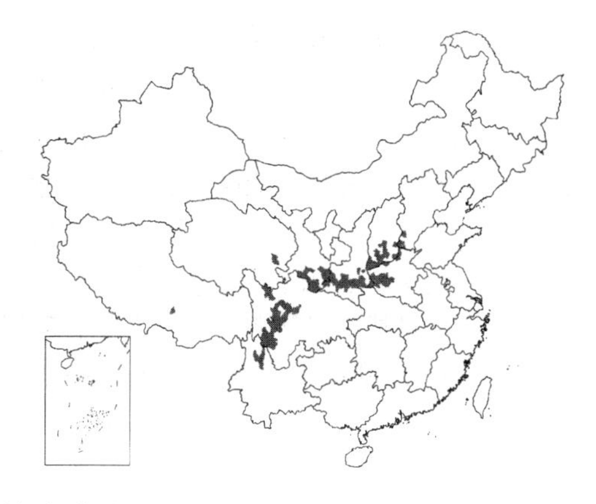

端至近基部2瓣裂。种子卵球形，长约0.5毫米，红褐色，具网纹。花期3-5月，果期6-7月。

产云南西北部、四川西部、西藏、青海东部、甘肃南部及东南部、陕西秦岭北坡、山西南部、河南西部、河北西南部，生于海拔400-2900（-3700）米草坡、路边、田埂、墙头或屋顶。根及全草药用，可清热、解毒、消肿、镇痛、杀虫。

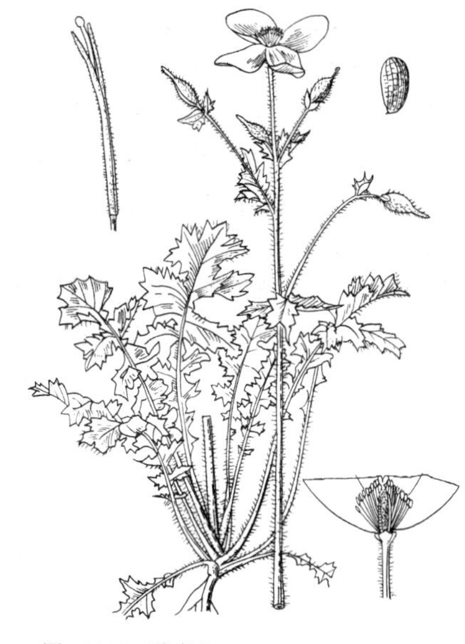

图 1012 秃疮花 （引自《秦岭植物志》）

6. 海罂粟属 Glaucium Adans.

二年生或多年生草本，稀一年生，粉绿色，具红色汁液。茎直立或上升。基生叶常羽状分裂，裂片具锯齿或圆齿，叶柄基部具鞘；茎生叶互生，基部具缺齿或浅波状，心形抱茎，无柄。单花顶生或腋生，大而美丽，具长梗。萼片2；花瓣4，芽时席卷；雄蕊多数，花药长圆形；2心皮，隔膜连接胎座成2室，柱头2裂，近无柄。蒴果圆柱形，2瓣裂。种子多数，种皮蜂窝状，无种阜。

约23种，主产欧洲温带及地中海地区，亚洲西南部至中部也有。我国新疆产3种。

1. 一年生草本；茎二歧分枝；基生叶倒卵状长圆形，羽状浅裂；花瓣橙黄色，基部带红色；果柄长0.5-1厘米 ……………… **天山海罂粟 G. elegans**
1. 一年生至多年生草本；茎不分枝；基生叶窄倒披针形，大头羽状深裂；花瓣金黄色；果柄长12-18厘米。
   2. 一年生草本；花芽纺锤形，光滑；花瓣橙黄色，具斑点；蒴果自先端向基部开裂；苞片具粗齿 ……………… （附）. **海罂粟 G. fimbrilligerum**
   2. 二年生或多年生草本；花芽卵圆形，被多数鳞片状皮刺；花瓣金黄色，无斑点；蒴果自基部向先端开裂；苞片羽状3-5深裂 ……………… （附）. **新疆海罂粟 G. squamigerum**

天山海罂粟 图 1013

Glaucium elegans Fisch. et Mey. Ind. Sem. Hort. Petrop. 1: 29. 1835.

一年生草本，高达20厘米。茎二歧分枝，被白粉，无毛。基生叶倒卵状长圆形，长4-8厘米，羽状浅裂，裂片宽卵形，具粗牙齿，齿端具刚毛状短尖头，两面无毛，被白粉，叶柄扁，长1.5-2.5厘米；茎生叶卵状近圆形，长2-4厘米，基部心形，抱茎，具浅波状齿。花单生枝顶。花芽纺锤形，常被乳突状皮刺；花瓣宽倒卵形，长约2厘米，橙黄色，基部带红色；雄蕊长0.6-1.1厘米，花丝丝状，向基部渐粗，花药长约1.8毫米；子

图 1013 天山海罂粟 （引自《图鉴》）

房圆柱形，长约1.5厘米，近无毛，花柱近无，柱头2裂。蒴果线状圆柱形，长10-16厘米，疏被圆锥状皮刺，自基部向顶端开裂；果柄长0.5-1厘米。种子肾状长圆形，长1.7-2毫米，黑褐色。花果期5-7月。

产新疆，生于海拔约750米荒漠、石坡或河滩。中亚地区及伊朗有分布。

［附］**海罂粟 Glaucium fimbrilligerum** Boiss. Fl. Orient. 1: 120. 1867. 本种与天山海罂粟的区别：茎不分枝；茎生叶窄倒披针形，大头羽状深裂；蒴果自顶端向基部开裂，果柄极长。产新疆，生于荒漠或干旱山坡。中亚地区及伊朗、阿富汗有分布。

［附］**新疆海罂粟 Glaucium squamigerum** Kar. et Kir. in Bull. Soc. Nat. Mosc. 15: 141. 1842. 本种与天山海罂粟的区别：二年生或多年生草本；茎不分枝，疏生白色皮刺；基生叶窄倒披针形，大头羽状深裂，裂片具不规则锯齿或圆齿，齿端具软骨质短尖头；花芽卵圆形，被鳞片状皮刺；花瓣金黄色；果柄长12-18厘米。与海罂粟的区别为二年生或多年生草本；冬芽卵圆形，被多数鳞片状皮刺；花瓣金黄色，无斑点；蒴果自基部向顶端开裂。花果期5-10月。产新疆各地，生于海拔860-2600米山坡石缝、碎石堆、荒漠或河滩。中亚地区广泛分布。

7. 裂叶罂粟属（疆罂粟属）Roemeria Medik.

一年生草本。叶二回羽状深裂，裂片窄，浅裂，小裂片线形或卵状长圆形；具柄。单花顶生、腋生或对叶生，具梗。萼片2，被柔毛；花瓣4，紫、紫红或红色，芽时褶叠；雄蕊多数；子房圆柱形，心皮2-4，1室，花柱短，柱头头状，2-4裂。蒴果顶端至基部（2-3）4瓣裂。种子多数，种皮蜂窝状，无种阜。

约7种，分布于地中海区至中亚及阿富汗。我国新疆产2种。

1. 花瓣红色，基部暗紫色；蒴果无毛，柱头每2个裂瓣间具1刚毛状附属物 ………… 红花裂叶罂粟 **R. refracta**
1. 花瓣紫色，蒴果顶端疏生刚毛；柱头无附属物 ………………………………………… （附）. 紫花裂叶罂粟 **R. hybrida**

红花裂叶罂粟 红花疆罂粟 图1014

Roemeria refracta（Stev. ex DC.）DC. Syst. 2: 93. 1821.

Glaucium refracta Stev. ex DC. Syst. 2: 92. 1821.

一年生草本，高达40厘米。茎、叶下面、叶柄、花梗、萼片均被灰黄色刚毛。茎分枝。基生叶卵形，长3-8厘米，二回羽状深裂，小裂片线形或线状长圆形，叶脉两面明显，叶柄长3-8厘米，基部鞘状；茎生叶同基生叶，较小，具短柄或近无柄。单花顶生及腋生。花梗长达14厘米；花芽卵圆形，长1.5-2厘米；萼片卵形，盔状，疏被刚毛；花瓣卵形或近圆形，长2-3厘米，红色，基部暗紫色；花丝线形，长约1厘米，花药长圆形，长约1毫米；子房长1-1.8厘米，无毛，柱头4裂，下延。蒴果窄圆柱形，长4-5厘米，无毛，柱头每2裂间具1刚毛状附属物，内弯而长于柱头，4瓣裂。种子肾形。花果期4-6月。

产新疆伊犁河谷地区，生于海拔860-1100米山坡、荒漠、草原、草地，或为绿洲杂草。中亚及伊朗有分布。

图 1014 红花裂叶罂粟 （引自《图鉴》）

［附］**紫花裂叶罂粟** 紫花疆罂粟 **Roemeria hybrida**（Linn.）DC. Syst. 2: 92. 1821. —— *Chelidonium* *hybridum* Linn. Sp. Pl. 506. 1753. 本种与红花裂叶罂粟的区别：花瓣紫色；蒴果顶端疏生刚毛，花柱无附属物。产新疆南北各地，生于干旱山坡、沙地或草原。伊朗、中亚、小亚细亚、巴尔干、地中海、高加索及西欧有分布。

8. 金罂粟属 Stylophorum Nutt.

多年生草本，具黄或红色汁液。茎1(-3)，不分枝，具条纹。基生叶少数，羽状深裂或全裂，裂片深波状或具不规则锯齿，具长柄；茎生叶同基生叶，2-3(4-7)，具短柄，顶端2(3) 叶近对生，或生于花序梗基部，具短柄或无柄。伞房状或伞形花序，具花序梗及苞片。萼片2，被长柔毛；花瓣4，黄色；雄蕊20或更多，花丝丝状；子房被短柔毛，1室，2-4心皮，柱头头状，2-4浅裂，裂片与胎座互生，胚珠多数。蒴果被短柔毛，顶端至基部2-4瓣裂。种子多数，具鸡冠状种阜。

3种，1种产北美大西洋沿岸。我国2种。

1. 植株具黄色汁液，被卷曲柔毛；茎生叶4-7，互生；子房被白色长柔毛，柱头裂片小；蒴果长圆形，长2.5-3.5厘米，密被褐色卷曲柔毛 …… 1. **四川金罂粟 S. sutchuense**
1. 植株具红色汁液，无毛；茎生叶2-3，近对生或近轮生；子房被短柔毛，柱头裂片大，近平展；蒴果窄圆柱形，长5-8厘米，被短柔毛 …… 2. **金罂粟 S. lasiocarpum**

1. 四川金罂粟 图 1015

Stylophorum sutchuense (Franch.) Fedde in Engl. Pflanzenr. 4: 208. 1909.

Chelidonium sutchuense Franch. in Journ. de Bot. 8: 293. 1894.

草本，高达60厘米，具黄色汁液。茎、叶下面沿脉、叶柄及果均被淡褐色卷曲柔毛。茎直立或斜上，常不分枝。基生叶倒长卵形或倒披针形，长10-25厘米，羽状深裂或全裂，裂片4-8对，卵状披针形或长圆形，长2-5厘米，下部较小，先端钝，基部一侧向上弧曲，另一侧弯缺，具不规则深圆齿，上面无毛，下面粉白色；叶柄长10-15厘米；茎生叶4-7，互生，具短柄，顶端2叶近对生，近无柄。伞房花序顶生。花梗长5-7厘米；苞片披针形，长2-4毫米；萼片卵形，长5-7毫米，先端渐尖，被柔毛及细毛；花瓣黄色，倒卵形，长1-2厘米；花丝长5-6毫米，花药线形，长约1.5毫米；子房密被白色长柔毛，花柱长4-5毫米，柱头2裂，裂片小。果长圆形，长2.5-3.5厘米。种子卵圆形或近球形，黑褐色，具网纹及小瘤。花期4-5月，果期5-6月。

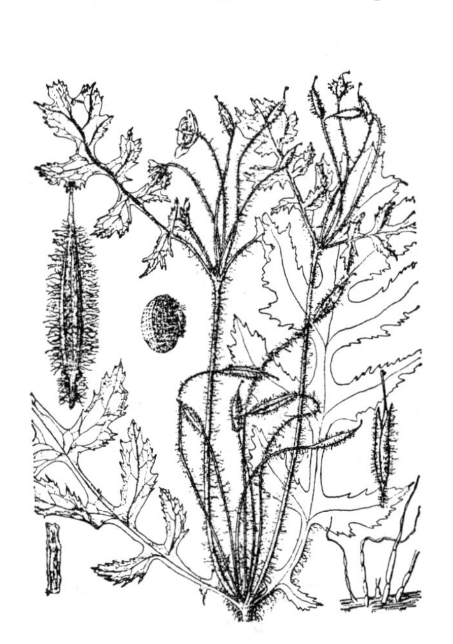

图 1015 四川金罂粟 （引自《秦岭植物志》）

产四川东北部、陕西南部及甘肃东部，生于海拔1100-1700米山谷阴湿处。

2. 金罂粟 人血草 大金盆 图 1016

Stylophorum lasiocarpum (Oliv.) Fedde in Engl. Pflanzenr. 4: 209. f. 25. N-O. 1909.

Chelidonium lasiocarpum Oliv. in Hook. Icon. Pl. 18. t. 1739. 1888.

草本，高达50(-100)厘米，具红色汁液。茎常不分枝，无毛。基生叶倒长卵形，大头羽状深裂，长13-

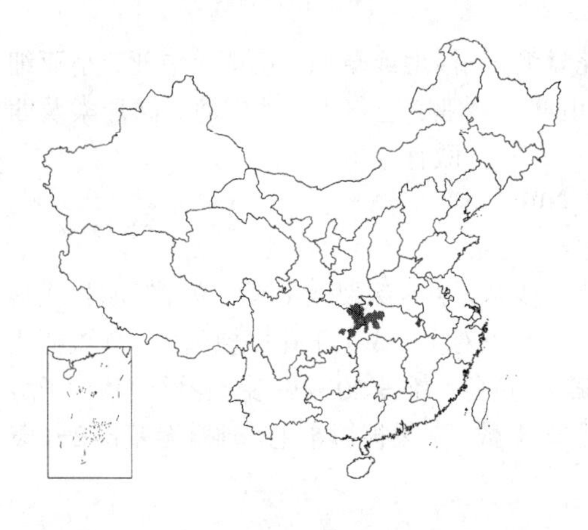

25厘米，裂片4-7对，侧裂片卵形长圆形，长3-5厘米，具不规则锯齿或圆齿状锯齿，顶生裂片宽卵形，长7-10厘米，具不等粗齿，下面被白粉，两面无毛，叶柄长7-10厘米，无毛；茎生叶2-3，生于茎上部，近对生或近轮生，叶柄较短。聚伞状伞形花序具4-8花。花梗长5-15厘米；苞片窄卵形，长1-1.5厘米；萼片卵形，长约1厘米，先端尖，被短柔毛；花瓣黄色，倒卵状圆形，长约2厘米；雄蕊长约1.2厘米，花药长圆形；子房被短柔毛，花柱长约3毫米，柱头2裂，裂片大，近平展。蒴果窄圆柱形，长5-8厘米，被短柔毛。种子卵圆形，具网纹。花期4-8月，果期6-9月。

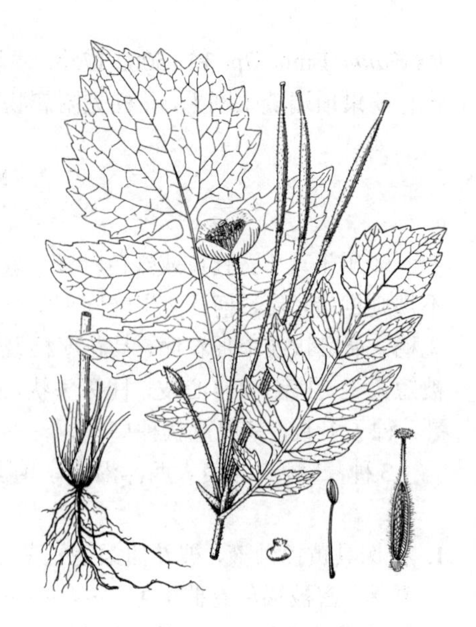

图 1016 金罂粟 (吴彰桦绘)

产湖北西部、陕西南部及四川东部，生于海拔600-1800米林下或沟边。全草入药，治崩漏，煎水可洗疮毒；全草或根治跌打损伤、外伤出血、劳伤、月经不调。

9. 荷青花属 Hylomecon Maxim.

多年生草本，具黄色汁液。根茎短，斜生，密被褐色膜质圆形鳞片。茎直立，柔弱，不分枝，下部无叶，稀1-2叶。基生叶少数，羽状全裂，裂片2-3对，具长柄；茎生叶同基生叶，2（3）生于上部，近对生或近互生，具短柄。聚伞花序具1-3花，顶生或腋生。萼片2，早落；花瓣4，黄色，具短爪；雄蕊多数；子房圆柱状长圆形，无毛，2心皮，1室，胚珠多数，花柱短，柱头2裂，肥厚。蒴果窄圆柱形，自基部向上2瓣裂。种子小，多数，具种阜。

1种2变种，产日本、朝鲜、俄罗斯东西伯利亚及我国。

1. 叶最下部裂片具不规则圆齿状粗齿或重锯齿 …………………… **荷青花 H. japonica**
1. 叶最下部裂片常一侧或两侧具深裂或缺刻 …………………… (附). **锐裂荷青花 H. japonica** var. **subincisa**

荷青花 图 1017 彩片 414

Hylomecon japonica (Thunb.) Prantl et Kundig in Engl. et Prantl Nat. Pflanzenfam. 3, 2: 139. 1889.

Chelidonium japonicum Thunb. Fl. Jap. 221. 1784.

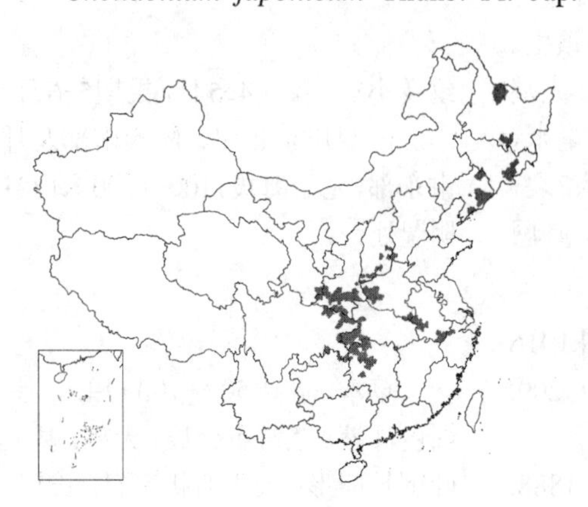

多年生草本，高达40厘米。茎具条纹，无毛，草质，绿色转红色至紫色。基生叶长10-15（-20）厘米，羽状全裂，裂片2-3对，宽披针状菱形、倒卵状菱形或近椭圆形，长3-7（-10）厘米，先端渐尖，基部楔形，具不规则圆齿状锯齿或重锯齿，两面无毛，具长柄；茎生叶2(3)，

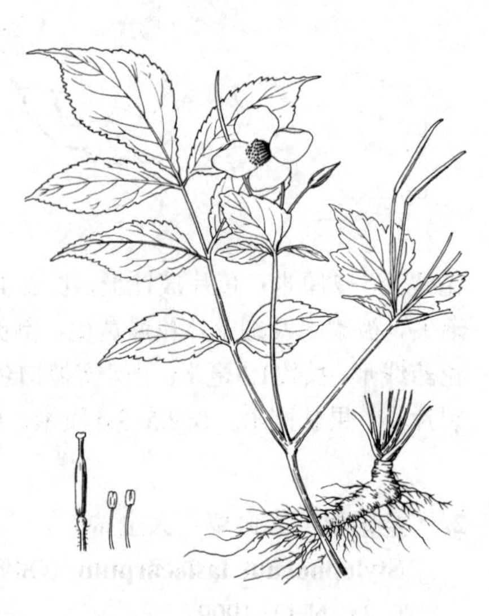

图 1017 荷青花 (引自《图鉴》)

具短柄。花序顶生，稀腋生。花梗长3.5-7厘米；萼片卵形，长1-1.5厘米，疏被卷毛或无毛；花瓣倒卵圆形或近圆形，长1.5-2厘米，具短爪；雄蕊黄色，长约6毫米，花丝丝状，花药圆形或长圆形；子房长约7毫米。果长5-8厘米，无毛，2瓣裂，宿存花柱长达1厘米。种子卵圆形，长约1.5毫米。花期4-7月，果期5-8月。

产黑龙江、吉林、辽宁、河北、山西、陕西、四川、湖南、湖北、安徽及浙江，生于海拔300-1800（-2400）米林下、林缘或沟边。朝鲜、日本及俄罗斯东西伯利亚有分布。根茎药用，可祛风湿、止血、止痛、舒筋活络、散瘀消肿。

［附］锐裂荷青花 **Hylomecon japonica** var. **subincisa** Fedde in Engl. Pflanzenr. 4: 210. 1909. 本变种与原变种的区别：叶最下部裂片常一侧或两侧具深裂或缺刻。产华北及华中，生于海拔1000-2400米林下。

10. 白屈菜属 Chelidonium Linn.

多年生草本，高达60厘米，蓝灰色，具黄色汁液。根茎褐色。茎分枝，被短柔毛。基生叶倒卵状长圆形或宽倒卵形，长8-20厘米，羽状全裂，裂片2-4对，倒卵状长圆形，具不规则深裂或浅裂，裂片具圆齿，上面无毛，下面被白粉，疏被短柔毛，叶柄长2-5厘米；茎生叶互生，长2-8厘米，具短柄。花多数，伞形花序腋生，长2-8厘米；具苞片。花瓣4，倒卵形，黄色；雄蕊多数，花丝丝状，子房1室，2心皮，无毛，胚珠多数，花柱明显，柱头2裂。蒴果窄圆柱形，近念珠状，长2-5厘米，无毛，具柄，自基部向顶端2瓣裂，柱头宿存。种子多数，长约1毫米，具蜂窝状小网格及鸡冠状种阜。

单种属。

白屈菜　图1018

Chelidonium majus Linn. Sp. Pl. 505. 1753.

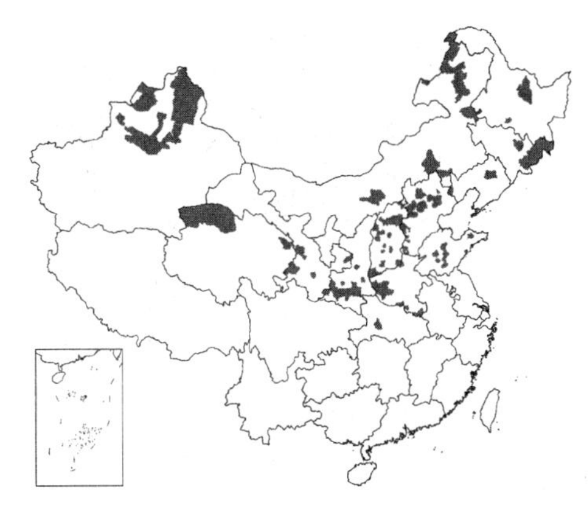

形态特征同属。花果期4-9月。

产黑龙江、吉林、辽宁、内蒙、河北、山西、山东、河南、湖北、陕西、甘肃、青海及新疆，生于海拔500-2200米山坡、山谷、林缘、草地或石缝中。朝鲜、日本及欧洲有分布。种子含油40%以上；全草入药，有毒，含多种生物碱，可镇痛、止咳、消肿、利尿、解毒。

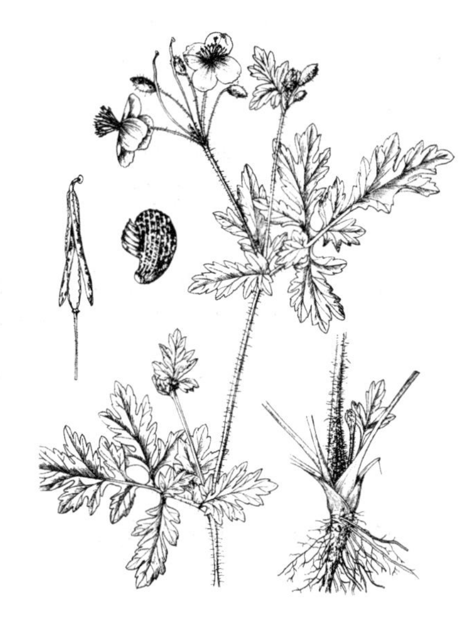

图 1018 白屈菜 （引自《秦岭植物志》）

11. 血水草属 Eomecon Hance

多年生草本，无毛，具红黄色汁液。根茎匍匐，多分枝。基生叶数枚，心形或心状肾形，稀心状箭形，长5-20厘米，先端尖，基部耳形，边缘波状，掌状脉5-7，网脉明显；叶柄长10-30厘米，基部具窄鞘。花葶直立，高20-40厘米，聚伞状伞房花序具3-5花，苞片及小苞片卵状披针形。花梗长0.5-5厘米；萼片2，舟状，膜质，合成佛焰苞状，先端渐尖；花瓣4，白色，倒卵形，长1-2.5厘米；雄蕊70枚以上，花丝丝状，花药长圆形，2室，药隔宽；子房1室，2心皮，卵圆形或窄卵圆形，胚珠多数，花柱长3-5毫米，果时伸长，宿存，柱头2裂，与胎座互生。蒴果窄椭圆形，长约2厘米。种子多数，具种阜。

特产单种属。

血水草 图 1019 彩片 415

Eomecon chionantha Hance in Journ. Bot. 22: 346. 1884.

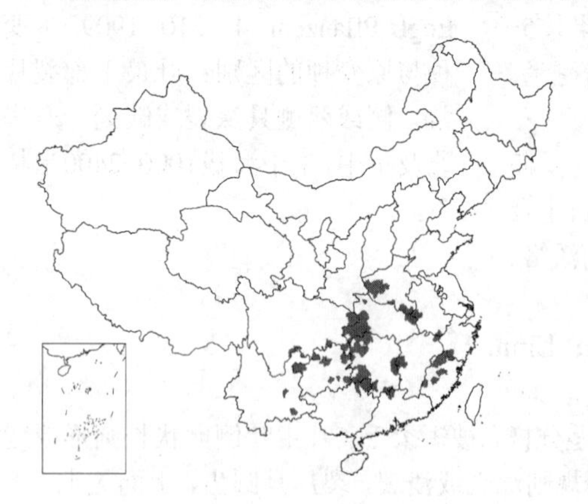

形态特征同属。花期3-6月，果期6-10月。

产河南、安徽、浙江西南部、福建北部及西部、江西、湖北西南部、湖南、广东、广西、云南东北及东南部、贵州、四川东部及东南部，生于海拔1400-1800米林下、灌丛中或溪边。全草入药，有毒，治劳伤咳嗽、跌打损伤、毒蛇咬伤、便血、痢疾。

图 1019 血水草 （引自《图鉴》）

12. 博落回属 Macleaya R. Br.

多年生草本或亚灌木状，具黄色乳液，有剧毒。茎圆柱形，中空，草质，光滑，被白粉。叶互生，7或9裂，基脉5，侧脉1-3对；具叶柄。大型圆锥花序顶生。花梗细长；萼片2，乳白色；无花瓣；雄蕊8-12或多数，花丝丝状，花药线形；子房1室，2心皮，花柱极短，柱头2裂。蒴果，具短柄，2瓣裂。种子1枚基生或4-6枚生于腹缝两侧，卵球形。

2种，分布于我国及日本。

1. 花芽棒状；雄蕊24-30，花丝与花药近等长；蒴果窄倒卵形或倒披针形；种子4-6（-8），生于腹缝两侧 …………………… 1. **博落回 M. cordata**
1. 花芽圆柱形；雄蕊8-12，花丝短于花药；蒴果近圆形；种子1，基生 …………………………………………… 2. **小果博落回 M. microcarpa**

1. 博落回 图 1020 彩片 416

Macleaya cordata (Willd.) R. Br. in App. Danh. et Clapp. Trav. North. -a. Centr. -Afric. 218. 1826.

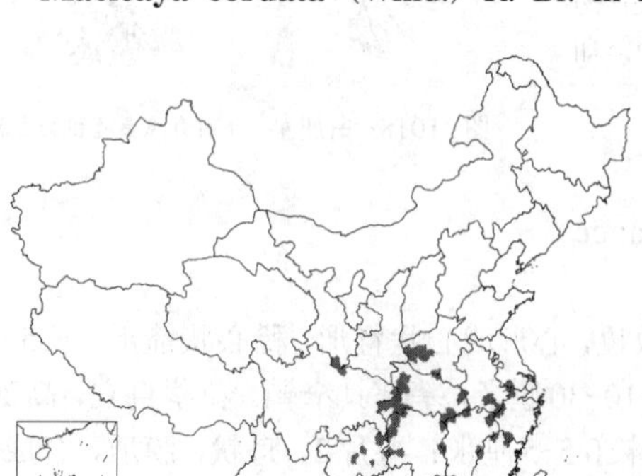

Bocconia cordata Willd. Sp. Pl. 2: 841. 1799.

亚灌木状草本，基部木质化，高达3米。茎上部多分枝。叶宽卵形或近圆形，长5-27厘米，先端尖、钝或圆、7深裂或浅裂，裂片半圆形、三角形或方形，边缘波状或具粗齿，上面无毛，下面被白粉及被易脱落细绒毛，侧脉2（3）对，细脉常淡红色；叶柄长1-12厘米，具浅槽。圆锥花序长15-40厘米。花梗长2-7毫米；苞片窄披针形；花芽棒状，长约1厘米；萼片倒卵状长圆形，长约1厘米，舟状，黄白色；雄蕊24-30，花药与花丝近等长。果窄倒卵形或倒披针形，长1.3-3厘米，无毛。种子4-6(-8)，生于腹缝两侧，卵球形，

图 1020 博落回 （引自《江苏植物志》）

长1.5-2毫米，具蜂窝状孔穴，种阜窄。花果期6-11月。

产长江以南、南岭以北及甘肃南部，生于海拔150-830米山地林中、灌丛或草丛中。日本有分布。全草有大毒，不可内服，外用治跌打损伤、关节炎、汗斑、恶疮、蜂螫伤、麻醉镇痛、消肿；作农药可防治稻椿象、稻苞虫、钉螺。

图 1021 小果博落回 （引自《秦岭植物志》）

2. 小果博落回 图 1021

Macleaya microcarpa (Maxim.) Fedde in Engl. Bot. Jahrb. 36, Beibl. 82: 45. 1905.

Bocconia microcarpa Maxim. in Acta Hort. Petrop. 11: 45. 1890.

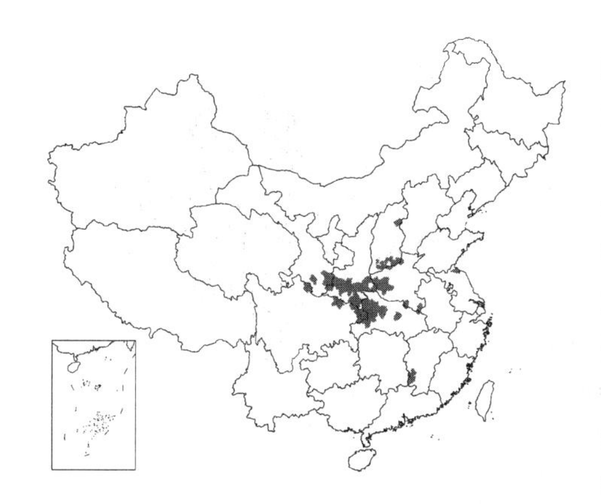

亚灌木状草本，高达1米。茎基部木质化，上部多分枝。叶宽卵形或近圆形，长5-14厘米，先端尖、钝或圆，基部心形，7深裂或浅裂，裂片半圆形或扇形，边缘波状，具缺刻、粗齿或细齿，上面无毛，下面被白粉及绒毛，侧脉1（2）对，细脉网状；叶柄长4-11厘米，无沟槽。圆锥花序长15-30厘米。花梗长0.2-1厘米。花芽圆柱形，长约5毫米；萼片窄长圆形，舟状，长约5毫米；雄蕊8-12，花丝短于花药。果近球形，径约5毫米。种子1，卵球形，长约1.5毫米，具孔状雕纹，无种阜。花果期6-10月。

产江苏北部、江西西南部、湖北西部、四川东北部、甘肃东南部、陕西南部、河南、山西，生于海拔450-1600米山坡草地或灌丛中。全草入药，有毒，勿内服，外用治恶疮及皮肤病；也可作农药。

13. 角茴香属 Hypecoum Linn.

一年生草本，具微透明汁液。茎具直立或平卧分枝。基生叶近莲座状，二回羽状分裂，具柄；茎生叶同基生叶，较小，具短柄或近无柄。二歧聚伞花序。花萼小，萼片2；花瓣4，外面2枚3浅裂或全缘，内面2枚3深裂，稀近全缘，侧裂片窄，中裂片匙形，无鸡冠状突起，常具爪，被短缘毛；雄蕊4，花丝常具翅，有时基部披针形，花药药隔具2短尖；子房1室，2心皮，胚珠多数，花柱短，柱头2裂。蒴果具节，内有横隔膜，节间分离，或不具节，2瓣裂。种子多数，卵圆形，被小疣，或近四棱形，具十字形突起。

约15种，分布于地中海地区至中亚及我国。我国3种。

1. 蒴果2瓣裂；种子近四棱形，具十字形突起；花淡黄色，内花瓣侧裂片具微缺刻 ……… 1. **角茴香 H. erectum**
1. 蒴果节裂；种子卵圆形，被小疣；花黄或深紫色，内花瓣侧裂片全缘。
    2. 花瓣淡紫色；蒴果直立 ……… 2. **细果角茴香 H. leptocarpum**
    2. 花瓣黄色；蒴果下垂 ……… 2(附). **小花角茴香 H. parviflorum**

1. 角茴香 图 1022

Hypecoum erectum Linn. Sp. Pl. 124. 1753.

一年生草本，高达30厘米。基生叶倒披针形，长3-8厘米，羽状细裂，裂片线形，先端尖，叶柄基部具鞘；茎生叶同基生叶，较小。花茎多，二歧聚伞花序；苞片钻形，长2-5毫米。萼片卵形，长约2毫米；花瓣淡黄色，长1-1.2厘米，无毛，外面2枚倒卵

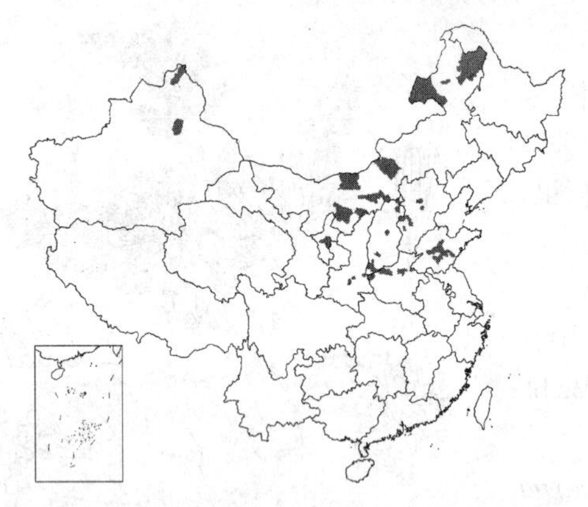

形或近楔形，先端3浅裂，中裂片三角形，长约2毫米，内面2枚倒三角形，3裂至中部以上，侧裂片较宽，长约5毫米，具微缺刻，中裂片窄匙形，长约3毫米，雄蕊长约8毫米，花丝宽线形，下半部宽，花药窄长圆形，子房长约1厘米，花柱长约1毫米，柱头2深裂，裂片两侧伸展。果长圆柱形，长4-6厘米，顶端渐尖，两侧稍扁，2瓣裂。种子近四棱形，两面具十字形突起。花果期5-8月。

产新疆、内蒙古、河北、山东、河南、山西、陕西及宁夏，生于海拔400-1200(-4500)米山坡草地或河边砂地。蒙古及俄罗斯西伯利亚有分布。全草入药，可清火、解热、镇咳。

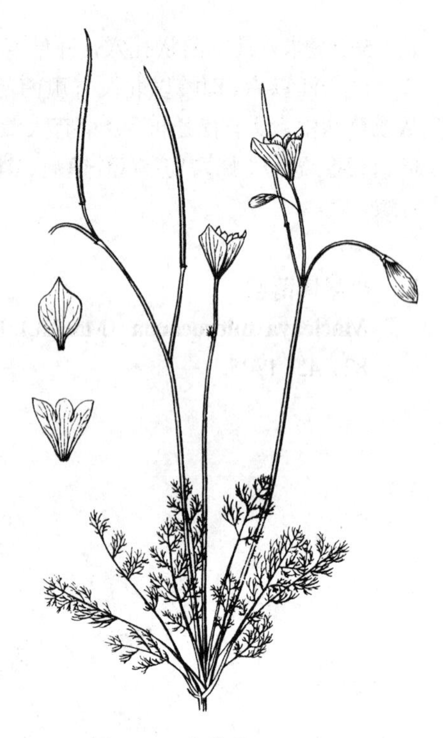

图 1022 角茴香 （王金凤绘）

2. 细果角茴香 节裂角茴香 图 1023

Hypecoum leptocarpum Hook. f. et Thoms. Fl. Ind. 1: 276. 1855.

一年生草本，高达60厘米。茎丛生，多分枝。基生叶窄倒披针形，长5-20厘米，叶柄长1.5-10厘米，二回羽状全裂，裂片4-9对，宽卵形或卵形，长0.4-2.3厘米，近无柄，羽状深裂，小裂片披针形、卵形、窄椭圆形或倒卵形，长0.3-2毫米；茎生叶具短柄或近无柄。花茎多数，高达40厘米，常二歧分枝；苞叶轮生，卵形或倒卵形，长0.5-3厘米，二回羽状全裂；二歧聚伞花序，花径5-8毫米，每花具数枚刚毛状小苞片。萼片卵形或卵状披针形，长2-3（-4）毫米，边缘膜质；花瓣淡紫色，外面2枚宽倒卵形，长0.5-1厘米，内面2枚3裂近基部，中裂片匙状圆形，侧裂片较长，长卵形或宽披针形；雄蕊长4-7毫米，花丝丝状，扁平，基部宽，花药卵圆形；子房长5-8毫米，无毛，柱头2裂，裂片外弯。蒴果直立，圆柱形，长3-4厘米，两侧扁，在关节处分离，每节具1种子。种子扁平，宽倒卵形或卵形，被小疣。花果期6-9月。

产内蒙古、河北西北部、山西、甘肃、青海、西藏、四川西南部及云南西北部，生于海拔（1700-）2700-5000米山坡、草地、山谷、河滩、砾石坡或砂地。蒙古及锡金有分布。全草入药，治感冒、咽喉炎、急性结膜炎、头痛、关节痛、胆囊炎，能解食物中毒。

［附］**小花角茴香 Hypecoum parviflorum** Kar. et Kir. in Bull. Soc. Nat. Mosc. 15: 141. 1824. 本种与细叶角茴香的区别：花瓣黄色；蒴果下垂。产新疆南北各地，生于平原、荒漠或石坡。印度、伊朗、中亚及西西伯利亚有分布。

图 1023 细果角茴香 （引自《秦岭植物志》）

24. 紫堇科 FUMARIACEAE

（吴征镒 傅立国 洪 涛）

一年生、二年生或多年生草本，或草质藤本，稀亚灌木状，无乳液。主根粗壮，有时空心或具簇生须根。根茎短或横走，稀块茎状。茎分枝，稀不分枝。基生叶少数或多数，稀1枚，茎生叶1-多数，稀无，互生，稀对生，一至多回羽状分裂、掌状分裂或三出，稀全缘。花2-多数成总状，聚伞状、伞房状、穗状或圆锥状花序，稀单花，基生、顶生、腋生或对叶生；苞片分裂或全缘，具小苞片或无。花冠两侧对称；萼片2，早落，稀宿存；花瓣4，2轮，外花瓣基部成囊状距，稀无距，内面2花瓣先端常粘合，背部具鸡冠状突起及爪，稀具囊；雄蕊6，连成2束，与外花瓣对生，（1）2室，花丝具延伸入距的蜜腺，稀蜜腺退化或无；子房1室，2心皮，胚珠1-多数，1列或2列，侧膜胎座，花柱长，柱头具乳突。蒴果，2瓣裂，稀扭曲或具节，不裂或向上卷裂，具4-多枚种子；稀坚果不裂，具1种子。种子具种阜或无；胚乳丰富。

约16属，500余种，广布北温带，南至北非及印度，少数种达东非。我国5属约300种。

1. 花冠纵轴两侧对称；蒴果2瓣裂。
   2. 直立草本；无卷须 …………………………………… 1. **荷包牡丹属 Dicentra**
   2. 攀援草本；具卷须。
      3. 顶生小叶卷须状；总状或伞房状花序对叶生 ………………… 2. **紫金龙属 Dactylicapnos**
      3. 顶生小叶柄卷须状；圆锥花序腋生 ……………………… 3. **荷包藤属 Adlumia**
1. 花冠横轴两侧对称；蒴果2瓣裂或坚果不裂。
   4. 蒴果；种子2至多数，具种阜 ……………………………… 4. **紫堇属 Corydalis**
   4. 坚果；种子1，无种阜 …………………………………… 5. **烟堇属 Fumaria**

1. 荷包牡丹属 Dicentra Bernh.

多年生草本，无毛，具根茎。茎直立或近无茎。叶多回羽状分裂或三出复叶。总状花序，有时聚伞状，稀单花，基生、顶生或腋生；苞片草质。花纵轴两侧对称；萼片2，鳞片状，早落；花瓣4，2轮，外面2瓣先端外曲，基部囊状或距状，内面2瓣较小，提琴形或倒卵状圆形，先端粘合，背部具鸡冠状突起及爪；雄蕊6，连成2束，与外花瓣对生；子房1室，胚珠多数，侧膜胎座2，花柱线形，柱头四方形或长方形，具4乳突。蒴果2瓣裂。种子多数，具种阜。

约12种，3种分布于喜马拉雅至朝鲜、日本、俄罗斯东西伯利亚及萨哈林岛，9种产北美。我国2种。

1. 叶小裂片常全缘；总状花序，花于序轴一侧下垂；花长2.5-3厘米，外花瓣紫红或粉红色 ……………………………………………… 1. **荷包牡丹 D. spectabilis**
1. 叶小裂片具4-8对粗齿；聚伞状总状花序；花长4-5厘米，外花瓣淡黄绿或绿白色 ……………………………………………… 2. **大花荷包牡丹 D. macrantha**

1. 荷包牡丹 图1024 彩片417

Dicentra spectabilis (Linn.) Lem. Fl. des serres 1, 3: t. 258. 1847.

Fumaria spectabilis Linn. Sp. Pl. 699. 1753.

直立草本，高达60厘米。茎带紫红色。叶三角形，长（15-）20-30（-40）厘米，二回三出全裂，一回裂片具长柄，中裂片柄较侧裂片柄长，二回裂片近无柄，2或3裂，小裂片常全缘，下面被白粉，两面叶脉明显；叶柄长约10厘米。总状花序长约15厘米，具（5-）8-11（-15）花，于花序轴一侧下垂。花梗长1-1.5厘米；苞片钻形或线状长圆形；长2.5-3厘米，基部心形；萼片披针形，玫瑰色，早落；外花瓣紫红或粉红色，稀白色，下部囊状，囊长约1.5厘米，具脉纹，上部窄向下反曲，内花瓣长约2.2厘米，稍匙形，长1-1.5厘米，先端紫色，鸡冠状突起高达3毫米，爪长圆形或倒卵形，长约1.5厘米，白色；柱头窄长方形，顶端2裂，基部近箭形。花期4-6月。

产日本、朝鲜及俄罗斯各地多栽培。全草入药，可镇痛、解痉、利尿、调经、活血、治疮毒。庭园栽培供观赏。

图 1024 荷包牡丹 （引自《秦岭植物志》）

2. 大花荷包牡丹 图 1025 彩片 418

Dicentra macrantha Oliv. in Hook. Icon. Pl. 20: t. 1937. 1890.

直立草本，高达1.5米。茎基径0.5-1.3厘米。羽叶互生于茎上部，长10-20厘米，三回三出分裂，一回裂片具长柄，二回裂片具短柄，三回裂片柄极短或无柄，小裂片卵形、菱状卵形或披针形，长3-8厘米，先端渐尖或尖，具4-8对粗齿，下面被白粉，中脉突起，平行侧脉约7对；叶柄长5-9厘米。总状花序聚伞状，腋生或腋外生，具3-14花，下垂。花梗长1-1.5厘米；苞片钻形；花长4-5厘米，基部近平截；萼片窄长圆状披针形；外花瓣舟状，长3.5-4.5厘米，淡黄绿或绿白色，内花瓣长3.5-4.5厘米，背部鸡冠状突起，长1.5-2厘米；柱头近提琴状长方形，四角突出。蒴果窄椭圆形，长3-4厘米，花柱宿存。种子近圆形，径1-1.5毫米，黑色，具光泽。花果期4-7月。

产湖北西部、四川南部、云南及贵州，生于海拔1500-2700米林下。缅甸北部有分布。

图 1025 大花荷包牡丹 （吴彰桦绘）

2. 紫金龙属 Dactylicapnos Wall.

一年生或多年生草质藤本。茎攀援。叶多回羽状分裂，顶生小叶卷须状。总状或伞房状花序对叶生，具2-10（-14）花；苞片草质。花冠两侧对称；萼片2，鳞片状，早落；花瓣4，黄色，大部合生，外2枚兜状，先端窄，基部囊状，内2枚提琴形，先端粘合，背部具鸡冠状突起，爪线形，较瓣片长；雄蕊6，合成2束，与外花瓣对生，雄蕊束下部与花瓣合生，基部各具1蜜腺并伸入花瓣基部囊内；子房1室，胚珠多数，胎座2，丝状；花柱纤细，柱头近四方形，上端两角各具1小乳突，基部两侧各具1大乳突。蒴果常念珠状，2瓣裂，或浆果状。种子多数，具种阜。

7种，分布于喜马拉雅地区至我国西南部。我国4种。

1. 总状花序具7-10花；苞片全缘；萼片卵状披针形，全缘；蒴果浆果状，卵圆形或长圆状窄卵圆形；种皮具乳突 ………………………………………………………………………… 1. **紫金龙 D. scandens**
1. 伞房状总状花序具2-6花；苞片流苏状或撕裂；萼片线状披针形，不规则撕裂；蒴果线状长圆形；种皮具细网纹。
   2. 花长1.1-1.4厘米；蒴果径不及3毫米，念珠状 ………………………………… 2. **扭果紫金龙 D. torulosa**

2. 花长约2厘米；蒴果径4-5毫米，非念珠状 ………………………………………… 2(附). **宽果紫金龙 D. roylei**

1. 紫金龙 图1026

Dactylicapnos scandens (D. Don) Hutch. in Kew Bull. 1921: 105. 1921.

Dielytra scandens D. Don, Prodr. Fl. Nepal. 198. 1825.

多年生草质藤本，长达4米。茎攀援，具纵沟，多分枝。叶三回三出复叶，三角形或卵形，二或三回小叶成卷须，叶柄长4-5厘米；小叶卵形，长0.5-3.5厘米，先端尖、钝或圆，基部楔形，两侧不对称，上面绿色，有时微紫色，下面被白粉，全缘，基出脉5-8。总状花序具（2-）7-10（-14）花；苞片线状披针形，全缘。萼片卵状披针形，长2-3毫米，全缘，早落；花瓣黄或白色，先端粉红或淡紫红色，外2枚长1.7-2厘米，先端两侧叉开，基部囊状心形，囊内具1钩状蜜腺，内2花瓣，先端具圆突，爪长0.9-1.3厘米，具鸡冠状突起；雄蕊束长1-1.5厘米；花柱圆柱形，长约7毫米，柱头近四方形，具4乳突。蒴果卵圆形或长圆状窄卵圆形，长1-2.5厘米，紫红色，浆果状，花柱宿存。种子圆形或肾形，长1.2-2毫米，黑色，有光泽，具乳突。花期7-10月，果期9-12月。

产四川西南部、西藏南部、云南及广西西部，生于海拔1100-3000米林下、山坡、石缝中、沟边、低凹草地或沟谷。不丹、锡金、尼泊尔、印度阿萨姆、缅甸中部及印度支那东部有分布。根药用，可消炎、镇痛、止血、降压。

图 1026 紫金龙 （引自《中国北部植物志》）

2. 扭果紫金龙 大藤铃儿草 图1027

Dactylicapnos torulosa (Hook. f. et Thoms.) Hutch. in Kew Bull. 1921: 104. 1921.

Dicentra torulosa Hook. f. et Thoms. Fl. Ind. 1: 272. 1855.

草质藤本，长达4米。叶二回或三回三出复叶，长4-14厘米，叶柄短；小叶卵形或披针形，长(0.3-) 0.7-1.8 (-2.2) 厘米，基部宽楔形，不对称，下面被白粉，全缘，基脉7-10。伞房状总状花序，具2-6朵下垂花；苞片线状披针形，不规则撕裂。萼片窄披针形，撕裂状，早落；花瓣淡黄色，外2枚长1.1-1.4厘米，先端两侧微叉开，基部囊状心形，囊内具1曲状蜜腺，内2花瓣长1-1.4厘米，先端具圆突，背部鸡冠状突起，爪长

图 1027 扭果紫金龙 （引自《中国北部植物志》）

7-9毫米；雄蕊束长0.9-1.2厘米；花柱圆锥状，长2-4毫米，柱头四方形，具2小乳突。蒴果线状长圆形，长4-6厘米，念珠状，稍扭曲，紫红色，花柱宿存。种子近肾形，长约2毫米，黑色，有光泽，具网纹。花期6-10月，果期7月至翌年1月。

产云南西北部、四川西南部及西藏东南部，生于海拔1200-3000米林下、灌丛中或沟边。印度有分布。全株药用，治咳嗽。

［附］**宽果紫金龙** 小藤铃儿草 **Dactylicapnos roylei** (Hook. f. et Thoms.) Hutch. in Kew Bull. 1921: 104. 1921. —— *Dicentra roylei* Hook. f. et Thoms. Fl. Ind. 1: 273. 1855. 本种与扭果紫金龙的区别：花大，外花瓣长1.7-2厘米，内花瓣长1.4-1.7厘米；蒴果径4-5毫米，非念珠状；叶柄长3-4厘米。产云南中部及西北部、四川西部、西藏，生于海拔1500-2800米林下、山坡灌丛、蕨类丛中或路边。印度西北部、尼泊尔、不丹、锡金有分布。

3. 荷包藤属 Adlumia Raf. ex DC.

二年生或多年生草质藤本。叶二至三回羽状全裂，小裂片卵形，先端2-3浅裂，基部楔形，顶生小叶柄卷须状。圆锥花序腋生，具2-12花，具小苞片。花两侧对称，下垂；萼片2，鳞片状，早落；花瓣4，外轮2瓣和内轮2瓣连成坛状，喉部缢缩，外轮裂片披针形，叉开，基部囊状，内轮裂片圆匙形；雄蕊6，合成2束，与外轮花瓣对生；子房1室，胎座2，丝状，胚珠多数，花柱细，柱头具4乳突。蒴果二瓣裂，花冠宿存包果。种子4-6，黑色，具光泽。

2种，1种产北美东部，1种产朝鲜、日本，俄罗斯远东地区及我国东北部。

荷包藤 藤荷包牡丹 图 1028

Adlumia asiatica Ohwi in Bot. Mag. Tokyo 45: 387. 1931.

多年生草质藤本，长达3米，无毛。茎具分枝。基生叶柄长6-9厘米，花期枯死；茎生叶二或三回近羽状全裂，一回裂片柄长1-2厘米，二回裂片具短柄，先端钝，基部楔形，常不对称，全缘或2-3浅裂，下面被白粉，叶脉近二叉状分枝。圆锥花序梗长1-15厘米，具5-11（-20）花；苞片窄披针形，膜质。花长1.5-1.7厘米；花梗长6-8毫米；萼片卵形，早落；外花瓣裂片披针形，长约5毫米，淡紫红色，背部具龙骨状突起，喉部以下心状卵形，长1-1.2厘米，白色，具4纵翅，基部两侧囊状，内花瓣近圆形，裂片圆匙形，长约4毫米，爪近条形；雄蕊束长约1.2厘米，宽扁，膜质，先端分离；子房长约7毫米，柱头2裂，裂片倒三角形，具4乳突。蒴果线状椭圆形，长1.5-2厘米，扁平，2瓣裂，宿存花冠海绵质。种子肾形，长约1.5毫米。花果期7-9月。

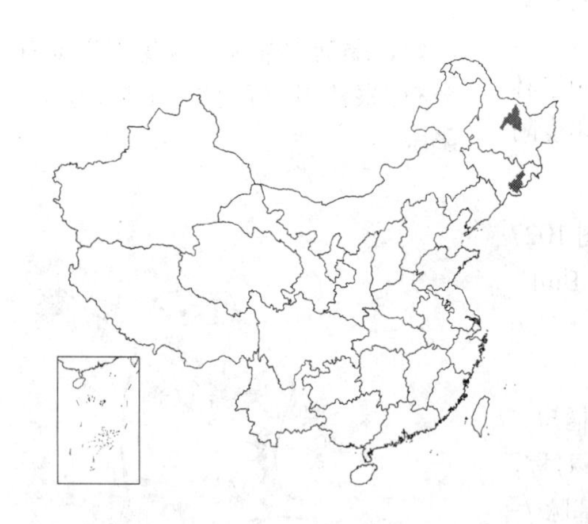

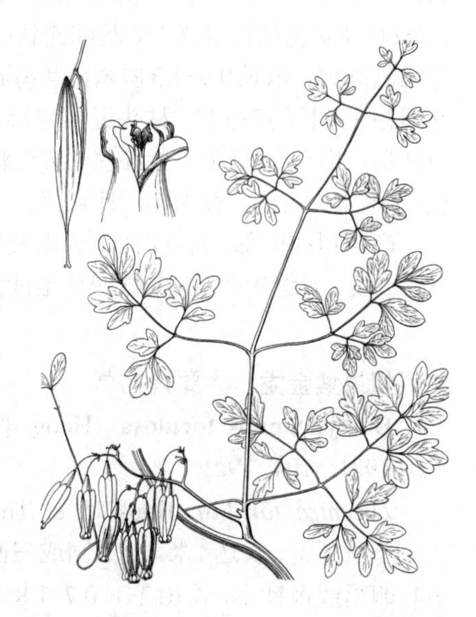

图 1028 荷包藤 （引自《图鉴》）

产黑龙江及吉林，生于针叶林下或林缘。日本、朝鲜及俄罗斯远东地区有分布。

4. 紫堇属 Corydalis DC.

一年生、二年生或多年生草本，或亚灌木状。主根圆柱状、芜菁状或马尾状，须根簇生，纺锤状、棒状或纤维状；根茎短或横走，稀块茎状。基生叶少数或多数，稀1枚，早落或叶基宿存；茎生叶1至多数，稀无叶，互生，稀对生，一至多回羽状分裂、掌状分裂或三出，稀全缘，裂片具柄，稀无柄。总状花序顶生、腋生或对叶生，稀伞房状、穗状或圆锥状，稀单花腋生；苞片分裂或全缘，无小苞片。花梗纤细；萼片2，膜质，早落，稀宿存；花冠两侧对称，花瓣4，2轮，紫、蓝、黄或玫瑰色，稀白色，上花瓣基部具圆筒形、圆锥形或短囊状距，稀无距，下花瓣具爪，基部有时呈囊状或具小囊，两侧内花瓣同形，先端粘合，具爪，有时具囊，稀成距状；雄蕊6，合成2束，中间花药2室，两侧花药1室，花丝长圆形或披针形，基部线形，蜜腺顶端尖或钝，伸入距内，稀无蜜腺；子房1室，2心皮，胚珠少至多数，花柱长，柱头顶端常具乳突，基部有时具乳突。蒴果，稀扭曲或具节，线形或圆柱形，稀圆囊状，不裂，稀上部卷裂。种子2-多枚，1或2列，肾形或近圆形，黑或褐色，平滑，有光泽；具种阜。

约420种，广布于北温带地区，南至北非-印度沙漠区边缘，个别种产东非草原。我国约280种。

1. 无块茎；具主根、根茎、须根或肉质须根，稀具匍匐茎；茎下部无鳞叶；子叶2枚。
  2. 无主根。
    3. 具根茎；多为高大草本。
      4. 根茎粗长，具顶芽；茎生叶互生；花较大，紫色，极稀黄色，距细，较鳞片长，圆锥形 或圆筒形。
        5. 根茎稍横走，具匍匐茎，为宿存叶柄残基或叶鞘覆被，须根多数，稀稍肉质，顶芽较大。
          6. 茎生叶常具腋生珠芽，稀无珠芽；下花瓣无囊；蒴果圆柱形或线状圆柱形。
            7. 距圆锥形，顶端渐尖，花长2-3厘米。
              8. 距较花瓣短或近等长，蜜腺贯穿距1/3-1/4；花梗较苞片长或近等长；叶侧生小裂片基部不对称，稀对称。
                9. 叶小裂片卵形或宽卵形，先端尖，具圆齿；花瓣具鸡冠或不明显 ······························ 1. **大叶紫堇 C. temulifolia**
                9. 叶小裂片菱状卵形，先端渐尖，具浅圆齿；花瓣无鸡冠 ······························ 1(附). **断肠草 C. temulifolia** subsp. **aegopodioides**
              8. 距较花瓣长，蜜腺贯穿距2/5，下花瓣鸡冠超出瓣片；花梗较苞片短；叶侧生小裂片基部对称。
                10. 茎上部叶腋无珠芽 ······························ 2. **地锦苗 C. sheareri**
                10. 茎上部叶腋具易脱落珠芽 ························ 2(附). **珠芽地锦苗 C. sheareri** f. **bulbillifera**
            7. 距圆筒形，顶端圆。
              11. 上花瓣长2-3.2厘米；蒴果长2-3.8厘米。
                12. 苞片无柄；种子近圆形。
                  13. 上花瓣长2-2.2厘米，鸡冠具不规则细齿 ························ 3. **师宗紫堇 C. duclouxii**
                  13. 上花瓣长2.5-3.2厘米，鸡冠无齿 ························ 4. **细果紫堇 C. leptocarpa**
                12. 苞片具柄；种子长圆形，密被乳突及不规则条纹 ················ 5. **籽纹紫堇 C. esquirolii**
              11. 上花瓣长1.2-1.7厘米；蒴果长1-1.2厘米。
                14. 花瓣淡紫色，外花瓣具鸡冠；苞片3浅裂或全缘 ···················· 6. **裂瓣紫堇 C. radicans**
                14. 花瓣乳白或淡黄色，外花瓣无鸡冠；苞片深裂 ······························ 6（附）. **药山紫堇 C. iochanensis**
          6. 茎生叶无腋生珠芽；下花瓣具囊；蒴果椭圆形或窄椭圆形。
            15. 距圆锥形，上花瓣长3-33厘米，鸡冠高约3毫米，柱头具10乳突 ······························ 7. **泾源紫堇 C. jingyuanensis**
            15. 距圆筒形，上花瓣长2-2.3厘米，鸡冠极矮，柱头具8乳突 ·········· 8. **川东紫堇 C. acuminata**
        5. 根茎不横走，无匍匐茎，具鳞片，无叶柄残基或叶鞘，须根散生，无顶芽。
          16. 总状花序径3-4厘米，具12-30花，花淡红色，上花瓣长3-4厘米；蒴果倒卵圆形，长约7毫米 ······························ 9. **大花紫堇 C. macrantha**
          16. 复总状圆锥花序径15-70厘米，具花100朵以上，花淡紫红或淡蓝色，上花瓣长1.25-2.5厘米；蒴果近长圆形或窄卵圆形，长0.8-1厘米 …………………………………………………… 9(附). **巨紫堇 C. gigantea**

4. 根茎短，无顶芽，须根多数，无叶鞘或叶柄残基；花黄色，距圆筒形。

17. 叶三回三出全裂，侧生小裂片具柄；柱头近扁长方形，具8乳突 ………………… 10. **南黄堇 C. davidii**

17. 叶三回或二回三出分裂，侧生小裂片无柄；柱头具4乳突。

18. 叶三回三出分裂；上花瓣长1-1.2厘米，鸡冠高约1.5毫米 ………………… 11. **滇黄堇 C. yunnanensis**

18. 叶二回三出分裂或三回羽裂；上花瓣长1.2-2厘米。

19. 叶二回三出分裂；上花瓣长1.8-2厘米，鸡冠高出瓣片顶端 ……… 12. **翅瓣黄堇 C. pterygopetala**

19. 叶三回羽裂；上花瓣长1.2-1.5厘米，鸡冠极矮或无 ………… 12(附). **飞燕黄堇 C. delphinioides**

3. 根茎极短（单轴）或细长（合轴），无顶芽，有时顶部具膜质鳞片；多为中等或小草本。

20. 无匍匐茎；须根肉质。

21. 须根多数；花淡黄、黄或黄褐色，距钩曲，较上花瓣短，柱头具（4）8乳突。

22. 苞片菱形或匙形，边缘带紫色；花淡黄或黄色，具褐色斑点；叶裂片较密集 ……………………………………………………………………………………… 13. **斑花黄堇 C. conspersa**

22. 苞片倒卵形或披针形，边缘不带紫色；花黄褐或深黄色，无斑点；叶裂片较稀疏。

23. 叶裂片长3-6毫米；上花瓣全缘，鸡冠不伸出顶端；种子具小突起 …… 14. **钩距黄堇 C. hamata**

23. 叶裂片长约1厘米；上花瓣疏生齿，鸡冠伸出顶端；种子较平滑 ……………………………………………………………………… 14(附). **川北钩距黄堇 C. pseudohamata**

21. 须根棒状，少数；花紫、蓝紫、紫红、蓝、淡黄或黄色，距直伸，稀顶端稍下弯。

24. 根茎无肉质鳞片；花色多样，多花密集，稀少花。

25. 须根棒状；茎上部常分枝；叶三回稀二回羽状分裂或全裂，茎生叶2-4；总状花序多花密集，柱头具2乳突。

26. 蒴果窄倒卵形，具6条密被小瘤纵棱；上花瓣长2.5-3.2厘米，距圆锥形，长1.5-2厘米 ……………………………………………………………………………… 15. **糙果紫堇 C. trachycarpa**

26. 蒴果圆柱形或长圆形，平滑或具棱；上花瓣长1.5-2厘米，距圆柱形，较瓣片短或近等长。

27. 叶下面光滑。

28. 花瓣蓝色，距与瓣片近等长 ……………………………………… 16. **狭距紫堇 C. kokiana**

28. 花瓣淡黄或黄色。

29. 棒状根无柄；花梗长于苞片；距稍短于瓣片，内花瓣先端紫黑色；蒴果圆柱形 ……………………………………………………………… 17. **黑顶黄堇 C. nigro-apiculata**

29. 棒状根具长柄；花梗等长于苞片；距长为瓣片的2倍，内花瓣无深色先端；蒴果椭圆形 ……………………………………………………………… 17(附). **密穗黄堇 C. densispica**

27. 叶下面及苞片边缘具软骨质糙毛；花瓣淡黄带紫色，后橙黄色，萼片近肾形；茎生叶2，近对生，具短柄 ……………………………………………………… 18. **粗糙黄堇 C. scaberula**

25. 须根纺锤状；茎多单生，不分枝；叶掌状或二回羽状全裂，茎生叶常1枚；总状花序花较少。

30. 茎生叶全裂或一至二回羽状分裂。

31. 茎生叶掌状分裂，稀二回三出羽状分裂。

32. 茎生叶掌状分裂；下花瓣具爪，稀浅囊状。

33. 根窄纺锤状圆柱形；最下部苞片3-5全裂，余全缘。

34. 花蓝色，上花瓣长1.4-1.6厘米，蜜腺贯穿距1/2；中上部苞片窄披针形或线状披针形 ……………………………………………… 19. **陕西紫堇 C. shensiana**

34. 花黄色，上花瓣长1.7-2厘米，蜜腺贯穿距2/3；苞片卵状披针形或窄披针形 ……………………………………………………… 19(附). **金雀花黄堇 C. cytisiflora**

33. 根窄纺锤状或纺锤状，具柄。

35. 茎生叶1-4，无柄或近无柄；总状花序具10-15花。
36. 根窄纺锤状；下花瓣下部非浅囊状。
37. 苞片窄卵状、窄披针形或宽线形；上花瓣长1.2-1.4厘米，下花瓣无爪 ………………………………………………………………………………………… 20. **曲花紫堇 C. curviflora**
37. 苞片长圆状披针形或窄菱状披针形；上花瓣长1.5-1.7厘米，下花瓣具爪 ……………………………………………… 20(附). **流苏曲花紫堇 C. curviflora** subsp. **pseudosmithii**
36. 根纺锤状，径1-2.5厘米；上花瓣长约1厘米，下花瓣下部浅囊状 …………………………………………………………………………… 20(附). **浪穹紫堇 C. pachycentra**
35. 茎生叶1-2，柄长0.5-2厘米，叶3全裂；伞房状总状花序具2-6花 …… 21. **三裂紫堇 C. trifoliata**
31. 茎生叶二回三出羽状分裂；下花瓣长8-9毫米，基部具下垂小距 ………………………………………………………………………………………………… 22. **小距紫堇 C. appendiculata**
30. 茎生叶一回奇数羽裂或二回三出全裂。
38. 花黄色。
39. 下花瓣基部囊状，蜜腺贯穿距1/4 ……………………………………… 23. **大海黄堇 C. feddeana**
39. 下花瓣具爪。
40. 上花瓣长2-2.3厘米，鸡冠高2.5-3毫米。
41. 苞片扇形，羽裂或具缺刻，边缘及背脉被小刺毛；萼片稍具齿 ………………………………………………………………………… 24. **扇苞黄堇 C. rheinbabeniana**
41. 苞片卵状披针形或披针形，全缘；萼片边缘撕裂状 ………………… 25. **秦岭紫堇 C. trisecta**
40. 上花瓣长不及1.9厘米，鸡冠高不及2毫米。
42. 叶小裂片线形；距较内花瓣长；蒴果长圆形 ………………… 26. **条裂黄堇 C. linarioides**
42. 叶小裂片窄倒卵形或线状披针形；距与瓣片近等长；蒴果窄倒卵圆形 ………………………………………………………………………………… 27. **苍山黄堇 C. delavayi**
38. 花瓣蓝色，有时黄绿色；叶小裂片线状披针形，下面被小刺毛；蒴果窄椭圆形 ……………………………………………………………………………………… 28. **阿墩紫堇 C. atuntsuensis**
30. 茎生叶披针形或线状披针形，全缘；内花瓣先端紫黑色，柱头扁长方形 ……… 29. **裸茎黄堇 C. juncea**
24. 根茎顶端具稍肉质鳞片，须根粗，肉质或否，稀纺锤状；花蓝色，总状花序花较少。
43. 苞片较花梗稍长，指状全裂；叶小裂片披针形或宽线形 ………………… 30. **暗绿紫堇 C. melanochlora**
43. 苞片较花梗短。
44. 上花瓣长1-1.3厘米，距与瓣片近等长；花序长2-5厘米，花较多；苞片窄卵形或披针形，不裂；基生叶与茎生叶二回三出分裂 ………………………………………… 31. **波密紫堇 C. pseudo-adoxa**
44. 上花瓣长1.5-2厘米；距稍短于瓣片；花序长约2厘米，具4-7花；苞片指状全裂；基生叶与茎生叶三回羽状全裂 ……………………………………………… 31(附). **美丽紫堇 C. adrienii**
20. 具匍匐茎，须根棒状肉质；叶一回至三回羽状全裂，柱头扁圆形或近心形。
45. 叶三回羽状全裂，小裂片椭圆形或披针形；花白或紫红色，上花瓣鸡冠半圆形，高1.5-2毫米，柱头近心形，具2短角状乳突 ……………………………………………… 32. **多叶紫堇 C. polyphylla**
45. 叶一回至二回羽状全裂；上花瓣鸡冠浅或无，柱头扁圆形，具8乳突。
46. 叶二回羽状全裂；花草黄或黄色。
47. 叶小裂片披针形；花草黄色，上花瓣无鸡冠，距较瓣片长；蒴果线形 ……… 33. **草黄堇 C. straminea**
47. 叶小裂片长圆形；花黄色，上花瓣鸡冠浅，距与瓣片近等长；蒴果卵圆形 ……………………………………………………………………………………… 33(附). **阿山黄堇 C. nobilis**
46. 茎生叶一回羽状全裂；花紫红或淡紫色；蒴果线形，长1.5-2厘米 ……… 34. **红花紫堇 C. livida**
2. 具主根。

48. 距圆筒形，与瓣片近等长或稍长，稀较瓣片稍短。

49. 主根粗大，老时稍变空或扭曲；叶一回至二回羽状全裂；花暗黄或黄色，长1.5-2.2厘米，柱头扁四方形，2裂，具2-4乳突。

50. 叶一回羽状全裂。

51. 伞形总状花序具5-10花；花梗粗，长2-4厘米，萼片半圆形；蒴果倒卵圆形 ………………………………………………………………………… 35. **粗梗黄堇 C. pachypoda**

51. 总状花序多花密集；花梗长约1厘米，萼片椭圆形；蒴果长圆形 ……… 36. **迭裂黄堇 C. dasyptera**

50. 叶二回羽状全裂。

52. 上花瓣长2-2.5厘米；总状花序。

53. 花亮黄色；叶及苞片边缘被透明小瘤；蒴果长约1厘米 ………… 37. **革吉黄堇 C. moorcroftiana**

53. 花橙黄色；叶及苞片边缘无小瘤；蒴果长1-1.5厘米 ……… 37(附). **新疆黄堇 C. gortschakovii**

52. 上花瓣长1.5-2厘米，暗黄色；复总状圆锥花序；蒴果长6-8毫米 …… 38. **拟锥花黄堇 C. hookeri**

49. 主根老时不变空或扭曲；花较小或中等大。

54. 花淡黄、黄或暗黄色。

55. 花长1.3-1.8(-2)厘米。

56. 苞片缺裂或具齿，稀最上苞片全缘。

57. 总状花序具10-15花；花梗与苞片近等长，下花瓣上部反折；蒴果具6-8种子 ………………………………………………………………………… 39. **松潘黄堇 C. laucheana**

57. 总状花序具4-7花；花梗较苞片短，下花瓣上部不反折；蒴果具12-16种子 ………………………………………………………………………… 39(附). **短爪黄堇 C. drakeana**

56. 苞片全缘，稀最下部苞片3裂。

58. 距长为瓣片2/3或更多；苞片较花梗稍长；萼片具缺刻状流苏 …… 40. **北岭黄堇 C. fargesii**

58. 距与瓣片近等长或稍长；苞片较花梗长1倍；萼片具缺齿。

59. 总状花序具13-20花；苞片窄卵形或披针形；蒴果圆柱形，长1.5-2厘米 ………………………………………………………………………… 41. **小黄紫堇 C. reddeana**

59. 总状花序具4-6花；苞片宽卵形或卵形；蒴果窄倒披针形，长1-1.4厘米 ………………………………………………………………………… 41(附). **黄紫堇 C. ochotensis**

55. 花长0.8-1.2（1.3）厘米，柱头具（4-）6具柄长乳突，有时侧面具一对无柄乳突。

60. 内花瓣先端不为紫黑色，距较瓣片短或等长；叶柄基部常具鞘；茎多直立粗壮。

61. 下花瓣下部不为囊状；下部苞片缺裂，最上部苞片全缘；蒴果圆柱形。

62. 叶下面粗糙，被乳突或沿脉被小刺毛；中部以上苞片全缘；蒴果具1-3种子 ………………………………………………………………………… 42. **皱波黄堇 C. crispa**

62. 叶下面平滑，苞片多缺裂；蒴果具3-7种子。

63. 种子平滑；柱头4乳突；上花瓣鸡冠矮或无。

64. 叶小裂片倒卵形或倒披针形；蒴果长1-12厘米，种子有光泽 ………………………………………………………………………… 43. **塞北紫堇 C. impatiens**

64. 叶小裂片长圆形或窄倒卵状长圆形；蒴果长7-8毫米，种子无光泽 ………………………………………………………………………… 43(附). **假塞北紫堇 C. pseudoimpatiens**

63. 种子密被小瘤；柱头具6长乳突，上花瓣鸡冠全缘，超出瓣片顶端，延至距端；叶小裂片卵形，下面被白粉 ………………………………………… 44. **全冠黄堇 C. tongolensis**

61. 下花瓣下部稍囊状；苞片全缘，较花梗长；蒴果倒卵形 ………………… 45. **北紫堇 C. sibirica**

60. 内花瓣先端紫黑色，距较瓣片长或等长；花梗较苞片长；叶柄无鞘；茎多纤细。

65. 花梗较苞片长，距圆锥形，与瓣片近等长，蜜腺贯穿距1/3；蒴果倒卵状长圆形；叶小裂片倒卵

形或倒披针形 ………………………………………………………………………… 46. **纤细黄堇 C. gracillima**

65. 花梗较苞片长2-3倍，距圆筒形，较瓣片长，蜜腺贯穿距1/2；蒴果线状长圆形；叶小裂片长圆形或窄倒卵形 …………………………………………………………………… 46(附). **铺散黄堇 C. casimiriana**

54. 花粉红、紫红、紫或紫蓝色，稀黄、淡黄或白色。

66. 主根肉质，多年生草本；叶二回至三回三出全裂，三出分裂或单生；花序伞房状；柱头近四方形。

67. 叶柄宽1-2(3)毫米；叶小裂片具短尖或芒尖；蒴果长4-6毫米。

68. 上花瓣长约1.6厘米，柱头具4乳突；蒴果卵圆形，长约4毫米；叶小裂片卵圆形或倒卵形，先端具短尖 …………………………………………………………………… 47. **短喙黄堇 C. brevirostrata**

68. 上花瓣长约8毫米，柱头具6乳突；蒴果椭圆形，长约6毫米；叶小裂片长圆形，具芒尖 ………… ………………………………………………………………………… 48. **尖突黄堇 C. mucronifera**

67. 叶柄宽4-8毫米或基部鞘状，叶小裂片无芒尖；蒴果长1-3.7厘米。

69. 叶二回或三回三出全裂或羽状全裂。

70. 花黄色或淡黄色。

71. 叶柄宽4-8毫米；上花瓣长1.8-2.2厘米，柱头具2乳突；蒴果长圆形 ………………………… ……………………………………………………………… 49. **尼泊尔黄堇 C. hendersonii**

71. 叶柄基部具披针形鞘；上花瓣长1.1-1.3厘米，柱头具6乳突；蒴果线状长圆形 …………… ………………………………………………………………………… 50. **真堇 C. capnoides**

70. 花紫红、蓝紫、粉红或白色；柱头具8乳突；蒴果线形 ……………… 51. **裂冠紫堇 C. flaccida**

69. 叶三出，具3小叶。

72. 小叶宽卵形或宽倒卵形；距径4-7毫米，囊状，柱头具4乳突；蒴果椭圆形 ……………………… ………………………………………………………………………… 52. **囊距紫堇 C. benecincta**

72. 小叶圆形，被腊粉；距径不及3毫米 …………………………… 52(附). **三裂瓣紫堇 C. trilobipetala**

66. 主根非肉质；多为二年生或一年生草本。

73. 花紫红、紫或粉红色，稀淡蓝或苍白色。

74. 叶二回三出；花梗长约1厘米。

75. 二回羽片菱形或宽楔形；柱头近扁四方形，具4乳突 …………………… 53. **刻叶紫堇 C. incisa**

75. 二回羽片倒卵形或宽卵形；柱头近圆形，具6乳突 ………………… 54. **岩生紫堇 C. petrophila**

74. 叶一回至三回羽状全裂；花梗长2-5毫米。

76. 叶一回至二回羽状全裂；萼片近圆形，上花瓣长1.5-2厘米；蒴果线形 … 55. **紫堇 C. edulis**

76. 叶二回至三回羽状全裂；萼片宽卵形或三角形，上花瓣长1.1-1.4厘米；蒴果椭圆形 ………… ………………………………………………………………………… 56. **地丁 C. bungeana**

73. 花淡黄或近白色；蒴果线形；叶小裂片宽卵形，先端芒尖 ……………… 57. **天山黄堇 C. semenovii**

48. 距短囊状，长为花瓣1/3-1/5。

77. 蒴果非念珠状；苞片披针形或钻形，全缘。

78. 主根粗，常具多头根茎；花枝常腋生；柱头近圆形，具6或10乳突；苞片披针形；蒴果线状长圆形。

79. 萼片卵圆形；柱头具10乳突；蒴果径3-4毫米 ……………………………… 58. **直茎黄堇 C. stricta**

79. 萼片卵形；柱头具6短柱状突起；蒴果径2.5毫米 ……………………… 59. **灰绿黄堇 C. adunca**

78. 主根较细，常具单头根茎；花枝常对叶生或近花葶状；柱头2叉裂或短柱状4裂，具4（6）乳突。

80. 花长1.5-2.5厘米，伸展，柱头2叉裂；叶一回至二回羽状全裂。

81. 花黄或金黄色。

82. 花金黄色，上花瓣长约2.5厘米；蒴果圆柱状镰形 ………………… 60. **石生黄堇 C. saxicola**

82. 花黄色，上花瓣长1.5-1.8厘米；蒴果线形；植株被白色绒毛 ……… 61. **毛黄堇 C. tomentella**

81. 花淡红紫或近白色，上花瓣长约2厘米 ……………………………… 62. **房山紫堇 C. fanshanensis**

80. 花长1-1.5厘米，稍S形，柱头短柱状4裂；叶二回羽状全裂。

83. 基生叶多数；花长1.2-1.6厘米，距长4-5毫米 …………………………… 63. **地柏枝 C. cheilanthifolia**
83. 基生叶少或早枯；花长不及1.2厘米，距长不及4毫米。
84. 花长0.9-1.2厘米，距长3-4毫米；蒴果弯曲 ………………………………… 64. **蛇果黄堇 C. ophiocarpa**
84. 花长0.6-1厘米，距长1.5-3.5毫米；蒴果直伸。
85. 花长6-7毫米，距长1.5-2毫米；种子具短刺 …………………………… 65. **小花黄堇 C. racemosa**
85. 花长0.7-1厘米，距长2.5-3.5毫米；种子平滑或微具小凹点 ……………………………………………………………………………………… 65(附). **小花宽瓣黄堇 C. giraldii**
77. 蒴果常念珠状，稀平滑；花长1.5-2.3厘米，柱头2叉裂，每裂瓣具3乳突。
86. 果念珠状或结节状；花枝常腋生。
87. 果念珠状；上花瓣长17-23厘米；叶二回羽状全裂。
88. 叶羽片卵圆形或长圆形；花序疏具多花；种子密被圆锥状突起 ………………… 66. **黄堇 C. pallida**
88. 叶小裂片线形或披针形；花序多花密集；种子边缘密被点状印痕 ……………………………………………………………………………………… 66(附). **珠果黄堇 C. speciosa**
87. 果结节状，有时部分不规则念珠状；上花瓣长1.5-1.75厘米；种子被糙点；叶一回羽状全裂 ……………………………………………………………………………………… 66(附). **阜平黄堇 C. chanetii**
86. 果平滑；花枝花葶状，对叶生。
89. 叶小裂片卵圆形或宽卵形；上花瓣长约2厘米；果线状长圆形 …………… 67. **北越紫堇 C. balansae**
89. 叶小裂片披针形；上花瓣长约1.5厘米；果线形，稍弯曲 …………………… 67(附). **臭黄堇 C. foetida**
1. 具块茎；茎下部具鳞片或无；子叶1枚。
90. 茎下部具鳞叶，稀无鳞叶；块茎实心，合轴生长；苞片分裂或全缘。
91. 茎下部具1-4鳞叶或无；柱头不为球形，具4或6乳突。
92. 块茎圆柱形、长圆形或圆锥形，下部2-5裂；无匍匐茎；鳞叶1-4；柱头近四方形，具4-6乳突；蒴果反折或俯垂。
93. 花平展，紫红或蓝色，外花瓣无鸡冠或鸡冠浅 ………………………… 68. **贺兰山延胡索 C. alaschanica**
93. 花俯垂，淡紫色。
94. 花序轴较粗，长4-8厘米；外花瓣鸡冠浅，距较瓣片长 ……………………………………………………………………………………… 69. **五台山延胡索 C. hsiaowutaishanensis**
94. 花序轴较细，长0.4-4厘米；外花瓣无鸡冠，距与瓣片近等长 ……………………………………………………………………………………… 69(附). **唐古特延胡索 C. tangutica**
92. 块茎近球形；具匍匐茎；无鳞叶；柱头浅而横展，具4短柱状乳突；蒴果不反折，稍扭曲 ……………………………………………………………………………………… 70. **夏天无 C. decumbens**
91. 茎下部具1枚反折大鳞叶；块茎球形；柱头圆形。
95. 蜜腺顶端尖或渐尖。
96. 蒴果线形，种子1列 ……………………………………………………… 71. **堇叶延胡索 C. fumariaefolia**
96. 蒴果非线形，种子2列。
97. 蒴果椭圆形或卵圆形，长0.8-1厘米；下花瓣长6-8毫米，柱头扁圆形，具不明显6-8乳突 ……………………………………………………………………………………… 72. **全叶延胡索 C. repens**
97. 蒴果披针形或近线形，长约2厘米；下花瓣长1.1-1.4厘米，柱头扁四方形，具4乳突 ……………………………………………………………………………………… 72(附). **胶州延胡索 C. kiautschouensis**
95. 蜜腺顶端钝。
98. 上花瓣长3-4厘米，距漏斗状，较瓣片长2倍，蜜腺长约5毫米；蒴果线形 ……………………………………………………………………………………… 73. **长距延胡索 C. schanginii**
98. 上花瓣长1.5-2.5厘米，距圆筒形，蜜腺为距长1/2以上。

99. 蒴果宽卵圆形或椭圆形；小叶圆形或椭圆形，全缘，稀浅裂；总状花序具3-8花；内花瓣长7-8毫米，蜜腺为距长3/4 ………………………………………………………………… 74. **小药八旦子 C. caudata**

99. 蒴果线形；小叶非圆形，常具齿或缺裂，稀全缘；总状花序具5-20花；内花瓣长0.8-1.2厘米。

100. 苞片多分裂；小叶非披针形，常具齿裂；柱头扁四方形，具4乳突。

101. 花蓝、白 或紫蓝色，外花瓣具波状浅齿，上花瓣长2-2.5厘米 ……………………………………………………………………………………………… 75. **齿瓣延胡索 C. turtschaninovii**

101. 花桃红或紫红色，稀蓝色，外花瓣全缘，上花瓣长1.6-2厘米 ……………………………………………………………………………………………… 76. **北京延胡索 C. gamosepala**

100. 苞片全缘，稀稍裂；叶小裂片披针形，全缘；柱头近圆形，具8乳突 ……………………………………………………………………………………………… 77. **延胡索 C. yanhusuo**

90. 茎下部无鳞叶；块茎老时稍空心，单轴生长；苞片全缘；茎生叶2，对生；柱头卵圆形，顶部具4乳突，侧生2乳突。

102. 块茎扁球形；花瓣先端淡紫色，距粉红或近白色；蒴果椭圆形，长约1厘米 ……………………………………………………………………………………………… 78. **薯根延胡索 C. ledebouriana**

102. 块茎球形，花金黄或橘黄色，距带褐红色；蒴果窄卵状椭圆形，长达2厘米 ……………………………………………………………………………………………… 78(附). **大苞延胡索 C. sewerzovi**

1. 大叶紫堇 图1029

Corydalis temulifolia Franch. in Journ. de Bot. 8: 290. 1894.

多年生草本，高达60（-90）厘米。根具多数须根；根茎粗，密被枯萎叶基。茎2-3，5棱。基生叶数枚，叶腋无芽，叶柄长6-14（-38）厘米，叶长4-10（-18）厘米，二回三出羽状全裂，一回全裂片具长柄，宽卵形或三角形，二回全裂片具短柄或近无柄，卵形或宽卵形，先端尖，侧生裂片常两侧不对称，稀对称，具圆齿；茎生叶2-4，与基生叶同形，叶柄较短，常具腋生珠芽。总状花序生于茎枝顶端，长3-7（-12）厘米，花稀疏；苞片上部具齿。花梗长于苞片或等长。萼片鳞状，撕裂；花瓣紫蓝色，上花瓣长2.5-3厘米，背部鸡冠矮或无，稀较高宽，距圆锥形，较瓣片稍短或等长，下花瓣长1.5-1.8厘米，具小尖头，背部具鸡冠状突起，内花瓣长1.3-1.6厘米，瓣片基部平截，具1侧生囊，背部具鸡冠状突起，爪线形，上端弯曲，较瓣片长2倍；雄蕊束长1.2-1.5厘米，蜜腺贯穿距1/3-1/4，顶端棒状；子房线形，胚珠约20，花柱长约子房1/4，柱头双卵形，具10乳突。蒴果线状圆柱形，长4-5厘米，近念珠状。种子近圆形。花果期3-6月。

产陕西洮南部、甘肃东南部、湖北西部、四川东部及北部，生于海拔1800-2700米常绿阔叶或混交林下、灌丛中或溪边。全草药用，止痛、止血、治坐板疮。

图 1029 大叶紫堇 （引自《秦岭植物志》）

［附］**断肠草 Corydalis temulifolia** subsp. **aegopodioides**（Lévl. et Van.）C. Y. Wu, Fl. Reipubl. Popul. Sin. 32: 107. 1999. —— *Corydalis aegopodioides* Lévl. et Van. in Bull. Acad. Intern. Geogr. Bot. 11: 173. 1902. 本亚种与模式亚种的区别：叶二回裂片菱状卵形，渐尖，具浅圆

齿；花瓣无鸡冠状突起。产四川南部及西南部、贵州、云南东南部、广西，生于海拔1300-2700米林下、林缘、灌丛中或沟边。越南北部有分布。

2. 地锦苗 尖距紫堇　　　图1030 彩片419

Corydalis sheareri S. Moore in Journ. Bot. 225. 1875.

多年生草本，高达40（-60）厘米。主根具多数须根；根茎粗，具顶芽，叶基宿存。茎1-2，上部分枝。基生叶数枚，长12-30厘米，具长柄，上部叶腋无珠芽，叶长3-13厘米，二回羽状全裂，一回全裂片具柄，二回无柄，卵形，中上部具深圆齿，基部楔形；茎生叶数枚，互生，与基生叶同形，叶柄较短，常具腋生珠芽。总状花序生于茎顶端，长4-10厘米，具10-20花，稀疏；下部苞片3-5深裂，中部者3浅裂，上部者全缘。花梗较苞片短；萼片缺刻流苏状；花瓣紫红色；上花瓣长2-2.5（3）厘米，背部具短鸡冠状突起，超出瓣片先端，具不规则齿裂，距圆锥形，顶端极尖，较瓣片长1.5倍，下花瓣长1.2-1.8厘米，背部鸡冠状突起，伸出花瓣，具不规则齿裂，爪线形，长约瓣片2倍，内花瓣长1.1-1.6厘米，瓣片倒卵形，具1侧生囊，爪窄楔形，长于瓣片；雄蕊束长1-1.4厘米，蜜腺贯穿距2/5；子房窄椭圆形，花柱稍短于子房，柱头双卵形，具8-10乳突。蒴果窄圆柱形，长2-3厘米，种子2列。种子近圆形，具多数乳突。花果期3-6月。

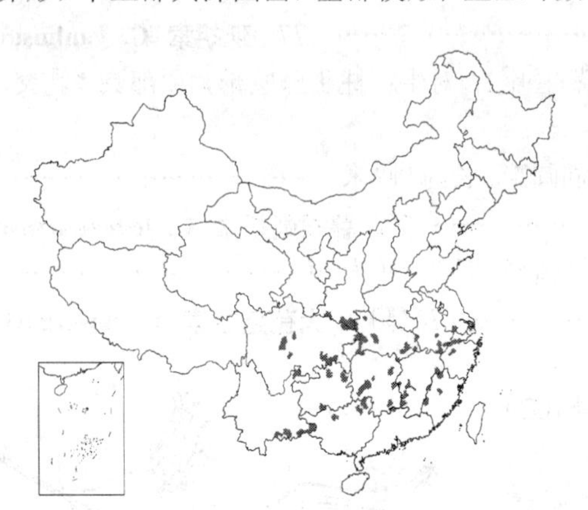

产江苏南部、安徽南部、浙江、福建、江西、湖北、湖南、广东、香港、广西东北部、云南东北部及东南部、贵州、四川、陕西南部，生于海拔（170-）400-1600（-2600）米水边或林下潮湿地。全草（根最好）入药，治瘀血，泡酒治跌打。

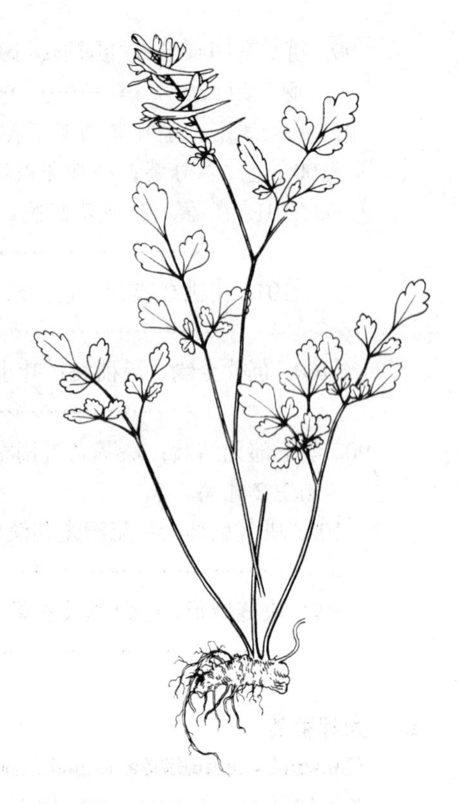

图 1030 地锦苗 （王金凤绘）

［附］**珠芽地锦苗 Corydalis sheareri f. bulbillifera** Hand.-Mazz. Symb. Sin. 7: 345. 1931. 本变型与模式变型的区别：茎上部叶腋具易脱落珠芽。产安徽、浙江、江西、湖南、广东及广西，生于海拔1600米以下林下、草丛中或沟边。

3. 师宗紫堇 贵州紫堇　　　图1031

Corydalis duclouxii Lévl. et Van. in Bull. Acad. Internat Geogr. Bot. 11: 174. 1902.

Corydalis asterostigma Lévl.; 中国高等植物图鉴补编1: 687. 1982.

多年生草本，高达40厘米。须根多数；根茎稍匍匐，叶基宿存。茎1-3，上部具少数分枝及叶。基生叶少数，叶柄长15-25厘米，基部具鞘，鞘缘薄膜质，叶长3-10厘米，二回羽状全裂，一回全裂片

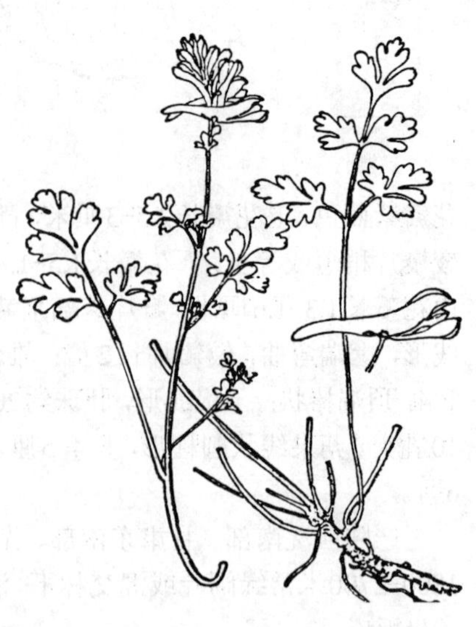

图 1031 师宗紫堇 （引自《图鉴》）

2-3对，近对生，下部裂片具柄，羽状全裂，裂片及上部全裂片均无柄，卵形，基部宽楔形，边缘具圆齿状羽裂，叶脉二歧状；茎生叶互生，具柄，与基生叶同形，叶腋无芽。总状花序生于茎枝顶端，长2-4厘米，少花；最下部苞片同上部茎生叶，无柄，下部者3-7全裂，上部者全缘。花梗长为苞片1/2；萼片近心状圆形，具不规则细齿，晚落；花瓣紫色；上花瓣长2-2.2厘米，背部鸡冠状突起高约1毫米，自瓣片先端延伸至中部消失，具不规则细齿，距圆筒形，与瓣片近等长，下花瓣长1-1.2厘米，背部鸡冠状突起月牙形，具不规则细齿，爪楔形，内花瓣长1-1.2厘米，瓣片具1侧生囊，爪与瓣片近等长；雄蕊束淡紫色，蜜腺棒状，贯穿距1/5；胚珠多数，1列；柱头双卵形，具10乳突。蒴果圆柱形，长2-2.5厘米，常念珠状扭曲。种子近圆形。花果期3-8月。

产云南东北部及东部四川西南部、贵州西部，生于海拔1500-2300米林下、灌丛中、山谷、箐沟或岩缝中。

4. 细果紫堇 泰国紫堇　　图1032

Corydalis leptocarpa Hook. f. et Thoms. Fl. Ind. 260. 1855.

Corydalis siamensis Craib; 中国高等植物图鉴补编1: 697. 1982.

草本，高达30厘米。主根圆柱形；须根多数；根茎匍匐，叶基宿存。茎分枝，外倾。基生叶数枚，叶柄长达12厘米，基部具鞘，叶长1-5厘米，二至三回三出分裂，一回全裂片具长柄，二回全裂片具短柄，3浅裂，小裂片常基脉三出；茎生叶与基生叶同形，较小。总状花序顶生，长3厘米，具2-7（-9）花；最下部苞片3深裂，上部苞片全缘，无柄。花梗与苞片近等长；萼片鳞片状，具流苏；花瓣紫或白色，先端紫红色；上花瓣长（1.9-）2.5-3.2厘米，背部具高约1毫米、无齿的鸡冠状突起，长为瓣片1/2，距圆筒形，稍长或等长于瓣片，下花瓣长1.2-1.5厘米，背部具鸡冠状突起，内花瓣长1-1.2厘米，瓣片具1侧生囊，爪长于瓣片；雄蕊束长0.8-1厘米，蜜腺贯穿距1/2；胚珠数枚，2列，柱头双卵形，具8乳突。蒴果圆柱形，近念珠状，长2.5-3.8厘米。种子近圆形，种阜宽。花果期5-12月。

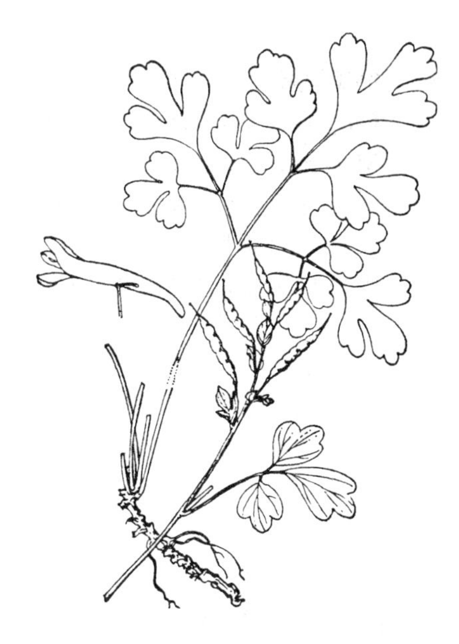

图 1032 细果紫堇 （引自《图鉴》）

产云南东南部、西部及西北部，生于海拔1300-1800米常绿阔叶林下、山坡、沟谷草丛或石缝中。泰国北部、缅甸北部、印度阿萨姆及曼尼普尔、不丹、锡金、尼泊尔东部有分布。

5. 籽纹紫堇　　图1033

Corydalis esquirolii Lévl. in Fedde, Repert. Sp. Nov. 10: 349. 1912.

草本，高达40厘米。须根纤维状；根茎增粗，匍匐，叶基宿存。茎2-5，不分枝或上部少分枝。叶多数。基生叶数枚，叶柄长6-15厘米，基部具鞘，叶二回羽状分裂，一回全裂片2-3对，对生，疏离，下部裂片具柄，3全裂，裂片及上部全裂片具短柄或近无柄，具圆齿状浅裂；茎生叶多数，疏离，互生，具柄，下部叶与基生叶相同，向上渐小，裂片渐少，叶腋无芽。总状花序顶生，长2-3厘米，具8-10花；下部苞片卵形或倒卵形，上端不规则浅圆裂，上部者全缘，均具与苞片等长的细柄，柄基部具2耳状鞘。花

图 1033 籽纹紫堇 （引自《图鉴》）

梗较苞片短；花瓣紫或白色，先端紫色，上花瓣长2-2.5厘米，先端短尖，背部鸡冠状突起矮，距圆筒形，与瓣片近等长，下花瓣长1.2-1.4厘米，鸡冠同上花瓣；内花瓣长1.1-1.2厘米，瓣片具1倒生囊，爪长于瓣片；雄蕊束长1.1-1.2厘米，蜜腺贯穿距1/3-2/5；柱头双卵形，具10乳突。蒴果窄圆柱形，长约2.3厘米，近念珠状，具数枚种子，2列。种子长圆形，密被乳突及不规则条纹。花果期3-4月。

产广西西北部及贵州南部，生于海拔650-900米石灰岩常绿林内、沟边或山坡草地。

6. 裂瓣紫堇　　图 1034

Corydalis radicans Hand.-Mazz. in Sitzungsb. Akad. Wiss. Wien, Math.-Nat. 62: 221. 1925.

草本，高达50厘米。须根数条；根茎短，叶基宿存。茎近匍匐，顶端分枝，下部茎生叶腋生有纤维状细根。基生叶数枚，叶柄长约5厘米，基部具长达2厘米鞘，叶长2.5-4.5厘米，三回羽状细裂，一回裂片卵形，小叶柄与叶片等长或较短，二回裂片倒卵形，具深细尖齿；茎生叶数枚，下部叶具长柄，基部鞘状，上部叶具短柄。总状花序生于枝顶，多花密集，长1.5-5厘米；下部苞片叶状，3浅裂，裂片具齿，最上部者全缘。花梗稍短于苞片或近等长；萼片中部撕裂状；花瓣淡紫色，上花瓣长1.2-1.7厘米，瓣片3裂至1/3，背部鸡冠状突起矮，不达顶端，距窄圆筒形，稍短于瓣片，下花瓣长6-9毫米，稍长于上花瓣片，内花瓣长5-8毫米，瓣片基部具2钩状耳，背部鸡冠状突起，爪窄楔形；雄蕊束长5-6毫米，蜜腺贯穿距1/2，顶端棒状；柱头近正方形，具6乳突。蒴果窄圆柱形，长1-1.1厘米，种子6-9，1列。花果期6-8月。

产四川西南部及云南西北部，生于海拔3200-4700米林缘、草坡、沟谷、灌丛中或沟边。

图 1034 裂瓣紫堇 （引自《图鉴》）

［附］**药山紫堇 Corydalis iochanensis** Lévl. Cat. Pl. Yunnan. 202. 1916. 本种与裂瓣紫堇的区别：苞片深裂；花冠乳白或淡黄色，外花瓣无鸡冠状突起；蒴果具9-15种子，2列。产云南西北部及东北部、四川西部、西藏南部，生于海拔2700-3900米林下、灌丛中、草地、沟边。不丹有分布。

7. 泾源紫堇　　图 1035

Corydalis jingyuanensis C. Y. Wu et H. Chuang in Acta Bot. Yunn. 12(4): 381. f. 1. 1990.

草本，高达40厘米。须根数条；根茎短，少数叶基宿存。茎1-3，不分枝。基生叶数枚，叶柄长2-7厘米，基部鞘状，叶长1.5-5.5厘米，三回三出分裂，一回全裂片具短柄，二回全裂片柄极短或无，三回裂片无柄，2-5深裂，小裂片先端尖；茎生叶约3枚，疏离，互生，下部叶柄长约6厘米，上部叶柄长不及1厘米，叶二回三出全裂，小裂片较基生叶小裂片宽。总状花序顶生，长约10厘米，序轴及花梗被微柔毛，具12-18花；下部苞片掌状多裂，最上部苞片具缺齿。花梗长于苞片，稀短于苞片；萼片近三角形，边缘撕裂状，或近圆形近全缘；花瓣青紫色，上花瓣长3-3.3厘米，先端长渐尖，边缘具1深凹，背部鸡冠

状突起高约3毫米，距圆锥形，长于瓣片，自中部下曲，下花瓣长1.4-1.6厘米，中部缢缩，下部浅囊状，内花瓣长1.2-1.3厘米，瓣片具2侧生囊，基部具1钩状耳，爪稍长于瓣片；雄蕊束长1-1.1厘米，花丝椭圆状披针形，蜜腺贯穿距2/5；胚珠多数，柱头双卵形，具10乳突。蒴果椭圆形或窄倒卵状椭圆形，长1.3-1.5厘米，反折。种子近圆形。花果期5-7月。

产宁夏及甘肃，生于海拔2100-2450米混交林下及草地。

图 1035 紫堇 （李锡畴绘）

8. 川东紫堇 图 1036

Corydalis acuminata Franch. in Journ. de Bot. 7: 285. 1894.

多年生草本，高达50厘米。须根多数；根茎短，叶基宿存。茎上部具少数分枝。基生叶数枚，叶柄长5-8厘米，基部鞘状，鞘缘宽膜质，叶长4-5.5厘米，三回羽状分裂，一回全裂片具柄，3对，近对生，二回裂片无柄，2-4深裂，三回裂片披针形或倒披针形，下面被白粉；茎生叶2-3枚，互生，下部叶具柄，最上部叶近无柄。总状花序顶生及侧生，长5-8厘米，具8-12花；最下部苞片同上部茎生叶，下部苞片羽裂，最上部苞片浅裂或全缘。花梗等长或稍长于苞片；萼片具缺齿；花紫色，上花瓣长2-2.3厘米，先端尖，稀渐尖，边缘波状，背部鸡冠状突起极矮，距圆筒形，径1.5-毫米，与瓣片近等长或稍长，下花瓣长1-1.1厘米，背部鸡冠状突起极矮，中部缢缩，下部囊状，内花瓣长7-9毫米，瓣片具1侧生囊，基部耳垂，爪稍长于瓣片；雄蕊束长6-8毫米，蜜腺贯穿距2/5-1/3；胚珠多数，2列，花柱先端弯曲，柱头双卵形，具8乳突。蒴果窄椭圆形，长1.5-2厘米，反折。种子多数，近圆形。花果期4-8月。

产陕西南部、四川东部、湖北西部及贵州东部，生于海拔1600-2100米常绿、落叶阔叶混交林破坏后的草地或荒地。

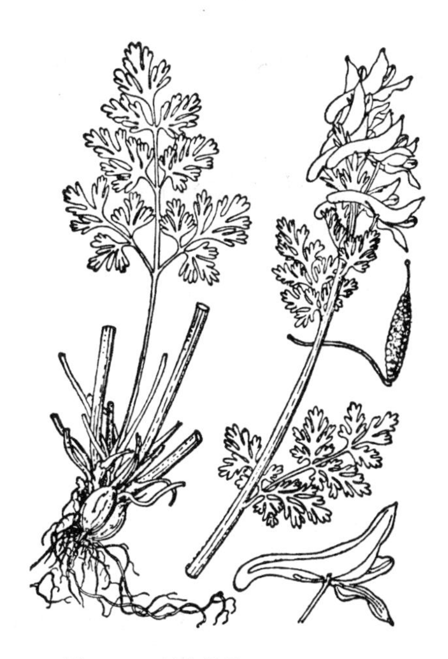

图 1036 川东紫堇 （引自《图鉴》）

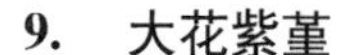

9. 大花紫堇 图 1037

Corydalis macrantha (Regel) M. Pop. in Kom. Fl. URSS. 7: 580. 682. t. 44. f. 7. 1937.

Corydalis gigantea Trautv. et Mey var. *macrantha* Regel in Bull. Soc. Nat. Mosc. 34(3): 149. 1861.

多年生草本，高达80(-100)厘米。茎中空，上部具叶，常具1侧枝。茎生叶具短柄或无柄，叶二回羽状全裂，二回羽片2-3，不等2-3深裂，裂片披针形，长(3-)5-7厘米。顶生总状花序，径3-4厘米，具12-30(-50)花，腋生花序长(1-)2-3厘米，少花；下部苞片窄匙形，长2-3厘米，上部苞片线形。花梗长3-6厘米；萼片近圆形；花淡红色，俯垂；上花瓣长3-4(4.5)厘米，先端渐尖，稍弧形上弯，距渐尖，长约瓣片2倍，蜜腺贯穿距长2/3，下花瓣长约1.1厘米，内花瓣长约1厘米；柱头三角状长圆形，具4不等大乳突，基部具2并生乳突。蒴果倒卵圆形，长约7毫米。

产黑龙江及吉林东部，生于落叶阔叶树红松混交林下或沟边。俄罗斯远东地区及朝鲜北部有分布。

图 1037 大花紫堇 （引自《东北草本植物志》）

［附］**巨紫堇 Corydalis gigantea** Trautv. et Mey. in Middendorf Reise nach Sibirien B. 1. Th. 2. Lief. 3: 13. 1856. 本种与大花紫堇的区别：复总状圆锥花序，径15-70厘米，花约100或更多；花淡紫红或淡蓝色，上花瓣长1.25-2.5厘米；蒴果近长圆形或窄卵圆形，长0.8-1厘米。产黑龙江东北部及吉林东南部，生于红松林下或溪边。俄罗斯远东地区及朝鲜有分布。

10. 南黄堇 南黄紫堇 图 1038

Corydalis davidii Franch. in Nouv. Arch. Mus. Paris. ser. 3, 8: 198. 1886.

多年生草本，高达60(-100)厘米。须根数条；根茎短，叶鞘宿存。茎1-4，具翅状棱，基生叶少数，叶柄长9-22厘米，叶三回三出全裂，一回全裂片具长柄，二回全裂片具短柄，小裂片倒卵形，长1-2厘米，全缘，下面被白粉，具柄，稀无柄；茎生叶数枚，下部叶具长柄，上部叶具短柄，基部具窄鞘。总状花序顶生，长3-12厘米，具8-20花，疏生；苞片长2-5毫米，全缘。花梗稍长于苞片；萼片近半圆形，具缺齿；花瓣黄色，上花瓣长1.8-2.5厘米，背部鸡冠状突起极矮或无，距圆筒形，长为上花瓣2/3，下花瓣长0.8-1厘米，鸡冠极矮或无，基部有时具小浅囊，内花瓣长7-9毫米，瓣片具1侧生囊，基部具钩状耳，爪稍长于瓣片；雄蕊束长6-9毫米，蜜腺贯穿距3/4-4/5；花柱短于子房，柱头近扁长方形，具8乳突。蒴果圆柱形，长0.8-1.5厘米，种子6-11，1列。种子近肾形。花果期4-10月。

图 1038 南黄堇 （王金凤绘）

产四川南部及中部、贵州西部、云南东北部及中部，生于海拔(1280-)1700-3000(-3500)米林下、林缘、灌丛、草坡、路边。药用，治骨折、跌打损伤，全草可镇痛。

11. 滇黄堇 图 1039：1-3

Corydalis yunnanensis Franch. in Bull. Soc. Bot. France 33：394. 1886.

多年生草本，高达1.5米。须根多数。茎分枝，叶基宿存。基生叶少数，叶柄长10-20（-31）厘米，叶长7-10（-18）厘米，三回三出分裂，一回全裂片柄较长，中裂片柄较侧裂片柄长，二回全裂片柄较短，不规则2-7深裂，小裂片窄倒卵形、倒披针形或椭圆形，常不对称，下面被白粉，无柄；茎生叶3-5，疏离互生，下部叶具长柄，最上部叶近无柄。总状花序少数，顶生及侧生，长4-12厘米，具多花，稀疏；苞片具齿。花瓣黄色，上花瓣长1-1.2厘米，背部鸡冠状突起高约1.5毫米，距圆筒形，与瓣片近等长，下花瓣长6-7毫米，内花瓣长6-7毫米，瓣片具1侧生囊，基部具耳垂，爪与瓣片近等长；雄蕊束长5-6毫米，蜜腺贯穿距4/5；胚珠少数，1列，花柱短于子房，柱头双卵形，具4乳突。蒴果圆柱形，长0.7-1.3厘米，反折。种子3-6枚，近圆形。花果期6-9月。

图 1039：1-3. 滇黄堇 4-6. 翅瓣黄堇
（李锡畴绘）

产四川西南部、云南西北部及东北部，生于海拔2100-3400米林下、山坡灌丛中、草坡或山麓荒地。缅甸东北部有分布。

12. 翅瓣黄堇 图 1039：4-6

Corydalis pterygopetala Hand.-Mazz. in Sitzungsb. Akad. Wiss. Wien, Math-Nat. 62：222. 1925.

多年生草本，高达1.2米。根多数；根茎短，具少数宿存叶基。茎粗壮，上部分枝。基生叶少数，叶柄长20-36厘米，叶长6-12厘米，二回三出分裂，一回具长柄，二回具短柄，顶生裂片卵形，常3全裂，侧生裂片不对称椭圆形，4-5全裂，小裂片倒卵形、倒披针形或椭圆形；基生叶3-5，互生，与基生叶同形，下部叶具柄，上部叶近无柄。总状花序生于枝顶，长达12厘米，多花，稀疏；苞片线状披针形，全缘。花梗等长或稍长于苞片；萼片具缺刻；花黄色，上花瓣长1.8-2厘米，背部鸡冠高出瓣片顶端，距圆筒形，与瓣片近等长或稍长，下花瓣舟状菱形，内花瓣具2侧生囊，蜜腺贯穿距9/10；子房窄椭圆形，胚珠2列；花柱长3.5-4毫米，柱头双倒卵圆形，具4乳突。蒴果窄圆柱形，长1.2-1.5厘米，种子少数。

产四川西南部、云南西北部及西部、西藏东南部，生于海拔2300-4100米草坡或林下。

［附］**飞燕黄堇 Corydalis delphinioides** Fedde, Repert. Sp. Nov. 23：183. t. 37 A. 1926. 本种与翅瓣黄堇的区别：圆锥花序多分枝，上花瓣长1.2-1.5厘米，鸡冠极矮或无，距较花瓣片稍长或近等长；蒴果长圆状梨形；叶三回裂片无柄。产四川西南部及云南西北部，生于海拔3000-4000米林下、林缘、灌丛中或草地。

13. 斑花黄堇 密花黄堇 图 1040

Corydalis conspersa Maxim. Fl. Tangut. 42. t. 25. f. 1-6. 1889.

丛生草本，高达30厘米。根茎短，簇生棒状肉质须根。茎1-4，基部稍弯，不分枝，具叶。基生叶多数，叶柄与叶片近等长，基部鞘状，叶二回羽状全裂；一回羽片2-8对，对生或近对生，二回羽片3枚，3深裂，裂片椭圆形或卵圆形，长3-4毫米，较密集；茎生叶多数，与基生叶同形，较小。总状花序头状，长2-4厘米，径2-2.5厘米，多花密集；花稍俯垂；苞片菱形或匙形，边缘紫色，全缘或先端具细齿。花梗长约5毫米；萼片菱形，具流苏状齿；花淡黄或黄色，具褐色斑点，上花瓣长1.5-2厘米，鸡冠状突起浅，距圆筒形，钩状，蜜腺贯穿距1/2，下花瓣与上花瓣相似，爪较长，内花瓣鸡冠状突起伸出顶端，爪长约瓣片2倍；雄蕊束披针形；柱头近扁四方形，顶端2浅裂，具8乳突。蒴果长圆形或倒卵圆形，长约1厘米。

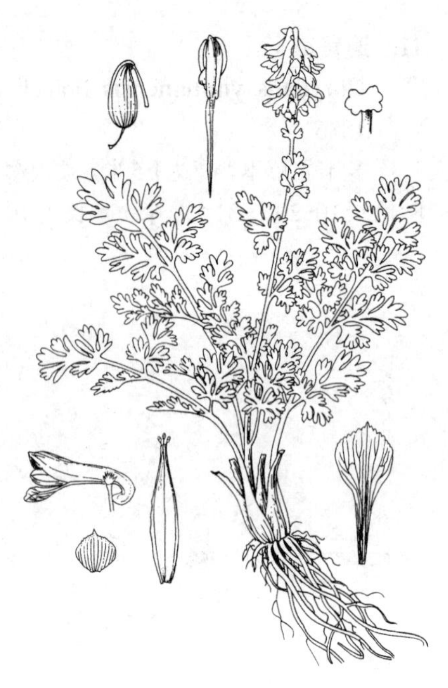

图 1040 斑花黄堇 （孙英宝绘）

产甘肃东南部、青海中南部、四川西北及西南部、西藏东部及中部，生于海拔（3800-）4200-5000（-5700）米多石河岸、高山砾石地。

14. 钩距黄堇 图1041：1-6 彩片420

Corydalis hamata Franch. in Journ. de Bot. 8: 292. 1894.

从生草本，高达30厘米。根茎粗短，须根肉质。茎常扭曲，上部具叶。基生叶多数，叶柄与叶片近等长，基部鞘状，具膜质边缘，叶二回羽状全裂，一回羽片9-11枚，近无柄，二回羽状全裂，二回羽片常3枚，3深裂，裂片线形或长圆形，长3-6毫米；茎生叶与基生叶同形，具短柄或无柄，有时近一回羽状全裂，羽片二回稍缺刻状羽状分裂。总状花序多花密集；花常俯垂；苞片倒卵形或披针形，全缘，有时下部苞片叶状，稍分裂。花梗长0.5-1厘米，与苞片近等长；萼片宽卵形，具不规则锐齿或缺刻；花黄褐或暗黄色，上花瓣长1.5-2.2厘米，全缘，鸡冠状突起全缘，不伸出顶端，距圆筒形，与瓣片近等长，自中部钩状，蜜腺贯穿距1/2，下花瓣较宽；雄蕊束披针形，具中肋；柱头扁四方形，常具8乳突，有时侧生乳突不明显，具顶生4乳突。蒴果披针形，长约1.5厘米，种子2列。种子具小突起。

产四川西部、云南西北部及西藏东部，生于海拔3400-3800（-4200）米石缝中或溪边。藏医用全草清热、止血。

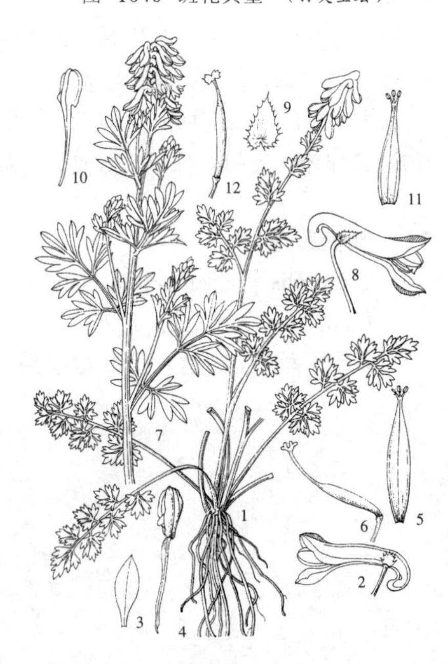

图 1041：1-6. 钩距黄堇 7-12. 川北钩距黄堇 （李锡畴绘）

［附］**川北钩距黄堇** 图1041：7-12 **Corydalis pseudohamata** Fedde, Repert. Sp. Nov. 22: 218. t. 34. 1926. 本种与钩距黄堇的区别：叶二回裂片长约1厘米，苞片较花梗长；上花瓣疏生齿，鸡冠状突起伸出顶端；种子较平滑，微具网状印痕；植株高达50厘米。产四川北部及云

南西北部，生于海拔3350-4200米草坡或沟边。

图 1042 糙果紫堇 （冀朝祯绘）

15. 糙果紫堇 图 1042 彩片 421

Corydalis trachycarpa Maxim. in Bull. Acad. Sci. St. Pétersb. 24: 27. 1878.

草本，高达50厘米。须根成簇，棒状，具少数纤维状须根。基生叶少，叶柄长达10厘米，叶片二至三回羽状分裂，一回全裂片3-4对，柄长3-8毫米，二回深裂片无柄，小裂片窄倒卵形、窄倒披针形或窄椭圆形，长0.5-1厘米，下面被白粉；茎生叶1-4，互生，下部叶具柄，上部叶近无柄。总状花序生于枝顶，长3-10厘米，多花密集；下部苞片扇形羽状全裂，上部苞片扇形掌状全裂，裂片均线形。花梗短于苞片；萼片具缺刻状流苏；花瓣紫、蓝紫或紫红色，上花瓣长2.5-3.2厘米，背部鸡冠状突起高1-2毫米，自瓣片顶端至中部消失，距圆锥形，长1.5-2厘米，下花瓣长1-1.3厘米，鸡冠同上花瓣，下部稍囊状，内花瓣长0.9-1.1厘米，瓣片具1侧生囊，爪与花瓣片近等长；雄蕊束长7-9毫米，蜜腺贯穿距2/5；子房具肋，肋密被小瘤，胚珠2列，花柱长于子房，柱头双卵形，具2乳突。蒴果窄倒卵形，长0.8-1厘米，6条纵棱密被小瘤。种子近圆形，花果期4-9月。

产甘肃、宁夏、青海东部、四川西北部及西南部、西藏东北部、云南西北部，生于海拔(2400-)3600-4800(-5200)米高山草甸、灌丛、流石滩或山坡石缝中。根可治感冒发烧及炎症。

16. 狭距紫堇 图 1043

Corydalis kokiana Hand.-Mazz. in Sitzungsb. Akad. Wiss. Wien, Math.-Nat. 57: 52. 1920

草本，高达40厘米。须根棒状，8-14条成簇，下部具少数纤维状分枝。茎1-5，近中部具少数分枝。基生叶少，叶柄长6-10厘米，叶三回三出全裂至浅裂，一回及二回裂片柄较长，三回近无柄，裂片倒卵形或倒披针形，长0.2-1厘米；茎生叶1-3，互生，与基生叶相同，具短柄或近无柄。总状花序生于枝顶，长3-10厘米，具12-30花；下部苞片同茎生叶，中部苞片羽状3-7深裂，最上部苞片披针形，具缺刻或全缘。花梗长于苞片；萼片卵形近全缘或肾形条裂；花瓣蓝色，上花瓣长1.5-1.8厘米，边缘反折，背部具短鸡冠状突起，距圆柱形，与瓣片近等长，下花瓣长约1厘米，基部有时具小突起，背部具

图 1043 狭距紫堇 （引自《图鉴》）

鸡冠状突起，爪与瓣片近等长，内花瓣长约8毫米，瓣片基部稍耳形，爪与瓣片近等长；雄蕊束长约6毫米，上部1/3骤窄，蜜腺贯穿距1/2；胚珠2列，花柱长为子房1/2，柱头双卵形。蒴果圆柱形，长约1.5厘米，俯垂，深褐色，种子6-10枚。花果期5-9月。

产四川西部及云南西北部，生于海拔3100-4700米林下、流石滩灌丛中或草甸。

17. 黑顶黄堇 图1044：1-2

Corydalis nigro-apiculata C. Y. Wu in Acta Bot. Yunn. 5(3): 246. f. 3: 1-2. 1983.

草本，高达30厘米。须根棒状，多数成簇，下部具少数纤维状分枝。茎3-8，具棱，上部1-5分枝。基生叶数枚，叶柄长6-10厘米，叶三回羽裂，一回全裂片3-4对，具短柄或近无柄，二回全裂片1-2对，近无柄，2-3深裂，三回裂片倒卵形或长圆形，下面被白粉；茎生叶3-4，互生，近无柄。总状花序生于茎及分枝顶端，长2-10厘米，具15-40花，密集；最下部苞片与茎生叶相同，上部苞片羽状分裂，最上部苞片披针形全缘。花梗长于苞片；萼片近圆形，具不规则齿或条裂；花瓣淡黄色，上花瓣长1.7-2厘米，背部具高1-2毫米鸡冠状突起，全缘，距圆柱形，短于瓣片，下花瓣长0.9-1厘米，背部鸡冠状突起矮，爪宽线形，内花瓣长8-9毫米，先端紫黑色，爪与瓣片近等长；雄蕊束长7-8毫米，蜜腺贯穿距2/5；子房窄椭圆形，胚珠2列，柱头双卵形，具8乳突。蒴果圆柱形或窄椭圆状圆柱形，长1.2-1.5厘米，具棱，反折。种子近圆形。花果期7-9月。

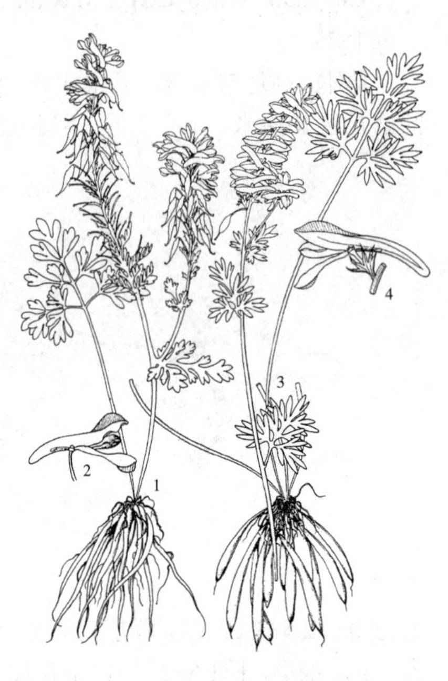

图 1044：1-2. 黑顶黄堇 3-4. 密穗黄堇
（李锡畴绘）

产青海南部、四川西北部及西藏东部，生于海拔3600-4200米山坡林下、高山草甸或沼泽地。

［附］**密穗黄堇** 图1044：3-4 **Corydalis densispica** C. Y. Wu in Acta Bot. Yann. 5(3): 247. f. 3: 5-6. 1983. 本种与黑顶黄堇的区别：棒状根具长柄；花梗等长于苞片；距长为瓣片2倍，内花瓣无深色先端；蒴果椭圆形。产四川西部及西南部、云南西北部、西藏东南部及东部，生于海拔3200-4600米灌丛草甸或林下。

18. 粗糙黄堇 图1045 彩片422

Corydalis scaberula Maxim. Fl. Tangut. 1: 40. 24. f. 1-11. 1889.

多年生草本，高达15厘米。须根棒状，6-20条成簇。茎1-4，上部具叶。基生叶少，叶柄长5-11厘米，叶三回羽裂，一回裂片4对，下部裂片具柄，上部裂片具短柄或近无柄，二回羽状深裂至浅裂，三回下部裂片2-3浅裂，上部裂片全缘，下面被软骨质粗糙柔毛；茎生叶2，近对生，具短柄。总状花序长2.5-5厘米，多花密集；下部苞片楔形全缘，上部苞片扇状条裂，边缘被软骨质糙毛。花梗短于苞片；萼片近肾形，具条状裂齿；花瓣淡黄带紫色，橙黄色，上花瓣长1.5-2厘米，背部具鸡冠状突起，距圆柱形，长7-8毫米，稍下弯，下花瓣长0.8-1厘米，背部具鸡冠状突起，内花瓣长约8毫米，先端深紫色；雄蕊束长约8毫米，花丝椭圆形；柱头近肾形。蒴果长圆形，长约8毫米，种子8-10，2列。种子圆形，种阜具细牙齿。花果期6-9月。

产青海、四川西北部及西藏，生于海拔4500-5300米高山石砾坡。

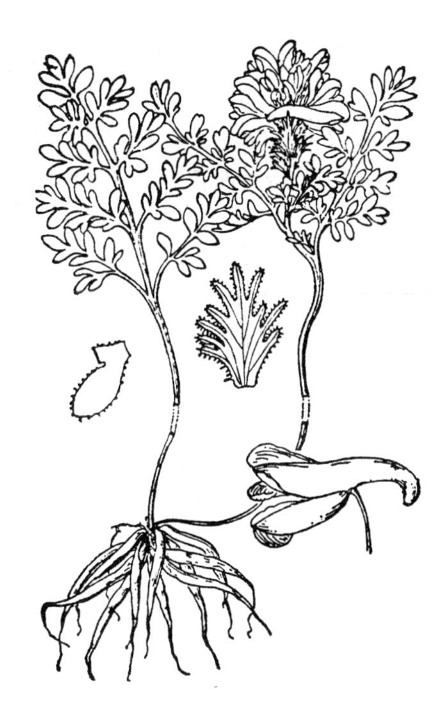

图 1045 粗糙黄堇 （引自《图鉴》）

19. 陕西紫堇 图 1046

Corydalis shensiana Liden, Fl. Reipubl. Popul. Sin. 32: 219. 1998.

草本，高达35厘米。须根窄纺锤状圆柱形，极多成簇，具少数纤维状细根。茎1-4，不分枝，上部具叶。基生叶少，叶柄长7-9厘米，叶3全裂，全裂片近无柄，2-3深裂，有时掌状全裂，小裂片线状长圆形或窄倒卵形；茎生叶1-4，疏离，互生，无柄或近无柄，叶掌状5-7全裂，裂片线形或窄倒披针形，长1.5-5厘米，下面被白粉。总状花序顶生，长3-7厘米，具10-15花；最下部苞片3-5全裂，余窄披针形或线状披针形，全缘。下部花梗短于苞片，上部花梗长于苞片；萼片近圆形，具缺刻；花瓣蓝色，上花瓣长1.4-1.6厘米，具浅波状齿，背部鸡冠状突起极矮，距圆筒形，与瓣片近等长，上弯，下花瓣匙形，长7-8毫米，具浅波状齿，爪与瓣片近等长，内花瓣长6-7毫米，爪宽线形，与瓣片近等长；雄蕊束长5-6毫米，花丝窄椭圆形，蜜腺贯穿距1/2；胚珠1列，花柱短于子房，柱头双卵形，具8乳突。蒴果长圆状线形，长1-1.3厘米，反折，种子3-6。种子近圆形，微具条纹，种阜小。花果期6-8月。

产山西、陕西及河南西部，生于海拔1350-3250米林下、灌丛中或山顶。

［附］**金雀花黄堇 Corydalis cytisiflora** (Fedde) Liden, Fl. Republ. Popul. Sin. 32: 219. 1998. —— *Corydalis curviflora* Maxim. var. *cytisiflora* Fedde, Repert. Sp. Nov. 20: 290. 1924. 本种与陕西紫堇的区别：花黄色，上花瓣长1.7-2厘米，蜜腺具穿距2/3；苞片卵状披针形或窄披针形。产甘肃南部及四川西部，生于海拔2600-4000(-4500)米山坡林下、灌丛或草丛中。

图 1046 陕西紫堇 （孙英宝绘）

20. 曲花紫堇 图 1047

Corydalis curviflora Maxim. Fl. Tangut. 41. t. 20. f. 1-11. 1889.

草本，高达50厘米。须根多数成簇，窄纺锤状，肉质，具细长柄，顶端线状。茎1-4。基生叶少，叶柄长（2-）4-7（-13）厘米，叶3全裂，裂片2-3深裂，有时掌状全裂，小裂片长圆形、线状长圆形或倒卵形，长0.5-1.8厘米；茎生叶1-4，互生，柄极短或近无柄，掌状全裂，裂片宽线形或窄倒披针形，长1-5厘米，下面被白粉。总状花序顶生，稀腋生，长2.5-12厘米，具10-15花；苞片窄卵形、窄披针形或宽线形，全缘，稀最下部苞片3-5深裂。花梗较苞片短或近等长；萼片不规则撕裂至中部；花瓣淡蓝、淡紫或紫红色，上花瓣长1.2-1.4厘米，背部具鸡冠状突起，距圆筒形，长5-6毫米，顶端上弯，下花瓣宽倒卵形，背部鸡冠较矮，无爪，内花瓣瓣片具1侧生囊，爪宽线形，与瓣片近等长；雄蕊束长约6毫米，花丝窄椭圆形，蜜腺贯穿距1/2；胚珠2列，花柱稍长于子房，柱头2裂，具6乳突。蒴果线状长圆形，长0.5-1.2厘米，顶端锐尖，基部渐窄，褐红色，反折，种子4-7。种子近圆形。花果期5-8月。

产山西、河南、陕西、甘肃西南部、宁夏、青海东部及南部、四川，生于海拔2400-3900（-4600）米山坡云杉林下、灌丛或草丛中。

［附］**流苏曲花紫堇 Corydalis curviflora** subsp. **pseudosmithii** （Fedde） C. Y. Wu, Fl. Reipubl. Popul. Sin. 32: 223. 1998. —— *Corydalis curviflora* Maxim. var. *pseudosmithii* Fedde, Repert. Sp. Nov. 22: 27. 1926. 本亚种与模式亚种的区别：苞片长圆状披针形或窄菱状披针形，上部边缘具流苏状细齿；上花瓣长1.5-1.7厘米，鸡冠延伸至距端，距与瓣片近等长。下花瓣具爪。产甘肃西南部及四川西北部，生于海拔（2700-）3000-4100米林下、灌丛中或草坡。

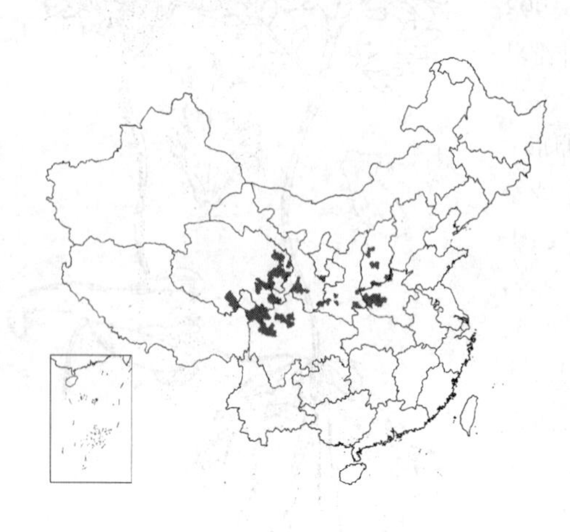

图 1047 曲花紫堇 （冀朝祯绘）

［附］**浪穹紫堇 Corydalis pachycentra** Franch. Pl. Delav. 45. 1889. 本种与曲花紫堇的区别：根纺锤形；径1-2.5厘米；上花瓣长约1厘米，下花瓣下部浅囊状。产青海南部、西藏东部、四川西部及云南西北部，生于海拔3600-5100米山坡草地或灌木林下。

21. 三裂紫堇　　图 1048

Corydalis trifoliata Franch. in Bull. Soc. Bot. France. 33: 392. 1886.

草本，高达32厘米。须根多数成簇，纺锤状，肉质，具柄，顶端丝状。茎1-2。基生叶1-2，叶柄长3-12厘米，叶3全裂，裂片倒卵状楔形，2或3浅裂，有时全缘；茎生叶1枚，生于近花序下，叶柄长0.5-2厘米，叶片反折，3全裂，裂片倒卵形、卵形或窄卵形，长1-3.8厘米，侧裂片常两侧不对称，全缘，稀中裂片2-3浅裂。伞房状总状花序顶生，长1.5-2厘米，具2-6花；下部苞片卵形，上部苞片披针形，全缘，稀最下部苞片3深裂或浅裂。花梗短于苞片；萼片不规则深裂或浅裂；花瓣蓝或蓝紫色，上花瓣长1.2-2厘米，距圆筒形，长0.7-1厘米，下花瓣宽倒卵形，长0.8-1.4厘米，内花瓣具1侧生囊，爪与瓣片近等长；雄蕊束长6-8毫米；花柱与子房近等长，柱头双卵形，具8小乳突。蒴果窄长圆形，长1-1.2厘米。花果期7-9月。

图 1048 三裂紫堇 （吴彰桦绘）

产云南西北部及西藏东南部，生于海拔3000-4300米杜鹃灌丛中、高山草甸或山坡砾石缝中。缅甸北部、不丹、锡金及尼泊尔有分布。

22. 小距紫堇

图 1049

Corydalis appendiculata Hand.-Mazz. Symb. Sin. 7: 349. t. 7. Abb. 1-2. 1931.

丛生草本，高达30厘米。块根成簇，纺锤形或长圆状，肉质，具柄，顶端丝状。茎1-7，稀上部1-2分枝，上部具叶。基生叶2-5，叶柄长4-11厘米，叶二回三出羽状分裂，小裂片倒卵形，长0.5-1厘米；茎生叶1-3，互生，具短柄或无柄，叶片轮廓三角形或圆形，二回三出羽状分裂，小裂片披针形或线形，长0.5-1.5厘米。总状花序顶生，长4-10厘米，具多花；下部苞片与茎生叶同形，向上裂片渐减，最上部苞片披针形具齿。上部花梗长约2毫米，下部花梗长达1.2厘米；萼片有时具齿；花瓣蓝色；上花瓣长1.5-2厘米，背部具鸡冠状突起，距圆筒形，与瓣片近等长，稀较长，下花瓣长8-9毫米，基部具1下垂小距，内花瓣瓣片基部两侧具钩状耳，爪楔形；雄蕊束长约7毫米，花丝窄卵形；胚珠2列，花柱顶端弯曲，柱头双卵形，上端具4乳突，基部两侧各具1乳突。蒴果线状长圆形，长0.7-1厘米，果柄下弯。种子数枚，近圆形。花果期6-9月。

图 1049 小距紫堇 （引自《图鉴》）

产四川西南部及云南西北部，生于海拔2700-4100米林下、灌丛中、草坡或流石滩。根药用，调经、散瘀及麻醉。

23. 大海黄堇

图 1050

Corydalis feddeana Lévl. in Fedde, Repert. Sp. Nov. 12: 282. 1913.

草本，高达30厘米。块根成簇，纺锤状，肉质，具短柄，顶端丝状。茎1-5，上部具叶。基生叶1-3，叶柄长达4厘米，叶二回三出全裂，小裂片线形或线状披针形；茎生叶1-3，互生，具短柄或近无柄，叶一回奇数羽状全裂，裂片2-3对，线形，长1.5-5厘米，具短柄或无柄。总状花序长4-10厘米；苞片卵形或窄卵形，全缘。花黄色；上花瓣长1.8-3.5厘米，鸡冠状突起长，距较瓣片稍长或等长；下花瓣基部囊状；雄蕊长约7毫米；柱头双倒卵圆状，上端具2乳突。蒴果倒卵圆形或窄倒卵圆形，长1-1.2厘米。

产四川及云南东北部，生于海拔3200-3500米草地。

图 1050 大海黄堇 （肖 溶 绘）

24. 扇苞黄堇

图 1051

Corydalis rheinbabeniana Fedde, Repert. Sp. Nov. 20: 294. t. 2 B. 1924.

草本，高达40厘米。块根成簇，纺锤状，肉质，具柄，顶端丝状。茎1-3，不分枝或上部具1分枝，上部具叶。茎生叶2-5，互生，柄极短或近无柄，叶一回奇数羽状全裂，裂片2-4对，窄披针形，长1-5厘米，全缘，稀最下部裂片2-3裂，下面被白粉，具3纵脉。总状花序顶生，长达10厘米，多花密集；苞片扇形，下部苞片二回羽状深裂，向上渐小，最上部苞片披针形，具缺刻，边缘及沿背脉被平展小刺毛。花梗较苞片长或等长；萼片圆形，稍具齿；花瓣黄色，上花瓣呈“S”形，长2-2.3厘米，边缘浅波状，背部鸡冠状突起高2.5-3毫米，顶端伸出花瓣外，距圆筒形，长约花瓣3/5，顶端下弯，下花瓣长0.9-1厘米，具浅波状齿，背部鸡冠状突起高约3毫米，伸出花瓣顶端，具爪，内花瓣片中部具1侧生囊，基部1耳垂；雄蕊束长6-7毫米，蜜腺贯穿距2/3；胚珠2列，花柱顶端弯曲，柱头4裂，具4乳突，两侧各具1乳突。蒴果窄倒卵圆形，长0.8-1厘米，反折，排列于果轴一侧。种子肾状圆形。花果期6-9月。

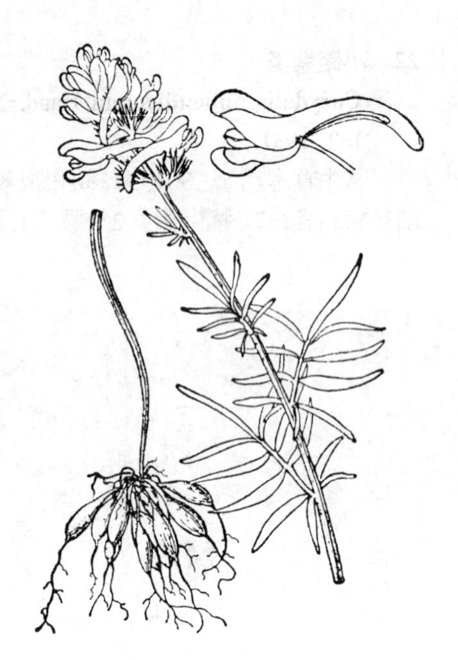

图 1051 扇苞黄堇 （引自《图鉴》）

产甘肃西南部、青海东南部及四川北部，生于海拔3500-4100米灌丛中或草坡。根茎药用，活血、清血、行气、镇痛。

25. 秦岭紫堇 图 1052

Corydalis trisecta Franch. in Journ. de Bot. 8: 284. 1894.

多年生草本，高达28厘米。块根成簇，长圆形或倒卵形，肉质，具纤维状细根。茎单一，上部具叶。基生叶具长柄，叶近5全裂或深裂至二回三出分裂，裂片椭圆形或披针形，近无柄；茎生叶2，互生，具柄，叶一回奇数羽状分裂，裂片2对，下部1对常2-3深裂，小裂片宽椭圆形，长2-3厘米，具纵脉。总状花序顶生，具5-10花；苞片卵状披针形或披针形，全缘。花梗与苞片近等长；萼片边缘撕裂状；花瓣黄色，上花瓣长2-2.2厘米，背部鸡冠状突起高，距圆筒形，与瓣片近等长，下花瓣长约1厘米，背部鸡冠状突起高，爪与瓣片近等长，内花瓣提琴形；雄蕊束长约9毫米。蒴果圆柱形，长达3厘米，种子数枚，1列。种子近圆形。花果期7-8月。

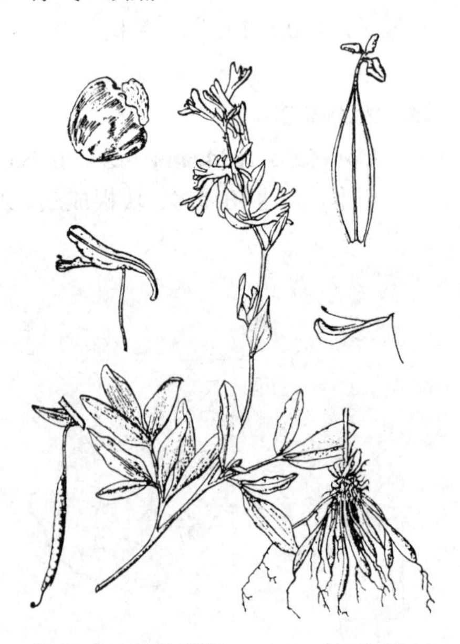

图 1052 秦岭紫堇 （引自《秦岭植物志》）

产河南西部、湖北西部、四川东北部及陕西南部，生于海拔2500-3300(-3800)米山顶、山坡草丛或岩缝中。

26. 条裂黄堇 图 1053：1-6

Corydalis linarioides Maxim. in Mél. Biol. Acad. Sci. St. Pétersb. 10: 45. 1887.

多年生草本，高达50厘米。块

根3-6，纺锤状，肉质，具柄。茎2-5，上部具叶。基生叶少数，叶柄长达14厘米，叶二回羽状分裂，一回3全裂，顶生裂片具柄，5-7裂，侧生裂片无柄，3裂，小裂片线形，下面被白粉，有时与茎生叶同形；茎生叶2-3，互生，无柄，叶一回奇数羽状全裂，裂片3对，线形，长3-6厘米，全缘，具3纵脉。总状花序顶生；下部苞片羽状分裂，上部窄披针状线形，最上部线形。萼片边缘撕裂状；花瓣黄色，上花瓣长1.6-1.9厘米，背部鸡冠状突起高约2毫米，延伸至距，距圆筒形，长0.9-1.1厘米，下花瓣长0.9-1厘米，背部鸡冠状突起较小，内花瓣长7-8毫米，爪与瓣片近等长；雄蕊束长6-7毫米，蜜腺贯穿距1/2；花柱顶端弯曲，柱头双卵形，具2乳突。蒴果长圆形，长约1.2厘米，反折。种子5-6，1列，近圆形。花果期6-9月。

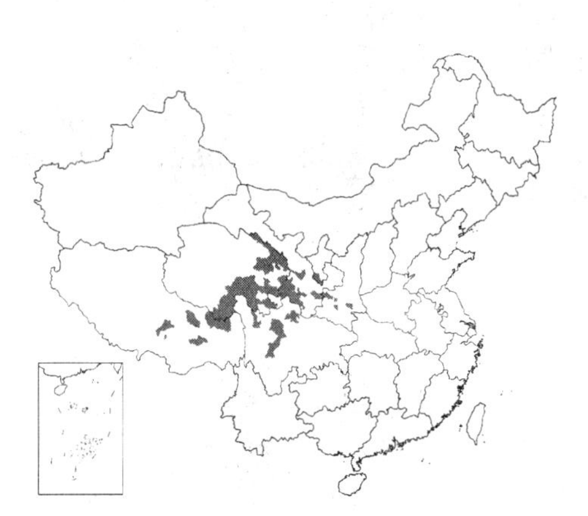

图 1053：1-6. 条裂黄堇 7-14. 裸茎黄堇 （吴锡麟绘）

产陕西西南部、宁夏南部、甘肃中部及南部、青海东部、四川西部、西藏东部，生于海拔2100-4700米林下、林缘、灌丛下、草坡或石缝中。

27. 苍山黄堇 丽江紫堇 图 1054

Corydalis delavayi Franch. in Nouv. Arch. Mus. Paris ser. 3, 8: 198. 1886.

多年生草本，高达38厘米。块根成簇，纺锤状，肉质，具细长柄。茎1-10，不分枝或上部具1-2分枝，上部具叶。基生叶少，叶柄长5-15厘米，叶3全裂，全裂片具柄，二回3深裂，裂片2或3浅裂，小裂片窄倒卵形或线状披针形，下面被白粉，纵脉明显；茎生叶2-4，互生，具短柄或近无柄，叶一回奇数羽状分裂，稀最下部1对裂片2-3浅裂，小裂片线状披针形，全缘或稀下部裂片2浅裂。总状花序顶生，长4-13厘米，具10-20花；下部苞片同上部茎生叶，或3浅裂，上部苞片窄披针形，全缘。花梗较苞片长或稍短；萼片具细齿；花瓣黄色，上花瓣长1.6-1.8厘米，背部鸡冠状突起高约2毫米，距圆筒形，与瓣片近等长，下花瓣较上花瓣片长，具鸡冠状突起，内花瓣长7.5-9.5毫米，爪短于瓣片；雄蕊束长6-8毫米；子房长3-5毫米，柱头双卵形，顶端具2乳突。蒴果窄倒卵圆形，长约1厘米，反折。种子肾状圆形。花果期6-9月。

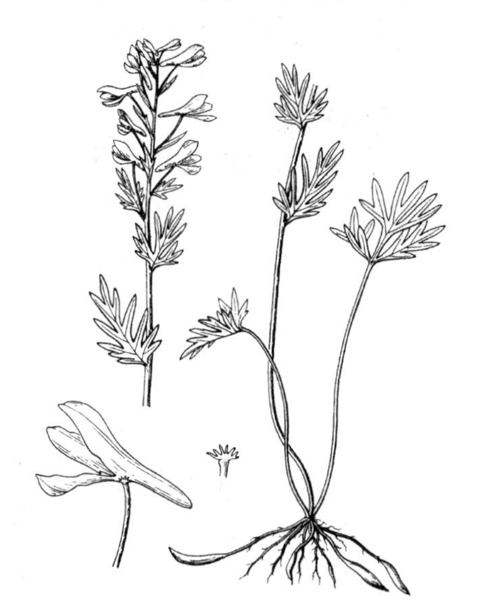
图 1054 苍山黄堇 （吴彰桦绘）

产四川西南部及云南西北部，生于海拔3000-4600米石灰岩高山灌丛中、草甸或流石滩。

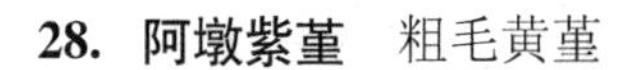

28. 阿墩紫堇 粗毛黄堇 图 1055

Corydalis atuntsuensis W. W. Smith in Notes Roy. Bot. Gard. Edinb. 9: 97. 1916.

Corydalis pseudoschlechteriana

auct. *non* Fedde：中国高等植物图鉴补编1：678. 1982.

多年生草本，高达18厘米。块根成簇，纺锤状，肉质，长0.5-3厘米，具少数细根，柄长达1.5厘米。茎1-3，基生叶1-2，叶柄长2-6厘米，叶一回奇数羽状分裂，裂片2-3对，线状披针形，长0.5-1厘米，常全缘，下面被小刺毛；茎生叶2，近对生于花序下，近无柄，与基生叶近同形。总状花序顶生，长1.5-3厘米，具6-10花；下部苞片倒卵形，扇状5-7深裂，裂片线形或披针形，中部苞片3浅裂，最上部倒披针形，浅裂或全缘。花梗与苞片近等长；萼片具细齿；花瓣蓝色，有时黄绿色，上花瓣长1.5-1.7厘米，背部鸡冠状突起高1-1.5毫米，距圆筒形，稍长于瓣片，下花瓣长7-9毫米，背部具鸡冠状突起，具爪，内花瓣长6-7毫米；雄蕊束长5-6毫米，蜜腺贯穿距3/5；胚珠1列，花柱长于子房，先端弯曲，柱头双卵形，具2乳突。蒴果窄椭圆形，长4-7毫米，种子3-6枚。种子近圆形，种阜小。花果期6-8月。

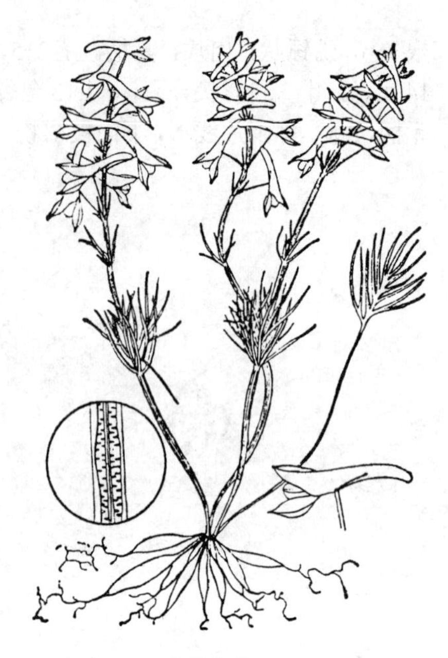

图 1055 阿墩紫堇 （引自《图鉴》）

产青海南部、四川西部、云南西北部及西藏东北部，生于海拔3900-5000米灌丛中、山坡草地或高山草甸。

29. 裸茎黄堇 图 1053：7-14

Corydalis juncea Wall. Tent. Fl. Nepal. 54. t. 42. 1826.

多年生草本，高达45厘米。块根成簇，纺锤状，肉质，具柄，顶端丝状。茎1-5条。基生叶极少，叶柄长15-25厘米，叶三回三出分裂，一回全裂片具柄长1.5-3厘米，二回全裂片无柄，3-4深裂，小裂片窄倒卵形或倒披针形，下面被白粉，具纵脉；茎生叶2-3，紧贴茎上，无柄，披针形或线状披针形，长1-1.5厘米，全缘。总状花序顶生，长5-14厘米，具多花；苞片线形或线状披针形，全缘。花梗较苞片稍长或近等长；花瓣黄色，上花瓣长0.8-1.2厘米，背部鸡冠状突起矮，延伸至距中部，距圆筒形，长3-5毫米；下花瓣倒卵形，有时基部具1下垂小距，内花瓣圆，长6-7毫米，先端紫黑色，中部具1侧生囊，爪与瓣片近等长；雄蕊束长6-7毫米；胚珠数枚，2列，花柱与子房近等长，顶端弯曲，柱头扁长方形，具4乳突，基部两侧各具1乳突。果序长达30厘米；蒴果长圆形，长6-7毫米。花果期6-7月。

产西藏南部，生于海拔3600-4350米高山灌丛中、草地。印度东北部、不丹、锡金及尼泊尔有分布。

30. 暗绿紫堇 图 1056 彩片 423

Corydalis melanochlora Maxim. in Mél. Biol. Acad. Sci. St. Pétersb. 10：43. 1877.

多年生草本，高达18厘米。块根成簇，棒状，肉质，向下渐窄，具少数细根。茎1-5。基生叶2-4，叶柄长达10厘米，叶三回羽状全裂，下部裂片具柄，上部裂片近无柄或无柄，互生，3全裂或深裂，小裂片2-3浅裂，披针形或宽线形；茎生叶2，生于茎上部，近对生，具短柄或无柄，与基生叶相同。总状花序顶生，具4-8花，长2-3厘米；苞片掌状全裂，裂片多数，窄倒披针形。花梗较苞片稍短；

萼片近圆形，撕裂状；花瓣蓝色，上花瓣长2-2.5厘米，背部具鸡冠状突起，距圆筒形，长1.3-1.5厘米，稍下弯，下花瓣长1-1.2厘米，具爪；内花瓣长约1厘米，先端深紫色，瓣片基部具2耳垂，爪稍短于瓣片；花丝窄卵形；胚珠2列，柱头近肾形，顶端具6乳突。蒴果窄椭圆形，长6-7毫米，反折，种子5-6。花果期6-9月。

产甘肃中部及南部、青海、四川、西藏东部，生于海拔3900-5500米高山草甸或流石滩。

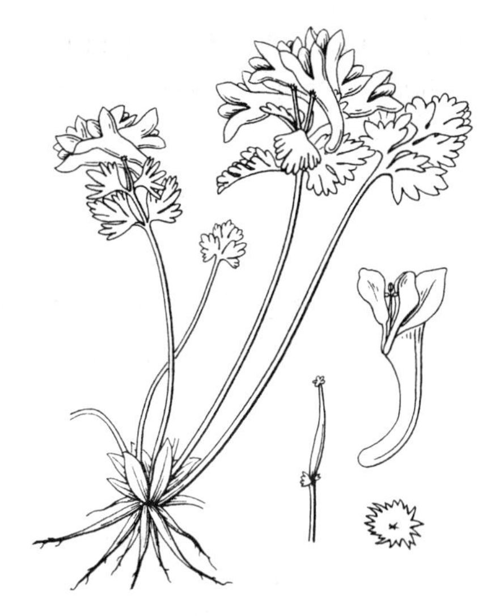

图 1056 暗绿紫堇 （吴彰桦绘）

31. 波密紫堇 图 1057

Corydalis pseudo-adoxa C. Y. Wu et H. Chuang, Fl. Xizang 2: 276. f. 92: 1-7. 1985.

多年生草本，高达25厘米。块根成簇，棒状，肉质，具细根。茎1-4。基生叶2-6，叶柄长3-13厘米，叶长1.5-3厘米，二至三回三出分裂，一回全裂片具短柄或近无柄，二回深裂片全缘或2-3浅裂，小裂片窄倒卵形或窄椭圆形，下面被白粉，具纵脉；茎生叶1枚，具短柄或无柄，叶3全裂，裂片全缘或2-3深裂或浅裂，稀羽状分裂，小裂片窄披针形或窄卵形，稀宽线形，长0.8-2厘米。总状花序顶生，长2-5厘米，具5-15花；苞片窄卵形或披针形，全缘，稀最下部1枚分裂。花梗长于苞片；花瓣蓝色，上花瓣长1-1.3厘米，背部鸡冠状突起高1-1.5毫米，距圆筒形，与瓣片近等长，下花瓣长8-9毫米，背部鸡冠状突起近三角形，内花瓣紫褐色，瓣片具1侧生囊，爪短于花瓣片；雄蕊束长5-6毫米，蜜腺贯穿距3/5；胚珠2列，花柱与子房近等长，顶端弯曲，柱头双卵形，具6乳突。蒴果卵圆形、窄卵圆形或窄椭圆形，长7-8毫米，反折，种子4-7。种子近肾形。花果期6-9月。

产云南西北部及西藏东南部，生于海拔3000-4800米高山草甸及流石滩。

［附］**美丽紫堇** 彩片424 **Corydalis adrienii** Pain in Journ. As. Soc. Bengal. 65: 37. 1896. 本种与波密紫堇的区别：上花瓣长1.5-2厘米，距稍短于瓣片；花序长约2厘米，具4-7花；苞片指状全裂，裂片近线形；基生叶及茎生叶三回羽状全裂。产四川西南部、云南西北部及西藏东南部，生于海拔3200-5300米石灰岩草坡或流石滩。

图 1057 波密紫堇 （李锡畴绘）

32. 多叶紫堇 图 1058

Corydalis polyphylla Hand.-Mazz. in Sitzgsanz. Akad. Wiss. Wien, Math.-Nat. 62: 222. 1925.

多年生草本，高达18厘米。根茎常匍匐，块根肉质，具鳞片，顶端具细根及膜质鳞片。茎1-4，近基部或中部具1叶，稀无叶。基生叶柄与叶片近等长或较长，叶三回羽状全裂；一回羽片3-4对，二回羽片常2对，均具短柄，三回羽片2对，近无柄，3深裂，裂片椭圆形或披针形，长1.5-4毫米；茎生叶与基生叶同形。总状花序近伞房状或头状，具6-15花，径3-5厘米；苞片长0.5-1厘米。下部苞片叶状，上部苞片扇形深裂，裂片较长。花梗长1-2厘米；花白或紫红色，平展；萼片绿色，晚落；上花瓣长1.6-2厘米，鸡冠状突起半圆形，高1.5-2毫米，与瓣片侧翼近等宽，距圆筒形，长约花瓣1/3，下花瓣较长，前伸，瓣片常反折，爪窄，内花瓣具线形鸡冠状突起，爪稍长于瓣片；雄蕊束上部1/3较宽；柱头近心形，上部2裂，具2短角状乳突。蒴果披针形，长约1.2厘米，径3.5毫米，俯垂，种子2列。

图 1058 多叶紫堇 （引自《图鉴》）

产云南西北部及西藏东南部，生于海拔3600-4000米阴湿坡地。

33. 草黄堇 图 1059：1-8

Corydalis straminea Maxim. ex Hemsl. in Journ. Linn. Soc. Bot. 23: 38. 1996.

多年生丛生草本，高达60厘米。主根粗大，顶部具鳞片及叶柄残基。茎具棱，中空，上部分枝。基生叶长约茎1/2，具长柄，叶二回羽状全裂，一回羽片约4对，具短柄，二回羽片约3枚，无柄，3深裂，有时裂片2-3裂，小裂片披针形，长1-2厘米；茎生叶与基生叶同形，具短柄或无柄。总状花序多花、密集，长3-10厘米；下部苞片叶状或3裂，上部苞片披针形，全缘，长约1厘米。花梗长约1厘米；萼片宽卵形，尾状短尖，具啮蚀状齿，稀近全缘；花草黄色，上花瓣长1.8-2.5厘米，无鸡冠状突起，距圆筒形，长于瓣片，蜜腺贯穿距长1/2，下花瓣后部具囊，基部缢缩，内花瓣具鸡冠状突起，爪与瓣片近等长；雄蕊束披针形；柱头扁圆形，具8乳突。蒴果线形，种子1列。种子圆形，种阜扁平，贴生。

产青海东部、西藏东北部、甘肃西南部及四川北部，生于海拔2600-2700(-3800)米针叶林下或林缘。

［附］**阿山黄堇** 图1059：9-15 **Corydalis nobilis** (Linn.) Pers. Syn. Pl. 209. 1807. —— *Fumaria nobilis* Linn. Syst. Nat. 12 ed. 2: 469. 1767. 本种与草黄堇的区别：花黄色，距与瓣片近等长，内花瓣顶端暗紫色；蒴果卵圆形或椭圆形，种子2列。

图 1059：1-8. 草黄堇 9-15. 阿山黄堇 （曾孝濂绘）

34. 红花紫堇 图 1060

Corydalis livida Maxim. Fl. Tangut. 1: 49. 1889.

多年生丛生草本，高达30(-60)厘米。主根稍扭曲，顶部具鳞片及叶柄残基。茎上部具叶，分枝。基生叶少，长约茎1/2，叶柄与叶片近等长，基部鞘状，叶一至二回羽状全裂，羽片具短柄或无柄，楔状卵圆形，长1.5-2厘米，3深裂，裂片宽卵形，有时3裂；茎生叶一回羽状全裂，具柄或近无柄，羽片3深裂，稀二回3深裂。总状花序具10-15花；下部苞片叶状，3深裂或二回3深裂，上部苞片较小，卵圆形，短于花梗。花梗长5-7毫米；萼片心形或卵圆形，具齿，稀近全缘，先端尾尖；花冠紫红或淡紫色，上花瓣长1.8-2.5厘米，鸡冠状突起浅而全缘，有时不明显，距与瓣片近等长，圆筒形，蜜腺贯穿距长2/3，下花瓣后部稍囊状，近基部缢缩，内花瓣淡黄色，具鸡冠状突起，爪稍长于瓣片；雄蕊束窄卵状披针形；柱头扁圆形，具8乳突。蒴果线形，长1.5-2厘米，常俯垂或反折，种子1列。种子扁圆形，种阜帽状，包种子约1/3。

图 1060 红花紫堇 （李锡畴绘）

产甘肃及青海，生于海拔2400-4000米针叶林下、林缘或石缝中。

35. 粗梗黄堇 图 1061

Corydalis pachypoda (Franch.) Hand.-Mazz. Symb. Sin. 7: 347. 1931.

Corydalis tibetica Hook. f. et Thoms. var. *pachypoda* Franch. Pl. Delav. 51. 1889.

多年生草本，高达15厘米，稍被白粉。主根粗。根茎长5-15厘米，上部具鳞片及叶柄残基。茎1至多条，花葶状，无叶或基部具1叶。基生叶多数，稍短于花葶，叶柄与叶片近等长，基部鞘状，叶一回羽状全裂，羽片3-5对，无柄，互生或近对生，一至二回3深裂或近掌状深裂，裂片倒卵形，长约5毫米。伞形总状花序具5-10花；苞片楔形，羽裂、3裂或披针形，全缘。花梗粗，长2-4厘米；萼片半圆形，具齿；花冠橙黄或暗黄色，外花瓣宽，具鸡冠状突起，上花瓣长1.8-2.2厘米，两侧具1纵肋，距圆筒形，长约花瓣2/3，蜜腺贯穿距长1/2以上，下花瓣稍前伸，瓣片常于近爪处下弯，基部囊状，内花瓣鸡冠状突起延至爪中部，爪稍短于瓣片；柱头近扁四方形，顶端2裂，具2短柱状乳突。蒴果倒卵圆形，长0.8-1.5厘米，种子少数，2列。种阜小。

图 1061 粗梗黄堇 （引自《图鉴》）

产云南西北部、四川西南部及西藏，生于海拔2300-4700米石缝中或沙石地。

36. 迭裂黄堇 图 1062

Corydalis dasyptera Maxim. in Bull. Acad. Sci. St. Pétersb. 24: 28. 1877.

多年生草本，高达30厘米。主

根圆柱形。茎1至多条，花葶状，无叶或具1-3枚退化苞片状叶。基生叶多数，长约10-15厘米，叶柄与叶片近等长，基部鞘状；叶一回羽状全裂，羽片5-7对，无柄，近对生，宽卵形，长1.2-1.6厘米，3深裂，裂片卵圆形或倒卵形。总状花序多花，密集；下部苞片羽状深裂，上部苞片具齿或全缘，长于花梗。花梗长约1厘米；萼片椭圆形，具齿；花冠暗黄色，外花瓣龙骨突起高而全缘，带紫褐色，上花瓣长约2厘米，鸡冠状突起延至距中部，距与瓣片近等长，圆筒形，蜜腺长达距1/2，下花瓣近爪处下弯，爪宽展，下凹，内花瓣具粗厚鸡冠状突起，爪稍短于瓣片；子房稍长于花柱，柱头扁四方形，顶端2裂，具2短柱状乳突。蒴果下垂，长圆形，长1-1.4厘米。种子少数，1列，近圆形，种阜宽卵形。

图 1062 迭裂黄堇 （肖 溶 绘）

产甘肃中部及西南部、青海东部及南部、四川、西藏东北部，生于海拔2700-4800米高山草地，流石滩或疏林下。为藏药，花及根用水漂毒后可解热、镇痛。

37. 革吉黄堇 藏西黄堇 图 1063：1-11

Corydalis moorcroftiana Wall. ex Hook. f. et Thoms. Fl. Ind. 1: 266. 1855.

多年生丛生草本，高达40厘米。叶轴、叶及苞片边缘被透明小瘤。主根圆锥形。茎2-4，具棱，具2-3叶，上部常分枝。基生叶高达茎2/3，叶柄与叶近等长，基部具膜质宽边，叶二回羽状全裂；一回羽片具短柄，宽卵形，二至一回羽状深裂，小裂片披针形或倒卵形，长0.5-1.8厘米；茎生叶一回羽状全裂，边缘具透明小瘤。总状花序，长约3-7厘米，多花密集；苞片长于花梗，下部苞片羽裂，上部苞片披针形，全缘，具透明小瘤。下部花梗长约1厘米；萼片具流苏状齿，花冠亮黄色，外花瓣龙骨突起深褐色，斜伸或近平展，顶端鸡冠高而伸出，上花瓣长2-2.2厘米，距圆筒形，与瓣片近等长，蜜腺贯穿距长1/2，下花瓣基部浅囊状，内花瓣具鸡冠状突起，爪较短窄；雄蕊束具3纵脉；子房与花柱近等长，柱头扁四方形，具2短柱状乳突。蒴果下垂，窄椭圆形，长约1厘米，种子2列。种子肾形。

图 1063：1-11. 革吉黄堇 12-21. 新疆黄堇 （李锡畴绘）

产西藏西部，生于海拔4000-5400米流石滩或河滩。克什米尔、巴基斯坦、阿富汗及中亚有分布。

［附］ **新疆黄堇** 图1063：12-21 彩片425 **Corydalis gortschakovii** Schrenk Enum. Pl. Nov. 1: 100. 1841. 本种与革吉黄堇的区别：花橙黄色；叶及苞片边缘无小瘤。产新疆

北部，生于海拔2100-3600米云杉林缘或多石阴湿地。中亚有分布。

38. 拟锥花黄堇 图 1064

Corydalis hookeri Prain in Journ. Asi. Soc. Bengal 65(2): 35. 1896. *Corydalis thyrsiflora* auct. non Prain: 中国高等植物图鉴补编1: 695. 1982.

多年生丛生草本，高达50厘米。主根圆柱形。根茎较细，疏被褐色披针形鳞片。茎具叶，分枝。基生叶少，长约8-10厘米，叶柄与叶片近等长，基部鞘状；叶二回羽状全裂，一回羽片5-7枚，具短柄，二回羽片3枚，顶生的较大，3裂，侧生的较小，2-3裂，裂片倒卵形，长3-4毫米；茎生叶3-5，互生，具短柄，与基生叶同形。复总状圆锥花序顶生；苞片披针形或线形，稍长于花梗，下部苞片羽裂或具缺刻，有时具小齿。萼片卵圆形或近三角形，具齿；花冠暗黄色，外花瓣渐尖，有或无鸡冠状突起，上花瓣长1.5-2厘米，距圆筒形，与瓣片近等长，蜜腺贯穿距长1/2，下花瓣长约1厘米，内花瓣倒卵状长圆形，鸡冠状突起粗厚，爪稍短于瓣片；雄蕊束具3纵脉；柱头扁四方形，具4短柱状乳突。蒴果卵圆形或长圆形，长6-8毫米，种子2-4。种子近肾形，种阜小。

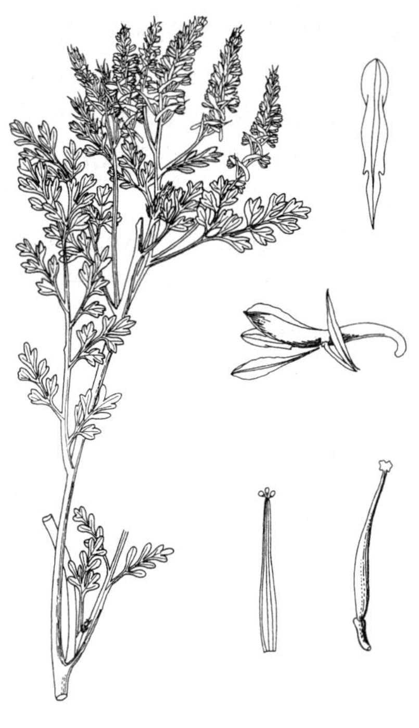

图 1064 拟锥花黄堇 （吴锡麟绘）

产西藏，生于海拔(3700-)4500-5000米高山草原或流石滩。尼泊尔有分布。

39. 松潘黄堇 图 1065：1-6

Corydalis laucheana Fedde, Repert. Sp. Nov. 20: 356. t. 6B. 1924.

多年生草本，高达70厘米。主根具少数细根。茎具棱，上部分枝，基部被残枯叶基。基生叶数枚，具长柄，叶柄基部鞘状；茎生叶数枚，互生，下部叶柄长达7厘米，上部柄较短，均具鞘，叶三回三出或羽裂，一回裂片柄较长，二回裂片柄较短，三回裂片近无柄，3-7深裂或浅裂，小裂片倒卵形或长圆形，下面被白粉，纵脉极细。总状花序顶生及侧生，长5-7厘米，具10-15花，稀疏；最下部苞片同上部茎生叶，中部苞片宽披针状菱形，顶端具齿，最上部苞片披针形，全缘，花后花梗弯曲，与苞片近等长。萼片窄披针形，具锯齿；花冠黄色；上花瓣长1.3-1.5厘米，背部鸡冠状突起矮，长为瓣片1/2，距圆筒形，长约花瓣3/5，下花瓣长6-7毫米，瓣片上部反折，具矮鸡冠状突起，中部缢缩，下部囊状，内

图 1065：1-6. 松潘黄堇 7-9. 全冠黄堇 （张宝福绘）

花瓣具1侧生囊，爪长圆状倒披针形，短于瓣片；雄蕊束长4-5毫米，蜜腺贯穿距一半多；花柱短于子房，柱头双卵形，顶端具1乳突，基部具2乳突。蒴果圆柱形，长1.5-1.7厘米，种子6-8，1列。种子近圆形。花果期6-9月。

产宁夏南部、青海及四川，生于海拔(1600-)2700-3800米山坡、山谷、灌丛中或田边。

［附］**短爪黄堇 Corydalis drakeana** Prain in Journ. As. Soc. Bengal. 65(2): 31. t. 6A. 1896. 本种与松潘黄堇的区别：总状花序具4-7花，花梗较苞片短，下花瓣上部不反折；蒴果具12-16种子，2列。产四川西部及云南西北部，生于海拔2700-3600米多石砾地带。

40. 北岭黄堇 图 1066

Corydalis fargesii Franch. in Journ. de Bot. 8: 290. 1894.

多年生草本，高达1米以上。主根圆柱形。茎直立，多分枝，具叶。茎生叶多数，具长柄或近无柄，叶三回三出全裂，一回全裂片3-4对，具柄，二、三回全裂片具短柄，小裂片宽倒卵形，全缘，常不对称，下面被白粉。圆锥状总状花序生于枝顶；苞片绿色，卵形或窄卵形，长2-3毫米，全缘。花梗稍短于苞片；萼片具缺刻状流苏；花冠黄色，上花瓣长1.7-2厘米，背部鸡冠状突起矮，距圆筒形，向上弧曲，长为花瓣2/3，下花瓣长7-9毫米，鸡冠状突起矮而短，超出瓣片先端，下部浅囊状，具短爪，内花瓣长6-8毫米，瓣片倒卵形，基部平截，具1侧生囊，爪与花瓣片近等长；雄蕊束长6-7毫米，蜜腺贯穿距4/5；花柱与子房近等长，柱头横长方形，2裂，具4乳突。蒴果圆柱形或窄倒卵状圆柱形，长1-1.2厘米，种子2-6，1列。种子近圆形。花果期7-9月。

图 1066 北岭黄堇 （孙英宝绘）

产宁夏南部、甘肃、陕西南部、湖北西部及四川东北部，生于海拔1500-2700米林区路边或草坪。

41. 小黄紫堇 图 1067：1-3

Corydalis raddeana Regel, Pl. Radd. 1: 143. 145. 1861.

多年生草本，高达90厘米。茎具棱，下部分枝。基生叶少，具长柄，叶二至三回羽裂，一回全裂片具柄长1-2.5厘米，二回裂片柄长具2-5毫米，2-3深裂或浅裂，小裂片倒卵形、菱状倒卵形或卵形，下面被白粉；茎生叶多数，与基生叶相同，下部叶具长柄，上部叶具短柄。总状花序顶生及腋生，长5-9厘米，具(5-)13-20花，疏生；苞片窄卵形或披针形，全缘，有时基部苞片3浅裂。花梗长约苞片1/2；萼片近肾形，具缺齿；花冠黄色，上花瓣长1.8-2厘米，背部鸡冠状突起高1-1.5毫米，超出瓣片先端延伸

图 1067：1-3. 小黄紫堇 4. 黄紫堇
（引自《东北草本植物志》）

至中部，距圆筒形，与瓣片近等长或稍长，下花瓣长1-1.2厘米，鸡冠同上花瓣，中部稍缢缩，下部浅囊状，内花瓣长8-9毫米，瓣片倒卵形，具1侧生囊，爪稍长于瓣片；雄蕊束长7-8毫米，蜜腺贯穿距2/5-1/2；花柱与子房近等长，柱头扁长方形，顶端具4乳突。蒴果圆柱形，长1.5-2.5厘米，种子4-12，1列。种子近圆形。花果期6-10月。

产黑龙江、吉林、辽宁、内蒙古、河北、山西、河南、陕西、甘肃、宁夏、山东及浙江，生于海拔（200-）850-1400（-2500）米林下或沟边。俄罗斯远东地区、朝鲜、日本有分布。

［附］**黄紫堇** 图1067：4 **Corydalis ochotensis** Turcz. in Bull. Soc. Nat. Mosc. 13: 62. 1840. 本种与小黄紫堇的区别：总状花序长3-5厘米，具4-6花；苞片宽卵形或卵形；蒴果窄倒披针形，长1-1.4厘米，径约3毫米，种子2列。产黑龙江、吉林东部、辽宁及河北东北部，生于林下或沟边。俄罗斯东西伯利亚至鄂霍次克、朝鲜北部及日本有分布。

42. 皱波黄堇 图1068

Corydalis crispa Prain in Journ. As. Soc. Bengal 65: 30. 1896.

多年生草本，高达50厘米。主根长，具少数分枝。茎基部具多数分枝，上部分枝较少。基生叶数枚，具长柄，基部具鞘，叶三回三出分裂，一回裂片具长柄或短柄，二回裂片无柄，小裂片下面被乳突或沿脉被小刺毛；茎生叶多数，下部叶柄较长，向上渐短，叶三出分裂，小裂片卵形或披针形，长6-8毫米。总状花序顶生，长4-6厘米，多花密集；最下部苞片羽裂，下部苞片3裂，中部以上苞片窄倒披针形或线形，全缘。花梗长于苞片；萼片具缺刻；花冠黄色，上花瓣长1-1.3厘米，瓣片背部鸡冠状突起高1-1.5毫米，超出瓣片先端延伸至距中部，有时具浅波状齿，距圆筒形，向上弧曲，与瓣片近等长，下花瓣长8-9毫米，内花瓣长7-8毫米，瓣片倒卵形，具1侧生囊，爪稍短于瓣片；雄蕊束长约6毫米，蜜腺贯穿距3/4；花柱长于子房，柱头扁长方形，顶端4-6具柄乳突。蒴果圆柱形，长5-7毫米，果棱粗糙，种子1-3。种子近圆形。花果期6-10月。

图 1068 皱波黄堇（肖 溶 绘）

产西藏西部，生于海拔3100-5100米山坡草地、高山灌丛、高山草地或石缝中。不丹西部有分布。藏医用于利尿。

43. 塞北紫堇 图1069

Corydalis impatiens (Pall.) Fisch. in DC. Syst 2: 124. 1821.

Fumaria impatiens Pall. Reise 3: 286. 1776.

多年生草本，高达65厘米。主根细长，具少数细根；根茎短，被少数叶基。茎具棱，基部多分枝。基生叶数枚，叶柄长4-6厘米，基部具鞘，叶二至三回三出分裂，一回全裂片具柄，二回近无柄，2-3深裂或浅裂，小裂片倒卵形或倒披针形，下面被白粉；茎生叶数枚，互生，具叶柄，基部具鞘，叶片同基生叶。总状花序顶生，长2.5-8厘米，具多花；最下部苞片二回羽裂，中部苞片深裂或缺刻，最上部苞片披针形或钻形，全缘。花梗与苞片近等长或稍短；萼片撕裂状；花冠黄色，上花瓣长7-8毫米，边缘微波状，背部短鸡冠状突起短，距圆筒形，短于瓣片，下花瓣舟状倒披针形，背部鸡冠状突起矮，内花瓣长3-4毫米，瓣片倒卵形，具1侧生囊，爪与瓣片近等长；雄蕊束长3-4毫米，蜜腺贯穿距1/2；花柱短于子房，柱头2裂，具4长乳突。蒴果窄圆柱形，长1-1.2厘米，反折，种子3-7，1列。种子近圆形。花果期6-10月。

产内蒙古及山西，生于海拔约1700米林下、山坡灌丛、草丛中或地边。蒙古及俄罗斯西伯利亚广布。

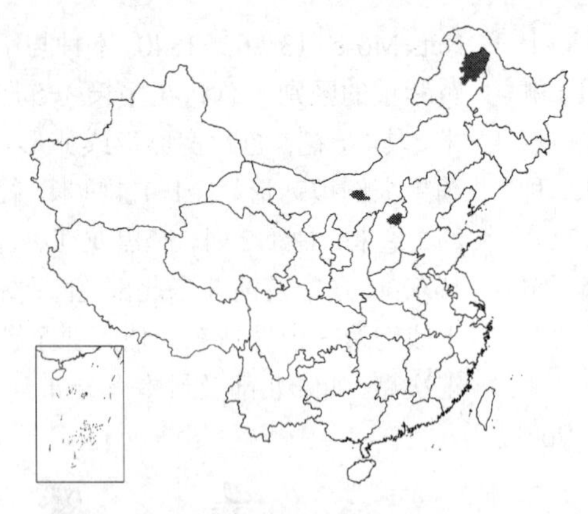

［附］**假塞北紫堇** 假北紫堇 **Corydalis pseudoimpatiens** Fedde, Repert. Sp. Nov. 21: 46. t. 12. 1925. 本种与塞北紫堇的区别：叶小裂片长圆形或窄倒卵状长圆形；蒴果长7-8毫米，种子无光泽。产甘肃南部及中部、青海东部及南部、四川西北部及西南部、西藏东部，生于海拔（1300-）2500-4000米针叶林下、山坡或路边。

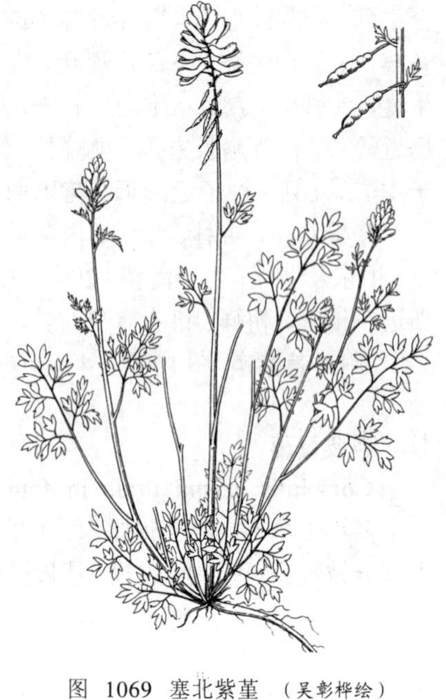

图 1069 塞北紫堇 （吴彰桦绘）

44. 全冠黄堇 图 1065：7-9

Corydalis tongolensis Franch. in Journ. de Bot. 8: 285. 1894.

多年生草本，高达1米。主根长，具侧根及细根；根茎短，疏被叶基。茎具棱，多分枝。基生叶少，叶柄长5-10厘米，基部具鞘，叶三回羽裂，一回全裂片约3对，柄较长，二回全裂片约2对，柄较短，2-3深裂或浅裂，小裂片卵形，下面被白粉；茎生叶多数，互生，叶柄基部具鞘，最上部叶近无柄，叶片同基生叶，向上渐小，裂片渐减。总状花序顶生，长6-10厘米，侧生花序较短，多花；下部苞片同上部茎生叶，中部苞片羽裂，上部苞片披针形，全缘。花梗与苞片近等长；萼片具2-5圆裂；花冠黄色，呈“V”弯曲，上花瓣长1-1.4厘米，瓣片背部鸡冠状突起超出瓣片顶端延至距端，全缘，距圆筒形，稍短于瓣片，下花瓣舟状披针形，背部鸡冠状突起，全缘，内花瓣长5-6毫米，瓣片具1侧生囊，爪与瓣片近等长；雄蕊束长5-6毫米，蜜腺贯穿距1/2；柱头2裂，具6长乳突。蒴果圆柱形，长约1厘米，反折，种子5-7，1列。种子近圆形，密被小瘤。花果期6-9月。

产四川西部及云南西北部，生于海拔3800-4000米冷杉林下、林缘或高山草地。

45. 北紫堇 图 1070

Corydalis sibirica (Linn. f.) Pers. Syn. 2: 270. 1807.

Fumaria sibirica Linn. f. Suppl. Sp. Pl. 314. 1781.

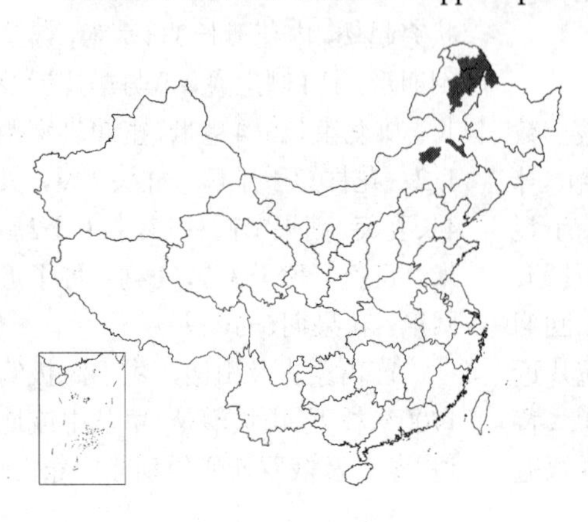

多年生草本，高达50厘米。主根窄圆柱形，具少数分枝；根茎短，具少数叶基。茎具棱，多分枝。基生叶少，叶柄长3-5厘米，基部具鞘，叶二至三回三出分裂，一回全裂片具柄，二回裂片近无柄，2-3深裂或浅裂，小裂片倒披针形或窄倒卵形，下面被白粉；茎生叶多数，具柄，基部具鞘，叶片同基生叶，较大。总状花序顶生，长1.5-5厘米，多花；下部苞片披针形，最上部苞片钻形，均全缘。花梗花后弯曲，稍短于苞片；萼片近圆形，撕裂状；花冠黄色；上花瓣长7-8毫米，瓣片具缺刻状圆齿，背部鸡冠状突起高不及1毫米，超出瓣片顶端并延伸至中部，具不规则缺刻状圆齿，距圆筒形，短于瓣片，下花瓣长5-6毫米，鸡冠同上花瓣，中部稍缢缩，下部稍囊状，基部具短爪；内花瓣长4-5毫米，瓣片具1侧生囊，爪稍短于瓣片；雄蕊束长约4毫米，蜜腺贯穿距1/2；花柱与子房近等长或稍短，柱头近扁长方形，顶端2裂，具4长乳突。蒴果倒卵形，长0.7-1厘米，反折，种子3-8，2列。种子近圆形。花果期6-9月。

产黑龙江及内蒙古，生于海拔1700-3900米泰加林下、林间或河滩石砾地。蒙古及俄罗斯西伯利亚广布。

图 1070 北紫堇 （仿《中国植物志》）

46. 纤细黄堇 图 1071

Corydalis gracillima C. Y. Wu, Fl. Xizang 2: 319. 1: 1985.

一年生草本，高达30（-60）厘米。主根长达10厘米，具少数纤维状分枝。茎纤细，直立或近匍匐，近基部多数分枝。基生叶数枚，叶柄长3-6（-14）厘米，叶三回三出分裂，一回全裂片柄较长，二回全裂片具短柄或无柄，2-3深裂，小裂片倒卵形或倒披针形，长2-5（-10）毫米；茎生叶多数，互生，下部叶具长柄，上部叶具短柄，形同基生叶。总状花序顶生，长2-4厘米，具6-12花；最下部苞片同上部茎生叶或3浅裂，中部苞片倒卵形，最上部钻形，全缘。花梗长于苞片；萼片具细齿；花冠黄色，上花瓣长7-9毫米，瓣片背部鸡冠状突起极矮，距圆锥状，与瓣片近等长，下花瓣舟状窄倒卵形，内花瓣长约5毫米，瓣片倒卵形，先端紫黑色，具1侧生囊，爪与瓣片近等长；雄蕊束长约4毫米，蜜腺贯穿距1/3；花柱短于子房，柱头2裂，具4长乳突。蒴果窄倒卵状长圆形，长0.7-1厘米，肋红色，种子5-10，2列。种子近圆形。花果期7-10月。

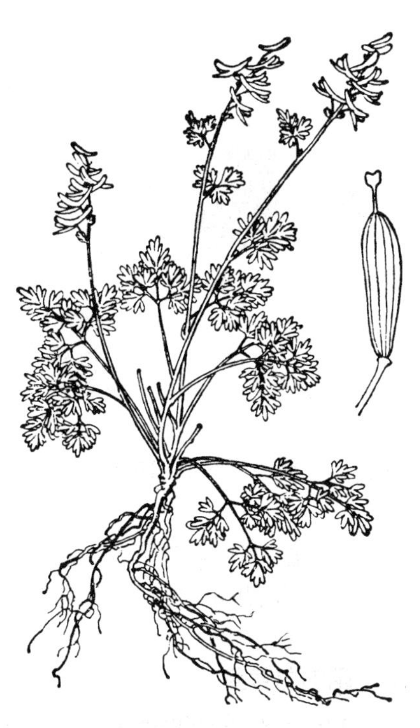

图 1071 纤细黄堇 （引自《图鉴》）

产四川西部、云南西北部及东北部、西藏东南部，生于海拔2700-4000米林下、草坡或石缝中。缅甸北部有分布。

［附］**铺散黄堇 Corydalis casimiriana** Duthie et Prain ex Prain in Journ. As. Soc. Bengal. 65: 27. 1896. 本种与纤细黄堇的区别：距圆筒形，长于花瓣；密腺贯穿距1/2；花梗较苞片长2-3倍；蒴果线状长圆形。产西藏东南部及南部，生于海拔2900-4200米针叶林下或林缘灌丛中。印度西北部、不丹、锡金、尼泊尔、克什米尔有分布。

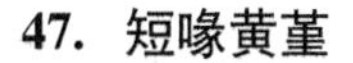

47. 短喙黄堇 图 1072

Corydalis brevirostrata C. Y. Wu et Z. Y. Su in Acta Bot. Yunn. 2 (2): 205. f. 1-13. 1980.

球形垫状草本，高达10厘米。具主根。茎肉质，近基部垫状分枝，具叶。基生叶多数，具长柄，柄扁平，宽约2毫米；叶片宽卵圆形，二回三出全裂，小裂片卵圆形或倒卵形，长约5毫米，先端具短尖，具半透明乳突状缘毛；茎生叶与基生叶同形。伞房状总状花序顶生，具5-6花；下部苞片叶状，具长柄，二回三出，上部苞片较小，3裂，具乳突状缘毛。萼片盾形，具齿；花冠淡黄色，上花瓣长约1.6厘米，鸡冠状突起伸达距中部，距圆筒形，与瓣片近等长，蜜腺长约5

毫米，下花瓣具鸡冠状突起，瓣片近圆形，全缘，具爪；柱头近四方形，具4乳突。蒴果卵圆形，长约4毫米，下弯，种子2，宿存花柱弯曲。种子圆形，种阜帽状，包种子约1/2。

产四川西北部及青海，生于海拔3600-4300米林缘。

图 1072 短喙黄堇 （曾孝濂绘）

48. 尖突黄堇 扁柄黄堇 图 1073

Corydalis mucronifera Maxim. Fl. Tangut. 51. t. 24. f. 19. 1889.

垫状草本，高约5厘米。具主根。根茎具从生枝。基生叶多数，叶柄扁，长约4厘米，宽2-3毫米，叶长约1厘米，三出羽裂或掌状分裂，小裂片长圆形，具芒状尖头；茎生叶与基生叶同形，常高出花序。花序伞房状，具少花；苞片扇形，下部苞片多裂，长约1.2厘米，裂片线形或匙形，具芒尖。花梗长约1厘米；萼片具齿；花冠黄色，外花瓣具鸡冠状突起，上花瓣长约8毫米，距圆筒形，稍短于瓣片，蜜腺贯穿距长约2/3，内花瓣先端暗绿色。柱头近四方形，具6乳突，顶生2枚短柱状，侧生乳突短而靠近。蒴果椭圆形，约长6毫米，种子4，宿存花柱长约2毫米。

图 1073 尖突黄堇 （肖 溶 绘）

产甘肃、新疆东南部、青海及西藏，生于海拔4200-5300米高山流石滩。藏药，全草清热止痛。

49. 尼泊尔黄堇 图 1074

Corydalis hendersonii Hemsl. in Journ. Linn. Soc. Bot. 30: 108. 134. 1894.

从生小草本，高达8厘米，肉质。主根柱状。茎不分枝或少分枝，基部被枯朽老叶，中部以上叶丛密集。叶肉质，长4-8厘米，叶柄扁，宽4-8毫米，与叶片近等长，叶卵圆形或三角形，三回三出全裂，小裂片线状长圆形，长2-3毫米。伞房状总状花序具3-6花；苞片扇形，多裂，具缘毛，下部苞片长2-3厘米。花梗长1.2-1.8厘米，果期顶端钩状；萼片窄线形；花冠黄色，直立，顶端伸出叶及苞片之外，外花瓣菱形，鸡冠状突起浅或无，上花瓣长1.8-2.2厘米，距圆筒形，与瓣片近等长，蜜腺贯穿距长1/3，下花瓣长约1厘米，纵脉3条；柱头扁四方形，2裂，具2短柱状乳突。蒴果长圆形，

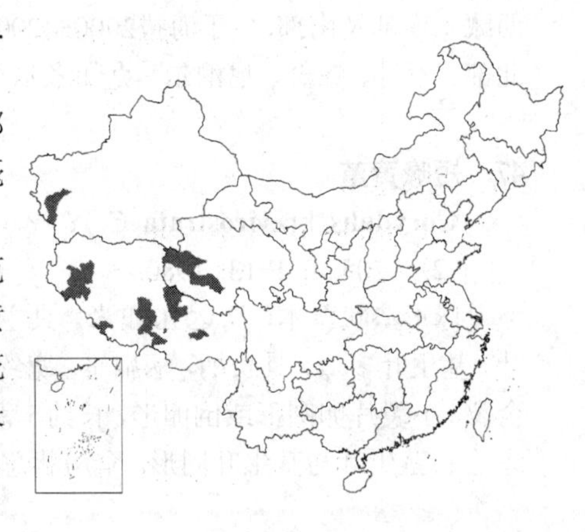

长0.5-1.1厘米，俯垂，种子1-9，弯曲花柱宿存，宿存苞片包果。种子黄褐色，近圆形，种阜小。

产新疆西部、青海西部、西藏中部及西部，生于海拔4200-5200米河滩地或流石滩。克什米尔及尼泊尔有分布。

图 1074 尼泊尔黄堇 （引自《图鉴》）

50. 真堇 图 1075

Corydalis capnoides（Linn.）Pers. Syn. 2: 270. 1807, proparte.

Fumaria capnoides Linn. Sp. Pl. 700. 1753, propaarte.

一年生草本，高达40厘米。主根圆柱形，具少数侧根。茎具棱，分枝多数，基部被残枯叶基。基生叶早枯，叶柄长约6厘米，基部具披针形鞘，叶长约2厘米，二回三出分裂，一回全裂片具短柄，倒卵形，2-3深裂或浅裂，小裂片窄倒卵形或楔形，下面被白粉；茎生叶多数，具叶柄，基部具窄鞘，下部叶长4-5厘米，三回三出分裂，一回全裂片柄较长，二回具短柄，3-6深裂或浅裂，小裂片倒卵形、倒披针形或长圆形。总状花序顶生，长1.5-3厘米，具6-8花；下部苞片同上部茎生叶，最上部苞片线形。花梗短于苞片；萼片近圆形，上端缺裂尖；花冠淡黄色，有时先端淡绿色，上花瓣长1.1-1.3厘米，背部无鸡冠状突起，距圆筒形，短于瓣片，下花瓣长约8毫米，无鸡冠状突起，爪宽条形，内花瓣长约7毫米，瓣片近倒卵形，具1侧生囊，爪近线形，较瓣片长；雄蕊束长约6毫米，蜜腺贯穿距3/5；花柱短于子房，柱头扁四方形，具6乳突。蒴果线状长圆形，长1.5-2.5厘米，种子6-10，1列。种子近肾形。花果期6-8月。

产新疆，生于海拔1800-2600米山坡云杉林缘或林中湿地。俄罗斯西伯利亚、蒙古、中亚、欧洲中部及南部有分布。

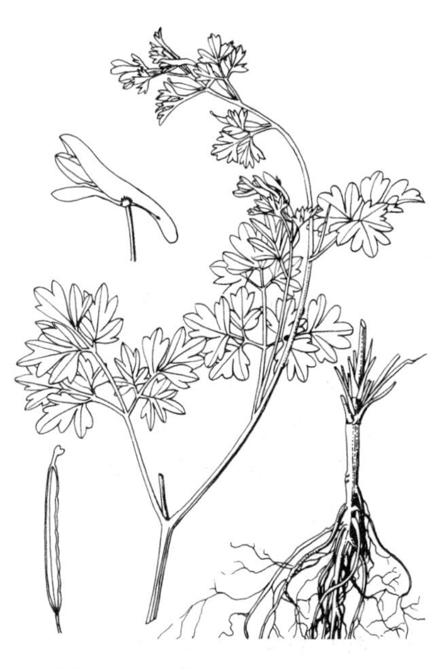

图 1075 真堇 （仿《中国植物志》）

51. 裂冠紫堇 图 1076

Corydalis flaccida Hook. f. et Thoms. Fl. Ind. 1: 260. 1855.

多年生亚灌木状草本，高达90厘米。主根粗大，稍扭曲；根茎短，具叶基。茎具棱，分枝，具叶。基生叶少，长达茎1/3至1/2；叶柄与叶片近等长，基部鞘状；叶长约20厘米，三回羽状全裂，1-2回羽片具短柄，三回羽片近无柄，3-5枚，顶生的较大，3深裂，侧生的较小，具圆齿，齿具短尖；茎生叶与基生叶同形，二或一回羽状全裂，具短柄或无柄。复总状圆锥花序顶生；苞片与花梗近等长，下部苞片叶状，上部苞片披针形或线形，全缘或具齿。花梗长0.5-3厘米；萼片近心形，具啮蚀状齿；花冠紫红、蓝紫、粉红或白色，近平展，外花瓣无鸡冠状突起，上花瓣长约2厘米，距长约1厘米，稍下弯，蜜

腺长约7毫米，下花瓣基部具小疣，内花瓣先端色较深，爪长于瓣片；雄蕊束披针形，具中脉；柱头近圆形，具8乳突。蒴果线形，长2-3.7厘米，念珠状，种子1列。种阜小。

产四川南部、云南西北部及西藏南部，生于海拔3000-4000米针叶林林下或空旷草地。锡金、印度、不丹及尼泊尔有分布。

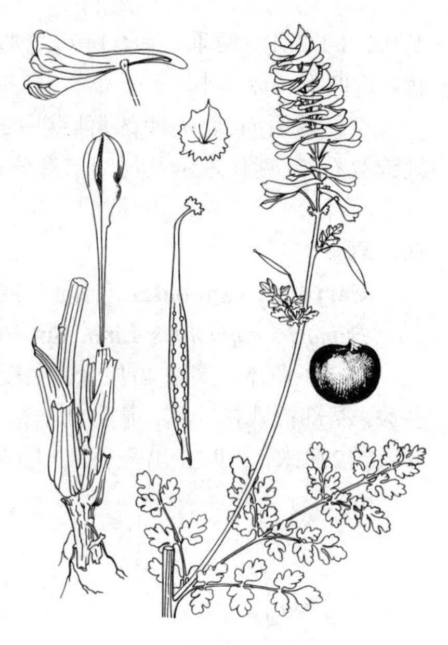

图 1076 裂冠紫堇 （仿《中国植物志》）

52. 囊距紫堇 图 1077 彩片 426

Corydalis benecincta W. W. Smith in Notes Roy. Bot. Gard. Edinb. 9: 90. 1916.

多年生草本，高达30厘米。主根肉质，常分枝。茎下部及基部具披针形鳞片，上部具3-4叶，分枝。叶三出，具长柄，基部具鞘，小叶宽卵形或倒宽卵形，肉质，顶生小叶长2-2.5厘米，具短柄，侧生小叶无柄。伞房状总状花序，具5-15花；苞片倒卵状长圆形或倒披针形，长（1-）2-3（-4.5）厘米，全缘，下部苞片稀，稍分裂。花梗长2.5-7厘米；萼片近圆形，具齿；花冠粉红或淡紫红色，外花瓣鸡冠状突起浅，顶端暗蓝紫色，具粉红色脉，上花瓣下弯，长1.8-2.5厘米，距长1-1.3厘米，径4-7毫米，囊状，蜜腺短；下花瓣基部具小瘤状突起，内花瓣顶端深紫色；柱头近四方形，顶端具4短柱状乳突。蒴果椭圆形，长0.7-1厘米，宿存花柱长约4毫米；果柄弧形下弯。

产云南西北部及四川西南部，生于海拔4000-6000（-6400）米流石滩。

［附］**三裂瓣紫堇 Corydalis trilobipetala** Hand.-Mazz. in Sitzungsb. Akad. Wiss. Wien, Math.-Nat. 60: 114. t. 7. 1928. 本种与囊距紫堇的区别：距较细，径不及3毫米；小叶圆形，被腊粉。产四川及云南。

图 1077 囊距紫堇 （李锡畴绘）

53. 刻叶紫堇 紫花鱼灯草 图 1078

Corydalis incisa (Thunb.) Pers. Syn. Pl. 2: 269. 1807.

Fumaria incisa Thunb. in Nov. Act. Petropol. 12: 104. t. 1801.

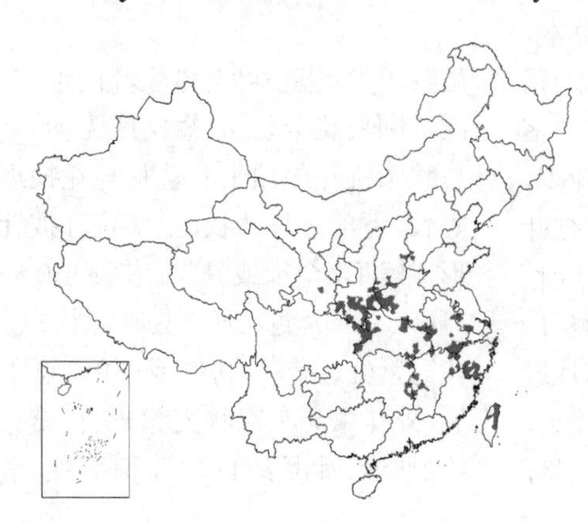

多年生草本，高达60厘米。块根椭圆形，须根束生。茎不分枝或少分枝。叶柄长，基部具鞘，叶二回三出，一回羽片具短柄，二回羽片近无柄，菱形或宽楔形，长约2厘米，3深裂，裂片具缺齿。总状花序长3-12厘米，具多花；苞片与花梗近等长，楔形或菱形，具缺齿。花梗长约1厘米；萼片丝状深裂；花冠紫红或紫色，稀淡蓝或苍白色，外花瓣顶端稍后具鸡冠状突起，上花瓣长1.6-2.5厘米，距圆筒形，与瓣片近等长或稍短，蜜腺占距长1/4至

1/3，下花瓣基部具小距或浅囊，内花瓣先端深紫色；柱头近扁四方形，顶端具4短柱状乳突，侧面具2对无柄双生乳突。蒴果线形或长圆形，长1.5-2厘米，种子1列。

产河北、山西、河南、安徽、江苏、浙江、福建、台湾、江西、湖北、湖南、四川、甘肃及陕西南部，生于1800米以下林缘、路边或疏林下。日本及朝鲜有分布。全草药用，解毒杀虫，外用治疮癣、蛇咬伤，不宜内服，含刻叶紫堇胺等多种生物碱。

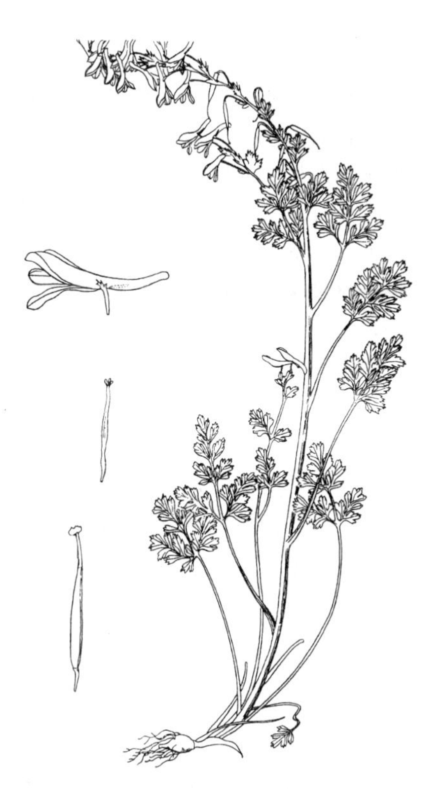

图 1078 刻叶紫堇 （曾孝濂绘）

54. 岩生紫堇 异心紫堇 图 1079

Corydalis petrophila Franch. Pl. Delav. 47. 1889.

Corydalis heterocentra auct. non Diels：中国高等植物图鉴补编 1：685. 1982.

丛生草本，高达30厘米。根茎粗短，须根簇生。具多茎，分枝。基生叶多数，具长柄，茎生叶互生，具长柄或短柄；叶柄基部具透明、无齿鞘；叶长3-4厘米，二回三出，一回羽片具短柄，二回羽片近无柄，倒卵形或宽卵形，基部楔形，长1.5-2厘米，常3深裂，裂片具缺齿。总状花序顶生及对叶生，具2-5(-9)花；下部苞片叶状，具柄，上部苞片扇形，均具缺齿，有时顶端苞片近全缘。花梗长约1厘米；萼片宽卵形，具流苏状细齿；花冠紫红或紫色，外花瓣较宽，鸡冠状突起达顶端，上花瓣长2.2-2.5厘米，距圆筒形，稍长于瓣片，蜜腺贯穿距长1/2，下花瓣稍下弯，爪宽，浅囊状，近基部缢缩，具小囊状突起；柱头近圆形，具6乳突，侧面具2对双生乳突。蒴果椭圆形或倒卵圆形，长约1.5厘米，种子6-13，2列，宿存花柱长约3毫米。

产云南西北部及西藏东部，生于海拔2300-3200米林间草地或山坡。

图 1079 岩生紫堇 （吴锡麟绘）

55. 紫堇 图 1082

Corydalis edulis Maxim. in Bull. Acad. Sci. St. Pétersb. 24：30. 1877.

一年生草本，高达50厘米。主根细长。茎分枝，花枝常与叶对生。基生叶具长柄，叶长5-9厘米，一至二回羽状全裂，一回羽片2-3对，具短柄，二回羽片近无柄，倒卵圆形，羽状分裂，裂片窄卵形；茎生叶与基生叶同形。总状花序具3-10花；苞片窄卵形或披针形，全缘，稀下部苞片具疏齿，与花梗近等长或稍长。花梗长约5毫米；花萼近圆形，具齿；花冠粉红或紫红色，外花瓣较宽，先端微凹，无鸡冠状突起，上花瓣长1.5-2厘米，距圆筒形，长约花

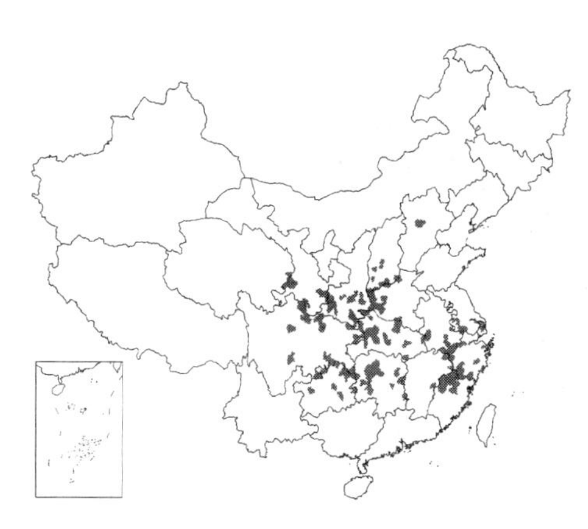

瓣1/3，蜜腺长，伸达近距末端，大部与距贴生，下花瓣近基部渐窄，内花瓣具鸡冠状突起，爪稍长于瓣片；柱头横纺锤形，两端各具1乳突，上面具沟槽，槽内具小乳突。蒴果线形，下垂，长3-3.5厘米，种子1列。种子密被环状小凹点，种阜小。

产辽宁、河北、山西、河南、安徽、江苏、浙江、福建、江西、湖北、湖南、贵州、云南、四川、青海东部、甘肃及陕西，生于海拔400-1200米丘陵、沟边或多石地。日本有分布。全草药用，可清热解毒，止痒，收敛，固精，润肺，止咳。

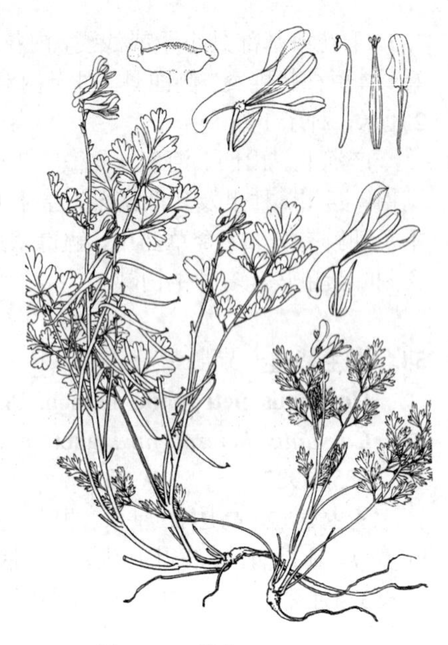
图 1080 紫堇 （曾孝濂绘）

56. 地丁 地丁草 图1081

Corydalis bungeana Turcz. in Bull. Soc. Nat. Mosc. 19: 62. 1846.

二年生草本，高达50厘米。具主根。茎基部铺散分枝，具棱。基生叶多数，长4-8厘米，叶柄与叶片近等长，基部稍具鞘，边缘膜质，叶二至三回羽状全裂，一回羽片3-5对，具短柄，二回羽片2-3对，顶端裂成短小裂片；茎生叶与基生叶同形。总状花序长1-6厘米，花密集；苞片叶状，具柄或近无柄，长于花梗。花梗长2-5毫米；萼片宽卵形或三角形；花冠粉红或淡紫色，外花瓣先端下凹，具浅鸡冠状突起及浅圆齿，上花瓣长1.1-1.4厘米；距长4-5毫米，末端囊状膨大，蜜腺占距长2/3，顶端稍粗，下花瓣稍前伸，爪稍长于瓣片，内花瓣先端深紫色；柱头圆肾形，顶端稍凹下，无乳突，边缘膜质。蒴果椭圆形，下垂，长1.5-2厘米，种子2列。种子边缘具4-5列小凹点，种阜鳞片状。

产黑龙江、吉林、辽宁、内蒙古、河北、山东、河南、山西、陕西、甘肃及湖南，生于1500米以下多石坡地或河水泛滥地段。蒙古东南部、朝鲜北部及俄罗斯远东地区有分布。

图 1081 地丁 （肖 溶 绘）

57. 天山黄堇 图1082

Corydalis semenovii Regel et Herd. in Bull. Soc. Nat. Mosc. 37(1): 407. t. 8. f. 6-10. 1864.

多年生草本，高达60厘米。具主根。茎具棱，分枝。下部茎生叶长15-25厘米，具短柄，上部较小，近无柄，叶柄边缘膜质，叶二回羽状全裂，一回羽片7-17，具短柄，二回羽片3-5，无柄，斜宽卵形或长圆形，长1-2.5厘米，具不规则圆齿裂，先端芒状短尖。总状花序圆柱状或头状，多花密集，长3-7厘米；苞片全缘，窄卵形或线形。花梗长3-4毫米；萼片宽卵形，具齿；花冠淡黄或近白色，俯垂，外花瓣渐尖，无鸡冠状突起，有时疏生圆齿，上花瓣长约1.5厘米；距圆钝，长2-3毫米，稍下弯，蜜腺短，长约1毫米，下花瓣长约1.2厘米，爪较宽，内花瓣具鸡冠状突起，爪稍长于瓣片；花柱

稍弯，柱头2裂，各具1乳突。蒴果线形，长1.5-2厘米，稍弯，果柄下弯。种子具小凹点，种阜不明显。

产新疆，生于海拔1500-3000米云杉林缘。中亚地区有分布。

图 1082 天山黄堇 （引自《图鉴》）

58. 直茎黄堇 图 1083：1-5

Corydalis stricta Steph. ex Fisch. in DC. Syst. 2: 123. 1821.

多年生丛生草本，高达60厘米。具主根；根茎具鳞片及多数叶基。基生叶长10-15厘米，具长柄，叶二回羽状全裂，一回羽片约4对，具短柄，二回羽片约3枚，宽卵圆形，长1-2厘米，3深裂，裂片卵圆形，有时裂片二回3深裂，小裂片窄披针形或窄卵形，长3-6毫米；茎生叶与基生叶同形，具短柄或无柄。总状花序多花，长3-7厘米；苞片窄披针形。花梗长4-5毫米；萼片卵圆形，有时基部具流苏状齿；花冠黄色，背部带淡褐色，外花瓣无鸡冠状突起，上花瓣长1.6-1.8厘米，距短囊状，长约花瓣1/5，蜜腺粗短，下花瓣长约1.4厘米，内花瓣具鸡冠状突起；雄蕊束披针形，具中肋；柱头近圆形，具10乳突。蒴果长圆形，长1.5-2厘米，径3-4毫米，下垂。种阜贴生，种子无短柱状突起。

产新疆西部及中部、青海、西藏西部，生于海拔（2300-）3450-4400米多石地。尼泊尔、巴基斯坦、蒙古及中亚有分布。全草可消炎。

图 1083：1-5. 直茎黄堇 6-9. 灰绿黄堇 （吴锡麟绘）

59. 灰绿黄堇 图 1083：6-9

Corydalis adunca Maxim. in Bull. Acad. Sci. St. Pétersb. 24: 29. 1878.

多年生丛生草本，高达60厘米。具主根。茎数条。基生叶具长柄，叶二回羽状全裂，一回羽片4-5对，二回羽片1-2对，近无柄，3深裂，有时裂片2-3浅裂；茎生叶与基生叶同形，上部叶具短柄，近一回羽状全裂。总状花序长3-15厘米，多花；苞片窄披针形，与花梗近等长，边缘近膜质，先端丝状。花梗长约5毫米；萼片卵形；花冠黄色，外花瓣先端淡褐色，兜状，无鸡冠状突起，上花瓣长约1.5厘米，距长为花瓣1/4至1/3，蜜腺长约距1/2，下花瓣舟状，内花瓣具鸡冠状突起，爪与瓣片近等长；雄蕊束披针形；柱头近圆形，具6短柱状突起。蒴果长圆形，长约1.8厘米，径2.5毫米，种子1列，花柱宿存。种子具小凹点，种阜大。

产内蒙古西部、宁夏、甘肃、青海、陕西北部、四川西部、西藏东部、云南西北部，生于海拔1000-3900米干旱山地、河滩地或石缝中。藏药，全草祛风明目、清热止血。

60. 石生黄堇 岩黄连 图 1084

Corydalis saxicola Bunting in Baileya 13: 172. 1956.

多年生草本，高达40厘米。主根粗大。枝与叶对生，花葶状。基生叶长10-15厘米，具长柄，叶片与叶柄近等长，二回至一回羽状全裂，小羽片楔形或倒卵形，长2-4厘米，不等大2-3裂或具粗圆齿。总状花序长7-15厘米，多花密集；苞片椭圆形或披针形，全缘，下部苞片长1.5厘米，上部渐窄小。花梗长约5毫米；萼片近三角形，全缘；花冠金黄色，外花瓣鸡冠状突起仅限于龙骨状突起之上，不伸达顶端，上花瓣长约2.5厘米，距长约花瓣1/4，顶端囊状，蜜腺贯穿距长1/2，下花瓣基部具小瘤状突起，内花瓣具厚而伸出顶端的鸡冠状突起；雄蕊束披针形；柱头2叉裂，各端具2裂乳突。蒴果圆锥状镰形，长约2.5厘米，种子1列。

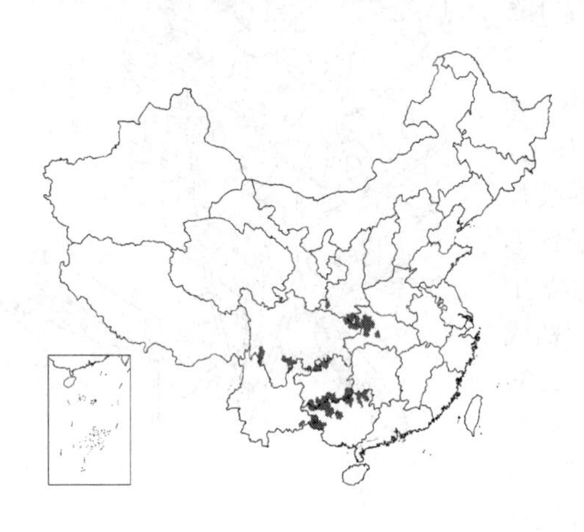

产湖北西部、陕西、四川东部及南部、云南东南部、贵州、广西，生于海拔600-1690米山地石灰岩缝中，在四川西南部达2800-3900米。根或全草煎服，可清热止痛、消毒、消炎、健胃、止血。

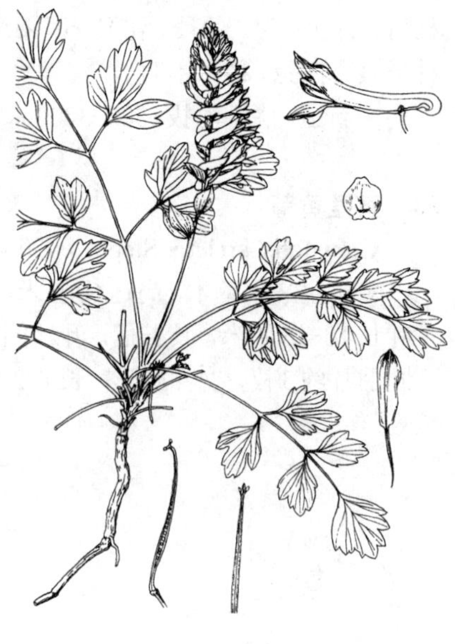

图 1084 石生黄堇 （引自《图鉴》）

61. 毛黄堇 岩黄堇 图 1085

Corydalis tomentella Franch. in Journ. de Bot. 8: 292. 1894.

多年生草本，高达25厘米，全株密被白色卷曲短绒毛。主根长，木质化。茎花葶状，约与叶等长，不分枝或少分枝，无叶或下部具少数叶。基生叶具长柄，基部具鞘，叶披针形，长达30厘米，二回羽状全裂，一回羽片5-6对，具短柄，二回羽片卵形或近圆形，近无柄，顶生羽片3深裂，侧生羽片全裂或2-3裂。总状花序约具10花。苞片卵形或披针形，全缘，较花梗短；萼片白色；花瓣黄色，长1.5-1.8厘米，距囊状，长约1厘米，稍下弯。蒴果线形。花期4月，果期5-7月。

产湖北西部、四川东部及陕西南部，生于海拔500-1200米阴湿岩坡。全草药用，可清热、解毒、止泻，药效同黄连。

图 1085 毛黄堇 （引自《湖北植物志》）

62. 房山紫堇 图 1086

Corydalis fangshanensis W. T. Wang ex He, Fl. Beijing rev. ed. 1: 282. 670. f. 356. 1984.

丛生草本，高达30厘米。具主根；根茎生出多茎。茎不分枝，花葶状，无叶，有时基部具1-2叶。基生叶多数，与花葶近等长，叶柄稍长于叶片，基部具鞘，叶片披针形，二回羽状全

裂，一回羽片5-7对，具短柄，羽片倒卵形，长1.5-2厘米，3深裂，小裂片2-3浅裂。总状花序长5-8厘米，多花疏生；苞片披针形，与花梗近等长。花梗长约5毫米；萼片宽卵形，全缘，花冠淡红紫或近白色，外花瓣具浅鸡冠状突起，上花瓣长约2厘米，距囊状，长约花瓣1/4，蜜腺贯穿距1/2，下花瓣长约1.6厘米，爪与瓣片近等长，内花瓣具高鸡冠状突起，爪与瓣片近等长；雄蕊束披针形；子房长于花柱2倍，柱头具2横臂，各端具2裂乳突。蒴果线形，下垂，长约2厘米，种子1列。种子肾形，种阜柄状，紧贴。

产河北、山西及河南，生于海拔500-1600米石灰岩多石山坡。根药用，可清热解毒。

图 1086 房山紫堇 （吴锡麟绘）

63. 地柏枝　碎米蕨叶黄堇　川鄂黄堇　图 1087

Corydalis cheilanthifolia Hemsl. in Journ. Linn. Soc. Bot. 29: 302. 1892.

Corydalis wilsonii auct. non N. E. Br.: 中国高等植物图鉴 2: 21. 1972.

多年生丛生草本，高达45厘米。具主根。茎花葶状，与叶近等长或稍长，无叶，侧枝基部具苞片。基生叶多数，具长柄，叶二回羽状全裂，一回羽片约10对，近无柄，二回羽片5-7对，无柄，宽卵形或披针形，下部的3-5裂，上部的全缘。总状花序疏生多花；苞片窄披针形，与花梗近等长或稍长。花冠黄色，长1.2-1.6厘米，近“U”字形，外花瓣无鸡冠状突起，距长4-5毫米，上弯，蜜腺为距长1/2以上，内花瓣具浅鸡冠状突起，爪短于瓣片；雄蕊束披针形；子房与花柱近等长，柱头具4乳突。蒴果线形，直伸或下弯，种子1列。

图 1087 地柏枝 （引自《图鉴》）

产湖北西部、贵州中部、四川东部、甘肃南部及陕西南部，生于海拔850-1700米阴湿山坡或石缝中。

64. 蛇果黄堇　图 1088：1-6

Corydalis ophiocarpa Hook. f. et Thoms. Fl. Ind. 1: 259. 1855.

丛生草本，高达1.2米。具主根。茎多条，具叶，分枝，枝花葶状，对叶生。基生叶多数，长10-50厘米，叶柄与叶片近等长，具膜质翅，叶二回或一回羽状全裂，一回羽片4-5对，具短柄，二回羽片2-3对，无柄，倒卵圆形或长圆形，3-5裂，裂片长0.3-1厘米；茎生叶与基生叶同形，下部叶具长柄，上部叶具短柄，近一回羽状全裂，叶柄具翅。总状花序长10-

30厘米，多花；苞片线状披针形，长约5毫米。花梗长5-7毫米；花冠淡黄或苍白色，外花瓣先端色较深，上花瓣长0.9-1.2厘米，距短囊状，长3-4毫米，蜜腺贯穿距长1/2，下花瓣舟状，内花瓣先端暗紫红或暗绿色，鸡冠状突起伸出顶端，爪短于瓣片；雄蕊束上部缢缩成丝状；子房长于花柱；柱头具4乳突。蒴果线形，长1.5-2.5厘米，弯曲，种子1列。种阜窄直。

产西藏、云南、贵州、四川、青海、甘肃、宁夏、陕西、山西、河北、河南、湖北、安徽、江西、浙江及台湾，生于海拔200-4000米沟谷、林缘。锡金、不丹及日本有分布。根作藏药，可舒筋、祛风湿。

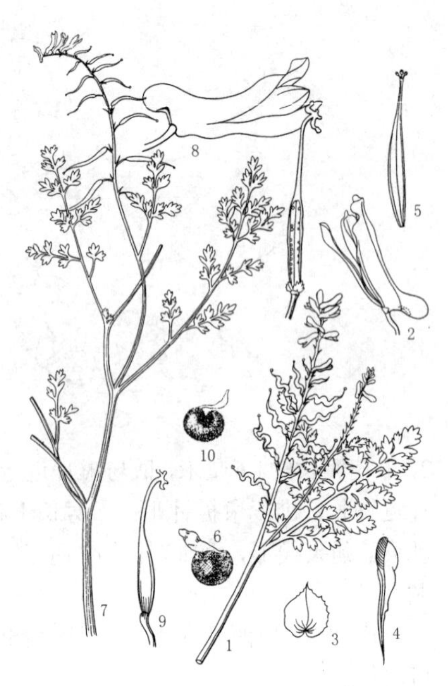

图 1088：1-6. 蛇果黄堇 7-10. 小花黄堇
（王 凌 李锡畴绘）

65. 小花黄堇 图 1088：7-10

Corydalis racemosa (Thunb.) Pers. Syn. Pl. 2: 270. 1807.

Fumaria racemosa Thunb. in Nov. Acad. Petrop. 12: 103. t. B. 1801.

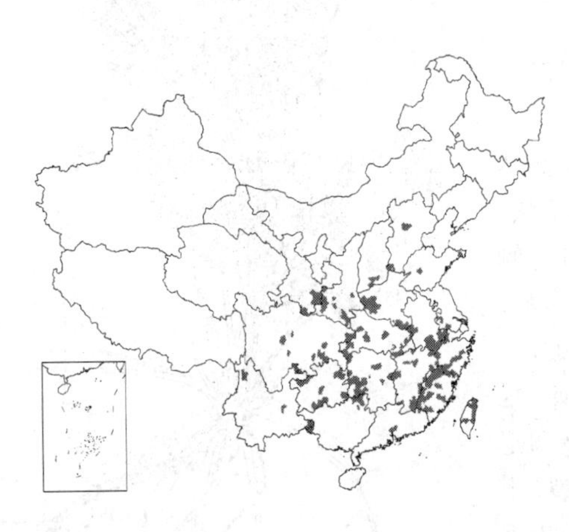

从生草本，高达50厘米。具主根。茎具棱，分枝，具叶。枝花葶状，对叶生。基生叶具长柄，常早枯萎；茎生叶具短柄，叶二回羽状全裂，一回羽片3-4对，具短柄，二回羽片1-2对，宽卵形，长约2厘米，二回3深裂，裂片圆钝。总状花序长3-10厘米，多花密集；苞片披针形或钻形，与花梗近等长。花梗长3-5毫米；萼片卵形；花冠黄或淡黄色，外花瓣较窄，无鸡冠状突起，先端稍圆，具短尖，上花瓣长6-7毫米，距短囊状，长1.5-2毫米，蜜腺长约距1/2；子房与花柱近等长，柱头具4乳突。蒴果线形，种子1列。种子近肾形，具短刺状突起，种阜三角形。

产河北、山东、江苏、安徽、浙江、福建、台湾、江西、湖北、湖南、广东、香港、广西、云南、贵州、四川、甘肃、陕西、山西及河南，生于海拔400-2700米林缘阴湿地或多石溪边。日本有分布。全草入药。可杀虫、解毒，外敷治疥疮及蛇伤。

［附］**小花宽瓣黄堇 Corydalis giraldii** Fedde, Repert. Sp. Nov. 20: 50. 1924. 本种与小花黄堇的区别：花长0.7-1厘米，距长2.5-3.5毫米，外花瓣宽，具鸡冠状突起；种子无小刺状突起。产甘肃、陕西、河南、山东、山西、河北，生于海拔600-1300米河边或山谷阴湿地。

66. 黄堇 图 1089：1-5 彩片 427

Corydalis pallida (Thunb.) Pers. Syn. Pl. 2: 270. 1807.

Fumaria pallida Thunb. in Nov. Acta Petrop. 12: 103. t. c. 1801.

从生草本，高达60厘米。具主根。茎1至多条。基生叶莲座状，花期枯萎；茎生叶稍密集，下部叶具柄，上部叶近无柄，二回羽状全裂，一回羽片4-6对，具短柄或无柄，二回羽片无柄，卵圆形或长圆形，顶生羽片长1.5-2厘米，3深裂，裂片具圆齿状小裂片，侧生羽片较小，具4-5圆齿。总状花序顶生或腋生，稀对叶生，长约5厘米，多花疏生；苞片披针形或长圆形，与花梗近等长。花梗长4-7毫米；萼片近圆形，具齿；花冠黄或淡黄色，外花瓣先端勺状，无鸡冠状突起，上花瓣长1.7-2.3厘米，有时具浅鸡冠状突起，距长约花瓣1/3，蜜腺长约距2/3，顶端钩曲，下花瓣长约1.4厘米，内花瓣具鸡冠状突起，爪与瓣片近等长；雄蕊束披针形；柱头具2横臂，各端具3乳突。蒴果线形，念珠状，长2-4厘米，斜伸或下垂，种子1列。种子密被圆锥状突起，种阜帽状，包种子约1/2。

产黑龙江、吉林、辽宁、内蒙古、河北、山东、河南、山西、陕西、湖北、江西、安徽、江苏、浙江、福建及台湾，生于林间空地，火烧迹地、林缘、河岸或多石坡地。朝鲜北部、日本及俄罗斯远东地区有分布。全草含Protopin，服后能使人畜中毒，可杀虫。

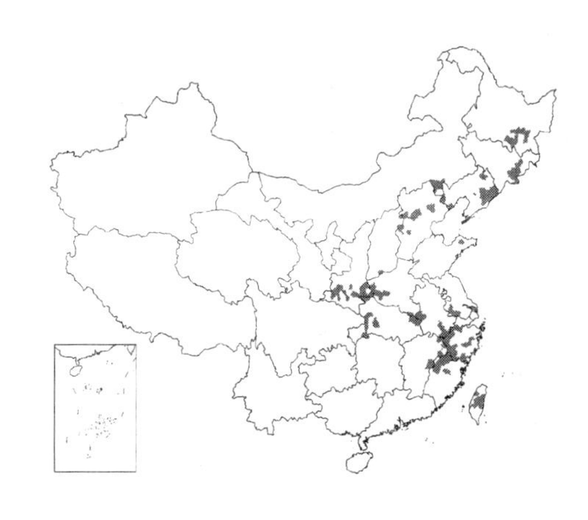

［附］ **珠果黄堇** 图1089：6 **Corydalis speciosa** Maxim. in Regel Gartenfl. 250. t. 343. 1858. 本种与黄堇的区别：叶小裂片线形或披针形；总状花序多花密集；花冠金黄色；种子扁，亮黑色，边缘密被点状印痕，种阜杯状，紧贴种子。产黑龙江、吉林、辽宁、河北、山东、河南、江苏、江西、浙江、湖南，生于林缘、路边或水边多石地。俄罗斯黑龙江流域、朝鲜、日本有分布。

［附］ **阜平黄堇 Corydalis chanetii** Lévl. in Fedde, Repert. Sp. Nov. 10：348. 1912. 本种与黄堇、珠果黄堇的区别：蒴果结节状，有时部分呈不规则念珠状，成熟时不脱落，果瓣自下而上卷裂；种子被糙点；叶一回羽状全裂。产河北、山东、安徽、江西、广东，生于海拔500-900米山坡。

图1089：1-5. 黄堇 6. 珠果黄堇 （吴锡麟绘）

67. 北越紫堇 台湾黄堇 图1090 彩片428

Corydalis balansae Prain in Journ. Asiat. Soc. Bengal. 65：25. 1879.

丛生草本，高达50厘米。主根圆锥形。茎具棱，分枝疏散，枝花葶状，常对叶生。基生叶早枯；下部茎生叶长15-30厘米，具长柄，叶长7.5-15厘米，二回羽状全裂，一回羽片3-5对，具短柄，二回羽片1-2对，近无柄，卵圆形，长2-2.5厘米，基部楔形或平截，二回3裂或具3-5圆齿状裂片，裂片宽卵形。总状花序疏生多花；苞片披针形或长圆状披针形，长4-7毫米。花梗长3-5毫米；花萼卵圆形，具细齿；花冠黄或黄白色，外花瓣勺状，鸡冠状突起仅限于龙骨状突起之上，不伸达顶端，上花瓣长约2厘米，距短囊状，长约花瓣1/4，蜜腺长约距1/3，下花瓣长约1.3厘米，内花瓣爪长于瓣片；雄蕊具3纵脉；柱头具2横臂，各端具3乳突。蒴果线状长圆形，长约3厘米，种子1列。种子扁圆形，被凹点，种阜舟状。

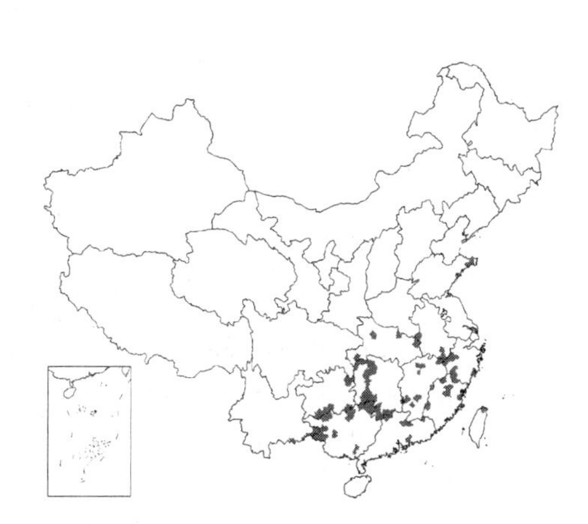

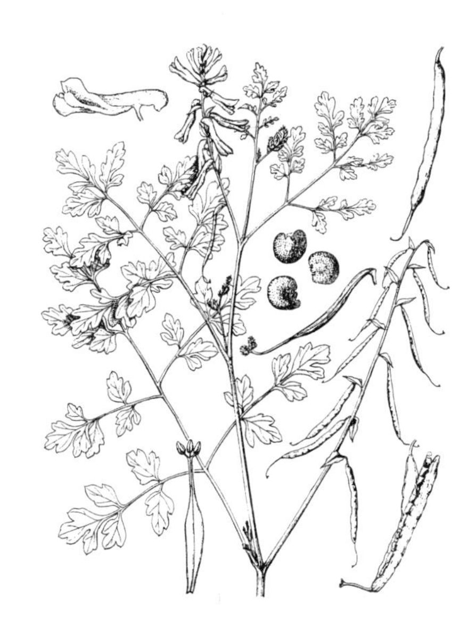
图 1090 北越紫堇 （引自《Fl. Taiwan》）

产山东、江苏、安徽、浙江、福建、台湾、江西、湖北、湖南、广东、香港、广西、贵州及云南，生于海拔200-700米山谷或沟边湿地。日本、越南、老挝有分布。全草药用，可清热祛火，山东作土黄连代用品。

［附］**臭黄堇 Corydalis foetida** C. Y. Wu et Z. Y. Su in Acta Bot. Yunn. 9(1): 39. f. 1. 1-7. 1987. 本种与北越黄堇的区别：叶小裂片披针形；花瓣长约1.5厘米；蒴果稍镰状弯曲。产四川北部及云南西北部，生于海拔2100-3100米河谷。

68. 贺兰山延胡索 图 1091：1-3

Corydalis alaschanica (Maxim.) Peshkova in Bot. Zhurn. 75: 86. 1990.

Corydalis pauciflora (Steph.) Pers. var. *alaschanica* Maxim. Enum. Pl. Mongol. 37. 1889.

多年生草本，高达13厘米。块茎圆柱形或长圆形，基部具簇生须根。茎分枝，具叶，下部具2-3鳞片。叶三出，顶生小叶具短柄，侧生小叶近无柄，小叶3-5裂，裂片倒卵形。总状花序具5花；苞片卵圆形，长4-5毫米。花梗长5-9毫米；花冠紫红或蓝色，外花瓣较窄，渐尖，无或具短浅鸡冠状突起，上花瓣长约1.8厘米，距长约9毫米，蜜腺约距长1/2至2/3，下花瓣直，爪较窄；内花瓣长0.8-1厘米；柱头具乳突，基部不抱花柱。蒴果倒卵状长圆形，长1-1.2厘米，种子10。

产甘肃、宁夏及内蒙古，生于海拔1750-3400米石缝中。

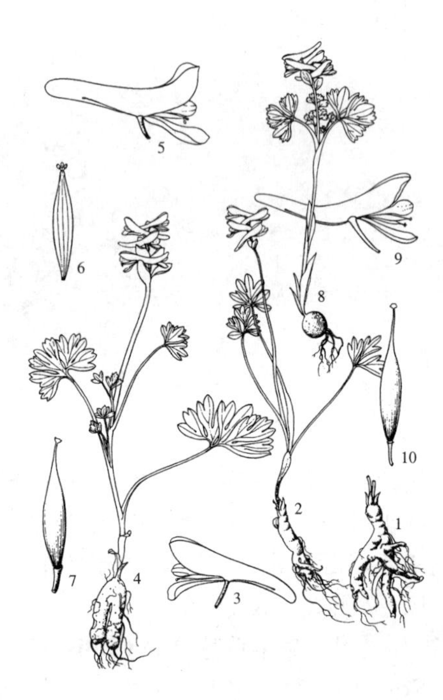

图 1091：1-3. 贺兰山延胡索 4-7. 五台山延胡索 8-10. 唐古特延胡索 （赵宝福绘）

69. 五台山延胡索 图 1091：4-7

Corydalis hsiaowutaishanensis T. P. Wang in Contrib. Inst. Bot. Nat. Acad. Peiping 2: 301. 1934.

多年生草本，高达18厘米。块茎长圆形，茎直立，下部具1-3鳞叶，上部具2-3叶。叶柄长，基部具鞘，叶三出分裂，下面苍白色，小叶无柄，2-3深裂，裂片倒卵形，有时裂片浅裂。花序长4-8厘米，具(1-)2-5花，花序轴较粗；苞片长0.5-1厘米，宽倒卵形。花梗长3-6毫米；花冠淡紫色，近俯垂，外花瓣尖，具浅鸡冠状突起，上花瓣长(1.5)1.8-2厘米，距长1-1.2厘米，蜜腺约距长2/3，下花瓣具宽而浅的囊，内花瓣长7-8毫米；柱头近四方形，顶端具4乳突，侧面具2双生乳突。蒴果俯垂，倒卵圆形，长0.8-1.2厘米，种子4-10，花柱宿存。

产河北西北部、山西东北部，生于海拔2000-3000米山坡。

［附］**唐古特延胡索** 图 1091：8-10 **Corydalis tangutica** Peshkova in Bot. Zhurn. 75: 87. 1990. 本种与五台山延胡索的区别：花序轴较细，长0.4-4厘米；外花瓣无鸡冠状突起，下花瓣微具囊，距与花瓣近等长。产青海及四川。

70. 夏天无 伏生紫堇 图 1092

Corydalis decumbens (Thunb.) Pers. Syn. Pl. 2: 296. 1807.

Fumaria decumbens Thunb. in Nov. Acta Acad. Sci. St. Petersb.

12: 102. t. A. 1801.

多年生草本，高达25厘米。块茎近球形或稍长，具匍匐茎，无鳞叶。茎多数，不分枝，具2-3叶。叶二回三出，小叶倒卵圆形，全缘或深裂，裂片卵圆形或披针形。总状花序具3-10花；苞片卵圆形，全缘，长5-8毫米。花梗长1-2厘米；花冠近白、淡粉红或淡蓝色，外花瓣先端凹缺，具窄鸡冠状突起，上花瓣长1.4-1.7厘米，瓣片稍上弯，距稍短于瓣片，渐窄，直伸或稍上弯，蜜腺为距长1/3至1/2，下花瓣宽匙形，无基生小囊，内花瓣鸡冠状突起伸出顶端。蒴果线形，稍扭曲，长1.3-1.8厘米，种子6-14。种子具龙骨及泡状小突起。

产江苏、安徽、浙江、福建、台湾、江西、湖北、湖南、河南及山西，生于海拔300米以下山坡、路边。日本南部有分布。

图 1092 夏天无 （引自《江苏植物志》）

71. 堇叶延胡索 栉苞堇叶延胡索 图 1093

Corydalis fumariaefolia Maxim. Prim. Fl. Amur. 37. 1859.

Corydalis fumariaefolia var. *incisa* M. Popov；中国高等植物图鉴补编 1：674，1982.

多年生草本，高达28厘米。块茎球形。茎直立或上升，基部以上具1鳞叶，上部具2（-3）叶。叶三至四回三出，无毛，小叶全缘或深裂，小裂片线形、披针形、椭圆形或卵圆形，全缘，有时具锯齿或圆齿。总状花序具5-15花；苞片宽披针形、卵圆形或倒卵形，全缘，有时篦齿状或扇形分裂。花梗长0.5-1.4（-2.5）厘米；花冠淡蓝或蓝紫色，稀紫或白色，内花瓣色淡或近白色，外花瓣较宽，全缘，稀具齿，先端凹缺，上花瓣长1.8-2.5厘米，瓣片稍上弯，两侧反折，距直伸或顶端稍下弯，长0.7-1.2厘米，蜜腺贯穿距长1/3或更短，顶端具折曲状短尖，下花瓣直伸或浅囊状，基部窄，瓣片基部较宽，向上渐窄，内花瓣长0.8-1.3厘米；柱头近四方形，顶端具4乳突，基部具2下延尾状乳突。蒴果线形，红褐色，长1.5-3厘米，扁平，侧面具龙骨状突起，种子1列。种阜倒卵形。

图 1093 堇叶延胡索 （吴锡麟绘）

产黑龙江、吉林及辽宁，生于海拔约600米林缘或灌丛中。俄罗斯远东及海参崴有分布。

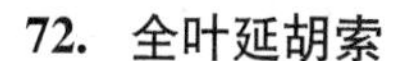

72. 全叶延胡索 图 1094

Corydalis repens Mandl et Muehld. in Bot. Kozl. 19: 90. 1921.

Corydalis ambigua Cham. et Schlecht var. *amurensis* auct. non

Maxim.：中国高等植物图鉴2：13. 1972.

多年生草本，高达20厘米。块茎球形。茎细长，基部以上具1鳞片，枝条发自鳞片腋内。叶二回三出，小叶椭圆形或倒卵形，全缘，稀分裂，长0.6-2.5（-4）厘米，常具淡白色条纹或斑点。总状花序具（3-）6-14花；苞片披针形或卵圆形，全缘或先端稍缺裂，下部苞片长约1厘米，宽4-6毫米。花梗长0.6-1.4厘米，具乳突状毛；花淡蓝、蓝紫或紫红色，外花瓣宽，先端凹缺，上花瓣长1.5-1.9厘米，瓣片常上弯，距圆筒形，长7-9毫米，蜜腺贯穿距长1/2，渐尖，下花瓣长6-8毫米，内花瓣长5-8毫米，半圆形鸡冠状突起伸出顶端，柱头扁圆形，具不明显6-8乳突。蒴果椭圆形或卵圆形，长0.8-1厘米，常俯垂，种子4-6，2列。种子光滑，种阜鳞片状，白色。

图 1094 全叶延胡索

（引自《东北草本植物志》）

产黑龙江、吉林、辽宁、河北、山西及山东，生于海拔700-1000米灌木林下或林缘。俄罗斯远东海参崴及朝鲜有分布。块茎含原阿片碱，延胡索甲素等多种生物碱，可代延胡索药用。

［附］**胶州延胡索** 图1099：6-7 **Corydalis kiautchouensis** V. Poelln. Sp. Nov. 45：103. 1938. 本种与全缘延胡索的区别：蒴果披针形或近线形，长约2厘米，直立或近直立。产吉林、辽宁、山东东部及江苏北部，生于渤海湾两岸海拔150-900米石砾阴湿地或沙质土。朝鲜北部有分布。

73. 长距延胡索 长花延胡索 图 1095

Corydalis schanginii（Pall.）B. Fedtsch. in Acta Hort. Petrop. 23 (2)：372. 1904.

Fumaria schanginii Pall. in Nov. Acta Petrop. 2：267. t. 14. f. 1-3. 1779.

多年生草本，高达35厘米。块茎球形或长圆形。茎基部以上具1鳞片。茎具2叶，叶柄长约叶片1/3，叶二回三出，小叶全缘或深裂，裂片卵圆形或披针形。总状花序具5-25（-30）花；苞片卵圆状披针形或线状披针形，全缘，与花梗近等长。花梗长0.5-1.5厘米；花冠红紫色，外花瓣窄，渐尖，纵脉色深，上花瓣长3-4厘米，距较瓣片长2倍，漏斗状，蜜腺长约5毫米，下花瓣直伸，无囊，内花瓣长1.4-1.8厘米，先端暗紫色；柱头近四方形，具6-8乳突。蒴果线形，长1.8-2.5厘米，种子4-8。种子稍窄，种阜带状，基部淡褐色。

图 1095 长距延胡索 （肖 溶 绘）

产新疆西北部，生于海拔500-2000米山地草甸、灌丛中或草原。俄罗斯南部、哈萨克斯坦、吉尔吉斯北部及蒙古西部有分布。

74. 小药八旦子 图 1096

Corydalis caudata（Lam.）Pers. Syn. Pl. 2：269. 1807.

Fumaria caudata Lam. Encyclop. 2：569. 1786.

多年生草本，高达20厘米。块茎球形或长圆形。茎基以上具1-2鳞片，鳞片上部具叶，叶二回三出，叶柄细长，叶柄基部具鞘，小叶圆形或椭圆形，有时浅裂，长0.9-2.5厘米，具柄。总状花序具3-8花；苞片卵圆形或倒卵形，下部苞片长约6毫米。下部花梗长1.5-2.5（-4）厘米；花冠蓝或紫蓝色，外花瓣较宽，上花瓣长1.6-1.8厘米，瓣片先端微凹，距圆筒形，上弯，长1-1.4厘米，蜜腺约贯穿距长3/4，下花瓣长约1厘米，瓣片先端微凹，基部具浅囊，内花瓣长7-8毫米；柱头四方形，顶端具4乳突，下部具2尾状乳突。蒴果宽卵圆形或椭圆形，长0.8-1.5厘米，种子4-9。种阜窄长。

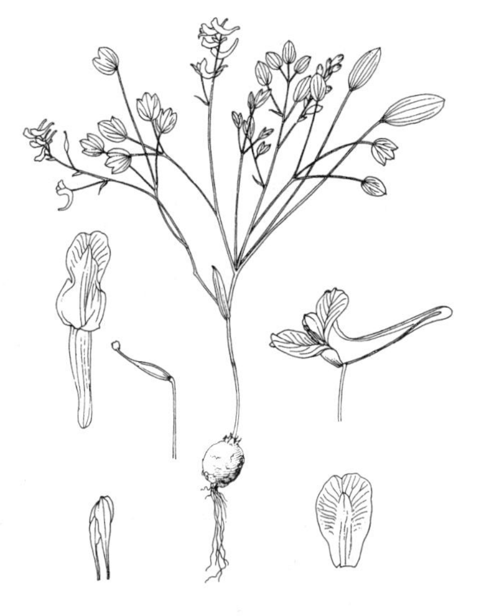

图 1096 小药八旦子 （吴锡麟绘）

产河北、山西、河南、山东、江苏、安徽、湖北、陕西及甘肃东部，生于海拔100-1200米山坡或林缘。

75. 齿瓣延胡索 图 1097

Corydalis turtschaninovii Bess. Flora 17, Beibl. 1：6. 1834.

Corydalis remota Fisch. ex Maxim；中国高等植物图鉴2：13. 1972.

多年生草本，高达30厘米。块茎球形，有时瓣裂。茎直立或斜伸，不分枝，基部以上具1枚反卷大鳞片。茎生叶2枚，二回或近三回三出，小叶宽椭圆形、倒披针形或线形，全缘、具粗齿、深裂或篦齿状。总状花序具6-20（-30）花；苞片楔形，篦齿状多裂，稀分裂较少，与花梗近等长。花梗长0.5-1厘米。花冠蓝、白或紫蓝色，外花瓣宽，具波状浅齿，先端凹缺，具短尖，上花瓣长2-2.5厘米，距圆筒状，长1-1.4厘米，蜜腺稍伸出，内花瓣长0.9-1.2厘米；柱头扁四方形，顶端具4乳突，基部下延成2尾状突起。蒴果线形，长1.6-2.6厘米，种子1列，稍扭曲。种子平滑，种阜远离。

图 1097 齿瓣延胡索 （吴锡麟绘）

产黑龙江、吉林、辽宁、内蒙古东北部、河北东北部、山西及山东，生于林缘和林间空地。朝鲜、日本及俄罗斯远东东南部有分布。块茎含延胡索甲素及乙素等多种生物碱，为止痛及妇科良药。

76. 北京延胡索 图 1098

Corydalis gamosepala Maxim. Prim. Fl. Amur. 38. 1859.

多年生草本，高达22厘米，近直立。块茎球形或近长圆形。茎纤细，基部常弯曲，基部以上具1-2鳞片，具3叶，下部叶具叶鞘及腋生分枝。叶

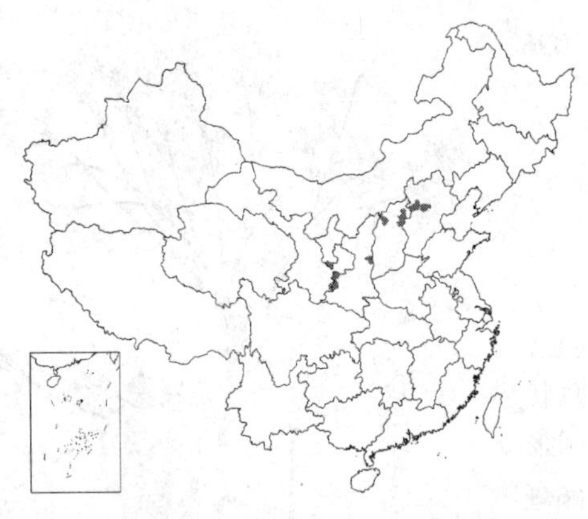

二回三出，小叶常具圆齿或圆齿状深裂，有时侧生小叶全缘或下部叶的小叶分裂成披针形或线形裂片。总状花序具7-13花。下部苞片具篦齿或粗齿，上部苞片全缘或具1-2齿。花梗纤细，等长或稍长于苞片；花冠桃红或紫红色，稀蓝色，外花瓣宽，全缘，先端微凹，上花瓣长1.6-2厘米，距圆筒状，长1-1.3厘米，稍上弯，顶端稍下弯，蜜腺贯穿距长1/2至2/3，下花瓣稍前伸，内花瓣长0.8-1厘米；柱头扁四方形，上端具4乳突。蒴果线形，长1-2厘米，种子1列。种阜带状。

产河北、山西、陕西、甘肃东部及宁夏，生于海拔（500-）-1500-2500米山坡、灌丛中或阴湿地。

图 1098 北京延胡索（肖 溶 绘）

77. 延胡索 图 1099：1-5 彩片 429

Corydalis yanhusuo W. T. Wang ex Z. Y. Su et C. Y. Wu in Acta Bot. Yunn. 7(3)：260. 1985.

多年生草本，高达30厘米。块茎球形。茎直立，常分枝，基部以上具1（2）鳞片，茎生叶3-4，鳞片及下部茎生叶常具腋生块茎。叶二回三出或近三回三出，小叶3裂或3深裂，裂片披针形，长2-2.5厘米，全缘，下部叶具长柄及小叶柄。总状花序具5-15花；苞片披针形或窄卵圆形，全缘，有时下部苞片稍分裂，长约8毫米。花梗长约1厘米；花冠紫红色，外花瓣宽，具齿，先端微凹，具短尖，上花瓣长1.5-2.2厘米，瓣片与距常上弯，距圆筒形，长1.1-1.3厘米，蜜腺贯穿距长1/2，下花瓣具短爪，内花瓣长8-9毫米，爪长于瓣片；柱头近圆形，具8乳突。蒴果线形，长2-2.8厘米，种子1列。

产湖北、河南、安徽、江苏及浙江，生于丘陵草地。云南、湖南、四川、甘肃、陕西、北京及山东引种栽培。块茎为常用中药，含20多种生物碱，可行气止痛、活血散瘀、治跌打损伤。

图 1099：1-5. 延胡索 6-7. 胶州延胡索（吴锡麟绘）

78. 薯根延胡索 图 1100：1-3

Corydalis ledebouriana Kar. et Kir. in Bull. Soc. Nat. Mosc. 14：377. 1841.

多年生草本，高达25厘米。块茎扁球形。茎不分枝，具2枚对生叶。叶无柄，二或三回三出，小叶宽卵形或椭圆形，顶生小叶长约2.5厘米，侧生小叶具纵脉。总状花序具4-14花；苞片椭圆形或倒卵形，全缘，具短尖。

图 1100：1-3. 薯根延胡索 4-6. 大苞延胡索
（吴锡麟绘）

花梗长2-9（-12）毫米，短于苞片；花瓣先端淡紫色，距粉红或近白色，稀红紫色，外花瓣较窄，尖或渐尖，上花瓣长1.6-2.7厘米，距长0.9-1.8厘米，常上弯，近顶端常膨大，稀较细近直伸，蜜腺为距长1/2至2/3，顶端上弯，下花瓣瓣片反折，内花瓣长0.9-1.5厘米；柱头卵圆形，上端具4乳突，侧生2乳突较小。蒴果椭圆形，长约1厘米，种子2列。种阜帽状。

产新疆北部，生于海拔700-3600米林下或砾石坡地。中亚、伊朗、阿富汗、巴基斯坦有分布。

［附］**大苞延胡索** 图1100：4-6 **Corydalis sewerzovi** Regel in Bull. Soc. Nat. Mosc. 63：252. 1870. 本种与薯根延胡索的区别：块茎球形；花金黄或橘黄色；蒴果窄卵状椭圆形，长达2厘米。产新疆西北部，生于海拔500-1700米林下或陡峭山坡。哈萨克斯坦、塔吉克斯坦、乌兹别克斯坦及土尔其斯坦有分布。

5. 烟堇属 **Fumaria** Linn.

一年生草本，直立、铺散或攀援。茎被腊霜，分枝。叶不规则二至四回羽裂，最下部叶具长柄，上部叶具短柄或近无柄。总状花序顶生或对叶生；苞片干膜质。花梗短；花两侧对称；萼片2，早落；花瓣4，2轮，上面2枚花瓣前部瓣片近半圆筒形，边缘膜质，背部常具鸡冠状突起，后部成距，下面1枚花瓣窄长，无距，沟状，内面2枚花瓣楔状长椭圆形，先端粘合；雄蕊6，合成2束，蜜腺延伸入距；子房卵形，2心皮，1室，1胚珠，柱头具2（3）大乳突。坚果球形，不裂，果皮光滑、被瘤状突起或具皱纹。种子1，无种阜；胚乳丰富。

约50种，分布于欧洲西南部、地中海沿岸、亚洲中部及喜马拉雅，1种产东非高地。我国2种。

1. 距长约1毫米，径约1.2毫米，稍上升；果柄短粗，与苞片近等长或稍长 ………………… **短梗烟堇 F. vaillantii**
1. 距长约1.8毫米，径约1毫米，稍下弯；果柄较细长，长为苞片2-3倍 ……………… （附）. **烟堇 F. schleicheri**

短梗烟堇 球果紫堇 图1101

Fumaria vaillantii Loisel. in Desvaux Journ. Bot. 2：358. 1809.

一年生草本，高达40厘米，无毛。主根圆柱形，长5-6厘米或更长，径1-2毫米，具侧根及细根。茎基部分枝，具纵棱。基生叶数枚，叶多回羽状分裂，小裂片线形、线状长圆形或窄披针形，长0.5-1.5厘米，叶柄长3-4厘米，基部具短鞘；茎生叶多数，叶片同基生叶，叶柄较短。总状花序顶生及对叶生，长1.5-2厘米，多花密集，花序梗粗短或近无；苞片钻形，长1.5-2.5毫米。花梗长1.5-2.5毫米；萼片长0.5-1毫米，齿撕裂状，早落；花冠粉红或淡紫红色，上花瓣长5-6毫米，瓣片膜质，先端暗紫色，背部具鸡冠状突起，距长1-1.5毫米，径约1.2毫米，稍上升，下花瓣舟状窄长圆形，长4-5毫米，暗紫色，中部较窄，膜质，内花瓣近匙形，长3.5-4.5毫米，膜质，先端圆，具尖头，上部深紫色；雄蕊束长3.5-4.5毫米，花丝下部合生，花药极小；子房长约1毫米，花柱丝状，长2-3毫米，柱头具2乳突。果序长2-3厘米；坚果球形，径1.5-2毫米，果皮被小瘤状绉纹；果柄长2-3毫米。花果期5-8月。

产新疆，生于海拔620-2200米耕地、田埂、果园、路边、石坡、沟

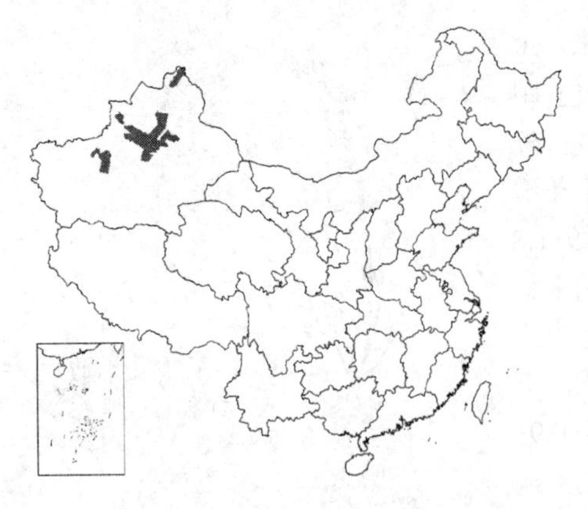

边或草地，为常见杂草。中亚各国、高加索、西欧广布，摩洛哥及阿尔及利亚山地较少见。

［附］**烟堇 Fumaria schleicheri** Soy. -Will. Observ. Pl. France 17. 1828. 本种与短梗烟堇的区别：距长约1.8毫米，径约1毫米，稍下弯；果柄较细长，长为苞片2-3倍。产新疆，生于海拔620-2200米耕地、果园、村边、路边或石坡，为常见杂草。中亚、高加索、西欧有分布。

图 1101 短梗烟堇 （引自《图鉴》）

25. 水青树科 TETRACENTRACEAE

（刘玉壶　郭丽秀）

落叶乔木，高达40米；全株无毛。具长枝及短枝，短枝侧生，距状。芽细长，顶端尖。单叶，生于短枝顶端，叶卵状心形，长7-15厘米，先端渐尖，基部心形，具腺齿，下面微被白霜，基出掌状脉5-7；叶柄长2-3.5厘米，基部与托叶合生，包被幼芽。穗状花序下垂，生于短枝顶端，与叶对生或互生，具多花。花小，两性，淡黄色；苞片极小；花无梗；花被片4，淡绿或黄绿色；雄蕊4，与花被片对生，与心皮互生；子房上位，心皮4，沿腹缝合生，侧膜胎座，每室4（-10）胚珠，花柱4。蓇果4深裂，长4-5毫米，宿存4花柱基生下弯。种子小，线状长椭圆形，具棱脊，胚小，富含油质胚乳。

1属。

水青树属 Tetracentron Oliv.

单种属。

形态特征同科。

水青树　图1102　彩片430

Tetracentron sinense Oliv. in Hook. Icon. Pl.. 1889.

形态特征同科。花期6-7月，果期9-10月。

产河南、陕西、甘肃、湖北、湖南、云南、贵州、四川及西藏，生于海拔1700-3500米沟谷、溪边、林缘。尼泊尔、缅甸及越南有分布。木材细致美观，供家具。树姿美，可供观赏。

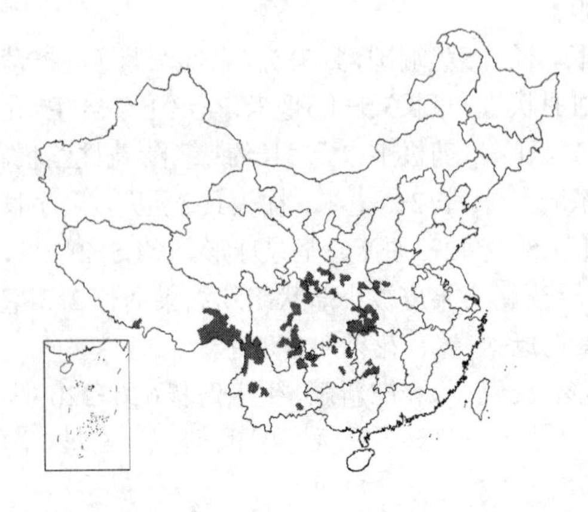

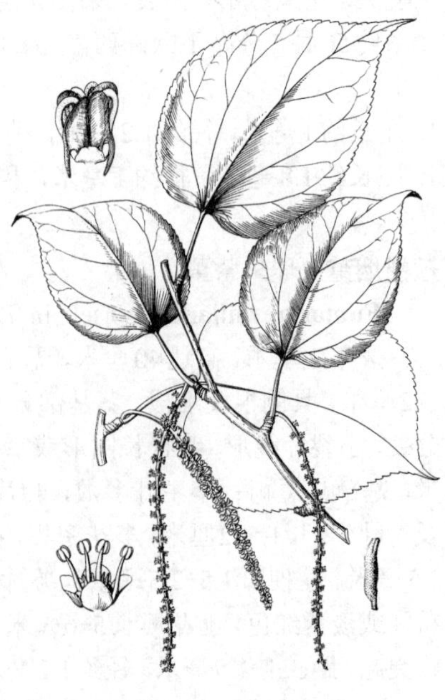

图 1102 水青树 （李志民绘）

26. 昆栏树科 TROCHODENDRACEAE

（李　勇）

常绿乔木或灌木状，高达20米，胸径5米；全株无毛。小枝褐或灰色，叶痕近轮生，其上有芽鳞痕。顶芽卵形，芽鳞多数，覆瓦状排列。叶革质，互生，常6-12在枝端成轮生状，宽卵形、菱状卵形、菱状倒卵形、椭圆形或倒披针形，长5-12厘米，宽2.5-7厘米，先端尾尖，基部圆或宽楔形，上部具钝齿，下部全缘，羽状脉；叶柄粗，长2-7厘米，无托叶。花小，两性，多歧聚伞花序顶生，长3-13厘米，具10-20朵花。苞片条形，小苞片三角状长圆形或条形。无花被；花托倒圆锥形；雄蕊多数，3或4轮，心皮5-10，1轮，开展，受粉后在侧面连合，子房1室，倒生胚珠多数，沿腹缝成2列，花柱短，外曲，腹面具深沟。蓇葖果数个，侧面合生，腹面开裂。种子多数，2列，条状椭圆形，长3-3.5毫米，黑色。外种皮珠孔具海绵组织，内种皮膜质；胚乳油质。

1属。

昆栏树属 Trochodendron Sieb. et Zucc.

单种属。

形态特征同科。

昆栏树　　图1103　彩片431

Trochodendron aralioides Sieb. et Zucc. Fl. Japan. 84. pl. 39. 40. 1838.

形态特征同科。花期5-6月，果期10-11月。

产台湾，生于海拔300-2700米阔叶林或混交林中。日本及朝鲜南部有分布。木材可制家具；树皮可制粘胶；也可供观赏。

图 1103　昆栏树（刘林翰绘）

27. 连香树科 CERCIDIPHYLLACEAE

（李　勇）

落叶乔木，树干单一或数个。具长枝及短枝，长枝之叶对生或近对生，短枝具重叠环状芽鳞痕，着生1叶及花序。芽卵形，生于短枝叶腋，芽鳞2。叶纸质，具钝锯齿，掌状脉；具叶柄，托叶早落。花单性，雌雄异株，先叶开放；每花具1苞片；无花被；雄花簇生，近无梗，雄蕊8-13，花丝细长，花药条形，红色，药隔延长成附属物；雌花4-8朵，具短梗；心皮4-8，离生，花柱红紫色，每心皮具数枚胚珠。蓇葖果2-4，花柱宿存，果柄短。种子扁平，一端或两端具翅。

1属。分布我国及日本。

连香树属 **Cercidiphyllum** Sieb. et Zucc.

形态特征同科。

2种，我国1种，另1种产日本。

连香树 紫荆叶木 图1104 彩片432

Cercidiphyllum japonicum Sieb. et Zucc. in Abhand. Akad. Munch. 4(3): 238. 1846.

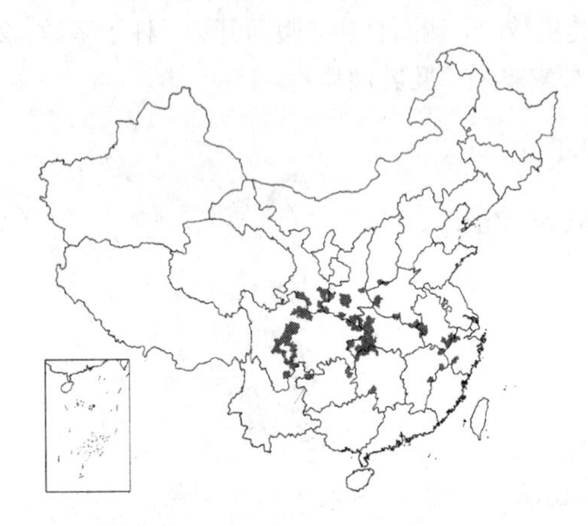

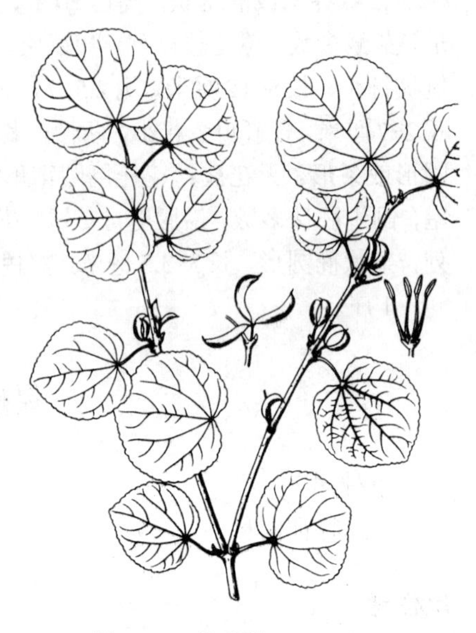

图 1104 连香树 （张士琦绘）

大乔木，高达20米；树皮灰色。小枝无毛，短枝在长枝上对生；芽鳞褐色。短枝之叶近圆形、宽卵形或心形，长枝之叶椭圆形或三角形，长4-7厘米，宽3.5-6厘米，具圆钝腺齿，两面无毛，下面灰绿色，掌状脉7；叶柄长1-2.5厘米，无毛。花两性，雄花常4朵簇生，近无梗，苞片花期红色，膜质，卵形；雌花2-5(-8)朵，簇生。蓇葖果2-4，荚果状，长1-1.8厘米，褐或黑色，微弯，先端渐细，花柱宿存；果柄长4-7毫米。种子数个，扁平四角形，长2-2.5毫米，褐色。花期4月，果期8月。

产山西西南部、河南、陕西、甘肃、安徽、浙江、江西、湖北、湖南、贵州、云南及四川，生于海拔650-2700米山谷或林缘。日本有分布。树干雄伟，寿命长，供观赏；树皮及叶含鞣质，可提取栲胶。

28. 领春木科 EUPTELEACEAE

（李 勇）

落叶乔木或灌木状。具长枝及短枝，皮孔椭圆形，枝基部具多数叠生环状芽鳞痕；芽常侧生，芽鳞多数，为鞘状叶柄基部包被。叶互生，圆形或近卵形，具锯齿，羽状脉，叶柄长；无托叶。先叶开花，小，两性，6-12朵，每花单生苞片腋部。花具梗；无花被；雄蕊多数，1轮，后常扭曲，花丝条形，花药侧缝开裂，药隔延长成附属物；花托扁平，心皮多数，离生，1轮，子房1室，倒生胚珠1-3。翅果周围具翅，顶端圆，下端渐细成柄状，具果柄。种子1-3，有胚乳。

1属。分布我国、日本及印度。

领春木属 **Euptelea** Sieb. et Zucc.

形态特征同科。

2种，1种产我国及印度，另1种产日本。

领春木　　图 1105　彩片 433

Euptelea pleiosperma Hook. f. et Thoms. in Journ. Linn. Soc. Bot. 7: 243. pl. 2. 1864.

乔木或灌木状，高达15米；树皮紫黑或褐灰色。小枝无毛，紫黑或灰色。芽卵形，芽鳞深褐色，光亮。叶纸质，卵形或近圆形，稀椭圆状卵形或椭圆状披针形，长5-14厘米，先端尾尖长1-1.5厘米，基部楔形或宽楔形，疏生顶端加厚的锯齿，下部或近基部全缘，上面无毛或疏被柔毛，后脱落，仅脉上残存，下面无毛或脉上被平伏毛，脉腋具簇生毛，侧脉6-11对；叶柄长2-5厘米，被柔毛，后脱落。花两性，先叶开花，6-12朵簇生。无花被；花梗长3-5毫米；苞片椭圆形，早落；雄蕊6-14，花药较花丝长，药隔顶端延长成附属物；心皮6-12，离生，1轮，子房偏斜，具长柄。翅果长0.5-1厘米，褐色；果柄长0.8-1厘米，种子1-2，黑色，卵形。

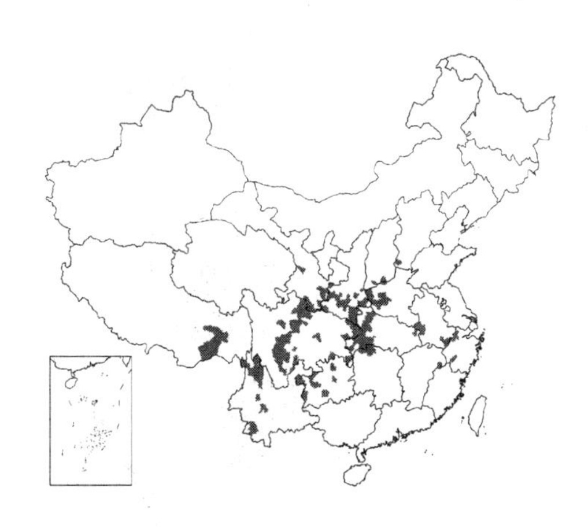

图 1105 领春木 （李志民绘）

产河北、山西、河南、陕西、甘肃、安徽、浙江、江西、湖北、湖南、贵州、云南、四川及西藏，生于海拔900-3600米溪边或林缘。印度有分布。木材淡黄色，供家具等用；树姿优美，供观赏。

29. 悬铃木科 PLATANACEAE

（刘全儒）

落叶乔木；树皮薄片剥落；被星状毛。无顶芽，侧芽卵圆形，芽鳞1，包藏于膨大叶柄基部。单叶互生，掌状脉，掌状分裂，具裂片状粗齿；叶柄长，托叶基部鞘状，早落。花单性，雌雄同株，雌雄花均组成球形头状花序，生于不同花枝，雄花序无苞片，雌花序具苞片。萼片3-8，三角形，被星状柔毛；雄花花萼有时环状，具齿，花瓣与萼片同数，倒披针形，雄花具3-8雄蕊，花丝短，药隔成圆盾状鳞片；雌花具3-8离生心皮，子房长卵形，1室，悬垂胚珠1-2，花柱长，伸出花序。果序球形，由多数窄长倒锥形小坚果组成，小坚果基部围有长毛，每坚果具1种子。种子线形，胚小，线形子叶不等形，胚乳薄。

1属。产北温带及亚热带。

悬铃木属 **Platanus** Linn.

形态特征同科。

约11种，我国引种栽培3种。

1. 球形果序1-2个串生，稀3个；叶3-5浅裂，托叶长于1厘米；花4-6数；坚果毛不突出。
   2. 果球常2个串生，稀单生或2个以上；叶中裂片长宽相等，托叶长约1.5厘米 …… **二球悬铃木 P. acerifolia**
   2. 果球常单生，叶裂片宽大于长，托叶长于2厘米 ……………………………（附）. **一球悬铃木 P. occidentalis**

1. 球形果序3-7个串生；叶5-7深裂，中裂片长大于宽，托叶短于1厘米；花4数；坚果毛突出 ……………………………………………………………………………………………………… (附). **三球悬铃木 P. orientalis**

二球悬铃木 法国梧桐 图 1106

Platanus acerifolia (Ait) Willd. Sp. Pl. 4: 474. 1797.

Platanus orientalis Linn. var. *acerifolia* Ait. Hort. Kew 3: 364. 1789.

落叶大乔木，高达35米；树皮光滑，片状脱落。幼枝密被灰黄色星状绒毛，老枝无毛，红褐色。叶宽卵形，长10-24厘米，宽12-25厘米，基部平截或微心形，幼叶两面被灰黄色星状绒毛，下面毛厚密，后脱落无毛，下面脉腋被毛，上部掌状3-5中裂，有时7裂，中裂片宽三角形，长宽约相等，裂片全缘或具1-2粗齿，掌状脉3(5)；叶柄长3-10厘米，密被黄褐色星状毛，托叶长1-1.5厘米，基部鞘状，上部开裂。花常4数。雄花萼片卵形，被毛；花瓣长圆形，长为萼片2倍；雄蕊长于花瓣，盾形药隔被毛。球形果序常2个串生，稀1或3个，下垂；果序径约2.5厘米，宿存花柱长2-3毫米，绒毛不突出。花期4-5月，果期9-10月。

本种为三球悬铃木 P. orientalis 与一球悬铃木 P. occidentalis杂交种，久经栽培。我国东北、华北、华中及华南均有引种，作行道树。

图 1106 二球悬铃木 （冯晋庸绘）

［附］**三球悬铃木 Platanus orientalis** Linn. Sp. Pl. 417. 1753. 本种与二球悬铃木的区别：叶掌状5-7深裂，稀3裂，中裂片长大于宽；托叶短于1厘米；球形果序3-7串生，绒毛突出。原产欧洲东南部及亚洲西部。我国北部及中部栽培。

［附］**一球悬铃木 Platanus occidentalis** Linn. Sp. Pl. 417. 1753. 本种与二球悬铃木的区别：叶掌状3浅裂，稀5浅裂，裂片宽大于长；托叶长于2厘米，上部宽大呈喇叭形；花4-6数；球形果序常单生，稀2个。原产北美洲。我国北部及中部栽培。

30. 金缕梅科 HAMAMELIDACEAE

（张宏达）

常绿或落叶，乔木或灌木。单叶互生，稀对生，全缘，具锯齿，或掌状分裂，叶脉掌状或羽状；具柄，托叶线形或苞片状，稀缺。头状、穗状或总状花序，花两性，或单性雌雄同株，稀异株，有时杂性；双被花，辐射对称，稀单被或无花被。萼筒与子房分离或合生，萼4-5裂；花瓣4-5，线形，匙形或鳞片状；雄蕊4-5，或更多，花药2室，纵裂或瓣裂，具退化雄蕊或缺；子房半下位或下位，稀上位，2室，胚珠多数或1个，花柱2。蒴果室间或室背4瓣裂。种子多数或1个，稀具窄翅，种脐明显，具胚乳。

28属140种，主产亚洲，北美、中美、非洲及大洋洲有少数分布。我国18属，约80种。

1. 胚珠及种子5-6或多数；花序头状或肉质穗状；叶脉多掌状，稀羽状。
  2. 头状花序具2花，子房上位；叶脉掌状 ……………………………………………………… 1. **双花木属 Disanthus**
  2. 头状或肉质穗状花序，具5至多花，子房半下位；叶脉掌状或羽状。
    3. 花两性，具花瓣或无；托叶大或缺，叶脉掌状，稀羽状；蒴果突出头状果序外。
      4. 叶脉掌状，托叶大；花瓣白色。
        5. 花序头状，花瓣常缺；托叶2，椭圆形，对合包芽 ………………………… 2. **马蹄荷属 Exbucklandia**
        5. 花序肉穗状，具花瓣或无；托叶1-2。
          6. 具花瓣，雄蕊10-13；托叶1，长卵形，管状包芽；蒴果外果皮松脆 …… 3. **壳菜果属 Mytilaria**

6. 无花瓣，雄蕊8；托叶2，圆形，对合包芽；蒴果外果皮木质 ························ 4. **山铜材属 Chunia**

4. 叶脉羽状，无托叶；花瓣红色，头状花序 ·· 5. **红苞木属 Rhodoleia**

3. 花单性，无花瓣；托叶线形，叶脉掌状或羽状；蒴果藏于头状果序内。

7. 花柱及萼齿宿存；叶具三出脉，掌状3裂或单侧裂。

8. 叶掌状3裂，基部心形，两侧裂片平展；头状果序球形 ································ 6. **枫香属 Liquidambar**

8. 叶3裂，单侧裂或不裂，裂片向上，基部楔形；头状果序半球形 ········ 7. **半枫荷属 Semiliquidambar**

7. 花柱脱落，萼齿缺或为瘤状突起；叶不裂，具羽状脉 ·· 8. **蕈树属 Altingia**

1. 胚珠及种子1；花序总状或穗状；叶具羽状脉，不裂。

9. 具花瓣，两性花，萼筒倒锥形，雄蕊定数，子房半下位，稀上位。

10. 花瓣4-5，带状，退化雄蕊鳞片状；花序短穗状；果序近头状。

11. 花药具4个花粉囊，2瓣裂；叶全缘，第一对侧脉无二次支脉。

12. 花5数；叶全缘或上部具细齿 ··· 9. **四药门属 Tetrathyrium**

12. 花4数；叶全缘 ·· 10. **檵木属 Loropetalum**

11. 花药具2个花粉囊，单瓣裂；叶全缘或具波状锯齿，第一对侧脉具二次支脉 ························ ··· 11. **金缕梅属 Hamamelis**

10. 花瓣5，倒卵状或鳞片状，具退化雄蕊或缺；花序总状。

13. 花柱线形，柱头不扩大；萼筒长为蒴果之半；第一对侧脉具二次支脉。

14. 花瓣匙形或倒卵形，具退化雄蕊；蒴果近无柄，宿存花柱外弯 ··········· 12. **蜡瓣花属 Corylopsis**

14. 花瓣针形或披针形，无退化雄蕊；蒴果具柄，宿存花柱直伸 ·········· 13. **牛鼻栓属 Fortunearia**

13. 花柱长，柱头棒状，萼筒全包蒴果；第一对侧脉无二次支脉 ····················· 14. **秀柱花属 Eustigma**

9. 无花瓣，花两性或单性，萼筒壶形，雄蕊定数或不定数，子房上位或半下位。

15. 穗状花序长；萼筒长，萼齿及雄蕊5；叶第一对侧脉具二次支脉 ················ 15. **山白树属 Sinowilsonia**

15. 穗状花序短；萼筒短，萼齿1-6，雄蕊5-15；叶第一对侧脉无二次支脉。

16. 子房半下位，花柱长约4毫米 ··· 16. **银缕梅属 Parrotia**

16. 子房上位。

17. 下位花，萼筒极短，花后脱落 ·· 17. **蚊母树属 Distylium**

17. 周位花，萼筒壶形，花后增大，包被蒴果 ··· 18. **水丝梨属 Sycopsis**

1. 双花木属 **Disanthus** Maxim.

落叶灌木。叶互生，心形或宽卵形，基部心形，全缘，具掌状脉；具长柄，托叶线形，早落。头状花序具2花，花无梗，对生，花序梗短。花两性，5数，苞片1，小苞片2；萼筒浅杯状，5裂，花时反卷；花瓣带状，花芽时内卷；雄蕊5，花丝短，花药内向，2瓣裂，退化雌蕊5，与雄蕊互生；子房上位，2室；每室胚珠5-6；花柱2。蒴果木质，室间开裂，内果皮骨质，与外果皮分离。种子长圆形。

1种，分布于日本南部。我国1变种。

长柄双花木 图1107 彩片434

Disanthus cercidifolius Maxim. var. **longipes** H. T. Chang in Sunyatsenia 7: 70. 1948.

落叶灌木，高达4米。多分枝，小枝屈曲。叶宽卵形，长5-8厘米，宽6-9厘米，先端钝或圆，基部心形，两面无毛，掌状脉5-7，全缘；叶柄长4-6厘米，托叶线形。头状花序腋生，花序梗长1-2.5厘米。苞片连生成短筒状；萼筒长1毫米，萼齿卵形，长1-1.5毫米；花瓣红色，窄披针形，长约7毫米；雄蕊较花瓣短，花药卵形；子房无毛，花柱长1-1.5毫米。蒴果倒卵圆形，长1.2-1.4厘米，顶端近平截，上部2瓣裂，果序柄长1.5-3.2厘米。种子长圆形，黑色，有光泽。花期10月中下旬，果期翌年9-10月。

产浙江、江西及湖南，生于海拔630-1300米山地矮林或灌丛中。

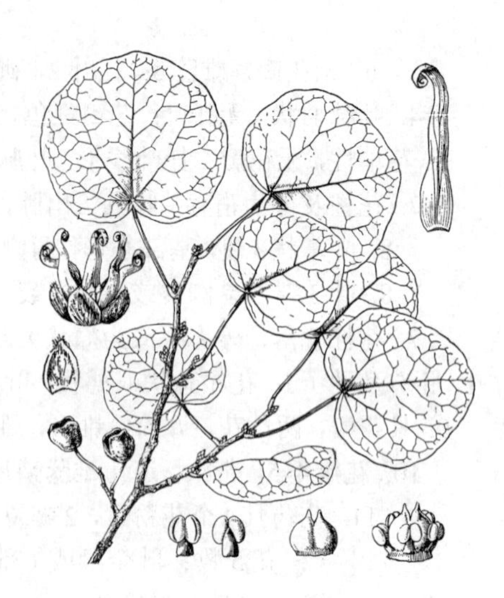

图 1107 长柄双花木 （引自《中国植物志》）

2. 马蹄荷属 Exbucklandia R. W. Br.

常绿乔木。小枝具环状托叶痕。叶互生，革质，宽卵形，全缘或掌状浅裂，具掌状脉；叶柄圆，托叶2，革质，椭圆形，对合包芽，早落。头状花序腋生，具6-16花，花序具梗。花两性或杂性同株；萼筒与子房合生，萼齿常呈瘤状突起；花瓣线形，白色，2-5，先端2浅裂，或无花瓣；雄蕊10-14，花丝线形，花药卵圆形，基部着生，2室，纵裂；子房半下位，2室，每室6-8胚珠，花柱2。头状果序具蒴果6-16，蒴果基部藏于果序轴内，木质，上部室间或室背4瓣裂，果皮平滑，有时具小瘤状突起。每室6种子，基部种子具翅，能育，上部种子无翅，不孕。

4种，我国3种，另1种产东南亚。北美俄勒冈中新世地层曾发现本属化石。

1. 叶基部心形；蒴果长7-9毫米，平滑 ………………………………………… 1. **马蹄荷 E. populnea**
1. 叶基部宽楔形；蒴果长1-1.5厘米，被瘤状突起 ……………………………… 2. **大果马蹄荷 E. tonkinense**

1. 马蹄荷　图 1108 彩片 435

Exbucklandia populnea（R. Br.）R. W. Br. in Journ. Wash. Acad. Sci. 36: 348. 1946.

Bucklandia populnea R. Br. in Wall. Cat. 7414. 1832.

Symingtonia populnea（R. Br.）Steenis; 中国高等植物图鉴 2: 157. 1972.

大乔木，高达30米。叶宽卵形，长10-17厘米，基部心形，全缘或3浅裂，掌状脉5-7；叶柄长3-6厘米，托叶椭圆形，长2-3厘米。头状花序单生或组成总状，具8-12花，花序梗长1-2厘米，被柔毛。花两性或单性，萼齿鳞片状；花瓣长2-3毫米，或无花瓣；雄蕊长5毫米；子房半下位，被褐色毛，花柱长3-4毫米。头状果序具蒴果8-12，果序柄长1.5-2厘米；蒴果椭圆形，长7-9毫米，上部2瓣裂，果皮平滑。种子具窄翅，位于胎座基部，种子能育。

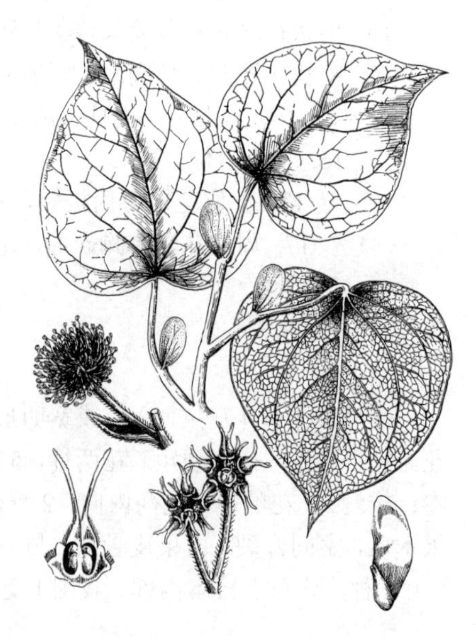

图 1108 马蹄荷 （引自《图鉴》）

产广西、云南、贵州及西藏，生于山地常绿阔叶林中。缅甸、泰国及印度有分布。为优良用材树种；树形优美，可作行道树。

2. 大果马蹄荷　图 1109

Exbucklandia tonkinensis（Lecomte.）Steenis in Blumea 7: 595. 1954. *Bucklandia tonkinensis* Lecomte in Bull. Mus. Hist. Nat.

Paris, 30: 392. 1924.

Symingtonia tonkinensis (Lecomte) Steenis ex Vink; 中国高等植物图鉴2: 157. 1972.

大乔木。幼枝被毛，具环状托叶痕。叶宽卵形，长8-13厘米，基部宽楔形，常全缘，稀3浅裂，掌状脉3-5；叶柄长3-5厘米，托叶长圆形，长2-4厘米，早落。头状花序单生或组成总状，具7-9花，花序梗长1-1.5厘米。花两性，稀单性，无花瓣；雄蕊约13，长6-8毫米；子房被褐色毛，花柱长4-6毫米。蒴果卵圆形，长1-1.5厘米，被瘤状突起。种子6，下部2-3个种子具翅。

产福建、江西、湖南南部、广东、海南、广西、贵州及云南东南部，生于800-1400米山地常绿阔叶林中。越南北部有分布。

图 1109 大果马蹄荷 （引自《中国植物志》）

3. 壳菜果属 Mytilaria Lecomte

常绿乔木，高达30米。小枝具节及环状托叶痕。叶宽卵形，长10-13厘米，基部心形，全缘或3浅裂，具掌状脉；托叶1，长卵形，管状，包芽，早落。花两性，螺旋着生于具柄肉穗状花序。萼筒藏在肉质花序轴中与子房壁合生，萼片5-6，卵形，不等大，覆瓦状排列；花瓣5，带状舌形，稍肉质；雄蕊10-13，着生于环状萼筒内侧，花丝粗短，花药内向，具4个花粉囊；子房下位，2室，花柱2，极短；每室6胚珠，中轴胎座。蒴果卵圆形，突出果序轴外，上部室间开裂，每片2浅裂；外果皮松脆，稍肉质，内果皮木质。种子椭圆形，胚乳肉质，胚位于中央。

单种属。

壳菜果 图 1110

Mytilaria laosensis Lecomte, in Bull. Mus. Hist. Nat. Paris 30: 304. 1924.

形态特征同属。花期3-4月，果期霜降前后。

产广东、广西南部及云南东南部，生于低山常绿阔叶林中。越南及老挝有分布。木材坚重细致，纹理美，为优良用材树种。

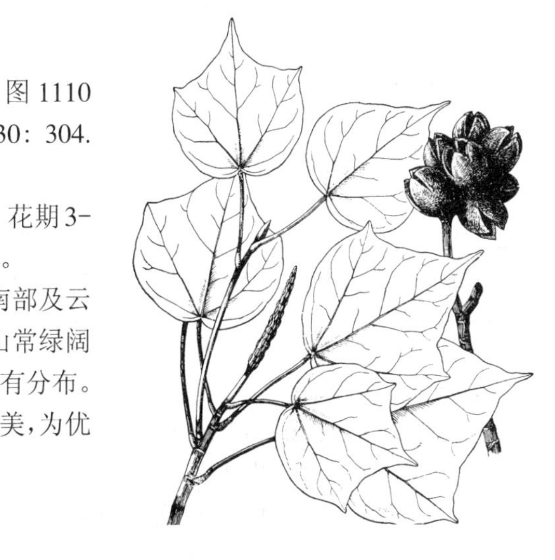

图 1110 壳菜果 （引自《中国植物志》）

4. 山铜材属 Chunia H. T. Chang

常绿乔木。小枝具节及环状托叶痕；芽扁圆形；托叶2，圆形，厚革质，包芽，早落。叶互生，厚革质，宽卵形，具掌状脉，全缘或3浅裂；具长柄。肉穗状花序顶生及侧生，椭圆形或纺锤形，长1.5厘米，具12-16花，花序梗长3-6厘米。先叶开花，花两性，螺旋状紧密排列在肉穗花序上，萼筒与子房壁合生，藏在肉穗花序内，萼齿形成垫状环；无花瓣；雄蕊8，着生于垫状环上，花丝较花药短，花药具4个花粉囊，纵裂，药隔突出；子房下位，2室，花柱2，极短，柱头被乳头状突起；每室6胚珠，2列着生于中轴胎座。果序长3-4厘米，顶端1-3花发育。蒴果卵圆形，上部室间及室背4瓣裂，外果皮木质，内果皮骨质。种子椭圆形，黑褐色，有光泽，种脐明显，胚乳肉质，胚直伸。

特有单种属。

山铜材 图1111

Chunia bucklandioides H. T. Chang in Sunyatsenia 7: 63. pl. 11-12. 1948.

形态特征同属。花期1-2月，果期8-9月。

产海南，生于海拔600-700米沟谷季雨林中。

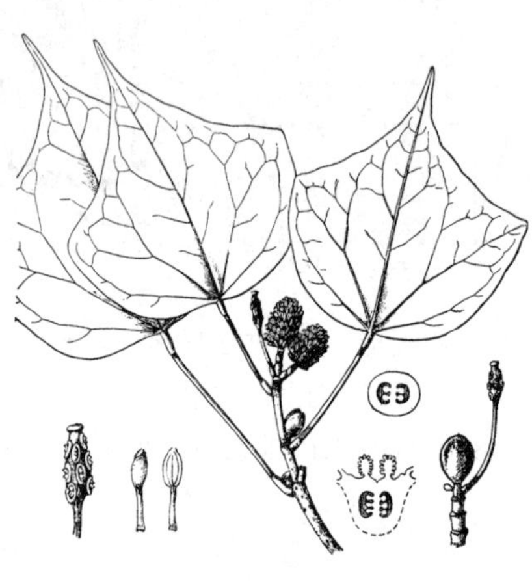

图 1111 山铜材 （引自《中国植物志》）

5. 红苞木属 Rhodoleia Champ. ex Hook. f.

常绿乔木。叶互生，卵形，全缘，具羽状脉，基脉不明显三出；具柄，无托叶。花序头状，腋生，具5-8花，总苞片卵形，具花序梗。花两性，萼筒短，包被子房基部，萼齿不明显；花瓣红色，2-5，匙形或倒披针形，具爪；雄蕊4-10，与花瓣近等长，花药2室，纵裂；子房半下位，2室或不完全2室，每室12-18胚珠，花柱线形，与雄蕊等长。蒴果4瓣裂。种子扁平。

9种，我国6种，另3种分布于越南及马来西亚。

1. 花瓣匙形，宽5-8毫米；总苞片被褐色柔毛。
   2. 叶卵形；花序梗长2-3厘米，具数个鳞状小苞片；花瓣宽6-8毫米 ······················ 1. **红苞木 R. championii**
   2. 叶长圆形或椭圆形；花序梗长1-1.5厘米，无鳞状小苞片；花瓣宽5-6毫米 ··· 2. **小花红苞木 R. parvipetala**
1. 花瓣窄倒披针形，宽1.5-3毫米；花序梗长1-1.5厘米，具数个鳞状苞片，总苞片被星状绒毛；叶卵形 ·· 3. **窄瓣红苞木 R. stenopetala**

1. 红苞木 红花荷 图1112 彩片436

Rhodoleia championii Hook. f. Gen. Pl. 1. 668. 1865.

乔木，高达12米。叶厚革质，卵形，长7-13厘米，基部宽楔形，三出脉，下面无毛，侧脉7-9对；叶柄长3-5.5厘米。头状花序长3-4厘米，花序梗长2-3厘米，鳞状小苞片5-6，总苞片卵形，被褐色柔毛。萼筒短，顶端平截；花瓣红色，匙形，长2.5-3.5厘米，雄蕊与花瓣等长；子房无毛，花柱较雄蕊稍短。头状果序径2.5-3.5厘米，具5蒴果，果长1.2厘米，花柱宿存。果上部4瓣裂。种子扁平，黄褐色，花期3-4月。

产广东及香港。为本属具最大花朵的珍贵行道树及观赏树种。

2. 小花红苞木 小花红花荷 图1113 彩片437

Rhodoleia parvipetala Tong in Bull. Dept. Biol. Sunyatsen Univ. 2: 35. 1930.

乔木，高达20米。叶革质，长圆形，长5–10厘米，基部楔形，下面灰白色，无毛，侧脉7–9对；叶柄长2–4.5厘米。头状花序长2–2.5厘米，花序梗长1–1.5厘米，无鳞状小苞片，总苞片5–7，卵形，长0.7–1厘米，被褐色短柔毛。萼筒短；花瓣匙形，长1.5–1.8厘米；雄蕊6–8，与花瓣近等长；子房无毛，花柱与雄蕊等长；子房无毛，花柱与雄蕊等长。头状果序径2–2.5厘米，具5蒴果，果长约1厘米。花期4月。

产广东西部、广西西部、云南东南部及贵州东南部。越南北部有分布。

图 1112 红苞木 （引自《中国植物志》）

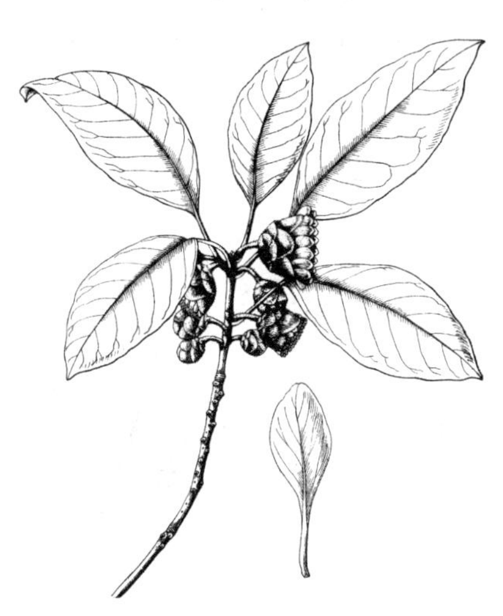

图 1113 小花红苞木 （引自《图鉴》）

3. 窄瓣红苞木 窄瓣红花荷 图1114

Rhodoleia stenopetala H. T. Chang in Journ. Sunyatsen Univ. 1959 (2): 31. 1959.

乔木，高达20米。小枝粗，被鳞片。叶厚革质，卵形或宽卵形，长6–10厘米，先端钝或稍尖，基部圆或宽楔形，上面深绿色，下面灰白色，侧脉4–6对，基脉三出；叶柄长3–5厘米。头状花序长2厘米，常弯垂，花序梗长1–1.5厘米，被星状毛，具数个鳞状小苞片，总苞约10片，卵形，不等长，长5–9毫米，被星状绒毛。萼筒短，顶端平截；花瓣4，红色，窄倒披针形，长1.5–2厘米；雄蕊8，长约1.7厘米，花丝无毛；花柱长1.5厘米。头状果序径2.5厘米，具5蒴果，果卵圆形，长1.2厘米，无宿存花柱。种子暗褐色。

产广东西部、海南及广西北部，生于山地常绿阔叶林中。

6. 枫香属 Liquidambar Linn.

图 1114 窄瓣红苞木 （孙英宝绘）

落叶乔木。叶互生，具锯齿，掌状分裂，掌状脉；叶柄长，托叶线形，下部与叶柄连生。花单性，雌雄同株，无花瓣；雄花多数，组成头状或穗状花序，再排成总状，头状花序具4苞片；雄花无萼片，雄蕊多数，花丝与花药等长，花药2室，纵裂；雌花多数，组成球形头状花序，苞片1，萼筒与子房合生，萼齿针状或鳞片状，或无萼齿，退化雄蕊有或无，子房半下位，2室，藏在头状花序内，花柱2，线形，胚珠多数，中轴胎座。头状果序球形，蒴果木质，室间2瓣裂，花柱及萼齿宿存。种子多数，生于胎座下部具窄翅的种子能育；胚乳薄，胚直伸。

5种，我国2种1变种。另小亚细亚1种，北美及中美各1种。

1. 雌花及蒴果具尖锐萼齿；头状果序具果24-43。
   2. 小枝被绒毛；叶基部心形 …… 1. **枫香树 L. formosana**
   2. 小枝无毛；叶基部平截或微心形 …… 1(附). **山枫香树 L. formosaa** var. **monticola**
1. 雌花及蒴果无萼齿；头状果序具果15-26 …… 2. **缺萼枫香 L. acalycina**

1. 枫香树 图1115 彩片438

Liquidambar formosana Hance in Ann. Sci. Nat. ser. 5: 215. 1866.

大乔木，高达30米，胸径1.5米。小枝被柔毛。叶宽卵形，掌状3裂，中央裂片先端长尖，两侧裂片平展，基部心形，下面初被毛，后脱落，掌状脉3-5，具锯齿；叶柄长达11厘米，托叶线形，长1-1.4厘米，被毛，早落。短穗状雄花序多个组成总状，雄蕊多数，花丝不等长；头状雌花序具花24-43，花序梗长3-6厘米，萼齿4-7，针形，长4-8毫米，子房被柔毛，花柱长0.6-1厘米，卷曲。头状果序球形，木质，径3-4厘米，蒴果下部藏于果序轴内，具宿存针刺状萼齿及花柱。种子多数，褐色，多角形或具窄翅。花期3-4月，果期10月。

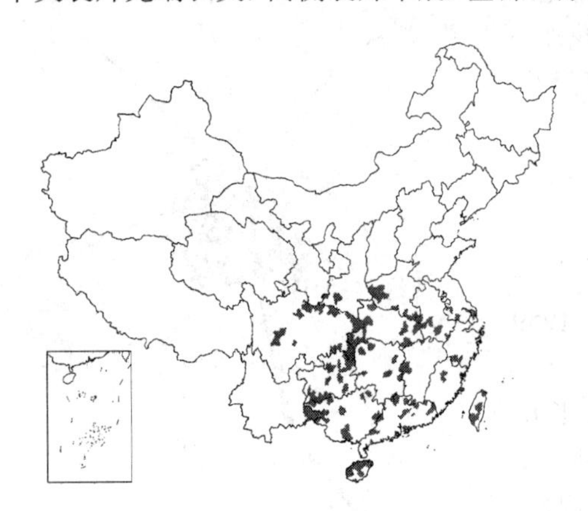

图 1115 枫香树 （引自《中国森林植物志》）

产陕西、河南、安徽、江苏、浙江、福建、台湾、广东、广西、海南、湖南、湖北、贵州、四川及云南，多生于平地及低山丘陵。耐火烧，萌芽力强。越南、老挝及朝鲜有分布。

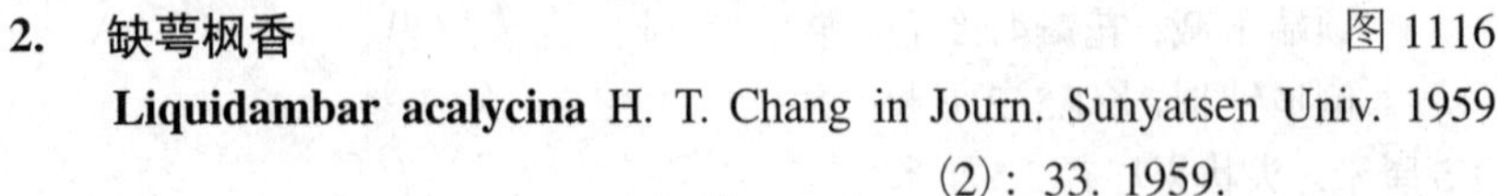

［附］**山枫香树 Liquidambar formosana** var. **monticola** Rehd. et Wils., in Pl. Wilson. 1: 422. 1913. 与枫香树的区别：小枝无毛，叶基部平截或微心形，托叶与叶柄连生过半；萼齿短于2毫米。产四川、贵州、湖北、广西及广东等地，生于海拔400米以上山地林中。

2. 缺萼枫香 图1116

Liquidambar acalycina H. T. Chang in Journ. Sunyatsen Univ. 1959 (2): 33. 1959.

落叶乔木，高达25米。叶宽卵形，长8-13厘米，掌状3裂，中央裂片尾尖，两侧裂片三角状卵形，稍平展，掌状脉3-5，具锯齿；叶柄长4-8厘米，托叶线形，长0.3-1厘米，着生于叶柄基部。短穗状雄花序多个组成总状，花序梗长约3厘米；头状雌花序生

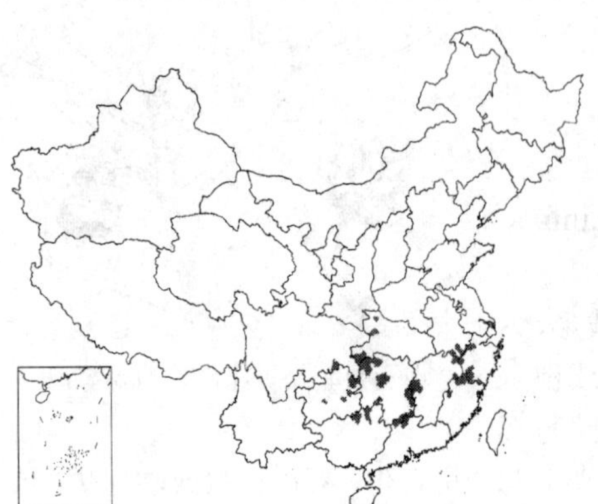

图 1116 缺萼枫香 （引自《中国植物志》）

于短枝叶腋，具雌花15-26，花序梗长3-6厘米，萼齿缺，或鳞片状，花柱长5-7毫米，柱头卷曲。头状果序径2.5厘米，干后变黑、疏松易碎，宿存花柱粗短，稍弯曲，无萼齿。种子褐色，具棱。

产安徽、浙江、福建、江西、湖北、湖南、广东、广西、贵州及四川，生于海拔600米以上山地常绿阔叶林中。

7. 半枫荷属 **Semiliquidambar** H. T. Chang

常绿或半落叶乔木。叶互生，常卵形或椭圆形，或叉状3裂，或单侧叉状分裂，掌状脉三出，具锯齿；具柄，托叶线形，早落。花单性，雌雄同株，短穗状雄花序多个组成总状，具苞片3-4，萼片及花瓣均缺，雄蕊多数，花药2室；头状雌花序单生，具苞片2-3，花序梗长，萼齿线形，或缺，无花瓣，子房半下位，2室，花柱2，常卷曲，胚珠多数，中轴胎座。头状果序半球形，基部平截，稀近球形，蒴果多数，萼齿及花柱宿存。种子多数，具棱。

3种及3变种，产我国东南及南部。

1. 幼枝无毛；叶柄及果序柄较粗；萼齿长达5毫米 ······ **半枫荷 S. cathayensis**
1. 幼枝被毛；叶柄及果序柄纤细；萼齿极短 ······ (附). **细柄半枫荷 S. chingii**

半枫荷 图 1117 彩片 439

Semiliquidambar cathayensis H. T. Chang in Journ. Sunyatsen Univ. 1962(1): 37. 1962.

常绿乔木，高约17米，胸径达60厘米。小枝无毛。叶簇生枝顶，革质，卵状椭圆形，长8-13厘米，先端渐尖，基部宽楔形或近圆，不等侧，三出脉，或掌状3裂，两侧裂片三角形，有时单侧分叉，具锯齿；叶柄长3-4厘米。短穗状雄花序组成总状，长6厘米，雄蕊多数，花丝短，花药长1.2毫米；头状雌花序单生，花序梗长4.5厘米，萼齿针形，长2-5毫米，花柱长6-8毫米，卷曲，被毛。头状果序径2.5厘米，具蒴果22-28；宿存萼齿较花柱短。

图 1117 半枫荷 （引自《中国植物志》）

产福建、江西南部、广东、海南、广西北部及贵州。根药用，治风湿及跌打肿痛。

［附］**细柄半枫荷 Semiliquidambar chingii** (Metcalf.) H. T. Chang in Journ. Sunyatsen Univ. 1962(1): 37. 1962. —— *Altingia chingii* Metcalf. in Lingnan. Sci. Journ. 10: 413. 1931. 本种与半枫荷的区别：幼枝被毛，叶柄及果序柄纤细，萼齿极短。产江西南部、福建及广东。

8. 蕈树属 **Altingia** Noronha

常绿乔木。顶芽被芽鳞，长卵圆形。叶革质，具羽状脉，全缘或具锯齿；具柄，托叶细小，早落或无托叶。花单性，雌雄同株，无花瓣，雄花组成头状或短穗状花序，常多个头状花序再排成总状，头状花序具苞片1-4，雄花具多数雄蕊，花丝极短，花药2室，先端平截；雌花5-30组成头状花序，总苞片3-4，具花序梗，萼筒与子房合生，萼齿缺或为瘤状突起，具退化雄蕊或缺，子房下位，2室，花柱2，胚珠多数，中轴胎座。头状果序近球形，基部平截；蒴果木质，室间开裂，每片2浅裂，无萼齿，无宿存花柱。种子多数，多角形或稍具短翅。

约12种，我国8种，其它种产中南半岛、印度、马来西亚及印度尼西亚。

树皮含芳香挥发性树脂，供药用，亦作香料及定香；木材供建筑、家具等用，常用作放养香菰。萌芽性强。

1. 头状花序具10-28雌花，果序近球形。
  2. 叶卵形或长卵形，先端渐尖，基部圆或微心形，叶柄长2-4厘米 ………………………… 1. **细青皮 A. excelsa**
  2. 叶倒卵状长圆形，先端骤短尖或稍钝，基部楔形，叶柄长约1厘米 ……………………… 2. **蕈树 A. chinensis**
1. 头状花序具5-6雌花，果序倒锥形。
  3. 叶披针形，全缘 ……………………………………………………………………… 3. **细柄蕈树 A. gracilipes**
  3. 叶卵状披针形，具细钝齿 ………………………………………… 3(附). **细齿蕈树 A. gricilipes** var. **serrulata**

1. 细青皮 图 1118

Altingia excelsa Noronha in Verh. Bat. Genootsch. 5: Art. II. 8. 1785.

乔木，高达20米。叶卵形或长卵形，长8-14厘米，先端渐尖，基部圆或微心形，下面脉腋被柔毛，侧脉6-8对，具钝锯齿；叶柄长2-4厘米，稍被柔毛，托叶线形，长2-6毫米。头状雄花序多个组成总状，雄蕊多数，花丝长1毫米，花药较花丝稍长；头状雌花序具14-22花，花序梗长2-4厘米，萼筒与子房合生，无萼齿，花柱长3-4毫米，被柔毛。果序近球形，径1.5-2厘米，蒴果藏在果序轴内，无萼齿，无宿存花柱。种子多数，褐色。

产云南南部及西南部、西藏东南部。印度、缅甸、马来西亚及印度尼西亚有分布。

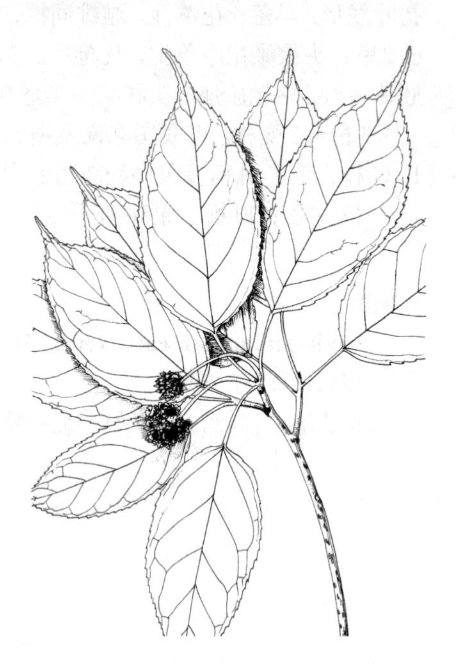

图 1118 细青皮 （孙英宝绘）

2. 蕈树 图 1119

Altingia chinensis (Champ.) Oliv. ex Hance in Journ. Linn. Soc. Bot. 13: 103. 1873.

Liquidambar chinensis Champ. in Kew Journ. Bot. 4: 164. 1852.

乔木，高达45米；树皮灰色，稍粗糙。叶倒卵状长圆形，长9-13厘米，先端骤短尖或稍钝，基部楔形，上面深绿色，侧脉6-7对，具锯齿；叶柄长约1厘米，托叶细小，早落。短穗状雄花序长约1厘米，多个排成总状，花序梗被短柔毛，雄蕊多数，近无花丝，花药倒卵圆形；头状雄花序具花15-26，基部具4-5苞片，苞片卵形或披针形，长1-1.5厘米，花序梗长2-4厘米，萼筒藏于花序轴

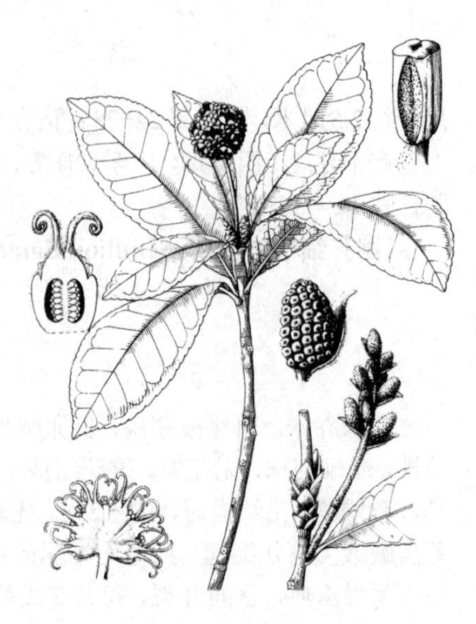

图 1119 蕈树 （引自《海南植物志》）

内，萼齿小瘤状，子房下位，花柱长3-4毫米，外曲。果序近球形，径1.7-2.8厘米，无宿存花柱。种子多数，褐色，有光泽。

产浙江、福建、江西、湖南、广东、海南、广西、云南东南部及贵州，生于海拔600-1000米常绿阔叶林中，为主要树种。越南北部有分布。

3. 细柄蕈树 图 1120

Altingia gracilipes Hemsl. in Hook. Icon. Pl. 9: t. 2837. 1907.

乔木，高达20米。叶披针形，长4-7厘米，先端尾尖，基部窄圆，下面无毛，侧脉5-6对，全缘；叶柄细，长2-3厘米，无毛，无托叶。头状雄花序球形，径5-6毫米，常多个组成圆锥状花序，长6厘米，苞片4-5，卵状披针形，长8毫米，雄蕊多数，近无柄，花药长1.5毫米，红色；头状雌花序具5-6花，花序梗长2-3厘米，萼齿鳞片状，子房藏于头状花轴内，花柱长2.5毫米。果序倒锥形，径1.5-2厘米，蒴果5-6，无宿存萼齿及花柱。

产浙江南部、福建、江西及广东东部。

［附］**细齿蕈树 Altingia gracilipes** var. **serrulata** Tutch. in Rep. Bot. et For. Dept. Hongk. 1914. 31. 1915. 本变种与原变种的区别：叶卵状披针形，具细钝齿。产福建及广东东部。

图 1120 细柄蕈树 （引自《图鉴》）

9. 四药门属 Tetrathyrium Benth.

常绿小乔木或灌木状，高达16米。叶互生，革质，卵形或椭圆形，长7-12厘米，先端骤短尖，基部圆或微心形，羽状脉，侧脉6-8对，全缘或具细齿；叶柄长1-1.5厘米，托叶披针形，长5-6毫米，被星状毛。花两性，花序近头状或短穗状；苞片4，与萼筒基部连合。萼筒倒锥形，被星状毛，萼齿5，长圆状卵形；花瓣5，带状，白色；雄蕊5，花丝短，花药具4个花粉囊，2瓣裂，药隔突出，退化雄蕊5；子房半下位，2室，每室1垂悬胚珠，花柱2，极短。蒴果木质，被褐色星状毛，上部2瓣裂。种子长椭圆形，黑色，种皮角质，种脐白色，胚与胚乳等长。

特有单种属。

四药门花 图 1121 彩片 440

Tetrathyrium subcordatum Benth. Fl. Hongk. 122. 1861.

形态特征同属。

产香港、广西及贵州，在贵州荔波石灰岩山地常绿林下形成优势灌木层。

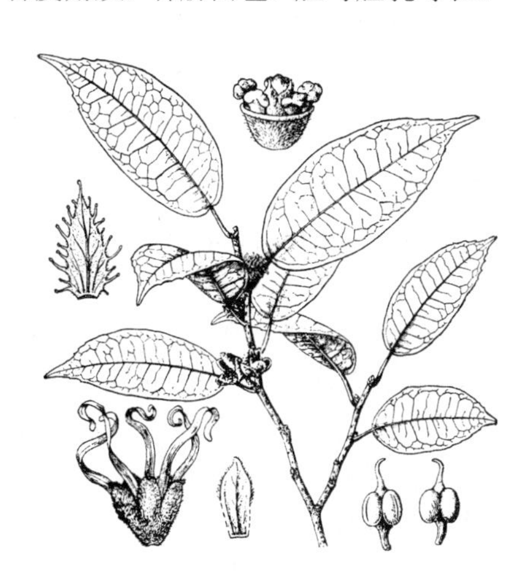

图 1121 四药门花 （引自《中国植物志》）

10. 檵木属 Loropetalum Benth.

常绿或落叶，小乔木或灌木状。具裸芽。叶互生，革质，卵形，全缘；具短柄，托叶膜质。花3-8簇生或组成短穗状花序。花两性，4数；萼筒倒锥形，与子房合生，萼齿卵形；花瓣带状，花芽时内卷；雄蕊周位着生，花丝短，花药具4个花粉囊，瓣裂，药隔突出，退化雄蕊鳞片状；子房半下位，2室，被星状毛，花柱2，每室1胚珠。蒴果木质，卵圆形，被星状毛，上部2瓣裂，果柄短。种子长卵形，亮黑色。

4种1变种。我国3种，印度1种。

檵 木 图1122

Loropetalum chinense（R. Br.）Oliv. in Trans. Linn. Soc. 23: 459. f. 4. 1862.

Hamamelis chinensis R. Br. in Abel, Narr. Journ. China 375. 1818.

落叶小乔木或灌木状。小枝被星状毛。叶革质，卵形，长2-5厘米，先端尖，基部稍圆，下面被星状毛，稍灰白色，侧脉约5对，全缘；叶柄长2-5毫米，托叶三角状披针形，长3-4毫米，早落。花3-8簇生，花梗短，先叶开放，花序梗长约1厘米；苞片线形，长3毫米。萼筒被星状毛，萼齿卵形，长2毫米，花后脱落；花瓣4，带状，长1-2厘米，白色；雄蕊4，花丝及花柱短。蒴果长7-8毫米。种子长4-5毫米。花期3-4月。

图 1122 檵 木 （引自《中国植物志》）

产江苏、安徽、浙江、福建、江西、湖北、湖南、广东、广西、云南、贵州、四川及河南，生于山地阳坡及林下。日本及印度有分布。

11. 金缕梅属 Hamamelis Cronov. ex Linn.

落叶灌木或小乔木。叶薄革质或纸质，基部心形，不等侧，羽状脉，基出脉具二次支脉，全缘或具波状齿；具柄，托叶披针形，早落。花序头状或短穗状，两性，4数。萼筒与子房合生，萼齿卵形；花瓣带状，黄或淡红色，芽时皱折；雄蕊4，花丝短，花药2室，单瓣裂，退化雄蕊4；子房半下位，2室，每室1胚珠，花柱2，极短。蒴果木质，上部2裂，内果皮骨质。种子椭圆形。

5种。我国1种，日本及北美各2种。

金缕梅 图1123 彩片441

Hamamelis mollis Oliv. in Hook. Icon. Pl. 18: t. 1742. 1888.

落叶小乔木或灌木状，高达8米。幼枝被星状毛。叶薄革质，宽倒卵形，长8-15厘米，先端骤短尖，基部不等侧心形，下面被星状毛，侧脉6-8对，基部侧脉二次分枝，具波状钝齿；叶柄长0.8-1厘米，托叶早落。近头状花序腋生，具数朵花，花无梗，苞片卵形，花序梗长约5毫米。萼筒与子房合生，萼齿卵形，长3毫米，被星状毛；花瓣长1.5厘米，黄白色；雄蕊4，花丝长2毫米，花药与花丝等长，退化雄蕊顶端平截；子房被星状毛，花柱长1-1.5毫米。蒴果卵圆形，长1.2厘米，被星状绒毛，萼筒长为子房1/3。种子长8毫米。花期5月。

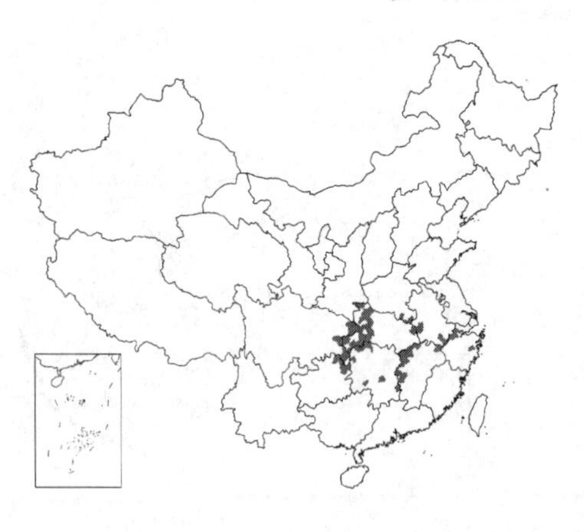

产安徽、浙江、江西、湖北、河南、湖南及四川，生于中海拔次生林或灌丛中。

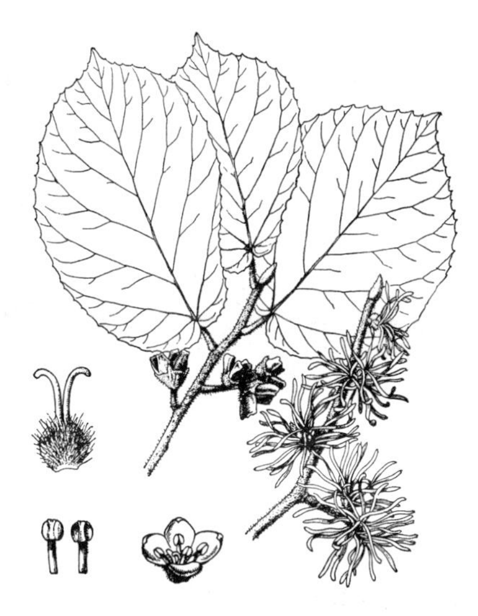

图 1123 金缕梅 （引自《中国植物志》）

12. 蜡瓣花属 Corylopsis Sieb. et Zucc.

落叶或半常绿，灌木或小乔木。叶互生，革质，基部不等侧心形或圆，羽状脉，第一对侧脉二次分支，具锯齿及叶柄；托叶叶状，早落。花两性，先叶开放，总状花序下垂，总苞片卵形、卵圆形或圆形，花序梗基部具2-3叶片。萼筒与子房合生，稀离生，萼齿5，卵形，宿存或脱落；花瓣5，匙形或倒卵形，具爪，黄色，周位着生；雄蕊5，花丝线形，花药2室，纵裂，退化雄蕊5，常2裂或不裂；子房半下位，稀上位，2室，每室1垂悬胚珠，花柱线形。蒴果木质，近无柄，上部4瓣裂，具宿存外弯花柱。种子椭圆形，种皮褐或白色。

29种。我国20种6变种，日本5种，朝鲜1种，印度3种。

1. 子房上位；蒴果下部与宿存萼筒分离。
  2. 萼筒及子房无毛；叶下面无毛或脉被毛；花瓣长6-7毫米 ························ 1. **鄂西蜡瓣花 C. henryi**
  2. 萼筒及子房被星状毛；叶下面被星状毛 ························ 1(附). **星毛蜡瓣花 C. stelligera**
1. 子房半下位。
  3. 退化雄蕊不裂。
    4. 花具短梗，花瓣宽2毫米；蒴果硬木质，长1.2-2厘米，果序具6-10果 ························ 2. **大果蜡瓣花 C. multiflora**
    4. 花无梗，花瓣宽4-5毫米；蒴果长6-8毫米，果序具2-5果 ··············· 2(附). **台湾蜡瓣花 C. pauciflora**
  3. 退化雄蕊2裂。
    5. 萼筒及子房被星状毛。
      6. 萼齿无毛，雄蕊较花瓣短；总苞被柔毛。
        7. 幼枝及叶被毛，叶长5-9厘米；蒴果长7-9毫米 ························ 3. **蜡瓣花 C. sinensis**
        7. 幼枝无毛，叶下面脉被毛 ························ 3(附). **秃蜡瓣花 C. sinensis var. calvescens**
      6. 萼齿被毛，雄蕊较花瓣长；总苞无毛；叶下面无毛或脉被毛 ··············· 4. **红药蜡瓣花 C. veitchiana**
    5. 萼筒及子房无毛。
      8. 叶下面被星状毛；花瓣长5-6毫米，花柱长4-5毫米；花序轴无毛 ········ 5. **腺蜡瓣花 C. glandulifera**
      8. 叶下面无毛；花瓣、雄蕊及花柱长2.5-4毫米。
        9. 花瓣长3-4毫米，雄蕊长2.5-3毫米，花柱长3-4毫米；叶倒卵形，先端尖，下面脉被毛 ························ 6. **四川蜡瓣花 C. willmottiae**
        9. 花瓣长约2毫米，雄蕊长1.5-2毫米，花柱长约1.5毫米；叶先端凹缺或平截，下面脉无毛 ························ 6(附). **峨眉蜡瓣花 C. omeiensis**

1. 鄂西蜡瓣花　　图 1124

Corylopsis henryi Hemsl. in Hook. Icon. Pl. t. 2819. 1908.

落叶灌木。芽鳞及小枝无毛。叶倒卵圆形，长6-8厘米，先端骤短尖，基部不等侧心形，下面脉被毛或无毛，侧脉8-10对，具波状锯齿，齿尖刺毛状；叶柄长1厘米，托叶长圆形，长2厘米，无毛。总状花序长3-4.5厘米，总苞片4-5，卵形，长1.8厘米，无毛，花序梗长1.5厘米，被毛。萼筒无毛，萼齿卵形，先端圆；花瓣窄匙形，长6-7毫米，黄色；退化雄蕊2裂，雄蕊长5-6毫米；子房无毛，与萼筒分离，花柱长6毫米。果序长5-

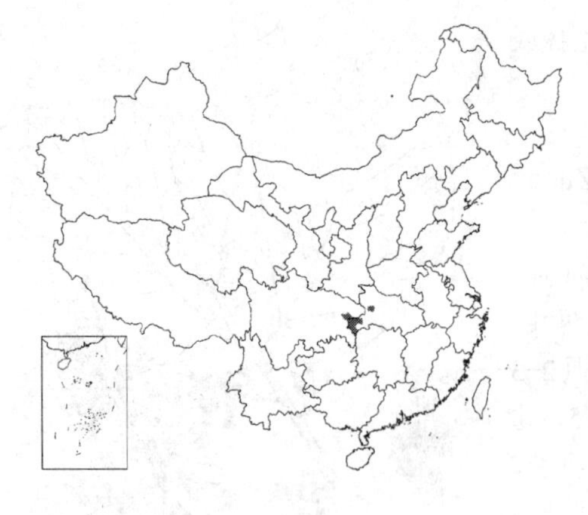

6厘米；蒴果卵圆形，长6-7毫米。

产湖北西部及四川东部。

［附］**星毛蜡瓣花 Corylopsis stelligera** Guill. in Lecomte, Not. Syst. 3: 25. 1914. 本种与鄂西蜡瓣花的区别：叶下面、萼筒、子房、蒴果均被星状毛。产湖北、湖南、贵州及四川。

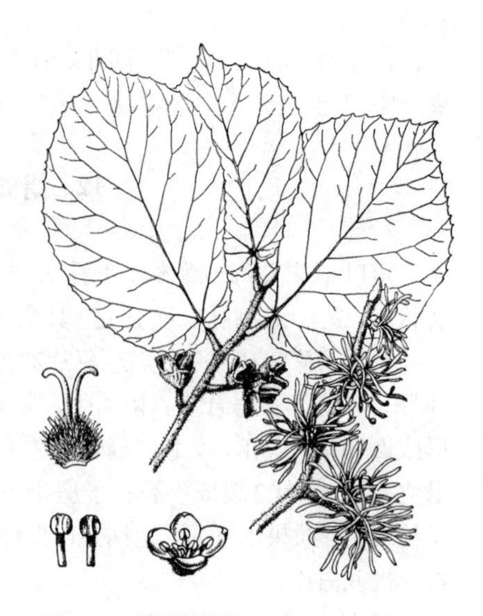

图 1124 鄂西蜡瓣花 （引自 《Icon. Pl.》）

2. 大果蜡瓣花 瑞木 图 1125 彩片 442

Corylopsis multiflora Hance in Ann. Nat. Bot. IV. 15: 224. 1861.

半常绿小乔木或灌木状。芽被灰白绒毛，幼枝被绒毛。叶倒卵形或卵圆形，长7-15厘米，先端渐尖，基部心形，下面灰白色，被星状毛，侧脉7-9对，具锯齿；叶柄长1-1.5厘米，被星状毛，托叶长圆形，长2厘米。总状花序长2-4厘米，基部具1-5叶，总苞片卵形，长1.5-2厘米，被灰白毛，苞片卵形，长6-7毫米，小苞片1，长5毫米。萼齿无毛，萼齿长1.5毫米；花瓣窄倒披针形，长4-5毫米；雄蕊长6-7毫米，退化雄蕊不裂；子房半下位，无毛，花柱较雄蕊短。果序长5-6厘米，具6-10果，蒴果硬木质，长1.2-2厘米，具短柄。种子长1厘米。

图 1125 大果蜡瓣花 （引自《中国植物志》）

产云南、贵州、湖南、湖北、福建、台湾、广西、广东及海南。

［附］**台湾蜡瓣花 Corylopsis pauciflora** Sieb. et Zucc. Fl. Jap. 1: 48. t. 20. 1835. 本种与大果蜡瓣花的区别：花无梗，花瓣宽4-5毫米；果序具2-5果，蒴果长6-8毫米。产台湾。日本有分布。

3. 蜡瓣花 图 1126

Corylopsis sinensis Hemsl. in Gard. Chron. ser. 3. 39: f. 12. 1916.

落叶灌木。芽及幼枝被柔毛。叶倒卵形，长5-9厘米，先端骤尖，基部不等侧心形，下面被星状毛，侧脉7-8对，具锯齿；叶柄长1厘米，托叶窄长圆形，长约2厘米。总状花序长3-4厘米，被绒毛，总苞片卵圆形，长1厘米，被柔毛，苞片卵形，长5毫米，小苞片长3毫米，萼筒被星状毛，萼齿卵形，无毛；花瓣匙形，长5-6毫米；雄蕊较花瓣短，退化雄蕊2裂；子房被星状毛，花柱长6-7毫米。果序长4-6厘米，蒴果近球形，长7-9毫米，被柔毛。

图 1126 蜡瓣花 （引自《中国植物志》）

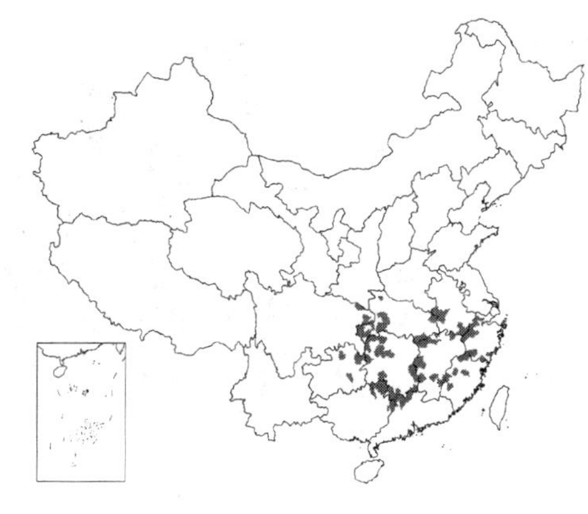

产安徽、浙江、福建、江西、湖北、河南、湖南、广东、广西、贵州及四川。

［附］**秃蜡瓣花 Corylopsis sinensis**. var. **calvescens** Rehd. et Wils. in Sarg. Pl. Wilson. 1: 424. 1913. 本变种与原变种的区别：幼枝无毛；叶稍窄，下面脉被毛。产江西、湖南、广东、广西、贵州及四川。

图 1127 红药蜡瓣花
（仿《Curtis' Bot.Mag.》）

4. 红药蜡瓣花　　图 1127

Corylopsis veitchiana Bean in Curtis's Bot. Mag. t. 8349. 1910.

落叶灌木。芽及幼枝无毛。叶倒卵形或椭圆形，长5-10厘米，先端骤短尖，基部不等侧心形，下面脉被毛或无毛，侧脉6-8对；叶柄长5-8毫米，托叶披针形，长2.5厘米。总状花序长3-4厘米，总苞片3-4，长1.3厘米，苞片卵形，长5-6毫米，被毛，小苞片2，被毛。萼筒被星状毛，萼齿卵形，被毛；花瓣匙形，长5-6毫米；雄蕊稍突出花冠，花药红褐色，退化雄蕊2深裂，较萼齿长；子房被星状毛，花柱长5-6毫米。果序长5-6厘米，蒴果卵圆形，长7-8毫米，被星状毛。

产安徽、湖北、贵州及四川东部。

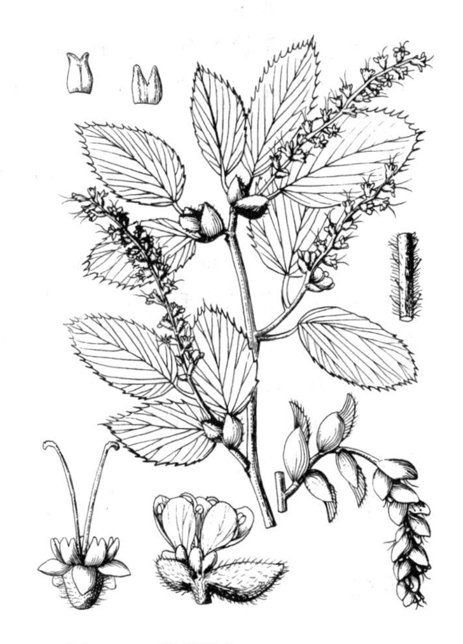

图 1128 腺蜡瓣花 （仿《Icon. Pl.》）

5. 腺蜡瓣花　　图 1128

Corylopsis glandulifera Hemsl. in Hook. Icon. Pl. 29: t. 2818. 1906.

落叶灌木。芽及幼枝无毛。叶倒卵形，长5-8厘米，先端稍尖，基部不等侧心形或近圆，下面被星状毛，侧脉6-8对；叶柄长0.6-1厘米，被毛，托叶窄长圆形，长1.5厘米，无毛。总状花序长4.5-5.5厘米，花序梗基部具1-2叶，总苞片近圆形，长1厘米，无毛，苞片卵圆形，长4毫米，小苞片长3-4毫米，疏被毛。萼筒及萼齿无毛；花瓣匙形，长5-6毫米；雄蕊长4-5毫米，退化雄蕊2深裂，与萼筒等长；子房无毛，花柱长5-6毫米。果序长4-6厘米，蒴果长6-8毫米。

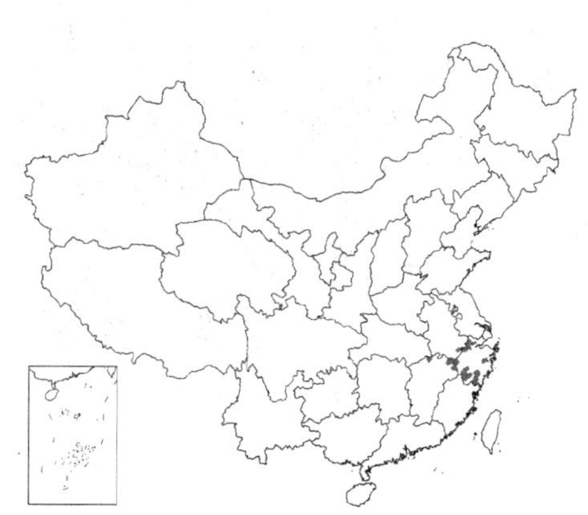

产浙江、安徽及江西。

6. 四川蜡瓣花 图1129

Corylopsis willmottiae Rehd. et Wils. in Sarg. Pl. Wilson. 1: 425. 1913.

落叶小乔木或灌木状。芽及幼枝无毛。叶倒卵形，长4-9厘米，先端骤短尖，基部不等侧微心形，侧脉7-9对，脉被柔毛，上部具细浅齿；叶柄长1-1.5厘米，托叶长圆形，紫色，长1.2-2厘米。总状花序具1-3叶，长4-6厘米，具12-20花，花序轴被毛，总苞片卵圆形，长1-1.5厘米，苞片长6-8毫米，小苞片卵形，长3毫米，两面被柔毛。萼筒无毛，萼齿卵形，长1.5毫米；花瓣宽卵形，长3-4毫米，具短爪；雄蕊长2.5-3毫米，退化雄蕊2裂；子房无毛，花柱长3-4毫米。果序长4-5厘米，蒴果长7-8毫米，萼筒包果过半。种子长4毫米。

图 1129 四川蜡瓣花 （引自《图鉴》）

产四川及湖北西部。

［附］**峨眉蜡瓣花 Corylopsis omeiensis** Yang in Contr. Biol. Lab. Sci. Soc. China, Bot. 12: 133. f. 12. 1947. 本种与四川蜡瓣花的区别：叶先端凹缺或平截，下面脉无毛；花瓣长约2厘米，雄蕊长1.5-2毫米，花柱长1.5毫米。产贵州及四川。

13. 牛鼻栓属 Fortunearia Rehd. et Wils.

落叶小乔木或灌木状，高达5米。裸芽及小枝被星状毛。叶互生，倒卵形，长7-16厘米，先端尖，基部圆或宽楔形，下面被星状毛，侧脉6-10对，具锯齿；叶柄长0.4-1厘米，托叶细小，早落。花单性或杂性，顶生总状花序具两性花，基部具叶片，苞片及小苞片针形，早落。萼筒被毛，萼齿5裂；花瓣5，针形或披针形；雄蕊5，花丝极短，花药2室；子房半下位，2室，每室1胚珠；花柱2，线形。雄柔荑花序基部无叶片，无总苞，雄蕊花丝短，花药卵形，具退化雌蕊。蒴果木质，具柄，萼筒与蒴果合生，宿存花柱直伸。种子长卵形，种皮骨质；胚乳薄，胚直伸，子叶扁平。

特有单种属。本属近似蜡瓣花属，但花瓣针形，无退化雄蕊；蒴果具柄。

牛鼻栓 图1130

Fortunearia sinensis Rehd. et Wils. in Sarg. Pl. Wilson. 1: 427. 1913.

形态特征同属。

产河南、陕西、江苏、安徽、浙江、福建、江西、湖北及四川。

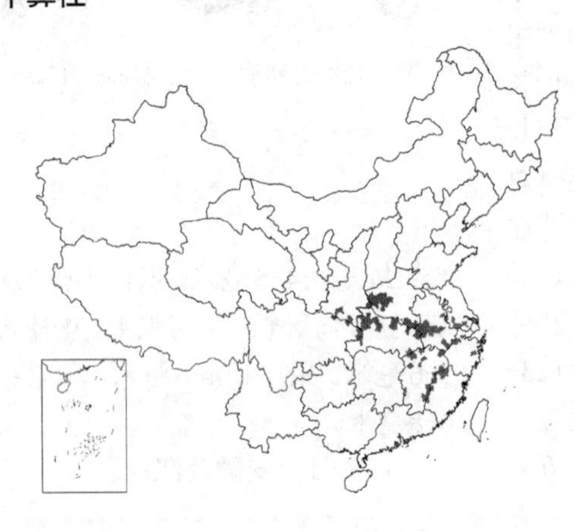

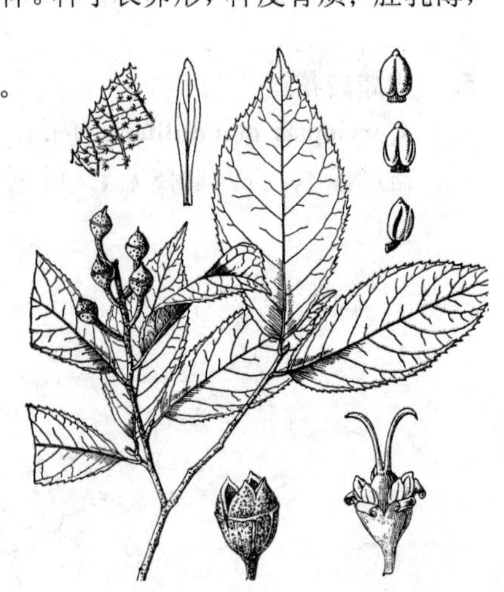

图 1130 牛鼻栓 （引自《中国植物志》）

14. 秀柱花属 **Eustigma** Gardn. et Champ.

常绿乔木。顶芽裸露。枝叶常被星状毛。叶互生，具羽状脉，全缘或上部疏生齿；具叶柄，托叶线形，早落。花两性，总状花序基部具2总苞片，每花具1苞片及2小苞片。花梗短；萼筒几全包子房，萼齿5；花瓣5，鳞片状；雄蕊5，花丝极短，花药基着，2室，中部以上开裂，无退化雄蕊；子房近下位，2室，每室1胚珠，花柱长，2，柱头棒状，被乳突。蒴果木质，被萼筒全包，被绒毛。种子长卵形。

4种，产我国南部及越南。

图 1131 秀柱花 （引自《中国植物志》）

秀柱花 图1131 彩片443

Eustigma oblongifolium Gardn. et Champ. in Kew Journ. Bot. 1. 312. 1840.

常绿小乔木或灌木状。幼枝被鳞毛，后脱落。叶革质，长圆形，长7-17厘米，先端渐尖或稍尾尖，基部楔形，两面无毛，侧脉6-8对，上部具3-5粗齿或全缘；叶柄长0.5-1厘米，托叶线形，早落。总状花序长2-2.5厘米，总苞片卵形，长1厘米，苞片及小苞片卵形，与花梗近等长，被星状毛。萼筒长2.5毫米，被星状毛，萼齿卵圆形，长3毫米，花后脱落；花瓣倒卵形，短于萼齿，2浅裂，雄蕊生于萼齿基部，花丝极短，花药长1毫米，子房近半下位，花柱2，长0.8-1.2厘米，柱头红色。蒴果长2厘米，无毛，宿存萼筒长达蒴果3/4。种子长8-9毫米。

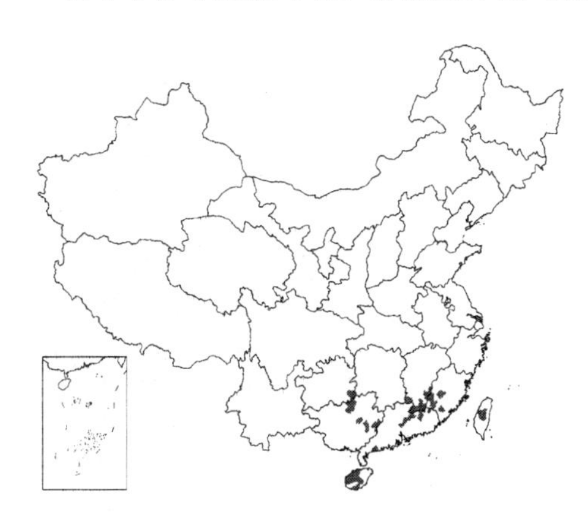

产福建、台湾、江西南部、广东、海南、广西及贵州南部。

15. 山白树属 **Sinowilsonia** Hemsl.

落叶小乔木或灌木状，高达8米。裸芽、幼枝及叶被星状绒毛。叶互生，倒卵形，长10-18厘米，先端骤尖，基部圆或微心形，稍偏斜，下面被星状毛，侧脉7-9对，密生细齿；叶柄长0.8-1.5厘米，被星状毛，托叶线形，长8毫米，早落。花单性，雌雄同株，稀两性花；雄花序总状，具苞片及小苞片，雄花具短梗，萼筒壶形，被星状毛，齿萼5，窄匙形，无花瓣，雄蕊5，与萼齿对生，花丝短，花药2室，纵裂，无退化雌蕊；雌花序穗状，雌花无梗，萼筒壶形，萼齿5，无花瓣，退化雄蕊5，子房近上位，2室，花柱2，稍长，每室1胚珠。蒴果木质，被星状毛，萼筒宿存。种子长圆形。

特有单种属。

山白树 图1132 彩片444

Sinowisonia henryi Hemsl. in Hook. Icon. Pl. 29: t. 2817. 1906.

形态特征同属。

产河南、陕西、甘肃、湖北及四川，野生种多为单性花，栽培后有变为两性花倾向。

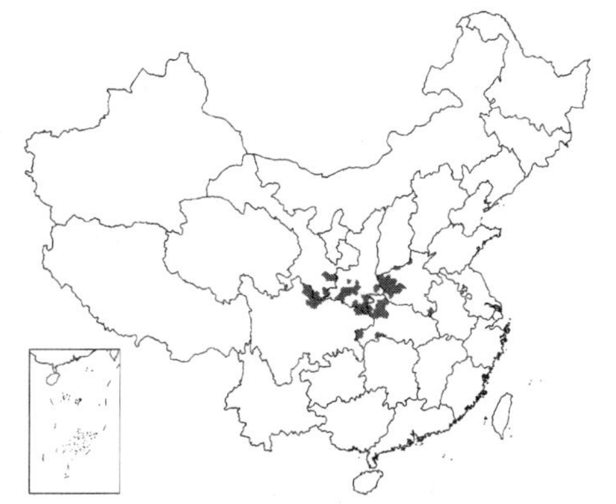

16. 银缕梅属 Parrotia C. A. Neyer (Shaniodendron)

图 1132 山白树 （引自《中国植物志》）

落叶小乔木。芽及幼枝被星状毛。叶互生，薄革质，椭圆形或倒卵形，长5-9厘米，先端尖，基部不等侧圆，两面被星状毛，具不整齐粗齿；叶柄长4-6毫米，被星状毛，托叶披针形，早落。短穗状花序腋生及顶生，具3-7花；雄花与两性花同序，外轮1-2朵为雄花，内轮4-5朵为两性花。花无梗，苞片卵形；萼筒浅杯状，萼具不整齐钝齿，宿存；无花瓣；雄蕊5-15，花丝长，直伸，花后弯垂，花药2室，具4个花粉囊，药隔突出；子房半下位，2室，花柱2，常卷曲。蒴果木质，长圆形，长1.2厘米，被毛，萼筒宿存；果及萼筒均密被黄色星状柔毛。种子光褐色。

2种。我国1种，另1种产伊朗。

银缕梅 小叶银缕梅 小叶金缕梅 图1133 彩片445

Parrotia subaequalis (H. T. Cheng) R. M. Hao et H. T. Wei in Acta Phytotax. Sin. 36(1): 80. 1998.

Hamamelis subaequalis H. T. Chang in Journ. Sunyatsen Univ. 1960 (1): 35. 1960; 中国植物志 35 (2): 74. 1979.

Shaniodendron subaequale (H. T. Chang) M. B. Deng, H. T. Wei et X. Q. Wang in Acta Phytotax. Sin. 30(1): 57. 1992.

形态特征同属。

产江苏南部、安徽及浙江。

图 1133 银缕梅 （史渭清绘）

17. 蚊母树属 Distylium Sieb. et Zucc.

常绿灌木或小乔木。芽裸露。幼枝被毛或鳞片。叶互生，羽状脉，全缘稀具细齿；具柄，托叶披针形，早落。花单性或杂性，雄花常与两性花同株，穗状花序腋生；苞片及小苞片披针形，早落。萼筒短，花后脱落，萼齿2-6，大小不等，稀无；无花瓣；雄蕊4-8，花丝线形，不等长，花药2室，纵裂，雄花无退化雌蕊；雌花及两性花子房上位，2室，被鳞片或绒毛，花柱2，柱头尖；每室1胚珠。蒴果木质，卵圆形，被星状毛，先端尖，无宿存萼筒。种子长卵形。

18种。我国12种及3变种；另日本2种，其中1种我国亦产，马来西亚及印度各1种，中美洲3种。

1. 顶芽、幼枝及叶下面被鳞片或鳞毛，稀缺。
  2. 老叶下面无毛，无鳞片。
    3. 叶椭圆形，长3-7厘米，全缘 ………………………………………… 1. **蚊母树 D. racemosum**
    3. 叶长圆形或披针形，稀倒披针形，长5-11厘米，上部疏生浅齿 ………… 2. **杨梅叶蚊母树 D. myricoides**
  2. 老叶下面密被银色鳞片 ……………………………………………… 2(附). **鳞毛蚊母树 D. elaeagnoides**
1. 顶芽及幼枝被星状绒毛，叶下面被毛或无毛。

4. 叶长7-14厘米，下面被毛，基部楔形 ………………………………………………… 3. **闽粤蚊母树 D. chingii**
4. 叶长2-6厘米，无毛。
  5. 叶长圆形，近先端具2-3细齿，侧脉5对，不明显 ……………………………… 4. **中华蚊母树 D. chinense**
  5. 叶宽椭圆形，倒卵形或宽卵形，全缘，有时近先端具1-2细齿，侧脉3-4对，下面脉明显 ……………………………………………………………………………………… 4(附). **台湾蚊母树 D. gracile**

1. 蚊母树 图1134

Distylium racemosum Sieb. et Zucc. Fl. Jap. 1: 178. t. 94. 1835.

乔木或灌木状，高达16米。裸芽，幼枝被鳞片。叶椭圆形，长3-7厘米，先端钝尖或稍尖，基部宽楔形，下面被鳞片，后脱落，侧脉5-6对，网脉不明显，全缘；叶柄长0.5-1厘米，托叶细小，早落。总状花序长2厘米，无毛，总苞片2-3，卵形，被鳞片，苞片披针形，长3毫米；雌花与雄花同序，雌花生于花序顶端。萼筒短，萼齿大小不等，被鳞片；子房被星状毛，花柱长6-7毫米；雄花具5-6雄蕊，花丝长2毫米，花药长3.5毫米，红色。蒴果卵圆形，长1-1.3厘米，顶端尖，褐褐色星状绒毛；果柄长约2毫米。种子长4-5毫米。

产福建、台湾、广东、广西及湖南，华东各省及河南栽培。日本琉球及朝鲜有分布。

图 1134 蚊母树 （引自《海南植物志》）

2. 杨梅叶蚊母树 图1135

Distylium myricoides Hemsl. in Hook. Icon. Pl. 29: t. 2835. 1907.

小乔木或灌木状。裸芽及幼枝被鳞片。叶长圆形或倒披针形，长5-11厘米，先端尖，基部楔形，两面无毛，侧脉约6对，上部疏生浅齿；叶柄长5-8毫米。总状花序腋生，长1-3厘米，雄花与两性花同序，两性花生于花序顶端；苞片披针形，长2-3毫米。萼筒短，萼齿3-5，披针形，长约3毫米，被鳞片；雄蕊3-8，花药长3毫米，红色，花丝长2毫米；子房上位，被星状毛，花柱长6-8毫米；雄花萼筒短，花丝长短不一，无退化雌蕊。蒴果长1-1.2厘米，被黄褐色星状毛，顶端尖，4瓣裂，无宿存萼筒。种子长6-7毫米。

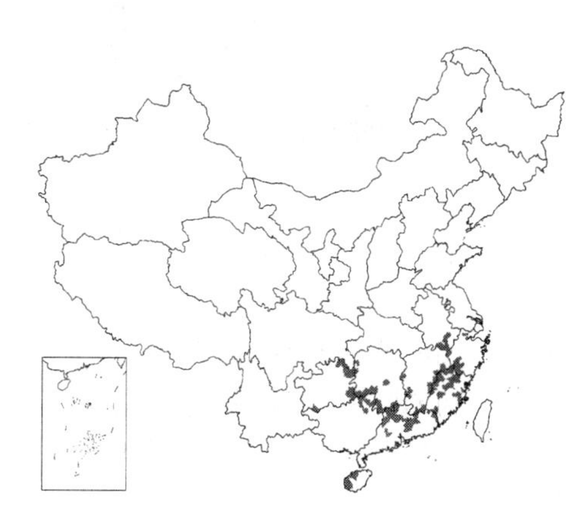

产安徽、浙江、福建、江西、湖南、广东、海南、广西、贵州及四川。

［附］**鳞毛蚊母树 Distylium elaeagnoides** H. T. Chang in Journ. Sunyatsen Univ. 1959(3): 37. 1959. 本种与蚊母树及杨梅叶蚊母树的区别：叶倒卵状或倒卵状长圆形，先端钝或稍圆，下面密被银色鳞片；裸

图 1135 杨梅叶蚊母树 （引自《中国植物志》）

芽、果序轴及蒴果均被鳞毛。产广东北部、湖南南部及广西北部，生于山地常绿林中。

3. 闽粤蚊母树 图 1136

Distylium chingii (Metcalf.) Cheng in Contr. Biol. Lab. Sci. Soc. China, Bot. 8: 140. 1932.

Sycopsis chingii Metcalf. in Lingnan. Sci. Journ. 10: 414. t. 59. 1931.

小乔木。裸芽及幼枝被褐色星状绒毛。叶长圆形或卵状长圆形，长6-10厘米，先端尖或稍钝，基部楔形，下面疏被绒毛，或无毛，侧脉5-6对，网脉明显，全缘或近先端具1-2细齿；叶柄长1厘米，被绒毛。总状果序腋生，长2-3厘米，果序轴被星状绒毛；蒴果卵圆形，长1.5厘米，被褐色星状绒毛，宿存花柱长2-3毫米，上部4瓣裂；果柄短。种子长6-7毫米，亮褐色。

产浙江南部、福建及广东东部。

图 1136 闽粤蚊母树
（引自《Lingnan. Sci. Journn.》）

4. 中华蚊母树 图 1137

Distylium chinense (Franch.) Diels in Engl. Bot. Jahrb. 28: 380. 1900.

Distylium racemosum var. *chinense* Franch. ex Hemsl. in Journ. Linn. Soc. Bot. 23: 290. 1887, pro parte.

灌木，高约1米。裸芽及幼枝被褐色柔毛；小枝粗。叶长圆形，长2-4厘米，先端稍尖，基部宽楔形，下面无毛，侧脉5对，两面叶脉不明显，近先端具2-3细齿；叶柄长2毫米。穗状雄花序长1-1.5厘米；花无梗，萼筒短，萼齿卵状披针形，长1.5毫米，雄蕊2-7，长4-7毫米，花丝细，花药长1.5毫米。蒴果长7-8毫米，被褐色星状毛，宿存花柱长1-2毫米。种子长3-4毫米。

产湖北、湖南、贵州、云南及四川，生于山谷溪边。

[附] **台湾蚊母树** 彩片 446 **Distylium gracile** Nakai in Journ. Arn. Arb. 5: 77. 1924. 本种与中华蚊母树的区别：叶宽椭圆形，全缘，有时近先端具1-2细齿；侧脉3-4对，下面脉明显。产浙江及台湾。

图 1137 中华蚊母树 （引自《Icon. Pl.》）

18. 水丝梨属 Sycopsis Oliv.

常绿灌木或小乔木。小枝无毛，或被鳞片及星状毛。叶革质，互生，具柄，全缘或具细齿，羽状脉或兼具三出脉；托叶小，早落。花杂性，雄花与两性花常同株，穗状或总状花序，有时雄花组成短穗状或近头状花序；总苞片3-4，具苞片及小苞片。两性花及雌花萼筒壶形，萼齿1-5，不整齐；无花瓣；雄蕊4-10，或部分败育，着生萼筒边缘；子房上位，2室，每室1垂悬胚珠；花柱2，分离，柱头尖；雄花萼筒短，萼齿不规则，无花瓣；雄蕊7-11，花丝常不等长，花药2室，红色，药隔突出，有或无退化雌蕊。蒴果木质，萼筒宿存，常不规则开裂。种子长卵形。

9种，我国7种，菲律宾及印度各1种。

1. 花无梗，花序短穗状，总苞片卵圆形；雄蕊花丝长……………………………………… 1. **中华水丝梨 S. sinensis**
1. 花具梗或近无梗，花序总状，总苞片披针形或卵形；花丝较短。
    2. 叶脉羽状，叶长圆形，长6-9厘米……………………………………………………… 2. **尖叶水丝梨 S. dunnii**
    2. 叶脉三出，叶卵形，长达12厘米……………………………………………… 2(附). **樟叶水丝梨 S. laurifolia**

1. 中华水丝梨　　图1138

Sycopsis sinensis Oliv. in Hook. Icon. Pl. 20: t. 1931. 1890.

乔木，高达14米。顶芽裸露。幼枝被鳞毛。叶长卵形或披针形，长5-12厘米，先端渐尖，基部楔形，上面疏被星状柔毛，侧脉6-7对，全缘或上部具细齿；叶柄长0.8-1.8厘米。穗状雄花序密集，长1.5厘米，具8-10花，苞片红褐色，卵圆形，长6-8毫米，被星状毛，萼筒短，萼齿小，卵形，雄蕊10-11，花丝长1-1.2厘米，花药长2毫米，红色，退化雌蕊被丝毛，花柱长3-5毫米，反卷；雌花或两性花6-14朵组成短穗状花序，萼筒壶形，长2毫米，被丝毛，子房被毛，花柱长3-5毫米，被毛。蒴果长0.8-1厘米，被长丝毛，宿存萼筒长4毫米，被鳞毛，不规则开裂，宿存花柱长1-2毫米。种子褐色，长6毫米。

图 1138 中华水丝梨 （引自《图鉴》）

产安徽、浙江、福建、台湾、江西、湖北、湖南、广东、广西、云南、贵州、四川、陕西及河南，生于山地常绿林及灌丛中。

2. 尖叶水丝梨　　图1139

Sycopsis dunnii Hemsl. in Hook. Icon. Pl. 29: t. 2836. 1907.

小乔木或灌木状。顶芽裸露，被鳞毛，幼枝被鳞毛。叶长圆形或披针状卵形，长6-9厘米，先端尖或渐尖，基部楔形，下面初被鳞毛，后脱落，侧脉6-7对，全缘；叶柄长1-1.5厘米。雄花及两性花组成穗状或总状花序，苞片长圆形，雄花位于花序下部，无梗，萼筒短，萼齿尖，雄蕊4-10，花丝长2-5毫米，无退化雌蕊；两性花生于花序上部，具短梗，萼筒长3毫米，

图 1139 尖叶水丝梨 （引自《中国植物志》）

萼齿5-6，长1-1.5毫米，雄蕊4-8，子房被丝毛，花柱长5毫米，反卷。蒴果长1-1.3厘米，被灰褐色长丝毛，宿存萼筒长4毫米，被鳞毛，不规则开裂。种子长5毫米。

产福建、江西、湖南、广东、广西、云南及贵州。

［附］**樟叶水丝梨 Sycopsis laurifolia** Hemsl. in Hook. Icon. Pl. 29: t. 2838. 1907. 本种与尖叶水丝梨的区别：叶卵形或长卵形，长达12厘米，离基三出脉，下面被白色蜡质及星状毛。产云南东南部及贵州。

31. 虎皮楠科（交让木科）DAPHNIPHYLLACEAE

（李　勇）

常绿乔木或灌木。小枝髓心片状分隔。单叶互生，常近枝顶簇生，全缘，羽状脉；无托叶。总状花序腋生；花单性，雌雄异株。苞片早落；花萼盘状或3-6裂，裂片覆瓦状排列，宿存或脱落，有时无花萼；无花瓣；雄花具退化雌蕊5-12（-18），1轮，辐射状排列，花丝短，花药大，2室，纵裂，药隔稍突出；雌花无退化雄花或有，子房上位，心皮2，合生，不完全2室，每室具2枚垂悬倒生胚珠，花柱短或近无，柱头2，外卷或拳卷，常叉开。核果，外果皮肉质，内果皮坚硬。种子1，种皮薄，富含肉质胚乳，胚小，顶生，胚根与半圆形子叶等长。

1属。

虎皮楠属（交让木属）Daphniphyllum Bl.

形态特征同科。

约30种，分布于亚洲东南部。我国10种。

1. 花无花萼 ………………………………………… 1. **交让木 D. macropodum**
1. 花具花萼。
  2. 果基部具宿萼裂片。
    3. 叶下面及果被白粉 ………………………………… 2. **牛耳枫　D. calycinum**
    3. 叶下面及果无白粉 ………………………………… 3. **脉叶虎皮楠 D. paxianum**
  2. 果基部无宿萼裂片 ………………………………… 4. **虎皮楠 D. oldhami**

1. 交让木　图1140

Daphniphyllum macropodum Miq. in Ann. Bot. Lugd. Bat. 3: 129. 1867.

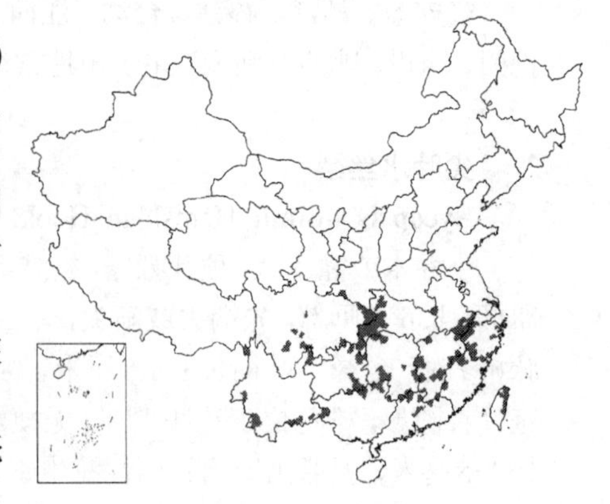

乔木或灌木状，高达11米。小枝粗，暗褐色。叶革质，长圆形或长圆状披针形，长14-25厘米，先端尖，稀渐尖，基部楔形或宽楔形，下面有时被白粉；侧脉12-18对，细密，两面均明显；叶柄粗，长3-6厘米，紫红色，上面具槽。雄花序长6-7厘米，无花萼，雄蕊8-10，花药长方形，药隔不突出，花丝长约1毫米；雌花序长6-9厘米，无花萼，子房卵形，长约2毫米，有时被白粉，花柱极短，柱头2，叉开。果椭圆形，长约1厘米，径约5毫米，柱头宿存，暗褐色，具疣状突起；果柄纤细，长1-1.5厘米。花期3-5月，果期8-10月。

产安徽、浙江、福建、台湾、江西、湖北、湖南、广东、广西、贵州、云南、四川及陕西，生于海拔600-1900米常绿阔叶林中。日本及朝鲜有分布。叶及种子药用，治疮疖肿毒。

图 1140 交让木 (引自《图鉴》)

2. 牛耳枫 图 1141

Daphniphyllum calycinum Benth. Fl. Hongk. 316. 1861.

灌木，高达5米。小枝灰褐色，皮孔稀疏。叶纸质，椭圆形、倒卵状卵圆形或宽椭圆形，长10-20厘米，宽4-10厘米，下面被白粉，稍背卷，侧脉8-11对；叶柄长5-15厘米。总状花序长2-6厘米。雄花花梗长1-1.5（-2）厘米，苞片椭圆形，长约5毫米，花萼盘状，径约5毫米，裂片3-4，宽三角形，长约3毫米，雄蕊9-10，长约4毫米，花丝极短，花药长圆形，药隔突出，较花药长，顶端稍内弯；雌花花梗长6-8毫米，苞片卵形，长约3毫米，花萼裂片宽椭圆形或宽三角形，长约2毫米，柱头2，直立，稍外弯。果卵圆形，长约1厘米，被白粉，具小疣状突起，柱头宿存，基部具宿萼裂片；果柄长1.5厘米。花期4-6月，果期8-9月。

产福建、江西、湖南、贵州、广西、广东、海南及香港，生于海拔60-850米的疏林中或旷地灌丛中。越南北部及日本有分布。种子含油量达30%，可作工业用油；根、叶入药，可清热解毒、活血散瘀。

图 1141 牛耳枫 (引自《图鉴》)

3. 脉叶虎皮楠 图 1142

Daphniphyllum paxianum Rosenth. in Engl. Pflanzenr. 68 (IV. 147a): 13. 1919.

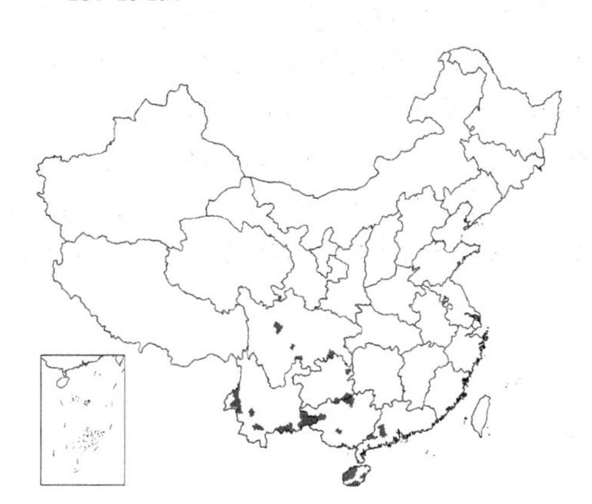

小乔木或灌木状，高达12米。小枝暗褐色，具不规则纵皱纹，皮孔小。叶纸质至薄革质，椭圆形、长椭圆形或椭圆状披针形，长10-22厘米，宽3-7.5厘米，先端短渐尖至镰状渐尖，基部楔形或宽楔形，下面无白粉，侧脉10-13对，网脉明显；叶柄长1.5-3厘米。雄花序长2-3厘米，苞片卵形，长约1.5毫米，花梗长5-7毫米，花萼盘状，径约2毫米，3-5浅裂，裂片三角形，雄蕊8-9，花药长圆形，长约2毫米，花丝短；雌花序长3-5厘米，花梗长5-8毫米，花萼裂片3-4，三角形，长约0.5毫米，柱头2，开叉，外卷。果椭圆形，

图 1142 脉叶虎皮楠 (邓晶发绘)

长0.8-1.3厘米，无白粉，干后稍具瘤状突起，基部具宿萼裂片；果柄长达1.8厘米。花期3-5月，果期8-11月。

产广东、海南、广西、贵州、云南及四川，生于海拔475-2300米山坡或沟谷密林中。越南有分布。

4. 虎皮楠 图 1143

Daphniphyllum oldhami (Hemsl.) Rosenth. in Engl. Pflanzenr. 68 (IV. 147a): 8. 1919.

Daphniphyllum glancescnes Bl. var. *oldhami* Hemsl. in Journ. Linn. Soc. Bot. 26: 429. 1894.

小乔木或灌木状，高达10米。小枝暗褐色，具不规则纵条纹及皮孔。叶革质，椭圆状披针形、长圆状披针形或长椭圆形，长5-14厘米，宽2.5-4厘米，侧脉8-15对；叶柄细，长2-5厘米，上面具槽。雄花序长2-4厘米，苞片卵形，长约1毫米，早落，花梗长3-5毫米，纤细，花萼小，不整齐4-5裂，裂片三角形，长0.5-1毫米，边缘不整齐，雄蕊6-9，花药卵形，长约2毫米，花丝长不及1毫米；雌花序长4-6厘米；花梗长0.4-1厘米，萼片4-5，三角形，子房被白粉，柱头2，叉开，外卷。果椭圆形或倒卵形，长约8毫米，径约6毫米，具不明显疣状突起，柱头宿存，基部无宿存苞片或萼片残存。花期3-5月，果期8-11月。

图 1143 虎皮楠 （引自《图鉴》）

产安徽、浙江、福建、台湾、江西、湖北、湖南、广东、香港、广西、贵州、云南及四川，生于海拔150-800米阔叶林中。朝鲜及日本有分布。

32. 杜仲科 EUCOMMIACEAE

（李 勇）

落叶乔木，高达20米，胸径1米；树皮灰褐色，粗糙；植株具丝状胶质，幼枝被黄褐色毛，旋脱落，老枝皮孔显著。芽卵圆形，光红褐色。单叶互生，椭圆形、卵形或长圆形，薄革质，长6-15厘米，宽3.5-6.5厘米，先端渐尖，基部宽楔形或近圆，羽状脉，具锯齿；叶柄长1-2厘米，无托叶。花单性，雌雄异株，无花被，先叶开放，或与新叶同出。雄花簇生，花梗长约3毫米，无毛，具小苞片，雄蕊5-10，线形，花丝长约1毫米，花药4室，纵裂；雌花单生小枝下部，苞片倒卵形，花梗长8毫米，子房无毛，1室，先端2裂，子房柄极短，柱头位于裂口内侧，先端反折，倒生胚珠2，并立、下垂。翅果扁平，长椭圆形，长3-3.5厘米，宽1-1.3厘米，先端2裂，基部楔形，周围具薄翅。种子1，扁平线形，垂悬于顶端，长1.4-1.5厘米，宽3毫米，两端圆；富含胚乳；胚直立，与胚乳等长；子叶肉质，扁平；外种皮膜质。

1属。

杜仲属 **Eucommia** Oliver

单种属。

形态特征与科同。

杜仲 图 1144 彩片 448

Eucommia ulmoides Oliver in Hook. f. Icon. Pl. 20: t. 1950. 1890.

形态特征与科同。花期4月，果期10月。

产甘肃、陕西、河南、湖北、湖南、广西、贵州及四川、贵州及湖南，生于海拔300-2500米谷地及林中。现许多地区广泛栽培。树皮药用，作强壮剂及降血压，治腰腿痛，风湿痛及习惯性流产等；植株可提取硬橡胶，抗酸、耐碱、耐腐蚀，为电线、海底电缆优良绝缘材料；种子含油率达27%；木材结构细，不翘不裂，供造船、建筑、家具等用。

图 1144 杜仲 （蒋祖德绘）

本卷审校、图编、绘图、摄影及工作人员

审　　校　傅立国　洪　涛　林　祁

图　　编　傅立国(形态图、分布图)　朗楷永(彩片)　张明理　林　祁(分布图)

绘　　图　(按绘图量排列)　孙英宝　王金凤　吴彰桦　陈国泽　冯晋庸　邓盈丰　张泰利　曾孝濂　李锡畴　黄少容　余汗平　肖　溶　史渭清　翼朝桢　余　峰　张春方　陈荣道　吴锡麟　刘　泗　何顺清　皱贤桂　郭木森　张荣生　朱蕴芳　蔡淑琴　吕发强　杨再新　何冬泉　邓晶发　赵宝恒　吴翠云　刘林翰　陈莳香　黄门生　王兴国　李志民　李爱莉　冯金环　卢正炎　志　满　马建生　张世经　杨建昆　刘宗汉　路桂兰　阎翠兰　仝　青　张宝福　张世琦　蒋祖德

摄　　影　(按彩片数量排列)　武全安　朗楷永　吕胜由　傅立国　吴光弟　李泽贤　邬家林　方震东　李延辉　甘世南　向巧萍　刘尚武　陈家瑞　毛宗国　刘玉壶　张宪春　林　祁　费　勇　谭策铭　李　楠　李渤生　陈人栋　刘伦辉　李乡旺　邹秀文　曹景春　熊济华　印开蒲　杨　野　杨启修　赵大昌　彭镜毅　谭家昆　倪志诚　韦毅刚　卢学峰　朱格麟　冯国楣　李光照　陈自强　詹出悌　马　勋　刘起衔　孙学刚　伍寿彭　仲世奇　李志民　李思学　李焕宁　吴诚如　吴健泽　吴鸣翔　张丰云　张本能　张增顺　陈虎彪　陈湘健　林来官　周长征　周国权　岳建英　杨昌友　杨春澍　杨增宏　郭　柯　徐风翔　徐荣章　贾敏如　黄　全　黄国振　黄淑乔　曹　同　曹铁如　聂绍荃　魏成禄　香港政府鱼农处

工作人员　赵　然　李　燕　孙英宝　童怀燕

Contributors

(Names are listed in alphabetical order)

Revisers Fu Likuo, Hong Tao and Lin Qi

Graphic Editors Fu Likuo, Lang Kaiyung, Lin Qi and Zhang Mingli

Illustrators Cai Shuqin, Chen Guoze, Chen Rongdao, Chen Shixiang, Deng Jingfa, Deng Yingfeng, Feng Jinhuan, Feng Jinrong, Guo Musen, He Dongquan, He Shunqing, Huang Mensheng, Huang Shaorong, Ji Chaozhen, Jiang Zude, Li Aili, Li Xichuo, Li Zhimin, Liu Linhan, Liu Si, Liu Zonghan, Lu Faqiang, Lu Guilan, Lu Zhengyan, Ma Jiansheng, Shi Weiqing, Sun Yingbao,Tong Qing,Wang· Jinfeng, Wang Xingguo, Wu Cuiyun, Wu Xiling, Wu Zhanghua, Xiao Rong, Yan Cuilan, Yang Jiankun, Yang Zaixin, Yu Feng, Yu Hanping, Zeng Xiaolian, Zhang Baofu, Zhang Chunfang, Zhang Rongsheng, Zhang Shijing, Zhang Shlql, Zhang Taili, Zhao Baoheng, Zhi Man, Zhu-Yunfang, Zuo Xiangui

Photographers Cao Jingchun, Cao Tieru, Cao Tong, Chang Benneng, Chen Chiajui, Chen Hubiao, Chen Rendong, Chen Xiangjian, Chen Ziqiang, Chu Gellng, Fang Zhendong, Fei Yong, Feng Kuomei, Fu Likuo, Gan Shinan, Guo Ke, Huang Guozhen, Huang Quan, Huang Shuqian, Jia Minru, Lang Kaiyung, Law Yuhwu, Li Bosheng, Li Guangzhao, Li Huanning, Li Nan,Li Sixue, Li Xiangwang, Li Yanhui, Li Zexian, Li Zhimin, Lin Qi, Ling Laikuan, Liu Lunhui, Liu Qixian, Liu Shangwu, Lu Shengyou, Lu Xuefeng, Ma Xun, Mao Zongguo, Ni Chicheng, Nie Shouchuan, Peng Chingi, Sun Xuegang, Tan Ceming, Tan Jiakun, Wei Chenglu, Wei Yigang, Wu Chenghe, Wu Guangdi, Wu Jialin, Wu Jianze, Wu Mlnxlang, Wu Quanan, Wu Shoupeng, Xiang Qiaoping, Xiong Jihua, Xu Fengxiang, Xu Rongzhang, Yang Changyou, Yang Chunshu, Yang Qixiu, Yang Ye, Yang Zenghong, Yin Kaipu, Yue Jianying, Zhao Dachang, Zhan Chuti, Zhang Fengyun, Zhang Xianchun, Zhang Zengshun, Zhong Shiqi, Zhou Guoquan, Zhou Xiuwen, Zhou Changzheng, Fishery and Agriculture Department of Hong Kong Goverment

Clerical Assistance Li Yan, Sun Yingbao, Tong Huaiyan and Zhao Ran

彩片 1　多歧苏铁　*Cycas multipinnata*（陈家瑞）

彩片 4　叉叶苏铁　*Cycas micholitzii*（李　楠）

彩片 3　德保苏铁　*Cycas debaoensis*（陈家瑞）

彩片 2　多歧苏铁　*Cycas multipinnata*（陈家瑞）

彩片 5　叉叶苏铁　*Cycas micholitzii*（李　楠）

彩片 6　宽叶苏铁 *Cycas tonkinensis*（李　楠）

彩片 7　苏铁 *Cycas revoluta*（李　楠）

彩片 8　台东苏铁 *Cycas taitungensis*（吕胜由）

彩片 9　攀枝花苏铁 *Cycas panizhihuaensis*（印开蒲）

彩片 10　海南苏铁 *Cycas hainanensis*（陈家瑞）

彩片 11　广东苏铁 *Cycas taiwaniana*（陈家瑞）

彩片 12　四川苏铁　*Cycas szechuanensis*（陈家瑞）

彩片 13　南盘江苏铁　*Cycas guizhouensis*（陈家瑞）

彩片 14　石山苏铁　*Cycas miquelii*（李　楠）

彩片 16　篦齿苏铁　*Cycas pectinata*（冯国楣）

彩片 15　葫芦苏铁　*Cycas changjiangensis*

彩片 17　银杏　*Ginkgo biloba*（傅立国）

彩片 18　大叶南洋杉 *Araucaria bidwillii*（傅立国）

彩片 19　异叶南洋杉 *Araucaria heterophylla*（傅立国）

彩片 20　贝壳杉 *Agathis dammara*（傅立国）

彩片 21　海南油杉 *Keteleeria hainanensis*（李泽贤）

彩片 22　云南油杉 *Keteleeria evelyniana*（武全安）

彩片 23　黄枝油杉 *Keteleeria davidiana* var. *calcarea*（陈自强）

彩片 24　台湾油杉 *Keteleeria davidiana* var. *formosana*（吕胜由）

彩片 25　油杉 *Keteleeria fortunei*（李泽贤）

彩片 26　中甸冷杉 *Abies ferreana*（武全安）

彩片 27　岷江冷杉 *Abies fargesii* var. *foxoniana*（张宪春）

彩片 28　臭冷杉 *Abies nephrolepis*（傅立国）

彩片 29　日本冷杉 *Abies firma*（傅立国）

彩片 30 杉松 *Abies holophylla*（向巧萍）

彩片 31 西伯利亚冷杉 *Abies sibirica*（张宪春）

彩片 32 苍山冷杉 *Abies delavayi*（刘伦辉）

彩片 33 长苞冷杉 *Abies georgei*（曹景春）

彩片 34 急尖长苞冷杉 *Abies georgei* var. *smithii*（武全安）

彩片 35 川滇冷杉 *Abies forrestii*（李乡旺）

彩片 36　梵净山冷杉　*Abies fanjingshanensis*（向巧萍）

彩片 37　冷杉　*Abies fabri*（向巧萍）

彩片 38　元宝山冷杉　*Abies yuanbaoshanensis*（向巧萍）

彩片 39　百祖山冷杉　*Abies beshanzuensis*（吴鸣翔）

彩片 40　喜马拉雅冷杉　*Abies spectabilis*（郎楷永）

彩片 41　台湾冷杉　*Abies kawakamii*（吕胜由）

彩片 42　紫果冷杉 *Abies recurvata*（郗家林）

彩片 43　黄果冷杉 *Abies ernestii*（武全安）

彩片 44　大果黄果冷杉 *Abies ernestii* var. *salouenensis*（武全安）

彩片 45　澜沧黄杉 *Pseudotsuga forrestii*（武全安）

彩片 46　黄杉 *Pseudotsuga sinensis*（武全安）

彩片 47　台湾黄杉 *Pseudotsuga sinensis* var. *wilsoniana*（吕胜由）

彩片 48　短叶黄杉 *Pseudotsuga brevifolia*（傅立国）

彩片 49　长苞铁杉 *Tsuga longibracteata*（傅立国）

彩片 50　云南铁杉 *Tsuga durnosa*（李乡旺）

彩片 51　丽江铁杉 *Tsuga chinensis* var. *forrestii*（武全安）

彩片 52　台湾铁杉 *Tsuga chinensis* var. *formosana*（彭镜毅）

彩片 53　银杉 *Cathaya argyrophylla*（曹铁如）

彩片 54　红皮云杉 *Picea koraiensis*（向巧萍）

彩片 55　白扦 *Picea meyeri*（傅立国）

彩片 56　雪岭云杉 *Picea schrenkiana*（杨昌友）

彩片 57　西伯利亚云杉 *Picea obovata*（张宪春）

彩片 58　青扦 *Picea wilsonii*（郎楷永）

彩片 59　大果青扦 *Picea neoveitchii*（李思峰）

彩片 60　台湾云杉 *Picea morrisonicola*（吕胜由）

彩片 61　长叶云杉 *Picea smithiana*（倪志诚）

彩片 62　川西云杉 *Picea likiangensis* var. *rubescens*（郎楷永）

彩片 63　林芝云杉 *Picea likiangensis* var. *linzhiensis*（李乡旺）

彩片 64　紫果云杉 *Picea purpurea*（孙学刚）

彩片 65　长白鱼鳞云杉　*Picea jezoensis* var. *komarovii*（向巧萍）

彩片 66　麦吊云杉　*Picea brachytyla*（曹景春）

彩片 67　油麦吊云杉　*Picea brachytyla* var. *complanata*（武全安）

彩片 68　西藏红杉　*Larix griffithiana*（徐凤翔）

彩片 69　大果红杉　*Larix potaninii* var. *australis*（武全安）

彩片 70　西伯利亚落叶松　*Larix sibirica*（郎楷永）

彩片 71　华北落叶松　*Larix prineipis-rupprechii*（向巧萍）

彩片 72　日本落叶松　*Larix kaempferi*（傅立国）

彩片 73　金钱松　*Pseudolarix amabilis*（徐荣章）

彩片 74　雪松　*Cedrus deodara*（郎楷永）

彩片 75　红松　*Pinus koraiensis*（聂绍荃）

彩片 76　华山松　*Pinus armandi*（郎楷永）

彩片 77　台湾果松 *Pinus armandi var. mastersiana*（彭镜毅）

彩片 78　大别山五针松 *Pinus fenzeniana* var. *dabeshanensis*（吴诚和）

彩片 79　台湾五针松 *Pinus morrisonicola*（彭镜毅）

彩片 80　华南五针松 *Pinus kwangtungensis*（陈自强）

彩片 81　毛枝五针松 *Pinus wangii*（冯国楣）

彩片 82　巧家五针松 *Pinus squamata*（李乡旺）

彩片 83　白皮松 *Pinus bungeana*（郎楷永）

彩片 84　赤松 *Pinus densiflora*（傅立国）

彩片 85　樟子松 *pinus sylvestris* var. *mongolica*（周世权）

彩片 86　长白松 *Pinus sylvestris* var. *sylvestriformis*（魏成禄）

彩片 87　油松 *Pinus tabulaeformis*（张宪春）

彩片 88　马尾松 *Pinus massoniana*（傅立国）

彩片 89　黄山松　*Pinus taiwanensis*（傅立国）

彩片 90　高山松　*Pinus densata*（武全安）

彩片 91　北美短叶松　*Pinus banksiana*（傅立国）

彩片 92　金松　*Sciadopitys verticillata*（傅立国）

彩片 93　杉木　*Cunninghamia lanceolata*（傅立国）

彩片 94　台湾杉木　*Cunninghamia lanceolata* var. *konischii*（吕胜由）

彩片 95　台湾杉　*Taiwania cryptomerioides*（黄淑乔）

彩片 96 柳杉 *Cryptomeria japonica* var. *sinensis*（傅立国）

彩片 97 水松 *Glyptostrobus pensilis*（张增顺）

彩片 98 池杉 *Taxodium distichum* var. *imbricatum*（傅立国）

彩片 99 墨西哥落羽杉 *Taxodium mucronatum*（傅立国）

彩片 100 水杉 *Metasequoia glyptostroboides*（向巧萍）

彩片 102 侧柏 *Platycladus orientalis*（傅立国）

彩片 101　朝鲜崖柏 *Thuja koraiensis*（杨野）

彩片 103　翠柏 *Calocedrus macrolepis*（陈人栋）

彩片 104　台湾翠柏 *Calocedrus macrolepis* var. *formosana*（吕胜由）

彩片 105　干香柏 *Cupressus duclouxiana*（武全安）

彩片 106　岷江柏木 *Cupressus chengiana*（曹景春）

彩片 107　巨柏 *Cupressus gigantea*（郎楷永）

彩片 108　西藏柏木 *Cupressus torulosa*（武全安）

彩片 109　柏木 *Cupressus funebris*（武全安）

彩片 110　日本花柏 *Chamaecyparis pisifera*（傅立国）

彩片 111　台湾扁柏 *Chamaecyparis obtusa* var. *formosana*（吕胜由）

彩片 112　福建柏 *Fokienia hodginsii*（李泽贤）

彩片 113　长叶高山柏 *Sabina squamata* var. *fargesii*（傅立国）

彩片 114　叉子圆柏 *Sabina vulgaris*（朱格麟）

彩片 115　圆柏 *Sabina chinensis*（郎楷永）

彩片 116 新疆方枝柏 *Sabina pseudosabina*（郎楷永）

彩片 117　大果圆柏 *Sabina tibetica*（费　勇）

彩片 118　祁连山圆柏 *Sabina przewalskii*（朱格麟）

彩片 120　杜松 *Juniperus rigida*（刘尚武）

彩片 121　陆均松 *Dacrydium pectinatum*（陈人栋）

彩片 122　鸡毛松 *Dacrycarpus imbricatus*（陈人栋）

彩片 119　刺柏 *Juniperus formosana*（傅立国）

彩片 123　长叶松柏 *Nageia fleuryi*（黄　全）

彩片 124　竹柏 *Nageia nagi*（吕胜由）

彩片 126　罗汉松 *Podocarpus macarophyllus*（傅立国）

彩片 125　百日青 *Podocarpus neriifolius*（傅立国）

彩片 127　台湾罗汉松 *Podocarpus nukaii*（吕胜由）

彩片 128　海南罗汉松　*Podocarpus annamiensis*（陈人栋）

彩片 129　兰屿罗汉松　*Podocarpus costalis*（吕胜由）

彩片 130　篦子三尖杉　*Cephalotaxus oliveri*（李焕宁）

彩片 131　海南粗榧　*Cephalotaxus mannii*（李泽贤）

彩片 132　台湾粗榧　*Cephalotaxus sinensis* var. *wilsoniana*（吕胜由）

彩片 133　三尖杉　*Cephalotaxus fortunei*（傅立国）

彩片 134　东北红豆杉　*Taxus cuspidata*（曹　同）

彩片 135　喜马拉雅密叶红豆杉 *Taxus fuana*（倪志诚）

彩片 136　南方红豆杉 *Taxus wallichiana* var. *mairei*（李泽贤）

彩片 137　白豆杉 *Pseudotaxus chienii*（毛宗国）

彩片 138　云南穗花杉 *Amentotaxus yunnanensis*（甘世南）

彩片 139　台湾穗花杉 *Amentotaxus formosana*（吕胜由）

彩片 140　穗花杉 *Amentotaxus argotaenia*（邬家林）

彩片 141　榧树 *Torreya grandis*（傅立国）

彩片 142　云南榧树 *Torreya fargesii* var. *yunnanensis*（杨增宏）

彩片 143　长叶榧树 *Torreya jackii*（林来官）

彩片 144　中麻黄 *Ephedra intermedia*（张宪春）

彩片 145　山岭麻黄 *Ephedra gerardiana*（郎楷永）

彩片 146　单子麻黄　*Ephedra monosperma*（卢学峰）

彩片 147　雌雄麻黄　*Ephedra fedtschenkoae*（张宪春）

彩片 148　买麻黄　*Gnetum montanum*（傅立国）

彩片 149　大叶木莲　*Manglietia magaphylla*（甘世南）

彩片 150　大果木莲　*Manglietia grandis*（甘世南）

彩片 151　桂南木莲　*Manglietia chingii*（刘玉壶）

彩片 152　香木莲 *Manglietia aromatica*（甘世南）

彩片 153　红花木莲 *Manglietia insignis*（甘世南）

彩片 154　巴东木莲 *Manglietia patungensis*（张丰云）

彩片 155　海南木莲 *Manglietia hainanensis*（刘玉壶）

彩片 156　华盖木 *Manglietiastrum sinicum*（甘世南）

彩片 157　大叶木兰 *Magnolia henryi*（甘世南）

彩片 158　山玉兰　*Magnolia delavayi*（刘玉壶）

彩片 159　长叶木兰　*Magnolia paenetalauma*（李泽贤）

彩片 160　厚朴　*Magnolia officinalis*（郎楷永）

彩片 161　凹叶厚朴　*Magnolia officinalis* subsp. *biloba*（毛宗国）

彩片 162　西康玉兰　*Magnolia wilsonii*（印开蒲）

彩片 163　圆叶玉兰　*Magnolia sinensis*（贾敏如）

彩片 164　天女木兰 *Magnolia sieboldii*（詹出悌）

彩片 165　荷花玉兰 *Magnolia grandiflora*（李光照）

彩片 166　玉兰 *Magnolia denudata*（傅立国）

彩片 167　二乔木兰 *Magnolia soulangeana*（武全安）

彩片 169　天目木兰 *Magnolia amoena*（武全安）

彩片 168　宝华玉兰 *Magnolia zenii*（伍寿彭）

彩片 170　黄山木兰 *Magnolia cylindrica*（郎楷永）

彩片 171　紫玉兰 *Magnolia liliflora*（吴光弟）

彩片 172　云南拟单性木兰 *Parakmeria yunnanensis*（甘世南）

彩片 173　峨眉拟单性木兰 *Parakmeria omeiensis*（吴光弟）

彩片 174　乐东拟单性木兰 *Parakmeria lotungensis*（武全安）

彩片 175　焕镛木 *Woonyoungia septentrionalis* (*Dandy*) *law*（林　祁）

彩片 176　长蕊木兰 *Alcimandra cathcartii*（甘世南）

彩片 177　黄兰 *Michelia champaca*（武全安）

彩片 178　白兰 *Michelia alba*（林　祁）

彩片 179　多花含笑 *Michelia floribunda*（吴光弟）

彩片 180　峨眉含笑 *Michelia wilsonii*（邬家林）

彩片 181　紫花含笑 *Michelia crassipes*（林　祁）

彩片 182　含笑花 *Michelia figo*（林　祁）

彩片 183　黄心夜合 *Michelia martinii*（邬家林）

彩片 184　香子含笑 *Michelia hedyosperma*（武全安）

彩片 185　醉香含笑 *Michelia macclurei*（刘玉壶）

彩片 186　阔瓣含笑 *Michelia platypetala*（刘玉壶）

彩片 187　深山含笑 *Michelia maudiae*（刘玉壶）

彩片 188　金叶含笑 *Michelia foveolata*（刘玉壶）

彩片 189　台湾含笑 *Michelia compressa*（吕胜由）

彩片 190　合果木 *Paramichelia baillonii*（李延辉）

彩片 191　鹅掌楸 *Liriodendron chinense*（毛宗国）

彩片 192　北美鹅掌楸 *Liriodendron tulipifera*（傅立国）

彩片 193　紫玉盘　*Uvaria macrophylla*（李泽贤）

彩片 194　毛叶假鹰爪　*Desmos dumosus*（李延辉）

彩片 195　假鹰爪　*Desmos chinensis*（武全安）

彩片 198　细基丸　*Polyalthia cerasoides*（刘伦辉）

彩片 196　云南假鹰爪　*Desmos yunnanensis*（费　勇）

彩片 197　蕉木　*Chieniodendron hainanense*（李泽贤）

彩片 200　依兰 *Cananga odorata*（武全安）

彩片 201　鹰爪花 *Artabotrys hexapetalus*（李泽贤）

彩片 202　香港鹰爪花 *Artabotrys hongkongensis*（李延辉）

彩片 203　瓜馥木 *Fissistigma oldhamii*（吕胜由）

彩片 204　刺果番荔枝 *Annona muricata*（李泽贤）

彩片 205　番荔枝 *Annona squamosa*（李泽贤）

彩片 199　陵水暗罗　*Polyalthia nemoralis*（李泽贤）

彩片 206　台湾肉豆蔻　*Myristica cagayanensis*（吕胜由）

彩片 207　云南肉豆蔻　*Myristica yunnanensis*（谭家昆）

彩片 208　琴叶风吹楠　*Horsfieldia pandurifolia*（谭家昆）

彩片 209　滇南风吹楠　*Horsfieldia tetratepala*（谭家昆）

彩片 211　风吹楠　*Horsfieldia amygdalina*（李延辉）

彩片 210　大叶风吹楠　*Horsfieldia kngii*（李延辉）

彩片 212　夏蜡梅 *Sinocalycanthus chinensis*（武全安）

彩片 213　尖叶新木姜子 *Neolitsea acuminatissima*（吕胜由）

彩片 214　舟山新木姜子 *Neolitsea sericea*（毛宗国）

彩片 215　新木姜子 *Neolitsea aurata*（吕胜由）

彩片 216　大叶新木姜子 *Neolitsea levinei*（武全安）

彩片 217　山鸡椒 *Litsea cubeba*（吕胜由）

彩片 218　毛豹皮樟 *Litsea coreana* var. *lanuginosa*（武全安）

彩片 219　云南木姜子 *Litsea yunnanensis*（武全安）

彩片 220　近轮叶木姜子 *Litsea elongata* var. *subverticillata*（熊济华）

彩片 221　黑壳楠 *Lindera megaphylla*（吕胜由）

彩片 222　山胡椒 *Lindera glauca*（吕胜由）

彩片 223　绒毛山胡椒 *Lindera nacusua*（武全安）

彩片 224　香叶树 *Lindera communis*（刘伦辉）

彩片 225　台湾香叶树 *Lindera akoensis*（吕胜由）

彩片 226　川钓樟 *Lindera pulcherrima* var. *hernsleyana*（武全安）

彩片 227　倒卵叶黄肉楠 *Actinodaphne obovata*（武全安）

彩片 228　毛黄肉楠 *Actinodaphne pilosa*（李泽贤）

彩片 229　沉水樟　*Cinnamomum micranthum*（吕胜由）

彩片 230　樟　*Cinnamomum camphora*（吕胜由）

彩片 231　黄樟　*Cinnamomum parthenoxylon*（武全安）

彩片 232　网脉桂　*Cinnamomum reticulatum*（吕胜由）

彩片 233　天竺桂　*Cinnamomum japonicum*（毛宗国）

彩片 234　阴香　*Cinnamomum burmannii*（武全安）

彩片 235　川桂　*Cinnamomum wilsonii*（吴光弟）

彩片 236　华南桂　*Cinnamomum austrosinense*（吕胜由）

彩片 237 香桂　*Cinnarnomum subavenium*（吕胜由）

彩片 238　披针叶楠　*Phoebe lanceolata*（李延辉）

彩片 239　浙江楠　*Phoebe chekiangensis*（毛宗国）

彩片 240　闽楠　*Phoebe bournei*（刘起衔）

彩片 241　塞楠　*Nothaphoebe cavaleriei*（邬家林）

彩片 242　红楠　*Machilus thunbergii*（吕胜由）

彩片 243　长梗润楠　*Machilus longipedicellata*（武全安）

彩片 244　红梗润楠　*Machilus rufipes*（武全安）

彩片 245　油丹 *Alseodaphne hainanensis*（李泽贤）

彩片 246　长柄油丹 *Alseodaphne petiolaris*（武全安）

彩片 247　网脉琼楠 *Beilschmiedia tsangii*（吕胜由）

彩片 248　粗壮琼楠 *Beilschmiedia robusta*（武全安）

彩片 249　台琼楠 *Beilschmiedia erythrophloia*（吕胜由）

彩片 250　厚壳桂 *Cryptocarya chinensis*（吕胜由）

彩片 251　岩生厚壳桂　*Cryptocarya calcicola*（费　勇）

彩片 253　草珊瑚　*Sarcandra glabra*（李泽贤）

彩片 252　红花青藤　*Illigera rhodantha*（李泽贤）

彩片 254　金粟兰　*Chloranthus spicatus*（韦毅刚）

彩片 255　鱼子兰　*Chloranthus elatior*（吴光弟）

彩片 257　及已 *Chloranthus serratus*（邬家林）

彩片 256　全缘金粟兰 *Chloranthus holostegius*（吴光弟）

彩片 258　三白草 *Saururus chinensis*（吕胜由）

彩片 259　蕺菜 *Houttuynia cordata*（谭策铭）

彩片 261　胡椒 *Piper nigrum*（李泽贤）

彩片 260　白苞裸蒴 *Gymnotheca involucrata*（吴光弟）

彩片 262　大叶蒟 *Piper laetispicum*（李泽贤）

彩片 263　豆瓣绿 *Peperomia tetraphylla*（郎楷永）

彩片 264　尾花细辛 *Asarum caudigerum*（吴光弟）

彩片 265　细辛 *Asarum sieboldii*（郎楷永）

彩片 266　青城细辛 *Asarum splendens*（吴光弟）

彩片 267　杜衡　*Asarum forbesii*（周长征）

彩片 268　川滇细辛　*Asarum delavayi*（邬家林）

彩片 269　祁阳细辛　*Asarum magnificum*（杨春澍）

彩片 270　异叶马兜铃　*Aristolochia kaempferi* f. *heterophylla*（邬家林）

彩片 271　广西马兜铃　*Aristolochia kwangsiensis*（郎楷永）

彩片 272　木通马兜铃　*Aristolochia manshuriensis*（郎楷永）

彩片 273　宝兴马兜铃 *Aristolochia moupinensis*（武全安）

彩片 274　马兜铃 *Aristolochia debilis*（熊济华）

彩片 275　假地枫皮 *Illicium angustisepalum*（林　祁）

彩片 276　野八角 *Illicium simonsii*（武全安）

彩片 277　披针叶八角 *llicium laceolatum*（林　祁）

彩片 278　地枫皮 *Illicium difengpi*（张本能）

彩片 279　红茴香 *Illicium henryi*（吴光弟）

彩片 280　八角 *Illicium verum*（李延辉）

彩片 281　南五味子 *Kadsura longipedunculata*（谭策铭）

彩片 282　大花五味子 *Schisandra grandiflora*（李渤生）

彩片 283　红花五味子 *Schisandra rubriflora*（李延辉）

彩片 284　球蕊五味子 *Schisandra sphaerandra*（武全安）

彩片 285　五味子　*Schisandra chinensis*（郎楷永）

彩片 286　翼梗五味子　*Schisandra henryi clarke*（谭策铭）

彩片 287　滇五味子　*Schisandra henryi* var. *yunnanensis*（费　勇）

彩片 288　华中五味子　*Schisandra sphenanthera*（郎楷永）

彩片 289　滇藏五味子　*Schisandra neglecta*（费　勇）

彩片 290　合蕊五味子　*Schisandra propinqua*（李渤生）

彩片 291　莲 *Nelumbo mucifera*（马　勋）

彩片 292　王莲 *Victoria amazonica*（邹秀文）

彩片 293 芡实 *Euryale ferox*（邹秀文）

彩片 294 白睡莲 *Nymphaea alba*（黄国振）

彩片 295　红睡莲 *Nymphaea alba* var. *rubra*（熊济华）

彩片 296　香睡莲 *Nymphaea odorata*（熊济华）

彩片 297　黄睡莲 *Nymphaea mexicana*（邹秀文）

彩片 298　柔毛齿叶睡莲 *Nymphaea lotus* var. *pubescens*（武全安）

彩片 299　萍蓬草 *Nuphar pumila*（邹秀文）

彩片 300　驴蹄草 *Caltha palustris*（方震东）

彩片 301　空茎驴蹄草 *Caltha palustris* var. *barthei*（杨启修）

彩片 303　云南金莲花 *Trollius yunnanensis*（方震东）

彩片 302　花葶驴蹄草 *Caltha scaposa*（郎楷永）

彩片 304　青藏金莲花 *Trollius pumilus* var. *tanguticus*（李渤生）

彩片 305　金莲花 *Trollius chinensis*（郎楷永）

彩片 306　铁破锣 *Beesia calthifolia*（吴光弟）

彩片 307　黄三七 *Souliea vaginata*（邬家林）

彩片 308　单穗升麻 *Cimicifuga simplex*（郎楷永）

彩片 309　升麻 *Cimicifuga foetida* var. *mairei*（邬家林）

彩片 310　类叶升麻 *Actaea asiatica*（赵大昌）

彩片 311　红果类叶升麻 *Actaea erythrocarpa*（杨　野）

彩片 312　短距乌头 *Aconitum brevicalcaratum*（武全安）

彩片 313　牛扁 *Aconitum barbatum* var. *puberulum*（郎楷永）

彩片 314　甘青乌头 *Aconitum tanguticum*（方震东）

彩片 315　美丽乌头 *Aconitum pulchellum*（费　勇）

彩片 316　保山乌头 *Aconitum nagarum*（武全安）

彩片 317　瓜叶乌头脑 *Aconitum hemsleyanum*（吴光弟）

彩片 318　黄草乌 *Aconitum vilmorinianum*（武全安）

彩片 319　松潘乌头 *Aconitum sungpanense*（郎楷永）

彩片 320　乌头 *Aconitum carmichaeli*（李延辉）

彩片 321　北乌头 *Aconitum kusnezoffii*（郎楷永）

彩片 322　德钦乌头 *Aconitum ouvrardianum*（方震东）

彩片 323　铁棒锤 *Aconitum pendulum*（刘尚武）

彩片 324 察瓦龙翠雀花 *Delphinium chrysotrichum* var. *tsarongense*（方震东）

彩片 325　单花翠雀花 *Delphinium candelabrum* var. *monanthum*（郭　柯）

彩片 326　白蓝翠雀花 *Delphinium albocoeruleum*（刘尚武）

彩片 327　螺距翠雀花 *Delphinium spirocentrum*（武全安）

彩片 328　大理翠雀花 *Delphinium taliense*（武全安）

彩片 329　角萼翠雀花 *Delphinium ceratophorum*（武全安）

彩片 330　长距翠雀花 *Delphinium tenii*（郎楷永）

彩片 331　翠雀 *Delphinium grandiflorum*（郎楷永）

彩片 332　康定翠雀花 *Delphinium tatsienense*（郎楷永）

彩片 333　还亮草 *Delphinium anthriscifolium*（吴光弟）

彩片 334　星果草 *Asteropyrum peltatum*（邬家林）

彩片 335　拟耧斗菜 *Paraquilegia microphylla*（方震东）

彩片 337　细距耧斗菜 *Aquilegia ecalcarata* f. *semicalcarata*（郎楷永）

彩片 336　无距耧斗菜 *Aquilegia ecalcarata*（刘尚武）

彩片 339　华北耧斗菜 *Aquilegia yabeana*（郎楷永）

彩片 338　直距耧斗菜 *Aquilegia rockii*（郎楷永）

彩片 340　尖萼耧斗菜 *Aquilegia oxysepala*（赵大昌）

彩片 341　甘肃耧斗菜 *Aquilegia cxysepala* var. *kansuensis*（武全安）

彩片 342　白山耧斗菜 *Aquilegia japonica*（杨　野）

彩片 343　天葵 *Semiaquilegia adoxoides*（郎楷永）

彩片 344　爪哇唐松草 *Thalictrum javanicum*（吴光弟）

彩片 345　偏翅唐松草 *Thalictrum delavayi*（武全安）

彩片 346　耳状人字果 *Dichocarpum auriculatum*（邬家林）

彩片 347　粉背人字果 *Dichocarpum hypoglaucum*（武全安）

彩片 348　黄连 *Coptis chinensis*（武全安）

彩片 349　短萼黄连 *Coptis chinensis* var. *brevisepala*（詹出悌）

彩片 350　云南黄连　*Coptis teeta*（武全安）

彩片 351　峨眉黄连　*Coptis omeiensis*（邬家林）

彩片 352　西南银莲花　*Anemone davidii*（吴光弟）

彩片 353　鹅掌草　*Anemone flaccida*（郎楷永）

彩片 354　草玉梅　*Anemone rivularis*（郎楷永）

彩片 355　水棉花　*Anemone hofengensis* f. *alba*（方震东）

彩片 356　大火草　*Anemone tomentosa*（岳建英）

彩片 357　野棉花 *Anemone vitifolia*（邬家林）

彩片 358　条叶银莲花 *Anemone trullifolia* var. *linearis*（郎楷永）

彩片 359　展毛银莲花 *Anemone demissa*（吴光弟）

彩片 360　密毛银莲花 *Anemone demissa* var. *villosissima*（李渤生）

彩片 363　罂粟莲花 *Anemoclema glaucifolium*（方震东）

彩片 361　獐耳细辛 *Hepatica nobilis* var. *asiatica*（郎楷永）

彩片 362　白头翁 *Pulsatilla chinensis*（郎楷永）

彩片 364　绣球藤　*Clematis montana*（陈虎彪）

彩片 365　小叶绣球腾　*Clematis montana* var. *steriles*（郎楷永）

彩片 366　金毛铁线连　*Clematis chrysocoma*（邬家林）

彩片 367　美花铁线莲　*Clematis potaninii*（杨启修）

彩片 368　钝萼铁线莲　*Clematis peterae*（邬家林）

彩片 369　小木通　*Clematis armandii*（李泽贤）

彩片 370　准噶尔铁线莲　*Clematis songarica*（郎楷永）

彩片 371　丝铁线莲　*Clematis filamentosa*（武全安）

彩片 372　甘青铁线莲　*Clematis tangutica*（刘尚武）

彩片 373　黄花铁线莲　*Clematis intricata*（郎楷永）

彩片 374　合柄铁线莲　*Clematis connata*（武全安）

彩片 375　芹叶铁线莲　*Clematis aethusifolia*（郎楷永）

彩片 376　须蕊铁线莲 *Clematis pogonandra*（郎楷永）

彩片 377　西南铁线莲 *Clematis pseudopogonandra*（武全安）

彩片 378　长瓣铁线莲 *Clematis macropetala*（刘尚武）

彩片 379　独叶草 *Kingdonia uniflora*（印开蒲）

彩片 380　美花草 *Callianthemum pimpinelloides*（方震东）

彩片 381　短柱侧金盏花 *Adonis brevistyla*（方震东）

彩片 382　高原毛茛 *Ranunculus tanguticus*（武全安）

彩片 383　云生毛茛 *Ranunculus nephelogenes*（李渤生）

彩片 384　西南毛茛 *Ranunculus ficariifolius*（郇家林）

彩片 385　扬子毛茛 *Ranunculus sieboldii*（吴光弟）

彩片 386　水毛茛 *Batrachium bungei*（杨启修）

彩片 387　鸦跖花 *Cxygraphis glacialis*（武全安）

彩片 388 星叶草 *Ciracaeaster agrestis*（李志民）

彩片 389 大血藤 *Sargentodoxa cuneata*（谭策铭）

彩片 390 猫儿屎 *Decaisnea insignis*（郎楷永）

彩片 391 串果藤 *Sinofranchetia chinensis*（邬家林）

彩片 392 三叶木通 *Akebia trifoliata*（邬家林）

彩片 393 白木通 *Akebia trifoliata* subsp. *australis*（吴光弟）

彩片 394　五凤藤 *Holboellia angustifolia*（吴光弟）

彩片 395　野木瓜 *Stauntonia chinensis*（谭策铭）

彩片 397　连蕊藤 *Parabaena sagittata*（李延辉）

彩片 398　细圆藤 *Pericampylus glaucus*（李延辉）

彩片 399　木防己 *Cocculus orbiculatus*（谭策铭）

彩片 396　青牛胆 *Tinospora sagittata*（邬家林）

彩片 400　桐叶千金藤 *Stephania hernandifolia*（李延辉）

彩片 401　粪箕笃 *Stephania longa*（李泽贤）

彩片 402　汝兰 *Stephania sinica*（吴光弟）

彩片 403　粉叶轮环藤 *Cyclea hypoglauca*（李泽贤）

彩片 405　全缘叶绿绒蒿 *Meconopsis integrifolia*（郎楷永）

彩片 404　蓟罂粟 *Argemone mexicana*（武全安）

彩片 407 红花绿绒蒿 *Meconopsis punicea*（郎楷永）

彩片 406 总状绿绒蒿 *Meconopsis racemosa*（郎楷永）

彩片 408 五脉绿绒蒿 *Meconopsis quintuplinervia*（郎楷永）

彩片 409 多刺绿绒蒿 *Meconopsis horridula*（刘尚武）

彩片 410 滇西绿绒蒿 *Meconopsis impedita*（吴光弟）

彩片 411 野罂粟 *Papaver nudicaule*（郎楷永）

彩片 412　苣叶秃疮花 *Dicranostigma lactucoides*（郎楷永）

彩片 413　秃疮花 *Dicranostigma leptopodum*（郎楷永）

彩片 414　荷青花 *Hylomecon japonica*（吴光弟）

彩片 415　血水草 *Eomecon chionantha*（吴光弟）

彩片 416　博落回　*Macleaya cordata*（吴光弟）

彩片 417　荷包牡丹　*Dicentra spectabilis*（郎楷永）

彩片 418　大花荷包牡丹　*Dicentra macrantha*（邬家林）

彩片 420　钩距黄堇　*Corydalis hamata*（方震东）

彩片 419　地锦苗　*Corydalis sheareri*（吴光弟）

彩片 421　糙果紫堇 *Corydalis trachycarpa*（方震东）

彩片 423　暗绿紫堇 *Corydalis melanochlora*（刘尚武）

彩片 422　粗糙黄堇 *Corydalis scaberula*（卢学峰）

彩片 425　新疆黄堇 *Corydalis gortschakovii*（郎楷永）

彩片 424　美丽紫堇 *Corydalis adrienii*（方震东）

彩片 426　囊距紫堇 *Corydalis benecincta*（方震东）

彩片 427　黄堇 *Corydalis pallida*（赵大昌）

彩片 428　北越紫堇 *Corydalis balansae*（韦毅刚）

彩片 429　延胡索 *Corydalis yanhusuo*（郎楷永）

彩片 430　水青树 *Tetracentron sinense*（曹景春）

彩片 431　昆栏树 *Trochodendron aralioides*（吕胜由）

彩片 433　领春木 *Euptelea pleiosperma*（郇家林）

彩片 432　连香树 *Cercidiphyllum japonicum*（陈湘健）

彩片 434 卡柄双花木 *Disanthus cerdidifolius* var. *longipes*（毛宗国）

彩片 435　马蹄荷 *Exbucklandia populnea*（武全安）

彩片 436　红苞木 *Rhodoleia championii*（李光照）

彩片 437　小花红苞木 *Rhodoleia parvipetala*（武全安）

彩片 438　枫香树 *Liquidambar formosana*（刘伦辉）

彩片 439　半枫荷 *Semiliquidambar cathayensis*（陈人栋）

彩片 440　四药门花 *Tetrathyrium subcordatum*（香港政府鱼农处）

彩片 441　金缕梅 *Hamamelis mollis*（武全安）

彩片 442　大果蜡瓣花 *Corylopsis multiflora*（吕胜由）

彩片 443　秀柱花　*Eustigma oblongifolium*（吕胜由）

彩片 444　山白树　*Sinowilsonia hanryi*（仲世奇）

彩片 445　银缕梅　*Shaniodendron subaequale*（吴建泽）

彩片 446　台湾蚊母树　*Distylium gracile*（吕胜由）

彩片 447　尖叶水丝梨　*Sycopsis dunnii*（吕胜由）

彩片 448　杜仲　*Eucommia ulmoides*（傅立国）

彩片449　南天竹　*Nandina domestica*（吴光第）

彩片450　玉山小檗　*Berberis morrisonensis*（吕胜由）

彩片451　细叶小檗　*Berberis poiretii*（郎楷永）

彩片452　变绿小檗　*Berberis virescens*（郎楷永）

彩片453　乳突小檗　*Berberis papillifera*（郎楷永）

彩片454　华西小檗　*Berberis silva-taroucana*（吴光第）

彩片455　川滇小檗　*Berberis jamesiana*（方震东）

彩片456　异果小檗　*Berberis heteropoda*（郎楷永）

彩片457　锡金小檗　*Berberis sikkimensis*（郎楷永）

彩片459　长柱十大功劳　*Mahonia duclouxiana*（郎楷永）

彩片458　阿里山十大功劳　*Mahonia oiwakensis*（方震东）

彩片460　安坪十大功劳　*Mahonia eurybracteata subsp. ganpinensis*（邬家林）

彩片462　桃儿七　*Sinopodophyllum hexandrum*（郎楷永）

彩片461　小果十大功劳　*Mahonia bodinieri*（熊济华）

彩片463　八角莲　*Dysosma versipellis*（武全安）

彩片464　小八角莲　*Dysosma difformis*（喻勋林）

彩片465　六角莲　*Dysosma pleiantha*（郎楷永）

彩片466　西藏八角莲　*Dysosma tsayuensis*（郎楷永）

彩片467-1　川八角莲　*Dysosma veitchii*（邬家林）

彩片467-2　川八角莲　*Dysosma veitchii*（武全安）

彩片468　柔毛淫羊藿　*Epimedium pubescens*（邬家林）

彩片469　三枝九叶草　*Epimedium sagittatum*（郎楷永）

彩片470　朝鲜淫羊藿　*Epimedium koreanum*（黄祥童）

彩片471　红毛七　*Caulophyllum robustum*（吴光第）